Nr. 34
S. 10783–11122

1959
26. August

Chemisches Zentralblatt

Vollständiges Repertorium für alle Zweige der reinen und angewandten Chemie

1830 gegründet. 1897—1945 von der Deutschen Chemischen Gesellschaft fortgeführt. Im Auftrage der Deutschen Akademie der Wissenschaften zu Berlin, der Chemischen Gesellschaft in der DDR, der Akademie der Wissenschaften zu Göttingen und der Gesellschaft Deutscher Chemiker (in der BRD)

herausgegeben von Prof. Dr. Heinrich Bertsch und Prof. Dr. Dr. h. c. Wilhelm Klemm

130. Jahrgang

1959

Chefredakteure: Dr. Eugen Klever und Dr. Heinz Walter

Akademie-Verlag GmbH., Berlin — Verlag Chemie, GmbH., Weinheim/Bergstr.

Inhalt

Chem. Zbl. 130. Jg. Nr. 34 Seite 10783–11122 Berlin, 26. August 1959

Postverlagsort: Berlin

Redaktionsstab des Chemischen Zentralblattes

Heft Nr.	Seitenzahl	Ausgabedatum
31	9785—10118	5. August 1959
32	10119—10454	12. August 1959
33	10455—10782	19. August 1959
34	10783—11122	26. August 1959

Herausgeber: Prof. Dr. Heinrich Bertsch u. Prof. Dr. Dr. h. c. Wilhelm Klemm. Chefredakteure und verantwortlich für den Inhalt: Dr. Eugen Klever u. Dr. Heinz Walter, Berlin N 4, Schiffbauerdamm 19, Fernsprecher: 425571.

Verlag: Akademie-Verlag GmbH, Berlin W 1, Leipziger Str. 3-4 (Fernsprecher: 220441, Postscheckkonto Berlin 35021), und Verlag Chemie, GmbH, Weinheim/Bergstr. (Fernsprecher: Weinheim 3635 [Sammelnummer]; Fernschreiber: 0465516 chemieverl wnh; Postscheckkonten: Frankfurt/M. 145314 u. Berlin [West] 7430). Bestellnummer: 1007/130. Das Chemische Zentralblatt erscheint wöchentlich. Preis des Jahrganges einschl. Autoren-, Patent-, Sach- u. Formelregister: DM 960,—; einseitig bedruckte Ausgabe: DM 1050,—. Abgabe der Zeitschrift nur mit sämtlichen Registern. Abbestellungen nur bis spätestens 6 Wochen vor Ablauf des Kalenderjahres.

Satz u. Druck: VEB Leipziger Druckhaus, Leipzig, III/18/203. 8/59.
Veröffentlicht unter der Lizenznummer ZLN 5002 des Ministeriums für Kultur, Hauptverwaltung Verlagswesen.
Printed in Germany.

CHEMISCHES ZENTRALBLATT

VOLLSTÄNDIGES REPERTORIUM
FÜR ALLE ZWEIGE DER REINEN UND ANGEWANDTEN CHEMIE

GEGRÜNDET 1830

Im Auftrage der Deutschen Akademie der Wissenschaften zu Berlin,
der Chemischen Gesellschaft in der DDR,
der Akademie der Wissenschaften zu Göttingen
und der Gesellschaft Deutscher Chemiker (in der BRD)

herausgegeben von

Prof. Dr. **Heinrich Bertsch** und Prof. Dr. Dr. h. c. **Wilhelm Klemm**

130. JAHRGANG

1959

SEITE 9785—11122

Chefredakteure Dr. Eugen Klever und Dr. Heinz Walter

1959

AKADEMIE-VERLAG GMBH · BERLIN
VERLAG CHEMIE, GMBH, WEINHEIM/BERGSTR.

Namenregister

Patentregister

Chemisches Zentralblatt

1959 Nr. 34 26. August

A. Allgemeine, physikalische und anorganische Chemie.

A_1. Kernphysik und Kernchemie.

A. T. Abrossimow, N. N. Gorjunow, W. A. Dmitrijew, W. I. Ssolowjewa, B. A. Chrenow und **G. B. Chrisstianssen,** *Struktur der breiten atmosphärischen Schauer auf Seehöhe.* (Vgl. C. **1959.** 1669.) Mittels korrelierter Hodoskope wurde auf Seehöhe die Verteilung der Elektronen, der kernakt. u. der kernpassiven Teilchen in den ausgedehnten Luftschauern mit $4 \cdot 10^4$—$4 \cdot 10^5$ Teilchen bestimmt. In diesen Schauern liegt in den unteren Schichten der Atmosphäre eine Lawine kernakt. Teilchen vor, die die Entw. des Schauers bestimmt. Ihre Energie ist $> 5 \cdot 10^{10}$ eV. Die Energie ist in einem Bereich von einigen Metern Radius von der Schauerachse enthalten. Die Häufigkeit der ausgedehnten Schauer wurde für solche mit 10^5 Teilchen zu $1{,}43 \cdot 10^{-10}$ u. für solche mit 10^4 zu $4{,}1 \cdot 10^{-9}$/cm² sec Raumwinkel bestimmt. (Журнал Экспериментальной и Теоретической Физики [J. exp. theoret. Physik] **34.** 1077—89. Mai 1958. Physik. Lebedew-Inst. der Akad. der Wiss. der UdSSR; Moskau, Univ.) M. Wiedemann. 85

L. B. Okun und **W. M. Schechter,** *Über die Polarisation von Elektronen beim μ-Mesonenzerfall.* Für das Energiespektr., die Winkelverteilung u. die Polarisation der Elektronen des μ-Meson-Zerfalls werden Ausdrücke abgeleitet. (Журнал Экспериментальной и Теоретической Физики [J. exp. theoret. Physik] **34.** 1250—53. Mai 1958.) M. Wiedemann. 90

A. I. Muchin, Je. B. Oserow und **B. Pontecorvo,** *Energieabhängigkeit der Asymmetrie beim μ^+–e^+-Zerfall.* Ein π^+-Bündel mit ca. 80 MeV wurde im Synchrocyclotron erzeugt. Mittels Scintillationszählern wurde die Asymmetrie der Zerfallselektronen mit mehr als 20 MeV der polarisierten μ-Mesonen bestimmt. Die Asymmetrie nahm mit der Energie zu. Gemittelt über das gesamte Spektr. ergab sich der Asymmetriekoeff. in Graphit zu $a_0 = 0{,}233$. Das μ-Mesonenbündel hatte demnach einen Polarisationsgrad von $0{,}81 \pm 0{,}11$. Die Energieabhängigkeit der Asymmetrie stimmt mit der Zweikomponententheorie des Neutrinos überein. (Журнал Экспериментальной и Теоретической Физики [J. exp. theoret. Physik] **35.** 340—47. Aug. 1958. Vereinigt. Inst. für Kernunterss.) M. Wiedemann. 90

A. Ss. Beloussow, Ss. W. Russakow und **Je. I. Tamm,** *Photoerzeugung langsamer π^0-Mesonen an komplexen Kernen.* Mittels γ-Strahlung von maximal 265 bzw. 210 MeV wurden an *C, Al, Cu, Mo, Cd,* u. *Pb* langsame π^0 erzeugt. Ihre Zerfallsquanten wurden mit einem Zählerteleskop nachgewiesen. Die Ausbeute war proportional $A^{2/3}$, was für π^0-Erzeugung an der Kernoberfläche spricht. (Журнал Экспериментальной и Теоретической Физики [J. exp. theoret. Physik] **35.** 355—63. Aug. 1958. Physik. Lebedew-Inst. der Akad. der Wiss. der UdSSR.) M. Wiedemann. 90

L. Ss. Dulkowa, I. B. Ssokolowa und **M. G. Schafranowa,** *Elastische Streuung von 300 MeV-π-Mesonen an Deuteronen.* Mittels photograph. Emulsionen, die mit deuteriertem Lithiumacetat getränkt waren, wurde die Wechselwrkg. der 300 ± 15 MeV-π^+ u. 295 ± 10 MeV-π^- des Synchrocyclotrons mit Deuteronen untersucht. Es wurden folgende Fälle beobachtet: 286 π^+-p-, 104 π^+-d-, 203 π^--p- u. 105 π^--Streuung. Die Winkelverteilung für die Streuung an Deuteronen ist angegeben, sie ist für π^+ u. π^- gleich. Die integralen Wirkungsquerschnitte im Bereich von 15—170° betragen für $\pi^+ + d \rightarrow \pi^+ + d$ 21 ± 6 u. für $\pi^- + d \rightarrow \pi^- + d$ 14 ± 4 mbarn. Ferner wurden 12 Absorptionen beobachtet u. danach der Wirkungsquerschnitt für $\pi^+ + d \rightarrow p + p$ zu $2{,}4 \pm 0{,}9$ mbarn bestimmt. (Журнал Экспериментальной и Теоретической Физики [J. exp. theoret. Physik] **35.** 313—15. Aug. 1958. Physik. Lebedew-Inst. der Akad. der Wiss. der UdSSR.) M. Wiedemann. 90

A. I. Alichanjan, W. G. Kirillow-Ugrjumow, L. P. Kotenko, Je. P. Kusnetzow und **Ju. Ss. Popow,** *Winkelanisotropie beim $\pi^+ \rightarrow \mu^+ \rightarrow e^+$-Zerfall, gemessen in der Propan-Blasenkammer.* (Vgl. C. **1959.** 1671.) Mittels einer Propan-Blasenkammer wurden 6670 $\pi^+ \rightarrow \mu^+ \rightarrow e^+$-Zerfälle analysiert. Die Pionen wurden durch Beschuß einer Polyäthylenfolie mit $\sim$ 660 MeV-Protonen erzeugt u. dann solche mit 180 MeV magnet. ausgewählt. Für den $\mu^+ \rightarrow e^+$-Zerfall wurde eine Zunahme der Anisotropie der Verteilung mit steigender Elektronenenergie gefunden, was mit der Zweikomponententheorie des Neutrions in Einklang steht. Der $\pi^+ \to \mu^+$-Zerfall war isotrop. (Журнал Экспериментальной и Теоретической Физики [J. exp. theoret. Physik] **34.** 1101—09. Mai 1958. Physik. Lebedew-Inst. der Akad. der Wiss. der UdSSR.) M. Wiedemann. 90

W. W. Barmin, W. P. Kanawetz, B. W. Morosow und **I. I. Perschin,** *Winkelkorrelationen der $\pi^+ \to \mu^+ \to e^+$-Zerfälle in Propan-Blasenkammern.* Durch 650 MeV-Protonen werden in Polyäthylen π^+-Mesonen erzeugt u. in einer 2 Liter-Propan-Blasenkammer π^+–μ^+–e^+-Zerfälle stereoskop. photographiert. Der Asymmetriekoeff. (in Propan) wird zu 0,19 ± 0,03 bestimmt, wodurch die Hypothese von Lee u. Yang bestätigt wird. (Журнал Экспериментальной и Теоретической Физики [J. exp. theoret. Physik] **34.** 830—35. April 1958.) K.-E. Seyb. 90

W. W. Barmin, W. P. Kanawetz, B. W. Morosow und **I. I. Perschin,** *Energieabhängigkeit des Asymmetriekoeffizienten bei $\pi^+ \to \mu^+ \to e^+$-Zerfällen für den niedrigenergetischen Teil des Positronenspektrums.* (Vgl. vorst. Ref.) Aus 10000 $\pi^+ \to \mu^+ \to e^+$-Zerfällen werden die Positronen mit geringer Energie ausgewählt. Der Asymmetriekoeff. wird in Abhängigkeit von der Energie (bis 20 MeV) bestimmt. Die Verteilung gehorchte der Beziehung $1 + a \cos \varphi$. Der Asymmetriekoeff. nimmt mit steigender Energie ab. Die Ergebnisse werden durch eine Vierkomponententheorie des Neutrinos wiedergegeben. (Журнал Экспериментальной и Теоретической Физики [J. exp. theoret. Physik] **35.** 542—44. Aug. 1958.) M. Wiedemann. 90

M. Je. Perelman, *Zur Theorie der zusammengesetzten π^0-Mesonen.* Es wird die Möglichkeit diskutiert, daß die Pionen ein Triplett oder auch ein Singulett des Isotopenspins bilden: $\pi^+ = p\bar{n}$, $\pi^0 = (p\bar{p} + n\bar{n})/\sqrt{2} = (\pi_1 + \pi_2)/\sqrt{2}$, $\pi^- = n\bar{p}$, $\varrho^0 = (p\bar{p} - n\bar{n})/\sqrt{2} = (\pi_1 - \pi_2)/\sqrt{2}$. An starken Wechselwrkgg. nehmen π^0 u. ϱ^0 teil, an elektromagnet. u. schwachen π_1 u. π_2. (Журнал Экспериментальной и Теоретической Физики [J. exp. theoret. Physik] **35.** 508—09. Aug. 1958. Inst. für Physik der Akad. der Wiss. der GrusinSSR.) M. Wiedemann. 90

Ch. Yglane, *Zur Systematik der Mesonen und Baryonen.* Ebenso wie für die Baryonen wird für die Mesonen (K^+, K^-, K^0, $\bar{K}^0$, π^-, π^0, π^+) eine Klassifikation auf Grund zweier Quantenzahlen, der dritten Komponente des Isotopenspins t_3 u. der dritten Komponente des Isotopenmoments v_3 gegeben. Für die elektr. Ladung gilt $q = -e(t_3 + v_3)$. (Журнал Экспериментальной и Теоретической Физики [J. exp. theoret. Physik] **34.** 1337—38. Mai 1958. Inst. für Phys. u. Astron. der Akad. der Wiss. der EstnSSR.) M. Wiedemann. 90

W. B. Beresstetzki, *Kernpolarisation beim K-Strahlungseinfang.* Bei der Rk. $e + p \to n + \nu + \gamma$ wird der Kern polarisiert. Der K-Strahlungseinfang mit Übergang des Kerns aus dem j_1m_1-Zustand in den jm-Zustand wird behandelt. Die Polarisation des Kerns wird durch diejenigen des absorbierten virtuellen Elektrons bestimmt. Der Impuls des emittierten Photons ist dem des Elektrons entgegengesetzt gerichtet. (Журнал Экспериментальной и Теоретической Физики [J. exp. theoret. Physik] **35.** 537—38. Aug. 1958.) M. Wiedemann. 90

I. G. Iwanter, *Über den K_{e3}-Zerfall.* Vf. zeigt, daß durch Unterss. der Polarisation u. der Teilchenspektren beim K_{e3}-Zerfall Aufschlüsse über die Wechselwrkg.-Konstanten u. über die Eigg. des Neutrinos erhalten werden können. (Журнал Экспериментальной и Теоретической Физики [J. exp. theoret. Physik] **34.** 1202—06. Mai 1958. Inst. für wiss. Information der Akad. der Wiss. der UdSSR.) M. Wiedemann. 90

I. M. Dremin, *Untersuchung des K_{e3}-Zerfalls unter Emission eines γ-Quants.* An der Rk. $K^0 \to \pi^\pm + e^\pm + \nu + \gamma$ wird die relative Wahrscheinlichkeit für Aussendung rechts- oder links-polarisierter Strahlung abgeschätzt. (Журнал Экспериментальной и Теоретической Физики [J. exp. theoret. Physik] **35.** 515—17. Aug. 1958. Moskau, Univ.) M. Wiedemann. 90

I. Ju. Kobsarew, *Über die Bestimmung der Variationen des K_{e3}-Zerfalls.* Vorschlag einer Analyse des K_{e3}-Zerfalls, die auf die Art der Wechselwrkg. u. die Symmetrie eingeht. (Журнал Экспериментальной и Теоретической Физики [J. exp. theoret. Physik] **34.** 1347—49. Mai 1958.) M. Wiedemann. 90

S. Sch. Mandshawidse, N. N. Roinischwili und **G. Je. Tschikowani,** *Beobachtung eines anomalen Zerfalls von geladenen Teilchen in der Wilson-Kammer.* Beobachtung des Zerfalls eines Teilchens, das schwerer als ein K-Meson ist. (Журнал Экспериментальной и Теоретической Физики [J. exp. theoret. Physik] **33.** 303. Juli 1957. Physik. Inst. der Akad. der Wiss. der GrusinSSR) M. Wiedemann. 90

Ss. A. Bunjatow, A. Wrublewski, D. K. Kopylowa, Ju. B. Korolewitsch, N. I. Petuchowa, W. M. Ssidorow, E. Skshiptschak und **A. Filipkowski,** *Emission von Λ^0-Teilchen beim Einfang von K-Mesonen durch Kerne in Photoemulsionen.* Ein

Emulsionsstapel wird im Bevatron (Berkeley) mit K^--Mesonen beschossen. 18 Zerfälle von Λ^0-Teilchen, darunter 3 unmittelbar neben σ_K-Sternen, werden beobachtet. (Журнал Экспериментальной и Теоретической Физики [J. exp. theoret. Physik] **34.** 1028—30. April 1958. Vereinigt. Inst. für Kernunterss.) K.-E. Seyb. 90

W. A. Filimonow, *Λ-Nucleon-Potential aus der Mesonentheorie und die Energie der Λ-Teilchen in leichten Hyperkernen.* Ausgehend von der Hamilton-Funktion werden die Kräfte zwischen Λ u. Nucleonen abgeleitet, die mit dem Austausch eines K, zweier K, zweier π oder K + π gekoppelt sind. Hieraus werden die Energien der leichten Hyperkerne berechnet u. mit den experimentellen Befunden verglichen. (Журнал Экспериментальной и Теоретической Физики [J. exp. theoret. Physik] **34.** 1355—56. Mai 1958. Moskau, Univ.) M. Wiedemann. 90

W. M. Schechter, *Über den β-Zerfall von Hyperonen.* Auf der Grundlage einer allg. V-A-Wechselwrkg. werden die Wahrscheinlichkeiten für den Zerfall von Hyperonen in Nucleonen (Hyperonen) u. Leptonen sowie die Energieverteilung, Polarisation u. Asymmetrie der Emission berechnet. Die Wahrscheinlichkeiten des Leptonenzerfalls von Σ^- u. Λ^0 ergeben sich gegenüber den experimentellen Werten als zu hoch. (Журнал Экспериментальной и Теоретической Физики [J. exp. theoret. Physik] **35.** 458—66. Aug. 1958. Leningrad, physik.-techn. Inst.) M. Wiedemann. 90

L. B. Okun, I. Ja. Pomerantschuk und **I. M. Schmuschkewitsch,** *Über die Wechselwirkung von Ξ⁻-Hyperonen mit Nucleonen und leichten Kernen.* Die Rk. $\Xi^- + p \rightarrow \Lambda^0 + \Lambda^0$ (Ξ^- langsam) wird behandelt. Aus den Spin-Korrelationen sollte die Parität der Λ ermittelt werden können. Weiterhin gehen Vff. auf die Rk. $\Xi^- + p \rightarrow \Lambda^0 + \Lambda^0 + \gamma$ sowie auf die Rkk. der Ξ mit Deuteronen u. ^{4}He-Teilchen ein. (Журнал Экспериментальной и Теоретической Физики [J. exp. theoret. Physik] **34.** 1246—49. Mai 1958.) M. Wiedemann. 90

Ss. G. Matinjan und **G. R. Chutzischwili,** *Isotopeninvarianz bei Reaktionen unter Beteiligung von Antihyperonen.* Rkk. der Bldg. u. Wechselwrkg. von Antihyperonen mit Nucleonen u. leichten Kernen werden auf der Grundlage der Isotopeninvarianz behandelt. Zwischen den Wirkungsquerschnitten der einzelnen Rkk. werden Beziehungen aufgestellt. (Журнал Экспериментальной и Теоретической Физики [J. exp. theoret. Physik] **35.** 546—47. Aug. 1958. Inst. für Phys. der Akad. der Wiss. der GrusinSSR.) M. Wiedemann. 90

L. A. Manakin, *Zur Theorie der fremdartigen Teilchen.* Vf. diskutiert die Beziehung zwischen der Isofermionenladung u. eines Teilchens, die die Werte + 1, — 1, 0 annehmen kann, der Nucleonenladung n, die ebenfalls + 1, — 1 u. 0 betragen kann, u. der Strangness S, für die S = n — n gilt. Die verschied. Auswahlregeln werden abgeleitet. (Журнал Экспериментальной и Теоретической Физики [J. exp. theoret. Physik] **34.** 1327—29. Mai 1958. Pädagog. Inst., Kamenetz-Podolski.) M. Wiedemann. 90

L. I. Lapiduss, *Zeitumkehr- und Polarisationserscheinungen bei $N + N \rightleftharpoons d + \pi$-Reaktionen.* Die mathemat. Analyse von Polarisationserscheinungen bei $N + N \rightleftharpoons d + \pi$-Rkk. zeigt, wie die Bedingung der Invarianz bei Zeitumkehr zu Kopplungen zwischen Polarisationserscheinungen bei direkten u. umgekehrten Rkk. führt. Eine Verallgemeinerung des Wolfensteinschen Theorems für die gegebene bin. Rk. wird erhalten. Allg. u. durch s-, p- u. d-Wellen mit $J \leqq 2$ begrenzte Ausdrücke für beobachtbare Größen werden gegeben. (Журнал Экспериментальной и Теоретической Физики [J. exp. theoret. Physik] **33.** 204—12. Juli 1957. Vereinigt. Inst. für Kernunterss.) K.-E. Seyb. 90

F. I. Fedorow, *Projektive Operatoren in der Theorie der Elementarteilchen.* Zur Beschreibung jedes möglichen Zustandes eines Teilchens mit beliebigem Spin werden projektive Matrizen aufgestellt, wodurch u. a. Energie-Impuls, Strom-Ladung u. Übergangswahrscheinlichkeit ausgedrückt werden können. (Журнал Экспериментальной и Теоретической Физики [J. exp. theoret. Physik] **35.** 493—500. Aug. 1958. Inst. für Physik u. Math. der Akad. der Wiss. der BelorussSSR.) M. Wiedemann. 90

A. A. Borgardt, *Wellengleichung des Photons.* Es wird eine Matrizen-Theorie des Photonenfeldes formuliert. Für die Wechselwrkg. der Photonen mit dem Gravitationsfeld wird ein Ausdruck angegeben. (Журнал Экспериментальной и Теоретической Физики [J. exp. theoret. Physik] **34.** 1323—25. Mai 1958. Dnepropetrowsk, Univ.) M. Wiedemann. 90

N. A. Burgow, *Über die Resonanzstreuung von γ-Strahlen.* Theoret. Verss. zur Best. der Breite von angeregten Niveaus u. der Korrelationskonstanten zwischen Elektron u. Neutrino u. damit zur Klärung der Auswahl der Kräftevarianten beim β-Zerfall werden vorgeschlagen. (Журнал Экспериментальной и Теоретической Физики [J. exp. theoret. Physik] **33.** 655—59. Sept. 1957.) K.-E. Seyb. 90

I. D. Rapoport, *Über einige Quellen der Elektron–Photon-Komponente geringer Energie in der Höhenstrahlung der Stratosphäre.* Aus der Zusammenstellung experimenteller Daten schließt Vf., daß 20—30% (bezogen auf die Energie) der Elektronen mit kurzer Reichweite (< 1,7 g/cm² Al) in der Stratosphäre genet. mit Prodd. der Kernzertrümmerungen in Verbindung stehen. Diese Elektronen machen 10% der Überschußionisation aus. Das Verhältnis E_{el}/E_{γ} ist in Höhen von 65—250 g/cm² nahezu konstant 0,2 bis 0,3. (Журнал Экспериментальной и Теоретической Физики [J. exp. theoret. Physik] **34.** 1306—09. Mai 1958. Moskau, Univ.) M. Wiedemann. 90

M. W. Chatzkewitsch und **E. M. Zenter**, *Elektronenausbeute unter der Einwirkung von γ-Quanten.* Die absol. Ausbeute von Sekundärelektronen bei der Bestrahlung eines Al-Targets mit 2,62 MeV-γ-Strahlen wird zu $1,6 \cdot 10^{-2}$ e⁻/γ berechnet und experimentell zu $(1,3 \pm 0,2) \cdot 10^{-2}$ e⁻/γ bestimmt. γ-Strahlen von RdTh (ThC″) werden durch Pb-Kollimatoren gebündelt u. die Sekundärelektronen in einem Zählrohr mit 6 mm starker Al-Wandung gemessen. (Журнал Экспериментальной и Теоретической Физики [J. exp. theoret. Physik] **34.** 807—10. April 1958.) K.-E. Seyb. 90

G. Munschy, *Auflösung der Schrödinger-Gleichung der Atome mit 2 Elektronen. 3. Mitt. Fortsetzung der Methode. Symmetrische S-Zustände.* (2. vgl. C. **1959.** 5682.) Best. der Koeffizienten des linearen Syst. u. Präzisierung der Beziehungen zwischen den verwendeten Grundfunktionen. (J. Physique Radium **18.** 552—58. Okt. 1957. Strasbourg, Fac. des Sci., Inst. de Phys.) Gerhard Schmidt. 90

F. B. Malik, *Zur elastischen Streuung langsamer Elektronen im Feld eines Atoms.* Es wird eine Meth. zur Berechnung der Streuung langsamer Elektronen entwickelt u. zusammen mit den Methoden von Hulthèn u. Kohn zur Best. der p-Wellenstreuung im n. Feld des atomaren H verwendet. Die Meth. vermeidet die Zweideutigkeit der Hulthènschen quadrat. Gleichung u. liefert nahezu dasselbe Ergebnis. Die Verknüpfung der 3 Methoden wird erörtert, u. es wird gezeigt, wie man erreicht, daß alle 3 Methoden äquivalent werden. Die theoret. Behandlung kann ohne Schwierigkeiten auf das modifizierte Coulomb-Potential erweitert werden. Die ohne Austausch berechneten Phasenverschiebungen u. Wellenfunktionen stimmen mit den numer. Ergebnissen von Chandrasekhar u. Breen überein. (Z. Naturforsch. **14a.** 172—93. 1959. München, MPI für Phys. u. Astrophys.) D. Jörchel. 90

B. W. Geschkenbein, *Über die β-Übergänge 0-0 mit Nichterhaltung der Parität.* Vf. zeigt, daß die Form des 0–0-Spektr. mit der A-Varianten des β-Zerfalls übereinstimmt. Für die Polarisation der Zerfallselektronen u. die Elektron–Neutrino-Winkelkorrelation werden Formeln abgeleitet. (Журнал Экспериментальной и Теоретической Физики [J. exp. theoret. Physik] **34.** 1349—50. Mai 1958.) M. Wiedemann. 90

A. A. Ansselm, *Streuung von langsamen Neutronen durch zweiatomige Moleküle.* Allg. Formeln für die Querschnitte der elast. u. unelast. Streuung von Neutronen an Moll., die aus zwei gleich- oder ungleichartigen Atomen bestehen, werden berechnet u. auf die Moll. T_2, HT u. DT angewendet. Durch Vgl. mit experimentellen Streuquerschnitten kann die Streuamplitude für Neutronen an T-Kernen bestimmt werden. (Журнал Экспериментальной и Теоретической Физики [J. exp. theoret. Physik] **33.** 625—33. Sept. 1957. Leningrad, Physiko-techn. Inst. der Akad. der Wiss. der UdSSR) K.-E. Seyb. 90

I. I. Lewintow, A. W. Miller und **W. N. Schamschew**, *Messung der Polarisation von (D + T)-Neutronen bei der Deuteronenenergie 1800 keV.* Ein mit ³H gesätt. Ta-Target wird mit einem starken Deuteronenbündel beschossen u. die erzeugten Neutronen in schwenkbaren Proportionalzählern mit 8—12,5 at He-Füllung gemessen. Für verschied. Winkel der Neutronenemission wird die azimutale Asymmetrie bestimmt. Der Polarisationsgrad beträgt bei 45° 7 ± 3, 67,5° 12 + 3, 90° 10 ± 3, 112,5° 2 ± 3 u. 135° 0 ± 5%. (Журнал Экспериментальной и Теоретической Физики [J. exp. theoret. Physik] **34.** 1030—32. April 1958. Akad. der Wiss. der UdSSR.) K.-E. Seyb. 90

Ju. A. Alexandrow, *Kleinwinkelstreuung schneller Neutronen durch schnelle Kerne.* (Vgl. C. **1957.** **10924.**) Reaktorneutronen mit einer mittleren Energie von 2 MeV, die an *Pu-*, *U-*, *Pb-*, *Bi-*, *Sn-* u. *Cu*-Targets in Winkeln zwischen 4 u. 25° gestreut werden, werden mit einer Ionisationskammer mit 15 at He gemessen. Ein Anstieg der Streuquerschnitte an U u. Pu bei Winkeln unter 11° kann u.a. seine Ursache in der Polarisierbarkeit des Neutrons mit $\alpha = (8,0 \pm 3,5) \cdot 10^{-41}$ cm³ haben. (Журнал Экспериментальной и Теоретической Физики [J. exp. theoret. Physik] **33.** 294—96. Juli 1957. Inst. für Atomenergie.) K.-E. Seyb. 90

Moses A. Greenfield, Roscoe L. Koontz und **Alan A. Jarrett**, *Messung des Verhältnisses der thermischen zur Resonanzneutronendichte unter Verwendung dicker Indiumfolien.* Es wird über Messungen der Cd-Verhältnisse von In-Folien im Dickenbereich 0,012 bis ca. 100 mg/cm² berichtet. Mit Hilfe der graph. u. in Tabellenform wiedergegebenen Korrekturfaktoren wurde das Verhältnis der therm. zur Resonanzneutronendichte bestimmt. Der Unterschied der Werte für eine dünne u. eine dicke Folie ist $< 2\%$. (Nuclear Sci. Engng. **2.** 246—52. Mai 1957. Los Angeles, Calif., Univ. of California, Med. Center, Dep. of Radiol.; Canoga Park, Calif., North Amer. Aviat., Inc., Atom. Internat.) D. Jörchel. 90

Harvey J. Amster, *Die nach Wigner-Wilkins berechneten thermischen Neutronenspektren, verglichen mit Messungen in einem Wassermoderator.* Auf die Vorzüge der Wigner-Wilkinsschen Berechnung der Spektren des therm. Flusses (AECD-2275 [1948.]) wird hingewiesen, die sich zur Best. der therm. Gruppenkonstanten in wassermoderierten Reaktorsystemen eignet. Obwohl die physikal. Voraussetzungen dieser Theorie durch W. nicht befriedigt werden, zeigt ein Vgl. mit experimentellen Daten (Poole, noch nicht veröffentlicht), daß gute Übereinstimmung mit der Rechnung besteht, wenn auch einige charakterist. Abweichungen auftreten. (Nuclear Sci. Engng. **2.** 394—404. Mai 1957. Pittsburgh, Pa., Bettis Atom. Power Div.) D. Jörchel. 90

N. C. Francis, H. Hurwitz jr. und **P. F. Zweifel,** *Kritizitäts- und Flußberechnungen für wasserstoffhaltige Anordnungen.* Zur Berechnung der krit. Daten, Neutronenverteilungen u. damit verknüpfter Funktionen für reflektierende Reaktoren werden eine Variationsmeth. u. eine Modifikation der Wiener-Hopf-Meth. verwendet. Die Hauptanwendung gilt dem Falle von mit Wasserstoff moderierten Reaktoren. Ein Vgl. mit experimentellen Ergebnissen für wassermoderierte Reaktoren zeigt Unstimmigkeiten, die mit der bereits bekannten Diskrepanz verträglich sind, die zwischen dem gemessenen u. dem berechneten Neutronenalter in W. besteht. (Nuclear Sci. Engng. **2.** 253—87. Mai 1957. Schenectady, N. Y., Knolls Atom. Power Labor.) D. Jörchel. 90

W. A. Worobjew, *Wahrscheinlichkeit der Umladung von Nucleonen mit Energien von $3 \cdot 10^9$—10^{10} eV bei der Wechselwirkung mit den Kernen der Luft.* Die Abhängigkeit der Stärke der Primärströme von Neutronen u. Protonen von der Höhe der Atmosphäre wird abgeschätzt. Durch Vgl. mit experimentellen Daten wird eine Wahrscheinlichkeit für Umladung von 20—30% ermittelt. (Журнал Экспериментальной и Теоретической Физики [J. exp. theoret. Physik] **33.** 264—65. Juli 1957. Inst. für angew. Geophys. der Akad. der Wiss. der UdSSR.) K.-E. Seyb. 90

E. W. Teodorowitsch, *Einfluß der Protonenstruktur auf die Lamb-Verschiebung.* Die Berechnung der verschobenen Wasserstoffniveaus nach der Meth. der präzisierten Wellenfunktionen bringt nur geringfügige Annäherung von Theorie u. Experiment. (Журнал Экспериментальной и Теоретической Физики [J. exp. theoret. Physik] **33.** 823—25. Sept. 1957. Moskau, Univ.) K.-E. Seyb. 90

A. A. Ruchadse, *Über die elastische Streuung von Teilchen hoher Energie an Deuteronen.* Eine quantitative Bewertung der relativen Wahrscheinlichkeit für die elast. Streuung von Protonen hoher Energie an Deuteronen wird unter Verwendung der Wellenfunktion des Deuterons von Tamm-Dancoff durchgeführt. Ohne Berücksichtigung von Abschirmeffekten durch das Nachbarnucleon wird für 675 MeV-Protonen der Wert $2 \cdot 10^{-3}$ gegenüber dem experimentellen Wert $7 \cdot 10^{-3}$ erhalten. (Журнал Экспериментальной и Теоретической Физики [J. exp. theoret. Physik] **34.** 1014—15. April 1958.) K.-E. Seyb. 90

P. W. Ssorokin, A. K. Walter, B. W. Gawrilowski, K. W. Karadshew, W. I. Manko und **A. Ja. Taranow,** *Polarisation von Protonen bei der Streuung an ^{16}O.-Spin und Parität des 3,11 MeV-Niveaus des ^{17}F-Kerns.* 2,6—2,8 MeV-Protonen werden auf Al_2O_3 u. Al geschossen. Bestimmt werden die im Winkel von 60° gestreuten Protonen mit einem He-Analysator u. die Polarisation des Protons am ^{16}O-Kern. Größe, Resonanzcharakter u. Vorzeichen der Polarisation führen zu dem Schluß, daß das die Resonanz verursachende 3,11 MeV-Niveau von ^{17}F die Charakteristik $1/2^-$ hat. (Журнал Экспериментальной и Теоретической Физики [J. exp. theoret. Physik] **33.** 606—09. Sept. 1957. Physiko-techn. Inst. der Akad. der Wiss. der UkrainSSR.) K.-E. Seyb. 90

H. Tyrén und **Th. A. J. Maris,** *Unelastische Streuung von 185 MeV-Protonen an Sauerstoff, Calcium und Kohlenstoff.* (Vgl. C. **1959.** 682.) Die Energiespektren bei verschied. Winkeln für die unelast. Streuung von Protonen nahe 180 MeV an O, Ca u. C wurden mit einem Magnetanalysator aufgenommen. Den angeregten Zuständen der Targetkerne entsprechende Maxima werden aufgelöst, differentielle u. totale Querschnitte werden mitgeteilt. Die scharfen Maxima in den Spektren entsprechen Niveaus (in MeV) bei C $4,3 \pm 0,2$, $7,6 \pm 0,2$, $9,6 \pm 0,2$, $12,6 \pm 0,3$, $15,0 \pm 0,2$ u. ca. 20; bei O $6,1 \pm 0,2$, $12,5 \pm 0,3$ u. ca. 20; bei Ca $3,7 \pm 0,2$, ca. 7 u. ca. 18. Die differentiellen Querschnitte für Spitzen mit einem kleinen Background wurden integriert u. ergaben totale Querschnitte (in mbarn, ± 20%) von 5,3 für C(4,3 MeV), 2,4 für C(9,6 MeV); 5,5 für O(6,1 MeV) u. 6,4 für Ca(3,7 MeV). (Nuclear Physics **4.** 637—42. Nov. 1957. Uppsala, Univ., Gustaf Werner Inst. for Nucl. Chem.) Herbert Weber. 90

A. A. Ruchadse, *Über die Wechselwirkung zweier Nucleonen nach der Tamm-Dancoff-Methode.* Ausgehend von der Wechselwrkg. zweier Nucleonen nach der Tamm-Dancoff-Meth. werden die Wellenfunktionen für die $^3S_1$- u. $^3D_1$-Zustände des Deuterons ermittelt. Die Theorie vermag die Wechselwrkgg. von Nucleonen unter 20 MeV gut zu beschreiben. (Журнал Экспериментальной и Теоретической Физики [J. exp. theoret. Physik] **35.** 511—12. Aug. 1958.) M. Wiedemann. 90

Ju. G. Balaschko und **I. Ja. Barit,** *Streuung von Deuteronen an Deuterium und Tritium bei niedrigen Energien.* Die Querschnitte der D–T-Streuung im Energieintervall 30—300 keV werden bei 90° u. die Querschnitte der D–D-Streuung im Energieintervall 100—600 keV bei 67° gemessen. Die gestreuten Teilchen werden in Proportionalzählern in Koinzidenz mit Rückstoßkernen gemessen. (Журнал Экспериментальной и Теоретической Физики [J. exp. theoret.Physik] **34.** 1034—35. April 1958. Physik. Lebedew-Inst. der Akad. der Wiss. der UdSSR.) K.-E. Seyb. 90

Mohamed El Nadi, *Über die unelastische Deuteronenstreuung.* Vf. nimmt an, daß in einigen Fällen das einfallende Deuteron direkt in Wechselwrkg. tritt, nur gestreut wird u. den Kern wieder verläßt. Der für die Winkelverteilung der gestreuten Deuteronen abgeleitete Ausdruck stimmt für die 14,4 MeV-Deuteronen bei Streuung am 4,61 MeV-Niveau von ^7Li mit den Experimenten überein. (Maximum bei 70°). (Журнал Экспериментальной и Теоретической Физики [J. exp. theoret. Physik] **34.** 1207—10. Mai 1958. Kairo, Ägypten, Univ.) M. Wiedemann. 90

W. I. Mamassachlissow und **T. I. Kopaleischwili,** *Winkelverteilung unelastisch gestreuter Deuteronen.* Die unelast. Streuung von Deuteronen an Kernen vom gg-Typ wird behandelt, die differentiellen Querschnitte werden angegeben. Der ^{24}Mg-Kern wird als deformiert, ^{12}C als sphär. angesehen. Unter Berücksichtigung der Coulomb-Wechselwrkg. wird angenommen, daß in Mg ein Rotationsniveau u. in C ein einzelnes Phonon angeregt wird. (Журнал Экспериментальной и Теоретической Физики [J. exp. theoret. Physik] **34.** 1169—75. Mai 1958. Inst. für Phys. der Akad. der Wiss. der GrusinSSR.) M. Wiedemann. 90

Kurt Koller, *Der Atomkern als Elektronenkristall.* 2. Mitt. (1. vgl. C. **1957.** 4004.) Die Anwendung des Quantenprinzips führt auf eine atomist. Struktur für die aus Elektronen aufgebaute Urmaterie u. damit weiter zu einer prim. Höhenstrahlung der Größenordnung 10^{16} eV. Als sek. Höhenstrahlung werden Teilchen gefunden, deren Massen mit den an Mesonen beobachteten übereinstimmen. (S.-B. österr. Akad. Wiss., math.-naturwiss. Kl., Abt. IIa **164.** 455—72. 1955.) Gerhard Schmidt. 95

Georges Mouchitzky, *Strahlen der Spiegelkerne.* Unter Verwendung des Schalenmodells mit einem harmon. Oscillatorpotential u. der Meth. von Slater für Spiegelkerne bis zur Massenzahl 17 berechnet Vf. bei jj-Kopplung für diese Kerne das Verhältnis des Coulomb-Strahls R_c, der unter Annahme einer gleichförmigen Ladungsverteilung erhalten wird, zum meson. Strahl R_m, der sich aus der Störungsrechnung ergibt. Mit zunehmender Massenzahl werden die R_c/R_m-Werte bis auf einige Ausnahmen bei Schalenabschluß kleiner, der Radius r_0 zeigt einen ähnlichen Verlauf. (J. Physique Radium **18.** 567—71. Okt. 1957. Paris, Coll. de France, Labor. de Phys. et Chim. Nucl.) Gerhard Schmidt. 95

F. I. Kligman, *Über die Dichteverteilung der Nucleonen in Kernen.* Auf der Grundlage des statist. Kernmodells wird die Verteilung der Bahnmomente in den Kernen behandelt. Die Wahl verschied. Verteilungsfunktionen der Kerndichte zeigt an, daß geeignete existieren, mit denen die experimentellen Daten über die Streuung schneller Elektronen durch Kerne, die Sättigung der Kernkräfte u. die Erfordernisse des Kernschalenmodells befriedigt werden können. (Журнал Экспериментальной и Теоретической Физики [J. exp. theoret. Physik] **35.** 367—71. Aug. 1958.) M. Wiedemann. 95

D. A. Saikin, *Über die Abweichung der Gleichgewichtsform der Atomkerne von der axialen Symmetrie.* Das Verhalten der Nucleonen in einem Potentialfeld ohne axiale Symmetrie wird behandelt. Bei der Auffüllung der p-Schale, beginnend mit dem dritten Nucleon, weicht die Gleichgewichtsform nicht nur von der sphär., sondern auch der axialen Symmetrie ab. (Журнал Экспериментальной и Теоретической Физики [J. exp. theoret. Physik] **35.** 529—30. Aug. 1958.) M. Wiedemann. 95

A. Ss. Dawydow und **G. F. Filippow,** *Rotationszustände von nichtaxialen Kernen.* Vff. zeigen, daß der Wegfall der axialen Symmetrie des Kerns die Rotationszustände nicht wesentlich ändert, daß jedoch neue auftreten. Vermutlich gehören sowohl die sogenannten Schwingungsenergieniveaus der Kerne vom gg-Typ als auch die Niveaus dieser Kerne mit der Spinfolge 0, 2, 2, 3 zum Rotationstyp. (Журнал Экспериментальной и Теоретической Физики [J. exp. theoret. Physik] **35.** 440—47. Aug. 1958. Moskau, Univ.) M. WIEDEMANN. 95

L. K. Peker, *Über eine neue Isomerieart in ^{152}Eu.* Ungewöhnliche Erscheinungen im Zerfallsschema von ^{152}Eu, wie das Fehlen eines Übergangs vom isomeren 9,2 Std.-Kern zum 13 Jahre-^{152}Eu trotz Spindifferenz 2 u. die unterschiedlichen Verzweigungsverhältnisse der beiden Isomere bei K-Einfang u. β-Zerfall, werden durch verschied. Gleichgewichtsformen der Nucleonenzustände in den isomeren Kernen erklärt. Der isomere Kern hat die sphär., der 13 Jahre-Kern die ellipsoidale Form. (Журнал Экспериментальной и Теоретической Физики [J. exp. theoret. Physik] **33.** 291—93. Juli 1957. Biblioth. der Akad. der Wiss. der UdSSR.) K.-E. SEYB. 95

A. A. Loktionow, W. I. Stafejew und **Sh. Ss. Takibajew,** *Untersuchung der räumlichen Verteilung von Kernspaltungen nach der Methode der dicken Photoplatten.* Vff. untersuchen die Verteilung der Kernspaltungen mittels dicker Photoplatten in Abhängigkeit von der Höhe an 190 auf 3570 m u. an 561 in der Stratosphäre erzeugten Spaltungen sowie die Abhängigkeit dieser räumlichen Verteilung von der Kernladungszahl Z an 1293 Sternen, wo die Emulsionen in der Stratosphäre unter verschied. Absorbern exponiert worden waren. Die Verteilung der Sterne gehorchte bei Abständen $<$ 1 mm nicht mehr dem POISSON-Gesetz. Dieser Effekt nimmt mit der Zackenzahl u. der Höhe nahezu unabhängig von Z zu. (Вестник Академии Наук Казахской ССР [Nachr. Akad. Wiss. KasachSSR] **14.** Nr. 10. 49—59. Okt. 1958.) M. WIEDEMANN. 103

I. M. Gramenitzki, M. Ja. Danysch, W. B. Ljubimow, M. I. Podgoretzki und **D. Tuwdendorsh,** *Über die Winkelkorrelation zwischen den sekundären Teilchen, die sich bei Kernstößen hoher Energie bilden.* 450 Kernzertrümmerungen in einer den 9 GeV-Protonen ausgesetzten Emulsionskammer wurden analysiert; der Korrelationskoeff. für die Flugrichtung der sek. relativist. Teilchen wurde ermittelt. Die Richtungen scheinen nicht vollkommen statist. unabhängig voneinander zu sein. Unter 375 Zertrümmerungen wurden 6 Paare von Sekundärteilchen mit einer Winkeldifferenz $<3{,}5 \cdot 10^{-2}$ beobachtet. (Журнал Экспериментальной и Теоретической Физики [J. exp. theoret. Physik] **35.** 552—53. Aug. 1958. Vereinigt. Inst. für Kernunterss.) M. WIEDEMANN. 103

A. N. Gorbunow und **W. M. Spiridonow,** *Photozertrümmerung von Helium.* 1. Mitt. In einer WILSON-Kammer, die sich in einem Magnetfeld von 5500 Gauß befindet u. die mit dem 170 MeV-Bremsstrahlenbündel des Synchrotrons synchronisiert ist, werden Photozertrümmerungen von He photograph. registriert. Die Ausbeuten der (γ, p)-, (γ, n)-, (γ, pn) + (γ, 2p2n)- u.(γ, 2d)-Rkk., die Abhängigkeit des (γ, p)-Querschnitts von der Photonenenergie u. die Winkelverteilung von p u. ^{3}H dieser Rk. werden bestimmt. (Журнал Экспериментальной и Теоретической Физики [J. exp. theoret. Physik] **33.** 21—32. Juli 1957. Physik. Lebedew-Inst. der Akad. der Wiss. der UdSSR.) K.-E. SEYB. 103

A. N. Gorbunow und **W. M. Spiridonow,** *Photozertrümmerung von Helium.* 2. Mitt. (1. vgl. vorst. Ref.) Aus Nebelkammeraufnahmen (l. c.) wird die Rk. ^{4}He(γ,n)^{3}He untersucht. Die Abhängigkeit der effektiven Querschnitte von der γ-Energie u. die Winkelverteilung der Neutronen werden bestimmt. (Журнал Экспериментальной и Теоретической Физики [J. exp. theoret. Physik] **34.** 862—65. April 1958.) K.-E. SEYB. 103

A. N. Gorbunow und **W. M. Spiridonow,** *Photozertrümmerung von Helium.* 3. Mitt. (2. vgl. vorst. Ref.) Reaktionsquerschnitte in Abhängigkeit von der Photonenenergie u. Winkelverteilungen von Neutronen, Protonen u. Deuteronen aus der Rk. ^{4}He(γ, pn)D werden bestimmt. Die Ergebnisse werden mit theoret. Berechnungen verglichen. (Журнал Экспериментальной и Теоретической Физики [J. exp. theoret. Physik] **34.** 866—73. April 1958.) K.-E. SEYB. 103

T. I. Kopaleischwili, *Über die Kernreaktion $^6Li(n, t)^4He$.* Die Abhängigkeit des Querschnittes der Rk. ^{6}Li(n, t)^{4}He von der Neutronenenergie zwischen 1 u. 14 MeV wird unter der Annahme einer d-α-Wechselwrkg. im ^{6}Li-Kern in Form eines Oscillatorpotentials berechnet. (Журнал Экспериментальной и Теоретической Физики [J. exp. theoret. Physik] **33.** 788—90. Sept. 1957. Tiblissi, Univ.) K.-E. SEYB. 103

A. T. Warfolomejew, *Über die Absorption langsamer π-Mesonen durch Kerne.* Mit BeF_2 angereicherte Kernemulsionen wurden langsamen π^- ausgesetzt u. 12 Fälle der Rk. ^{9}Be + π^- $\rightarrow$ ^{8}Li + n, ^{8}Li $\rightarrow$ ^{8}Be* $\rightarrow$ 2α beobachtet. Die mittlere Energie der ^{8}Li-Kerne betrug 14,4 MeV, die der Neutronen 108 MeV. Aus der Energiebilanz ergibt sich, daß ^{8}Li im Grundzustand oder mit weniger als ca. 2 MeV Anregungsenergie gebildet wird. (Журнал Экспериментальной и Теоретической Физики [J. exp. theoret. Physik] **35.** 540—41. Aug. 1958. Physik. Lebedew-Inst. der Akad. der Wiss. der UdSSR.) M. Wiedemann. 103

L. W. Wolkowa und **F. P. Denissow,** *Reichweite der* ^{24}*Na-Rückstoßkerne und Mechanismus der Kernreaktionen* $^{27}Al(p, 3pn)$, $^{28}Si(p, 4pn)$ *und* $^{31}P(p, 5p3n)$ *bei 660 MeV-Protonen.* Die Kurven für die Beziehung zwischen Reichweite in Al u. Energie werden für ^{24}Na interpretiert. Die mittlere Reichweite der ^{24}Na-Rückstoßkerne, die beim Beschuß von Al, Si u. P mit 660 MeV-Protonen entstehen, wurde gemessen. Die theoret. Werte nach dem Serber-Modell, das eine Aufeinanderfolge von Nucleonenkaskade u. Verdampfung annimmt, sind wesentlich höher als die experimentellen. (Журнал Экспериментальной и Теоретической Физики [J. exp. theoret. Physik] **35.** 538—39. Aug. 1958. Physik. Lebedew-Inst. der Akad. der Wiss. der UdSSR.) M. Wiedemann. 103

F. P. Denissow und **P. A. Tscherenkow,** *Reichweite der* ^{24}*Na-Rückstoßkerne und Mechanismus einiger Kernphotoreaktionen.* (Vgl. vorst. Ref.) Die effektive Dicke der Proben als Maß der Energie für die ^{24}Na-Rückstoßkerne aus den Kernphotoreaktionen ^{27}Al(γ, 2pn), ^{28}Si(γ, 3pn), ^{31}P(γ, 4p3n) u. ^{32}S(γ, 5p3n) wurde ermittelt. Die nach dem Modell (Absorption der Quanten durch ein Nucleonenpaar, Nucleonenkaskade im Kern u. Verdampfung) berechneten Werte liegen wesentlich höher als die experimentellen. (Журнал Экспериментальной и Теоретической Физики [J. exp. theoret. Physik] **35.** 544—46. Aug. 1958.) M. Wiedemann. 103

H. Voshage und **H. Hintenberger,** *Die Kaliumisotope als Reaktionsprodukte der kosmischen Strahlung im Eisenmeteoriten Carbo.* Mit einer massenspektrometr. Oberflächen-Ionenquelle mit extrem niedrigem Substanzverbrauch wurden nach der Meth. der vollständigen Verdampfung die Isotopenhäufigkeiten von K aus dem Eisenmeteoriten Carbo bestimmt: Anteil an gewöhnlichem bzw. an Splitterungs-K in %: ^{39}K 79,5 bzw. 0; ^{40}K 0,01 bzw. 4,8 u. ^{41}K 5,9 bzw. 9,8. Bei den Splitterungsanteilen handelt es sich um Minimalwerte. Hauptfehlerquelle war das K-Stör-Spektr. der Ionenquelle. Die Konz. von ^{40}K in Carbo erwies sich mit Sicherheit $> 7,3 \cdot 10^{-11}$ g/g. Die Existenz des von Gerling u. Mitarbeitern postulierten langlebigen Isomers ^{38}K konnte nicht bestätigt werden. (Z. Naturforsch. **14a.** 194—95. 1959. Mainz, MPI für Chem.) D. Jörchel. 103

T. Yuasa, J. Laberrigue-Frolow und **L. Feuvrais,** *Zerfall von* ^{90}Y. 2. Mitt. *Untersuchung des Einflusses des Fierz-Terms auf die Form des* β^-*-Spektrums von* ^{90}Y. (1. vgl. C. **1959.** 684.) Bei der Unters. des Überganges $0^+ \rightarrow 0^+$ mit Hilfe des β^--Zerfalls von ^{90}Y (E_{max} = 2,25 MeV, ΔJ = 2, ja) stellen Vff. fest, daß eine Abweichung der korr. Fermi-Kurve von einer Geraden unterhalb 500 keV mit einer reinen Strahlenquelle (^{90}Sr $< 10^{-7}$ von ^{90}Y) auftritt. Aus neueren magnetspektrograph. Messungen mit einer Strahlenquelle von 15 mc/mg u. einer Oberflächenschicht von 30—40 μg/cm^2 kann gefolgert werden, daß bei Existenz des Fierz-Terms im β^--Spektr. von ^{90}Y der φ-Wert in diesem Term 0,03 selbst unter Berücksichtigung des Abschirmeffektes nicht überschreitet. (J. Physique Radium **18.** 559—61. Okt. 1957. Paris, Coll. de France, Labor. de Phys. et Chim. Nucl.; Ivry, Labor. de Synthèse Atom.) Gerhard Schmidt. 103

W. W. Wolkow, A. Ss. Passjuk und **G. N. Flerow,** *Die Abstreifreaktion bei der Wechselwirkung beschleunigter* ^{14}*N-Ionen mit Kernen anderer Elemente.* Im Cyclotron auf 115 MeV beschleunigte $^{14}N^{5+}$-Ionen werden auf *Al, Ni, Cu, Ag, Cd* u. *Sn*-Folien geschossen, wobei durch Abstreifen eines Neutrons radioakt. ^{13}N-Kerne entstehen, die auf Auffangfolien gesammelt u. gemessen werden. Die ^{13}N-Emission erfolgt in diskreten Winkeln, die mit der Kernladungszahl der Abstreiffolie größer werden. Der effektive Querschnitt der ^{13}N-Erzeugung ist bei Geschoßenergien, die die Coulomb-Barriere übersteigen, energieunabhängig. Er beträgt für Ni ca. 30 u. für Al ca. 12 mbarn. (Журнал Экспериментальной и Теоретической Физики [J. exp. theoret. Physik] **33.** 595—601. Sept. 1957. Akad. der Wiss. der UdSSR.) K.-E. Seyb. 103

W. Riezler und **G. Kauw,** *Natürliche Radioaktivität von Gadolinium-152 und Hafnium-174.* An angereicherten Isotopen von Gd u. Hf durchgeführte Aktivitätsmessungen lieferten für ^{152}Gd eine Spurengruppe mit einer mittleren Reichweite von 5,8 μ, der eine Energie der α-Teilchen von 17 MeV entspricht. Dieser Reichweitengruppe u. damit dem ^{152}Gd sind ca. 40 Spuren zuzuordnen. Das ergibt mit den bekannten Daten der Probe eine Zerfallskonstante $\lambda = 7,3 \cdot 10^{-16}$/Jahr u. eine Halbwertzeit $T = 9,5 \cdot 10^{14}$ Jahre. Dieser Wert dürfte auf einen Faktor 2 genau sein. In der Spurenverteilung der ^{174}Hf-Probe erscheint ein schwaches Maximum zwischen 8 u. 9 μ. Einer Reichweite von 8,5 μ entspricht eine Energie von 2,5 MeV. Als Zerfallskonstante ergab sich $\lambda = 1,6 \cdot 10^{-16}$/Jahr u. $T = 4,3 \cdot 10^{15}$ Jahre. (Z. Naturforsch. **14a.** 196. 1959. Bonn, Univ., Inst. für Strahlen- u. Kernphys.) D. Jörchel. 103

Samuel S. Markowitz, F. S. Rowland und **G. Friedlander,** *(p,pn)-Reaktionen bei Protonenenergien von 0,3 bis 3 GeV.* Vff. bestimmen die Querschnitte für (p, pn)-Rkk. an ^{14}N, ^{19}F, ^{54}Fe, ^{58}Ni, ^{63}Cu, ^{65}Cu, ^{64}Zn, ^{100}Mo u. ^{181}Ta bei Protonenenergien von 0,4 u. 3,0 GeV. Für ^{19}F, ^{65}Cu, ^{100}Mo u. ^{181}Ta werden auch Querschnittsmessungen bei mehreren anderen Energien zwischen 0,3 u. 3,0 GeV durchgeführt. Die Aktivitätsmessungen erfolgen mit Endfenster-Durchfluß-β-Proportionalzählern. Das Zählgas ist eine Mischung von 90% Ar u. 10% Methan. Der Zerfall der verschied. radioakt. Nuclide wird über mehrere Halbwertszeiten verfolgt. Die Proben werden anschließend aufgelöst u. die chem. Ausbeuten spektrometr. oder polarograph. bestimmt. Innerhalb 30% erscheinen die zwischen 0,3 u. 3,0 GeV gemessenen (p, pn)-Querschnitte energeiunabhängig. Bei einer gegebenen Energie zeigen die Querschnitte größere Änderungen von Kern zu Kern, als sie nach einem rein statist. Bild des knock-on-Prozesses erklärt werden können. Es wird angenommen, daß Schalenstruktureffekte für die Tatsache verantwortlich sein können, daß die (p, pn)-Querschnitte von ^{63}Cu, ^{65}Cu u. ^{64}Zn ca. 45% höher sind als diejenigen von ^{54}Fe u. ^{58}Ni. Die berechneten Querschnitte (Monte Carlo-Meth.) sind um Faktoren von 2—3 bei 0,4 GeV zu klein u. zeigen eine Abnahme mit zunehmender Energie. Mögliche Gründe für diese Diskrepanzen werden in Einzelheiten des Kernmodells, das bei diesen Berechnungen benutzt wird, gesucht. Die Deuteronenemission kann nicht wesentlich im betrachteten Energiebereich zu den (p, pn)-Rkk. beitragen. Prozesse mit Einschluß der Verdampfung eines der Nucleonen nehmen wahrscheinlich mit zunehmender Energie an Bedeutung ab, wogegen der Beitrag von Mesonen-Rkk., wie z. B. (p, pn π^0), (p, 2pπ^-), wahrscheinlich mit der Energie zunimmt. (Physic. Rev. [2] **112.** 1295—1302. 15/11. 1958. Princeton, N. J., Princeton Univ., Dep. of Chem.; Upton, N. Y., Brookhaven Nat. Labor. and Dep. of Chem.) GERHARD SCHMIDT. 103

E. Baker, G. Friedlander und **J. Hudis,** *Bildung von ^{7}Be bei Wechselwirkungen verschiedener Kerne mit energiereichen Protonen.* Vff. ermitteln die Querschnitte für die Bldg. von ^{7}Be bei Wechselwrkgg. von *C*, *Al*, *Cu*, *Ag*, u. *Au* mit Protonen zwischen 1 u. 3 GeV. Für die Verss. werden reine Folien aus Polystyrol (166 mg/cm²), Al (21 mg/cm²), Cu (46 mg/cm²), Ag (138 mg/cm²) u. Au (166 mg/cm²) im zirkulierenden Bündel des Cosmotrons bestrahlt. Strahlungen von 2—5 Std. Dauer bei Bündelintensitäten zwischen 10^9 u. 10^{10} Protonen/sec. liefern ^{7}Be-Proben mit ausreichend hohen Zählraten für positive Identifizierung. Die Aktivitätsmessungen werden mit NaJ(Tl)-Kristallen durchgeführt. Bei ausreichender ^{7}Be-Aktivität wird ein γ-Spektrometer zur Prüfung der Reinheit der γ-Strahlung benutzt. Die Querschnittsergebnisse werden mit vorläufigen Daten bei 0,34 GeV Protonenenergie verglichen. Der C-Querschnitt ist auffallend konstant bei 11—14 mbarn von 0,1—3,0 GeV. Die anderen Querschnitte steigen mit zunehmender Protonenenergie an u. liegen sämtlich in der Nähe von 10 mbarn bei 3 GeV. ^{7}Be kann als ein Splitterungsrest aus C betrachtet werden; der gleiche Mechanismus erklärt wahrscheinlich mindestens einen großen Teil seiner Bldg. aus Al. Monte Carlo-Berechnungen zeigen jedoch, daß dieser Mechanismus viel zu niedrige Querschnitte aus Targets mit höherer Kernladungszahl vorhersagt. (Physic. Rev. [2] **112.** 1319—21. 15/11. 1958. Upton, N. Y., Brookhaven Nat. Labor., Chem. Dep.) GERHARD SCHMIDT. 103

J. Hudis und **J. M. Miller,** *^{7}Be-Kerne als Verdampfungsteilchen bei hochenergetischen Reaktionen.* (Vgl. vorst. Ref.) Vff. berechnen die Wahrscheinlichkeit für die Emission von ^{7}Be-Kernen bei einem Verdampfungsprozeß, bei dem der Produktkern, der sich aus der knock-on-Kaskade ergibt, durch die Verdampfung von Protonen, Neutronen, α-Teilchen usw. abklingt. Die Berechnungen stützen die Hypothese, daß das beim Beschuß von *Cu*, *Ag* u. *Au* mit hochenerget. Protonen (l. c.) erzeugte ^{7}Be direkt durch einen Verdampfungsprozeß gebildet wird. (Physic. Rev. [2] **112.** 1322—25. 15/11. 1958. Upton, N. Y., Brookhaven Nat. Labor., Chem. Dep.; New York, N. Y., Columbia Univ., Chem. Dep.) GERHARD SCHMIDT. 103

Marc Lefort, Gabriel Simonoff und **Xavier Tarrago,** *Über die Bildung von ^{210}At und ^{211}At bei der Splitterung von ^{232}Th durch 160 MeV-Protonen.* Bei Verss. über die Splitterung von ^{232}Th durch 160 MeV-Protonen des Synchrocyclotrons konnten durch radiochem. Trennung u. durch eine Analyse der α-Spektren die Isotope ^{210}At u. ^{211}At nachgewiesen werden. Als Wirkungsquerschnitte wurden für ^{211}At $0{,}21 \cdot 10^{-3}$ u. für ^{210}At $1{,}8 \cdot 10^{-3}$ barn bestimmt. (C. R. hebd. Séances Acad. Sci. **248.** 216—18. 12/1. 1959. Orsay, Seine-et-Oise, Fac. de Sci., Labor. de Phys. nucl.) D. JÖRCHEL. 103

P. Greebler, H. Hurwitz jr. und **M. L. Storm,** *Statistische Berechnung der Spaltprodukt-Absorptionsquerschnitte bei mittleren und hohen Energien.* Es wird die Verwendung der statist. Eigg. der Kernresonanzen zur Berechnung der Spaltprodukt-Vergiftung im mittleren Energiebereich beschrieben. Auf der Grundlage der verfügbaren theoret. u. experimentellen Daten wird der mittlere Spaltproduktquerschnitt als Funktion der Energie für den Energiebereich 10^2—10^4 eV abgeschätzt. Für verschied. Isotope wird ein Vgl. mit direkten experimentellen Messungen der Absorptionsquerschnitte durchgeführt. Da Targetkerne mit geraden Protonen- u. Neutronenzahlen oder Neutronenzahlen nahe den mag. Zahlen ungewöhnlich große Energieniveauabstände haben, sind die hier gewonnenen mittleren Spaltproduktquerschnitte kleiner als die Querschnitte, die man unter Vernachlässigung dieses Effekts erhält. Der Einfl. verschied. angenommener statist. Verteilungen der red. Neutronenbreiten auf den mittleren Querschnitt wird diskutiert. (Nuclear Sci. Engng. **2.** 334—51. Mai 1957. Schenectady, N. Y., Knolls Atom. Power Labor.) D. JÖRCHEL. 103

R. Broszkiewicz, *Die Verteilung radioaktiver Isotope.* Produktion, Verteilung u. Verwendung von radioakt. Isotopen. (Nukleonika [Warszawa] **3.** 329—43. 1958. Warszawa, PAN, Inst. Bad. jadr. [Orig.: poln., Auszug: engl.]) F. URBAN. 106

W. Simonis, *Die Verwendung radioaktiver Isotope in Biologie und Landwirtschaft.* Allg. Darst. der Verwendung von Isotopen als Indicatoren u. Strahlenquellen mit Beispielen. (Atomkernenergie **1956.** 26—28. Januar. Hannover, Tierärztliche Hochschule, Botan. Inst.) GERHARD SCHMIDT. 106

Walther Gerlach, *Aufbau und Wirkungsweise von Atomkraftwerken.* Vortrag. (Vgl. auch C. **1956.** 10371.) (Atomkernenergie **1956.** 2—8. Januar. München.) GERHARD SCHMIDT. 110

J. Yvon, *Die Reaktoren in Frankreich.* Bericht über Reaktivitätsunterss. u. Neutronenflußmessungen an verschied. Reaktoren des französ. Reaktorprogramms. (J. Physique Radium **18.** 545—51. Okt. 1957. Commiss. à l'Énergie Atom., Dep. des Étud. de Piles.) GERHARD SCHMIDT. 110

A. Grossman, *Reaktorgraphit.* Übersicht: Eigg., Bedeutung u. Herst. von Graphit für Kernreaktoren unter Berücksichtigung poln. Forschungsarbeiten. — 34 Literaturangaben (Nukleonika [Warszawa] **3.** 273—86. 1958. [Orig.: poln.; Auszug: engl.]) F. URBAN. 110

E. Pohland, *Aufarbeitung bestrahlter Kernbrennstoffe.* Für die Aufarbeitung bestrahlter Kernbrennstoffe hat sich bisher nur das chem. Verf. der Aufarbeitung in wss. Phase durchgesetzt. Die verschied. wss. Verff., die als Redox-, Purex- oder Thorex-Verff. beschrieben werden, haben die Verwendung eines organ. Extraktionsmittels gemeinsam. (Atomwirtschaft **3.** 385—88. Okt. 1958. Bad Godesberg.) GERHARD SCHMIDT. 110

Mitsuo Momota, *Neuere Apparaturen bei Kernversuchen.* Übersicht über Beschleuniger usw. u. deren zukünftige Entwicklung. (Kagaku [Science] **25.** 515—17. 1955. Tokyo, Univ. [Orig.: japan.]) L. SCHULER. 112

Jan Flinta, *Gepulste Ionenquelle hoher Intensität.* 1. Mitt. Es wurden 3 verschied. Typen von Ionenquellen mit kalter Kathode entwickelt. Zwei Typen besitzen das übliche Kathodenpotential, während beim 3. Typ die untere Kathode ein hohes negatives Potential aufweist. Die Konstruktion der 3 verschied. Typen u. Grenzbedingungen für Entladungsstrom, Extraktion der Ionen u. Fokussierung breiter Ionenbündel werden beschrieben. — 23 Literaturzitate. (Nuclear Instruments [Amsterdam] **2.** 219—26. April 1958. Stockholm, A. B. Atomenergi.) W. KARCHER. 112

Rolf Pauli und **Jan Flinta,** *Gepulste Ionenquelle hoher Intensität.* 2. Mitt. (1. vgl. vorst. Ref.) Im Anschluß an l. c. wurde eine Ionenquelle mit kalter Kathode (PENNING-Typ) entwickelt. Als geeignetes Kathodenmaterial erwies sich U u. Fe; SiC, LaB_6, Al, Mg u. Graphit waren weniger geeignet. In Abhängigkeit von Druck in der Ionenquelle können 3 verschied. Entladungstypen unterschieden werden. (Nuclear Instruments [Amsterdam] **2.** 227—36. April 1958.) W. KARCHER. 112

W. Dabek und **A. Kazimierski,** *Messung der Impulsanstiegszeit in Proportionalzählern mit BF_3-Füllung.* Der zeitliche Impulsanstieg des Zählers mit BF_3 wird durch Messung der Amplitudenänderung festgestellt. Die Änderung wird durch Einw. eines differenzierenden u. eines integrierenden Syst. auf den Impuls erhalten. Die gemessenen Werte betragen 0,3—0,9 μ-Sekunden. (Nukleonika [Warszawa] **3.** 299—312. 1958. Warszawa, PAN, Inst. Bad. jadr.; Zakł. Elektroniki. [Orig.: poln., Auszug: engl.]) F. URBAN. 112

H. Ewald, H. Liebl und **G. Sauermann,** *Berechnung eines doppelfokussierenden stigmatisch abbildenden Massenspektrographen.* (Vgl. nachst. Ref.) Es werden die Berechnungsgrundlagen für den l. c. beschriebenen Massenspektrographen zusammengestellt. Bei diesem App. wird der durch den relativ großen axialen Öffnungswinkel α_z bewirkte radiale Bildfehler f_{33} durch eine entsprechend berechnete Zylinderkrümmung der Austrittsstirnfläche des Toroidkondensators korrigiert. (Z. Naturforsch. **14a.** 129—37. 1959. München, TH, Physik. Inst.) D. JÖRCHEL. 112

G. Sauermann und **H. Ewald,** *Aufbau und Erprobung eines doppelfokussierenden, stigmatisch abbildenden Massenspektrographen.* (Vgl. vorst. Ref.) Es wird der Aufbau eines

doppelfokussierenden Massenspektrographen beschrieben, der an Stelle des üblichen Zylinderkondensators mit einem Toroidkondensator ausgerüstet ist, um zusätzlich zur Doppelfokussierung in radialer Richtung stigmat. Abb. der Spaltpunkte in die Punkte der Massenlinien zu erhalten. Das erzielte Auflösungsvermögen betrug bei einem Ablenkradius von $a_e = 120$ mm im elektr. Feld ca. 25000. Infolge der Verkürzung der Massenlinien durch die stigmat. Abb. betragen die Belichtungszeiten für die intensivsten Linien der Spektren weniger als 0,1 sec. (Z. Naturforsch. **14a.** 137—41. 1959.)
D. JÖRCHEL. 112

L.F.Curtiss, Introduction to neutron physics. London: Van Nostrand. 1959. (XI + 380 S. m. Abb.) 73 s.
J. K. Dawson and **G. Long,** Chemistry of nuclear power. London: G. Newnes. 1959. (210 S. m. Abb.) 30 s.
Robert E. Marshak, Meson physics. London: Constable. 1959. (378 S.) 16 s.
—, The method of isotopic tracers applied to the study of active ion transport. London: Pergamon Pr. 1959. (IX + 196 S. m. Abb. u. Diagr.) = 1st Biological Colloquium, Saclay, 1958. 60 s.

Elsevier's Fachwörterbuch der Kernwissenschaft und Kerntechnik in sechs Sprachen. München: Oldenbourg Verlag. 1958 (914 S.) DM 85,—.
Aus der Reihe der ELSEVIERS Vielsprachen-Wörterbücher liegt hier das von W.E.CLASON (N.V. Philips Gloeilampenfabrieken, Eindhoven; Leiter der Übersetzungsabt.) zusammengestellte Fachwörterbuch der Kernwissenschaft u. Kerntechnik in 6 Sprachen (Engl./Amerikan./ Französ./ Span./ Italien./Niederländ./Deutsch) vor. Es enthält 4000 Wortstellen vorst. Fachgebiete mit einer Anzahl von Wörtern auf dem Gebiete der Bestrahlung, die den internationalen Standarddefinitionen entsprechen. Angeordnet ist das drucktechn. gut ausgestattete Werk in einen Hauptteil, bei dem jeweils über zwei gegenüberliegende Seiten unter Vorantritt des engl./amerikan. Begriffes (lfd. Nummern) die anderssprachigen Äquivalentbegriffe waagerecht in gleicher Zeile folgen. Hieran schließt sich, durch Griffregister markiert, das deutsche, span., französ., italien. u. niederländ. Wortverzeichnis mit Bezugsziffern auf den Hauptteil an. Die verarbeiteten Begriffe entstammen den Gebieten der Physik, Kern- u. Strahlenphysik, Kernchemie, Isotopenlehre, Metallurgie, chem. Technik, Biologie u.a.m.; die Nutzungsbreite des Wörterbuches geht über diese Fachdisziplinen erheblich hinaus. Heinz Walter

A₂. Optisches Verhalten der Materie.

N. C. Gerson, *Die hohe Atmosphäre.* Zusammenfassender Überblick. Behandelt werden Struktur, Zus. u. Dynamik der Atmosphäre, Nordlicht u. Nordlichtstatistik, die Ionosphäre u. das magnet. Feld. — 20 Literaturzitate. (Nat. Acad. Sci.-Nat. Res. Council, Publ. Nr. **590.** 6—20. 1958.) C. GOTTFRIED. 113

M. Gadsden und **K. Salmon,** *Zum Vorkommen einer 6707 Å-Strahlung am Dämmerungshimmel.* An zwei verschied. Stellen wurde im Spätsommer 1958 während der Dämmerung eine Linie bei 6707 ± 2 Å im Himmelslicht gefunden. Sie ergab eine ähnliche Verstärkung in der Dämmerung wie die Na–D-Linie. Das legt die Vermutung nahe, es handle sich um die Strahlung eines 2^2S–2^2P-Überganges im Li-Atom. Dann könnte man aus den Spektren Angaben über die Höhenverteilung von Li ableiten. Allerdings fehlen hierzu noch die genauen Spektren. Als im August die 6707-Intensität etwa gleich der der Na–D-Strahlung war, muß die Li-Konz. etwa bei 5% der Na-Konz. gelegen haben. Das ergibt für Li etwa $3 \cdot 10^8$ Atome je cm^2 in der oberen Atmosphäre. (Nature [London] **182.** 1598—99. 6/12. 1958. Invercargill, New Zealand, D. P. L. Auroral Stat., Awarna Radio; Antarctica, Hallett Stat.) C. REUBER. 113

Tsuneyuki Kotani und **Marc Ross,** *Einfache Approximation für den nicht eindeutigen ersten verbotenen Übergang.* Theoret. Unters. an Hand vorliegender experimenteller Daten. — 19 Literaturzitate. (Phys. Rev. Letters **1.** 140—42. 15/8. 1958. Bloomington, Ind., Univ., Dep. of Phys.) C. GOTTFRIED. 114

Gilbert Amat und **Lucien Henry,** *Über die Wechselwirkungskoeffizienten zwischen der Schwingung und der Rotation in mehratomigen Molekülen.* 1. Mitt. Für die wichtigsten Wechselwirkungskoeffizienten zwischen Schwingung u. Rotation von Molekülen werden einige Orthogonalitätsrelationen abgeleitet. Die Ergebnisse werden auf einige einfache lineare Moleküle angewendet. (Cahiers de Physique **12.** 273—86. Juli 1958. Paris, Fac. des Sci., Labor. de Chim. phys.; Inst. Nat. de Rech. Chim. Appl.) H. C. WOLF. 114

E. J. Brooks und **L. S. Birks,** *Comptonstreuinterferenz bei der Röntgenfluorescenzspektroskopie.* Bei der Röntgenstrahlspektroskopie werden sowohl ein Teil der Primärstrahlung als auch der Fluorescenzstrahlung unter Energieverlust in der Probe gestreut. Die relative Intensität dieser COMPTON-Streuung ist umso größer, je niedriger die Ordnungszahl der Elemente der Probe ist. Der Effekt, der sich im Auftreten einer längerwelligen breiten Linie neben jeder der Primärstrahlwellenlänge entsprechenden scharfen Interferenz bemerkbar macht, wird am Spektr. einer dicken, mit W-Strahlung analysierten Lucite-Probe veranschaulicht. (Analytic. Chem. **29.** 1556. Okt. 1957. Washington, D. C., U. S. Naval Res. Labor.) D. JÖRCHEL. 116

K. Kanaka Durga und **P. Tiruvenganna Rao,** *Neue sichtbare Bandensysteme des PO-Moleküls.* Im HF-Entladungsspektr. von rotem P wurden zwei neue Bandensysteme des PO-Mol. im sichtbaren Spektralbereich analysiert. Beide haben den gemein-

samen Grundzustand B, der auch zu dem UV-Spektr. B-X des PO gehört. Die oberen Zustände D u. D' haben eine Dublett-Aufspaltung von 27 bis 97 K. Die Systeme entsprechen wahrscheinlich Übergängen $^1\Delta_a$—$^2\pi_b$. (Indian J. Physics Proc. Indian Assoc. Cultivat. Sci. **32**(**41**). 223—29. Mai 1958. Andhra, Univ., Dep. of Phys.)
H. C. Wolf. 118

W. P. Doyle, *Absorptionsspektren von Festkörpern und chemische Bindung.* 1. Mitt. *Arsen-, Antimon- und Wismuttrioxyde.* Zwischen 205 u. 1000 mμ untersuchte Vf. die Absorptionsspektren von dünnen, im Vakuum aufgedampften Filmen von As_2O_3, Sb_2O_3 u. Bi_2O_3. Die erhaltenen Spektren entspr. in ihrem allg. Typ denen von Isolatoren, die gewöhnlich durch sehr starke Absorption bei kürzeren Wellenlängen mit einer scharfen Kante auf der langwelligen Seite charakterisiert sind. Die Spektren der 3 Oxyde sind charakterisiert durch sehr starke Absorption im UV; die Photonenenergieschwellen sind 4,0; 4,2 bzw. 3,2 eV u. der Absorptionskoeff. bei höheren Energien ist wenigstens 10^5 cm^{-1}. Die Ergebnisse wurden qualitativ in Verbindung mit der chem. Bindung diskutiert u. in Verbindung mit den bekannten diffusen Reflexionsspektren der 3 Oxyde gebracht. Bei dem Sb_2O_3 sind Anzeichen für die Erzeugung von Excitonen vorhanden. (Physics Chem. Solids **4.** 144—47. 1958. London, Imp. Coll., Chem. Labor.; Dublin, Univ. Coll.) C. Gottfried. 118

R. R. Haering, *Zeeman-Aufspaltung von Donatoren-Niveaus in Germanium.* Mit Hilfe der Näherung der effektiven Masse wird die Aufspaltung im Magnetfeld der 2pm = $\pm$ 1-Donatorenniveaus in Ge berechnet. Die Aufspaltung wird in Abhängigkeit vom Winkel zwischen Magnetfeld und (100)-Richtung dargestellt. (Canad. J. Physics **36.** 1161—67. Sept. 1958. Birmingham, Univ., Dep. of Mathemat. Phys.)
K. Zückler. 118

Satoru Sugano und **Yukito Tanabe,** *Absorptionsspektren von Cr^{3+} in Al_2O_3.* Teil A. *Theoretische Untersuchungen der Absorptionsbanden und Linien.* Mit der Kristallfeldtheorie werden die Anregungszustände der Cr^{3+}-Ionen in Al_2O_3 u. die zugehörigen opt. Übergänge untersucht. Unter dem Einfl. des trigonalen Feldes u. der Spin–Bahn-Kopplung erhält man Nullfeldaufspaltung u. opt. Anisotropie für die breiten Übergänge zu den Quartett- u. die scharfen Linien zu den Dublett-Zuständen. Weiter werden die zu erwartenden Zeeman-Aufspaltungen diskutiert. Vgl. mit dem Experiment u. Vgl. der opt. u. der Resonanz-Unterss., sowie Diskussion des g-Faktors bestätigen die Theorie. (J. physic. Soc. Japan **13.** 880—99. Aug. 1958. Tokyo, Univ. of Tokyo, Fac. of Sci., Dep. of Phys.; Fac. of Engng., Dep. of Appl. Phys. [Orig.: engl.]) H. C. Wolf. 118

Satoru Sugano und **Ikuji Tsujikawa,** *Absorptionsspektren von Cr^{3+} in Al_2O_3.* Teil B. *Experimentelle Untersuchungen des Zeemaneffektes und anderer Eigenschaften der Linienspektren.* (Teil A vgl. vorst. Mitt.) Messungen der Intensität, Breite u. Wellenzahl der wichtigsten Linien im Absorptionsspektrum des Cr^{3+}-Ions in Al_2O_3 mit polarisiertem Licht bei 20 u. 4,2° K sowie des Zeeman-Effektes bei 24000 Oe u. Diskussion im Zusammenhang mit der vorst. Arbeit. (J. physic. Soc. Japan **13.** 899—910. Aug. 1958. [Orig.: engl.]) H. C. Wolf. 118

Pil Hyon Kim und **Tadashi Sugawara,** *Tieftemperaturanomalie in der Protonenresonanz einiger Nickelsalze.* Messung der Protonenresonanzen in Einkristallen von $NiSiF_6 \cdot 6H_2O$, $NiK_2(SO_4)_2 \cdot 6H_2O$ u. $Ni(BrO_3)_2 \cdot 6H_2O$ bei Tempp. bis herab zu 1,4° K ist möglich. Dagegen verschwindet die Linienstruktur der Resonanz in $[Ni(NH_3)_6]Cl_2$, $[Ni(NH_3)_6](ClO_4)_2$ u. $NiCl_2 \cdot 6H_2O$ bei charakterist. Tempp. zwischen 1,4 u. 8° K. Ferner wurde die Resonanzverschiebung als Funktion der Temp. u. die Relaxationszeit bestimmt. (J. physic. Soc. Japan **13.** 968. Aug. 1958. Tokyo, Tokyo Metropol. Univ., Dep. of Phys.; Sendai, Tohoku Univ., Res. Inst. for Iron, Steel and Other Metals. [Orig.: engl.]) H. C. Wolf. 118

Ss. M. Rytow, *Korrelationstheorie der Rayleigh-Streuung des Lichtes.* 2. Mitt. (1. vgl. C. **1959.** 1681.) Theoret. Folgerungen aus den l. c. wiedergegebenen Formeln. (Журнал Экспериментальной и Теоретической Физики [J. exp. theoret. Physik] **33.** 669—82. Sept. 1957. Physikal. Lebedew-Inst. der Akad. der Wiss. der UdSSR.)
K.-E. Seyb. 119

R. Servant, *Hertzsches Polarimeter für das 10000 MHz-Band. Hysterese des circularen Dichroismus eines Ferrits.* Die mit dem kurz beschriebenen Polarimeter aufgenommenen Faraday-Rotationen u. die Elliptizität (Verhältnis von minimalem zu maximalem Strom) einer Ferroxcube 4B-Probe spiegeln deutlich die bereits von Mayer (C. **1958.** 13) nachgewiesene Hysterese des ersten Effekts sowie die diese begleitende Hysterese der Elliptizität wieder. (J. Physique Radium **18.** 52 S—53 S. Nov. 1957.) D. Jörchel. 119

Phoebus M. Christopher und **Thomas J. Tully,** *Einige Oktett- und Bindungsrefraktionen bei Borverbindungen.* Aus der Literatur werden für eine größere Zahl von Organobor-Verbb. die Werte für D. u. den Brechungsindex zusammengestellt u. daraus

die Refraktionswerte (für die D-Linie u. 20°) für die zwischen B u. den organ. Resten gebildeten Bindungen bzw. Oktette berechnet. Aus der Unters. von 21 *Borsäureestern* ergibt sich für das Oktett B | $\overline{\text{O}}$ | C ein Durchschnittswert von 3,1 cc/Mol; die Zusammenstellung von 14 Verbb. der Typen $ClB(OR)_2$ u. Cl_2BOR ergibt für B | $\overline{\text{Cl}}$ | den Wert 6,8. Aus 7 Verbb. der Typen BR_3, $RB(OR)_2$, $RO(R)BCl$ u. R_2BOR wird für die Bindung B-$C_{aliph.}$ ein Durchschnittswert von 1,75 berechnet, während sich (unter Annahme der Kekule-Struktur für den C_6-Ring) aus der Unters. von 27 aromat. B-Verbb. (z. B. $C_6H_5B(OR)_2$, *o*-, *m*- u. *p*-$CH_3C_6H_4$-$B(OR)_2$, $R(C_6H_5)BOR$, RC_6H_4BOR, $RO(C_6H_5)BCl$ u. $C_6H_5BCl_2$) die Refraktion der Bindung B-$C_{arom.}$ zu 3,0 cc/Mol ergibt. Für homologe Reihen von Organobor-Verbb. wird befriedigende Additivität der Refraktionswerte festgestellt, wobei für folgende Verbindungsgruppen Gleichungen des Typs R = an + b (n = Zahl der C-Atome in der aliphat. Kette) aufgestellt werden (in Klammern die Werte für a u. b): $B(OR)_3$ (14,04, 10,05); $ClB(OR)_2$ (9,18, 14,27); Cl_2BOR (4,92, 15,73); BR_3 (14,14, 6,04); $C_6H_5B(OR)_2$ (9,34, 34,10); $CH_3C_6H_4B(OR)_2$ (9,42, 38,94). (J. Amer. chem. Soc. **80**. 6516—19. 20/12. 1958. Newark, N. J., Newark Coll. of Engng., Dep. of Chem.)
H.-J. Ostmann. 119

Jean Trompette, *Bestimmung der optischen Konstanten sehr dünner Blei-Schichten unter Vakuum und in Luft.* Der aufgenommene Verlauf der opt. Konstanten von auf Quarz niedergeschlagenen Pb-Schichten als Funktion der Dicke (zwischen 11 u. 35 mμ) zeigt charakterist. Änderungen zwischen den Messungen unter Vakuum u. in Luft, die bei kurzen Wellenlängen bes. ausgeprägt sind. Die Dicken der Schichten scheinen sich nicht zu verändern, wenn man sie vom Vakuum in Luft bringt. (C. R. hebd. Séances Acad. Sci. **248**. 207—09. 12/1. 1959.)
D. Jörchel. 119

P. Dumontet, M. Perrot und **J. Tortosa,** *Versuch einer theoretischen Deutung gewisser optischer Eigenschaften von dünnen Silberschichten.* Theoret. Unters. der von mehreren Seiten gemachten Beobachtungen bei der Reflexion von Licht an dünnen, im Vakuum aufgedampften Ag-Schichten bei senkrechtem Lichteinfall. (J. Physique Radium **19**. 33 S—36 S. Juni 1958.)
C. Gottfried. 119

René Dupeyrat, *Untersuchung der Ramanlinien von Flüssigkeiten durch photoelektrische Registrierung.* Nach einer genauen Beschreibung der verwendeten App. u. der photoelektr. Registriervorr. berichtet Vf. über experimentelle Unterss. der Raman-Spektren von fl. Verbb. des Typs YCl_4 (CCl_4, $SnCl_4$, $SiCl_4$ u. $GeCl_4$). Genauer diskutiert werden die Spektren von CCl_4 u. $GeCl_4$, wobei die Einfll. der Isotopie, der Anharmonizität, der van der Waalsschen Kräfte u. der Rotation der Moll. gesondert behandelt werden. (Ann. Physique [13] **3**. 377—423. Mai/Juni 1958. Paris, Univ., Fac. des Sci.)
C. Gottfried. 120

G. Wilse Robinson und **Maclyn McCarty jr.,** *Radikalspektren bei der Temperatur des flüssigen Heliums.* IR-Absorptionsspektren der Radikale NH_2, HNO, OH u. NH in einer Ar.-Matrix bei 4,2° K wurden mit hoher Auflösung gemessen. Die Linien lassen sich mit denen der Gasphase vergleichen; zusätzlich treten Wechselwirkungseffekte mit dem Gitter auf. (Canad. J. Physics **36**. 1590—91. Nov. 1958. Baltimore, Md., Johns Hopkins Univ., Dep. of Chem.)
H. C. Wolf. 120

Armand Hadni, Lucienne Taurel, Michel Paillette und **Ali Lankoande,** *Untersuchung des Infrarotspektrums verschiedener klarer und mit Neutronen bestrahlter Quarzproben im Bereich von 3 μ.* Die an Quarzproben verschied. Ursprungs untersuchte Feinstruktur des IR-Spektr. zeigt je nach Probenherkunft Unterschiede, die Verunreinigungen oder Gitterdefekten zugeschrieben werden. Die bekannte Absorptionsbande zwischen 2,7 u. 3,4 μ kann folgende 9 Linien enthalten: B = 2,70, C = 2,76, D = 2,83, E = 2,89, F = 2,93, G = 3,00, H = 3,10, I = 3,26 u. J = 3,38 μ. Für die Intensitäten gilt stets F>G>H>I = J. Im Spektr. einer mit Neutronen bestrahlten Probe ist die vor der Bestrahlung intensivste F.-Linie vollständig verschwunden, Linie C, die die Absorption gewisser Kieselerden charakterisiert, ist verstärkt u. die Linien D u. E sind zusammengelaufen. (C. R. hebd. Séances Acad. Sci. **248**. 211—13. 12/1. 1959.)
D. Jörchel. 120

H. J. Hrostowski und **R. H. Kaiser,** *Infrarotspektren von Acceptoren der Gruppe III in Silicium.* Mittels der von den Vff. früher (vgl. C. **1958**. 1759) beschriebenen Meth. wurden die IR-Absorptionsspektren von mit *B, Al, Ga* u. *In* verunreinigtem Si bei 4,2° K untersucht. Gegenüber früheren Messungen von anderen Seiten wurden mehrere neue Absorptionen beobachtet oder aufgelöst. Die Spektren aller Acceptoren waren auffallend ähnlich; nur sehr kleine Unterschiede wurden beobachtet. Die Termschemata für angeregte Zustände waren für alle Acceptoren übereinstimmend u. stimmen gut mit den aus der effektiven Massentheorie berechneten Termschemata überein. Die in dem Ga-Spektr. beobachteten Diskrepanzen lassen sich durch die Ggw. von Sauerstoff erklären. Durch die Beobachtung eines bisher nicht gefunden Überganges niedriger Energie konnte die Ähnlichkeit des B mit einem H-Zentrum beseitigt werden. (Physics Chem. Solids **4.** 148—53. 1958. Murray Hill, N. J., Bell Telephone Labors., Inc.) C. GOTTFRIED. 120

R. Geick, *Messungen an CsBr im Bereich der ultraroten Eigenschwingung.* An teils mit, teils ohne therm. Behandlung hergestellten CsBr-Schichten mit Dicken von 0,19 bis 2,5 μ wurden Durchlässigkeitsmessungen durchgeführt. Nur bei Schichten, die einer näher beschriebenen therm. Behandlung unterworfen wurden, ergaben sich reproduzierbare Kurven, die ähnlich den von CZERNY u. BARNES (Z. Physik **72.** [1931.] 447) für dünne NaCl-Schichten aus der Dispersionsformel berechneten sind. Aus den an CsBr gemessenen Durchlässigkeitskurven, die bei ca. 137 μ ein Minimum haben, wurde eine Dispersionsformel abgeleitet. Intensitätskonstante u. Dämpfungskonstante ergaben sich aus den Minimaldurchlässigkeiten u. den Halbwertsbreiten der Kurven, während die 3. Konstante (die Wellenlänge der Eigenschwingung) direkt durch Messung bestimmt wurde. Berechnete u. gemessene Durchlässigkeiten stimmen überein. (Z. Naturforsch. **14a.** 196—97. 1959. Frankfurt/M., Univ., Phys. Inst.) D. JÖRCHEL. 120

A. F. Gibson, *Infrarot- und Mikrowellenmodulation unter Benutzung freier Ladungsträger in Halbleitern.* Für Leiter u. Halbleiter wird die Theorie der DK u. der elektr. Leitfähigkeit nach DRUDE u. ZENER abgeleitet u. krit. diskutiert. Weiter wird die Möglichkeit einer Modulation der opt. u. elektr. Eigg. im Gebiet des IR oder der Mikrowellen, bes. durch Cyclotronresonanzen u. durch Feldemission diskutiert. (J. sci. Instruments **35.** 273—78. Aug. 1958. Malvern, Worcs., Royal Radar Establishm.) H. C. WOLF. 121

T. Skalinski, *Die optische Orientierung der Atome in gesättigtem Cäsiumdampf.* (J. Physique Radium **19.** 11 S. Juni 1958. Paris, École Normale Supér., Labor. de Phys.) — C. **1959.** 1683. C. GOTTFRIED. 121

G. J. Nijgh and others, Nuclear spectroscopy tables. New York: Interscience. 1959. (150 S.) $ 8.90.
E. Thorton, ed., Molecular spectroscopy. London: Pergamon Pr. 1959. (352 S. m. Abb.) = Conference proceedings, Inst. of Petroleum Hydrocarbon Research Group. 70 s.

A_3. Elektrizität. Magnetismus. Elektrochemie.

Giichi Mutó, *Elektronik in chemischer Forschung.* Übersicht. (Kagaku [Science] **25.** 525—28. 1955. Tokyo Univ. [Orig.: japan.]) L. SCHULER. 130

Michel Bayet, *Elektron-Elektron- und Elektron-Ionen-Wechselwirkungsquerschnitte in Plasmen.* Nach Erläuterung der Grundbegriffe werden auf der Grundlage der DEBYEschen Theorie durchgeführte numer. Berechnungen der DEBYE-Länge D u. des COULOMBschen Wechselwirkungsquerschnitts $\overline{Q}_c$ (unter Berücksichtigung des Abschirmeffekts), u. zwar für Ionenpaardichten n = 3 bis 3 · 10^{20} u. Gleichgewichtstempp. T_e = 3 bis 3 · 10^5 °K angegeben. Die (n, T_e)-Abhängigkeit von Q_c folgt dem Gesetz $\overline{Q}_c = (A - \ln n - 3\ln T_e)/BT_e^2$. Ferner werden die Relaxationsfrequenzen in Plasmen erörtert. (J. Physique Radium **18.** 380—86. Juni 1957. Toulouse, Fac. des Sci.) D. JÖRCHEL. 131

J. Coutant, F. Prévot und **R. Vienet,** *Erzeugung eines kontinuierlichen Ionenstrahls von 12 mA.* An Hand von Schnittzeichnungen wird eine mit 20 MHz zu betreibende fokussierende Ionenquelle beschrieben, die sich durch geringen Leistungs- u. Gasbedarf auszeichnet. Zur Erzeugung eines z. B. 7 mA-Strahls werden 700 W u. 75 cm^3 H_2 pro Std. benötigt. Maximale Stromausbeute: 12 mA. (J. Physique Radium **18.** 644—45. Nov. 1957. Saclay, C. E. N.) D. JÖRCHEL. 131

E. Huster und **E. Ziegler,** *Zur Ausbreitung der Entladung in selbstlöschenden Zählrohren.* 2. Mitt. (1. vgl. C. **1958.** 2038) Vff. zeigen an Hand mehrerer Beispiele, wie sich die bisher bekannten Ergebnisse mit der l. c. entwickelten Theorie erklären lassen, wonach sich die Entladung durch Photoeffekt an der Kathode längs des Zählrohrs ausbreitet. Es werden ferner experimentelle Möglichkeiten zur Entscheidung zwischen den bisher existierenden Hypothesen diskutiert. (Z. Physik **149.** 583—93. 25/11. 1957. Marburg, Univ., Phys. Inst.) H. LIEPACK. 131

M. Chenot, *Erzeugung von Gleichstrom durch eine Hochfrequenzentladung.* 2. Mitt. (1. vgl. C. **1957.** 9279.) Die l. c. beschriebenen, bei 7,69 MHz durchgeführten Messungen wurden innerhalb eines größeren Frequenzbereichs (3,59—44,7 MHz) wiederholt. An Hand der Stromkurvenscharen als Funktion des Druckes für verschied. Frequenzen werden die Einfll. der Frequenz u. des Druckes auf die Stromausbeute u. die Stabilität der Entladung erörtert. (J. Physique Radium **18.** 395—402. Juni 1957. Paris, École Normale Sup. des Jeunes Filles.) D. JÖRCHEL. 131

Gottfried K. Wehner, *Zerstäubungsausbeuten durch Hg bei niedrigen Energien.* (Vgl. C. **1958.** 2926.) Vf. untersuchte die Zerstäubung von *Ti, Cr, Ni, Cu* u. verschied. Legierungen durch senkrecht auftreffende Hg^+-Ionen im Bereich 50—400 eV. An Hand der Ergebnisse wird der Einfl. des At.-Gew. u. der Sublimationswärme des Targetmaterials untersucht. Der Vorgang der Zerstäubung wird mit einem 3dimensionalen Billardspiel verglichen. Der Grad der Auffüllung der inneren Schalen, bes. der d-Schalen, bestimmt, wie weit eine Näherung durch Stöße zwischen harten Kugeln vorliegt. Die Energie wird am wirksamsten in Metallen mit vollständig aufgefüllten d-Schalen übertragen; entsprechend haben Cu, Ag u. Au die höchste Ausbeute. Die Ergebnisse für Beschuß mit Hg^+ unterstützen die von LANGBERG (C. **1959.** 2693) u. SILSBEE (C. **1958.** 12325) entwickelten Theorien, bei Beschuß mit leichten Ionen (Wasserstoff, He) scheinen jedoch andere Verhältnisse vorzuliegen. Die Ausbeuten von Legierungen scheinen nicht wesentlich von denen ihrer Hauptbestandteile abzuweichen. (Physic. Rev. [2] **112.** 1120—24. 15/11. 1958. Minneapolis, Minn., Mechan. Div. of Gen. Mills.) H. LIEPACK. 131

C. H. Bachman und **P. A. Silberg,** *Thermionische Ionen aus Wasserstoff-Palladium.* Es wurde ein Massenspektrometer entwickelt, das nach dem Prinzip des Magnetrons arbeitet. Es besteht im wesentlichen aus dem zentr. Pd-Rohr als Ionenquelle, dem konzentr. Ionenkollektor und dem hierzu axialen Magnetfeld. Der Kollektor wird mit Spannungen von nur 2 bis 3 V betrieben. Mit steigendem Magnetfeld wird der Ionenstrom stufenförmig geringer, da jeweils von einer bestimmten Feldstärke an Ionen eines bestimmten m/e-Verhältnisses den Kollektor nicht mehr erreichen können. Das Pd-Röhrchen wird elektr. geheizt. Mit der kontinuierlichen Magnetfelderhöhung kann eine Registriereinrichtung gekoppelt werden. Die Resultate zeigen H-Ionen in den allerdings nicht sehr ausgeprägten Stufenspektren. (J. appl. Physics **29.** 1266—67. August 1958. Syracuse, N. Y., Univ., Dep. of Phys.) C. REUBER. 131

Y. Haven und **J. H. van Santen,** *Dielektrische Relaxation von Gitterdefekten in Kristallen.* Zusammenfassender Überblick. — 14 Literaturzitate. (Suppl. del Nuovo Cimento Nr. 2 (zu [10]**7**). 605—11. 1958. Eindhoven, Philips Res. Labor.)

C. GOTTFRIED. 132

Cyrus G. Malmberg, *Dielektrizitätskonstante von Deuteriumoxyd.* An D_2O mit einem D_2O-Geh. von 99,38 Mol.-% bestimmte Vf. die DK zwischen 4 u. 100°. Die gefundenen ε-Werte lassen sich durch den folgenden Ausdruck wiedergeben:
$\varepsilon = 87{,}48_2 - (0{,}40509)t + (9{,}638 \cdot 10^{-4})t^2 - (1{,}333 \cdot 10^{-6})t^3$, wo t die Temp. in °C bedeutet. Die experimentellen Daten lassen sich auch darstellen durch die Gleichung log $\varepsilon = 1{,}94167 - 0{,}0019940t$. Bei 25° ist der Wert von ε 77,936. Die Temperaturabhängigkeit von ε ist graph. dargestellt. (J. Res. nat. Bur. Standards **60.** 609—12. Juni 1958.)

C. GOTTFRIED. 132

D. H. Roberts und **B. L. H. Wilson,** *Die Wirksamkeit von infraroten Photoleitfähigkeitszellen.* Vff. leiteten Ausdrücke ab für das Ansprechen u. das Verhältnis Signal/Rauschen von Photoleitfähigkeitszellen unter verschied. Bedingungen der Begrenzung des Rauschens. Experimentelle Ergebnisse an *PbSe*-Zellen werden mitgeteilt. (Brit. J. appl. Physics **9.** 291—99. Juli 1958. Towcester, Plessey Co. Ltd.)

C. GOTTFRIED. 134

Josef Kamphusmann, *Zur Theorie der inneren Feldemission.* Bei der quantenmechan. Behandlung der inneren Feldemission stört der Potentialanteil eF · r des elektr. Feldes F die Periodizität der SCHRÖDINGER-Gleichung. Deswegen muß man, um sie durch eine Entw. nach HOUSTONschen Funktionen lösen zu können, ein unendliches Grundgebiet wählen. Es wird gezeigt, wie man diese Bedingung vermeiden kann, indem man statt der HOUSTONschen Funktionen Wellenpakete aus BLOCHschen Funktionen zu einem endlichen Grundgebiet nimmt, die sich als Ganzes nach der klass, Beschleunigungsgleichung für den Impuls durch den Wellenzahlraum bewegen. Der nichtperiod. Potentialanteil eF · r ist dann eliminierbar. Es werden Determinantenwellenfunktionen für das Vielelektronenproblem angesetzt. Dabei ergibt sich, daß in dieser Näherung die innere Feldemission ein Einelektronenvorgang ist. Geht man in den Ergebnissen wieder zu einem unendlichen Grundgebiet über, erhält man genau die HOUSTONsche Theorie. (Z. Naturforsch. **14a.** 165—71. 1959. Münster, Univ., Inst. für theoret. Phys.)

D. JÖRCHEL. 135

A. C. Beer, *Halbleitende Verbindungen — ein Gebiet der angewandten und Grundlagenforschung.* An Hand von Literaturdaten wird ein Überblick über die verschied. Anwendungsmöglichkeiten von Halbleitern auf Grund ihrer physikal. Eigg. gegeben. Dabei wird eine Einteilung des Gesamtgebietes nach der Wrkg. v. elektr., magnet., opt., therm. u. mechan. Kraftfeldern sowie von Temp. u. Kristallstruktur auf die Ladungsträgerdichten u. -Beweglichkeiten getroffen. (J. electrochem. Soc. **105.** 743—51. Dez. 1958. Columbus, O., Battelle Mem. Inst.) J. JASKOWSKY. 135

Earl L. Steele, *Beschreibende Theorie der Halbleiter.* In der phänomenolog. Beschreibung der Eigg. der Elemente *Si* u. *Ge* als Halbleiter werden die Bedeutung der Verteilung der Elektronen zwischen Valenzband u. Leitfähigkeitsband, der Einfl. der Ggw. von Donator- u. Akzeptoratomen u. die Rolle der p–n-Verbindung als Baustein von Transistoranordnungen ausführlich diskutiert. (Amer. J. Physics **25**. **174**—79. März 1957. Phoenix, Ariz., Motorola, Inc., Semiconductor Products Div.) L. Wiesner. 135

H. Rzewuski, *Einfluß der Kernstrahlung auf Halbleiter.* Übersicht über Kernumwandlungen, Gitterdefekte u. Änderungen der Leitfähigkeit in Halbleitern als Folge der Kernstrahlung. — 66 Literaturangaben. (Nukleonika [Warszawa] **3**. 255—72. 1958. Warszawa, PAN, Inst. Bad. jądr. [Orig.: poln.; Auszug: engl.]) F. Urban. 135

Michael F. Millea und **Thomas C. Hall,** *Oberflächenbeweglichkeit in Germanium und Silicium.* An dünnen Ge- u. Si-Schichten wurde die Leitfähigkeitsbeeinflussung durch kapazitiv angelegte Querfelder gemessen. Aus dem Anstieg der Leitfähigkeit mit der Feldstärke kann man Rückschlüsse auf die Beweglichkeit der oberflächennahen Zone (Streumechanismus — keine reine Oberflächenstreuung) ziehen. (Phys. Rev. Letters **1**. 276—78. 15/10. 1958. Culon City, Calif., Pacific Semiconductors, Inc.) K. Zückler. 135

Ki-ichi Komastubara und **Utaka Hashimoto,** *Untersuchung des Abklingens von durch Strahlung erregtem 1/f-Rauschen in Ge–p–n-Verbindungen.* Wenn eine Ge–p–n-Verb. mit γ-Strahlen bestrahlt wird, so steigt kurz nach der Bestrahlung das Kurzschlußstromrauschen (1/f-Rauschen) an, um dann langsam (> 1220 h) auf seinen Ausgangswert abzufallen. Der Effekt wird am Kollektor eines p–n–p-Transistors untersucht, der mit $5 \cdot 10^6$ Röntgen γ-Strahlen bestrahlt u. dann in Spin-Richtung belastet wurde. Es wird versucht, den Effekt mit Hilfe der Diffusion von durch die Bestrahlung gebildeten Zwischengitteratomen zu deuten. (J. physic. Soc. Japan **13**. 1062. Sept. 1958. Miyakozima, TH. [Orig.: engl.]) K. Zückler. 135

I. A. Lesk und **R. E. Coffman,** *Germanium-Diffusions-„Minikristalle" und ihre Anwendung bei Transistoren.* Aufbau, Herst. u. Wirkungsweise von Ge-Transistoren mit sehr schwacher Basiszone für hohe Frequenzen: An kleine p-leitende Kristallkeime („Minikristalle" = kleine Ge-Kristalle mit Diffusionsbereichen) wurden kleine p-leitende Kugeln angeschmolzen, die n-Störstellen enthalten, deren Diffusion in den Keimkristall schmale n-Zonen erzeugt. Damit konnten Transistoren mit Leistungsverstärkungen von 40 db bei 0,5 MHz hergestellt werden. (J. appl. Physics **29**. 1493—94. Okt. 1958. Syracuse, N. Y., Gen. Electr. Co.) K. Zückler. 135

Günter Finke und **Günter Lautz,** *Über das Verhalten von n–Ge-Einkristallen im Temperaturgebiet des flüssigen Heliums.* Nach theoret. Betrachtungen von Conwell u. Mott soll der Übergang vom n. Leitungsmechanismus eines Halbleiters zur Störbandleitung im Gebiet tiefster Tempp. durch eine Kompensation der Störstellenarten des Kristalls begünstigt werden. In der vorliegenden Arbeit wird durch Messung der Temp.-Abhängigkeit des elektr. Widerstandes u. des Hall-Effektes für kleine elektr. Felder an n–Ge-Einkristallen unterschiedlicher Störstellenstruktur diese theoret. Aussage experimentell bestätigt. Es wurden Tieftemperaturmessungen bis herunter zu 4,2° K an einer eigenleitenden Ge-Probe mit einem Zimmertemperaturwiderstand von 40 $\Omega \cdot$ cm, an einer mit Sb bis auf 5$\Omega \cdot$ cm dotierten Probe u. schließlich an einem weiteren Kristall vorgenommen, der erst mit der gleichen Menge Sb u. zusätzlich mit In wieder auf den Wert von 40$\Omega \cdot$ cm gegendotiert worden war. Die Größe $N_D—N_A/N_D$ kann als Maß der p–n-Kompensation angesehen werden (N_D = Donator-, N_A = Acceptorkonz.). Sie beträgt auf Grund der theoret. Auswertung des Temp.-Ganges der Hall-Konstanten für den undotierten Kristall 0,15, für den Sb-dotierten 0,63 u. für den Sb+In-dotierten 0,052. Die Einmündung in die Störbandleitung erfolgt für die genannten Proben bei etwa 6,5 bzw. 10° K. Qualitativ können diese Verhältnisse modellmäßig durch eine extrem starke Abhängigkeit der Beweglichkeit im Störband vom Besetzungsgrad dargestellt werden. Die oberhalb einer bestimmten Feldstärke U_D von einigen Volt/cm für Meßtempp. unter 10° K beobachtete reversible Abnahme des elektr. Widerstandes u. der Hall-Konstanten in Abhängigkeit vom angelegten Feld kann bei n. Leitungsmechanismus mit einer Ladungsträgervervielfachung durch Stoßionisation neutraler Störstellen gedeutet werden. Diese Erklärung wird insbes. durch die Abnahme der „Durchschlagsfeldstärke" U_D mit zunehmender Beweglichkeit der Ladungsträger u. durch die Zunahme von U_D in einem äußeren Magnetfeld gestützt. Quantitativ können durch die Behinderung der Stoßionisation in einem Magnetfeld außergewöhnlich hohe Widerstandsänderungen von 10^4% bei 300 Gauß für elektr. Feldstärken $U \approx U_D$ beobachtet werden. Im Bereich überwiegender Störbandleitung wird zur Deutung der Feldstärkeabhängigkeiten des Widerstandes u. des Hall-Effektes nach Schottky ein neuer Mechanismus der „Ionisierung" von Elektronen im Störband benutzt. (Z. Naturforsch. **14a**. 62—74. Januar 1959. Braunschweig, TH, Inst. für techn. Phys.) J. Jaskowsky. 135

Alfred J. Frueh jr., *Elektrische Eigenschaften einiger Sulfidmineralien.* Es wurden die Widerstand–Temperatur-Kurven von *Chalkopyrit* u. *Pyrit* bestimmt. Der Chalkopyrit zeigte eine langsame Widerstandszunahme mit der Temp. bis zu 280°; oberhalb dieser Temp. nahm der Widerstand mit steigender Temp. sehr schnell ab. Eine ähnliche Umkehr wurde bei einigen Typen von Pyritkristallen bei etwa 385° beobachtet. Die Tatsache, daß sich bei beiden Sulfiden der Widerstand beim Abkühlen wieder erholt, deutet darauf hin, daß die schnelle beobachtete Widerstandsabnahme nicht allein auf wirkliche Halbleitung zurückzuführen ist, sondern auf eine Zunahme der Anzahl der Träger infolge einer chem. Änderung: Dissoziation $FeS_2 \rightleftharpoons FeS_{2-x} + xS \uparrow +$ Loch. (Bull. geol. Soc. America **68.** 1731. Dez. 1957. Chicago, Ill., Univ., Dep. of Geol.) C. Gottfried. 135

G. Höhler, *Wechselwirkung eines nichtrelativistischen Teilchens mit einem skalaren Feld für mittelstarke Kopplung.* 3. Mitt. (2. vgl. C. **1958.** 1752.) Der l. c. vorgeschlagene Variationsansatz wird nach Kugelfunktionen entwickelt u. als Spezialfall der Ansatz von Lee u. Pines diskutiert (C. **1955.** 3799). (Z. Physik **146.** 571—87. 1956. München, Univ., Inst. für Theoret. Phys.) H. Liepack. 136

André Marchand, *Bestimmung der Fermi-Oberfläche mittels des De Haas-Van Alphen-Effekts.* Zusammenfassender Bericht über die Theorie, die notwendigen Bedingungen zur Beobachtung u. die experimentelle Technik zur Messung des de Haas-van Alphen-Effekts sowie die aus den Beobachtungen zu ziehenden Folgerungen über die Struktur der Metalle. (J. Physique Radium **18.** 403—07. Juni 1957. Paris, Fac. des Sci., Labor. de Chim. gén.) D. Jörchel. 136

H. L. Foltz und **M. R. Hertz,** *Messung von Kohlenstoff–Metall-Kontaktwiderständen.* Die Beziehung zwischen dem Druck P, mit dem die Materialien zusammengepreßt werden, u. dem Widerstand R wird beschrieben durch $R = aP^m$ (a u. m = Konstanten, die für verschied. Metalle verschied. sind). R nimmt bei Stahl mit steigendem Druck am stärksten ab, erreicht aber nicht die Werte für Mg, Phosphorbronze, Cu u. Be-Cu. Der Einfl. der Feuchtigkeit der Kohlenstoffelektrode auf R ist unbedeutend. Durch 48 std. Fluorierung der Metallplatten in 100% F_2 bei 100° wird R bei Be-Cu nicht, bei Cu u. Mg ca. um den Faktor 3, bei Phosphorbronze um den Faktor 5 erhöht, bei Stahl steigt R auf >20 MΩ. Zur Verwendung in Anlagen zur Herst. von gasförmigem F_2 sind Stahlkontakte daher nicht geeignet. (J. electrochem. Soc. **106.** 67—69. Jan. 1959. Porthmouth, O., Goodyear Atomic Corp., Technical Div.) M. Laser. 136

Hermann Haken, *Zur Quantentheorie des Mehrelektronensystems im schwingenden Gitter.* 1. Mitt. (Vgl. C. **1956.** 2091.) Neben der früher hergeleiteten Lösungsform wird durch Entw. nach lokalisierten Elektronenfunktionen eine zweite Lösung aufgebaut, aus der hervorgeht, daß die kollektive Bewegung der Elektronen im Gitter von einer der Form nach völlig unveränderten Gitterdeformation begleitet wird. Das gewonnene Aufbaugesetz wird auf Probleme der Halbleiterelektronik polarer Medien angewendet. Das Excitonenproblem wird für (schwache bis) mittelstarke Kopplung ausführlich behandelt. (Z. Physik **146.** 527—54. 1956. Erlangen, Univ., Inst. für Theoret. Phys.) H. Liepack. 136

Hermann Haken, *Zur Quantentheorie des Mehrelektronensystems im schwingenden Gitter.* 2. Mitt. *Zu Fröhlichs eindimensionalem Supraleitungsmodell.* (1. vgl. vorst. Ref.) Das l. c. angegebene Aufbaugesetz für eine Lösung des Mehrelektronensyst. im schwingenden Gitter wird auf ein von Fröhlich (C. **1956.** 4056) vorgeschlagenes eindimensionales Supraleitungsmodell angewendet. Die aufgebaute Lösungsfunktion hat die richtige Translationseig. u. ergibt einen tieferen Energieerwartungswert als die Fröhlichsche Lösung. Da sich diese Erniedrigung auf den Grundzustand u. auf die angeregten Zustände bezieht, bleibt die Energielücke des Fröhlichschen Modells erhalten. Im Gegensatz zum Fröhlichschen Modell sind die stromtragenden Zustände zum Grundzustand orthogonal, jedoch nicht die Normalleitungszustände. (Z. Physik **146.** 555—70. 1956.) H. Liepack. 136

D. Frank, *Zur Statistik der Spinwellen.* Vf. behandelt die Austauschwechselwrkg. für einen Kristall nach der Heitler–London-Näherung u. zeigt, daß die Spinwellen ein Fermi-Gas mit Wechselwrkg. sind, wenn die Atome außerhalb abgeschlossener Schalen nur je ein Elektron besitzen. Für das Flächengitter u. die lineare Kette wird die spontane Magnetisierung berechnet. (Z. Physik **146.** 615—28. 1956. Jena, Univ., Theoret. Physikal. Inst.) H. Liepack. 137

Henri Benoit, Pierre Grivet und **Henri Ottavi,** *Untersuchung eines Autooscillators vom Masertyp im schwachen Feld.* (Vgl. C. **1959.** 5033.) Die Betriebsbedingungen des l.c. beschriebenen Masers werden erörtert, bes. der Einfl. der Leistungsabgabe u. der Polarisation des Bzl. auf das Signal. Der Effekt der Frequenzmitnahme (pulling) wurde als Funktion der Überspannung der Maserwicklung gemessen; er steigt leicht mit der

Leistungsabgabe an. (C.R. hebd. Séances Acad. Sci. **248.** 220—23. 12/1. 1959. Fontenay-aux-Roses, Seine, Fac. des Sci., Labor d'Électron. et Radioélectr.) D. JÖRCHEL. 137

I. M. Dmitrenko, B. I. Werkin und **B. G. Lasarew,** *Magnetische Eigenschaften von Metallen bei tiefen Temperaturen. 4. Mitt. Einfluß einer allseitigen Kompression auf den DeHaas–Van Alphen-Effekt bei Zinkkristallen.* (Vgl. C. **1957.** 11784 u. C. **1959.** 4374.) Der Einfl. allseitigen Drucks auf die Anisotropie der magnet. Eigg. von Zn-Kristallen wurde bei Tempp. von 1,6—4,2° K untersucht. Hierzu wurde das auf einen kleinen anisotropen Kristall, der an einem elast. Faden im gleichförmigen Magnetfeld innerhalb einer Druckbombe aufgehängt war, wirkende Drehmoment gemessen. Die Winkelabhängigkeit der Schwingungsperioden der magnet. Susceptibilität, die auf die zwei kleinsten Gruppen von beweglichen Ladungen zurückgeführt wird, wurde bestimmt. Hoher Druck (1700 kg/cm²) führte zu einer Abnahme der Amplitude dieser Schwingungen u. einer Änderung ihrer Temp.-Abhängigkeit, sowie zu einer Zunahme von 40—48% der Periodenlänge. Die Daten werden mit der halbphänomenolog. Theorie verglichen. (Журнал Экспериментальной и Теоретической Физики [J. exp. theoret. Physik] **35.** 328—39. Aug. 1958. Phys.-Techn. Inst. der Akad. der Wiss. der UkrainSSR.) M. WIEDEMANN. 137

G. Biorci und **D. Pescetti,** *Eine analytische Theorie des Verhaltens ferromagnetischer Werkstoffe.* Zur Beschreibung des Verh. ferromagnet. Stoffe gehen Vff. von dem PREISACH-Modell aus, das jedem Punkt a, b in der Magnetisierung (J)–Feldstärke (H)-Ebene ein Volumenelement mit der rechteckigen Hystereseschleife (Remanenz = a, Koerzitivkraft = b) zuschreibt. Definiert wird eine Verteilungsfunktion φ (a, b), die die Wahrscheinlichkeit angibt, daß eine Hystereseschleife mit gegebenem a, b existiert. Danach gestattet φ (a, b), bei einer Änderung von H auf einem beliebigen Wege im PREISACH-Diagramm auch den entsprechenden Weg von J bei dieser Änderung zu berechnen. Ferner wird behauptet, daß sich die Funktion φ (a, b) aus der Magnetisierungskurve u. der Sättigungs-Hystereseschleife berechnen läßt. Zur Bestätigung dieser formalen Ergebnisse werden Untersuchungen an Reineisen u. an einer Fe–Si-Legierung mit 3,5% Si durchgeführt, wobei Theorie u. Experiment gut übereinstimmen. (Nuovo Cimento [10] **7.** 829—42. 16/3. 1958. Turin, Centro Studi per l'Elettrofis. del C.N.R., Ist. Elettrotecn. Naz. „Galileo Ferraris".) H. FAHLENBRACH. 137

L. Néel, *Deutung der magnetischen Eigenschaften von Dysprosium und Erbium.* (Vgl. C. **1957.** 1350.) Verantwortlich für die magnet. Eigg. von Dy u. Er ist wahrscheinlich ein Übergang von einem ferromagnet. zu einem antiferromagnet. Zustand, der unter dem Einfl. der therm. Änderung der magnetokrist. Anisotropiekonstanten erfolgt. (J. Physique Radium **18.** 32 S. Juni 1957. Grenoble, Labor. d'Électrostat. et de Phys. de Métal.) D. JÖRCHEL. 137

E. F. Bertaut und **F. Forrat,** *Eine neue Kategorie von Ferrimagnetika: Die Granate.* Vff. gelang die Herst. ferrimagnet. Substanzen vom Typ $5Fe_2O_3 \cdot 3T_2O_3$ mit T = *Sm, Gd, Dy, Er* u. *Y*. Voraussetzung für die Bldg. von Verbb. dieses Typs ist, daß das Verhältnis der Atomradien r(T)/r(Fe) $< 1{,}7$ ist. Darum scheiden die anderen Seltenen Erden als T-Komponente aus. Vom kristallograph. Standpunkt aus sind diese Verbb. Isotype der Granate mit der allg. Formel $A_2B_3(SiO_4)_3$, z. B. $Fe_2Ca_3Si_3O_{12}$. Die „ferrimagnet. Granate" $Fe_2T_3Fe_3O_{12}$ entsprechen also der Doppelsubstitution $Ca^{2+} + Si^{4+} \rightarrow T^{3+} + Fe^{3+}$ unter Erhaltung des elektrostat. Gleichgewichts. Da offenbar keine Veranlassung besteht, die tetraedr. Konfiguration der O-Atome um das Si in der allg. Granat-Formel zu bevorzugen, wird als Schreibweise $A_2B_3C_3O_{12}$ vorgeschlagen, wo A, B u. C die Koordinationen 6, 8 bzw. 4 haben u. ihre Valenzen a, b u. c der Beziehung 2a + 3b + 3c = 24 genügen. (J. Physique Radium **18.** 30 S—31 S. Juni 1957. Grenoble, Inst. Fourier, Labor. d'Électrostat. et de Phys. de Métal.) D. JÖRCHEL. 137

R. Pauthenet, *Magnetische Eigenschaften von Gadoliniumferriten* (Vgl. C. **1959.** 2023.) $Fe_2O_3Gd_2O_3$ (**I**) (Peronskittyp) u. $5Fe_2O_3$—$3Gd_2O_3$ (**II**) (Granattyp) wurden im Bereich 2,3 bis 750° K magnet. untersucht. Bei der Temp. T ist die Feldabhängigkeit der mol. Magnetisierung σ durch $\sigma_{H,T} = \sigma_{O,T} + \chi_M H$ gegeben. **I** zeigt einen schwachen Ferromagnetismus $\sigma_{O,T}$, der bei einer CURIE-Temp. $\Theta_2 = 668°$ K verschwindet, u. eine paramagnet. Susceptibilität χ_M, die dem CURIE-Gesetz mit einer den Gd^{3+}-Ionen entsprechenden Konstanten gehorcht. **II** zeigt bei tiefen Tempp. einen starken Ferromagnetismus (bei 2,3° K: 30 BOHRsche Magnetonen), der mit wachsender Temp. abnimmt, bei $\Theta_3 = 290°$ K verschwindet, dann wieder erscheint u. bei $\Theta_1 = 564°$ K erneut verschwindet. Zur Deutung dieser Ergebnisse vgl. das NÉELsche Modell (NÉEL, C. **1957.** 1350). (J. Physique Radium **18.** 31 S—32 S. Juni 1957. Grenoble, Labor. d'Électrostat. et de Phys. de Métal.) D. JÖRCHEL. 137

André J. P. Meyer, *Ausdruck für den magnetocalorischen Effekt in Antiferromagnetika.* Der bekannte Ausdruck für diesen Effekt (vgl. WEISS u. FORRER, Ann. Physique **5.**

[1926.] 153) wird unter besonderer Berücksichtigung der unterhalb des NÉEL-Punktes T_N zu unterscheidenden Susceptibilitäten $\chi_{||}$ u. $\chi_\perp$ untersucht. Für $T = T_N$ tritt eine Diskontinuität des magnetocalor. Effekts auf: für $\chi_\perp$ springt der bei $T > T_N$ positive Wert für $T < T_N$ auf Null; für $\chi_{||}$ vom gleichen positiven Wert auf einen negativen Wert, bei polykrist. Proben auf einen kleineren negativen Wert. Die theoret. Ergebnisse sind mit an *MnAu₂* (C. **1957.** 8718) u. an *MnAs* (C. **1959.** 8049) durchgeführten Verss. in qualitativer Übereinstimmung. (C. R. hebd. Séances Acad. Sci. **248.** 202—04. 12/1. 1959. Strasbourg, Inst. de Phys., Labor. Pierre Weiss.) D. JÖRCHEL. 137

Takeshi Nagata, *Gesteinsmagnetismus und Paläomagnetismus.* Übersicht mit 28 Literaturangaben. (Kagaku [Science] **25.** 328—35. 1955. [Orig.: japan.]) L. SCHULER. 137

Mihail B. Pascu, *Magnetische Susceptibilität der Diabase und Gabbros im Drocea-Massiv.* 28 Proben wurden mit Magnetfeldern von 0—150 Oe untersucht. Als Durchschnittswert der magnetischen Susceptibilität (MS) fand man bei Diabasen $4700 \cdot 10^{-6}$ u. bei Gabbros $3000 \cdot 10^{-6}$. Die MS wächst in der Richtung von West nach Ost und von Süd nach Nord. Die Diabase zeigen größere magnet. Abweichungen als die Gabbros. Dies steht in Zusammenhang mit der Anreicherung an Eisenoxyden in den Diabasen, die, wie Analysen ergaben, 6—8,5% Fe_3O_4 enthalten, während der Fe_3O_4-Geh. der Gabbros im allg. nur 0—7,33% beträgt, gelegentlich aber bis zu 25% ansteigen kann. Die MS wächst auch mit der D. des Gesteins, da eine größere D. einer größeren Anreicherung an Eisenoxyden entspricht. Die gefundenen Werte stehen im Einklang mit denen, die andere Autoren mit Hilfe anderer Methoden bestimmt hatten. (Rev. Univ. „C. I. Parhon“ Politehnicii Bucuresti, Ser. Stiinţelor Naturii **7.** Nr. 17. 39—42. 1958. Bucureşti, Univ. „C. I. Parhon“, Labor. de geofiz.) ERWIN DOMS. 137

B. N. Figgis und **R. S. Nyholm,** *Magnetochemie.* 1. Mitt. *Einführung und Apparatur.* Vff. beschreiben eingehend Aufbau, Wirkungsweise u. Eichung einer App. zur Messung der magnet. Susceptibilität fester Substanzen nach der GOUY-Meth. im Bereich von 80—500° K. Zu ihrer Prüfung wurde die Susceptibilität von $CuSO_4 \cdot 5H_2O$ zwischen 90 u. 300° K gemessen u. für den gefundenen Wert (χ_g bei Zimmer-Temp. $= 6{,}05 \cdot 10^{-6}$ c. g. s.-Einheiten) gute Übereinstimmung mit Literaturdaten (SUGDEN: $6{,}14 \cdot 10^{-6}$; GORTER u. DE HAAS: $5{,}95 \cdot 10^{-6}$) festgestellt. (J. chem. Soc. [London] **1959.** 331—37. Jan. Sydney, Univ. of Technol., Inorg. Chem. Dep.; London, Univ. Coll., William Ramsay and Ralph Forster Labors.) H.-J. OSTMANN. 137

B. N. Figgis und **R. S. Nyholm,** *Magnetochemie.* 2. Mitt. *Temperaturabhängigkeit der magnetischen Susceptibilität von Kobalt(II)-Verbindungen.* (1. vgl. vorst. Ref.) Vff. best. die magnet. Susceptibilität folgender Co(II)-Verbb. nach der l. c. beschriebenen Meth. im Bereich von 80—300° K: $(NH_4)_2Co(SO_4)_2 \cdot 6H_2O$ (**I**), *Co(o-Phenanthrolin)₃(ClO₄)₂* (**II**), *KCo(Acetylaceton)₃* (**III**), *HgCo(CNS)₄* (**IV**), $Co(C_6H_5NH_2)_2Cl_2$ (**V**), $K_2BaCo(NO_2)_6$ (**VI**), $K_2PbCo(NO_2)_6$ (**VII**), *Co(o-Phenylen-bis-[dimethylarsin])₂(ClO₄)₂* (**VIII**), *Co-Phthalocyanin* (**IX**), *Co-Äthylendiimin-bis-[salicylaldehyd]* (**X**) u. *Co-Äthylthiopropanthiolat* (**XI**). Der Verlauf des Bahnbeitrags zum magnet. Moment wird best. u. im Zusammenhang mit Stereochemie u. Koordinationszahl erörtert. Die WEISS-Konstante Θ besitzt nur geringe Werte (5—25°). Die Momente für die oktaedr. (1,9—2,0 B.M.) (**VI** u. **VII**) u. die quadrat. (2,1—2,9 B.M.) (**VIII—XI**) Komplexe mit einem ungepaarten Elektron bleiben über das gesamte untersuchte Temperaturgebiet gleich. Außerdem wird die Bedeutung der magnet. Momente der oktaedr. (**I—III**) u. tetraedr. (**IV** u. **V**) Komplexe mit 3 ungepaarten Elektronen diskutiert. (J. chem. Soc. [London] **1959.** 338—45. Jan.) H.-J. OSTMANN. 137

F. L. v. Bernus und **H. J. Bode,** *Magnetische Susceptibilitäten ternärer Magnesiumlegierungen.* 2. Mitt. *Untersuchung der Mischkristallreihen MgNi₂–MgCu₂ und MgNi₂–MgZn₂.* (1. vgl. C. **1950/54.** 693 S.) Vff. untersuchten an einer Reihe von Legierungen der quasibinären Schnitte $MgNi_2$–$MgCu_2$ u. $MgNi_2$–$MgZn_2$ den Temperaturverlauf der magnet. Susceptibilität zwischen 77 u. 873° K. Dieser Temperaturverlauf läßt sich auf Grund der erhaltenen Meßergebnisse wiedergeben durch den Ausdruck $\gamma = c/T + a + bT - \gamma e^{-\alpha T}$, wobei das Exponentialglied nur bei den Ni-reichsten Legierungen bis zu 10 Mol-% $MgCu_2$ bzw. 7,5 Mol-% $MgZn_2$ in Erscheinung tritt. Der in dem Ausdruck auftretende Beitrag c/T wird wahrscheinlich durch Verunreinigungen verursacht u. a + bT dürfte der Beitrag des d- u. s-Elektronenbandes sein. Um festzustellen, ob der Exponentialterm aus einer antiferromagnet. Kopplung der Spins herrührt, wurden an $MgNi_2$ dilatometrische Messungen u. Messungen des Temperaturkoeff. des elektr. Widerstandes durchgeführt, wobei im Bereich von 180° Anomalien beobachtet wurden. (Z. physik. Chem., Frankf. Ausg. [N.F.] **17.** 315—35. Sept. 1958. Darmstadt, TH, Eduard Zintl-Inst. für anorg. u. physikal. Chem.) C. GOTTFRIED. 137

Shōji Kojima, *Verfahren für kernmagnetische Resonanz.* Übersicht über das Wesen u. die Anwendung der kernmagnet. Resonanz. (Kagaku [Science] **25.** 517—20. 1955. [Orig.: japan.]) L. SCHULER. 137

J. G. Powles, *Eine Bemerkung über die Berechnung der zweiten Momente von kernmagnetischen Resonanzabsorptionslinien.* Beschreibung des graph. Rechenverfahrens. (Brit. J. appl. Physics **9.** 299—300. Juli 1958. London, Univ., Queen Mary Coll.) C. GOTTFRIED. 137

Gilbert Hochstrasser, George Béné und **Richard Extermann,** *Hohe Auflösung und Messung schwacher Felder durch kernmagnetische Resonanz.* Es wird ein im Erdfeld (H_0 = 0,4522 Gauß) zu betreibendes Spektrometer beschrieben, das für höchste Auflösungen (Messung der Breiten von Linien unterhalb 10^{-4} Gauß) bestimmt ist. Verss. an *Bzl.* werden mitgeteilt, die auf Grund einer Spulenunsymmetrie ein $\Delta H = 10$ an Stelle des zu erwartenden $\Delta H = 2 \cdot 10^{-6}$ Gauß lieferten. Andererseits erlaubt der exakte Resonanzpunkt die Messung des Erdfeldes u. seiner täglichen Änderungen. Im September wurde gegen 9 Uhr eine Änderung von $-6 \cdot 10^{-5}$ Gauß/h festgestellt. (C. R. hebd. Séances Acad. Sci. **248.** 218—20. 12/1. 1959. Genève, Labor. de Spectroscop. hertzienne.) D. JÖRCHEL. 137

B. Dreyfus und **D. Dautreppe,** *Über eine mögliche Ursache der von Verunreinigungen herrührenden Verbreiterung der Kernquadrupolresonanz.* Die z.B. an der ^{35}Cl-Resonanz eines Paradichlorbenzol-Kristalls beobachtete Verbreiterung in Ggw. eines Zusatzes von 1—2% Paradibrombenzol dürfte nach Ansicht der Vff. dadurch verursacht sein, daß die Schwingungsamplituden der Moll. durch die benachbarten Verunreinigungen beeinflußt werden. Nach dem Modell von BAYER entsteht dadurch eine Dispersion der Resonanzfrequenzen. (J. Physique Radium **18.** 31S. Juni 1957. Grenoble, Labor. d'Électrostat. et de Phys. de Métal.) D. JÖRCHEL. 137

Harden M. McConnell, *Freie Rotation in Festkörpern bei 4,2° K.* Die von FONER, COCHRAN, BOWERS und JEN (C. **1959.** 8039) beobachtete Intensitätsverteilung in der Hyperfeinstruktur des paramagnet. Resonanzsignals von NH_2 in Ar bei 4,2° K läßt sich deuten, wenn man annimmt, daß das NH_2-Radikal in der Ar-Matrix frei rotieren kann u. die Besetzungswahrscheinlichkeit der möglichen Quantenzustände dem therm. Gleichgewicht bei 4,2° K entspricht, d.h. daß prakt. nur der tiefste Rotationszustand besetzt ist. Ähnliche Verhältnisse müßten bei CH_3 vorliegen. (J. chem. Physics **29.** 1422. Dez. 1958. Pasadena, Calif., California. Inst. of Technol., Gates and Crellin Labor. of Chem.) H. C. WOLF. 137

Yonezo Morino, Takehiko Chiba, Takashi Shimozawa und **Masaharu Toyama,** *Der Zeemaneffekt des Kernquadrupolresonanzspektrums in Cyanurchlorid.* An einem Cyanurchlorid-Einkristall wurde der ZEEMAN-Effekt der ^{35}Cl-Kernquadrupolresonanz untersucht. Dabei ergeben sich 3 q-Tensoren, davon zwei äquidistante. Weitere Messungen der Hauptachsenrichtungen, der Kopplungskonstanten u. des Asymmetrieparameters führen zu Abschätzungen des Doppelbindungscharakters (10%) u. des Ionencharakters (17%) der C–Cl-Bindung u. ermöglichen Aussagen über die Lage der Moleküle im Kristall. (J. physic. Soc. Japan **13.** 869—79. Aug. 1958. Tokyo, Univ. of Tokyo, Fac. of Sci., Dep. of Chem. [Orig.: engl.]) H. C. WOLF. 137

Takehiko Chiba, *Kernquadrupolspektren von Bortrichlorid und Bortribromid.* Messung der reinen Kernquadrupolresonanz von ^{35}Cl u. ^{37}Cl in BCl_3 u. von ^{79}Br u. ^{81}Br in BBr_3 bei verschied. Temperaturen. Man erhält für jeden Kern ein charakterist. Dublett mit dem Intensitätsverhältnis ca. 3:5. Außer den Frequenzen werden auch die Asymmetrieparameter bestimmt. Die Aufspaltung wird auf eine innermol. Schwingung zurückgeführt. Weiter wird der Doppelbindungscharakter der Moll. abgeschätzt. (J. physic. Soc. Japan **13.** 860—68. Aug. 1958. Tokyo, Univ. of Tokyo, Fac. of Sci., Dep. of Chem. [Orig.: engl.]) H. C. WOLF. 137

Kuniya Fukuda, Yoichi Uchida und **Hisamitu Yoshimura,** *Paramagnetisches Resonanzspektrum von Mangan in aus der Schmelze gewachsenen Alkalihalogenideinkristallen.* Messung der Elektronenresonanz von 1% Mn in Einkristallen von LiCl u. KCl bei Raumtemp. im Wellenlängenbereich 1 cm. Die g-Werte liegen bei 2,0005 bzw. 2,0003, die Hyperfein-Aufspaltungskonstanten bei 96 bzw. 82 Gauß. Je nach den Temperungs- u. Abschreckbedingungen erhält man mehr oder weniger Feinstruktur. (J. physic. Soc. Japan **13.** 971—72. Aug. 1958. Kyoto, Univ. of Kyoto, Dep. of Phys. [Orig.: engl.]) H. C. WOLF. 137

Kenji Kanō, *Dipolverbreiterung der Quadrupolresonanzlinie in den Kristallen $NaClO_3$ und $NaBrO_3$.* Der Beitrag der Dipolverbreiterung zum zweiten Moment der Resonanzlinie bei reiner Quadrupolresonanz in Kristallen mit folgenden Eigg. wird theoret. untersucht: 1. Alle Kerne mit Spin 3/2; 2. Axiale Symmetrie des Tensors für den elektr. Feldgradienten; 3. Einige weitere einschränkende Voraussetzungen für das

Kristallfeld. Die Ergebnisse werden mit Experimenten an $NaClO_3$ u. $NaBrO_3$ verglichen. (J. physic. Soc. Japan **13.** 975—78. Sept. 1958. Kagawa Univ., Fac. of Liberal Arts and Educat. [Orig.: engl.]) H. C. WOLF. 137

Jan Krogh-Moe, *Über die Protonenleitfähigkeit im Wasser.* Vf. diskutiert die Bedeutung der f(T) in der Gleichung von GIERER u. WIRTZ (C. **1955.** 6921) für die Beweglichkeit der H_3O- u. OH-Ionen im W. in Hinblick auf das von GRJOTHEIM u. ihm (C. **1955.** 7158) entwickelte W.-Modell u. zeigt, daß mit Hilfe einer näheren Interpretation des Begriffes Überschußbeweglichkeit unter bestimmten Annahmen (die zur Folge haben, daß die zahlenmäßigen Ergebnisse nur halbquantitativ sind) f(T) als nicht der Zahl der insgesamt im W. vorhandenen H-Brücken proportional anzusehen ist, sondern nur der Zahl der W.-Moll., die nur über eine H-Brücke verbunden sind, da diese Moll. beim Protonenübergang u. damit Zerfall der H-Brücke sich schneller für eine neue H-Brücke reorientieren können als W.-Moll. mit mehreren H-Brücken. Auf Grund dieser Überlegungen lassen sich mit den Theorien anderer Autoren gut übereinstimmende Werte für die Aktivierungsenergie der H-Brücke im W. berechnen u. u.a. die Zunahme der Überschußbeweglichkeit mit dem Druck in einem bestimmten Temperaturbereich verstehen.(Acta chem. scand. **10.** 331—32. 1956. Columbia, Mo., Univ., Dep. of Phys.) W. NIEMITZ. 138

R. Gibaud, *Einfluß der γ-Strahlung auf die Leitfähigkeit von Petroläther (Endströme und Feldstärken < 2 kV/cm).* Nach der Meth. von GUIZONNIER (C. R. hebd. Séances Acad. Sci. **228.** [1949.] 994) wurde der Endstrom I (Größenordnung 10^{-12} A) von Petroläther im elektr. Feld zwischen parallelen Elektroden während der Bestrahlung mit Ra in Abhängigkeit von der Strahlungsmenge (Ra-Menge), der angelegten Spannung U (50—1450 V) u. des Elektrodenabstandes d gemessen. Es zeigt sich, daß der Stromanstieg ΔI mit der Strahlungsmenge erst von einer bestimmten Feldstärke (ca. 1500 V/cm) an linear erfolgt, bei kleineren Feldstärken ist der Anstieg geringer als linear. Dieser Effekt wird den bei kleinen Feldstärken zahlreicheren Rekombinationen der Ladungsträger zugeschrieben. Die Kurven $\Delta I = f(U)$ für verschied. Strahlungsmengen zeigen — ähnlich wie in Gasen — eine Sättigung an. (J. Physique Radium **18.** 60 S–62 S. Nov. 1957.) D. JÖRCHEL. 138

Myron O. Davies, Milton Clark, Ernest Yeager und **Frank Hovorka,** *Die Sauerstoffelektrode.* 1. Mitt. *Untersuchung des Elektrodenmechanismus mit Isotopen.* Das anod. u. kathod. Verhalten des O_2/Peroxyd-Syst. in alkal. Lsg. wurde an teilweise hydrophoben Elektroden aus Aktivkohle untersucht. Durch Anwendung von ^{18}O-Isotopen konnte nachgewiesen werden, daß bei der Red. von O_2 zu H_2O_2 der gesamte Peroxydsauerstoff aus der Gasphase stammt. Umgekehrt stammt das bei der Oxydation entstehende O_2 aus dem HO_2^--Ion. Die O–O-Bindung wird bei der kathod. Red. nicht gelöst. Die Vff. nehmen an, daß die Red. nach $O_{2\,ads.} + H_2O + e^- \rightarrow HO_{2\,ads.} + OH^-$ u. $HO_{2\,ads.} + e^- \rightarrow HO_2^-$ verläuft. Andere Mechanismen, in denen adsorbierter H auftritt, sind jedoch denkbar. (J. electrochem. Soc. **106.** 56—61. Jan. 1959. Cleveland, O., Western Reserve Univ., Dep. of Chem.) M. LASER. 140

J. Euler, *Über die Stromverteilung in porösen Elektroden.* Die Berechnung der Stromverteilung in porösen Elektroden führt auch in einfachen Fällen zu schwerfälligen Gleichungen, die sich nur numer. auswerten lassen. Es wird daher eine Meth. dargelegt, die es gestattet, mit Hilfe eines elektr. Modells die Stromverteilung in den Elektroden direkt abzulesen. Für den einfachen Fall, daß die Elektronenleitfähigkeit gleich der Ionenleitfähigkeit ist, werden Ergebnisse wiedergegeben: Bei kleinsten Belastungen nehmen nur die Randpartien Strom auf. Mit steigender Belastung dringt der Strom zunächst wesentlich weiter ein, um sich dann wieder auf die Randpartien zu konzentrieren. (Naturwissenschaften **45.** 537—38. 2. Nov.-H. 1958. Frankfurt/M., Accumulatorenfabrik A. G.) W. KLEIN. 141

F. E. Block, P. C. Good und **G. Asai,** *Elektrolytische Abscheidung von Chrom hoher Reinheit.* Aus schwefelsauren CrO_3-Lsgg. wurde bei 90° in mit nichtweichgemachtem Polyvinylchlorid ausgekleideten Zellen Cr elektrolyt. abgeschieden. Die Lsgg. wurden vorher durch Ionenaustausch an Amberlite IR-120 von Spuren Al, Cu, Fe, Ni, Si u. Sn befreit. Die Abscheidung ist anfangs glatt, wird dann aber ungleichmäßig. Schließlich bilden sich lange Dendriten. Die Abscheidungsdauer betrug 72—96 Std., die Stromdichte 340—1100 A/ft². Der Anteil der Dendriten nimmt mit steigender Stromdichte zu, die Stromausbeute ist davon unabhängig. Das Cr enthielt in der Regel 50—250 ppm O_2 u. < 20 ppm N_2. Außerdem wurde der C- u. H_2-Geh. bestimmt. An metall. Verunreinigungen wurden Spuren Al, Fe u. Si gefunden. Das Cr wurde zu Drähten ausgezogen u. die Zugfestigkeit bestimmt. Die Dehnung beträgt bei geringem N-Geh. (< 50 ppm) bis 26%. (J. electrochem. Soc. **106.** 43—47. Jan. 1959. Albany, Ore., Bur. of Mines, Region I.) M. LASER. 141

B. C. Bannerjee und **A. Goswami,** *Die Struktur von elektrolytisch abgeschiedenem Nickel.* Ni wurde aus sulfat-chlorid-borsäurehaltiger (I) u. chlorid-borsäurehaltiger Lsg. abgeschieden. Durch Elektronenbeugung wurde die Kristallstruktur u. die Orientierung der Ni-Kristalle bestimmt. Der Einfl. von p_H, Temp., Konz., Stromdichte, Rührung usw., sowie der Einfl. von H_2O_2-, $Ni(NO_3)_2$- u. NaCl-Zusätzen wurde untersucht. Die Hauptfaktoren, die die Rk. bestimmen, sind (a) die Diffusionsgeschwindigkeit der Kationen an die Kathode, (b) die Entladungsgeschwindigkeit der Kationen, (c) die Dicke der Diffusionsschicht u. (d) die Bldg. von Filmen in der Nähe der Kathodenoberfläche. Ist (a) > (b), liegen die Kristalle dicht gepackt mit der Basis parallel zur Substratoberfläche. Tritt Verarmung an der Kathode ein, entsteht eine dicht gepackte Atomreihe senkrecht zur Kathodenoberfläche. {210}-Orientierung scheint mit der Adsorption von H_2 zusammenzuhängen, denn ein Zusatz von H_2O_2 bewirkt Übergang zur {100}- oder $\{10\bar{1}0\}_{hex}$- u. {211}-Orientierung. NO_3^- wird an der Kathode teilweise zu NH_3 red., bildet Ni-Ammoniumkomplexe u. verringert dadurch in unmittelbarer Nähe der Kathode die Ni-Konz., wodurch Auswachsungen entstehen. Rühren begünstigt die glatte Abscheidung u. red. bzw. eliminiert durch Störung der H_2-Adsorption die „Pitting"-Bildung. Erhöhte Temp. verringert zwar die Diffusionsschicht, begünstigt aber Auswachsungen außer in Lsg. I bei 75° u. p_H 5. Hohe Stromdichte bewirkt Auswachsungen. Bei sehr geringer Stromdichte dagegen tritt seltsamerweise {110}-Orientierung auf. Eine Steigerung der Cl^--Ionenkonz. hat Zwillingsbldg. zur Folge. (J. electrochem. Soc. **106.** 20—23. Jan. 1959. Poona, India, Nat. Chem. Labor.) M. LASER. 141

Jan Weber, *Momentane polarographische Ströme.* 1. Mitt. *Durch Diffusion und langsame Elektrodenreaktion geregelte Ströme.* Einige Typen der momentanen polarograph. Ströme wurden mit Hilfe mathemat. Behandlung diskutiert, vor allem unter Berücksichtigung der sphär. Diffusion. — Bei einem reversiblen Redox-System, bei welchem das Prod. der Elektrodenrk. in die Lsg. zurückdiffundiert, ist der momentane Strom bei allen Potentialen etwa um 10% (bei üblichen polarograph. Bedingungen) größer als der durch die ILKOVIČ-Gleichung gegebene. Die Korrektur für die sphär. Diffusion verursacht, daß die Zeitabhängigkeit des momentanen Stromes zwischen 1 u. 6 Sek. die Form i = const. $t^{0,192}$ besitzt. — Bei den Strömen, bei denen die Amalgambldg. stattfindet, ist durch die Korrektur für die sphär. Diffusion der Strom erhöht, wenn das Potential negativer als das Normalpotential (E^0), jedoch erniedrigt, wenn das Potential positiver als E^0 ist. Diese Differenz ist durch die Unterschiedlichkeit der Diffusionsräume der oxydierten u. red. Form verursacht. — Bei den durch einen langsamen Elektrodenvorgang geregelten Strömen ist die Korrektur zur sphär. Diffusion in erster Annäherung vernachlässigbar. Der Zeitverlauf des Stromes ist potentialabhängig u. der Richtungskoeff. der Abhängigkeit log i — log t liegt zwischen 2/3 u. 1/6. Bei kleineren Überspannungen kann dieser Richtungskoeff. im Potentialbereich der Stufenanstiege ein Maximum erreichen. (Chem. Listy **52.** 1249—58. Juli 1958. Praha, Československ. akad. věd, Ústav fyzik. chem.) P. ZUMAN/Prag. 142

Jaroslav Kůta und **Ivan Smoler,** *Momentane polarographische Ströme.* 2. Mitt. *Untersuchung der Kurven der Abhängigkeit des Stromes von der Zeit bei verschiedenen Potentialen der polarographischen Stufen bei reversiblen und irreversiblen Vorgängen.* (1. vgl. vorst. Ref.) Wegen der Übertragung der Konzentrationspolarisation müssen die i–t-Kurven am ersten, durch vorangehende Polarisation unberührten Tropfen studiert werden. Die „ersten" i–t-Kurven wurden bei verschied. Potentialen, in dem Bereich des Stufenanstieges registriert. Für reversible Systeme, wie Fe(II)/Fe(III) oder Ti(III)/Ti(IV) in Oxalat, für Chinon/Hydrochinon im Phosphatpuffer p_H 6,8 usw., wurde im gesamten Potentialbereich eine lineare Abhängigkeit zwischen log i u. log t gefunden. In Übereinstimmung mit der Theorie (vgl. vorst. Ref.) wurde für den Richtungskoeff. der Wert 0,195 gefunden. — Bei reversiblen Vorgängen, bei welchen die red. Form ein Amalgam bildet, sinkt der Richtungskoeff. in der Richtung zu positiveren Potentialen u. beträgt beim Halbwellenpotential 0,167; dabei entspricht der Strom genau der ILKOVIČ-Gleichung; bei den noch positiveren Potentialen sinkt er weiter. — Bei den irreversiblen Vorgängen mit großer Überspannung nimmt der Exponent der parabol. Abhängigkeit vom Stufenfuß (wo er 2/3 beträgt) beim Stromanstieg monoton ab, bis er beim Grenzstrom den Wert 1/5,3 erreicht. — Bei irreversiblen Vorgängen mit geringer Überspannung geht der Wert des Richtungskoeff. bei Steigerung der polarograph. Welle über ein Maximum. Als Beispiel werden Zn^{2+}-Ionen in einer SO_4^{2-}-Lsg. sowie Eu^{3+} in $NaClO_4$- u. NaCl-Lsgg. angegeben. Bei den Metallen der Fe-Gruppe wurde ein unregelmäßiger Verlauf der i–t-Kurven beobachtet. So bietet also z. B. Ni^{2+} kein geeignetes Beispiel für eine irreversible polarograph. Reduktion. (Chem. Listy **52.** 1259—68. Juli 1958.) P. ZUMAN/Prag. 142

Leo Cavallaro, Corrado Bighi, Gabriella Pancaldi und **Giordano Trabanelli,** *Die Bestimmung der Alkaliverbindungen einiger Polythionsäuren mittels Chromatographie und Polarographie.* Vff. untersuchen das polarograph. Verh. der Ionen $S_3O_6^{2-}$, $S_4O_6^{2-}$, $S_5O_6^{2-}$ einzeln u. der bin. Gemische in verschied. Milieu, wobei die Herst. der entsprechenden Ausgangssubstanzen durch Papierelektrophorese erfolgt. Die polarograph. Kontrolle einer eluierten $S_4O_6^{2-}/S_5O_6^{2-}$-Mischung hat eindeutig eine Schleife ergeben, die nicht den eingesetzten Ionen zugeschrieben werden kann, sondern einem Ion $S_6O_6^{2-}$ zugehören muß. Das Vorliegen dieses Ions wurde durch Elementaranalyse u. dessen Verh. identifiziert. Es konnte gezeigt werden, daß sich dieses Ion bei Vorliegen von Tetrathionat bei $p_H \sim 3$ auf Kosten von $S_5O_6^{2-}$ bildet. Die anzuwendenden Bedingungen, um $S_6O_6^{2-}$ polarograph. zu bestimmen, sind angeführt. (Ann. Chimica **48.** 466—77. Juni/Juli 1958. Ferrara, Univ., Ist. Chim.) E. MIESSGANG. 142

David J. McEwen und **Thomas De Vries,** *Polarographie von Uran.* 3. Mitt. *Uran(VI) in fluoridhaltigen Medien.* Die polarograph. Red. von *U(VI)* wurde in verschied. Grundlsgg. in Ggw. eines 0- bis 100fachen mol. Überschusses an Fluorid untersucht. In HCl-haltiger Lsg. bewirkte Zugabe von F^- ein Ansteigen des Grenzstromes auf den doppelten Wert des in fluoridfreier Lsg. gemessenen Diffusionsstromes, während das Halbstufenpotential der Red. U(VI) → U(V) annähernd konstant bei — 0,18 V (gegen gesätt. Kalomelelektrode) lag. Die nach der Stufensteilheit reversible Einelektronenred. beruht vermutlich auf der Red. der Komplexe UO_2F^+ oder UO_2F_2. Eine Dissoziation dieser Komplexe zum hydratisierten Ion UO_2^{2+}, dessen reversible Red. bekannt ist, ist gleichfalls möglich. In einer Grundlsg. von 0,008 n HCl u. 0,1 n KCl wurde neben dem Ansteigen des Diffusionsstromes auch eine Verschiebung der Halbstufenpotentiale mit steigender F^--Konz. nach negativeren Werten beobachtet. Die Red. verläuft hier irreversibel nach $UO_2F_n^{+2-n} + e^- \rightarrow UO_2^+ + nF^-$. Das gebildete UO_2^+ disproportioniert in schwachsaurer Lsg. mit einer vom Verhältnis U:F abhängigen Geschwindigkeit zu U(VI) u. U(IV). In annähernd neutraler, KCl- oder $KClO_4$-haltiger Lsg. wird die gleiche Abhängigkeit der Halbstufenpotentiale der U(VI)-Stufe von der F^--Konz. gefunden, während der Diffusionsstrom sich nur wenig ändert. Das bei der Red. entstandene U(V) wird zu UO_2 red., welches die Hg-Oberfläche blockiert, aber durch einen F^--Überschuß unter Erhöhung des Grenzstromes abgelöst werden kann. (Canad. J. Chem. **35.** 1225—36. Okt. 1957. Lafayette, Ind., Purdue Univ., Dep. of Chem.) E. MOISAR. 142

Masao Maeda, *Messung des Elektrodenpotentials und Beobachtung der Oberflächenbeschaffenheit durch Anwendung von radioaktiven Tracern.* Unterss. über das Verh. von Pb-Anoden mit 2% Sn in SO_4^{2-}-enthaltenden Lsgg. von Pb-Akkumulatoren unter Anwendung von ^{35}S zeigen: Die Kurve Zeit–Elektrodenpotential zeigt 3 Knickpunkte. Es wird angenommen, daß die die Bldg. von PbO_2 aus dem $PbSO_4$-Film bestimmende Geschwindigkeit von der PbO_2-Keimbldg. u. der Diffusion von SO_4^{2-} (oder anderen Ionen) nach außen, d. h. durch die Poren oder Korngrenzen des PbO_2-Films, abhängt. Nachdem die Anodenoberfläche völlig mit PbO_2 bedeckt ist, hört die Bldg. von PbO_2 auf, u. es entweicht O_2. (J. electrochem. Soc. Japan **25.** 195—99. April 1957. Tokyo, Electr. Communicat. Labor., Physic. Res. Sect. [Orig.: japan.; Auszug: engl.]) W. WESLY. 143

Guy Bronoel, *Beitrag zur Untersuchung des Korrosionsmechanismus von Magnesium und einer seiner Legierungen.* Hochreines Mg u. Mg-Legierung mit 3% Al, 1% Zn u. 0,02%, 0,016%, 0,012% bzw. 0,0006% Fe wurden in verschied. HCl-Lsgg. untersucht. Das Potential einer Mg-Elektrode in Abhängigkeit vom p_H- wird angegeben u. diskutiert. An Hand der Kurven $d[H^+]/dt = f(t)$ wird der Korrosionsmechanismus disutiert. (C. R. hebd. Séances Acad. Sci. **246.** 2750—53. 12/5. 1958.)
H. K. HOFMEISTER. 143

H. W. McCune, *Korrosionsprodukt und Inhibitorfilme auf Aluminium.* Der Einfl. von SiO_2 (als Na-Silicat), $KMnO_4$ u. K_2CrO_4 auf die Korrosion von Al in alkal. Na-Triphosphatlsgg. wurde untersucht. In Ggw. von Silicat (I) wird kein Phosphat in den Film eingebaut. $KMnO_4$ erzeugt einen sehr wirksamen, stark gefärbten Film, der fast kein Phosphat enthielt. K_2CrO_4 steigert den Phosphatgeh. des Films u. wirkt nur wenig inhibierend. Der Angriff des Triphosphats wird auf die Bldg. von Phosphatkomplexen an der Oberfläche zurückgeführt. Adsorptionsmessungen von I an Al zeigen, daß I nicht die ganze Oberfläche bedeckt, sondern mit wasserhaltigem Al-Oxyd ein Silicat bildet. Die Dicke des Films beträgt einige 10 Å. Elektronenmkr. Aufnahmen zeigen starke Veränderungen der Al-Oberfläche durch Triphosphat in Abwesenheit von I. Nach Ablösen der Korrosionsschicht mit konz. HNO_3 bleiben flache, runde Vertiefungen zurück. In Ggw. von I wird die Oberfläche prakt. nicht verändert. (J. electrochem. Soc. **106.** 63—65. Jan. 1959. Cincinnati, O., Procter & Gamble Comp., Miami Valley Labors.)
M. LASER. 143

R. D. Misch und **F. H. Gunzel jr.**, *Der elektrische Widerstand von Oxydfilmen auf Zirkonium im Verhältnis zur Korrosion.* Auf *Zr, Zirkaloy-1*, u. *Zirkaloy-2* werden durch anod. Oxydation oder Korrosion Oxydfilme verschied. Stärke hergestellt. Die Leitfähigkeit der Filme steigt beim Erhitzen im Vakuum je nach der Temp. verschied. schnell an. Der Grund hierfür ist die Diffusion von O_2 in das Metall unter Bldg. von Anion-Fehlstellen. Mit dem Vordringen der Fehlstellen, für die bei 450° ein Diffusionskoeff. von $4 \cdot 10^{-13}$ cm² · sec⁻¹ (anod. Filme) bzw. $0,38 \cdot 10^{-12}$ bis $2,5 \cdot 10^{-12}$ cm² · sec⁻¹ (Korrosionsfilme) berechnet wurde, wächst die Leitfähigkeit. Von den genannten Materialien besitzt Zr die höchste Korrosionsgeschwindigkeit u. Diffusionsfähigkeit. Die Filme auf den Legierungen scheinen homogener zu sein. Werden korrodierte Probestücke 1 Min. auf 600° erhitzt u. anschließend weiter in W. bei 340° korrodiert, so ist die Gewichtszunahme der Stücke größer als der Wiederauffüllung der Fehlstellen durch O_2 entspricht. Dieser Effekt konnte nicht geklärt werden. (J. electrochem. Soc. **106.** 15—20. Jan. 1959. Lemont, Ill., Argonne Nat. Labor.) M. Laser. 143

A. C. Makrides, *Einige Beobachtungen über den Inhibierungsmechanismus.* Vf. bestimmte die Auflösungsgeschwindigkeit von *Armco-Fe* (99,92—99,96%) in HNO_3 verschied. Konzz. in Ggw. von HCl, KCl, KNO_3, $HClO_4$, HSCN (I) u. Citronensäure (II). I bewirkt bei Konzz. $> 5 \cdot 10^{-6}$ bis $1 \cdot 10^{-5}$ mol. prakt. vollständige Inhibierung. Die Adsorption des Inhibitors an der Oberfläche ist in $5 \cdot 10^{-6}$ mol. I-Lsgg. nach ca. 1 Min. vollständig. Durch Erhöhung der Temp. auf 42° wird die Auflösungsgeschwindigkeit kaum erhöht. II wirkt ebenfalls als Inhibitor, bei Temperatursteigerung auf 42° steigt jedoch die Auflösungsgeschwindigkeit. Aus den Ergebnissen wird geschlossen, daß die Inhibierung der Fe-Auflösung nicht auf der erschwerten Kombination von H-Atomen zu H_2-Moll. beruht. (J. electrochem. Soc. **106.** 7—9. Jan. 1959. Niagara Falls, N. Y., Electrometallurg. Comp., Div. of Union Carbide Corp., Metals Res. Labors.)
M. Laser. 143

Herbert H. Uhlig und **Peter F. King**, *Das Flade-Potential an Eisen, das durch verschiedene anorganische Korrosionsinhibitoren passiviert wurde.* Nach der Passivierung von Fe durch FeO_4^{2-}, NO_2^-, CrO_4^{2-}, MoO_4^{2-}, WO_4^{2-}, konz. HNO_3 u. durch anod. Polarisation in H_2SO_4 wurde das Flade-Potential bestimmt. Es steigt linear mit dem p_H-Wert bis ca. 4,5 an, wobei die Steigung der Kurven 0,059 beträgt. Bei CrO_4^{2-}- u. NO_2^--passiviertem Fe setzt sich dieser Verlauf bis ca. p_H 11,5 fort, während bei HNO_3- u. anod. polarisiertem Fe ein konstanter Wert erreicht wird. Das Flade-Potential bei p_H 0 beträgt bei Passivierung durch NO_2^- — 0,50 V, CrO_4^{2-}, FeO_4^{2-} u. MoO_4^{2-} — 0,54 V, WO_4^{2-} — 0,61 V, anod. Polarisation u. HNO_3 — 0,64 V. Das Verh. wird erklärt durch Annahme einer monomol. Schicht aus O-Atomen, an der eine O_2-Schicht chemisorbiert ist. Die Rk. kann beschrieben werden durch $Cr_2O_7^{2-} + 8\,H^+ +$ Fe-Oberfläche $\rightarrow 2\,Cr^{3+} + 4\,H_2O + O \cdot O_2$ (adsorbiert an Fe). Der Mechanismus der Passivierung besteht aus Adsorption des Passivators an der Oberfläche, Depolarisation der kathod. Gebiete bei gleichzeitiger anod. Polarisation der übrigen Gebiete, Entladung von OH^--Ionen bei Stromdichten oberhalb 17 A/cm² u. langsamer Bldg. von Fe-Oxyden. Die Oxydbldg. wird durch erhöhte Temp. u. Ggw. von Cl-Ionen beschleunigt. (J. electrochem. Soc. **106.** 1—7. Jan. 1959. Cambridge, Mass., MIT, Dep. of Metallurgy.) M. Laser. 143

Yutaka Torigoe, *Korrosionswirksamkeit bei der Wechselstromelektrolyse von Eisen. Untersuchungen über die elektrolytische Korrosion durch Wechselstrom.* 1. Mitt. Unterss. über die Beziehung zwischen Korrosion von Fe (H_2-Entw.) u. p_H-Wert von Lsgg. saurer u. neutraler Salze (Mischungen von 0,1 mol. H_2SO_4- u. 0,1 mol. Na_2SO_4-Lsgg.) bei Anwendung von sinusförmigem Wechselstrom zur Fe-Elektrolyse zeigen: Die Korrosion nimmt mit fallendem p_H des Elektrolyten zu. Mit zunehmender Stromdichte u. Erreichung des zur O_2-Entw. erforderlichen Potentials beginnt die Neutralisation von H_2 u. O_2 gemäß der Theorie von Shipley (Trans. Amer. electrochem. Soc. **52.** [1927.] 375.) (J. electrochem. Soc. Japan **25.** 203—08. April 1957. Tokyo, Agency of Ind. Sci. and Technol., Electrotechn. Labor., Power Sect. [Orig.: japan.; Auszug: engl.])
W. Wesly. 143

Go Okamoto, Haruo Kobayashi, Norio Sato und **Masaichi Nagayama**, *Die Einwirkung der Temperatur auf die Passivität von Nickel.* (Vgl. C. **1959.** 4050.) Unterss. über die anod. Polarisation u. den elektr. Widerstand von passiviertem Ni (elektrolyt. Abscheidung von Ni aus $NiSO_4$-Lsg. auf Ni-Blech oder Pt-Draht) in 1 n H_2SO_4 bei 30—95° zeigen: Die Passivierung tritt oberhalb des krit. Potentials von ca. 0,3 V auf. Der passive Zustand ist im Potentialbereich + 0,45 bis + 0,65 V stabil. Passives Ni korrodiert sehr langsam mit gleichbleibender, vom Potential unabhängiger Geschwindigkeit. Der elektr. Widerstand des passiven Ni ist bei + 0,55 V im Frequenzbereich 0,2 bis 20 kHz gleichbleibend. Die Temp.-Abhängigkeit von i_k (μA/cm²) wird wiedergegeben (Diagramm). Die scheinbare Aktivierungsenergie $>$ ($<$) 60° beträgt $21,1 \pm 0,0$

(18,8 ± 0,0) kcal/Mol. Aus der Temp.-Abhängigkeit von tg δ bei 1 kHz, folgt, daß sich tg δ < 60° wenig ändert, jedoch mit steigender Temp. > 60° ansteigt. Der auf passivem Ni befindliche Oxyd-Schutzfilm löst sich mit konstanter Geschwindigkeit in der Lsg. durch eine rein chem. Rk., unabhängig vom Potential. Daher muß zur Erhaltung des passiven Zustandes neues Oxyd aufgebaut werden, indem die Auflsg. durch den die Passivität bewirkenden Strom i_k ausgeglichen wird. (J. electrochem. Soc. Japan **25.** 199—203. April 1957. Sapporo, Hokkaido Univ., Fac. of Sci., Fac. of Engng. [Orig. japan.; Auszug: engl.]) W. WESLY. 143

N.B.Hannay, ed., Semiconductors. New York: Reinhold. 1959. (790 S. m. Diagr.) 8°. $ 15.—.

A_4. Thermodynamik. Thermochemie.

Charles Muckenfuss und **C. F. Curtiss**, *Kinetische Theorie nichtkugelförmiger Moleküle.* 3. Mitt. (2. vgl. C. **1958.** 1494.) Vff. dehnen die kinet. Theorie nichtkugelförmiger Moll. auf Mehrkomponentensysteme aus, u. zwar mit Hilfe eines Satzes verallgemeinerter BOLTZMANN-Gleichungen, wie sie bei der Behandlung eines reinen Gases benutzt werden, u. die durch eine der CHAPMAN-ENSKOG-Meth. ähnliche Störungsmeth. gelöst werden. Die Transportkoeffizienten werden in Abhängigkeit eines Satzes mehrdimensionaler Integrale erhalten, die von der Dynamik der Zusammenstöße der nichtkugelförmigen Moll. abhängen. Diese Integrale werden bezogen auf die „Klammer"-Integrale von CHAPMAN u. COWLING u. sind Verallgemeinerungen ähnlicher Integrale wie sie bei der Behandlung eines reinen Gases aus nichtkugelförmigen Moll. erscheinen. Diese Integrale werden zu vierdimensionalen red., bei denen die Integranden nur von der Geometrie der Moll. abhängen. Die Integrationen werden dabei über die Oberflächen zweier Moll. ausgeführt, wie am Beispiel der Behandlung eines sphärozylindr. Modells gezeigt wird. Es ergeben sich die Koeffizienten der Diffusion, der Thermodiffusion, der Scher- und Gesamt-Viscosität u. der therm. Leitfähigkeit für ein bin. Syst. in Abhängigkeit zweier charakterist. Parameter der Form u. Massenverteilung jedes der beiden Moleküle. Der Koeff. der Selbstdiffusion wird benutzt, um die therm. Leitfähigkeit eines reinen Gases mit der durch eine modifizierte Form der Näherung von EUCKEN gegebenen zu vergleichen. (J. chem. Physics **29.** 1257—72. Dezember 1958. Madison, Wis., Univ., Dep. of Chem., Naval Res. Labor.) W. NIEMITZ. 146

W. Lochte-Holtgreven, **R. Schall** und **F. Wecken**, *Erzeugung und Messung hoher Temperaturen.* Zusammenfassender Bericht an Hand der vorliegenden Literatur. 202 Literaturzitate. (Rep. Progr. Physics **21.** 312—83. 1958. Kiel, Univ.; Weil/Rhein.) C. GOTTFRIED. 146

Yasushi Takahashi, *Über die thermische Ausdehnung von Festkörpern.* Vf. entwickelt eine quantisierte Feldtheorie der Gitterschwingungen eines harmon. Modells u. weist deren inneren Zusammenhang mit der phänomenolog. Theorie der therm. Ausdehnung von BORN u. HUANG (Dynamical theory of crystal lattices; Oxford 1954) u. SLATER (Introduction to chemical physics; McGraw-Hill, New York 1939) nach. Im Gegensatz zur nichtquantisierten Theorie ergibt die neue Behandlung, daß der therm. Ausdehnungskoeff. selbst in ideal harmon. Kristallen nicht immer Null ist, wenn man das Phonon-Feld quantisiert. Damit kann auch die Ursache u. Herkunft des Faktors 1/3 in der SLATERschen GRÜNEISEN-Konstante erklärt werden, um den nach Ansicht von DUGDALE u. MACDONALD (C. **1954.** 2119) u.a. die ursprünglich von SLATER angegebene Konstante vermindert werden muß. (Physica [Utrecht] **24.** 857—67. Nov. 1958. Dublin, Dublin Inst. for Advanced Studies.) W. WAGNER. 148

J. Saurel, *Die Zustandsgleichungen und die thermodynamischen Eigenschaften komprimierter Gase.* Durch die thermodynam. Unters. komprimierter Gase können wichtige Erkenntnisse über die Wechselwrkgg. zwischen den Moll. u. über die Verteilung der dabei wirksamen Energie gewonnen werden. Hieraus kann auf das Verh. von Fll. in Druck- und Temp.-Verhältnissen geschlossen werden, wie sie denen bei Explosionen, beim Aufbau von Sternen u.ä. entsprechen. Vf. bespricht experimentelle Methoden zur Best. der Zustandsgleichung von Gasen: f(P, V, T) = 0 und Wege zu ihrer theoret. Ableitung. Die Zustandsgleichungen von VAN DER WAALS, BERTHELOT, DIETERICI, KEYES, BEATTIE-BRIDGMAN, BENEDICT-WEBB-RUBIN u. von ROCARD werden gegenübergestellt. (Génie chim. **79.** 12—22. Jan. 44—51. Febr. 1958. C. N. R. S., Labor. des Hautes Pressions.) H. FREIWALD. 149

C. D. Petrie, **M. L. Storm** und **P. F. Zweifel**, *Berechnung von thermischen Gruppenkonstanten für Wasserstoff enthaltende Mischungen.* Die Berechnung von gemittelten Koeffizienten der therm. Diffusion u. Absorptionswirkungsquerschnitte für Wasserstoffsysteme wird diskutiert. Numer. Ergebnisse werden mitgeteilt u. mit zugänglichen Versuchsresultaten verglichen. Es wird über WIGNER-WILKINS-Spektren gemittelt, welche Moderierung durch ein ideales Gas von H-Atomen in Ggw. eines 1/v-Absorbers voraussetzen. Ferner wurde die RADKOWSKY-Vorschrift benutzt, um Transportquerschnitte für verschied. wasserstoffhaltige Verbb. zu erhalten. Mit Hilfe von Potenzreihenentwicklungen wird die Berechnung der Koeffizienten der mittleren Diffusion für Mischungen vereinfacht. (Nuclear Sci. Engng. **2.** 728—44. Nov. 1957. Schenectady, N. Y., Knolls Atomic Power Labor.) S. NEUE. 149

A. Michels, A. Botzen und **W. Schuurman,** *Die Viscosität von CO_2 zwischen 0° C und 75° C und bei Drucken bis zu 2000 Atmosphären.* Die Viscosität von CO_2 wurde bei 0°, 25°, 29,90°, 31,10°, 32,20°, 34,60°, 40°, 50° u. 75° u. bei Drucken bis zu 2000 Atm. nach der Transpirationsmeth. bestimmt. Die gemessenen Viscositätswerte zeigen oberhalb von 40° zwar die erwartete Druckabhängigkeit, weichen jedoch erheblich von den sich aus der ENSKOGschen Theorie ergebenden Werten ab. Im krit. Gebiet zeigt die Viscosität von CO_2 ein ähnlich anomales Verh. wie im Falle des Ar die Wärmeleitfähigkeit. (Physica [Utrecht] **23.** 95—102. Febr. 1957. Amsterdam, Gemeente Univ., Van der Waals-Labor.) L. WIESNER. 149

Henry Eyring, F. W. Cagle jr. und **Carl J. Christensen,** *Eine Theorie der optimalen Bedingungen für Phasenübergänge.* Vff. gehen bei ihren theoret. Betrachtungen von der Vorstellung aus, daß, wenn man den Materialtransport zwischen 2 Phasen betrachtet, offensichtlich der aktivierte Zustand eine Brücke zwischen ihnen darstellt. Die auf dieser Basis abgeleiteten Formeln wurden auf in der Literatur bekannte Phasenübergänge angewandt. Dabei ergab sich für *Ammoniumthiocyanat* u. *$AgNO_3$* eine gute Übereinstimmung zwischen berechneten u. beobachteten Daten. (Proc. nat. Acad. Sci. USA **44.** 120—23. Febr. 1958. Univ. of Utah, Dep. of Chem.) C. GOTTFRIED. 150

O. F. Tuttle und **P. J. Wyllie,** *Hydrothermale Untersuchungen in den Systemen $NaAlSi_3O_8$ (Albit)-H_2O-HF und Granit-H_2O-HF.* Albit schmilzt in Ggw. von W.-Dampf bei einem Druck von 40000 lb./in.^{2} bei 810°. Ein Zusatz von 2% HF zu dem Syst. erniedrigt bei gleichem Druck die Temp. des Schmelzbeginns auf 650°. Die Temp. vollständigen Schmelzens wird bei gleichem Druck von 810° auf 770° erniedrigt. Eine 4%ig. HF-Lsg. erniedrigt die Temp. beginnenden Schmelzens auf 620°, eine 8%ig. Lsg. auf ca. 595° bei 40000 lb./in.^{2}. Die Temp. vollständigen Schmelzens liegt mit einer 4%ig. HF-Lsg. bei 700°, einer 8%ig. Lsg. bei 685°. Aus vorläufigen Unterss. mit Proben granit. Zus. kann bei 80000 lb./in.^{2} Schmelzen bei 550° erwartet werden. Dies ist einem Druck von ca. 12 Meilen Tiefe in der Erdkunde u. einem geotherm. Gradienten von 50° pro Meile äquivalent. (Bull. geol. Soc. America **68.** 1807. Dez. 1957. University Park, Pa., Pennsylvania State Univ., Dep. of Geophys. and Geochem.) C. GOTTFRIED. 150

H. S. Yoder, D. B. Stewart und **J. R. Smith,** *Ab-An-H_2O, An-Or-H_2O und Ab-Or-H_2O bei 5000 bar.* Bei einem H_2O-Druck von 5000 bar koexistieren *Hochalbit, Anorthit* u. *Hochsanidin* mit Fl. u. Gas bei den Tempp. 748°; 1234° bzw. 876°. Das Syst. Albit–Anorthit–H_2O ist vom „kontinuierlichen Reihentyp"; Entmischungsbeziehungen wurden nicht beobachtet. Das Syst. Anorthit–*Orthoklas*–H_2O ist vom eutekt. Typ; der Vierphasenpunkt (2 Feldspäte + Fl. + Gas) liegt bei 845°, die Gesamtzus. der festen Phasen ist An 12:Or 88. Die Grenzen der festen Lsg. sind niedriger als An_2Or_{98} u. etwa $Au_{96}Or_4$. Das Syst. Albit–Orthoklas–H_2O ist vom „Minimumtyp"; der Dreiphasenpunkt (1 Feldspat + Fl. + Gas) liegt bei 695°, wo die Zus. der festen Phase $Ab_{71}Or_{29}$ ist. Liquidus- u. Soliduslinie schneiden sich bei $Ab_{66}Or_{34}$ u. $Ab_{42}Or_{58}$ bei 698°. Isothermale, isolare Schnitte in dem Syst. Albit–Orthoklas–H_2O wurden bei 710° u. 720° mit wechselnden Mengen W. untersucht. Es wurde gefunden, daß die an Feldspat reichen Fll. ca. 11% H_2O enthalten, während die wss. Gasphase wahrscheinlich ca. 1—2% der Feldspatkomponenten enthält. (Bull. geol. Soc. America **68.** 1815. Dez. 1957. Washington, D. C., Geophys. Labor. u. U. S. Geol. Survey.) C. GOTTFRIED. 150

H. S. Yoder, D. B. Stewart und **J. R. Smith,** *Ab-Or-An-H_2O bei 5000 bar.* (Vgl. vorst. Ref.) Bei 5000 bar wurde die Liquidusoberfläche des Syst. *Albit–Orthoklas–Anorthit–H_2O* bestimmt. Die Projektion der Vierphasengrenzpunkte (2 Feldspäte + Fl. + Gas) auf die Ab–Or–An-Ebene erstreckt sich von $An_{12}Or_{88}$ bei 845° bis zu einer Temp. zwischen 695 u. 698°. Bestimmt wurden bei 770°; 720° u. 660° die im Gleichgewicht mit dem Gas auftretenden Verbindungen. Der Temperaturbereich, aus dem 2 Feldspäte aus einem gegebenen Magma gleichzeitig unter Gleichgewichtsbedingungen auskristallisieren können, ist sehr begrenzt. Im allg. ist die Änderung der Zus. des Ab–An-reichen Feldspats mit der Temp. größer als die Änderung für den Or–Ab-reichen Feldspat. (Bull. geol. Soc. America **68.** 1815—16. Dez. 1957.) C. GOTTFRIED. 150

E. L. Heric, *Ein Phasenregelversuch: Das System Bleinitrat–Natriumnitrat–Wasser.* Ermittlung des Zustandsdiagramms des Syst. $Pb(NO_3)_2$–$NaNO_3$–H_2O unter Anwendung des von SCHREINEMAKERS [1893] angegebenen Verf. u. der von HILL u. RICCI [1931] beschriebenen, algebraischen Extrapolierung. (J. chem. Educat. **35.** 510—13. Okt. 1958. Athens, Ga., Univ. of Georgia.) W. WESLY. 150

H. A. Skinner, *Moderne Aspekte der Thermochemie.* Übersicht über die wichtigsten Entwicklungen u. Ergebnisse der modernen Thermochemie, bes. auf dem Gebiet der Calorimetrie u. der Ermittlung von Bildungswärmen. — 270 Zitate. (Roy. Inst. Chem., Lectures, Monogr. Rep. **1958.** Nr. 3. 1—52. Manchester, Univ., Dep. of Chem.) WOLFGANG WAGNER. 156

J. Papailhau, *Neuer Apparat für die thermische Differentialanalyse.* Vf. beschreibt einen neu konstruierten App. zur Durchführung der DTA bis zu Tempp. von 1250°, mit dem bei n. oder definierter Atmosphäre, einem definiertem Gasstrom oder im Vakuum gearbeitet werden kann. Mit dem App. wurden Analysen durchgeführt an *Siderosit* (I) in Vakuum, im N_2- u. CO_2-Strom, in Luft, im Luftstrom u. im O_2-Strom, an *Calcit* (II) im Vakuum, im Luft- u. im CO_2-Strom u. an *Chalkopyrit* (III) im Vakuum, im N_2- u. Luftstrom. Ergebnisse für I. Im Vakuum tritt auf der DTA-Kurve ein endothermer Effekt mit einem Maximum bei 480° auf, der der Zers. des Minerals in *FeO* entspricht. Röntgenograph. wurde ein Gemisch von FeO u. Fe_3O_4 gefunden, wobei letzteres Oxyd durch Oxydation des FeO zu erklären ist. Im N_2-Strom tritt der endotherme Effekt erst bei ca. 500° auf; bei 530° erkennt man eine schwache exotherme Rk. entsprechend der Oxydation von FeO zu Fe_3O_4. Bis 1190° existiert ein Gemisch von FeO u. Fe_3O_4; bei 1190° zeigt eine weitere exotherme Rk. die Red. von Fe_3O_4 in FeO an. Die DTA-Kurve im CO_2-Strom ist der vorhergehenden Kurve sehr ähnlich. Auf der DTA-Kurve des in Luft erhitzten I tritt eine exotherme Rk. zwischen 380—460° auf, wo das Carbonat zu FeO zersetzt u. sofort zu Fe_3O_4 oxydiert wird; zwischen 460 u. 550° tritt ein endothermer Effekt auf, bei dem die Abgabe von CO_2 vorherrschend ist. Eine exotherme Rk. zwischen 550 u. 620° zeigt an, daß sich alles gebildete FeO in Fe_3O_4 umgewandelt hat; eine weitere bei ca. 800° einsetzende exotherme Rk. entspricht der Oxydation von Fe_3O_4 in *Fe_2O_3*. Im Luft- u. O_2-Strom verlaufen diese Rkk. gegenüber den vorherigen wesentlich schneller. Für II ist aus den Kurven ersichtlich, daß im Vakuum die Zers. bei 700° beginnt, um plötzlich bei 865° zu Ende zu gehen. Im Luftstrom ist die Höhe des Maximums größer; die Zers. beginnt bei ca. 800° u. ist bei 980° beendet. Im CO_2-Strom treten 2 endotherme Effekte auf, ein schwacher bei 910° u. ein starker bei 980°. Bei III wurden auf der DTA-Kurve des im Vakuum erhitzten Minerals 3 endotherme Effekte beobachtet. Röntgenograph. wurde gefunden, daß nach dem ersten Effekt das Gitter des III noch erhalten ist; nach dem zweiten Effekt konnte neben III *Pyrrhotin* identifiziert werden. Nach dem dritten Effekt ist III vollständig zerstört, u. es wurde röntgenograph. ein Gemisch von FeS, Cu_2S u. Fe_2O_3 nachgewiesen. Im N_2-Strom enthält die Kurve die gleichen Effekte wie oben, nur sind die Tempp. leicht nach höheren Tempp. zu verschoben. Auf der Kurve der im Luftstrom erhitzten Probe traten zahlreiche exotherme Effekte auf, was auf komplexe Oxydationserscheinungen schließen läßt. (Bull. Soc. franç. Minéralog. Cristallogr. **81.** 142—47. April/Juni 1958. Toulouse, Fac. des Sci., Labor. de Minéral.) C. GOTTFRIED. 156

Otto C. Kopp und **Paul F. Kerr,** *Thermische Differentialanalyse von Sphalerit.* Vff. untersuchten den Einfl. des Fe-Geh. auf die Maximaltemp. der DTA-Kurve von Sphalerit mit Fe-Gehh. von weniger als 0,1% bis 13,2%. Es wurde gefunden, daß die Maximaltemp. von 821 $\pm$ 3° für ein Mineral mit weniger als 0,1% Fe auf 767 $\pm$ 3° für das Mineral mit 13,2% Fe abnimmt. Bei den Messungen ist Kontrolle der Korngröße, der Erhitzungsprobe u. des Gewichtes der Probe wichtig. (Bull. geol. Soc. America **68.** 1755—56. Dez. 1957. Amer. Mineralogist **43.** 732—48. Juli/Aug. 1958. New York, N. Y., Columbia Univ., Dep. of Geol.) C. GOTTFRIED. 156

A. G. Streng, C. S. Stokes und **L. A. Streng,** *Detonationsgeschwindigkeit von gasförmigem Ozon.* Die Geschwindigkeit von Detonationswellen in reinem O_3 u. Mischungen von O_3 u. O_2 wurde in *Pyrex*-Glasrohren von 1,2—1,4 m Länge u. 3,2—3,5 cm Durchmesser bei 25° u. 1 Atm. Druck untersucht. Die Meßzone war 70—80 cm vom Zündpunkt entfernt, u. als Detektoren der Detonationsfront dienten Photozellen in Verb. mit einem Impulsoscillographen. Die gemessenen Daten stimmen mit den theoret. berechneten überein. Für fl. O_3 bei 90° K Zünd-Temp. u. einer D. von 1,571 g/cm³ wurden daraus berechnet: Detonationsgeschwindigkeit 5070 m/sec, Detonations-Temp. 3140° K, Detonationsdruck $4 \cdot 10^4$ Atmosphären. (J. chem. Physics **29.** 458—59. Aug. 1958. Philadelphia, Pa., Temple Univ., Res. Inst.) P. WARNECK. 157

R. A. Granville und **A. Sigalla,** *Messung der konvektiven Wärme- und Massenübertragung.* Die konvektive Übertragung von Wärme u. M. hat eine vorherrschende Bedeutung in vielen Stahlwerksprozessen, jedoch ist eine direkte Messung der konvektiven Übertragung stets schwierig u. häufig in prakt. Systemen unmöglich. Beschrieben wird daher eine Meth. zur Umgehung dieser Schwierigkeiten mittels einer Analogie zwischen einer konvektiven Übertragung u. einer Oberflächenreibung, welche sehr viel leichter gemessen werden kann. Der in der Entw. einer Technik zur Messung einer örtlichen Oberflächenreibung gemachte Fortschritt wird zusammengefaßt u. die mögliche Anwendung der hierbei gewonnenen Erkenntnisse (Ermittlung des Oberflächenreibungskoeffizienten) u. der hierbei entwickelten Vorr. zur Unters. der konvektiven Wärme- u. M.-Übertragungsprobleme wird erörtert. (Iron and Steel **31.** 355—56. Juli 1958.) H. Hochstein. 158

Ja. B. Seldowitsch, A. Ss. Kompanejetz und **Ju. P. Raiser,** *Über die Abkühlung der Luft durch Strahlung.* 1. Mitt. *Allgemeines Bild der Erscheinung und die schwache Abkühlungswelle.* Die nichtstationäre Abkühlung durch Strahlung eines großen Luftvolumens, das durch eine Explosion auf 10000—100000° erwärmt wurde, wird behandelt. Die Abkühlung breitet sich in Form einer Welle aus. Die Beziehung zwischen den Parametern der inneren Wellenstruktur u. der Ausbreitungsgeschwindigkeit wird erörtert. (Журнал Экспериментальной и Теоретической Физики [J. exp. theoret. Physik] **34.** 1278—87. Mai 1958. Inst. für chem. Phys.) M. Wiedemann. 158

P. Laffitte, *Fortpflanzen von Wärme in Gesteinen um eine kugelförmige Wärmequelle.* Theoret. Untersuchung. (Bull. Soc. franç. Minéralog. Cristallogr. **81.** 147—49. April/Juni 1958. Paris. B.R.G.G.M.) C. Gottfried. 158

M. L. Gaulard, *Untersuchungen über eine Methode, welche es gestattet, die Spalten in den Mineralschichten festzustellen, die das Dach von Eisengruben bilden.* Vf. beschreibt kurz eine Ultraschallechometh. für den obigen Zweck. (J. Physique Radium **19.** 23 S. Juni 1958. Nancy, École Nat. Supérieure d'Électricité et de Mécanique.)
C. Gottfried. 159

A$_5$. Kolloidchemie. Grenzschichtforschung.

Jiří Hejduk, *Darstellung einer Kolloidlösung von Magnetit zu Untersuchungen der Domänenstruktur ferromagnetischer Materialien.* Da die bisher beschriebenen Darstellungsweisen von koll. Magnetitlsgg. für Unterss. auf dem Gebiete der Domänenstruktur ferromagnet. Substanzen schwer reproduzierbar sind, wird eine neue Darstellungsweise vorgeschlagen, wobei die durch Waschen von hydratisiertem Fe_3O_4 mit dest. W. gewonnene Kolloidlsg. mittels eines Schutzkolloides, welches durch Neutralisierung von Leim mit Natriumhydroxyd dargestellt wurde, stabilisiert wird. (Chem. Listy **52.** 1350—52. Juli 1958. Praha, Českoslov. akad. věd, Fysik. ústav.) O. Knessl. 161

Paul Cohen, *Membranelektrodialyse von simuliertem Druckwasserreaktorkühlmittel.* Vff. hat die Eignung der Elektrodialyse mit Austauschermembranen zur kontinuierlichen Reinigung des Kühlwassers von Druckwasserreaktoren untersucht. Es wurden die Demineralisierungsausbeute u. die Stromausbeute als Funktion der anfänglichen Leitfähigkeit des Kühlwassers (0,57—1,03 $\mu\Omega \cdot cm^{-1}$) bestimmt. Es ergaben sich Werte zwischen 66 u. 72 bzw. 0,27 u. 0,68%. Die Versuchsanlage arbeitete bis zu einem Druck von 1500 p.s.i. ohne Störung. Die pro Volumeneinheit demineralisierten W. zu installierende Leistung ergibt sich zu $P = KE\Delta C/p$, wobei E die Spannung, ΔC die Konzentrationsänderung, p die Stromausbeute u. K eine Apparatkonstante ist. (Ind. Engng. Chem. **51.** 66—67. Jan. 1959. Pittsburgh, Pa., Westinghouse Bettis Plant.)
H.-U. Woelk. 168

H. Berbalk und **O. Schier,** *Über den Einfluß des Dissoziationsgrades chemischer Substanzen auf ihre papierelektrophoretische Wanderungsgeschwindigkeit.* 3. Mitt. *Zur Kenntnis der Elektrophorese.* (2. vgl. C. **1959.** 5589.) Vff. geben eine vorläufige qualitative Deutung der Erscheinung, daß die papierelektrophoret. Beweglichkeit organ. Säuren u. Phenole von ihrem Dissoziationsgrad abhängt. Sie kommen zu dem Ergebnis, daß die Wanderungsgeschwindigkeit dem Prod. aus Ionenbeweglichkeit u. Dissoziationsgrad direkt proportional ist. (Mh. Chem. **88.** 1095—98. 1957, herausgeg. 28/1. 1958. Wien, TH, Inst. für Organ. Chem.) F. Umland. 168

Sigeru Mukai und **Gentaro Kano,** *Über die Messung der elektroosmotischen Geschwindigkeit von Mineralteilchen.* Nach kurzer Beschreibung der elektroosmot. Meth. berichten Vff. über die Messung der elektroosmot. Geschwindigkeit von *Quarz-* u. *Fluorit*-Teilchen (80—100 Maschen) in dest. Wasser. Ganz allg. wurde gefunden, daß die Geschwindigkeit pro Spannungseinheit im Verhältnis zu der an den beiden Enden angelegten Spannung zunimmt. Das ζ-Potential von Quarz errechnete sich zu — 60 bis — 68 mV, das von Fluorit zu + 29 bis + 33 mV. (Suiyokwai-Shi [Trans. Mining metallurg. Alumni Assoc.] **13.** 313—16. Dez. 1957. [Orig.: japan.; Auszug: engl.])
C. Gottfried. 168

H. Lange, *Zur Anwendung der Gibbsschen Adsorptionsgleichung auf Lösungen grenzflächenaktiver Elektrolyte.* Mit Hilfe eines Vgl. der verschied. Grenzflächenspannung-

Konz.-Kurven, die im Falle von Paraffinkettensalzen mit u. ohne der Konstanthaltung der Ionenstärke dienendem Zusatz von NaCl erhalten wurden, wird die Frage, ob bei Anwendung der GIBBSschen Adsorptionsgleichung auf Lsgg. grenzflächenakt. Elektrolyte der im Nenner der Gleichung $\Gamma = 1/2$ RT dγ/d ln a (Γ = Zahl der pro cm^2 Grenzfläche adsorbierten Moll. der gelösten Substanz, a = deren Aktivität u. γ = Grenzflächenspannung) auftretende Faktor 2 gerechtfertigt ist, positiv entschieden. (Kolloid-Z. **153**. 155—56. Aug. 1957. Düsseldorf, Henkel & Co., Waschwiss. Labor.) D. FORST. 176

D. G. Bills und **N. P. Carleton,** *Adsorption aktivierter Gase.* Vff. untersuchten theoret. u. experimentell die Adsorption durch Elektronenbeschuß aktivierter Gase (O_2 u. N_2) u. leiteten eine Beziehung zwischen der Adsorptionsgeschwindigkeit u. der bereits adsorbierten Gasmenge bzw. der Adsorptionswahrscheinlichkeit ab. Die experimentelle Prüfung der abgeleiteten Gleichungen erfolgte mit Hilfe einer neuen Meth., die von einem während des Adsorptionsvorganges stets konstanten Druck innerhalb der Versuchszelle ausging. Die Auswertung der in Einklang mit den theoret. Voraussagen stehenden, unter verschied. Versuchsbedingungen gewonnenen experimentellen Ergebnisse führt zur erweiterten Kenntnis bzgl. der mit der Adsorption aktivierter Gase verbundenen Vorgänge. (J. appl. Physics **29**. 692—97. April 1958. Cambridge, Mass., Harvard Univ., Lyman Labor. of Phys.) D. FORST. 176

R. E. Schlier, *Adsorption von Sauerstoff und Kohlenmonoxyd auf Wolfram.* Die Adsorption verschied. Gase auf einem W-Band wurde folgendermaßen untersucht. Nach dem Einlassen des Gases wird der Wolframfaden bei einer Temp. von mindestens 2000° K entgast. Nachdem der Druck wieder auf seinen Gleichgewichtswert gefallen ist, wird der Faden auf die gewünschte Temp. abgekühlt. Dann wird die zeitliche Änderung des Druckes registriert. Aus diesen Messungen werden die total adsorbierte Gasmenge u. die Adsorptionswahrscheinlichkeit bestimmt. Bei 300° K ergeben sich folgende Werte der adsorbierten Mengen O_2, CO u. N_2: $5{,}7 \cdot 10^{14}$; $5{,}2 \cdot 10^{14}$ u. $1{,}7 \cdot 10^{14}$ Moll./cm^2 u. für die Wahrscheinlichkeiten 0,65; 0,62 u. 0,42. N_2 u. CO desorbieren bei Erwärmung vollständig als Moll., Sauerstoff aber nur zu $< 1\%$ als O_2. (J. appl. Physics **29**. 1162—67. Aug. 1958. Providence, R. I., Brown Univ., Barus Res. Labor.) C. REUBER. 176

J. H. de Boer und **J. M. Vleeskens,** *Die Chemisorption und physikalische Adsorption von Wasser an Silicagel.* 4. Mitt. *Die Natur der Oberfläche.* (3. vgl. C. **1958**. 7048.) Eine Silicagelprobe mit ursprünglich 6,2 OH-Gruppen pro 100 Å² wurde in verschied. Weise bis zu Tempp. von 120° ausgeheizt u. anschließend erneut mit W. beladen, wobei die Zahl der OH-Gruppen stetig bis auf den Minimalwert von $4{,}6 \pm 0{,}2$ pro 100 Å² abnahm, einen Wert, der als charakterist. für die glatte Silicageloberfläche angesehen werden kann u. der dem Verhältnis von 1OH-Gruppe pro Oberflächenatom Si entspricht. Diese Abnahme der OH-Gruppen infolge des Temperaturprozesses wird nach eingehender Diskussion der möglichen Ursachen der Beseitigung von Oberflächenunregelmäßigkeiten u. solchen Oberflächenzuständen zugeschrieben, die vor der therm. Behandlung mehr als 1 OH-Gruppe pro Oberflächenatom Si besaßen. (Proc., Kon. nederl. Akad. Wetensch., Ser. B **61**. 2—11. 1958. Geleen, Staatsmijnen in Limburg, Centr. Labor.; Delft, Labor. of Chem. Technol.) D. FORST. 176

J. H. de Boer und **J. M. Vleeskens,** *Die Chemisorption und physikalische Adsorption von Wasser an Silicagel.* 5. Mitt. *Die verschiedenen Dehydratationsprozesse.* (4. vgl. vorst. Ref.) Vff. besprechen die mit der Ausheizung von Silicagel verbundenen Kondensationsprozesse, denenzufolge die an der Oberfläche haftenden OH-Gruppen vermindert werden, sowie die durch eine nachträgliche Wasserbeladung hervorgerufenen Verhältnisse, bes. im Hinblick auf deren Auswrkg. auf andere mol. Eigg., wie beispielsweise die spezif. Oberfläche u. den hydrophilen Charakter des Adsorbenten. Die empir. erhaltenen Ergebnisse können an Hand der in den früheren Mitteilungen entwickelten Beziehungen erklärt werden. (Proc., Kon. nederl. Akad. Wetensch., Ser. B **61**. 85—93. 1958.) D. FORST. 176

J. R. Dacey, J. C. Clunie und **D. G. Thomas,** *Die Adsorption von Wasser durch Saran-Holzkohle.* Es wurden die Adsorptionsisothermen für die innerhalb eines Temperaturbereiches von 10—60° vor sich gehende Adsorption von W. an drei Proben von Saran-Holzkohle bestimmt. Die für die Adsorptionswärmen festgestellten Werte liegen außer für den Fall sehr niederer Bedeckung, bei dem sich Werte von ca. 15 kcal/Mol ergaben, in der Nähe der entsprechenden Kondensationswärmen. Aus dem Fehlen einer Hysteresisschleife beim Adsorptions- bzw. Desorptionsvorgang wird auf eine sehr feine Porenstruktur geschlossen. Im Vgl. zu KW-stoffen vergleichbarer Größe sind die zur Einstellung des Adsorptionsgleichgewichtes erforderlichen Zeiten groß, im ungünstigsten Falle über 24 Stunden. Bei niederen Relativdrucken wird das FICKsche Gesetz erfüllt, ab Werten von 0,6 jedoch zeigte sich die Adsorptionsgeschwindigkeit unabhängig von

der bereits adsorbierten Menge u. nahm mit steigender Temp. u. steigendem Druck zu. Die aus der Temperaturabhängigkeit der Adsorptionsgeschwindigkeit ermittelte Aktivierungsenergie betrug 3,4 kcal. Abschließend versuchen Vff. den in Verb. mit der Adsorption festgestellten Erscheinungen eine Deutung zu geben. (Trans. Faraday Soc. **54.** 250—56. Febr. 1958. Kingston, Ont., Roy. Military Coll. of Can., Dep. of Chem.)
D. Forst. 176

H. W. Quinn und **R. McIntosh,** *Die Hysteresisschleife bei den Adsorptionsisothermen für die Adsorption an porösem Vycorglas und die hiermit verbundenen räumlichen Änderungen des Adsorbenten.* 2. Mitt. (1. vgl. Congress of Surface Activity 8—12. April 1957.) Die Betrachtung der räumlichen Änderungen eines Adsorbenten unter dem Einfl. verschied. Adsorptive kann im Zusammenhang mit anderen Adsorptionsdaten zur Erklärung der beim Adsorptions- bzw. Desorptionsvorgang auftretenden Hysteresisschleife für die Adsorptionsisotherme herangezogen werden. Die im Falle von porösem Vycorglas als Adsorbens u. von *Butan*, C_2H_5Cl bzw. NH_3 als Adsorptiv erhaltenen Meßergebnisse führten in Verbindung mit einigen thermodynam. Entwicklungen zu der Feststellung, daß die stabilsten Zustände der jeweiligen Systeme innerhalb der genannten Hysteresisschleife oder entlang den einzelnen Adsorptionsisothermen liegen. Die unter bestimmten Voraussetzungen während des Adsorptionsvorganges festgestellten Anomalien werden zu deuten versucht. (Canad. J. Chem. **35.** 745—56. Aug. 1957. Toronto, Univ. of Toronto, Dep. of Chem.) D. Forst. 176

J. C. H. Hwa, E. F. Meitzner und **C. H. McBurney,** *Die Trennung mischbarer Flüssigkeiten durch polymere Absorptionsmittel.* Es werden die Prinzipien der selektiven Absorption einer Fl. aus einem Flüssigkeitsgemisch beschrieben. Unter den vernetzten Acrylpolymeren besitzt das n-Butylacrylat mit 5% Divinylbenzol die höchste Trennkapazität und höchste Absorptionsgeschwindigkeit für *Toluol* aus Isooctan. Beispiele für die Best. der Trennkapazität nach der dynam. Meth. (Säule) und der Gleichgewichts-Meth. mit n-Pentan als Desorptionsflüssigkeit werden angegeben. Zusammenhänge zwischen Trennkapazität, Vernetzungsgrad und Gleichgewichts-Konz. werden untersucht. Stärker vernetzte Polymere sind selektiver. Vergleichswerte für die Adsorption an Silicagel werden angegeben. Das Polymere aus Methylacrylat u. Divinylbenzol besitzt für das System *Äthylendichlorid–Isooctan* gegenüber Äthylendichlorid eine größere Selektivität und größere Trennkapazität. Auch die Trennung von azeotropen Flüssigkeitsgemischen ist nach dieser Meth. möglich. Abschließend werden für 4 Polymere u. 11 Fll. die Trennindices, bezogen auf Isooctan als Lösungsm., angegeben. (Ind. Engng. Chem. **49.** 1828—34. Nov. 1957. Philadelphia, Pa., Rohm & Haas Co.)
E. Paschke. 176

P. J. Anderson, *Die mit der Ionenadsorption verbundenen Eigenschaften von Thoriumoxyd.* Vf. bestimmte mit Hilfe einer mikroelektrophoret. Meth. die ζ-Potentiale von ThO_2, welches in verschied. Elektrolytlsgg. (HCl, NaOH) u. deren Mischungen dispers gelöst war, u. berechnete hieraus die entsprechenden Adsorptionsisothermen. Die bei den p_H-Werten 2,9 u. 11,1 an der Oberfläche von ThO_2 vor sich gehenden Adsorptions- oder Dissoziationsvorgänge folgen dem Verlauf einer Langmuir-Isotherme, wobei sich für die effektive Oberfläche pro Adsorptionszentrum ein Wert von ca. $1{,}7 \cdot 10^3$ Å^2 ergab. Unter Einbeziehung auch anderer Ionenarten wurde eine bevorzugte Adsorption von Anionen festgestellt. (Trans. Faraday Soc. **54.** 130—38. Jan. 1958. Harwell, Berks., AERE.) D. Forst. 176

Nobufusa Saito und **Tatsuya Sekine,** *Über das Anionenaustauschverhalten einiger vierwertiger Actinidenelemente.* Am Anionenaustauscher *Dowex 1-X 8* in SO_4^{2-}-Form werden *Th(IV)* u. *U(IV)* aus $(NH_4)_2SO_4$-Lsgg. vollständig adsorbiert. Eluiert wird mit 1 bzw. 6 n HCl-Lösung. Gleichgewichtsmessungen mit ^{232}Th in solcher Menge, daß 0,1—1% der Harzkapazität ausgenutzt wurden, ergaben bei 25° für K_d (Aktivität Harzphase/Aktivität Lsg.) = 21 für Adsorption aus 1 mol., K_d = 310 aus 0,01 mol. $(NH_4)_2SO_4$-Lösung. Th u. *Np(IV)* werden ebenfalls aus 0,1 mol. Na_2CO_3-Lsg. quantitativ adsorbiert. In diesem Falle wird ein Teil mit 4 mol. NH_4Cl-, der Rest mit 6 n HCl-Lsg. eluiert. (Bull. chem. Soc. Japan. **30.** 561—62. Juli 1957. Hongo, Tokyo, Univ. of Tokyo, Fac. of Sci., Dep. of Chem. [Orig.: engl.]) F. Umland. 177

A_6. Strukturforschung.

Y. Le Corre, *Die zweifarbigen Symmetriegruppen und ihre Anwendungen.* Kristallgeometrische Untersuchung. (Bull. Soc. franç. Minéralog. Cristallogr. **81.** 120—25. April/Juni 1958. Paris. Coll. de France, Labor. de Phys. théor.) C. Gottfried. 181

H. Curien und **Y. Le Corre,** *Bezeichnungen der Zwillinge mit Hilfe der Symbole der Farbgruppen von Choubnikov.* (Vgl. vorst. Ref.) Kristallgeometr. Untersuchung. (Bull.

Soc. franç. Minéralog. Cristallogr. **81.** 126—32. April/Juni 1958. Paris, Fac. des Sci., Labor. de Minéral et Cristallogr.; Coll. de France, Labor. de Phys. théor.)
C. GOTTFRIED. 181

G. A. Sim, *Der Einfluß schwerer Atome auf den Wilsonschen Verhältnistest zur Unterscheidung zwischen zentrosymmetrischen und nichtzentrosymmetrischen Strukturen.* Theoret. Untersuchung. Wegen des WILSONschen Verhältnistestes vgl. C. **1950.** I. 1828. (Acta crystallogr. [Copenhagen] **11.** 420—23. 10/6. 1958. Glasgow, Univ., Chem. Dep.)
C. GOTTFRIED. 181

H. Fessler und **D. J. Haines,** *Eine photoelastische Technik für Verformungsmessung auf flachen Oberflächen von Aluminiumlegierungen.* Vff. beschreiben eine Technik zum Aufbringen eines Epoxyharzes auf flache Oberflächen von Al-Legierungen unter Verwendung von Araldit 102 als Klebemittel. Die Vorbehandlung der Metalloberfläche u. das Aufbringen der Schicht werden genau beschrieben. Verss. über die photoelast. Spannungsverteilungen nach dieser Meth. wurden an der Al-Legierung D.T.D. 646B durchgeführt. (Brit. J. appl. Physics **9.** 282—87. Juli 1958. Nottingham, Univ.)
C. GOTTFRIED. 181

Gaston Collette, *Apparatur zur Messung der inneren Reibung in festen Proben.* Eine App. wurde konstruiert, die erlaubt, den Koeff. der inneren Reibung für Proben in Form von Blättchen, die wechselnder Beanspruchung mit schwacher Frequenz unterworfen wurden, zu messen. Die Grenze der Löslichkeit von N_2 in Ferrit bei 100° wurde mit Hilfe dieses App. bestimmt. (C. R. hebd. Séances Acad. Sci. **246.** 2756—58. 12/5. 1958.)
H. K. HOFMEISTER. 181

R. T. Foley und **S. P. Newberry,** *Der Beitrag des Röntgenstrahlenmikroskops für die Untersuchung von Oberflächenreaktionen.* Der Verlauf von Oberflächenrkk. wird durch die Struktur u. Zus. des Substrates stark beeinflußt. Dieser Einfl. kann mit Hilfe des Röntgenstrahlenmikroskops (RM) während des Reaktionsablaufs untersucht werden. Am geeignetsten für derartige Unterss. sind 2-Phasensysteme mit unterschiedlichem Absorptionsvermögen. Vff. beschreiben die Funktion der RM u. berichten über Unterss. der Spannungskorrosion von Al–Mg-Legierungen u. der Pittingkorrosion von Al-Legierungen. Diese Unterss. zeigen den großen Einfl. der therm. Vorbehandlung des Materials auf die Oberflächenreaktionen. (J. physic. Chem. **62.** 1184—88. Okt. 1958. Schenectady, N. Y., General Electric Co., Gen. Engng. Labor.)
H.-U. WOELK. 181

Giovanni Giulio Calapaj und **Luigi Squeri,** *Die Reinigung der Diaphragmen der Apertur- und Beobachtungsblenden für die Elektronenmikroskopie.* Vff. beschreiben ein mikroelektrolyt. Verf. zur Reinigung der hauptsächlich aus Pt bestehenden Apertur-, Kontrast- u. Beobachtungsblenden, bei dem eine bei den sonst üblichen Verff. leicht auftretende Korrosion verhindert wird. (Atti Soc. Peloritana Sci. fisiche mat. natur. **2.** 197—200. 1955/56. Messina, Centro Universitario di Microsc. Elettronica.)
C. GOTTFRIED. 181

Renzo Vendramini, *Eine einfache Vorrichtung zur Beschattung von Präparaten für die Elektronenmikroskopie mit Osmiumdampf.* Beschreibung der Vorrichtung zur Beschattung der Präpp. mit OsO_4. (Atti Soc. Peloritana Sci. fisiche mat. natur. **2.** 193—95. 1955/56. Messina, Centro Universitario di Microsc. Elettronica.) C. GOTTFRIED. 181

S. A. Semiletov, *Elektronenbeugungsanalyse in der USSR.* Übersicht. — 65 Literaturzitate. (J. sci. ind. Res. [New Delhi], Sect. A **16.** 377—92. Sept. 1957.)
C. GOTTFRIED. 181

J. M. Cowley und **A. L. G. Rees,** *Fouriermethoden in der Strukturanalyse durch Elektronenbeugung.* (Vgl. C. **1959.** 390.) Fortschrittsbericht. — 94 Literaturzitate. (Rep. Progr. Physics **21.** 165—225. 1958. Melbourne, C.S.I.R.O., Div. of Ind. Chem., Chem. Phys. Section.)
C. GOTTFRIED. 181

M. Bernard und **J. Jaffray,** *Anbringung eines Ofens an eine Röntgenbeugungskamera.* Vff. beschreiben einen leicht an ein Röntgengoniometer vom Typ BERTHOLD montierbaren u. demontierbaren Heizofen. (J. Physique Radium **19.** 616. Juni 1958. Clermont-Ferrand, Fac. des Sci., Labor. de Thermodynam.) C. GOTTFRIED. 181

Tsurutarō Nakagawa, *Über den Weißenberg-Effekt.* Übersicht mit 4 Photos u. 14 Literaturhinweisen. (Kagaku [Science] **25.** 349—54. 1955. [Orig.: japan.])
L. SCHULER. 181

A. Guinier, *Einflüsse kristalliner Unvollkommenheiten auf die Beugung der Röntgenstrahlen.* Zusammenfassender Überblick an Hand der vorliegenden hauptsächlichen Literatur. — 36 Literaturzitate. (Suppl. del Nuovo Cimento Nr. 2 (zu [10] **7**). **444**—79. 1958. Paris, Conservatoire Nat. des Arts et Métiers.) C. GOTTFRIED. 181

R. Kern, A. Rimsky und **J.-C. Monier,** *Eine Hilfsmethode zur Bestimmung der Klassen der Symmetrieorientierung: die anomale Dispersion der Röntgenstrahlen. Anwen-*

dung auf die Raumgruppe des Niocalits. Beschreibung der Methode. Mit ihrer Hilfe wurde die Raumgruppe des Niocalits zu B 222 bestimmt. Die rhomb. Elementarzelle hat die Abmessungen a = 7,339 ± 0,003; b = 10,432 ± 0,004 u. c = 20,285 ± 000,6 kX. Aus einer spektrograph. Analyse ergab sich, daß das Mineral größenordnungsmäßig gleiche Mengen Nb u. Ta enthält; akzessor. sind Mn, Fe u. U vorhanden. Setzt man anstatt Nb 2/3 Nb + 1/3 Ta, dann erhält man Z = 6. (Bull. Soc. franç. Minéralog. Cristallogr. **81.** 103—07. April/Juni 1958. Nancy, Inst. de Minéral. et de Cristallogr.; Paris, Sorbonne, Labor. de Minéral. et de Cristallogr.; Caen, Labor. de Minéral.) C. GOTTFRIED. 181

H. Simon und **M. v. Heimendahl,** *Über die Ausmessung von Röntgeninterferenzen mit Cadmiumsulfidzellen.* Die von SIMON (vgl. C. **1954.** 8746) beschriebenen CdS-Zellen besitzen eine sehr gute Proportionalität zwischen eingestrahlter Röntgenenergie u. ausgelöstem Photoleitfähigkeitsstrom. Es wird gezeigt, daß sich die Zellen dank ihrer hohen Empfindlichkeit u. guten Konstanz auch zur Messung relativ kleiner Intensitäten verwenden lassen. Die Brauchbarkeit wird an Hand eines aufgenommenen Röntgenspektrogrammes von *NaCl* u. einer DEBYE-SCHERRER-Aufnahme an einem *Cu-Draht* gezeigt. Vff. glauben, daß sich die CdS-Zelle zu einem Hilfsmittel für die Kristallanalyse entwickeln läßt u. darin dem Film in mehrfacher Hinsicht überlegen ist. (Ann. Physik [6] **20.** 355—67. 30. 11. 1957. Berlin-Buch, Deutsche Akad. der Wiss., Inst. für Festkörperforsch.) O. FUCHS. 181

G. E. Tauber, *Auswertung von Zwei-Zentren-Austauschintegralen.* Zwei-Zentren-Austauschintegrale mit SLATERschen Wellenfunktionen für beliebige Moll. aus gleichen Atomen werden dadurch ausgewertet, daß die Lösung auf die einer POISSON-Gleichung zurückgeführt wird. So läßt sich ein Ausdruck für die Austauschintegrale finden, dessen Integrale analyt. ausgewertet werden können. Das geschieht vor allem für sämtliche Fälle, die durch 2s und 2p Wellenfunktionen entstehen. Die so erhaltenen wichtigen Koeffizienten für die verschied. Austauschintegrale sind in Tabellen zusammengefaßt. (J. chem. Physics **29.** 300—10. Aug. 1958. Cleveland, O., Western Reserve Univ., Dep. of Phys.) C. REUBER. 182

Linus Pauling, *Die Natur der Bindungsbahnen und der Ursprung der Potentialschranken gegenüber innerer Rotation in Molekülen.* Vf. entwickelt eine einfache Theorie der Potentialschranken gegenüber der inneren Rotation in Moll., wonach diese Potentialschranken nicht eine Eig. der axialen Bindung selbst sind, sondern von den Austauschwechselwrkgg. von Elektronen benachbarter Hybridbindungsbahnen herrühren, u. zwar einem kleineren Betrag von f-Charakter. (Proc. nat. Acad. Sci. USA **44.** 211—16. Febr. 1958. Pasadena, Calif., Inst. of Technol., Gates and Crellin Labor. of Chem.) C. GOTTFRIED. 182

Richard G. Gillis, *Isoelektronische Moleküle. Der Einfluß der Anzahl von Außenschalenelektronen auf die Struktur.* Moll., die bei gleicher Atomzahl (x) auch gleiche Valenzelektronenzahl (y) haben (Symbol: x/y, z. B. 3/16 für CO_2), werden isoelektronisch genannt. An vielen Beispielen wird gezeigt, daß die Strukturart (linear, winklig, planar usw.) ausschließlich von der Zahl der Atome u. Valenzelektronen im Mol. abhängt u. die Art der Atome nur die Stabilität u. die Reaktionsfähigkeit bedingt. — Diskussion der Klassen 2/2 bis 5/32 u. von Moll. mit Ringen. — Auch für diese u. für alle organ. Verbb. gültig. (J. chem. Educat. **35.** 66—68. Febr. 1958. Melbourne, Dep. of Supply, Defence Standards Labors.) K. BLUMRICH. 182

H. Hartmann und **G. Gliemann,** *Berechnung der Bindungsverhältnisse von CH_3^-, NH_3 und OH_3^+.* Der quantentheoret. Behandlung der Molekülionen CH_3^-, OH_3^+ u. des Mol. NH_3 wird ein Modell zugrunde gelegt, nach welchem dem „Zentralatom" des Hydrids die Elektronen der am Mol. beteiligten H-Atome zugerechnet werden, die Elektronenschale des „Zentralatoms" also zu einer Neonschale aufgefüllt wird. Die beiden 1s-Elektronen werden durch die Abschirmung von 2 Kernladungen u. die 3 Protonen als störende Punktladungen im Abstand R vom Zentralatom berücksichtigt. Eine SLATER-Funktion, die aus senkrecht zur Protonenebene polarisierbaren Einelektronenfunktionen aufgebaut ist, läßt eine Abweichung von der kugelsymm. Elektronendichteverteilung zu, wie sie für CH_4 bzw. NH_4 angenommen wird. Die Energie des Syst. ergibt sich als Funktion von 5 Variablen. Durch Abtasten des dem Problem zugehörigen 6-dimensionalen Raumes mit Hilfe des Elektronenrechners IBM 650 (BELL-Syst.) gelang es, das Energieminimum E u. damit den energet. stabilen Zustand des Syst. aufzufinden. Die Rechnung ergibt für CH_3^-, NH_3 bzw. OH_3^+: E [at. E.] = —6,183, — 10,32 (— 11,74) bzw. — 15,83; R [at. E.] = 2,162, 1,900 (1,908) bzw. 1,790; Valenzwinkel = 90°48′, 96° (106°) bzw. 104°34′. Die eingeklammerten Zahlen sind zum Vgl. angeführte experimentelle Literaturwerte. Sie sind mit so großen Unsicherheiten behaftet, daß die berechneten E-Werte fast noch innerhalb des Unsicherheitsbereiches der experimentellen liegen. (Z. physik. Chem., Frankf. Ausg. [N. F.] **19.** 29—42. Jan. 1959. Frankfurt/M., Univ., Inst. für Physikal. Chem.) J. Jaskowsky. 182

Akira Morita und **Kenji Takahashi,** *Theorie der Kohäsionsenergie des LiH-Kristalls. Die Methode der halblokalisierten kristallinen Bahn (SLCO).* 1. Mitt. Theoret. Untersuchung. Durch Berücksichtigung des Einfl. der homöopolaren Bindung gelang es, die von Lundqvist (vgl. C. **1956.** 3225) erhaltene Diskrepanz zwischen theoret. u. experimenteller Kohäsionsenergie bei LiH zu beseitigen. (Progr. theoret. Physics [Kyoto] **19.** 257—68. März 1958. Sendai, Tohoku Univ., Phys. Inst.) C. Gottfried. 182

Edgar H. Hamilton und **Given W. Cleek,** *Form der Liquidusoberfläche als Kriterium stabiler Glasbildung.* Im Verlauf der Entw. neuer opt. Gläser für verschied. Zwecke untersuchten Vff. eine größere Anzahl von glasbildenden Systemen auf ihre Fähigkeit zur Bldg. stabiler Gläser, wobei unter Glasstabilität der Widerstand gegen Kristallisation verstanden wird. Method. wurde derart vorgegangen, daß von den Systemen Liquiduskurven festgelegt wurden u. die einzelnen Glasphasen in die entsprechenden Phasendiagramme eingetragen wurden. Ausführlich besprochen wurde das Syst. *BaO-TiO_2-SiO_2*. Die aus den Beobachtungen zu ziehenden Schlußfolgerungen werden eingehend diskutiert. Aus dem Vgl. der Liquidusformen u. -oberflächen mit den Kristallisationsgeschwindigkeiten wird geschlossen, daß gewisse chem. Einheiten oder Strukturen in den Gläsern vorhanden sind u. daß die Ggw. einer Verb. mit einem hohen Dissoziationsgrad in dem glasbildenden Temperaturbereich wesentlich für die Glasbldg. ist. Es erscheint als wahrscheinlich, daß in Gläsern mit mehreren Komponenten Lsgg. von einer oder mehr chem. Einheiten oder Strukturen in hoch dissoziierten chem. Einheiten vorhanden sind, welche als Ergebnis der Abkühlung so hohe Viscositäten entwickelt haben, daß sie viele der Eigg. besitzen, die n. feste Körper besitzen. (J. Res. nat. Bur. Standards **60.** 593—96. Juni 1958.) C. Gottfried. 186

R. Brousse, *Erklärung der Gegenwart basischer Kristallite in sauren Gläsern.* Vf. untersuchte natürlich vorkommende Gläser u. partiell glasige Gesteine. In allen Fällen kann die glasige Phase durch 2 Faktoren definiert werden: den Bindungsfaktor u. den Substitutionsfaktor. Ersterer entspricht dem Verhältnis des gesamten, nicht an (OH) gebundenen O · 10/Si + Al (tetrakoordiniert), der Substitutionsfaktor dem Verhältnis (Si/Si + Al) · 100. Gläser bilden sich nach Sancier (vgl. Bull. Soc. franç. Minéralog. Cristallogr. **75.** [1952.] 1 u. 246) nur, wenn der Bindungsfaktor nahe 20 u. der Substitutionsfaktor $>$ 80 ist. Unterss. an einer Reihe von vulkan. Gesteinen des Mont-Dore (Auvergne) ergaben eine Bestätigung der obigen Theorie. Die bas. Kristallite in den Gesteinen sind daher nicht als Entglasungsprodd. anzusehen. (Bull. Soc. franç. Minéralog. Cristallogr. **81.** 112—16. April/Juni 1958. Paris, Sorbonne, Labor. de Petrogr.) C. Gottfried. 186

Francis W. Glaze, Douglas H. Blackburn, Jerome S. Osmalov, Donald Hubbard und **Mason H. Black,** *Eigenschaften von Arsensulfidglas.* Vff. untersuchen die chem. u. physikal. Eigg. von Arsensulfidglas, das aus As u. S im Verhältnis 2:3 (mit 0,25% S-Überschuß) in N_2-Atmosphäre mit anschließender Dest. bei ca. 735° dargestellt wurde. Es wurden gemessen: die Neigung zur Wasseranziehung, die chem. Beständigkeit gegen Pufferlsgg. (p_H 2—11,8) sowie HF u. H_2SO_4, die Elektrodenfunktion von As_2S_3-Glaselektroden (p_H 2—11,8), die Wärmeausdehnung im Bereich von 50—175°, der Elastizitätsmodul (20—190°), die Bruchfestigkeit u. Härte u. die opt. Durchlässigkeit im Bereich von 2—13 μ. Da As_2S_3-Glas nur wenig hygroskop. ist, aber eine gute IR-Durchlässigkeit besitzt, ist es zur Verwendung in opt. Apparaturen geeignet, wenn man es vor mechan. Angriff u. Einw. von alkal. u. oxydierenden Substanzen schützt. (J. Res. nat. Bur. Standards **59.** 83—92. Aug. 1957. Washington.) H.-J. Ostmann. 186

Wolfgang Ludwig, *Über den Einfluß der Anharmonizität auf die Eigenschaften der Kristalle.* Theoret. Untersuchung. (Physics Chem. Solids **4.** 283—305. 1958. Göttingen, Univ., Inst. für theoret. Phys.) C. Gottfried. 190

Giovanni Giulio Calapaj, *Elektronenmikroskopische Untersuchung von Einschlüssen von Bakteriophagen in Kristallen.* Vf. beobachtete elektronenmkr. Einschlüsse von Bakteriophagen in NaCl-Kristallen, was früher schon Gratia u. Manil (C. R. Séances Soc. Biol. Filiales Associées **126.** [1937.] 903) u. Puntoni (Rend. Inst. Sier. Mil. **20.** [1941.] 403) festgestellt hatten. Ausgangslsg. war eine 1°/$_{00}$ig. NaCl-Lsg., als Bakteriophag wurde der Stamm Vi anti-S typhi Nr. 1 verwendet. Aus Elektronenbeugungsaufnahmen wurde gefunden, daß die Einschlüsse mechan. regellos sind, ohne das Kristallgitter zu beeinflussen. (Atti Soc. Peloritana Sci. fisiche mat. natur. **2.** 213—18. 1955/56. Messina, Centro Universitario di Microsc. Elettr.) C. Gottfried. 190

Wilford F. Weeks, *Untersuchung des Wachstums von Meereiskristallen.* Ein Einkristall von Meereis ist aus einer Reihe von 0,45 mm dicken parallelen Plättchen von reinem Eis zusammengesetzt, die durch Schichten u. Nester von Sole getrennt sind. Diese Einschlußschichten liegen stets parallel der (0001)-Ebene, die Verteilung der Sole in einer gegebenen Schicht ist eine Funktion der Temp. u. des Salzgeh. des Kristalls. Wegen dieser Soleschichten ist die Wärmeleitfähigkeit der Kristalle senkrecht zur c-Achse größer als parallel zu dieser Achse. Vf. diskutiert das Fortschreiten des Wachstums. (Bull geol. Soc. America **68.** 1811. Dez. 1957. St. Louis, Mo., Washington Univ., Dep. of Geol.) C. GOTTFRIED. 190

G. Kullerud, *Obere Stabilitätskurve von Covellin.* Vf. bestimmte experimentell, daß die obere Stabilitätskurve von synthet. Covellin durch die folgenden Punkte geht: 507° — 925 mm Hg (invarianter Punkt, an dem die 4 Phasen Cu_9S_5 + CuS + L + V stabil sind), 510° — 500 bar, 515° — 1000 bar u. 525° — 2000 bar. Die Rk. entlang dieser univarianten Gleichgewichtskurve kann wiedergegeben werden durch Covellin ⇌ Fl. + *Digenit.* In evakuierten SiO_2-Röhrchen gewachsener Covellin zeigte selten Kristallflächen, in Au-Röhren bei hohem Druck erhaltene Kristalle bildeten kleine hexagonale Tafeln. Das Röntgendiagramm war ident. mit dem von natürlichem Covellin. Digenit wächst in Form blau bis schwarzer, gut entwickelter Kristalle. Die Zus. des Minerals ist Cu_9S_5. Die bei der Zers. von Covellin in Au-Röhren gebildete Fl. besteht nach dem Abschrecken aus fast reinem rhomb. S. (Bull. geol. Soc. America **68.** 1758. Dez. 1957. Washington, D. C., Carnegie Inst., Geophys. Labor.) C. GOTTFRIED. 190

C. Delorme, *Die Asymmetrie des zweiwertigen Kupferions in Verbindungen vom NaCl-Typ und vom Spinelltyp.* 2. Mitt. *Untersuchung der Spinelle M_2CuO_4 und ihrer festen Lösungen.* (1. vgl. C. **1959.** 8813.) Vf. untersuchte zuerst feste Lsgg. der Form $Fe_{2-x}Al_xCuO_4$. Sie wurden dargestellt durch Zers. der Nitrate, zweimaliges Erhitzen auf 1000° u. entweder abgeschreckt oder langsam auf Zimmertemp. abgekühlt. Abgeschreckte Proben hatten stets Spinellstruktur; der Parameter nimmt langsam ab, wenn sich x von 0 auf 2 ändert. Durch langsames Abkühlen wird die Struktur für $x \leqslant 0,3$ tetragonal; die Deformation $|1 - c/a|$ nimmt mit steigendem x langsam ab u. verschwindet plötzlich bei $x = 0,32$. Aus Abschreckverss. bei verschied. Tempp. ergibt sich, daß die Umwandlungstemp. kub. → tetragonal mit steigendem x abnimmt; sie liegt für $x = 0$ bei 760° u. für $x = 0,25$ bei 600°. Zwischen $0,25 \leqslant x \leqslant 0,3$ treten nach Anlassen auf 420° die kub. u. tetragonale Phase zusammen auf. Die Ergebnisse der magnet. Messungen sind graph. wiedergegeben. Weitere Verss. wurden an festen Lsgg. der Form $Fe_{2-x}Cr_xCuO_4$ durchgeführt. Die Darst. erfolgte analog wie vorstehend. Nach Abschrecken von 900° treten für $x \leq 1,5$ kub. Spinelle auf; der Parameter a nimmt linear mit wachsendem x ab. Langsam abgekühlte Proben sind für $x \leqslant 0,35$ tetragonal, die Deformation $\Delta = |1 - c/a|$ nimmt mit dem Fe-Geh. ab, ebenso die Umwandlungstemp. kub. → tetragonal. Gleichzeitig treten beide Phasen auch für $x = 0,2$ nach Abschrecken von 650° u. für $x = 0,3$ nach Abschrecken von 400° auf. Das magnet. Moment nimmt mit steigendem x ab. Hierauf wurden feste Lsgg. untersucht, in denen das Cu in Fe_2CuO_4 durch *Co, Ni, Mg, Zn, Cd* u. *Ca* substituiert war. Bei der Substitution durch Ni wird für $0 < x < 0,30$ der Mischferrit nach langsamem Abkühlen tetragonal, u. c/a fällt mit steigendem x. Für $x > 0,35$ bleibt der Mischkristall kub., ohne Rücksicht auf die therm. Behandlung. Bei den Co-Mischkristallen tritt die tetragonale Phase nur für $x < 0,25$ auf. Für die Mg-Mischkristalle liegt die Umwandlungstemp. kub. → tetragonal, für $x = 0,1$ bei ca. 650°. Der Mischferrit $x = 0,20$ ist nach langsamer Abkühlung tetragonal mit $c/a = 1,0$; für $x = 0,25$ treten nach gleicher therm. Behandlung beide Phasen auf, die tetragonale Phase mit $c/a = 1,035$. Für $x > 0,275$ bleiben die Verbb. kubisch. Bei den Verss. mit den Zn-Mischkristallen wurde gefunden, daß bei langsam abgekühlten Proben für $x = 0,1$ beide Thesen vorhanden sind, für $x > 0,125$ tritt nur die kub. Form auf. Bei den Cd-Proben genügt ein Geh. von $x = 0,075$ an Cd, um die tetragonale Form zu verhindern. Bei der Substitution des Cu durch Ca wurde bei 1000° ein Mischferrit erhalten; um tetragonale Deformation durch langsames Abkühlen zu verhindern, genügt ein Ca-Geh. von $x = 0,05$. Verss., Cu in Fe_2CuO_4 durch Ba, Sr u. Pb zu ersetzen, verliefen ergebnislos. Es wurde hierauf das Syst. Fe_2CuO_4–Mn_3O_4 untersucht. Bei von 1000° abgeschreckten Proben u. Zuss. von 0—60% Mn_3O_4 ist die feste Lsg. kubisch; der Parameter wächst von 8,39 auf 8,47 Å. Für Gehh. > 55% Mn_3O_4 erhält man tetragonal feste Lsgg., in denen sich c/a von 1,07—1,16 ändert. Bei einem Geh. > 1,5% Mn_3O_4 sind die Proben nach langsamem Abkühlen tetragonal mit c/a > 1,03. Zwischen 1,5 u. 55% Mn_3O_4 sind die festen Lsgg. kub., oberhalb 55% Mn_3O_4 wieder tetragonal, wobei c/a langsam von 1,1 auf 1,16 ansteigt. Weitere Unterss. galten dem Syst. Fe_2CuO_4–$Fe_{2,5}Li_{0,5}O_4$; die Verbb. haben die allgemeine Formel $Fe_{2+x}Cu_{1-2x}Li_xO_4$. Alle von 1000° abgeschreckten Proben hatten die kub. Spinellstruktur, a ändert sich nahezu

linear mit dem Geh. x an Li. Bei den langsam abgekühlten Proben wird der Mischspinell für $x \leqslant 0{,}20$ tetragonal, für $x > 0{,}20$ kubisch. Hierauf wurden feste Lsgg. dargestellt u. untersucht, bei denen in *Cr_2CuO_4* das Cu durch *Ni, Co, Hg, Zn* u. *Cd* substituiert war. Für einen Geh. an Ni von $x < 0{,}85$ ist der Mischchromit tetragonal mit $c/a < 1$; für $x > 0{,}90$ ist die Verb. bei hoher Temp. kub., nach langsamer Abkühlung dagegen tetragonal mit $c/a > 1$. Bei dem Co-Mischkristall ändert sich der Parameter $\Delta = |c/a-1|$ mit dem Co-Geh., erreicht für $x = 0{,}5$ einen minimalen Wert von 0,035 u. wird für höhere Co-Gehh. Null. Die Änderung von Δ ist noch linear; bei $x = 0{,}5$ (Mg) treten 2 Phasen auf, eine tetragonale mit $c/a = 0{,}965$ u. die kub. Form. Bei $x = 0{,}55$ herrscht die kub. Phase vor, die bei $x > 0{,}6$ nur noch allein vorhanden ist. Das Zn verhält sich ebenso wie das Mg. Bei dem Cd-Mischkristall ist die Änderung von Δ nicht mehr linear, die tetragonale Deformation verschwindet, langsamer als bei den anderen Substitutionen. Für $x > 0{,}5$ ist der Mischkristall ohne Rücksicht auf die therm. Behandlung kubisch. Zum Schluß schließlich wurde die Substitution des Cr in Cr_2CuO_4 durch die dreiwertigen Ionen *Al, Fe, Mn* u. *Ga* untersucht. Ist in den Mischkristallen an Al $x \leqslant 0{,}8$, dann sind die von 900° abgeschreckten Proben tetragonal; bei den langsam abgekühlten Verbb. wurde bis $x = 1$ tetragonale Symmetrie beobachtet. Bei den Fe-Mischkristallen nimmt $\Delta = |1-c/a|$ mit steigendem Fe-Geh. ab. Für die abgeschreckten Proben wird $\Delta = 0$ für $x = 0{,}5$; bei $x = 0{,}45$ koexistieren beide Phasen nebeneinander. — Bei langsamer Abkühlung nimmt die Deformation bei gleicher Zus. zu. Bei der Substitution durch Mn u. Ga bilden die beiden kub. Spinelle *Mn_2CuO_4* u. *Ga_2CuO_4* feste Lsgg. mit Cr_2CuO_4, die tetragonal für die Cr-reicheren u. kub. für die Cr-ärmeren Verbb. sind. Vei den Verss. am Syst. *Cr_2CuO_4—Mn_3O_4* wurden nach Abschrecken von 900° 2 feste Lsgg. erhalten, u. zwar eine tetragonale Verb. *$9Cr_2CuO_4 \cdot Mn_3O_4$* mit $c/a = 0{,}935$ u. eine kub. Verb. der Zus. *$8Cr_2CuO_4 \cdot 2Mn_3O_4$*. Der Parameter des Spinells Ga_2CuO_4 ist $a = 8{,}39$ Å. Ausführlich wird die tetragonale Deformation der Spinelle M_2CuO_4 diskutiert. (Bull. Soc. franç. Minéralog. Cristallogr. **81.** 79—102. April/Juni 1958. Grenoble, Inst. Fourier, Labor. d'Électrostatique et Phys. du Métal.)
C. GOTTFRIED. 190

S. Tolansky, A. Halperin und **S. H. Emara,** *Über das Auftreten von Gleitung in Diamant.* (Vgl. C. **1958.** 5009.) Auf natürlichen Oktaederflächen eines Diamanten wurden lineare Diskontinuitäten beobachtet u. opt. untersucht. Die charakterist. Linienform u. Stufenhöhe wird damit erklärt, daß es sich um Gleitlinien handelt, die entstanden sind, als der Kristall während des Wachstums noch heiß (ca. 2000°) war. Die Ergebnisse lassen sich mit ähnlichen an Si u. Ge vergleichen. (Philos. Mag. [8] **3.** 675—79. Juli 1958. Englefield Green, Surrey, Royal Holloway Coll.) H. C. WOLF. 190

R. J. Stokes, T. L. Johnston und **C. H. Li,** *Rißbildung in Einkristallen aus Magnesiumoxyd.* In MgO-Einkristallen bildeten sich bei inhomogener Kompression um 3% kleine Risse in der Gegend der „kink"-Bänder aus. Sie liegen nach opt. Unterss. in konjugierten {110}-Gleitebenen u. breiten sich in Richtung [001] weiter durch den Kristall aus. Die Beobachtungen stützen den von STROH vorgeschlagenen Mechanismus für die Rißbildung. (Philos. Mag. [8] **3.** 718—24. Juli 1958. Hopkins, Minn., Minneapolis Honeywell Res. Center.) H. C. WOLF. 190

F. C. Frank, *Versetzungstheorie.* Zusammenfassender Überblick. (Suppl. del Nuovo Cimento Nr. 2 (zu [10] **7**). 386—413. 1958. Bristol, Univ., H. H. Wills Phys. Labor.)
C. GOTTFRIED. 190

S. Amelinckx, *Versetzungen in Ionenkristallen.* Zusammenfassender Überblick. — 37 Literaturzitate. (Suppl. del Nuovo Cimento Nr. 2 (zu [10] **7**). 569—99. 1958. Ghent, Univ.) C. GOTTFRIED. 190

J. Nölting, *Die Selbstdiffusion der Anionen im Silberjodid und Kupfer(I)-jodid.* Die Selbstdiffusion der Anionen in α-AgJ (zwischen 145 u. 556° beständig) u. in γ-, β- u. α-CuJ (Umwandlungspunkte bei 370° u. 407°) wurde mit radioakt. ^{131}J nach der Indicatormeth. untersucht. Für das gesamte Gebiet der α-Phase von AgJ bis etwa 50° unter halb des F. konnte in Übereinstimmung mit Literaturdaten für die Selbstdiffusion der Anionen der Ausdruck $D = 4{,}4 \cdot 10^{-4}\exp(-16200/RT)$ gefunden werden. Analoge Messungen an β- u. α-CuJ ergaben $D = 7{,}5 \cdot \exp(-34200/RT)$. Der Umwandlungspunkt β—α tritt nicht hervor; dagegen wurde für γ-CuJ $D = 5{,}0 \cdot 10^4\exp(-46100/RT)$ gefunden. In das Gitter von α-AgJ einbaufähige Zusätze von Ag_2Se, PbJ_2 u. CuJ erhöhen in jedem Fall die Anionendiffusion geringfügig, ohne jedoch spezif. Einfll. je nach zugesetzter Ionenart zu zeigen. Ein Rückschluß auf den Mechanismus der Anionendiffusion sowie auf die Fehlordnungsverhältnisse im Anionengitter ist daher nicht möglich. (Z. physik. Chem. Frankf. Ausg. [N.F.] **19.** 118—20. Januar 1959. Göttingen, Univ., Inst. für Physikal. Chem.) J. JASKOWSKY. 190

Worden Waring, *Darstellung des Konzentrationsverlaufs bei der Diffusionsdotierung mit Hilfe eines Analogierechengerätes.* Die Darst. von Diffusionsprozessen mit Hilfe einer Analogierechenmaschine ergibt Lösungen der Diffusionsgleichungen unter Randbedingungen, die eine analyt. Lösung unzweckmäßig erscheinen lassen. Die Effekte für eine Transistorstruktur erweisen sich bei zwei aufeinanderfolgenden Diffusionsprozessen als Konz.-Abfall u. Herausdiffusion der ersten Komponente während des Eintritts der zweiten. Die Diffusion aus einer Schmelze durch ein Rekristallisationsgebiet wird gut durch eine analyt. Lsg. wiedergegeben mit Ausnahme sehr dünner Rekristallisationszonen u. sehr langer Diffusionszeiten. Die Diffusion durch 2 Schichten mit verschied. Diffusionskoeff. gibt Konz.-Verläufe, die außerhalb der Fehlergrenzen der analyt. Lsgg. liegen. (J. electrochem. Soc. **105.** 702—05. Dez. 1958. Newton, Mass., Raytheon Manufact. Comp., Semiconductor Div.) J. Jaskowsky. 190

George Brunton, H. Steinfink und **Carl W. Beck,** *Kristallstruktur von Callaghanit, $Cu_8Mg_8(CO_3)_4(OH)_{24} \cdot 8H_2O$.* Inhaltlich ident. mit der C. **1959.** **4719** referierten Arbeit. (Bull. geol. Soc. America **68.** 1704. Dez. 1957. Crystal Lake, Ill., Pure Oil Res. Labor.; Houston Tex., Shell Developm. Co.; Bloomington, Ind., Univ.) C. Gottfried. 195

L. B. Halferdahl, *Chemische und physikalische Eigenschaften von Chloritoid.* Chem., röntgenograph. u. opt. wurden eine Reihe von Chloritoiden verschied. Fundstellen untersucht. Die chem. Analysen führten auf die Formel $FeAl_2SiO_5(OH)_2$, in der 2/5 des Fe^{2+} durch Mg u. weniger als 1/5 durch Mn ersetzt werden kann. Das Mineral kristallisiert in 2 polymorphen c-zentrierten Zellen, einer monoklinen u. einer triklinen Form. Die monokline Zelle hat a = 9,48 Å; b = 5,49 Å; c = 18,19 Å; β = 101°55′; die trikline Zelle hat a = 9,50 Å; b = 5,48 Å; c = 9,16 Å; α = 96°53′; β = 101°49′; γ = 90°2′. Die Brechungsindices nehmen mit zunehmendem Mg-Geh. ab: α liegt zwischen 1,713 u. 1,730, β zwischen 1,719 u. 1,734 u. γ zwischen 1,723 u. 1,740. (Bull. geol. Soc. America **68.** 1740—41. Dez. 1957. Washington, D. C., Geophys. Labor.; Edmonton, Can., Res. Council of Alberta.) C. Gottfried. 195

Friedrich Liebau, *Die Struktur des Natriumpolyarsenates $(NaAsO_3)x$.* (Vortrag.) Inhaltlich ident. mit der C. **1957.** 11509 referierten Arbeit. (Abh. dtsch. Akad. Wiss. Berlin, Kl. Chem., Geol. Biol. **1955.** Nr. 7. 117—24. 1957.) G. Ruban. 195

Waltraud Hilmer, *Die Bestimmung der Kristallstruktur von Lithiumpolyarsenat $(LiAsO_3)x$.* (Vortrag.) Inhaltlich ident. mit der C. **1957.** 12976 referierten Arbeit. (Abh. dtsch. Akad. Wiss. Berlin, Kl. Chem., Geol. Biol. **1955.** Nr. 7. 125—31. 1957.) G. Ruban. 195

A. Durif und **F. Forrat,** *Mit dem Gehlenit isomorphe Gallate und Aluminate.* Es wurden die folgenden Verbb. dargestellt: Al_3LaCaO_7 (I), Al_3PrCaO_7 (II), Al_3SmCaO_7 (III), Al_3YCaO_7 (IV), Ga_3LaCaO_7 (V), Ga_3PrCaO_7 (VI), Ga_3NdCaO_7 (VII) u. Ga_3SmCaO_7 (VIII). Die Darst. geschah durch Zers. des Gemisches der Nitrate bei 400° u. anschließendes zwölfstündiges Erhitzen auf 1300°. Aus den Debye-Scherrer-Diagrammen ergibt sich vollkommene Isotypie mit dem Gehlenit $Ca_2Al_2SiO_7$. Die Dimensionen der tetragonalen Zellen sind für **I** a = 7,81 Å; c = 5,17 Å; **II**: a = 7,77 Å; c = 5,13 Å; **III**: a = 7,74 Å; c = 5,09 Å; **IV**: a = 7,69 Å; c = 5,04 Å; **V**: a = 7,94 Å; c = 5,28 Å; **VI**: a = 7,92 Å; c = 5,24 Å; **VII**: a = 7,90 Å; c = 5,23 Å; **VIII**: a = $7,87_5$ Å; c = $5,21_5$ Å. Die Elementarzelle des Gehlenits hat a = 7,69 Å u. c = 5,10 Å. Raumgruppe ist D^3_{2d} — $P\bar{4}2_1m$; Z = 2. (Bull. Soc. franç. Minéralog. Cristallogr. **81.** 107—09. April/Juni 1958. Grenoble, Inst. Fourier, Labor. d'Électrostat. et de Phys. du Métal.) C. Gottfried. 195

Daniel E. Appleman, *Kristallchemische Untersuchung von Johannit.* Eine erneute röntgenograph. Unters. von Johannit ergab für die trikline Zelle die Abmessungen a = 8,91 Å; b = 9,51 Å; c = 6,81 Å; α = 109°42′, β = 112°07′; γ = 100°26′. Raumgruppe ist $P\bar{1}$; Zellinhalt: $[Cu(UO_2)_2(SO_4)_2(OH)_2 \cdot 6H_2O]$; D. 3,32. Häufig ist polysynthet. Zwillingsbildung mit [001] als Zwillingsachse. Das Mineral läßt sich aus wss. Lsg. bei Zimmertemp. zu Einkristallen synthet. darstellen. Aus einer vorläufigen Strukturbest. ergab sich, daß jedes UO_2-Ion durch 3 O-Atome von verschiedenen Sulfatgruppen umgeben ist u. jede SO_4-Gruppe O-Atome mit 3 UO_2-Gruppen gemeinsam hat. Die so gebildeten endlosen Doppelketten parallel zu [001] sind anscheinend durch Paare von $(OH)^-$-Ionen verknüpft, die zwischen 2 UO_2-Ionen liegen. Das UO_2-Ion hat demnach eine fünffache Koordination. Die Struktur besteht aus unendlichen Schichten parallel (001), die durch Cu-Atome vernetzt werden, die an das vierte Sulfat-O gebunden sind. (Bull. geol. Soc. America **68.** 1696. Dez. 1957. Baltimore, Md., Johns Hopkins Univ.; Washington, D. C., U.S. Geol. Surv.) C. Gottfried. 195

L. W. Strock und **V. A. Brophy,** *Einkristalle von Zinksulfid mit 6- und 12-Schichtpolytypstruktur.* Unter einer größeren Anzahl von aus der Dampfphase erhaltenen

ZnS-Kristallen fanden Vff. 2 Einkristalle, die röntgenograph. nur eine Periodizität entlang [0001], entsprechend einer Sechsschicht- u. Zwölfschichtstruktur zeigten. Vff. machen darauf aufmerksam, daß dies die einzigen Exemplare sind, bei denen in synthet. Kristallen eine ungemischte Polytypstruktur gefunden wurde. Die Packungsfolge der 12-Schichtstruktur wurde noch nicht untersucht, das Mineral ist jedoch hexagonal u. nicht rhomboedrisch. Beide Kristalle haben starke opt. Doppelbrechung, gebändert senkrecht zur c-Achse; die Doppelbrechung reicht von 0,024—0,0095. Diese Doppelbrechungsdiskontinuitäten werden als Grenzen zwischen Gebieten abwechselnder struktureller Polarität gedeutet. (Bull. geol. Soc. America **68.** 1801—02. Dez. 1957. Bayside, N. Y., Sylvania Electric Products, Inc., Res. Labor.) C. Gottfried. 195

R. Hilsch und **W. Martienssen,** *Gitterstörungen in dünnen Schichten.* Zusammenfassende Übersicht. — 29 Literaturzitate. (Suppl. del Nuovo Cimento Nr. 2 (zu [10]7). 480—97. 1958. Göttingen, Univ.) C. Gottfried. 196

E. Cremer und **E. Ruedl,** *Untersuchung heterogener Antimonaufdampfschichten.* Sb-Aufdampfschichten, die im Hochvakuum hergestellt werden, sind häufig nicht homogen, sondern bestehen aus einer blauen Modifikation, in die fleckenweise eine braune Modifikation eingelagert ist. Opt. Durchlässigkeitsmessungen für beide Modifikationen ergeben nur bei 415 mμ Übereinstimmung. An den Schichten wurden Dickenmessungen nach Tolansky sowie titrimetr. durchgeführt. Die Art der Einlagerung der braunen Modifikation sowie die Strukturen werden diskutiert. (Z. Physik **151.** 487—503. 2/6. 1958. Innsbruck, Univ., Physikal.-Chem. Inst.) H. C. Wolf. 196

H. E. Farnsworth, R. E. Schlier, T. H. George und **R. M. Burger,** *Anwendung der Reinigung durch Ionenbestrahlung auf Titan, Germanium, Silicium und Nickel und ihre Untersuchung durch Beugung langsamer Elektronen.* Die Oberflächenreinigung der zu untersuchenden Kristalle bestand aus einer Kombination von langem Ausheizen bei sehr hoher Temp. u. einem Ar-Ionenbombardement mit kürzerer Temperung. Mit dieser Meth., deren Tempp. u. Zeiten den verschied. Materialien angepaßt werden, lassen sich atomar reine Oberflächen erzielen. An derartig reinen Oberflächen von Ge (100), (111) u. (110) u. Si (100) wurden von der Volumenstruktur abweichende Atomanordnungen mit doppelten Abständen in bestimmten Richtungen gefunden. An der Ti-(0001)-Fläche u. der Ni (100)-Fläche wurden mit den Röntgendiagrammen des Kristalles übereinstimmende Strukturen festgestellt. Die App. für Reinigung u. Elektronenbeugung mit Energien bis etwa 200 eV wird ausführlich beschrieben. (J. appl. Physics **29.** 1150—61. Aug. 1958. Providence, RI., Brown Univ., Barus Res. Labor.) C. Reuber. 196

Franz M. Oberhauser, *Röntgenfeinstruktur-Untersuchungen an Zunderschichten von Eisen–Aluminium-Sinterwerkstoffen.* Wie Feinstruktur-Unterss. an auf Fe–Al-Sintermetall entstandenen Zunderschichten ergaben, entstehen bei 1350° körnige Zunderschichten aus α-Fe_2O_3 mit einer etwas größeren Gitterkonstante als die von reinem α-Fe_2O_3. Bei 1200° bildet sich eine feinkörnige Fe_3O_4-Zwischenschicht unter einer Außenschicht von α-Fe_2O_3 u. Fe_3O_4. Es wird angenommen, daß jedes Körnchen Sintermetall für sich oxydiert u. daß die sehr temperaturabhängigen Diffusions- u. Rk.-Geschwindigkeiten die Oxydationsstufen in den Zunderschichten bestimmen. (Z. Metallkunde **49.** 343—45. Juni 1958. Leoben.) F. Vier. 196

Theodore H. Orem, *Verzwillingte Epitaxie von Kupfer auf Kupfer.* Vf. schlug elektrolyt. Cu aus einem sauren Sulfatbad bei 30 mA/cm² auf die Würfel-, Oktaeder- u. Dodekaederflächen von Cu-Einkristallen nieder u. untersuchte mittels Laue-Rückstrahlaufnahmen die elektrolyt. Niederschläge. Es wurde gefunden, daß der Nd. auf einer Oberfläche parallel zu der Dodekaederebene monokristallin war u. die gleiche Orientierung wie der Basiskristall hatte. Das auf die Oktaederfläche niedergeschlagene Cu hatte einen sehr bevorzugten polykristallinen Charakter, wobei einige der einzelnen Kristalle die gleiche Orientierung wie der Basiskristall hatten u. einige mit Bezug auf ihn verzwillingt waren. Auch das auf die Würfelfläche niedergeschlagene Cu war polykristallin; die einzelnen Kristalle waren mit Bezug auf den Basiskristall sehr bevorzugt orientiert, andere mit Bezug auf ihn ebenfalls verzwillingt. (J. Res. nat. Bur. Standards **60.** 597—608. Juni 1958.) C. Gottfried 196

H. F. John, *Eigenschaften von aus Lösungen geschmolzener Metalle gezogenen Germaniumeinkristallen.* Nach dem Czochralski-Verf. wurden hochdotierte Ge-Einkristalle aus Ge-Lsgg. in *In, Ga, Al* u. *Sn–Sb* mit einer Ziehgeschwindigkeit von 2,0 mm/Std. u. einer Drehgeschwindigkeit des in üblicher Weise befestigten Kristallkeimes von 75 Umdrehungen/min. hergestellt. Schmelzen folgender mol. Zuss. wurden verwendet: In:Ge = 79:21 (1) u. 65:35 (2); Ga:Ge = 63:37 (3); Al:Ge = 55:45 (4) sowie Sn:Sb:Ge = 70:7:23 (5). Die spezif. Widerstände betrugen 57, 70, 3,3, 8,2 u. 20 [$\Omega \cdot cm \cdot 10^4$]. Die Störelementkonzz. wurden bei den Verss. 1, 2 u. 5 aus Hall-Messungen ermittelt.

Für die Verss. 3 u. 4 wurden sie aus den Widerstandswerten bei Annahme einer Beweglichkeit von 100 [cm^2/V · sec] geschätzt. Es ergaben sich für die Verss. 1—5 Verteilungskoeffizienten (Ge-Konz. im Kristall:Ge-Konz. in der Schmelze) von $2,5 \cdot 10^{-4}$, $2,1 \cdot 10^{-4}$, $7 \cdot 10^{-3}$ bzw. $3,8 \cdot 10^{-3}$. (J. electrochem. Soc. **105.** 741—43. Dez. 1958. Pittsburgh, Pa., Westinghouse Electr. Corp., Res. Labor.) J. JASKOWSKY. 197

George Mortimer, *Die Eignung von Wismut als Donor-Typ-Verunreinigung in Germaniumeinkristallen.* Die beim Ziehprozeß von Ge-Einkristallen aus der Schmelze in den Kristall aufgenommene Bi-Menge wurde durch Widerstandsmessungen bei Ziehgeschwindigkeiten von 1,5, 2,5 u. 3,6 in./Std. u. Bi-Gehh. der Schmelze von 0—350 mg pro 100g Ge bestimmt. Die Bi-Konz. im Kristall wächst, wie die Ergebnisse zeigen, mit steigender Ziehgeschwindigkeit u. wachsendem Bi-Geh. der Schmelze. Für eine 50 mg Bi auf 100 g Ge enthaltende Schmelze wurde bei einer Ziehgeschwindigkeit von 1,5 in./ Std. ein effektiver Verteilungskoeff. von $5 \cdot 10^{-5}$ ermittelt. Der außergewöhnlich kleine Verteilungskoeff. macht Bi zu einem für planmäßige Dotierungen bes. geeigneten Material. Die Schmelze läßt sich ohne den Umweg über eine Stammschmelze allein durch Wägung herstellen. Der Konz.-Anstieg ist selbst beim Ziehen langer Kristalle sehr gering. Die Kristalle besitzen als Werkstoffe für elektron. Zwecke die gleiche Qualität wie solche, die mit anderen Elementen der V. oder III. Gruppe dotiert wurden. An Kristallen, die aus Bi-reicheren Schmelzen gezogen wurden, konnte die Löslichkeitsgrenze von Bi in Ge zu 0,00005 At.-% (0,1—0,2 Ω · cm) bestimmt werden. Die ersten Risse im Ge-Kristall zeigen sich bei einem Bi-Geh. der Schmelze von 1,3%. Bei 3,2% Bi erhält man ein polykrist. Produkt. (J. electrochem. Soc. **105.** 793—41. Dez. 1958. Waltham, Clevite Transistor Products.) J. JASKOWSKY. 197

S. N. Buckley, A. G. Harding und **M. B. Waldron,** *Durch Phasenänderungen im Uran bei Wärmewechselbehandlung verursachte physikalische Beschädigung.* Der durch eine Wärmewechselbehandlung von U während einer seiner Phasenänderungen auftretende Schaden äußert sich in einer allmählichen Änderung der Form u. Porosität. Die letztere kann überwiegen, wenn die Gesamtstruktur durch bestehende Poren stark geschwächt wird. Für Proben im zwangslosen Zustand betragen die beobachteten maximalen Wachstumsgeschwindigkeiten $3 \cdot 10^{-3}$ für einen α–β–α-Wärmecyclus u. $1 \cdot 10^{-3}$ für einen β–γ–β-Cyclus. Die größten Änderungsgeschwindigkeiten der scheinbaren Dichten waren $-4 \cdot 10^{-4}$ u. $+3,2 \cdot 10^{-4}$ für einen α–β–α- bzw. β–γ–β-Cyclus. Im Gegensatz zum α-Phasen-Cyclus oder zur Neutronenstrahlung wird der Schaden, welcher aus der Anisotropie der α-Phase herrührt, primär durch eine Differenz in der mechan. Festigkeit der polymorphen Formen verursacht. Die Änderungen in Form u. Porosität von Proben, die sich in keinem Zwangszustand von außen befinden, können aus einer Kenntnis des Wärmegefälles vorausgesagt werden, welches die Form der Umwandlungstrennfläche sowie des resultierenden Makrospannungssyst. bestimmen. Erst wenn die Umwandlungstrennfläche die Oberfläche des U erreicht, wird der Schaden wirksam. (J. Inst. Metals **87.** 150—54. Jan. 1959. Harwell, Berks., AERE.) H. HOCHSTEIN. 197

A. D. Kurtz und **C. L. Gravel,** *Diffusion von Gallium in Silicium.* Die Diffusion von Ga in Si wurde im Temperaturgebiet 1130°—1358° experimentell untersucht. Es ergibt sich eine Diffusionskonstante, die etwas kleiner, und eine Aktivierungsenergie (95 kcal), die etwas größer als bei anderen Unterss. ist. (Ursache der Diskrepanz vermutlich die geringe Oberflächenkonzentration.) (J. appl. Physics **29.** 1456—59. Okt. 1958. Boston, Mass., Minneapolis-Honeywell Semiconductor Div.) K. ZÜCKLER. 197

T. K. Bierlein und **D. R. Green,** *Die Diffusion von Uran im Aluminium.* Uran (nach Erhitzung auf 690°; β-Umwandlung) u. 2S-Aluminium wurden in zylindr. Scheiben (Durchmesser 1/2 in., Dicke 1/4 in.) geschnitten u. im Vakuum getempert, Al 7 Std. bei 450° C, U 30 Std. bei 550°. Nach Läppen u. Polieren wurden Oberflächenverunreinigungen mit Xylol u. Aceton entfernt, ferner die Proben im Vakuum kathod. geätzt. Die Metallpaare wurden in inerter Atm. bei 450—500° bei einem Druck von 11 t/in^2. ungefähr eine Min. zusammengepreßt oder durch eine Klammer unter einem Druck von ca. 5 t/in.^{2} in engem Kontakt bei Raumtemp. gehalten. Nach dem zweiten Verf. ließ sich Verformung des Al sowie das Auftreten von Blasen in der Diffusionszone vermerken. Für die Tempp. 200, 250 u. 390° ließen sich die Diffusionskoeffizienten K_T (nach der Gleichung $K_T = x^2/t$) zu 0,075, 0,50 u. $6,1 \cdot 10^{-6}$ in.^{2}/Std. bestimmen. Die Aktivierungsenergie Q wurde nach $K = K_0 \exp(-Q/RT)$ zu 14300 cal/Mol berechnet. Kathod. im Vakuum geätzte Proben zeigten doppelt so große Diffusionen wie solche mit chem. gereinigten Grenzflächen. Paare, die bei 200—390° getempert wurden, brechen unter Zug in der Al-Grenzfläche, höher erhitzte innerhalb der Diffusionszone. Vorliegende Unterss. geben eine Grundlage für die Bestimmung des Einfl. von Reaktorstrahlung auf die Diffusionsgeschwindigkeit von U in Al. (Nuclear Sci. Engng. **2.** 778—86. Nov.

1957. Richland, Wash., Hanford Atomic Prod. Operat., Fuels Developm. Operat., Phys. Metallurgy.) S. NEUE. 197

F. P. Bowden, *Untersuchung über die Reibung und die Oberflächeneigenschaften fester Stoffe.* Behandelt wird der Reibungsmechanismus bei festen Stoffen u. beschrieben werden Verss. der Reibung von Metallen u. a. festen Stoffen bei sehr großen Gleitgeschwindigkeiten. Bei der Ermittlung der Oberflächeneigg. fester Stoffe, bes. der Metalle, wird Elektronenmikroskopie nach dem Reflexions- u. Abtast-Verf. angewendet. Hierbei zeigt sich, daß bei sehr großer Auflsg. die Molekül-Anordnung eines Kristalles u. die Ggw. von Versetzungen im Metallgitter beobachtet werden können. (Rev. Métallurgie **55.** 1126—32. Dez. 1958.) H. HOCHSTEIN. 197

Helga Auer-Welsbach, H. Nowotny und **A. Kohl,** *Untersuchung reibungspyrophorer Ti-Legierungen; Ti_2Bi, ein neuer Strukturtyp.* Zur Unters. der kristallchem. Verhältnisse in den Systemen *Ti–Sb* (**I**) u. *Ti–Bi* (**II**) wurden im ersteren Fall Legierungen mit 49,5—96,0 Atom-% Ti, bei **II** Legierungen mit 10—90 Atom-% Ti dargestellt u. gefügeanalyt. sowie röntgenograph. untersucht. Bei **I** wurden neben den bereits bekannten Kristallarten eine Phase in tafeligen Kristallen bei etwa 70 Atom-% Ti gefunden, deren Zus. ziemlich genau der Formel $Ti_{2,5}Sb$ (**III**) entspricht; das Existenzgebiet konnte nicht erfaßt werden, scheint aber bei hohen Tempp. zu liegen. In dem Syst. **II** wurde ebenfalls eine neue Phase der Zus. Ti_2Bi (**IV**) gefunden, deren Homogenitätsbereich auf Grund von röntgenograph. Aufnahmen zwischen 63 u. 67 Atom-% Ti festgelegt werden konnte. Trotz der unterschiedlichen Zus. zeigen die Röntgenaufnahmen von **III** u. **IV** vollkommene Isotypie; sie bilden außerdem eine lückenlose Mischreihe, wie aus dem Gang der Gitterparameter ersichtlich ist. Die Auswertung der Aufnahmen führte auf eine tetragonale Elementarzelle; die Diagramme zeigten enge Beziehungen zu dem C38-Typ. Die tetragonale Zelle von **III** hat a = 4,00 kX, c = 14,5 kX, die von **IV** a = 4,04—4,07 kX u. c = 14,5—$14,5_4$ kX; Z = 4. Die Strukturbest. führte auf eine Zelle, die durch einfache Spiegelung an der (001)-Ebene der Zelle des C38-Typs entsteht. Die Raumgruppe ist D_{4h}^{9}. In dem Gitter liegen 2 Ti in a), 2 Ti in b), 4 Ti in i) mit z = 0,133 u. 0,6 Ti + 3,4 Sb bzw. 4 Bi in i) mit z' = 0,353. In **III** sind die Abstände Ti—Ti = 2,80 Å u. Ti—Sb = 2,92 Å, in **IV** Ti—Ti = 2,80 bzw. 2,87 Å u. Ti—Bi = 2,94 bzw. 3,19 Å. (Mh. Chem. **89.** 154—59. 21/3. 1958. Wien, TH, Inst. für physikal. Chem.) C. GOTTFRIED. 197

D. Heitkamp, W. Jost und **K. Wagener,** *Die Druckabhängigkeit des Kirkendall-Effektes am System In–Tl.* Die Druckabhängigkeit des KIRKENDALL-Effektes wurde an In–Tl-Legierungen mit Tl-Gehh. von 5 bzw 25 Gew.-% (FF. 155 u. 157°) bei 150,0° in einem Vakuumgefäß (p = 0) bzw. mit n-Heptan als Drucküberträger (bis p = 5400 atm.) untersucht. Die Grenzflächen der 4 in abwechselnder Reihenfolge angeordneten Legierungsstücke wurden durch eingelegte Cu-Drähte markiert. Die 25%ig. Legierung zeigte eine stetige Längenzunahme, die 5%ig. eine Abnahme. Die Beträge verhalten sich im Mittel wie 5:3. Bei Druckanwendung erhält man eine eindeutige Verminderung des KIRKENDALL-Effektes. Der Druckkoeff. der Längenänderung [$cm \cdot sec^{-1/2}$] der 25%ig. Legierung beträgt 9,7% pro 1000 atm. Das Vorzeichen des KIRKENDALL-Effektes erweist In als die schnellere Komponente. Dasselbe zeigen Messungen der Diffusionskoeff. von ^{114}In u. ^{204}Tl in In–Tl-Legierungen. (Z. physik. Chem., Frankf. Ausg. [N.F.] **19.** 121—23. Jan. 1959. Göttingen, Univ., Inst. für Physikal. Chem.) J. JASKOWSKY. 197

P. Cotterill und **H. J. Axon,** *Die Konstitution von Wismut–Uran-Legierungen im Zusammensetzungsbereich von 0—35 Atom-% Uran.* Durch Differential-Thermoanalyse werden unter einem Ar-Druck die Lagen der Liquidus- u. der Soliduslinie von Bi–U-Legierungen im Bereich von 0—35 Atom-% bestimmt. Die Ergebnisse zeigen volle Übereinstimmung mit den Ergebnissen der Arbeit von TEIBEL (C. **1958.** 13175). Die Vers.-Vorr. für Unterss. bis zu Tempp. von 1000° u. Ar-Druckeinstellungen von 2 mm unterhalb von 900° u. 2 atm oberhalb von 900° wird beschrieben, u. es werden Angaben über den Reinheitsgrad der Legierungsbestandteile gemacht. (J. Inst. Metals **87.** 159—60. Jan. 1959. Manchester, Univ.) H. HOCHSTEIN. 197

C. N. J. Wagner, *Röntgenographische Untersuchungen von Stapelfehlern in kubischflächenzentrierten Metallen. Kaltverformung von Nickelfeilspänen bei tiefer Temperatur.* Festgestellt wird eine Verbreiterung u. Verschiebung der DEBYE–SCHERRER-Linien von Ni-Feilspänen, die unter fl. O_2 hergestellt wurden. Die Linien werden mit dem NORELCO-Diffraktometer teils bei —160° u. teils bei +20° gemessen. Die Verschiebung der Linien wird durch ein Auftreten von Verformungsstapelfehlern erklärt. Die Stapelfehlerwahrscheinlichkeit entspricht einem Auftreten eines Stapelfehlers nach jeweils 200 (111)-Ebenen. Die Teilchengröße wird nach der WARREN–AVERBACH-Meth. gemessen. Eine Änderung der Teilchengröße u. der Gitterverzerrungen tritt mit der Anlaßtemp. u. -zeit auf. (Rev. Métallurgie **55.** 1171—76. Dez. 1958.) H. Hochstein. 197

Albrecht Kussmann und **Heinrich Wollenberger,** *Kalorimetrischer Nachweis einer atomaren Fernordnung in Neusilber-Legierungen.* Messungen des Temperaturganges der spezif. Wärme [C_p–T-Kurven] an tern. *Cu–Zn–Ni*-Mischkristallen ergaben eine Bestätigung des von anderen Seiten beobachteten Auftretens atomarer Nahordnungen in den tern. α-Mischkristallen bis zu einem Ni-Geh. von 20 Gew.-%. Die C_p–T-Kurven zeigten im Prinzip den gleichen Verlauf wie bei bin. α-Messinglegierungen, für die die Existenz atomarer Nahordnungen auch nach anderen Verff. von anderer Seite gesichert ist; mit zunehmendem Ni-Geh. wurde ein Anstieg der Wärmetönungen sowie der Bildungs- u. Auflösungstempp. der Ordnung beobachtet. In einem mittleren Konzentrationsbereich mit Ni-Geh. über 20 Gew.-% nehmen Rückbildungstemp. u. -wärme beschleunigt zu, u. in den C_p–T-Kurven des abgeschreckten Zustandes tritt ein zweites Minimum auf, das zwischen dem ersten u. dem Rückbildungsmaximum liegt. Dieser Kurvenverlauf sowie der gleichzeitig auftretende starke Abfall der spezif. Wärme bei der Rückbildungstemp. ist für Legierungen mit Fernordnungszustand charakteristisch. Die maximale Rückbildungswärme ist rund 15mal höher als die der Nahordnung ins α-Messing-Gebiet u. liegt mit 12,5 cal/g in der Größenordnung der von ferngeordneten Legierungen her bekannten Werte. Sie wurde bei einer Legierung mit 48,5 (Atom-%) Cu, 29,1 Zn, 27,4 Ni, d.h. in unmittelbarer Nähe der stöchiometrischen Zus. Cu_2NiZn, gefunden. (Naturwissenschaften **45.** 541. 2. Nov.-H. 1958. Berlin-Charlottenburg, Phys.-Techn. Bundesanst., Inst. Berlin.) C. Gottfried. 197

G. E. Bacon und **R. Street,** *Gold–Mangan-Legierungen; einige vorläufige Untersuchungen mit Neutronenbeugung.* Messungen der Struktureigenschaften im System Au–Mn mit Neutronenbeugung ergeben am Mn-reichen Ende Ähnlichkeiten mit dem System Cu–Mn, bei der stöchiometr. Zusammensetzung AuMn besteht eine sehr einfache tetragonale Gitterstruktur mit c/a 1. Die Néel-Temp. dieser Zus. ist ein Maximum (ca. 240°). (Proc. physic. Soc. **72.** 470—74. 1/9. 1958. Harwell, Atomic Energy Res. Establ.; Sheffield, Univ., Dep. of Phys.) H. C. Wolf. 197

J. de Fouquet, *Untersuchungsbeitrag zur Ermüdung von Stählen bei erhöhter Temperatur.* Torsionswechselbeanspruchungsverss. an plattenförmigen Proben aus einem Stahl mit 0,05% C im geglühten Zustand im Temp.-Bereich zwischen 20 u. 700° ergaben, daß durch die wechselnden Verformungen eine starke Aktivierung der Gefügeveränderungen des Stahles, wie sie durch Kaltverformung u. nachfolgendes Weichglühen entstehen, erhalten wird. Hierbei zeigen sich drei Haupttemperaturbereiche, nämlich bis 400° äußert sich die Ermüdung durch die Bldg. von Gleitbändern in denjenigen Körnern, deren Orientierung durch die Spannungsrichtung der maximalen Scherung mehr beeinflußt wird als durch die Anisotropie der Kristallkörner. Der Dauerbruch verläuft immer intrakristallin, u. die Risse entstehen längs der Gleitbänder. Im Temperaturbereich zwischen 400 u. 700° ruft die Torsionswechselbeanspruchung mit ihren Verformungen eine ausgeprägte Polygonisation im Korn hervor, u. die Störungen sind bes. auf der Oberfläche in der Nachbarschaft der Korngrenzen deutlich. Hierbei wird der Bruchmechanismus verändert. Der Bruch wird interkristallin, u. die Risse laufen entlang den Korngrenzen. Bei 700° rekristallisiert der Stahl unter dem Einfl. der Wechselverformungen. Diese Rekristallisation zeigt sich in einer Verlagerung der Korngrenzen oder in einer Entw. von an den intergranularen Korngrenzen gelagerten Keimen. Es entsteht eine starke Kornvergröberung, die ein Kriechen des Stahles in der Zone, in der der Bruch eintritt, nach sich zieht. Schliffbilder, Röntgendiagramme u. die Festigkeitswerte lassen den überwiegenden Einfl. der Temp. auf das kristalline Verh. des Stahles unter Torsionswechselbeanspruchung erkennen. (Rev. Métallurgie **55.** 1133—44. Dez. 1958.) H. Hochstein. 200

Eckard Macherauch und **Paul Müller,** *Gitterdehnungen und Eigenspannungen reinster und legierter Aluminiumproben nach Zugverformung.* Aus der röntgenograph. Best. der Gittereigendehnungen an einachsig verformten Proben aus Reinst-Al u. einer AlCu-Legierung vom Duralumintyp geht hervor. daß nach Zugverformung vorwiegend Eigenspannungen I. Art auftreten, denen statist. Eigenspannungen II. Art überlagert sind. Zwischen der Verfestigung u. der Zunahme der Eigenspannungen mit dem Verformungsgrad konnte ein Zusammenhang nachgewiesen werden. (Z. Metallkunde **49.** 324 bis 331. Juni 1958. Stuttgart, MPI für Metallforsch.; TH.) F. Vier. 200

K. J. Williams und **K. M. Entwistle,** *Die Dämpfung von abschreckgealtertem Duralumin, das mit etwa 1 Hertz schwingt.* Messungen bei etwa 1 Hz an abgeschreckten Duralumindrähten der Zus. 4,2 (%). Cu, 0,6 Mg, 0,7 Si, 0,65 Mn, 0,65 Fe, 0,2 Zn, 0,3 Ti, Spuren an Ni, Pb, Sb u. Sn, Rest Al ergeben einen Dämpfungsbeitrag, welcher eine maximale Intensität nach Alterung von $1^1/_4$ Std. bei 40° erreicht.

Die Zeit bis zur maximalen Dämpfung hängt von der Alterungstemp. in einer Art ab, die durch eine Aktivierungsenergie von 18500 cal/Mol beschrieben ist. Dämpfung/Temp.-Kurven, die an frisch abgeschreckten Proben während einer Erhitzung mit konstanter Geschwindigkeit gemessen werden, zeigen Spitzen, welche durch eine Frequenzänderung verlagert werden. Sie sind keine wahren Relaxationsspitzen u. entstehen vermutlich aus der Existenz einer Spitze bei einer höheren Temp. (etwa 120°), welche in der Höhe während des Alterns schwankt. Die Spitze bei 120° ist noch nicht experimentell beobachtet worden, u. daher ist es noch nicht möglich, eine Aktivierungsenergie für den Dämpfungsprozeß abzuleiten. Es wird jedoch das Vorhandensein eines Relaxationsprozesses, sehr wahrscheinlich einer spannungsinduzierten Diffusion von gelösten Atomen, die durch Abschreckung in Leerstellen beschleunigt werden, angenommen. Beobachtet wird auch ein zweiter Dämpfungsbeitrag von viel kürzerer Relaxationszeit, welcher sich zur maximalen Intensität nach 25 Std. bei 40° entwickelt u. eine Spitze in der Dämpfungs/Temp.-Kurve für eine Frequenz von 1260 Hz verursacht. Diese Spitze ist nun für eine Frequenz von 1 Hz bei —63° beobachtet worden, welche niedriger ist als die durch Extrapolation aus den Hochfrequenzwerten vorausgesagte Temperatur. (J. Inst. Metals **87.** 141—44. Jan. 1959. Manchester, Univ.) H. HOCHSTEIN. 200

Hermann Schmalried und **Volkmar Gerold,** *Röntgenographische Untersuchungen über die Aushärtung einer Aluminium–Magnesium–Zink-Legierung.* Röntgenunterss. der Aushärtung in einer Al-Legierung mit 6,3(%) Mg u. 3,5 Zn ergaben, daß bis zu 135° einphasige Entmischung auftritt. Die Mg- u. Zn-Atome sammeln sich daher abwechselnd in (100)-Ebenen des Mischkristalls an. Dabei verzerrt sich infolge der im Verhältnis zu den Al-Atomen zu großen Mg-Atome die Matrix tetragonal. Der mittlere Durchmesser dieser leicht rückbildbaren Komplexe beträgt 25 Å. Unabhängig davon tritt oberhalb 80° eine hexagonale Zwischenphase η ($MgZn_2$) mit 2 verschied. Orientierungen auf: 1) $(10.0)_\eta \parallel (100)_\alpha$; $[00.1]_\eta \parallel [011]_\alpha$ 2) $(10.0)_\eta \parallel (1\bar{1}0)_\alpha$ oder $(10.0)_\eta \parallel (1\bar{1}2)_\alpha$; $[00.1]_\eta \parallel [111]_\alpha$. Zwischen den beiden Möglichkeiten des Falles 2 konnte experimentell nicht entschieden werden. Oberhalb 190° (bei Einkristallen 225°) tritt die stabile tern. kub. Phase T ($Al_2Mg_3Zn_3$) mit der Orientierung $(100)_T \parallel (112)_\alpha$; $[001]_T \parallel [1\bar{1}0]_\alpha$ auf. (Z. Metallkunde **49.** 291—301. Juni 1958. Stuttgart, MPI für Metallforsch.; TH.) F. VIER. 200

Ekkehart Kröner, *Berechnung der elastischen Konstanten des Vielkristalls aus den Konstanten des Einkristalls.* Für die Berechnung der elast. Konstanten des isotropen Polykristalls aus den Konstanten des Einkristalls wird eine Berechnungsmeth. angegeben, die den Begriff der elast. Polarisierbarkeit benutzt. Vgl. von Theorie u. Experiment gibt keine völlige Übereinstimmung. Dies kann wenigstens zum Teil darauf zurückgeführt werden, daß für die Theorie zu stark idealisiert werden mußte. (Z. Physik **151.** 504—18. 2/6. 1958. Stuttgart, TH, Inst für theoret. u. angew. Phys.) H. C. WOLF 200

Peter Haasen und **Andrew W. Lawson jr.,** *Der Einfluß hydrostatischen Druckes auf die Zugverformung von Einkristallen.* Die Unters. des Einfl. eines hydrostat. Drucks von 5000 atm auf die Spannung–Dehnung-Kurven von Einkristallen aus *Al, Cu, Ni* u. *α-Messing* sowie von polykristallinem Ni ergab in allen Fällen außer bei Ni-Einkristallen Erhöhung der Fließspannung um mehr, als dem Druck-Koeff. der elast. Moduln entspricht. Eine Fließspannungszunahme bei 1 atm nach Verformung unter Druck wurde ebenfalls beobachtet, woraus sich ergibt, daß sich der Kristall bei Verformung unter Druck zugunsten verringerter Vol.-Erzeugung stärker verfestigt. Ein Einfl. des Druckes auf die Zwillings-Bldg. von Zn-Einkristallen wurde nicht festgestellt. (Z. Metallkunde **49.** 280—91. Juni 1958. Stuttgart, MPI für Metallforsch.; Chicago, Ill., Univ.) F. VIER. 200

D. R. Winder und **Charles S. Smith,** *Elastische Konstanten von Indiumeinkristallen.* Mittels der von HUNTINGTON (vgl. Physic. Rev. [2] **72.** [1947.] 321) entwickelten US-Impulsechometh. bestimmten Vff. an Einkristallen von tetragonalem In die elast. Konstanten. Da die Punktsymmetrie von In 4/mmm ist, sind 6 unabhängige Konstanten zu bestimmen. Die Einkristalle waren so geschnitten, daß die Wellen angenähert in den Richtungen [100], [110] u. [011] fortschritten. Mit Hilfe der gemessenen 9 Wellengeschwindigkeiten wurden die Konstanten berechnet. Folgende Werte wurden erhalten (ausgedrückt in Einheiten von 10^{11} dyn · cm^{-2}): $C_{11} = 4{,}45$; $C_{33} = 4{,}44$; $(C_{11} - C_{12})/2 = 0{,}253$; $(C_{11} + C_{33})/4 - C_{13}/2 = 0{,}197$; $C_{44} = 0{,}655$ u. $C_{66} = 1{,}22$. Die Konstanten u. Kombinationen, welche die Steifheit gegenüber Scher darstellen, sind niedrig u. anisotrop, im Gegensatz zu Al. (Physics Chem. Solids **4.** 128—34. 1958. Cleveland, O., Case Inst. of Technol.) C. GOTTFRIED. 200

A. J. Kennedy, *Die Abhängigkeit der Mikrokriecheigenschaften von der Entwicklung der Ermüdung im Blei.* Torsions–Mikrokriech-Messungen wurden an einigen einem Zug-Ermüdungsvers. unterworfenen *Pb*-Drähten ausgeführt. Die Mikrokriechprüfungen waren cycl., wobei die Kriechspannung in bestimmten Zeitabständen umgekehrt wurde. Die Dehnungsamplitude der Mikrokriechlastspiele wurde in verschied. Stadien der Dauerhaltbarkeit gemessen, u. es wurde dabei gefunden, daß auf eine Amplitudenabnahmeperiode (Härtung) eine Periode mit einer Amplitudenvergrößerung folgt, die bis zum Dauerbruch führt. Mikrokriech-Messungen, die mit überlagerter Dauerspannung gemacht wurden, zeigen bedeutende Unterschiede gegenüber ähnlichen Messungen, jedoch mit fehlender Dauerspannung; auch waren diese Proben für Dauerbruch stärker empfindlich. Die Aktivierungsenergie für den Mikrokriechprozeß wurde zu 20,8 kcal/Mol bestimmt; ein Wert, der nahe bei dem für das Umwandlungsmakrokriechen liegt. (J. Inst. Metals **87.** 145—49. Jan. 1959. Bletchley, Bucks., Cranfield.)
H. Hochstein. 200

J. F. McNeil und **H. R. Limb,** *Spaltungsbruch in gegossenem Chrom hoher Reinheit.* Die beim Sprödbruch auftretenden Oberflächen von gegossenem, grobkörnigem, hochreinem polykristallinem Cr wurden durch Fraktographie, Goniometrie u. Röntgenbeugung untersucht. Einige Erscheinungen des Spaltbruchs sind schon früher bei anderen Metallen beobachtet worden, es treten jedoch Formen auf, die vorher nur beim Sprödbruch von glasigem Werkstoff beobachtet wurden. Spaltung tritt auf bes. in der {001}-Ebene, weniger in der {112}-Ebene u. ausnahmsweise in oder dicht bei der {111}-Ebene. (J. Inst. Metals **87.** 79—87. Nov. 1958. Adelaide, Australian Defence Sci. Service.)
F. Vier. 200

C. Zener, *Anelastizität von Metallen.* Zusammenfassender Überblick. — 11 Literaturzitate. (Suppl. del Nuovo Cimento Nr. 2 (zu [10] **7**). 544—68. 1958. Pittsburgh, Pa., Westinghouse Res. Labor.) C. Gottfried. 200

R. Kamel, *Über die Glühkinetik von plastisch verformten Metallen.* Schrifttumsauswertung. (J. Inst. Metals **87.** Bull. 4. Nr. 17. 133—34. Jan. 1959. Cairo, Univ.)
H. Hochstein. 200

J. F. Laurent, *Die plastische Verformung in Ionenkristallen.* Vf. bespricht an Hand von Beispielen aus der Literatur die plast. Verformung von Ionenkristallen u. ihre Deutung durch die Theorie der Versetzungen. (J. Physique Radium **19.** 602—11. Juni 1958. Paris, Labor. de chim. Minérale B.) C. Gottfried. 200

Gerhard Barsch, *Wahrscheinlichkeitsverteilung und Korrelation von Schubspannungen im Kristall.* Theoret. Untersuchung. (Physics Chem. Solids **4.** 27—49. 1958. Göttingen, Univ., Inst. für theor. Phys.) C. Gottfried. 200

—, ASTM Standards on light metals and alloys. Philadelphia: Amer. Soc. for Testing Materials pap. 1958. (346 S. m. Diagr.) 8°. $ 4,—.

—, Chemische Färbungen von Kupfer und Kupferlegierungen. Folge 1, 2. Aufl. Berlin: Dt. Kupferinst. e.V. 1958. (41 S. m. 3 Taf.) 8° = Schriften d. Dt. Kupfer-Inst. e.V. 10. DM 3,—.

—, Fünf Jahre Zentralinstitut für Gießereitechnik, Leipzig. Berlin: Akademie-Verl. 1958. (387 S. m. Abb. u. 2 Taf.) 8° = Freiberger Forschungshefte. Reihe B. 31. DM 28,—.

Franz Halla, *Kristallchemie und Kristallphysik metallischer Werkstoffe.* Dritte Aufl. Leipzig: Johann Ambrosius Barth. 1957. (XVI + 737 S. m. 365 Abb. und 1 Taf.) brosch. DM 50,—, geb. DM 52,—. Bei der 3. Auflage wurde die 1951 erschienene 2. Auflage umgearbeitet im Hinblick auf starke Kürzungen und Ergänzungen, Umstellung von Abschnitten, z. B. Defektgitter usw. Der Aufbau des Buches ist folgender: 1. Metalle, 2. das Raumgitter der Metalle und Legierungen, 3. der Metallkristall (Entstehung und Form), 4. Ideal- und Realkristalle, 5. Thermodynamik der Metalle und Legierungen, 6. Platzwechsel in festen Metallen, Diffusion, 7. die Deformation des Metallgitters, 8. Rekristallisation, 9. die elektrischen Eigenschaften, 10. die magnetischen Eigenschaften der Metalle, 11. Oberflächeneigenschaften, 12. amorphe Metalle, 13. Korrosion und Oxydation, 14. Kristallchemie, 15. Reaktionen in festen Metallphasen. (1902 Literaturangaben bis einschließlich 1956). M. Pflücke

A₇. Gleichgewichte. Kinetik.

Y. Doucet, *Untersuchung der Bedingungen für eine ideale Lösung von Gemischen geschmolzener Salze.* Vf. bringt ein Kriterium für eine ideale Lsg. von geschmolzenen Salzgemischen u. untersucht die Bedingungen, denen Gemische geschmolzener Salze genügen müssen, um dieser Beziehung zu gehorchen. Betrachtet man zunächst die Entropie des Gemisches in ihrer statist. Form, dann findet man, wenn man die Anzahl der Komplexionen berechnet, daß die Bedingung erfüllt wird, wenn die Ionen des gleichen Typs des Lösungsmittels u. der gelösten Substanz vom dimensionalen Standpunkt aus nicht unterscheidbar sind. Bei der Unters. der Enthalpie des Gemisches kommt Vf. zu dem Ergebnis, daß, wenn die Bindungskräfte in dem geschmolzenen Gemisch elektrostat. Natur bleiben, dann die Ladung der Ionen u. ihr mittlerer Abstand die innere Energie bestimmen u. damit die Enthalpie einer idealen Lösung. Der einfachste Fall ist der, in dem die Ionen des Lösungsmittels u. des gelösten Salzes gleiche Ladung u. gleichen Gitterabstand haben. (J. Physique Radium **19.** 30 S—31 S. Juni 1958. Dijon, Fac. des Sci.) C. GOTTFRIED. 224

Peter K. Weyl, *Änderung in der Löslichkeit von Calciumcarbonat mit der Temperatur und dem Kohlendioxydgehalt.* Vf. untersuchte die Löslichkeit von *Calcit* u. *Aragonit* in Kohlensäure über einen CO_2-Konzentrationsbereich von 10^{-4} bis 10^{-3} kg-Mol/m³ u. einem Temperaturbereich von 10—70°. Die Temperaturableitung der Löslichkeit bei konstanter CO_2-Konz. ändert sich von -10^{-6} bis $-3 \cdot 10^{-5}$ kg-Mol/m³ pro Grad u. hat ein Maximum für die höchste CO_2-Konz. u. Temperatur. Bei niedrigen CO_2-Konzz. ist die Löslichkeit des Aragonits dieselbe wie die von Calcit. Bei einer CO_2-Konz. von 10^{-3} kg-Mol/m³ ist der Aragonit ca. 11% löslicher als der Calcit. (Bull. geol. Soc. America **68.** 1811. Dez. 1957. Houston, Tex., Shell Development Co.) C. GOTTFRIED. 224

R. Coekelbergs, A. Frennet und **P. Gosselain,** *Untersuchung des Austausches von ^{36}Cl zwischen HCl und CH_3Cl in Gegenwart von Wolfram. Vorschlag eines Mechanismus aus Grundprozessen.* (Vgl. C. **1956.** 10902.) Vff. untersuchten den ^{36}Cl-Austausch zwischen HCl u. CH_3Cl an unter Hochvakuum verdampftem W. Die kinet. Ergebnisse lassen sich durch klass. Mechanismen (HINSHELWOOD-LANGMUIR u. RIDEAL] interpretieren. Eine Reihe experimenteller Fakten erlauben jedoch die Schlußfolgerung, daß die metall. Oberfläche nahezu von chemisorbiertem Cl bedeckt war, woraus Zweifel an der Gültigkeit dieser Mechanismen entstehen. Vff. nehmen an, daß der Mechanismus über dieses chemisorbierte Cl verläuft: $H^{36}Cl + WCl \rightarrow W^{36}Cl + HCl$; $CH_3Cl + W^{36}Cl \rightarrow CH_3{}^{36}Cl + WCl$. (Bull. Soc. chim. belges **67.** 399—403. Juli/Aug. 1958. Bruxelles, École Royale Militaire, Centre des Sci. Nucl.) HERBERT WEBER. 225

G. R. Wallwork und **A. E. Jenkins,** *Oxydation von Titan, Zirkonium und Hafnium.* Bei der Behandlung von Ti, Zr u. Hf mit O_2 bei hohen Tempp. (800—1000°) wurde gefunden, daß die Geschwindigkeit der O_2-Aufnahme anfangs durch eine parabol., später aber durch eine lineare Gleichung beschrieben wird. Metallurg. Unterss. zeigen, daß dieser Übergang durch die Ggw. von gelöstem O_2 im Metallkern erklärt wird. Die parabol. Geschwindigkeitsgleichung hängt mit dem Aufbau des O_2-Diffusionsgradienten im Metall zusammen. Es kann daher angenommen werden, daß die isotherme Korrosionsgeschwindigkeit dieser Metalle annähernd konstant ist. (J. electrochem. Soc. **106.** 10—14. Jan. 1959. Sydney, New South Wales Univ. of Technol., School of Metallurgy.) M. LASER. 225

Fred Basolo, P. H. Wilks, R. G. Pearson und **R. G. Wilkins,** *Ein Mechanismus für Austausch- und Substitutionsreaktionen in Platin(IV)-komplexen.* Vff. fanden, daß der äußerst langsame Austausch von Chloridion mit $[Pt(en)_2Cl_2]^{2+}$ (en = Äthylendiamin) durch $[Pt(en)_2]^{2+}$ katalyt. beschleunigt wird gemäß einem Geschwindigkeitsgesetz $R = 900\ [Pt(IV)][Pt(II)Cl^-]M\ min^{-1}$ bei 25° im Dunklen. Die Ergebnisse lassen sich durch den folgenden Mechanismus erklären:

$$[Pt(en)_2]^{2+} + Cl^- \rightleftharpoons [Pt(en)_2Cl]^+;\ [Cl - \overset{en}{\underset{en}{Pt}} - Cl]^{2+} + [\overset{en}{\underset{en}{Pt}} - Cl]^+ \rightleftharpoons [Cl - \overset{en}{\underset{en}{Pt}} - Cl \cdots \overset{en}{\underset{en}{Pt}} - Cl]^{3+}.$$

Aus diesem Mechanismus läßt sich schließen, daß Chloridion den Pt-Austausch zwischen Pt (II) u. Pt (IV) katalysieren sollte u. daß die Geschwindigkeit des Pt-Austausches gleich der Geschwindigkeit des Chloridaustausches sein sollte. Ferner fanden Vff. entspr. daß die Rk. $[Pt(en)_2]^{2+} + [Pt(l\text{-}pn)_2\ Cl_2]^{2+} \rightleftharpoons [Pt(en)_2Cl_2]^{2+} + [Pt(l\text{-}pn)_2]^{2+}$ (l-pn = l-Propylendiamin) in Ggw. von Chloridion sehr schnell verläuft; die Änderung wurde auf Grund des Unterschiedes der opt. Drehung von l-pn in den 2 Komplexen verfolgt. In Abwesenheit von Chloridion verläuft die Rk. sehr langsam. (J. inorg. Nuclear Chem. **6.** 161. April 1958. Evanston, Ill., Northwestern Univ., Chem. Dep.; Sheffield, Univ., Chem. Dep.) C. GOTTFRIED. 225

T. J. Neubert und **R. B. Lees,** *Gespeicherte Energie in mit Neutronen beschossenem Graphit.* (Vgl. C. **1957.** 6341.) Beschuß von Graphit mit schnellen Neutronen versetzt C-Atome nach Zwischengitterplätzen u. verursacht Gitterfehlstellen, die beim Erhitzen unter Freiwerden der gespeicherten Energie wieder ausgefüllt werden. Das Freiwerden der letzteren wurde durch Messungen der relativen spezif. Wärme untersucht, u. zwar unter Verwendung eines Kupferblocks mit zwei ident. gasgefüllten Höhlungen für bestrahlte u. unbestrahlte Proben. Graphit speichert bei Bestrahlung bei der Temp. des fl. Stickstoffs mehr Energie als unter Bestrahlung bei Zimmertemperatur. Die Differenz wird bei Erwärmung auf Zimmertemp. frei. Es werden Zahlenwerte für das Freiwerden gespeicherter Energie in Abhängigkeit von dem Ausmaß des Neutronenbeschusses u. der Temp., unter der die Beschießung erfolgt, angegeben. Die Anzahl von Zwischengitter-Kohlenstoffatomen u. von Zwischengitter-C_2-Moll. werden abgeschätzt, ebenso die Zahl der Gitterfehlstellen. (Nuclear Sci. Engng. **2.** 748—67. Nov. 1957. Lemont, Ill., Argonne Nat. Labor.) S. NEUE. 226

Jaroslav Bednář, *Reduktion von Eisen(III)-ionen durch Röntgenbestrahlung bei Sauerstoffabwesenheit.* Die Red. von Fe^{3+}-Ionen in schwefelsauren Lsgg. bei Anwesenheit von α.α'-Dipyridyl unter Luftausschluß wurde untersucht. Die Red. erfolgt durch H-Atome, bei höherem p_H in der Anwesenheit von KBr auch durch die Radikale HO_2. Der Reaktionsmechanismus sowie der Inhibitionsmechanismus von KBr werden diskutiert. Die Ausbeute von H-Atome für Röntgenbestrahlung mit einer maximalen Energie von 150 keV wurde zu 3,85 bestimmt. Die Ausbeute $G_{Fe^{2+}}$ für Fe^{2+}-Ionen bei Anwesenheit von KBr wurde wie folgt ermittelt: Konz. von KBr in Mol/Liter, $G_{Fe^{2+}}$, $1 \cdot 10^{-6}$, 3,33; $1 \cdot 10^{-5}$, 3,01; $5 \cdot 10^{-5}$, 2,39; $1 \cdot 10^{-4}$, 1,87; $5 \cdot 10^{-4}$, 0,62; $1 \cdot 10^{-3}$, 0. Die extrapolierte Ausbeute für [KBr] = 0 ist mit der Ausbeute G_H ident. u. gleich 3,85. Die ermittelten Werte sind in guter Übereinstimmung mit den früher publizierten Werten (SWORSKI, C. **1955.** 5976; BEDNÁR u. TEPLY, C. **1959.** 7051.) (Chem. Listy **52.** 1222—28. Juli 1958. Voj. techn. akad. Ant. Zápotockého, Brno.) L. MATOUŠEK/Prag. 226

A. A. Balandin, *Mechanismus der heterogenen Katalyse und Kinetik der katalytischen Dehydrierung.* (Vgl. C. **1957.** 12422.) In einer zusammenfassenden Übersicht auf Grund eigener u. fremder Arbeiten zeigt Vf., daß die Folgerungen der Multiplett-theorie eine Deutung der Kinetik der katalyt. Dehydrierung u. der Natur der akt. Zentren bei dieser Rk. ermöglichen. Die Änderungen der freien Energie, des Wärmeinhalts u. der Entropie der Adsorptionsprozesse an akt. Zentren lassen sich experimentell bestimmen; aus den erhaltenen Werten können die Bindungsenergien zwischen den reagierenden Atomen u. Moll. u. den Atomen der akt. Zentren des Katalysators ermittelt werden. — 92 Literaturhinweise. (Журнал Физической Химии [J. physik. Chem.] **31.** 745—69. April 1957. Akad. der Wiss. der UdSSR, Zelinsky-Inst. für organ. Chem. u. Moskau, Lomonossow-Univ.) R. K. MÜLLER. 227

K. A. Kini und **A. Lahiri**, *Techniken bei der Untersuchung katalytischer Reaktionen an festen Oberflächen.* Kurzer Überblick. — 15 Literaturzitate. (J. sci. ind. Res. [New Delhi], Sect. A **16.** 393—95. Sept. 1957. Zealgora, Bihar, Central Fuel Res. Inst.) C. GOTTFRIED. 227

A_8. Präparative anorganische Chemie. Komplexverbindungen. Metallorganische Verbindungen.

Margot Becke-Goehring und **Rudolf Schwarz**, *Über Alkalimetallverbindungen der Imide des Schwefels.* (Vgl. C. **1958.** 14054 u. C. **1955.** 539.) Schwefelimide setzen sich in äther. Lsg. mit Triphenylmethylnatrium (I) gemäß (a) $-\overline{S}-\overline{N}H + NaC(C_6H_5)_3 \rightarrow [-\overline{S}-\overline{N}|]Na + HC(C_6H_5)_3$ zu gefärbten, verhältnismäßig unbeständigen Natriumsalzen um. — *Na[NS₇]* (**II**), nach (a) aus S_7NH u. **I** als olivgrüner Nd. aus smaragdgrüner Lsg. in qualitativer Ausbeute; D.[25] 2,03; unter N_2 haltbar, an feuchter Luft Umsetzung unter Aufblähen u. Verfärbung nach Goldgelb zu NH_3, S u. Na_2S_x; mit Säuren Rk. zu SO_2, S u. verschied. S-O-Säuren; unlösl. in den meisten organ. Lösungsmitteln, etwas lösl. in Dioxan, gut in Methanol. Die Lsgg. werden von W. sofort unter S-Abscheidung hydrolysiert. **II** ist instabiler u. hydrolyseempfindlicher als S_7NH. — $Na_2[H_2N_4S_4]$, nach (a) aus $S_4(NH)_4$ u. **I** als zitronengelber Nd.; in Dioxan/Ae. = 1:2 fällt dagegen orangerotes $Na_4[N_4S_4]$, (**III**). Es ist unlösl. in den meisten organ. Lösungsmitteln, lösl. in Aceton mit blauer, in Methanol u. Formamid mit roter Farbe; diese Lsgg. sind unbeständig. **III** reagiert mit W. unter Feuererscheinung, detoniert an feuchter Luft u. ist vermutlich strukturverwandt mit $Li[Al(NS)_4]$ (vgl. C. **1955.** 11535). — $Na[NSNS(NH_2)]$ fällt als brauner Nd. nach (a) aus $N_2S_2 \cdot NH_3$ (**IV**) mit 1 **I** beim Farbumschlag Rot nach Gelb; D.[25] 1,9; lösl. in Aceton u. Methanol mit roter Farbe. $Na_3[\overline{N}=\overline{S}=\overline{N}-\overline{S}-\overline{N}|]$, analog aus **IV** mit 3 **I** (hellgelber Nd. beim erneuten Farbumschlag Gelb nach Rot), zerfällt scharf getrocknet bereits bei Berührung unter Detonation. — **II** u. **III** sind röntgenamorph. Die roten Ammoniakate des Tetraschwefeltetranitrids $S_4N_4 \cdot 2\ NH_3$ u. des Dischwefeldinitrids $S_2N_2 \cdot NH_3$ besitzen gleiche DEBYE-ogramme u. Lösungsspektren in Methanol, sie zeigen die gleichen Eigg. u. besitzen in fl. NH_3 Leitfähigkeit (λ_∞ 0,75 bei — 47°), die für die Abdissoziation eines Protons spricht. Vff. schlagen für die offensichtlich ident. Verbb. die Formel $H-\overline{N}=\overline{S}=\overline{N}-\overline{S}-\overline{N}H_2$ (**IV**) vor. (Z. anorg. allg. Chem. **296.** 3—12. Aug. 1958. Heidelberg, Univ., Chem. Inst., I. Abt. für Anorgan. Chem.) U. WANNAGAT. 253

Ulrich Wannagat und **Raymund Pfeiffenschneider**, *Beiträge zur Chemie der Peroxyschwefelverbindungen.* 5. Mitt. *Über die Konstitution der „Sulfoperamidsäure"*

NH_3SO_4. (4. vgl. C. **1956.** 14287.) Die gemäß $(H_3NOH)Cl + ClSO_3H \rightarrow 2 HCl + H_2NOSO_3H$ (I) leicht darstellbare *Hydroxylamin-O-sulfonsäure* (I), von den Entdeckern SOMMER u. TEMPLIN (Ber. dtsch. chem. Ges. **47.** [1914.] 1221) ihrer oxydierenden Eigg. wegen als Amid der Peroxymonoschwefelsäure („Sulfomonopersäure") angesehen u. „Sulfoperamidsäure" genannt, verhält sich nicht wie ein Deriv. von Peroxyschwefelverbindungen. So vermag **I** bei der Hydrolyse in Ggw. von TiO^{2+} u. konz. H_2SO_4 kein gelbes $[Ti(O_2)]^{2+}$ zu bilden u. auch nicht Br^- zu Br zu oxydieren; in saurer Lsg. setzt es sich mit NO_2^- lebhaft wie ein Hydroxylaminderiv. nach $I + HONO \rightarrow N_2O + H_2O + H_2SO_4$, nicht aber wie für ein Amid erwartet zu $N_2 + H_2SO_5$ bzw. zu $N_2 + HNO_3 + H_2SO_4$ um. Auch festes **I** reagiert mit C_2H_5ONO hauptsächlich unter N_2O-Bldg. (> 60%), nicht dagegen zu N_2. **I** vermag verhältnismäßig langsam J^- in J, Fe^{2+} in Fe^{3+}, Sn^{2+} in Sn^{4+}, Ti^{3+} in Ti^{4+}, SCN^- in $(SCN)_x$ u. H_2S in S zu überführen. Die schwache Oxydationswrkg. läßt sich am widerspruchfreiesten durch Übergang des —1-wertigen N in **I** in —3-wertiges N (als NH_3 oder NH_4^+) deuten, wobei NH oder NH_2^+ als kurzlebige Zwischenprodd. angenommen werden können. — In äther. Suspension reagiert **I** bei 0—5° mit CH_2N_2 lebhaft zu krist. *Trimethyloxoammonium-O-sulfonat* $(CH_3)_3N^{(+)}—OSO_2O^{(-)}$, (**II**; 60%), daneben zu einem nicht weiter untersuchten Öl. **II** schm. bei 125° (Zers. ab 95°) löst sich gut in CH_3OH, A., CH_3CN, warmem W., nicht in CCl_4, Chlf., Ae., $(C_4H_9)_2O$, $(CH_3)_2NCHO$. Die wss. Lsg. red. in alkal. Lsg. in der Hitze Ag^+ zu Ag u. MnO_4^- zu MnO_2 infolge intermediärer Bldg. von HCHO; bei der Hydrolyse entsteht $(CH_3)_3NO \cdot 2 H_2O$, F. 93°. **II** läßt sich auch aus $(CH_3)_3NO$ u. SO_3 in CCl_4 unter Kühlung sowie gemäß $(CH_3)_3NSO_3 + (CH_3)_3NO \rightarrow (CH_3)_3NOSO_3 + (CH_3)_3N$ darstellen. Das aus H_2NOH u. BF_3 nach GOUBEAU (Fiat-Reviews **23.** [1948.] 218) leicht zu erhaltende Additionsprod. $NH_2OH \cdot BF_3$ geht mit CH_2N_2 analog zu **I** in $(CH_3)_3N^{(+)}—O—BF_3^{(-)}$, F. 89°, über u. sollte demnach die Konst. H_3NO-BF_3, nicht aber F_3B-NH_2OH besitzen. Das IR-Spektr. von **I** zeigt deutlich die $H_3N^{(+)}$- u. die $SO_3^{(-)}$-Banden eines Oxoammonium-O-sulfonats $H_3N-O-SO_3$, daneben aber auch schwächere Banden, die sich der Konst. **I** zuordnen lassen. (Z. anorg. allg. Chem. **297.** 151—66. Nov. 1958. Aachen, TH, Inst. für Anorgan. Chem. u. Elektrochem.) U. WANNAGAT. 253

W. Kynaston und **H. S. Turner**, *Ammoniumtetrachloroborate.* Bortrichlorid bildet mit Alkylammoniumchloriden in sd. Toluol Additionsverbb. $RNH_2 \cdot BCl_3$. Findet die Rk. unter gleichen Bedingungen in Chlf. statt, bilden sich Tetrachloroborate $[R \cdot NH_3]^+ [BCl_4]^-$. So wurden *tert.-Butylammoniumtetrachloroborat*, F. 162—167° (Zers.), *Methyl-*, *Trimethyl-* u. *Tetramethylammoniumtetrachloroborat* hergestellt. Ammoniumchlorid reagierte nicht. Von den dargestellten Verbb. wurden IR-Spektren aufgenommen. Die Ähnlichkeit dieser Spektren mit denen des K-Tetrachloroborats zeigt, daß es sich um echte Tetrachloroborate handelt. Verschiebungen der NH_2-Dehnungsschwingungsbanden bei prim. u. tert. Ammoniumchloriden einerseits gegenüber freien Aminen u. den entsprechenden Tetrachloroboraten andererseits lassen vermuten, daß es bei letzteren aus ster. oder sonstigen Gründen nicht zu einer H-Brückenbindung vom Typ $^+N-H-X^-$ kommt. (Proc. Chem. Soc. [London] **1958.** 304—05. Nov. Teddington, Middlesex, Nat. Chem. Labor.) D. APEL. 258

C. L. Christ und **Joan R. Clark**, *Natur der Polyionen in einigen Boratmineralien.* Kristallstrukturelle Unterss. an der Reihe $2 CaO \cdot 3 B_2O_3 \cdot xH_2O$ ergaben, daß *Meyerhofferit* (x = 7) u. die synthet. Verb. mit x = 9 den polyion. Ring $[B_3O_3(OH)_5]^{2-}$ enthalten u. daß sich im *Colemanit* diese Ionen unter Bldg. unendlicher Ketten der Zus. $[B_3O_4(OH)_3]_n^{-2n}$ polymerisieren. Da sich *Inyoit* (x = 13) leicht in Meyerhofferit umwandelt, wird angenommen, daß Inyoit die gleichen Polyionen enthält. Es scheint, daß der polyion. Ring, der aus 2 verknüpften $BO_2(OH)_2$-Tetraedern besteht u. ein $BO_2(OH)$-Dreieck enthält, eine bes. stabile Konfiguration darstellt. Es ist stereochem. möglich, an diesem Ring nur ein $BO_2(OH)$-Dreieck anzufügen. Das resultierende Polyion $[B_4O_5(OH)_4]^{2-}$ wurde auch kürzlich in *Borax* festgestellt. Auf Grund einer Betrachtung der physikal. Eigg. der Reihe $Na_2B_4O_7 \cdot yH_2O$ schließen Vff., daß *Tinkalkonit* (y = 5) u. *Kernit* (y = 4) die gleiche strukturelle Beziehung zu Borax (y = 10) haben wie Meyerhofferit u. Colemanit zu Inyoit. (Bull. geol. Soc. America **68.** 1708. Dez. 1957. Washington, D. C., U. S. Geol. Surv.) C. GOTTFRIED. 258

Herbert C. Brown, **Edward J. Mead** und **Charles J. Shoaf**, *Additionsverbindungen der Alkalimetallhydride.* 5. Mitt. *Bequeme Methode zur Darstellung von Borsäurealkylestern.* (4. vgl. C. **1959.** 3432.) Es werden 2 Methoden zur Darst. von Alkylboraten beschrieben u. kurz diskutiert. a) Prim., sek. u. tert. Alkylborate lassen sich bequem u. in guter Ausbeute durch Umesterung von *Methylborat* (**I**) mit dem entsprechenden Alkohol darstellen. Die Trennung des Rk.-Gemisches ist infolge der großen Flüchtigkeit des azeotropen Methanol-I-Gemisches leicht durch Dest. möglich. b) *$NaBH_4$* reagiert in Ggw. eines Äquivalents *Essigsäure* (**II**) glatt mit *prim.* u. *sek. Alkoholen* bei Raumtemp. nach der allg. Gleichung 3 ROH + $NaBH_4$ + HOAc → $(RO)_3B$ + NaOAc +4 H_2. Tert. Alkohole setzen unter gleichen Bedingungen nur 3 Mole H_2 nach der Gleichung 2 ROH + $NaBH_4$ + HOAc → $(RO)_2BH$ + NaOAc + 3 H_2 frei. Die Bldg. des Orthoborsäureesters erfolgt erst bei höherer Temp. nach der Gleichung ROH + $(RO)_2BH$ → $(RO)_3B$ + H_2. Meth. b) bietet gegenüber a) beträchtliche Vorteile hinsichtlich der experimentellen Bedingungen u. Ausbeuten. Die Darst. von *Äthylborat* (**III**), *Isopropylborat* (**IV**) u. *tert.-Butylborat* (**V**) nach Meth. a) sowie von **III, IV, V,** *tert.-Amylborat* u. *Allylborat* nach Meth. b) wird beschrieben.

Versuche: Meth. a): *tert.-Butylborat* **V**, $Kp._{12}$ 60—61°, $Kp._9$ 53°, durch fraktionierte Dest. von 1,92 Mol **I**, u. 1,60 Mol tert.-Butylalkohol (**VI**); n_D^{20} 1,3872; 54,5% (Ausbeute, bezogen auf **VI**). — *Äthylborat* **III** $Kp._{743}$ 118—119°, wie vorst. aus 2,07 Molen **I** u. 1,7 Mol A.; n_D^{20} 1,3798; 62,5%. — *Isopropylborat* **IV**, $Kp._{120}$ 90°. $Kp._{76}$ 75°, wie vorst. aus 1,76 Mol **I** u. 1,43 Mol Isopropylalkohol (**VII**); n_D^{20} 1,3762, 58%. — Meth. b): *tert.-Amylborat*, $Kp._{13}$ 105°, $Kp._6$ 87°, durch Zugabe von 0,198 Mol **II** zu 250 ml tert. Amylalkohol u. 0,180 Mol $NaBH_4$ unter Rühren bei Raumtemp., 4std. Kochen unter Rückfluß u. fraktionierte Dest.; n_D^{20} 1,4112; 85,6% (bezogen auf $NaBH_4$). — **III**, wie vorst. aus 250 ml A., 0,201 Mol $NaBH_4$ u. 0,220 Mol **II**; 93,1%. — **IV**, wie vorst. aus 250 ml **VII**, 0,174 Mol $NaBH_4$ u. 0,191 Mol **II**; 88,5%. — **V**, wie vorst. aus 500 ml **VI**, 0,448 Mol $NaBH_4$ u. 0,492 Mol **II**; 99%. — *Allylborat*, $Kp._7$ 42°, wie vorst. aus 250 ml Allylalkohol, 0,197 Mol $NaBH_4$ u. 0,217 Mol **II**; n_D^{20} 1,4496; 91,5%. (J. Amer. chem. Soc. **78.** 3613—14. 5/8. 1956. Lafayette, Ind., Purdue Univ., Dep. of Chem.) H. HOFMANN. 258

Herbert C. Brown, Edward J. Mead und **Charles J. Shoaf,** *Additionsverbindungen der Alkalimetallhydride. 7. Mitt. Die Darstellung von Natriumtriisopropoxyborhydrid und -tri-tert.-butoxyborhydrid. Der Einfluß von Alkoxysubstituenten auf die reduzierenden Eigenschaften des Borhydridions.* (6. vgl. C. **1958.** 954; 5. vgl. vorst. Ref.; 8. vgl. C. **1958.** 7402.) Es werden Unterss. über die Bldg. von Trialkoxyborhydriden durch Rk. von *Alkylboraten* mit *NaH* in *Tetrahydrofuran* (**I**), *Diäthylenglykoldimethyläther* (**II**) oder *Triäthylenglykoldimethyläther* (**III**) sowie über den Einfl. der Alkoxysubstituenten auf das Reduktionsvermögen des Borhydridions beschrieben u. diskutiert. Bei der Rk. von NaH mit Borsäurealkylestern in sd. **I** nimmt die Rk.-Geschwindigkeit stark in der Reihenfolge Methyl > Äthyl ≫ Isopropyl ≫ tert.-Butyl ab. Die Dauer dieser Rkk. kann im Falle von Isopropyl- u. tert.-Butylborat durch Umsetzung in **II** oder **III** bei 130 bis 150° erheblich verkürzt werden. Na-Trimethoxyborhydrid u. Na-Triäthoxyborhydrid disproportionieren in **I**-Lsg., während Na-Triisopropoxyborhydrid (**IV**) u. Na-Tri-tert.-Butoxyborhydrid (**V**) unter den gleichen Rk.-Bedingungen anscheinend stabil sind. **IV** reagiert im Gegensatz zu $NaBH_4$ mit Isopropanol unter H_2-Entw., red. Äthylbenzoat mit mäßiger Geschwindigkeit u. reagiert sehr schnell mit Aceton. Die Stabilität von **IV** u. **V** gegenüber Disproportionierung wird den Spannungen zugeschrieben, die in den bei Disproportionierung entstehenden Tetraalkoxyborhydriden auftreten. Die größere Reaktionsfähigkeit der Na-Trialkoxyborhydride im Vgl. zu $NaBH_4$ wird in Analogie zu den verwandten LEWISschen Säuren — Alkylborate u. Boran — mit der unterschiedlichen Schwierigkeit der Abspaltung eines Hydridions gedeutet.

Versuche: Na-Triisopropoxyborhydrid **IV** $C_9H_{22}BNaO_3$, durch 180std. Kochen von 3,01 g NaH, 200 ml **I** u. 27,2 g Isopropylborat unter N_2 u. Rückfluß u. fraktionierte Destillation; 90% Ausbeute. (J. Amer. chem. Soc. **78.** 3616—20. 5/8. 1956.)

H. HOFMANN. 258

Herbert Grunze, *Über kondensierte Phosphorylchloride und die Reindarstellung des Pyrophosphorylchlorides* ($P_2O_3Cl_4$). Erhitzt man P_4O_{10} mit $POCl_3$ im Verhältnis 1:4 — 11 bei 200° 48 Std. im Einschlußrohr, so bilden sich strohfarbene, viscose, homogen erscheinende Gemische von *Polyphosphorylchloriden* $P_nO_{2n-1}Cl_{n+2}$ (**I**) mit n = 1, 2, 4, 5, 6, daneben cycl. *Trimetaphosphorylchlorid* (**II**), $(PO_2Cl)_3$. Die papierchromatograph. identifizierbaren Komponenten mit n = 4—6 sind nur schwach vertreten, bei Ansätzen $POCl_3/P_2O_5$ > 4 fehlen sie ganz. Der langsame Ablauf der Rk. ist bedingt durch die geringen HCl-Mengen, die durch Umsatz der im eingesetzten P_2O_5 enthaltenen P–OH-Gruppen (P:OH = 1:0,087) mit $POCl_3$ entstehen u. das gesamte P_2O_5 allmählich aufschließen, da sie fortwährend zurückgebildet werden: —POH + $ClPOCl_2$ → —$POPOCl_2$ + HCl; —POP— + HCl → —POH + ClP— usw. **I** ist feuchtigkeitsempfindlich, wobei vornehmlich die POP- u. erst in 2. Linie die PCl-Bindungen hydrolyt. gespalten werden. Bei der Vakuumdest. von **I** verflüchtigen sich zuerst die Glieder mit n = 1 u. 2: $POCl_3$ $Kp._{12}$ 29°, $P_2O_3Cl_4$ $Kp._{12}$ 90° (Badtemp. 250°). Der Destillationsrückstand ist ein hochviscoses *Polyphosphorylchloridglas* $(PO_2Cl)_x$ (**III**) mit einem hohen Geh. an **II** (> 30%), offensichtlich infolge Dismutation der Glieder mit n = 4—6 gemäß 4/n $P_nO_{2n-1}Cl_{n+2}$ → $P_2O_3Cl_4$ + 2/x $(PO_2Cl)_x$ entstanden. Bei der therm. Zers. geht **III** in $POCl_3$, $P_2O_3Cl_4$ u. wenig **II** über, es hinterbleibt eine weiße, poröse Substanz aus der Gruppe der vernetzten

Phosphorylchloride. — Die Ausbeute an *Diphosphorylchlorid* (Pyrophosphorylchlorid), $P_2O_3Cl_4$, ist weitgehend unabhängig von den Mengenverhältnissen der Reaktanten u. beträgt einschließlich der therm. Zers. von **III** ca. 30%. Es fällt sehr rein an, kristallisiert bei — 30° sofort durch (F. —16,5°; $D._4^{25}$ 1,821) u. verhält sich bei der Hydrolyse wie ein Dichlorphosphorsäureanhydrid, nicht wie ein Diphosphorsäuretetrachlorid. (Z. anorg. allg. Chem. **296.** 63—72. Aug. 1958. Berlin-Adlershof, Dtsch. Akad. der Wiss., Inst. für Anorgan. Chem.) U. WANNAGAT. 264

Herbert Grunze, *Darstellung und thermische Zersetzung der Dichlorphosphorsäure* $H[PO_2Cl_2]$. (Vgl. vorst. Ref.) Reine *Dichlorphosphorsäure* (**I**), $Cl_2PO(OH)$, F. —28°; $D._4^{25}$ 1,686, läßt sich durch Umsetzung äquimol. Mengen von $P_2O_3Cl_4$ u. H_2O bei —40° darstellen. Sie ist oberhalb ihres F. eine leicht bewegliche Fl., krist. durch Abkühlen auf —50° in großen derben Nadeln u. löst sich leicht in Chlf., A., Ae., Bzl., CCl_4. Die Verfärbung mit Toluol, Benzin, CS_2 oder Aceton deutet auf Chlorierungen hin. **I** ist bei Raumtemp. u. Feuchtigkeitsausschluß stabil, wird aber von W. relativ schnell zu HCl u. H_3PO_4 hydrolisiert. Die in der Literatur beschriebene viscose Dichlorphosphorsäure, durch partielle Hydrolyse von $POCl_3$ erhalten, ist durch wechselnde Anteile von $POCl_3$ u. Cl-ärmeren P-Verbb. verunreinigt, selbst wenn bei der Darst. wie bei GOUBEAU u. SCHULZ (C. **1959.** 4727) bei tiefen Tempp. gearbeitet wurde (—70 bis —15°). **I** zers. sich im Vakuum ab 300° prim. gemäß 2 **I** → H_2O + $P_2O_3Cl_4$, sek. nach **I** + H_2O → $ClPO(OH)_2$ + HCl, ferner tritt Kondensation von **I** unter HCl-Abspaltung zu $P_3O_6Cl_3$ sowie Bldg. von $POCl_3$ ein. Die Bildungsrkk. für $POCl_3$ konnten nicht einwandfrei ermittelt werden, da $P_2O_3Cl_4$ von HCl bis 300° nicht angegriffen u. **I** in Ggw. von HCl im Vakuum bereits bei 180° in das Anhydrid $P_2O_3Cl_4$ übergeführt wird (Ausbeute 35%). Unter Atmosphärendruck zers. sich **I** bereits < 100° gemäß 2 **I** → $Cl_2P(O)OP(Cl)O(OH)$ (**II**) + HCl sowie **I** + **II** → $P_3O_6Cl_3$ + 2HCl, bei höheren Tempp. auch unter Bldg. größerer Mengen von $POCl_3$; als Zersetzungsrückstände verbleiben vernetzte Chlorphosphorsäuren. (Z. anorg. allg. Chem. **298.** 152—63. Jan. 1959.) U. WANNAGAT. 264

R. J. A. Otto und **L. F. Audrieth,** *Triphosphonitrilhexaisothiocyanat. Triphosphonitrilhexaisothiocyanat* (**I**), $P_3N_3(NCS)_6$, F. 42°, entsteht aus Triphosphonitrilchlorid u. KSCN in Aceton. **I** polymerisiert sich bei 150° im Vakuum; es reagiert mit akt. H-Atomen wie andere Isothiocyanate. ν_{max} 1016, ca. 1200 u. 1960 cm^{-1}. (J. Amer. chem. Soc. **80.** 5894—95. 5/11. 1958. Urbana, Ill., Univ., Noyes Labor. of Chem.) F. SCHAUDER. 264

H. Balduin, *Über die Reduktion von Metallchloriden mit Aluminium.* Auf Grund thermodynam. Literaturdaten werden die freien Reaktionsenthalpien der Reaktionen $MCl_n + {}^n/_3Al = {}^n/_3AlCl_3 + M$ u. $MCl_n + nAl = nAlCl + M$ für verschied. Metallchloride u. hohe Temp. berechnet. Dabei zeigt sich die Bedeutung der AlCl-Bldg. Die Rk. mit Ti-Chloriden wird eingehender diskutiert. (Mh. Chem. **88.** 1038—47. 1957, herausgeg. 28/1. 1958. Wien, TH, Inst. für physik. Chem.) G. BERGERHOFF. 270

Hermann Lux, Rudolf Kuhn und **Titus Niedermaier,** *Reaktionen und Gleichgewichte in Alkalihydroxydschmelzen.* 3. Mitt. *Peroxydgleichgewichte.* (2. vgl. C. **1957.** 370.) Es wurden die zur Bldg. von Peroxyden bzw. Superoxyden führenden Gleichgewichte zwischen Alkalihydroxydschmelzen u. O_2 in Ggw. von H_2O-Dampf bei 410 u. 510° untersucht. In trockenem reinem O_2 wurden in den genannten Schmelzen bei 410° maximal nachst. Mengen an Per- bzw. Superoxyd gebildet (in Gew.-%): LiOH: 0%; NaOH: 3% Na_2O_2; KOH: 22% KO_2; RbOH: 57% RbO_2; CsOH: 64% CsO_2. Während es sich bei diesen Zahlen nicht um Gleichgewichtswerte, sondern um die in trockenem O_2, also bei äußerst kleinem u. damit undefiniertem H_2O-Dampfdruck prakt. erreichbaren Höchstwerte handelt, stellen sich bei geringen H_2O-Partialdrucken gut reproduzierbare Gleichgewichte im Laufe von 6—15 Std. ein. Ident. Gleichgewichte konnten auch von der anderen Seite her, ausgehend von KO_2 erhalten werden. Für die gefahrlose Darst. von KO_2 aus K u. O_2 in fl. NH_3 wurde eine neue App. entwickelt. Die graph. Diskussion der Gleichgewichtswerte in Abhängigkeit von den O_2- u. H_2O-Partialdrucken führt Vff. zu dem Schluß, daß NaOH-Schmelzen das Peroxyd Na_2O_2 gelöst enthalten, während in den KOH-, RbOH- u. CsOH-Schmelzen die Superoxyde KO_2, RbO_2 u. CsO_2 überwiegen. (Z. anorg. allg. Chem. **298.** 285—301. Jan. 1959. München, Univ., Inst. für Anorg. Chem. TH, Anorg.-chem. Labor.) A. BLASCHETTE. 277

H.-J. Bittrich und **E. Leibnitz,** *Zur Kenntnis des Systems Na^+-Ca^{2+}-OH^--SO_4^{2-}-H_2O.* 3. Mitt. *Die ternären Systeme.* (2. vgl. C. **1958.** 10299.) Es wird die Löslichkeit von $Ca(OH)_2$ in W. bei 0—80° zu 45,94 mval/1000 g W. (0°) 39,44 (25°), 23,8 (80°) bestimmt. Die Lösungsenthalpie beträgt — 2,849 kcal. Zur Ergänzung von Literaturwerten wird die Löslichkeit im Syst. Na^+-Ca^{2+}-SO_4^{2-}-W. bei 0° bestimmt. Das Minimum der Gipslöslichkeit liegt bei 0,2 mol. Na_2SO_4. Im Syst. Na^+-Ca^{2+}-OH^--W. werden die Löslichkeitsisothermen für 0, 25 u. 30° aufgenommen. Bei NaOH-Konzz. > 2 n kann die

$Ca(OH)_2$-Löslichkeit vernachlässigt werden, so daß der Zweibodenkörperpunkt mit der NaOH-Löslichkeit zusammenfällt. Die Literaturwerte für das Syst. Na^+–OH^-–SO_4^{2-}–W. werden durch die 50°- u. 80°-Isotherme ergänzt. Auch hier fällt die NaOH-Löslichkeit mit dem Zweibodenkörperpunkt zusammen. Das Syst. Ca^{2+}–OH^-–SO_4^{2-}–W. wird bei 0, 25, 35, 50 u. 80° untersucht. Es verhält sich annähernd ideal, so daß die Meßwerte linear ausgeglichen werden können. Nach verschied. Werten werden die Konstanten des Bodenkörpergleichgewichtes berechnet. Daraus ergibt sich eine Rk.-Enthalpie von 3,315 bis 3,364 kcal. Aus den Ergebnissen werden Schlußfolgerungen für das quaternäre Syst. gezogen. (J. prakt. Chem. [4] 7 (**279**). 311—19. 1959. Leipzig, Inst. für organ. Grundstoffchem.; Merseburg, TH für Chem. Leuna-Merseburg.) R. LACMANN. 283

F. R. Boyd und **J. F. Schairer**, *System $MgSiO_3$–$CaMgSi_2O_6$*. Als Voruntners. für eine Phasengleichgewichtsunters. des Pyroxenquadrate s$MgSiO_3$–$CaMgSi_2O_6$–$CaFeSi_2O_6$–$FeSiO_3$ untersuchten Vff. zunächst die Phasenbeziehungen entlang der einen Seitenlinie $MgSiO_3$—$CaMgSi_2O_6$. Die Schmelzbeziehungen entlang der Linie stimmten mit den Daten von BOWEN überein. Zur Best. der Liquiduskurve zwischen $MgSiO_3$ u. $CaMgSi_2O_6$ wurden röntgenograph. die Zuss. der Phasen bestimmt. Verss. auf der Liquiduskurve wurden trocken oberhalb 1100° u. hydrothermal bei 500 bar (H_2O) zwischen 800 u. 1150° durchgeführt. Die Schnittpunkte mit der Soliduslinie sind $En_{55}Di_{45}$ u. $En_{40}Di_{60}$ bei 1390°. Homogene Pyroxene können in dem Zusammensetzungsbereich En_{40}—En_{50} nicht stabil vorkommen. Mittels hydrothermaler Methoden stellten Vff. gut kristallisierten *Orthoenstatit* u. *Protoenstatit* dar. (Bull. geol. Soc. America **68.** 1703. Dez. 1957. Washington, D. C., Carnegie Inst., Geophys. Labor.) C. GOTTFRIED. 283

Hon-Gee Tsiang und **Kwang-Hsien Hsu**, *Polarographische Untersuchungen von Metallkomplexen*. 2. Mitt. *Das System Cadmium–Thiocyanat*. Die polarograph. Red. von Cd^{2+} wurde in Ggw. von 0,02—2,2 mol. NaSCN untersucht, wobei durch $KClO_4$ die Ionenstärke konstant auf 3,00 gehalten wurde. Aus den Messungen ergab sich die Existenz der Komplexe $[Cd(SCN)_i]^{-i+2}$ mit i = Null bis 6. Die Bildungskonstanten wurden zu $K_1 = 23{,}0 \pm 0{,}2$; $K_2 = 123 \pm 3$; $K_3 = 242 \pm 9$; $K_4 = 302 \pm 24$; $K_5 = 166 \pm 26$ u. $K_6 = 53 \pm 17$ ermittelt. (Acta chim. sinica **23.** 196—200. 1957. Peking, Univ., Dep. of Chem. [Orig.: chines., Auszug: engl.]) E. MOISAR. 289

Klaus Brodersen, *Infrarotspektroskopische und röntgenographische Untersuchungen am Quecksilber(II)-äthylendiaminchlorid*. In wss. u. verd. alkoh. Lsgg. reagieren 1 Mol $HgCl_2$ u. 1 Mol Äthylendiamin (en) unter Bldg. unlösl. Prodd., die aus Gemischen von $Hg(en)Cl_2$ (I) u. $HgCl_2$ bestehen. Wird die Rk. unter W.-Ausschluß in absol. A. ausgeführt, so entsteht reines **I**. Das Debyeogramm von **I** läßt sich rhomb. mit den Gitterkonstanten a = 5,89 Å, b = 4,79 Å, c = 4,38 Å indizieren; es ergibt sich weiterhin, daß nur eine Formeleinheit **I** pro Elementarzelle vorhanden ist. Durch Kombination der Ergebnisse der Röntgenstrukturanalyse mit den Aussagen des IR-Spektr. von **I** kommt Vf. zu der Überzeugung, daß **I** keine Ringstruktur besitzt, sondern daß eine Kettenstruktur mit trans-Stellung der XH_2-Gruppen (X = N oder C) des Äthylendiamin-Mol. vorliegt.

$$(\text{—Hg—}\overset{\oplus}{\underset{Cl^{\ominus}}{NH_2}}\text{—}CH_2\text{—}CH_2\text{—}\overset{\oplus}{\underset{Cl^{\ominus}}{NH_2}}\text{—})_\infty$$

Jedes Hg-Atom ist in linearer Bindung an 2 N-Atome verschied. en-Moleküle gebunden u. quadrat. von 4 Cl-Ionen im Abstand von 2,9 Å umgeben; es besitzt also die Koordinationszahl 6. Jedes Cl-Ion hat 2 Hg-Atome u. in einer Ebene 6 weitere Cl-Ionen im Abstand 3,8 Å zu Nachbarn. Die Abstände N—H···Cl betragen nur 2,77 Å u. deuten auf H-Brückenbindungen hin. Darst. von *Quecksilber(II)-äthylendiaminchlorid* $Hg(en)Cl_2$: die Lsg. von $HgCl_2$ in absol. A. wurde tropfenweise unter starkem Rühren mit Äthylendiamin-Lsg. in absol. A. versetzt, bis die Mischung 1 Mol en pro Mol $HgCl_2$ enthielt. Nach einer Rührzeit von 30 Min. wurde abfiltriert; mit wasserfreiem A. u. Ae. gewaschen u. über Silicagel im Vakuum getrocknet. (Z. anorg. allg. Chem. **298.** 142—51. 1959. Tübingen, Univ., Chem. Inst., Anorgan. Abt.)
L. SCHWIEGK. 290

H. Hohn, V. Gutmann und **O. Sova**, *Über die Reaktionen kaltflüssiger Amalgame mit Gasen*. 3. Mitt. *Umsetzungen mit Stickstoffmonoxyd*. (2. vgl. C. **1954.** 8761.) Während Na-Amalgam im ruhenden Zustand mit trockenem NO nicht merklich reagiert, setzt es sich in der Vibrationsmühle in exothermer Rk. rasch u. quantitativ zu *Natriumnitrosid* NaNO um. Nach Aufnahme des hierzu notwendigen NO wurde nur eine geringe Nachrkk. beobachtet, die auf die Bldg. von Hg-Salzen zurückgeführt wird. Während der Rk. verdickte sich das Mahlgut u. schied sich gegen Ende in eine fl. Metallphase u. ein auf dieser schwimmendes schwarzes Pulver. Bei Anfangskonzz. > 0,3 Gew.-% Na konnte die infolge Versteifung unvollständige Rk. nur durch Zusatz von Glaskugeln zum Reaktionsgut zu Ende geführt werden. Das stark hygroskop. pulvrige Prod. bestand neben ca. 95% Hg aus NaNO u. geringen Mengen nach $2\,Hg + NO \rightarrow Hg_2O + 1/2\,N_2$ entstandener Hg-Salze. Es zers. sich an der Luft zu Hg, HgO, NaOH u.

Na_2CO_3; W. u. NaCl-Lsg. bewirkten Zerfall zu N_2O, NaOH u. Hyponitrit $Na_2N_2O_2$, A., Ae., Aceton u. Formamid zu Hg-Metall u. klarer Lösung. Das Prod. war unlösl. in Äthylacetat, Bzl., Chlf., CCl_4 u. Petroläther. Zur Isolierung des NaNO wurde das metall. Hg durch Vakuumdestillation bei 200°, anschließend das gebundene Hg durch Herauslösen mit Aceton entfernt. Das reine NaNO erwies sich bei seiner chem., analyt., polarograph. u. röntgenograph. Charakterisierung als ident. mit dem aus Na u. NO in fl. NH_3 gewonnenen Prod. der Zus. NaNO, hingegen verschieden von $Na_2N_2O_2$ u. dem aus geschmolzenem Na u. NO entstehenden „gelben NaNO" (GEHLEN, Ber. dtsch. chem. Ges. **72.** [1939.] 159), dessen Debyeogramm erstmalig mitgeteilt wird. — Li-, K-, Mg- u. Ba-Amalgam bildeten bei gleichen Bedingungen die entsprechenden Nitroside; das erhaltene $Ba(NO)_2$ war ident. mit der aus Ba u. NO in fl. NH_3 entstehenden Verbindung. — Zn-Amalgam nahm nur 45% der für $Zn(NO)_2$ berechneten Gasmenge auf. Nach Ansicht der Vff. reagierten 25% des Zn zu Nitrosid u. 75% nach Zn + NO → ZnO + 1/2 N_2 zu Oxyd. Auch Sn-Amalgam lieferte viel Oxyd neben beträchtlichen Mengen an Hg-Salzen. Cd-Amalgam mit 0,5 bis 4 Gew.-% Cd verhielt sich gegen NO vollkommen indifferent. Mit „Ni-Amalgam" (Suspension von $NiHg_4$ in Hg) wurden Ni-Oxyd u. ein Hg(I)-Salz, mit „Fe-Amalgam" (Suspension von Fe-Teilchen in Hg) nur FeO, jedoch keine Hg-Verb. erhalten; in beiden Fällen war das Prod. N-frei, es hatte sich kein Ni- bzw. Fe-Nitrosyl gebildet. (Mh. Chem. **88.** 502—16. 1957. Wien, TH, Inst. für Chem. Technol. anorg. Stoffe; Inst. für allg. Chem.) A. BLASCHETTE. 290

J. F. Schairer, *Phasengleichgewichtsbeziehungen in einem Teil des Systems Na_2O-MgO-Al_2O_3-SiO_2 und die Zusammensetzung der Restflüssigkeiten bei der Kristallisation.* Vf. bringt Phasendaten für die Verbindungslinien *Albit-Cordierit-SiO_2*, Albit-*Forsterit*-Cordierit u. Albit-*Magnesiummetasilicat*-Cordierit u. beschreibt die Beziehung dieser Verbindungslinien zu den 7 quaternären invarianten Punkten. Alle Zuss. in den Systemen Albit-Korund-Spinell-SiO_2 u. Albit-Cordierit-Spinell-SiO_2 nähern sich während der Kristallisation in ihrer Zus. einem Na-Granit. (Bull. geol. Soc. America **68.** 1791. Dez. 1957. Washington, D. C., Carnegie Institution, Geophys. Labor.) C. GOTTFRIED. 294

Mitsue Koizumi und **Ryoiti Kiriyama**, *Hydrothermale Untersuchung von entwässertem Natrolith.* Durch Wärmebehandlung von natürlichem Natrolith erhaltenes wasserfreies, amorphes Mineralpulver wurde im Druckgefäß mit W. verschied. lange u. bei verschied. Drucken auf 150—300° erhitzt u. die Rk.-Prodd. röntgenograph. untersucht. Bei kürzerer Versuchsdauer bildete sich bei 150° u. 200° Natrolith, bei längerer Versuchsdauer nimmt die Menge gebildeten Natroliths ab u. Hauptreaktionsprod. ist *Analcim.* Bei Tempp. von 250° u. höher bildet sich fast ausschließlich Analcim. In alkal. Lsgg. bilden sich bei 200° Analcim u. Natrolith, in sauren Lsgg. nur Natrolith. Bei hydrothermaler Behandlung von *Ultramarin* u. *Sodalith* bei 200—250° bildet sich unter teilweiser Zers. Analcim. (Bull. geol. Soc. America **68.** 1755. Dez. 1957. University Park, Pa., Pennsylvania State Univ., Coll. of Mineral Ind., Dep. of Geophys. and Geochem.) C. GOTTFRIED. 294

A. Van Valkenburg und **C. E. Weir**, *Berylluntersuchungen $3\,BeO \cdot Al_2O_3 \cdot 6\,SiO_2$.* Unter Verwendung stöchiometr. Proportionen der aufbauenden Elemente wurde Beryll hydrothermal bei Tempp. von 500—850° u. Drucken von 15000—30000 lb./in.² synthet. dargestellt. Der synthet. Beryll war opt. negativ mit $\varepsilon = 1{,}569$ u. $\omega = 1{,}566$. Bei 900° u. höher zersetzt sich das Mineral in Ggw. von W. langsam in *Phenakit* u. Glas. 2 Natürliche Berylle verloren bei ca. 790° W. u. andere flüchtige Stoffe; der Gewichtsverlust betrug ca. 2%. Sie schmolzen inkongruent bei ca. 1475° in Fl. + Phenakit. Vorläufige Unterss. ergaben, daß Beryll bei Überdrucken von 30000 at bei 800° stabil sein dürfte. Es gelang bis jetzt noch nicht, einen *Ge-Beryll*, $3\,BeO \cdot Al_2O_3 \cdot 6\,GeO_2$, zu synthetisieren. Dagegen wurde hydrothermal synthet. ein *Ge-Phenakit*, $2\,BeO \cdot GeO_2$, dargestellt. (Bull. geol. Soc. America **68.** 1808—09. Dez. 1957. Washington, D. C., Nat. Bur. of Standards.) C. GOTTFRIED. 294

R. A. Penneman und **E. Staritzky**, *Infrarot- und kristallographische Untersuchung des Systems TlCN-KCN-H_2O; Fehlen von Tl(I)-Cyanidkomplexen.* Zur Feststellung der Existenz des von BASSETT u. CORBET (vgl. J. chem. Soc. [London] **125.** [1924.] 1660) erhaltenen Komplexsalzes $K[Tl(CN)_2]$ untersuchten Vff. das Syst. TlCN-KCN-H_2O, u. zwar wurden im Ganzen 9 verschied. Ausgangsmischungen bei Zimmertemp. 4 Tage in geschlossenen Röhrchen bis zur Gleichgewichtseinstellung geschüttelt. Die zuerst an den festen Phasen durchgeführten mkr. u. röntgenograph. Unterss. ergaben in keinem Fall das Auftreten des obigen Komplexsalzes. Es wurden nur feste Lsgg. zwischen KCN u. TlCN gefunden, u. zwar bis zu Gehh. von 39 Mol-% TlCN. In Gemischen mit höheren TlCN-Gehh. wurde stets als feste Phase nur TlCN festgestellt. Auch die IR-Absorptionsspektren, sowohl der festen Proben in Mineralöl als auch der wss. Lsgg. ergeben in keinem

Fall eine dem $Tl(CN)_2^-$-Ion entsprechende Absorption. (J. inorg. Nuclear Chem. **6.** 112—18. April 1958. Los Alamos, N. Mex., Univ. of California, Los Alamos Sci. Labor.) C. GOTTFRIED. 297

Frederick A. Mumpton und **Rustum Roy,** *Experimentelle Untersuchung der Zirkon–Thorit-Gruppe.* Vff. untersuchten das Syst. ZrO_2–ThO_2–SiO_2–H_2O bei Tempp. bis 1200° u. Drucken bis 4000 at. Die Grenze der festen Lsg. zwischen $ZrSiO_4$ u. $ThSiO_4$ ist angenähert 5 Mol-% in der Thoritstruktur u. < 3 Mol-% in der Zirkonstruktur bei ca. 800° u. 1500 at. Metastabile feste Lsgg. konnten bei tieferen Tempp. bis ca. 25 Mol-% $ZrSiO_4$ in Thorit u. ca. 35 Mol-% $ThSiO_4$ in Zirkon dargestellt werden. *Huttonit* ließ sich leicht trocken u. hydrothermal aus Gelen bei allen Tempp. > 1100° darstellen; er wurde auch hydrothermal bei 400° an der Verbindungslinie $ZrSiO_4$–$ThSiO_4$ erhalten. Eine feste Lsg. zwischen $ZrSiO_4$ u. $Zr(OH)_4$ wurde nicht erhalten; Mischungen auf dieser Linie lieferten nur ZrO_2 u. Zirkon bei allen Tempp. zwischen 250 u. 900° bei 3000 at u. weniger. Bei allen untersuchten Drucken u. Tempp. zwischen 1000° u. 400° tritt < 2 Mol-% feste Lsg. an beiden Enden des Syst. ZrO_2–ThO_2 auf, in Übereinstimmung mit Analysen von natürlichem *Baddeleyit* u. *Thorianit.* Bei tieferen Tempp. bilden sich vollständige metastabile Reihen von festen Lsgg. mit der kub. Fluoritstruktur. (Bull. geol. Soc. America **68.** **1772.** Dez. 1957. University Park, Pa., Pennsylvanai State Univ., Coll. of Mineral Ind., Dep. of Geophys. and Geochem.) C. GOTTFRIED. 324

Harald Schäfer, *Beiträge zur Chemie der Elemente Niob und Tantal.* 19. Mitt. *Die Methoden zur Trennung der Elemente Niob und Tantal und ihre Grundlagen.* (18. vgl. C. **1959.** 1702.) Systemat. Überblick über techn., analyt. u. präp. Trennungs- bzw. Anreicherungsverfahren für Nb u. Ta: Fraktionierung analoger Nb- u. Ta-Verbb. auf Grund von Unterschieden in den physikal. Eigg., Nb–Ta-Trennung auf Grund der leichteren Reduzierbarkeit des Nb(V) sowie auf Grund von Unterschieden in der Stabilität mittlerer Hydrolysenstufen. Die beiden letztgenannten Gruppen erscheinen derzeit als bes. wichtig u. geeignet. — 124 Literaturangaben. (Angew. Chem. **71.** 153—60. 21/2. 1959. Münster, Univ., Anorgan.-chem. Inst.) A. BLASCHETTE. 332

R. Bakish, *Einige Beobachtungen über die Wechselwirkung von Tantal mit Sauerstoff, Stickstoff und Wasserstoff.* Die Rkk. zwischen Ta (Einkristalle oder feinkristalline Drähte) u. O_2, N_2 u. H_2 haben Vff. röntgenograph. u. metallograph. untersucht. Die Reaktionsprodd., Ta_2O_5, TaN u. β-TaH werden vorwiegend an den {100}-Ebenen gebildet. Auf Grund dieser Rkk. werden an den {100}- u. {110}-Ebenen Spalten gebildet (bei der Rk. mit N_2 nur an {100}). Die Ergebnisse der Vff. zeigen, daß die in {110} der Bldg. fester Lsgg. des jeweiligen Gases im Metall zuzuschreiben sind, die Spalten in {100} werden durch die Abscheidung der Reaktionsprodd. bedingt. (J. electrochem. Soc. **105.** 574—77. Okt. 1958. North Adams, Mass., Sprague Electr. Comp.) H.-U. WOELK. 332

G. I. Cathers, *Wiedergewinnung von Uran aus ausgebranntem Kernbrennstoff durch Auflösung in geschmolzenem Salz und Fluorierung.* Zur Wiedergewinnung von Uran aus ausgebrannten Zr-U-Elementen werden diese in geschmolzenem Fluorsalz, z. B. NaF–ZrF_4 unter Behandlung mit HF gelöst u. das entstehende UF_4 durch Fluorierung bei 600° in UF_6 überführt. Letzteres entweicht mit einigen weiteren Spaltprodd. aus der Schmelze. Durch zweifache Absorption (bei 100°) an gekörntes NaF u. Desorption bei 400° in Ggw. von überschüssigem Fluor wird UF_6 von den Spaltprodd. befreit, deren Fluoride meist wenig flüchtig sind. Das NaF–ZrF_4-Syst. bleibt im Bereich des Molverhältnisses 40:60 bis 60:40 bei 600° fl., dagegen das NaF–LiF-Gemisch bei 675° (für Molverhältnisse 43:57 bis 57:43). Letzteres Syst. hat den Vorteil, bis 55 Mol-% Zr aufnehmen zu können, wonach der F. bis ~ 600° sinkt. — Die Flüchtigkeit der Fluorierungsprodd. fällt in nachstehender Reihenfolge ab: RuF_5 (F. 270°), NbF_5 (F. 220°), UF_6 (F. 56°), MoF_6 (F. 35°), JF_7 (F. 4°), TeF_6 (F. —38°). Zur Abtrennung dieser Fluoride vom UF_6 ist die Absorption durch NaF notwendig: RuF_5 wird nicht absorbiert, dagegen außer UF_6 auch NbF_5. Letzteres verbleibt aber bei der Desorption des UF_6 zwischen 100 u. 400° im NaF-Bett. Die Gefäße für das geschmolzene Salz werden aus Ni oder Nireichen Legierungen, die Leitungen aus Monelmetall hergestellt. (Nuclear Sci. Engng. **2.** 768—77. Nov. 1957. Oak Ridge, Tenn., Oak Ridge Nat. Labor., Chem. Techn. Div.) S. NEUE. 339

Cyrus Klingsberg und **Rustum Roy,** *System Mn–O–OH.* Es wurde die Synth., Stabilität u. gegenseitige Umwandlung der Oxyde u. Hydroxyde im Syst. Mn–O–OH unter variierenden Bedingungen von W.-Druck, O_2-Druck u. Temp. untersucht. P–T-Kurven wurden für die Rkk. *Pyrolusit-Bixbyit* + O_2 (Gleichgewicht bei 540° u. 100 at O_2), *Manganosit* = *Pyrochroit* + H_2O (Gleichgewicht bei 390° u. 1000 at O_2) u. *Manganit* = *Bixbyit* + H_2O (Gleichgewicht bei 270° u. 1000 at H_2O) bestimmt. Nachgewiesen wurde die Reversibilität zwischen *Groutit* u. *Ramsdellit*, wobei eine intermediäre Verb. festgestellt werden konnte. Eine bisher nicht bekannte Verb. wurde chem. u. röntgenograph. untersucht. Diese Phase, Ramsdellit, δ-, ϱ-, γ-MnO_2 u. wahrscheinlich *Hausmannit* sind unter allen Bedingungen metastabile Phasen. (Bull. geol. Soc. America **68.** 1755. Dez. 1957. University Park, Pa., Pennsylvania State Univ., College of Mineral Ind., Dep. of Geophys. and Geochem.) C. GOTTFRIED. 350

J. Dalziel, Naida S. Gill, R. S. Nyholm und **R. D. Peacock,** *Technetium.* 1. Mitt. *Darstellung und Eigenschaften von Kaliumhexahalogenotechnetaten.* Vff. stellen Kaliumhexahalogenotechnetate aus $KTcO_4$ durch folgenden Reaktionscyclus dar: $KTcO_4 \xrightarrow{HCl,KJ} K_2TcCl_6$ (I) $\xrightarrow{HBr} K_2TcBr_6$ (II) $\xrightarrow{HJ} K_2TcJ_6$ (III), u. untersuchen deren Eigg. durch magnet. u. Absorptionsmessungen sowie durch Aufnahme der Röntgendiagramme. **II** u. **III** sind von den entsprechenden Re-Verbb. nicht zu unterscheiden, **I** ist zum Unterschied vom gelbgrünen K_2ReCl_6 reingelb. **I** u. **II** kristallisieren langsam aus ihren stark sauren Lsgg. in Form großer regulärer oktaedr. Kristalle. **I** u. **II** besitzen ein kub. flächenzentriertes Gitter mit etwas kleineren Elementarzellen als die entsprechenden Re-Verbb., **I** ist isomorph mit K_2ReCl_6. **III** ist von nichtkub. Struktur; da es das gleiche Röntgendiagramm wie K_2ReJ_6 liefert, besitzt es offenbar dessen raumzentrierte orthorhomb. Elementarzelle. Die magnet. Momente ($\mu_{eff.}$) bei 20° betragen für **I** (in 1:1 HCl) 4,05 ± 0,1 BOHRsche Magnetonen, für **II** (in 1:1 HBr) 3,94 ± 0,1 B.M. u. für **III** (in konstant sd. HJ) 4,14 ± 0,1 B.M. (Messungen von μ über einen größeren Temp.-Bereich sind geplant). Auch die Absorptionsspektren sind ähnlich denen der entsprechenden Re-Verbb., wobei jedoch im Gegensatz zu $[ReCl_6]^{2-}$ für $[TcCl_6]^{2-}$ zwischen 4000 u. 9000 Å nur eine Absorptionsbande gefunden wird. ^{99}Tc ist ein weicher β-Strahler mit einer spezif. Aktivität von 17 Mikrocurie/mg u. einer Halbwertszeit von 2,1 · 10^5 Jahren.

V e r s u c h e: *Kaliumhexachlorotechnetat,* K_2TcCl_6 (I) aus $KTcO_4$ durch Lösen in warmer konz. HCl, Zugabe von KJ, Entfernung des J_2 durch Konzentrieren der Lsg. unter einer IR-Lampe, Dekantieren nach Abkühlen, Lösen des bräunlichen Rückstandes in konz. HCl u. Kochen bis zum Farbwechsel nach gelb, weiteres Einengen u. Kristallisation aus konz. HCl, gelb, 70% (Ausbeute). — *Kaliumhexabromotechnetat,* K_2TcBr_6 (**II**), aus **I** durch wiederholtes Abrauchen mit HBr u. Kristallisation aus konz. HBr, rötlichbraun, 87%. — *Kaliumhexajodotechnetat,* K_2TcJ_6 (**III**), in analoger Weise aus **II** u. dest. HJ, 84%. (J. chem. Soc. [London] **1958.** 4012—16. Nov. London, Imp. Coll. of Sci. and Technol.; Univ. Coll., William Ramsay and Ralph Forster Labors.)
H.-J. OSTMANN. 351

O. Glemser, *Bindung von Wasser in Eisen(III)-oxydhydrat.* Aus dem IR-Spektr. eines aus $Fe(NO_3)_3$-Lsg. mit NH_4OH gefällten *Fe(III)-oxadhydrates* mit einem Wassergeh. von 19,9% geht hervor, daß neben adsorbiertem W. OH-Gruppen vorliegen. Beobachtet werden eine Streckschwingung bei 3300 cm^{-1} u. zwei Bindungsschwingungen bei 1625 u. 1030 cm^{-1}. Die Bandenverbreiterung ist in Übereinstimmung mit der amorphen Struktur des Präparates. Aus den Schwingungszahlen folgt für den Abstand Fe–OH ca. 1,90Å. (Nature [London] **183.** 1476. 23/5. 1959. Göttingen, Univ., Anorg.-Chem. Inst.) HERBERT MÜLLER. 354

D. D. Perrin, *Die Stabilität von Eisenkomplexen.* 3. Mitt. *Ein Vergleich von 1:1 Eisen(III)- und Eisen(II)-Aminosäurekomplexen.* (2. vgl. C. **1959.** 2393.) Vf. bestimmte die Stabilitätskonstante K von zwanzig 1:1 Eisen(II)-Komplexen mit α-Aminosäuren in W. bei 20° und der Ionenstärke I = 1 durch potentiometr. Titration. Die Konstanten variieren mit dem Proton, der Säure u. der Dissoziationskonstante der Aminosäuren, jedoch in geringerem Ausmaße, als für die entsprechenden Eisen(III)-Komplexe. Die molaren Elektrodenpotentiale E^0_L (Volt) der Fe^{3+}:Fe^{2+}-Aminosäurekomplexe, die aus den Resultaten berechnet wurden, stehen in linearer Beziehung zum Logarithmus der Dissoziationskonstante der Aminosäuren. Die Neigung der Kurve ist wahrscheinlich etwas größer als die für Fe-1:1-Polyazanaphthol-(1)- (vgl. ALBERT u. HAMPTON, C. **1954.** 11396) u. 5-substituierte 1.10-Phenanthrolin-Komplexe (vgl. SMITH u. RICHTER [1944.]). Die Komplexe folgender Aminosäuren wurden untersucht: *Glycin* log K 3,83, E^0_L 0,380; *α-Alanin* 3,54; 0,340; *α-Amino-n-buttersäure* 3,37; 0,370; *-isobuttersäure* 3,48; 0,345; *Valin* 3,39; 0,380; *Leucin* 3,42; 0,362; *β-Phenylalanin* 3,26; 0,415; *Serin* 3,43; 0,405; *Threonin* 3,30; 0,430; *Asparaginsäure* 4,34; 0,330; *Glutaminsäure* 3,52; 0,240; *Asparagin* 3,40; 0,440; *Arginin* 3,22; 0,420; *Ornithin* 3,09; 0,415; *Prolin* 4,07; 0,395; *Hydroxyprolin* 3,94; 0,445; *Tryptophan* 3,43; 0,415; *Methionin* 3,24; 0,400; *Sarkosin* 3,52; 0,380; *Glycylglycin* 2,62; 0,360. (J. chem. Soc. [London] **1959.** 290—96. Jan. Canberra, Australian Nat. Univ., Dep. of Medical Chem.) M.-L. KLAAR. 354

Eugene H. Roseboom jr., *Phasenbeziehungen in dem System $CoAs_2$–$NiAs_2$–$FeAs_2$–As bei 800°.* Durch Erhitzen trockener Mischungen der Elemente in evakuierten SiO_2-

Röhrchen untersucht Vf. das Syst. $CoAs_2$–$NiAs_2$–$FeAs_2$–As. Die resultierenden Phasen wurden röntgenograph. u. erzmkr. untersucht. Der maximale As-Geh. der Phasen, die mit überschüssigem As stabil waren, wurde durch Erhitzen einer gewogenen Menge Metall in Ggw. von überschüssigem As u. Messen der Gewichtszunahme des mit dem Metall in Verb. getretenen As bestimmt. Die niedrigsten As-Gehh. dieser Phasen wurden in Verss. mit allmählich abnehmendem As-Geh. bestimmt, bis die erste Spur einer neuen Phase mit niedrigerem As-Geh. auftrat. Auf diese Weise wurden homogene *Skutterndite* mit überschüssigem As von Co_{100} bis $Co_{35}Ni_{65}$ u. bis $Co_{76}Fe_{34}$ u. von $Ni_{76}Fe_{24}$ bis $Ni_{49,5}$ $Fe_{50,5}$ mit ausgedehnten festen Lsgg. zwischen den 3 Phasen synthetisiert. *Löllingite* mit Fe/Co + Ni + Fe > etwa 0,70 u. *Rammelsbergite* mit Ni/Co + Ni + Fe > etwa 0,95 sind mit überschüssigem As stabil. Es besteht eine Reihe vollkommener fester Lsg. zwischen dem rhomb. Rammelsbergit ($NiAs_2$) u. dem monoklinen $CoAs_2$. Die Symmetrieänderung, erkenntlich aus der Aufspaltung der Röntgenreflexe, beginnt bei etwa Co_{75}-Ni_{25}. Die Reihe Löllingit ($FeAs_2$)–(Co,Fe)As_2–Safflorit ($CoAs_2$) ist nahezu kontinuierlich mit einem schmalen Zweiphasenfeld nahe $Co_{80}Fe_{20}$, wo Symmetrieänderung eintritt. In der Reihe Löllingit-Rammelsbergit tritt ein Zweiphasenfeld zwischen $Ni_{94}Fe_6$ u. $Ni_{70}Fe_{30}$ auf. (Bull. geol. Soc. America **68.** 1787—88. Dez. 1957. Washington, D. C., Carnegie Inst., Geophys. Labor.) C. GOTTFRIED. 356

B. J. Hathaway, *Flüchtiges Kupferperchlorat.* Bei der Vakuumsublimation der Reaktionsprodd. von *$NOClO_4$* mit *CuO*, *$CuCl_2$*, *$Cu(NO_3)_2$* oder *$Cu(ClO_4)_2 \cdot 2H_2O$* werden krist. Verbb. der Zus. *$Cu(ClO_4)_{2-x}(NO_3)_x$* erhalten; der Parameter x hängt von den Reaktionsbedingungen ab. Durch fraktionierte Sublimation erhaltenes, wasserfreies *$Cu(ClO_4)_2$* stellt schwach grüne Kristalle dar, die bis 130° stabil sind. Sie sind in *Äthylacetat*, *Nitromethan*, Ae., *Dioxan* u. *Acetonitril* mit grüner Farbe lösl; in Bzl., *CCl_4* u. *n-Hexan* sind sie unlöslich. Bei der Sublimation wird außerdem eine Verb. der vermutlichen Zus. *$Cu(ClO_4)(NO_3)$* erhalten. Die Flüchtigkeit von $Cu(ClO_4)_2$ läßt vermuten, daß ein gewisser Anteil einer kovalenten Bindung zwischen Cu^{2+} u. ClO_4^- vorhanden ist. (Proc. chem. Soc. [London] **1958.** 344—45. Dez. Hull, Univ.) HERBERT MÜLLER. 358

Gmelins Handbuch der anorganischen Chemie. Hrsg. vom Gmelin-Inst. f. anorg. Chemie u. Grenzgebiete in d. Max-Planck-Ges. zur Förderg. d. Wissenschaften. 8. völlig neu bearb. Aufl. System Nr. 5. Fluor. Erg. Bd. Weinheim: Verl. Chemie. 1959. (XVIII + 258 S. m. 31 Abb.) 4°. DM 150,—.
—, Nomenclature of inorganic chemistry. London: Butterworths Scientific. 1959. (104 S.) 15 s.

Gmelins Handbuch der anorganischen Chemie. System-Nummer 3, *Sauerstoff*, Lieferung 3: *Elementarer Sauerstoff.* Weinheim/Bergstr.: Verlag Chemie, GmbH. 1958. (XI, 518 S. m. 100 Fig.) DM 283,—.
Die Lieferung behandelt die Darstellung des elementaren Sauerstoffs, seine physikalischen Eigenschaften und die Reaktionen in Wasserstoff-Sauerstoff-Gemischen. Die Literatur ist bis Ende 1949 berücksichtigt. M. PFLÜCKE.

A_9. Mineralogische und geologische Chemie.

G. C. Amstutz, *Natürliches Arsensulfidglas.* Vf. beschreibt ein Arsensulfidglas, welches die letzte Generation in einigen wenigen Sphaleriterzkörpern bei Cerro de Paseo in Peru bildet. Das Glas ist nierenförmig oder bildet Röhrchen mit einem inneren Durchmesser von 0,1—1 mm bei Längen von 0,5—90 mm. Die Farbe schwankt zwischen mattschwarz zu silbergrau; in feinkörnigem Zustand ist die Farbe hellrot. In kleinen Splittern ist das Glas durchscheinend, die Reflexionsfähigkeit beträgt 30%, die TALMAGE-Härte ist B. Die chem. Zus. schwankt in den Grenzen $Pb_{10-20}Tl_{\pm 1}As_{35-45}S_{35-45}$. Röntgenaufnahmen des ursprünglichen sowie des dem u. physikal. behandelten Materials ergeben stets das gleiche, für Gläser typ. Interferenzbild. Den glasigen Zustand der Sulfide kann man durch eine „Schneeflockentheorie" vorstellbar machen: Die aufbauenden Steine bestehen aus Gruppen von Atomen (Ringe, Ketten), die in ihrer Form ähnlich Teilen von Kristallgittern sind. In einer geordneten Weise angeordnet entsprechen diese „Schneeflocken" von As, S usw. beinahe einem Kristallgitter. Unfähigkeit von eingefrorenen „Verunreinigungen" wie Pb oder Tl, eine geordnete Anordnung anzunehmen, oder Unfähigkeit von Wanderung dürften für die Glasbildung verantwortlich zu machen sein. (Bull. geol. Soc. America **68.** 1696. Dez. 1957. Rolla, Mo., School of Mines and Metallurgy.) C. GOTTFRIED. 372

H. G. Bachmann, *Kristallchemische Untersuchungen von faserigen Calciumnatriumvanadaten.* Zu den faserigen Ca–Na-Vanadaten gehören die folgenden Mineralien: *Hewettit* $CaO \cdot 3V_2O_5 \cdot 3H_2O$, *Metahewettit* $CaO \cdot 3V_2O_5 \cdot 9H_2O$, das Na-Analogon von Hewettit *$Na_2O \cdot 3V_2O_5 \cdot 3H_2O$* u. das *Ca-Na-Vanadat* $(Ca, Na_2)O \cdot 3V_2O_5 \cdot 2H_2O$. Im Gegensatz zu den natürlichen Hewettiten u. Metahewettiten (mit Ausnahme des Na-Analogons) scheint das gemischte Vanadat wasserunempfindlich zu sein. Es besteht große strukturelle Ähnlichkeit mit V_2O_5. Doppelketten von fünffach koordinierten V–O-

Polyedern erstrecken sich entlang der a-Achse, während die Kationen u. die H_2O-Moll. tunnelähnliche Zwischenräume zwischen ihnen besetzen. Während die a- u. b-Parameter für alle Mineralien nahezu ident. sind, ändern sich die c-Parameter mit dem Grad der Hydratation, was auf eine bemerkenswerte „Elastizität" dieses Gittertyps in der c-Richtung hinweist. (Bull. geol. Soc. America **68.** 1698. Dez. 1957. Ottawa, Nat. Res. Council, Div. of Pure Phys.) C. GOTTFRIED. 372

Clifford Frondel, *Polymorphismus von Cronstedtit.* WEISSENBERG- u. Präzessionsaufnahmen an Cronstedtiten (Fe^{3+}, Fe^{2+}, Al, $Ca)_{4-6}(Fe_2^{3+}$, $Si_2)_4O_8(OH)_{10}$ ergaben neben der ursprünglichen, von HENDRICKS beschriebenen rhomboedr. 3-Schichtstruktur das Auftreten von 3 zusätzlichen polymorphen Formen, u. zwar eine hexagonale 1-Schichtstruktur mit a = 5,49 kX; c = 7,08 kX, eine hexagonale 2-Schichtstruktur mit a = 5,49 kX; c = 14,16 kX u. eine rhomboedrische 9-Schichtstruktur mit den hexagonalen Parametern a = 5,48 kX u. c = 21,25 kX. Packungsregellosigkeit ist besonders bei dem 9R-Polymorphen festzustellen. Alle 4 Polymorphen haben Pseudozellen mit a = 3,18 kX u. verschiedenen C-Achsen, u. zwar für 1H = 7,08 kX, für 2H = 14,16 kX; für 3R = 21,25 kX u. für 9R = 21,24 kX. (Bull. geol. Soc. America **68.** 1731. Dez. 1957. Cambridge, Mass., Harvard Univ., Dep. of Mineral.) C. GOTTFRIED. 372

Margaret D. Foster, *Deutung der Zusammensetzungen von trioktaedrischen Glimmern. Phlogopit* mit der idealen Formel $Mg_{3,0}(Si_{3,0}Al_{1,0})O_{10}(OH)_2K_{1,0}$ kann als der Prototyp der trioktaedr. Glimmer, *Muskovit* mit der idealen Formel $Al_{2,0}(Si_{3,0}Al_{1,0})O_{10} \cdot (OH)_2K_{1,0}$ als der Prototyp der dioktaedr. K-Glimmer angesehen werden. Die Zus. aller trioktaedr. Glimmer kann man sich vom Phlogopit abgeleitet denken durch Ersatz anderer Kationen, wie Fe^{2+}, Fe^{3+} u. Al für Mg. In den Phlogopiten ist der Ersatz solcher Kationen für Mg gering, denn das Mg besetzt 75—98% der oktaedr. Gitterplätze. In *Biotiten* mit vorherrschend Mg ist Mg ebenfalls das dominierende oktaedr. Kation, doch werden mehr oktaedr. Plätze durch Kationen besetzt als in den Phlogopiten. In Biotiten mit hohem Fe^{2+}-Geh. ist die oktaedr. Besetzung durch andere Kationen noch größer. In allen diesen Glimmern wird Mg stets durch mehrere Kationen ersetzt, wie nur durch ein Kation allein. Daher sind die trioktaedr. Glimmer mit niedrigem Mg-Geh. keine *Annite,* $Fe_{3,0}{}^{2+}$ $(Si_{3,0}Al_{1,0})O_{10}(OH)_2K_{1,0}$, das Fe^{2+}-Analoge des Phlogopits, sondern sind *Siderophyllit,* $(Al_{0,5-1,0}Fe_{2,4-1,6})(Si_{2,7}Al_{1,3})O_{10}(OH)_2K_{1,0}$, u. *Lepidomelan,* $(Fe^{3+}{}_{0,5-1,0}$ $Fe^{2+}{}_{2,4-1,6})(Si_{2,7}Al_{1,3})(OH)_2K_{1,0}$. Die trioktaedr. Glimmer können daher als Glieder einer vollständigen Reihe angesehen werden, an deren einem Ende Phlogopit mit nahezu vollständiger Besetzung der Oktaederplätze durch Mg u. an deren anderem Ende Siderophyllit u. Lepidomelan stehen, in denen kein Mg auf Oktaederplätzen liegt. (Bull. geol. Soc. America **68.** 1729. Dez. 1957. Washington, D. C., U. S. Geol. Surv.)
C. GOTTFRIED. 372

Charles Milton, Joseph M. Axelrod und **Blanche Ingram,** *Bismutoferrit, Chapmanit und „Hypochlorit".* Röntgenograph. u. krit. Unterss. der chem. Analysen von Bismutoferrit u. Chapmanit führten zu dem Ergebnis, daß die beiden Mineralien eine homologe u. vermutlich isostrukturelle Gruppe bilden. Der Name „Hypochlorit", der zur Bezeichnung einer chrakterist. Mischung eines der Mineralien in Quarz oder Chalcedon verwendet worden war, ist zu streichen. (Bull. geol. Soc. America **68.** 1769. Dez. 1957. Amer. Mineralogist **43.** 656—70. Juli/Aug. 1958. Washington, D. C., U. S. Geol. Survey.) C. GOTTFRIED. 372

Davis M. Lapham, *Einflüsse der Chromsubstitution in Chlorit.* Der Substitutionsbereich von Cr in natürl. Chloriten liegt etwa zwischen 0 u. 8% Cr_2O_3. Das Ausmaß der Substitution wurde röntgenograph. an Hand der relativen Intensität u. der Netzebenenabstände der Basisreflexe bestimmt. Die Hauptmenge der Chromchlorite enthält oktaedr. substituiertes Cr; bei niedrigeren W.-Drucken u. höheren Tempp. tritt jedoch auch tetraedr. Substitution ein. Die Cr-Substitution verursacht beträchtliche Intensitätsänderungen, die eine Unterscheidung zwischen oktaedr. u. tetraedr. Cr gestatten; die Gitteraufweitung ist bei oktaedr. substituiertem Cr größer als bei tetraedr. substituiertem Cr. Für Cr-Gehh. von 1—8% Cr_2O_3 nehmen die Brechungsindices α u. γ um etwa 0,010 zu, u. ferner tritt Änderung des opt. Vorzeichens von positiv zu negativ bei etwa 5,9% Cr_2O_3 ein. Schließlich nimmt die allg. therm. Stabilität des Chloritgitters mit zunehmendem Cr-Geh. ab. (Bull. geol. Soc. America **68.** 1760. Dez. 1957. Harrisburg, Pa., Geol. Survey.) C. GOTTFRIED. 372

W. H. Pinson jr., H. W. Fairbairn, L. F. Herzog und **R. F. Cormier,** *Sr/Rb-Altersuntersuchung von Tektiten.* In 8 Tektiten wurden massenspektrometr. die Gehh. an Sr, Rb, radiogenem Sr u. die Sr-Isotopenverhältnisse sowie flammenphotometrisch der Geh. an K bestimmt. Die Versuchsergebnisse sind tabellar. wiedergegeben. Tektite sind wegen ihres kleinen Verhältnisses $^{87}Sr/^{86}Sr$ nicht sehr geeignet zu Altersbestimmungen. Nimmt man ein Verhältnis von 0,712 an, dann schwankt das Alter zwischen 180 u.

730 Millionen Jahren mit einem mittleren Alter von 380 Millionen Jahren. Nimmt man 0,710 als Verhältnis an, dann ist das errechnete Alter 20—30% größer. Wegen der beobachteten starken Wechselbeziehung in den Rb- u. K-Gehh. u. dem engen Bereich der Verhältnisse $^{87}Sr/^{86}Sr$ im Vgl. mit regellos ausgesuchten terrestrischen Gesteinen, z. B. Obsidianen, läßt sich der Schluß ziehen, daß die Tektite einen gemeinsamen, wahrscheinlich extraterrestr. Ursprung haben. (Bull. geol. Soc. America **68.** 1780. Dez. 1957. Cambridge, Mass., MIT, Dep. of Geol. and Geophys.) C. GOTTFRIED. 378

R. M. Powell, W. H. Pinson jr., H. W. Fairbairn und **R. F. Cormier,** *Nachprüfung der Halbwertszeit von* ^{87}Sr. (Vgl. vorst. Ref.) Vff. bestimmten an einem *Muskovit* u. einem *Mikroklin* aus dem Spinelli-Steinbruch u. an je einem Muskovit, *Lepidolith* u. Mikroklin aus dem Strickland-Steinbruch die Gehh. an n. Sr, ^{87}Sr u. Rb. Legt man die von VIER u. RODGERS sowie von WASSERBURG u. HAYDEN nach der radiogenen Pb-Meth. bestimmten Alter der Pegmatite zu Grunde u. nimmt an, daß die Mineralien das gleiche Alter wie die Pegmatite haben, dann erhält man für ^{87}Sr eine Halbwertszeit von 4,9 bzw. $4,8 \cdot 10^{10}$ Jahre. (Bull. geol. Soc. America **68.** 1782—83. Dez. 1957.) C. GOTTFRIED. 378

Wayne U. Ault, *Geochemische Prozesse und Schwefelisotopenverhältnis.* Neue meteorit. Troilit-$^{32}S/^{34}S$-Verhältnisse für 4 verschiedene Siderite ergaben die Werte 22,18; 22,23; 22,20; 22,22. Es wird darauf hingewiesen, daß die isotop. Zus. des SO_4-Ions in den Ozeanen bemerkenswert konstant ist. Tiefenprofile aus dem Nordatlantik, dem Südatlantik, dem nördl. pazif. Ozean u. von dem Golf von Mexiko ergaben ein mittleres $^{32}S/^{34}S$-Verhältnis von $21,77 \pm 0,1$. Seewasser von der Lagune Madre in Texas ergab den Wert 21,77; ein in der Lagune abgesetzter Gips lieferte das Verhältnis 21,80. Gips u. Anhydrit von paläozoischen u. tertiären Lagerstätten ergaben $^{32}S/^{34}S$-Verhältnisse von 21,55—21,90; silurischer Anhydrit von 2 Lagerstätten Verhältnisse von 21,67 u. 21,65. (Bull. geol. Soc. America **68.** 1697—98. Dez. 1957. Palisades, N. Y., Columbia Univ., Lamont Geol. Observ.) C. GOTTFRIED. 378

M. L. Jensen, *Bedeutung des Verhältnisses* $^{32}S/^{34}S$ *für den Ursprung von Sulfiden in Uranlagerstätten des Coloradoplateaus.* Von einer größeren Anzahl von Sulfiden, hauptsächlich *Markasit* u. *Chalkopyrit,* von dem Coloradoplateau u. von Wyoming bestimmte Vf. das Verhältnis $^{32}S/^{34}S$ u. verglich die Verhältnisse mit dem Standardverhältnis 22,21 für den Troilit von dem Meteorit vom Cañon Diablo. Es wurde kein Unterschied in den Verhältnissen von Proben gefunden, die innerhalb oder etwas entfernter von den Uranerzvorkk. gesammelt worden waren. Aus den gefundenen Verhältnissen läßt sich kein endgültiger Schluß auf die Genese der Sulfide ziehen; es ist jedoch sehr wahrscheinlich, daß die H_2S-Quelle von anäroben Bakterien herrührt u. daß das H_2S während der Diagenese der Sedimente gebildet worden ist, während welcher Zeit die Bakterien in Sulfatwässern lebten u. das H_2S in Freiheit setzten. Dafür spricht der relativ hohe ^{32}S-Geh. u. der breite Bereich der S-Verhältnisse. (Bull. geol. Soc. America **68.** 1752—53. Dez. 1957. New Haven, Conn., Yale Univ., Dep. of Geol.) C. GOTTFRIED. 378

H. L. Barnes, *Verteilung von Spurenelementen in Schiefern nahe dem Bergbaugebiet von Hanover, New Mexico.* Vf. bestimmte den Geh. an *Cu, Zn* u. *Fe* in einer größeren Anzahl von paläozoischen Schiefern, Kalksteinen u. Dolomiten, die unter der Pb–Zn–Cu-Erzzone in den kontaktmetasomat. Lagerstätten um die granodiorit. Intrusion nahe Hannover liegen. In unveränderten Sedimenten, einige Meilen von der Intrusion entfernt, ändert sich der Geh. an Zn u. Cu regelmäßig von 70 auf 50 ppm in relativ kalkfreiem Schiefer, auf 15—5 in dem Kalkstein. Jedes Metall ändert sich unabhängig, wobei Zn ein gleichmäßig verteiltes Spurenelement ist, während Cu in diskreten Mineralkörnern auftritt. Eindringendes Grundwasser u. lokale hydrothermale Zers. erhöhen oder erniedrigen den Zn- u. Cu-Geh. um einen Faktor von wenigstens 3. Nahe der Intrusion enthält der *Marmor,* mit Ausnahme des Skarns, die gleiche Gesamtmenge an Metall wie die ursprünglichen Sedimente. (Bull. geol. Soc. America **68.** 1699. Dez. 1957. Washington, D. C., Carnegie Inst., Geophys. Labor.) C. GOTTFRIED. 378

Elaine G. Murray und **John A. S. Adams,** *Menge und Verteilung von Thorium, Uran und Kalium in Sandsteinen.* (Vgl. C. **1959.** 10169) Vff. bestimmten in mehr als 20 Sanden u. Sandsteinen die Konzz. an Th, U u. K. Der mittlere u. nahezu gleichförmige Geh. an diesen 3 Elementen in orthoquarzit. Sanden ist: K (als Metall) $0,64 \pm 0,04\%$, Th $1,75 \pm 0,1$ (ppm) u. U $0,45 \pm 0,05$, woraus sich das Verhältnis Th/U $3,9 \pm 0,8$ ergibt. Die in einigen Sandsteinen beobachtete Radioaktivität ist fast ganz in dem Quarz enthalten, wahrscheinlich in Form mkr. u. submkr. Einschlüsse. Die Schwermineralien beeinflussen das Verhältnis Th/U nicht. (Bull. geol. Soc. America **68.** 1772—73. Dez. 1957. Houston, Tex., Rice Inst.) C. GOTTFRIED. 378

Tsaihwa J. Chow und **C. Patterson,** *Isotopenzusammensetzung von Blei in Manganknollen.* An einer Reihe von Manganknollen vom Boden des pazif. u. atlant.

Ozeans bestimmten Vff. die Verhältnisse $^{206}Pb/^{204}Pb$, $^{206}Pb/^{207}Pb$ u. $^{206}Pb/^{208}Pb$. In dieser Reihenfolge ergaben sich für den pazif. Ozean die Werte 18,69; 1,197; 0,4814 u. für den atlant. Ozean 18,96; 1,213; 0,4853. Es wird vermutet, daß das atlant. Pb von Gesteinen herrührt, die große Anteile von gealterten Graniten enthielten, u. das Pb im pazif. Ozean von Gesteinen, die große Mengen gealterten Basalt enthielten. (Bull. geol. Soc. America **68.** 1708. Dez. 1957. Pasadena, Calif., California Inst. of Technol., Div. of Geol. Sci.) C. Gottfried. 378

A. E. J. Engel und **C. Patterson,** *Isotopenzusammensetzung von Blei in Leadville-Kalkstein, hydrothermalem Dolomit und damit verbundenem Erz.* (Vgl. vorst. Ref.) Vff. weisen zunächst darauf hin, daß der Leadville Kalkstein ein Alter von etwa 250 Millionen Jahren hat; die hydrothermale Dolomitisierung u. die Bldg. der Sulfiderze erfolgte vor etwa 60 Millionen Jahren. Vff. bestimmten die Verhältnisse $^{206}Pb/^{204}Pb$, $^{207}Pb/^{204}Pb$ u. $^{208}Pb/^{204}Pb$ in dem Kalkstein, dem hydrothermalen Dolomit an der Grenze der Verwitterungszone sowie in der Nähe des Erzes u. in dem *Bleiglanz* der Gilman-Grube. In der obigen Reihenfolge wurden die folgenden Pb-Verhältnisse bestimmt: 21,23; 15,83; 39,33 bzw. 22,65; 15,91; 39,67 bzw. 17,93; 15,42; 37,99 bzw. 17,80; 15,58; 38,66. Gleich sind die Pb-Zuss. in dem Kalkstein u. dem Dolomit an der Grenze der Verwitterungszone einerseits u. die in dem Bleiglanz u. dem Dolomit am Kontakt mit dem Erz andererseits. Das Kalkstein-Pb ist sehr viel radiogener als ozeanisches Pb, es ist jedoch in dem Kalkstein nicht genügend U vorhanden, um diesen hohen Geh. zu erklären. (Bull. geol. Soc. America **68.** 1723. Dez. 1957.) C. Gottfried. 378

R. M. Garrels, P. B. Hostetler, C. L. Christ und **A. D. Weeks,** *Stabilität von Uran-, Vanadin-, Kupfer- und Molybdänmineralien in natürlichen Wässern bei tiefen Temperaturen und Drucken.* Unter natürl. Bedingungen bei tiefer Temp. u. Druck untersuchten Vff. die Stabilität von Systemen, die U, V, Mo, Cu, H_2O, O_2, CO_2 u. S enthielten. In einem Medium, welches natürl. Grundwasser gleicht, scheint ein begrenzter Bereich von Bedingungen zu bestehen, unter denen alle 4 Metalle eine Löslichkeit $>$ einige ppm haben. Haupterfordernis für gegenseitige Löslichkeit sind mäßig bis stark alkal. u. mild red. Bedingungen u. ein Partialdruck von $CO_2 > 10^{-1}$at. Höhere Löslichkeit unter diesen Bedingungen resultiert aus der Bldg. von *U-Di-* u. *Tricarbonatokomplexen,* einem *Cu-Dicarbonatokomplex, Vanadit-* u. *Molybdationen.* Unter stärker oxydierenden Bedingungen bilden sich unlösl. *Vanadate,* einschließlich *U-Vanadaten, Carnotit* u. *Tyuyamunit.* Unter mehr red. Bedingungen bilden sich unlösl. Oxyde u. Sulfide. (Bull. geol. Soc. America **68.** 1732. Dez. 1957. Cambridge, Mass., Harvard Univ., U. S. Geol. Survey; Washington, D. C., U. S. Geol. Survey.) C. Gottfried. 378

Lloyd L. Ames jr., *Chemische Analysen der Einschlußflüssigkeiten in einer Gruppe von Mineralien von New Mexico.* Inhaltlich im wesentlichen ident. mit der C. **1959.** 8815 referierten Arbeit. (Bull. geol. Soc. America **68.** 1694. Dez. 1957. Salt Lake City, Utah, Univ., Mineral. Dep.) C. Gottfried. 378

Fred A. Hildebrand, Maxwell K. Carron und **Harry J. Rose jr.,** *Erneute Untersuchung von Rabdophan (Scovillit) von Salisbury, Connecticut.* Die chem. Analyse eines Rabdophans der obigen Fundstelle lieferte die folgenden Werte: La_2O_3 18,9 (%); CeO_2 0,5; Pr_6O_{11} 0,5; Nd_2O_3 26,6; Sm_2O_3 4,5; Eu_2O_3 0,9; Gd_2O_3 4,4; Tb_4O_7 0,4; Dy_2O_3 0,6; Ho_2O_3 0,3; Y_2O_3 8,9; Er_2O_3 1,1; Tm_2O_3 0,2; Yb_2O_3 0,9; Lu_2O_3 0,2; CO_2 3,2; H_2O^+ 5,9; H_2O^- 1,1; F 0,3; Σ 102,5. Die hieraus berechnete chem. Formel ist (SE = Seltene Erden): $(SE)_{1,0}[(PO_4)_{0,9}(CO_3)_{0,1}(OH,F)_{0,1}] \cdot 0,9\ H_2O$. Die röntgenograph. Unters. u. die DTA zeigten, daß CO_2 ein wesentlicher Bestandteil der Struktur wie im Carbonatapatit ist. Das Mineral enthält ungewöhnlich wenig CeO_2 u. Pr_6O_{11} u. viel $(La, Nd, Y)_2O_3$. Der Rabdophan ist isostrukturell mit *Bassanit* u. der hexagonalen Form des synthet. wasserhaltigen *Cerphosphats.* (Bull. geol. Soc. America **68.** 1744—45. Dez. 1957. Washington, D. C., U. S. Geol. Survey.) C. Gottfried. 380

Harry Klemic, A. V. Heyl, A. R. Taylor und **Jerome Stone,** *Vorkommen von Seltenen Erden auf der Scrub Oaks-Grube, Morris County, New Jersey.* Die in der obigen Grube vorkommenden Mineralien der Seltenen Erden sind hauptsächlich in grobkörnigem Magnetit oder in Pegmatiten enthalten, die dem Erz benachbart sind. Hauptmineralien sind *Quarz, Magnetit, Hämatit, Albit-Oligoklas, Perthit, Antiperthit* u. die Mineralien der Seltenen Erden *Doverit, Xenotim* u. *Bastnäsit;* weniger häufig treten auf *Zirkon, Sphen, Chevkinit, Apatit* u. *Monazit.* 11 radioakt. Proben von Magnetit u. dem Gestein enthielten im Mittel 0,009%U, 0,062% Th, 1,51% Seltene Erdoxyde einschl. Y_2O_3 u. 24,8% Fe. (Bull. geol. Soc. America **68.** 1754. Dez. 1957. Washington, D. C., U. S. Geol. Survey.) C. Gottfried. 380

E. Wm. Heinrich und **A. A. Giardini,** *Pegmatite von Brown Derby, Colorado.* 1. Mitt. *Columbit und Stibiotantalit.* Vff. berichten über das Vork. von Columbit u. Stibiotantalit in dem obigen Pegmatit. Der Columbit ist zuweilen mit Euxenit verwachsen oder wird durch ihn ersetzt. Columbit ist nicht radioakt., der Euxenit metamikt. Der Stibiotantalit enthält etwa 40% Ta_2O_5; die beobachteten DD. 6,20—7,34 deuten auf beträchtliche Veränderungen in dem Verhältnis Ta:Nb hin; Bi fehlt. (Bull. geol. Soc. America **68.** 1744. Dez. 1957. Ann Arbor, Mich., Univ., Dep. of Mineral.) C. GOTTFRIED. 380

R. G. Petersen, J. C. Hamilton und **A. T. Myers,** *Auftreten von Rhenium zusammen mit Uraninit in Coconino County, Arizona.* Spektrograph. analysierten Vff. 29 Proben von Sedimentgesteinen triassischen Alters aus der U-Grube Sun Valley im nördl. Arizona. 11 der Proben enthielten Re in Mengen von etwa 0,005—0,1%. Das Re hängt genetisch mit dem U u. Mo, wahrscheinlich auch mit dem Cd, Pb u. Zn in der Grube zusammen u. tritt in Form des wasserlösl. Oxyds *Re_2O_8* oder *Perrheniumsäure* $HReO_4$ auf. Die Assoziation des wasserlösl. Mo-Minerals *Ilsemannit* mit dem Re_2O_8 deutet darauf hin, daß das Re ursprünglich in dem Mineral *Jordisit* enthalten war. (Bull. geol. Soc. America **68.** 1778. Dez. 1957. Denver, Colo., U. S. Geol. Survey.) C. GOTTFRIED. 380

C. Gagny, *Die Rolle des Pyroxens in der Geschichte der Kristallisation des Biotit- und Amphibolgranits von Crêtes (Vogesen).* Petrograph. Untersuchung. (Bull. Soc. franç. Minéralog. Cristallogr. **81.** 110—11. April—Juni 1958. Paris, Sorbonne, Labor. de Pétrographie.) C. GOTTFRIED. 385

J. Jung und **R. Brousse,** *Neue Präzisierungen über die Konstitution und den Ursprung von vulkanischen Assoziationen.* Zur Unters. der Konstitution u. des Ursprungs vulkan. Assoziationen schlägt Vf. neue graph. Darstellungen vor, in denen die Si-Werte graph. entweder gegen das Verhältnis (K + Na/K + Na + Ca) · 100 oder (K/K + Na) · 100 aufgetragen werden. An Hand einer größeren Anzahl solcher Diagramme für die verschiedensten Gesteine wird gezeigt, daß man die verschiedensten Arten vulkan. Assoziationen leicht identifizieren u. klassifizieren kann. (Bull. Soc. franç. Minéralog. Cristallogr. **81.** 133—41. April—Juni 1958. Paris, Fac. des Sci., Labor. de Pétrographie.) C. GOTTFRIED. 386

Irving Friedman und **Robert L. Smith,** *Ursprung des Wassers in einigen vulkanischen Gläsern.* Vff. bestimmten die H_2–D_2-Zus. von aus zusammen vorkommendem *Perlit* u. *Obsidian* verschiedener Fundorte extrahiertem Wasser. Der W.-Geh. der Obsidiane lag zwischen 0,08 u. 0,35 Gew.-%; die relative D_2-Konz. (bezogen auf W. von Michigansee = 0,01) lag zwischen —4,6 bis 11,0%. Der Perlit enthielt 2,0—3,9% W. mit einer relativen D_2-Konz. von —3,2 bis —13,8%. Die D_2-Konz. in den Perliten steht in keinem Zusammenhang mit der im Obsidian. Die D_2-Konz. in dem W. des Perlits steht in Beziehung zu meteorit. W., wobei das W. des Perlits etwa 4% weniger D_2 enthält als das Grundwasser. Da das W. des Obsidians im Gegensatz zu dem des Perlits in keinem Zusammenhang mit meteorit. W. steht, glauben Vff., daß dies ein Beweis für die sek. Hydratation von Obsidian ist. (Bull. geol. Soc. America **68.** 1730. Dez. 1957. Washington, D. C., U. S. Geol. Survey.) C. GOTTFRIED. 393

W. H. Pinson jr., L. F. Herzog, P. A. Anderson und **R. F. Cormier,** *Gehalte an Rb, Sr, Ca und K und die relativen isotopischen Häufigkeiten von Ca und Sr in einer Seewasserprobe.* Von einer unter 66° 18′ W u. 39° 01′ N bei einer Temp. von 76,5° F gesammelten Probe von Oberflächenseewasser wurden massenspektrometr. die Gehh. an Sr, Rb, Ca u. K bestimmt. Die D. des W. betrug 1,028. Folgende Werte (in Teilen pro Million) wurden bestimmt: Sr 7,2 ± 0,6; Rb 0,115 ± 0,019; Ca 393 ± 8; K 398 ± 18. Es wurden außerdem die folgenden Isotopenverhältnisse bestimmt: $^{42}Ca/^{40}Ca$; $^{43}Ca/^{40}Ca$; $^{44}Ca/^{40}Ca$; $^{48}Ca/^{40}Ca$; $^{84}Sr/^{88}Sr$; $^{86}Sr/^{88}Sr$; $^{87}Sr/^{88}Sr$ u. $^{87}Sr/^{86}Sr$. Die Ergebnisse sind tabellar. zusammengestellt. (Bull. geol. Soc. America **68.** 1781—82. Dez. 1957. Cambridge, Mass., MIT, Dep. of Geol. and Geophys.) C. GOTTFRIED. 393

Joseph Kaplan und **Charles A. Barth,** *Chemische Aeronomie.* Unter chem. Aeronomie verstehen Vff. die Unterss. der chem. Rkk., die in der oberen Atmosphäre stattfinden. Analog wird unter physikal. Aeronomie die Unters. der physikal. Eigg. der Atmosphäre, wie Druck, Temp., D., Winde u. Elektronendichte verstanden. Die chem. Struktur der Atmosphäre ist in der Hauptsache das Ergebnis der Wrkg. der Sonnenstrahlung auf die atmosphär. Gase. Die verschiedenen Bestandteile der Atmosphäre sind atomarer O, atomarer N, O_2, N_2 u. O_3, welche miteinander reagieren. Die chem. Aktivität hat für dieses Gebiet der Atmosphäre zu der Bezeichnung Chemosphäre geführt. An Hand der vorhandenen Literatur diskutieren Vff. die in diesem Gebiet auftretenden chem. Rkk., speziell die Rkk., welche zur Bldg. von NO u. NO_2 führen. Besprochen wird ferner die Rolle, die diese Rkk. bei der Erzeugung des Nachtleuchtens spielen. (Proc. nat. Acad. Sci. USA **44.** 105—12. Febr. 1958. Los Angeles, Calif., Inst. of Geophys.) C. GOTTFRIED. 396

B. Allgemeine und theoretische organische Chemie.

G. J. Hoijtink, *Elektrische Polarisation von zweifach-negativen Kohlenwasserstoffionen.* Die Ladungsverteilung in 2fach-negativ geladenen KW-Ionen (KW^{-2}), wie sie sich bei der chem. oder elektrolyt. Red. von KW-stoffen mit konjugierten Doppelbindungen bilden, wurde mittels einer Variations- u. Störungsbehandlung der HÜCKELschen MO-Meth. in erster Annäherung für den Grundzustand u. angeregten Zustand des nicht gestörten Syst. unter Berücksichtigung der Beiträge der Polarisierbarkeit in den σ-Bindungen berechnet. Für die Berechnung der Übergangsdipolmomente, der Übergangsenergie u. der permanenten Dipole der Ionen von *Biphenyl, Terphenyl, Quaterphenyl, 1.2-Benzanthren* u. nachst. Verbb. wird nur die Elektronenübertragung vom höchsten π-Elektronenzustand auf einen nicht besetzten Zustand berücksichtigt, so daß im Prinzip eine Einelektronenbetrachtung resultiert. Sind im KW^{-2} 1 oder 2 C-Atome gesätt., so nehmen sie nicht mehr an der Konjugation teil u. bewirken, daß die π-Elektronen in entgegengesetzter Richtung zu diesen C-Atomen abwandern. Die Berechnung zeigt, daß im 2fach negativen Ion von *Naphthalin* die negative Ladung am größten an äquivalenten Peripositionen (1, 4, 5, 8) ist, während bei den doppelt negativ geladenen Ionen von *Anthracen, Phenanthren, Pyren, Triphenylen, 1.2.3.4-Tetrahydroanthracen, 1.2.3.4-Tetrahydrophenanthren* u. *Tetrahydrotriphenylen* die negative Ladung unter dem Einfl. des Feldes verschoben werden kann, so daß bei hoher bzw. niedriger Feldstärke verschied. Ladungsverteilungen resultieren. (Recueil Trav. chim. Pays-Bas **76.** 869—84. Nov. 1957. Amsterdam, Free Univ., Chem. Labor.) H. NÖTH. B 10

Tosinobu Anno, Akira Sadô und **Ikuo Matubara,** *Elektronenzustände von p-Benzochinon.* 2. Mitt. *Berechnung der Energieniveaus durch eine semiempirische Molekülbahnmethode unter Einschluß von Konfigurationswechselwirkung.* (1. vgl. C. **1959.** 68.) Theoret. Untersuchung. (J. chem. Physics **26.** 967—68. April 1957. Fukuoka, Kyushu Univ., Coll. of Gen. Educat., Dep. of Chem.; Fac. of Sci., Dep. of Chem.) C. GOTTFRIED. B 10

W. M. Tschulanowski und **M. P. Burgowa,** *Über die intermolekulare Wechselwirkung in Chloroform- und Bromoformlösungen.* 2. Mitt. (1. vgl. C. **1959.** 60.) Vff. versuchen, die Beobachtungen über die Änderung der Absorptionsbanden von *Chlf.* u. $CHBr_3$ in verschied. Lösungsmitteln zu systematisieren u. an einem einfachen Modell zu erklären. Die Lage der CH-Bande beider Verbb. in CS_2, CCl_4, C_2HCl_5, Aceton, CH_3OH, Ae., C_6H_{12} u. Pyridin wird für die Deformations- u. die Valenzschwingung dargestellt. Bei der Valenzschwingung ist die Wellenzahl der verschobenen Bande nicht merklich größer als die der reinen Fl. u. stets kleiner als die des Dampfes. Die Banden der Deformationsschwingung liegen in Lsgg. mit Bindung „1. Typs" bei niedrigeren Frequenzen als die der Dämpfe. Vff. diskutieren ein Modell einer Gruppe aus 2 Atomen u. ihrer Wechselwrkg. mit einem Kern eines anderen Mol., z. B. einem Lösungsm. „2. Typs". Dabei wird auf die von den Abständen abhängenden Anziehungs- u. Abstoßungskräfte hingewiesen u. deren Bedeutung bei den beobachteten Erscheinungen erläutert. (Оптика и Спектроскопия [Optik u. Spektroskopie] **2.** 433—38. April 1957.) R. K. MÜLLER. B 118

N. D. Ssokolow, *Zur Arbeit von W. M. Tschulanowski und M. P. Burgowa „Über die intermolekulare Wechselwirkung in Chloroform- und Bromoformlösungen. 2. Mitt."* In einer Kritik der Arbeit von TSCHULANOWSKI u. BURGOWA (vgl. vorst. Ref.) verweist Vf. auf ältere eigene Arbeiten (C. **1953.** 9085; C. **1954.** 1893. 1894; C. **1956.** 8826), die den Sachverhalt klarer darstellten. (Оптика и Спектроскопия [Optik u. Spektroskopie] **2.** 680. Mai 1957. Moskau, Lomonossow-Univ., Physik. Fak.) R. K. MÜLLER. B 118

R. Passerini, *Ultraviolettspektren einiger Phenole und des Toluols bei tiefen Temperaturen.* Von *Phenol, p-Kresol, Anisol* u. *Toluol,* gelöst in A., werden die UV-Absorptionskurven bei verschied. Tempp. zwischen +20 u. —180° mitgeteilt. Bei allen Verbb. verschwindet mit fallender Temp. der Lösungsmitteleffekt, beim Phenol schon bei —80°, bei p-Kresol erst bei —180°. Bei dieser Temp. ist die Feinstruktur der Banden wie im Gaszustand zu beobachten. Gleichzeitig tritt eine leichte Verschiebung der Banden gegen das UV ein. Die experimentelle Anordnung wird kurz beschrieben. (Boll. sci. Fac. Chim. ind. Bologna **12.** 71—74. 1954. Bologna, Univ., Ist. di Chim. Ind.) J. GOUBEAU. B 118

Riccardo Passerini, *Ultraviolettspektren einiger Phenole und des Toluols bei tiefen Temperaturen.* Etwas ausführlichere Wiedergabe vorst. Arbeit. (Gazz. chim. ital. **85.** 737—43. Mai/Juni 1955. Bologna, Univ., Ist. di Chim. Ind.) J. GOUBEAU. B 118

G. Cordella und **R. Passerini,** *Ultraviolettabsorptionsspektren einiger Arylselenocyanide.* Die UV-Absorptionsspektren in A.- u. Cyclohexanlsg. wurden gemessen von *Phenylselenocyanid* ($Kp._4$ 97°), *o-* ($Kp._5$ 118°), *p-Methyl-* (F. 54°), *o-* (F. 45°), *p-Chlor-*

(F. 53,5°), *p-Brom-* (F. 71,5°), *o-* (Kp.$_4$ 138°), *p-Methoxy-* (F. 65°), *o-* (F. 146°), *m-* (F. 67°). *p-Nitrophenylselenocyanid* (F. 140°), *Benzylselenocyanid* (F. 71,5°) sowie *o-* (F. 77°) u. *p-Nitrobenzylselenocyanid* (F. 122,5°). Aus den Spektren wird auf eine geringe Wechselwrkg. des Selens mit dem Phenylring geschlossen, da die CN-Gruppe stärker elektronenanziehend auf die Se-Elektronen wirkt. (Boll. sci. Fac. Chim. ind. Bologna **13.** 38—41. 1955. Sassari, Univ., Ist. Chim. Org.) J. Goubeau. B 118

Herbert Sprince, George R. Rowley und **Dorothy Jameson,** *Spektrophotofluorometrische Untersuchungen von 5-Hydroxyindolen und verwandten Verbindungen.* Im Hinblick auf die Entw. von Methoden zur quantitativen Best. wurden für 5-Hydroxyindol- u. ähnliche Verbb. in wss. Lsg. die Aktivierungs- u. Fluorescenzmaxima, der Konzentrationsbereich, in dem diese Maxima konstant bleiben, u. der Konzentrationsbereich mit einer linearen Beziehung zwischen Konz. u. Fluorescenzintensität bestimmt. Untersucht wurden: *Indol, Skatol, L-Tryptophan, 5-Hydroxytryptophan, Tryptamin·HCl, Serotonin, Indolylessigsäure, 5-Hydroxyindolylessigsäure, Lysergsäurediäthylamidbitartrat, L-Epinephrinbitartrat* (in 5%ig. Essigsäure), *L-Arterenolbitartrat* (in 5%ig. Essigsäure), *Indoxylacetat, Indoxyl, 2.3-Dihydroxyindol, Oxindol* u. *2-Methylindol.* Berechnungen ergaben, daß die 5-Hydroxyindole weniger Energie (ca. 5,75 kcal/Mol) zur Aktivierung absorbieren u. im aktivierten Zustand mehr Fluorescenzenergie (ca. 2,88) emittieren als die entsprechenden Indole. (Science [Washington] **125.** 442—43. 8/3. 1957. Philadelphia, Pa., Univ., Dep. of Psychiatry; Coatsville, Pa., Veterans Admin. Hosp.)
E. Schwerdtfeger. B 118

Ichiro Nakagawa, *Über die Normalkoordinatenbehandlung der Molekülschwingungen von Molekülen mit einer Achse innerer Rotation* ($-CH_2CH_2-$, CH_2-CO-). Nach einem früher beschriebenen, auf der Störungstheorie aufgebauten Verf. (vgl. J. chem. Soc. Japan, pure Chem. Sect. [Nippon Kagaku Zassi] **76.** [1955.] 540) werden die Normalschwingungen von $ClCH_2CH_2Cl$, $ClCH_2COCl$ u. $BrCH_2COCl$ berechnet. Aus dem Vgl. der berechneten mit den beobachteten Frequenzen wird gefolgert, daß in der links-gauche-Form der Winkel für die Drehung aus der trans-Konfiguration etwas weniger als 120° beträgt, 90 u. 150° liefern keine gute Übereinstimmung. (J. chem. Soc. Japan, pure Chem. Sect. [Nippon Kagaku Zassi] **76.** 813—20. Juli 1955. Tokyo, Univ. [Orig.: japan.]) L. Schuler. B 120

Gilbert Michel und **Georges Duyckaerts,** *Beitrag zur Raman-Spektroskopie.* 2. Mitt. *Intensität der Carbonylbande aliphatischer Verbindungen.* (1. vgl. C. **1958.** 2230.) Für die Mittelwerte der CO-Raman-Frequenz einer homologen Reihe von gesätt. aliphat. Ketonen u. Estern finden Vff. die Werte 1715 $\pm$ 3 cm^{-1} bzw. 1738 $\pm$ 5 cm^{-1}. Der relative Streuungskoeff. der Carbonyllinie, bezogen auf die 459-cm^{-1}-Linie von CCl_4, wird berechnet; er ist für eine nichtkonjugierte Carbonylgruppe relativ konstant u. proportional der Zahl der unabhängigen Carbonylgruppen im Molekül. Konjugation der Carbonylgruppe mit einer Äthylendoppelbindung vergrößert stark den Streuungskoeff. um einen von der Natur der Carbonylgruppe (Aldehyd, Keton oder Ester), der Natur der Substituenten im Mol. u. vom Ausmaß ster. Einfll. auf die Konjugation abhängigen Faktor. Folgende Verbb. wurden untersucht: *Aceton* (Kp. 56,1°; n_D^{22} 1,358), *Methyläthyl-* (Kp. 79,5°; n_D^{22} 1,380), *Methyl-n-propyl-* (Kp. 101,7°; n_D^{22} 1,390), *Methylisopropyl-* (Kp. 95,4°; n_D^{22} 1,389), *Diäthyl-* (Kp. 102,5°; n_D^{22} 1,392), *Methylisobutyl-* (Kp. 116,2°; n_D^{22} 1,395), *Di-n-propyl-* (Kp. 144°; n_D^{22} 1,406), *Diisopropyl-* (Kp. 123,6°; n_D^{22} 1,399), *Diisobutyl-* (Kp.$_{11}$ 56—56,5°; n_D^{22} 1,413), *Benzylmethylketon* (Kp.$_{13}$ 104 bis 105°; n_D^{22} 1,516), *Acetonylaceton* (Kp.$_{150}$ 137,4°; n_D^{22} 1,429), *Allylaceton* (Kp. 129,3°; n_D^{22} 1,410), *6-Methylhepten-(5)-on-(2)* (Kp.$_4$ 51°; n_D^{22} 1,440), *Diacetonalkohol* (Kp.$_{10}$ 55°; n_D^{22} 1,428), *Monochloraceton* (Kp.$_{29}$ 35°; n_D^{22} 1,430), *Cyclopentanon* (Kp. 130,6°; n_D^{22} 1,439), *Cyclohexanon* (Kp.$_{11}$ 46,5°; n_D^{22} 1,453), *Fenchon* (Kp.$_{20}$ 82,5°; n_D^{22} 1,463); *Methyl-* (Kp. 57°; n_D^{22} 1,359), *Äthyl-* (Kp. 77,1°; n_D^{22} 1,372), *n-Propyl-* (Kp. 101,5°; n_D^{22} 1,384), *n-Butyl-* (Kp. 126,4°; n_D^{22} 1,395), *Isobutyl-* (Kp. 116,4°; n_D^{22} 1,391), *sek.-Butyl-* (Kp. 112,4°; n_D^{22} 1,389), *Allyl-* (Kp. 103—104°; n_D^{22} 1,404), *Cyclohexyl-* (Kp. 172°; n_D^{22} 1,442), *Bornyl-* (Kp.$_{22}$ 114°; n_D^{22} 1,463), *Benzylacetat* (Kp.$_{26}$ 110°; n_D^{22} 1,523), *Propionsäure-* (Kp. 99°; n_D^{22} 1,384), *Buttersäure-* (Kp. 121,2°; n_D^{22} 1,391), *Monochloressigsäure-* (Kp. 142—143°; n_D^{22} 1,429), *Glykolsäureäthylester* (Kp. 159°; n_D^{22} 1,416), *Oxalsäure-, Malonsäure-* (Kp.$_{15}$ 96°; n_D^{22} 1,413), *Bernsteinsäurediäthylester* (Kp.$_{15}$ 104 bis 105°; n_D^{22} 1,420), *Glycerintributyrat* (Kp.$_{10}$ 186—187°; n_D^{22} 1,435), *Vinylmethyl-* (Kp.$_{120}$ 34°; n_D^{22} 1,408), *Isopropenylmethylketon* (Kp. 97,5—98°; n_D^{22} 1,420), *Äthylidenaceton* (Kp. 123—124°; n_D^{22} 1,435), *Mesityloxyd* (Kp.$_{55}$ 57°; n_D^{22} 1,445), *Isophoron* (Kp.$_{24}$ 103°; n_D^{22} 1,505), *Butyraldehyd, Acrolein* (Kp. 52,5°; n_D^{22} 1,400), *Crotonaldehyd* (Kp. 102—102,5°; n_D^{22} 1,436), *Acrylsäure-* (Kp.$_{30}$ 50,5°; n_D^{22} 1,405), *Crotonsäure-* (Kp.$_{80}$ 80°; n_D^{22} 1,424), *β.β'-Dimethylacrylsäure-* (Kp.$_{48}$ 72—73°; n_D^{22} 1,440), *Methacrylsäure* (**I**)*-äthylester,* **I***-Methylester* (Kp.$_{30}$ 50°; n_D^{22} 1,413), *Maleinsäure-* (Kp.$_{90}$ 136—137°;

n_D^{22} 1439) u. *Fumarsäurediäthylester* (Kp.$_{90}$ 133—134°; n_D^{22} 1,439). (Spectrochim. Acta [London] **10.** 259—68. Jan. 1958. Liège, Univ., Serv. de Chim. Analyt.)
E. HAHN. B 120

Yukio Mikawa, *Schwingungsspektrum und thermodynamische Funktionen von Formamid.* Die im IR- u. im RAMAN-Spektr. bestimmten Frequenzen von *Formamid* werden den verschied. Normalschwingungsarten zugeordnet. Daraus werden die freie Energie, Entropie, spezif. Wärme u. Enthalpie bei verschied. Tempp. errechnet. Aus der Bildungswärme wird die Resonanzenergie ($H_2N \cdot CHO \rightarrow H_2N^+{=}CHO^-$) zu 16,3 kcal berechnet. Auch die Gleichgewichtskonstanten für die Rkk. $NH_3 + CO \rightleftharpoons HCONH_2$ u. $HCN + H_2O \rightleftharpoons HCONH_2$ (noch nicht experimentell untersucht) werden berechnet, für die erste Rk. besteht Übereinstimmung mit den Versuchswerten. (J. chem. Soc. Japan, pure Chem. Sect. [Nippon Kagaku Zassi] **76.** 804—07. Juli 1955. Kawazaki, Mitsubishi Chem. Co. [Orig.: japan.]) L. SCHULER. B 120

Tatsuo Miyazawa, *Infrarotspektren von Formamid und deuteriertem Formamid.* Die IR-Spektren von fl. u. krist. *Formamid* u. die Änderung durch D-Substitution werden bestimmt. Die Frequenzen werden verschied. Normalschwingungsarten zugeordnet u. die Zuordnung mittels der Produktenregel kontrolliert. Die Lageveränderungen der IR-Absorption bei Phasenänderung wird befriedigend erklärt durch die Änderung der Art der H-Bindungen u. der Änderung der Beiträge der polaren Resonanzstruktur. — Apparatskizze. (J. chem. Soc. Japan, pure Chem. Sect. [Nippon Kagaku Zassi] **76.** 821—24. Juli 1956. Tokyo, Univ. [Orig.: japan.]) L. SCHULER. B 120

Tatsuo Miyazawa, *Infrarotabsorptionsspektren von N.N'-Dimethyloxamid und seiner deuterierten Verbindung.* Die IR-Spektren von $(CONHCH_3)_2$ u. $(CONDCH_3)_2$ werden bestimmt u. verglichen. Die einzelnen Banden werden der —CONH- bzw. —COND-, der CH_3- bzw. als vorwiegend von der ν (NCH_3) stammend, zugeordnet. Die Zuordnung wird durch die Produktregel überprüft. (J. chem. Soc. Japan, pure Chem. Sect. [Nippon Kagaku Zassi] **76.** 1018—21. Sept. 1955. Tokyo, Univ. [Orig.: japan.])
L. SCHULER. B 120

H. K. Hall jr. und **R. Zbinden,** *Infrarotspektren und Spannung in cyclischen Carbonylverbindungen.* Die IR-Banden der C=O- u. z. T. der NH-, CH_2- bzw. CH-Valenzschwingungen wurden aufgenommen bzw. zum Vgl. der Literatur entnommen von *N-Methylacetamid, Pyrrolidinon-(2)* (**IV**), *Piperidon-(2), 2-Oxohexamethylenimin, 2-Oxoheptamethylenimin, 6-Azabicyclo-[3.2.1]-octanon-(7), 2-Azabicyclo-[2.2.2]-octanon-(3), 2-Azabicyclo-[3.2.2]-nonanon-(3), N.N-Dimethylacetamid, N-Methylpyrrolidinon, N-Methylcaprolactam, Propiolacton* (**I**), *γ-Butyrolacton, δ-Valerolacton, ε-Caprolacton, 6-Oxabicyclo-[3.2.1]-octanon-(7), 2-Oxabicyclo-[2.2.2]-octanon-(3). Diäthylcarbonat, Äthylencarbonat* (**II**), *Trimethylencarbonat, 2.4-Dioxabicyclo-[3.3.1]-nonanon-(3), 2.4-Dioxabicyclo-[3.2.2]-nonanon-(3), Cyclobutanon, -pentanon, -hexanon* u. *-heptanon, Bicyclo-[2.2.1]-heptanon-(7)* u. *-(2), 1.3-Dimethylharnstoff, Imidazolidon, Hexahydropyrimidinon, N.N'-Tetramethylenharnstoff, 2.4-Diazabicyclo-[3.3.1]-nonanon-(3), N-Acetylimidazolidon-(2), Diacetamid, Succinimid, Glutarimid, Cyclohexan-1.3-dicarbonsäureimid, Bicyclo-[2.2.1]-heptan-1.3-dicarbonsäureimid, N-Methyldiacetamid, N-Methylsuccinimid, N-Methylglutarimid, N-Methylcyclohexan-1.3-dicarbonsäureimid, N-Acetylpyrrolidinon-(2), -piperidon-(2), -2-oxohexamethylenimin, -6-azabicyclo-[3.2.1]-octanon-(7)* u. *-2-azabicyclo-[2.2.2]-octanon-(3), N-Methylurethan, Oxazolidon, Tetrahydrooxazinon, 2-Oxa-4-azabicyclo-[3.3.1]-nonanon-(3)* u. *-[3.2.2]-nonanon-(3), N-Acetyloxazolidon* (**III**), *N-Acetyltetrahydrooxazinon, Acetanhydrid, Bernsteinsäureanhydrid, cis-Cyclohexandicarbonsäure-(1.2)-* u. *-(1.3)-anhydrid* u. *Glutarsäureanhydrid.* Es zeigt sich, daß die Carbonylfrequenz von 6-Ringverbb. etwa derjenigen der acycl. Ketoverbb. entspricht, während 5-Ringverbb. ca. 40 cm^{-1} höher absorbieren. Verbb. mit 2 äquivalenten Ketogruppen weisen infolge Schwingungswechselwrkg. eine Aufspaltung der C=O-Bande auf, die symm. ist, d. h. das Mittel beider Maxima ergibt die für e i n e gleichartige Carbonylgruppe zu erwartende Frequenz. Verbb. mit zwei nichtäquivalenten Carbonylen besitzen zwei verschied. Banden, z. B. **III** bei 1795 cm^{-1} (Ringcarbonyl) u. 1711 cm^{-1} (C=O-Gruppe der Acetylgruppe). Nach BARTLETT u. STILLES (C. **1956.** 11395) werden die Ergebnisse mit der Hybridisierung des Carbonyl-C-Atoms erklärt. Mit Abnahme der Ringgröße nimmt die p-Struktur dieses C-Atoms zu, für die C=O-Bindung erhöht sich dadurch der s- (Dreifachbindungs-) Charakter. Entsprechend der Verstärkung der Carbonylbindung wachsen ihre Kraftkonstante u. die Absorptionsfrequenz. Ebenso wird die Frequenzabnahme bei 7-gliedrigen Ringketonen erklärt. Ein Zusammenhang zwischen der Stabilität (als Maß der Polymerisierbarkeit, vgl. J. Amer. chem. Soc. **80.** [1958.] 6409 u. früher) u. der Lage der C=O-Frequenz besteht also nicht, u. diese kann auch nicht als Maß für eine Ringspannung dienen, was im Widerspruch zur Ansicht von BELLAMY steht. Das geht aus dem Spektr. von N.N-Diäthylglycin hervor (vgl. Barrow, C. **1958**. 13194), das eine intramol. OH···N-Brücke besitzt u. trotz der geringen Spannung im Mol. wie die 5-Ringlactone bei 1786 cm^{-1} (in CCl_4) absorbiert. Die Carbonylfrequenz wird also durch die Hybridisierung bzw. durch den Bindungswinkel an der Carbonylgruppe bestimmt. Für **I** bzw. **II** wurden die Energien abgeschätzt, die für eine Winkeldeformation von 9 bzw. 36° erforderlich sind. Sie betragen 1,6 bzw. 25,6 kcal/Mol. Der Wert für **II** spiegelt dessen leichte Polymerisierbarkeit wider. Während die Mol.-Spannung im Quadrat zur Winkeldeformation zunimmt, besteht nur eine lineare Beziehung zwischen dieser u. der C=O-Bandenverschiebung. Die Polymerisierbarkeit wird also nur von den Abstoßungskräften zwischen H u. H bzw. H u. einsamen Elektronenpaaren bestimmt.

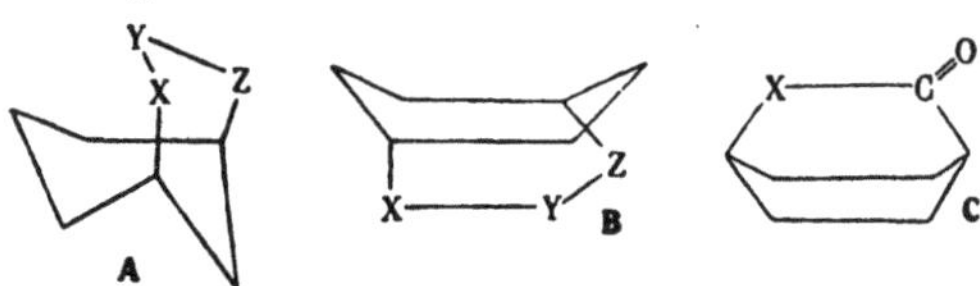

Die untersuchten 6 Bicyclo-[3.3.1]-nonanderivv. treten offenbar in nebenst. Doppelstuhlform **A** auf, während die Bicyclo-[3.2.2]-nonanverbb. die Konfiguration einer etwas verdrehten Doppelbootform **B** besitzen. Da die Bicyclo-[3.2.1]-derivv. wie die entsprechenden 5-Ringverbb. u. das Bicyclo-[2.2.2]-lacton u. -lactam (beide besitzen Doppelbootform gemäß **C**) wie die analogen 6-Ringverbb. absorbieren, entspricht die Carbonylfrequenz von bicycl. Brückenverbb. der des kleinsten Ringes (Ausnahme ist 7-Norcampher). In Übereinstimmung mit dem Schluß, daß H—H-Ringspannungen nichts mit der Lage der Carbonylbande zu tun haben, scheinen Ketogruppen im Cyclohexanring in Sessel- oder Bootsform etwa die gleichen Frequenzen zu verursachen. Die NH-Valenzfrequenz von cycl. Amiden, Harnstoffen, Imiden u. Urethanen wachsen ebenfalls mit abnehmender Ringgliederzahl. Mit den acycl. trans-Analogen können sie nicht verglichen werden. Ähnliche Bandenverschiebungen wurden auch bei der symm. u. antisymm. CH_2-Valenzschwingung festgestellt. **IV** besitzt vier CH_2-Banden. Die Gerüstbindungswinkel der drei CH_2-Gruppen sind also ungleich. Eine CH_2-Gruppe mit Spannung verursacht Banden bei 2982 u. 2922 cm^{-1}, eine relativ spannungsfreie Gruppe die bei 2950 u. 2878 cm^{-1}. (J. Amer. chem. Soc. **80**. 6428—32. 5/12. 1958. Wilmington, Del., E. I. du Pont de Nemours & Co., Inc., Textile Fibers Dep., Pioneer Res. Div.) B. Gnauck. B 120

Tarumi Moriwaki, Hirohiko Katsuki und **Syozo Tanaka,** *Über die geometrischen Isomeren von Brenztraubensäure-2.4-dinitrophenylhydrazon.* Das *2.4-Dinitrophenylhydrazon* der *Brenztraubensäure* läßt sich trennen in eine in n-Na_2CO_3 lösl. u. eine darin unlösl. Fraktion. Durch Ansäuern ergibt die erste Fraktion das *anti-Isomere* (**I**), die zweite ist das *syn-Isomere* (**II**). **I** hat F. 211° (Zers.), Absorptionsmaxima in 0,5n Na_2CO_3 bei 380 mμ (ε = 24300), in 0,5n Na_2CO_3 + 0,5n NaOH 416 u. 530 mμ (ε = 15400 u. 8300) u. krist. mit ca. 4. Moll. Kristall-H_2O. **II** zers. sich bei 217°, λ_{max} in 0,5n Na_2CO_3 368 mμ (ε = 21400), in 0,5n Na_2CO_3 + 0,5n NaOH 446 u. 515 mμ (ε = 21000 u. 13600). In 100 ml W. lösen sich bei 25° 0,25 g **I** bzw. bei 0° 1,9 g **II**. Gemessen werden ferner IR-Absorption u. R_F-Werte. (J. chem. Soc. Japan, pure Chem. Sect. [Nippon Kagaku Zassi] **76**. 1367—70. Dez. 1955. Tokyo, Univ. [Orig.: japan.]) L. Schuler. B 123

William Bradley und **Richard A. Brindley,** *Die selektive Adsorption von optischen Antipoden durch Proteine.* 3. Mitt. (2. vgl. C. **1955**. 2917; vgl. C. **1950/54**. 3075 S.) Wenn Wolle vorher mit H_2SO_4 oder 1-[p-Sulfophenylazo]-naphthol-(2) (**I**) behandelt wurde, läßt sich nur eine geringere Menge *Mandelsäure* oder *p-Heptyloxymandelsäure* spalten, der Grad der Spaltung bleibt unverändert. Die Ergebnisse zeigen, daß die Anionen von H_2SO_4 u. **I** Ammoniumzentren besetzen, u. dadurch die Spaltung der akt. Säuren nur an einer begrenzten Zahl akt. Stellen erfolgen kann. Ein ähnliches Resultat ergab die Prüfung mit *m-Nitromandelsäure* an Wolle, die mit 5-[2.5-Dinitroanilino]-2-p-toluidinobenzolsulfonsäure behandelt worden war.

Versuche: p-Alkoxymandelsäuren: *p-Äthoxy-*, $C_{10}H_{12}O_4$, F. 131° (Bzl.), aus 19 g p-Hydroxymandelsäureäthylester (**II**) u. Äthyljodid, 1 Std. in trocknem Aceton mit K_2CO_3 kochen u. anschließend 1 Std. mit 14%ig. NaOH kochen; 13 g (Ausbeute). — *p-Pentyloxy-*, $C_{13}H_{13}O_4$, F. 117—118° (Bzl.). — *p-Heptyloxy-*, $C_{15}H_{22}O_4$, F. 98° (Bzl.). — *p-Decyloxy-*, $C_{18}H_{28}O_4$, F. 105—106° (Bzl.), a) aus 10 g **II** u. Decyljodid (**III**) mit K_2CO_3 in Aceton u. Verseifung; 3,2 g; b) aus 6,1 g p-Hydroxybenzaldehyd u. **III** u. K_2CO_3, 5std. Rückfluß, Rückstand in Ae. lösen, kühlen mit Eis-Kochsalz, Zugabe von fl. HCN u. 12 Std. stehenlassen, mit bei 0—5° HCl in A. sättigen u. Verseifung des Esters mit $NaOC_2H_5$ durch 2std. Kochen; 5 g. — *p-Dodecyloxy-*, $C_{20}H_{32}O_4$, F. 108° (Bzl.). — *p-Hexadecyloxy-*, $C_{24}H_{40}O_4$, F. 111°. — *2-Oxalodibenzofuran*, $C_{14}H_8O_4$, F. 146°, aus 33,4 g Dibenzofuran mit Oxalsäureäthylesterchlorid (**IV**) in Ggw. von $AlCl_3$ in CS_2,

2std. Kochen; gelbe Körnchen aus Bzl.; 25 g. *2.4-Dinitrophenylhydrazon*, $C_{20}H_{12}N_4O_7$, F. 228°. — *Dibenzofuran-2-carbonsäure*, $C_{13}H_8O_3$, F. 255° (Chlorbenzol), aus 1 g vorst. Verb. mit $KMnO_4$; 0,7 g. — *Dibenzofuryl-(2)-glykolsäure*, $C_{14}H_{10}O_4$, F. 153—156° (Bzl.), aus 10 g des Na-Salzes vorvorst. Verb. mit NaHg. — *Naphthyl-(2)-glykolsäureäthylester*, F. 155—156° (Toluol), durch 2std. Kochen von Naphthyl-(2)-glyoxylsäureäthylester mit wss.-alkoh. NaOH (*freie Säure, 2.4-Dinitrophenylhydrazon*, $C_{18}H_{12}N_4O_6$, F. 237°) u. Kochen mit NaHg. — *9-Oxaloanthracen*, $C_{16}H_{10}O_3$, F. 186° (Zers.; Toluol), aus 27 g Anthracen (**V**) u. **IV** in Ggw. von $AlCl_3$ in Nitrobenzol, 12std. Stehen u. 3std. Kochen mit NaOH; 0,85 g. *2.4-Dinitrophenylhydrazon*, F. 240°. *Äthylester*, $C_{18}H_{14}O_3$, F. 90°, a) durch Veresterung von 16 g Säure; 12 g; b) aus 9 g **V** ohne Verseifung; 5 g; aus PAe. gelbe Platten. — *Anthryl-(9)-glykolsäure*, $C_{16}H_{12}O_3 \cdot \frac{1}{2}H_2O$, F. 104—106° (Toluol), $C_{16}H_{12}O_3 \cdot H_2O$, F. 116° (Äthylacetat–PAe.), durch 24std. Erhitzen von 12 g vorst. Esters mit Al-Isopropylat auf dem Dampfbad, danach 2std. Kochen mit wss.-alkoh. NaOH; gelbe Platten; 10 g. — *9.10-Dihydroanthryl-(9)-glykolsäure*, $C_{16}H_{14}O_3$, F. 204 bis 205° (Toluol), aus 30 g des Na-Salzes vorvorst. Verb. mit NaHg; orangefarbene Nadeln; 24 g. — *3-Oxalopyren*, $C_{18}H_{10}O_3$, F. 138°, aus 18,5 g Pyren u. **IV** in CS_2 mit $AlCl_3$, 3std. Kochen, 12std. Stehen u. Kochen mit wss.-alkoh. NaOH; gelbe Körnchen aus Toluol; 14 g (Na-Salz). *2.4-Dinitrophenylhydrazon*, $C_{24}H_{14}N_4O_6$, F. 231° (A.). *Äthylester*, $C_{20}H_{14}O_3$, F. 81° (PAe.). — *Pyrenyl-(3)-glykolsäure*, $C_{18}H_{12}O_3$, F. 174° (Zers.), aus 8 g vorst. Esters durch 24std. Kochen mit Al-Isopropylat u. Kochen mit NaOH; hellgelbe Kristalle aus o-Dichlorbenzol. (J. chem. Soc. [London] **1956**. 1622—27. Juni. Leeds, Univ., Clothworkers' Res. Labor.) W. KOCHMANN. B 123

C. G. Overberger und **Aino Lusi**, *Eine transanulare Reaktion in einem achtgliedrigen Ringsulfid. 5-Hydroxythiacyclooctan* (**I**) lieferte durch Einw. von P_2O_5 u. Umsetzung der Lsg. (gereinigt durch Ionenaustauscher) mit Pikrinsäure das Sulfoniumsalz *Bicyclo-[3.3.0]-octanthianium-(1)-pikrat*, F. 262—264° in 57%ig. Ausbeute. — **I**, F. 29 bis 29,5°, $Kp._2$ 78—80°, durch $LiAlH_4$-Red. von 5-Oxothiacyclooctan (**II**); n_D^{20} 1,5379; 80%. — **II**, F. 50—52°, $Kp._{19}$ 120—123°, durch DIECKMANN-Cyclisierung von Thiodi-n-buttersäureäthylester, Hydrolyse u. Decarboxylierung; 31%; IR-Maximum bei 1707 cm^{-1} u. Schulter bei 1690 cm^{-1} (S···Carbonyl-Wechselwrkg.); *2.4-Dinitrophenylhydrazon*, F. 194—195°. (J. Amer. chem. Soc. **81**. 506—07. 20/1. 1959. Brooklyn, N. Y., Polytechn. Inst. of Brooklyn, Dep. of Chem.) B. GNAUCK. B 123

H. K. Hall jr., *Polymerisation und Ringspannung von bicyclischen Brückenverbindungen.* Vf. gelang die Polymerisation bei folgenden bicycl. Lactonen, Lactamen u. Urethanen: *2-Oxabicyclo-[2.2.2]-octanon-(3)* (**I**), *2-Azabicyclo-[2.2.2]-octanon-(3)* (**II**), *6-Azabicyclo-[3.2.1]-octanon-(7)* (**III**), *6-Oxabicyclo-[3.2.1]-octanon-(7)* (**IV**) u. *2-Oxa-4-azabicyclo-[3.2.2]-nonanon-(3)* (**V**). **I** u. **II** lassen sich in Ggw. von Na-Dispersion bzw. NaH (bei 150 bzw. 260°) polymerisieren, wodurch die Ggw. einer Spannung in diesem polymerisierbaren bicycl. Syst. angezeigt wird. Das gilt auch für das Bicyclo-[3.2.2]-syst., da **V** in Ggw. von Pb_3O_4 bei 150° schnell ein Polymeres lieferte. Dagegen verläuft die Rk. mit **IV** (in Ggw. von Na oder Pb_3O_4) recht träge, offenbar besitzt das Bicyclo-[3.2.1]-syst. keine erhebliche Spannung. Die leichte Polymerisierbarkeit von **III** wird auf den Zwang zur Einnahme eines coplanaren Baues durch die N—C=O-Wechselwrkg. zurückgeführt, diese ist bes. im Polymeren wirksam. Da das Bicyclo-[3.3.1]-nonansyst. aus zwei in diaxialer Stellung anellierten Sesselform besteht, liegt keine Spannung vor. Entsprechend konnten solche Verbb. auch nicht polymerisiert werden. Bicyclo-[2.2.1]-heptanderivv. dürften jedoch polymerisierbar sein (vgl. RAGUÉ SCHLEYER, C. **1958**. 9452). W. katalysiert überraschenderweise die Rkk. von **II** u. **III** nicht. Sicherlich können die Wassermoll. infolge der engen Käfigstruktur dieser Verbb. nicht von hinten die Carbonylgruppe angreifen. Brückenlactame u. -urethane sollten nach der BREDT-Regel nicht stabil sein, Verss. zu ihrer Darst. schlugen fehl. Vf. vermutet, daß dagegen brückenförmige Harnstoffe [wie z. B. 1.3-Diazabicyclo-[2.2.2]-octanon-(2)] darstellbar sein müßten. Zur Darst. von 2-Azabicyclo-[3.2.2]-nonanon-(3) wird am besten die Umlagerung von Bicyclooctanonoxim (vgl. OZAKI u. Mitarbeiter, C. **1958**. 7429) gewählt, da das Erhitzen von 4-Aminocyclohexylessigsäure wenig ergiebig ist. *2-Azabicyclo-[4.3.0]-nonanon-(1)* ließ sich leicht durch Hydrierung von Tetrahydrophthalimid erhalten, diese Rk. versagte jedoch beim Darstellungsvers. von 2-Azabicyclo-[3.3.1]-nonanon-(3) aus Cyclohexan-1.3-dicarbonsäureimid (**VI**), ebenso auch die $LiAlH_4$-Red. von **VI** sowie Verss. zur Überführung von **VI** in das Monothioamid. Es konnten weder 1-Azabicyclo-[2.2.1]-heptanon-(7) durch Erhitzen von Piperidincarbonsäure-(4) noch 2-Aza-6.6-dimethylbicyclo-[3.1.1]-heptanon-(3) aus 2.2-Dimethyl-3-aminocyclobutylessigsäure erhalten werden. **IV** ließ sich (wegen der Unreinheit des Prod.) nicht durch Cyclisierung von 3-Hydroxycyclohexancarbonsäure darstellen. Das zur Gewinnung von **V** notwendige cis-4-Acetylaminocyclohexanol (**VII**) konnte nicht nach FERBER u. BRÜCKNER (Ber. dtsch. chem. Ges. **72.** [1939.] 995) durch Hydrierung von p-Acetylaminophenol erhalten werden, vielmehr wurde nur das trans-Isomere isoliert. **VII** ließ sich aber durch Hydrieren von p-Aminophenol u. Acetylierung darstellen. Ein Cyclisierungsvers. mit N-Benzyloxycarbonyl-cis-4-aminocyclohexanol mit $COCl_2$ schlug fehl. **V** konnte aber über das Hydrotosylat (**VIII**) u. das m-Kresoxycarbonylderiv. (**IX**) von cis-4-Aminocyclohexanol durch Erhitzen mit Pb_3O_4 gewonnen werden. Ähnlich wurde auch *2-Oxa-4-azabicyclo-[3.3.1]-nonanon-(3)* synthetisiert. Die Urethane 1-Aza-6-oxabicyclo-[3.2.1]-octanon-(7) u. 1-Aza-3-oxabicyclo-[2.2.2]-octanon-(2) konnten jedoch analog aus 3- bzw. 4-Hydroxypiperidin nicht erhalten werden. Der cycl. Harnstoff *2.4-Diazabicyclo-[3.3.1]-nonanon-(3)* war durch Einw. von Diäthylcarbonat (**X**) auf 1.3-Diaminocyclohexan (**XI**) zugänglich, nicht aber 2.4-Diazabicyclo-[3.2.2]-nonanon-(3) aus 1.4-Diaminocyclohexan. Die Rk. von 1.8-Diamino-p-menthan mit Diphenylcarbonat lieferte direkt ein Polymeres, der bicycl. Harnstoff 2.4-Diaza-1.5.5-trimethyl-[2.2.4]-decanon-(3) konnte nicht isoliert werden. Andererseits lieferte die Einw. von überschüssigem $COCl_2$ auf Piperazin nur das Salz seines Monocarbamylchlorides u. Polyharnstoff. Cycl. Imide wurden durch Dest. von cis-Cyclohexandicarbonsäure-(1.3) (**XII**) mit NH_4OH bzw. Methylamin (**XIII**) dargestellt. Eine entsprechende Umsetzung mit Cyclohexandicarbonsäure-(1.4) verlief dagegen negativ. Das cycl. Carbonat *2.4-Dioxabicyclo-[3.3.1]-nonanon-(3)* ließ sich aus **X** u. Cyclohexandiol-(1.3) (**XIV**) in Ggw. von NaH darstellen.

Versuche: *3-Aminocyclohexancarbonsäurelactam*(**III**), F. 195—197° (Methylisobutylketon), durch Hydrieren von 3-Aminobenzoesäure in Ggw. von Ru-Kohle in W. u. Dest. der Säure; analog *4-Aminocyclohexancarbonsäurelactam* (**II**), F. 195—196° (Methylisobutylketon). — *4-Aminocyclohexylessigsäure*, $C_8H_{15}NO_2$, F. ca. 290°, durch Hydrieren von p-Nitrophenylessigsäure in Ggw. von RuO_2 in H_2O; *Lactam*, $C_8H_{13}NO$, F. 124° (sublimiert bei 125° u. 0,25 mm), durch Erhitzen der Säure in Ggw. von 85%ig. H_3PO_4 bei 150 mm, azeotrop. Trocknung mit Bzl. u. Destillation. — *cis-2-Aminomethylcyclohexancarbonsäurelactam*, $C_8H_{13}NO$, F. 77,0—78,0° (Hexan), durch Einw. von H_2 auf Tetrahydrophthalimid bei 200—220° in Ggw. von RANEY-Ni in Cyclohexan u. Abtrennung des Imids durch 19std. Einw. von wss. NaOH bei 35°. — *m-Kresoxycarbonylchlorid* (**XV**), $C_8H_7ClO_2$, Kp.$_8$ 96°, durch Einw. von $COCl_2$ u. Dimethylanilin auf m-Kresol (**XVI**) in C_6H_6. — *cis-3-Acetylaminocyclohexanol-(1)*, F. 118,0—121,0° (Äthylacetat), durch Hydrieren von N-Acetyl-3-aminophenol in Ggw. von RuO_2 in A. oder in Ggw. von PtO_2. — *cis-3-Aminocyclohexanol, Hydrogentosylat* (**XVII**), $C_{13}H_{21}NO_4S$, F. 155,5—156,5° (Aceton), durch 21std. Kochen vorst. Verb. u. p-Toluolsulfonsäuremonohydrat auf 130°; 64,0%; *m-Kresoxycarbonylderiv.* (**XVIII**), $C_{14}H_{19}NO_3$, F. 135,5—137,0° (Cyclohexan), aus dem Tosylat durch 3tägiges Rühren mit **XV** u. MgO in Chlf.; 88% (bzw. nach SCHOTTEN-BAUMANN 72%). — *2-Oxa-4-azabicyclo-[3.3.1]-nonanon-(3)* (**XIX**), $C_7H_{11}NO_2$, F. 151—152° (sublimiert), durch 1std. Erhitzen vorst. Kresoxyverb., **XVI** u. Bleiglätte auf 150°. — *cis-4-Acetylaminocyclohexanol* (**VII**), F. 135,5—135,9° (Chlf.), durch Hydrieren von 4-Aminophenol in Ggw. von Ru-Kohle in W. u. Acetylieren mit Acetanhydrid in $CHCl_3$. — *cis-4-Aminocyclohexanol, Hydrogentosylat* (**VIII**), $C_{13}H_{21}NO_4S$, F. 197,5—198,5°, analog **XVII**; 73,4%; *m-Kresoxycarbonylderiv.* (**IX**), $C_{14}H_{19}NO_3$, F. 75,5—77,5°, analog **XVIII**. — *Oxa-4-azabicyclo-[3.2.2]-nonanon-(3)* (**V**), $C_7H_{11}NO_2$, F. 154,0—156,0° (sublimiert), durch Zugabe von **XV** in Aceton zu **VIII** in wss. K_2CO_3, dann analog **XIX**; 15%. — *trans-N-Acetyl-4-aminocyclohexanol*, F. 160,0—163,5° (A.-Äthylacetat), durch Hydrieren von N-Acetyl-4-aminophenol in absol. A. u. in Ggw. von Ru-Kohle; 23,9%. — *trans-4-Aminocyclohexanol, Hydrogentosylat*, $C_{13}H_{21}NO_4S$, F. 243,5—245,0°; 80,7%; *m-Kresoxycarbonylderiv.*, $C_{14}H_{19}NO_3$, F. 176—177°; 49%. — *3-Hydroxypiperidin*, F. 59,0—62°, Kp.$_{14}$ 104—107°, durch Hydrieren von 3-Hydroxypyridin in Ggw. von RuO_2 in W.; 82,0%; *m-Kresoxycarbonylderiv.*, $C_{13}H_{17}NO_3$, F. 62,0—64,0°, durch Zugabe von **XV** in CH_2Cl_2 zur Lsg. in CH_2Cl_2 in Ggw. von Triäthylamin; 61,6%. — *4-Hydroxypiperidin*, F. 85,5—88,0°, Kp.$_{0,5}$ 88°, analog vorst. Verb.; *m-Kresoxycarbonylderiv.*, $C_{13}H_{17}NO_3$, F. 84—86° (Bzl.-Hexan); 67,3%. — *2.4-Dioxabicyclo-[3.3.1]-nonanon-(3)*, $C_7H_{10}O_3$, F. 173,0—174,0° (sublimiert bei 175° u. 0,5 mm), durch langsames Erhitzen von **XIV**, **X** u. K_2CO_3 auf 200°; decarboxyliert beim Erhitzen mit 2.5-Dichlorbenzolsulfonsäure auf 200° u. liefert Cyclohexadien. Analog *2.4-Dioxabicyclo-[3.2.2]-nonanon-(3)*, $C_7H_{10}O_3$, aus Cyclohexandiol-(1.4); 12% (unrein). — *2.4-Diazabicyclo-[3.3.1]-nonanon-(3)*, F. 323° (sublimiert bei 210° u. 0,3 mm), durch 2std. Erhitzen von **XI**, **X** u. NaH; 26,0%. — *Cyclohexan-1.3-dicarbonsäureimid* [**VI**, *3-Azabicyclo-[3.3.1]-nonandion-(2.4)*], $C_8H_{11}NO_2$, F. 189,0—191,0° (sublimiert bei 120° u. 1 mm), durch Zugabe von 30%ig. NH_4OH zu **XII**, Abdest. des W. u. Erhitzen mit freier Flamme; 52,1%. — *Cyclohexan-1.3-dicarbonsäure-N-methylimid* [*3-Methyl-3-azabicyclo-[3.3.1]-nonandion-(2.4)*], $C_9H_{13}NO_2$, F. 58,5—59,5°, analog vorst. Verb. mit 40%ig. wss. **XIII**; 72,2%. — *Cyclohexandicarbon-*

säure-(1.3)-anhydrid [*3-Oxabicyclo-*[*3.3.1*]*-nonandion-(2.4)*], $C_8H_{10}O_3$, F. 167—186° (Bzl.-Hexan, sublimiert bei 140° u. 0,5 mm). — *2-Oxabicyclo-*[*2.2.2*]*-octanon-(3)* (I), F. 126 bis 127° (Heptan, sublimiert), durch Hydrieren von p-Hydroxybenzoesäure in Ggw. von RuO_2 in W. u. Dest. bei 190° u. 15 mm. — *6-Oxabicyclo-*[*3.2.1*]*-octanon-(7)*, $C_7H_{10}O_2$, F. 126—131° (Ae., sublimiert bei 100° u. 0,5 mm), durch Hydrieren von m-Hydroxybenzoesäureäthylester in Ggw. von RuO_2 in A. (→ *3-Hydroxycyclohexancarbonsäureäthylester*, $Kp._{0,5}$ 90°) u. 1std. Erhitzen mit Bleiglätte auf 190°. (J. Amer. chem. Soc. **80.** 6412—20. 5/12. 1958. Wilmington, Del., E. I. du Pont de Nemours & Co., Inc., Textile Fibers Div., Pioneer Res. Div.) B. GNAUCK. B 123

Nelson J. Leonard, Theodore L. Brown und **Terry W. Milligan,** *Transanulare Wechselwirkung zwischen Schwefel und Carbonylgruppe. 1-Thiacyclooctanon-(5)* (I) besitzt ein außergewöhnliches IR-Maximum (Schulter bei 1684 cm^{-1}) neben der n. starken Carbonylbande bei 1703 cm^{-1}. Sein Dipolmoment beträgt 3,81 D in Bzl., die UV-Maxima (in Cyclohexan) liegen bei 226 $m\mu$ ($\varepsilon = 2445$) u. ca. 232 $m\mu$ ($\varepsilon = 2150$). Diese Daten deuten darauf hin, daß bei I z. T. nebenst. Form auftritt. — I, $C_7H_{12}OS$, F. 53,2—54,2° (Ae.-Pentan), durch DIECKMANN-Cyclisierung von Thia-$\gamma.\gamma'$-bis-buttersäurediäthylester (II) mit K-tert.-Butylat in Xylol bei starker Verdünnung u. hochtourigem Rühren, Hydrolyse u. Decarboxylierung, Reinigung durch Sublimation; 45% (Ausbeute); Nebenprod. 1.9-Dithiacyclohexadecandion-(5.13), F. 65—66°, tritt auf bei relativ schneller Zugabe (25 Std.) von II. (J. Amer. chem. Soc. **81.** 504—05. 20/1. 1959. Urbana, Ill., Univ. of Illinois, Noyes Chem. Labor.) B. GNAUCK. B 123

Momotaro Suzuki, Shozo Miyazaki und **Saku Takahashi,** *Untersuchung über die Bildung von Cyanwasserstoffgas durch elektrische Entladung.* 4. Mitt. (3. vgl. C. **1959. 10130.**) Die Bldg. von HCN in elektr. Entladungen in Mischungen von *Bzl.* + N_2, Bzl. + N_2 + H_2 u. Bzl. + NH_3 wird untersucht. — Apparatskizze. (J. chem. Soc. Japan, pure Chem. Sect. [Nippon Kagaku Zassi] **76.** 1345—50. Dez. 1955. Yokosuka, Boei Univ. [Orig.: japan.]) L. SCHULER. B 131

Douglas E. Applequist, Edwin C. Friedrich und **Max T. Rogers,** *Photodimere des Anthracens.* 2. Mitt. *Die elektrischen Momente und die Struktur der Photodimeren von 9-Halogenanthracenen.* (1. vgl. C. **1959.** 10858.) Die Dipolmomente der Photodimeren von *9-Brom-* u. *9-Chloranthracen* betragen Null. Hieraus wird geschlossen, daß beide Dimeren „Kopf-Schwanz"-Addukte (Halogen in 9.10'-Stellung) sind, d. h. trans-Struktur besitzen. Im Gegensatz dazu fanden GREENE u. Mitarbeiter (C. **1957.** 3249) bei der Photodimerisation von 9-Formyl-, 9-Hydroxymethyl- u. 9-Carbomethoxyanthracen „Kopf-Kopf"-Addukte (Substituenten in 9.9'-Stellung). Die Ursache der Unterschiede kann nicht nur die Abstoßung der Halogene sein. Vielleicht leisten polare Strukturen (vgl. nebenst. Formeln) Beiträge zum Übergangszustand. Es ist auch möglich, daß die Kopf-Schwanz-Addukte durch Gleichgewichtseinstellung gebildet werden, während die Bldg. der Kopf-Kopf-Derivv. durch den kinet. Verlauf der Rk. gesteuert wird. — *9-Chloranthracen*, F. 98—101° (95%ig. A.), durch 1std. Kochen von Anthracen, PCl_5 u. Benzol. — *9.10'-Dichlordianthracen*, $C_{28}H_{18}Cl_2$, F. 209—210° (Zers.; Bzl.), durch 35tägige Sonnenbestrahlung vorst. Verb. in Benzol. (J. Amer. chem. Soc. **81.** 457—58. 20/1. 1959. Urbana, Ill., Univ. of Illinois, Noyes Chem. Labor.; East Lansing, Mich., Michigan State Univ., McKedzie Chem. Labor.) B. GNAUCK. B 132

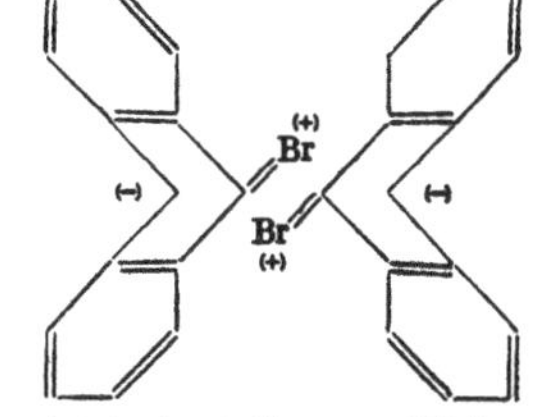

B. Kastening und **L. Holleck,** *Über die Kinetik der Elektrodenprozesse bei der Carbonyl- und Nitrogruppenreduktion an Quecksilberkathoden.* 1. Mitt. *Die Unterdrückung der Sekundärreduktion im alkalischen p_H-Bereich.* Bei der polarograph. Red. von aromat. Carbonyl- oder Nitroverbb. kann die Grenzstromstärke im alkal. Bereich auf Werte sinken, die der Aufnahme von nur einem Elektron entsprechen. Vff. diskutieren die möglichen Gründe hierfür unter der Annahme, daß nur Rkk. erster Ordnung in Betracht kommen. Hierzu gehören 1. eine chem. Rk. des prim. Reduktionsprod. vor der Weiter-Rk. in Konkurrenz zur Abdiffusion des Primärprod.; 2. eine Rk. des Primärprod. unter Bldg. von 2 Prodd., von denen nur eins weiter reduzierbar ist, u. 3. der Depolarisator liegt in der Lsg. in 2 Formen vor u. nur das prim. Reaktionsprod. der einen Form ist weiter reduzierbar. Eine Entscheidung darüber, welcher dieser Mechanismen vorliegt, kann aus dem zeitlichen Verlauf der Stromstärke an einem Einzeltropfen in Verbindung mit der Abhängigkeit von der Pufferkonz. erhalten werden. Ausgehend von der Differentialgleichung von ILKOVIC erhalten Vff. Beziehungen für diese Zusammenhänge, die am Beispiel der polarograph. Red. von *Benzaldehyd* (I) u. *p-Nitranilin* (II) im p_H-Bereich von 6—12,3 experimentell geprüft werden. Der Vgl. mit den theoret. Überlegungen zeigt, daß bei beiden Stoffen der Primärred. ein Dissoziationsgleichgewicht vorgelagert ist. Bei I kann die Verringerung des Grenzstromes auf die Konkurrenz von 2 Reduktionsvorgängen, die das freie Mol. u. das Kation erfassen, zurückgeführt werden. Bei II besteht eine Konkurrenz zwischen der Protonenanlagerung an das prim. entstandene Radikalamid u. seiner Abdiffusion. (Z. Elektrochem., Ber. Bunsenges. physik. Chem. **63.** 166—76. 1959. Hamburg, Univ., Inst. für physikal. Chem.) H.-U. Woelk. B 142

L. Holleck und **B. Kastening,** *Über die Kinetik der Elektrodenprozesse bei der Carbonyl- und Nitrogruppenreduktion an Quecksilberkathoden.* 2. Mitt. *Die Wirkung von Inhibitoren auf die p-Nitranilinreduktion.* (1. vgl. vorst. Ref.) Vff. erörtern die Möglichkeiten für die Wrkg. von Inhibitoren bei der polarograph. Red. von *p-Nitranilin.* Das dabei beobachtete Absinken des Grenzstromes bei hohen p_H-Werten u. der Verlauf der Strom/Zeit-Kurven am Einzeltropfen können nicht mit mechan. Hemmungen erklärt werden (vgl. vorst. Ref.). Die experimentelle Best. der Strom/Zeit-Kurven am Einzeltropfen mit Campher als Inhibitor (0,04—0,15%) bei verschied. Potentialen legt eine Deutung durch Verlangsamung der Durchtritts-Rk. nahe, die zur Weiterred. des prim. gebildeten Radikalanions führt. Die Abhängigkeit des Adsorptionsgleichgewichtes vom Potential kann aber nicht das Aufhören der Inhibitorwrkg. bei negativen Potentialen bewirken. Hier spielt auch eine zeitliche Verzögerung der Gleichgewichtseinstellung eine Rolle. (Z. Elektrochem., Ber. Bunsenges. physik. Chem. **63.** 177—81. 1959.) H.-U. Woelk. B 142

K. L. Butcher und **G. M. Nickson,** *Ein modifiziertes Eiscalorimeter. Reaktionswärme zwischen Hexen-(1) und Schwefelsäure.* Mit einem näher beschriebenen Calorimeter untersuchten Vff. die Wärmetönung der heterogenen Rk. zwischen *Hexen-(1)* (I) u. wss. 79,57 gew.-%ig. H_2SO_4. Die Versuchstechnik sowie die besonderen Maßnahmen zur weitgehenden Unterbindung der möglichen Neben- u. Folge-Rkk. bzw. zur Abschätzung der Einfll. auf die Ergebnisse werden dargestellt. Für die Bildungswärme des *sek.-Hexylhydrogensulfates* (II) ergab sich 32,3 ± 0,24 kcal/Mol bei 0°. Die Reaktionswärme der wichtigsten Folge-Rk., der Hydrolyse des prim. gebildeten Hexylsulfates über das Carbonium- in das entsprechende Alkoxoniumion (ROH_2^+) ist verschwindend klein (innerhalb der Grenzen ± 0,6 kcal/Mol). Eine Diskussion des Verlaufs der frei werdenden Wärme führt zu folgenden Aussagen: Die Ausbildung der Grenzfläche zwischen I u. H_2SO_4 erfolgt autokatalyt. durch das oberflächenakt. II, u. die Lösungsgeschwindigkeit von I ist größer als seine Reaktionsgeschwindigkeit. (Trans. Faraday Soc. **54.** 1195—1202. Aug. 1958. Leeds, Univ. of Leeds, Chem. Engng. Dep.) W. Wagner. B 156

Kōzō Shinoda, *Vergleichende Untersuchung über die kritische Micellkonzentration von oberflächenaktiven Stoffen, die am Ende ihrer Kohlenwasserstoffketten ein oder zwei dissoziierbare Gruppen besitzen.* Mathemat. Ableitungen. — 30 Literaturhinweise. (J. chem. Soc. Japan, pure Chem. Sect. [Nippon Kagaku Zassi] **76.** 807—10. Juli 1955. Yokohama, Nat. Univ. [Orig.: japan.]) L. Schuler. B 160

Tamotsu Kondo, *Verhalten von Farbstoffionen in Lösungen von oberflächenaktiven Mitteln.* 1. Mitt. *Wechselwirkungen von einfachen p_H-Indicatoren mit oberflächenaktiven Mitteln.* Die Absorptionsspektren der Mischungen *Methylorange–Dodecylpyridiniumbromid* u. *Neutralrot–Na-Dodecylsulfat* werden bei 15 ± 2° untersucht. Die Farbstoffkonz. wird konstant gehalten, nur die Konz. des oberflächenakt. Mittels u. das p_H der Mischung werden variiert. Bes. erörtert wird die Änderung in der Lichtabsorption nahe der krist. Micellkonzentration. (J. chem. Soc. Japan, pure Chem. Sect. [Nippon Kagaku Zassi] **76.** 1374—78. Dez. 1955. Tokyo, Musashi Univ. [Orig.: japan.]) L. Schuler. B 160

Michio Shirai, *Dielektrische Untersuchungen an kolloidalen Elektrolyten.* Überblick über frühere Arbeiten (vgl. C. **1959.** 26; C. **1958.** 638 u. früher). Der osmot. Koeff. u. die Äquivalentleitfähigkeit wss. Lsgg. von langkettigen Alkylammoniumchloriden (*Octyl-, Decyl-, Dodecyl-, Tetradecyl-, Hexadecyl-, Octadecylaminhydrochlorid, Dodecylaminhydrobromid* u. *-jodid, Na-Dodecylsulfat* u. *Na-Oleat*) fallen bei einer bestimmten Konz. plötzlich ab, was auf die Bldg. von Micellen zurückgeführt werden kann. Die Hochfrequenzleitfähigkeit nimmt, wie Verss. des Vf. gezeigt haben, an diesem Punkt beträchtlich zu, ein Effekt, der durch die Debye-Falkenhagensche Theorie der starken Elektrolyte erklärt wird. Mittels dieser Theorie läßt sich auch das Ansteigen der DK. der Verbb. in wss. A. jenseits der krit. Micellenkonz. (kMK) deuten. Die fettsauren Salze (*Dodecylammoniumformiat, -acetat, -n-propionat, -n-butyrat*) der höheren Alkylamine sind in wss. Lsg. stark dissoziiert. In Bzl. nimmt die Mol.-Polarisation mit steigender Konz. ab. Die Steigung der Kurve $P_{Mol} = f(c)$ ist von der Kettenlänge des KW-restes der Säure abhängig. Elektrostat. Wechselwrkg. zwischen großen ion. Micellen u. entgegengesetzt geladenen kleinen Ionen ist wahrscheinlich verantwortlich für den plötzlichen Anstieg der Überführungszahlen der Kationen bei der kMK u. den Abfall der elektrophoret. Beweglichkeiten. Die Micellenionen der Amine werden bei der theoret. Behandlung als polyvalente Ionen koll. Dimensionen mit einer Vielzahl von effektiven Ladungen angesehen. (Sci. Pap. Coll. gen. Educat., Univ. Tokyo **7**. 23—51. Juni 1957. Tokyo, Univ., Coll. of Gen. Educat., Chem. Inst. [Orig.: engl.]) H. Nöth. B 162

I. M. Bochowkin, *Oberflächenspannung binärer Systeme aus Essigsäure und ihren Chlorderivaten.* (Vgl. C. **1957**. 5226.) Bei 40, 50 u. 60° wird die Oberflächenspannung der bin. Systeme aus *Essigsäure* mit *Mono-* (bis 60%), *Di-* (bis 90%) u. *Trichloressigsäure* (I, bis 50%) gemessen. Es werden in allen Fällen lineare Änderungen mit der Zus. ohne Anzeichen einer chem. Rk. zwischen den Komponenten festgestellt, während der F. im Syst. mit I ein scharfes Eutektikum bei 40% I zeigt. (Журнал Общей Химии [J. allg. Chem.] **26** (88). 2953—55. Nov. 1956. Archangelsk, Forsttechn. Inst.) R. K. Müller. B 166

Ju. I. Bochowkina, *Physikalisch-chemische Analyse binärer Systeme aus Acetamid und organischen Säuren. 4. Mitt. Oberflächenspannung binärer Systeme aus Acetamid und Essigsäure oder ihren Chlorderivaten.* (3. vgl. C. **1957**. 12414.) Die Oberflächenspannung des Syst. *Acetamid* (I)–*Essigsäure* bei 20, 60 u. 80° ändert sich linear mit der Zus.; das F.-Diagramm zeigt ein Eutektikum mit 28,5% I bei —17°. Die Isothermen der Oberflächenspannung der Systeme I–*Mono-* (II) u. I–*Trichloressigsäure* (III) bei 50, 60 u. 70° lassen durch einen Knick auf chem. Verbb. mit I : II (III) = 1 : 2 schließen. Das F.-Diagramm zeigt bei I-II 2 Eutektika (55,1% I, 5,6°; 45% I, 4,7°) u. einen peritekt. Punkt (34,05% I, 13,2°), Maximum bei 50% I u. 8°, das von I-III 2 Maxima (1 : 1 26°, 1 : 2 29,3°) u. 3 Eutektika (64,12 41,7, 24,2% I, 14,0, 20,6, 22,3°). (Журнал Общей Химии J. allg. Chem.] **26** (88). 2955—59. Nov. 1956. Archangelsk, Forsttechn. Inst.) R. K. Müller. B 166

W. W. Udowenko und **R. I. Chomenko,** *Viscosität binärer Systeme mit Chloral.* 2. Mitt. (1. vgl. C. **1957**. 12413.) Die Isothermen der Viscosität der Systeme *Chloral* (I)–*Phenol* (II) bei 40, 60 u. 80° u. I–*o-*, *m-*, *p-Kresol* (*o-*, *m-*, *p-*III) bei 25, 50 u. 75° zeigen Maxima, die sich bei höherer Temp. verflachen. Im Syst. I–II bildet sich in fl. Phase eine Verb. 1 : 3, bei 6tägigem Erhitzen im Mol-Verhältnis 1 : 2 eine Mol.-Verb. (über H-Bindung); bei Belichtung von I-II-Gemischen werden 0,3% HCl entwickelt, es entsteht Bis-hydroxyphenyltrichloräthan. Die Maxima der Viscositätsisothermen in den Systemen I-III entsprechen ca. 40 (o-III) bzw. 33 (m-, p-III) Mol-% I. Unter dem Einfl. geringer HCl-Mengen scheidet sich im Syst. I–p-III 2-[*Trichlorhydroxyäthyl*]-*p-kresol*, F. 147° (Bzl.), aus. (Журнал Общей Химии [J. allg. Chem.] **26** (88). 2959—63. Nov. 1956. Zentralasiat. Univ.; Kiew, Polytechn. Inst.) R. K. Müller. B 172

W. W. Udowenko und **R. I. Chomenko,** *Viscosität binärer Systeme mit Chloral.* 3. Mitt. (2. vgl. vorst. Ref.) Viscosität u. D. der bin. Systeme aus *Chloral* (I) mit *Aceton* (25, 35, 50°), *Methyläthylketon* (25, 50, 75°) u. *Methylpropylketon* (25, 50, 75°) werden tabellar. mitgeteilt. In diesen Systemen werden keine Mol.-Verbb. gebildet. Die Kurven der Viscosität des bin. Syst. I–*Acetylaceton* (II) bei 85,75 u. 65° (von 85° her aufgenommen) zeigen ein singuläres Maximum bei der Zus. 1 : 1 Mol, das einer Verb. $CCl_3CHO \cdot C_5H_8O_2$ entspricht. In dieser Verb. läßt sich II leicht durch W. ersetzen. (Журнал Общей Химии [J. allg. Chem.] **26** (88). 3270—73. Dez. 1956.) R. K. Müller. B 172

W. W. Udowenko und **R. I. Chomenko,** *Viscosität binärer Systeme mit Chloral.* 4. Mitt. (3. vgl. vorst. Ref.) Viscosität u. D. der bin. Systeme aus *Chloral* mit *Acetophenon*, *Benzophenon*, *Benzaldehyd* u. *Salicylaldehyd* bei 25, 50 u. 75° zeigen stetigen Verlauf mit der Zus., eine zur Bldg. einer Mol.-Verb. führende Rk. tritt demnach in diesen Systemen nicht auf. (Журнал Общей Химии [J. allg. Chem.] **27** (89). 37—40. Jan. 1957.) R. K. Müller. B 172

W. W. Udowenko und **R. I. Chomenko,** *Viscosität binärer Systeme mit Chloral.* 5. Mitt. (4. vgl. vorst. Ref.) Viscosität u. D. der bin. Systeme aus *Chloral* (I) mit *Ameisensäureäthylester*, *Essigsäureäthylester*, *Ae.* u. *Anisol* bei 25, 35 u. teilweise bei 50 u. 75° werden tabellar. mitgeteilt. In allen diesen Systemen ist eine Rk. der Komponenten miteinander nur angedeutet. Deutlich erkennbar ist sie aus einem Maximum der Viscosität bei der mol. Zus. 1 : 1 im Syst. I–*Acetessigester* (II) bei 25° u. (schwächer) bei 50 u. 75°; dies wird auf die Ggw. einer OH-Gruppe in der Enolform des II zurückgeführt. (Журнал Общей Химии [J. allg. Chem.] **27** (89). 322—25. Febr. 1957. Kiew, Polytechn. Inst.) R. K. Müller. B 172

W. W. Udowenko und **R. I. Chomenko,** *Viscosität binärer Systeme mit Chloral.* 6. Mitt. (5. vgl. vorst. Ref.) Die Viscosität bei 25, 50 u. 75° der bin. Systeme aus *Chloral* (I) mit *Ameisensäure, Essigsäure* u. *Buttersäure* zeigt beim Mol-Verhältnis 1:1 ein mit steigendem Mol.-Gew. der Säure schärfer werdendes Maximum, das auf eine zur Bldg. einer Verb. führende chem. Rk. schließen läßt; es verschiebt sich mit steigender Temp. nach der Seite der Säure. Allg. ist aus den bisherigen Verss. zu schließen, daß eine Verb. mit I dann gebildet wird, wenn die andere Komponente eine OH-Gruppe enthält. Im Syst. I-*Nitromethan* (II) ändern sich die Isothermen der Viscosität (bei 25, 50 u. 75°) linear mit der Zus., die Isothermen der D. sind konkav nach der Achse der Zus.; diese Beobachtung wird zu dem Vorhandensein einer aci-Form des II in Beziehung gesetzt. (Журнал Общей Химии [J. allg. Chem.] **27** (89). 583—85. März 1957.)

R. K. Müller. B 172

Michie Shimizu, *Dielektrische Eigenschaften von Stoffen, die in monomolekularer Schicht adsorbiert sind.* 3. Mitt. *Dielektrische Polarisation von Äthanol, adsorbiert an Tonerdegel.* (2. vgl. C. **1950/54.** 4501 S.) Die dielektr. Polarisation u. der Gleichgewichtsdruck bei der Adsorption von *A.* an Al_2O_3-Gel bei Tempp. von Raumtemp. bis 110° werden bestimmt. Aus den Daten wird auf den Mechanismus der Adsorption zurückgeschlossen. (J. chem. Soc. Japan, pure Chem. Sect. [Nippon Kagaku Zassi] **76.** 1030—34. Sept. 1955. Sendai, Tohoku Univ. [Orig.: japan.])

L. Schuler. B 176

Günther Wagner und **Hans Kühmstedt,** *Über das Verteilungsverhalten von Salicylamidglykosiden und Salicylamidaglykonen.* 5. Mitt. *über „Phenolglykoside".* (4. vgl. C. **1959.** 1784.) Die R_F-Werte einiger Salicylamidglykoside (SAG) wurden in verschied. Verteilungsmitteln auf gepufferten Papieren bestimmt. Die Glykoside des Salicylsäuredimethylamids (I) zeigen grundsätzlich niedrigere R_F-Werte als die entsprechenden Salicylsäuremethylamid (II)-Glykoside, ebenso wie undissoziiertes I niedrigere R_F-Werte besitzt als undissoziiertes II. Dieses Verh. wird mit der Bldg. hydrophober Assoziate der N-un- bzw. monosubstituierten SAG mit einem brückenbildenden H-Atom am Säureamidstickstoff erklärt. Andererseits wird die Möglichkeit der Bldg. einer intramol. Chelatstruktur diskutiert. Folgende Verbb. wurden untersucht: *Salicylamid-, Salicylmethylamid-, Salicyldimethylamid-, Salicyl-n-propylamid-, Salicylisopropylamid-β-D-glucopyranosid, Salicylamid-, Salicylmethylamid-, Salicyldimethylamid-, Salicyl-n-propylamid-, Salicylisopropylamid-β-D-galaktopyranosid, Salicylamid-, Salicylmethylamid-, Salicyldimethylamid-β-D-xylopyranosid, Salicylamid-, Salicylmethylamid-, Salicyldimethylamid-α-L-arabopyranosid, Salicylamid,* I, II u. *Salicylisopropylamid.* (Arch. Pharmaz. Ber. dtsch. pharmaz. Ges. **290/62.** 313—17. Juli 1957.)

H. Rossow. B 177

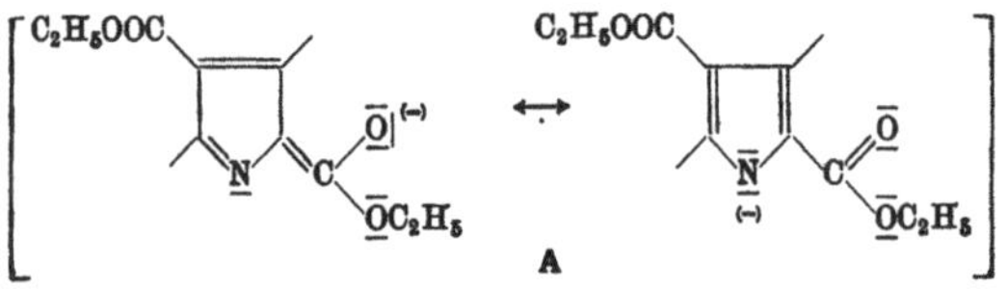

Alfred Treibs und **Anton Dietl,** *Konstitution und Reaktionen der Pyrrol–Alkali-Salze.* (Vgl. C. **1958.** 4736.) Zur Gewinnung von Pyrrol (I)-Salzen wurde die stöchiometr. Menge an I oder substituiertem I zur Lsg. von K, Na oder Li in fl. NH_3 gegeben. In sd. Toluol (II) oder Xylol (XII) reagiert nur K glatt, Na ist weniger reaktiv, Li reagiert nicht. Butyl-Li lieferte in Bzl. *Pyrrol-Li.* Die krist., negativ substituierten Pyrrole ließen sich infolge ihrer geringen Löslichkeit in fl. NH_3 nicht glatt in Salze überführen. *2.4-Dimethyl-3.5-dicarbäthoxypyrrol* (III)-*Na* wurde unter Erwärmen in II u. durch 2std. Kochen dargestellt. Zur Ermittlung der Konst. der Salze wurden die IR-Spektren von fl. I, I-K (in KBr), III (in KBr) u. III-Na (in Nujol) zwischen 650 u. 4000 cm^{-1} aufgenommen. Wegen der leichten Hydrolysierbarkeit durch Luftfeuchtigkeit war eine Unters. der Na- u. Li-Salze sowie aller Salze des 2.4-Dimethylpyrrols (IV) nicht möglich. Für eine Atombindung N—K bzw. N—Na ergeben sich keine Anhaltspunkte. Im Spektr. von III-Na fehlt die NH-Valenzschwingung (3,06 μ), neben der n. Carbonylbande der β-Carbäthoxygruppe tritt eine starke Bande bei 6,26 μ auf. Daraus wird geschlossen, daß im Salz die Mesomerie auf der Seite von **A** liegt. Die Salzbldg. in fl. NH_3 u. in II gelang ferner beim 2.4-Dimethyl-5-carbäthoxypyrrol mit K u. Li, nicht aber bei 2.4-Dimethyl-3-carbäthoxypyrrol (V). Die Mg-Verb. wird jedoch gebildet u. liefert *2.4-Dimethyl-3-carbäthoxy-5-phenylcarbamoylpyrrol* sowie *2.4-Dimethyl-3-carbäthoxy-5-anilidosulfinylpyrrol.* Die zum N-Methylderiv. führende Rk. mit CH_3J erfolgt nach Vff. mit der Form **A.** Die leichtere alkal. Verseifbarkeit von α-Pyrrolcarbonsäureestern u. andererseits die bevorzugte Verseifbarkeit der analogen β-Verbb. mit konz. H_2SO_4 wird so theoret. begründet. Die Rkk. der K- u. Na-Salze von Pyrrolen mit Halogenverbb. liefern also N-Derivv., dagegen führen die der Li- u. Mg-Verbb. zu C-Derivv.; dies wird mit den Ionenradien der Metalle in Zusammenhang gebracht. Untersucht wurden ferner die Rkk. von Pyrrolen in alkal.-wss. Medium mit Chlf. (Aldehydsynth.), mit Benzylchlorid (**VI**) u. mit Dimethylsulfat (**VII**). 3-Methyl-2.4-dicarbäthoxypyrrol reagierte nicht mit $CHCl_3$. Bei der Benzylierung ist die Art des Alkalis (KOH, NaOH oder LiOH) ohne Einfl. auf den Ort der Substitution, offenbar ist im wss. Syst. die Pyrrolenstruktur **C** reaktionsbestimmend. Als brauchbare Substitutionsmeth. erwies sich die VILSMEIER-Aldehydsynth. nach SILVERSTEIN u. Mitarbeitern (C. **1957**. 4101) mit Dimethylformamid (**VIII**) u. $POCl_3$. Weniger leicht erfolgt die MANNICH-Rk., die zwar mit freiem Amin gelingt, besser aber mit HCHO u. dem sek.-Aminsalz durchgeführt wird. Das nach BACHMANN u. HEISEY (J. Amer. chem. Soc. **68**. [1946.] 2496) nicht darstellbare *1-Methyl-2-dimethylaminomethylpyrrol* konnte erhalten werden. 1-Carbäthoxypyrrol reagierte allerdings nicht. Bei Durchführung der SCHOTTEN-BAUMANN-Rk. mit N-Methylpyrrol (**IX**) entstand unerwartet nur *Benzoesäureanhydrid* (**X**). Vff. zeigen, daß **IX** die Bldg. von **X** aus Benzoylchlorid katalysiert. Vermutlich verläuft die Rk. über nebenst. Zwischenstufe. Chlorkohlensäureester reagierten mit **IX** in Lauge nicht. In Pyridin (**XI**) entstand jedoch eine Verb., die vermutlich als *2-[N-Carbäthoxy-1.2-dihydropyridyl-(2)]-N-methylpyrrol* anzusprechen ist. Eine ähnliche Verb. erhielten TREIBS u. OHORODNIK (C. **1958**. 6813) aus 2-Methyl-3-carbäthoxy-3-hydroxypyrrol, diese hat vielleicht die Konst. 2-[N-Acetyl-1.2-dihydropyridyl-(2)]-3-acetoxy-4-carbäthoxy-5-methylpyrrol.

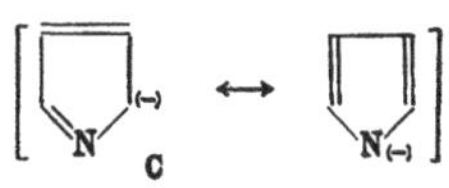

Versuche: *1-Methylpyrrol* (**IX**), Kp. 112°, durch Zugabe von **VII** in Ae. zu I-K in Ae. u. 2std. Kochen; 56% (Ausbeute). — *1.2.4-Trimethylpyrrol* (**XVIII**), $C_7H_{11}N$, $Kp._{10}$ 78° (luftempfindlich), durch 2std. Kochen von **IV**-K mit **VII** in **II**. — *1-Carbäthoxypyrrol*, $Kp._{12}$ 65°, durch Zugabe von Chlorkohlensäureäthylester (**XIII**) in absol. Ae. zu I-K u. 1std. Kochen; 88%. — *1-Carbäthoxy-2.4-dimethylpyrrol* (**XIV**), $C_9H_{13}NO_2$, $Kp._{22}$ 118°, durch Zugabe von **IV**-K in warmem **XII** zu **XIII** in **XII** u. 2std. Kochen; 41%. — *2-Carbäthoxypyrrol*, F. 30—40°, $Kp._{12}$ 110—140°, durch Zugabe von **XIII** zu I-Li (aus Butyl-Li u. I in Ae) in Ae. u. 1std. Kochen; 29%. — *2.4-Dimethyl-5-carbäthoxypyrrol*, F. 125° (A.), analog vorst. Verb. aus **IV**-Li. — *2-Methyl-3-carbäthoxy-5-phenylcarbamoylpyrrol*, $C_{15}H_{16}N_2O_3$, F. 122° (PAe. oder wss. Methanol), durch 2std. Kochen von Mg-Spänen, C_2H_5Br u. 2-Methyl-3-carbäthoxypyrrol, Zugabe von Phenylisocyanat in Ae. u. 1½std. Kochen; 41%. — *2.4-Dimethyl-3-carbäthoxy-5-phenylcarbamoylpyrrol*, F. 180° (sublimiert bei 200° im Hochvakuum), analog vorst. Verb. aus **V**. — *2.4-Dimethyl-3-carbäthoxy-5-anilidosulfinylpyrrol*, $C_{15}H_{18}N_2O_3S$, F. 198° (Bzl.), durch Zugabe von Thionylanilin in Ae. zu C_2H_5MgBr u. **V** in Ae. u. 2std. Kochen unter ständigem Rühren; 34%. — *2.4-Dimethyl-3-carbäthoxy-5-formylpyrrol*, F. 164° (Bzl.), durch Zutropfen von konz., wss. KOH zu **V** u. Chlf. in A., 30 Min. bei 60° u. Kochen; 55%. — *2.4-Dimethyl-3-carbäthoxy-5-benzylpyrrol*, $C_{16}H_{19}NO_2$, F. 120° (Bzl.), a) durch 48std. Schütteln von **V** u. **VI** in wss. LiOH bei n. Temp. u. 4 Wochen Stehen; b) analog a) unter Zusatz von Bzl. durch 3std. Kochen; c) durch Zutropfen von **V** in Ae. zu C_2H_5MgBr in Ae., 1std. Kochen, Zugabe von **VI** in Ae. u. 10std. Kochen; 32%. — *2.4.5-Trimethyl-3-carbäthoxypyrrol*, F. 103° (A.), durch Kochen von **V** u. **VII** mit wss. LiOH u. Bzl.; 7%. — *1-Methyl-2-formylpyrrol*, $Kp._{12}$ 75°, durch Zutropfen von $POCl_3$ zu eiskaltem **IX** u. **VIII** unter Eiskühlung u. 2 Std. bei 100°; *Semicarbazon*, F. 205°. — *1-Carbäthoxy-2-formylpyrrol*, $C_8H_9NO_3$, $Kp._{14}$ 144°, wie Vorst. aus 1-Carbäthoxypyrrol; *Phenylhydrazon*, $C_{14}H_{15}N_3O_2$, F. 104° (A.); *Semicarbazon*, F. 186° (Zers.; A.). — *Pyrrol-α-aldehyd*, F. 50° (PAe.), durch 2tägiges Kochen vorst. Verb. mit wss. KOH, Ansäuern mit 2n H_2SO_4 u. Wasserdampfdestillation. — *1-Carbäthoxy-2.4-dimethyl-5-formylpyrrol*, $C_{10}H_{13}NO_3$, $Kp._{10}$ 155°, analog vorvorst. Verb. aus **XIV**; *Semicarbazon*, $C_{11}H_{16}N_4O_3$, F. 181° (A.); *Oxim*, $C_{10}H_{14}N_2O_3$, F. 125° (wss. A.); *Phenylhydrazon*, F. 91° (A.). — *2.4-Dimethylpyrrolaldehyd-(5)*, F. 90° (W.), durch 1tägiges Kochen vorst. Verb. mit wss. KOH. — *1-Methyl-2-dimethylaminomethylpyrrol*, $Kp._{12}$ 63°, durch Zugabe von **IX** zu HCHO + Dimethylaminhydrochlorid u. einige Zeit Erwärmen auf 70°; *Methojodid*, $C_9H_{17}JN_2$, F. 143° (Zers.; Methanol–Ae.); *Äthojodid*, $C_{10}H_{19}JN_2$, F. 118° (Zers.; Ae.). — *1.2.4-Trimethyl-3-carbäthoxy-5-dimethylaminomethylpyrrolhydrochlorid*, $C_{13}H_{23}ClN_2O_2$, F. 177° (A.), durch Rk. von 1.2.4-Trimethyl-3-carbäthoxypyrrol analog vorst. Verb. in Methanol. — *1-Carbäthoxy-2.4-dimethyl-5-[trimethylammoniomethyl]-pyrroljodid*, $C_{13}H_{23}\cdot JN_2O_2$, F. 88° (A.–Ae.), analog Vorst. aus **XIV**. — *1.2.4-Trimethyl-3-carbäthoxypyrrolcarbonsäure-(5)*, F. 158° (Zers.), durch 2std. Kochen von 1.2.4-Trimethyl-3.5-dicarbäthoxypyrrol (**XV**) in alkoh. KOH. — *1.2.4-Trimethyl-3-carbäthoxy-5-[p-nitrobenzolazo]-pyrrol*, $C_{16}H_{18}N_4O_4$, F. 168° (Dioxan), a) durch Kupplung vorst. Verb. in A. mit p-Nitrophenyldiazoniumacetat (**XVII**) in Eisessig; b) analog aus 1.2.4-Trimethyl-3-carbäthoxypyrrol (**XVI**) rote Nadeln. — *1.2.4-Trimethylpyrrolcarbonsäure-(3)*, $C_8H_{11}NO_2$, F. 191° (sublimiert im Vakuum), a) durch 2tägiges Kochen von **XV** mit alkoh. KOH; b) analog a) aus **XVI**; färbt sich an der Luft violett; liefert durch 1std. Kochen mit W. in Ggw. von p-Toluolsulfonsäure **XVIII**. — *1.2.4-Trimethyl-3-carboxy-5-[p-nitrobenzolazo]-pyrrol*, $C_{14}H_{14}N_4O_4$, F. 202° (lange rote Nadeln, Dioxan), durch Kupplung vorst. Säure mit **XVII**. — *1.2.4-Trimethyl-5-formylpyrrol*, braunes Öl, aus **XVIII**, **VIII** u. $POCl_3$; *Oxim*, F. 144° (wss. A.). — *2-[N-Carbäthoxy-1.2-dihydropyridyl-(2)]-N-methylpyrrol* (?), $C_{13}H_{16}N_2O_2$, F. 158° (Dioxan), durch Zugabe von **XIII** zu **IX** in **XI** unter Kühlung u. Zugabe von W.; > 50%. (Liebigs Ann. Chem. **619**. 80—95. 2/2. 1959. München, TH, Organ.-chem. Inst.) B. GNAUCK. B 182

T. Brotherton, B. Craven und **G. A. Jeffrey,** *Die Kristallstruktur von trans-DL-9.10-Methylenoctadecansäure. trans-DL-9.10-Methylenoctadecansäure*, $C_{19}H_{36}O_2$, F. 36°, krist. aus wss. Aceton in dünnen, monoklinen Platten. Die Elementarzelle hat die Dimensionen a = 9,75 ± 0,05; b = 4,98 ± 0,05; c = 41,1 ± 0,1 Å; β = 89° 28′; Raumgruppe ist C^5_{2h} — P 2_1/a; Z = 4. Die x- u. z-Parameter wurden mit Hilfe einer zweidimensionalen FOURIER-Analyse bestimmt. Ihre Werte sind $C_{(1)}$ (x =) 0,33; (z =) 0,031; $C_{(2)}$: 0,230; 0,058; $C_{(3)}$: 0,215; 0,083; $C_{(4)}$: 0,070; 0,101; $C_{(5)}$: 0,065; 0,133; $C_{(6)}$: 0,436; 0,152; $C_{(7)}$: 0,431; 0,187; $C_{(8)}$: 0,290; 0,202; $C_{(9)}$: 0,292; 0,243; $C_{(10)}$: 0,183; 0,260; $C_{(11)}$: 0,168; 0,291; $C_{(12)}$: 0,030; 0,307; $C_{(13)}$: 0,013; 0,345; $C_{(14)}$: 0,400; 0,360; $C_{(15)}$: 0,383; 0,395; $C_{(16)}$: 0,267; 0,413; $C_{(17)}$: 0,250; 0,449; $C_{(18)}$: 0,114; 0,465; $C_{(19)}$ (9.10-CH_2): 0,194; 0,247; $O_{(1)}$: 0,356; 0,014; $O_{(2)}$: 0,450; 0,028. Die Kristallstruktur ist ähnlich der der monoklinen u. langkettigen Fettsäuren mit vergleichbarer Kettenlänge. (Acta crystallogr. [Copenhagen] **11**. 546—51. 10/8. 1958. Pittsburgh, Pa., Univ.) C. GOTTFRIED. B 195

M. Bailey, *Die Kristallstruktur von 1.5-Dichloranthrachinon. 1.5-Dichloranthrachinon* krist. monoklin u. hat die Elementarzelle a = 11,01; b = 13,06; c = 3,84 Å; β = 92° 07′. Raumgruppe ist C^5_{2h} — P 2_1/a; Z = 2. Die Struktur wurde mit Hilfe von FOURIER-Projektionen, Liniensynthesen u. Differenzsynthesen aufgeklärt. Folgende Parameter wurden bestimmt: $C_{(1)}$ (x =) 0,2096; (y =) 0,8903; (z =) 0,238; $C_{(2)}$: 0,2123; 0,7864; 0,214; $C_{(3)}$: 0,1117; 0,7348; 0,089; $C_{(4)}$: 0,0143; 0,7864; 0,959; $C_{(5)}$: 0,0108; 0,8916; 0,986; $C_{(6)}$: 0,1082; 0,9483; 0,128; $C_{(7)}$: 0,0952; 0,0565; 0,117; $O_{(8)}$: 0,1745; 0,1086; 0,333; $Cl_{(9)}$: 0,3381; 0,9471; 0,425. In dem Gitter ist die Ebene des Mol. gegen die ab-Ebene 28° geneigt. Während die beiden äußeren Ringe einschließlich der Cl-Atome eben sind, ist der mittlere Ring leicht unter Bldg. einer Sesselform verzerrt, wahrscheinlich, um einen genügenden Abstand zwischen den Cl-Atomen u. den chinoiden O-Atomen herzustellen. (Acta crystallogr. [Copenhagen] **11**. 103—07. 10/2. 1958. Manchester, Imp. Chem. Ind., Dyestuffs Div., Res. Labor.) C. GOTTFRIED. B 195

O. Hassel und **Chr. Rømming,** *Korrekturen zu „Struktur der 1:1-Verbindung Pyridin–Jodmonochlorid."* Berichtigung zu C. **1958**. 10604. (Acta chem. scand. **11**. 195. 1957. Oslo, Univ., Kjem. Inst.) C. GOTTFRIED. B 195

Yoshiki Sato und **Saburō Nagakura,** *Untersuchung der Wasserstoffbindungen zwischen verschiedenen Phenolderivaten und einigen Protonacceptoren durch Infrarotspektroskopie.* Die Verschiebung der 1. Oberschwingung der ν (OH), die durch Bldg. von H-Bindungen bewirkt wird, wird in CCl_4-Lsgg. von Protondonatoren, wie *Phenol, 1-Naphthol, 2-Naphthol, o-, m-* u. *p-Kresol, m-* u. *p-Chlorphenol* u. Protonacceptoren, wie *Dioxan, Aceton, Methylacetat, Nitromethan* u. *Acetonitril*, untersucht. Auf der längerwelligen Seite der von freiem OH herrührenden Absorptionsbande lassen sich 2 Absorptionsbanden beobachten. Daß diese Banden von der Bldg. von H-Bindungen herrühren, wird bestätigt durch Temperaturabhängigkeit ihrer Intensitäten u. deren Konzentrationsabhängigkeit. Wenn für ein Proton ein doppeltes Mindestpotential angenommen wird (2 Minima), lassen sich die Befunde befriedigend erklären. (J. chem. Soc. Japan, pure Chem. Sect. [Nippon Kagaku Zassi] **76**. 1007—10. Sept. 1955. Tokyo, Educat. Univ. [Orig.: japan.]) L. SCHULER. B 223

A. P. Toropow, *Viscosität, Dichte und Bindungsenergie binärer Systeme aus Komponenten mit geometrisch ähnlichen Molekülen.* (Vgl. C. **1957**. 3768.) In Tabellen werden Viscosität u. D. bei 20, 40 u. 60° u. die daraus errechneten zwischenmol. Bindungsenergien ε_C (cal/Mol) der Moll. der Einzelkomponenten (A—A, B—B) u. der verschied. Komponenten ε_{12} (A—B) für folgende bin. Systeme mitgeteilt: *Bzl.-Pyridin*; *Toluol* (**I**)–*α-Picolin* (**II**); **I**-*Brombenzol* (**III**); **II**-**III**; **I**-*Chlorbenzol* (**IV**); *Cumol-Dimethylanilin* u. *$SnCl_4$–$TiCl_4$*, ferner ε_C u. ε_{12} für das Syst. **III-IV**. In allen Fällen zeigt sich, daß ε_C von der Zus. (in mol. Anteilen) linear abhängt. (Журнал Общей Химии [J. allg. Chem.] **26** (**88**). 3267—69. Dez. 1956. Zentralasiat. Univ.) R. K. MÜLLER. B 223

J. Haspra und **J. Paulech,** *Die Löslichkeit von Acetylen in Vinylacetat.* Es wurde die Löslichkeit von C_2H_2 in Vinylacetat im Bereich von 0—40° bei einem Partialdruck des C_2H_2 von 760 mm Hg über der Lsg. gemessen. Als Beziehung zwischen der Löslichkeit, ausgedrückt durch den BUNSEN-Absorptionskoeff. α u. der absol. Temp. T gilt die Gleichung $\log \alpha = 879{,}84/T - 1{,}9574$. Die mittlere Abweichung zwischen den berechneten u. gemessenen Werten beträgt $\pm 0{,}04\,\alpha$. (Chem. Průmysl 7 (32). 569—70. Okt. 1957. Nováky, Výskumný ústav acetylénovej chém.) J. SCHNEIDER. B 224

B. M. Patz, *Thermische Analyse der Naphthalinlösungen in Steinkohlenölen.* (Vgl. C. **1958.** 6208.) Wenn die Erniedrigung der Kristallisationstemp. des *Naphthalins* (I) im untersuchten Öl (Phenol-, I-, Absorptionsöl) Δ t, die kryoskop. Konstante K, die Öleinwaage g (in g), die I-Einwaage L, das Mol.-Gew. des Öls M ist, gibt die Beziehung $\Delta t = K \cdot g/L \cdot M$ keine zuverlässige Übereinstimmung mit dem Vers., da die M-Werte mit zunehmender Konz. zunehmen. Wesentlich bessere Konstanz von M wird nach dem Verf. von PRAHL (C. **1939.** II. 4534) erreicht. Die Unterss. bei 60—80° bestätigen, daß die I-Lsgg. in Mineralölen zu den nahezu idealen Systemen gehören. (Кокс и Химия [Koks u. Chem.] **1958.** Nr. 2. 50—51. Ukrain. Wiss. Forschungsinst. für Kohlechem.) R. K. MÜLLER. B 224

Sidney I. Miller, *Mehrfache Änderung bei Beziehungen zwischen Struktur und Reaktionsvermögen.* Als eine natürliche Erweiterung der linearen Beziehungen zwischen Struktur u. Reaktionsvermögen (z. B. HAMMETT-Gleichung oder SWAIN-SCOTT-Beziehung) schlägt Vf. eine Gleichung mit 4 Parametern vor: $y = p\,x + q\,x\,z + r\,z + s$. Diese soll bei doppelten Variationen der Strukturkonstanten x u. z verwendet werden. Die theoret. Grundlagen dieser Gleichung sowie ihre Fähigkeit, Daten vorherzusagen, auszuwerten u. zu speichern, werden behandelt. Für einen schnellen Überblick von verfügbaren Daten über Rkk., bei denen zwei strukturelle Änderungen lineare Beziehungen liefern, wird eine bequeme graph. Näherungsmeth. („generating procedure") entwickelt. Als Literaturbeispiele werden verwendet: die Kinetik der LOSSEN-Umlagerung u. der Solvolyse von Arylsulfonsäuremethylestern, die pK_a-Werte von 2.4- u. 2.5-disubstituierten Benzoesäuren in W. u. die Kinetik der Benzoylierung von 2.4- u. 2.5-disubstituierten Anilinen in Benzol. (J. Amer. chem. Soc. **81.** 101—06. 5/1. 1959. Chicago, Ill., Illinois Inst. of Technol., Dep. of Chem.) B. GNAUCK. B 225

C. Gardner Swain, Edward C. Stivers, Joseph F. Reuwer jr. und **Lawrence J. Schaad,** *Anwendung des Wasserstoffisotopieeffekts zur Bestimmung des angreifenden nucleophilen Agenses bei der durch Essigsäure katalysierten Enolisierung von Ketonen.* 1. Mitt. Die durch Essigsäure (II) katalysierte Enolisierung von Ketonen, die bei vielen Rkk. von Ketonen der geschwindigkeitsbestimmende Schritt ist, wurde am Beispiel des *α-Phenylisocaprophenons* (I) in wss. Dioxanlsg. untersucht. Zur Best. des nucleophilen Agenses bzw. der als Säure (A) u. Base (B) wirkenden Anteile des Katalysators werden die T-Isotopieeffekte (IE) der Racemisierung von opt.-akt. I (Geschwindigkeitskonstante k_H) u. der Abgabe von T von rac. $T_{(\alpha)}$-I an das Lösungsm. (k_T) verfolgt. Die Ergebnisse der Rk. in 8,4mol. wss. Dioxanlsg. von 0,1mol. Ionenstärke bei 98° waren: Katalysator $A = H_3O^+$, $B = H_2O$ k_H/k_T 9,7; II 11,4; $A = H_2O$, B = Acetation 10,2; $A = H_2O$, $B = OH^-$ 12,9. Vff. schließen aus dem Vgl. der Daten, daß die Katalyse der Rk. nicht durch einen Angriff eines II-Mol. auf das Keton-O(A-Wrkg.) u. Entfernung des α-H-Atoms durch W. (B-Wrkg.), sondern durch ein H_3O^+-Ion als A u. das Acetation als B erfolgt. Weiterhin wird auf den zunehmenden IE mit wachsender Basizität hingewiesen u. die IE von I mit den aus H–D-Effekten berechneten H–T-Effekte bei Aceton u. Nitromethan (vgl. REITZ [1939] u. früher) verglichen, wobei zur Berechnung die aus theoret. Überlegungen aufgestellte Gleichung $k_H/k_T = \alpha\,(k_H/k_D)^{1{,}442}$ mit $0{,}907 < \alpha < 1{,}157$ benutzt wird. Die Gültigkeit der Gleichung wurde experimentell überprüft. — I wurde in stereospezif. Folge aus Leucin hergestellt.

Versuche: *L(+)-Leucinäthylesterhydrochlorid,* F. 134,6—135°, durch Veresterung von *l*(—)-Leucin mit absol. A. u. HCl; $[\alpha]_D^{25}$ +19,8° (2%ig. Lsg. in absol. A.); 83% (Ausbeute). — *L(—)-α-(1-Aminoisoamyl)-benzhydrol,* $C_{18}H_{23}NO$, F. 134,6—135,3° (PAe., 90—100°), durch langsame Zugabe von Brombenzol zu Mg in Ae., 3 std. Rühren, langsames Zufügen vorst. Verb. unter leichtem Sieden, über Nacht stehenlassen; 78,2%. — *D(+)-α-Phenylisocaprophenon* (I), $C_{18}H_{20}O$, F. 50,4—50,6° (absol. A.), durch Lösen vorst. Verb. in 25%ig. II, Kühlen mit Eis u. tropfenweisem Zugeben von $NaNO_2$, ½ Std. unter weiterem Kühlen, Stehen bei Zimmertemp. über Nacht; $[\alpha]_D^{25}$ +160,5° (absol. A.); 80%. *$D_{(\alpha)}$-DL-I,* aus I, Na_2O u. D_2O in Dioxan, 4tägiges Kochen. *$T_{(\alpha)}$-DL-I,* F. 77,6—77,8°, durch Erhitzen von I mit konz. HCl u. Dioxan u. Zugabe von T-haltigem W. u. 7tägiges Kochen; 76%. — *p-Phenylphenacylacetat,* F. 110—112° (A.), aus Na-Acetat u. p-Phenylphenacylbromid. (J. Amer. chem. Soc. **80.** 5885—93. 5/11. 1958. Cambridge, Mass., Inst. of Technol., Dep. of Chem. and Labor. for Nucl. Sci.) W. SCHRAMM. B 225

S. Brownstein, C. A. Bunton und **E. D. Hughes,** *Die Umlagerung aromatischer N-Nitroamine.* 2. Mitt. *Isotopenuntersuchung des intramolekularen Charakters der Nitroübertragung von der Seitenkette in o- und p-Stellungen.* (1. vgl. C. **1953.** 2900.) N-Nitranilin (I) wurde in 74%ig. wss. H_2SO_4 bei -20^0 mit $K^{15}NO_3$ behandelt, dann erwärmt u. das aus *o-* (II) u. *p-Nitranilin* (III) bestehende Prod. nach chromatograph. Trennung auf seinen ^{15}N-Geh. untersucht. Da kein ^{15}N-Überschuß in den Prodd. gefunden werden konnte, muß auf einen rein intramol. Verlauf der Umlagerung gemäß I → $C_6H_5-NH_2^+NO_2$ → $C_6H_5NH_2^{+\cdot}$ · ONO → **A**, das entweder II oder über **B** III liefert, geschlossen werden. Wie l. c. gefunden wurde, lagert sich I in kalter 84%ig. H_2SO_4 glatt u. quantitativ um. In Ggw. von KNO_3 treten jedoch Nebenprodd. auf. In diesem Medium laufen offenbar Nitrierungen oder andere Rkk. (infolge der Ggw. von HNO_3) mit **I, II** oder **III** ab. Diese waren in 74%ig. H_2SO_4 nicht zu verzeichnen. (J. chem. Soc. [London] **1958.** 4354–57. Dez. London, Univ. Coll., William Ramsay and Ralph Forster Labors.) B. GNAUCK. B 225

H_2N^+ / H / ONO — A ⟶ H_2N^+ / H ONO — B

Vincent J. Traynelis und **Rocco F. Martello,** *Der Mechanismus der Reaktion von 2-Picolin-N-oxyd mit Acetanhydrid.* Bei der Rk. von 2-Picolin-N-oxyd (I) mit Acetanhydrid (II) in Ggw. von Styrol (III) erhielten Vff. wie BOCKELHEIDE u. HARRINGTON (C. **1957.** 7886) neben 60% Polystyrol 75% *Pyridyl-(2)-methylacetat* (**IV**). Außerdem wurden CO_2 u. CH_4 sowie 0,14% 2-Picolin gefunden. Zugabe von Radikalfängern (p-Benzochinon bzw. m-Dinitrobenzol) hemmte zwar die Polymerisation von **III** u. verminderte die CH_4-Bldg., die Ausbeute an **IV** wurde jedoch kaum beeinträchtigt. Der von BOCKELHEIDE u. HARRINGTON (vgl. l. c.) vorgeschlagene Radikalmechanismus der Bldg. von **IV** trifft also nicht zu. Daher wurde die Wrkg. der Zugabe von LiCl zur Rk. von **I** mit **II** in Pyridin (53% Ausbeute an **IV**) sowie die Rk. zwischen **I** u. Buttersäureanhydrid (**V**) in Ggw. von Na-Acetat (vgl. MICHAEL u. HARTMANN [1901]) untersucht. Bei dieser Rk. bildeten sich nur 69% *Pyridyl-(2)-methylbutyrat.* Hieraus schließen Vff., daß die Bldg. von **IV** aus **I** intramol. über N-Acetoxy-2-picoliniumacetat u. N-Acetoxy-1.2-dihydro-2-methylenpyridin erfolgt. Daneben tritt Spaltung der N–O-Bindung von **I**, entweder homolyt. unter Bldg. eines Radikalpaares oder heterolyt. unter Bldg. eines Ionenpaares, u. Rekombination zu **IV** auf. — *Pyridyl-(2)-methylacetat* (**IV**), $Kp._{22}$ 117,5–118^0, durch Zutropfen von **I** (F. 46–47^0, $Kp._{15}$ 132^0) zu sd. **II** (2 Std.) u. 1½ std. Kochen; n_D^{20} 1,4990; 87,4% (Ausbeute). — *Pyridyl-(2)-methylbutyrat,* $C_{10}H_{13}NO_2$, $Kp._{2,0}$ 97–98^0, durch Zutropfen von **I** zu **V** bei 130^0 (15 Min.) u. 35 Min. Erhitzen; n_D^{20} 1,4920; 64% (in Ggw. von Na-Acetat 69%). (J. Amer. chem. Soc. **80.** 6590–93. 20/12. 1958. Notre Dame, Ind., Univ., Chem. Labors.) B. GNAUCK. B 225

Tadaaki Nakabayashi und **Kesayoshi Kai,** *Kinetische Untersuchung der Clemmensen-Reduktion.* 1. Mitt. *Kinetik der Reduktion von p-Hydroxyacetophenon und das Elektrodenpotential von Zinkamalgam.* Untersucht wird die Geschwindigkeit der Red. von *p-Hydroxyacetophenon* (I) durch Zn–Hg u. HCl bzw. Zn–Hg u. HCl + KCl bei 60^0. Während des Reduktionsablaufs wird das Potential des Zn–Hg gegen n. Hg_2Cl_2-Elektrode bestimmt. In N_2-Atmosphäre verläuft die Red. des **I** zu *p-Äthylphenol* quantitativ. Die Red. ist 1. Ordnung bzgl. **I**, sie wird durch das Potential am Zn-Hg-Amalgam kaum beeinflußt. (J. chem. Soc. Japan, pure Chem. Sect. [Nippon Kagaku Zassi] **76.** 1332–39. Dez. 1955. Miyazaki, Univ. [Orig.: japan.]) L. SCHULER. B 225

Jitsuo Tsurugi, Miyoshi Uehara und **Susumu Kondo,** *Reaktion zwischen Diphenylmethan und Schwefel.* 4. Mitt. *Beschleunigende Wirkung von Anilin.* (3. vgl. J. chem. Soc. Japan, pure Chem. Sect. [Nippon Kagaku Zassi] **76.** [1955.] 190.) Die Rk. zwischen Diphenylmethan u. S bei 180^0 unter Bldg. von H_2S, $(C_6H_5)_2CS$ u. Bis-benzhydrylpolysulfid wird durch Anilin (**I**) beschleunigt, wobei 5–9mal soviel H_2S entsteht wie ohne **I**. Der Wasserstoff zur H_2S-Bldg. wird z. T. der Dehydrierung des **I** zugeschrieben. Bei Anwendung eines Überschusses an S ist die Geschwindigkeit (v) der H_2S-Bldg. 1. Ordnung bzgl. **I** u. unabhängig von der S-Konz., bei mittleren Tempp. ist v konstant, bes. im Anfangsstadium der Reaktion. Die Aktivierungswärme für die Rk., auch bei Bestrahlung u. Ggw. von Peroxyd wird zu 22,8–24,2 kcal/Mol errechnet. Ggw. von **I** erniedrigt den Wert bei 160–180^0 auf 9 kcal/Mol. (J. chem. Soc. Japan, pure Chem. Sect. [Nippon Kagaku Zassi] **76.** 1396–1400. Dez. 1955. Sakai, Naniwa Univ. [Orig.: japan.]) L. SCHULER. B 225

Jitsuo Tsurugi, Miyoshi Uehara und **Susumu Kondo,** *Reaktion zwischen Diphenylmethan und Schwefel.* 5. Mitt. *beschleunigende Wirkung verschiedener aromatischer Amine.* (4. vgl. vorst. Ref.) In Ggw. verschied. aromat. Amine, wie *N-Methylanilin, N.N-Dimethylanilin, Diphenylamin* u. *Triphenylamin,* als Beschleunigern ist die Geschwindigkeit der H_2S-Bldg. bei obiger Rk. umgekehrt proportional dem pK_b-Wert des Amins; bei kernsubstituierten Anilinen variiert sie entsprechend der HAMMETTschen Regel. Zusatz von Benzoesäure, Salicylsäure oder Phthalsäure verringert die beschleunigende Wrkg. der Amine erheblich. Es wird angenommen, daß das Amin dadurch wirkt, daß es ein S_8-Mol. mittels seines einsamen Elektronenpaars angreift u. die Öffnung des S_8-Rings unter Bldg. von $\cdot S_x \cdot$-Radikalen erleichtert. (J. chem. Soc. Japan, pure Chem. Sect. [Nippon Kagaku Zassi] **76.** 1400—03. Dez. 1955. [Orig.: japan.]) L. SCHULER. B 225

G. J. Hoijtink, *Eine allgemeine theoretische Annäherung an den Verlauf von chemischen Reduktionen, elektrochemischen Reduktionen und katalytischen Hydrierungen von Kohlenwasserstoffen mit konjugierten Doppelbindungen.* (Vgl. C. **1959.** 10839.) Die Red. u. Hydrierung aromat. KW-stoffe wurde auf Grund eines allg. ion. Reaktionsmechanismus $R^{2-} + H^+ \rightarrow RH^- + H^+ \rightarrow RH_2$ bzw. $R^- + H^+ \rightarrow RH + e \rightarrow RH^- + H^+ \rightarrow RH_2$ diskutiert. Von besonderer Wichtigkeit für den Reaktionsverlauf sind der Einfl. des durch das Proton hervorgerufene elektr. Feldes, welches sich in der monomol. Schicht der das Anion umgebenden Lösungsmittelmoll. ausbildet, u. der des elektr. Feldes in der elektr. Doppelschicht an den negativ geladenen Elektrodenoberflächen. Erfolgt die Red. des KW-stoffs in einem protonenakt. Lösungsm., so kann der Feldeinfl. auf den Reaktionsverlauf infolge der starken Solvatation der Ionen weitgehend vernachlässigt werden. Für die Berechnung wird angenommen, daß das elektr. Feld im Bereich des R^{2-}-Ions homogen u. daß der Logarithmus der Geschwindigkeitskonstanten der Protonenaddition an R^{2-} der Ladungsdichte am C-Atom linear proportional ist. Es ergibt sich, daß außer im Falle von *Bzl.* u. *Naphthalin,* die Anlagerung des Protons an R^{2-} bei hoher Feldstärke an anderer Stelle erfolgt als bei niederer. In welchem Maße die Rk. erfolgt, hängt vom Reduktionspotential, der Natur des Reduktionsmittels u. des Reaktionsmediums ab. In den Fällen, in denen das Radikalion zwei oder mehr gleichwertige Zentren besitzt, erfolgt die Protonenaddition so, daß das thermodynam. stabilste Dihydroderiv. entsteht. Eine spontane Isomerisierung erfolgt im allg. nicht, sondern läuft über eine Protonenübertragungs-Rk., z. B. $1.2\text{-}RH_2^{2-} + .4\text{-}RH_2 \rightarrow 1.2.3\text{-}RH_3^- + 1\text{-}RH^-$ ab. Bei der Red. mit Alkalimetallen erfolgt die Isomerisierung infolge der hohen Konz. an RH^- bes. rasch. Die Ergebnisse der theoret. Behandlung werden ferner an *Anthracen, Pyren, Phenanthren, Triphenylen, 1.2-Benzanthren, Diphenyl, Terphenyl* u. *Quaterphenyl* dargelegt u. mit den experimentellen Befunden der Red. mit den Alkalimetallen in inerten bzw. protonenakt. Lösungsmitteln, der elektrolyt. Red., der Red. mit Ca-Hexamin, der Hydrierung in Lösungsmitteln hoher u. kleiner DK. verglichen. (Recueil Trav. chim. Pays-Bas **76.** 885—906. Nov. 1957. Amsterdam, Free Univ., Chem. Labor.) H. NÖTH. B 225

Robert A. Clement und **Marian R. Rice,** *Lösungsmitteleffekte bei den Solvolysen von Alkylbromiden in wässerigem Äthanol.* Die Geschwindigkeit der Solvolyse von *Äthyl-* (I), *Isopropyl-* (II) u. *tert.-Butylbromid* (III) bei 25,10° wurde titrimetr. in 99 Gew.-%ig. u. 75,9 Gew.-%ig. A. (0,241 g W. + 0,759 g A.) bestimmt. Die k-Werte betragen für I [k″] $6{,}4 \cdot 10^{-9}$ bzw. [k′] $3{,}94 \cdot 10^{-8}$ [sec^{-1}], II $4{,}7 \cdot 10^{-9}$ bzw. $4{,}8 \cdot 10^{-8}$, III $5{,}4 \cdot 10^{-6}$ bzw. $3{,}66 \cdot 10^{-4}$. Zur Best. der Aktivität dieser Bromide in Lsg. wurden die Verteilungskoeffizienten D (Verhältnis der Gleichgewichtsdampfdichte in der Dampfphase zu der Konz. in der Lsg.) bestimmt: **I** 0,0047 bzw. 0,0105 [Mol/Liter : Mol/kg], **II** 0,0022 bzw. 0,0060, **III** 0,00131 bzw. 0,0046. Nach der von der BRØNSTED-Gleichung abgeleiteten Beziehung $k'/k'' = (D'/D'')F$ wurden die Faktoren F, die eine Funktion der Eigg. des Übergangszustandes sind, berechnet: **I** 2,8, **II** 3,8, **III** 19 bzw. *n-Butylbromid* 1,2 u. *tert.-Butylchlorid* 4,1. Die kinet. Lösungsmitteleffekte (k′/k″) nehmen ebenso wie die Aktivitätsverhältnisse (D′/D″) u. die F-Werte in der Folge **I** < **II** < **III** zu. Vff. weisen darauf hin, daß bei jeder Diskussion von kinet. Lösungsmitteleffekten der Mediumeffekt auf die Aktivität des Substrates nicht übersehen werden sollte. Es scheinen aber keine Beziehungen zu bestehen zwischen der Struktur des Substrats u. der Veränderung seiner Aktivität mit der des Mediums. Die Verwendung der BRØNSTED-Geschwindigkeitsgleichung gestattet es jedoch, das Aktivitätsverhältnis zu bestimmen, d. h. den Anteil am kinet. Lösungsmitteleffekt, der bei einer Diskussion dieser Effekte u. des Reaktionsmechanismus beiseite gelassen werden muß. Dabei besteht für den restlichen kinet. Lösungsmitteleffekt (F-Faktor) nur im Falle der unimol. Rkk. eine einfache Beziehung zu den Eigg. des Übergangszustandes: $F = (f^{\ddagger})_2/(f^{\ddagger})_1$, wobei $f^{\ddagger}$ die Aktivitätskoeffizienten der Übergangszustände in den Medien 1 u. 2 bedeuten. (J. Amer. chem. Soc. **81.** 326—29. 20/1. 1959. Chicago, Ill., Univ. of Chicago, Dep. of Chem., George Herbert Jones Labor.) B. GNAUCK. B 225

H. P. Burchfield und **Eleanor E. Storrs,** *Chemische Struktur und Dissoziationskonstanten von Aminosäuren, Peptiden und Proteinen in Beziehung zu ihrer Reaktionsgeschwindigkeit mit 2.4-Dichlor-6-[o-chloranilino]-symm.-triazin.* Aminosäuren, Peptide,

Coenzyme, Makromoll. u. verwandte Verbb. wurden auf ihre Empfindlichkeit gegenüber der Alkylierung durch *2.4-Dichlor-6-[o-chloranilino]-symm.-triazin* (I) getestet. *Asparaginsäure* (II) ist am wenigsten akt. (colorimetr. bestimmte) Geschwindigkeitskonstante k 2. Ordnung $1,2 \cdot 10^{-3}$ (Liter·Mol^{-1}·sec^{-1} bei 29° u. p_H 7,0). Mit Ausnahme von *Tyrosin* (k_{rel} 55) u. *Cystein* (**XXX**, 1000) reagieren die gewöhnlich vorkommenden Aminosäuren 2—10mal schneller. Die relativen k-Werte k_{rel} bzgl. **II** betragen für α- (**V**) 1,8, *β-Alanin* (**VI**) 2,2, *Glutaminsäure* (**XX**) 2,3, *Leucin* (**XV**) 3,3, *Thiamin* 3,9, *Serin* (**XII**) 4,3, *Asparagin* (**XVIII**) 4,8, *Valin* (**XVI**) 5,0, *Glutamin* (**XIX**) 5,1, *Isoleucin* (**XVII**) 5,4, *Threonin* (**XI**) 5,9, *Methionin* (**XIV**) 6,3, *Arginin* 6,4, *Histidin* 6,8, *Glycin* (**III**) 7,3, *Phenylalanin* (**XIII**) 7,6, *Tryptophan* 8,6, *Lysin* 9,2, *Alanylalanin* (**XXI**) 10, *Alanylphenylalanin* (**XXII**) 12, *Alanylglycylglycin* (**XXIII**) 13, *Leucylglycin* (**XXIV**) 15, *Nicotinamid* 16, *Taurin* (**VII**) 16, *Leucylglycylglycin* (**XXV**) 23, *p-Hydroxybenzoesäure* 27, *Glycylalanin* (**XXVII**) 36, *Glycyleucin* (**XXVI**) 36, *Glycylglycin* (**XXVIII**) 38, *Glycylglycylglycin* (**XXIX**) 43, *p-Hydroxyphenoxyessigsäure* 45, *Pyridoxin* 53, *Prolin* (**VIII**) 63, *Pyridoxamin* 87, *Pyridin* (**IV**) 177, *Hydroxyprolin* (**IX**) 185, *p-Aminobenzoesäure* (**X**) 230 u. *Glutathion* 1000. Verbb. mit sek.-Aminogruppen, **IV**-Derivv. u. Peptidketten beschleunigen die Rk. an der Endaminogruppe. Abweichungen hinsichtlich der Reaktionsordnung werden durch die Annahme erklärt, daß nur R—NH_2 u. R—S^--Gruppen nicht jedoch R—NH_3^+ u. R—SH-Gruppen an der Rk. teilnehmen können. Werden bei der Berechnung der k-Werte die Dissoziationskonstanten der Verbb. berücksichtigt, so findet man eine andere Reaktionsordnung: die korr. Werte k' betragen dann für **III** 3,5, **V** 1,0, **VI** 4,0, **VII** 1,1, **VIII** 300, **IX** 118, **IV** 2,1, **X** 0,28, **XI** 0,72, **XII** 0,74, **XIII** 1,2, **XIV** 1,2, **XV** 1,6, **XVI** 2,5, **XVII** 3,1, **XVIII** 0,37, **II** 0,47, **XIX** 0,82, **XX** 1,3, **XXI** 0,33, **XXII** 0,33, **XXIII** 0,24, **XXIV** 0,30, **XXV** 0,29, **XXVI** 0,88, **XXVII** 0,80, **XXVIII** 0,66, **XXIX** 0,46. Für Aminosäuren, die am α-C-Atom verschied. Substituenten haben, besteht eine Beziehung zwischen der Basizität u. der Tendenz einer Gruppe, an Austausch-Rkk. an positiv geladenen Zentren teilzunehmen (Nucleophilie). Die modifizierte Gleichung für die Rk. 2. Ordnung enthält einen Ausdruck für die H-Ionenkonz.; danach müssen Reaktionsgeschwindigkeiten bei Abnahme des p_H-Werts um 1,0 im physiol. Bereich um das 10fache absinken, wie es für **XXX** u. **III** beobachtet wurde (p_H 7,0 → 5,0). Verbb., die wichtige Stoffwechselprodd. alkylieren, dürften also bei Organismen mit niedrigen inneren p_H-Werten weniger wirksam sein. Die Empfindlichkeit von Proteinen gegenüber Alkylierung ist sehr unterschiedlich. *Edestin* gibt keine Rk. mit **I** wie z. B. *Eialbumin* (k_{rel} 1), *RNA* (0,4), *DNA* (1), *Intestinalphosphatase* (2), *Pepsin* (3), *Lysozym* (3), *Malzdiastase* (3), *Pankreasamylopsin* (3), *Trypsinogen* (5), *Urease* (7). Da die Reaktionsbereitschaft mit zunehmender Dissoziation steigt, wird vermutet, daß die Rk. der Proteinmoll. beschleunigt wird, wenn ihre funktionellen Gruppen in der jeweiligen Stellung stärker dissoziieren als die der freien Aminogruppen beim gleichen p_H-Wert. (Contr. Boyce Thompson Inst. **18**. 395—418. Okt./Dez. 1956. New York, N. Y., Boyce Thompson Inst. for Plant Res., Inc.)

HANS THIELE. B 225

J. D. Reinheimer und **J. F. Bunnett**, *Wirkungen von o-Methyl und o-Brom auf die Geschwindigkeiten der nucleophilen Verdrängung am aromatischen Kohlenstoff. Beweis für das Auftreten von London-Kräften.* Die Substitutions-Rkk. von *1-Fluor-4-nitrobenzol* (**I**, $Kp._{7-8}$ 74,0—74,4°), *1-Fluor-2-brom-4-nitrobenzol* (**II**) u. *1-Fluor-2-methyl-4-nitrobenzol* (**III**) mit OH^-, CH_3O^- sowie Y = NH_3, *Piperidin* (**IV**) u. $C_6H_5S^-$ (die F verdrängen u. deren effektive Polarisierbarkeit in dieser Reihenfolge zunimmt, vgl. BUNNETT, C. **1958**. 6212) wurden in Methanol (die Rk. von OH^- in 50%ig. wss. Dioxan) kinet. untersucht. Es wurden folgende Daten ermittelt bzw. der Literatur entnommen: **I** mit OH^- ([Temperaturbereich] 46,10—86,3°) [$\Delta H^{\neq}$] 20,4 [kcal/Mol], [$-\Delta S^{\neq}$] 11,3 [cal/Grad·Mol], CH_3O^- (46,05°) 20,6, 7,0, NH_3 (97,2—129°) 19,8, 31,4, **IV** (46,05—96,8°) 13,0, 35,0, $C_6H_5S^-$ (46,25°) 19,2, 11,6; **III** mit OH^- (46,15—86,3°) 19,8, 19,0, CH_3O^- (46,05—96,8°) 20,9, 8,4, NH_3 (97,2—129°) 18,7, 36,8, **IV** (46,05—128,4°) 12,0, 46,0, $C_6H_5S^-$ (46,25—97,2°) 17,3, 17,7; **II** mit OH^- (46,15—68,3°) 16,9, 19,4, CH_3O^- (46,05°) 16,7, 12,3, NH_3 (86,2—129,4°) 17,9, 29,1, **IV** (46,05—68,0°) 10,4, 39,6, $C_6H_5S^-$ (24,60—46,22°) 14,6, 16,3. Es zeigt sich allg., daß die Rkk. mit CH_3O^- u. $C_6H_5S^-$ schnell, die mit OH^- u. **IV** etwas langsamer u. die mit NH_3 am trägsten ablaufen. Die Substituenteneffekte machen sich mit einer Ausnahme, wie vorausgesehen, bemerkbar: Die o-Methylgruppe (**III**) beschleunigt überraschend die Rk. mit $C_6H_4S^-$ (bei 46,24°), obwohl aus ster. u. elektr. Gründen eine Verzögerung im Vgl. zur Rk. mit **I** beobachtet werden müßte. Hier übertrifft offenbar die Wrkg. der LONDON-Kräfte, die nach Vff. im Übergangszustand zwischen Bereichen hoher Polarisierbarkeit im Reagens u. im Substrat wirksam werden, die der bekannten ster. u. elektr. Effekte. Zur Unters., ob auch bei den anderen Rkk. die LONDON-Kräfte sich bemerkbar machen, werden die Verhältnisse k_Y/k_{OH^-} (bei 0°) herangezogen. Die Rk. mit OH^- wurde als Vergleichsbasis wegen der geringen Polarisierbarkeit u. der geringen Größe von OH^-

gewählt. Die k_Y/k_{OH}-Werte geben die Unterschiede der n. nucleophilen Reaktivität der Reagentien u. die der lokalen Wechsel-Wrkgg. (ster. u. LONDON-Kräfte) von o-Substituenten mit den Reagentien wieder, nicht aber die verschiedenen elektr. Effekte von o-Substituenten. Die Daten zeigen, daß bei **II** u. **III** sowohl ster. als auch LONDON-Effekte zu verzeichnen sind. Die höheren k_Y/k_{OH}-Werte von **II** u. **III** bei der Rk. mit NH_3 werden auf die Wrkg. der LONDON-Kräfte zurückgeführt, sie sind bei **II** größer als bei **III**, sicher infolge der höheren Polarisierbarkeit von Br im Vgl. zu CH_3. Bei den Rkk. von **IV** macht sich ein starker ster. Effekt bemerkbar, geringere die Abnahme der k_Y/k_{OH}-Werte bei **II** als bei **III** (im Vgl. zu **I**) wird ebenfalls als Zeichen für das Auftreten der LONDON-Kräfte gewertet. Entsprechendes gilt auch für Daten für die Verb. mit o-NO_2-Gruppe. Die Wrkgg. der ster. u. der LONDON-Effekte scheinen bei den Rkk. von OCH_3^- ziemlich ausgeglichen zu sein, doch ist auch hier aus den Daten von **II** u. der o-NO_2-Verb. auf eine Wirksamkeit dieser neuen Effekte zu schließen. Allerdings verwischen sich die Unterschiede bei höheren Tempp. (100°). Starke LONDON-Kräfte spiegeln erwartungsgemäß die Daten der Rk. von $C_6H_5S^-$ wider, da dieses Ion stark polarisierbar ist. Vff. zeigen, daß der Vers., die Ergebnisse ohne Annahme von LONDON-Kräften zu deuten, zu sehr unwahrscheinlichen Postulaten führt. Sie halten daher die Wrkg. von LONDON-Kräften für bewiesen. — *1-Fluor-2-methyl-4-nitrobenzol* (**III**), F. 40—41° (A.), aus 2-Amino-5-nitrotoluol über die 2-Chlorverb. (nach GOLDSCHMIDT u. HORNIG [1887]) durch Lösen in $(CH_3)_2SO$, Zugabe von K_2F_2, 12—16 std. Erhitzen auf 185—190° u. Wasserdampfdest.; 43% Rohausbeute; die Nitrierung von o-Fluortoluol schlug fehl. — Aus den kinet. Ansätzen: *[2-Methyl-4-nitrophenyl]-phenylsulfid*, F. 82,5—84,5°; *[2-Brom-4-nitrophenyl]-phenylsulfid*, $C_{12}H_8BrNO_2S$, F. 112—114° (Methanol.) (J. Amer. chem. Soc. **81**. 315—19. 20/1. 1959. Chapel Hill, N. C., Univ. of North Carolina, Venable Chem. Labor.) B. GNAUCK. B 225

D. P. N. Satchell, *Sterische Effekte und Wasserstoffisotopenaustausch bei 1.2.3-Trimethoxybenzol.* (Vgl. J. chem. Soc. [London] **1958**. 3904.) Bestimmt wurden die H/T-Austauschgeschwindigkeitskonstanten λ von *[4.6-³H]-1.2.3-Trimethoxybenzol* (**I**) in wss. H_2SO_4 bei 25°. Es wurden folgende Werte ermittelt [$10^4\ \lambda$] 0,52 [sec^{-1}] (bei H_0 —1,62), 1,75 (—2,15), 2,91 (—2,37). Die log λ-Werte sind linear von H_0 abhängig, die Austauschgeschwindigkeit ist aber ca. 60 mal kleiner, als vorhergesagt war. Vf. zeigt, daß die 3 CH_3O-Gruppen keineswegs unabhängig voneinander u. additiv den aromat. Kern aktivieren. — Für den H/T-Austausch bei *[4.6-³H]-2-Hydroxy-1.3-dimethoxybenzol* (**II**) wurde gefunden: [$10^4\ \lambda$] 3,00 (—2,15), 5,06 (—2,37); die Austauschgeschwindigkeit von **II** ist also nur ca. 1,7 mal größer als die von **I**. Die geringe Reaktionsfähigkeit von **I** wird hauptsächlich auf eine direkte Abschirmwrkg. der 1- u. 3-Methoxylgruppen auf die 4- bzw. 6-Stellung zurückgeführt. Die Verminderung der Mesomerie infolge ster. Hinderung hat dagegen eine geringere Wirkung. Dies gilt entsprechend für **II**, dessen etwas große Reaktionsgeschwindigkeit mit einer geringeren Behinderung der Mesomerie sowie einem größeren (+)-T- u. kleineren (—)-I-Effekt der OH-Gruppe (im Vgl. zur OCH_3-Gruppe) erklärt wird. (J. chem. Soc. [London] **1959**. 463—66. Jan. Long Island, N. Y., Brookhaven Nat. Labor.) B. GNAUCK. B 225

Harold Hart und **Joseph M. Sandri**, *Die Solvolyse von p-Nitrobenzoaten verschiedener Cyclopropylcarbinole. 5. Mitt. über Cyclopropanchemie.* (4. vgl. BROWN u. Mitarbeiter, C. **1957**. 11536.) Die Solvolyse von *Dicyclopropylisopropylcarbinyl-* (**I**), *Bis-[2-methylcyclopropyl]-isopropylcarbinyl-* (**II**), *Diisopropylcyclopropylcarbinyl-* (**III**) u. *Dicyclopropylcarbinyl-* (**IV**) sowie (zum Vgl.) *Triisopropylcarbinyl-p-nitrobenzoat* (**V**) in 70—95%ig. wss. Dioxan (**VI**) wurde titrimetr. verfolgt, wobei auch die Prodd. dieser Rkk. sowie der Solvolysen in Methanol (**VII**)-**VI** analysiert wurden. Folgende Daten wurden ermittelt: **I** in 95%ig. wss. **VI** [10^4 k] 5,53—5,84 [sec^{-1}] (60°), 90%ig. **VI** [$\Delta H^{\neq}$] 17,3 [kcal/Mol], [$-\Delta S^{\neq}$] 17,8 [cal/Grad·Mol] (25—50°), 85%ig. **VI** 5,44—5,47 (25°), 80% **VI** 19,3 7,1, (7—25°); **II** in 90%ig. **VI** 16,9, 16,3 (16—35°), 80%ig. **VI** 8,01—8,09 (7°); **III** in 90%ig. **VI** 0,73—0,74 (60°), 85%ig. **VI** 22,2, 9,1 (60—80°), 80%ig. **VI** 20,8, 11,6 (60—80°), 70%ig. **VI** 20,7, 9,7; **IV** in 85%ig. **VI** 2,62—2,73 (85°), 80%ig. **VI** 20,5, 15,4 (60—80°); **V** in 80%ig. **VI** 30,4, —6,2 (60—80°), 70%ig. **VI** 27,2, 0,6 (60—80°). Bei vollständiger Solvolyse wurde eine Kinetik 1. Ordnung beobachtet. Es trat jedoch bes. bei **III** (sowie bei der Rk. von **I** u. **II**) eine Umlagerung der Ester ein. Der entstandene Alkohol war sonst stets das betreffende nicht umgelagerte Cyclopropylcarbinol (bzw. in **VII**-**VI** der entsprechende Methyläther). Das Umlagerungsprod. aus **III** ist *4-Isopropyl-5-methylhexen-(3)-yl-p-nitrobenzoat* (**XIII**), dessen Konst. chem. sichergestellt wurde. Die isomeren p-Nitrobenzoate von **I** u. **II** wurden zwar nicht isoliert, die Umlagerung dürfte auch bei diesen Verbb. entsprechend verlaufen. Vff. zeigen, daß die Hydrolyse unter monomol. Alkyl-O-Spaltung erfolgt, u. nehmen an, daß sich die p-Nitrobenzoate in

Ionenpaare R^+ $^-OOCC_6H_4NO_2$ umwandeln, die je nach Zus. des Mediums mehr oder weniger zur Ausgangsverb. zusammenfallen („internal return", vgl. WINSTEIN u. FAINBERG, J. Amer. chem. Soc. **80.** [1958.] 459 u. früher) oder den umgelagerten Ester ergeben oder der Solvolyse unterliegen. Das Ausmaß der Trennung der Ionenpaare, die zur Solvolyse-Rk. führt, ist abhängig von der Polarität des Lösungsm. u. der Struktur der Gruppe R. Die prozentuale Bldg. an Umlagerungsprod. aus **III** wurde in folgenden Medien bei 60° ermittelt: 90%ig. wss. **VI** 72,0%, 85%ig. wss. **VI** 60,0%, 80%ig. wss. **VI** 35,2%, 70%ig. wss. **VI** 5,6%, 70%ig. methanol. **VI** 66,0% (bzw. 100% nach 16 Std.), 100%ig. **VII** 0%, 100%ig. **VI** 0% (nach 3 Tagen). Hieraus ergibt sich auch die viel schwächere Ionisierungskraft von **VII** im Vgl. mit H_2O. Aus dem Ergebnis in reinem **VI** ist zu ersehen, daß die Isomerisation nicht therm. bedingt ist. Aus den relativen Solvolysengeschwindigkeiten (in 80%ig. wss. **VI** bei 60°) **V** 1, **IV** 60,7, **III** 246, **I** 23500 u. **II** 124000 ergibt sich, daß die beschleunigende Wrkg. von Cyclopropylgruppen bei diesen Verbb. nahezu additiv ist. Dieser Effekt wird auf Hyperkonjugation gemäß obenst. Strukturen zurückgeführt. Da bei den Solvolysen-Rkk. stets ein nichtumgelagertes Prod. entsteht, ist anzunehmen, daß die positive Ladung im Übergangszustand am tert. (bzw. bei **IV** am sek.) C-Atom konz. ist. Zwei CH_3-Substituenten in den Cyclopropylgruppen erhöhten die Solvolysengeschwindigkeit auf das Fünffache. Da dies nicht nur auf einen I-Effekt zurückzuführen ist, wird vermutet, daß die Hyperkonjugation durch den 3gliedrigen Ring gemäß nebenst. Schema weitergeleitet wird. Andererseits können auch ster. Ursachen vorliegen. Eine direkte Beziehung zwischen den Solvolysengeschwindigkeiten u. der Umlagerungstendenz besteht nicht. Letztere scheint durch räumlich ausgedehnte Gruppen begünstigt zu werden, die eine Annäherung von Lösungsmittelmoll. an das Ionenpaar behindern. Verss., den p-Nitrophenylester von Tricyclopropylcarbinol (**XIV**) darzustellen, schlugen fehl, vielmehr wurde mit Li-Äthylat u. p-Nitrobenzoylchlorid (**XII**) *1.1-Dicyclopropyl-4-chlorbuten-(1)* erhalten.

(+) (+) (+) C C C

H+ CH₂ CH₃ C

Versuche: *Bis-[2-methylcyclopropyl]-keton*, $C_9H_{14}O$, Kp.$_7$ 66°, aus γ-Valerolacton nach HART u. CURTIS (C. **1956.** 12256); n_D^{25} 1,4602; 50% (Ausbeute); *2.4-Dinitrophenylhydrazon*, $C_{15}H_{18}N_4O_4$, F. 101—102° (95%ig. A.). — Folgende tert.-Alkohole wurden aus den entsprechenden Ketonen u. Organometallverbb. erhalten: *Tricyclopropylcarbinol* (**XIV**), Kp.$_{10}$ 88,5°, mit Cyclopropyl-Li (**IV**); n_{D25} 1,4802; 94%. *Dicyclopropylisopropylcarbinol* (**XI**), Kp.$_{10}$ 81°, mit Isopropyl-Li (**VIII**) bzw. Isopropyl-MgCl; n_D^{25} 1,4648; 67 bzw. 69%. *Bis-[2-methylcyclopropyl]-isopropylcarbinol*, Kp.$_3$ 67°, mit **VIII**; n_D^{25} 1,4570; 83%. *Dicyclopropylmethylcarbinol*, Kp.$_4$ 45°, mit CH_3MgJ; n_D^{25} 1,4618; 70%. *Diisopropylcyclopropylcarbinol*, Kp.$_{10}$ 75°, mit **IX**; n_D^{25} 1,4518; 75%. — *Dicyclopropylisopropylcarbinyl-p-nitrobenzoat* (**I**), F. 114—115° (Zers., Ligroin), aus dem Li-Salz von **XI** (aus Li, Isopropylchlorid u. Dicyclopropylketon in Pentan), Kühlen im Eis–NaCl-Bad u. Zugabe von **XII** in Ae. (8 Std. bei 0°); 22%. Analog: *Bis-[2-methylcyclopropyl]-isopropylcarbinyl-* (**II**), F. 73—74° (Zers., Ligroin); 20%. — *Diisopropylcyclopropylcarbinyl-p-nitrobenzoat* (**III**), F. 91—92°; 22%. — *Triisopropylcarbinyl-p-nitrobenzoat* (**V**), F. 74—75°; 20%. — *Dicyclopropylcarbinyl-p-nitrobenzoat* (**IV**), F. 74—75° (PAe.), durch Lösen von p-Nitrobenzoesäure in warmem Pyridin, Abkühlen, Zugabe von Benzolsulfonylchlorid u. von Dicyclopropylcarbinol in einer Portion u. 2 std. Stehen bei 0°; 15%. — *4-Isopropyl-5-methylhexen-(3)-ol*, $C_{10}H_{20}O$, Kp.$_5$ 83°, durch Red. von **XIII** durch $LiBH_4$ in Tetrahydrofuran (12 Std.); n_D^{25} 1,4505; 74%; daneben *p-Nitrobenzylalkohol*, F. 91—93°. — *1.1-Dicyclopropyl-4-chlorbuten-(1)*, $C_{10}H_{15}Cl$; Kp.$_3$ 82°, durch Zugabe von **XIV** zu eiskalter konz. HCl (30 Min. bei 0°); n_{D25} 1,4998; 80%. (J. Amer. chem. Soc. **81.** 320—26. 20/1. 1959. East Lansing, Mich., Michigan State Univ., Kedzie Chem. Labor.)

B. GNAUCK. B 225

Harlan L. Goering, Herbert H. Espy und **William D. Closson**, *Die Solvolyse von cis-Cyclodecen-(5)-yl-p-toluolsulfonat in Essigsäure und Äthanol.* (Vgl. C. **1958.** 2685.) *cis-Cyclodecen-(5)-yl-p-toluolsulfonat* (**I**) wurde aus Dekalin (**VIII**) über 11-Oxabicyclo-[4.4.1]-undecyl-(1)-acetat, 6-Ketocyclodecanol, Trimethyl-6-hydroxycyclodecylammoniumhydroxyd u. cis-Cyclodecen-(5)-ol-(1) (**II**) dargestellt. Die Konfiguration der Doppelbindung in **II**, die von COPE u. Mitarbeitern (C. **1955.** 11569) irrtümlich als trans-Isomeres angesehen wurde, legten Vff. eindeutig fest. Die Acetolyse von **I** bei 20° ([10^5 k] 16,5 [sec^{-1}]) u. 30° (60,3—64,3) führte nur zur Freisetzung von ca. 0,82 Äquivalenten p-Toluolsulfonsäure (**III**). Die Restmenge von 18% **III** konnte aber durch mehrstd. Erhitzen auf 80° abgespalten werden. Bis zu 75%ig. Umsatz verlief die titrimetr. verfolgte Rk. nach der 1. Ordnung, der Salzeffekt ($LiClO_4$) ist positiv, dagegen hat Na-p-Toluolsulfonat (**IV**, als Salz mit gemeinsamem Ion) nur einen geringen Einfl. auf die Reaktionsgeschwindigkeit. Ähnliche Verhältnisse wurden auch von FAINBERG u. WINSTEIN (C. **1957.** 1901 u. früher) bei Acetolysen-Rkk. anderer Tosylate gefunden. Bei der Äthanolyse, die bei 20° (4,42–4,44) u. 30° (16,6–17,0) untersucht wurde, wurden nur 90% der theoret. Menge an **III** entbunden. Vff. zeigen, daß diese Erscheinung auf die Bldg. eines ziemlich unreaktiven Umlagerungsprod. zurückzuführen ist. Dementsprechend sind die obigen k-Werte die Summe der Geschwindigkeitskonstanten der Solvolyse von **I** (k_s) u. seiner Umlagerung (k_r). Folgende k_r/k_s-Werte wurden ermittelt: Äthanolyse bei 30° 0,11–0,13, Acetolyse bei 20° 0,18, bei 30° 0,16–0,22. Das Verhältnis k_r/k_s wird durch die Ggw. von $LiClO_4$ oder **IV** nicht verändert, anscheinend wird es durch Zugabe von Na-Acetat vermindert. Verss., das Umlagerungsprod. zu isolieren, waren nicht erfolgreich, doch konnte die Geschwindigkeit seiner Acetolyse bei 79,65° bestimmt werden. Da die k-Werte aber mit der Zeit erheblich abnehmen, ist anzunehmen, daß das Umlagerungsprod. aus 2 verschied. p-Toluolsulfonaten besteht, die mit verschied. Geschwindigkeit solvolysieren. Um durch Vgl. deren Identität zu ermitteln, wurde die Acetolyse untersucht von *trans.trans-* ([$10^5 k_1$] 16,5 [sec^{-1}] bzw. 17,9 [in Ggw. von **IV**] bei 99,82°; 1,63 bzw. 1,98 bei 79,65°), *trans–cis-* (**V**, 86 bzw. 96 bei 79,65°), *cis.cis-* (**VI**, 118 bzw. 134–135 bei 79,65°) u. *cis–trans-Dekalyl-(1)-p-toluolsulfonat* (**VII**, 6,81 bzw. 7,59 bei 79,75°). Nach diesen Daten ist zu vermuten, daß die langsamer reagierende Komponente des Umlagerungsprod. **VII** u. die schneller solvolysierende **V** oder **VI** ist. Die Daten von **I** werden mit denen von Cyclodecyl-p-toluolsulfonat verglichen. Da die Reaktivitätsunterschiede bei der Äthanolyse größer sind als bei der Acetolyse, wird angenommen, daß die Doppelbindung bei der Rk. von **I** eine Rolle spielt, wohl durch nucleophile Unterstützung der Solvolyse. Auch das Auftreten der Umlagerung unterstützt die Annahme einer Teilnahme der Doppelbindung. Bei dieser Rk. erfolgt offenbar ein inneres Zusammenfallen („internal return") eines intermediär auftretenden Ionenpaares. Vermutlich liefert die Ionisierung von **I** direkt das umgelagerte cis-Dekalyl-(1)- oder ein nichtklass. Carboniumion. — *11-Oxabicyclo-[4.4.1]-undecyl-(1)-acetat*, F. 102–104°, aus **VIII** nach HOLMQUIST u. Mitarbeitern (C. **1958.** 2418); 1–2% (Ausbeute, bezogen auf cis-**VIII**). — *6-Hydroxycyclodecanon, Oxim*, F. 113–114° (wss. Methanol), durch Kochen vorst. Esters in wss.-methanol. KOH, Neutralisierung, Zugabe von $NH_2OH \cdot HCl$ u. Na-Acetat in W. u. ½std. Kochen; 82%. — *Cyclodecen-(5)-ol* (**II**, überwiegend cis-Verb.), $Kp._2$ 91–93°, aus vorst. Oxim nach COPE u. Mitarbeitern (vgl. l. c.); n_D^{25} 1,5057; 42%; *α-Naphthylurethan*, $C_{21}H_{25}NO_2$, F. 137,8–138,8° (wss. A.); *Phenylurethan*, $C_{17}H_{23}NO_2$, F. 111,5 bis 112,5° (wss. A.); *p-Chlorbenzoat*, $C_{17}H_{21}ClO_2$, F. 66–67° (Pentan), analog GOERING u. BLANCHARD (C. **1955.** 3592), lieferte durch 4std. Kochen mit methanol. KOH die reine *cis-Verb.* (**II**), F. 43–44,3°, $Kp._{1,3}$ 91–93°, n_D^{25} 1,5074; 75%; *p-Toluolsulfonat* (**I**), F. 61,2–61,6° (Ae.-Pentan), a) nach COPE u. Mitarbeitern (vgl. l. c.); 40%; b) durch $LiAlH_4$-Red. von Cyclodecen-(5)-on u. Veresterung, diese Meth. lieferte jedoch unterschiedliche Produkte. — *trans.trans-Dekalol-(1)*, F. 60,4–60,7°, nach DAUBEN u. Mitarbeitern (C. **1950/54.** 109 S); *p-Toluolsulfonat*, F. 98,3–98,7° (Ae.-Pentan). — *cis.cis-Dekalol-(1)*, F. 91,0–91,8°, analog Vorst.; *p-Toluolsulfonat* (**VI**), F. 88–88,5°. — *trans-cis-Dekalol-(1)*, F. 48–48,5°, durch Hydrierung von trans-Dekalon-(1) in Ggw. von PtO_2 in Essigsäure u. chromatograph. Trennung der Isomeren nach WINSTEIN u. HOLNESS (C. **1956.** 8576); *p-Toluolsulfonat* (**V**), F. 70,5–71,8° (Methanol). — *cis–trans-Dekalol-(1)*, *p-Nitrobenzoat*, F. 84,3–85,0°, aus cis-Dekalon-(1) nach STÜCKEL u. Mitarbeitern (Liebigs Ann. Chem. **533.** [1938.] 128), lieferte nach Hydrolyse u. direkter Veresterung *p-Toluolsulfonat* (**VII**), F. 91–92° (Methanol). (J. Amer. chem. Soc. **81.** 329–36. 20/1. 1959. Madison, Wis., Univ. of Wisconsin, Dep. of Chem.) B. GNAUCK. B 225

Chang Shih, D. H. Hey und **Gareth H. Williams,** *Homolytische aromatische Substitution.* 16. Mitt. *Relative Geschwindigkeiten der p-Bromphenylierung von Nitrobenzol und der p-Nitrophenylierung von Brombenzol. Ableitung und Diskussion der partiellen Geschwindigkeitsfaktoren.* (15. vgl. C. **1959.** 5079.) Wie früher (vgl. AUGOOD u. Mitarbeiter, C. **1956.** 1552) wurde die Rk. von *p-Brombenzoylperoxyd* (F. 142° [Zers.]) mit einem äquimol. Gemisch aus *Bzl.* u. *Nitrobenzol* (**I**; 72 Std. bei 80°) sowie die von *p-Nitrobenzoylperoxyd* (F. 155° [Zers.]) mit einem Gemisch aus **I** u. *Brombenzol* (**II**) volumetr. untersucht u. relative Geschwindigkeitswerte (${}^{A}_{B}k$: Relativgeschwindigkeit der Verb. A im Vgl. zu Verb. B) bestimmt u. mit früher ermittelten Daten verglichen: Phenylierung ${}^{I}_{II}k$ 2,27, ${}^{I}_{Bzl.}k$ 4,00, p-Bromphenylierung ${}^{I}_{Bzl.}k$ 1,76, p-Nitrophenylierung ${}^{I}_{II}k$ 0,63 bzw. ${}^{II}_{Bzl.}k$ 1,49. Die Ergebnisse sind in Übereinstimmung mit den Voraussagen von CADOGAN u. Mitarbeitern (C. **1958.** 2985) über die Substitution durch elektrophile Radikale. Vff. schließen, daß durch p-Brom- u. p-Nitrosubstituenten den Arylradikalen ein gewisses

Maß an elektrophilem Charakter (p-NO_2 > p-Br) verliehen wird. Folgende Daten wurden ferner berechnet: (Radikal) p-$BrC_6H_4\cdot$ + I $\left[{}^{\mathrm{I}}_{\mathrm{Bzl.}}k\right]$ 1,8, (partieller Geschwindigkeitsfaktor) $[F_o]$ 3,1, $[F_m]$ 0,7, $[F_p]$ 2,9; p-$ClC_6H_4\cdot$ + I 1,5, 2,7 0,6, 2,5; $C_6H_5\cdot$ + I 4,0, 7,5, 1,2, 6,6; $C_6H_5\cdot$ + II $\left[{}^{\mathrm{II}}_{\mathrm{Bzl.}}k\right]$ 1,7, 2,6, 1,7, 1,8; p-$NO_2C_6H_4\cdot$ + II 1,5, 2,7, 1,1, 1,3; p-$NO_2C_6H_4\cdot$ + *Chlorbenzol* (III) $\left[{}^{\mathrm{III}}_{\mathrm{Bzl.}}k\right]$ 1,2, 2,1, 0,8, 1,1; $C_6H_5\cdot$ + III 1,4, 2,2, 1,4, 1,6. Auch diese Daten sind in Übereinstimmung mit den bekannten Tatsachen über die elektrophile Substitution von I. Bei einer homolyt. Substitution durch elektrophile Radikale sollten die Reaktivitäten der Kernstellungen in der Folge o, p > m wie die entsprechenden Reaktionsfähigkeiten bei der Substitution durch neutrale Radikale abnehmen. Für die p-Halogenphenylradikale muß auf Grund der elektronenanziehenden Eigg. der Halogene dabei angenommen werden, daß Radikal-Rkk. polaren Einfll. unterworfen sind u. diese Radikale sich elektrophil im Vgl. zu $C_6H_5\cdot$ verhalten. Da die beobachteten Effekte jedoch gering sind, spielen die polaren Faktoren eine relativ kleine Rolle für die Eigg. der Radikale. In Übereinstimmung mit dem desaktivierenden Einfl. der Halogene bei elektrophilen Substitutionen sind Halogenbenzole weniger reaktiv gegen p-Nitrophenyl- als gegen Phenylradikale. Die polaren Faktoren, welche die homolyt. Substitution durch polarisierte freie Radikale beeinflussen, sind also die gleichen wie bei der heterolyt. Substitution. Daraus geht hervor, daß die Ergebnisse dieser u. der l. c. referierten Arbeiten mit der allg. Theorie über das Verh. polarisierter Radikale (vgl. Dannley u. Sternfeld, C. **1957.** 646 u. Cadogan u. Mitarbeiter, l. c.) übereinstimmen. Vff. diskutieren die Anwendungsmöglichkeit der benutzten Meth. der Konkurrenz-Rkk.; die Kritik von Lynch u. Pausacker (Austral. J. Chem. **10.** [1957.] 165 u. früher) trifft nach Meinung der Vff. nicht auf ihre Unterss. zu. (J. chem. Soc. [London] **1958.** 4403—07. Dez. London, King's Coll.) B. Gnauck. B 225

W. J. Svirbely und **Harold E. Weisberg,** *Die Kinetik der alkalischen Hydrolyse von 1.3.5-Tris-[4-carbomethoxyphenyl]-benzol.* Die dreistufige alkal. (NaOH) Hydrolyse von *1.3.5-Tris-[4-carbomethoxyphenyl]-benzol* (I) in wss. Dioxan (II) wurde titrimetr. zwischen 34,98 u. 56,12° verfolgt. Die k-Werte wurden in Lsgg. gleicher Zus. (82,0 Gew.-% wss. **II**, DK. 9,07—8,15 bei 34,98—56,12°) u. in Lsgg. gleicher DK. (9,06—9,08 in 82,0 bis 80,1% wss. II) nach der Meth. von Svirbely (J. Amer. chem. Soc. **81.** [1959.] 255) bestimmt. Der k-Wert der 3. Stufe der Hydrolyse wurde unabhängig durch Verfolgung der alkal. Hydrolyse des Monoesterions bestimmt, wobei übereinstimmende Ergebnisse erhalten wurden. Berechnet wurden folgende Aktivierungsparameter: a) für Lsgg. konstanter Zus. 1. Stufe [log A] 11,18 [min^{-1}], [E] 14740 [cal/Mol], [ΔF] 19730 [cal/Mol], [$-\Delta S$] 17,63 [cal/Grad·Mol]; 2. Stufe 11,00, 14740, 19980, 18,46; 3. Stufe 10,70, 14740, 20420, 19,83; b) für Lsgg. konstanter DK. 1. Stufe 11,48, 15180, 19720, 16,26; 2. Stufe 11,30, 15180, 19970, 17,08; 3. Stufe 11,00, 15180, 20410, 18,46. Durch die Gleichheit der E-Werte für alle drei Stufen wird die Annahme bestätigt, daß die 3 verschied. Reaktionszentren voneinander völlig unabhängig sind u. zwischen ihnen keine gegenseitige Beeinflussung auftritt. Bei den Stufen 2 u. 3 sind also nicht Esterionen beteiligt, sondern Partikel, die sich wie ungeladene Teilchen verhalten. In Übereinstimmung damit steht der negative prim. Salzeffekt bei Zugabe von 0,1 mol. KJ. Eine statist. Unters. zeigt, daß die k-Werte im statist. Verhältnis $k_1 : k_2 : k_3 = 3 : 2 : 1$ zueinanderstehen. Die Gleichung von Ingold [1930] zur Berechnung dieser Verhältnisse führt zu unzutreffenden Ergebnissen u. ist hier also nicht anwendbar. Vff. schließen, daß die aufeinanderfolgenden Reaktionsstufen unabhängig voneinander verlaufen u., daß sich jede Stufe (vermutlich infolge von Ionenassoziationseffekten in dem angewandten Medium niedriger DK.) wie eine Dipol–Dipol-Rk. verhält. — **I,** $C_{30}H_{24}O_6$, F. 244,5—245° (korr., Dioxan), durch Kochen von p-Acetylbenzoesäuremethylester (**III**) mit p-Toluolsulfonsäuremonohydrat in Toluol, Abscheidung des W., wiederholte Zugabe von **III** während 10tägigen Kochens, Zugabe von sd. Methanol bei 60°; daneben aus der Mutterlauge *[4-Carbomethoxyphenyl]-[4-carbomethoxy-β-methylstyryl]-keton,* $C_{20}H_{18}O_5$, F. 133,5—134,5° (korr., Methanol, gelbe Nadeln), durch Verseifung von **I** *1.3.5-Tris-[4-carboxyphenyl]-benzol,* $C_{27}H_{18}O_6$, F. 325—325,5° (korr., Dioxan). — *1.3-Bis-[4-carboxyphenyl]-5-[4-carbomethoxyphenyl]-benzol, Di-Na-Salz,* durch Zugabe von Na-Methylat in Methanol zu **I** in wss. **II**, Zugabe von **II** u. Stehen über Nacht. (J. Amer. chem. Soc. **81.** 257—63. 20/1. 1959. College Park, Md., Univ. of Maryland, Chem. Dep.) B. Gnauck. B 225

Douglas E. Applequist, Robert L. Litle, Edwin C. Friedrich und **Robert E. Wall,** *Photodimere des Anthracens.* 1. Mitt. *Eliminierungs- und Substitutionsreaktionen des Photodimeren von 9-Bromanthracen.* (2. vgl. C. **1959.** 10845.) Bei der Photodimerisation von 9-Bromanthracen (I) in Bzl. entstand nur *9.10'-Dibromdianthracen* (II), dessen Struktur durch Dipolmomentmessung (vgl. l. c.) u. durch Debromierung mit Zn, $LiAlH_4$ oder

Organo-Li-Verbb. zu *9.10'-Dehydrodianthracen* (**V**) festgelegt wurde. **II** lieferte mit Zn in Aceton oder mit $LiAlH_4$ in Tetrahydrofuran hauptsächlich *Dianthracen* (**III**) sowie wenig **V**. Die Konst. von **II** wurde UV-spektroskop. sowie chem. nachgeprüft. So konnte **II** mit D in 9'- u. 10-Stellung durch Rk. mit Phenyl-Li (**IV**) in **V** übergeführt werden, das noch 2 D-Atome pro Mol. enthielt. **II** ergibt mit CH_3Li in Ae.–Bzl. hauptsächlich **III** sowie wenig **V** u. *9-Methyldianthracen*, dessen Struktur durch unabhängige Synth. sichergestellt wurde. **II** führte mit n-Butyl-Li (**VI**) in Hexan–Bzl. etwas **III** u. **V**, vor allem aber *9-[n-Butyl]-dianthracen*. Die beste Ausbeute (80%) an **V** lieferte die Rk. von **IV** mit **II** in Bzl.–Ae., daneben bildete sich etwas **III**. Zum Mechanismus der Bldg. von **III** u. **V** aus **II** mit Li-Verbb. wird angenommen, daß zunächst ein Br-Atom durch Li ersetzt wird. Diese Verb. ergibt unter Eliminierung von LiBr **V**. Die Zwischenstufe mit 2 Li-Atomen liefert (unter Abzug von H^+ aus dem Lösungsm.) **III**. Bes. bemerkenswert ist die Bldg. von **V** unter Abspaltung von LiBr, da sowohl eine nucleophile als auch eine elektrophile Verdrängung stattfindet u. beide Rkk. unter Inversion verlaufen. Es wird daher vermutet, daß elektrophile Verdrängungen dieser Art einen niedrigeren Grad an Stereospezifität besitzen als nucleophile Verdrängungs-Rkk., da diese n u r unter Inversion der Konfiguration erfolgen (abgesehen von Stufen-Rkk.), bei jenen aber die Erhaltung der Konfiguration bevorzugt ist bzw. nur dann eine Inversion eintritt, wenn kein anderer Weg beschritten werden kann. Die möglichen Mechanismen der Bldg. von 9-Alkyldianthracenen werden diskutiert. Verss. zur Darst. des Brückenkopfolefins 9.9'-Dehydrodianthracen scheiterten. Statt dieser Verb. entstand aus 9-Bromdianthracen (**VII**) mit K-tert.-Butylat (**VIII**) *9.9'-Dianthryl* (**IX**) u. *Anthracen* (**X**). **IX** konnte weniger gut aus **II** mit **VIII** dargestellt werden. Ein Vers. zur unabhängigen Synth. von **V** durch Einw. von Benz-in (aus o-Fluorbrombenzol u. Mg) auf Dibenzopentalen (vgl. Wittig u. Ludwig, C. **1959.** 7768) schlug ebenfalls fehl, es wurde ein Produktgemisch erhalten, in dem nur Triphenylen nachgewiesen werden konnte.

V e r s u c h e: *9.10'-Dibromdianthracen* (**II**), $C_{28}H_{18}Br_2$, F. 201—202,4° (Zers. → **I**, Bzl.), durch 16tägige Sonnenbestrahlung von **I** (F. 97—102°) in C_6H_6. — *9-Methyldianthracen*, $C_{29}H_{22}$, F. 218—220° (Zers., Bzl.), durch 3tägige Bestrahlung von 9-Methylanthracen (F. 80—81°) u. **X**. — *9-Bromdianthracen* (**VII**), $C_{28}H_{19}Br$, F. 203—205° (Zers., Cyclohexen), analog vorst. Verb. (2 Tage) aus **I** u. **X**. — *9.10'-Dehydrodianthracen* (**V**), $C_{28}H_{18}$, F. > 350° (sublimiert bei 320°), durch Zugabe von **IV** zu **II** in warmem C_6H_6. — *9-[n-Butyl]-dianthracen*, $C_{32}H_{28}$, F. 168—171° (Zers., Methanol), durch Zugabe von **VI** in Hexan zu **II** in warmem Bzl. u. 1std. Kochen. Abtrennung von **III** (F. 264—266°) u. **X** u. Chromatographie der Mutterlauge. — *$D_{(10)}$-9-Bromanthracen* (**I-D**), $C_{14}H_9Br$, F. 100 bis 101° (0,5% A.), durch Zugabe von **IV** in Ae. zu **II** in Ae., 20 Min. Schütteln, Zugabe von D_2O u. Stehenlassen; 73%. — *9.9'-Dianthryl* (**IX**), F. 312—314° (Bzl.), a) durch Zugabe von **VII** in tert.-Butylalkohol zu **VIII**-Lsg. u. 3tägiges Kochen; 40%; daneben 60% **X**; b) durch Red. von Anthron mit Sn nach Bell u. Waring (C. **1949.** E. 4075). — *meso-Diphenylbernsteinsäure*, F. 245—246°, durch 97std. Kochen von Phenylessigsäure u. Di-tert.-butylperoxyd; 16%. — *Indeno-[2.1: a]-inden*, Erweichung bei 280° (Bzl.); aus vorst. Verb. nach Blood u. Linstead (C. **1953.** 5818). — *o-Fluorbrombenzol*, $Kp._{750}$ 156 bis 157°, durch Zugabe von o-Bromanilinhydrochlorid zu halbkonz. HCl unter 5°, Zugabe von $NaNO_2$, dann von 50%ig. HBF_4, 30 Min. Rühren unterhalb 10° u. Zers. des erhaltenen Salzes in der Wärme. (J. Amer. chem. Soc. **81.** 452—56. 20/1. 1959. Urbana, Ill., Univ. of Illinois, Noyes Chem. Labor.) B. Gnauck. B 225

G. Baddeley und **M. A. Vickars**, *Gegenseitige Abhängigkeit von Konformation und Konjugation bei aromatischen Äthern.* 3. Mitt. (2. vgl. C. **1959.** 8100.) Vff. fanden folgende UV-Maxima (in Hexan) für *Cumaran* (**I**) 2890 (Å), 2830 u. 2740 (Sch = Schulter), *2-Methyl-* (**II**) 2890, 2820 u. 2750 (Sch) sowie *2.2-Dimethylcumaran* (**III**) 2890, 2820 u. 2740 (Sch). Die 3 Spektren sind fast ident., während sich die von *Äthyl-o-tolyläther* (Maxima bei 2870, 2720 u. 2600 [Sch]) u. analogen α-substituierten Äthylphenyläthern deutlich von jenen unterscheiden. Nach Robertson u. Mitarbeitern (vgl. J. chem. Soc. [London] **1943.** 276) wurde die Kinetik der Bromierung (m/1000 Br_2) vorst. Verbb. (m/200) bei 20° in Essigsäure untersucht u. folgende Zeiten bis zum 20%ig. Umsatz ermittelt: **I** 15,5 (Sek.), **II** 9,0, **III** 11,5, *Phenetol* 342, *α-Methyl-* 270, *α.α-Dimethyl-* (**IV**) 786, *o-Methylphenetol* 78 u. *o-Methylanisol* 186. Ferner wurde die Kinetik der Solvolyse folgender Chloride in 90%ig. wss. A. zwischen 0 u. 25,0° wie l. c. verfolgt: *5-Chlormethylcumaran* [E] 17,3 [kcal/Mol], [10^{-11} A] 15 [min^{-1}], *-2-methyl-*, 17,2, 24 u. *-2.2-dimethylcumaran* 17,1, 15, *4-Methoxy-*, 19,7, 107 u. *4-Äthoxy-3-methylbenzylchlorid* 19,3, 110. Die Daten werden verglichen mit denen von *p-Chlormethyl-* (E. 20,3), *-α-methyl-* (18,8° u. *-α.α-dimethylphenetol* (20,8) sowie mit denen der früher (vgl. C. **1959.** 5423) untersuchten Indane. Aus den Ergebnissen ist zu schließen, daß die C-Atome des heterocycl. Rings von **I**—**III** völlig oder nahezu in der Ebene des Benzolrings liegen u. die Konjugation zwischen Äther-O-Atom u. dem aromat. Ring durch die CH_3-Gruppe in **II** u. **III** nicht ster. behindert wird, daß sogar der 5gliedrige heterocycl. Ring die Konjugation noch erhöht. Bei den offenkettigen Verbb. tritt eine ster. Hinderung jedoch erwartungsgemäß auf, **IV** müßte sonst etwa dreimal schneller reagieren. Aus den Daten geht weiter hervor, daß eine 2-Methylgruppe im Cumaranringsyst. die Reaktionsgeschwindigkeit erheblich erhöht. Durch die Einführung einer 2. CH_3-Gruppe wird diese durch den induktiven Effekt bewirkte Erhöhung fast zur Hälfte reduziert. Diese Anomalität wird auf die Verminderung der Solvatation durch die 2. Methylgruppe oder auf die Bldg. einer positiv geladenen Hülle von H-Atomen zurückgeführt, welche der Ausbldg. einer positiven Ladung am benachbarten Äther-O-Atom entgegenwirkt. Vff. schließen, daß Ionisation der 5-Chlormethylcumarane u. der 2-Chlorindane nahe miteinander verwandt sind.

Versuche: *5-Acetylcumaran*, $C_{10}H_{10}O_2$, F. 61—62° (PAe.), durch Zugabe von Acetylchlorid u. $AlCl_3$ in Äthylendichlorid bei — 10° zu **I** in Äthylendichlorid unter Kühlung (unter —6°). — *Cumarancarbonsäure-(5)*, $C_9H_8O_3$, F. 188—190° (A.), durch Oxydation vorst. Ketons mit Hypochlorit. — *5-Hydroxymethylcumaran*, $Kp._{11}$ 158—160°, durch Red. des Äthylesters vorst. Säure mit $LiAlH_4$, n_D^{18} 1,5776; *Phenylurethan*, F. 88 bis 89°. — *5-Hydroxymethyl-2-methylcumaran*, $C_{10}H_{12}O_2$, $Kp._{14}$ 155—158°, analog vorst. Verb. aus 5-Acetyl-2-methylcumaran ($Kp._{20}$ 163—164°, F. 8—9°; Oxim, F. 84—85°) über 2-Methylcumarancarbonsäure-(5) ($C_{10}H_{10}O_3$, F. 149—150° [Ligroin]); *Phenylurethan*, $C_{17}H_{17}NO_4$, F. 106—107° (PAe.). — *5-Hydroxymethyl-2.2-dimethylcumaran*, $C_{11}H_{14}O_2$, $Kp._{14}$ 158—160°, analog vorvorst. Verb. aus 5-Acetyl-2.2-dimethylcumaran ($C_{12}H_{14}O_2$, F. 84—85° [PAe.]) über 2.2-Dimethylcumarancarbonsäure-(5) ($C_{11}H_{12}O_3$, F. 174—176° (wss. A.]); n_D^{18} 1,5575; *Phenylurethan*, $C_{18}H_{19}NO_3$, F. 69—70° (PAe.). — *4-Äthoxy-3-methylbenzylalkohol*, $C_{10}H_{14}O_2$, F. 81—82°, $Kp._{10}$ 141—143°, durch Red. von 4-Äthoxy-3-methylbenzaldehyd (F. 31—32°); *Phenylurethan*, $C_{17}H_{19}NO_3$, F. 85—86°. — Die Chlormethylderivv. wurden aus den Hydroxymethylverbb. in PAe. bei 0° durch Sättigen mit trockenem HCl-Gas erhalten: *5-Chlormethylcumaran*, C_9H_9ClO, F. 41—42°; *5-Chlormethyl-2-methylcumaran*, $C_{10}H_{11}ClO$, $Kp._{0,7}$ 95°; *5-Chlormethyl-2.2-dimethylcumaran*, $C_{11}H_{13}ClO$, $Kp._{0,7}$ 93°; *4-Äthoxy-3-methylbenzylchlorid*, $C_{10}H_{13}ClO$, $Kp._{0,2}$ 87°. — *Cumaran* (**I**), $Kp._{15}$ 78—81°, n_D^{20} 1,5524; Pikrat, F. 75—76°. — *2-Methylcumaran* (**II**), $C_9H_{10}O$, $Kp._{17}$ 80°, n_D^{17} 1,531. — *2.2-Dimethylcumaran* (**III**), $C_{10}H_{12}O$, $Kp._5$ 76—77°, n_D^{20} 1,517. — *Äthyl-o-tolyläther*, Kp. 181—182°, n_D^{20} 1,5051. (J. chem. Soc. [London] **1958**. 4665—68. Dez. Manchester, Manchester Coll. of Sci. and Technol.)

B. GNAUCK. B 225

Paul D. Bartlett und **Edward N. Trachtenberg**, *5.7-Dinitrocumaranon-(3) und der Mechanismus der bimolekularen, nucleophilen Substitutionsreaktion in Phenacylverbindungen.* Zur Unters. der S_N2-Rkk. von Phenacylhalogeniden wurde *5.7-Dinitrocumaranon-(3)* (**I**) als Modellsubstanz eines Phenacylpseudohalogenids dargestellt u. seine Rk. mit KJ untersucht, in der unter Ringöffnung an der Ätherbindung am zur CO-Gruppe α-ständigen C-Atom J eingeführt wird. Bei dieser Substitutions-Rk. der Dinitrophenoxygruppe ist **I** frei von ster. Hinderung, die mit ihr reagierende Substanz wird aber gezwungen, in der Ebene des 5-Ringes u. der CO-Gruppe anzugreifen. Zum Vgl. mit einer ringoffenen Form wurde die analoge Rk. mit *ω-[4-Acetyl-2.6-dinitrophenoxy]-acetophenon* (**II**) durchgeführt. Ergebnisse der Rk. von **I** (49,38—58,95°) bzw. **II** (0—10,0°) mit KJ in trockenem Aceton: **I** $\Delta H^{\neq}$ 31,3 ± 1,9 kcal/Mol; $\Delta S^{\neq}$ 25,4 ± 6,0 cal/Mol·Grad. **II** $\Delta H^{\neq}$ 10,2 ± 1,2; $\Delta S^{\neq}$ —30,0 ± 4,4. Die Ergebnisse werden unter Benutzung der Vorstellungen von DEWAR u. WINSTEIN (Elektronenbahnüberlappung von Reagens u. C—C—O-Syst.) diskutiert, wonach ein starker Anstieg der Aktivierungsenergie zu erwarten ist, wenn der angreifende u. der abgelöste Teil bei der Rk. nicht senkrecht zur C—C=O-Ebene stehen. Der große Unterschied in den ΔS-Werten wird auf eine bei **I** nicht durch den Phenacylrest aktivierte Rk. u. auf die Tatsache zurückgeführt, daß bei der Rk. von **I** eine Ringöffnung stattfindet, während sich bei der Rk. von **II** im Übergangszustand eine hochorientierte Struktur ausbildet. Auch ein elektrostat. Mechanismus der S_N2-Rkk. von Phenacylverbb. wird erwogen, ohne daß zwischen beiden endgültig entschieden werden kann. Die Synth. von **I** durch direkte Nitrierung von Cumaranon-(3) ist wegen der Empfindlichkeit dieser Verb. gegen Oxydation nicht möglich, daher wurde **I** a) von o-Chlorbenzoesäure (**III**) u. b) von 3.5-Dinitrosalicylsäure (**IV**) ausgehend dargestellt, in beiden Fällen entsteht als Zwischenprod. *5.7-Dinitrocumaranon-(3)-carbonsäure-(2)-äthylester.* **II** entsteht aus *3.5-Dinitro-4-hydroxyacetophenon*, das durch Nitrierung von p-Hydroxyacetophenon (**VI**) erhalten wird.

Versuche (FF. korr.): *3.5-Dinitrosalicylsäuremethylester*, F. 129—130° (Methylacetat/Methanol), aus **IV** durch 3std. Kochen mit absol. Methanol u. konz. H_2SO_4); gelbe Nadeln; 98% (Ausbeute). — *2-Carbomethoxy-4.6-dinitrophenoxyessigsäureäthyl-*

ester (V), F. 91,5—92,5° (CCl_4 bzw. A.), aus vorst. Verb. mit Diazoessigsäureäthylester in Ggw. von ein paar Tropfen H_2SO_4 durch 20std. Kochen; gelbe Nadeln; 87%. — *5.7-Dinitrocumaranon-(3)-carbonsäure-(2)-äthylester*, $C_{11}H_8N_2O_8$, F. 227—229° (wss. A. bzw. Cyclohexan/Essigester), a) aus 2,29 g Glykolsäureäthylester in absol. Ae. mit 0,53 g NaH, 3—5std. Rühren, danach Zugabe von 3 g 2-Chlor-3.5-dinitrobenzoesäureäthylester (aus III) in absol. Ae. u. 6 Std. am Rückfluß, Hydrolyse mit Eiswasser; 0,6 g. b) V wurde (aus III) in absol. Ae. mit gerade zur Lsg. nötigem Dioxan am Rückfluß unter N_2 gekocht, mit 2 Tropfen A. u. Na-Grieß (aus in Xylol geschmolzenem Na) versetzt u. danach 36 Std. am Rückfluß erhitzt, nach Abkühlen u. vorsichtiges Gießen auf Eiswasser (aus der Ae.-Schicht 60—70% V zurück); aus der wss. Schicht durch Ansäuern; 15%ig. Umwandlung; 43% Ausbeute. — *5.7-Dinitrocumaranon-(3)* (I), $C_8H_4N_2O_6$, F. 183—184° (wss. Essigsäure), durch Erhitzen von 1 g vorst. Verb. in 50%ig. Essigsäure–HCl mit katalyt. Mengen $ZnCl_2$ während 12 Std. am Rückfluß; IR-Banden; bräunliche Nadeln; 0,6 g. — *3-Nitro-4-hydroxyacetophenon*, F. 133—134° (A./Äthylacetat), durch Zugabe von VI zu rauchender HNO_3 bei —25 bis —30°; 72%. — *3.5-Dinitro-4-hydroxyacetophenon*, $C_8H_6N_2O_6$, F. 123,2—123,5° (A.), durch Zugabe vorst. Verb. zu H_2SO_4 bei 5—10° u. Zufügen von KNO_3 unter Kühlung u. 6 Std. bei niedriger Temp.; hellgelbe Nadeln; 64% (bei etwas höherer Temp. entsteht Pikrinsäure). — *ω-[4-Aceto-2.6-dinitrophenoxy]-acetophenon* (II), $C_{16}H_{12}N_2O_7$, F. 143,0—143,5° (Bzl.), zu der heftig gerührten Lsg. vorst. Verb. in Äthylacetat wird nach Zugabe von 2 Tropfen konz. H_2SO_4 ω-Diazoacetophenon in Äthylacetat zugetropft u. über Nacht am Rückfluß erhitzt; schwachgelbe Nadeln; 68%. (J. Amer. chem. Soc. **80**. 5808—12. 5/11. 1958. Cambridge, Mass., Harvard Univ., Converse Mem. Labor.) W. SCHRAMM. B 225

N. C. Yang, Ding-Djung H. Yang und **Camilla B. Ross**, *Der Mechanismus der Prins-Reaktion.* Bei der Kondensation von Formaldehyd (I) mit 2-Methylbuten-(2) (II) in Ggw. von $SnCl_4$ in Chlf. wurde *2.3-Dimethylbuten-(3)-ol-(1)* (III) isoliert, nicht aber 3-Methylpenten-(3)-ol, wie MIKESKA u. ARUNDALE (A. P. 2 308 192 u. früher) berichtet hatten. Die Konst. von III wurde IR-spektroskop. u. chem. nachgeprüft. Durch Ozonolyse (Einw. von O_3 auf die Äthylacetatlsg. bei —45° u. folgende Hydrierung in 95%ig. A. u. in Ggw. von 2% Pd–$CaCO_3$) wurde I u. *β-Hydroxyisopropylmethylketon* ($Kp._7$ 64—66°, n_D^{20} 1,4320; lieferte *2.4-Dinitrophenylhydrazon von Isopropenylmethylketon*, $C_{11}H_{12}N_4O_4$, rote Nadeln, F. 185—186° [Zers.]) erhalten, das durch Einw. von heißer 3%ig. $KHCO_3$-Lsg. eine Aldolrückspaltung erlitt u. Butanon-(2) ergab. Neben III entstand aus I u. II *Formaldehyd-bis-[2.3-dimethylbuten-(3)-yl]-acetal* (IV), dessen Struktur ebenfalls IR-spektroskop. u. chem. nachgewiesen wurde. Bei der Hydrierung ergab es *Formaldehyd-bis-[2.3-dimethylbutyl]-acetal*, durch Ozonolyse *Formaldehyd-bis-[2-methyl-3-ketobutyl]-acetal* ($Kp._{0,25}$ 75—80°; *Bis-2.4-dinitrophenylhydrazon*, $C_{23}H_{28}N_8O_{10}$, F. 178—179° [Chlf.-A.]). Die Hydrolyse von IV (15 Min. Kochen in wss. Dioxan in Ggw. von HCl) führte zu III u. I. Analog II wurde die Kondensation von 1-Äthoxy-3-methylbuten-(2) (VI) mit I durchgeführt. Es bildete sich *1-Äthoxy-2-hydroxymethyl-3-methylbuten-(3)* (V), nicht aber 5-Äthoxy-3-methylpenten-(5)-ol-(1) (vgl. MIKESKA u. ARUNDALE, A. P. 2 253 342; C. **1944**. I. 318). Durch IR-Analyse u. Ozonolyse (Bldg. eines nichtidentifizierten instabilen Methyl-β-hydroxy-β-äthoxyketons) wurde die Konst. von V festgelegt. Vff. schließen aus den Ergebnissen, daß die PRINS-Rk. in wss. u. nichtwss. Medien einem allg. Mechanismus folgt: Aus I u. Säure (A, hier $SnCl_4$) entsteht ein aktivierter Komplex $H_2C^{(+)}$—O—$A^{(-)}$, der mit dem Olefin reagiert u. unter intramol. Protonenübertragung (vgl. nebenst. Struktur) durch Einw. des Lösungsm. die Prodd. ergibt. Die Katalysatoren, wie wasserfreie Metallhalogenide u. wss. Säuren, verursachen die Bldg. verschied. Prodd. je nach der solvolyt. Wrkg. des Reaktionsmediums.

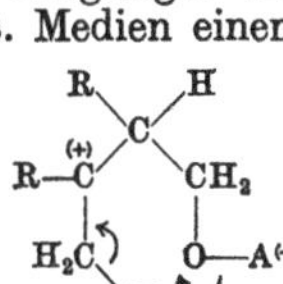

V e r s u c h e: *2.3-Dimethylbuten-(3)-ol-(1)* (III), $C_6H_{12}O$, $Kp._{749}$ 132—133°, $Kp._{31}$ 66 bis 66,5°, durch Zugabe von $SnCl_4$ in Chlf. zu II u. Trioxymethylen in Chlf. u. 18std. Rühren bei n. Temp.; n_D^{20} 1,4391; 26—29% Ausbeute (bezogen auf I); 3.5-Dinitrobenzoat, $C_{13}H_{14}N_2O_6$, F. 40—41° (wss. Methanol); daneben *Formaldehyd-bis-[2.3-dimethylbuten-(3)-yl]-acetal* (IV), $C_{13}H_{24}O_2$, $Kp._2$ 77—78°, n_D^{20} 1,4462; 19—23%. — *Formaldehyd-bis-[2.3-dimethylbutyl]-acetal*, $C_{13}H_{28}O_2$, $Kp._{20}$ 90—95°, durch Hydrieren von IV in Eisessig in Ggw. von PtO_2; n_D^{20} 1,4401. — *1-Äthoxy-2-hydroxymethyl-3-methylbuten-(3)* (V), $C_8H_{16}O_2$, $Kp._{1,75}$ 53—53,5°, analog III aus VI; n_D^{20} 1,4433; 23%. (J. Amer. chem. Soc. **81**. 133—36. 5/1. 1959. Chicago, Ill., Univ. of Chicago, Inst. of Organ. Chem.)

B. GNAUCK. B 225

William P. Jencks, *Untersuchungen über den Mechanismus der Oxim- und Semicarbazonbildung.* Die Kinetik folgender Rkk. wurde UV-spektroskop. bei 25° in wss. Lsg. verfolgt: Oximbldg. von *Brenztraubensäure* (I) [k_2] 4,0·10^6 [Liter/Mol·min] ([bei p_H] 6,8;

[μ] 0,3 [KCl]), [K] 57 [Liter/Mol] (Gleichgewichtskonstante der Additionsverb. beider Reaktanten); *Benzaldehyd* (**II**) $7{,}0 \cdot 10^6$ (7,4; 0,3), 11,3; *Furfurol* (**III**) $2{,}2 \cdot 10^6$ (6,9; 3,2); 5,2, *Cyclohexanon* (**IV**) $1{,}5 \cdot 10^8$ (7,6; 3,2), 6,5; *Aceton* (**V**) $0{,}91 \cdot 10^8$ (7,7; 3,2), 1,0; O-Methyloximbldg. von **I** $8{,}0 \cdot 10^5$ (6,5; 0,3), 35; Hydrazonbldg. von **I** $1{,}8 \cdot 10^8$ (8,3; 0,3), 24; Semicarbazonbldg. von **I** $4{,}8 \cdot 10_6$ (6,5; 0,3), 10; **III** $2{,}0 \cdot 10^6$ (6,4; 0,67), 1,1. Bei geringer Hydrazinkonz. läuft neben der Hydrazonbldg. von **I** eine langsame Rk., vermutlich die Bldg. von Bis-[brenztraubensäure]-hydrazid ab. Es zeigt sich, daß sofort nach Zugabe der Base die Absorption abnimmt, später aber die Anfangsintensität etwas übertroffen wird. Offenbar bildet sich schnell das Addukt aus Carbonylverb. u. Base, das dann langsamer dehydratisiert. Die Dehydratisierungsgeschwindigkeit ist proportional der Konz. an Addukt u. der an H^+ u. Base. Die Geschwindigkeit der Oximbldg. aus **I**, **III** u. **V** beim Neutralpunkt wird durch die Ggw. von Phosphatpuffer erhöht, u. zwar bei p_H 6,7 stärker als bei p_H 7,6. Vermutlich liegt eine allg. Säurenkatalyse durch $H_2PO_4^-$ sowie eine spezif. Säurenkatalyse vor. Bei Erniedrigung des p_H wird die Dehydratation schnell u. die Konz. an Base (durch Bldg. deren konjugierter Säure) klein, die Oxim- u. Semicarbazonbldg. folgt dann nicht mehr den genannten Beziehungen. Die Rkk. von NH_2OH mit **III** u. **V** werden unterhalb p_H 5 langsamer u. scheinen im stark sauren Bereich eine kleine konstante Geschwindigkeit zu erreichen. Dies wird auf eine spezif. säurenkatalysierte Addition des freien NH_2OH zurückgeführt. Die Gesamt-Rk. verläuft in diesem p_H-Bereich nach der 2. Ordnung. Aus diesen Daten sowie den K-Werten der Acetoxim (**VI**)-Bldg. von OLANDER [1927] u. CONANT u. BARTLETT [1932] wurden für die Stufen der Rk. zwischen **V** u. NH_2OH: $(CH_3)_2C{=}O + H_2NOH \underset{k_{-1}}{\overset{k_1}{\rightleftharpoons}} (CH_3)_2C(OH)NHOH$ (**A**) $\underset{k_{-2}}{\overset{H^+k_2}{\rightleftharpoons}} (CH_3)_2C{=}NOH + H_2O$ folgende Werte abgeschätzt: $K_1 = [\mathbf{A}]/[\mathbf{V}][NH_2OH] = 1{,}0$, $k_2 = 1{,}06 \cdot 10^6$, $k_1 = 6 \cdot 10^4$ ($v_1 = k_1[NH_2OH][\mathbf{V}]$), $k_{1a} = 1 \cdot 10^7$ ($v_{1a} = k_{1a}[NH_2OH][\mathbf{V}][H^+]$); $k_{-1} = 6 \cdot 10^4$; $k_{-1a} = 1 \cdot 10^7$; $k_2 = 0{,}91 \cdot 10^8$; $k_{-2} = 86$. Im sauren Bereich hat die Phosphatpufferkonz. kaum einen Einfl. auf die Geschwindigkeit. Es wird gefolgert, daß das p_H-Optimum der Reaktionsgeschwindigkeit weder durch allg. Säurenkatalyse des Puffers noch durch NH_3^+OH verursacht wird. Bei der Rk. von **III** mit Semicarbazid (**VII**) im sauren Bereich sind jedoch Anzeichen für das Auftreten sowohl einer allg. als auch einer spezif. Säurenkatalyse vorhanden. Zwischen p_H 5,7 u. 7,1 ist die Geschwindigkeit v dieser Rk. proportional $[H^+]$ u. unabhängig von der Konz. an **VII**. Bei kleineren p_H-Werten ist v kleiner, als nach den Daten im schwach sauren Gebiet zu erwarten ist u. wird immer mehr abhängig von [**VI**]. Offenbar katalysiert die konjugierte Säure von **VII** (allg. Säurenkatalyse). Der Mechanismus der Rkk. wird eingehend diskutiert. Die Abnahme der Geschwindigkeit der Oximbldg. im sauren Bereich scheint auf einen Übergang zu einem geschwindigkeitsbestimmenden Angriff der freien Base auf die Carbonylverb. zu beruhen, der nicht einer allg. Säurenkatalyse unterworfen ist. Dagegen tritt sowohl eine spezif. als auch eine allg. Säurenkatalyse auf bei der Dehydratation der Additionsverb., der Addition von W. an die Oxime u. Semicarbazone sowie bei der Addition von **VII** an Carbonylgruppen. Bei der Addition des viel stärker bas. NH_2OH an Ketogruppen tritt dagegen eine spezif. Säurenkatalyse nur in geringem Umfang auf. Der relativ hohe K-Wert für das Addukt von **IV** im Vgl. mit **V** ist wohl auf den Übergang von einer sp^2- zu einer weniger gespannten sp^3-Hybridisierung des Carbonyl-C-Atoms zurückzuführen. Die kleinen K-Werte für die Aldehyde **II** u. **III**, die kaum die Werte der einfachen Ketone übertreffen, werden mit einem Konjugationsverlust der Carbonylgruppe mit dem aromat. Kern bei der Bldg. der Addukte erklärt. Zur basenkatalysierten Rk. von **V** mit NH_2OH wird angenommen, daß die Dehydratationsstufe durch OH^- katalysiert wird bzw. bei der Rück-Rk. OH^- am **VI** angreift. UV-spektroskop. wurde festgestellt, daß die Affinität von Piperidin u. Imidazol gegenüber Carbonylgruppen (**I**) recht gering ist. Die Neigung des O-Atoms des W. zur Addition an das Carbonyl-C-Atom ist ebenfalls gering (prakt. keine Hydratbldg. in wss. Lsg.). Eine mögliche Erklärung für die anomale Affinität von NH_2OH, NH_2NH_2 u. **VII** zum Carbonyl-C-Atom ist die Annahme einer Stabilisierung der Additionsverbb. durch eine H-Brücke des Hydroxyl-H-Atoms zum α-N- bzw. α-O-Atom der Base, wie früher (J. Amer. chem. Soc. **80**. [1958.] 4585) für die Stabilisierung des Übergangszustandes des ungewöhnlich schnellen Angriffs von NH_2OH auf Acylverbb. vorgeschlagen worden war. (J. Amer. chem. Soc. **81**. 475—81. 20/1. 1959. Waltham, Mass., Brandeis Univ., Graduate Dep. of Biochem.) B. GNAUCK. B 225

Marjorie C. Caserio, Donald L. Glusker und **John D. Roberts**, *Hydrolyse von Diaryljodoniumsalzen.* Beim Kochen (mehrere Tage) von *4-Methoxydiphenyljodoniumfluorid* in H_2O entstehen 42 Mol-% Jodbenzol (**II**), 58% p-Jodanisol (**III**), 59% Phenol (**IV**) u. 41% p-Methoxyphenol (**V**) bzw. in Ggw. von HBF_4 37—38% **II**, 62—63% **III**, 57 bis 58% **IV** u. 42—43% **V** u. in wss. Dioxan (**VI**) 28% **II** u. 72% **III**. Entsprechend bilden sich aus 4-Methoxydiphenyljodoniumfluoborat (in H_2O) 29% **II** u. 71% **III**, aus dem Tosylat (**I**) in W. 30% **II** u. 70% **III** bzw. in wss. **VI** 25% **II** u. 75% **III**, in W. u. Ggw. von Cu^{2+} 40% **II**, 60% **III** u. 60% **IV**, in wss. **VI** in Ggw. von Cu^{2+} 41% **II** u. 59% **III**, in wss. Acetonitril u. Ggw. von Cu^{2+} 35% **II** u. 65% **III** in W. u. Ggw. von Cu^{+} 40% **II** u. 60% **III**; das Trifluoracetat liefert in W. u. in Ggw. von Cu^{2+} 40% **II** u. 60% **III**. Die Hydrolysen werden durch Cu^{+} u. Cu^{2+} katalysiert. Das gilt auch für die Rk. von *3-Methyldiphenyljodoniumtosylat*, das in W. in Ggw. von Cu^{2+} 46% **II**, 54% m-Jodtoluol (**VII**), 56% **IV** u. 44% m-Kresol, bzw. in Ggw. von Cu^{+} 43% **II** u. 57% **VII** liefert. Die beiden J—C-Bindungen werden offenbar mit der gleichen Leichtigkeit aufgebrochen. Das Fehlen eines erheblichen Substituenteneinfl. auf die Richtung des C—J-Bindungsbruches zeigt auch die Hydrolyse von *3-Nitro-4'-methoxydiphenyljodoniumtosylat* (**XIII**) in Ggw. von Cu^{2+}. Es entstehen 47% *m-Nitrojodbenzol* (**VIII**) u. **V** sowie 34% **III** u. *m-Nitrophenol* (**IX**), die Phenole reagieren mit dem Jodoniumion unter Bldg. von 19% *3.3-Dinitro-* u. *3-Nitro-4'-methoxydiphenyläther* (sowie **III**); 4.4'-Dimethoxydiphenyläther wird nicht gefunden. Ähnlich liefert die nichtkatalysierte Hydrolyse von 3-Nitrodiphenyljodoniumfluorid ein Gemisch von **II**, **VIII**, **IV** u. **IX** sowie Diaryläthern. Zugabe von Säure (HBF_4) vermindert die Ätherbldg. von 39 auf 16%. Die Kinetik der Hydrolyse von **I** wird bei 100° in W. durch Titration verfolgt. Die nichtkatalysierte Rk. verläuft sehr langsam, u. es treten allg. Störungen auf, die auf eine Verzögerungswrkg. der gebildeten Säure zurückzuführen sind. In 50%ig. wss. Dioxan (**X**) hat die Hydrolyse autokatalyt. Charakter, offenbar ist die Ursache eine durch O_2 induzierte Zers. des **X**. Ähnliches gilt auch für die Rk. in wss. Aceton. In W. u. in 50%ig. wss. **X** läuft die Rk. nach der 1. Ordnung ab, wenn $CuCl_2$ zugegen ist. Eine Hemmung durch die entstehende Säure ist nicht zu verzeichnen, doch führt die Wrkg. von O_2 zu nichtreproduzierbaren Ergebnissen. Zugabe von Säure verzögert jedoch auch in Ggw. von Cu^{2+} die Hydrolyse, die dann autokatalysiert zu sein scheint. Salzeffekte treten offenbar nicht auf. Dieses Verh. wird auf die Bldg. von Cu^{+}-Ionen zurückgeführt, die der Hydrolyse vorangeht; O_2 u. Säure verzögern die Red. $Cu^{2+} \rightarrow Cu^{+}$, womit deren Wrkgg. erklärt werden. Cu^{2+} hat gegenüber Cu^{+} nur einen relativ schwachen oder keinen katalyt. Effekt. Als Beweis dient die wirkungsvolle Inhibierung der Rk. durch Zugabe von Cuproin (2.2'-Dichinolin), das Cu^{+}-Ionen spezif. chelatisiert. Die Rk. läuft vermutlich unter homolyt. Spaltung der C—J-Bindung ab: $RJ^{+}R + 2H_2O \rightleftharpoons R_2JOH + H_3O^{+}$; $R_2JOH \rightarrow RJ + \overbrace{R\cdot + \cdot OH}$ (oder $R\dot{J}R + \cdot OH$ bzw. $R\cdot + R\dot{J}OH$) $\rightarrow RJ + ROH$. Diese Radikale existieren nicht für sich allein, da keinerlei Dimerisierungsprodd. oder Verbb., die durch Abzug von H entstanden sein könnten, gefunden wurden. Ähnlich verläuft die durch Cu^{+} katalysierte Rk.: $RJ^{+}R + Cu^{+} \rightarrow \overbrace{R\dot{J}R + Cu^{2+}} \xrightarrow{+2H_2O} RJ + ROH + Cu^{+} + H_3O^{+}$. Die Cu^{+}-Ionen bewirken also eine Elektronenübertragung auf das J-Atom u. $R\dot{J}R$ liefert durch eine Reihe von 1-Elektronenübertragungen die gefundenen Produkte.

Versuche: *4-Methoxydiphenyljodoniumtosylat* (**I**), $C_{10}H_{19}JO_4S$, F. 145—151° (Zers., A.–Aceton–Ligroin), aus Jodosobenzol u. Anisol (**XIII**) über das Bromid nach Beringer u. Mitarbeiter (C. **1956**. 397) durch 3std. Schütteln mit Ag_2O in W. bei n. Temp. u. Neutralisation mit p-Toluolsulfonsäure (**XI**); 85% (Ausbeute). Analog: *4-Methoxydiphenyljodoniumtrifluoracetat*, $C_{15}H_{12}F_3JO_3$, F. 158—162° (Zers., Bzl.); 67%; *-fluoborat*, $C_{13}H_{12}BF_4JO$, F. 91—94° (Zers.); *-fluorid*, F. 95—97° (Zers., Aceton). — *3-Methyldiphenyljodoniumbromid*, F. 182,5—183,5° (Zers., W.), durch Zugabe von konz. H_2SO_4 zu m-Jodosotoluol, Bzl. u. Acetanhydrid–Eisessig, 9 Std. Einw. analog **I** u. Rk. mit NaBr; 66% (roh) bzw. 41% (rein); *Tosylat*, $C_{20}H_{19}JO_3S$, F. 169—170° (Zers., A.–Aceton), aus dem Bromid mit Ag_2O in W. u. **XI**; 80%. — *3-Nitro-4'-methoxydiphenyljodoniumbromid*, $C_{13}H_{11}BrJNO_3$, F. 174—175° (Zers., W.), aus m-Nitrojodosobenzol u. **XII** analog vorst. Bromid; 94%; *Tosylat* (**XIII**), $C_{20}H_{18}JNO_6S$, F. 175—180° (W.), analog vorst. Tosylat; 72%. — *3-Nitrodiphenyljodoniumfluorid*, F. 143—146° (Zers.), aus m-Nitrojodosobenzoldibisulfit (vgl. Masson u. Hanky, J. chem. Soc. [London] **1938**. 1699) in H_2SO_4–Bzl. nach Beringer u. Mitarbeitern (l. c.) über das Bromid mit AgF oder über das Hydroxyd mit HF; 71%. — *3-Nitro-4'-methoxydiphenyläther*, $C_{13}H_{11}NO_4$, F. 73—74° (wss. Methanol), durch Schütteln von **V** in 0,1 mol. NaOH mit **XIII**; 57%, daneben 83% **III**. — *3.3'-Dinitrodiphenyläther*, $C_{12}H_8N_2O_5$, F. 124—125° (wss. A., fahlgelbe Nadeln); analog vorst. Verb. aus **IX**; 50%, daneben 93% **III**. (J. Amer. chem. Soc. **81**. 336—42. 20/1. 1959. Pasadena, Calif., California Inst. of Technol., Gates and Crellin Labors. of Chem.) B. Gnauck. B 225

Robert I. Ellin, *Stabilität von Pyridinaldoxim-(2)-methojodid*. 1. Mitt. *Mechanismus der Spaltung in wässeriger alkalischer Lösung*. (Vgl. C. **1959**. 6907.) Wie UV-spektroskop. nachgewiesen wurde, zers. sich Pyridinaldoxim-(2)-methojodid (**I**) in Lsgg. von p_H 7—13 durch 1½std. Erhitzen auf 87°, es bildet sich *N-Methyl-α-pyridon* (**II**, *Pikrat*, F. 145° [A.]).

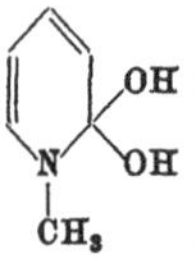

Die Rk. verläuft offenbar über *2-Cyanpyridinmethojodid* (**III**), dieses liefert unter gleichen Bedingungen ebenfalls **II**. Pyridincarbonsäure-(2)-methojodid (**IV**) konnte dagegen weder aus **I** noch aus **III** erhalten werden. Das Reaktionsvermögen von **III** wird mit dem der Acylcyanide verglichen, es wird angenommen, daß aus **III** zunächst 2-Hydroxypyridinmethojodid entsteht. — **III**, $C_7H_7JN_2$, F. 183—184° (A.), durch 4std. Kochen von 2-Cyanpyridin u. CH_3J in A., gelbe Kristalle. — **IV**, $C_7H_8JNO_2$, F. 164,5—166° (Propanol), analog **III**, gelbe Kristalle. — Die UV-Maxima von **I**-**IV** in 0,1n HCl u. 0,1n NaOH sind angegeben. (J. Amer. chem. Soc. **80**. 6588—90. 20/12. 1958. Army Chem. Center, Md., U. S. Army Chem. Warfare Labors., Direct. of Med. Res., Physiol. Chem. Branch.)

B. GNAUCK. B 225

Cheves Walling und **Norman Indictor,** *Lösungsmitteleffekte und Initiatorwirksamkeit im Benzoylperoxyd-Dimethylanilin-System.* Die Rk. 2. Ordnung von *Benzoylperoxyd* (**I**) mit *Dimethylanilin* (**II**) wird a) in verschied. Lösungsmitteln direkt durch Best. von **I** u. b) an der Änderung der Polymerisationsgeschwindigkeit von Styrol (**III**) in Abwesenheit von Luft unter dem Einfl. von **I**/**II** dilatometr. verfolgt. In der Untersuchungsreihe a) wurden für die verschied. Lösungsmittel u. Gemischen (1 : 1 Vol.) folgende Reaktionsgeschwindigkeitskonstanten $k_2 \cdot 10^4$ [Liter/Mol·sec] bei 0° erhalten: Pyridin 120 $\pm$ 30; Chlf. 5,2 $\pm$ 0,6 (unter N_2 19 $\pm$ 5); Bzl. im Vakuum 15,4; A. 9,4; Äthylacetat 1,8 $\pm$ 0,1 (im Vakuum 6,0 $\pm$ 0,3); **III** 2,8 $\pm$ 0,1 (im Vakuum 2,8 $\pm$ 0,1 u. unter N_2 2,8 $\pm$ 0,15); Aceton 2,1 $\pm$ 0,2; Aceton/W. 6,1; Chlf./Pyridin (1 : 3) 7,7; Chlf./Essigsäure 3,23; Chlf./Benzoesäure (0,2mol.) 5,77; Bzl./**III** 3,88; Äthylacetat/**III** 3,98; Aceton/**III** 4,36; Pyridin/**III** 9,19; Nitrobenzol/**III** 6,2 $\pm$ 0,2; Chlf./**III** (1mol.) 13,6; Chlf./**III** (5mol.) 5,8; Chlf./Diäthylmaleat (2mol.) 12,1; Chlf./Methylmethacrylat (1,9mol.) 5,9 u. Chlf./Acrylonitril (1mol.) 11,5. Die Lösungsmitteleffekte u. der Einfl. von Sauerstoff werden an Hand der Ergebnisse diskutiert. Im Falle b) wurde für die Rk. von **I** mit **II** in **III** die Aktivierungsgrößen $\Delta H^{\neq}$ 11,0 kcal/Mol u. $\Delta S^{\neq}$ —9,9 cal/Grad·Mol erhalten. Hier wurde die Rk. im Temperaturbereich 0—80° verfolgt u. die Kettenstartwirksamkeiten des **I**/**II**-Syst. errechnet, die von ca. 0,25 bei 0° auf ca. 0,10 bei 80° abfällt. Die Anwendbarkeit der Meth. b) wurde durch Polymerisation von **III** unter therm. Zers. von **I** u. Azo-bis-isobutyronitril in Abwesenheit von **II** geprüft, wobei für die Geschwindigkeitskonstante e des Zerfalls des Initiatoren u. k_2 mit der Literatur übereinstimmende Werte erhalten wurden. Der Mechanismus der **I**/**II**-Rk. wird diskutiert u. die Bldg. eines quaternären Hydroxylaminions als Zwischenprod. angenommen, dessen Zerfall durch Konkurrenz-Rk. radikal. u. nichtradikal. Prozesse erfolgt. Bei der Rk. von **I** mit Triäthylamin (**IV**) u. alkal. Hydrolyse der Reaktionsmischung wurde *Diäthylvinylamin* gefunden, dessen Bldg. sich durch den angenommenen Reaktionsmechanismus erklären läßt. Die **I**/Amin-Rk. ermöglicht somit einen neuen Weg zur Darst. von Enaminen. — *Diäthylvinylamin,* Kp. 65—71°, durch Zufügen von **IV** in Pyridin zu **I** unter Kühlung auf 25—30° u. Stehen über Nacht u. anschließender Dest. in Ggw. von Piperidin; polymerisiert beim Stehen. (J. Amer. chem. Soc. **80**. 5814—18. 5/11. 1958. New York, N. Y., Columbia Univ., Chem. Dep.)

W. SCHRAMM. B 225

Noboru Yamada und **Yasushi Kobayashi,** *Reaktion zwischen Acetylen und Essigsäure.* Untersucht wird der Mechanismus der Bldg. von Vinylacetat durch Rk. zwischen C_2H_2 u. CH_3COOD bei 150—160° mit Aktivkohle, die Zn-Acetat enthält, als Katalysator. Als geschwindigkeitsbestimmend wird der Vorgang $CH_2{=}CH^+ + CH_3COO^- \rightarrow CH_2{:}CHOCOCH_3$ in Betracht gezogen. (J. chem. Soc. Japan, pure Chem. Sect. [Nippon Kagaku Zassi] **76**. 722—24. Juli 1956. Toyama Univ. [Orig.: japan.])

L. SCHULER. B 225

Robert A. Benkeser und **James J. Hazdra,** *Faktoren, die die Richtung der Eliminierung bei der Tschugajeff-Reaktion beeinflussen.* Da bei der TSCHUGAJEFF-Rk. keine Umlagerung auftritt, entstehen bei der Pyrolyse der Xanthogenate der 1-Alkylcyclohexanole bzw. der Alkylcyclohexylcarbinole nur Gemische von zwei Olefinen mit exocycl. oder endocycl. bzw. exocycl. oder endständiger C—C-Doppelbindung. Folgende Ergebnisse wurden erzielt: *1-Methyl-* (**I**) [Temp. der Pyrolyse des Xanthogenats] 200°, [Gesamtausbeute an Olefin] 49%, [gaschromatograph. ermittelter Anteil an exocycl. Olefin] 21%; *1-Äthyl-* (**II**) 200°, 42%, 12%; *1-Isopropylcyclohexanol* (**III**) 100°, 46%, 22%; *Methyl-* (**IV**) 250°, 52%, 38%, u. *Dimethylcyclohexylcarbinol* (**V**) 150°, 51%, 21%. Die Pyrolyse erfolgte nach Zugabe des 1-Alkylcyclohexanols zu K in Toluol oder p-Cymol bei 65° (2 Std. Rühren), Zugabe von CS_2–Ae. unter 40°, 1 Nacht Stehen, Zugabe von CH_3J, 1tägiges Stehen u. Eindampfen. Die Xanthogenate von **IV** ($Kp._2$ 124—126°, n_D^{20} 1,5440; 57% [Ausbeute]) u. **V** ($Kp._{0,1}$ 57—59°; 57%) wurden vor der Pyrolyse isoliert. IR-spektroskop. wurde sichergestellt, daß die Zersetzungsprodd. der Xanthate von **I**—**III** tatsächlich durch Zers. derselben u. nicht der Alkohole entstehen. Die modifizierte TSCHUGAJEFF-Rk. (vgl. WHITMORE u.

SIMPSON [1933], Ersatz des K durch NaOH) führte zu etwa den gleichen Olefinausbeuten. Die Darst. von reinem Methylencyclohexan (**VI**) durch Pyrolyse von 1-Methylcyclohexylacetat bei 450° nach BAILEY u. Mitarbeitern (C. **1956.** 4679) mißlang bei Tempp. zwischen 250 u. 500°. Das Bildungsverhältnis von 1-Methylcyclohexen : **VI** betrug stets ca. 4, in Übereinstimmung mit den Ergebnissen der TSCHUGAJEFF-Rk. von **I** u. mit den Befunden von DE PUY u. LEARY (C. **1958.** 974). Bei sämtlichen TSCHUGAJEFF-Rkk. ist die Bldg. des exocycl. Olefins benachteiligt, dabei wird teils die SAYTZEFF-, teils die HOFMANN-Regel der Eliminierung befolgt. In allen Fällen entsteht bevorzugt das thermodynam. stabilere Olefin. Vff. nehmen an, daß ster. Faktoren einen erheblichen Einfl. auf die Richtung der Eliminierung bei der Xanthogenatpyrolyse ausüben. Die bei den Pyrolyse-Rkk. erhaltenen Olefingemische stellen keine Gleichgewichtszuss. dar, da durch Kochen der Prodd. in Eisessig (24 Std. in Ggw. von Toluolsulfonsäure) stets 94—100% des endo-Isomeren resultierten. — *1-Methylcyclohexylacetat*, $C_9H_{16}O_2$, $Kp._8$ 60—61°, durch Einw. von Acetylchlorid auf **I** in Pyridin bei 0°; n_D^{20} 1,4402; 47%. — *Isopropylidencyclohexan*, Kp. 163°, n_D^{20} 1,4720. — *2-Cyclohexylpropylen*, Kp. 151°, n_D^{20} 1,4586. — *Cyclohexyläthylen*, Kp. 127—128°, n_D^{20} 1,4470. — *1-Isopropylcyclohexen*, Kp. 154—156°, n_D^{20} 1,4590. — *1-Äthylcyclohexen*, Kp. 136°, n_D^{20} 1,4562. — *1-Methylcyclohexen*, Kp. 108°, n_D^{20} 1,4500. (J. Amer. chem. Soc. **81.** 228—31. 5/1. 1959. Lafayette, Ind., Purdue Univ., Chem. Labors.) B. GNAUCK. B 225

Gerhard Leuschner und **Klaus Pfordte,** *Intermolekulare Dehydrierungen durch UV-Licht.* 1. Mitt. *Photoreaktionen der Alkohole.* In Hohlwalzen aus Quarz wurden hochgereinigte Alkohole unter Wasserkühlung (bei 28—37°) unter N_2 50 Std. mit UV-Licht bestrahlt. Im Gegensatz zu MEYER u. ECKART [1918] fanden Vff. stets eine Dehydrierung unter H_2-Entwicklung. Aus *Methylalkohol* wurde 8% Äthylenglykol erhalten, entsprechend entstanden aus *A.* 11% Butandiol-(2.3) (Kp. 179—180°, n_D^{21} 1,4357; Dibenzoat, F. 75—77°; Bis-phenylurethan, F. 194° [Bzl.]; Diacetat, $Kp._8$ 108—109°, n_D^{22} 1,4142), aus *n-Propylalkohol* dl-Hexandiol-(3.4) ($C_6H_{14}O_2$, $Kp._{12}$ 92—102°, n_D^{20} 1,4429, $D.^{23}_4$ 0,956; liefert durch Bestrahlung mit UV-Licht in Br_2–W. Dipropionyl, Dioxim, F. 188—189°) u. meso-Hexandiol-(3.4) ($C_6H_{14}O_2$, F. 90—90,5° [PAe. oder Cyclohexan], $Kp._1$ 70°; Phenylurethan, F. 211—213° [A.]), aus *n-Butylalkohol* dl-Octandiol-(4.5) ($C_8H_{18}O_2$, $Kp._{4-7}$ 94—104°, n_D^{22} 1,4409, $D.^{24}_4$ 0,9327) u. meso-Octandiol-(4.5) ($C_8H_{18}O_2$, F. 124° [PAe.]), aus *Isobutylalkohol* (**I**) dl-2.5-Dimethylhexandiol-(3.4) ($C_8H_{18}O_2$, $Kp._3$ 98 bis 100°, n_D^{23} 1,4481) u. meso-2.5-Dimethylhexandiol-(3.4) ($C_8H_{18}O_2$, F. 168,5° [Cyclohexan]) u. aus *Benzylalkohol* nur 5% Mesohydrobenzoin (F. 137° [Äthylacetat]). Die gebildete H_2-Menge entsprach etwa den Ausbeuten an Diolen (3—10%). Bei der Rk. von **I** konnte ferner die Bldg. von CO, CH_4, C_2H_6, C_2H_4, C_3H_8, C_3H_6 u. C_4H_{10} festgestellt werden, der intermol. Dehydrierung läuft also eine Zersetzungs-Rk. parallel. Unter Luftzutritt blieben die Ausbeuten an H_2 u. Diolen unverändert. Die Ausbeuten an dl-Diol lagen meist etwas höher als die der meso-Form. Die meso-Glykole reagierten innerhalb von 15—30 Min. mit HJO_4 sowie mit Pb(IV)-Acetat unter Bldg. der entsprechenden Aldehyde. Die dl-Glykole waren gegen HJO_4 weitgehend beständig, lieferten aber durch Einw. von UV-Licht in Br_2–W. die α-Diketone. Ferner wurden folgende sek. u. tert. Alkohole mit UV-Licht bestrahlt: *Isopropylalkohol* (→ 13% Pinakon, F. 39—42°, Kp. 173 bis 174°; entstand in Ggw. von Aceton [1 : 1] bereits nach 9 Std. in 15%ig. Ausbeute), *Cyclohexanol* (→ dl-6.6'-Dihydroxydicyclohexyl [$Kp._7$ 98°, n_D^{21} 1,4525] u. meso-2.2'-Dihydroxydicyclohexyl [$C_{12}H_{22}O_2$, F. 128,5° aus PAe.]) u. *tert.-Butylalkohol* (→ 2.5.8-Trimethylnonantriol-(2.5.8), $C_{12}H_{26}O_3$, F. 88—89° aus PAe.-Hexan, Tris-phenylurethan, F. 219—220°). (Liebigs Ann. Chem. **619.** 1—9. 2/2. 1959. Halle, Univ., Pharmakol. Inst.)
B. GNAUCK. B 226

Shih Yi Wang, *Photochemie von Nucleinsäuren und verwandten Verbindungen.* 1. Mitt. *Die erste Stufe bei der Ultraviolettbestrahlung von 1.3-Dimethyluracil.* (Vorl. Mitt. vgl. WANG u. Mitarbeiter, C. **1957.** 9616.) 1.3-Dimethyluracil (**I**; F. 121—122°) wurde in wss. Lsg. (p_H 5, 32°) 27 Std. mit UV-Licht (268 mμ) wie früher (vgl. nachst. Ref.) bestrahlt. Es entstand dabei in guter Ausbeute *6-Hydroxy-1.3-dimethylhydrouracil* (**II**; $C_6H_{10}N_2O_3$, F. 105—106° [Chlf.-PAe.]). Durch Einw. von Säure (verd. HCl, 1 Nacht bei n. Temp.) oder Alkali (NaOH-Lsg., 20 Min. bei n. Temp.) auf **II** konnte **I** wieder gewonnen werden. 5-Hydroxy-1.3-dimethylhydrouracil kann nicht als Prod. oder Zwischenstufe auftreten, da es sich völlig verschieden verhält. So entsteht durch Einw. von Säure (auch 50%ig. H_2SO_4) ebenso wie in Ggw. von Alkali kein **I**, auch nicht nach vorheriger UV-Bestrahlung. Aus **I** wurde mit äquimol. Br_2–W. *5-Brom-6-hydroxy-1.3-dimethylhydrouracil* (**III**) in Lsg. (nach UV-Spektr.) erhalten, beim Stehen bildete sich nur *5-Brom-1.3-dimethyluracil* (**IV**). Die Hydrogenolyse von **III** in ungepufferter Lsg. mit 10%ig. Pd-Kohle lieferte **I**, in Phosphatpufferlsg. (p_H 7) entstand dagegen **II**. Die von MOORE u. THOMSON (Canad. J. Chem. **35.** [1957.] 163 u.

früher) erhaltenen geringen Ausbeuten werden von Vf. damit erklärt, daß bei der Hydrogenolyse von 5.5-Dibrom-6-hydroxy-1.3-dimethylhydrouracil die cis-Form von III als Zwischenstufe gebildet wird, die unter schneller trans-Eliminierung von H_2O IV ergibt. IV kann leicht katalyt. zu I red. werden (Red. in Ggw. von 10%ig. Pd-Kohle in absol. A.).

Versuche: *5-Brom-1.3-dimethyluracil* (IV), F. 184—185° (absol. A.), nach Johnson u. Clapp [1890]. — *5-Hydroxy-1.3-dimethyluracil*, $C_6H_8N_2O_3$, F. 198—199° (absol. A.), durch Zutropfen von Br_2 zu I in W., Zugabe von Bleiglätte u. 1std. Kochen. — *5-Hydroxy-1.3-dimethylhydrouracil*, $C_6H_{10}N_2O_3$, F. 109—110° (Ae.-PAe., durch Hydrierung vorst. Verb. in Ggw. von 10%ig. Pd-C in W. bei n. Temp. unter 35 lb. Druck (20 Std.). (J. Amer. chem. Soc. **80.** 6196—98. 5/12. 1958. Boston, Mass., Tufts Univ., School of Med., Dep. of Physiol.) B. Gnauck. B 226

Shih Yi Wang, *Photochemie von Nucleinsäuren und verwandten Verbindungen.* 2. Mitt. *Die Ultraviolettbestrahlung des ersten Produkts aus 1.3-Dimethyluracil.* (1. vgl. vorst. Ref.) Wie l. c. wurde 6-Hydroxy-1.3-dimethylhydrouracil (I) in wss. Lsg. 25 Std. mit UV-Licht bestrahlt u. die Rk. UV-spektroskop. verfolgt. Hierbei wurde in 73%ig. Ausbeute *N.N'-Dimethylmalonamid* (III) isoliert. Die Rk. verläuft offenbar über 1.3-Dimethylbarbitursäure (II), da diese Verb. durch UV-Lichteinw. sehr schnell III liefert. Die Bldg. von II aus I erfolgt dagegen anscheinend langsam. Als Reaktionsmechanismus wird angenommen: I + ${}^{\cdot}OH \rightarrow$ II + H_2O + $H^{\cdot}$, II + 2 $H^{\cdot} \rightarrow$ III + CO. Demnach liefern die Wassermoll. nicht nur das oxydierende Agens, sondern auch $H^{\cdot}$ für die Red. von II zu III. Die Decarbonylierung von II wird durch die UV-Anregung ausgelöst u. stellt vermutlich den Bruch zweier C—N-Bindungen dar. Die Entbindung von 45% CO u. 17—18% CO_2 (wahrscheinlich durch Oxydation von CO) konnte halbquantitativ nachgewiesen werden. Durch 40½std. UV-Bestrahlung von 1.3-Dimethyluracil in wss. Lsg. konnte ebenfalls die Bldg. von III hervorgerufen werden. III wurde bei Einw. von UV-Licht (4—5 Tage) nicht verändert. Die Geschwindigkeit der über freie Radikale verlaufenden Photooxydation ist im Bereich von 10^{-3} bis 10^{-4}mol. abhängig von der I-Konz., bei höheren Konzz. jedoch anscheinend unabhängig von dieser. Die Kinetik der Decarbonylierung von II zu III verläuft nach der pseudo-nullten Ordnung bei 10^{-4}mol. II. — *N.N'-Dimethylmalonamid* (III), $C_5H_{10}N_2O_2$, F. 137—138° (Aceton), nach Freund [1884]). (J. Amer. chem. Soc. **80.** 6199—6201. 5/12. 1958.) B. Gnauck. B 226

Kenneth C. Kennard, *Polyphosphorsäure.* Erratum zu C. **1957.** 13009. — Fortsetzung der l. c. begonnenen Übersicht über die Verwendung von *Polyphosphorsäure* (I) in der präparativen organ. Chemie. Besprochen wird die Eignung von I als Katalysator für die Beckmann-Umlagerung sowie für verschied. Rkk. (partielle Verseifung von Nitrilen, Bldg. substituierter Carbonsäureamide, Direktveresterung von Aminosäuren mit Benzylalkohol usw.). (Org. chem. Bull. **29.** 5—6. 1957. Rochester, N. Y., Eastman Kodak Co., Res. Labor.) R. Gelius. B 227

Junji Mukai, Ken-ichi Watanabe und **Kazuo Hata,** *Katalytische Hydrierung von halogenierten aromatischen Nitrilen.* 11. Mitt. *Untersuchung über die Spaltung von Molekülen durch katalytische Hydrierung.* (10. vgl. J. chem. Soc. Japan, pure Chem. Sect. [Nippon Kakagu Zassi] **76.** [1955.] 888.) Die Hydrierung von *p-Brombenzonitril* in der Gasphase mit Ni-Cu auf Kieselgur u. H_2 bei 200—300° ergibt Benzonitril; aber keine merkliche Spaltung der CN-Bindung. Ähnliche Ergebnisse liefert *p-Chlorbenzonitril,* doch lassen sich hier NH_3 u. NH_4Cl nachweisen, was auf einen Angriff der CN-Bindung schließen läßt. Die Hemmung der Hydrierung der CN-Bindung wird der Inaktivierung des Katalysators durch Eingehen einer Bindung mit den Halogenatomen zugeschrieben. (J. chem. Soc. Japan, pure Chem. Sect. [Nippon Kagaku Zassi] **76.** 1354—57. Dez. 1955. Tokyo, Metrop. Univ. [Orig.: japan.]) L. Schuler. B 227

Masaru Tanaka, Ken-ichi Watanabe und **Kazuo Hata,** *Grundlegende Untersuchungen über die katalytische Hydrierung aromatischer Nitrile in der Dampfphase.* 1. Mitt. (Vgl. vorst. Ref.) Die katalyt. Hydrierung von *Benzonitril* (I) mit H_2 u. Ni-Cu auf Kieselgur bei 200—400° liefert Toluol (II) u. NH_3 infolge Spaltung der C—N-Bindung, die Ausbeute an II (87,5%) ist bei 250° am größten, darüber beginnt die Abspaltung der CN-Gruppe aus I unter Bldg. von Bzl. u. CH_3NH_2, hier wird die Maximalausbeute) mit 40% Bzl. bei 370° erreicht. Unter ähnlichen Bedingungen liefert *Benzylamin* (III) mehr II u. weniger Bzl., als I. Es wird angenommen, daß die Spaltung zu II über III als Zwischenprod. erfolgt u. daß die Haupt-Rk. bei der Benzolbldg. die direkte Abspaltung von CN aus I ist. (J. chem. Soc. Japan, pure Chem. Sect. [Nippon Kagaku Zassi] **76.** 1392—96. Dez. 1955. [Orig.: japan.]) L. Schuler. B 227

Ch. M. Minatschew und **N. F. Kononow,** *Katalytische Umwandlungen reiner Kohlenwasserstoffe und ihrer natürlichen Gemische (Benzine und Ligroine) unter Wasserstoffdruck.* Allg. Übersicht über katalyt. Umwandlungen von reinen KW-stoffen

u. KW-stoff-Gemischen unter verschied. Reaktionsbedingungen. — 93 Literaturangaben. (Успехи Химии [Fortschr. Chem.] **26.** 176—211. Febr. 1957.) G. Froelich. B 227

A. L. Liberman, G. W. Losa, Min-Nan Tschshan und **B. A. Kasanski,** *Katalytische Cyclisierung von n-Pentan und n-Hexan unter Bildung von fünfgliedrigen Ringen.* n-Hexan (I) wird bereits beim Erhitzen auf 310° in Ggw. von Pt-Kohle zu *Methylcyclopentan* (**III**) cyclisiert, während n-Pentan (II) erst bei 350° *Cyclopentan* (**IV**) liefert. Nach chromatograph. Reinigung des Katalysats an Silicagel u. fraktionierter Dest. werden **III** bzw. **IV** mit einem Reinheitsgrad von 95—99% erhalten. Unterss. des Raman-Spektr. des aus **II** erhaltenen Katalysats zeigten ferner das Vorliegen von *Isopentan,* dessen Bldg. nur durch direkte Isomerisierung von II zu erklären ist. — *Cyclopentan* (**IV**), $Kp._{760}$ 49,2°, man leitet ca. 28 g **II** 2—4½ Std. bei 350° über 60 ml Pt/Kohle, trennt die ungesätt. KW-stoffe durch Adsorption an Silicagel ab u. fraktioniert; $D.^{20}_4$ 0,7438, n_D^{20} 1,4063; ca. 2,9% (Ausbeute); daneben *Isopentan.* — *Methylcyclopentan* (**III**), analog Vorst. durch 5std. Überleiten von ca. 29 g **II** bei 310° über Pt-Kohle, Chromatographie an Silicagel u. Dest. des Katalysats; 3,5—4,5%. (Доклады Академии Наук СССР [Ber. Akad. Wiss. UdSSR] **120.** 789—92. 1/6. 1958. Zelinsky-Inst. für Organ. Chem. der Akad. der Wiss. der UdSSR.) W. Kurtzmann. B 227

John J. Mitchell, *Der Mechanismus der Dehydrocyclisierung von n-Heptan.* Alle bisher beschriebenen Mechanismen (vgl. Hansch, C. **1955.** 4079) für die katalyt. Dehydrocyclisierung (D) von *n-Heptan* (I) zeigen, daß bei der D von $^{14}C_{(1)}$-I 50% des ^{14}C in der Methylgruppe des entstehenden Toluols (**II**) zu finden sein sollten. Vff. untersuchten die D von $^{14}C_{(1)}$-I unter verschied. Bedingungen (bei ca. 490° u. 1 at an K_2O, Cr_2O_3, Ce_2O_3 auf Al_2O_3). Bei einem Ansatz, der 56% Ausbeute an **II** lieferte, wurde ein ^{14}C-Geh. (bestimmt als CO_2 nach Überführung in Benzoesäure u. deren Decarboxylierung) von 27 ± 1% in der Methylgruppe gefunden u. bei einem anderen, der zu 74% **II** führte, wurden 29 ± 1% ^{14}C in der Methylgruppe erhalten. Es werden 2 Mechanismen diskutiert, die den zu niedrigen ^{14}C-Wert erklären, u. es wird ein Vorschlag zur experimentellen Unterscheidung beider gemacht. (J. Amer. chem. Soc. **80.** 5848—51. 5/11. 1958. Beacon, N. Y., Texaco Res. Center.) W. Schramm. B 227

Ja. T. Eiduss und **R. I. Ismailow,** *Isomerisierungsreaktionen in der Butenreihe.* Allg. Überblick über die therm. u. katalyt. Isomerisierung von Butenen (einschließlich der Behandlung theoret. Fragen), über die thermodynam. Gleichgewichte u. die Analyse von Butengemischen. — 122 Literaturangaben. (Успехи Химии [Fortschr. Chem.] **26.** 212—38. Febr. 1957.) G. Froelich. B 227

C. Präparative organische Chemie. Naturstoffe.

A. R. Battersby, *Organische Chemie. Allgemeine Methoden.* Fortschrittsbericht. — 104 Literaturangaben. (Annu. Rep. Progr. Chem. **53.** 159—71. 1956, herausgeg. 1957.) Heinz Walter. 460

L. Crombie und **T. G. Halsall,** *Aliphatische Verbindungen.* Fortschrittsbericht. — 161 Literaturangaben. (Annu. Rep. Progr. Chem. **53.** 171—85. 1956, herausgeg. 1957.) Heinz Walter. 490

J. D. Park, John Abramo, Morris Hein, D. N. Gray und **J. R. Lacher,** *Darstellung und Eigenschaften einiger Fluorvinyljodide und einiger fluorierter Butadiene.* (Vgl. C. **1956.** 4974.) JCl lagert sich leicht an $CF_2{=}CHJ$ (**I**), $CF_2{=}CH_2$ (**II**), $CF_2{=}CHBr$ (**III**), $CF_2{=}CHCl$ (**IV**) u. $CFCl{=}CFCl$ (**V**) an (Reihenfolge abnehmender Reaktionsbereitschaft), wobei das Cl an die CF_2-Gruppe wandert u. folgende Verbb. entstehen: $CF_2Cl{-}CHJ_2$ (**VI**), $CF_2Cl{-}CH_2J$ (**VII**), $CF_2Cl{-}CHBrJ$ (**VIII**), $CF_2Cl{-}CHClJ$ (**IX**) bzw. $CFCl_2{-}CFClJ$ (**X**). Nur bei **V** bildet sich in beträchtlicher Menge das Sekundärprod. $CFCl_2{-}CFCl_2$. **VI** u. **X** sind sehr instabil. Der Strukturbeweis für **VI**—**IX** erfolgte durch Dehydrochlorierung zu $CF_2{=}CJ_2$ (**XI**), **I**, $CF_2{=}CBrJ$ (**XII**) bzw. $CF_2{=}CClJ$ (**XIII**). Ferner wurde **VII** über $C_2H_5OCF_2{-}CH_2J$ zu *Jodessigsäureäthylester,* **IX** zu *Chlorjodessigsäure* hydrolysiert. Unter radikal. Bedingungen reagieren die Fluorvinyljodide **I**, **XI**—**XIII** so mit Olefinen, daß durch das Radikal $CF_2{-}CX\cdot$ endständige CH_2-Gruppen vor CFH-Gruppen u. diese vor CF_2-Gruppen angegriffen werden; durch diese Rk. wurden einige fluorierte Butene-(1) u. Butadiene dargestellt. **XII** u. **XIII** bilden Grignard-Verbb., die mit Formaldehyd zu den entsprechenden Allylalkoholen reagieren, mit CO_2 oder Äthylenoxyd aber keine definierten Prodd. lieferten.

Versuche: *1.1-Difluor-2-jodäthylen* (**I**), C_2HF_2J, $Kp._{622}$ 33,5°, analog $CF_2{=}CFJ$ (**XIV**; vgl. l. c.) durch Dehydrochlorierung von **VII** bei 200 mm; $D.^{20}_4$ 2,171, n_D^{20} 1,4376; 65,4% (Ausbeute). Bildet keine Grignard-Verbindung. — *1.1-Difluor-1.2-dichlor-2-jodäthan* (**IX**), $C_2HCl_2F_2J$, $Kp._{100}$ 66°, durch 9std. Einleiten von **IV** in JCl; $D.^{20}_4$ 2,233;

n_D^{20} 1,4881; 90%. — *1.1-Difluor-2-chlor-2-jodäthylen* (**XIII**), C_2ClF_2J, Kp.$_{628}$ 73°, analog **XIV** aus **IX**; D.$^{20}_4$ 2,237, n_D^{20} 1,4695; 78%. — *1.1-Difluor-1-chlor-2.2-dijodäthan* (**VI**), $C_2HClF_2J_2$, Kp.$_8$ 57,5°, analog **IX** aus **I** bei 0°; D.$^{20}_4$ 2,823, n_D^{20} 1,5870; sehr zersetzlich, zu Tränen reizend; 94%. — *1.1-Difluor-2.2-dijodäthylen* (**XI**), $C_2F_2J_2$, Kp.$_{626}$ 133,5°, aus **VI** durch Dehydrochlorierung mit KOH in sd. $CFCl_2-CF_2Cl$; D.$^{20}_4$ 2,961, n_D^{20} 1,5869; 83,5%. — *1.1-Difluor-1-chlor-2-jodäthan* (**VII**), Kp.$_{624}$ 92,3°, analog **IX**; D.$^{20}_4$ 2,166, n_D^{20} 1,4655. Beim Kupplungsvers. durch schwaches Erhitzen mit Zn u. Essigsäureanhydrid in CH_2Cl_2 → wenig **II**. — *1.1-Difluor-1-chlor-4-jodbutan*, $C_4H_6ClF_2J$, Kp.$_5$ 41,5°, Kp.$_{23}$ 67,5°, aus **VII** u. Äthylen a) durch 3std. Erhitzen auf 280° unter Druck neben *Äthylenjodid*, $C_2H_4J_2$ (F. 81°, lange nadelförmige Kristalle, 10 g aus 119 g **VII**); D.$^{20}_4$ 1,867, n_D^{20} 1,4870; 10%; b) durch 14tägiges Belichten mit UV; 13%. — *1.1-Difluor-4-jodbuten-(1)*, $C_4H_5F_2J$, Kp.$_{20}$ 45—45,3°, Kp.$_{85}$ 61,2°, Kp.$_{116}$ 69—69,2°, aus **I** u. Äthylen durch 7tägiges Belichten mit UV; D.$^{20}_4$ 1,863, n_D^{20} 1,4752; 46%. — *1.1-Difluorbutadien-(1.3)* (**XV**), Kp.$_{630}$ —1°, aus vorst. Verb. durch Dehydrojodierung mit KOH bei 95°. — *1.1.4.4-Tetrafluor-4-jodbuten-(1)*, $C_4H_3F_4J$, Kp.$_{631,5}$ 86,9°, aus **I** u. Äthylen durch 13tägiges Belichten mit UV; D.$^{20}_4$ 1,909, n_D^{20} 1,4193; 14%. — *1.1.4.4-Tetrafluorbutadien-(1.3)*, Kp.$_{158}$ —33,4°, Kp.$_{509}$ —5,5°, Kp.$_{584}$ —1,8°, a) aus vorst. Verb. analog **XV**; 83%; b) aus **I** durch Rk. mit feinverteiltem Na in Dibutyläther; 10%. — *1.1.3.3.4-Pentafluor-4-chlor-4-jodbuten-(1)*, Kp.$_{635}$ 112°, aus **I** u. $CF_2{=}CFCl$ durch 13tägiges Belichten mit UV neben einer nicht identifizierten Fraktion (Kp.$_8$ 70°, n_D^{20} 1,4565); D.$^{20}_4$ 2,086, n_D^{20} 1,4331; instabil; 12,3%. — *β.β-Difluorstyrol*, Kp.$_{61}$ 66°, vermutlich gebildet aus **I** u. Bzl. durch 13tägiges Belichten; n_D^{20} 1,4840. — *1.1-Difluor-2-chlor-4-jodbuten-(1)*, $C_4H_4ClF_2J$, Kp.$_{631}$ 142°, aus **XIII** u. Äthylen durch 30tägiges Belichten mit UV; D.$^{20}_4$ 1,9724, n_D^{20} 1,4958; 71%. Beim Behandeln mit KOH in Mineralöl entsteht sehr wenig *1.1-Difluor-2-chlorbutadien-(1.3)* (?). — *1.1.3.4.4-Pentafluor-2-chlor-4-jodbuten-(1)*, C_4HClF_5J, Kp.$_{90}$ 59°, aus **XIII** u. $CF_2{=}CHF$ durch 18tägiges Belichten mit UV; D.$^{20}_4$ 2,115, n_D^{20} 1,4342; 69%. — *1.1.3.4.4-Pentafluor-2-chlorbutadien-(1.3)*, C_4ClF_5, Kp.$_{630}$ 30—32°, aus vorst. Verb. analog **XV**; 0,5 ml. — *1.1.4.4-Tetrafluor-2-chlor-4-jodbuten-(1)*, $C_4H_2ClF_4J$, Kp.$_{627}$ 120°, aus 45 g **XIII** u. **II** durch 30tägiges Belichten mit UV; D.$^{20}_4$ 2,024, n_D^{20} 1,4435; 19 g. — *1.1-Difluor-2-chloräthylen* (**IV**), aus **XIII** durch Bldg. der GRIGNARD-Verb. u. Hydrolyse mit H_2SO_4. — *β.β-Difluor-α-chlorallylalkohol* (**XVI**), Kp.$_{20}$ 43°, aus vorst. GRIGNARD-Verb. u. gasförmigem Formaldehyd; D.$^{20}_4$ 1,4267, n_D^{20} 1,4028; 54%. Die obige GRIGNARD-Verb. reagiert nicht mit Äthylenoxyd, CO_2, Perfluorbutyronitril oder Li-Perfluorbutyrat. — *1.1-Difluor-1-chlor-2-brom-2-jodäthan* (**VIII**), $C_2HBrClF_2J$, Kp.$_{51}$ 70,5°, Kp.$_{628}$ 139,5°, aus **III** u. JCl analog $CF_2Cl-CFClJ$ (l. c.); D.$^{20}_4$ 2,5464, n_D^{20} 1,5229; 83%. — *1.1-Difluor-2-brom-2-jodäthylen* (**XII**), C_2BrF_2J, Kp.$_{622,5}$ 95,5°, aus **VIII** u. JCl analog **XI**; D.$^{20}_4$ 2,5837, n_D^{20} 1,5059; 78%. — *1.1-Difluor-2-bromäthylen* (**III**), aus **XII** durch Bldg. der GRIGNARD-Verb. u. Hydrolyse mit H_2SO_4. — *β.β-Difluor-α-bromallylalkohol*, $C_3H_3BrF_2O$, Kp.$_5$ 35,5—36°, aus vorst. GRIGNARD-Verb. analog **XVI**; D.$^{20}_4$ 1,8966, n_D^{20} 1,4469; 56%. Die obige GRIGNARD-Verb. reagiert nicht mit CO_2 oder Äthylenoxyd. — *1.1-Difluor-2-jodäthyläthyläther* (**XVII**), Kp.$_{59}$ 62,1°, durch Kochen von **VII** mit KOH in absol. A.; D.$^{20}_4$ 1,794, n_D^{20} 1,4520; gegen Licht instabil, zu Tränen reizend; 76,5%. — *Jodessigsäureäthylester*, Kp.$_{16}$ 73—74°, aus **XVII** durch Hydrolyse; n_D^{19} 1,5043. — *1.1-Difluor-2-chlor-2-jodäthyläthyläther*, Kp.$_{20}$ 67°, aus **IX** analog **XVII**; D.$^{20}_4$ 1,885, n_D^{20} 1,4760; zu Tränen reizend; 30%. — *Chlorjodessigsäure*, F. 89,5—90° (Cyclohexan), aus vorst. Verb. durch Hydrolyse mit 96%ig. H_2SO_4. *Amid*, F. 140° (Cyclohexan), aus dem als Nebenprod. gebildeten Äthylester u. wasserfreiem NH_3. — *1.2-Difluor-1.1.2-trichlor-2-jodäthan* (**X**), Kp.$_{17}$ 44,4°, aus **V** u. JCl; D.$^{22}_4$ 2,265, n_D^{22} 1,5017. — Verss. mit $CF_2Cl-CFClJ$: Rk. mit Phenyl-MgBr ergab nur *$CF_2{=}CFCl$* u. *Jodbenzol*; keine Rk. mit **IV** bei 200° unter Druck, keine mit SO_2 bei 100° unter Druck; beim Vers. der Bldg. der GRIGNARD-Verb. entstand nur *$CF_2{=}CFCl$*. (J. org. Chemistry **23**. 1661—65. Nov. 1958. Boulder, Colo., Univ. of Colorado, Dep. of Chem.)

G. FISCHER. 520

Bernd Eistert und **Friedrich Haupter**, *Zur Isomerie zwischen Hydroxybrenztraubenaldehyd und Triosereduktion.* Vff. ergänzen die Mitt. von HESSE u. Mitarbeitern (vgl. C. **1956**. 13999) über die Übergänge zwischen Hydroxybrenztraubenaldehyd (**I**), $CH_2OH-CO-CHO$, u. Triosereduktion (**II**), $CHOH{=}COH-CHO$. Während **I** in wss. Lsg. bei n. Temp. nicht mit Cu(II)-Acetat reagiert, bildet **II** einen unlösl. *1:1-Cu-Komplex*, aus dem beim Erwärmen durch Redox-Rk. Cu abgeschieden wird. Mit Semicarbazidhydrochlorid (**III**) bzw. Thiosemicarbazid (**IV**) bildet **I** die n. Bis-Derivv., während bei **II** unter Einschaltung einer Redox-Rk. offenbar Derivv. des Mesoxaldialdehyds entstehen, nämlich *2-Ureidotartrondialdehyddisemicarbazon* bzw. das *Monomethanol-Addukt des Mesoxaldialdehyd-tris-thiosemicarbazons.* In neutraler oder schwach saurer Lsg. stellt sich demnach bei Tempp. bis 70° kein Tautomeriegleichgewicht zwischen **I** u. **II** ein, offenbar da **I** als

Trimeres bzw. als Hydrat vorliegt u. II ein energiearmes konjugiertes Syst. darstellt. — Die Isomerisierung von I zu II gelang durch Auflösen in konz. H_2SO_4 zu ca. 70% (Nachw. UV-spektroskop. an Hand der Extinktion der Enolbande bei 294 mμ) oder mit wenig konz. HCl (Nachw. durch das Dianilhydrochlorid). Aus dem UV-Spektr. von reinem II in verschieden konz. H_2SO_4 wurde seine „Basizität" bzw. die Säuredissoziationskonstante p_K^* seines Oxoniumkations zu —3,7 berechnet.

Versuche: *Triosereduktion-Cu-Komplex*, $C_3H_2CuO_3$, aus II u. Cu(II)-Acetat in W.; blaugrün, unlösl.; eine Suspension in Pyridin bildet beim Erhitzen einen Cu-Spiegel. — *Hydroxybrenztraubenaldehyddisemicarbazon* (V), $C_5H_{10}N_6O_3$, F. 221° (Zers.), aus trimerem I (Mono-A.-Addukt) mit III u. Na-Acetat in W. bei 70°; 62% (Ausbeute). — *Hydroxybrenztraubenaldehyd-bis-thiosemicarbazon*, $C_5H_{10}N_6OS_2$, F. 203° (Zers.), aus trimerem I (Mono-A.-Addukt) mit IV u. HCl in 80%ig. wss. Methanol bei n. Temp.; Nadeln aus Dimethylformamid/Methanol; 70%. — *2-Ureidotartrondialdehyddisemicarbazon* (?), $C_6H_{12}N_8O_4$, F. 210° (Zers.; W.), analog V aus 500 mg II; 520 mg. — *Monomethanol-Addukt des Mesoxaldialdehyd-tris-thiosemicarbazons*, $C_6H_{11}N_9S_3 \cdot CH_3OH$, F. 225° (Zers.; Dimethylformamid/Methanol), aus 500 mg II mit IV u. HCl in 90%ig. wss. A. bei 70°; 510 mg. (Chem. Ber. **91.** 2703—09. 19/12. 1958. Darmstadt, TH, Inst. für organ. Chem.)
G. Fischer. 690

D. L. MacDonald und **R. Y. Stanier,** *Darstellung und Bestimmung von Zwischenstufen bei der aromatischen Ringspaltung.* Übersicht. β-Ketoadipinsäure, β-Carboxymuconsäure, cis.cis-Muconsäure, γ-Carboxymethyl-Δ^{α}-butenolid. — 10 Literaturangaben. (Methods Enzymol. **3.** 614—20. 1957. Berkeley, Calif., Univ.) K. Maier. 800

L. I. Sacharkin und **W. W. Gawrilenko,** *Einwirkung von Kohlendioxyd auf Aluminiumtrialkyle. Synthese von Carbonsäuren.* Al-Trialkyle reagieren mit CO_2 unter Druck u. erhöhter Temp. unter Bldg. von Carbonsäuren. Vff. stellen *Propion-* (I), *Butter-* (II) u. *Isovaleriansäure* auf diesem Wege aus den entsprechenden Al-Trialkylen dar. Bei der Verwendung eines Gemisches von Al-Trialkylen (aus Al-Triäthyl u. Äthylen erhalten) entstehen n-Carbonsäuren mit ungerader C-Anzahl wie I, Valerian-, Önanth-, Pelargon- u. Undecansäure. Geht man von Al-Tri-n-propyl u. Äthylen aus, so bildet sich ein Gemisch geradzahliger Säuren wie II, Capron- u. Caprylsäure. Daneben entsteht in allen Fällen eine geringe Menge Neutralstoff, der nicht näher untersucht wurde.

Versuche: *Buttersäure* (II), $Kp._{130}$ 114—115°, 29 g Al-Tri-n-propyl in 200 ml Heptan u. 40 ml Ae. werden bei —70° im Autoklaven mit CO_2 gesätt. u. 5 Std. auf 220 bis 240° erhitzt (ca. 300 at). Man dest. das Lösungsm. ab, zers. den Rückstand mit 10%ig. H_2SO_4 u. extrahiert mit Ae.; n_D^{20} 1,3990; 29,6 g (Ausbeute). *Anilid*, F. 93—94° (Bzl.). — *Propionsäure* (I), Kp. 140—141°, analog Vorst. aus Al-Triäthyl; n_D^{20} 1,3860; 24,1 g. *Anilid*, F. 104° (Bzl.). — *Isovaleriansäure*, $Kp._{34}$ 95—96°, man sätt. die Lsg. von 24,3 g Al-Triisobutyl in 200 ml Ae. bei —70° mit CO_2 u. erhitzt 3½ Std. auf 230—250° (140 at); n_D^{20} 1,4030; 22 g. *Anilid*, F. 109° (Bzl.). — *Gemisch aus Säuren mit ungerader C-Anzahl*: Man sätt. die Lsg. von 59,7 g Al-Triäthyl in 100 ml Heptan bis zu 40 at mit Äthylen u. erhitzt das Gemisch bis zum Verschwinden des Äthylendrucks auf 120—130°; das Reaktionsprod. löst man in 200 ml Heptan u. 60 ml Ae. u. behandelt die Lsg. wie vorst. mit CO_2; aus dem Säuregemisch (85 g) erhält man durch Fraktionieren im Vakuum: I, $Kp._{30}$ 61 bis 62°; 10,1 g. *Valeriansäure*, $Kp._{32}$ 105—107°; n_D^{20} 1,4085; 26,3 g. *Önanthsäure*, $Kp._{32}$ 133—135°; n_D^{20} 1,4220; 18,3 g. *Pelargonsäure*, $Kp._{30}$ 157—159°; n_D^{20} 1,4321; 10,2 g. *Undecansäure*, $Kp._{30}$ 176—178°; 7 g; *Anilid*, F. 70—71°. — *Gemisch aus Säuren mit gerader C-Anzahl*: Analog Vorst. unter Verwendung von Al-Tripropyl; aus dem Säuregemisch (38 g) durch Fraktionierung: II, $Kp._{30}$ 82—83°; 8,1 g. *Capronsäure*, $Kp._{30}$ 119 bis 120°; n_D^{20} 1,4160; 12,2 g. *Caprylsäure*, $Kp._{30}$ 146—148°; n_D^{20} 1,4258; 6,8 g. (Доклады Академии Наук СССР [Ber. Akad. Wiss. UdSSR] **118.** 713—15. 1/2. 1958. Inst. für metallorgan. Verbb. der Akad. der Wiss. der UdSSR.) H. Kühne. 810

James Cason und **Gerhard J. Fonken,** *Verzweigtkettige Fettsäuren.* 33. Mitt. *Der komplexe Charakter des Gemischs höherer Fettsäuren aus den Lipiden des Tuberkelbacillus.* (32. vgl. C. **1957.** 5530.) Das Gemisch der *Fettsäuren* (I) mit $> C_{20}$ aus Tuberkelbazillen enthält mindestens 13 I, davon wenigstens 9 ungesättigte. Es wurden Fraktionen mit 65—90% einer C_{25}-*Phthiensäure* (II; *Methylester*, $Kp._2$ 214°), C_{28}-II (*Methylester*, $Kp._2$ 223°) u. C_{29}-II (*Methylester*, $Kp._2$ 240°) erhalten, wobei letztere wahrscheinlich eine Verzweigung mehr als die anderen Phthiensäuren enthält. Von verschied. linksdrehenden gesätt. II wurde C_{31}-*Mycosansäure*, $C_{31}H_{62}O_2$, F. 19—20° u. 28—29,5° (Aceton), $[\alpha]_D^{25}$ —7,8 ± 0,1° (Chlf.), 3—4 C—CH_3, (*Methylester*, $Kp._2$ 258°), isoliert. (J. biol. Chemistry **220.** 391—405. Mai 1956. Berkeley, Calif., Univ. of California, Chem. Labor.)
K. Maier. 810

C. Freeman Allen und **James Cason,** *Verzweigtkettige Fettsäuren.* 34. Mitt. *Konstante Merkmale der höheren Fettsäuren aus den Lipiden des Tuberkelbacillus.* (33. vgl.

vorst. Ref.) Die Unters. der *Fettsäuren* (I) aus den Lipiden zweier weiterer virulenter Tuberkelbakterienstämme (*DT, M-920*) ergab den gleichen Aufbau der Zus. wie bei früher geprüften Stämmen: Palmitinsäure, C_{18}- u. C_{19}-Säuren, Gemisch von (+)- u. (−)-I mit C >20. Letztere enthalten einen merklichen Anteil an (+)-α.β-ungesätt. Säure vom Siedebereich der C_{27}-Phthiensäure (II; F. 39,5—41,5°, $[\alpha]_D^{30}$ +19,5° [Chlf.]), daneben solche von anderem Mol.-Gewicht. Aus Gemischen frisch gezüchteter virulenter Tuberkelbakterienstämme wurde reine II isoliert, die sich in jeder Hinsicht mit II aus Säuren, die von SPIELMAN u. ANDERSON (J. biol. Chemistry **112.** [1935/36.] 759) gewonnen worden waren, als ident. erwies. (J. biol. Chemistry **220.** 407—14. Mai 1956.)

K. MAIER. 810

I. A. Arbusowa, Ss. N. Uschakow, Ss. A. Plotkina, W. N. Jefremowa und **I. K. Uleslo,** *Über Umwandlungsreaktionen von Methylolmethacrylamid.* Beim Erhitzen von Methylolmethacrylamid (I; N-[Hydroxymethyl]-methacrylamid) in Ggw. von HCl entsteht *α.α'-Bis-[methacrylamido]-dimethyläther* (II), der sich bei höherer HCl-Konz. in *Methylenmethacrylamid* umwandelt. Unter der Einw. von H_2O_2 oder UV-Strahlen wird I zu linearen u. dreidimensionalen Polymeren polymerisiert, mit Benzoylperoxyd entsteht ein glasartiges Polymerisat. Verss., II durch Rk. von I mit Benzoylchlorid im alkal. Medium nach ZIGEUNER u. Mitarbeitern (C. **1950/54.** 1725 S.) zu synthetisieren, blieben ohne Erfolg.

V e r s u c h e: *Methacrylamid,* F. 108—110°, nach einer modifizierten Vorschrift von ARCUS [1949]; 67—70% (Ausbeute). — *Methylolmethacrylamid* (I), nach FEUER u. LYNCH (C. **1954.** 8786); 64%. — *α.α'-Bis-[methacrylamido]-dimethyläther* (II), $C_{10}H_{16}N_2O_3$, F. 80,5—81,5° (Bzl.), durch 70 Min. Erhitzen von 40 g I in 200 ml Dichloräthan u. 0,14 g HCl auf 45—50°; 43,4%. *Tetrabromid,* $C_{10}H_{16}Br_4N_2O_3$. — *Methylen-bis-methacrylamid,* F. 162—163°, durch 5std. Erhitzen von 4 g II in 20 ml Dichloräthan (1,4 g/Liter HCl enthaltend) auf 60°; 81,6%. (Журнал Общей Химии [J. allg. Chem.] **28** (**90**). 1266—69. Mai 1958. Inst. für hochmol. Verbb. der Akad. der Wiss. der UdSSR.)

O. POLLAK V. EMHOFEN. 850

R. A. Peters und **R. J. Hall,** *Bemerkung zur Reaktion von Fluorpyruvat mit einigen SH-Verbindungen.* Die von AVI-DOR u. MAGER (C. **1957.** 2573) beschriebene, unter Fluorid (I)-Abspaltung verlaufende Rk. von Fluorpyruvat (II) mit Cystein (III) u. anderen SH-Verbb. wurde bestätigt. Mittels der von HALL (C. **1958.** 12199) angegebenen papierchromatograph. Identifizierung von anorgan. I (mit Aceton–Essigsäure–W., 85 : 3 : 12) wurde nachgewiesen, daß ein II-III-Gemisch bei p_H 7,5—8,0 bei Raumtemp. innerhalb von 1½ Std. ca. 85% des *F* abspaltet. Während der Rk. tritt ca. 1 Äquivalent Säure auf. Papierchromatograph. ist die Bldg. von 3 Verbb. nachweisbar, von denen eine langsam wandernde im UV stark fluoresciert u. die beiden anderen blaßblaue Fluorescenz zeigen. Bei der Rk. von Fluorcitronensäure mit III fand keine I-Abspaltung statt. (Biochim. biophysica Acta [Amsterdam] **26.** 433—34. Nov. 1957. Babraham, Cambridge, A.R.C., Inst. of Animal Physiol., Biochem. Dep.) K. MAIER. 870

J. A. Lamberton, *Einige Derivate von 2-Bromallylamin.* 1.2.3-Tribrompropan (I) gibt bei Rk. mit Phthalimid (II) in Dimethylformamid (DMF) *N-[2-Bromallyl]-phthalimid* (III), das bei Ozonolyse in *Phthaloylglycin* (F. 189—190°) u. *Formaldehyd* übergeht. III reagiert mit Hydrazin unter Bldg. von *2-Bromallylamin* (IV), das durch die *Benzoyl-* u. *p-Toluolsulfonylderivv.* charakterisiert wurde. III konnte auch umgekehrt aus IV u. Phthalsäureanhydrid (V) dargestellt werden. 2.3-Dibrompropylamin gibt mit V *N-[2.3-Dibrompropyl]-phthalimid.*

V e r s u c h e: *N-[2-Bromallyl]-phthalimid* (III), $C_{11}H_8BrNO_2$, F. 125—126° (wss. A.), a) aus 8,4 g I, 13,2 g II u. 6,2 g Na_2CO_3 in Ggw. von wenig KJ durch 2std. Erhitzen in DMF auf 140—145° u. Gießen in W.; Nadeln; 6,5 g (Ausbeute); b) durch Erhitzen von IV-Hydrochlorid mit V u. Na-Acetat in Eisessig. — *2-Bromallylamin* (IV)*-hydrochlorid,* a) durch Erhitzen von III mit N_2H_4 in Methanol; b) aus 2.3-Dibrompropylaminhydrobromid (VI) nach PAAL u. HERMANN [1889]. *Benzoylderiv.,* $C_{10}H_{10}BrNO$, F. 97—98°, aus Bzl.–Leichtbenzin Nadeln. *p-Toluolsulfonylderiv.,* $C_{10}H_{12}BrNO_2S$, F. 69—70°, aus Leichtbenzin Nadeln. — *N-[2.3-Dibrompropyl]-phthalimid,* $C_{11}H_9Br_2NO_2$, F. 112—114° (A.), durch Erhitzen von VI mit V u. Na-Acetat in Eisessig. (Austral. J. Chem. **8.** 289—90. Mai 1955. Melbourne, C.S.I.R.O., Div. of Ind. Chem.) E. DEHMLOW. 910

L. Dúbravková, I. Ježo, P. Šefčovič und **Z. Votický,** *Ester N-disubstituierten Aminoäthanols. N-Hydroxyäthyl-N.N'.N'-trimethylcadaverin,* $C_{10}H_{24}N_2O$, Kp. 131—132°, aus N-Hydroxyäthyl-N-methylcadaverin (aus 1-Chlor-4-brombutan über *ω-Chlorvaleronitril* u. *N-[Hydroxyäthyl]-ω-methylaminovaleronitril*) durch Methylierung nach CLARKE-ESCHWEILER; n_D^{23} 1,4589; 74% (Ausbeute); *Dipikrat,* F. 110—111° (A.); *Bis-methojodid,* F. 245—247° (A.). *3.4.5-Trimethoxybenzoylderiv.,* $C_{20}H_{34}N_2O_5$, $Kp._1$ 210—211°; *Dihydrochlorid,* F. 175—179° (A./Ae.); *Dipikrat,* F. 156—157° (A.); *Bis-methojodid,* F. 210

bis 211° (A.). *Nicotinoylderiv.*, $C_{16}H_{27}N_3O_2$, Kp.$_{11}$ 153—156°; *Trihydrochlorid*, F. 170 bis 171° (A./Ae.); *Tripikrat*, F. 234° (A.); *Tris-methojodid*, F. 187—188° (A.). (Chem. Zvesti **12.** 252—55. April 1958. Bratislava, Chem. Ústav SAV, oddelenie farmac. chém. an biochém.) H. WEJNAR. 920

Charles S. Hollander, Robert A. Yoncoskie und **Peter L. de Benneville,** *Nitrilgruppen.* 5. Mitt. *Substituierte Aminoacetamidoxime.* (4. vgl. C. **1957.** 6112.) Aminoacetonitrile reagieren mit $NH_2OH \cdot HCl$ unter Bldg. von *Aminoacetamidoximen.* Die Aminonitrile nehmen an der Rk. in der Ammoniumform teil, die sich in einer Gleichgewichts-Rk. mit dem $NH_2OH \cdot HCl$ gebildet hat u. die die Nitrilgruppe aktiviert. N-Benzyl-N.N-dimethyl-N-cyanmethylammoniumchlorid reagiert entsprechend diesem Mechanismus nicht mit $NH_2OH \cdot HCl$, wohl aber mit freiem NH_2OH. Die IR-Spektren von *n-Butylamino-*, *Dimethylamino-*, *N-Benzyl-N.N-dimethylammonioacetamidoxim* u. *Acetamidoxim* sind angegeben, Zuordnungen werden diskutiert. 1-Dimethylaminocyclohexancarbonsäurenitril gibt im Gegensatz zu obigen Rkk. mit $NH_2OH \cdot HCl$ unter HCN-Entw. *1-Hydroxyaminocyclohexancarbonsäurenitril* bzw. bei längerer Reaktionszeit *Cyclohexanonoxim.* α-[n-Butylamino]-isovaleronitril entwickelt mit $NH_2OH \cdot HCl$ ebenfalls HCN ohne Bldg. eines definierten Produkts. N.N.N'.N'-Tetrakis-[cyanmethyl]-äthylidendiamin läßt sich glatt in *Tetrakis-amidoxim* überführen.

Versuche: *Dimethylaminoacetamidoxim*, $C_4H_{11}N_3O$, F. 112—114° (Isopropylalkohol), durch Zugabe von Dimethylaminoacetonitril (I) in A. zu wss. $NH_2OH \cdot HCl$ bei Raumtemp. in 10 Min. u. 7 std. Rühren mit Na_2CO_3; 22% (Ausbeute). — *1.1.3.3-Tetramethylbutylaminoacetamidoxim*, $C_{10}H_{23}N_3O$, F. 95—96° (CH_3OH-W. 1 : 1), aus 1.1.3.3-Tetramethylbutylaminoacetonitril in 30 Min.; 71%. — *Diäthylaminoacetamidoxim*, $C_6H_{15}N_3O$, F. 79—80° (W.), durch Stehen einer 70%ig. wss. Lsg. von Glykolsäurenitril mit $(C_2H_5)_2NH$ über Nacht, Verdünnen mit CH_3OH u. Stehen mit $NH_2OH \cdot HCl$ über Nacht; 51%. — *N-Benzyl-N.N-dimethylammonioacetamidoximchlorid*, $C_{11}H_{18}ClN_3O$, F. 176—178° (Zers.; CH_3OH), durch 3 std. Kochen von I u. Benzylchlorid in Isopropylalkohol, Verdünnen mit A., Zugeben von wss. $NH_2OH \cdot HCl$, 2 std. Rühren mit Na_2CO_3, Einengen u. Behandeln mit Essigester; 59%. — *Morpholinoacetamidoxim*, $C_6H_{13}N_3O_2$, F. 152—153° (Isopropylalkohol); 52%. — *n-Butylaminoacetamidoxim*, $C_6H_{15}N_3O$, F. 84 bis 85° (Essigester); 64%. — *Cyclohexylaminoacetamidoxim*, $C_8H_{17}N_3O$, F. 146—148° (W.); 71%. — *1-Dimethylaminocyclohexancarbonsäurenitril*, $C_9H_{16}N_2$, Kp.$_3$ 79—83°, durch Zutropfen von Cyclohexanon zu wss. $(CH_3)_2NH$ bei 10—15° u. 1 std. Rühren mit fl. HCN; 82%. — *1-Hydroxyaminocyclohexancarbonsäurenitril*, $C_7H_{12}N_2O$, F. 137,5—138° (Isopropylalkohol u. Isopropylalkohol-W. 4 : 1), durch 30 Min. Rühren von 51 g vorst. Verb. mit $NH_2OH \cdot HCl$ in wss. A., 20 Min. Kochen, Zugeben von Na_2CO_3 u. Einengen; 8,5 g. — *Cyclohexanonoxim*, F. 87—89°, wie vorst. Verb., aber in 20 Stunden. — *α-[n-Butylamino]-isovaleronitril*, $C_9H_{18}N_2$, Kp.$_5$ 85—90°, durch 6 std. Rühren von Isobutyraldehydcyanhydrin mit n-Butylamin u. Zugeben von Bzl.; n_D^{25} 1,4358; 77%. 2 std. Stehen von 51 g mit $NH_2OH \cdot HCl$ in CH_3OH, Zugeben von Na_2CO_3 u. Einengen → *Verb. vom F. 85°* (Bzl.-Hexan 1 : 1). — *Äthylen-bis-[iminodiacetamidoxim]*, $C_{10}H_{24}N_{10}O_4$, F. 186—187° (Zers.; W.), aus Äthylen-bis-[iminodiacetonitril] in 4 Std.; 95%. (J. org. Chemistry **23.** 1112—15. Aug. 1958. Philadelphia, Pa., Rohm & Haas Co.) R. PASEDAG. 950

Fuki Takahashi, *Neuer Weg zur Synthese von DL-Asparaginsäure.* Die neue Synth. verläuft wie folgt: *DL-N-Benzoyl-β-[furyl-(2)]-α-alanin* (I), $C_{14}H_{13}NO_4$, F. 149 bis 150°, aus DL-β-[Furyl-(2)]-α-alanin; >90% (Ausbeute). — *DL-N-Benzoylasparaginsäure*, $C_{11}H_{11}NO_5$, F. 119—120°, aus I in W. u. 40%ig. NaOH durch Zugabe von $KMnO_4$ in W. bei Raumtemp. in 4—5 Std., Filtration durch Amberlite IRC-50 (H-Form), Einengen im Vakuum u. Ansäuern; 86%. (J. chem. Soc. Japan, pure Chem. Sect. [Nippon Kagaku Zassi] **76.** 735—36. Juli 1955. Sendai, Tohoku, Univ. [Orig.: japan.]) L. SCHULER. 950

Philip P. Cohen, *Bestimmung und Isolierung von Carbamylglutaminsäure und verwandten Verbindungen.* Übersicht. Colorimetr. Best. von Carbamylglutaminsäure u. ähnlichen Verbb., Trennung u. Isolierung von Carbamylaminosäuren u. verwandten Verbb. durch Säulenchromatographie. — 5 Literaturangaben. (Methods Enzymol. **3.** 647—53. 1957. Madison, Wis., Univ.) K. MAIER. 950

Esmond E. Snell und **Eugene L. Wittle,** *Darstellung und Bestimmung von Pantethin.* Übersicht: Synth., Bestimmung. — 22 Literaturangaben. (Methods Enzymol. **3.** 918—25. 1957. Berkeley, Calif., Univ.; Austin, Texas, Univ.) K. MAIER. 950

G. David Novelli, *Darstellung und Bestimmung von 4'-Phosphopantethein und 4'-Phosphopantothenat.* Übersicht, Synth., Bestimmung. — 4 Literaturangaben. (Methods Enzymol. **3.** 926—28. 1957. Oak Ridge, Tenn., Oak Ridge Nat. Labors.) K. MAIER. 950

Klaus Hofmann, Miriam E. Woolner, Haruaki Yajima, Gertrude Spühler, Thomas A. Thompson und **Eleanore T. Schwartz,** *Untersuchungen über Polypeptide.*

12. Mitt. *Die Synthese eines physiologisch aktiven blockierten Tridecapeptidamids mit der Aminosäuresequenz des α-MSH.* (11. vgl. C. **1958.** 14023.) Vff. beschreiben die Synth. von *Carbobenzoxy* (Cbo)*-seryltyrosylserylmethionylglutaminylhistidylphenylalanylarginyltryptophanylglycyl-N^ε-tosyllysylprolylvalinamid* (I): Cbo-serylmethionylglutamin wird zu *Serylmethionylglutamin* [F. 228° (Zers.), $[\alpha]_D^{27}$ −13,3° (W.)] decarbobenzoxyliert u. das Tripeptid mit Cboseryltyrosylazid zu *Cbo-seryltyrosylserylmethionylglutamin* [II; F. 167—171°; $[\alpha]_D^{27}$ −15,5° (Eisessig)] gekuppelt. Veresterung von **II**, Rk. mit Hydrazin u. Azidierung liefert das **II**-*Azid* (**III**). Zur Synth. der zweiten Aminosäuresequenz wird Cbo-histidylphenylalanylnitroarginyltryptophanylglycylbenzylester verseift, mit N^ε-Tosyllysylprolylvalinamid zu *Cbo-histidylphenylalanylnitroarginyltryptophanylglycyl-N^ε-tosyllysylprolylvalinamid* gekuppelt, das durch katalyt. Hydrierung *Histidylphenylalanylarginyltryptophanylglycyl-N^ε-tosyllysylprolylvalinamid,* [*Diacetat, Dihydrat* (**IV**), $[\alpha]_D^{25}$ −40,0° (0,1n HCl)] liefert. Rk. von **III** mit **IV** führt schließlich zu **I**, das nach Reinigung durch Gegenstromverteilung eine Wirksamkeit von 0,8·10^8 MSH Einheiten/g zeigt. (J. Amer. chem. Soc. **80.** 6458—59. 5/12. 1958. Pittsburgh, Pa., Univ., School of Med., Biochem. Dep.) E. Schröder. 950

B. N. Dolgow, N. P. Charitonow, N. Je. Gluschkowa und **Ju. I. Chudobin,** *Katalytische Dehydrokondensation von Trialkylsilanen mit Alkoholen in Gegenwart von Metallchloriden.* Die Dehydrokondensation von Trialkylsilanen mit Alkoholen zu *Alkoxytrialkylsilanen* verläuft an $SnCl_2$ sehr schnell, an $ZnCl_2$ schnell, an $CdCl_2$ langsam u. an Cu_2Cl_2 gar nicht. Die Reaktionsgeschwindigkeit nimmt mit dem Übergang zu höheren u. verzweigten Alkoholen ab. Tert. Alkohole reagieren nicht. Die Abhängigkeit der Reaktionsgeschwindigkeit von den Alkylsubstituenten am Si wurde an $SnCl_2$ u. $ZnCl_2$ untersucht.

V e r s u c h e : Die Trialkylsilane wurden mit einem Überschuß an Alkohol u. Metallchlorid verschied. lang auf 120—125° erhitzt u. destilliert. Die Ausbeuten betragen 86 bis 98%: S i l a n e : *n-Butoxymethyldiäthyl-,* $C_9H_{22}OSi$, Kp. 172,2°; $D.^{20}_4$ 0,8060; n_D^{20} 1,4125. — *n-Butoxymethyldi-n-propyl-,* $C_{11}H_{26}OSi$, Kp. 202,5°; $D.^{20}_4$ 0,8094; n_D^{20} 1,4200. — *n-Butoxymethyldi-n-butyl-,* $C_{13}H_{30}OSi$, Kp. 235,5°; $D.^{20}_4$ 0,8154; n_D^{20} 1,4272. — *Isobutoxymethyldiäthyl-,* $C_9H_{22}OSi$, Kp. 166,5; $D.^{20}_4$ 0,8009; n_D^{20} 1,4098. — *Isobutoxymethyldi-n-propyl-,* $C_{11}H_{26}OSi$, Kp. 197,3°; $D.^{20}_4$ 0,8046; $n_D^{20}{}_4$ 1,4172. — *Isobutoxymethyldi-n-butyl-,* $C_{13}H_{30}OSi$, Kp. 228,3°; $D.^{20}_4$ 0,8114; n_D^{20} 1,4250. — *sek.-Butoxymethyldi-n-butyl-,* $C_{13}H_{30}OSi$, Kp. 226,6°; $D.^{20}_4$ 0,8132; n_D^{20} 1,4260. (Журнал Общей Химии [J. allg. Chem.] **28** (**90**). 2710—13. Okt. 1958. Inst. für Silikatchemie der Akad. der Wiss. der UdSSR.) H. Niedrich. 980

B. N. Dolgow, N. P. Charitonow und **T. W. Zukschwerdt,** *Katalytische Dehydrokondensation von Trialkylsilanen mit Glykolen.* Bei der Dehydrokondensation von Trialkylsilanen mit Glykolen wie Äthylenglykol, Propandiol-(1.2), Butandiol-(1.3), -(1.4) u. -(2.3) u. Diäthylenglykol, durch längeres Kochen der Komponenten in Ggw. eines Alkalimetalls (am besten Li) entstehen die entsprechenden *Bis-[trialkylsiloxy]-alkane* in 80 bis 90%ig. Ausbeute. Es werden die *Reaktionsgeschwindigkeit* u. die *Aktivierungsenergie* (AE) einiger Rkk. bestimmt. Die erstere nimmt mit zunehmender Größe der Substituenten am Si ab u. vergrößert sich mit zunehmender Ordnungszahl des angewandten Alkalimetalls.

V e r s u c h e : Zur Bestimmung der AE wurden 0,1351 g Butandiol-(1.4), 0,0079 g K u. 1,7918 g Triäthylsilan im Thermostaten bei 160 u. 180° umgesetzt u. der entwickelte H_2 volumetr. bestimmt. — *1.4-Bis-[triäthylsiloxy]-butan,* $Kp._{10}$ 203,0°, $D.^{20}_4$ 0,8765; n_D^{20} 1,4379; AE 32,46 kcal/Mol. — *1.3-Bis-[triäthylsiloxy]-butan,* $Kp._{14}$ 198,0°, $D.^{20}_4$ 0,8728; n_D^{20} 1,4388. — *2.3-Bis-[triäthylsiloxy]-butan,* $Kp._{13}$ 192,5, $D.^{20}_4$ 0,8791; n_D^{20} 1,4410. — *1.2-Bis-[triäthylsiloxy]-propan,* $Kp._{9,5}$ 177,5°, $D.^{20}_4$ 0,8754; n_D^{20} 1,4372. — *1.4-Bis-[tri-n-propylsiloxy]-butan,* $Kp._{3-3,5}$ 224—224,5°, $D.^{20}_4$ 0,8635; n_D^{20} 1,4458; AE 35,52 kcal pro Mol. — *1.3-Bis-[tri-n-propylsiloxy]-butan,* $Kp._5$ 206,5, $D.^{20}_4$ 0,8602; n_D^{20} 1,4435. — *2.3-Bis-[tri-n-propylsiloxy]-butan,* Kp. 217,5°, $D.^{20}_4$ 0,8633; n_D^{20} 1,4447. — *1.4-Bis-[tri-n-butylsiloxy]-butan,* $Kp._{17,5}$ 292,5°, $D.^{20}_4$ 0,8613; n_D^{20} 1,4507, AE 36,94 kcal/Mol. — *1.3-Bis-[tri-n-butylsiloxy]-butan,* $Kp._{15-16}$ 290—290,5°, $D.^{20}_4$ 0,8579; n_D^{20} 1,4490. — *2.3-Bis-[tri-n-butylsiloxy]-butan,* $Kp._{21-22}$ 272—272,5°, $D.^{20}_4$ 0,8581; n_D^{20} 1,4491. — *1.4-Bis-[äthyldi-n-butylsiloxy]-butan,* $Kp._{3,5}$ 205—205,3°, $D.^{20}_4$ 0,8672; n_D^{20} 1,4480, AE 35,51 kcal/Mol. — *1.3-Bis-[äthyldi-n-butylsiloxy]-butan,* $Kp._{3,5-4}$ 195—195,5°, $D.^{20}_4$ 0,8652; n_D^{20} 1,4474. — *2.3-Bis-[äthyldi-n-butylsiloxy]-butan,* $Kp._{12}$ 245,5°, $D.^{20}_4$ 0,8647; n_D^{20} 1,4474. — *1.2-Bis-[äthyldi-n-butylsiloxy]-propan,* $Kp._{4,5-5,5}$ 191—192, $D.^{20}_4$ 0,8677; n_D^{20} 1,4460. — *1.2-Bis-[äthyldi-n-butylsiloxy]-äthan,* $Kp._{4-5}$ 220,8—221,3, $D.^{20}_4$ 0,8687; n_D^{20} 1,4488. — *1.5-Bis-[äthyldi-n-butylsiloxy]-3-oxapentan,* $Kp._{2,5}$ 292,1, $D.^{20}_4$ 0,8889; n_D^{20} 1,4502. (Журнал Общей Химии [J. allg. Chem.] **28** (**90**). 2714—18. Okt. 1958. Inst. für Silikatchemie der Akad. der Wiss. der UdSSR.) H. Niedrich. 980

Henry Lardy, *L-α-Glycerinphosphat.* Darstellung. — 3 Literaturangaben. (Methods Enzymol. **3.** 207—08. 1957. Madison, Wis., Univ.) K. MAIER. 980

Ines Mandl und **Carl Neuberg,** *Darstellung von D(+)-2-Phosphoglycerinsäure.* Darst. nach MEYERHOF u. KIESSLING u. nach NEUBERG. — 4 Literaturangaben. (Methods Enzymol. **3.** 214—16. 1957. New York, N. Y., Columbia Univ. and Med. Coll.) K. MAIER. 980

Ines Mandl und **Carl Neuberg,** *Darstellung von D(—)-3-Phosphoglycerinsäure.* Darst. nach NEUBERG u. LUSTIG, MEYERHOF u. KIESSLING über synthet. rac. 2-Phosphoglycerinsäure u. nach NEUBERG durch Totalsynthese. — 22 Literaturangaben. (Methods Enzymol. **3.** 208—14. 1957. New York, N. Y., Columbia Univ. and Med. Coll.) K. MAIER. 980

Gerhard Schmidt, *Darstellung von Phosphobrenztraubensäure.* Darst. u. Eigg. von Ag-Ba-Phosphopyruvat. — 9 Literaturangaben. (Methods Enzymol. **3.** 223—28. 1957. Boston, Mass., Boston Dispensary.) K. MAIER. 980

Gerhard Schmidt, *Die Darstellung von O-[L-α-Glycerylphosphoryl]-cholin, Phosphorylcholin, O-[L-α-Glycerylphosphoryl]-äthanolamin und Phosphoryläthanolamin.* Übersicht. Darst. u. Eigg. von krist. O-[L-α-Glycerylphosphoryl]-cholin (I), des I-$CdCl_2$- u. $(I)_2(CdCl_2)_3$-Komplexes; Phosphorylcholin (II), Ca-II-Chlorid; O-[L-α-Glycerylphosphoryl]-äthanolamin u. Ausgangsmaterial, O-Phosphoryläthanolamin. — 29 Literaturangaben. (Methods Enzymol. **3.** 346—58. 1957. Boston, Mass., Boston Dispensary.) K. MAIER. 980

R. F. Garwood, *Aromatische Verbindungen.* Fortschrittsbericht. — 106 Literaturangaben. (Annu. Rep. Progr. Chem. **53.** 186—98. 1956, herausgeg. 1957.) HEINZ WALTER. 990

Josef Čech, *Dehydrobenzol.* Vff. zeigt an Hand der Literatur, daß durch vorübergehende Bldg. von *Dehydrobenzol* (oder ähnlichen Verbb.) in manchen Fällen der Reaktionsmechanismus erklärt werden kann. (Chemie [Praha] **10.** 143—45. Febr. 1958. Ústí n. L.-Střekov, Průmyslová škola chem.) H. WEJNAR. 1010

Lucjan Kwieciński, Józef Masłosz und **Edward Wieteska,** *Die Chlorierung des Toluols in der Seitenkette.* 2. Mitt. (1. vgl. C. **1958.** 10910.) Die beschriebene Chlorierungsmeth. greift Toluol prakt. ausschließlich in der Seitenkette an. 0,2—0,3% des Gesamt-Cl befinden sich im Kern. Die Rektifizierung des rohen *Benzylchlorids* kann ohne Herausschneiden von Fraktionen erfolgen, da die Verteilung der kernsubstituierten Derivv. konstant u. sehr günstig ist, nämlich im Vor- u. Nachlauf. Der Destillationsrückstand (10,7%) enthält reines Benzylidenchlorid. (Przemysł chem. **37.** 593—96. Sept. 1958. Warszawa, Inst. Barwników, Półprod.) F. URBAN. 1010

Wolfgang Kleeberg und **Günter Suchardt,** *4-Vinyldiphenylsulfon. 4-Vinyldiphenylsulfon* wird in Bzl. mit Pd-Asbest bei n. Temp. u. Zimmertemp. in 95%ig. Ausbeute zu *4-Äthyldiphenylsulfon* hydriert, ist aber in Lsg. u. Schmelze unbeständig. Die Polymerisation erfolgt wenig $>90^0$ in kurzer Zeit zum oberhalb 190^0 erweichenden *Poly-4-vinyldiphenylsulfon*; Induktionsperioden in Ggw. von O_2 werden nicht beobachtet. Das Spektr. zeigt keinen Einfl. der Sulfonylgruppe auf die Vinyldoppelbindung. Eine Copolymerisation mit anderen aromat. Vinylverbb. ist möglich.

V e r s u c h e: *4-Äthyldiphenylsulfon,* F. $93,5^0$, aus Benzolsulfochlorid u. Äthylbenzol in Ggw. von $AlCl_3$. — *4-[α-Bromäthyl]-diphenylsulfon* (I), $C_{14}H_{13}BrO_2S$, F. 126 bis 127^0 (CCl_4), durch Zutropfen von Br_2 zu vorst. Verb. in CCl_4 in der Siedehitze; 90% (Ausbeute). — *4-Vinyldiphenylsulfon,* $C_{14}H_{12}O_2S$, F. 87^0, durch Zugabe von 0,38 Mol KOH in Isopropanol zu 0,1 Mol I in Isopropanol in Ggw. von α-Nitroso-β-naphthol in der Siedehitze u. unter Ausschluß von O_2, Gießen in W., Ausschütteln mit CCl_4, Zugabe von PAe. u. Abkühlen auf $<10^0$; Blättchen; 60%. *Dibromid,* $C_{14}H_{12}Br_2O_2S$, F. 142^0, aus A. Blättchen. — *4-[α-Methoxyäthyl]-diphenylsulfon,* $C_{15}H_{16}O_3S$, F. 74^0, durch Zugabe von KOH in Methanol zu I in sd. Methanol wie oben; aus A. Blättchen; 95%. (Naturwissenschaften **45.** 623. 2. Dez.-H. 1958. Berlin, Siemens & Halske AG, Werkstoffhauptlabor.) W. LIEBSCHER. 1090

A. W. Kirssanow und **N. L. Jegorowa,** *Alkylsulfonamidophosphorsäureanilide.* Alkylsulfonimidophosphorsäuretrichloride (I) reagieren mit Anilin (II) in CCl_4 zu *Alkylsulfonimidophosphorsäurechloriddianiliden,* die durch sd. W. oder A. zu *Alkylsulfonamidophosphorsäuredianiliden* hydrolysiert werden. Aus den I u. überschüssigem II in Bzl. werden *Alkylsulfonimidophosphorsäuretrianilide* erhalten, die gegenüber Alkali bemerkenswert stabil sind.

V e r s u c h e: *Äthylsulfonimidophosphorsäurechloriddianilid* (III), $C_{14}H_{17}ClN_3O_2PS$, F. 88—89^0, durch Zutropfen von II zu Äthylsulfonimidophosphorsäuretrichlorid (IV) in CCl_4 bei 5—15^0, 2tägiges Stehen, Verdünnen mit W. u. Ausziehen mit sd. Bzl.; aus Bzl. Prismen; 60,2% (Ausbeute). — *Äthylsulfonamidophosphorsäuredianilid,* $C_{14}H_{18}N_3O_3$·

PS, F. 158—160°, aus Bzl. Nadeln. *Semihydrat*, $C_{14}H_{18}N_3O_3PS \cdot 1/2\, H_2O$, F. 127—130°, durch Aufkochen von III in nNaOH u. Ansäuern mit 5n HCl (Kongorot); Prismen; 62,2%. — *n-Butylsulfonimidophosphorsäurechloriddianilid*, $C_{16}H_{21}ClN_3O_2PS$, F. 176 bis 178°, analog III; aus Bzl. Prismen; 65,3%. — *n-Butylsulfonamidophosphorsäuredianilid*, $C_{16}H_{22}N_3O_3PS$, F. 188—189°, aus W. Prismen; 59,9%. — *Äthylsulfonimidophosphorsäuretrianilid*, $C_{20}H_{23}N_4O_2PS$, F. 251—252°, durch Zutropfen von IV in Bzl. zu II unter Kühlung u. 10std. Kochen; aus A. Nadeln; 79%. — *n-Butylsulfonimidophosphorsäuretrianilid*, $C_{22}H_{27}N_4O_2PS$, F. 232—233°, aus Bzl. Nadeln; 78,6%. (Журнал Общей Химии [J. allg. Chem.] **28(90)**. 1587—89. Juni 1958. Dnepropetrowsk, Metallurg. Inst.)

H.-E. TOUSSAINT. 1380

A. W. Kirssanow und **Je. Ss. Lewtschenko**, *Salze von Arylsulfonamidophosphorsäurefluoriden.* Die Rk. von Phenylsulfonimidophosphorsäuretrichlorid (I) mit gesätt. wss. KF-Lsg. führt unter Halogenaustausch u. partieller Hydrolyse zu *Phenylsulfonamidophosphorsäuredifluorid-K-Salz*, $K^+[C_6H_5SO_2NPOF_2]^-$ (II); in weniger heftiger Rk. wird dieses auch aus Phenylsulfonamidophosphorsäuredichlorid (III) u. wss. KF erhalten. Als Zwischenprod. tritt in beiden Fällen III-K-Salz auf. In neutraler Lsg. findet der Halogenaustausch nicht statt, weshalb das HF_2^--Anion als angreifendes Agens anzusehen ist. II ist gegenüber einer Hydrolyse noch stabiler als III-K-Salz. Mit $NaOCH_3$ reagiert II unter Bldg. von *Phenylsulfonamidophosphorsäuredimethylester*. Erhitzt man I oder III mit wss. KF auf höhere Temp., so fällt *Phenylsulfonamidophosphorsäuremonofluorid-Di-K-Salz*, $K_2^{2+}[C_6H_5SO_2NPO_2F]^{2-}$, an. Zahlreiche Analoga von II werden beschrieben.

Versuche: Arylsulfonamidophosphorsäuredifluorid-K-Salze (IV): *Phenyl-* (II), $C_6H_5F_2KNO_3PS$, F. 230—232°, aus A. Blättchen, a) durch vorsichtiges Zugeben von I zur gesätt. wss. Lsg. von $KF \cdot 2\, H_2O$; 52% (Ausbeute); b) durch Erwärmen von III mit wss. KF-Lsg. auf 30—40°; 40%; c) durch Erwärmen von III-K-Salz mit wss. KF-Lsg. auf 40—50°; 86%. — *p-Tolyl-*, $C_7H_7F_2KNO_3PS$, F. 232—235°, aus Methanol Blättchen, analog II nach a) 61%, nach b) 30,7%. — *p-Chlorphenyl-*, $C_6H_4ClF_2KNO_3PS$, F. 265—268°, aus A. Blättchen, nach a) 57%. — *p-Fluorphenyl-*, $C_6H_4 \cdot F_3KNO_3PS$, F. 225—228°, aus A. Blättchen, nach a) 35,3%. — *o-Nitrophenyl-*, $C_6H_4F_2 \cdot KN_2O_5PS$, F. 181—182°, aus A. Nadeln; 40,7%. — *m-Nitrophenyl-*, $C_6H_4F_2KN_2O_5PS$, F. 217—220°, aus A. Blättchen; 61%. — *p-Nitrophenyl-*, $C_6H_4F_2KN_2O_5PS$, F. 225—228°, aus wss. A. Blättchen; 58%. — *Phenylsulfonamidophosphorsäuredichlorid* (III)-*K-Salz*-, F. 197—198°, aus III u. wss. KF in der Kälte; 48%. — Arylsulfonamidophosphorsäuredimethylester, durch Zutropfen von CH_3ONa zu den IV u. 1std. Stehen: *Phenyl-*, F. 106—108°; 46%. — *p-Chlorphenyl-*, F. 128—129°; 68%. — *m-Nitrophenyl-*, F. 149—150°; 63%. — *p-Nitrophenyl-*, F. 177—179°; 68%. — Arylsulfonamidophosphorsäuremonofluorid-Di-K-Salze, analog den IV bei 80—85°: *p-Chlorphenyl-*, $C_6H_4ClFK_2NO_4PS$, F. 312—316° (wss. A.); 46%. — *o-Nitrophenyl-*, $C_6H_4FK_2N_2O_6PS$, F. 235—237° (wss. A.); 77%. — *m-Nitrophenyl-*, $C_6H_4FK_2N_2O_6PS$, F. 302—306° (wss. A.); 73%. — *p-Nitrophenyl-*, $C_6H_4FK_2N_2O_6PS$, F. 299—302° (wss. A.); 37%. (Журнал Общей Химии [J. allg. Chem.] **28(90)**. 1589 bis 1594. Juni 1958. Inst. für org. Chem. der Akad. der Wiss. der UkrainSSR.)

H.-E. TOUSSAINT. 1380

Malcolm Crawford und **W. T. Little**, *Die hemmende Wirkung der Kettenverlängerung auf die Aldehydreaktionsfähigkeit bei der Perkin-Reaktion.* Die Reaktionsfähigkeit von o-, m- u. p-Alkoxybenzaldehyden bei der PERKIN-Rk. wurde untersucht. In der p-Reihe ist die Ausbeute an *substituierten Zimtsäuren* bis zu einem Alkylrest mit 4 C-Atomen konstant (30—40%); p-Pentyloxybenzaldehyd (I) ergab nur noch 0,1% an substituierter Zimtsäure, p-Hexyloxybenzaldehyd nur noch Spuren. Die Länge der Alkylkette in I ermöglicht eine Annäherung bis zum VAN DER WAALSschen Wirkungsradius des Carbonyl-O-Atoms. In der m-Reihe sinkt die Ausbeute bei *m-Propoxyzimtsäure* auf 12%; *m-Butoxy-* u. *m-Pentyloxyzimtsäure* wurden in 7,6%ig. bzw. 2,1%ig. Ausbeute erhalten; m-Hexyloxyzimtsäure konnte auf diesem Wege nicht erhalten werden. In der o-Reihe wurde *o-Methoxy-* u. *o-Äthoxyzimtsäure* in ca. 40%ig. Ausbeute gebildet; *o-Propoxy-*, *o-Butoxy-* u. *o-Pentyloxyzimtsäure* wurden in 3,2%ig., 0,22%ig. bzw. 0,16%ig. Ausbeute erhalten. Die Darst. von o-Hexyloxyzimtsäure gelang nicht. *5-Nitro-2-pentyloxyzimtsäure* wurde in 16%ig. Ausbeute dargestellt. Es wird angenommen, daß in der Reihe der o-substituierten Benzaldehyde die Formylgruppe so vorliegt, daß das Carbonyl-O-Atom dem Substituenten abgewandt ist, so daß dieses erst von einer Propyloxygruppe erreicht werden kann.

Versuche: Benzaldehyde, durch 24std. Kochen von 1 Mol Hydroxybenzaldehyd mit 2 Mol Alkylbromid u. 0,4 Mol KOH in A. oder Cyclohexanon, Aufarbeiten, Aufnehmen in A., Extraktion mit KOH u. Dest. der Ae.-Phase: *o-Pentyloxy-*, $Kp._{15}$ 167°. *Semicarbazon*, $C_{13}H_{19}N_3O_2$, F. 178° (wss. A.). — *5-Nitro-2-pentyloxy-*. $C_{12}H_{15} \cdot$

NO_4, F. 44° (gelbe Kristalle aus wss. A.), durch Behandeln vorst. Verb. mit rauchender HNO_3 unterhalb 10°. *Semicarbazon*, $C_{13}H_{18}N_4O_4$, F. 221° (gelbe Nadeln). — *m-Pentyloxy-*, Kp.$_{10}$ 156°. *Semicarbazon*, $C_{13}H_{19}N_3O_2$, F. 166° (wss. A.). — Zimtsäuren, durch 8std. Erhitzen von 1 Mol Aldehyd, 2 Mol Acetanhydrid u. 0,6 Mol Na-Acetat auf 160—180°, Aufarbeitung u. Umkristallisieren aus wss. Essigsäure: *o-Äthoxy-*; 43% (Ausbeute). — *o-n-Propoxy-*, 3,2%. — *o-n-Butoxy-*, $C_{13}H_{16}O_3$, F. 96°; 0,22%. — *o-n-Pentyloxy-*, $C_{14}H_{18}O_3$, F. 185°; 0,16%. —*5-Nitro-2-n-pentyloxy-*, $C_{14}H_{17}NO_5$, F. 145°; 16%. — *m-Propoxy-*, $C_{12}H_{14}O_3$, F. 135,5°; 12%. — *m-n-Butoxy-*, F. 91,5°; 7,6%. — *m-n-Pentyloxy-*, F. 75°; 2,1%. — *p-n-Butyloxy-*, 35%. — *p-n-Pentyloxy-*, 0,1%. (J. chem. Soc. [London] **1959.** 732—34. Febr. Kampala, Uganda, Makerere Coll.) H. BERTSCH. 1650

T. G. Halsall, *Alicyclische Verbindungen.* Fortschrittsbericht. — 232 Literaturangaben. (Annu. Rep. Progr. Chem. **53.** 198—216. 1956, herausgeg. 1957.) HEINZ WALTER. 1800

Jozef Drábek, *Reaktion von cis-3.6-Endomethylen-1.2.3.6-tetrahydrophthalimid mit Formaldehyd und Aminen.* Die Verb. verhält sich ähnlich wie Phthalimid. Die Rk. mit Formaldehyd liefert das entsprechende *N-Hydroxymethylderiv.* u. dieses gibt mit Aminen die entsprechenden *Imide.* (Chem. Zvesti **12.** 29—31. Jan. 1958. Bratislava-Predmestie, Výskumný Ústav agrochem. technol.) H. WEJNAR. 2020

Emil Buchta und **Gerhard Satzinger,** *Ringschlußreaktion des 4-Oxo-1-propionylpentancarbonsäure-(1)-äthylesters.* Propionylessigsäureäthylester (I) addiert Methylvinylketon in Ggw. von Na-Äthylat zu *4-Oxo-1-propionylpentancarbonsäure-(1)-äthylester* (II), der mit Na-Äthylat zu einem Gemisch von *3.4-Dimethylcyclohexen-(3)-on-(2)-carbonsäure-(1)* (III), deren *Äthylester* u. *2.3-Dimethylcyclohexen-(2)-on-(1)* u. mit Piperidin zu einem Gemisch von III u. *3.4-Dimethylcyclohexanol-(4)-on-(2)-carbonsäure-(1)-äthylester* cyclisiert wird.

Versuche: *4-Oxo-1-propionylpentancarbonsäure-(1)-äthylester* (II), $C_{11}H_{18}O_4$, Kp.$_{0,05}$ 117°, aus Methylvinylketon u. I mit alkoh. Na-Äthylat bei 30—35° in 1 Tag; 77% (Ausbeute). — *3.4-Dimethylcyclohexen-(3)-on-(2)-carbonsäure-(1)* (III), $C_9H_{12}O_3$, F. 96° (Zers.; Bzl.-PAe.), a) aus II u. alkoh. Na-Äthylat in 2 Std. bei Raumtemp.; 53%; b) durch Erhitzen von II mit 2n NaOH in 1 Min. auf 80°; 97%; c) durch 2tägiges Stehen von II mit Piperidin bei 20°; 14%. *Äthylester*, Kp.$_{0,05}$ 112—113°, neben III nach a); 27%; *2.4-Dinitrophenylhydrazon* (IV), $C_{17}H_{20}N_4O_6$, F. 117°. — *2.3-Dimethylcyclohexen-(2)-on-(1)*, $C_8H_{12}O$, Kp.$_{11}$ 88—90°, a) neben III nach a); 14%; b) durch 4std. Erhitzen von II mit alkoh. Na-Äthylat auf 110°; 97%; c) durch Erhitzen von III auf 100° in 2 Min.; 95%. *2.4-Dinitrophenylhydrazon*, $C_{14}H_{16}N_4O_4$, F. 197—198°. — *3.4-Dimethylcyclohexanol-(4)-on-(2)-carbonsäure-(1)-äthylester*, $C_{11}H_{18}O_4$, Kp.$_{0,05}$ 124°, neben III nach c); 27%. Gibt durch Kochen mit saurem alkoh. 2.4-Dinitrophenylhydrazin IV. (Chem. Ber. **92.** 468—71. 14/2. 1959. Erlangen, Univ., Inst. für Organ. Chem.) H. KAMPFER. 2070

Karl W. Rosenmund und **Gustav Kositzke,** *Synthese hydroaromatischer Ketolactone.* Δ^2-Cyclohexenylmalonester (V) wird durch Hydroxylierung, Verseifung u. Decarboxylierung in ein *Gemisch* (I) *von cis–trans–cis-* u. *cis.cis–trans-2.3-Dihydroxycyclohexylessigsäure-γ-lacton* übergeführt, das über die *Tosylate* getrennt wird. Die Konfigurationsbezeichnung bezieht sich auf den Essigsäurerest. I wird durch CrO_3 zu einem *Gemisch von cis-* u. *trans-2-Hydroxycyclohexanon-(3)-essigsäure-(1)-lacton* (trans-II) oxydiert, das über die *Äthylenketale* getrennt wird. Durch Aufspaltung des Lactonrings wird nur aus dem trans-Ketal die entsprechende *freie Säure* (III) erhalten. Die Oxydation der II-Äthylenketale mit NaOBr führt zu *Cyclohexandion-(2.3)-essigsäure-(1)-äthylenketal-(3)*, dessen freie CO-Gruppe zu III hydriert wird u. das mit Acetanhydrid in das entsprechende *Enollacton* (IV) übergeht. IV wird in Eisessig hauptsächlich zu *cis-*, in A. zu *trans-*II-*Äthylenketal* hydriert. Die Ketalgruppe in IV wird nicht durch Eisessig oder methanol. Oxalsäure, sondern erst durch 0,1n HCl abgespalten. Die Spaltung der II-Äthylenketale erfolgt dagegen wesentlich leichter. Die gleiche Beständigkeit wie IV zeigt *2-Acetoxycyclohexen-(1)-on-(3)-äthylenketal*, sie wird auf die Ggw. der Δ-Bindung zurückgeführt.

Versuche: *Δ^2-Cyclohexenylmalonsäurediäthylester* (V), Kp.$_{12}$ 149—150°, durch Zugabe von Δ^2-Cyclohexenylbromid zu Malonsäurediäthylester in alkoh. Na-Äthylat bei 40°; 77% (Ausbeute). *Freie Disäure*, F. 166° (Ae.), durch 1std. Erhitzen des Esters mit wss. KOH; 87%. — *Δ^2-Cyclohexenylessigsäure*, F. 11°, Kp.$_{12}$ 124—126°, durch 1std. Erhitzen vorst. Säure auf 170—180°; 88%. — *2.3-Dihydroxycyclohexylmalonsäurelacton*, $C_9H_{12}O_5$, F. 168—169°, durch 12std. Rühren von V mit Ameisensäure-Perhydrat bei 45°, Stehen über Nacht, Zugabe des Eindampfrückstandes zu wss. KOH u. dann zu HCl; 75%. *Äthylester*, $C_{11}H_{16}O_5$, Kp.$_{0,2}$ 165—168°, aus V mit $HCOOH/H_2O_2$ u. 1 std. Erwärmen des Diformiats mit W. auf 40°. — *2.3-Dihydroxycyclohexylessigsäure-γ-lacton, Isomerengemisch* (I), $C_8H_{12}O_3$, Kp.$_{0,2}$ 129—130°, Kp.$_{12}$ 190—193°, a) durch 1std. Erhitzen vorst. Lactonsäure auf 160°; 96%; b) aus Δ^2-Cyclohexenylessigsäure mit $HCOOH/H_2O_2$ u.

Verseifung des Reaktionsprod. mit 2n NaOH bei 40°. *cis–trans–cis-Form, Tosylat,* $C_{15}H_{18}$· O_5S, F. 102—103°, aus I mit Tosylchlorid–Pyridin in 2 Std. bei 0°. *cis.cis–trans-Form, Tosylat,* F. 133—135°, neben vorst. Tosylat. — *2-Hydroxycyclohexanon-(3)-essigsäure-(1), Lacton* (II), F. 50°, Kp.$_{0,5}$ 147—150°, durch 7tägiges Stehen von I mit CrO_3 in Eisessig bei Raumtemp.; 70%; *Semicarbazon,* F. 201—201°; *Oxim,* $C_8H_{11}NO_3$, F. 119—120°. *trans-Lactonäthylenketal,* $C_{10}H_{14}O_4$, F. 60° (A.), Kp.$_{0,4}$ 135—136°, durch Kochen von II mit Äthylenglykol in Bzl. in Ggw. von Benzolsulfonsäure unter Dest. des gebildeten W.; 60%; daneben das *cis-Lactonäthylenketal,* Kp.$_{0,4}$ 129—130°; 20%. *trans-Form, Äthylenketal* (III), $C_{10}H_{16}O_5$, F. 111°, durch ½std. Erhitzen von trans-II-Äthylenketal mit wss. NaOH u. Neutralisation mit 2nHCl unter Ae.; 85%. — *Cyclohexandion-(2.3)-essigsäure-(1), 3-Äthylenketal,* F. 129—130°, durch ½std. Erhitzen von II mit verd. NaOH, Zugabe von sd. wss. $MgSO_4$, Zugabe von Br_2 bei 5° u. 2std. Rühren; 65%. *Enollacton-3-äthylenketal* (IV), $C_{10}H_{12}O_4$, Kp.$_{0,17}$ 125—130°, durch 1std. Erhitzen des Ketals mit Na-Acetat u. Acetanhydrid auf 150°; 55%; liefert durch Hydrieren über Pd/$BaSO_4$ in Eisessig *cis-* (60%) u. *trans-*II-*Äthylenketal* (20%) u. in absol. A. *trans-*II-*Äthylenketal* (70%). *Enollacton,* Kp.$_{0,5}$ 145—148°, durch Erhitzen von IV mit 0,1n HCl auf 110°; 50%. — *2-Acetoxycyclohexen-(1)-on-(3),* $C_8H_{10}O_3$, Kp.$_{12}$ 129—130°, durch 3std. Kochen von Cyclohexandion-(1.2) mit Acetanhydrid; 70%. *Semicarbazon,* $C_9H_{13}N_3O_3$, F. 174—175°. *Äthylenketal,* $C_{10}H_{14}O_4$, Kp.$_{12}$ 125—126°, mit Äthylenglykol in Bzl. in Ggw. von Benzolsulfonsäure; 60%. — *Cyclohexandion-(1.2)-monoäthylenketal,* Kp.$_{12}$ 107—111°, a) aus Cyclohexandion-(1.2) wie vorst.; 20%; b) aus vorst. Ketal durch 1 std. Kochen mit alkoh. KOH; 80%; daneben nach a) das *Bisäthylenketal,* Kp.$_{12}$ 114—125°. *Semicarbazon,* $C_9H_{15}N_3O_3$, F. 201—202°. (Chem. Ber. **92.** 486—93. 14/2. 1959. Kiel, Univ., Pharmazeut. Inst.) H. KAMPFER. 2070

Charles R. Hauser, Charles F. Hauser und **Phillip J. Hamrick jr.,** *Alkylierungen einiger Carbanionen mit 1-Chlor-1.2-diphenyläthan. β-Eliminierungen mit anderen Basen.* (Vgl. C. **1958.** 2116.) Das durch Selbstalkylierung von Benzylchlorid in Ggw. von $LiNH_2$ oder $NaNH_2$ in fl. NH_3 in guter Ausbeute erhaltene *1-Chlor-1.2-diphenyläthan* (I) neigt bei einem Überschuß des Amidions zur β-Eliminierung unter Bldg. von Stilben (vgl. HAUSER u. Mitarbeiter, C. **1956.** 12539). Trotz dieses Verh. kann I verschied. Carbanionen in fl. NH_3 alkylieren; so liefert I mit Na-Diphenylmethid *1.1.2.3-Tetraphenylpropan* u. mit Na- bzw. K-Phenylacetonitril *α.β.γ-Triphenylbutyronitril* (II), u. zwar entsteht von II nur das eine der beiden möglichen Diastereoisomeren. Das Na-Salz (III) der Natriumphenylessigsäure wird nicht von I alkyliert; es erfolgt β-Eliminierung unter Bldg. von *Stilben* u. *Na-Phenylacetat,* das als *Phenylessigsäure* isoliert wird. Das Dianion A von III zeigt also mehr das Verh. einer Sauerstoffbase als das eines Carbanions. Auch mit Na-Äthylat entsteht aus I unter HCl-Abspaltung *Stilben.* Die Rkk. von I mit dem Äthoxyion u. dem stärker bas. Diphenylmethidion gehorchen nicht der Regel, nach der eine β-Eliminierung gegenüber einer Substitutions-Rk. bei wachsender Basizität begünstigt ist.

$$\left[C_6H_5\overset{H}{C}{=}C\begin{matrix} O^- \\ O^- \end{matrix} \right]$$
A

V e r s u c h e: *1.1.2.3-Tetraphenylpropan,* $C_{27}H_{24}$, F. 82—83° (Methanol), durch Zugabe von Diphenylmethan in wasserfreiem Ae. zu einer Suspension von $NaNH_2$ in fl. NH_3, nach 5 Min. langem Rühren Zugabe von I in wasserfreiem Ae. (rot → gelb), weiteres ½std. Rühren, Abdampfen des NH_3 auf dem Wasserbad, Zugabe von Ae., Ausschütteln der äther. Suspension mit W. u. Eindampfen der äther. Schicht; 93% (Ausbeute). — *α.β.γ-Triphenylbutyronitril* (II), $C_{22}H_{19}N$, F. 131—132°, analog vorst. Verb. aus Phenylacetonitril, I u. $NaNH_2$ bzw. KNH_2 in fl. NH_3; 80—81%; aus A. Nadeln. — *Stilben,* F. 126—127° (Methanol-Chlf. (4:1)], a) durch Zugabe von Phenylessigsäure in wasserfreiem Ae. u. nach 5 Min. von I in Ae. zu einer Suspension von $NaNH_2$ in fl. NH_3, 25 Min. langes Rühren unter Rotfärbung, Entfernen des NH_3, Aufnehmen des Rückstandes in Ae., Extrahieren der äther. Suspension mit W. u. Eindampfen der äther. Schicht; 75%; daneben durch Ansäuern der wss. Schicht *Phenylessigsäure,* F. 75—76°; 73%; b) durch 5std. Rühren von I in einer Lsg. von $NaOC_2H_5$ in absol. A., Zugabe von festem NH_4Cl, Abdampfen des NH_3, Zugabe von Ae. u. anschließend W. u. Eindampfen der äther. Schicht; 92%. (J. org. Chemistry **23.** 1713—14. Nov. 1958. Durham, N. C., Duke Univ., Dep. of Chem.) U. KRÜGER. 2210

Katsuhiko Ichikawa, Susumu Fukushima, Hajime Ouchi und **Minoru Tsuchida,** *Die Reaktion von Olefinen mit aromatischen Verbindungen in Gegenwart von Quecksilbersalzen und einem Katalysator.* 2. Mitt. *Die Synthese von β-Aryläthylalkoholen und symm.-[Diaryläthanen.* (1. vgl. J. chem. Soc. Japan, pure Chem. Sect. [Nippon Kagaku Zassi] **72.** 1951.] 267.) Die Synth. von *symm.-Diaryläthanen* (C) u./oder *β-Aryläthylalkoholen* (D) bzw. deren *Ester* (E) durch Zugabe von Äthylen in ein Gemisch einer aromat. Verb., eines Hg-Salzes u. einer anorgan. Säure (Meth. A) oder durch Einführung der aromat. Verb. in die Lsg. einer aus Äthylen u. einem Hg-Salz in Essigsäure erhaltenen *Additions-*

verb. (**F**) u. anschließende Zugabe der anorgan. Säure (Meth. **B**) wird beschrieben u. der Reaktionsmechanismus diskutiert. Die Rk. verläuft nach den Gleichungen 2 ArH + C_2H_4 + HgZ_2 → $ArCH_2CH_2Ar$ + Hg + 2 HZ u./oder ArH + C_2H_4 + HgZ_2 → $ArCH_2 \cdot CH_2Z$ + Hg + HZ (Ar = substituierter Benzolring, Z = Säurerest). In Ggw. organ. Säuren oder bei Verwendung von Hg-Acetat (**I**) nach der Meth. **A** entstehen **E**, während sich bei der Verwendung von $HgSO_4$ nach Meth. **A** vermutlich durch Hydrolyse der *β-Aryläthylsulfate* (**D**) bilden. Die Reaktionstemp. ist auffallend von der Art des sauren Katalysators abhängig. Aus Anisol (**II**) u. $HgSO_4$ entsteht nach Meth. **A** sowohl mit 96%ig. H_2SO_4 wie mit 98,6%ig. H_3PO_4 nur ein Gemisch aus *1.2-Bis-[p-methoxyphenyl]-äthan* (**III**) u. *1-[o-Methoxyphenyl]-2-[p-methoxyphenyl]-äthan* (**IV**) im ungefähren Verhältnis 1:1, während sich bei Verwendung von 80%ig. H_2SO_4 u. 88%ig. H_3PO_4 neben dem Gemisch aus **III** u. **IV** *β-[Methoxyphenyl]-äthylalkohol* (**V**) bildet. Aus **II** u. **I** wird nach der Meth. **A** in Ggw. von konz. oder verd. H_3PO_4 immer neben **III** u. **IV** *β-[p-Methoxyphenyl]-äthylacetat* (**VI**) erhalten. Nach der Meth. **A** werden die besten Ergebnisse bei der Rk. von **II** mit 88%ig. H_3PO_4 u. $HgSO_4$ erzielt. Bei der Umsetzung von **II** mit **I** in Ggw. von 69%ig. H_3PO_4 wird in 12%ig. Ausbeute **VI** erhalten, obwohl Hg(II) nur zu Hg(I) red. wird. In Ggw. von konz. H_3PO_4 erfolgt die Rk. auch mit anderen Hg-Verbb., wie HgO, Phenylquecksilberacetat u. p-Methoxyphenylquecksilberacetat. Wie verd. H_3PO_4 liefert auch 60%ig. $HClO_4$ als Hauptprod. **VI**. Auch andere Alkylierungskatalysatoren, wie z. B. der BF_3–Essigsäure-Komplex sowie Benzol- oder Toluolsulfonsäure sind wirksam. Nach Einführung von Äthylen in eine Lsg. von **I** in $HClO_4$ bei 55—60° wird trotz der Abwesenheit von **II** innerhalb von 1 Std. 18% Hg(II) zu Hg reduziert. Eine Essigsäurelsg. bildet unter denselben Bedingungen auch in Ggw. von $HClO_4$ kein freies Hg. Durch diese Neben-Rk. wird bei Ablauf der Rk. in reiner $HClO_4$ nach Meth. **A** die Ausbeute verringert. Meth. **B**, bei der Essigsäure als Lösungsm. dient, begünstigt die Bldg. von **VI**; so entsteht auch bei der Verwendung von konz. H_2SO_4 im Gegensatz zur Meth. **A VI**. Auch Hg(I)-Verbb. können für die Rk. verwendet werden. In diesem Zusammenhang wurde die Absorption von Äthylen in einer Suspension von $(HgNO_3)_2 \cdot 2\,H_2O$ in Essigsäure bei Zimmertemp. untersucht. Die absorbierte Äthylenmenge entspricht einer 1:1-Additionsverb., die dann weiter mit der aromat. Verb. reagieren kann. Die bisher beschriebenen Rkk. sind übersichtlich in einer Tabelle zusammengestellt, aus der für die verwendeten Hg–Salze u. entsprechenden Katalysatoren das Verhältnis der Menge der gebildeten Endprodd. zu der verbrauchten Menge **II** sowie die auf die verbrauchte Hg-Salz-Menge berechnete Totalausbeute in Prozenten zu ersehen ist. *β-Aryläthylacetate* werden nach der Meth. **A** auch aus Bzl., Toluol, o-Xylol, Chlorbenzol u. Naphthalin dargestellt. Bei den Rkk. mit Bzl. u. Naphthalin werden auch die entsprechenden **C** erhalten. Wird die Rk. von **II** mit **F** durch Zugabe von W. gestoppt, bildet sich ein schweres Öl, das bei der Behandlung mit HJ *β-[p-Methoxyphenyl]-äthylquecksilberjodid* (**VII**) liefert. **VII** wird durch Umwandlung in *β-[p-Methoxyphenyl]-äthyljodid* u. dessen Hydrolyse zu **V** identifiziert. *β-[p-Methoxyphenyl]-äthylquecksilbersalze* (**G**) sind also Zwischenprodd. dieser Reaktionen. **VII** kann in das *Acetat* (**VIII**) übergeführt werden. Bei Rkk. nach der Meth. **A** mit **I** in Ggw. von H_3PO_4 bilden sich zu Beginn weiße Kristalle, die als Hg_2HPO_4 (**IX**) identifiziert werden u. die bei 130° gegen H_3PO_4 beständig sind. Bei Rkk. nach Meth. **B** in Ggw. von H_3PO_4 entstehen Kristalle (**X**), die im Gegensatz zu **IX** sehr unbeständig sind u. zu den Endprodd. **C, D** oder **E** sowie freiem Hg weiterreagieren. **IX** wird vermutlich aus **G** gebildet ($ArCH_2CH_2HgZ$ + HgZ_2 → $ArCH_2CH_2Z$ + Hg_2Z_2), da sich in Abwesenheit von **II** bei der Behandlung mit 98,6%ig. H_3PO_4 die Äthylen-**I**-Additionsverb. langsam ohne das Auftreten von **IX** unter Bldg. von freiem Hg zers., andererseits sich bei der Zugabe von H_3PO_4 zu einem Gemisch aus **VIII** u. **I** fast quantitativ **IX** bildet. **VIII** wird durch 98,6%ig. H_3PO_4 in wenigen Min. bei Zimmertemp. unter Bldg. von Hg zersetzt. In einem Gemisch aus Essigsäure u. H_3PO_4 erfolgt diese Zers. wesentlich langsamer u. in Ggw. von **I** oder dem Mercurierungsprod. von **II** in H_3PO_4 erfolgt bis 60° keine Zersetzung. Die isolierten Hg-Zwischenprodd. lassen vermuten, daß diese Rkk. nicht durch aromat. Mercurierungen erfolgen, sondern durch Kondensation der aromat. Verbb. mit **F**. Obwohl einige Angaben dafür sprechen, daß die Äthylen-**I**-Additionsverb. in Essigsäure *β-Acetoxyäthylquecksilberacetat* (**XI**) ist, sind auch Anzeichen dafür vorhanden, daß sich ein Komplex (**XII**) bildet. Die Isolierung von **G** wäre nicht zu erklären, wenn **XI** die reagierende Verb. wäre. Unter den vorliegenden Bedingungen reagiert Äthylacetat nicht mit aromat. Verbb. u. die Rk. von **XI** wäre wegen des Effektes der Acetoxymercurigruppe sehr erschwert. Als erste Stufe dieser Rkk.

$$\left[\begin{matrix} H_2C \\ \vdots \\ H_2C \end{matrix} \cdots HgOCOCH_3 \right]^+ CH_3COO^- \quad \textbf{XII}$$

ist also bei Verwendung von **II** die Umsetzung von **II** mit **XII** zu **VIII** u. *Essigsäure* zu bezeichnen. **II** kann entweder mit dem aus **XII** gebildeten Carbeniumion reagieren, oder direkt mit **XII** eine Substitutions-Rk. eingehen. Eine Entscheidung zwischen beiden

Reaktionstypen ist noch nicht möglich. Eine niedrige Konz. von **XII** genügt zum Einleiten der Rk., da die Geschwindigkeit der Gleichgewichtseinstellung zwischen **XI** u. **XII** genügend groß ist. In zweiter Reaktionsstufe erfolgt die Weiter-Rk. von **VIII**. Nach Meth. **A** entsteht im vorliegenden Fall **VI** u. **IX**. **IX** reagiert weiter, während sich aus **X** freies Hg bildet. Die Struktur von **X** ist noch nicht gesichert, aber in Analogie zur Bldg. von **IX** wäre folgende Rk. möglich: 2 **VIII** → **VI** + $CH_3OC_6H_4CH_2CH_2HgHgOCOCH_3$ (**X**). **X** zers. sich dann unter Bldg. von **VI** u. Hg. Als wahrscheinlichster Mechanismus für die Bldg. von **X** ist die durch Säure katalysierte Bldg. von $CH_3OC_6H_4CH_2CH_2Hg^+$ u. dessen elektrophile Rk. mit Hg von **VIII** anzusehen. Das dabei entstandene $CH_3OC_6H_4CH_2CH_2^+$ reagiert dann entweder mit $^-OCOCH_3$ zu **VI** oder mit **II** zu **III** u. **IV**. Bei Rkk. in Ggw. von Essigsäure entstehen vorherrschend *β-Aryläthylacetate*, da diese vermutlich schwieriger weiteralkyliert werden als die entsprechenden Alkohole oder deren anorgan. Ester. Bei Verwendung von **II** entsteht neben **VI** fast gar kein β-[o-Methoxyphenyl]-äthylacetat, während sich **III** u. **IV** zu gleichen Teilen bilden. Für diese Orientierung versuchen Vff. eine Erklärung zu geben. Vermutlich ist die beobachtete Selektivität der p-Stellung eine Eig. von **XII**.

Versuche: *1.2-Bis-[p-methoxyphenyl]-äthan* (**III**), $C_{16}H_{18}O_2$, F. 127,2—127,8°, nach Meth. **A** durch Erhitzen eines Gemisches aus 98,6%ig. H_3PO_4, **II** u. $HgSO_4$, anschließend Einleiten von Äthylen (nach 30—60 Min. bei einer Reaktionstemp. von 130° scheidet sich **IX** ab, das gleichzeitig mit der Bldg. von Hg wieder verschwindet) bis zur vollständigen Red. von Hg(II) zu Hg, Waschen der öligen Schicht sowie des Benzolextraktes der sauren Schicht mit 5%ig. Na_2CO_3-Lsg. u. W., Dest. im Vakuum u. Abkühlen der bei 179—190°/7—9 mm erhaltenen Fraktion; aus A. Nadeln; daneben *1-[o-Methoxyphenyl]-2-[p-methoxyphenyl]-äthan* (**IV**), $C_{16}H_{18}O_2$, F. 40—40,5°, aus Methanol Nadeln. — *1.2-Bis-[p-hydroxyphenyl]-äthan*, $C_{14}H_{14}O_2$, F. 196—196,5° (30%ig. Methanol), durch 13std. Erhitzen von **III** mit Essigsäure u. 48%ig. HBr unter Rückfluß u. Gießen des Gemisches in Eiswasser. — *1-[o-Hydroxyphenyl]-2-[p-hydroxyphenyl]-äthan*, $C_{14}H_{14}O_2$, F. 132—132,5°, analog vorst. Verbindung. — *β-[p-Methoxyphenyl]-äthylacetat* (**VI**), n_D^{20} 1,5082, nach Meth. **B** durch Einführen von Äthylen in ein Gemisch aus **I** u. Essigsäure unter Rühren bei Zimmertemp., bis mit NaOH keine Hg-Ionen mehr nachgewiesen werden, Zugabe von **II** u. 60%ig. $HClO_4$ u. 3std. Erhitzen des Gemisches auf 53° unter Rühren; die Behandlung der mit den Benzolextrakten der sauren Schicht vereinigten öligen Schicht erfolgt wie bei der Darst. von **III**; aus der Fraktion vom $Kp._{2,5}$ 114—115° **VI**, aus der vom $Kp._5$ 173—175° ein Gemisch aus **III** u. **IV**. — *β-[p-Methoxyphenyl]-äthylalkohol* (**V**), $C_9H_{12}O_2$, $Kp._4$ 114—115°, a) durch Hydrolyse von **VI** bei 3std. Kochen mit 20%ig. alkoh. KOH u. Neutralisieren der Ae.-Extrakte mit verd. H_2SO_4; b) unter bestimmten Bedingungen bei Verwendung von $HgSO_4$ nach Meth. **A** oder **B**. *Phenylurethan*, F. 127—127,5°. — *p-Anissäure*, F. 177—179° (A.), durch Kochen von **VI** mit 5%ig. NaOH-Lsg. u. 4%ig. $KMnO_4$-Lsg., weitere Zugabe von $KMnO_4$ u. anschließend von A., Entfernen des MnO_2, Eindampfen u. Ansäuern des Rückstandes mit verd. HCl. — Folgende β-Aryläthylacetate werden nach Meth. **A** unter Verwendung von 60%ig. $HClO_4$ oder 98,6%ig. H_3PO_4 mit **I** erhalten: *Phenyl-*, $Kp._{5,7}$ 85—86°, daneben bei der Verwendung von H_3PO_4 *Dibenzyl*, F. 52°. — *o-* u. *p-Tolyl-* (5:95-Gemisch), $C_{11}H_{14}O_2$, $Kp._8$ 114—115°, n_D^{20} 1,5030. — *3.4-Dimethylphenyl-*, $C_{12}H_{16}O_2$, $Kp._{6,5}$ 126—127°, n_D^{20} 1,5071. — *α-Naphthyl-*, $C_{14}H_{14}O_2$, $Kp._{12}$ 181—184°, n_D^{20} 1,5852, daneben bei der Verwendung von $HClO_4$ *Di-α-naphthyläthan*, $C_{22}H_{18}$, F. 160°. — *o-* u. *p-Chlorphenyl-* (1:1-Gemisch), $C_{10}H_{11}ClO_2$, $Kp._5$ 117—120°, n_D^{20} 1,5122. — Durch Hydrolyse der Acetate werden die *β-Aryläthylalkohole* erhalten, die als *Phenylurethane* identifiziert werden: *β-Phenyläthyl-N-phenylurethan*, $C_{15}H_{15}NO_2$, F. 78—78,5°. — *β-[o-* u. *p-Tolyl]-äthylalkohol*, $C_9H_{12}O$, $Kp._{2,5}$ 105—106°, n_D^{26} 1,5288. *Phenylurethan*, $C_{16}H_{17}NO_2$, F. 115—115,2°. — *β-[3.4-Dimethylphenyl]-äthylalkohol*, $C_{10}H_{14}O$, $Kp._4$ 113 bis 114°, n_D^{25} 1,5329. *Phenylurethan*, $C_{17}H_{19}NO_2$, F. 111,5—112,3°. — *β-[α-Naphthyl]-äthylalkohol*, $C_{12}H_{12}O$, F. 60,5°. *Phenylurethan*, $C_{19}H_{17}NO_2$, F. 116°. — Die Oxydation der β-Aryläthylacetate analog der Bldg. von p-Anissäure mit $KMnO_4$ liefert folgende *Säuren* bzw. nach Methylierung ihre *Methylester*: *Terephthalsäuredimethylester*, F. 138—139° u. *Phthalsäure*, F. 195—197°. — *p-Chlorbenzoesäure*, F. 235—236° (75%ig. A.; *Methylester*, $C_8H_7ClO_2$, F. 34,5—35°) u. *o-Chlorbenzoesäure*, F. 139,3—139,8°. — *β-[p-Methoxyphenyl]-äthylquecksilberjodid* (**VII**), $C_9H_{11}HgJO$, F. 146—148° (Zers.: A.), a) durch 1½std. Rühren der Äthylen-I-Additionsverb. in Essigsäure u. **II** mit 98,6%ig. H_3PO_4 bei 22—23°, Zugabe von wenig W. u. 5%ig. KJ-Lsg.; b) analog a) unter Verwendung von 60%ig. $HClO_4$ durch 2½std. Rühren bei 33—35°. — *β-[p-Methoxyphenyl]-äthylquecksilberacetat* (**VIII**), F. 104,5—105,2° (A.), durch Zugabe von Ag-Acetat zu einer Suspension von **VII** in Methanol u. 20 Min. langes Rühren bei 60°. — *β-[p-Methoxyphenyl]-äthyljodid*, $C_9H_{11}JO$, F. 30,4—30,6° (A.), durch Zugabe einer KJ/J_2-Lsg. zu **VII** u. 20 Min. langes Erhitzen der Mischung auf dem Wasserbad, Zugabe von $Na_2S_2O_3$ u. Extraktion mit Bzl.; durch Hydrolyse mit NaOH → **V**. — *Hg_2HPO_4* (**IX**), durch 20 Min. langes starkes Schütteln einer Mischung aus **VIII** u. **I** mit 98,6%ig. H_3PO_4 auf dem Wasserbad. (J. Amer. chem. Soc. **80**. 6005—09. 20/11. 1958. Sakai, Osaka, Japan, Univ. of Osaka Prefecture, Dep. of Chem. Engineering.) U. KRÜGER. 2260

M. Trojna und **J. Hubáček**, *Sulfonierung und einige Derivate des β.β.β-Trichlor-α.α-diphenyläthans.* Inhaltlich ident. mit der C. **1959**. 460 referierten Arbeit. (Collect. czechoslov. chem. Commun. **24**. 935—43. März 1959. [Orig.: deutsch.]) W. BARZ. 2290

Tamás Széll, *Darstellung von neuen Nitrochalkonen.* 2. Mitt. (1. vgl. C. **1955**. 5295.) *2'-Hydroxy-2.4'-dinitrochalkon* [$C_{15}H_{10}N_2O_6$, F. 205° (nach Bräunung bei 190°; verd. A.); 56% (Ausbeute)] wurde durch Lösen von 2-Hydroxy-4-nitroacetophenon (**I**) u. 2-Nitrobenzaldehyd in 96%ig. A., Zugabe von 2,5n NaOH, 2—3std. Stehen im Dunkeln bei Zimmertemp. u. 4 Tage unter Eiskühlung, Ansäuern mit 5n HCl gegen Kongorot u. Verdünnen des Filtrats mit W. hergestellt. *2'.3.4-Trihydroxy-4'-nitrochalkon* [$C_{15}H_{11}NO_6$, F. 232,5—234° (nach Sintern bei 228°; A.-W.); 6,05 g] wurde durch Lösen von 9,1 g **I** in absol. A., Versetzen mit 6,9 g Protocatechualdehyd bei 0°, Sättigen mit trockenem HCl-Gas, 12std. Stehen bei Zimmertemp. u. Gießen in W. erhalten. (Magyar Kémiai Folyóirat [Ung. Z. Chem.] **64**. 44—45. Febr. 1958. Szeged, Szegedi Tudományegyetem Alkalmazott Kém. Tanszéke.) G. HALMI. 2380

Emil Buchta und **Gerhard Satzinger**, *Partiell hydrierte substituierte Biphenylcarbonsäuren.* Brenztraubensäure wird mit Aceton zu *α-Hydroxy-α-methyllävulinsäure* kondensiert, die bei der Dest. in *trans-α-Methyl-β-acetylacrylsäure* u. beim Erwärmen in Eisessig–HCl in *cis-α-Methyl-β-acetylacrylsäure* (**I**) übergeht. **I** entsteht auch in geringer Menge durch Bromierung von α-Methyllävulinsäure u. folgendes Erwärmen mit Na-Acetat. **I** addiert 2.3-Dimethylbutadien-(1.3) zu *1.3.4-Trimethyl-6-acetyl-Δ³-tetrahydrobenzoesäure.* Methylvinylketon (**II**) liefert mit Phenyl-Li *Methylvinylphenylcarbinol*, das in Ggw. von p-Toluolsulfonsäure zum entsprechenden *Dien* dehydratisiert wird, das durch Addition an β-Acetylacrylsäure (**III**) abgefangen wird. Dabei entstehen *5-* (**IV**) u. *4-Phenyl-2-acetylcyclohexen-(4)-carbonsäure-(1)* (**V**), deren Konst. durch Abbau über *2-Äthyl-5-* (**VI**) bzw. *-4-phenylbenzoesäure* (**VII**) zu *Biphenylcarbonsäure-(4)* bzw. *-(3)*, sowie durch unabhängige Synth. von **VI** u. **VII** gesichert wird. Ferner wird 2-Äthoxybutadien-(1.3) (**VIII**) an Penten-(2)-säure-(1)-äthylester (**IX**) zu *4-Äthoxy-2-äthylcyclohexen-(4)-carbonsäure-(1)-äthylester* addiert, der sowohl in *2.4-Diäthylbenzoesäure* als auch in **VI** übergeführt wird. Aus 2-[p-Methoxyphenyl]-butadien-(1.3) (**X**) u. p-Benzochinon (**XI**), Acrylsäure (**XII**), **II** bzw. **III** werden ebenfalls *Addukte* erhalten. Dabei verläuft die Addition an **XI**, **XII** u. **II** nur in einer, die an **III** jedoch in beiden möglichen Stellungen. Das aus **XI** erhaltene Addukt, *6-[p-Methoxyphenyl]-4a.5.8.8a-tetrahydronaphthochinon-(1.4)* (**XIII**) addiert ein 2. Mol **X** u. wird in Ggw. starker Säuren in das *Dienol* umgelagert, das als *Diacetat* auch aus **XIII** u. Acetanhydrid gebildet wird. Die Konstitutionen der aus **II**, **III** u. **XII** erhaltenen Addukte werden durch Hypobromitoxydation der CH_3CO-Gruppe zu bekannten *Carbonsäuren* u. im Falle der beiden **III**–**X**-Addukte außerdem durch CLEMMENSEN-Red. u. Dehydrierung zu entsprechenden *Biphenylcarbonsäuren* bewiesen.

V e r s u c h e: *cis-α-Methyl-β-acetylacrylsäure* (**I**), $C_6H_8O_3$, F. 102° (Bzl.), a) durch Zutropfen von Br_2 zu α-Methyllävulinsäure in konz. HCl bei 0°, Stehen über Nacht im Eisschrank u. Erhitzen des Ae.-Extrakts mit wasserfreiem Na-Acetat in Eisessig auf 130—140°; 2% (Ausbeute); b) durch 2tägiges Stehen von Brenztraubensäure mit Piperidin in absol. Aceton, Eindampfen u. 1std. Erwärmen des Rückstandes mit konz. HCl–Eisessig auf 90°; 28,2%; daneben *α.α'-Dihydroxy-α.α'-dimethyl-γ-ketopimelinsäure*, $C_9H_{14}O_7$, F. 111°. — *trans-α-Methyl-β-acetylacrylsäure*, $C_6H_8O_3$, F. 98° (Bzl./PAe.), durch Kondensation wie vorst. nach b) u. Hochvakuumdest. des Reaktionsprodukts. — *3-Carboxy-2.4-dimethylbuten-(3)-olid-(1.4)*, $C_7H_8O_4$, F. 175° (W.), als Nebenprod. der Ketonspaltung von 70 g α-Acetyl-α'-methylbernsteinsäureester; 10 g. Daneben *α-Methyllävulinsäure.* — *1.3.4-Trimethyl-6-acetyl-Δ³-tetrahydrobenzoesäure*, $C_{12}H_{18}O_3$, F. 134° (verd. Essigsäure), durch 24std. Kochen von **I** u. 2.3-Dimethylbutadien-(1.3) in Xylol in Ggw. von Hydrochinon; 37%. — *Methylvinylphenylcarbinol*, $C_{10}H_{12}O$, Kp.$_{11}$ 99—100°, durch Zugabe von **II** zu äther. Phenyl-Li unter N_2 bei —15°, mehrstd. Rühren u. Zers. mit Eiswasser; 76%. — *5-Phenyl-2-acetylcyclohexen-(4)-carbonsäure-(1)* (**IV**), $C_{15}H_{16}O_3$, durch 5std. Erhitzen von 6 g vorst. Verb. mit **III** in Ggw. von p-Toluolsulfonsäure u. Hydrochinon in Bzl. auf 100°; Blättchen aus Bzl.; 3 g. Daneben *4-Phenyl-2-acetylcyclohexen-(4)-carbonsäure-(1)* (**V**), $C_{15}H_{16}O_3$, F. 139°, Nadeln aus Bzl.; 2 g. — *5-Nitro-2-äthylbenzoesäuremethylester*, $C_{10}H_{11}NO_4$, Kp.$_{0,05}$ 122—123°, aus der freien Säure mit äther. CH_2N_2; 100%. — *5-Amino-2-äthylbenzoesäuremethylester*, $C_{10}H_{13}NO_2$, F. 57°, durch ½std. Hydrieren vorst. Verb. in Methanol über PtO_2; 72%. — *2-Äthyl-5-phenylbenzoe-*

säure (**VI**), $C_{15}H_{14}O_2$, F. 159° (verd. A.), durch Diazotieren vorst. Verb. in HCl, Zugabe von Bzl. u. NaOH bei 5—10°, Rühren über Nacht u. 4std. Kochen des Benzolextrakts mit 20%ig. NaOH; 34%. — *2-Äthyl-5-phenylcyclohexen-(4)-carbonsäure-(1)*, $C_{15}H_{18}O_2$, $Kp._{0,1}$ 163—164°, durch 30std. Kochen von **IV** mit amalgamiertem Zn in Toluol-verd. HCl; 74%. Gibt durch 5std. Erhitzen mit S auf 230—250°, Kochen des Reaktionsprod. mit Na_2CO_3 u. H_2O_2 u. Ansäuern 51% **VI**. — *Biphenylcarbonsäure-(4)*, F. 218°, durch 2std. Erhitzen von **VI** auf 270—280° u. 20std. Rühren des erhaltenen *4-Äthylbiphenyls* mit wss. $KMnO_4$ bei 60°. — *4-Äthoxy-2-äthylcyclohexen-(4)-carbonsäure-(1)-äthylester*, $C_{13}H_{22}O_3$, $Kp._{0,1}$ 102—103°, durch 4std. Erhitzen von **VIII** u. **IV** in Ggw. von Hydrochinon im Rohr auf 210°; 38,5%. — *2-Äthylcyclohexanon-(4)-carbonsäure-(1)-äthylester* (**XIV**), $C_{11}H_{18}O_3$, $Kp._{0,4}$ 99°, durch 1std. Schütteln vorst. Verb. mit 5%ig. H_2SO_4 u. Reinigung über das *Semicarbazon* ($C_{12}H_{21}N_3O_3$, F. 143°); 73%. *Freie Säure*, $C_9H_{14}O_3$, F. 110—112°, durch 5std. Kochen von **XIV** in verd. H_2SO_4-Eisessig; 29%. — *2-Äthyl-4-phenylcyclohexen-(4)-carbonsäure-(1)*, $C_{15}H_{18}O_2$, $Kp._{0,05}$ 156—157°, durch Red. von **V** nach CLEMMENSEN-MARTIN; 58%. — *2-Äthyl-4-phenylbenzoesäure* (**VII**), $C_{15}H_{14}O_2$, F. 164—165° (Bzl.), a) aus vorst. Verb. durch Dehydrierung mit S in 4 Std. bei 220 bis 240°; 36%; b) durch Zugabe von Phenyl-MgBr in Ae. zu **XIV** bei —10°, 1std. Rühren bei 0° u. 1 Std. bei Raumtemp., Zers. mit H_2SO_4, 2std. Erhitzen des Ae.-Extrakts mit S auf 210—220° u. 1½ Std. auf 230—240°, 5std. Kochen mit methanol. KOH u. Ansäuern; 18%. — *Biphenylcarbonsäure-(3)*, F. 163°, durch 1std. Erhitzen von 0,3 g **VII** mit Cu-Pulver u. BaO auf 280—300°/10 mm u. 14std. Rühren des Destillats mit wss. $KMnO_4$ bei 60°; 50 mg. — *2.4-Diäthylanilin*, $C_{10}H_{15}N$, $Kp._{10}$ 114°, durch Hydrieren von 2.4-Diäthylnitrobenzol in A. über PtO_2; 80%. *Acetylderiv.*, $C_{12}H_{17}NO$, F. 113,5°. — *2.4-Diäthylcyclohexanol-(4)-carbonsäure-(1)-äthylester*, $Kp._{0,04}$ 105—116°, aus Äthyl-MgJ u. **XIV** in Ae. bei —10°. — *2.4-Diäthylbenzoesäure*, $C_{11}H_{14}O_2$, F. 87°, a) durch Dehydrierung u. Dehydratisierung vorst. Verb. mit S (2 Std. bei 210—220°, 2 Std. bei 230—240°) u. 5std. Kochen mit methanol. KOH; b) durch 20 Min. langes Erhitzen von 2.4-Diäthylbenzonitril mit konz. H_2SO_4 auf 180°; 45%. — *Methylvinyl-[p-methoxyphenyl]-carbinol*, $C_{11}H_{14}O_2$, $Kp._{0,5}$ 109°, aus **II** u. äther. p-Methoxyphenyl-Li bei —10°; 77%. — *2-[p-Methoxyphenyl]-butadien-(1.3)* (**X**), $C_{11}H_{12}O$, $Kp._{0,1}$ 71°, durch Einleiten von HCl in vorst. Verb. in Ggw. von Hydrochinon u. Siliconemulsion u. Dest. bei 80—90°/2—3 mm unter N_2; 59—67%. — *6-[p-Methoxyphenyl]-4a.5.8.8a-tetrahydronaphthochinon-(1.4)* (**XIII**), $C_{17}H_{16}O_3$, F. 132—133° (Bzl.), durch 1tägiges Stehen von **X** u. **XI** bei Raumtemp. in Bzl. im Dunkeln; 96%. — *5.8-Dihydroxy-2-[p-methoxyphenyl]-1.4-dihydronaphthalin*, $C_{17}H_{16}O_3$, F. 182—183° (Aceton), durch Stehen von 2 g **XIII** in Eisessig in Ggw. von konz. HBr; 2 g; geht in A. in 14 Tagen unter Luftzutritt in das *Chinhydron* ($C_{34}H_{30}O_6$, F. 179 bis 180°) über. *Diacetat vom F. 134,5°*, $C_{21}H_{20}O_5$, durch 3std. Kochen von **XIII** mit Acetanhydrid; Nadeln aus Cyclohexan; 85%. *Diacetat vom F. 166°*, $C_{21}H_{20}O_5$, durch 5std. Kochen der Dihydroxyverb. mit Acetanhydrid; gelbe Kristalle aus Bzl.; 91,5%. — *2.6(7)-Bis-[p-methoxyphenyl]-1.4.4a.5.8.8a.9a.10-oktahydroanthrachinon*, $C_{28}H_{28}O_4$, F. 221 bis 223° (Xylol), a) durch Erhitzen von **X** u. **XIII** in Toluol u. 1wöchiges Stehen; 85%; b) durch 2std. Kochen von **X** u. **XI** in Bzl.; 33%. — *4-[p-Methoxyphenyl]-Δ^3-tetrahydroacetophenon*, $C_{15}H_{18}O_2$, F. 102—103° (A.), aus **X** u. **II** wie vorst. nach b); 84%. — *4-[p-Methoxyphenyl]-cyclohexen-(3)-carbonsäure-(1)*, $C_{14}H_{16}O_3$, F. 202—204° (Aceton-A.), a) durch Erhitzen von **X** u. 90%ig. **XII** in Toluol in Ggw. von Pikrinsäure auf 110°; 51%; b) durch Zugabe von wss. NaOBr zu vorst. Verb. in Dioxan bei 35° u. ¼std. Rühren; 25%. — *4'-Methoxybiphenylcarbonsäure-(4)*, $C_{14}H_{12}O_3$, F. 247—249° (Eisessig), durch Erhitzen vorst. Verb. mit S auf 230—240° (35 Min.) u. Auskochen des Reaktionsprod. mit wss. K_2CO_3; 71%. — *5-[p-Methoxyphenyl]-2-acetylcyclohexen-(4)-carbonsäure-(1)* (**XV**), $C_{16}H_{18}O_4$, F. 160° (Bzl.), durch 1std. Kochen von 16 g **X** u. **III** in Ggw. von Hydrochinon in Bzl.; 11 g. Daneben *4-[p-Methoxyphenyl]-2-acetylcyclohexen-(4)-carbonsäure-(1)* (**XVI**), $C_{16}H_{18}O_4$, F. 147—148°; 5,7 g. — *4-[p-Methoxyphenyl]-cyclohexen-(4)-dicarbonsäure-(1.2)-anhydrid*, $C_{15}H_{14}O_4$, F. 127° (Bzl.-PAe.), aus **X** u. Maleinsäureanhydrid in 5 Min. in Bzl.; 69%. *Freie Disäure*, $C_{15}H_{16}O_5$, F. 214—216° (Zers.), a) aus dem Anhydrid mit sd. wss. Na_2CO_3; 100%; b) aus **XV** in Dioxan mit wss. NaOBr bei 25—35°; 55%; c) aus **XVI** nach b); 56%. — *4'-Methoxy-3-äthylbiphenylcarbonsäure-(4)*, $C_{16}H_{16}O_3$, F. 182° (Bzl.), a) durch CLEMENNSEN-Red. von **XVI** u. Dehydrierung mit S bei 230—240°; 5%; b) durch Zugabe von p-Methoxyphenyl-MgBr in Ae. zu **XIV** bei —10°, 1std. Rühren, Zers. mit H_2SO_4, Dehydrierung des erhaltenen rohen *2-Äthyl-4-[p-methoxyphenyl]-cyclohexanol-(4)-carbonsäure-(1)-äthylesters* mit S bei 210—240° (4 Std.) u. 5std. Kochen mit 20%ig. methanol. KOH; 23%. — *4'-Methoxy-4-äthylbiphenylcarbonsäure-(3)*, $C_{16}H_{16}O_3$, F. 184—185° (Bzl.), durch 12std. CLEMENNSEN-Red. von **XV** u. Dehydrierung des erhaltenen Öls vom $Kp._{0,05}$ 164—166° mit S bei 230—250° (4 Std.); 10%. (Chem. Ber. **92**. 449—68. 14/2. 1959. Erlangen, Univ., Inst. für Organ. Chem.) H. KAMPFER. 2400

N. K. Kotschetkow und **M. I. Petrutschenko,** *Einige β.β.-Diaryläthylamine.* Aus α-Brombenzylcyanid werden nach Friedel-Crafts *Diphenyl-* (**I**), *Phenyl-p-tolyl-* (**II**), *Phenyl-p-äthoxyphenyl-* (**III**), *Phenyl-p-methoxyphenyl-* (**IV**) u. *Phenyl-p-chlorphenylacetonitril* (**V**) dargestellt u. durch Hydrierung an Ni in *β.β-Diphenyl-* (**VI**), *β-Phenyl-β-[p-tolyl]-* (**VII**), *β-Phenyl-β-[p-äthoxyphenyl]-* (**VIII**), *β-Phenyl-β-[p-methoxyphenyl]-* (**IX**) u. *β-Phenyl-β-[p-chlorphenyl]-äthylamin* (**X**) übergeführt. Die Hydrierung erfolgte in Methanol in Ggw. von wenig Na-Methylat, wodurch die Bldg. von sek. Aminen vermindert wurde. **VI**—**X** geben mit Benzaldehyd die entsprechenden Schiffschen Basen, aus denen mit CH_3J die entsprechenden quartären Ammoniumsalze u. durch deren Hydrolyse die entsprechenden *N-Methyl-β.β-diaryläthylamine* erhalten werden. Diese Meth. eignete sich wegen der geringen Ausbeuten nicht mehr für die Darst. von N-Alkyl-β.β-diaryläthylaminen mit längeren Alkylresten. *N-Isoamyl-β.β-diphenyläthylamin, β-Phenyl-β-[p-chlorphenyl]-* u. *β-Phenyl-β-[p-methoxyphenyl]-diäthylamin* werden in befriedigender Ausbeute aus **VI, IX** u. **X** durch Rk. mit Isoamylalkohol bzw. A. in Ggw. von Ni erhalten. Die Rk. von **VI, IX, VIII** u. **VII** mit Äthylbromid lieferte *β.β-Diphenyl-, β-Phenyl-β-[p-chlorphenyl]-, β-Phenyl-β-[p-äthoxyphenyl]-* bzw. *β-Phenyl-β-[p-tolyl]-triäthylamin.*

Versuche: *Phenyl-p-äthoxyphenylacetonitril* (**III**), $C_{16}H_{15}NO$, F. 89—90° (A.), man gibt zu α-Brombenzylcyanid (aus 59 g Benzylcyanid u. 88 g Br_2 ohne Isolierung) u. 300 g Phenetol in 135 ml Nitrobenzol bei 50° langsam 66 g $AlCl_3$, erhitzt 2 Std. auf 110°, läßt über Nacht bei 20° stehen u. zers. mit Eis u. konz. HCl; 24,5 g (Ausbeute). — *Phenyl-p-chlorphenylacetonitril* (**V**), $C_{14}H_{10}ClN$, $Kp._3$ 170—171°, F. 74—78° (A.), analog Vorst. aus 59 g Benzylcyanid, 88 g Br_2 u. 300 g Chlorbenzol in 135 g Nitrobenzol in Ggw. von 66 g $AlCl_3$; 33 g. — β.β-Diaryläthylamine: Man hydriert die konz. Lsg. des Diarylacetonitrils in Methanol + wenig Na-Methylat bei 40—50° u. 60—70 at an Skelett-Ni, säuert an, extrahiert mit Ae., macht alkal., extrahiert mit Ae. u. dest.: *β.β-Diphenyl-* (**VI**), $C_{14}H_{15}N$, $Kp._6$ 155—156° F. 44—45°, aus **I**; 89%. *Hydrochlorid,* $C_{14}H_{16}ClN$, F. 263°. — *β-Phenyl-β-[p-tolyl]-* (**VII**), $C_{15}H_{17}N$, $Kp._3$ 152—153°, aus **II**; $D.^{20}_4$ 1,0404; n_D^{20} 1,5551; 70%. *Hydrochlorid,* $C_{15}H_{18}ClN$, F. 225—227°. — *β-Phenyl-β-[p-äthoxyphenyl]-* (**VIII**), $C_{16}H_{19}NO$, $Kp._5$ 164—165°, F. 39—40°, aus **III**; 76%. *Hydrochlorid,* $C_{16}H_{20}ClNO$, F. 173°. *Pikrat,* F. 182—183°. — *β-Phenyl-β-[p-methoxyphenyl]-* (**IX**), $C_{15}H_{17}NO$, $Kp._5$ 170—172°, aus **IV**; $D.^{20}_4$ 1,0890; n_D^{20} 1,5875; 70%. *Hydrochlorid,* $C_{15}H_{18}ClNO$, F. 188°. *Pikrat,* F. 168—172°. — *β-Phenyl-β-[p-chlorphenyl]-* (**X**), $C_{14}H_{14}$·ClN, $Kp._2$ 160—164°, aus **V**; $D.^{20}_4$ 1,1405; n_D^{20} 1,5962; 40%. *Hydrochlorid,* $C_{14}H_{15}Cl_2N$, F. 210°. *Pikrat,* F. 199—201°. — N-Methyl-β.β-diaryläthylamine: Man erhitzt 1 Mol **VI**–**X** u. 1,2 Mol Benzaldehyd ½ Std. auf dem Wasserbad, dest. W. bei $< 50°$ ab, gibt 1,2 Mol CH_3J zu u. erhitzt 10—12 Std. auf 70°; man versetzt mit 40 ml Methanol + 5 ml W., kocht 15—20 Min., dest. Benzaldehyd mit Dampf ab, säuert den Rückstand mit Essigsäure an, extrahiert mit Ae., macht alkal., extrahiert mit Ae. u. dest.: *N-Methyl-β.β-diphenyl-,* $C_{15}H_{17}N$, $Kp._5$ 150—151°, aus **VI**; n_D^{20} 1,5809; 45,2%. *Hydrochlorid,* $C_{15}H_{18}ClN$, F. 216—217°. — *N-Methyl-β-phenyl-β-[p-tolyl]-,* $C_{16}H_{19}N$, $Kp._3$ 150—151°; n_D^{20} 1,5841; 50%. *Hydrochlorid,* $C_{16}H_{20}ClN$, F. 130—133°. — *N-Methyl-β-phenyl-β-[p-äthoxyphenyl]-,* $C_{17}H_{21}NO$, $Kp._3$ 163—164°; n_D^{20} 1,5442; 50%. *Hydrochlorid,* $C_{17}H_{22}ClNO$, F. 132—133°. — *N-Methyl-β-phenyl-β-[p-methoxyphenyl]-,* $C_{16}H_{19}NO$, $Kp._3$ 167—170°; n_D^{20} 1,5771; 58%. *Hydrochlorid,* Öl. — *N-Methyl-β-phenyl-β-[p-chlorphenyl]-,* $C_{15}H_{16}ClN$, $Kp._3$ 161—163°; 65,5%. *Hydrochlorid,* $C_{15}H_{17}Cl_2N$, F. 142°. — N-Alkyl-β.β-diaryläthylamine: Man erhitzt **VI, IX** oder **X** in der 10fachen Menge A. oder Isoamylalkohol 12—14 Std. auf dem Wasserbad an Skelett-Ni: *N-Isoamyl-β.β-diphenyläthylamin, Hydrochlorid,* $C_{19}H_{26}ClN$, F. 186—187°; 35%. — *β-Phenyl-β-[p-chlorphenyl]-diäthylamin,* $C_{16}H_{18}ClN$, $Kp._3$ 145—155°; n_D^{20} 1,5661; 50%. *Hydrochlorid,* $C_{16}H_{19}Cl_2N$, F. 144—145°. — *β-Phenyl-β-[p-methoxyphenyl]-diäthylamin,* $C_{17}H_{21}NO$, $Kp._5$ 165°; 55%. — β.β-Diaryltriäthylamine: Man gibt zu 1 Mol **VI, X, VIII** oder **VII** in 3 Mol 6%ig. wss. NaOH allmählich 2,2 Mol Äthylbromid, erhitzt 2 Std. u. läßt über Nacht stehen: *β.β-Diphenyl-,* $C_{18}H_{23}N$, $Kp._2$ 140—142°; 90%. *Hydrochlorid,* $C_{18}H_{24}ClN$, F. 144—145°. — *β-Phenyl-β-[p-chlorphenyl]-,* $C_{18}H_{22}ClN$, $Kp._{14}$ 197—198°; n_D^{20} 1,5661; 89%. — *β-Phenyl-β-[p-äthoxyphenyl]-,* $C_{20}H_{27}NO$, $Kp._9$ 190 bis 191°; n_D^{20} 1,5456; 50%. *Hydrochlorid,* $C_{20}H_{28}ClNO$, F. 96—102°. — *β-Phenyl-β-[p-tolyl]-,* $C_{19}H_{25}N$, $Kp._4$ 165—170°, aus **VII**; n_D^{20} 1,5551; 71%. *Hydrochlorid,* $C_{19}H_{26}$·ClN, F. 136—137°. (Журнал Общей Химии [J. allg. Chem.] **28** (**90**). 2252—57. Aug. 1958. Inst. für Pharmakol. u. Chemotherapie der Akad. der med. Wiss. der UdSSR.)

Helmut Schäfer. 2510

N. K. Moschtschinskaja und **S. E. Krukowskaja,** *Untersuchungen in der Reihe der Diarylmethane und ihrer Derivate.* 5. Mitt. *Synthese von Phenylnaphthylmethanen durch Kondensation von Formaldehyd mit Benzol und Naphthalin.* Bei der Rk. von Naphthalin mit Bzl. u. Formaldehyd in Ggw. von H_2SO_4 entstehen *Phenyl-α-naphthylmethan* (I), wenig *Phenyl-β-naphthylmethan* (II), *Diphenylmethan* u. *1.1'-Dinaphthylmethan* (III). Aus Benzylchlorid u. Naphthalin bildet sich in Ggw. von $ZnCl_2$ vorwiegend I neben II, in Ggw. von $AlCl_3$ entsteht vorwiegend II neben I. Aus α-Chlormethylnaphthalin u. Bzl. in Ggw. von $ZnCl_2$ wird ausschließlich I erhalten, aus Benzylalkohol u. Naphthalin in Ggw. von H_2SO_4 entsteht I neben wenig II. — I u. II werden beim Erhitzen mit $ZnCl_2$ oder H_2SO_4 nicht isomerisiert; dagegen entsteht in Ggw. von $AlCl_3$ aus I oder II ein Gemisch aus 30—31% I u. 69—70% II, als Nebenprodd. fallen *Naphthalin*, *2.6-Dibenzylnaphthalin* u. andere Kondensationsprodd. an. — Die Rk. von Naphthalin mit Formaldehyd in Ggw. von H_2SO_4 liefert III neben wenig *1.2'-Dinaphthylmethan*; die Bldg. von 2.2'-Dinaphthylmethan wurde nicht beobachtet. Beim Erhitzen von III mit $AlCl_3$ entstehen *Naphthalin*, ein Gemisch der isomeren *Dinaphthylmethane* u. gefärbte Stoffe nicht untersuchter Zusammensetzung.

Versuche: *Phenyl-α-naphthylmethan* (I), Kp.$_3$ 165°, F. 58—59°, a) man gibt bei 30—40° zu 50 Mol Bzl., 1 Mol Naphthalin, 0,05 Mol Methanol u. 200 ml 90%ig. H_2SO_4 in 1½—2 Std. 0,5 Mol Formaldehyd (als 40%ig. Formalin) u. 0,5 Mol Naphthalin als gesätt. Lsg. in Bzl., neutralisiert mit Soda u. dest.; man erhält ein Gemisch aus I u. II [40—42% (Ausbeute)], aus dem man I durch Kristallisation aus A. isoliert; Plättchen; b) man erhitzt 20 Mol Bzl., 1 Mol α-Chlormethylnaphthalin u. 0,05 Mol $ZnCl_2$, bis kein HCl mehr entweicht; 12%; c) aus Benzylchlorid u. Naphthalin in Ggw. von $ZnCl_2$ (4:1:0,05 Mol) erhält man I-II-Gemisch (61%); d) man kocht 0,8 Mol Naphthalin, 0,2 Mol Benzylalkohol, 200 ml Eisessig u. 1 ml konz. H_2SO_4 1 Std.; man erhält I-II-Gemisch (36%). *Pikrat*, F. 101—102°. — *Phenyl-β-naphthylmethan* (II), F. 56°, a) als Nebenprod. bei der I-Darst. nach a), b) u. d); b) analog Vorst. nach c), jedoch unter Verwendung von $AlCl_3$ an Stelle von $ZnCl_2$; man erhält 53% I-II-Gemisch, aus dem man II durch Kristallisation aus A. abtrennt; Nadeln. *Pikrat*, F. 93°. — *Diphenylmethan*, Kp. 262°, E. 25°, bei der Darst. von I nach a); n_D^{20} 1,5770. — *1.1'-Dinaphthylmethan* (III), F. 108°, a) die bei der Rk. a) anfallende Fraktion Kp.$_3$ 230—260° krist. man aus A.-Acetanhydrid um; Nadeln; b) zu dem sd. Gemisch aus 64 g Naphthalin, 4,2 ml 40%ig. Formalin, 8 ml Acetanhydrid u. 70 ml Essigsäure gibt man 0,5 ml konz. H_2SO_4, kocht 1 Std., gibt 1,2 g Soda zu u. dest.; die Fraktion Kp.$_4$ 220—250° (19,3 g) krist. man aus A. um; Nadeln. *Pikrat*, F. 140—141°. — *1.2'-Dinaphthylmethan*, F. 96° (Blättchen), man dest. die alkoh. Mutterlauge von III erneut u. krist. aus A.-Acetanhydrid um; man erhält Nadeln (III) u. Blättchen, die man mechan. trennt. *Pikrat*, F. 127°. — Isomerisierung von I oder II: Man erhitzt I oder II in Ggw. von $AlCl_3$ 1½ Std. auf 180° u. dest.; man erhält ein Gemisch aus 30—31% I u. 69—70% II, daneben *2.6-Dibenzylnaphthalin*, F. 127°, durch Kristallisation der höher sd. Prodd. aus A.-Acetanhydrid. (Украинский Химический Журнал [Ukrain. chem. J.] **23**. 353—57. 1957.)

HELMUT SCHÄFER. 2700

Ss. R. Ssergijenko, L. N. Kwitkowski, A. L. Zedilina und **Al. A. Petrow**, *Synthese von hochmolekularen Kohlenwasserstoffen gemischter Struktur*. Durch Rk. von Phenyl-MgBr mit Äthyllaurinat, Dehydratisierung des erhaltenen tert. Alkohols u. Hydrierung des Dehydratisierungsprod. wird *1.1-Diphenyldodecan* erhalten. Analog werden weitere höhermol. KW-stoffe mit 24 u. 30 C-Atomen dargestellt, die als Vergleichssubstanzen bei der Unters. von Erdölfraktionen dienen sollen.

Versuche: *1.1-Diphenyldodecan*, Kp.$_4$ 208°; aus Phenyl-MgBr u. Äthyllaurinat, Dehydratisierung des erhaltenen tert. Alkohols bei 280—320°/1 mm u. Hydrierung des Dehydratisierungsprod. an RANEY-Ni unter Druck; $D.^{20}_4$ 0,9248; n_D^{20} 1,5241. — *1.1-Dicyclohexyldodecan*, Kp.$_4$ 204°, F. 27° (krist. nach 6monatigem Stehen); durch Hydrierung vorst. Verb. im Autoklaven an RANEY-Ni; $D.^{20}_4$ 0,8758; n_D^{20} 1,4803. — *2.11-Diphenyldodecan*, Kp.$_4$ 200°; aus 1.10-Diphenyldecandion-(1.10) (aus Sebacinsäuredinitril u. Phenyl-MgBr) u. Methyl-MgJ; $D.^{20}_4$ 0,9244; n_D^{20} 1,5212. — *2.11-Dicyclohexyldodecan*, Kp.$_4$ 196°; durch Hydrierung vorst. Verb. an RANEY-Ni; $D.^{20}_4$ 0,8759; n_D^{20} 1,4802. — *1.5-Diphenyl-3-n-heptylpentan*, Kp.$_4$ 210°; aus β-Phenyläthyl-MgBr u. Äthylcaprylat; $D.^{20}_4$ 0,9233; n_D^{20} 1,5206. — *1.5-Dicyclohexyl-3-n-heptylpentan*, Kp.$_4$ 208°; durch Hydrierung vorst. Verb.; $D.^{20}_4$ 0,8691; n_D^{20} 1,4776. — *1-Phenyl-1-cyclohexyldodecan*, Kp.$_4$ 206°; aus Laurophenon u. Cyclohexyl-MgBr; $D.^{20}_4$ 0,8960; n_D^{20} 1,4980. — *1.1-Bis-[α-naphthyl]-dodecan* (I), Kp.$_{0,5}$ 254°; aus α-Naphthyl-MgBr u. Äthyllaurinat; $D.^{20}_4$ 1,0130; n_D^{20} 1,5989. — *1.1-Bis-[α-dekalyl]-dodecan*, Kp.$_{0,5}$ 252°; durch Hydrierung von I an RANEY-Ni bei 150°/100—150 at; $D.^{20}_4$ 0,9537; n_D^{20} 1,5245. — *1.1-Bis-[α-tetralyl]-dodecan*, Kp.$_{0,5}$ 243°; durch Hydrierung von I bei 100°/100—150 at; $D.^{20}_4$ 0,9796; n_D^{20} 1,5480. — *1-[α-Naphthyl]-1-[β-dekalyl]-dodecan*, Kp.$_{0,5}$ 252°; aus α-Lauronaphthon u. β-Dekalyl-MgBr; $D.^{20}_4$ 0,9662; n_D^{20} 1,5500. — *1.3-Bis-[α-naphthyl]-2-n-nonylpropan*, Kp.$_{0,5}$ 248°; aus α-Naphthylmethyl-MgCl u. Äthylcaprinat; $D.^{20}_4$ 1,0044; n_D^{20} 1,5780. —

1.3-Bis-[α-dekalyl]-2-n-nonylpropan, $Kp._{0,5}$ 244°; durch Hydrierung vorst. Verb.; $D.^{20}_{4}$ 0,9263; n_D^{20} 1,5013. — *2.11-Bis-[α-naphthyl]-dodecan*, $Kp._{0,5}$ 259°; aus 1.10-Bis-[α-naphthyl]-decandion-(1.10) (aus Sebacinsäuredinitril u. α-Naphthyl-MgBr) u. Methyl-MgJ; $D.^{20}_{4}$ 1,0193; n_D^{20} 1,5960. — *2.11-Bis-[α-dekalyl]-dodecan*, $Kp._{0,5}$ 256°; durch Hydrierung vorst. Verb.; $D.^{20}_{4}$ 0,9484; n_D^{20} 1,5135. (Доклады Академии Наук СССР [Ber. Akad. Wiss. UdSSR] **120.** 541—43. 21/5. 1958. Erdölinst. der Akad. der Wiss. der UdSSR.) O. POLLAK V. EMHOFEN. 2700

Jean Colonge, Jacques Dreux und Henri Delplace, *Über bicyclische δ-Diketone. 2. Mitt. Reduktion.* (1. vgl. C. **1958.** 11210; 3. vgl. C. **1959.** 10902.) Die katalyt. Hydrierung von Bis-[2.2′-dioxocyclanyl]-methanen mit 5- u. 7gliedrigen Ringen führte zu *bisek. δ-Glykolen*, die der 6gliedrigen Verbb. zu tricycl. Pinakolinen, zu *11.12-Dihydroxydodekahydrofluorenen.* Die gleichen Ergebnisse wurden bei Red. mit nascierendem H erhalten, jedoch bildet sich aus Bis-[2-oxocyclohexyl]-methan (**V**) neben dem Pinakolin eine geringe Menge bisek. Glykol. Die Rk. mit Al-Isopropylat ergab stets bisek. δ-Glykole, mit Ausnahme von Bis-[2-oxo-5-methylcyclohexyl]-methan (**VI**). Durch Umsetzung mit Mg-organ. Verbb. wurden in geringer Ausbeute bitert. δ-Glykole dargestellt. *11.12-Dihydroxy-* (**I**), *2.7-Dimethyl-11.12-dihydroxy-* (**II**) u. *3.6-Dimethyl-11.12-dihydroxydodekahydrofluoren* (**III**) lieferten nach Dehydratation mit H_3PO_4 ein Epoxyd. *11.12-Epoxydodekahydrofluoren* (**IV**) konnte durch Erhitzen mit S in *Xanthen* übergeführt werden. Bei der Rehydratisierung der tetracycl. Epoxyde wurden die Pinakoline in 2 isomeren Formen isoliert.

Versuche: Dodekahydrofluorene: *11.12-Dihydroxy-* (**I**), $C_{13}H_{22}O_2$, F. 138° (60%ig. A. oder PAe.), durch Hydrierung von **V** in Methanol in Ggw. von RANEY-Ni bei 20°; 70% (Ausbeute). — *11.12-Epoxy-* (**IV**), $C_{13}H_{20}O$, $Kp._{18}$ 140—141°, durch 1½std. Kochen von **I** mit 86%ig. H_3PO_4 u. Ae.-Extraktion; n_D^{25} 1,516, $D.^{25}_{4}$ 1,012; 86%. Gibt nach 2std. Erhitzen mit S auf 210° u. Dest. bei 200—230°/15 mm *Xanthen* [$C_{13}H_{10}O$, F. 101,5° (A.)]. 5tägiges Stehen von **IV** in W., H_2SO_4 u. Aceton, Zugabe von W. u. Neutralisation mit $NaHCO_3$ liefert **I** in 2 Formen vom F. 138 u. 121° (60%ig. A.). — *2.7-Dimethyl-11.12-dihydroxy-* (**II**), $C_{15}H_{26}O_2$, F. 125° (PAe.), aus **VI**; 60%. — *2.7-Dimethyl-11.12-epoxy-*, $C_{15}H_{24}O$, $Kp._{16}$ 148—150°, aus **II**; $n^{22,5}$ 1,4952, $D.^{22,5}_{4}$ 0,9645; 86%. Gibt nach Rehydratation **II** vom F. 184 u. 124° (PAe.). — *3.6-Dimethyl-11.12-dihydroxy-* (**III**), $C_{15}H_{26}O_2$, F. 121° (PAe.), aus Bis-[2-oxo-4-methylcyclohexyl]-methan; 75%. — *3.6-Dimethyl-11.12-epoxy-*, $C_{15}H_{24}O$, $Kp._{11}$ 142—144°, F. 44° (A.), aus **III**; n_D^{22} 1,4970, $D.^{22}_{4}$ 0,970; 70%. — *10.13-Dimethyl-11.12-epoxy-*, $C_{15}H_{24}O$, $Kp._{11}$ 138—146°, aus Bis-[2-oxo-1-methylcyclohexyl]-methan u. Dehydratisierung des öligen Produkts. — *3.4;5.6-Dibenzo-11.12-dihydroxy-*, $C_{21}H_{22}O_2$, F. 141° (PAe.), durch katalyt. Hydrierung von 1.1′-Methylen-bis-[tetralon-(2)]; 75%. — *2.2′-Dihydroxydicyclopentylmethan*, $C_{11}H_{20}O_2$, $Kp._{10}$ 168—170°, F. 81°, a) durch katalyt. Hydrierung von Methylen-bis-[cyclopentanon-(2)] (F. 38 oder 70,5°); 73%; b) durch Behandlung des Diketons in Ae. u. W. mit Na. *Dinitrobenzoesäurediester*, $C_{25}H_{24}N_4O_{12}$, F. 86°. — *2.2′-Dihydroxydicyclohexylmethan*, $C_{13}H_{24}O_2$, F. 149° (Bzl.), durch 20std. gelindes Erhitzen von **V** mit Al-Isopropylat in Isopropanol; 30%. — *4.4′-Dimethyl-2.2′-dihydroxydicyclohexylmethan*, $C_{15}H_{28}O_2$, F. 153° (PAe.); 25%. — *2.2′-Dihydroxydicycloheptylmethan*, $C_{15}H_{28}O_2$, $Kp._{18}$ 215—220°; 60%. — *2.2′-Dihydroxy-bis-[α-indanyl]-methan*, $C_{19}H_{20}O_2$, F. 155° (A.), durch katalyt. Hydrierung des entsprechenden Ketons. — *2.2′-Dimethyl-2.2′-dihydroxydicyclopentylmethan*, $C_{13}H_{24}O_2$, F. 150° (PAe.), aus dem Diketon u. CH_3MgJ; 40%. — *2.2′-Diäthyl-2.2′-dihydroxydicyclopentylmethan*, $C_{15}H_{28}O_2$, F. 118° (PAe.), aus dem Diketon u. C_2H_5MgBr; 30%. — *2.2′-Dimethyl-2.2′-dihydroxydicyclohexylmethan*, $C_{15}H_{28}O_2$, F. 122° (Bzl.-PAe.); 50%. — *2.2′-Diäthyl-2.2′-dihydroxydicyclohexylmethan*, $C_{17}H_{32}O_2$, F. 138° (50%ig. A.); 56%. — *2.2′.5.5′-Tetramethyl-2.2′-dihydroxydicyclohexylmethan*, $C_{17}H_{32}O_2$, F. 159° (50%ig. A.); 50%. — *5.5′-Dimethyl-2.2′-diäthyl-2.2′-dihydroxydicyclohexylmethan*, $C_{19}H_{36}O_2$, F. 135° (PAe.); 33%. (Bull. Soc. chim. France [5] **1957.** 342—45. März. Lyon, Fac. des Sci., Labor. de Chim. organ. et École de Chim. Ind.) HORST BAGANZ. 2750

Roy C. Hinton, Frederick G. Mann und Ian T. Millar, *Die Reaktion von 3-Brom-4-jodtoluol mit Magnesium und Lithium.* Bei der Rk. von 3-Brom-4-jodtoluol (**I**) mit Mg in Ae. wurde *2.6-Dimethyldiphenylen* u. *2.7-Dimethylfluorenon* erhalten. Die Säurefraktion ergab *p-Toluylsäure*, *2-Brom-4-methylbenzoesäure* u. wenig *2-Jod-5-methylbenzoesäure.* Die Bldg. dieser Säuren zeigt, daß sich sowohl eine Di-GRIGNARD-Verb. als auch die beiden möglichen Mono-GRIGNARD-Verbb. gebildet haben. **I** reagiert mit Li in kaltem Ae. unter Bldg. von *2.6.11-Trimethyltriphenylen* (nach BEILSTEIN: *3.6.10-Trimethyltriphenylen*; **II**); Hydrolyse des Reaktionsgemischs liefert *4.4′-Dimethyldiphenyl.* Die Identität von **II** wurde durch Analyse, Mol.-Gew.-Best. u. durch das

Absorptionsspektr. sichergestellt. Für die Bldg. dieser neutralen Verbb. bei der Einw. von Mg u. Li auf I wird ein Reaktionsmechanismus diskutiert.

Versuche: *2.6-Dimethyldiphenylen*, $C_{14}H_{12}$, F. 138—140°, aus I u. Mg in Ae.; gelbe Kristalle; aus dem Rückstand *2.7-Dimethylfluorenon* [$C_{15}H_{12}O$, F. 150—151° (A.). *2.4-Dinitrophenylhydrazon*, $C_{21}H_{16}N_4O_4$, F. 259—260° (Zers.; Dioxan)]. Alkal. Extraktion des Rückstands lieferte *p-Toluylsäure*, F. 177—179° (*Anilid*, $C_{14}H_{13}NO$, F. 144—145°. *Methylester*, $C_9H_{10}O_2$, Kp.$_{15}$ 100—112°). Ferner wurden isoliert: *2-Brom-4-methylbenzoesäure* [$C_8H_7BrO_2$, F. 138,5—139,5° (PAe.). *Methylester*, $C_9H_9BrO_2$, Kp.$_{15}$ 152—159°] u. wenig *2-Jod-5-methylbenzoesäure*, $C_8H_7JO_2$, F. 126,5—129° (PAe.). — *4.4'-Dimethyldiphenyl*, $C_{14}H_{14}$, F. 118,5—120°, aus I u. Li in Ae.; Kristalle aus Alkohol. Aus dem Rückstand *2.6.11-Trimethyltriphenylen* [(II), $C_{21}H_{18}$, F. 128,5—129,5° (PAe.). *Pikrat*, F. 191—192° (Zers.), orangefarbene Kristalle. *1.3.5-Trinitrobenzolat*, F. 219—222° (Zers.), gelb]. UV-Absorptionsspektr. vgl. Original. (J. chem. Soc. [London] **1958**. 4704—07. Dez. Cambridge, Univ., Chem. Labor.; Keele, Univ., Coll. of North Staffordshire.) K.-H. Birr. 2950

Neil Campbell, R. F. Neale und **R. A. Wall,** *Synthese von 8-Phenylmesobenzanthron. 8-Phenylmesobenzanthron* wird in geringen Ausbeuten durch Kondensation von 1-Oxoperinaphthencarbonsäure-(2) (I) mit 1-Phenylbutadien-(1.3) u. durch Erhitzen von 1-Phenylphenanthrenchinon mit H_2SO_4, $FeSO_4$ u. Glycerin gewonnen. Diese Rk. versagt bei Abwesenheit von $FeSO_4$ wegen eintretender Sulfonierung des Phenylkerns. Beim Erhitzen von 1-[o- (II) bzw. 1-[p-Phenylbenzoyl]-naphthalin mit $AlCl_3$ entstehen in geringen Mengen *Mesobenzanthron* (**III**) bzw. *10-Phenylmesobenzanthron*. Analog liefert o-Phenylbenzoylchlorid mit Naphthalin in Ggw. von $AlCl_3$ *Fluorenon*. Während die Red. von **II** mit LiAlH$_4$ oder NaBH$_4$ mißlang, entsteht nach Meerwein-Ponndorf *1-[2-Phenylbenzyl]-naphthalin*. Die UV-Spektren von 8- u. 2-Phenylmesobenzanthron sowie von **III** sind angegeben.

Versuche: *1-Phenylphenanthrenchinon*, F. 229—230° (A.), aus 1-Phenylphenanthren mit CrO_3–Eisessig. — *8-Phenylmesobenzanthron*, $C_{23}H_{14}O$, F. 201—202° (Bzl.), a) durch 19std. Kochen von **I** mit 1-Phenylbutadien-(1.3) in Eisessig, Dampfdest. u. Chromatographie des Rückstands; 22% (Ausbeute); b) durch Erhitzen (1 Std. auf 100°, 1 Std. auf 150—160°) von 0,47 g vorst. Verb. in konz. H_2SO_4 mit wss. $FeSO_4$ in Ggw. von Glycerin, Zugabe von W., 3std. Stehen u. Chromatographie des Chloroformextrakts; 20 mg. — *Mesobenzanthron* (**III**), F. 171—173°, durch 1std. Erhitzen von 0,5 g **II** mit $AlCl_3$ u. NaCl auf 120—130°, Zers. mit Eis–HCl u. Kochen des Nd. mit Eisessig; 15 mg. — *10-Phenylmesobenzanthron*, F. 169—171°, analog **III** aus dem entsprechenden p-Isomeren; 60 mg. — *[Diphenylyl-(2)]-[naphthyl-(1)]-methanol*, $C_{23}H_{18}O$, F. 154—155° (Eisessig), aus Diphenylcarbonsäure-(2)-methylester mit Naphthyl-(1)-MgBr in Ae.–Bzl. durch Dest. bis Kp. 55° u. 18std. Kochen; 70%. — *1-[o-Phenylbenzoyl]-naphthalin* (**II**), $C_{23}H_{16}O$, F. 130° (A.), durch 14std. Kochen von 1-Naphthonitril mit Diphenylyl-(2)-MgJ in Ae.–Bzl., Zers. mit W. u. HCl, 1std. Erhitzen des Eindampfrückstands mit Eisessig auf dem Wasserbad u. Dampfdest.; 66%. *Dinitrophenylhydrazon*, $C_{29}H_{20}N_4O_4$, F. 216—220°. — *2-Phenylbenzylalkohol*, $C_{13}H_{12}O$, F. 41—42°, Kp.$_9$ 179—180°, aus Diphenylcarbonsäure-(2)-äthylester (bzw. der freien Säure) mit äther. LiAlH$_4$ ($^3/_4$std. Rühren, $^1/_2$std. Kochen u. Stehen über Nacht); 80 (87)%. — *1.2-Dihydro-4-[2-phenylbenzyl]-naphthalin*, $C_{23}H_{20}$, F. 112—112,5°, aus Tetralon-(1) u. 2-Phenylbenzyl-MgBr in Ae. bei 0—5°. — *1-[2-Phenylbenzyl]-naphthalin*, $C_{23}H_{18}$, F. 121—122°, a) durch Dehydrierung vorst. Verb. mit Pd-Kohle unter CO_2; b) durch 2tägiges Stehen von 3 g 2-Phenylbenzylbromid u. Naphthalin mit $SnCl_4$ in CS_2 u. 6std. Kochen; 50 mg; c) durch 1std. Kochen von 1 g **II** mit Al-Isopropylat in Propanol-(2), Dest. des gebildeten Acetons u. 14std. Kochen; 0,5 g. (J. chem. Soc. [London] **1959**. 1409—12. April. Edinburgh, Univ., Dep. of Chem.) H. Kampfer. 2950

W. Wilson, *Heterocyclische Verbindungen*. Fortschrittsbericht. — 129 Literaturangaben. (Annu. Rep. Progr. Chem. **53**. 228—39. 1956, herausgeg. 1957.) Heinz Walter. 3000

N. C. Yang und **R. A. Finnegan,** *Eine neue Methode zur Epoxydation von α.β-ungesättigten Ketonen*. Die basenkatalysierte Rk. von tert.-Butylhydroperoxyd (**I**) mit α.β-ungesätt. Ketonen in Bzl. bei n. Temp. ergibt nicht die erwarteten Michael-Additionsprodd., sondern in guter Ausbeute *Epoxyde*. Als Katalysator werden einige Mol-% Triton B (**II**) verwendet; Triäthylamin u. Piperidin sind ungeeignet. So wurden Mesityloxyd (**III**), Methylvinylketon (**IV**), Methylisopropenylketon (**V**), Cyclohexen-(2)-on (**VI**) u. Chalkon (**VII**) in die Epoxyde umgewandelt; in einigen Fällen muß das Keton im Überschuß vorhanden sein. Auch mit wss. Alkali entstehen aus **III** u. **IV** die Epoxyde (vgl. dagegen Harmann, A. P. 2 508 256). Aus ster. Gründen erfolgt keine Rk. mit Isophoron (**VIII**); auch Δ^4-Cholesten-3-on reagiert nicht, so daß 16-Dehydroprogesteron (**IX**) selektiv zu *16α.17α-Epoxy-Δ⁴-pregnen-3.20-dion* epoxydiert werden kann. β-Nitrostyrol (**X**) bildet ein unlösl. Polymeres. Acrylonitril (**XI**) u. Methylacrylat (**XII**) reagieren unter MICHAEL-Addition. Der Mechanismus der Rk. wird diskutiert.

Versuche: *3.4-Epoxy-4-methylpentanon-(2)*, Kp.$_{17}$ 55°, a) aus 0,135 Mol **I**, 0,20 Mol **III** in Bzl. u. einer 35%ig. methanol. Lsg. von 6 mMol **II** bei 15° (Meth. **A**); n_D^{20} 1,4232; 65% (Ausbeute); b) aus je 0,1 Mol **I** u. **III** in 0,02 Mol wss. NaOH; 53%; c) aus 0,2 Mol **I**, 0,06 Mol **III** u. 1,8 ml 40%ig. wss. KOH; 21%. — *3.4-Epoxybutanon-(2)*, $C_4H_6O_2$, Kp.$_{77}$ 71,5°, Kp.$_{30}$ 46°, nach **A** aus 0,09 Mol **I**, 0,2 Mol **IV** u. 1 mMol **II** bei 0°; n_D^{19} 1,4228; 49%. — *3.4-Epoxy-3-methylbutanon-(2)*, $C_5H_8O_2$, Kp.$_{44}$ 54°, nach **A** aus 0,09 Mol **I**, 0,2 Mol **V** u. 5 mMol **II** bei 0°; n_D^{19} 1,4193; 69%. — *2.3-Epoxycyclohexanon*, Kp.$_{11}$ 74°, Kp.$_{15}$ 76—78°, nach **A** aus 0,135 Mol **I**, 0,1 Mol **VI** u. 2 mMol **II** bei 10°; n_D^{22} 1,4736; 66%. — *trans-Chalkonepoxyd*, F. 88,5—89,5° (Bzl.-PAe.), nach **A** aus 0,068 Mol **I**, 0,05 Mol **VII** u. 1,5 mMol **II** bei 10°; 95%. — Rk. von **VIII** (0,1 Mol) mit **I** u. **II** ergab neben dem Ausgangsprod. u. a. eine *Säure vom Kp.$_{0,03}$ 95°* (Bad); n_D^{21} 1,4492; 0,43 g; auch aus **VIII** mit alkal. H_2O_2 in Wasser. — *16α.17α-Epoxy-Δ⁴-pregnen-3.20-dion*, F. 205 bis 207° (Methanol), nach **A** aus 5,4 mMol **IX** u. 0,1 mMol **II** bei n. Temp.; $[\alpha]_D^{27}$ +156,6° (34 mg in 5 ml Chlf.), α_D +2,13° (l = 2 dm); 93% (roh). — Rk. von **X** (0,05 Mol) mit **I** u. **II** nach **A** bei 0° ergab 6,56 g Festkörper (F. 200—210° unter Verfärbung; unlösl.), der auch aus **X** u. **II** in Bzl. oder aus **X** u. **I** in Ae. mit Triäthylamin in der Wärme entstand. — *tert.-Butyl-[2-cyanäthyl]-peroxyd*, $C_7H_{13}NO_2$, Kp.$_{1,4}$ 57—59°, a) aus 0,1 Mol **I**, 0,03 Mol **XI** u. 0,9 ml wss. 40%ig. KOH in W. bei n. Temp.; n_D^{20} 1,4189; 22%; b) analog in verd. wss. Lsg.; 18%. — *β-tert.-Butylperoxypropionsäuremethylester*, $C_8H_{16}O_4$, Kp.$_{13}$ 75°, a) nach **A** aus 0,135 Mol **I**, 0,1 Mol **XII** u. 6 mMol **II** bei 0°; n_D^{25} 1,4140; 22%; b) analog in verd. wss. Lsg. bei n. Temp.; 2,2%. (J. Amer. chem. Soc. **80**. 5845—48. 5/11. 1958. Chicago, Ill., Univ., Inst. of Organ. Chem.) G. FISCHER. 3030

F. G. Ponomarew, O. G. Charenko und **M. F. Schawkowa,** *Untersuchungen auf dem Gebiet asymmetrischer organischer α-Oxyde.* 14. Mitt. *Umwandlungen von Piperylenmonooxyd.* (11. vgl. C. **1959**. 7427.) Bei der Rk. von Piperylen mit Monochlorharnstoff entstehen nebeneinander *3-Chlorpenten-(1)-ol-(4)* (**I**), *1-Chlorpenten-(3)-ol-(2)* (**II**) u. *1-Chlorpenten-(2)-ol-(4)* (**III**); letzteres ist zu 59% im Gemisch enthalten, ließ sich aber nicht in reiner Form isolieren u. auch nicht mit Alkali in das erwartete *2-Methyl-Δ³-dihydrofuran* überführen. Aus **I** u. **II** wurden mit KOH *3.4-Epoxypenten-(1)* (**IV**) bzw. *1.2-Epoxypenten-(3)* erhalten. In Ggw. von Al_2O_3 lagert sich **IV** bei hoher Temp. in *Penten-(1)-on-(4)* um; die Hydratation mit 1%ig. H_2SO_4 ergibt *Penten-(1)-diol-(3.4)* (**V**). **IV** kondensiert in Ggw. von BF_3-Ätherat mit Aceton unter Bldg. von *2.2.5-Trimethyl-4-vinyldioxolan*, dessen Struktur durch die Hydrolyse zu **V** bestätigt wird. Analog entsteht aus **IV** mit Methanol *3-Methoxypenten-(1)-ol-(4)*; die Stellung der Methoxygruppe ergibt sich aus der positiven Jodoform-Rk. der Verbindung. Die Umsetzung von **IV** mit Diäthylamin liefert *3-Diäthylaminopenten-(1)-ol-(4)*.

Versuche: *3-Chlorpenten-(1)-ol-(4)* (**I**), Kp.$_{10}$ 40—41°, durch 3std. Schütteln von Piperylen (Kp. 41—42°, $D._4^{20}$ 0,6799, n_D^{20} 1,4250) mit 11%ig. Monochlorharnstoff im geschlossenen Gefäß; $D._4^{20}$ 1,0520, n_D^{20} 1,4510; daneben *1-Chlorpenten-(3)-ol-(2)* (**II**), Kp.$_{10}$ 46—48°, $D._4^{20}$ 1,0594, n_D^{20} 1,4580, u. *1-Chlorpenten-(2)-ol-(4)* (**III**), Kp.$_{10}$ 80—83°, $D._4^{20}$ 1,2050, n_D^{20} 1,4731. — *3.4-Epoxypenten-(1)* (**IV**), C_5H_8O, Kp. 78—81°, durch Dest. vorst. **I**-**II**-Gemisches aus 60%ig. KOH; $D._4^{20}$ 0,8405, n_D^{20} 1,4135; 46%; daneben *1.2-Epoxypenten-(3)*, C_5H_8O, Kp. 102—104°, $D._4^{20}$ 0,8881, n_D^{20} 1,4330; 15,5%. — *Verb. vom Kp. 126—128°*, analog Vorst. aus 5 g **III**; $D._4^{20}$ 0,9564, n_D^{20} 1,4275; 1 g. — *Penten-(1)-on-(4), Semicarbazon*, $C_6H_{11}N_3O$, F. 225°, durch Erhitzen von **IV** mit Al_2O_3 auf 350° u. Umsetzen mit Semicarbazid; gelb. — *2.2.5-Trimethyl-4-vinyldioxolan*, $C_8H_{14}O_2$, Kp. 128 bis 130°, durch Zugeben von 8,4 g **IV** zu Aceton u. BF_3-Ätherat bei —8°, 2std. Stehen bei 0° u. 12 Std. bei Raumtemp.; $D._4^{20}$ 0,8927, n_D^{20} 1,4115; 17%. — *Penten-(1)-diol-(3.4)* (**V**), $C_5H_{10}O_2$, Kp.$_{10}$ 78—79° (85—87°), $D._4^{20}$ 0,9931, n_D^{20} 1,4500, a) durch ½std. Schütteln vorst. Verb. mit 5%ig. H_2SO_4; daneben *Aceton*; b) durch 3std. Erhitzen von 8,4 g **IV** mit 1%ig. H_2SO_4 im geschlossenen Gefäß auf 100°; 2 g. — *3-Methoxypenten-(1)-ol-(4)*, $C_6H_{12}O_2$, Kp.$_{15}$ 51—54°, durch 2std. Stehen von **IV** mit Methanol u. BF_3-Ätherat bei —8°; $D._4^{20}$ 0,9241, n_D^{20} 1,4234; 32,6%. — *3-Diäthylaminopenten-(1)-ol-(4)*, $C_9H_{19}NO$, Kp.$_{10}$ 66—67°, durch 9std. Erhitzen von **IV** mit wss. Diäthylamin auf dem Wasserbad; $D._4^{20}$ 0,8712, n_D^{20} 1,4440; 21,5%. (Журнал Общей Химии [J. allg. Chem.] **27** (**89**). 1226—31. Mai 1957. Woronesh, Univ.) H.-E. TOUSSAINT. 3030

I. Ernest und **Z. Linhartová,** *Zersetzung von Diazoketonen mit Kupfer(II)-oxyd.* 6. Mitt. *Darstellung von ungesättigten Diketoestern.* Inhaltlich ident. mit der C. **1959**. 1106 referierten Arbeit. (Collect. czechoslov. chem. Commun. **24**. 1022—24. März 1959 [Orig.: deutsch].) W. BARZ. 3061

Emil Buchta und **Gerhard Satzinger,** *2-Methylprotoanemonin und 2.2'-Dimethylanemonin.* α-Methyl-β-acetylacrylsäure (I) u. deren Methylester liegen in cycl. Form als 2.4-Dimethyl-4-hydroxy- bzw. -methoxybuten-(2)-olid-(1.4) vor. So liefert I mit Acetylchlorid *2.4-Dimethyl-4-acetoxybuten-(2)-olid-(1.4)* u. in Ggw. von konz. H_2SO_4 *2-Methylprotoanemonin,* das sich beim Stehen an der Luft zu *2.2'-Dimethylanemonin* dimerisiert. Diese Rk. ist in der Wärme reversibel.

Versuche: *α-Methyl-β-acetylacrylsäuremethylester,* $C_7H_{10}O_3$, Kp.$_{13}$ 93—93,5°, aus I mit äther. CH_2N_2; 64% (Ausbeute). — *2.4-Dimethyl-4-acetoxybuten-(2)-olid-(1.4),* $C_8H_{10}O_4$, Kp.$_{12}$ 113—115°, durch 5std. Kochen von I mit Acetylchlorid; 7%. — *2-Methylprotoanemonin,* $C_6H_6O_2$, Kp.$_{10}$ 74°, durch 2½std. Kochen von I mit Acetylchlorid in Ggw. von konz. H_2SO_4, Zugabe zu W. unter N_2, Zugabe von $NaHCO_3$ u. Chloroformextraktion; 58%. — *2.2'-Dimethylanemonin,* $C_{12}H_{12}O_4$, F. 135—136° (Cyclohexan–Bzl.), a) durch 40std. Stehen von 2 g vorst. Verb. im offenen Gefäß am Tageslicht u. Auskochen der glasigen M. mit Essigester; 50 mg; b) durch 10tägiges Stehen vorst. Verb. im verschlossenen Gefäß im Dunkeln; 50%. (Chem. Ber. **92.** 471—74. 14/2. 1959. Erlangen, Univ., Inst. für Organ. Chem.) H. KAMPFER. 3061

I. N. Nasarow und **Ss. G. Matzojan,** *Acetylenderivate.* 188. Mitt. *Cyclisierung ungesättigter α-Ketoalkohole und 2-Keto-1.4-diole zu Tetrahydrofuranonen-(3).* (187. vgl. C. **1959.** 9534.) Die Einw. von verd. H_2SO_4 auf 2-Methylhexen-(4)-ol-(2)-on-(3) (**I**) führt auch in der Hitze allein zur Bldg. von *2-Methylhexandiol-(2.5)-on-(3)* (**II**); in Ggw. von $HgSO_4$ werden dagegen **I** u. **II** leicht zu *2.2.5-Trimethyltetrahydrofuranon-(3)* (**III**) cyclisiert. Auch 2-Methyl-5-methoxyhexanol-(2)-on-(3) (**V**) u. **I**-Acetat gehen mit H_2SO_4 in Ggw. von $HgSO_4$ in **III** über. Eine Reihe von Analoga des **III** wurden synthetisiert. Im Falle des 2.5.6-Trimethylhepten-(4)-diol-(2.6)-ons-(3) (**IV**) tritt neben dem Ringschluß Dehydratisierung unter Bldg. von *2.2.5-Trimethyl-5-isopropenyltetrahydrofuranon-(3)* ein. Die Cyclisierung der ungesätt. Ketoalkohole verläuft über die α.β'-Ketodiole u. deren (gelb gefärbte) Komplexe mit dem Hg-Salz als Zwischenprodukte. Dagegen sehen Vff. in den α.β'-Ketodiolen nicht die Zwischenprodd. der sehr viel leichter verlaufenden Cyclisierung von Acetylen-γ-glykolen zu Tetrahydrofuranonen-(3) in Ggw. von Hg-Salzen. Z. B. wird Tetramethylbutindiol-(1.4) (**VI**) schon durch Erhitzen mit wss. Hg-Acetat zu *2.2.5.5-Tetramethyltetrahydrofuranon-(3)* cyclisiert. Diese Rk. dürfte über n. Addukte des Hg-Salzes an die Mehrfachbindung verlaufen, wobei je nach der Substitution der Verb. Ringschluß oder Hydrolyse zu Ketodiolen stattfindet; aus Butindiol-(1.4) entsteht mit wss. Hg-Acetat nur *Butandiol-(1.4)-on-(2).*

Versuche: *2-Methylhexandiol-(2.5)-on-(3)* (**II**), Kp.$_1$ 82—83°, Kp.$_{10}$ 113—115°, durch 15std. Rühren von 16 g **I** (Kp.$_{10}$ 66—67°, n_D^{20} 1,4590) mit 15%ig. H_2SO_4 bei 50—65°, Sättigen mit K_2CO_3 u. Ausäthern; n_D^{20} 1,4515; 9,5 g (Ausbeute) (liefert durch Dest. über $KHSO_4$ bei 125—135°/18 mm wieder **I**). *Semicarbazon,* $C_8H_{17}N_3O_3$, F. 146—148°. *Diacetat,* Kp.$_2$ 102—103°, durch 1std. Erwärmen von 4,5 g **II** mit Essigsäureanhydrid in Ggw. von H_2SO_4 auf 40 bis 45°; n_D^{20} 1,4395; 5,5 g. — *3-Methylheptandiol-(3.6)*-on-*(4)* (**VIII**), $C_8H_{16}O_3$, Kp.$_{2,5}$ 91 bis 92°, Kp.$_{9,5}$ 117—118°, analog **II** aus 10 g 3-Methylhepten-(5)-ol-(3)-on-(4) (**VII**; Kp.$_{10}$ 74—75°, n_D^{20} 1,4595); n_D^{20} 1,4532; $D._4^{20}$ 1,0293; 5,5 g. — *4-Methyloctandiol-(4.7)-on-(5),* $C_9H_{18}O_3$, Kp.$_3$ 94 bis 96°, aus 5 g 4-Methylocten-(6)-ol-(4)-on-(5) (**IX**); n_D^{20} 1,4545; $D._4^{20}$ 1,0115; 1,6 g. — *2.5-Dimethylhexandiol-(2.5)-on-(3)* (**XI**), $C_8H_{16}O_3$, Kp.$_1$ 72—74°, aus 10 g 2.5-Dimethylhexen-(4)-ol-(2)-on-(3) (**X**); n_D^{20} 1,4445; $D._4^{20}$ 1,0003; 3 g (*Semicarbazon,* $C_9H_{19}N_3O_3$, F. 137—139°); liefert durch ½std. Erhitzen mit p-Toluolsulfonsäure auf dem Wasserbad wieder **X**, Kp.$_{10}$ 73—75°, n_D^{20} 1,4650. — *2-Methyl-5-phenylpenten-(4)-ol-(2)-on-(3)* (**XII**), Kp.$_2$ 122—125°, nach SCHEIBLER u. FISCHER [1922] aus Dimethylacetylcarbinol (**XIII**) u. Benzaldehyd; n_D^{20} 1,5805. *2.4-Dinitrophenylhydrazon,* $C_{18}H_{18}N_4O_5$, F. 141—143° (A.). *Acetat,* F. 84—85° [*2.4-Dinitrophenylhydrazon,* $C_{20}H_{20}N_4O_6$, F. 166 bis 168° (A.–Essigester)]. — *3-Methyl-6-phenylhexen-(5)-ol-(3)-on-(4)* (**XIV**), $C_{13}H_{16}O_2$, Kp.$_{1,5}$ 124—126°, durch 24std. Stehen von 13 g Methyläthylacetylcarbinol mit 12 g Benzaldehyd u. 5 g Na in Methanol u. 3std. Rühren bei 50—60°; n_D^{20} 1,5740; 18 g. *2.4-Dinitrophenylhydrazon,* $C_{19}H_{20}N_4O_5$, F. 193—195° (Essigester). — *2.5.6-Trimethylhepten-(4)-diol-(2.6)-on-(3)* (**IV**), Kp.$_9$ 105—108°, F. 81—82° (Bzl.), durch 10std. Kochen von 50 g **XIII** mit 10 g K_2CO_3; 21 g. — *Butandiol-(1.4)-on-(2),* $C_4H_8O_3$, Kp.$_{1,5}$ 104—105°, durch 5std. Kochen von Butindiol-(1.4) mit wss. Hg-Acetat; n_D^{20} 1,4745; $D._4^{20}$ 1,2055; 55%. *Diacetat,* Kp.$_{2,5}$ 115—118°; n_D^{20} 1,440. — Tetrahydrofuranone-(3): *2.2.5-Trimethyl-* (**III**), $C_7H_{12}O_2$, Kp.$_{10}$ 37—39°, Kp.$_{677}$ 138—140°, n_D^{20} 1,4225; $D._4^{20}$ 0,9501, a) durch 3std. Rühren von 12 g **I** mit 15%ig. H_2SO_4 u. 2 g $HgSO_4$ bei 60—70°, Zugeben von 1 g $HgSO_4$, 7std. Erhitzen auf dem sd. Wasserbad u. Wasserdampfdest.; 9 g; b) durch 6std. Rühren von 4 g **II** mit H_2SO_4/$HgSO_4$ bei 60—80°; 2,9 g; c) analog aus

15 g **V** (8 Std.); 9 g; d) ebenso aus 30 g **I**-Acetat; 16 g. *2.4-Dinitrophenylhydrazon*, $C_{13}H_{16}$·N_4O_5, F. 105—106° (A.). *Semicarbazon*, F. 170—171° (A.). — *2.5-Dimethyl-2-äthyl-*, $C_8H_{14}O_2$, Kp.$_{10}$ 50—51°, Kp.$_{677}$ 155—157°, n_D^{20} 1,4290; $D.^{20}_4$ 0,9461, analog **III** a) aus 13 g **VII**; 9,5 g; b) aus 3 g **VIII**; 1,9 g. *Semicarbazon*, $C_9H_{17}N_3O_2$, F. 115—116,5° (A.). — *2.5-Dimethyl-2-n-propyl-*, $C_9H_{16}O_2$, Kp.$_{10}$ 63—65°, aus 4,5 g **IX** (7 Std.); n_D^{20} 1,4332; $D.^{20}_4$ 0,9387; 2,8 g. *Semicarbazon*, $C_{10}H_{19}N_3O_2$, F. 146—148° (A.). — *2.2.5.5-Tetramethyl-*, Kp.$_{11}$ 42—43°, Kp.$_{677}$ 143—145°, n_D^{20} 1,4212, a) aus 14 g **X**; 11,2 g; b) aus 2,5 g **XI**; 1,9 g; c) durch $^1/_2$std. Rühren von 2,5 g **VI** mit 15%ig. H_2SO_4 bei 70—80°; 2,45 g; d) durch 3std. Kochen von 3,5 g **VI** mit Hg-Acetat in W., Sättigen mit K_2CO_3 u. Ausäthern; 3,1 g. — *2.2-Pentamethylen-5-methyl-*, $C_{10}H_{16}O_2$, Kp.$_{1,5}$ 54—55°, Kp.$_{10}$ 90—92°, durch 8std. Kochen von 8 g 1-[1-Hydroxycyclohexyl-(1)]-buten-(2)-on-(1) mit 15%ig. H_2SO_4, $HgSO_4$ u. wenig A.; n_D^{20} 1,4685; $D.^{20}_4$ 1,0190; 5 g. *Semicarbazon*, $C_{11}H_{19}N_3O_2$, F. 199—201° (A.). — *2.5-Dimethyl-2.5-diäthyl-*, Kp.$_{10,5}$ 72—74°, analog Vorst. aus 6 g 3.6-Dimethylocten-(5)-ol-(3)-on-(4); n_D^{20} 1,4378; 4,2 g. *Semicarbazon*, F. 136—138°. — *2.2-Dimethyl-5-phenyl-*, Kp.$_{10}$ 125—128°, aus 10 g **XII** (12 Std. Kochen); n_D^{20} 1,5150; 8 g. *2.4-Dinitrophenylhydrazon*, $C_{18}H_{18}N_4O_5$, F. 166—168° (Essigester). — *2-Methyl-2-äthyl-5-phenyl-*, $C_{13}H_{16}O_2$, Kp.$_{11,5}$ 141—143°, Kp.$_{1,5}$ 102—104°, aus 9 g **XIV**; 7,5 g. *2.4-Dinitrophenylhydrazon*, $C_{19}H_{20}N_4O_5$, F. 133—135° (A.-Essigester). — *2.2.5-Trimethyl-5-isopropenyl-*, $C_{10}H_{16}O_2$, Kp.$_9$ 71—73°, aus 17 g **IV**; n_D^{20} 1,4515; $D.^{20}_4$ 0,9436; 3,1 g. *Semicarbazon*, $C_{11}H_{19}N_3O_2$, F. 175—177° (A.). (Журнал Общей Химии [J. allg. Chem.] **27** (89). 2951—61. Nov. 1957. Zelinsky-Inst. für organ. Chem. der Wiss. der UdSSR u. Chem. Inst. der Akad. der Wiss. der ArmenSSR.) H.-E. TOUSSAINT. 3061

I. N. Nasarow, Ss. G. Matzojan, Ss. A. Wartanjan und **W. N. Shamagorzjan**, *Acetylenderivate*. 189. Mitt. *Synthese und Umwandlungen von 3-Vinyläthinyltetrahydrofuranolen-(3)*. (188. vgl. vorst. Ref.) 2.2.5.5-Tetramethyltetrahydrofuranon-(3) (**I**) geht mit Vinylacetylen in Ggw. von KOH-Pulver keine Kondensation ein, liefert jedoch mit Vinylacetylenyl–MgBr glatt *3-Vinyläthinyl-2.2.5.5-tetramethyltetrahydrofuranol-(3)* (**II**). **II** wird zu *3-n-Butyl-2.2.5.5-tetramethyltetrahydrofuranol-(3)* hydriert; beim Erhitzen mit $HgSO_4$ in absol. Methanol tritt Isomerisierung unter Bldg. von *1-[2.2.5.5-Tetramethyltetrahydrofuryliden-(3)]-buten-(3)-on-(2)* (**III**) ein, das unter den Bedingungen der Rk. Methanol zu *1-[2.2.5.5-Tetramethyltetrahydrofuryliden-(3)]-4-methoxybutanon-(2)* (**IV**) addiert. Durch Dest. von **IV** über p-Toluolsulfonsäure (**VIII**) läßt sich **IV** in **III** überführen; die Hydrierung von **III** gibt *1-[2.2.5.5-Tetramethyltetrahydrofuryl-(3)]-butanon-(2)*. Bei der Dest. von **II** über $KHSO_4$ tritt Dehydratisierung zu *2.2.5.5-Tetramethyl-3-vinyläthinyl-$\Delta^{3,4}$-dihydrofuran* (**V**) ein, dessen Hydrierung *2.2.5.5-Tetramethyl-3-n-butyltetrahydrofuran* ergibt. In Ggw. von $HgSO_4$ läßt sich **V** zu *1-[2.2.5.5-Tetramethyl-2.5-dihydrofuryl-(3)]-buten-(2)-on-(1)* hydratisieren; dieses lagert Methanol unter Bldg. von *1-[2.2.5.5-Tetramethyl-2.5-dihydrofuryl-(3)]-3-methoxybutanon-(1)* (**VI**) an.

Versuche: 3-Vinyläthinyltetrahydrofuranole-(3): *2.2.5-Trimethyl-* (**VII**), $C_{11}H_{16}O_2$, Kp.$_{1,5}$ 78—79°, durch Einleiten von 100 ml Vinylacetylen in C_2H_5MgBr in Ae. bei —5°, Stehen über Nacht, Kochen bis zum Aufhören der C_2H_6-Entw., Zutropfen von 65 g 2.2.5-Trimethyltetrahydrofuranon-(3) bei —12°, 2std. Rühren bei Raumtemp., 4std. Kochen u. Zers. mit 8%ig. HCl; n_D^{20} 1,5000; $D.^{20}_4$ 1,0029; 81,5 g (Ausbeute). — *2.2.5.5-Tetramethyl-* (**II**), $C_{12}H_{18}O_2$, Kp.$_4$ 116—118°, F. 52—54° (PAe.), analog **VII** aus 88 g **I**; 87,8 g. — *2.5-Dimethyl-2-äthyl-*, $C_{12}H_{18}O_2$, Kp.$_5$ 110—111°, n_D^{20} 1,5010; $D.^{20}_4$ 0,9895. — *2.5-Dimethyl-2.5-diäthyl-*, $C_{14}H_{22}O_2$, Kp.$_2$ 102—103°, n_D^{20} 1,5020; $D.^{20}_4$ 0,9596. — *2.2;5.5-Bis-pentamethylen-*, $C_{18}H_{26}O_2$, F. 103—104° (PAe.). — 3-n-Butyltetrahydrofuranole-(3), durch Hydrieren vorst. Verbb. in A. über Pt: *2.2.5-Trimethyl-*, $C_{11}H_{22}O_2$, Kp.$_{11}$ 97—98°, aus 4,4 g **VII**; n_D^{20} 1,4515; $D.^{20}_4$ 0,9494; 4 g. — *2.2.5.5-Tetramethyl-*, $C_{12}H_{24}O_2$, Kp.$_{16}$ 111—112°, aus 2,6 g **II**; n_D^{20} 1,4564; $D.^{20}_4$ 0,9244; 2,2 g. — *2.5-Dimethyl-2-äthyl-*, $C_{12}H_{24}O_2$, Kp.$_5$ 93—94°, n_D^{20} 1,4568; $D.^{20}_4$ 0,9309. — *2.5-Dimethyl-2.5-diäthyl-*, $C_{14}H_{28}O_2$, Kp.$_3$ 97°, n_D^{20} 1,4585; $D.^{20}_4$ 0,9117. — *2.2;5.5-Bis-pentamethylen-*, $C_{18}H_{32}O_2$, Kp.$_3$ 164°, n_D^{20} 1,4965. — *1-[2.2.5.5-Tetramethyltetrahydrofuryliden-(3)]-4-methoxybutanon-(2)* (**IV**), $C_{13}H_{22}O_3$, Kp.$_2$ 95—96°, durch 7std. Rühren von 20,7 g **II** mit 4 g $HgSO_4$ in Methanol bei 60—65°, Einengen, Neutralisieren mit K_2CO_3 u. Ausäthern; n_D^{20} 1,4600; $D.^{20}_4$ 0,9731; 16 g. — *1-[2.2.5.5-Tetramethyltetrahydrofuryl-(3)]-4-methoxybutanon-(2)*, $C_{13}H_{24}O_3$, Kp.$_2$ 85—86°, durch Hydrieren von 3 g **IV** in A. über Pt; n_D^{20} 1,4514; $D.^{20}_4$ 0,9643; 2,3 g. *2.4-Dinitrophenylhydrazon*, F. 163 bis 165° (A.). — *β-Methoxypropionsäure*, Kp.$_{11}$ 103—105°, Kp.$_{675}$ 200—202°, durch Zugeben von 21 g $KMnO_4$ während 6 Std. zu 10,8 g **IV** in W., Stehen über Nacht in Eis u. Ausäthern; n_D^{20} 1,4200; 1,3 g; daneben **I** (*Semicarbazon*, F. 188—190°) u. *Tetramethyldiglykolsäure*, F. 151—151,5° (A.). — *1-[2.2.5.5-Tetramethyltetrahydrofuryliden-(3)]-buten-(3)-on-(2)* (**III**), $C_{12}H_{18}O_2$, Kp.$_1$ 73—74°, durch 20 Min. langes Erhitzen von 6 g **IV** mit **VIII**

u. wenig Pyrogallol auf 100°/25 mm; n_D^{20} 1,4690; $D.^{20}_4$ 0,9461; 3 g. — *1-[2.2.5.5-Tetramethyltetrahydrofuryl-(3)]-butanon-(2)*, $C_{12}H_{22}O_2$, Kp.₅ 85—86°, aus 2,8 g **III** mit H_2/Pt in A.; n_D^{20} 1,449; $D.^{20}_4$ 0,9235; 2,1 g. *2.4-Dinitrophenylhydrazon*, F. 140—142° (A.). — *2.2.5.5-Tetramethyl-3-vinyläthinyl-$\Delta^{3,4}$-dihydrofuran* (**V**), $C_{12}H_{16}O$, $Kp._{14}$ 83—84°, durch Erhitzen von 15 g **II** mit $KHSO_4$ auf 100—120°/20 mm; n_D^{20} 1,5018; $D.^{20}_4$ 0,8966; 10 g. — *2.2.5.5-Tetramethyl-3-n-butyltetrahydrofuran*, $C_{12}H_{24}O$, $Kp._{15}$ 79—80°, aus 2,5 g **V** mit H_2/Pt; n_D^{20} 1,4315; $D.^{20}_4$ 0,8335; 2 g. — *1-[2.2.5.5-Tetramethyl-2.5-dihydrofuryl-(3)]-3-methoxybutanon-(1)* (**VI**), $C_{13}H_{22}O_3$, $Kp._5$ 100—101°, durch 22std. Rühren von 18 g **V** mit $HgSO_4$ in 80%ig. Methanol in Ggw. von H_2SO_4; n_D^{20} 1,4605; $D.^{20}_4$ 0,9571; 13 g. — *1-[2.2.5.5-Tetramethyltetrahydrofuryl-(3)]-3-methoxybutanon-(1)*, $C_{13}H_{24}O_3$, $Kp._{11}$ 110 bis 112°, aus 3,5 g **VI** mit H_2/Pt; n_D^{20} 1,4424; $D.^{20}_4$ 0,9436; 3 g. *2.4-Dinitrophenylhydrazon*, F. 113—115° (A.). — *1-[2.2.5.5-Tetramethyl-2.5-dihydrofuryl-(3)]-buten-(2)-on-(1)*, $C_{12}H_{18}O_2$, $Kp._2$ 80—81°, durch Erhitzen von 10 g **VI** mit **VIII** auf 95—105°/6 mm; n_D^{20} 1,4800; $D.^{20}_4$ 0,9411; 5 g. — *1-[2.2.5.5-Tetramethyltetrahydrofuryl-(3)]-butanon-(1)*, $C_{12}H_{22}O_2$, $Kp._4$ 77—78°, aus 3,2 g vorst. Verb. mit H_2/Pt; n_D^{20} 1,4425; $D.^{20}_4$ 0,9069; 2,5 g. *2.4-Dinitrophenylhydrazon*, F. 138—140° (A.). — *1-[2.2.5-Trimethyltetrahydrofuryliden-(3)]-4-methoxybutanon-(2)* (**IX**), $C_{12}H_{20}O_3$, $Kp._{5,5}$ 113—114°, analog **IV** aus 15 g **VII**; n_D^{20} 1,4710; $D.^{20}_4$ 1,0007; 10 g. — *1-[2.2.5-Trimethyltetrahydrofuryl-(3)]-4-methoxybutanon-(2)*, $C_{12}H_{22}O_3$, $Kp._3$ 97—99°, aus 2,7 g **IX** mit H_2/Pt; n_D^{20} 1,4500; $D.^{20}_4$ 0,9643; 2,2 g. — *1-[2.2.5-Trimethyltetrahydrofuryliden-(3)]-buten-(3)-on-(2)*, $C_{11}H_{16}O_2$, $Kp._4$ 85—87°, durch ½std. Erhitzen von 8,3 g **IX** mit **VIII** auf 100°/15 mm; n_D^{20} 1,4800; $D.^{20}_4$ 0,9793; 4 g. — *2.2.5-Trimethyl-3-vinyläthinyl-$\Delta^{3,4}$-dihydrofuran* (**X**), $C_{11}H_{14}O$, $Kp._{15}$ 79—80°, aus 10 g **VII** mit $KHSO_4$ bei 100—120°/15 mm; n_D^{20} 1,5070; $D.^{20}_4$ 0,8948; 6 g. — *2.2.5-Trimethyl-3-n-butyltetrahydrofuran*, $C_{11}H_{22}O$, $Kp._{12}$ 76—77°, aus 2,7 g **X** mit H_2/Pt; n_D^{20} 1,4326; $D.^{20}_4$ 0,8321; 2 g. — *1-[2.2.5-Trimethyl-2.5-dihydrofuryl-(3)]-3-methoxybutanon-(1)* (**XI**), $C_{12}H_{20}O_3$, $Kp._4$ 94—95°, analog **VI** aus 19 g **X**; n_D^{20} 1,4660; $D.^{20}_4$ 0,9784; 15,8 g. — *1-[2.2.5-Trimethyltetrahydrofuryl-(3)]-3-methoxybutanon-(1)*, $C_{12}H_{22}O_3$, $Kp._3$ 85 bis 87°, aus 3 g **XI** mit H_2/Pt; n_D^{20} 1,4468; $D.^{20}_4$ 0,9518; 2,5 g. — *1-[2.2.5-Trimethyl-2.5-dihydrofuryl-(3)]-buten-(2)-on-(1)*, $C_{11}H_{16}O_2$, $Kp._5$ 88—90°, aus 11 g **XI** mit **VIII** bei 100°/12 mm; n_D^{20} 1,4890; $D.^{20}_4$ 0,9518; 2,5 g. — *1-[2.2.5-Trimethyltetrahydrofuryl-(3)]-butanon-(1)*, $C_{11}H_{20}O_2$, $Kp._4$ 77—79°, aus 5,2 g vorst. Verb. mit H_2/Pt; n_D^{20} 1,4450; $D.^{20}_4$ 0,9249; 4,5 g. (Журнал Общей Химии [J. allg. Chem.] **27** (**89**). 2961—69. Nov. 1957.)

H.-E. TOUSSAINT. 3061

A. W. Johnson, E. Markham, R. Price und **K. B. Shaw**, *Die Synthese von Tri- und Tetraalkylpyrrolen.* Tri- u. tetrasubstituierte Pyrrole wurden durch Abwandlungen der KNORRschen Synth. in wenigen Stufen dargestellt. 3-substituierte Pentandione-(2.4) wurden mit α-Aminoacetessigsäure-tert.-butyl- oder besser -benzylester (**I**) zu den entsprechenden *3-substituierten 2.4-Dimethylpyrrolcarbonsäureestern* kondensiert; die tert.-Butyl- bzw. Benzylestergruppe kann einstufig durch Pyrolyse bzw. durch Hydrogenolyse u. Decarboxylierung mit RANEY-Ni unter Druck, meist bei 120°, entfernt werden. Ähnlich wurden 1-Aminoalkylalkylketone mit Acetessigsäurebenzylester (**II**) zu *2.4-Dialkyl-5-methylpyrrol-3-carbonsäurebenzylestern* kondensiert; die Entfernung der Estergruppe ergab *2.3.5-trisubstituierte Pyrrole.* Durch Kondensation von 3-Alkylpentandionen-(2.4) mit 1-Aminoalkylmethylketonen wurden in einer Stufe *Tetraalkylpyrrole* dargestellt.

Versuche: *3-Äthylpentandion-(2.4)* (**III**), Kp. 178—182°, aus 66,8 ml Acetylaceton (**IV**), 60 ml Äthyljodid u. K_2CO_3 in absol. Aceton durch 24std. Erhitzen; 48 g (Ausbeute). — *3-Methylpentandion-(2.4)* (**V**), Kp. 170—172°, analog **III** mit 50 ml Methyljodid; 56 g. — *3-Acetyllävulinsäureäthylester* (**VI**), $Kp._{55}$ 165°, aus Na-Acetylaceton u. Bromessigsäureäthylester nach GARNER u. Mitarbeitern [1909]; 48%. — *4-Acetyl-5-oxocapronsäuremethylester* (**VII**), $Kp._{14}$ 142—148°, aus **IV** u. Acrylsäuremethylester (vgl. BULLOCK u. Mitarbeiter, C. **1959.** 1791); schwachgelbes Öl; 48%. — Pyrrol-2-carbonsäurebenzylester: *3.4.5-Trimethyl-* (**VIII**), $C_{15}H_{17}NO_2$, F. 119—120°, durch Zugabe von $NaNO_2$ in W. zu **II** in Essigsäure bei 10°, Zusatz von Zn-Staub u. **V** bei 70° u. Erhitzen am Rückfluß für 15 Min.; aus A. Nadeln; 45,5%. — *3.5-Dimethyl-4-äthyl-*, $C_{16}H_{19}NO_2$, F. 103°, analog **VIII** mit **III**; Nadeln; 34%. — *3.5-Dimethyl-4-carbäthoxymethyl-*, $C_{18}H_{21}NO_4$, F. 76—78°, analog **VIII** mit **VI**; feine Nadeln; 38%. — *3.5-Dimethyl-4-[β-carbomethoxyäthyl]-*, $C_{18}H_{21}NO_4$, F. 99—101°, analog **VIII** mit **VII**; Nadeln; 42%. — *3.5-Dimethyl-4-acetyl-*, $C_{16}H_{17}NO_3$, F. 135°, durch KNORR-Synth. aus **I** u. **IV**; Nadeln; 52%. — *3.5-Dimethyl-4-carbäthoxy-*, $C_{17}H_{19}NO_4$, F. 120—121°, analog vorst. Verb. mit Acetessigsäureäthylester; Nadeln; 61%. — Pyrrol-3-carbonsäurebenzylester: *2.4.5-Trimethyl-*, $C_{15}H_{17}NO_2$, F. 85—86°, aus **II**, 1-Hydroximinoäthylmethylketon (**IX**) u. Zn-Staub in Eisessig; aus wss. A. Nadeln; 51%. — *2.5-Dimethyl-4-äthyl-*, $C_{16}H_{19}NO_2$, F. 88—89°, ähnlich vorst. Verb. mit Diäthylketon; 40,5%. — *2.4-Dimethyl-5-äthyl-*, $C_{16}H_{19}NO_2$, mit Methyl-n-propylketon; aus A. Nadeln; 37%. — *2.3.4-Trimethylpyrrol*, F. 36—38°, Kp.$_{12}$ 78—85°, aus **VIII** in Methanol mit methanolgewaschenem RANEY-Ni bei 150—160°/140 at in 2 Std.; 46%. *Pikrat*, $C_{13}H_{14}N_4O_7$, F. 139—141°; aus A. gelbe Prismen. — Analog vorst. Verb., jedoch bei 110 bis 120°/100 at in 2 Std.: *Kryptopyrrol*, $C_8H_{13}N$, Kp.$_{12}$ 84—87°, Kp.$_{17}$ 93—98°; 80%; ferner aus 3.5-Dimethyl-4-acetylpyrrol-2-carbonsäure-tert.-butylester, 90%ig. Hydrazinhydrat u. KOH in Äthylenglykol durch 1std. Erhitzen, Abdest. des W., 3std. Erhitzen des Rückstandes u. Wasserdampfdest. unter N_2; 8%. *Pikrat*, F. 138°, aus A. gelbe Nadeln. — *2.3.5-Trimethylpyrrol*, $C_7H_{11}N$, Kp.$_{10-11}$ 72—74°; 58%. — *2.5-Dimethyl-3-äthylpyrrol*, $C_8H_{13}N$, Kp.$_{60}$ 115—117°; 66,5%. — *2.4-Dimethyl-5-äthylpyrrol*, $C_8H_{13}N$, Kp.$_{63}$ 112—114°; 63%. — *2.4-Dimethyl-3-acetylpyrrol*, $C_8H_{11}NO$, F. 135—137°, Kp.$_{12}$ 170 bis 173°; aus A. Platten; 55%. — *2.4-Dimethyl-3-carbäthoxypyrrol*, F. 76°, Sublimation bei 150°/9 mm; aus A. Platten; 66%. — *2.4-Dimethyl-3-carbäthoxymethylpyrrol*, $C_{10}H_{15}\cdot NO_2$, Kp.$_9$ 140—146°; 19%. — *2.4-Dimethyl-3-[β-carbomethoxyäthyl]-pyrrol*, Kp.$_9$ 144 bis 146°; 62%. *Pikrat*, $C_{16}H_{18}N_4O_9$, F. 106—108°; aus A. gelbe Prismen. — *2.3.4-Trimethylpyrrol*, Kp.$_{12}$ 75—80° (erstarrt), aus 3.4.5-Trimethylpyrrol-2-carbonsäure-tert.-butylester u. p-Toluolsulfonsäure bei 210°; 46%. *Pikrat*, F. 138—140° (A). — *2.3.4.5-Tetramethylpyrrol*, $C_8H_{13}N$, F. 109—110°, aus **V** in Essigsäure, **IX** u. Zn-Staub bei 65—70°, 2std. Erhitzen u. Wasserdampfdest.; Platten; 44%. — *2.3.4-Trimethyl-5-äthylpyrrol*, Kp.$_{25}$ 110 bis 114° (erstarrt), analog vorst. Verb. mit 1-Hydroximino-n-propylmethylketon; 17%. *Pikrat*, $C_{15}H_{18}N_4O_7$, F. 102—104°, aus A. gelbe Platten. (J. chem. Soc. [London] **1958**. 4254—57. Dez. Nottingham, Univ.) G. FISCHER. 3081

A. Vystrčil und **J. Černý**, *Modellverbindungen des Physostigmins*. Inhaltlich ident. mit der C. **1959**. 3468 referierten Arbeit. (Collect. czechoslov. chem. Commun. **24**. 804—08. März 1959. [Orig.: deutsch].) W. BARZ. 3081

Egon Hannig und **Gerhard Leuschner**, *Zur Kenntnis einiger α-alkylierter basischer Propiophenone*. Um die Kenntnisse über die Zusammenhänge von chem. Konst. u. pharmakol. Wrkg. bei substituierten bas. Propiophenonen vom Typ des *Falicains* (*4-n-Propoxy-β-piperidinopropiophenonhydrochlorid*) zu ergänzen, wurden durch MANNICH-Rkk. von Pyrrolidin, Formaldehyd u. den 4-n-Butyläthern einiger Phenylalkylketone die entsprechenden *α-Alkyl-4-n-butoxy-β-pyrrolidinopropiophenone* dargestellt. Folgende *4-Alkoxyphenylalkylketone* wurden aus den entsprechenden Alkoxybenzolen u. Säurechloriden in Ggw. von $ZnCl_2$ (vgl. HANNIG, C. **1957**. **4972**) erhalten: *4-n-Butoxypropiophenon*, $C_{13}H_{18}O_2$, F. 28°, Kp.$_5$ 160°; 46% (Ausbeute). *Oxim*, F. 79°. *Semicarbazon*, F. 155°. — *4-n-Butoxybutyrophenon*, $C_{14}H_{20}O_2$, F. 23°, Kp.$_7$ 175—177°; 57%. *Oxim*, F. 67°. *Semicarbazon*, F. 157°. — *4-n-Butoxyvalerophenon*, $C_{15}H_{22}O_2$, F. 20°, Kp.$_3$ 178°; 50%. *Oxim*, F. 55°. *Semicarbazon*, F. 153°. — *4-Äthoxycaprophenon*, $C_{14}H_{20}O_2$, F. 45°, Kp.$_7$ 179—182°; 23%. *Oxim*, F. 39,5°. *Semicarbazon*, F. 156°. — *4-n-Propoxycaprophenon*, $C_{15}H_{22}O_2$, F. 39°, Kp.$_3$ 186—188°; 38%. *Oxim*, F. 51°. *Semicarbazon*, F. 150°. — *4-n-Butoxycaprophenon*, $C_{16}H_{24}O_2$, F. 35,5°, Kp.$_3$ 187—190°; 59%. *Oxim*, F. 45°. *Semicarbazon*, F. 148°. Die p-Stellung der Alkoxygruppe dieser Ketone konnte durch oxydativen Abbau zur entsprechend substituierten Benzoesäure bewiesen werden. — Durch Erhitzen von Pyrrolidinhydrochlorid u. Paraformaldehyd unter Rückfluß, Zugabe der entsprechenden Ketone, weitere Zugabe von Paraformaldehyd nach 45 Min., anschließendes Erhitzen (2—3 Std.), Abkühlen u. Umkristallisieren der wachsartigen M. aus Bzl./Ae. wurden die Hydrochloride folgender 4-n-Butoxy-β-pyrrolidinopropiophenone erhalten: *α-Methyl-*, F. 124°; 20%. — *α-Äthyl-*, F. 129—130°; 25%. — *α-n-Propyl-*, F. 157°; 25%. — *α-n-Butyl-*, F. 153°; 23%. (Pharmaz. Zentralhalle Deutschland **96**. 570—73. Nov. 1957. Halle, Univ., Pharmakolog. Inst.) U. KRÜGER. 3081

A. Hayes, G. W. Kenner und **N. R. Williams**, *Pyrrole und verwandte Verbindungen*. 1. Mitt. *Synthese einiger unsymmetrischer Pyrrolylmethylpyrrole* (*Pyrromethane*). *2-Benzyloxycarbonylpyrrole* können durch alkoholatkatalysierte Umesterung der entsprechenden Äthylester gewonnen werden u. glatt zu den *freien Säuren* (**A**) hydrogenolysiert werden. 2-Hydroxymethylpyrrole konnten nach verschied. Methoden nicht erhalten werden. Die alkal. Hydrolyse von 4-Äthyl-5-acetoxymethyl-3-methylpyrrol-2-carbonsäureäthylester (**I**) liefert meist nur gummiartige Prodd. oder mit methanol. KOH die *5-Methoxymethylverb*. (**IV**-Äthylester). Bei der aus 4-Äthyl-3.5-dimethylpyrrol-2-carbonsäure (**II**)-Äthylester mit Pb-Tetraacetat erhaltenen u. von SIEDEL u. WINKLER (Liebigs Ann. Chem. **554**. [1943.] 162) als 4-Äthyl-5-hydroxymethyl-3-methylpyrrol-2-carbonsäureäthylester beschriebenen Verb. handelt es sich um **I**. *5-Benzyloxymethyl-4-äthyl-3-methylpyrrol-2-carbonsäureäthylester* erwies sich bei Hydrogenolyseverss. als stabil. Die Rk. zwischen 5-Brommethyl-4-äthyl-3-methylpyrrol-2-carbonsäure (**III**)-

Äthylester u. Ag-Diphenylphosphat oder Ag-p-Toluolsulfonat lieferte keine krist. Produkte. Die Synth. der Pyrromethane gelang aber mit den aus den α-Methylpyrrolen durch Bromierung in Ae. zugänglichen *α-Brommethylpyrrolen* (**B**) u. den **A** nach 2 Methoden. Im 1. Fall (Meth. **C**) werden die **A** u. **B** in absol. Chlf. erhitzt. Die Rk. verläuft in Bzl. schneller, in Nitromethan langsamer. Aus 3-Äthyl-2.4-dimethylpyrrol (Kryptopyrrol) u. **III**-Benzylester entstehen nur 6% des *Pyrromethans*. Merkwürdigerweise reagiert das Li-Salz von **II** mit **III**-Äthylester langsamer. Bei der 2. Meth. (Meth. **D**) werden die Alkalisalze der **A** mit den aus den **B** erhältlichen *Pyrrolyl-(2)-methylpyridiniumbromiden* in Formamid oder wss. CH_3OH längere Zeit bei mäßiger Temp. umgesetzt. Die Polarität von 65% ig. Dimethylformamid, 50% ig. Aceton oder 90% ig. Acetonitril als Lösungsm. reicht nicht aus. Die Rk. verläuft weniger befriedigend mit 2-Chlorpyridin, 2.4-Dimethylthiazol, $(C_2H_5)_3N$ oder 4-Methylmorpholin als Quaternisierungskomponenten. Pyrrolyl-(2)-methyldimethylphenylammoniumhalogenide werden durch Basen rasch in *2-[p-Dimethylaminobenzyl]-pyrrole*, wahrscheinlich über die intermediären sehr reaktionsfähigen 2-Methylen-2H-pyrrolenine, umgelagert. Dichromat- oder Permanganatoxydation verursacht rotviolette (EHRLICH)-Färbung. Die Konst. wird durch IR-Spektren (Bandentabelle), Dissoziationskonstanten u. Synth. von *3-Methyl-4-äthyl-5-[p-dimethylaminobenzyl]-pyrrol-2-carbonsäurebenzylester* aus p-Dimethylaminobenzoesäure (**X**) u. **IV**-Benzylester bestätigt. Die Umlagerung erfolgt ebenso mit den Pyrrolyl-(2)-methyldiäthylammoniumhalogeniden. Beide Methoden der Pyrromethansynth. haben Begrenzungen. **A** mit α-Methoxymethyl- oder α-Acetoxymethylgruppen, ferner 3-[2-Carboxyäthyl]-4.5-dimethylpyrrol-2-carbonsäure u. ihre Derivv. reagieren nicht. Die Methoden scheitern mit Disäuren, ihren Salzen u. Monomethylestern. *3-[2-Carbamoyläthyl]-4.5-dimethylpyrrol-2-carbonsäurebenzylester* entsteht nur in 25% ig. Ausbeute aus dem Diester. Die entsprechende *2-Carbonsäure* reagiert nicht mit **III**-Benzylester. Die β-Methylgruppe wird in einige Pyrrole nach TREIBS u. ZINSMEISTER (C. **1957**. 5265) eingeführt. Hierbei wird die MANNICH-Base direkt aus der β-Carbonsäure dargestellt. Die Umsetzung von *3-Methyl-4-äthyl-5-[3.5-dimethyl-4-äthylpyrrolyl-(2)-methyl]-pyrrol-2-carbonsäure* (**V**) mit **III**-Äthyl- oder **III**-Benzylester nach Meth. **C** führt nur zu *2.2-Bis-[2-äthoxycarbonyl-* bzw. *-benzyloxycarbonyl-3-methyl-4-äthylpyrrolyl-(5)-methyl]-3.5-dimethyl-4-äthyl-5-brom-Δ^3-pyrrolin* (?). Diese Addukte geben mit sd. Äthanolamin **V**-*Äthyl-* oder **V**-*Benzylester*. Auch **V**-Ester geben mit **III**-Estern solche Addukte. Nach **D** hingegen entsteht aus Li-**V** u. dem Pyridiniumderiv. des **III**-Benzylesters eine sehr geringe Menge des *Pyrrolylmethylpyrrolylmethylpyrrols*. Aber das Li-Salz der *5-[3.5-Dimethyl-4-äthoxycarbonylpyrrolyl-(2)-methyl]-3-methyl-4-äthylpyrrol-2-carbonsäure* (**VIII**) gibt in 23% ig. Ausbeute das „*Tripyrran*".

Versuche: *4-Äthyl-3.5-dimethylpyrrol-2-carbonsäure* (**II**), $C_9H_{13}NO_2$, F. 104° (Zers.; 70% ig. A.), durch 2std. Hydrieren des Benzylesters in Ae. bei Raumtemp. in Ggw. von Pd-Kohle u. $(C_2H_5)_3N$; 92% (Ausbeute). *Benzylester*, $C_{16}H_{19}NO_2$, F. 104—105° (PAe.), durch 4std. Erhitzen des Äthylesters mit Na u. Benzylalkohol (**VII**) auf 100°, Einengen u. Aufnehmen in Ae.; Nadeln; 87%. — *3.5-Dimethylpyrrol-2-carbonsäurebenzylester*, $C_{14}H_{15}NO_2$, F. 102—104° (PAe.), aus dem Äthylester; 60%. — *3.5-Dimethyl-4-äthoxycarbonyl-2-benzyloxycarbonylpyrrol*, $C_{17}H_{19}NO_4$, F. 122—123° (A.), aus Acetessigsäure (**VI**)–Benzylester, wss. $NaNO_2$, **VI**-Äthylester u. Zn in Eisessig; 40%. — *4-Diäthylaminomethyl-3-[2-äthoxycarbonyläthyl]-5-methylpyrrol-2-carbonsäureäthylester*, $C_{18}H_{30}N_2O_4$, F. 66—67° (wss. CH_3OH), durch 5std. Kochen von 5-Äthoxycarbonyl-4-[2-äthoxycarbonyläthyl]-2-methylpyrrol-3-carbonsäure (aus dem Benzylester) mit $(C_2H_5)_2NH$ u. 40% ig. wss. CH_2O in A., Filtrieren, Gießen in W., Einstellen auf p_H 2, Filtrieren u. Alkalisieren mit verd. NH_4OH; 90%. — *3-[2-Carboxyäthyl]-4.5-dimethylpyrrol-2-carbonsäure, Diäthylester*, $C_{14}H_{21}NO_4$, F. 91° (wss. A.), durch 10½std. Hydrieren vorst. Verb. in A. bei 150° u. 100 at in Ggw. von RANEY-Ni u. Einengen; 80%. *Dibenzylester*, $C_{24}H_{25}NO_4$, F. 130° (CH_3OH), durch 2½std. Erhitzen des Diäthylesters mit Na u. **VII** bei 13 mm auf dem sd. Wasserbad, Einengen u. Lösen in Bzl.; Platten; 47%. *2-Monobenzylester*, $C_{17}H_{19}NO_4$, F. 165—167°, neben dem Dibenzylester; 42%. *2-Benzyl-3-methylester*, $C_{18}H_{21}NO_4$, F. 95° (CH_3OH), a) aus dem Dibenzylester mit Na u. CH_3OH u. CO_2-Schnee; Nadeln; 87%; b) aus dem 2-Monobenzylester mit CH_3OH/HCl; 68%. *2-Benzylester-3-amid*, $C_{17}H_{20}N_2O_3$, F. 214—215° (Chlf. u. CH_3OH), durch 48std. Erhitzen des 2-Benzyl-3-methylesters mit methanol. NH_3 auf 160° im Rohr; 25%. — *4-[2-Carboxyäthyl]-3.5-dimethylpyrrol-2-carbonsäure, 2-Äthyl-4-benzylester*, $C_{19}H_{23}NO_4$, F. 69—71° (CH_3OH u. PAe.); durch 4std. Erhitzen des Diäthylesters mit Na u. **VII** bei 13 mm auf dem sd. Wasserbad; 75%. *2-Äthyl-4-methylester*, $C_{13}H_{19}NO_4$, F. 102° (wss. CH_3OH), aus dem 2-Äthyl-4-benzylester; 85%. *Dibenzylester*, $C_{24}H_{25}NO_4$, F. 87—88° (CH_3OH), durch 7std. Erhitzen des 2-Äthyl-4-methylesters mit Na u. **VII** bei 13 mm auf dem Wasserbad; Nadeln; 84%. *2-Benzyl-4-methylester*, F. 99—100°

(CH_3OH), aus dem Dibenzylester; 87%. — *5-Acetoxymethyl-4-äthyl-3-methylpyrrol-2-carbonsäureäthylester* (I), $C_{13}H_{19}NO_4$, F. 127—128° (PAe.; sublimiert bei 110°/0,01 mm), aus II-Äthylester u. Pb-Tetraacetat in Eisessig bei Raumtemp.; 43%. Hydrolyse mit KOH in kaltem 50%ig. Aceton oder mit $NaHCO_3$ in sd. 50%ig. Aceton → *Verb. $C_{22}H_{32}$·N_2O_5{Bis-[4-äthyl-3-methyl-2-äthoxycarbonylpyrrolyl-(5)-methyl]-äther ?}*, F. 102—104°. — *5-Acetoxymethyl-3-methylpyrrol-2-carbonsäurebenzylester*, $C_{16}H_{17}NO_4$, F. 121° (PAe.; sublimiert bei 100°/10^{-2} mm), aus 3.5-Dimethylpyrrol-2-carbonsäurebenzylester; 8%. — *4-Äthyl-5-methoxymethyl-3-methylpyrrol-2-carbonsäure* (IV)-*Äthylester*, $C_{12}H_{19}NO_3$, F. 75 bis 77° (PAe.; sublimiert bei 60°/0,001 mm), a) aus III-Äthylester u. heißem CH_3OH; 100%; b) durch Hydrolyse von I mit methanol. KOH. *Benzylester*, $C_{17}H_{21}NO_3$, F. 86 bis 87° (PAe.); 90%. — *5-Äthoxymethyl-4-äthyl-3-methylpyrrol-2-carbonsäureäthylester*, C_{13}·$H_{21}NO_3$, F. 59—60°, aus I mit KOH in kaltem A. oder mit $NaOC_2H_5$ in sd. Äthanol. — *5-Benzyloxymethyl-4-äthyl-3-methylpyrrol-2-carbonsäure, Äthylester*, $C_{18}H_{23}NO_3$, F. 85 bis 86° (PAe.), durch Lösen von III-Äthylester u. Na in VII u. Einengen; 56%. *Benzylester*, $C_{23}H_{25}NO_3$, F. 99—100°, Kp.$_{0,01}$ 120°; 39%. — *5-Brommethyl-4-äthyl-3-methylpyrrol-2-carbonsäure* (III)-*Äthylester*, F. 128—130°, durch 1std. Bromieren von II-Äthylester in Ae.; Nadeln; 83—93%. *Benzylester*, F. 137—138°; 74—92%. — *5-Brommethyl-4-[2-carboxyäthyl]-3-methylpyrrol-2-carbonsäure, Diäthylester*, F. 126—128°; 77%. *2-Äthyl-4-benzylester*, F. 121—123°; 56%. *2-Benzyl-4-methylester*, F. 116—118°; 80%. — *5-Brommethyl-3-[2-methoxycarbonyläthyl]-4-methylpyrrol-2-carbonsäurebenzylester*, F. 137—139°; 84%. — *3.5-Dimethylpyrrol-2.4-dicarbonsäure-4-monoäthylester*, F. 205—207° (Zers.), aus dem Diäthylester mit sd. methanol. NaOH in 7 Std.; Nadeln; 80%. — *1-[5-Äthoxycarbonyl-3-äthyl-4-methylpyrrolyl-(2)-methyl]-pyridiniumbromid*, $C_{16}H_{21}BrN_2O_2$, F. 151 bis 154° (Dioxan), aus III-Äthylester u. Pyridin. — Durch 10 Min. Kochen der **A** u. **B** in Chlf. unter N_2, Einengen, Aufnehmen in CH_3OH u. Zugeben von W. (Meth. **C**) oder durch Stehen der Pyridiniumverbb. mit den Na- oder Li-Salzen der **A** in wss. A. unter N_2 (Meth. **D**) nachst. Pyrromethane: *5-[3.5-Dimethyl-4-äthylpyrrolyl-(2)-methyl]-3-methyl-4-äthylpyrrol-2-carbonsäure* (V), F. 141—142° (Zers.; A.), durch Hydrogenolyse des Benzylesters; 83%. *Äthylester*, $C_{19}H_{28}N_2O_2$, F. 141—142° (PAe. oder A.), a) nach **C**; 68%; b) 1 Min. in Bzl.; 50%; c) 120 Min. in Bzl.; 15%; d) 30 Min. in CH_3OH; 31%; e) aus 5-Chlormethyl-4-äthyl-3-methylpyrrol-2-carbonsäureäthylester (aus der Methylverb. mit SO_2Cl_2; 7%); 44%; f) aus III-Äthylester u. Li-II in sd. Bzl. in 2 Std.; 43%; g) nach **D** in 25%ig. CH_3OH in 24 Std. bei 40°; 75%. *Benzylester*, $C_{24}H_{30}N_2O_2$, F. 123—125° (PAe. oder A.), a) nach **C**; 80%; b) 30 Min. in Chlf.; 41%; c) 1 Min. in Bzl.; 47%; d) 30 Min. in Nitromethan; 50%; e) 60 Min. in Nitromethan; 68%; f) 90 Min. in Nitromethan; 38%; g) nach **D** in 50%ig. CH_3OH in 21 Std. bei 40°; 74%. — *5-[3.5-Dimethylpyrrolyl-(2)-methyl]-3-methyl-4-äthylpyrrol-2-carbonsäureäthylester*, $C_{17}H_{24}N_2O_2$, F. 129° (PAe. oder A.), nach **D** in 50%ig. CH_3OH in 24 Std. bei 40°; 69%. — *5-[3.5-Dimethyl-4-carbäthoxypyrrolyl-(2)-methyl]-3-methyl-4-äthylpyrrol-2-carbonsäure* (VIII), F. 155—157° (Zers.), aus dem Benzylester in Ae.; 100%. *Äthylester*, $C_{20}H_{28}N_2O_4$, F. 133—134° (PAe. oder A.), nach **D** in sd. 50%ig. A. in 9 Std.; 82%. *Benzylester*, $C_{25}H_{30}N_2O_4$, F. 164—165° (PAe. oder A.), nach **D** in sd. 50%ig. A. in 20 Std.; 78%. — *5-[3.5-Dimethyl-4-äthylpyrrolyl-(2)-methyl]-3-methyl-4-[2-carboxyäthyl]-pyrrol-2-carbonsäure, Diäthylester*, $C_{22}H_{32}N_2O_4$, F. 116—118° (PAe. oder A.), nach **C**; 83%. *2-Äthyl-4-benzylester*, $C_{27}H_{34}N_2O_4$, F. 123—125° (PAe. oder A.), nach **C**; 68%. *2-Benzyl-4-methylester*, $C_{26}H_{32}N_2O_4$, F. 125° (PAe. oder A.), nach **C**; 40%. — *5-[3.5-Dimethyl-4-äthylpyrrolyl-(2)-methyl]-3-[2-methoxycarbonyläthyl]-4-methylpyrrol-2-carbonsäurebenzylester*, $C_{26}H_{32}N_2O_4$, F. 133—135° (PAe. oder A.), nach **C**; 79%. — *5-[N-Methylanilinomethyl]-4-äthyl-3-methylpyrrol-2-carbonsäure, Äthylester*, $C_{18}H_{24}N_2O_2$, F. 89—90° (A.), durch Stehen von N-Methylanilin u. III-Äthylester in absol. Ae.; *Benzylester*, $C_{23}H_{26}N_2O_2$, F. 91—92° (A.). — *5-[N-Äthylanilinomethyl]-4-äthyl-3-methylpyrrol-2-carbonsäure, Äthylester*, $C_{19}H_{26}N_2O_2$, F. 91—92° (A.). *Benzylester*, $C_{24}H_{28}N_2O_2$, F. 69—70° (A.). — *5-[p-Dimethylaminobenzyl]-4-äthyl-3-methylpyrrol-2-carbonsäure, Äthylester*, $C_{19}H_{26}N_2O_2$, F. 114 bis 115° (A.), a) durch 2 Min. Erhitzen von III-Äthylester mit N.N-Dimethylanilin (IX) auf dem Wasserbad, Gießen in 3n HCl, Aufnehmen in 70%ig. A. u. Zers. mit 10%ig. NH_4OH; b) aus dem Methojodid vorvorst. Äthylesters oder IX u. III-Äthylester in kaltem Ae. u. Rk. des *N.N-Dimethyl-N-[4-äthyl-3-methyl-2-äthoxycarbonylpyrrolyl-(5)-methyl]-aniliniumbromids* mit Li-II in 50%ig. CH_3OH. *Benzylester*, $C_{24}H_{28}N_2O_2$, F. 133—134° (A.), nach a) oder b); c) durch 5 Min. Kochen von IV-Benzylester u. X in CH_3OH, Gießen in verd. HCl u. Zugeben von NH_4OH. — *5-[p-Diäthylaminobenzyl]-4-äthyl-3-methylpyrrol-2-carbonsäure, Äthylester*, $C_{21}H_{30}N_2O_2$, F. 86—87° (A.). *Benzylester*, $C_{26}H_{32}N_2O_2$, F. 87 bis 88° (A.). — *2.2-Bis-[2-carboxy-3-methyl-4-äthyl-pyrrolyl-(5)-methyl]-3.5-dimethyl-4-äthyl-5-brom-Δ^3-pyrrolin, Monoäthylester*, $C_{28}H_{40}BrN_3O_4$, F. 140—142° (Chlf. u. Essigester-PAe.), durch 3std. Hydrieren von 1,9g V-Benzylester in Ggw. von Pd-Kohle, Filtrieren, Einengen u. 10 Min. Kochen mit III-Äthylester in Chlf. unter N_2; 0,7 g. 2 Min. Kochen mit 2-Aminoäthanol → **V**-*Äthylester. Monobenzylester*, $C_{33}H_{42}BrN_3O_4$, F. 143 bis 145° (Chlf.–PAe.), aus III-Benzylester; braune Rosetten; 0,8 g aus 0,7 g. *Äthylbenzylester*, $C_{35}H_{46}BrN_3O_4$, F. 163—165° (Essigester–PAe.), durch 10 Min. Kochen von III-Äthylester u. 1,9 g **V**-Benzylester in absol. Chlf. unter N_2; braune Platten; 0,2 g. — *4-Äthyl-5-{5-[4-äthyl-3.5-dimethylpyrrolyl-(2)-methyl]-4-äthyl-3-methylpyrrolyl-(2)-methyl}-3-methylpyrrol-2-carbonsäurebenzylester*, $C_{32}H_{41}N_3O_2$, F. 120—122° (A.), aus Li-**V** u. 1-[5-Benzyloxycarbonyl-3-äthyl-4-methylpyrrolyl-(2)-methyl]-pyridiniumbromid in 50% ig. CH_3OH bei 40°; 1—5%. — *4-Äthyl-5-{5-[4-äthoxycarbonyl-3.5-dimethylpyrrolyl-(2)-methyl]-4-äthyl-3-methylpyrrolyl-(2)-methyl}-3-methylpyrrol-2-carbonsäureäthylester*, $C_{28}H_{39}\cdot N_3O_4$, F. 151—153° (A.), aus Li-**VIII** in 50% ig. CH_3OH bei 40°; hellbraun; 23%. (J. chem. Soc. [London] **1958**. 3779—88. Nov. Cambridge, Univ., Chem. Labor.)

R. PASEDAG. 3081

Thomas Nógrádi, *Untersuchungen über Rauwolfia-Alkaloidmodelle.* 1. Mitt. *Tryptamin- und Graminderivate.* Als Modelle des Reserpins werden 15 einfache Gramin- u. Tryptaminderivv. hergestellt u. pharmakolog. untersucht. Von Gramin (I) ausgehend wird über das *Methomethylsulfat* mit NaCN *β-Indolylacetonitril* u. hieraus durch $LiAlH_4$-Red. *Tryptamin* hergestellt. **I** wird mit 3-Brommethylpyridin zu *[Pyridyl-(3)-methyl]-graminiumbromid* quaternisiert, die anschließende Quaternisierung des Pyridin-N-Atoms gelang jedoch nicht. Weiter werden nach bekannten Methoden *N-Methyltryptamin, N.N-Diäthyl-, N.N-Dibenzyltryptamin, N-{β-[Indolyl-(3)]-äthyl}-piperidin* u. *-morpholin* hergestellt. Durch Rk. von β-[Indolyl-(3)]-äthylbromid (**II**) u. Phenothiazin wird *N-{β-[Indolyl-(3)]-äthyl}-phenothiazin*, aus **II** u. Tropin *N-{β-[Indolyl-(3)]-äthyl}-tropiniumbromid* u. analog aus **II** u. Tropacocain *N-{β-[Indolyl-(3)]-äthyl}-o-benzoylpseudotropiniumbromid* gewonnen. Die katalyt. Hydrierung der beiden Tropinderivv. führt jedoch nicht zu den erwarteten tert. Basen. Schließlich wird noch *O.N.N-Tribenzylserotonin* dargestellt. Die erhaltenen Verbb. werden auf ihre narkot. u. blutdrucksenkende Wrkg. untersucht u. die Ergebnisse tabellar. zusammengestellt; keine der Verbb. erreicht auch nur annähernd die Wrkg. des Reserpins.

Versuche: *Gramin* (I), F. 132—133°, nach KÜHN u. STEIN (Ber. dtsch. chem. Ges. **70.** [1937.] 567); 90—95% (Ausbeute). *Methomethylsulfat*, F. 154° (absol. A.), durch Zutropfen von $(CH_3)_2SO_4$ in Aceton/Eisessig zu **I** im gleichen Lösungsm. unterhalb von 20°; 84%. — *Tryptamin*, F. 115—117°, Kp.$_{0,4}$ 159—163°, durch Zutropfen von $LiAlH_4$ in absol. Ae. zu β-Indolylacetonitril unter Rühren u. Kühlen, 2std. Rühren, 2std. Kochen u. Zers. mit W. bei 0°; 68%. *Hydrochlorid*, F. 246—247° (A./Ae.). — *[Pyridyl-(3)-methyl]-graminiumbromid*, $C_{17}H_{20}BrN_3$, F. 160° (Zers.; bei 130° Sintern; Butanol), aus **I** u. 3-Brommethylpyridin in absol. Ae./A. u. Stehen; 53%. — *N-[Indolyl-(3)-methyl]-piperidin*, F. 158°, nach CRAIG u. TARBEIL (C. **1949**. II. 1081); 51,5%. *Methojodid*, F. 150 bis 152°. — *N-Methyltryptamin*, über das Tosyltryptamin nach HOSHINO u. KOBAYASHI (Liebigs Ann. Chem. **520.** [1934.] 13); 25—30%. — *β-Indolylglyoxylsäurechlorid*, F. 136 bis 138° (Zers.), durch Zutropfen von Oxalylchlorid zu Indol in absol. Ae. unter Eiskühlung u. H_2O-Ausschluß; 94,5%. — *β-Indolylglyoxylsäurediäthylamid*, $C_{14}H_{16}N_2O_2$, F. 171—172° (CH_3OH), durch 5std. Stehen einer gerührten Lsg. vorst. Chlorids u. Diäthylamin in W.; 90%. — *N.N-Diäthyltryptamin*, $C_{14}H_{20}N_2$, F. 85—88°, durch Zutropfen von $LiAlH_4$ zu vorst. Verb. in absol. Tetrahydrofuran, 3std. Kochen, Zerlegen mit W. u. Eindampfen des Filtrats; aus Bzn. Nadelrosetten; 94,5%. *Hydrochlorid*, F. 168—169° (A./Äthylacetat). — *β-Indolylglyoxylsäuredibenzylamid*, $C_{24}H_{20}N_2O_2$, F. 177,5—178° (A./W.), durch kurzes Kochen von drittvorst. Säurechlorid in Benzolsuspension mit Dibenzylamin; 70,4%. — *N.N-Dibenzyltryptamin, Hydrochlorid*, $C_{24}H_{24}N_2\cdot HCl$, F. 214 bis 215°, durch Zutropfen von $LiAlH_4$ in Tetrahydrofuran zu vorst. Amid, 2std. Kochen, Zers. mit W. u. Behandeln mit alkoh. HCl; 94,2%. — *β-Indolylglyoxylsäurepiperidid*, $C_{15}H_{16}N_2O_2$, F. 179—180°, analog vorvorst. Verb. mit Piperidin in Aceton; aus verd. CH_3OH Nadeln; 84%. — *N-{β-[Indolyl-(3)]-äthyl}-piperidin*, $C_{15}H_{20}N_2$, F. 149—150°, durch $LiAlH_4$-Red. vorst. Verb. in Tetrahydrofuran wie oben; aus A. gelbliche Kristalle; 90%. *Hydrochlorid*, F. 220—221°, aus A. glänzende Blättchen. *Pikrat*, F. 166—167° (A.). *Methojodid*, $C_{16}H_{23}JN_2$, F. 204° (A.); 75%. — *β-Indolylglyoxylsäuremorpholid*, $C_{14}H_{14}\cdot N_2O_3$, F. 180—185,5° (verd. CH_3OH), wie oben mit Morpholin; 88%. — *N-{β-[Indolyl-(3)]-äthyl}-morpholin*, $C_{14}H_{18}N_2O$, F. 145—147° (verd. CH_3OH), durch $LiAlH_4$-Red. vorst. Verb. in absol. Tetrahydrofuran wie oben u. Reinigen über das Hydrochlorid; 31%. *Pikrat*, F. 193—195° (A.). — *N-{β-[Indolyl-(3)]-äthyl}-phenothiazin*, $C_{22}H_{18}N_2S$, F. 159 bis 162°, durch 10std. Kochen von Phenothiazin u. **II** in absol. Aceton in Ggw. von K_2CO_3 u. Vakuumeindampfen des Filtrats; aus 80% ig. A. gelbliche Kristalle; 33%. — *N-{β-[Indolyl-(3)]-äthyl}-tropiniumbromid*, $C_{18}H_{25}BrN_2O$, F. 262—263° (A.), durch 3std. Kochen von Tropin u. **II** in absol. A.; 54%. — *N-{β-[Indolyl-(3)]-äthyl}-O-benzoylpseudotropi-*

niumbromid, $C_{25}H_{29}BrN_2O_2$, F. 246—248° (absol. A.), durch 8 std. Kochen von Tropacocain u. **II** in absol. A., Stehen bei 0°, Eindampfen des Filtrats u. mehrmonatiges Stehen; 49,2%. — *O.N.N-Tribenzylserotonin*, F. 103—104° (CH_3OH), nach SPEETER u. ANTHONY (vgl. J. Amer. chem. Soc. **76.** [1954.] 6208). Hydrochlorid, F. 232°. (Mh. Chem. **88.** 768—77. 12/12. 1957. Budapest, Forschungsinst. für pharmazeut. Ind.)
H. LEHWALD. 3081

Antonino Arcoria, *Über einige Nitro-, Amino- und Acetylamino-N-arylphthalimide.* Für UV-spektroskop. Zwecke werden einige neue *Nitro-, Amino-* u. *Acetylamino-N-arylphthalimide* dargestellt.

Versuche: *3-Nitro-N-p-jodphenylphthalimid* (**I**), $C_{14}H_7JN_2O_4$, F. 221—222° (A./Aceton), durch Zusammenschmelzen von 3-Nitrophthalsäure mit p-Jodanilin u. 1 std. Erhitzen auf 180—190°; gelbe Prismen; 70% (Ausbeute, roh). *N-o-Nitrobenzylverb.*, $C_{15}H_9N_3O_6$, F. 192° (Essigsäure), durch Zugabe von alkoh. KOH zu 3-Nitrophthalimid in A. u. Behandeln des entstandenen K-Salzes mit o-Nitrobenzylchlorid (Erhitzen auf 140—145°); Prismen. — 4-Nitrophthalimide (analog **I**): *N-o-Chlorphenyl-*, $C_{14}H_7ClN_2O_4$, F. 171—172° (Prismen aus Aceton/A.). — *N-m-Chlorphenyl-*, $C_{14}H_7ClN_2O_4$, F. 210—211° (Tafeln aus A.). — *N-p-Chlorphenyl-*, $C_{14}H_7ClN_2O_4$, F. 216—217° (gelbe Nadeln aus A.). — *N-p-Bromphenyl-*, $C_{14}H_7BrN_2O_4$, F. 218—219° (gelbe Nadeln aus Aceton/A.). — *N-p-Jodphenyl-*, $C_{14}H_7JN_2O_4$, F. 214—215° (gelbe, nadelförmige Prismen aus Aceton/A.). — *N-p-Methoxyphenyl-*, $C_{15}H_{10}N_2O_5$, F. 206—207° (orangegelbe, nadelförmige Prismen aus Essigsäure). — *N-p-Äthoxyphenyl-*, $C_{16}H_{12}N_2O_5$, F. 169,5° (goldgelbe, nadelförmige Prismen aus Aceton/A.). — *N-Benzyl-*, $C_{15}H_{10}N_2O_4$, F. 162° (nadelförmige Prismen aus Essigsäure). — *N-o-Nitrobenzyl-*, $C_{15}H_9N_3O_6$, F. 177° (Tafeln aus Essigsäure). — *N-p-Nitrobenzyl-*, $C_{15}H_9N_3O_6$, F. 164° (gelbe, nadelförmige Prismen aus Essigsäure). — 3-Aminophthalimide, a) durch Red. der entsprechenden 3-Nitroverbb. mit $SnCl_2$; b) aus den Komponenten analog **I**: *N-o-Tolyl-*, $C_{15}H_{12}N_2O_2$, F. 195—196° (gelbe, nadelförmige Prismen aus A.). — *N-m-Tolyl-*, $C_{15}H_{12}N_2O_2$, F. 185 bis 186° (gelbe, nadelförmige Prismen aus A.). — *N-p-Tolyl-*, $C_{15}H_{12}N_2O_2$, F. 225—226° (gelbe Tafeln aus A.). — *N-o-Chlorphenyl-*, $C_{14}H_9ClN_2O_2$, F. 206—207° (gelbe Prismen aus A.). — *N-m-Chlorphenyl-*, $C_{14}H_9ClN_2O_2$, F. 194,5° (gelbe Nadeln aus A.). — *N-p-Chlorphenyl-*, $C_{14}H_9ClN_2O_2$, F. 192—193° (gelbe Nadeln aus A.). — *N-p-Bromphenyl-*, $C_{14}H_9 \cdot BrN_2O_2$, F. 193,5° (gelbe Nadeln aus A.). — *N-p-Methoxyphenyl-*, $C_{15}H_{12}N_2O_3$, F. 188 bis 189° (gelbe, nadelförmige Prismen aus A.). — *N-p-Äthoxyphenyl-*, $C_{16}H_{14}N_2O_3$, F. 196° (gelbe Tafeln aus A.). — *N-m-Nitrophenyl-*, $C_{14}H_9N_3O_4$, F. 253° (gelbe Nadeln aus Nitrobenzol). — *N-p-Nitrophenyl-*, $C_{14}H_9N_3O_4$, F. 280° (gelbe Nadeln aus Nitrobenzol). — 3-Acetylaminophthalimide, a) durch Acetylierung vorst. 3-Aminoverbb.; b) aus den Komponenten analog **I**: *N-m-Tolyl-*, $C_{17}H_{14}N_2O_3$, F. 164 bis 165° (nadelförmige Prismen aus Essigsäure). — *N-p-Tolyl-*, $C_{17}H_{14}N_2O_3$, F. 203—204° (nadelförmige Prismen aus Essigsäure). — *N-o-Chlorphenyl-*, $C_{16}H_{11}ClN_2O_3$, F. 239° (Prismen aus Essigsäure). — *N-m-Chlorphenyl-*, $C_{16}H_{11}ClN_2O_3$, F. 158—159° (Stäbchen aus Essigsäure). — *N-p-Chlorphenyl-*, $C_{16}H_{11}ClN_2O_3$, F. 194° (Nadeln aus Essigsäure). — *N-p-Bromphenyl-*, $C_{16}H_{11}BrN_2O_3$, F. 193—194° (Nadeln aus Essigsäure). — *N-p-Methoxyphenyl-*, $C_{17}H_{14}N_2O_4$, F. 155—156° (gelbe Prismen aus Essigsäure). — *N-p-Äthoxyphenyl-*, $C_{18}H_{16}N_2O_4$, F. 191—192° (gelbe Prismen aus Essigsäure). — *N-o-Nitrophenyl-*, $C_{16}H_{11}N_3O_5$, F. 198—199° (gelbe Tafeln aus Essigsäure). — *N-m-Nitrophenyl-*, $C_{16}H_{11} \cdot N_3O_5$, F. 213—214° (Stäbchen aus Essigsäure). — *N-p-Nitrophenyl-*, $C_{16}H_{11}N_3O_5$, F. 256 bis 257° (nadelförmige Prismen aus Essigsäure). (Ricerca sci. **28.** 105—10. Jan. 1958. Catania, Univ., Ist. di chim. organ.)
C. GOTTFRIED. 3081

Stig Veibel, S. Linholter und **P. Sørensen,** *Pyrazolstudien.* 11. Mitt. *Luftoxydation von 1.4-disubstituierten Pyrazolidindionen-(3.5).* (10. vgl. Acta chem. scand. **9.** [1955.] 970; 5. vgl. C. **1954.** 7183.) Während die Oxydation von 4-alkylsubstituierten Pyrazolonen-(5) mit O_2 in Ggw. von Triäthylamin als Rk. 1. Ordnung aufgefaßt werden kann, verläuft die Oxydation von 1.4-disubstituierten Pyrazolidindionen-(3.5) offenbar nach einem komplizierteren Reaktionsmechanismus, demzufolge von Vff. die Bldg. von anion. Zwischenprodd. bzw. 4-Hydroperoxyderivv. angenommen wird. Obwohl die Reaktionsgeschwindigkeit bedeutend größer ist als bei der Oxydation der Pyrazolone, werden die *4-Hydroxypyrazolidindione-(3.5)* nur in 50—75%ig. Ausbeute gebildet; daneben entstehen nichtidentifizierte Nebenprodd., Triäthylaminoxyd wird in keinem Falle isoliert. — Folgende 1-Phenylpyrazolidindione-(3.5) werden nach bekannten Verff. dargestellt: *4-Methyl-* (**I**), F. 168—170°; 70% (Ausbeute). — *4-Äthyl-* (**II**), F. 108—109°; 75%. — *4-Isopropyl-* (**III**), F. 114—115°; 70%. — *4-n-Butyl-* (**IV**), F. 94 bis 95°; 75%. — *4-Cyclohexyl-* (**V**), F. 154—156°; 80%. — *4-Benzyl-* (**VI**), F. 183—185°; 75%. — *4-Triphenylmethyl-* (**VII**), F. 225—235°, durch ¾ std. Rk. von 1-Phenylpyrazolidindion-(3.5) mit Triphenylcarbinol in sd. Eisessig (+ wenig konz. HCl); 90%. —

4-Phenyl- (**VIII**), $C_{15}H_{12}N_2O_2$, F. 218—220°; lösl. in Alkali; ca. 5%; als Hauptprod. entsteht *Phenylessigsäurephenylhydrazid*, $C_{14}H_{14}N_2O$, F. 166—167° (A.); unlösl. in Alkali; 90%; diese Verb. ist wahrscheinlich ident. mit dem von GAGNON u. Mitarbeitern (vgl. C. **1954.** 5291) als **VIII** angesehenen Prod. vom F. 172—173°. — Durch Oxydation von **I**—**VI** bzw. **VIII** (**VII** liefert keine definierte Verb.) mit O_2 in Ggw. von Triäthylamin entstehen folgende 1-Phenyl-4-hydroxypyrazolidindione-(3.5): *4-Methyl-*, F. 207—208°; 70%. — *4-Äthyl-*, F. 175—176°; 50%. — *4-Isopropyl-*, F. 175°; 50%. — *4-n-Butyl-*, F. 174—175°; 75%. — *4-Cyclohexyl-*, F. 148°; 75%. — *4-Benzyl-*, F. 225°; 75%. — *4-Phenyl-*, F. 210—212°; 75%. — Bei **I**—**VI** bzw. **VIII** sind nach 2, 2½, 14, 50, 60, 14 bzw. 4 Min. 50% des Ausgangsprod. oxydiert, während in der Reihe der 1-Phenyl-3-methylpyrazolone-(5) ein 50%ig. Umsatz der **I**—**VI** entsprechenden 4-substituierten Derivv. erst nach 26, 20, 22½, 32, 9 bzw. 72 Std. erfolgt. — Das an $N_{(1)}$ unsubstituierte 4-Benzylpyrazolidindion-(3.5) läßt sich nach dem bei **I**—**VI** u. **VIII** angewandten Verf. nicht oxydieren, in Ggw. von $Cu(OCOCH_3)_2$ werden nach 2 Std. 60% der theoret. Menge O_2 absorbiert, ohne daß sich ein definiertes Prod. gewinnen läßt, in Abwesenheit von $(C_2H_5)_3N$ wird nach 13 Std. eine geringe Menge einer *Verb. vom F. 159—161°* (9,33% N_2) isoliert. (Acta chem. scand. **12.** 1359—63. 1958. Copenhagen, Univ. of Technol., Dep. of Organ. Chem.) W. HOFFMANN. 3122

Stig Veibel, S. Linholter und **P. Sørensen,** *Pyrazolstudien.* 12. Mitt. *Die durch Hydrazobenzol katalysierte Oxydation von 1.2-Diphenyl-4-butylpyrazolidindion-(3.5) (Butazolidin).* (11. vgl. vorst. Ref.) Im Gegensatz zu den Beobachtungen von SSOKOLOWA u. MAGIDSSON (vgl. C. **1957.** 674) erhalten Vff. bei der Luftoxydation von 1.2-Diphenyl-4-butylpyrazolidindion-(3.5) (Butazolidin; **I**) u. Hydrazobenzol (**II**) in alkal.-äthanol. Lsg. kein 4-Hydroxybutazolidin (**III**). Nach 5std. Durchleiten von Luft durch eine Lsg. von 10 g **I**, 6 g **II** u. C_2H_5ONa in A. unter Abdestillieren des Lösungsm. werden 8,5 g **I**, 4,5 g **II** u. 1 g *Azobenzol* (**IV**, F. 65°) isoliert. Bei 20° wird erst nach 6 Tagen die zur Oxydation von 10 g **I** u. 6 g **II** erforderliche Menge O_2 absorbiert; nach Verdünnen mit W. u. Behandeln des Nd. mit PAe. werden 5,1 g **IV** erhalten; durch Ansäuern des Filtrats entsteht ein Nd., der als *Butyltartronsäuremono-[N.N'-diphenylhydrazid]* [**V**, F. 143—144° (korr.; 50%ig. Methanol); 9 g (Ausbeute)], das Hydrolyseprod. von **III**, identifiziert wird. Wird. die Rk. abgebrochen, nachdem 70% O_2 absorbiert sind, so werden 30% **I**, 70% **IV** u. 40% **V** isoliert; daraus folgt, daß eine gleichzeitige Oxydation von **I** u. **II** stattfindet; entsprechende Reaktionsmechanismen werden diskutiert. Auch beim Vers. der Oxydation von **I** mit $(CH_3)_3C$–O–OH in tert.-Butanol/2n äthanol. C_2H_5ONa (20 Min.) wird nur **V**, aber kein **III** isoliert. (Acta chem. scand. **12.** 1364—66. 1958.) W. HOFFMANN. 3122

J. Tamchyna und **J. Bulík,** *N-substituierte Derivate des Phenyldimethylpyrazoloncarbamids.* Durch Schmelzen von 1-Phenyl-2.3-dimethyl-4-aminopyrazolinon-(5) mit N-substituierten Carbamiden bei 135° wurden folgende 4-[3'-Alkyl-ureido]-1-phenyl-2.3-dimethyl-Δ^3-pyrazolinone-(5) synthetisiert: *3'-Methyl-*, $C_{13}H_{16}N_4O_2$, F. 205°; 30—40% (Ausbeute). — *3'-Äthyl-*, $C_{14}H_{18}N_4O_2$, F. 240°; 75 bis 80%. — *3'-n-Butyl-*, $C_{16}H_{22}N_4O_2$, F. 238°; 85—88%. — *3'-Phenyl-*, $C_{18}H_{18}N_4O_2$, F. 235°; 60—70%. (Chem. Zvesti **12.** 209—12. April 1958. Bratislava, Slovenske vysoká škola technická.) H. WEJNAR. 3122

Herbert Tabor, *Isolierung und Bestimmung von Histidin und verwandten Verbindungen.* Übersicht. Darst. u. Isolierung: Histidin, Urocaninsäure, Histamin, Acetylhistamin, Imidazolylessigsäure, L-Histidinol·2 HCl u. a.; Best. von Imidazolverbb.: Kupplung mit diazotierten Aminen, mit Dinitrofluorbenzol; biol. Best., Bromierung, enzymat. Methoden, UV-Absorption, mikrobiol. Best., Papierchromatographie. — 86 Literaturangaben. (Methods Enzymol. **3.** 623—35. 1957. Bethesda, Md., Nat. Inst. of Health.) K. MAIER. 3122

Malcolm Crawford und **W. T. Little,** *Die Erlenmeyer-Reaktion aliphatischer Aldehyde unter Verwendung von 2-Phenyloxazolon-(5) an Stelle von Hippursäure.* Durch kurzes Erwärmen von 2-Phenyloxazolon-(5) (**I**) mit aromat. Aldehyden auf dem Wasserbad wurden die entsprechenden *Azlactone* erhalten; die Rk. wurde in Abwesenheit von Na-Acetat durchgeführt, da dieses Verharzung verursacht. **I** ist demnach als Zwischenprod. der ERLENMEYER-Rk. aromat. Aldehyde mit Hippursäure zu Azlactonen anzusehen. Acetaldehyd, Propanal u. Butanal konnten durch Rk. mit **I** ebenfalls in *Azlactone* übergeführt werden. Durch einen Zusatz von Pb-Acetat oder Acetanhydrid konnte eine Erhöhung der Ausbeute an Azlactonen erzielt werden. Die Umsetzung von 2-Methylpropanal, 2-Äthylbutanal, Heptanal u. Octanal mit **I** gelang nicht. *p-Chlor-*, *p-Methyl-* u. *p-Phenylhippursäure* wurden dargestellt u. in die entsprechenden *2-Phenyloxazolone-(5)* übergeführt; diese verhalten sich wie **I**; mit höheren aliphat. Aldehyden konnten ebenfalls keine Azlactone erhalten werden.

Versuche: *2-Phenyloxazolon-(5)* (I), F. 86° (gelbe Platten aus Bzl.), durch 20 Min. Erwärmen von 20 g Hippursäure mit Acetanhydrid auf dem Wasserbad unter häufigem Schütteln, Gießen in Bzl. u. Eiswasser, 30 Min. Rühren, Rühren der Benzolphase mit 1%ig. $NaHCO_3$-Lsg. bis zur Entfernung des Acetanhydrids u. Abdestillieren des Bzl. unterhalb 40°; 10 g (Ausbeute). — *2-Phenyloxazolone-(5)*: *4-Benzyliden-*, F. 158° (A.), durch 5 Min. Erwärmen von 1 Mol I mit 1 Mol Benzaldehyd auf dem Wasserbad, Gießen auf Eis u. Filtrieren; 63%. — *4-p-Methoxybenzyliden-*, F. 156° (A.), analog vorst. Verb. aus Anisaldehyd; 55%. — *4-Furfuryliden-*, F. 171° (A.), analog aus Furfurol; 82%. — *4-Cinnamyliden-*, F. 153° (A.), analog aus Zimtaldehyd; 72%. — *4-Äthyliden-*, F. 94°, a) durch längeres Stehen äquimol. Mengen I u. Acetaldehyd im Rohr; 46%; b) analog a) in Ggw. von 0,3 Mol Pb-Acetat; 58%. — *4-Propyliden-*, F. 84° (blaßgelbe Nadeln aus 50%ig. A.), a) durch 3std. Erwärmen äquimol. Mengen Propanal u. I auf 50°, Gießen in Eis, Ae.-Extraktion u. Eindampfen des Ae.-Extrakts in Ggw. einer gleichen Menge W.; 38%; b) durch 10 Min. Erwärmen von 1 Mol Propanal u. 1 Mol I in Ggw. von 0,3 Mol Pb-Acetat auf dem Wasserbad u. Gießen in Eis; 55%; c) durch 10 Min. Erwärmen von 1 Mol I u. 1 Mol Propanal in Ggw. von 3 Mol Acetanhydrid auf dem Wasserbad u. Gießen in Eis; 44%. — *4-Butyliden-*, F. 56° (A.), analog vorst. Verb. a) nach a); 20%; b) nach b); 34%. — *2-p-Tolyloxazolon-(5)*, F. 101—101,5° (gelbe Platten aus Bzl.-PAe.), aus 5 g p-Toluylglycin (F. 161°) analog I; 3,2 g. — *4-Benzyliden-2-p-tolyloxazolon-(5)*, $C_{17}H_{13}NO_2$, F. 184,5° (grüngelbe Platten aus Bzl.-A.), aus vorst. Verb. u. Benzaldehyd; 56%. — *4-Äthyliden-2-p-tolyloxazolon-(5)*, $C_{12}H_{11}NO_2$, F. 124—124,5°, durch 8std. Stehen von 1 Mol Acetaldehyd mit 1 Mol vorvorst. Verb. u. 0,3 Mol Pb-Acetat; 48%. — *2-p-Chlorphenyloxazolon-(5)*, F. 121—122° (blaßgelbe Nadeln aus PAe.), aus 5 g p-Chlorbenzoylglycin (F. 143°) analog I; 2,8 g. — *4-Benzyliden-2-p-chlorphenyloxazolon-(5)*, $C_{16}H_{10}\cdot ClNO_2$, F. 179° (gelbe Nadeln aus Bzl.-A.), aus vorst. Verb. mit Benzaldehyd. — *α-[p-Chlorbenzamido]-zimtsäure*, $C_{16}H_{12}ClNO_3$, F. 238° (wss. A.), durch Kochen vorst. Verb. mit 8%ig. NaOH bis zur Lsg., Kühlen, Filtrieren u. Ansäuern. — *4-Äthyliden-2-p-chlorphenyloxazolon-(5)*, $C_{11}H_8ClNO_2$, F. 158° (A.), durch 20std. Stehen von Acetaldehyd u. Pb-Acetat mit drittvorst. Verb.; 65%. — *p-Phenylbenzoylglycin*, $C_{15}H_{13}NO_3$, F. 211° (Zers.; A.), durch portionsweise Zugabe von 6 g p-Phenylbenzoylchlorid (F. 113°) zu 5 g Glycin in 10%ig. NaOH unter Schütteln u. Ansäuern; 4,2 g. — *2-Diphenylyloxazolon-(5)*, F. 143° (Zers.; gelbe Platten aus PAe.), aus 5 g vorst. Verb.; 2,4 g. — *4-Benzyliden-2-diphenylyloxazolon-(5)*, $C_{22}H_{15}NO_2$, F. 191,5—192° (gelbe Nadeln aus Bzl.-A.), aus vorst. Verb. u. Benzaldehyd; 64%. — *4-Äthyliden-2-diphenylyloxazolon-(5)*, F. 122° (blaßgelbe Platten aus Bzl.-A.), durch 20std. Stehen vorvorst. Verb. mit Acetaldehyd u. Pb-Acetat; 64%. (J. chem. Soc. [London] **1959**. 729—31. Febr. Kampala, Uganda, Makarere Coll.) H. BERTSCH. 3132

Ju. K. Jurjew und **Ss. W. Djatlowitzkaja,** *Äthylensulfid in der Synthese heterocyclischer Verbindungen mit zwei Heteroatomen.* 2. Mitt. *Synthese von 2-Alkyl-3-[carbäthoxyphenyl]- und 2-Phenyl-3-[carbalkoxyphenyl]-thiazolidinen.* (1. vgl. Вестник Московского Университета, Серия Физики и Химии [Nachr. Moskauer Univ., Ser. Physik. Chem.] **11**. [1956.] Nr. 1. 197.) p-, m- u. o-Aminobenzoesäureester werden infolge ihrer geringen Basizität durch Äthylensulfid (I) erst durch mehrstd. Erhitzen auf 105° in die *N-[β-Mercaptoäthyl]-derivv.* übergeführt. Die Oxydation der nach dieser Meth. erhaltenen *N-[β-Mercaptoäthyl]-p-aminobenzoesäureäthylester* (II), *N-[β-Mercaptoäthyl]-m-amino-* (III) u. *N-[β-Mercaptoäthyl]-o-aminobenzoesäuremethylester* (IV) mit Jod liefert die entsprechenden *Disulfide.* In der Reihe **II, III** u. **IV** sinkt die Fähigkeit, mit Aldehyden unter Bldg. von Thiazolidinen zu reagieren. **II** gibt glatt mit den entsprechenden Aldehyden *3-[p-Carbäthoxyphenyl]-thiazolidin, 2-Methyl-, 2-Äthyl-, 2-n-Propyl-* u. *2-Phenyl-3-[p-carbäthoxyphenyl]-thiazolidin,* **III** reagiert nur noch mit Benzaldehyd (**V**) zu *2-Phenyl-3-[m-carbomethoxyphenyl]-thiazolidin* u. **IV** kondensiert mit Aldehyden überhaupt nicht.

Versuche: *N-[β-Mercaptoäthyl]-p-aminobenzoesäureäthylester* (II), $C_{11}H_{15}NO_2S$, F. 58—58,5°, $Kp._3$ 184—187°, man erhitzt 6 g I u. 33 g p-Aminobenzoesäureäthylester im Rohr 7 Std. auf 105°, dest. unter N_2 u. krist. aus 60%ig. A. um; 14,2 g (Ausbeute). — *β.β'-Bis-[p-carbäthoxyphenylamino]-diäthyldisulfid*, $C_{22}H_{28}N_2O_4S_2$, F. 128,5° (A.), zu 2 mMol II in 5 ml absol. A. tropft man bis zur bleibenden Färbung 0,1n alkoh. Jodlsg. zu u. filtriert ab; Ausbeute quantitativ. — *N-[β-Mercaptoäthyl]-m-aminobenzoesäuremethylester* (III), $Kp._3$ 181,5—182,5°, aus 6 g I u. 30,2 g m-Aminobenzoesäuremethylester (5 Std. bei 105°); man dest. unter N_2 in Ggw. von Hydrochinon; gelbes Öl; $D.^{20}_4$ 1,1911; n_D^{20} 1,5936; 8,9 g. — *β.β'-Bis-[m-carbomethoxyphenylamino]-diäthyldisulfid*, $C_{20}H_{24}N_2\cdot O_4S_2$, F. 89° (A.), analog Vorst. aus III. — *N-[β-Mercaptoäthyl]-o-aminobenzoesäuremethylester* (IV), $Kp._2$ 150,5—151°, aus 7,2 g I u. 37,1 g Anthranilsäuremethylester (10 Std. bei 105°); $D.^{20}_4$ 1,1822; n_D^{20} 1,6019; 15,6 g. — *β.β'-Bis-[o-carbomethoxyphenylamino]-di-*

äthyldisulfid, $C_{20}H_{24}N_2O_4S_2$, F. 80°. — Thiazolidine: *3-[p-Carbäthoxyphenyl]-*, $C_{12}H_{15}NO_2S$, F. 92,5° (70%ig. A.), man schüttelt 1,1 g **II** in 3 ml A. mit 5 ml 33%ig. Formalinlsg. ½ Std. u. filtriert ab; 1,1 g. — *2-Methyl-3-[p-carbäthoxyphenyl]-*, $C_{13}H_{17}NO_2S$, F. 61—61,5°, man mischt 1,1 g **II** mit 2,2 g Acetaldehyd in 3 ml A. u. versetzt nach der Selbsterwärmung mit 0,1 g Soda in 2 ml W.; 0,96 g. — *2-Äthyl-3-[p-carbäthoxyphenyl]-*, *Hydrochlorid*, $C_{14}H_{20}ClNO_2S$, F. 143° (Zers.; A.), man läßt 1,1 g **II** u. 2,9 g Propionaldehyd 2 Std. stehen, gibt 5 ml W. zu, nimmt das ausgefallene Öl in Ae. auf u. leitet HCl ein. — *2-n-Propyl-3-[p-carbäthoxyphenyl]-*, *Hydrochlorid*, $C_{15}H_{22}ClNO_2S$, F. 144° (Zers.; A.), analog aus 1,1 g **II** u. 3,6 g Butyraldehyd. — *2-Phenyl-3-[p-carbäthoxyphenyl]-* $C_{18}H_{19}NO_2S$, F. 123,5° (A.), man läßt 1,1 g **II** in 3 ml A. mit 2,65 g **V** 18 Std. stehen u. verd. mit 3 ml W.; 1,03 g. — *2-Phenyl-3-[m-carbomethoxyphenyl]-*, $C_{17}H_{17}NO_2S$, F. 76—77° (A.), man läßt 1,05 g **III** in 3 ml A. mit 2,65 g **V** 20 Std. stehen u. dest. überschüssiges **V** im Vakuum ab; 1,05 g. (Журнал Общей Химии [J. allg. Chem.] **27** (**89**). 1787—92. Juli 1957. Moskau, Univ.) HELMUT SCHÄFER. 3142

Ju. K. Jurjew und **Ss. W. Djatlowitzkaja**, *Äthylensulfid in der Synthese heterocyclischer Verbindungen mit zwei Heteroatomen.* 3. Mitt. *3-Arylthiazolidone-(2) aus N-[β-Mercaptoäthyl]-arylaminen.* (2. vgl. vorst. Ref.) Es werden die *Hydrochloride* einiger *N-[β-Mercaptoäthyl]-arylamine* u. aus den freien Basen durch Kondensation mit Phosgen *3-Arylthiazolidone-(2)* dargestellt. Wie bei der Umsetzung von N-[β-Hydroxyäthyl]- u. N-[β-Mercaptoäthyl]-arylaminen mit Aldehyden reagiert in der Reihe der isomeren Toluidinderivv. das o-Isomere N-[β-Mercaptoäthyl]-o-toluidin am wenigsten energisch.

Versuche: Zur *Darst. der Hydrochloride* wurden die N-[β-Mercaptoäthyl]-arylamine aus absol. Ae. mit trockenem HCl gefällt u. aus wasserfreiem A. umkrist.: *N-[β-Mercaptoäthyl]-anilinhydrochlorid*, $C_8H_{12}ClNS$, F. 125—125,5°. — *N-[β-Mercaptoäthyl]-p-toluidinhydrochlorid*, $C_9H_{14}ClNS$, F. 184,5—185,5°. — *N-[β-Mercaptoäthyl]-o-toluidinhydrochlorid*, $C_9H_{14}ClNS$, F. 204—205° (Zers.). — *N-[β-Mercaptoäthyl]-p-anisidinhydrochlorid*, $C_9H_{14}ClNOS$, F. 152,5—153,5°. — *N-[β-Mercaptoäthyl]-o-anisidinhydrochlorid*, $C_9H_{14}ClNOS$, F. 158,5—159,5°. — *N-[β-Mercaptoäthyl]-α-naphthylaminhydrochlorid*, $C_{12}H_{14}ClNS$, F. 184,5—185,5°. — 3-Arylthiazolidone-(2): Man versetzt 0,01 Mol N-[β-Mercaptoäthyl]-arylamin in 5 ml Toluol mit 7,5 ml einer 20%ig. $COCl_2$-Lsg. in Toluol (exotherme Rk.), kühlt ab, filtriert, dampft die Toluollsg. ein, löst die beim Erkalten erhaltenen Kristalle in A., versetzt heiß mit dem gleichen Vol. W. u. läßt auskristallisieren. *3-Phenyl-*, C_9H_9NOS, F. 76,5—77,5° (50% A.), aus 1,53 g N-[β-Mercaptoäthyl]-anilin; 1,45 g (Ausbeute). — *3-[p-Tolyl]-*, $C_{10}H_{11}NOS$, F. 93—93,5° (50% A.), aus 1,67 g N-[β-Mercaptoäthyl]-p-toluidin; 0,82 g. — *3-[o-Tolyl]-*, $C_{10}H_{11}NOS$, F. 61—62° (A.); 49%. — *3-[p-Anisyl]-*, $C_{10}H_{11}NO_2S$, F. 102—103° (A.); 86%. — *3-[o-Anisyl]-*, $C_{10}H_{11}NO_2S$, F. 116,5—117° (A.); 91%. — *3-[α-Naphthyl]-*, $C_{13}H_{11}NOS$, F. 142,5—143° (A.); 90%. — *3-[p-Carbäthoxyphenyl]-*, $C_{12}H_{13}NO_3S$, F. 107—108° (A.); 74%. (Журнал Общей Химии [J. allg. Chem.] **27** (**89**). 2644—48. Okt. 1957.)

HELMUT SCHÄFER. 3142

Ju. K. Jurjew und **Ss. W. Djatlowitzkaja**, *Äthylensulfid in der Synthese heterocyclischer Verbindungen mit zwei Heteroatomen.* 4. Mitt. *Synthese von 3-Arylthiazolidinen und 4-Aryl-1.4-thiazanen.* (3. vgl. vorst. Ref.) Durch Kondensation von N-[β-Mercaptoäthyl]-anilin (**I**), -p-toluidin (**II**), -o-toludin (**III**), -p-anisidin (**IV**) u. -o-anisidin (**V**) mit Methylenbromid (**VI**) werden *3-Phenyl-*, *3-[p-Tolyl]-*, *3-[o-Tolyl]-*, *3-[p-Anisyl]-* u. *3-[o-Anisyl]-thiazolidin* erhalten. Analog werden aus **I**, **II**, **IV** u. **V** mit Äthylenbromid (**VII**) *4-Phenyl-*, *4-[p-Tolyl]-*, *4-[p-Anisyl]-* u. *4-[o-Anisyl]-1.4-thiazan* dargestellt.

Versuche: Thiazolidine: *3-Phenyl-*, F. 31—32°, $Kp._{11}$ 159—161°, man kocht 3,8 g **I**, 5 g **VI**, 2,5 g Na-Acetat u. 3,5 g Soda in 25 ml absol. A. 4 Std., nimmt nach Abdestillieren des A. in Ae. auf u. dest. unter N_2; 46% (Ausbeute). — *3-[p-Tolyl]-*, F. 79—80° (80%ig. A.), analog Vorst. aus **II** u. **VI**; 50%. — *3-[o-Tolyl]-*, $C_{10}H_{13}NS$, $Kp._{10}$ 147,5—148,5°, aus **III** u. **VI**; $D.^{20}_4$ 1,1192; n_D^{20} 1,5980; 38%. — *3-[p-Anisyl]-*, F. 84—85° (80%ig. A.); 51%. — *3-[o-Anisyl]-*, $C_{10}H_{13}NOS$, $Kp._2$ 143—144°; $D.^{20}_4$ 1,1759; n_D^{20} 1,6010; 47%. *Hydrochlorid*, $C_{10}H_{14}ClNOS$, F. 139—140° (A.). — 1.4-Thiazane: *4-Phenyl-*, $C_{10}H_{13}NS$, F. 34°, $Kp._5$ 138—141°, man kocht 15,3 g **I**, 22,5 g **VII**, 10 g Na-Acetat u. 14 g Soda 5 Std. in 100 ml absol. A.; 54%. — *4-[p-Tolyl]-*, $C_{11}H_{15}NS$, F. 32,5—33° (A.), $Kp._3$ 132—133°, aus **II** u. **VII**; 52%. — *4-[p-Anisyl]-*, $C_{11}H_{15}NOS$, F. 76—76,5° (A.); 51%. — *4-[o-Anisyl]-*, $C_{11}H_{15}NOS$, F. 51° (A.), $Kp._3$ 145—148°; 39,5%. (Журнал Общей Химии [J. allg. Chem.] **27** (**89**). 3148—51. Nov. 1957.)

HELMUT SCHÄFER. 3142

Ju. K. Jurjew und **Ss. W. Djatlowitzkaja**, *Äthylensulfid in der Synthese heterocyclischer Verbindungen mit zwei Heteroatomen.* 5. Mitt. *Synthese von 3-Arylthiazolidinthionen-(2).* (4. vgl. vorst. Ref.) Durch Kondensation von N-[β-Mercaptoäthyl]-anilin (**I**),

-p-toluidin (II), -o-toluidin (III), -p-anisidin (IV) u. -o-anisidin (V) mit CS_2 wurden *3-Phenyl-*, *3-[p-Tolyl]-*, *3-[o-Tolyl]-*, *3-[p-Anisyl]-* u. *3-[o-Anisyl]-thiazolidinthion-(2)* erhalten. III u. V reagierten nur schwer mit CS_2 u. gaben schlechte Ausbeuten, während I, II u. IV wesentlich leichter kondensierten. Die erhaltenen Thionverbb. wurden mit HgO zu *3-Phenyl-*, *3-[p-Tolyl]-*, *3-[o-Tolyl]-*, *3-[p-Anisyl]-* u. *3-[o-Anisyl]-thiazolidon-(2)* entschwefelt.

V e r s u c h e: 3 - A r y l t h i a z o l i d i n t h i o n e - (2): Man kocht 0,02 Mol I—V in 10 ml absol. A. mit 1,12 g KOH u. 3,04 g CS_2 8 Std., dest. A. u. CS_2 ab, wäscht den Rückstand mit kaltem W. bis zur Farblosigkeit u. krist. aus A. um: *3-Phenyl-*, $C_9H_9NS_2$, F. 133—134°; 78% (Ausbeute). — *3-[p-Tolyl]-*, $C_{10}H_{11}NS_2$, F. 126,5—127°; 83%. — *3-[o-Tolyl]-*, $C_{10}H_{11}NS_2$, F. 128—129°; 31%. — *3-[p-Anisyl]-*, $C_{10}H_{11}NOS_2$, F. 120,5—121°; 70%. — *3-[o-Anisyl]-*, $C_{10}H_{11}NOS_2$, F. 135,5—136°; 5,5%. — Durch 4std. Kochen von 0,0025 Mol vorst. Thione mit 1 g HgO in 10 ml Eisessig, Eindampfen u. Extrahieren mit heißem Methanol werden folgende T h i a z o l i d o n e -(2) erhalten: *3-Phenyl-*, F. 76,5—77,5°; 70%. — *3-[p-Tolyl]-*, F. 93—93,5° (A.); 60%. — *3-[o-Tolyl]-*, F. 61—62° (A.); 47%. — *3-[p-Anisyl]-*, F. 102—103° (A.); 60%. — *3-[o-Anisyl]-*, F. 116 bis 117°; 40%. (Журнал Общей Химии [J. allg. Chem.] **27** (89). 3152—54. Nov. 1957.)

HELMUT SCHÄFER. 3142

Ju. K. Jurjew, Ss. W. Djatlowitzkaja und **L. G. Bulawin,** *Äthylensulfid in der Synthese heterocyclischer Verbindungen mit zwei Heteroatomen.* 6. Mitt. *N-[β-Mercaptoäthyl]-p-chloranilin und seine Kondensation mit Aldehyden, Phosgen und Schwefelkohlenstoff.* (5. vgl. vorst. Ref.) p-Chloranilin reagiert mit Äthylensulfid unter Bldg. von *N-[β-Mercaptoäthyl]-p-chloranilin* (I), dessen Oxydation mit Jod zu *β.β'-Bis-[p-chlorphenylamino]-diäthyldisulfid* führt. I kondensiert leicht mit Form-, Acet-, Propion-, Butyr- u. Benzaldehyd, Phosgen u. CS_2 unter Bldg. von *3-[p-Chlorphenyl]-*, *2-Methyl-3-[p-chlorphenyl]-*, *2-Äthyl-3-[p-chlorphenyl]-*, *2-n-Propyl-3-[p-chlorphenyl]-*, *2-Phenyl-3-[p-chlorphenyl]-thiazolidin*, *3-[p-Chlorphenyl]-thiazolidon-(2)* u. *3-[p-Chlorphenyl]-thiazolidinthion-(2)*.

V e r s u c h e: *N-[β-Mercaptoäthyl]-p-chloranilin* (I), $C_8H_{10}ClNS$, Kp.$_{1,5}$ 129—131°, man erhitzt 11,7 g Äthylensulfid u. 49,8 g p-Chloranilin 10 Std. im Rohr, filtriert u. dest.; $D.^{20}_4$ 1,2396; n_D^{20} 1,6132; 54% (Ausbeute). — *β.β'-Bis-[p-chlorphenylamino]-diäthyldisulfiddihydrojodid*, $C_{16}H_{20}Cl_2J_2N_2S_2$, F. 176—176,2° (Zers.), man versetzt 0,4818 g I in 3 ml A. tropfenweise mit 29,85 ml 0,1n alkoh. Jodlsg. bis zur schwachen Färbung; in kaltem A. farblos, in heißem rot. — T h i a z o l i d i n e: *3-[p-Chlorphenyl]-* $C_9H_{10}ClNS$, F. 93—93,5° (80%ig. A.), man schüttelt 1,88 g I u. 5 ml 30%ig. Formalin 10 Min. u. wäscht mit W. u. kaltem A.; 100%. — *2-Methyl-3-[p-chlorphenyl]-*, $C_{10}H_{12}ClNS$, F. 48,5 bis 49° (80%ig. A.), man versetzt 1,88 g I in 10 ml absol. A. mit 4,4 g Acetaldehyd (Selbsterwärmung), verd. nach Abkühlen mit 0,3 g Soda in 2 ml W. u. saugt ab; 90,5%. — *2-Äthyl-3-[p-chlorphenyl]-*, $C_{11}H_{14}ClNS$, F. 72—72,5° (80%ig. A.), man mischt 1,88 g I in 10 ml absol. A. mit 4,4 g Propionaldehyd u. dampft nach der Selbsterwärmung im Vakuum ein; 100%. — *2-n-Propyl-3-[p-chlorphenyl]-*, $C_{12}H_{16}ClNS$, F. 32—32,5° (80%ig. A.), analog Vorst. aus 1,88 g I in 10 ml absol. A. u. 7,2 g Butyraldehyd; 100%. — *2-Phenyl-3-[p-chlorphenyl]-*, $C_{15}H_{14}ClNS$, F. 113,5—114° (A.-Bzl., 1:5), man läßt 1,88 g I u. 5,3 g Benzaldehyd in 15 ml absol. A. 72 Std. stehen u. filtriert; 87%. — *3-[p-Chlorphenyl]-thiazolidon-(2)*, C_9H_8ClNOS, F. 88—88,5° (absol. A.), a) man versetzt 1,88 g I in 5 ml Toluol schnell mit 10 ml einer 20%ig. Lsg. von $COCl_2$ in Toluol u. dampft im Vakuum ein; 71,5%; b) man kocht 70 mg nachst. Verb. mit 150 mg HgO in 2 ml Eisessig 3 Std. u. dampft im Vakuum ein. — *3-[p-Chlorphenyl]-thiazolidinthion-(2)*, $C_9H_8 \cdot ClNS_2$, F. 139,5—140° (A.), man versetzt 3,76 g I in 10 ml absol. A. + 1,12 g KOH mit 3,04 g CS_2, kocht 8 Std. u. dampft ein; 43,5%. (Журнал Общей Химии [J. allg. Chem.] **27** (89). 3271—75. Dez. 1957.)

HELMUT SCHÄFER. 3142

Ju. K. Jurjew und **Ss. W. Djatlowitzkaja,** *Äthylensulfid in der Synthese heterocyclischer Verbindungen mit zwei Heteroatomen.* 7. Mitt. *3-Arylthiazolidin-2-carbonsäure und ihre Derivate.* (6. vgl. vorst. Ref.) Durch Rk. von Dichloressigsäure (I), Dichloressigsäureamid (II) u. Dichloressigsäureäthylester (III) mit N-[β-Mercaptoäthyl]-anilin (IV) werden *3-Phenylthiazolidin-2-carbonsäure* (V) bzw. **V**-*Amid* u. **V**-*Äthylester* dargestellt. Analog werden N-[β-Mercaptoäthyl]-p-toluidin (VI), -p-anisidin, -o-anisidin u. -o-toluidin mit I—III zu den entsprechenden *3-Arylthiazolidin-2-carbonsäuren* bzw. *-derivv.* umgesetzt.

V e r s u c h e: *3-Phenylthiazolidin-2-carbonsäure* (V), $C_{10}H_{11}NO_2S$, F. 169—170° (Zers.; A.), man kocht 7,75 g I, 7,65 g IV, 7,5 g Na-Acetat, 10,6 g Soda u. 50 ml absol. A. 4 Std., dest. den A. ab, schüttelt mit 100 ml n-HCl u. 40 ml Ae. bis zur Auflsg. des Nd. u. dampft die äther. Lsg. ein; 50% (Ausbeute). *Amid*, $C_{10}H_{12}N_2OS$, F. 171—172°

(Zers.), man kocht 0,05 Mol **IV**, 0,075 Mol **II**, 0,06 Mol Na-Acetat u. 0,066 Mol Soda in 50 ml absol. A. 4 Std., dest. den A. ab, schüttelt mehrfach mit W. u. Ae. durch u. krist. aus A. um; 30%. *Äthylester*, $C_{12}H_{15}NO_2S$, Kp.$_2$ 163—164°, man kocht 7,65 g **IV**, 11,8 g **III**, 5 g Na-Acetat, 7,5 g Soda u. 50 ml absol. A. 5 Std., dest. den A. ab, schüttelt mit W. u. Ae., dampft die äther. Schicht ein, extrahiert das verbleibende Öl 12 Std. mit PAe. (Kp. 30—50°) u. dest. die Petrolätherschicht; $D.^{20}_4$ 1,1846; n_D^{20} 1,5795; 51%. *Hydrazid*, $C_{10}H_{13}N_3OS$, F. 135,5—136°, man kocht 1 g **V**-Äthylester, 1 ml Hydrazinhydrat u. 1 ml A. 10 Min., kühlt ab, verd. mit wenig W. u. krist. aus W. um; 76%. — *3-[p-Tolyl]-thiazolidin-2-carbonsäure*, $C_{11}H_{13}NO_2S$, F. 164,5—165° (Zers.; A.), analog Vorst. aus **VI**, u. **I**; 43%. *Amid*, $C_{11}H_{14}N_2OS$, F. 192,5—193° (Zers.), aus **VI** u. **II**; 38%. *Äthylester*, $C_{13}H_{17}NO_2S$, F. 57—57,5° (A.), aus **VI** u. **III**; 41,5%. *Hydrazid*, $C_{11}H_{15}N_3OS$, F. 176 bis 176,5°, aus dem Äthylester; 100%. — *3-[p-Anisyl]-thiazolidin-2-carbonsäure*, $C_{11}H_{13}$·NO_3S, F. 130—130,5° (Zers.; A.); 22%. *Amid*, $C_{11}H_{14}N_2O_2S$, F. 162—163°; 27%. *Äthylester*, $C_{13}H_{17}NO_3S$, Kp.$_2$ 176—180° (unter N_2), F. 48—48,5° (A.); 30%. *Hydrazid*, $C_{11}H_{15}$·N_3O_2S, F. 143,5—144°; 100%. — *3-[o-Anisyl]-thiazolidin-2-carbonsäure. Amid*, $C_{11}H_{14}$·N_2O_2S, F. 149—150°; 25%. *Äthylester*, $C_{13}H_{17}NO_3S$, Kp.$_3$ 180—181°; $D.^{20}_4$ 1,1885; n_D^{20} 1,5730; 32,5%. *Hydrazid*, $C_{11}H_{15}N_3O_2S$, F. 103—104°; 70%. — *3-[o-Tolyl]-thiazolidin-2-carbonsäure, Amid*, $C_{11}H_{14}N_2OS$, F. 155—155,5°; 21,5%. *Äthylester*, $C_{13}H_{17}NO_2S$, Kp.$_3$ 164—165°; $D.^{25}_4$ 1,1515; n_D^{20} 1,5630; 49%. *Hydrazid*, $C_{11}H_{15}N_3OS$, F. 130,5—131°; 74%. (Журнал Общей Химии [J. allg. Chem.] **28** (**90**). 875—80. April 1958.)

HELMUT SCHÄFER. 3142

Marcel Pesson, Gilbert Polmanss und **Simonne Dupin,** *Über die Darstellung von 3-Mercapto-1.2.4-triazolen.* Durch 8std. Kochen von 4-Phenylthiosemicarbazid (**II**) mit Ameisensäureäthylester in CH_3OH in Ggw. von $NaOCH_3$ entsteht *3-Mercapto-4-phenyl-1.2.4-triazol* [**I**; F. 168—170° (W.)], das mit H_2O_2-Essigsäure zu *4-Phenyl-1.2.4-triazol* (F. 120°) desulfuriert wird. Die **I**-Ausbeute sinkt stark bei Verwendung von $Mg(OCH_3)_2$ als Kondensationsmittel. **I** bleibt bei Behandlung mit sd. konz. HCl unverändert. Mit $(CH_3)_2SO_4$/Alkali entsteht *3-Methylmercapto-4-phenyl-1.2.4-triazol* (F. 76°), mit Chloressigsäure *3-Carboxymethylmercapto-4-phenyl-1.2.4-triazol* (F. 208—209°). Beide Verbb. sind ebenfalls sehr stabil gegen Hydrolyse. **II** liefert mit Essigsäure-, Phenylessigsäure-, Benzoesäure- bzw. Diäthylaminoessigsäureäthylester *5-Methyl-* (F. 214—215°), *5-Benzyl-* (F. 199—200°), *5-Phenyl-* (F. 279—280°) u. *5-Diäthylaminomethyl-3-mercapto-4-phenyl-1.2.4-triazol* (F. 168—169°). Die Kondensation von **II** mit N.N-Dialkylcarbaminsäurealkylestern scheiterte. Aus 4-[p-Chlorphenyl]-thiosemicarbazid wurden *3-Mercapto-4-[p-chlorphenyl]-1.2.4-triazol* (F. 214°) u. die *5-Diäthylaminomethylverb.* (F. 148°), aus 4-[p-Äthoxyphenyl]-thiosemicarbazid *3-Mercapto-4-[p-äthoxyphenyl]-1.2.4-triazol* (F. 185°) u. aus 4-Methylthiosemicarbazid *3-Mercapto-4-methyl-5-benzyl-1.2.4-triazol* (F. 155°) dargestellt. Durch Umsetzung von Diäthylcarbonat mit den entsprechenden 4-Arylthiosemicarbaziden in Ggw. von $NaOCH_3$ wurden *4-Phenyl-* [F. 192—193°. *Hydrat*, F. 130° (W.)], *4-[p-Chlorphenyl]-* (F. 214—216°), *4-[p-Äthoxyphenyl]-* (F. 196—198°) u. *4-[α-Pyridyl]-3-mercapto-5-hydroxy-1.2.4-triazol* (F. 215—216°) erhalten. (C. R. hebd. Séances Acad. Sci. **248**. 1677—80. 16/3. 1959.) R. PASEDAG. 3153

J. S. Brimacombe, A. E. Foster, M. Stacey und **D. H. Whiffen,** *Aspekte der Stereochemie.* 1. Mitt. *Eigenschaften und Reaktionen einiger Diole.* Die Konformationsstabilität vicinaler Diole des Cyclopentans, Cyclohexans, Cycloheptans, Tetrahydrofurans u. Tetrahydropyrans sowie einiger verwandter Verbb. wird mittels der IR-Spektren, der elektrophoret. Wanderungsgeschwindigkeit in Boratpuffer, der Reaktionsfähigkeit bei der Glykolspaltung sowie der Mol.-Rotation untersucht. Für *trans-Cyclohexandiol-(1.2)* ergeben die Messungen ein Überwiegen der Sesselform mit äquatorialer Stellung beider Hydroxylgruppen, während beim *cis-Diol* das Vork. der beiden enantiomorphen Sesselformen mit einer von der äquatorialen OH-Gruppe bzw. mit einer von der axialen OH-Gruppe ausgehenden H-Bindung bewiesen wird. Ebenso wird beim *1.5-Anhydro-2-desoxy-D-threopentit* [*D-threo-Tetrahydropyrandiol-(3.4)*] ein Überwiegen der Formen mit äquatorialen OH-Gruppen u. einer H-Bindung zwischen den Hydroxylgruppen gegenüber der Form mit axialen OH-Gruppen u. einer H-Bindung zwischen OH-Gruppe u. Ring-O angenommen; bei der entsprechenden *L-erythro-Verb.* ergeben IR-Spektr. u. Mol.-Rotation ein Überwiegen der Sesselform mit H-Bindungen von der äquatorialen $C_{(3)}$-OH-Gruppe zur axialen $C_{(4)}$-OH-Gruppe u. von dieser zum Ring-O. Durch den IR-spektroskop. Nachw. der H-Bindung (OH → Ring-O) wird für *1.3-Dioxanol-(5)* das Vorliegen der *cis-Form* festgestellt. Bei *cis-Cyclopentandiol-(1.2)* u. *1.4-Anhydro-L-threit* (*L-Threitan*) ergeben die hohen $\Delta\nu$-Werte, daß die OH-Gruppen nicht die für die H-Bindung optimalen Positionen einnehmen. Bei *1.4;3.6-Dianhydro-L-idit* werden wegen der trans-Stellung der O-Bindungen am $C_{(2)}$, $C_{(3)}$, $C_{(4)}$ u. $C_{(5)}$ keine, bei *1.4;3.6-Dianhydro-D-mannit* wegen der cis-O-Bindungen am $C_{(2)}$ u. $C_{(3)}$ eine u. beim *1.4;3.6-Di-*

anhydro-D-glucit infolge der cis-O-Bindungen zwei H-Brücken nachgewiesen. Die Reaktionsgeschwindigkeit der Glykolspaltung mit $Pb(CH_3COO)_4$ u. H_5JO_6 wird beim Ersatz einer Ring-CH_2-Gruppe durch Ring-O erniedrigt, bes. stark bei 1.4-Anhydro-L-threit. Die relative ionophoret. Geschwindigkeit (M_G) der vicinalen trans-Diole liegt bei 0, der hohe M_G-Wert des *trans-Cycloheptandiols-(1.2)* ist auf die Beweglichkeit des Siebenringes zurückzuführen; die M_G-Werte der cis-Diole werden beim Ersatz von Ring-CH_2 durch O erhöht.

Versuche: *trans-1.2-Dibromcycloheptan*, Kp.$_{20-25}$ 138—140° (Badtemp.), aus Cyclohepten u. Br_2 in Ae. bei 0°; $n_D^{23,5}$ 1,5532; 79,4% (Ausbeute). — *trans-Cycloheptandiol-(1.2)*, F. 60—62°, Kp.$_{0,50}$ 100°, aus dem Diacetylderiv. u. sd. verd. NaOH (2 Std.); 74%; M_G 0,53. *Diacetylverb.*, Kp.$_{0,50}$ 99—101° (Badtemp.), aus vorst. Dibromid u. Ag-Acetat in Eisessig-Acetanhydrid bei 110° (15 Std.); n_D^{23} 1,4530; 40,4%. — *trans-Indandiol-(1.2)*, F. 156—157°, wie vorst. aus Inden; M_G 0,00. — *trans-Cyclopentandiol-(1.2)*; Kp.$_{15-20}$ 131°, wie vorst. aus Cyclopenten; M_G 0,00. — *trans-Cyclohexandiol-(1.2)*, F. 102—103°, nach ROEBUCK u. ADKINS; M_G 0,00. — *cis-Cyclohexandiol-(1.2)*, F. 93—94°, nach CLARKE u. OWEN (J. chem. Soc. [London] **1949**. 315); 14%; M_G 0,07. —*cis-Cycloheptandiol-(1.2)*, F. 45—46°, wie vorst. Verb.; 11%; M_G 0,69. — *cis-Cyclopentandiol-(1.2)*, Kp.$_{29}$ 133°, wie vorst.; 11%; M_G 0,69. — *cis-Indandiol-(1.2)*, F. 96—98°, wie vorst.; 14,5%; M_G 0,72. — *1.5-Anhydro-2-desoxy-D-threopentit*, $C_5H_{10}O_3$, F. 69°, Kp.$_{0,5}$ 75—80°, durch Verseifen der Diacetylverb.; 60,7%; $[\alpha]_D^{20}$ —29,6° (c = 2,5; W.); M_G 0,00. *Diacetylverb.*, $C_9H_{14}O_5$, Kp.$_{0,5}$ 102°, aus 3.4-Di-O-acetyl-D-xylal [F. 36—38°; $[\alpha]_D^{20}$ —288° (c = 1,0; W.)] u. H_2 an PtO in verd. A. bei n. Temp.; 43%; $[\alpha]_D^{20}$ —38° (c = 0,85; Chlf.). — *1.5-Anhydro-2-desoxy-L-erythropentit*, $C_5H_{10}O_3$, Kp.$_{0,2-0,3}$ 120°, a) durch Verseifen der Diacetylverb.; 60,7%; b) aus L-Arabinal u. H_2 an PtO in verd. A.; 70,4%; $[\alpha]_D^{20}$ +64° (c = 1,5; W.); M_G 0,23. *Diacetylverb.*, $C_9H_{14}O_5$, Kp.$_{0,2}$ 86—90°, wie vorst. Diacetat aus 3.4-Di-O-acetyl-L-arabinal [Kp.$_{0,01}$ 110—140°; $[\alpha]_D^{20}$ —236° (c = 1,12; Chlf.)]; 67%; $[\alpha]_D^{20}$ +75° (c = 1,0; W.). — *L-Threit*, F. 88—89°, aus 2,2 g der Dibenzylidenverb. u. n-H_2SO_4 in sd. A. (½ Std.), Einengen, Extrahieren mit Ae. u. Entionisieren an Amberlite IRA-400 (OH-Form); 0,5 g; $[\alpha]_D^{20}$ —4° (c = 8,0; W.). *1.2.3.4-Di-O-benzylidenverb.*, F. 215—217° (Toluol), durch Red. von 10 g Dibutyl-L-tartrat ($n_D^{16,5}$ 1,4450; $[\alpha]_D^{20}$ +10,2°) mit $LiAlH_4$ in sd. Tetrahydrofuran (1½ Std.) u. Rk. des rohen L-Threits mit Benzaldehyd in verd. H_2SO_4; 2,2 g; $[\alpha]_D^{25}$ +81° (c = 0,5; Chlf.). — *1.4-Anhydro-L-threit*, F. 63—64°, Kp.$_{15-17}$ 120°, aus 2,17 g L-Threit u. verd. H_2SO_4 (1:1) im Rohr bei 120° (1 Tag); 1,1 g; $[\alpha]_D^{20}$ —4° (c = 7,2; W.); M_G 0,00. — *1.4-Anhydroerythrit*, Kp.$_{2-3}$ 144°, wir vorst. aus 3 g Erythrit (2 Tage); 1,3 g; n_D^{20} 1,4767; M_G 0,88. (Tetrahedron [London] 4. 351—60. Nov. 1958. Birmingham, Univ., Chem. Dep.).
F. HELLER. 3211

V. K. Ahluwalia, A. C. Mehta und **T. R. Seshadri**, *Die Konstitution des Dalbergins. 4. Mitt. Eine neuartige Umwandlung des O-Methyldalbergins.* (3. vgl. C. **1958**. 6532.) O-Methyldalbergin (I) wird durch sd. Alkali nicht verändert; bei der Rk. mit HgO in alkal. Lsg. entsteht *3-Phenyl-5.6-dimethoxycumaron-2-carbonsäure* (**II**), die durch $HgCl_2$ in sd. verd. A. oder durch Cu-Pulver in sd. Chinolin zu *3-Phenyl-5.6-dimethoxycumaron* (**III**) decarboxyliert wird. Ebenso wie **I** reagieren auch andere 4-Phenylcumarine.

Versuche: *3-Brom-4-phenyl-6.7-dimethoxycumarin*, $C_{17}H_{13}BrO_4$, F. 190—191°, aus 2,8 g **I** u. Br_2 in Eisessig; aus Eisessig rechteckige Platten; 3,0 g (Ausbeute). — *3-Phenyl-5.6-dimethoxycumaron-2-carbonsäure* (**II**), $C_{17}H_{14}O_5$, F. 224—225°, a) aus 3 g vorst. Verb. u. sd. 10%ig. NaOH (4 Std.); 1,9 g; b) aus 2 g **I** u. gelbem HgO in sd. verd. KOH (10 Std.); 1,5 g; aus CH_3OH rechteckige Platten; $FeCl_3$-Rk. in A. orangerot. *Methylester*, $C_{18}H_{16}O_5$, F. 135—136°, aus **I** u. $(CH_3)_2SO_4$; aus CH_3OH Prismen. — *3-Phenyl-5.6-dimethoxycumaron* (**III**), $C_{16}H_{14}O_3$, F. 94—95°, a) aus 0,5 g **II** u. $HgCl_2$ in sd. verd. A. (6 Std.); 0,35 g; b) aus 1 g **II** u. Cu-Pulver in Chinolin bei 220° (½ Std.); 0,8 g; aus CH_3OH Nadelbüschel. — *2.4.5-Trimethoxy-β-phenylzimtsäuremethylester*, $C_{19}H_{20}O_5$, F. 92—94°, aus 2.4.5-Trimethoxy-β-phenylzimtsäure (**IV**), $(CH_3)_2SO_4$ u. K_2CO_3 in sd. Aceton; aus CH_3OH rechteckige Platten. — *Nordalbergin* (*4-Phenyl-6.7-dihydroxycumarin*), F. 268—269°, aus 0,5 g **IV** u. HJ in sd. Acetanhydrid (2 Std.); aus Äthylacetat–PAe. rechteckige Platten u. kleine Prismen; 0,3 g. *Diacetylverb.*, F. 157—158°. *Dimethyläther* (I), F. 144—145°. — *2.4-Dimethoxy-β-phenylzimtsäure*, $C_{17}H_{16}O_4$, F. 170 bis 171°, aus 4-Phenyl-7-methoxycumarin, $(CH_3)_2SO_4$ u. methanol. KOH; aus CH_3OH blaßgelbe Platten. — *3-Phenyl-6-methoxycumarilsäure*, F. 204—206°, aus 4-Phenyl-7-methoxycumarin wie **II** nach b) (20 Std.); aus CH_3OH Platten u. Nadeln; 17%. — *3-Phenyl-6-methoxycumaron*, F. 41—42°, wie **III** aus vorst. Verb.; aus PAe. Nadeln. — *2.3.4-Trimethoxy-β-phenylzimtsäure*, $C_{18}H_{18}O_5$, F. 168—170°, wie vorvorst. Säure aus 4-Phenyl-7.8-dimethoxycumarin (**V**); aus CH_3OH Aggregate kleiner Prismen. *Methylester*, $C_{19}H_{20}O_5$, F. 89—90°, aus CH_3OH Prismen. — *3-Brom-4-phenyl-7.8-dimethoxy-*

cumarin, $C_{17}H_{13}BrO_4$, F. 231—233°, aus V u. Br_2 in Eisessig; aus Eisessig rechteckige Platten u. kleine Prismen. — *3-Phenyl-6.7-dimethoxycumarilsäure*, $C_{17}H_{14}O_5$, F. 196 bis 198°, a) aus vorst. Verb. wie II nach a); b) aus V wie II nach b); aus CH_3OH Nadelbüschel. — *3-Phenyl-6.7-dimethoxycumaron*, F. 83—84°, aus vorst. Verb. wie III nach b), aus A. kleine Blättchen. (Tetrahedron [London] **4.** 271—74. Nov. 1958. Delhi, Univ., Dep. of Chem.) F. HELLER. 3211

R. Aneja, S. K. Mukerjee und **T. R. Seshadri,** *Eine Untersuchung über die Hirkunft und die Veränderung der C_5-Einheit in Pflanzenprodukten — eine neue Synthec von Angelicin und Psoralen.* Die Konst. einer großen Zahl natürlich vorkommender kondensierter Furan- u. Pyranderivv. mit Isopreneinheiten im Gerüst wird besprochen (112 Literaturangaben). Die Herkunft der Isopreneinheiten aus α-Hydroxy-γ.γ-dimethylallylgruppen (**A**) wird durch die leichte Umwandlung dieser Gruppen in α-Hydroxyisopropyl- u. α-Isopropylidendihydrofurane sowie 2.2-Dimethylchromene wahrscheinlich gemacht. Die Überführung von **A** in einfache Furanderivv. beruht auf der Addition von 2 OH-Gruppen, Glykolspaltung u. Cyclisierung des substituierten Acetaldehyds (vgl. C. **1959.** 5475); nach dieser Meth. wird der aus 7-Hydroxy-8-allylcumarin (I) durch Ozonolyse erhaltene *7-Hydroxycumarin-8-acetaldehyd* in *Angelicin*, der aus 7-Hydroxy-6-[γ.γ-dimethylallyl]-cumarin (II) dargestellte *7-Hydroxycumarin-6-acetaldehyd* in *Psoralen* übergeführt.

Versuche: *7-Hydroxycumarin-8-acetaldehyd*, $C_{11}H_8O_4$, F. 140—141°, aus 200 mg I u. O_3 in Äthylacetat bei —5° u. Red. des *Ozonids* mit H_2/Pd-Kohle; aus Äthylacetat–Hexan kurze Prismen; 170 mg (Ausbeute). *2.4-Dinitrophenylhydrazon*, F. 238—239°, aus Chlf.-CH_3OH hellorangefarbene Prismen. — *Angelicin*, F. 141—142°, aus 100 mg vorst. Aldehyds u. H_3PO_4 bei 100° (10 Min.) u. Gießen in W.; nach Chromatographie in Bzl. an Al_2O_3 aus Bzl.-AeP. Nadeln. — *Psoralen*, F. 161—162°, aus 50 mg Desmethylsuberosin (II) u. O_3 u. Cyclisierung des rohen *Aldehyds* mit H_3PO_4 bei 80° (2 Min.); aus CH_3OH Nadeln. (Tetrahedron [London] **4.** 256—70. Nov. 1958. Erratum: **6.** 96. März 1959. Delhi, Univ., Dep. of Chem.) F. HELLER. 3211

Loránd Farkas und **József Várady,** *Synthese des Daidzins und des Ononins.* Vff. erhalten aus [2.4-Dihydroxyphenyl]-[4-hydroxybenzyl]-keton (I) u. Orthoameisensäureester *Daidzein*, das mit Acetobromglucose über ein partiell acetyliertes Zwischenprod. in *Daidzin* (II) übergeführt wird. Methylierung von II ergibt *Ononin.*

Versuche: *7.4'-Dihydroxyisoflavonglucosid-(7)* (*Daidzin*, II), $C_{21}H_{20}O_9 \cdot 2H_2O$, F. 238° (W.), durch 5 std. Schütteln von 0,635 g Daidzein mit Acetobromglucose u. verd. KOH in Aceton, Stehen über Nacht, Zugabe von W. u. kurzes Erwärmen des erhaltenen Nd. mit wss.-methanol. NaOH; $[\alpha]_D^{20}$ —36,4° (n/50 KOH); 0,3 g (Ausbeute). *Pentaacetat*, $C_{31}H_{30}O_{14}$, F. 192—193°, mit Acetanhydrid–Pyridin. *Pentabenzoat*, F. 148—150°. *4'-Methyläther* (*Ononin*), $C_{22}H_{22}O_9 \cdot H_2O$, F. 213—214°, F. 245—250° (wasserfrei), mit Dimethylsulfat u. wasserfreiem K_2CO_3 in 5 Std. auf dem Wasserbad. — *Formononetin*, $C_{16}H_{12}O_4$, F. 252°, aus 125,7 mg vorst. Methyläthers mit methanol. HCl in 3 Std. auf dem Wasserbad; 70,2 g. — *7.4'-Dihydroxyisoflavon* (*Daidzein*), $C_{15}H_{10}O_4$, F. 320—325° (verd. Methanol), a) aus 1 g I mit Orthoameisensäureester in Pyridin in Ggw. von Piperidin in 8 Std. auf dem Wasserbad; 0,5 g; b) aus 184,4 mg II mit konz. HCl in Methanol in 3 Std. auf dem Wasserbad; 97 mg; daneben 66,4 g *Glucose*. *7.4'-Diacetat*, $C_{19}H_{14}O_6$, F. 187°, mit Na-Acetat in Acetanhydrid. *7.4'-Dimethyläther*, $C_{17}H_{14}O_4$, F. 158°, mit Dimethylsulfat u. K_2CO_3 in Aceton. (Chem. Ber. **92.** 819—21. 1959. Budapest, TU, Inst. für Organ. Chem.) H. KAMPFER. 3211

S. K. Pavanaram und **L. Ramachandra Row,** *Synthetische Analoga von Rotenoiden.* Zum Vgl. mit natürlichen Rotenoiden werden *Dihydrofuro-[3''.2'':6.7]-chromeno-[3'.4':2.3]-chromon* (I) u. *2-Methyl-2'-methoxydihydrofuro-[3''.2'':6.7]-isoflavon* (II) synthetisiert u. ihre UV-Spektren mit dem von *7-Acetoxychromeno-[3'.4':2.3]-chromon* (III) verglichen. III zeigt ein breites Band bei 287—305 mμ (log ε = 3,85), während I bei 299 mμ ein ausgeprägtes Maximum (log ε = 4,21), wahrscheinlich durch den annellierten Dihydrofuranring, besitzt. II zeigt λ_{max} 284 u. 306 mμ.

Versuche: *5-[ω-(2-Methoxyphenyl)-acetyl]-6-hydroxycumaran*, $C_{17}H_{16}O_4$, F. 142 bis 143°, aus 6-Hydroxycumaran (IV) u. 2-Methoxyphenylacetonitril nach HOESCH; prismat. Kristalle; $FeCl_3$-Rk. violett. — *2-Methyl-2'-methoxydihydrofuro-[3''.2'':6.7]-isoflavon* (II), $C_{19}H_{16}O_4$, F. 144—145°, aus vorst. Verb. mit Na-Acetat in sd. Acetanhydrid (14 Std.); rechteckige Prismen; $FeCl_3$- u. DURHAM-Rk. negativ. — *6-Hydroxy-5-[2-(carboxymethoxy)-phenylacetyl]-cumaran*, $C_{18}H_{16}O_6$, F. 164—165°, a) aus IV u. 2-Cyanmethylphenoxyessigsäuremethylester nach HOESCH u. Hydrolyse des *Ketiminhydrochlorids* mit verd. HCl; daneben der Methylester; b) aus dem Ester mit 2%ig. NaOH; rechteckige Prismen; $FeCl_3$-Rk. braun. *Methylester*, $C_{19}H_{18}O_6$, F. 116—117°, prismat. Stäbe; $FeCl_3$-

Rk. braun. — *Dihydrofuro-[3''.2'':6.7]-chromeno-[3'.4':2.3]-chromon* (I), $C_{18}H_{12}O_4$, F. 213 bis 214°, aus vorst. Säure mit Na-Acetat in Ggw. von Eisessig in sd. Acetanhydrid; blaßgelbe prismat. Kristalle; $FeCl_3$- u. DURHAM-Rk. negativ. — Die UV-Spektren von **I, II** u. **III** sind graph. angegeben. (Current Sci. **26.** 145—46. Mai 1957. Waltair, Andhra Univ., Dep. of Chem.) E. HANSCHKE. 3211

Andrzej Bylicki, *Die Darstellung von Pyridincarbonsäuren aus den Pyridinbasen von Steinkohlenteer.* 3. Mitt. (2. vgl. Roczniki Chem. [Ann. Soc. chim. Polonorum] **26.** [1952.] 453.) Aus 2-Picolin (Fraktion 129,4—129,5° der Pyridinbasen aus Steinkohlenteer; *Pikrat,* F. 164,5°) wurde durch $KMnO_4$-Oxydation *Picolinsäure* (**I**), F. 137—138° (Bzl.; *Hydrochlorid,* F. 78°; *Pikrat,* F. 164,5°) erhalten. Die Löslichkeit von **I** in A. u. W. wurde für verschied. Tempp. ermittelt u. das kryoskop. Verh. des Syst. **I**-W. untersucht. *Pyridin-2.6-dicarbonsäure* (**II**), F. 233° (Zers.; wss. HCl, dann A.) wurde aus 2.6-Lutidin (aus den Pyridinbasen) analog **I** hergestellt u. durch langsames Kristallisieren bei p_H 1,5 99%ig. rein erhalten. Die Löslichkeit von **II** in W. u. A., sowie die des Mono-K-Salzes von **II** in W. wurde bestimmt. Wasserfreies **I** bildet mit *Nicotin-* u. *Isonicotinsäure* ideale eutekt. Systeme. Das Problem der Verunreinigung der Nicotinsäuren mit **I** bei der Darst. durch Oxydation der Basenfraktionen wird erörtert. (Roczniki Chem. [Ann. Soc. chim. Polonorum] **29.** 791—802. 1955. Warszawa, Inst. Chem. Ogóln.) F. URBAN. 3231

Gerhard Schwenker, *Die Reaktion von Isonicotinsäurehydrazid mit 2.4-Dinitrochlorbenzol.* Die Rk. von Isonicotinsäurehydrazid (**VI**) mit 2.4-Dinitrochlorbenzol (**V**) in 50%ig. A. in Ggw. von 5 Mol NaOH führt zu *N-Isonicotinoyl-N'-[2.4-dinitrophenyl]-hydrazin* (**I**), das wahrscheinlich als inneres Salz vorliegt. Mit Isonicotinsäure (**II**) bzw. dem Äthylester verläuft die Rk. negativ. Dagegen liefert Benzhydrazid (**IV**) *N-Benzoyl-N'-[2.4-dinitrophenyl]-hydrazin.* **I** wird durch *Salze* charakterisiert u. läßt sich mit HCl zu *2.4-Dinitrophenylhydrazin* (**III**) u. **II** hydrolysieren. **I** ist ident. mit dem Prod. aus Isonicotinsäurechlorid (**VII**) u. **III.**

V e r s u c h e: *N-Benzoyl-N'-[2.4-dinitrophenyl]-hydrazin,* F. 211° (Eisessig oder CH_3OH), a) durch Stehen von **IV** u. **V** in A. mit wss. NaOH über Nacht u. Ansäuern mit 2n Essigsäure; gelbe u. orangefarbene (2. Form) Kristalle; 87% (Ausbeute); b) aus **III** u. Benzoylchlorid; 81,5%. — *N-Isonicotinoyl-N'-[2.4-dinitrophenyl]-hydrazin* (**I**), F. 275° (Zers.; sublimiert ab 230°), a) aus **VI** u. **V**; gelbbraune Nadelbüschel; 83,4%; b) durch 1 std. Kochen von **VII**-Hydrochlorid u. **III** in absol. Bzl. u. Pyridin; 87,0%. *Acetat,* $C_{12}H_9N_5O_5 \cdot CH_3COOH$, tiefrote rhomb. Blättchen mit starkem Oberflächenglanz. *Sulfat,* $C_{12}H_9N_5O_5 \cdot H_2SO_4$, F. 253—255° (Zers.), hellgelbe verfilzte Nadeln. *Perchlorat,* $C_{12} \cdot H_9N_5O_5 \cdot HClO_4$, F. 263° (Zers.), leuchtend gelbe, derbe Prismen. — *2.4-Dinitrophenylhydrazin* (**III**), F. u. Misch-F. 199°, durch 1std. Kochen von **I** mit halbkonz. HCl u. Hydrolyse; 94,0%. *Benzoylderiv.,* F. 211°. — *Isonicotinsäure* (**II**)-*Hydrochlorid,* F. 270° (sublimiert ab 220°), neben **III**; 91,0%. (Arch. Pharmaz. Ber. dtsch. Pharmaz. Ges. **291/63.** 537—41. Dez. 1958. Karlsruhe, TH, Pharmaz.-Chem. Inst.) R. PASEDAG. 3231

A. R. Battersby und **B. Binks,** *Pavin.* 3. Mitt. *Verwandte synthetische Arbeit.* (2. vgl. C. **1958.** 13240.) Bei der Einw. von P_4O_{10} oder $POCl_3$ auf N-Acetyl-1.2-bis-[3.4-dimethoxyphenyl]-äthylamin (**I**-Acetylderiv.) erfolgt nicht der erwartete BISCHLER-NAPIERALSKI-Ringschluß, sondern statt dessen Eliminierung von Acetamid. Das prim. entstandene *3.4.3'.4'-Tetramethoxystilben* (**II**) dimerisiert sich unter den Reaktionsbedingungen sofort zu einer gesätt. Verb. unbekannter Struktur. **II** wurde zu Vergleichszwecken durch Permethylierung u. HOFMANN-Abbau von **I** oder einfacher durch Dehydratisierung von 1.2-Bis-[3.4-dimethoxyphenyl]-äthanol dargestellt. Bei Verss., **I** mit HCHO u. HCO_2H zu methylieren, wurde PICTET-SPENGLER-Cyclisierung zu *N-Methyl-3-[3.4-dimethoxyphenyl]-6.7-dimethoxy-1.2.3.4-tetrahydroisochinolin* (**III**) beobachtet. Analog verhält sich N-Benzyl-2.2-bis-[3.4-dimethoxyphenyl]-äthylamin (**VIII**). HOFMANN-Abbau von **III** führte zu *2-Dimethylaminomethyl-4.5.3'.4'-tetramethoxystilben.* Die säurekatalysierte Kondensation von **I** mit Acetaldehyd (**IV**) lieferte neben etwas **II** vorwiegend *1-Methyl-3-[3.4-dimethoxyphenyl]-6.7-dimethoxy-1.2.3.4-tetrahydroisochinolin* (**V**), welches mit Hg(II)-Acetat zur entsprechenden *3.4-Dihydroverb.* (**VI**) dehydriert werden konnte. Die Struktur von **VI** geht aus spektroskop. Daten u. aus seiner Hydrierbarkeit zu **V** hervor. Veratrol ließ sich mit N-Benzyl-2.2-dimethoxyäthylamin (**VII**) zu einem Gemisch aus **VIII** u. *9.10-Bis-[benzylaminomethyl]-9.10-dihydro-2.3.6.7-tetramethoxyanthracen* kondensieren. Letzteres erleidet bereits beim Aufbewahren Dehydrierung zur vollaromat. Verbindung.

V e r s u c h e (UV-Daten s. Original): *1.2-Bis-[3.4-dimethoxyphenyl]-äthylamin* (**I**), F. 107° (W.), durch langsames Erhitzen von 3.4.3'.4'-Tetramethoxydesoxybenzoin (**IX**) mit NH_4-Formiat u. HCO_2H auf 180° u. $^5/_4$std. Hydrolyse mit sd. 5n H_2SO_4; 63% (Ausbeute). *N-Acetylderiv.*, F. 161—162°. — *Dimeres 3.4.3'.4'-Tetramethoxystilben*, $C_{36}H_{40}O_8$, F. 153—156° (A.), a) aus 0,8 g I-Acetylderiv., „Filtercel“ u. P_4O_{10} in sd. Toluol; 0,244 g; b) analog aus 0,2 g **II**; 50 mg; Misch-F. mit **II** 133—140°. — *1.2-Bis-[3.4-dimethoxyphenyl]-äthyltrimethylammoniumjodid*, $C_{21}H_{30}JNO_4$, F. 179—180° (Zers.; A.), durch 10std. Kochen von **I** mit CH_3J u. Na_2CO_3 in wss. Dioxan; 89%. — *3.4.3'.4'-Tetramethoxystilben* (**II**), $C_{18}H_{20}O_4$, F. 153—154° (A.), a) durch 2std. Kochen des aus vorst. Verb. mit AgOH erhaltenen *Methoxyhydroxyds* mit ca. 45%ig. wss. NaOH; 92%; b) durch Hydrierung von **IX** in A. über 10%ig. Pd-Kohle u. 7std. Kochen des Prod. mit 2n H_2SO_4; wird in A. über Pt zu *3.4.3'.4'-Tetramethoxydibenzyl* (F. 108—109°) hydriert. — *3-[3.4-Dimethoxy-phenyl]-1.2.3.4-tetrahydro-6.7-dimethoxy-2-methylisochinolin* (**III**), $C_{20}H_{25}NO_4$, F. 123 bis 125° (wss. A.), durch 8std. Erhitzen von 1 g **I** mit 95%ig. HCO_2H u. 37%ig. wss. HCHO auf 100°; 0,92 g. *Methojodid*, $C_{21}H_{28}JNO_4$, F. 250—252° (Zers.; wss. A.). — *2-Dimethyl-aminomethyl-4.5.3'.4'-tetramethoxystilben*, $C_{21}H_{27}NO_4$, F. 101—103° (wss. A.), aus 0,412 g vorst. Methojodids analog **II** (Meth. **A**); 0,17 g (rein); nimmt in A. über Pt 1 Mol H_2 auf. — *3-[3.4-Dimethoxyphenyl]-1.2.3.4-tetrahydro-6.7-dimethoxy-1-methylisochinolin* (**V**), $C_{20}H_{25}NO_4$, F. 130—133° (wss. A.), durch 1std. Kochen von 3 g **I** u. **IV** in wss. 6n H_2SO_4, Aufbewahren über Nacht mit frischen **IV** u. erneutes 5std. Kochen mit frischem **IV**; 74%; daneben 0,28 g **II**. *N-Acetylderiv.*, harzig. *N-Methylperchlorat*, $C_{21}H_{28}ClNO_8$, F. 211 bis 212° (wss. A.), durch 15std. Erhitzen von 0,2 g mit 95%ig. HCO_2H u. wss. H_2CO auf 100—110°; 0,25 g. *N-Methylmethojodid*, $C_{22}H_{30}JNO_4$, F. 170° (Zers.; das entstehende Harz zerfließt bei 208—209°; aus A.). — *3-[3.4-Dimethoxyphenyl]-3.4-dihydro-6.7-dimethoxy-1-methylisochinolin* (**VI**), $C_{20}H_{23}NO_4$, F. 115—116° (wss. A.), durch 9std. Kochen von **V** mit Hg(II)-Acetat in verd. CH_3CO_2H, gereinigt über das *Hydrogenoxalat* [$C_{22}H_{25}$·NO_8, F. 219° (Zers.; A.)]; 71%. — *N-Benzyl-2.2-bis-[3.4-dimethoxyphenyl]-äthylamin* (**VIII**), durch Zutropfen von 14,8 g **VII** zu einer Lsg. von 20 g Veratrol in Eisessig/konz. H_2SO_4 (1 : 1 Vol.) u. insgesamt 5std. Rühren; harzig; wurde als *Pikrat* [$C_{31}H_{32}N_4O_{11}$, F. 175,5—176,5° (Aceton), aus den Mutterlaugen von nachst. Pikrat; 3,15 g] isoliert. — *9.10-Bis-[benzylaminomethyl]-9.10-dihydro-2.3.6.7-tetramethoxyanthracen*, $C_{34}H_{38}N_2O_4$, F. 156—158° (A.), nach einigem Stehen unscharf 130—220°. *Dipikrat*, $C_{46}H_{44}N_8O_{18}$, F. 225 bis 226° (Zers.; Aceton), neben vorst. Pikrat; 1,27 g. — *2-Benzyl-4-[3.4-dimethoxyphenyl]-1.2.3.4-tetrahydro-6.7-dimethoxyisochinolin*, aus **VIII** analog **III**; gummiartig. *Methojodid*, $C_{27}H_{32}JNO_4$, F. 228—229° (CH_3OH). — *1-[2-(N-Benzylmethylaminomethyl)-4.5-dimethoxyphenyl]-1-[3.4-dimethoxyphenyl]-äthylen*, $C_{27}H_{31}NO_4$, durch HOFMANN-Abbau von 0,266 g vorst. Methojodids; klare, gummiartige Masse; 0,187 g. (J. chem. Soc. [London] **1958**. 4333—39. Dez. Bristol, Univ.) H. PRACEJUS. 3231

J. Colonge, J. Dreux und **H. Delplace**, *Über bicyclische δ-Diketone.* 3. Mitt. *Übergang zu Pyridinverbindungen.* (2. vgl. C. **1959**. 10883.) *2.3;5.6-Dicyclanopyridine* wurden durch Behandlung von Dioximen u. Disemicarbazonen bicycl. δ-Diketone mit HCl oder durch Einw. von NH_3 auf die δ-Diketone selbst dargestellt. Behandlung von Methylen-bis-[cyclohexanon-(2)] (**II**) mit Formamid (**I**) ergab *Tetradekahydroacridin* u. *Oktahydroacridin*. Analog wurde aus Methylen-bis-[3-methylcyclohexanon-(2)] (**IV**) *9.10-Dimethyltetradekahydroacridin* dargestellt. Auf mögliche Reaktionsmechanismen wird hingewiesen.

Versuche: *2.3;5.6-Dicyclopentanopyridin*, $C_{11}H_{13}N$, Kp.$_{13}$ 135°, F. 87° (PAe.), a) durch ½std. Kochen von Methylen-bis-[cyclopentanon-(2)] (**III**)-dioxim mit wss. HCl, Neutralisation mit NaOH u. Ausäthern; 66% (Ausbeute); b) durch ¾std. Kochen des **III**-Semicarbazons mit HCl; 75%; c) durch ¾std. Kochen von **III**, Ammonacetat u. 85%ig. CH_3COOH u. übliche Aufarbeitung; 60%; Kristalle, die am Licht u. an der Luft sich bräunen. — *Oktahydroacridin*, $C_{13}H_{17}N$, Kp.$_{23}$ 175°, F. 69° (PAe.), a) aus **II**-Dioxim; 66%; b) durch 1½std. Kochen von **II** mit Ammonacetat in 85%ig. CH_3COOH; 70%; c) durch Neutralisation des Gemisches von **II** u. 90%ig. Hydrazinhydrat mit CH_3COOH, ½std. Kochen, Zugabe von Alkali, Verdünnen mit W. u. Ätherextraktion; 50%; bräunt sich am Licht. — *2.7-Dimethyloktahydroacridin*, $C_{15}H_{21}N$, F. 167° (70%ig. A.), aus Methylen-bis-[5-methylcyclohexanon-(2)]-dioxim; Kristalle, sublimiert gegen 160°; 80%. — *3.6-Dimethyloktahydroacridin*, $C_{15}H_{21}N$, F. 146° (70%ig. A.), aus Methylen-bis-[4-methylcyclohexanon-(2)]-dioxim; 75%. — *2.3;5.6-Dicycloheptanopyridin*, $C_{15}H_{21}N$, F. 112° (60%ig. A.), durch 1½std. Kochen von Methylen-bis-[cycloheptanon-(2)] mit Ammonacetat in CH_3COOH; Kristalle; 50%. — *2.3;5.6-Diindanopyridin*, $C_{19}H_{13}N$, F. 203° (Bzl.), durch 15 Min. langes Kochen von Methylen-bis-[α-indanon-(2)] mit Ammonacetat in CH_3COOH, Abtrennen des Acetats (F. 245° [CH_3COOH]) u. Kochen mit 10%ig. NaOH; 80%. — *1.2;7.8-Dibenzooktahydroacridin*, $C_{21}H_{17}N$, F. 161° (A.), analog durch ½std. Rk. aus Methylen-bis-[α-tetralon-(2)]; 70%. — *Tetradekahydroacridin*, $C_{13}H_{23}N$, Kp.$_{11}$ 135—140°, F. 91° (50%ig. A.), durch Zugabe von 80%ig. HCOOH zu Ammoncarbonat bis zur beendeten Gasentw., Zutropfen von **II** in Bzl. bei 165°, 5std. Erhitzen auf 190°, 1std. Kochen mit NaOH u. Ätherextraktion; 50%. Daneben *Oktahydroacridin*, $Kp._{11}$ 160—170°, F. 69°. — *1a.8a-Dimethyltetradekahydroacridin*, $C_{15}H_{27}N$, $Kp._{11}$ 150 bis 160°, analog vorst. Verb. aus **IV**; 50%. *Pikrat*, $C_{21}H_{30}N_4O_7$, F. 162° (absol. A.). (Bull. Soc. chim. France [5] **1957**. 447—49. März.) HORST BAGANZ. 3231

A. E. Jean Herbert und **Muriel Tomlinson**, *Die Synthese von 1.9;9'.1'-Dicarbazolylen und ähnliche Versuche.* Die Darst. von 5.10-Dihydro-5.10-bis-[o-nitrophenyl]-phenazinen durch therm. Zers. von 2-Nitro-N-nitrosodiphenylaminen mit besetzter p-Stellung gelang nicht. Die Wiederholung der Arbeit von WIELAND u. LECHER [1912] ergab, daß die Zers. von 4-Nitro-N-nitrosodiphenylamin (**I**) offenbar kein 5.10-Dihydro-5.10-bis-[p-nitrophenyl]-phenazin liefert; isoliert wurden, wie bei den anderen Verss., nur *Nitro-* u. *Dinitrodiphenylamine*. — Nach der Phenazin-Synth. von WOHL u. AUE [1901] wurden *1-Phenylphenazin* (**II**) u. *1-Phenylphenazin-5-oxyd* (**III**) dargestellt. Ebenso entsteht aus 2-Nitrodiphenyl (**IV**) u. 2-Aminodiphenyl (**V**) *1.6-Diphenylphenazin-N-oxyd*, das mit Fe zu *1.6-Diphenylphenazin* red. wurde. Das N-Oxyd bildet beim Erhitzen mit Pd-Tierkohle *Dicarbazolylen-(1.9;9'.1')*. Ebenso entsteht aus **II** oder **III** *5.10-Dihydro-1.10-[o-phenylen]-phenazin*, dessen Darst. nach den Angaben von WATERMAN u. VIVIAN (vgl. A. P. 2 292 808) nicht gelang.

V e r s u c h e: *4.4'-Dimethyl-2-nitrodiphenylamin* (**VI**), F. 85°, aus 24 g 4-Chlor-3-nitrotoluol, 42 g p-Toluidin u. Na-Acetat durch 36std. Erhitzen, Wasserdampfdest. u. Chromatographie an Al_2O_3; rote Platten; 13 g (Ausbeute). — *4.4'-Dichlor-2-nitrodiphenylamin*, analog **VI**; 48%. — *4-Chlor-4'-methyl-2-nitrodiphenylamin*; 97%. — *4-Methyl-2'-nitro-N-nitrosodiphenylamin* (**VII**), $C_{13}H_{11}N_3O_3$, F. 102° (Zers.), aus 4,6 g 4-Methyl-2'-nitrodiphenylamin u. KNO_2 in Eisessig; gelbe Platten aus A.; 4,5 g. Gibt durch $1^1/_2$std. Erhitzen in sd. Xylol u. Chromatographie an Al_2O_3 das Ausgangsprod. (F. 68°), *4-Methyl-2'.4'-dinitrodiphenylamin* ($C_{13}H_{11}N_3O_4$, F. 135°) u. ein *4-Methyldinitrodiphenylamin* (F. 177°, orangefarbene Nadeln). — *4-Chlor-2'-nitro-N-nitrosodiphenylamin*, $C_{12}H_8 \cdot ClN_3O_3$, F. 101°, wie **VII**; aus A. gelbe Prismen. Gibt durch Zers. *4-Chlor-2'-nitrodiphenylamin* (F. 143,5°) u. *4-Chlor-2'.4'-dinitrodiphenylamin* (F. 165°). — *4-Chlor-4'-methyl-2-nitro-N-nitrosodiphenylamin*, $C_{13}H_{10}ClN_3O_3$, F. 96°, wie **VII**; aus A. gelbe Platten.-*4.4'-Dimethyl-2-nitro-N-nitrosodiphenylamin*, $C_{14}H_{13}N_3O_3$,F.93° wie **VII**; aus A. gelbe Nadeln. Gibt durch Zers. analog **VII VI** u. *4.4'-Dimethyl-2.2'-dinitrodiphenylamin* ($C_{14}H_{13}N_3O_4$, F. 199°, orangefarbene Platten). — Die Zers. von **I** durch Erhitzen in sd. Xylol ergab a) nach WIELAND u. LECHER durch Auflösen des Zersetzungsprod. in Chlf. u. fraktionierte Fällung mit A. eine nicht krist. Verb. (F. 200—208°, Sintern ab 180°); b) durch Extraktion mit Bzl. u. Chlf. u. Chromatographie an Al_2O_3 *4-Nitro-*, *4.2'-Dinitro-* u. *4.4'-Dinitrodiphenylamin*. — *1-Phenylphenazin* (**II**), $C_{18}H_{12}N_2$, F. 157°, a) durch 24std. Erhitzen von 5 g **IV**, 2,4 g Anilin u. KOH in sd. Bzl. u. Chromatographie an Al_2O_3; aus A. gelbe Nadeln; 0,54 g; b) aus **III** u. Zn in Essigsäure. — *1-Phenylphenazin-5-oxyd* (**III**), $C_{18}H_{12}N_2O$, F. 198°, wie **II** aus **V** u. Nitrobenzol; aus A. gelbe Nadeln. — *1.6-Diphenylphenazin-N-oxyd*, $C_{24}H_{16}N_2O$, F. 270°, wie **II** aus 5 g **IV** u. 4,2 g **V**; aus Chlf. gelbe Nadeln; 1,1 g. — *1.6-Diphenylphenazin*, $C_{24}H_{16}N_2$, F. 262—265°, durch Erhitzen von 0,3 g vorst. Oxyds unter CO_2 mit Fe auf 300°; aus Xylol gelbe Nadeln; 0,2 g. — *Dicarbazolylen-(1.9;9'.1')*, F. 337 aus 0,35 g vorvorst. Verb. u. 0,5 g 10%ig. Pd-Tierkohle durch allmähliches Erhitzen auf 450° im H_2-Strom; gelbe Nadeln aus Xylol (Lsg. zeigt violette Fluorescenz); 0,3 g. — *5.10-Dihydro-1.10-[o-phenylen]-phenazin*, $C_{18}H_{12}N_2$, F. 190° (Bzl./PAe.), analog vorst. Verb. a) aus 0,25 g **III**; 0,1 g; in Bzl. blauviolette Fluorescenz; b) aus 0,5 g **II**; 0,2 g. (J. chem. Soc. [London] **1958**. 4492—94. Dez. Oxford, Univ., Dyson Perrins Labor.) G. FISCHER. 3272

Nguyen P. Buu-Hoï, **Louis Petit** und **Nguyen-Dat Xuong**, *Über einige neue 2-substituierte Pyrimidazole, 6-Aza- und 8-Azapyrimidazole.* Die TSCHITSCHIBABIN-Rk. von 2-Aminopyridin (**II**) mit Chloraceton (**I**) zu *2-Methylpyrimidazol* wird weitgehend verallgemeinert. 5-Methyl-, 4-Methyl- u. 5-Chlor-2-aminopyridin liefern *2.6-Dimethyl-*, *2.7-Dimethyl-* u. *6-Chlor-2-methylpyrimidazol*, 2-Amino- u. 2-Amino-4-methylpyrimidin geben *2-Methyl-* bzw. *2.7-Dimethyl-8-azapyrimidazol*. Aus 6-Amino-2.4-dimethylpyrimidin u. Phenacylbromiden werden *5.7-Dimethyl-2-aryl-6-azapyrimidazole* erhalten. Ebenso reagiert 2-Amino-4.6-dimethylpyrimidin.

V e r s u c h e: P y r i m i d a z o l e: *2-Methyl-*, $C_8H_8N_2$, $Kp._{18}$ 134—135°, durch 3—6std. Kochen von **I** u. **II** in A., Ausfällen mit Ae. u. Alkalisieren; hellgelb; n_D^{24} 1,6000. — *2.6-Dimethyl-*, $C_9H_{10}N_2$, $Kp._{20}$ 155—156°, hellgelb, n_D^{24} 1,6010. — *2.7-Dimethyl-*, F. 59° (Cyclohexan), Nadeln. — *6-Chlor-2-methyl-*, $C_8H_7ClN_2$, F. 74° (Cyclohexan). — *2-Methyl-8-aza-*, $C_7H_7N_3$, F. 72° (Cyclohexan), glänzende Nadeln. — *2.7-Dimethyl-8-aza-*, $C_8H_9N_3$, F. 128° (Cyclohexan); Nadeln. — *5.7-Dimethyl-2-phenyl-6-aza-*, $C_{14}H_{13}N_3$, F. 170° (Cyclohexan), aus Phenacylbromid; gelbliche kleine Nadeln. — *5.7-Dimethyl-2-[p-fluorphenyl]-6-aza-*, $C_{14}H_{12}FN_3$, F. 178° (Bzl.), aus p-Fluorphenacylbromid; kleine gelbliche

Nadeln. — *5.7-Dimethyl-2-[p-chlorphenyl]-6-aza-*, $C_{14}H_{12}ClN_3$, F. 186° (Bzl.), aus p-Chlorphenacylbromid; glänzende, gelbe Prismen. — *5.7-Dimethyl-2-[p-bromphenyl]-6-aza-*, $C_{14}H_{12}BrN_3$, F. 213° (Bzl.), aus p-Bromphenacylbromid; kleine, gelbliche Nadeln. (C. R. hebd. Séances Acad. Sci. **248**. 1832—34. 23/3. 1959. Paris, Inst. du Radium.)
R. PASEDAG. 3272

H. Brandenberger, *Isotopenversuche über den Abbau der Harnsäure.* **5.** Mitt. *Eine neue Vorstellung über die alkalische Oxydation von Harnsäure.* (4. vgl. Biochim. biophysica Acta [Amsterdam] **18.** [1955.] 519.) In Ergänzung früherer Unterss. über die alkal. Oxydation der Harnsäure (I) wurde die Konst. von *Uroxansäure* als *4.5-Dihydroxy-4-carboxy-5-ureidoimidazolidon-(2)* (II) aufgeklärt (Nachw. 1 freien Ureidogruppe, CO-Abspaltung mit heißer konz. H_3PO_4; unlösl. in W. u. sauren Lsgg.). Der Imidazolidonring von II entsteht sek. beim Ansäuern. Bei der alkal. H_2O_2-Oxydation von I wird intermediär eine sehr unbeständige Verb. gebildet (λ_{max} 320—350 mμ), die wahrscheinlich *β.β-Diureido-β-hydroxybrenztraubensäure* (III) ist. II gibt in alkal. Lsg. unter Ringspaltung Salze, die sich anscheinend von einem III-Hydrat, *α.α.β-Trihydroxy-β.β-diureidopropionsäure*, ableiten. Es wird ein neues I-Abbauschema angegeben. (Experientia [Basel] **12.** 208—10. 15/6. 1956. Bern, Univ., Theodor-Kocher-Inst.) K. MAIER. 3272

Walter Ried und **Anton Draisbach,** *Über heterocyclische Siebenringsysteme.* 9. Mitt. *Synthesen kondensierter 6- und 7gliedriger Heterocyclen mit 2 Stickstoffatomen.* (8. vgl. C. **1958.** 4791.) Beim Zusammenschmelzen von Cyclohexanon-(2)-carbonsäure-(1)-äthylester (I) mit o-Phenylendiamin (II) bzw. Naphthylendiamin-(2.3) (III) < 200° bzw. beim 1½std. Kochen bzw. beim 3std. Kochen in alkoh. HCl entstehen *1-Carbäthoxycyclohexanon-(2)-[2-aminophenylimid]* bzw. *-[3-aminonaphthyl-(2)-imid]*, die sich diazotieren u. dann mit β-Naphthol kuppeln lassen. Erst bei längerem Kochen erfolgt der Ringschluß zu *11-Oxo-1.2.3.4.10.11a-hexahydrodibenzo-[b;e]-1.4-diazepin* bzw. *-hexahydrobenzo-[e]-naphtho-[2.3:6]-1.4-diazepin.* Mit $N_2H_4 \cdot H_2O$ bzw. Phenylhydrazin (IV) ergab Cyclohexanon-(2)-essigsäureäthylester (V) *3-Oxo-2.3.4.5.6.7.8.10-oktahydrocinnolin* bzw. die entsprechende *2-Phenylverbindung.*

V e r s u c h e: *1-Carbäthoxycyclohexanon-(2)-[2-aminophenylimid]*, $C_{15}H_{20}N_2O_2$, F. 118 bis 120° (CH_3OH), a) durch 1½std. Schmelzen von I u. II bei 180—190° u. Anreiben mit Ae.; 52% (Ausbeute); b) durch 3std. Erhitzen von I u. II mit A./konz. HCl auf dem Wasserbad u. Neutralisieren mit halbkonz. NH_4OH; glänzende Blättchen; 50%. — *11-Oxo-1.2.3.4.10.11a-hexahydrodibenzo-[b;e]-1.4-diazepin*, $C_{13}H_{14}N_2O$, F. 182—183° (A.), durch längeres Kochen von I u. II (bis beim Anreiben mit Ae. gelbes viscoses Öl entsteht); Nädelchen; 41,9%. — *1-Carbäthoxycyclohexanon-(2)-[3-aminonaphthyl-(2)-imid]*, $C_{19}H_{22}N_2O_2$, F. 114—115° (CH_3OH), aus I u. III bei 180°; Nadeln; 45%. — *11-Oxo-1.2.3.4.10.11a-hexahydrobenzo-[e]-naphtho-[2.3:b]-1.4-diazepin*, $C_{17}H_{16}N_2O$, F. 218—219° (A.), durch 2 bis 2½std. Kochen von I u. III; Nädelchen; 34,6%. — *3-Oxo-2.3.4.5.6.7.8.10-oktahydrocinnolin*, $C_8H_{12}N_2O$, F. 110° (Ligroin), durch 5std. Erhitzen von V u. $N_2H_4 \cdot H_2O$ im Rohr auf 100—110°; Nadeln; 46%. — *2-Phenyl-3-oxo-2.3.4.5.6.7.8.10-oktahydrocinnolin*, $C_{14}H_{16}N_2O$, F. 79—80° (Ligroin), durch 6std. Erhitzen von V u. IV in Ggw. von Piperidin im Rohr auf 170—180°; lange Nadeln; 41,7%. (Chem. Ber. **92.** 949—51. 1959. Frankfurt/M., Univ., Inst. für organ. Chem.) K. DOMMAIN. 3370

R. Jaunin und **R. Holl,** *Synthetische Makrocyclen.* **1.** Mitt. *Einwirkung von Natrium auf o.o'-Polymethylendioxy-bis-[benzylidenaniline].* In einer Modell-Rk. wird gezeigt, daß N-Benzyliden-o-anisidin mit Na in Ae. ein Gemisch der *meso-* u. *rac. Form* von *1.2-Bis-[o-anisidino]-1.2-diphenyläthan* (I) liefert. *o.o'-Polymethylendioxy-bis-[aniline]* (**A**) werden durch Rk. von Na-Nitrophenolat (IV) mit dem entsprechenden Polymethylenbromid in Glykol u. Hydrierung der erhaltenen *Nitroverbb.* in Ggw. von RANEY-Ni gewonnen. Die **A** werden als *Acetylderivv.* charakterisiert u. mit Benzaldehyd (II) in die *o.o'-Polymethylendioxy-bis-[N-benzylidenaniline]* übergeführt. Letztere lassen sich einerseits in Ggw. von RANEY-Ni zu den *Benzylverbb.* (**B**) hydrieren, andererseits mit Na/Ae. nach dem Verdünnungsprinzip unter N_2 zur Rk. bringen. Dabei entsteht ein Gemisch von **A**, **B**, *cycl.-N.N'-[1.2-Diphenyläthylen]-o.o'-polymethylendioxy-bis-[anilinen]* (**C**) u. polymeren Verbb., das sich über Ae.–HCl trennen läßt. Im Fall der Methylenverbb. entstehen nur 31% der entsprechenden **B**-Verb., im Fall der Dekamethylenverb. nur 32% der **A**-Verbindung. Die UV-Spektren der **C** zeigen infolge ster. Effekte gegenüber dem von I verminderte Intensität u. hypsochrome Verschiebung der K-Bande.

V e r s u c h e (FF. korr.): *Benzyliden-o-anisidin*, $C_{14}H_{13}NO$, Kp.$_{716}$ 336—338°, Kp.$_{12}$ 193—194°, a) aus o-Anisidin (III) u. II in Ggw. von Eisessig bei 50—60°; b) durch Erhitzen nachst. Verb. im Vakuum. — *Bis-[o-anisidino]-phenylmethan*, $C_{21}H_{22}N_2O_2$, F. 64—74° (Methylal), a) beim Stehen vorst. Verb.; b) aus vorst. Verb. u. III. — *1.2-Bis-[o-anisidino]-1.2-diphenyläthan* (I), $C_{28}H_{28}N_2O_2$, F. 137,5—139° (A.), durch 2std. Kochen u. Rühren vorvorst. Verb. mit Na in Ae. unter N_2. *Isomeres*, F. 199° (Bzl. oder Dimethylformamid-A.); 85—95% (Gesamtausbeute). — Durch 3—4std. Erhitzen von **IV** u. dem entsprechenden Polymethylenbromid in Glykol auf 150—155° nachst. Dioxy-bis-[nitrobenzole]: *o.o'-Methylen-*, $C_{13}H_{10}N_2O_6$, F. 130° (A.); 84%. — *o.o'-Äthylen-*, $C_{14}H_{12}N_2O_6$, F. 167,5—168° (A.); 73%. — *o.o'-Trimethylen-*, $C_{15}H_{14}N_2O_6$, F. 112—112,5°; (Dimethylformamid u. A.); 81%. — *o.o'-Tetramethylen-*, $C_{16}H_{16}N_2O_6$, F. 124—124,5° (A.), 91%. — *o.o'-Pentamethylen-*, $C_{17}H_{18}N_2O_6$, F. 83—83,5° (A.); 83%. — *o.o'-Hexamethylen-*, $C_{18}H_{20}N_2O_6$, F. 92—92,5° (A.); 84%. — *o.o'-Dekamethylen-*, $C_{22}H_{28}N_2O_6$, F. 76,5—77° (Isopropanol); 64%. — Durch 7—10std. Hydrierung vorst. Verbb. in absol. A. bei Raumtemp. u. 3—4 at in Ggw. von RANEY-Ni nachst. Dioxydianiline (**A**): *o.o'-Methylen-*, $C_{13}H_{14}N_2O_2$, F. 80—81° (A.), Kp.$_{0,1}$ 188—190°. *Diacetylverb.*, $C_{17}H_{18}N_2O_4$, F. 212,5—213° (n-Butanol u. A.). — *o.o'-Äthylen-*, $C_{14}H_{16}N_2O_2$, F. 131—132° (A.), Kp.$_{1,0}$ 222—225°. *Diacetylverb.*, $C_{18}H_{20}N_2O_4$, F. 226° (verd. Essigsäure). — *o.o'-Trimethylen-*, $C_{15}H_{18}N_2O_2$, F. 49—50° (A.), Kp.$_{0,1}$ 215—216°. *Diacetylderiv.*, $C_{19}H_{22}N_2O_4$, F. 193,5—194,5° (Essigsäure). — *o.o'-Tetramethylen-*, $C_{16}H_{20}N_2O_2$, F. 108—110° (A.), Kp.$_{1,2}$ 236°. *Diacetylverb.*, $C_{20}H_{24}N_2O_4$, F. 171—172° (Dioxan). — *o.o'-Pentamethylen-*, $C_{17}H_{22}N_2O_2$, F. 61 bis 62° (Methylal), Kp.$_{0,3}$ 221—223°. *Diacetylverb.*, $C_{21}H_{26}N_2O_4$, F. 141—142° (A.). — *o.o'-Hexamethylen-*, $C_{18}H_{24}N_2O_2$, F. 115—116° (n-Butanol), Kp.$_{0,8}$ 239—240°. *Diacetylderiv.*, $C_{22}H_{28}N_2O_4$, F. 142,5—143° (A.). — *o.o'-Dekamethylen-*, $C_{22}H_{32}N_2O_2$, F. 66—69° (n-Butanol), Kp.$_{0,2}$ 249—250°. *Diacetylverb.*, $C_{26}H_{36}N_2O_4$, F. 102,5° (verd. Dioxan). —*o.o'-Polymethylendioxy-bis-[N-benzylidenaniline]*, durch Erhitzen der **A** mit **II** in absol. A. auf 60—70°; orangegelbe Öle, die unter Zers. bei 280—350°/0,05 mm destillieren. — Durch 1—2std. Hydrieren vorst. Verbb. in absol A. in Ggw. von RANEY-Ni nachst. Dioxy-bis-[N-benzylaniline] (**B**): *o.o'-Methylen-*, $C_{27}H_{26}N_2O_2$, F. 86—87° (A.); 87%. — *o.o'-Äthylen-*, $C_{28}H_{28}N_2O_2$, F. 98,5—99,5° (A.); 81%. — *o.o'-Trimethylen-*, $C_{29}H_{30}N_2O_2$, F. 67,5—68,5° (A.); 89%. — *o.o'-Tetramethylen-*, $C_{30}H_{32}N_2O_2$, F. 95,5—97° (A.); 81%. — *o.o'-Pentamethylen-*, $C_{31}H_{34}N_2O_2$, F. 68—68,5° (Methylal); 56%. — *o.o'-Hexamethylen-*, $C_{32}H_{36}N_2O_2$, F. 106,5—108° (n-Butanol); 91%. — *o.o'-Dekamethylen-*, $C_{36}H_{44}N_2O_2$, F. 78,5 bis 80° (n-Butanol); 68%. — Durch 40—60std. Zugeben der Benzylidenverbb. in Ae. zu Na in sd. Ae., Fraktionieren über Ae.-HCl u. Umkristallisieren aus Essigester nachst. Dioxy-N.N'-[1.2-diphenyläthylen]-dianiline (**C**; in Klammern die Ausbeuten an **A**): *cycl.-o.o'-Äthylen-*, $C_{28}H_{26}N_2O_2$, F. 221—222,5°; 11% (43%). — *cycl.-o.o'-Trimethylen-*, $C_{29}H_{28}N_2O_2$, F. 199—200°; 12% (44%). — *cycl.-o.o'-Tetramethylen-*, $C_{30}H_{30}N_2O_2$, F. 187,5—188,5°; 16% (52% u. 10% der **B**-Verb.). — *cycl.-o.o'-Pentamethylen-*, $C_{31}H_{32}N_2O_2$, F. 181—182°; 15% (48%). — *cycl.-o.o'-Hexamethylen-*, $C_{32}H_{34}N_2O_2$, F. 182 bis 183°; 5,3% (81%). (Helv. chim. Acta **41**. 1783—92. 15/10. 1958. Lausanne, Univ., Labor. de Chim. organ.) CH. SASS. 3390

A. Quilico, F. Piozzi, M. Pavan und **E. Mantica,** *Die Struktur von Periplanetin.* Das aus der Sekretion des laterocervicalen Organs von *Periplaneta americana* L. u. *Blatta orientalis* L. isolierte krist. *Periplanetin* ist *1-Benzoyl-β-D-glucose*. Das IR-Spektr. wird diskutiert.

Versuche: *1-Benzoyl-β-D-glucose*, $C_{13}H_{16}O_7$, F. 193° (W.), a) aus der Sekretion in wss. Lsg., Extraktion mit Ae. (→ *Benzoesäure*, F. 120—121°) u. Einengen der wss. Lsg.; b) aus 4.6-Benzyliden-α-D-glucose durch Benzoylierung u. Hydrogenolyse in Essigsäure; aus W. Prismen. Hydrolyse in 12%ig. HCl (5 Min. bei 100°) oder enzymat. mit Emulsion ergibt *Benzoesäure* (F. 121°) u. *D-Glucose* (papierchromatograph. identifiziert). *Tetraacetylderiv.*, $C_{21}H_{24}O_{11}$, F. 140—141°, mit Essigsäureanhydrid in Pyridin, 24 Std. bei Raumtemp.; aus A. Nadeln. (Tetrahedron [London] **5**. 10—14. Jan. 1959. Milano, Ist. di Chim. Gen. del Politecn., C.N.R., Centro di Chim. Ind.) K. SCHAUERTE. 3400

Ju. A. Shdanow, L. I. Schtscherbakowa und **R. W. Golownja,** *Synthesen auf dem Gebiet der C—C-Derivate von Kohlenhydraten.* Durch GRIGNARD-Rk. von Chlortetraacetylglucose (**I**), Chlortriacetylxylose (**II**) u. Chlortetraacetylgalaktose (**III**) mit den entsprechenden Arylmagnesiumhalogeniden werden *1-[Diphenylyl-(4)]-1-desoxytetraacetylglucose, 1-[Thienyl-(2)]-, 1-[Diphenylyl-(4)]-* u. *1-Allyl-1-desoxytriacetylxylose* sowie *1-[p-Methoxyphenyl]-, 1-[p-Äthoxyphenyl]-* u. *1-[Diphenylyl-(4)]-1-desoxytetraacetylgalaktose* dargestellt. Auch methylierte Kohlenhydrate lassen sich mit GRIGNARD-Reagentien umsetzen, doch krist. die dabei entstehenden methylierten 1-Aryl-1-desoxyzucker nicht u. sind nur durch Dest. im Hochvakuum zu reinigen. So wird durch Rk. von Chlortetramethylglucose mit p-Methoxyphenyl-MgBr *1-[p-Methoxyphenyl]-1-desoxytetramethylglucose* erhalten. — Vgl. C. **1959**. 5484.

Versuche: *1-[Thienyl-(2)]-1-desoxytriacetylxylose*, $C_{15}H_{18}O_7S$, F. 151—152°, aus Thienyl-(2)-MgJ (3,93 g Mg, 34,65 g 2-Jodthiophen) u. 5 g **II**; aus Bzn. u. Isopropanol Nadeln; 2,1 g (Ausbeute). — *1-[Diphenylyl-(4)]-1-desoxytetraacetylgalaktose*, $C_{26}H_{28}O_9$, F. 156—157° (Isopropanol), zu der GRIGNARD-Verb. aus 4 g Mg u. 38,5 g 4-Bromdiphenyl in 150 ml Ae. gibt man in 30—40 Min. 5 g III in 60 ml absol. Ae. u. kocht 4—5 Stunden. — *1-Diphenylyl-(4)]-1-desoxytetraacetylglucose*, $C_{26}H_{28}O_9$, F. 180°, analog Vorst. mit **I**; aus A. glänzende Nadeln; 80%. — *1-[4-Bromdiphenylyl-(4')]-1-desoxytetraacetylglucose*, F. 197° (Isopropanol), zu 1 g vorst. Verb. in 10 ml CS_2 gibt man 1,5 g Br_2, erhitzt bis zum Abklingen der HBr-Entw., dest. CS_2 ab, wäscht mit 5%ig. NaOH u. verreibt das Öl mit PAe.; 1,1 g; gibt bei der $KMnO_4$-Oxydation *p-Bromphenylbenzoesäure*, F. 193°. — *1-[Diphenylyl-(4)]-1-desoxytriacetylxylose*, $C_{23}H_{24}O_7$, F. 191—192° (Bzn.), aus Diphenylyl-(4)-MgBr (3,93 g Mg, 38,5 g 4-Bromdiphenyl) u. 5 g **II**; 0,5 g. — *1-[p-Methoxy-m-jodphenyl]-1-desoxytetraacetylglucose*, F. 151—153°, zu 1 g 1-[p-Methoxyphenyl]-1-desoxytetraacetylglucose in CCl_4 gibt man unter Kühlung 1,9 g JCl in wenig CCl_4 u. gießt in W.; aus Isopropanol gelbliche Kristalle; 38%; gibt bei der Oxydation mit alkal. $KMnO_4$ *p-Methoxy-m-jodbenzoesäure*, F. 230°. — *1-[p-Methoxyphenyl]-1-desoxytetramethylglucose*, man läßt zu der GRIGNARD-Verb. aus 0,99 g Mg u. 8,4 g p-Bromanisol (**IV**) 3,5 g Chlortetramethylglucose in Ae. zutropfen, erhitzt 2—3 Std., zers. mit W. u. Essigsäure u. dest. den Ae. ab; sirupöse Fl.; 1,5 g; gibt bei der $KMnO_4$-Oxydation *Anissäure*, F. 179—180°. — Analog Vorst. werden aus **IV** u. **III** *1-[p-Methoxyphenyl]-1-desoxytetraacetylgalaktose*, aus p-Äthoxyphenyl-MgBr u. **III** *1-[p-Äthoxyphenyl]-1-desoxytetraacetylgalaktose* ($KMnO_4$-Oxydation → *p-Äthoxybenzoesäure*) u. aus Allyl-MgBr u. **II** *1-Allyl-1-desoxytriacetylxylose* erhalten. (Доклады Академии Наук СССР [Ber. Akad. Wiss. UdSSR] **107.** 259—61. 11/3. 1956. Moskau, Lomonossow-Univ.) W. KURTZMANN. 3400

J. Staněk und **M. Černý**, *Zur Bildung von Acetylderivaten der Glykosylamine.* Inhaltlich ident. mit der C. **1959.** 131 referierten Arbeit. (Collect. czechoslov. chem. Commun. **24.** 1017—19. März 1959 [Orig.: deutsch].) W. BARZ. 3400

A. G. Lloyd, *Chemische Synthese von Hexose- und Hexosaminsulfat.* Glucose (**I**) u. N-Acetylglucosamin (**II**) wurden in 6-Stellung sulfatiert u. die Struktur durch Synth. auf anderem Weg u. die ELSON-MORGAN-Rk. bewiesen. Die direkte Sulfatierung von **I** mit $ClSO_3H$ ergab nach chromatograph. Trennung an Cellulose [Butanol-(1)/Essigsäure/W. = 50 : 12 : 25] neben Glucose u. einem *D-Glucosedisulfat D-Glucose-6-O-sulfat.* Seine Identifizierung erfolgte durch Überführung von **I** in *6-O-Trityl-D-glucose*, Acetylierung zu *6-O-Trityl-1.2.3.4-tetra-O-acetyl-β-D-glucose*, Detritylierung zu *1.2.3.4-Tetra-O-acetyl-β-D-glucose*, Sulfatierung mit $ClSO_3H$ zu *1.2.3.4-Tetra-O-acetyl-β-D-glucose-6-O-sulfat* u. Desacetylierung (2std. Erhitzen mit 1%ig. Essigsäure). Analog wurde aus **II** über *6-O-Trityl-*, *6-O-Trityl-1.3.4-tri-O-acetyl-* u. *1.3.4-Tri-O-acetyl-N-acetyl-β-D-glucosamin 1.3.4-Tri-O-acetyl-N-acetyl-β-D-glucosamin-6-O-sulfat* bzw. *N-Acetyl-β-D-glucosamin-6-O-sulfat* erhalten, das mit dem direkt sulfatierten **II** ident. ist. Die Sulfate wurden nach säulenchromatograph. Trennung als *Ba-Salze* isoliert, aus denen durch Filtrieren an Dowex-50 (H^+-Form) die *sauren Sulfate* erhalten wurden. (Nature [London] **183.** 109 bis 110. 10/1. 1959. Cardiff, Univ. College, Dep. of Biochem.) K. SCHAUERTE. 3400

Paul E. Plesner und **Hans Klenow**, *Darstellung von Ribose-1-phosphat.* 6 Literaturangaben. (Methods Enzymol. **3.** 181—82. 1957. Copenhagen, Univ.) K. MAIER. 3400

Theodore Posternak, *Chemische Synthesen von Glucose-1.6-diphosphaten.* Darst. von 2.3.4-Triacetyl-α-glucosylbromid-6-diphenylphosphat, α- u. β-Glucose-1.6-diphosphat. — 6 Literaturangaben. (Methods Enzymol. **3.** 147—52. 1957. Geneva, Switzerland, Univ.) K. MAIER. 3400

Ezra L. Totton, Henry A. Lardy, William L. Byrne und **Kingsley M. Mann**, *Synthetische Ketohexosephosphate.* Darst. von D-Tagatose-6-phosphat: 1.2;3.4-Diisopropyliden-D-tagatose-6-diphenylphosphat, 1.2;3.4-Diisopropyliden-D-tagatose-6-phosphorsäure, Ba-D-Tagatose-6-phosphat; Fructose-1-phosphat; L-Sorbose-1-phosphat: 2.3;4.6-Diisopropyliden-L-sorbose-1-diphenylphosphat, Ba-L-Sorbose-1-phosphat, krist. K-Hydrogen-L-sorbose-1-phosphat; L-Sorbose-6-phosphat: 2.3-Isopropyliden-L-sorbose-1.6-bis-[diphenylphosphat], Ba-L-Sorbose-6-phosphat. — 12 Literaturangaben. (Methods Enzymol. **3.** 174—81. 1957. Madison, Wis., Univ.; Durham, N. C., Duke Univ.) K. MAIER. 3400

David H. Brown, *Darstellung und Analyse von D-Glucosamin-6-phosphat.* Übersicht. Darst., Reinigung, Eigg., Bestimmung. — 10 Literaturangaben. (Methods Enzymol. **3.** 158—62. 1957. St. Louis, Mo., Washington Univ.) K. MAIER. 3400

J. Staněk und **L. Tajmr**, *Über einige Derivate der Chinovose.* Inhaltlich ident. mit der C. **1959.** 3139 referierten Arbeit. (Collect. czechoslov. chem. Commun. **24.** 1013—16. März 1959 [Orig.: deutsch].) W. BARZ. 3400

C. A. Marsh und **G. A. Levvy**, *Die Synthese von Arylglykuronosiden.* (Vgl. C. **1959.** 8920.) Vff. beschreiben die Darst. von *Arylglykuronosiden* aus Glykosiden durch Oxydation der CH_2OH-Gruppe mit O_2 in Ggw. eines Pt-Katalysators. Alle Verbb. zeigen positive Uronsäure-Rk. nach TOLLENS.

Versuche (FF. korr.): Arylglykopyranuronoside, durch 1½ bis 2std. Erhitzen des entsprechenden Arylglykopyranosids in W. mit O_2 auf 90° bei p_H 8 bis 10 in Ggw. eines Pt-Katalysators u. Konstanthalten des p_H durch mehrmalige Zugabe von 0,5n $NaHCO_3$-Lsg.: *Phenyl-α-D-gluco-, Hemihydrat,* F. 149—150°, aus Phenyl-α-D-glucopyranosidmonohydrat; $[\alpha]_D^{22}$ +150° (c = 2 in W.); 62% (Ausbeute). — *Phenyl-β-D-gluco-, Dihydrat,* F. 159—160°, aus Phenyl-β-D-glucopyranosiddihydrat; 27%. — *p-Nitrophenyl-α-D-gluco-, Monohydrat,* $C_{12}H_{13}NO_9 \cdot H_2O$, F. 211—212°, aus p-Nitrophenyl-α-D-glucopyranosid; $[\alpha]_D^{24}$ +161° (c = 1 in A.); 48%. Gibt durch Lösen in Alkali, bes. leicht in Ggw. eines Proteins, *p-Nitrophenol.* — *Phenyl-α-D-galakto-,* $C_{12}H_{14}O_7$, F. 192—193° (Zers.), aus Phenyl-α-D-galaktopyranosidmonohydrat; $[\alpha]_D^{22}$ +156° (c = 1 in W.); 28%. — *Phenyl-β-D-galakto-, Monohydrat,* $C_{12}H_{14}O_7 \cdot H_2O$, F. 173° (Zers.), aus Phenyl-β-D-galaktopyranosid; $[\alpha]_D^{23}$ —73° (c = 1 in Methanol); 47%. — *o-Nitrophenyl-β-D-galakto-, Dihydrat,* $C_{12}H_{13}NO_9 \cdot 2\,H_2O$, F. 171—172° (Zers.), aus o-Nitrophenyl-β-D-galaktopyranosid; $[\alpha]_D^{23}$ —96° (c = 1 in W.); 26%. — *Borneol-α-D-gluco-, Hydrat,* $C_{16}H_{26}O_7 \cdot H_2O$, F. 149—153°, aus *Borneol-α-D-glucopyranosid* [$C_{16}H_{28}O_6$, F. 142 bis 144°, durch 2std. Erhitzen von 20 g Borneol, Tetra-O-acetyl-α-D-glucopyranosylbromid u. Chinolin auf 105—110° über ein Gemisch von *Tetra-O-acetyl-α-* u. *-β-D-glucopyranosid* u. 1std. Erhitzen mit wss.-alkoh. KOH auf 60°; $[\alpha]_D^{23}$ +59° (c = 1,5 in Methanol); 0,46 g]; $[\alpha]_D^{23}$ +46° (c = 1 in Methanol); 27%. Wird durch β-Glucuronidase nicht angegriffen. — *Phenyl-2-acetamido-2-desoxy-α-D-gluco-, Monohydrat,* $C_{14}H_{17}NO_7 \cdot H_2O$, F. 229—230° (Zers.), aus Phenyl-2-acetamido-2-desoxy-α-glucopyranosid; $[\alpha]_D^{20}$ +174° (c = 2 in W.); 29%. Gibt keine n. TOLLENS-Reaktion. Hydrolyse mit 2n HCl bei 100° gibt maximal 25% *Phenol* (I), nach kürzerem Erhitzen *2-Acetamido-2-desoxyglucuronsäure* (II) u. nach 1std. Erhitzen ca. 10% *2-Amino-2-desoxyglucuronsäure* (III). — *Phenyl-2-acetamido-2-desoxy-β-D-gluco-, Monohydrat,* $C_{14}H_{17}NO_7 \cdot H_2O$, F. 183° (Zers.), aus Phenyl-2-acetamidodesoxy-β-D-glucopyranosid; $[\alpha]_D^{20}$ —17° (c = 1,5 in W.); 49%, TOLLENS-Rk. negativ. Hydrolyse mit 2n HCl bei 100° gibt maximal 80% I sowie analog Vorst. II u. III. (Biochem. J. **68.** 617—21. April 1958. Bucksburn, Aberdeenshire, Rowett Res. Inst.) P. FAHRNLAENDER. 3450

R. Hänsel und **D. Heise,** *Zwei Glykoside aus Flores Stoechados.* Vff. isolieren aus den Blüten von *Helichrysum arenarium* L. (Flores *Stoechados citrinae*) durch Verteilungschromatographie an Magnesol 2 krist. Verbb. *A* u. *B*, die nach dem Umkristallisieren aus Methanol–W., F. 159—161° (Zers) bzw. F. 224—227° (Zers.), besitzen u. auf Grund ihrer Hydrolyse zu *Naringenin* [I; *7.5.4'-Trihydroxyflavanon,* $C_{15}H_{12}O_5$, F. 245—247° (Zers.)] u. *D-Glucose* (*Osazon,* F. 106°) als *Naringeninglucoside* erkannt wurden. *A* dürfte mit dem von CHARAUX u. RABATE [1931] aufgefundenen Salipurposid (Naringenin-5-glucosid) ident. sein. Beide Aglykone (UV-Spektren) ergeben durch milde Acetylierung mit Acetanhydrid u. wenig Pyridin (12 Std. bei Raumtemp.) das gleiche Acetylierungsprod., das mit *7.4'-Diacetoxy-5-hydroxyflavanon,* F. 144°, ident. ist. Papierchromatograph. (Butanol/Eisessig/W. = 4 : 1 : 5) sind I u. die Aglykone nicht voneinander trennbar. (Arzneimittel-Forsch. **8.** 245. April 1958. Berlin, FU, Inst. für Pharmakognosie.) P. FAHRNLAENDER. 3450

F. Kögl, H. C. Cox und **C. A. Salemink,** *Über Muscarin.* 4. Mitt. *Synthese eines Gemisches von Muscarin und seinen stereoisomeren Formen.* (3. vgl. Recueil Trav. chim. Pays-Bas **76.** [1957.] 109.) Inhaltlich ident. mit nachst. referierter 6. Mitteilung. (Experientia [Basel] **13.** 137—38. 15/4. 1957. Utrecht, Holland, Rijks-Univ., Organ.-chem. Labor.) ANTJE SCHMIDT. 3500

H. Corrodi, E. Hardegger, F. Kögl und **P. Zeller,** *Über Muscarin.* 5. Mitt. *Synthese von Stereoisomeren des Muscarins.* (4. vgl. vorst. Ref.) Vorläufige Mitt. zu der nachst. referierten 8. Mitteilung. (Experientia [Basel] **13.** 138—39. 15/4. 1957. Zürich, ETH; Utrecht, Rijks-Univ.; Basel, Hoffmann-La Roche AG., Organ.-chem. Labors.) ANTJE SCHMIDT. 3500

Fritz Kögl, Henricus C. Cox und **Cornelis A. Salemink,** *Über Muscarin.* 6. Mitt. *Synthese eines Gemisches von Muscarin und Stereoisomeren.* (5. vgl. vorst. Ref.) Durch chromatograph. Methoden konnte aus Fliegenpilzen außer *Muscarin* (I), für welches die Konst. des *Trimethylammoniumchlorids* von *2-Methyl-3-hydroxy-5-[aminomethyl]-tetrahydrofurans* erwiesen wurde, noch *Acetylcholin* isoliert werden. Es wird eine von α-Acetyl-δ-chlor-γ-valerolacton (II) ausgehende Synth. von I beschrieben, welche jedoch ein opt.-inakt. Prod. liefert (I besitzt drei asymm. C-Atome), dessen pharmakol. Wrkg. am Froschherz nur ein Drittel der des natürlichen I ist.

Versuche: *Trimethylammoniumchlorid von α-Acetyl-δ-amino-γ-valerolacton,* F. 228° (A.), a) durch Erhitzen von II mit Trimethylamin während 1 Std. im Rohr auf

150°; 15% (Ausbeute); b) aus **II** mit Dimethylamin über die *tert.-Base* ($Kp._{0,7}$ 118—121°) u. Methylierung mit CH_3J unter Eiskühlung. *Pikrat*, $C_{16}H_{20}N_4O_{10}$, F. 138—139° (A.). — *Trimethylammoniumchlorid von α-Acetyl-α-chlor-δ-amino-γ-valerolacton*, aus vorst. Verb. u. SO_2Cl_2 unter Eiskühlung; hygroskop. Masse. — *Trimethylammoniumchlorid von 3-Chlor-5-hydroxy-6-aminohexanon-(2)* (**III**), durch 1std. Kochen vorst. Verb. mit wss. HCl. *Chloroaurat*, $C_9H_{19}AuCl_5NO_2$, F. 110—111°. — *Trimethylammoniumchlorid von 3-Chlor-6-aminohexandiol-(2.5)*, aus **III** durch Red. mit $NaBH_4$ in wss. Lsg. bei 25—37°. — *Trimethylammoniumchlorid von 2-Methyl-3-chlor-5-[aminomethyl]-tetrahydrofuran*, durch 5 Min. Erhitzen vorst. Verb. in konz. H_2SO_4. *Chloroaurat*, $C_9H_{19}AuCl_5NO$, F. 119—121° (A.). — *Trimethylammoniumchlorid von 2-Methyl-3-hydroxy-5-[aminomethyl]-tetrahydrofuran* (**I**), a) durch Behandeln vorst. Verb. mit Ag-Acetat in Eisessig während 7 Std. bei 120° über das *Trimethylammoniumchlorid von 3-Acetoxy-6-aminohexandiol-(2.5)*, 7std. Erhitzen in 20%ig. H_2SO_4 auf 125° u. Ringschluß durch Eindampfen u. weiteres Erhitzen; *Chloroaurat*, $C_9H_{20}AuCl_4NO_2$, F. 69—72° (W.); b) durch Erhitzen von **III** in einer wss. $CaCO_3$-Suspension über das *Trimethylammoniumchlorid von 3.5-Dihydroxy-6-aminohexanon-(2)*, katalyt. Hydrierung in Ggw. von RANEY-Ni in absol. A. zum *Trimethylammoniumchlorid von 6-Aminohexatriol-(2.3.5)* [*Chloroaurat*, $C_9H_{22}AuCl_4NO_3$, F. 106—108,5° (W.)] u. Behandeln mit konz. H_2SO_4. (Liebigs Ann. Chem. **608**. 81—87. 2/9. 1957. Utrecht, Univ., Organ.-chem. Labor.) E. MOISAR. 3500

E. Hardegger und **F. Lohse**, *Über Muscarin.* 7. Mitt. *Synthese und absolute Konfiguration des Muscarins.* (6. vgl. vorst. Ref.) Während bisherige Verss. zur Synth. des *Muscarins* (**I**) nur zu Racematen führten, gelang nunmehr mit der Darst. des **I** aus L-Chitarsäure zugleich die absol. Konfigurationsaufklärung, nach der das natürliche **I** als 2 S-Deriv. (Nomenklatur nach CAHN, INGOLD u. PRELOG, C. **1957**. 6986) zu betrachten ist.

Versuche (FF. korr.): *L-Glucosaminsäure*, $C_6H_{13}NO_6$, F. 240—250° (Zers.; wss. A.), durch Oxydation von L-Glucosaminhydrochlorid in wss. Lsg. bei p_H 7,1 in Ggw. von Pd-Kohle mit O_2 u. Eindampfen des Reaktionsgemisches bei p_H 4,0; $[\alpha]_D$ +14,4° (in 2,5%ig. HCl); 54—60% (Ausbeute). — *L-Chitarsäure*, F. 144°, aus vorst. Verb. in n-HCl durch Zugabe einer $AgNO_2$-Suspension, Umwandlung in das Ca-Salz durch $CaCO_3$ u. Freisetzung der Säure durch Wofatit KS; 15—30%. — *L-Chitarsäuremethylester*, Kp. im Hochvakuum 175° (teilweise Zers.), aus vorst. Verb. u. Diazomethan in Methanol (**II**); 95%. — *L-Chitarsäuredimethylamin*, $C_8H_{15}NO_5$, F. 172°, aus vorst. Verb. in **II** durch 20std. Stehen mit Dimethylamin; $[\alpha]_D$ —19,1° (c = 0,9 in **II**); 63 bis 73%. — *L-Chitarsäuredimethylamidtritosylat* (**III**), $C_{29}H_{33}NO_{11}S_3$, F. 141—142°, aus vorst. Verb. u. p-Toluolsulfochlorid in Pyridin (**IV**); Kristalle aus **II**; $[\alpha]_D$ —29,0° (c = 1,23 in **IV**); 70%. — „*L-Normuscarin*", $C_8H_{17}NO_2$, durch Red. von 3,34 g **III** mit $LiAlH_4$ in Tetrahydrofuran u. Extraktion mit Ae. bei p_H 14; gefärbtes, im Hochvakuum zwischen 80 u. 95° destillierbares Öl; 358 mg. *Methojodid* (**VI**), rötlichbraunes Öl. — *Muscarintetraphenylboronat*, $C_{33}H_{40}BNO_2$, $F._{rhomb.}$ 193°, $F._{stäbchenförmig}$ 174°, aus 3,64 g **VI** in W. u. Kalignost; aus Aceton (**V**)/W., später aus **II**, **V**/PAe. oder **V**/Hexan, als erste Fraktion Rhomben; $[\alpha]_D$ +9,7° (c = 1,34 in **V**); 2,02 g; als zweite Fraktion Stäbchen; $[\alpha]_D$ +6,5° (c = 1,54 in **V**); 2,07 g. — *Muscarinchlorid*, $C_9H_{20}ClNO_2$, F. 179—180° (aus **II**/**V**), aus vorst. Verb. in **II** u. $CsCl_2$, mehrfaches Konzentrieren u. Filtrieren, zuletzt in Ggw. von A./Ae. u. Dest. im Hochvakuum bei 80°; $[\alpha]_D$ +7,4° (c = 3,1 in W.); 70%. *Chloroaurat*, F. 119—120°. *Reineckat*, F. 174—175°. (Helv. chim. Acta **40**. 2383—89. 2/12. 1957. Zürich, ETH, Organ.-chem. Labor.) E. MOISAR. 3500

H. Corrodi, E. Hardegger und **F. Kögl**, *Über Muscarin.* 8. Mitt. *Herstellung von racemischem Allomuscarin.* (7. vgl. vorst. Ref.) Die Diastereomeren *Muscarin* (**I**), *Epimuscarin* (**II**), *Allomuscarin* (**III**) u. *Epiallomuscarin* (**IV**) werden durch einen Nomenklaturvorschlag festgelegt. Es entspricht **I**: a = OH; b = c = H; d = $CH_2N(CH_3)_3$; **II**: a = c = H; b = OH; d = $CH_2N(CH_3)_3$; **III**: a = OH; b = d = H; c = $CH_2N(CH_3)_3$; **IV**: a = d = H; b = OH; c = $CH_2N(CH_3)_3$. Ausgehend von *2-Methyl-5-carboxytetrahydrofuranon-(3)* wurde nicht das diastereomere Gemisch, sondern einheitlich rac. **III** erhalten. Papierchromatograph. zeigten alle synthetisierten **III**-Derivv. die gleichen R_F-Werte wie die entsprechenden Derivv. des natürlichen **I**, jedoch besaß **III** nur 0,5% der tox. Wrkg. von natürlichem **I** im Froschtest.

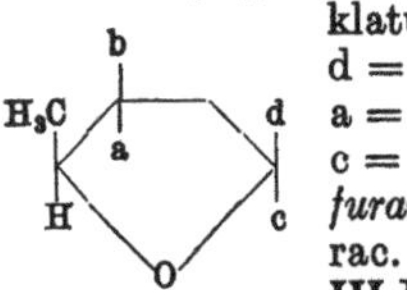

Versuche (FF. korr.): *α-Methylcarbäthoxymethyläther des DL-Äpfelsäurediäthylesters* (**V**), $C_{13}H_{22}O_7$, $Kp._{0,1}$ 133—135°, durch 12std. Kochen von Äpfelsäurediäthylester (**VI**), α-Jodpropionsäureäthylester u. Ag_2CO_3 in Dioxan (**VII**); 40% (Ausbeute). — *α-Methylcarbäthoxymethyläther des L-Äpfelsäurediäthylesters*, analog **V** aus L-**VI**; $[\alpha]_D$ —21,2° (c = 10; A.). — *2-Methyl-4.5-dicarbäthoxytetrahydrofuranon-(3)*, $C_{11}H_{16}O_6$,

a) durch Cyclisieren von **V** mit Na-Äthylat in Ae., Umsetzung mit wss. Cu-Acetatlsg. u. Zers. des mit Ae. extrahierten Cu-Salzes mit H_2SO_4; 20%; b) durch Kondensation von Milchsäureäthylester u. Fumarsäurediäthylester mit Na in Ae., weiter über die *Cu-Verb.* [$C_{22}H_{30}CuO_{12}$, F. 177—181° (Bzl./PAe.)] wie a). — *2-Methyl-5-carboxytetrahydrofuranon-(3)*, $C_6H_8O_4$, Kp.$_{0,01}$ 105°, aus vorst. Verb. durch Kochen mit 10%ig. H_2SO_4. — *2-Methyl-5-carbomethoxytetrahydrofuranon-(3)* (**VIII**), $C_7H_{10}O_4$, Kp.$_{11}$ 107°, aus vorst. Verb. u. Diazomethan. *Dinitrophenylhydrazon*, F. 147—151°. — *2-Methyl-3-hydroxy-5-carbomethoxytetrahydrofuran*, $C_7H_{12}O_4$, Kp.$_{0,05}$ 110°, aus **VIII** durch Hydrierung über RANEY-Ni in Methanol (**IX**) oder mit $NaBH_4$. — *2-Methyl-3-hydroxytetrahydrofuran-5-carbonsäuredimethylamid*, $C_8H_{15}NO_3$, Kp.$_{0,01}$ 135°, aus vorst. Verb. u. Dimethylamin in A. entweder 24 Std. bei Zimmertemp. oder besser 12 Std. im Rohr bei 100°. — *2-Methyl-3-hydroxy-5-dimethylaminomethyltetrahydrofuran* (**X**), $C_8H_{17}NO_2$, Kp.$_{0,01}$ 100°, aus vorst. Verb. u. $LiAlH_4$ in **VII**/Ae. u. anschließende Zers. mit KOH; hygroskop. Öl. *Methochlorid* (**XI**), $C_9H_{20}ClNO_2$, durch Behandeln des aus **X** u. CH_3J erhältlichen Methojodids mit AgCl-Suspension. — *Allomuscarintetraphenylboronat* (**XII**), $C_{33}H_{40}BNO_2$, F. 170°, aus 1 g **XI** u. Na-Tetraphenylboronat in W., Ausziehen des Reaktionsprod. mit **IX** u. Einengen des vom Unlöslichen getrennten Filtrates; Stäbchen; 1,3 g; daneben 0,2 g *Desoxymuscarintetraphenylboronat* (?), $C_{33}H_{40}BNO$, F. 225°, aus **IX**/Aceton quadrat. Prismen. — *Norallomuscarin* (**XIII**), $C_8H_{17}NO_2$, Kp.$_{0,01}$ 100°, aus **XII** u. $CsCl_2$ in **IX**, Eindampfen des Filtrates u. Pyrolyse des Methochlorides im Hochvakuum; hygroskop. Öl. *Hydrochlorid*, $C_8H_{18}ClNO_2$, F. 149—150° (**IX**/Essigester). *Tetraphenylboronat*, $C_{32}H_{38}BNO_2$, F. 135° (W./Aceton). — *Allomuscarinjodid*, $C_9H_{20}JNO_2$, F. 178°, aus **XIII** u. CH_3J; Nadeln aus Isopropanol (**XIV**)/Methyläthylketon (**XV**). — *Allomuscarinchlorid*, aus vorst. Verb. u. AgCl in wss. **IX**; hygroskop. Kristalle aus **XIV**/**XV**. *Tetrachloraurat*, F. 80°, gelbe Blättchen aus wss. **IX**. *Reineckat*, F. 169°, Prismen aus W./Aceton. (Helv. chim. Acta **40**. 2454—61. 2/12. 1957. Zürich, ETH; Utrecht, Rijks-Univ., Organ.-chem. Labors.) E. MOISAR. 3500

H. C. Cox, E. Hardegger, F. Kögl, P. Liechti, F. Lohse und **C. A. Salemink,** *Über Muscarin. 9. Mitt. Über die Synthese von racemischem Muscarin, seine Spaltung in die Antipoden und die Herstellung von (—)-Muscarin aus D-Glucosamin.* (8. vgl. vorst. Ref.) Aus dem früher (vgl. drittvorst. Ref.) synthetisierten Stereoisomerengemisch wurde an Cellulosepulver durch Chromatographie aus Butanol–A.–W. bzw. Methyläthylketon–Pyridin–W. *DL-Muscarin* (DL-**I**) isoliert. Die opt. Spaltung gelang nicht mit (—)-2.2'.6.6'-Dinitrodiphensäure, wohl aber mit (—)-Di-p-toluyl-D-weinsäure (**V**) u. führte zum natürlichen (+)-**I**. Die Synth. von (—)-**I** aus D-Glucosamin (D-**II**) erfolgte analog der früher (vgl. vorvorst. Ref.) beschriebenen von (+)-**I** aus L-**II**. Eine Variante führte von D-Chitarsäuredimethylamidtritosylat (**III**) zu *6-Desoxy-6-jod-D-chitarsäuredimethylamidditosylat* u. weiter zu *6-Desoxy-D-chitarsäuredimethylamidditosylat*, das bei Einw. von $LiAlH_4$ *2 R-Normuscarin* (**IV**) lieferte. Die Ausbeute an **IV** ist gegenüber der des direkten Verf. aus **III** nicht verbessert. Eine 2. Variante, welche aus D-Chitarsäuremethylestertritosylat über das *Jodid 6-Desoxy-D-chitarsäuremethylesterditosylat* lieferte, wurde nicht weiter verfolgt. **IV**, das ein Gemisch darstellt, konnte in Form der durch Umsetzung mit CH_3J u. Na-Tetraphenylbor zugänglichen quaternären *Tetraphenylboronate* getrennt werden. Das aus (—)-**I**-*Boronat* gewonnene (—)-**I**-*Chlorid* zeigte am Froschherzen keine Wirkung.

Versuche: *DL-Muscarin* (DL-**I**), *Chloroaurat*, $C_9H_{20}AuCl_4NO$, F. 85—86° (W.), durch Chromatographie des bei der Synth. aus δ-Chlor-α-acetyl-γ-valerolacton erhaltenen Sirups an Cellulosepulver, Elution mit Butanol–A.–W. (5 : 5 : 2), Chromatographie der Fraktionen 67—80 vom R_F 0,50 an Cellulose u. Elution mit Methyläthylketon–Pyridin–W. (17 : 10 : 15) als Fraktion vom R_F 0,18; nadelförmige Kristalle. (+)-**I**-*Di-p-toluyl-D-hydrogentartrathemihydrat*, $C_{29}H_{37}NO_{10} \cdot ½H_2O$, F. 166° (absol. Isopropanol), durch 1 std. Schütteln von 70 mg DL-**I**-Chlorid mit wss. Ag_2O, Eindampfen unter N_2 u. Behandeln mit **V** in absol. Isopropanol; 35 mg (Ausbeute). — *D-Glucosaminsäure*, $C_6H_{13}NO_6$, F. 210—240° (Zers.), aus D-**II**-Hydrochlorid; $[\alpha]_D$ —14,2° (c = 5,7 in 2%ig. HCl). — *D-Chitarsäure*, F. 143°, durch 1 std. Zugeben von wss. $AgNO_2$ zu vorst. Verb. in n-HCl bei 0°, 22 std. Rühren, Entfernen des Ag u. Reinigung mit Wofatit KS. *Methylester*, $C_7H_{12}O_6$, Kp. 175°/Hochvakuum (geringe Zers.). *Methylestertritosylat*, $C_{28}H_{30}O_{12}S_3$, F. 113° (CH_3OH); 58%. *Amid*, $C_6H_{11}NO_5$, F. 170°, aus dem Methylester mit methanol. NH_3. *Dimethylamid*, $C_8H_{15}NO_5$, F. 172° (CH_3OH–Essigester); $[\alpha]_D$ +19,5° (c = 1,4 in CH_3OH). *Dimethylamidtritosylat* (**III**), $C_{29}H_{33}NO_{11}S_3$, F. 141—142° (CH_3OH); $[\alpha]_D$ +32,6° (c = 2,2 in Pyridin). — *3.4-Ditosyl-6-desoxy-6-jod-D-chitarsäure, Dimethylamid*, $C_{22}H_{26}JNO_8S_2$, F. 115° (A.), durch 9 std. Kochen von 325 mg **III** mit NaJ in Aceton; 302 mg. *Methylester*, F. 123—127° (A.); 100%. — *3.4-Ditosyl-6-desoxy-D-chitarsäure, Dimethylamid*, $C_{22}H_{27}NO_8S_2$, F. 103° (A.), durch Hydrierung vorst. Amids in Ggw. von RANEY-Ni

u. Diäthylamin in CH_3OH; 100%. *Methylester*, $C_{21}H_{24}O_9S_2$, F. 119—120° (A.); 100%. — *2 R-Normuscarin* (**IV**; Gemisch), $C_8H_{17}NO_2$, Kp. 80°/Hochvakuum, aus **III** oder vorst. Amid mit $LiAlH_4$ in Tetrahydrofuran nach anhaltendem Ausäthern. *Methojodid*, Öl. — (—)-**I**, *Tetraphenylboronat*, $C_{33}H_{40}BNO_2$, F. 191°, aus **IV**-Methojodid; rhomb.; $[\alpha]_D$ —8,2° (c = 1,1 in Aceton). *Isomeres Tetraphenylboronat*, F. 174°, stäbchenförmig; $[\alpha]_D$ —6,4° (c = 0,85 in Aceton). *Chlorid*, $C_9H_{20}ClNO_2$, F. 180° (CH_3OH–Aceton), aus dem Boronat vom F. 174° mit CsCl; $[\alpha]_D$ —7,6° (c = 1,0 in W.). *Chloroaurat*, F. 119° (W.), Blättchen. *Reineckat*, F. 173—174° (W.), Nadeln. (Helv. chim. Acta **41**. 229—34. 1/2. 1958.)

ANTJE SCHMIDT. 3500

E. Hardegger, H. Furter und **J. Kiss**, *Über Muscarin*. 10. Mitt. *Herstellung des unnatürlichen 2 R.3 S.5 R-(—)-Muscarins aus 2-Desoxy-D-ribose*. (9. vgl. vorst. Ref.) Für das l. c. synthetisierte *2 R.3 S.5 R-(—)-Muscarin* (**I**) wird eine neue Synth. aus 2-Desoxy-D-riboseanilid (**II**) angegeben, die zu opt. reinem, isomerenfreiem **I** führt. Bei der HCN-Anlagerung an **II** entsteht neben nichtkrist. *3-Desoxy-N-phenyl-D-mannosaminsäurenitril* (*3-Desoxy-N-phenyl-D-altrosaminsäurenitril*) krist. *3-Desoxy-N-phenyl-D-glucosaminsäurenitril*, dessen Konst. aus dem IR-Spektr. folgt. Obwohl letzteres in Ggw. von Pd-$BaSO_4$ in 0,5n HCl die theoret. Menge H_2 aufnimmt, konnte 3-Desoxy-D-glucosaminhydrochlorid nicht isoliert werden. Dagegen wurden bei Verseifung mit HCl bei —8° *3-Desoxy-N-phenyl-D-glucosaminsäure-γ-lactonhydrochlorid* u. *NH_4Cl* erhalten. Dieses Gemisch wurde über Pd-$BaSO_4$ in 0,5n HCl hydriert u. das gebildete *3-Desoxy-D-glucosaminsäure-γ-lactonhydrochlorid* von NH_4Cl abgetrennt. Die direkte Umsetzung mit $AgNO_2$ lieferte keine *3-Desoxy-D-chitarsäure*, die aber durch Rk. mit verd. NaOH zum *Na-Salz* der *3-Desoxy-D-glucosaminsäure* u. dessen Umsetzung mit $AgNO_2$ oder $NaNO_2$ gewonnen wurde. Es folgte die Überführung in den *Methylester*, das *Methylesterdiacetat*, *Dimethylamid*, *Dimethylamidditosylat* u. *Dimethylamid-6-monotosylat*. Letztere beide lassen sich mit $LiAlH_4$ zu (+)-*Normuscarin* (**III**) red., wobei bes. im letzteren Fall die Ausbeute mit zunehmender Reaktionszeit stark absinkt. Modellverss. zeigten, daß auch Diphenylessigsäurediäthylamid (**IV**) durch $LiAlH_4$ bereits nach 10—15 Min. glatt zu *β.β-Diphenyläthyldiäthylamin* red. wurde. **III** wurde in **I**-*Jodid*, *-Tetraphenylboronat*, *-Chlorid*, *-Chloroaurat* u. *-Reineckat* übergeführt. Die IR-Spektren wurden zur Bestätigung der Konst. der Verbb. herangezogen.

Versuche: *3-Desoxy-N-phenyl-D-glucosaminsäurenitril*, $C_{12}H_{16}N_2O_3$, F. 110° (A.–Bzl.), durch Zugeben von HCN zu **II** in absol. CH_3OH bei 0°, 40std. Stehen bei 15—20° im Rohr u. Einengen < 20°; schimmernde Plättchen; $[\alpha]_D$ +139° (c = 1 in A.); 55% (Ausbeute). — *3-Desoxy-N-phenyl-D-glucosaminsäure-γ-lactonhydrochlorid*, $C_{12}H_{16}$·$ClNO_4$, F. 150—153° (Zers.), aus vorst. Verb. in konz. HCl durch Einleiten von HCl-Gas bei —8° u. Eindampfen bei 25—30°; Nadeln. — *3-Desoxy-D-glucosaminsäure-γ-lactonhydrochlorid*, $C_6H_{12}ClNO_4$, F. 178° (A.–Bzl.), aus vorst. Verb. durch 10std. Hydrierung über red. Pd-Oxydhydrat/$BaSO_4$ in 0,5n HCl u. Ausäthern des gebildeten Cyclohexanons; Prismen; $[\alpha]_D$ +30,2° (c = 1 in W.); 79—97%. — *3-Desoxy-D-chitarsäure*, durch Verseifung vorst. Verb. in n-NaOH bei 70—80°, Abdampfen von NH_3 bei 90°, Umsetzung bei p_H 7 mit $AgNO_2$ oder $NaNO_2$ u. n-HCl bis p_H 1, 30std. Rühren, Alkalisieren, Filtrieren, Einengen u. Behandeln mit Nalcite HCR; schwachgelbliches Öl; 61—80%. *Methylester*, $C_7H_{12}O_5$, Kp. 145—152°/Hochvakuum, mit CH_2N_2/CH_3OH; n_D 1,479; $[\alpha]_D$ +25,4° (c = 1 in A.); 35—45%; *4.6-Diacetylderiv.*, $C_{11}H_{16}O_7$, Kp. 130 bis 135°/Hochvakuum; 77%. *Dimethylamid*, $C_8H_{15}NO_4$, F. 103° (n-Propanol–Isopropyläther u. Tetrahydrofuran); $[\alpha]_D$ +13,9° (c = 1 in A.); 58—72%; *6-Tosylverb.*, $C_{15}H_{21}$·NO_6S, F. 118—119° (A.–Iropropyläther), feine, filzige Nadeln; $[\alpha]_D$ +7,0° (c = 1 in A.); 55—93%; *4.6-Ditosylverb.*, $C_{22}H_{27}NO_8S_2$ F. 89—90° (A.–Isopropyläther), Prismen, $[\alpha]_D$ —1,1° (c = 1 in A.), —4,5° (c = 1 in Pyridin); 70—85%. — (+)-*Normuscarin* (**III**), $C_8H_{17}NO_2$, Kp. 85—90°/Hochvakuum, a) durch langsame Zugabe vorst. Monotosylats in Tetrahydrofuran zu $LiAlH_4$ in Ae. bei —15°, 15 Min. Kochen, Zers. mit W. u. 2n H_2SO_4, Alkalisieren u. Ausäthern; $[\alpha]_D$ +20,5° (c = 1 in A.); n_D 1,459; 65%; analog aus vorst. Ditosylat, jedoch bei 0° u. 2½std. Kochen; 16%. — (—)-*Muscarin* (**I**)-*Jodid*, C_9H_{20}·JNO_2, F. 144° (Aceton–PAe.), aus **III** u. CH_3J in Ae.; Prismen oder Nadeln; $[\alpha]_D$ —7,8° (c = 1 in W.). *Tetraphenylboronat*, $C_{33}H_{40}BNO_2$, F. 173—174° (Aceton–W. u. CH_3OH–W.), feine Nadeln; $[\alpha]_D$ —5,3° (c = 1 in Aceton). *Chlorid*, $C_9H_{20}ClNO_2$, F. 177° (Isopropanol–Methyläthylketon); $[\alpha]_D$ —7,0° (c = 1,6 in W.). *Tetrachloroaurat*, F. 113° (W.). *Reineckat*, F. 169—170° (Aceton–W.), rötliche Nadeln. — *β.β-Diphenyläthyldiäthylamin*, Kp. 115°/Hochvakuum, aus **IV** u. $LiAlH_4$ bei —8° u. 15 Min. Kochen; 89%. *Pikrat*, $C_{24}H_{26}N_4O_7$, F. 182° Methylcellosolve/A.), gelbe Nadeln. (Helv. chim. Acta **41**. 2401—10. 1/12. 1958. Zürich, ETH, Organ.-chem. Labor.)

E. MOISAR. 3500

M. Pailer und **G. Beier**, *Synthesen von Verbindungen mit konstitutioneller Beziehung zum Emetin*. 7. Mitt. *Synthese des Rubremetiniumbromids*. (6. vgl. Mh. Chem.

84. [1953.] 592.) Das aus Propionsäureanhydrid u. Pyridin erhältliche *γ-Propylpyridin* wird durch Umsetzung mit HCHO im Autoklaven in *2-[γ-Pyridyl]-butanol* (**I**) übergeführt (weniger günstig läßt sich **I** auch durch $LiAlH_4$-Red. von α-[γ-Pyridyl]-buttersäure herstellen), dieses mit Na in A. reduzieren u. dann durch Hydrolyse in wss.-alkoh. Hydroxylaminhydrochloridlsg zu *3-[1-Hydroxybutyl-(2)]-glutardialdehyddioxim* (**II**) gespalten. Die geringe Ausbeute bei letzterem Prozeß kann durch Rückgewinnung der Ausgangsverb. u. erneute Spaltung erhöht werden. Die Spaltungs-Rk. u. weitere geplante Rkk. waren zuvor an der Modellsubstanz 4-[β-Hydroxyäthyl]-pyridin vorgenommen worden, aus dem durch Na-Red. zunächst das *Dihydroderiv.* u. dann durch Spaltung wie oben *β-[β-Hydroxyäthyl]-glutardialdehyddioxim* gewonnen wurde. Die anschließende Behandlung mit $NaNO_2$ ergab dann den freien *Dialdehyd*, welcher, ohne isoliert zu werden, mit Ag_2O direkt zu *β-[β-Hydroxyäthyl]-glutarsäure* oxydiert wurde. Diese wurde als *Lacton* isoliert u. mit HBr im Rohr u. nachfolgender Acetanhydridbehandlung in *3-[β-Bromäthyl]-glutarsäureanhydrid* verwandelt. Analog ergibt **II** mit $NaNO_2$ den freien *Dialdehyd*, der mit Br_2 zu *β-[1-Brombutyl-(2)]-glutarsäure* (**III**) oxydiert wird, wobei die Bldg. der *Lactonsäure* noch eine Behandlung mit HBr im Rohr erforderlich macht. Der **III**-*Dimethylester* wird durch Kochen mit Homoveratrylamin in Diisopropyläther zu *β-[1-Homoveratrylaminobutyl-(2)]-glutarsäuredimethylester* kondensiert, aus dem durch Vakuumerhitzen unter Abspaltung von CH_3OH *N-[β-(3'.4'-Dimethoxyphenyl)-äthyl]-5-äthyl-2-ketopiperidyl-(4)-essigsäuremethylester* gebildet u. anschließend durch Ringschluß mit $POCl_3$ in *2-Carbomethoxymethyl-3-äthyl-10.11-dimethoxy-1.2.3.4.6.7-hexahydrobenz-[a]-pyridocolinium-chlorid* (**IV**) verwandelt wird. Die katalyt. Hydrierung von **IV** ergibt *10.11-Dimethoxy-3-äthyl-1.2.3.4.6.7-hexahydrobenz-[a]-pyridocolinyl-(2)-essigsäure*, die durch Dest. des Methylesters abgetrennt, dann verseift, in das *Säurechlorid* übergeführt u. schließlich mit Homoveratrylamin in *10.11-Dimethoxy-3-äthyl-1.2.3.4.6.7-hexahydrobenz-[a]-pyridocolinyl-(2)-essigsäurehomoveratrylamid* verwandelt wird. Letzteres läßt sich in schlechterer Ausbeute direkt durch Erhitzen des Methylesters u. Amins herstellen. Neuerlicher Ringschluß vorst. Amids liefert *2-[6'.7'-Dimethoxy-3'.4'-dihydroisochinolyl-(1')-methyl]-3-äthyl-10.11-dimethoxy 1.2.3.4.6.7-hexahydro-14H-benz-[a]-pyridocolin* (**V**), das durch katalyt. Hydrierung schließlich in ein *Stereoisomerengemisch* des *Dihydroderiv.* übergeführt wird, aus dem die dem natürlichen Emetin entsprechende Verb. noch zu isolieren ist. Zur näheren Charakterisierung wurde hieraus das *dl-Rubremetiniumbromid* hergestellt, dessen UV-Spektr. mit dem des aus natürlichem Emetin gewonnenen Prod. ident. ist.

CH_3O CH_3O 8 6 $Cl^{(-)}$ $N^{(+)}$ 4 1 C_2H_5 IV CH_2COOCH_3

Versuche: *4-[β-Hydroxyäthyl]-pyridin*, $Kp._{10}$ 146°, durch Zutropfen von Homoisonicotinsäureäthylester zu $LiAlH_4$ in Ae., 1 std. Erwärmen, Zers. mit W., Auflösen des ausgefallenen $Al(OH)_3$ durch Zugabe von starker NaOH u. Weinsäure u. 12 std. Ausäthern; 79% (Ausbeute). — *3-[β-Hydroxyäthyl]-glutardialdehyddioxim*, durch 1 std. Zufügen von Na zu einer sd. Lsg. von 10 g vorst. Verb. in absol. CH_3OH unter Rühren, Zufügen von Hydroxylaminhydrochlorid in A. bei Raumtemp. u. dann von wenig konz. HCl, 1 std. Kochen bis zur Beendigung der NH_3-Entw., Vakuumeinengen des Filtrats, Aufnehmen des Rückstandes in 20% ig. NaOH, 24 std. Ausäthern, Ansäuern der alkal. Lsg. mit H_2SO_4 u. 36 std. Ausäthern; gelbes, glasartig erstarrendes Öl; 2,2 g. — *β-[β-Hydroxyäthyl]-glutarsäurelacton*, $Kp._{0,05}$ 120—140° (Badtemp.), durch Zutropfen von $NaNO_2$-Lsg. zu vorst. Verb. in 10% ig. HCl bei —15° unter Rühren, ½ std. Stehen, Neutralisieren mit frischgefälltem $CaCO_3$, Zutropfen des Filtrats bei 20° zu einer Suspension von Ag_2O in 10% ig. NaOH, 1 std. Rühren, Vakuumeinengen des Filtrats, Ansäuern mit H_2SO_4, 12 std. Ausäthern u. Dest. des rötlichen, viscosen Öls; 55%. — *β-[β-Bromäthyl]-glutarsäureanhydrid*, F. 64,5—65,5° (Ae.), $Kp._{0,002}$ 150—160° (Badtemp.), durch 3 std. Erhitzen vorst. Verb. in bei 0° gesätt. HBr auf 100° im Rohr, Vakuumeindampfen des überschüssigen HBr, 1 std. Kochen mit Acetanhydrid u. Abdampfen; 54%. — *γ-Propylpyridin*, Kp. 186—189°, durch 6 std. Zufügen von 500 g Zn-Staub zu 1 Liter Propionsäureanhydrid in absol. Pyridin bei 40—45°, 1 std. Rühren, Zufügen von 700 cm^3 Propionsäure u. 200 g Zn-Staub, 1 std. Kochen nach erfolgter heftiger Rk., Zufügen weiteren Zn, Verdünnen mit W., Alkalisieren mit NaOH, Wasserdampfdest., Ansäuern des Destillats, erneute Wasserdampfdest., Alkalisieren der sauren Lsg., erneute Wasserdampfdest. des Destillats mit K_2CO_3, Ausäthern u. fraktionierte Dest. des Abdampfrückstandes; 230 g. *Pikrat*, F. 130°. — *2-[γ-Pyridyl]-butanol* (**I**), $C_9H_{13}NO$, Kp. 115 bis 120°, a) durch 120 std. Erhitzen vorst. Verb. u. 40% ig. HCHO im Autoklaven auf 100°, Wasserdampfdest., Vakuumeindampfen des Destillierrückstandes u. Vakuumdest. bei möglichst tiefer Temp.; 60% (der umgesetzten Substanz); b) durch Zutropfen von

α-[γ-Pyridyl]-buttersäure zu einer sd. Suspension von $LiAlH_4$ in absol. Ae., 2 std. Kochen, Hydrolysieren mit W., Auflösen des $Al(OH)_3$ wie oben u. Ausäthern; 77%. *Pikrat*, F. 117,5—118,5° — *3-[1-Hydroxybutyl-(2)]-glutardialdehyddioxim* (II), durch 1 std. Zufügen von Na zu I in sd. A. unter Rühren, Zufügen von Hydroxylaminhydrochlorid u. dann konz. HCl wie oben, 1 std. Kochen, Aufnehmen des eingedampften Filtrats in 25%ig. NaOH, Ausäthern, Ansäuern u. Ausäthern; 75% des umgesetzten I. — *β-[1-Hydroxybutyl-(2)]-glutarsäurelacton*, $C_9H_{14}O_4$, $Kp._{0,05}$ 140—160° (Badtemp.), durch Behandeln von I in 10%ig. HCl/CH_3OH bei —15° mit $NaNO_2$ wie oben, Zufügen von Br_2, 2 std. Stehen, Vakuumabdampfen, Aufnehmen in 10%ig. NaOH, Ausäthern, Ansäuern u. erneutes Ausäthern; 53%. *Methylester*, $C_{10}H_{16}O_4$, $Kp._{12}$ 150—160° (Badtemp.); leicht bewegliches Öl. — *β-[1-Brombutyl-(2)]-glutarsäure* (III), $C_9H_{15}BrO_4$, F. 133,5—134,5° (Bzl.), durch 3 std. Erhitzen vorst. Lactons mit HBr im Rohr, Vakuumeinengen u. Auskochen mit Bzl.; 51%. *Dimethylester*, $C_{11}H_{19}BrO_4$, $Kp._{0,05}$ 110—130° (Badtemp.). — *β-[1-Homoveratrylaminobutyl-(2)]-glutarsäuredimethylester*, durch 60 std. Kochen vorst. Dimethylesters u. Homoveratrylamin in absol. Isopropyläther unter CO_2- u. H_2O-Ausschluß, Abdampfen u. Zufügen von Chlf. u. 5%ig. K_2CO_3-Lsg.; 93%. — *N-[β-(3'.4'-Dimethoxyphenyl)-äthyl]-5-äthyl-2-ketopiperidyl-(4)-essigsäuremethylester*, $C_{20}H_{29}NO_5$, $Kp._{0,05}$ 240—250° (Badtemp.), durch 1 std. Erhitzen von 2,4 g vorst. Verb. auf 190—210°/10 mm u. Dest.; gelbes, viscoses Öl; 202 g. — *10.11-Dimethoxy-3-äthyl-1.2.3.4.6.7-hexahydrobenz-[a]-pyridocolinyl-(2)-essigsäuremethylester*, $C_{20}H_{29}NO_4$, $Kp._{0,02}$ 170—190° (Badtemp.), durch 1 std. Kochen vorst. Verb. in absol. Toluol u. $POCl_3$, Vakuumeindampfen, Aufnehmen des gebildeten IV in W., 1 std. Hydrieren bei 25°, Vakuumeindampfen des Filtrats, Aufnehmen in absol. CH_3OH, 6 std. Stehen mit CH_2N_2 u. Dest.; 84%. — *10.11-Dimethoxy-3-äthyl-1.2.3.4.6.7-hexahydrobenz-[a]-pyridocolinyl-(2)-acetylchlorid*, durch 2 std. Kochen vorst. Esters mit 5%ig. HCl u. ½ std. Kochen des Eindampfrückstandes mit $SOCl_2$; amorphe Substanz. — *10.11-Dimethoxy-3-äthyl-1.2.3.4.6.7-hexahydrobenz-[a]-pyridocolinyl-(2)-essigsäure-[β-(3'.4'-dimethoxyphenyl)-äthyl]-amid*, durch ½ std. Kochen vorst. Verb. u. Homoveratrylamin in Chlf. u. Vakuumabdampfen des überschüssigen Amins bis 200°/0,005 mm; 90%. — *2-[6'.7'-Dimethoxy-3'.4'-dihydroisochinolyl-(1')-methyl]-3-äthyl-10.11-dimethoxy-1.2.3.4.6.7-hexahydro-14H-benz-[a]-pyridocolin* (V), $C_{29}H_{38}N_2O_4$, $Kp._{0,005}$ 250—270° (Badtemp.), durch 4 std. Kochen vorst. Amids u. $POCl_3$ in Chlf. unter N_2, Eindampfen, Alkalisieren u. Ausziehen mit Chlf.; 76%. *1'.2'-Dihydroderiv.*, $Kp._{0,001}$ 240—260° (Badtemp.), durch 4 std. Hydrieren von V in Essigsäure über PtO_2 bei 35—36°, Alkalisieren mit 10%ig. NaOH u. Extrahieren mit Chlf.; gelbe, glasige Substanz; 58%. (Mh. Chem. **88**. 830—41. 12/12. 1957. Wien, Univ., II. Chem. Inst.)
H. LEHWALD. 3500

L. N. Jachontow, *Rauwolfiaalkaloide.* Allg. Überblick über Rauwolfiaalkaloide, ihre pharmakol. Bedeutung u. Methoden zu ihrer Synthese. — 159 Literaturangaben. (Успехи Химии [Fortschr. Chem.] **26**. 239—62. Febr. 1957.) G. FROELICH. 3500

A. F. St. André, B. Korzun und **F. Weinfeldt,** *Rauwolfiaalkaloide.* 24. Mitt. *Über die Alkaloide von Tonduzia longifolia (A. DC.) Mgf.* (23. vgl. C. **1959**. 3495.) Bei papierchromatograph. Unters. des methanol. Extrakts der Grundwurzeln von *Tonduzia longifolia (A. DC.) Mgf.* (Apocyanaceae) wird das Vorhandensein von mindestens 12 Alkaloiden, darunter *Reserpin* (I) u. *Rescinnamin* in gleichen, *Deserpidin* u. die anderen Basen in weit geringeren Mengen u. minimale Anteile *Ajmalin*, das von 3 nicht identifizierten Substanzen begleitet wird, festgestellt. Aus den Wurzeln (mit 6,5% Wassergeh.) werden 0,007% I isoliert. (J. org. Chemistry **21**. 480—81. 30/4. 1956. Summit, N. J., Ciba Pharmaceut. Prod., Inc., Res. Dep.) ANTJE SCHMIDT. 3500

Paul R. Ulshafer, William I. Taylor und **Régina H. Nugent,** *Rauwolfiaalkaloide.* 25. Mitt. *Renoxydin, ein aus Rauwolfia vomitoria extrahiertes, N-oxydiertes Alkaloid.* (24. vgl. vorst. Ref.) Aus dem methanol. Extrakt der Wurzeln von *Rauwolfia vomitoria* (auch aus *R. serpentina* u. *R. canescens*) wird durch Chromatographie des methanollösl. Anteils der schwach bas. Alkaloidfraktion an Al_2O_3 u. Elution mit 0,6% Methanol enthaltendem Bzl., zunächst als unlösl. *Nitrat*, ein neues Alkaloid, „Renoxydin" (I), $C_{33}H_{40}N_2O_{10}\cdot½H_2O$, F. 238—241° (Zers.; wss. CH_3OH, dann Aceton–Hexan); $[\alpha]_D^{25}$ $-100 \pm 1°$ (Chlf.); λ_{max} 216, 267—271 u. 295—296 mμ (ε = 64300, 16600 u. 11000), reserpinähnliches IR-Spektr. in Nujol mit zusätzlicher Bande bei 1723 u. 3581 cm^{-1}, isoliert. Methanolyse gibt *3.4.5-Trimethoxybenzoesäuremethylester* u. *Renoxydsäuremethylester* [*Nitrat*, $C_{23}H_{30}N_2O_6\cdot HNO_3$, F. 257—262° (Zers.)], der mit Zn u. Essigsäure unter milden Bedingungen *Reserpsäuremethylester* gibt. Daß I das N-Oxyd von Reserpin (II) ist, wird durch Oxydation von II mit 1 Mol Perbenzoesäure zu I u. dessen Red. mit Zn/Essigsäure zu II bewiesen. I besitzt ca. 50% der pharmakol. Aktivität von II. (C. R. hebd. Séances Acad. Sci. **244**. 2989—91. 12/6. 1957.) ANTJE SCHMIDT. 3500

C. F. Huebner und **D. F. Dickel**, *Rauwolfiaalkaloide.* 26. Mitt. *Stereochemie an* $C_{(17)}$. (25. vgl. vorst. Ref.) Das aus *3-Epi-α-yohimbin* (I) mit p-Toluolsulfonylchlorid in Pyridin in 70%ig. Ausbeute erhaltene Prod. (vgl. BADER u. Mitarbeiter, C. **1958.** 9223) wird auf Grund seines IR-Spektr. u. seiner Bildungsweise als *Tosylat* **II** (Ts = p-Toluolsulfonyl) erkannt; daraus ergibt sich eine trans-Beziehung der Gruppen an $C_{(16)}$ u. $C_{(17)}$ von I. Da Deserpidinol mit 48%ig. HBr unter Entmethylierung an $C_{(17)}$ u. Umkehrung an $C_{(3)}$ α-Yohimbylalkohol gibt (vgl. MACPHILLAMY u. Mitarbeiter, C. **1958.** 9224) u. unter den angewandten Bedingungen eine Umkehrung an $C_{(17)}$ unwahrscheinlich ist, ergibt sich daraus ebenfalls eine α-Orientierung der $C_{(17)}$-Methoxylgruppe von *Deserpidin.* Den durch Tosylierung von Reserpinol u. 3-Isoreserpinol u. anschließende Überführung in die Jodide (vgl. C. **1958.** 9786) erhaltenen inneren *quartären Ammoniumsalzen* $C_{22}H_{29}JO_2N_2$ vom F. 345—350° (Zers.; l. c. irrtümlich mit F. 315—316° [Zers.] angegeben); $[\alpha]_D^{24}$ + 122° (Dimethylformamid) bzw. $[\alpha]_D^{24}$ —95° (Dimethylformamid), kommt auf Grund von Betrachtungen der Raumformeln Spiegelbildisomerie an $C_{(3)}$ sowie auf Grund der mol. Drehungen im Vgl. mit den 17-Desmethoxyverbb. ebenfalls eine α-Orientierung des Substituenten an $C_{(17)}$ zu. (Experientia [Basel] **12.** 250—51. 15/7. 1956.)

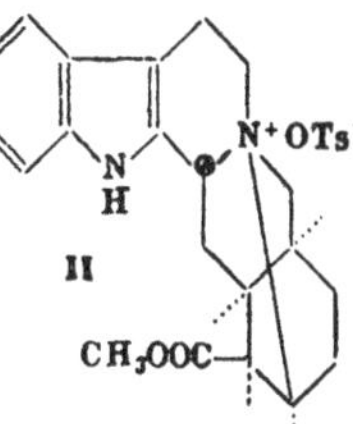

ANTJE SCHMIDT. 3500

C. F. Huebner, M. E. Kuehne, B. Korzun und **E. Schlittler**, *Rauwolfiaalkaloide.* 27. Mitt. *Umwandlung von 3-Isoreserpin in Reserpin.* (26. vgl. vorst. Ref.) Das aus *Reserpin* (I) mit sd. Acetanhydrid erhaltene *3-Isoreserpin* (II; vgl. MACPHILLAMY u. Mitarbeiter, C. **1958.** 9224) enthält auf Grund der papierchromatograph. Analyse mit Bzl.-Cyclohexan (1 : 1) als mobiler Phase auf mit Formamid-CH_3OH (7 : 3) imprägniertem WHATMAN-Papier Nr. 1 (I, R_F 0,32, II, R_F 0,82) noch ca. 0,01% I. Aus dem aus II durch 24std. Kochen mit Essigsäure erhaltenen Gleichgewichtsgemisch lassen sich durch Behandeln mit wenig Äthylacetat 15% unlösl. I gewinnen, aus der Äthylacetatlsg. des leicht lösl. II durch Chromatographie an einer mit Formamid imprägnierten Cellulosesäule mit Bzl.-Cyclohexan (1 : 1) weitere 5% I. Durch Rückführung von II in den Prozeß läßt sich so aus II reines I ($C_{33}H_{40}N_2O_9$, F. 265—266°; $[\alpha]_D^{26}$ —118° [Chlf.]) darstellen. Das durch Hydrolyse von Isoreserpsäuremethylester, F. 220°, mit methanol. KOH erhaltene *Isoreserpsäurehydrochlorid*, $C_{22}H_{28}N_2O_5 \cdot HCl \cdot 1/2 H_2O$, F. 277—279° (Zers.), gibt mit sd. Acetanhydrid in Ggw. von Essigsäure oder in besserer Ausbeute mit sd. Kollidin in Ggw. von p-Toluolsulfonsäure u. P_2O_5 *Reserpsäurelacton*, F. 310—314°. (Experientia [Basel] **12.** 249—50. 15/7. 1956.) ANTJE SCHMIDT. 3500

Paul R. Ulshafer, Mary L. Pandow und **Regina H. Nugent**, *Rauwolfiaalkaloide.* 28. Mitt. *Isolierung von Raujemidin, einem Isomeren von Reserpin, aus R. canescens.* (27. vgl. vorst. Ref.) Aus der schwach bas. Fraktion eines CH_3OH-Extraktes aus Wurzeln von *Rauwolfia canescens* wird nach Abtrennung der Hauptmenge Reserpin (I) u. Deserpidin durch Chromatographie ein neues Alkaloid, „*Raujemidin*" (II), $C_{33}H_{40}N_2O_9 \cdot H_2O$, F. 144—150° (unscharf), aus CH_3OH quadrat. Tafeln; $[\alpha]_D^{25}$ —88 ± 1° (Chlf.); λ_{max} 216—218, 268—270 u. 292—295 mμ (ε = 63200, 17200 u. 11200 in A.); pK_a' 5,53 (40%ig. CH_3OH), isoliert. II zeigt ein dem I ähnliches IR-Spektr. mit Ausnahme einer einzelnen CO-Bande bei 1717 cm^{1} u. OH-Absorption. II-*Perchlorat*, $C_{33}H_{40}N_2O_9 \cdot HClO_4$, F. 253—257°. II besitzt im Tiervers. sedative u. hypotensive Eigg. u. ist ein Isomeres, wahrscheinlich Stereoisomeres, von I. Bei Behandlung von I mit $NaOCH_3$ entsteht *3.4.5-Trimethoxybenzoesäuremethylester*, der in die *freie Säure* umgewandelt wird. Der nichtkristalline N-haltige Anteil der Methanolyse zeigt eine dem Reserpsäuremethylester ähnliche IR-Absorption. (J. org. Chemistry **21.** 923. 24/8. 1956.)

ANTJE SCHMIDT. 3500

C. F. Huebner und **E. Schlittler**, *Rauwolfiaalkaloide.* 29. Mitt. *Struktur von Raunescin und Isoraunescin.* (28. vgl. vorst. Ref.) $LiAlH_4$-Red. von Raunescin (I) u. Isoraunescin (II) gibt in beiden Fällen das *Triol* $C_{20}H_{26}N_2O_3$, F. 235°, Erhitzen von II-*Tosylat*, $C_{38}H_{42}N_2O_{10}S$, F. 227—230°, mit Li-Bromid in Pyridin das *Bromderiv.* $C_{31}H_{35}BrN_2O_7$, F. 207°, welches durch kurze Behandlung mit Zn in sd. Essigsäure in den entsprechenden *β,γ-ungesätt. Ester* $C_{21}H_{24}N_2O_2$ (III), F. 223—225°, übergeht. III bildet mit $NaOCH_3$ unter milden Bedingungen den entsprechenden α.β-ungesätt. Ester, *Apo-3-epi-α-yohimbin* (IV), $C_{21}H_{24}N_2O_2 \cdot HCl$, F. 270—275°; $[\alpha]_D^{25}$ —20° (in 0,1n methanol. KOH), der auch aus Anhydro-3-epi-α-yohimbiniumtosylat mit sd. Kollidin erhalten wird. I u. II sind danach an $C_{(16)}$ mit Carbomethoxy-, an $C_{(17)}$ u. $C_{(18)}$ mit OH-Gruppen substituierte 3-Epi-α-yohimbane. Raunescinsäurehydrochlorid (amorph) läßt sich nach der Carbodiimidmeth. in *Raunescinsäurelacton*, $C_{20}H_{22}N_2O_3 \cdot C_2H_5OH$, F. 281—285°, umwandeln.

Die weniger stabile Konfiguration an $C_{(3)}$ von I u. II zeigt sich bei der Oxydation mit Pb-Tetraacetat zu den entsprechenden *Tetradehydroverbb.* u. anschließenden Red. mit $NaBH_4$ zu den nicht kristallinen *3-Isoverbb.*, die papierchromatograph. charakterisiert werden. Tosylierung von I-*Triol* bei 5° zu einem amorphen, inneren, *quaternären Tosylat* zeigt, daß die Substituenten an $C_{(16)}$ u. $C_{(18)}$ β-orientiert sind. II-*Tosylat* wird durch kurzes Kochen in Dimethylformamid in ein inneres, *quartäres Salz*, $C_{38}H_{42}N_2O_{10}S \cdot H_2O$, F. 170 bis 172°, umgelagert, wobei ungeachtet der Stellung der Tosyloxygruppe an $C_{(17)}$ oder $C_{(18)}$ die OH-Gruppe an $C_{(17)}$ zur Quaternisierung α-orientiert sein muß.

I R = H, R' = $COC_6H_2(OCH_3)_3$ IV

II R = $COC_6H_2(OCH_3)_3$, R' = H

Daß II keine reserpinähnliche pharmakol. Wrkg. besitzt, weist auf ein freies $C_{(18)}$-Hydroxyl in II hin, ebenso das Verh. bei der Veresterung. (J. Amer. chem. Soc. **79.** 250—51. 5/1. 1957.) ANTJE SCHMIDT. 3500

J. M. Müller, *Über Rauwolfiaalkaloide. 30. Mitt. Über die Alkaloide von Rauwolfia ligustrina R. u. S. Raugustin, ein neues, reserpinähnliches Alkaloid.* (29. vgl. vorst. Ref.) Aus *R. ligustrina R. u. S.* werden durch fraktionierte Extraktion, Chromatographie u. Gegenstromverteilung 21 Alkaloide identifiziert. Isoliert wurden *Reserpin* (0,085% der lufttrocknen Wurzel), *Pseudoreserpin* (I; 1%), *Tetrahydroalstonin, Aricin, Ajmalin, Isoreserpilin, Isoreserpinin, Reserpilin, Deserpidin, α-Yohimbin, Ajmalicin, Sarpagin, Serpentinin* u. *Serpentin*; außerdem wurden in geringen Mengen *Rescinnamin, Isoreserpin, Renoxydin, Raunescin, Isoraunescin, Yohimbin* u. einige seiner Isomeren sowie 4 noch nicht identifizierte Basen papierchromatograph. nachgewiesen. Ferner wurde ein neues Alkaloid, ein Isomeres von I, „*Raugustin*" (II), $C_{32}H_{38}N_2O_9 \cdot H_2O$, F. 160—170° (Zers.), isoliert: $[\alpha]_D^{24}$ $-50 \pm 4°$ (c = 0,609 in Chlf.); λ_{max} 217 u. 268 mμ (ε = 54600 u. 15400 in A.), Schulter bei 291 mμ (ε = 9300); λ_{min} 246 mμ (ε = 9000), IR-Spektr. ähnlich dem von I mit schwacher Bande bei 2,77 μ (freies OH); eine Bande bei 3,4 μ mit schwach ausgebildeter Schulter auf der längerwelligen Seite deutet auf β-Konfiguration an $C(_3)$ hin. II ist bzgl. der pharmakol. Wrkg. nicht reserpinähnlich (3.4.5-Trimethoxybenzoylrest wahrscheinlich in 17-Stellung). II-*Nitrat*, $C_{32}H_{38}N_2O_5 \cdot HNO_3$, F. 262—263° (Zers.); II-*Monoacetylderiv.*, $C_{34}H_{40}N_2O_{10}$, F. 232—234° (Zers.). Für II wird die angegebene Strukturformel vorgeschlagen. (Experientia [Basel] **13.** 479—81. 15/12. 1957. Basel, Ciba AG., Pharmazeut. Abt., Forschungslabor.) ANTJE SCHMIDT. 3500

I. W. Manko und **Ju. G. Borissjuk,** *Chemische Untersuchung von Cynoglossum officinale L.* Aus den oberird. Teilen von *Cynoglossum officinale* L. der Familie *Borraginaceae* L. wurde das neue Alkaloid *Cynoglossofin* (I) isoliert. I besitzt die empir. Formel $C_{20}H_{35}NO_8$ u. ist ein ungesätt. Ester, der ein krist. *Pikrat* u. *Pikrolonat* liefert. Bei der Hydrolyse von I entstehen *Aceton, Angelicasäure* u. der Aminoalkohol *Cynoglossofidin* (II), der ein krist. *Pikrat* gibt.

Versuche: Man behandelt die oberird. Pflanzenteile mit NH_3, extrahiert mit Dichloräthan, schüttelt die organ. Lsg. mit 10%ig. H_2SO_4 aus, extrahiert die saure Lsg. mit Ae. u. macht sie dann ammoniakalisch. Darauf extrahiert man zuerst mit Ae., dann mit Chlf., trocknet die vereinigten Auszüge u. dampft sie ein. Die oberird. Pflanzenteile enthalten im 2. Vegetationsjahr maximal 1,6—1,7% Alkaloide. Die Menge vermindert sich stark bei der Samenbldg. u. beim Absterben. Die Alkaloide werden auf Grund ihrer Basizität getrennt u. die einzelnen Fraktionen mit Pikrinsäure behandelt: *Cynoglossofin* (I), glasartige M., aus I-Pikrat mit HCl; wird mit konz. H_2SO_4 in Ggw. von MoO_3 violett, dann gelbgrün, in Ggw. von V_2O_5 blau, dann grünblau; entfärbt in verd. H_2SO_4 sofort $KMnO_4$ u. Br_2. *Pikrat*, F. 105°. *Pikrolonat*, F. 102—104°. I liefert bei der Hydrolyse mit alkoh. NaOH *Aceton, Angelicasäure*, F. 45°, u. *Cynoglossofidin* (II), amorph; *Hydrochlorid*, äußerst hygroskop.; *Pikrat*, F. 99—99,5°. (Украинский Химический Журнал [Ukrain. chem. J.] **23.** 362—66. 1957.) HELMUT SCHÄFER. 3500

Hans Herloff Inhoffen und **Dietrich Erdmann,** *Synthesen in der Carotinoidreihe.* 34. Mitt. *Aufbau von C_{14}- und C_{15}-Aldehyden.* (33. vgl. C. **1957.** 5817.) Zur Synth. von *α-Methyl-γ-[2.2.6-trimethylcyclohexyliden]-crotonaldehyd* (**I**) wird 2.2.6-Trimethylcyclohexanon (**II**) mit Äthoxyacetylen (**III**) zu *1-Äthoxy-2-[1-hydroxy-2.2.6-trimethylcyclohexyl]-acetylen* kondensiert, das durch partielle katalyt. Hydrierung zu *1-Äthoxy-2-[1-hydroxy-2.2.6-trimethylcyclohexyl]-äthylen* red. wird. Durch Behandeln mit verd. H_2SO_4 bildet sich daraus unter Allylumlagerung u. Spaltung des Halbacetals *2.2.6-Trimethylcyclohexylidenacetaldehyd* (**V**). Umsetzung von **V** mit Orthoameisensäuretriäthylester (**IV**) liefert **V**-*Diäthylacetal,* das mit Propenyläthyläther (**VI**) zu *α-Methyl-β-äthoxy-γ-[2.2.6-trimethylcyclohexyliden]-butyraldehyddiäthylacetal* (**VII**) weiterkondensiert werden kann. Durch Säurespaltung von **VII** wird schließlich **I** erhalten. **I** ist jedoch nicht mit dem bereits früher von INHOFFEN u. Mitarbeitern (vgl. C. **1950/54.** 3924 S.) dargestellten iso-C_{14}-Aldehyd ident., sondern stellt ein weiteres Isomeres der 4 möglichen rac. Formen dar. — Durch Kondensation von **II** mit 3-Methylpenten-(2)-in-(4)-ol-(1) (**XI**) wird *2-[5.6-Dihydro-7.8-dehydro-6-hydroxy-β-jonyliden]-äthanol* (**VIII**) erhalten, der 2 asymm. C-Atome enthält u. durch Trennung der beiden Diastereomeren in die *Racemate* **VIIIa** u. **VIIIb** zerlegt werden kann. Beide Diole werden mit Braunstein zum entsprechenden *5.6-Dihydro-7.8-dehydro-6-hydroxy-β-jonylidenacetaldehyd* oxydiert. Durch Red. der Dreifachbindung von **VIIIa** u. **VIIIb** mit $LiAlH_4$ u. nachfolgende Braunsteinoxydation wird über den entsprechenden *2-[5.6-Dihydro-6-hydroxy-β-jonyliden]-äthanol* (**IXa** u. **IXb**) der entsprechenden *5.6-Dihydro-6-hydroxy-β-jonylidenacetaldehyd* mit einem konjugiertem Diensyst. gebildet. Durch partielle Acetylierung des Gemisches von **VIIIa** u. **VIIIb** wird **VIII**-*Acetat* erhalten, das durch Abspaltung von W. in *2-[7.8-Dehydro-β-jonyliden]-äthanolacetat* übergeführt wird. Verseifung zum entsprechenden *Alkohol* u. Oxydation desselben mit MnO_2 liefert *7.8-Dehydro-β-jonylidenacetaldehyd.* Da eine partielle Hydrierung der Dreifachbindung nicht gelang, wurde **VIII** mit $LiAlH_4$ zu **IX** red. u. dann nach partieller Veresterung der prim. OH-Gruppe dehydratisiert. Verseifung des erhaltenen *Esters* gibt jedoch *3-Methyl-5-[2.2.6-trimethylcyclohexen-(5)-yliden]-penten-(3)-ol,* der nicht das erwartete β-Ionylidensyst. enthält. **I** läßt sich mit Acetylendi-MgBr (**X**) beidseitig zu *1.2-Bis-{1-hydroxy-2-methyl-4-[2.2.6-trimethylcyclohexyliden]-buten-(2)-yl}-acetylen* kondensieren, das nach zweifacher Abspaltung von W. mit vorangehender Allylumlagerung *1.4-Bis-[β-jonyliden]-butin-(2)* liefert. Spektroskop. Angaben vgl. Original.

V e r s u c h e: *1-Äthoxy-2-[1-hydroxy-2.2.6-trimethylcyclohexyl]-acetylen,* Kp.$_4$ 110 bis 111°, aus **III**, Mg u. C_2H_5MgBr in Ae. durch Zugabe von **II** in Ae. u. 18std. Stehen; 63% (Ausbeute). — *1-Äthoxy-2-[1-hydroxy-2.2.6-trimethylcyclohexyl]-äthylen,* aus 8,5 g vorst. Verb. in Essigester durch 35 Min. langes Hydrieren in Ggw. von 8%ig. Pd/$BaSO_4$; Öl; 8,5 g. — *2.2.6-Trimethylcyclohexylidenacetaldehyd* (**V**), Kp.$_{5.10^{-3}}$ 52—55°, durch 1½std. Schütteln von vorst. Verb. in Dioxan mit 10%ig. H_2SO_4; 78%. *Semicarbazon,* $C_{12}H_{21}N_3O$, F. 204,5—206,5° (Methanol). *Diäthylacetal,* Kp.$_{10^{-2}}$ 65°, aus **V** u. **IV** durch Zugabe von NH_4NO_3 in absol. A. u. 3tägiges Stehen bei 20°; 63%. — *α-Methyl-β-äthoxy-γ-[2.2.6-trimethylcyclohexyliden]-butyraldehyddiäthylacetal* (**VII**), durch Zutropfen von **VI** zu einem auf 60° erwärmten Gemisch von $ZnCl_2$ u. vorst. Diäthylacetal u. 1std. Rühren bei 60°; Öl; 90%. — *α-Methyl-γ-[2.2.6-trimethylcyclohexyliden]-crotonaldehyd* (**I**), $C_{14}H_{22}O$, Kp.$_{5.10^{-3}}$ 84—86°, durch 6std. Erhitzen einer Lsg. von 5,1 g **VII** in Dioxan mit W. u. öliger H_3PO_4 (D. 1,7) auf 115—120° in Ggw. einer Spur Hydrochinon unter Abdest. der Fl., Konstanthalten des Vol. durch Zutropfen eines Dioxan/W.-Gemisches (10 : 1), Chromatographie an Al_2O_3 in PAe. u. Eluieren mit Bzl.–PAe. (3 : 7); 3,0 g. *Phenylsemicarbazon,* $C_{21}H_{29}N_3O$, F. 157—158° (Methanol). — *2-[5.6-Dihydro-7.8-dehydro-6-hydroxy-β-jonyliden]-äthanol* (**VIIIa**), $C_{15}H_{24}O_2$, F. 75,5—76,5° (PAe.), durch Zutropfen von 39,6 g **XI** in Ae. zu einer gekühlten C_2H_5MgBr-Lsg. in Ae., 2½std. Kochen, Abkühlen, ½std. Versetzen mit 55 g **II** in Ae. u. 3½std. Erwärmen auf 60°; 64 g (bei Umsetzung mit C_2H_5MgJ unter gleichen Bedingungen nur 32 g). *Diastereomere Verb.* (**VIIIb**), $C_{15}H_{24}O_2$, F. 88—89° (PAe.), Kp.$_{10^{-3}}$ 121—123°, aus den eingeengten Mutterlaugen. — *5.6-Dihydro-7.8-dehydro-6-hydroxy-β-jonylidenacetaldehyd,* $C_{15}H_{22}O_2$, Kp.$_{10^{-3}}$ 105°, aus 1 g **VIIIa** in Aceton durch 2std. Schütteln mit 15 g MnO_2; Öl; 950 mg [*Semicarbazon,* $C_{16}H_{25}N_3O_2$, F. 137° (50%ig. Methanol), krist. mit 1 Mol Kristallwasser]. *Diastereomere Verb.,* Kp.$_{0,1}$ 115°, analog aus 250 mg **VIIIb**; 207 mg [*Semicarbazon,* $C_{16}H_{25}N_3O_2$, F. 181 bis 183° (75%ig. Methanol)]. — *2-[5.6-Dihydro-6-hydroxy-β-jonyliden]-äthanol* (**IXa**), Kp.$_{10^{-3}}$ 130—140°, aus 10 g **VIIIa** in Tetrahydrofuran u. $LiAlH_4$ durch 2std. Kochen u. Dest. unter N_2; 6,5 g. *Diastereomere Verb.* (**IXb**), Kp.$_{10^{-3}}$ 130—140°, analog aus **VIIIb**; 5,4 g. — *5.6-Dihydro-6-hydroxy-β-jonylidenacetaldehyd,* $C_{15}H_{24}O_2$, F. 72—74° (PAe.), Kp.$_{10^{-3}}$ 110—130°, aus 6,5 g **IXa** u. MnO_2 in Aceton durch 2std. Einw.; 4,5 g; [*Semicarbazon,* $C_{16}H_{27}N_3O_2$, F. 158—160° (verd. Methanol)]. *Diastereomere Verb.,* $C_{15}H_{24}O_2$,

F. 103,5—104,5°, analog aus 2,3 g **IXb**; 900 mg [*Semicarbazon*, $C_{16}H_{27}N_3O_2 \cdot 1/2 H_2O$, F. 110° (50%ig. Methanol)]. — **VIII**-*Acetat*, Kp.$_{0,02}$ 128—130°, durch 20std. Einw. von Acetanhydrid auf eine Lsg. von 11 g **VIIIa** u. **VIIIb**-Gemisch in Pyridin; 9 g. — *2-[7.8-Dehydro-β-jonyliden]-äthanolacetat*, Kp.$_{0,6}$ 125—127°, aus **VIII**-Acetat in Pyridin u. einem Gemisch von $POCl_3$ in Pyridin durch 6std. Erwärmen auf 130°, weitere Zugabe von $POCl_3$ nach 2 u. 4 Std. u. 12std. Stehen bei 20°; 52%. — *2-[7.8-Dehydro-β-jonyliden]-äthanol*, Kp.$_1$ 130—140°, aus 3,8 g der vorst. Verb. in A. u. KOH durch 20std. Stehen; 2,76 g. — *7.8-Dehydro-β-jonylidenacetaldehyd*, Kp.$_{0,2}$ 110—115°, aus 2,6 g vorst. Verb. in PAe. durch 3std. Schütteln mit 40 g MnO_2 u. Chromatographie an saurem Al_2O_3; 1,1 g. *Dinitrophenylhydrazon*, $C_{21}H_{24}N_4O_4$, F. 144—145° (A.). *Semicarbazon*, $C_{16}H_{23}N_3O$, F. 197 bis 197,5° (Methanol). — **IXb**-*Acetat*, $C_{17}H_{28}O_3$, F. 104—104,5° (PAe.), aus 5,4 g **IXb** u. Acetanhydrid in Pyridin durch 24std. Stehen; 4,1 g. — *Essigsäure-{3-methyl-5-[2.2.6-trimethylcyclohexen-(5)-yliden]-penten-(3)-ylester}*, Kp.$_{0,5}$ 120—130°, aus 3,9 g **IXb**-Acetat in Pyridin u. $POCl_3$ bei 130° u. weitere Zugabe von $POCl_3$ nach 1½ bzw. 5 Std.; 903 mg. — *3-Methyl-5-[2.2.6-trimethylcyclohexen-(5)-yliden]-penten-(3)-ol*, Kp.$_{0,5}$ 115—125°, durch Verseifung von 880 mg vorst. Verb. in Methanol mit NaOH durch 16std. Einw. bei 20° unter N_2; 390 mg. Verss. mit Braunstein zum entsprechenden Aldehyd zu oxydieren schlugen fehl. — *1.2-Bis-{1-hydroxy-2-methyl-4-[2.2.6-trimethylcyclohexyliden]-buten-(2)-yl}-acetylen*, gelbes, amorphes Pulver, durch schnelles Zutropfen einer Lsg. von 1,25 g **I** in Ae. zu einer Suspension von 2 cm³ **X** in Ae. bei —5°, 1std. Rk. bei dieser Temp., 5std. Rühren bei 20°, weitere Zugabe von **X** u. 2std. Rühren; 1,3 g. — *1.4-Bis-[β-jonyliden]-butin-(2)*, F. 103—104° (A.), aus 1,3 g der vorst. Verb. in Toluol unter N_2, durch Zugabe von p-Toluolsulfosäure in Toluol, ½std. Erhitzen unter gleichzeitigem Abdest. von Toluol/W.-Gemisch u. Chromatographie an Al_2O_3 in PAe.; 111 mg. (Liebigs Ann. Chem. **598**. 51—64. 16/3. 1956. Braunschweig, TH, Org.-chem. Inst.) M. KÜHNEL. 3550

C. K. Warren und **B. C. L. Weedon**, *Carotinoide und verwandte Verbindungen. 6. Mitt. Einige konjugierte Polyendiketone und ihr Vergleich mit Capsorubin.* (5. vgl. J. chem. Soc. [London] **1954**. 4168.) Die Struktur der chromophoren Nonaenkette (vgl. Formel **I**) des Capsorubins (**II**) wird bestätigt durch: 1. Vgl. der IR-Spektren authent. Verbb. des Typs **I** mit dem von **II**; 2. Red. der Ketogruppen von **II** mit KBH_4 u. Regeneration durch Oxydation, Anwendung derselben Rk. auf Capsanthin–Capsanthol u. Vgl. der Absorptionsspektren im sichtbaren Bereich; 3. Abbau zum Crocetindial (**III**) durch Alkalibehandlung.

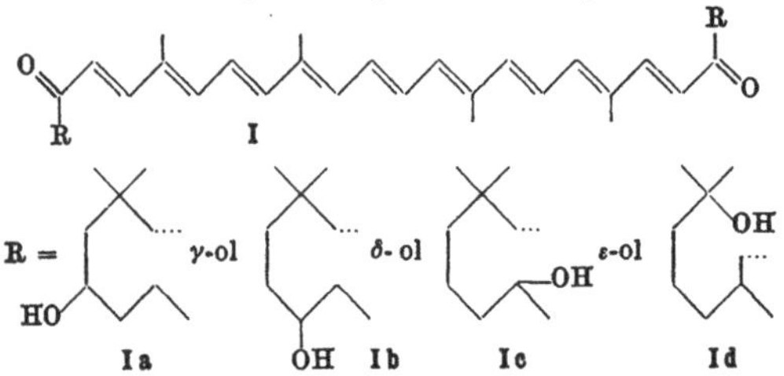

R = γ-ol (Ia), δ-ol (Ib), ε-ol (Ic), Id

Die Synth. der Verbb. **Ia, Ib, Ic** u. **Id** dient zur Aufklärung der Natur der Endgruppen R. Die Verss. zur Synth. des γ-ols **Ia** gehen aus vom Halbesterchlorid der α.α-Dimethylbernsteinsäure, das mit Di-n-propyl-Cd in den entsprechenden Ketoester übergeführt wird. Nach Schutz der Ketogruppe durch Umsetzung mit Äthylenglykol u. Hydrolyse wird die resultierende Säure mit $LiCH_3$ in *5-Äthylendioxy-3.3-dimethyloctanon-(2)* (**IV**) übergeführt. Kondensation des Ketons **IV** mit **III** führt nach Abspaltung der Äthylengruppe zu dem der Verb. **Ia** entsprechenden *Keton*. Zur Festlegung günstiger Reaktionsbedingungen werden Kondensationen von **III** mit Aceton u. Pinakolin durchgeführt. Mit denselben Ketonen wird an Stelle von **III** 2.9-Dimethyldecadien-(2.8)-diin-(4.6)-dial-(1.10) u. das daraus durch partielle Hydrierung erhaltene Tetraendial zur Umsetzung gebracht. Neben dem γ-Keton wird eine Verknüpfung des δ-Ketons (β-Carotinon) u. des ε-Ketons mit **II** durch Red. zu den Tetraolen mit N-Bromsuccinimid u. partielle Oxydation mit p-Chloranil zu den Verbb. **Ia, Ib** u. **Ic** vorgenommen. **Ia** kann durch Oxydation des Tetraols nicht erhalten werden u. scheidet, da diese Rk. auf das Reduktionsprod. von **II** anwendbar ist, für den Identitätsnachw. aus. **Ib** u. **Ic** sind auf Grund ihrer IR-Spektren, der FF. u. ihres chromatograph. Verh. nicht mit **II** identisch. Da nachweisbar durch IR-Spektr. u. Stabilität bei allen Verbb. all-trans-Konfiguration vorliegt, scheiden stereoisomere Unterschiede aus. Die Identität mit **Id**, die auf Grund des IR-Absorptionsbefundes ebenfalls angenommen werden kann, wird durch Synth. dieser Verb. auf folgendem Wege ebenfalls ausgeschlossen: DARZEN-Rk. von 6-Methylhepten-(5)-on-(2) mit α-Chlorpropionat führt zu *3.7-Dimethylocten-(6)-on(2)*, das durch Hydratisierung in das entsprechende *Hydroxyketon* übergeführt u. mit **III** zu **Id** kondensiert wird.

Versuche: *α-Cyan-β-methylcrotonsäureäthylester*, F. 33°, Kp.$_{18}$ 116—120°, aus Cyanessigsäureäthylester durch Kondensation mit Aceton in Eisessig–Bzl. unter Zusatz von p-Aminophenol; Nadeln aus PAe.; 79% (Ausbeute). — *α.α-Dimethylbernsteinsäure*,

F. 141—142°, aus vorst. Nitril durch Behandlung mit KCN in verd. A. u. HCl-Verseifung; Kristalle aus konz. HCl. — *α.α-Dimethylbernsteinsäuredimethylester*, Kp.$_{21}$ 95—97°, durch Veresterung vorst. Säure mit H_2SO_4–Methanol; n_D^{25} 1,4212. — *α.α-Dimethylbernsteinsäure-α-monomethylester*, F. 37—41° (PAe.), Kp.$_{1,5}$ 104°, durch partielle Verseifung des Diesters mit methanol. KOH, 16 Std., 20°; 71%. — *2.2-Dimethyl-4-oxoheptansäuremethylester*, $C_{10}H_{18}O_3$, Kp.$_{23}$ 118,5°, aus vorst. Halbester durch 2tägige Behandlung mit $SOCl_2$ bei 20° u. Umsetzung des rohen Säurechlorids mit Di-n-propyl-Cd in Bzl.; n_D^{18} 1,4388. *2.4-Dinitrophenylhydrazon*, $C_{16}H_{22}N_4O_6$, F. 109—110°; gelbe Nadeln aus Methanol. — *2.2-Dimethyl-4-oxoheptansäure*, $C_9H_{16}O_3$, F. 72—73°, aus dem Ester durch Verseifung mit methanol. KOH; Prismen aus Petroläther. *2.4-Dinitrophenylhydrazon*, $C_{15}H_{20}N_4O_6$, F. 210—218°, gelbe Prismen aus Essigester. — *4-Hydroxy-2.2-dimethylheptansäurelacton*, $C_9H_{16}O_2$, Kp.$_{15}$ 106—108°, F. 28—29°, durch katalyt. Hydrierung der Ketosäure in Methanol bei 175°/100 at mit RANEY-Ni neben unveränderter Säure; Nadeln aus Pentan; n_D^{22} 1,4355. — *3.3-Dimethyl-2-methylen-5-propyltetrahydrofuran*, $C_{10}H_{18}O$, Kp.$_{35}$ 87—90°, aus vorst. Lacton durch GRIGNARD-Rk. mit CH_3·MgBr; n_D^{21} 1,4421. — *5-Hydroxy-3.3-dimethyloctanon-(2)-2.4-dinitrophenylhydrazon*, $C_{16}H_{24}N_4O_5$, F. 129°, durch Behandlung des Tetrahydrofurans mit BRADYs Reagens; Nadeln aus Alkohol. — *4-Äthylendioxy-2.2-dimethylheptansäuremethylester*, $C_{12}H_{22}O_4$, Kp.$_{29}$ 144—146°, aus einer Mischung von 2.2-Dimethyl-4-oxoheptansäuremethylester, Äthylenglykol u. p-Toluolsulfonsäure in Bzl. u. Verbesserung der Ausbeute durch Umesterung der daneben gebildeten Glykolester mit Methanol–H_2SO_4; n_D^{19} 1,4448; 48%. — *4-Äthylendioxy-2.2-dimethylheptansäure*, $C_{11}H_{20}O_4$, F. 47,5—48,5°, durch Verseifung des Esters mit methanol. NaOH; Prismen aus Pentan. — *5-Äthylendioxy-3.3-dimethyloctanon-(2)* (IV), $C_{12}H_{22}O_3$, Kp.$_{0,6}$ 66,5—68,5°, durch Behandlung vorst. Säure mit CH_3Li in äther. Lsg.; n_D^{25} 1,4502. *Semicarbazon*, $C_{13}H_{25}N_3O_3$, F. 181,5—182°, Nadeln aus wss. Methanol. — *3.3-Dimethyloctandion-(2.5)-bis-2.4-dinitrophenylhydrazon*, $C_{22}H_{26}N_8O_8$, F. 178,5—179,5°, bei Behandlung von IV mit BRADYs Reagens; gelbe Nadeln aus wss. Dioxan. — *4-Äthylendioxypentansäureäthylester*, $C_9H_{16}O_4$, Kp.$_{12}$ 107°, durch langsame Dest. einer Mischung von Äthyllävulat, 2-Äthylendioxybutan u. p-Toluolsulfonsäure; n_D^{20} 1,4340. — *4-Äthylendioxypentansäure*, $C_7H_{12}O_4$, F. 35,5—37,0°, durch Hydrolyse des Esters mit methanol. KOH; aus PAe. Prismen. — *5-Äthylendioxyhexanon-(2)*, $C_8H_{14}O_3$, Kp.$_{12}$ 101,5—102°, durch Rk. vorst. Säure mit $LiCH_3$ in Ae.; n_D^{22} 1,4411. *Semicarbazon*, $C_9H_{17}N_3O_3$, F. 141°; aus W. Platten. — *2.9-Dimethyldecadien-(2.8)-diin-(4.6)-dial-(1.10)*, F. 116—117° (wss. Methanol), durch Oxydation von 2.9-Dimethyldecadien-(2.8)-diin-(4.6)-diol-(1.10) mit handelsüblichem ungetrockneten MnO_2 in Aceton. — *all-trans-2.9-Dimethyldekatetraen-(2.4.6.8)-dial-(1.10)*, $C_{12}H_{14}O_2$, F. 181—182°, durch katalyt. Hydrierung des vorst. Dials in Essigester mit Pb-vergiftetem LINDLARs Pd-Katalysator, Chromatographie in Bzl. an Al_2O_3, 12std. Bestrahlung mit 200 W nach Zugabe von Jod u. weitere 30std. Bestrahlung im diffusen Tageslicht; aus Bzl.–PAe. orangegelbe Nadeln. — *cis.cis-2.9-Dimethyldekatetraen-(2.4.6.8)-dial-(1.10)*, F. 176—177°, in gleicher Weise wie die all-trans-Verb. ohne Bestrahlung; gelbe Nadeln aus Benzol. — *5.12-Dimethylhexadekatetraen-(3.5.11.13)-diin-(7.9)-dion-(2.15)*, F. 149—151°, durch Kondensation von 2.9-Dimethyldecadien-(2.8)-diin-(4.6)-dial-(1.10) u. Aceton mit Al-tert.-Butylat in Bzl., Chromatographie in Bzl. an Al_2O_3; aus PAe. gelbe Prismen. — *2.2.6.-13.17.17-Hexamethyloctadekatetraen-(4.6.12.14)-diin-(8.10)-dion-(3.16)*, $C_{24}H_{30}O_2$, F. 153 bis 155°, aus dem gleichen Dial wie vorst. Verb. durch Kondensation mit Pinakolin; gelbe Nadeln aus Bzl.–Petroläther. — *4.23-Bis-[äthylendioxy]-6.6.10.17.21.21-hexamethylhexakosatetraen-(8.10.16.18)-diin-(12.14)-dion-(7.20)*, $C_{36}H_{50}O_6$, F. 104—105°, durch Kondensation von 2.9-Dimethyldekadien-(2.8)-diin-(4.6)-dial-(1.10) mit IV; aus Bzl.–PAe. gelbe Nadeln. — *6.6.10.17.21.21-Hexamethylhexakosatetraen-(8.10.16.18)-diin-(12.14)-tetraon-(4.7.20.23)*, F. 94—95°, aus vorst. Dion durch Abspaltung der Äthylengruppen mit p-Toluolsulfonsäure in sd. Aceton u. chromatograph. Reinigung in Bzl. an Al_2O_3; aus Bzl.–PAe. gelbe Prismen. — *5.12-Dimethylhexadekahexaen-(3.5.7.9.11.13)-dion-(2.15)*, $C_{18}H_{22}O_2$, F. 171—172°, durch Kondensation von 2.9-Dimethyldekatetraen-(2.4.6.8)-dial-(1.10) u. Aceton mit alkoh. KOH, Reinigung durch Chromatographie in Bzl. an Al_2O_3; aus Bzl.–PAe. orangefarbene Platten. — *2.2.6.13.17.17-Hexamethyloctadekahexaen-(4.6.8.10.12.14)-dion-(3.16)*, $C_{24}H_{34}O_2$, F. 206—207°, aus dem gleichen Dialdehyd wie vorst. Verb. durch Kondensation mit Pinakolin durch Al-tert.-Butylat in Bzl.; aus Bzl.–PAe. gelbe Nadeln. — *2.2.6.13.17.17-Hexamethyloctadekahexaen-(4.6.8.10.12.14)-diol-(3.16)*, F. 152—156°, durch Red. des vorst. Dions mit KBH_4 in Methanol; instabile mikrokrist. gelbe Verb. aus wss. Methanol. Oxydation mit p-Chloranil in Bzl. führt zurück zum Dion; Behandlung mit N-Bromsuccinimid u. N-Phenylmorpholin in Chlf. ergibt nach chromatograph. Reinigung ebenfalls das Dion. — *4.23-Bis-[äthylendioxy]-6.6.10.-17.21.21-hexamethylhexakosahexaen-(8.10.12.14.16.18)-dion-(7.20)*, F. 124—126,5°, durch

Kondensation von 2.9-Dimethyldekatetraen-(2.4.6.8)-dial-(1.10) u. **IV** mit Al-tert.-Butylat in Bzl.; aus Bzl.–PAe. gelbe Nadeln. — *6.6.10.17.21.21-Hexamethylhexakosahexaen-(8.10.12.14.16.18)-tetraon-(4.7.20.23)*, $C_{32}H_{46}O_4$, F. 119—124°, aus vorst. Dion durch Spaltung mit p-Toluolsulfonsäure in Aceton u. chromatograph. Reinigung; oder durch Kondensation zum Dion wie vorst. u. Hydrolyse des rohen Prod.; oder durch partielle Hydrierung von 6.6.10.17.21.21-Hexamethylhexakosatetraen-(8.10.16.18)-diin-(12.14)-tetraon-(4.7.20.23) in Essigester mit LINDLAR-Katalysator u. Bestrahlung des hydrierten Prod. unter Zusatz von Jod; aus Bzl.–PAe. gelbe Nadeln. — *6.6.10.17.21.21-Hexamethylhexakosahexaen-(8.10.12.14.16.18)-tetraol-(4.7.20.23)*, aus vorst. Tetraon durch Red. mit KBH_4 in Methanol; unbeständiges Öl. — *6.6.10.17.21.21-Hexamethylhexakosahexaen-(8.10.12.14.16.18)-tetraol-(3.7.20.24)*, F. 110—120°, durch Red. des entsprechenden Tetraons mit KBH_4 in Methanol; aus Bzl.–PAe. unbeständiger mikrokrist. gelber Körper. — *6.6.10.17.21.21-Hexamethylhexakosahexaen-(8.10.12.14.16.18)-diol-(3.24)-dion-(7.20)*, F. 107—110°, durch Behandlung des Tetraols mit Chloranil in Bzl. u. Abtrennung durch Chromatographie; aus Bzl.–PAe. orangegelbe Prismen. — *5.9.14.18-Tetramethyldokosanonaen-(3.5.7.9.11.13.15.17.19)-dion-(2.21)*, $C_{26}H_{32}O_2$, F. 179—181°, durch Kondensation von Crocetindial (**III**) u. Aceton in 5%ig. alkoh. KOH u. Reinigung durch Chromatographie in Bzl. an Al_2O_3; aus Bzl.–PAe. tiefrote Platten. — *2.6.10.15.19.23-Hexamethyltetrakosanonaen-(4.6.8.10.12.14.16.18.20)-dion-(3.22)*, $C_{30}H_{40}O_2$, F. 187°, durch Kondensation von **III** u. 3-Methylbutanon-(2) in 5%ig. alkoh. KOH; aus Bzl.–PAe. purpurrote Platten. — *2.2.6.10.15.19.23.23-Oktamethyltetrakosanonaen-(4.6.8.10.12.14.-16.18.20)-dion-(3.22)*, $C_{32}H_{44}O_2$, F. 221—222°, aus **III** u. Pinakolin durch Kondensation mit Al-tert.-Butylat in Bzl.; nach chromatograph. Aufarbeitung der Mutterlaugen 49%; oder durch Kondensation von **III** u. Pinakolin mit 5%ig. methanol. KOH; aus Bzl.–PAe. purpurrote Platten; 23%. — *4.29-Bis-[äthylendioxy]-6.6.10.14.19.23.27.27-oktamethyldotriakontanonaen-(8.10.12.14.16.18.20.22.24)-dion-(7.26)*, $C_{44}H_{64}O_6$, F. 182—183°, durch Kondensation von **III** u. **IV** mit 5%ig. alkoh. KOH; aus Bzl.–PAe. tiefrote Blättchen; 48%. — *6.6.10.14.19.23.27.27-Oktamethyldotriakontanonaen-(8.10.12.14.16.18.20.22.24)-tetraon-(4.7.26.29)*, $C_{40}H_{56}O_4$, F. 159°, aus vorst. Verb. durch Spaltung mit p-Toluolsulfonsäure in Aceton; aus Bzl.–PAe. purpurrtoe Blättchen. — *6.6.10.14.19.23.27.27-Oktamethyldotriakontanonaen-(8.10.12.14.16.18.20.22.24)-tetraol-(4.7.26.29)*, F. 174—180°, aus dem Tetraon durch Red. mit KBH_4 in Methanol; instabile mikrokrist. roter Körper. Oxydation des Tetraols mit p-Chloranil in Bzl.–A., mit N-Bromsuccinimid in Chlf. oder mit MnO_2 in Aceton ergibt kein Dion. — *6.6.10.14.19.23.27.27-Oktamethyldotriakontanonaen-(8.10.12.14.16.18.20.22.24)-tetraol-(3.7.26.30)*, aus dem Tetraon durch Red. mit KBH_4 in methanol. Lsg.; gelbes Öl. — *3.30-Dihydroxy-6.6.10.14.19.23.27.27-oktamethyldotriakontanonaen-(8.10.12.14.16.18.20.22.24)-dion-(7.26)* (**Ib**), $C_{40}H_{60}O_4$, F. 170—171°, durch Oxydation des vorst. Tetraols mit p-Chloranil (22 Std., 20°) u. Reinigung an Al_2O_3; aus Bzl.–PAe. purpurrote Blättchen. — *6.6.10.14.19.23.27.27-Oktamethyldotriakontanonaen-(8.10.12.14.16.18.20.22.24)-tetraol-(2.7.26.31)*, F. 180—185° (sintert bei 160°), durch Oxydation von β-Carotin nach der Meth. von KUHN u. BROCKMANN u. Red. des β-Carotinons mit KBH_4 in Methanol; instabiler mikrokrist. roter Körper. — *2.31-Dihydroxy-6.6.10.14.19.23.27.27-oktamethyldotriakontanonaen-(8.10.12.14.16.18.20.22.24)-dion-(7.26)* (**Ic**), $C_{40}H_{60}O_4$, F. 166°, durch partielle Oxydation des vorst. Tetraols mit p-Chloranil in Bzl. u. chromatograph. Reinigung an Al_2O_3; aus Bzl.–PAe. purpurrote Prismen. — *Capsanthin,* F. 181—182°, aus Capsicum annuum; rote Nadeln. — *Capsanthol,* F. 180—182°, aus vorst. Verb. durch Red. mit KBH_4; aus Bzl.–PAe. dunkelrote Prismen. Oxydation mit Chloranil in Bzl.–A. u. Chromatographie des Reaktionsprod. an Al_2O_3 ergibt wieder Capsanthin. — Red. u. Regeneration des *Capsorubins* (**II**): Red. von **II** mit KBH_4 in Methanol u. chromatograph. Reinigung des Reduktionsprod. führt zum *Tetraol*; Oxydation der Tetraollsg. mit Chloranil ergibt wieder **II**. — Alkal. Spaltung von **II**: 2std. Kochen einer Benzollsg. mit 10%ig. alkoh. KOH ergibt nach Aufarbeitung u. chromatograph. Abtrennung **III** (Identifizierung durch Misch-F.). — *3.7-Dimethylocten-(6)-on-(2)*, $C_{10}H_{18}O$, Kp. 192—197°, $Kp._{14}$ 88—90°, durch Kondensation von α-Chlorpropionsäureäthylester u. 6-Methylhepten-(5)-on-(2) mit gepulvertem Na-Methylat u. Behandlung des Reaktionsprod. mit 15%ig. methanol. KOH; n_D^{20} 1,4434. *Semicarbazon,* $C_{11}H_{21}N_3O$, F. 61—64°, aus wss. A. Prismen. — *7-Hydroxy-3.7-dimethyloctanon-(2)*, $C_{10}H_{20}O_2$, $Kp._{0,1}$ 64°, durch Behandlung des vorst. Ketons mit 35%ig. H_2SO_4; n_D^{26} 1,4444. — *6-Hydroxy-6-methylheptanon-(2)*, $C_8H_{16}O_2$, $Kp._{0,2}$ 72°, aus 6-Methylhepten-(5)-on-(2) durch H_2SO_4-Behandlung; n_D^{20} 1,4445. — *2.31-Dihydroxy-2.6.10.14.19.23.27.31-oktamethyldotriakontanonaen-(8.10.12.14.16.18.20.22.24)-dion-(7.26)* (**Id**), $C_{40}H_{60}O_4$, F. 133 bis 134°, aus 7-Hydroxy-3.7-dimethyloctanon-(2) durch Kondensation mit **III** in 5%ig. alkoh. KOH u. Reinigung durch Chromatographie; aus Bzl.–PAe. Kristalle. — Absorptionsspektren (UV u. sichtbar in Benzollsg.) vgl. Original. (J. chem. Soc. [London] **1958**.

3972—86. Nov. South Kensington, London, Imp. Coll. of Sci. and Technol., Dep. of organ. Chem.) B. RÄSSLER. 3550

C. K. Warren und **B. C. L. Weedon,** *Carotinoide und verwandte Verbindungen. 7. Mitt. Die Synthese von Canthaxanthin und Echinenon.* (6. vgl. vorst. Ref.) Durch Kondensation von 6-Äthylendioxy-3.3-dimethyloctanon-(2) (I) mit Polyenaldehyden bzw. -dialdehyden u. anschließende Cyclisierung kann die 2.6.6-Trimethyl-3-oxocyclohexen-(1)-ylgruppe in Polyene eingeführt werden. Die Synth. des Methylketons I erfolgt durch Rk. des Halbestersäurechlorids der α.α-Dimethylglutarsäure mit Äthyl-Cd zum *Äthylketonester* u. Umsetzung der entsprechenden Säure mit $LiCH_3$. Die Ketogruppe wird dabei zunächst durch Umwandlung in eine Äthylendioxygruppe geschützt. Der Äthylenrest kann nach erfolgter Kondensation mit p-Toluolsulfonsäure leicht wieder abgespalten werden. Die Kondensation von I mit 2.9-Dimethyldecatetraen-(2.4.6.8)-dial, 2.9-Dimethyldecadien-(2.8)-diin-(4.6)-dial-(1.10), Crocetindial u. β-Apocarotinal-(2) erfolgt mit Al-tert.-Butylat oder alkoh. KOH. Nach Abspaltung der Äthylengruppe wird die Cyclisierung mit alkoh. KOH durchgeführt. Aus I u. Crocetindial wird auf diesem Wege *Canthaxanthin* u. aus I u. β-Apocarotinal-(2) *Echinenon* gewonnen. Vgl. der IR-Spektren der Cyclohexenone mit denen der acycl. Ketone führt zu der Annahme, daß bei letzteren s-cis-Konfiguration vorliegt, während die cycl. Verbb. s-trans-Konfiguration aufweisen.

Versuche: *4-Cyan-2.2-dimethylbutanal,* $Kp._{0,4}$ 79—81,5°, aus Acrylonitril u. Isobutyraldehyd in Ggw. von vorbehandeltem Amberlite IRA-400 (OH); n_D^{22} 1,4381. — *α.α-Dimethylglutarsäure,* F. 80—82°, durch Behandlung des vorst. Cyanaldehyds mit einer Mischung von 65%ig. HNO_3 u. konz. H_2SO_4; aus W. Kristalle. — *α.α-Dimethylglutarsäuredimethylester,* $Kp._{20}$ 117—119°, durch 16std. Veresterung der Säure mit H_2SO_4-Methanol; n_D^{23} 1,4281. — *α.α-Dimethylglutarsäuremonomethylester,* $C_8H_{14}O_4$, F. 43,5 bis 45,0°, $Kp._{0,05}$ 98—99°, durch partielle Verseifung des Diesters mit methanol. KOH; aus PAe. Nadeln; n_D^{22} 1,4391. — *2.2-Dimethyl-5-oxoheptansäuremethylester,* $C_{10}H_{18}O_3$, $Kp._{0,7}$ 74—75°, durch Behandlung des vorst. Halbesters mit $SOCl_2$ u. Umsetzung des rohen Säurechlorids mit Äthyl-Cd in Bzl.; n_D^{21} 1,4352. *Semicarbazon,* $C_{11}H_{21}N_3O_3$, F. 123 bis 124°; aus wss. Methanol Platten. — *2.2-Dimethyl-5-oxoheptansäure,* F. 24—26,5°, durch Verseifung des Esters mit 5n NaOH in Methanol; aus Pentan Kristalle. *2.4-Dinitrophenylhydrazon,* $C_{15}H_{20}N_4O_6$, F. 112—126° (wss. Methanol). *Benzylammoniumsalz,* $C_{16}H_{25}NO_3$, F. 75°, aus Essigester–PAe. Nadeln. — *5-Äthylendioxy-2.2-dimethylheptansäuremethylester,* $C_{12}H_{22}O_4$, $Kp._{1,0}$ 90—92°, durch langsame Fraktionierung einer Mischung von 2.2-Dimethyl-5-oxoheptansäuremethylester, 2-Äthylendioxybutan u. p-Toluolsulfonsäure; n_D^{21} 1,4438. — *5-Äthylendioxy-2.2-dimethylheptansäure,* F. 15—17°, durch Verseifung des Esters in wss.-methanol. NaOH; aus Pentan Prismen; ergibt bei Behandlung mit BRADYs Reagens 2.2-Dimethyl-5-oxoheptansäure-2.4-dinitrophenylhydrazon. *Benzylammoniumsalz,* $C_{18}H_{29}NO_4$, F. 88—88,5°; aus Essigester–PAe. blaßgelbe Kristalle. — *6-Äthylendioxy-3.3-dimethyloctanon-(2)* (I), $C_{12}H_{22}O_3$, $Kp._{0,5}$ 78—84°, durch Behandlung der Äthylendioxysäure mit CH_3Li in Ae.; n_D^{21} 1,4508. *Semicarbazon,* $C_{13}H_{25}N_3O_3$, F. 119,5°, aus wss. Methanol Platten. — *3.3-Dimethyloctandion-(2.6)-bis-[2.4-dinitrophenylhydrazon],* $C_{22}H_{26}N_8O_8$, F. 179—185°, aus vorst. Äthylendioxyketon mit BRADYs Reagens; aus Dioxan–Methanol–W. orangefarbene Nadeln. — *3.24-Bis-[äthylendioxy]-6.6.10.17.-21.21-hexamethylhexakosahexaen-(8.10.12.14.16.18)-dion-(7.20),* F. 143—146°, aus 2.9-Dimethyldecatetraen-(2.4.6.8)-dial u. I durch 20std. Kondensation mit Al-tert.-Butylat in Bzl. u. chromatograph. Reinigung an Al_2O_3; aus Bzl.–PAe. gelbe Nadeln. — *6.6.10.-17.21.21-Hexamethylhexakosahexaen-(8.10.12.14.16.18)-tetraon-(3.7.20.24),* $C_{32}H_{46}O_4$, F. 105—107°, aus vorst. Hexaendion durch Spaltung mit p-Toluolsulfonsäure in Aceton; aus Bzl.–PAe. gelbe Nadeln. — *3.10-Dimethyl-1.12-bis-[2.6.6-trimethyl-3-oxocyclohexen-(1)-yl]-dodecahexaen-(1.3.5.7.9.11),* $C_{32}H_{42}O_2$, F. 203°, aus vorst. Tetraon durch 2½std. Kochen mit 10%ig. methanol. KOH in Bzl. u. chromatograph. Trennung der Reaktionsprodd.; aus PAe. orangegelbe Nadeln; 40% (Ausbeute). — *3.24-Bis-[äthylendioxy]-6.6.10.17.21.21-hexamethylhexakosatetraen-(8.10.16.18)-diin-(12.14)-dion-(7.20),* $C_{36}H_{50}O_6$, F. 114—115°, aus 2.9-Dimethyldecadien-(2.8)-diin-(4.6)-dial-(1.10) u. I durch Kondensation mit Al-tert.-Butylat in Bzl.; aus Bzl.–PAe. gelbe Prismen. — *6.6-10.17.21.21-Hexamethylhexakosatetraen-(8.10.16.18)-diin-(12.14)-tetraon-(3.7.20.24),* $C_{32}H_{42}O_4$, F. 127—128°, durch Spaltung des vorst. Dions mit p-Toluolsulfonsäure in Aceton; aus Bzl.–PAe. gelbe Prismen. — *3.30-Bis-[äthylendioxy]-6.6.10.14.19.23.27.27-oktamethyldotriakontanonaen-(8.10.12.14.16.18.20.22.24)-dion-(7.26),* $C_{44}H_{64}O_6$, F. 174°, durch Kondensation von Crocetindial u. I mit 5%ig. alkoh. KOH; aus Bzl.–PAe. tiefrote Blättchen. — *6.6.10.14.-19.23.27.27-Oktamethyldotriakontanonaen-(8.10.12.14.16.18.20.22.24)-tetraon-(3.7.26.30,)* $C_{40}H_{56}O_4$, F. 174°, aus vorst. Nonaendion durch Behandlung mit p-Toluolsulfonsäure in Aceton; aus Bzl.–PAe. tiefrote Platten; 72% (nach Aufarbeitung der Mutterlaugen). — *Canthaxanthin,* $C_{40}H_{52}O_2$, F. 215°, durch Cyclisierung des vorst. Nonaentetraons mit methanol. KOH in Bzl. u. Chromatographie der Reaktionsprodd. in Bzl. an Al_2O_3; aus Bzl.-PAe. rote Prismen; 33%. — *3-Äthylendioxy-6.6.10.14.19.23-hexamethyl-25-[2.6.6-trimethylcyclohexen-(1)-yl]-pentakosanonaen-(8.10.12.14.16.18.20.22.24)-on-(7)*, $C_{42}H_{60}O_3$, F. 124—125°, durch Kondensation von **I** mit β-Apocarotinal in 5%ig. alkoh. KOH u. Reinigung durch Chromatographie in PAe. an Al_2O_3; aus PAe. violette Nadeln. — *6.6.10.14.19.23-Hexamethyl-25-[2.6.6-trimethylcyclohexen-(1)-yl]-pentakosanonaen- (8.10.-12.14.16.18.20.22.24)-dion-(3.7)*, $C_{40}H_{56}O_2$, F. 124°, aus vorst. Verb. durch Behandlung mit p-Toluolsulfonsäure in Aceton; aus Methanol–PAe. rote Prismen; nach Aufarbeitung der Mutterlaugen 46%. — *Echinenon*, $C_{40}H_{54}O$, F. 187°, durch Cyclisierung vorst. Nonaendions durch Kochen mit 10%ig. methanol. KOH unter Zusatz von Bzl.; oder durch Extraktion getrockneter Anabaena cylindrica mit Methanol u. Ae. u. Chromatographie des Extraktrückstandes erst in Bzl., dann in PAe. an Al_2O_3; aus Bzl.–Methanol violette Platten. — Absorptionsspektren (UV u. sichtbar in Benzollsg.) vgl. Original. (J. chem. Soc. [London] **1958**. **3986**—93. Nov.) B. RÄSSLER. 3550

G. W. Pigulewski, Ss. A. Koshin und **W. G. Kosstenko**, *Reduktion von Limonenmonoxyd mit Lithiumaluminiumhydrid.* Bei der Red. von Limonenoxyd (1.2-Oxido-$\Delta^{8,9}$-p-menthen) mit $LiAlH_4$ entstehen in fast gleichen Mengen *β-Terpineol* (**I**) u. *D-Neodihydrocarveol* (**II**). Von **I** u. **II** werden die RAMAN-Spektren aufgenommen.

V e r s u c h e: *Limonenoxyd*, $Kp._{50}$ 110—112°, aus D-Limonen mit Peressigsäure in Ae. nach ARBUSOW [1936]; $D.^{20}{}_4$ 0,9324; $n_D{}^{20}$ 1,4671; $[\alpha]_D$ +65,5°. — ***Red.***: Man gibt zu 3,3 g vorst. Verb. in 275 ml Ae. langsam 8,1 g $LiAlH_4$ in 175 ml Ae., kocht 2 Std. u. versetzt mit 100 ml W.: Man erhält ein *I-II-Gemisch* [$Kp._{27}$ 110—113°; $n_D{}^{20}$ 1,4772; $[\alpha]_D$ +18,6°; 84% (Ausbeute)] u. bei dessen Fraktionierung: *β-Terpineol* (**I**), $C_{10}H_{18}O$, $Kp._{10}$ 91—91,5°, F. 31—31,5°; $D.^{20}{}_4$ 0,9235; $n_D{}^{20}$ 1,4749; $[\alpha]_D$ 0,0°; 13,8 g; *Phenylurethan*, F. 84—85°; u. *D-Neodihydrocarveol* (**II**), $C_{10}H_{18}O$, $Kp._{32}$ 117°; $D.^{15}{}_4$ 0,9337; $n_D{}^{20}$ 1,4798; $[\alpha]_D$ +32,8°. *Hydrat*, F. 156—156,5° (W.), durch 30std. Schütteln von 4,2 g **II** mit 200 ml 5%ig. H_2SO_4; $[\alpha]_D$ +40,1°; 2,6 g. (Журнал Общей Химии [J. allg. Chem.] **28** (**90**). 1413—15. Mai 1958. Leningrad, Univ.) HELMUT SCHÄFER. 3600

D. H. R. Barton und **J. E. D. Levisalles**, *Sesquiterpenoide.* 11. Mitt. *Konstitution von Geigerin.* (10. vgl. C. **1959**. 1137 u. PEROLD, C. **1957**. 11890.) Für *Geigerin* (**I**) wird die Konfiguration **Ia** bewiesen. Bldg. von Essigsäure mit O_3 spricht für eine α,β-ungesätt. Ketongruppierung, die Existenz eines *Monoacetats*, Oxydierbarkeit zum CrO_3-beständigen *Dehydrogeigerin* (**II**) u. die Ggw. von 3 $H_3C\cdot C$-Gruppen für einen sek. Alkohol. Die leichte Red. von **I** mit Zn-Staub u. Essigsäure zu *Desoxygeigerin* (**III**) ist durch eine Vinyl-α-Ketolgruppe bedingt. Milde Red. des aus **I**-Methansulfonat (**Ib**) erhaltenen *Jodids* gab **III**. Das Methansulfonat vom Dihydrogeigerin (**IV**) gab, mit Kollidin gekocht, prim. ein *β,γ-ungesätt. Keton*, isomerisierbar zu **III**. **II** wird auf Grund seiner Endion-(1.4)-Gruppierung leicht zu *Dehydrodihydrogeigerin* (**V**) reduziert. *Anhydrogeigerin* (aus **I** mit $HClO_4$) hat auf Grund seiner UV- u. IR-Spektren die Konst. **VI**. Die gleiche Lage der γ-Lactongruppe in **I** u. **III** wird bestätigt durch die IR-Spektren u. die Überführung von

I R = OH III R = H
Ib R = OSO_2CH_3 II R = O

Ia

IV = OH
V = O

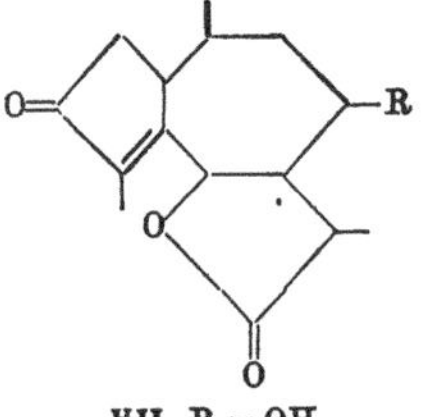

VII R = OH
VIII R = O

Ib mit Alkalien verschied. Stärke in *6-Epigeigerin* (**Ic**, analog **I**; oxydierbar mit CrO_3 zu **II**) u. das isomere *6-Epiallogeigerin* (**VII**) [oxydierbar zu *Dehydro-6-epiallogeigerin* (**VIII**)]. *Allogeigersäure* (**IX**) hat die gleiche Struktur wie sie für den aus ihrem *Methylester* oxydativ erhaltenen *Methylester* der *Dehydroallogeigersäure* (**X**) auf Grund des IR-Spektr. u. der Red. von **IX** zu **III** angenommen wird. **IX** u. **I** geben dasselbe *2.4-Dinitrophenylhydrazon*; dies spricht für eine Umwandlung **IX** ⇌ **I**, die auch beim Kochen von **IX** mit Essigsäure erfolgt. Das UV-Spektr. weist in alkal. Lsg. zwischen der *Geigersäure* u. **IX** ein Gleichgewicht bei ca. 90% **IX** aus. **IX** gibt selbst bei Sublimation kein Lacton; OH-Gruppe u. COOH-Seitenkette liegen also in trans-Stellung. Da **IX** leichter in **I** als in ein $C_{(6)}$—$C_{(7)}$-Lacton übergeht, ist für **I** ein cis-Lactonring (entspr. **Ia**) anzunehmen. **Ic** gibt infolge der cis-Lage der 6-, 7- u. 8-Substituenten mit Alkali keine Umlagerung wie **IX**. Die

Rotationsdispersion beweist bei **Ia** die β-Lage des H in $C_{(1)}$. Die *Dilactonsäure* von DE WAAL (Onderstepoort J. veterin. Sci. animal Ind. **10.** [1938.] 395) hat auf Grund der Spektren u. Bldg. von Essigsäure mit O_3 im Einklang mit **I** die Struktur **XI**.

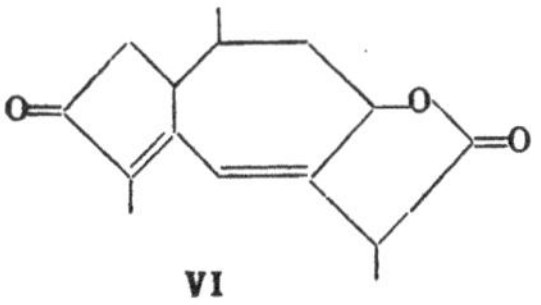

VI 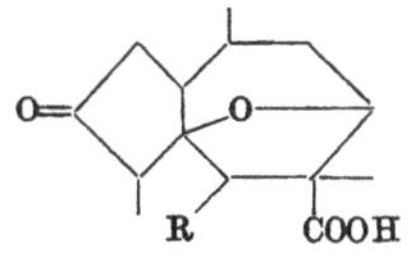 IX R = OH X R = O XI

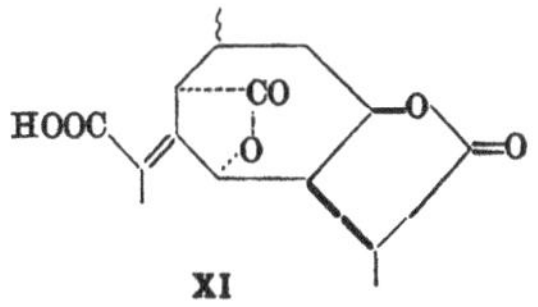

V e r s u c h e (FF. auf KOFLER-Block; $[\alpha]_D$-Werte in Chlf.): *Geigerin* (**I**), *Acetat*, $C_{17}H_{22}O_5$, F. 130—131°, aus **I** u. Acetanhydrid, Stehen über Nacht; Nadeln (Chlf./Ae./Hexan), $[\alpha]_D$ —102° (c = 0,92). *Methansulfonat* (**Ib**), F. 143—145° (Bzl./Ae.), aus **I** mit Methansulfochlorid in Pyridin u. Filtrieren des neutralen Prod. in CH_2Cl_2-Lsg. durch Al_2O_3; $[\alpha]_D$ —124° (c = 1,42). *p-Bromphenylacetat*, aus 100 mg **I** in A.-freiem Chlf. mit O_3 bei Zimmertemp., Behandeln des konz. Dampfdestillats bei p_H 7 mit p-Bromphenacylbromid in A. u. Chromatographieren; 67 mg (Ausbeute). — *Allogeigersäure* (**IX**), aus 520 mg **I** mit 0,1 n alkoh. KOH 40 Std. bei Zimmertemp.; in der sauren Fraktion 167 mg **IX** neben unverändertem **I**. **IX** analog behandelt, gibt beim Gleichgewicht denselben ε-Wert. — *Dehydroallogeigersäuremethylester*, $C_{16}H_{22}O_5$, F. 125—128°, aus dem **IX**-*Methylester* mit CrO_3 in Essigsäure bei Zimmertemp., Chromatographie an Silicagel u. Sublimieren des Ae.-Eluats; Nadeln, $[\alpha]_D$ +79° (c = 1,23). — **I**-*2.4-Dinitrophenylhydrazon* (**I**; *2.4-DPH*), aus **IX** oder dem Methylester mit CH_3OH/HCl u. 2.4-Dinitrophenylhydrazin, 24 Std. bei Zimmertemp., Chromatographieren an Bentonit/Celite u. Kristallisation aus Chlf./Methanol. — **I**, aus 36,5 mg **IX** durch 23 std. Kochen mit Essigsäure u. Chromatographieren an Al_2O_3; 15 mg. — *Desoxygeigerin* (**III**), $C_{15}H_{20}O_3$, F. 131 bis 135°, a) aus 76 mg **I**, Zn-Staub u. Essigsäure (18 Std. Kochen), Nadeln (Essigester/Hexan), $[\alpha]_D$ —17° (c = 1,12); 69 mg (roh). b) aus 112 g **Ib** u. wasserfreiem NaJ in Aceton durch 24 std. Kochen, Schütteln des Prod. mit Zn-Staub u. Essigsäure über Nacht bei Zimmertemp. u. Chromatographieren an Al_2O_3; 17 mg. c) aus 48 mg **IX** u. Zn-Staub in Essigsäure, 19 std. Kochen u. Chromatographieren an Al_2O_3; 15 mg. d) aus 136 mg *Dihydrogeigerin* (**IV**) u. Methansulfochlorid in Pyridin, 21 Std. bei Zimmertemp. u. 2 std. Kochen des Prod. mit Kollidin. *2.4-DPH*, $C_{21}H_{24}N_4O_6$, F. 271—273°, rote Nadeln (Chlf./A.). — *Dehydrogeigerin* (**II**), $C_{15}H_{18}O_4$, F. 108°, dann 132—136°, aus 300 mg **I** mit CrO_3 in analysenreiner Essigsäure durch Kristallisation des neutralen Prod.; Prismen aus Bzl.-Hexan, $[\alpha]_D$ +3° (c = 0,73); +5° (c = 1,58). — *Dehydrodihydrogeigerin* (**V**), $C_{15}H_{20}O_4$, F. 237—258°, a) aus 150 mg **II** u. Zn-Staub in Essigsäure, 20 Std. bei 100°; 140 mg (roh); b) aus 35,4 mg **II**, Zn-Staub u. Essigsäure u. 2 tägiges Schütteln bei ca. 20° Plättchen (Bzl.), $[\alpha]_D$ +135° (c = 0,89). — *Anhydrogeigerin* (**VI**), $C_{15}H_{18}O_3$, F. 160 bis 162° (Essigester/Hexan, dann wss. CH_3OH), a) aus 264 mg **I** mit 72%ig. wss. $HClO_4$ u. analysenreiner Essigsäure (8 Std. Dampfbad), Chromatographieren des neutralen Anteils (223 mg) an Al_2O_3 u. Eluieren mit Bzl.; $[\alpha]_D$ —203° (c = 0,69); b) aus **Ib** u. Kollidin (2 Std. Kochen). *2.4-DPH*, $C_{21}H_{22}N_4O_6$, F. 275—280°, dunkelrote Nadeln (Chlf./Methanol). — *6-Epigeigerin* (**Ic**), $C_{15}H_{20}O_4$, F. 177—179° (Chlf./Hexan), aus 680 mg **Ib** durch Schütteln über Nacht mit 0,1 n NaOH, Extrahieren vor u. nach dem Ansäuern mit Ae., Chromatographieren u. Eluieren mit Bzl./Ae. oder Ae. u. Kristallisation der vereinigten Fraktionen; $[\alpha]_D$ —51° (c = 1,01); 53 mg. Daneben *6-Epiallogeigerin* (**VII**), F. 213—230°, mit Aceton extrahiert; 36 mg (roh). — **VII**, $C_{15}H_{20}O_4$, F. 245—248° (Chlf./Essigester), aus 750 g **Ib**, über Nacht mit 0,1 n alkoh. KOH behandelt, angesäuert, an Al_2O_3 chromatographiert u. nach Abtrennen des 1. Eluats (25 mg **Ic**) erneut eluiert; $[\alpha]_D$ —83° (c = 1,32). — **II**, aus **Ic** analog **I** mit CrO_3. — *Dehydro-6-epiallogeigerin* (**VIII**), $C_{15}H_{18}O_4$, F. 149—153° (Bzl.), analog aus 56 mg **VII**; $[\alpha]_D$ +31° (c = 1,12); 52 mg (roh). Nach 26 std. Kochen mit Zn-Staub u. Essigsäure keine Red. von ε_{max}. — *Dilactonsäure* von DE WAAL (**XI**), F. 278—282° (Essigester). *Methylester*, F. 185—190° (Bzl./PAe.); $[\alpha]_D$ +182° (c = 1,52). Mit O_3 in Chlf. entstand aus vorst. Säure wie bei **I** Essigsäure. — UV- bzw. IR-Spektren in A. bzw. Chlf. vgl. Original. (J. chem. Soc. [London] **1958.** 4518—23. Dez. Glasgow, Univ.; London, Imp. Coll.) W. SCHULENBURG. 3600

J. Schmidlin, G. Anner, J.-R. Billeter und **A. Wettstein**, *Über Synthesen in der Aldosteronreihe.* 1. Mitt. *Totalsynthese des racemischen Aldosterons.* 132. Mitt. *über Steroide.* (131. vgl. Helv. chim. Acta **38.** [1955.] 835.) Inhaltlich in der 147., 148. u. 149. Mitt. enthalten. (Experientia [Basel] **11.** 365—68. 15/9. 1955.)

WALTER SIMON. 3700

E. Vischer, Ch. Meystre und **A. Wettstein,** *Herstellung weiterer 1-Dehydrosteroide auf mikrobiologischem Wege. Mikrobiologische Reaktionen.* 7. Mitt. *Über Steroide.* 133. Mitt. (132. vgl. vorst. Ref.; 6. vgl. Helv. chim. Acta **38.** [1955.] 855.) Durch Incubation mit Pilzstämmen der Gattung *Didymella,* z. B. *D. lycopersici Kleb.,* wurden verschied. Δ^4-3-Ketosteroide in die entsprechenden *1-Dehydrosteroide* übergeführt. Diese Verbb. zeigten bei der Papierchromatographie höhere Polarität als die entsprechenden, in 1.2-Stellung gesätt. Substanzen; ihr NaOH-UV-Fluorescenztest ist negativ. Ihre Konst. wird durch die IR-Banden, die UV-Maxima u. die mol. Drehungsbeiträge bewiesen. Versuche (FF. korr.; UV-Spektren in A., IR-Spektren in Nujol): *1-Dehydrocortison,* F. 226—232° (Zers.; Aceton), aus Cortison in CH_3OH durch Incubation mit einer 24-Std.-Kultur von Didymella lycopersici Kleb. (2½ Tage bei 27°). *21-Trimethylacetat,* $C_{26}H_{34}O_6$, F. 274—280°, Nadeln aus Aceton, $[\alpha]_D^{23}$ $+169 \pm 3°$ (c = 0,815 in Chlf.), λ_{max} 240 mμ (ε = 15600) bzw. 2,89, 5,78, 5,83, 6,00, 6,16, 6,22, 7,12, 7,80, 8,05, 8,68, 9,59, 10,88, 11,17 u. 12,18 μ. — *1-Dehydro-17α-hydroxycorticosteron,* $C_{21}H_{28}O_5$, F. 234—236° (Zers.), aus 17α-Hydroxycorticosteron analog vorst. Verb.; $[\alpha]_D^{23}$ $+98 \pm 3°$ (c = 0,975 in Dioxan), λ_{max} 243 mμ (ε = 15300) bzw. 2,89, 2,96, 5,82, 6,03, 6,18, 6,25, 7,60, 8,24, 8,65, 8,82, 9,01, 9,17, 9,54, 9,64, 11,27 u. 12,27 μ. *21-Trimethylacetat,* $C_{26}H_{36}O_6$, F. 233—236° (Essigester), $[\alpha]_D^{25}$ $+103 \pm 3°$ (c = 1,208 in Chlf.), λ_{max} 244 mμ (ε = 14700) bzw. 2,82, 2,97, 5,74, 5,79, 6,01, 6,16, 6,23, 7,12, 7,79, 8,10, 8,56, 8,65, 8,74, 8,98, 9,63, 10,00, 11,21 u. 11,68 μ. — *1-Dehydro-17α-methyltestosteron,* $C_{20}H_{28}O_2$, F. 163 bis 164° (Ae.-Aceton), aus 17α-Methyltestosteron; $[\alpha]_D^{26}$ $\pm 0°$ (c = 1,150 in Chlf.), λ_{max} 245 mμ (ε = 15600) bzw. 2,74, 5,98, 6,14, 6,21, 7,29, 7,52, 8,86, 9,23, 10,68, 10,83, 11,28 u. 12,23 μ (CH_2Cl_2). — *1-Dehydroanhydrohydroxyprogesteron,* $C_{21}H_{26}O_2$, F. 228 bis 233° (Sublimation; Ae.-Aceton), aus Anhydrohydroxyprogesteron (17α-Äthinyltestosteron); $[\alpha]_D^{23}$ $-18,5 \pm 2°$ (c = 1,054 in Chlf.), λ_{max} 244 mμ (ε = 15500) bzw. 2,97, 3,05, 4,75, 5,98, 6,17, 6,22, 7,08, 7,64, 8,06, 8,91, 9,06, 9,39, 10,05, 10,63, 11,22 u. 12,19 μ. — *1.11-Bis-dehydroprogesteron,* $C_{21}H_{26}O_2$, F. 166—168° (Ae.-PAe.), aus 11-Dehydroprogesteron; $[\alpha]_D^{24}$ $+112 \pm 4°$ (c = 0,459 in Chlf.), λ_{max} 245 mμ (ε = 17750) bzw. 5,85, 5,99, 6,14, 6,21, 7,29, 7,37, 8,35, 9,06, 10,64, 11,27 u. 12,22 μ (CH_2Cl_2). — *1-Dehydro-9α-fluor-17α-hydroxycorticosteron,* $C_{21}H_{27}FO_5$, F. 263—266° (Zers.; Aceton), $[\alpha]_D^{23}$ $+108 \pm 3°$ (c = 0,611 in A.), λ_{max} 240 mμ (ε = 15800) bzw. 2,84, 2,91 (Inflexionen), 2,97, 5,81, 6,01, 6,17, 6,23, 7,65, 8,81, 9,41, 9,73, 10,90 u. 11,27 μ. *21-Monoacetat,* $C_{23}H_{29}FO_6$, F. 244—246° (Zers.), $[\alpha]_D^{23}$ $+108 \pm 3°$ (c = 0,735 in Dioxan), λ_{max} 240 mμ (ε = 16250) bzw. 2,90, 2,99, 5,75, 5,82, 5,99, 6,15, 6,23, 8,05, 8,86, 9,62 u. 11,23 μ. — *1.11-Bis-dehydro-17α-methylcorticosteron,* $C_{22}H_{28}O_4$, F. 183—186° (Zers.), aus 21-O-Acetyl-11-dehydro-17α-methylcorticosteron; Nadeln, λ_{max} 240 mμ (ε = 14600), $[\alpha]_D^{24}$ $+120 \pm 3°$ (c = 0,948 in absol. A.), λ_{max} 2,85, 5,84, 5,98, 6,13, 6,21, 7,18, 7,29, 7,64, 8,56, 9,05, 9,25, 9,55, 9,96, 10,54 u. 12,23 μ (CH_2Cl_2). *21-Acetat,* $C_{24}H_{30}O_5$, F. 198—201°, Prismen aus wss. Methanol, $[\alpha]_D^{24}$ $+135 \pm 3°$ (c = 1,024 in Chlf.), λ_{max} 240 mμ (ε = 14800) 5,70, 5,82, 5,98, 6,13, 6,21, 7,29, 8,30, 9,12, 9,56, 9,79 u. 12,23 μ (CH_2Cl_2). — *1.6-Bis-dehydrocortexon,* aus 21-O-Acetyl-6-dehydrocortexon; Nadeln aus Hexan. *21-Acetat,* $C_{23}H_{28}O_4$, F. 158—162°, Prismen aus Aceton–Isopropyläther, $[\alpha]_D^{25}$ $+123 \pm 3°$ (c = 0,561 in A.), λ_{max} 233 (ε = 11600), 256 (ε = 9900) u. 300 mμ (ε = 12800) bzw. 5,71, 5,78, 6,04, 6,13, 6,21, 7,30, 8,41, 9,42, 9,94, 10,36, 11,02, 11,27 μ (CH_2Cl_2). (Helv. chim. Acta **38.** 1502—07. 15/10. 1955. Basel, Ciba Akt.-Ges., Forschungslabor., pharmazeut. Abt.)

WALTER SIMON. 3700

Max N. Huffman, Mary Harriet Lott und **Albert Tillotson,** *16-Substituierte Steroide.* 16. Mitt. *Δ^5-Androsten-3β-ol-16-on.* (15. vgl. C. **1958.** 12981.) Von *Dehydroepiandrosteron(Δ^5-Androsten-3β-ol-17-on,* I), einem n. Steroid der Nebenniere, ausgehend wurde das 16-Ketoanalogon *Δ^5-Androsten-3β-ol-16-on* (II) nach einem Verf. der Vff. (l. c.) dargestellt. **II** besitzt bei einer Dosis von 3,5 mg weder androgene noch myotrophe Aktivität (vgl. HERSHBERGER u. Mitarbeiter, C. **1957.** 13400) u. hemmt in einer Gesamtdosis von 3,5 mg die Hypophysengonadotropinhypersekretion parabiot. Ratten nicht. Versuche: *3β.17β-Di-p-tosyloxy-Δ^5-androsten-16-on,* durch Verestern von 5 g Δ^5-Androsten-3β.17β-diol-16-on bei ca. 0° mit p-Toluolsulfonylchlorid–Pyridin, 24std. Stehen (Raumtemp.) u. Fällen mit Eiswasser; 10 g (Ausbeute). — *Δ^5-Androsten-3β.17β-diol-16-on-17-p-toluolsulfonat,* durch 4std. Kochen der vorst. Verb. in W.–Aceton in Ggw. von wenig H_2SO_4, Dest. bis zur Trübung u. Fällen mit alkal. NaCl-Lösung. — *Δ^5-Androsten-3β.16.17β-triol-17-tosylat* durch Red. der vorst. Verb. mit $NaBH_4$ in CH_3OH–Pyridin u. nach Zers. des Reduktionsmittels Fällen mit salzsaurer NaCl-Lösung. — *Δ^5-Androsten-3β-ol-16-on* (II)*-semihydrat,* $C_{19}H_{28}O_2 \cdot \frac{1}{2}H_2O$, F. 163,5—165°, durch 1std. Kochen der vorst. Verb. mit wss.-alkoh. KOH, aus Aceton–Skellysolve B u. wss. CH_3OH Nadeln; $[\alpha]_D^{22,5}$ $-24,2°$ (c = 0,924; Chlf.); 56% (bezogen auf I). *Acetat,* $C_{21}H_{30}O_3$, F. 127,5—128°, aus wss. CH_3OH Blättchen. *Benzoat,* $C_{26}H_{32}O_3$, F. 224,5—225,5°, aus A.

Nadeln. *Semicarbazon*, $C_{20}H_{31}N_3O_2$, F. 232—235° (Zers.; Bzl., wss. CH_3OH). *Oxim*, $C_{19}H_{29}NO_2$, F. 204,5—205,5° (Zers.; wss. CH_3OH). *Methoxim*, $C_{20}H_{31}NO_2$, F. 137,5 bis 138,5°, aus wss. CH_3OH Nadeln. — *3β-Methoxy-Δ⁵androsten-16-on*, $C_{20}H_{30}O_2$, F. 137,5 bis 138°, aus 3β-Methoxy-Δ^5-androsten-17β-ol-16-on durch Monotosylierung, $NaBH_4$-Red. u. alkal. Verseifung; Nadeln aus 80%ig. CH_3OH; $[\alpha]_D^{21}$ —252° (c = 0,932; Chlf.). (J. biol. Chemistry **218**. 565—69. Febr. 1956. Oklahoma City, Okla., Oklahoma Med. Res. Foundat.) K. MAIER. 3750

Max N. Huffman, Mary Harriet Lott und **Albert Tillotson,** *16-Substituierte Steroide.* 17. Mitt. *Δ^5-Androsten-3β.16β-diol und Δ^5-Androsten-3β.16α-diol.* (16. vgl. vorst. Ref.) *Δ^5-Androsten-3β.16β-diol* (I), *Δ^5-Androsten-3β.16α-diol* (II) u. einige Derivv. wurden synthetisiert. 3,5 mg **II** u. *3β-Methoxy-Δ^5-androsten-16β-ol* zeigten weder androgene noch myotrophe Aktivität, 3,5 mg **I** keine androgene u. fragliche myotrophe Wirkung. Keine dieser Verbb. (3,5 mg) hemmte in der parabiot. Ratte die Hypophysengonadotropinhypersekretion.

V e r s u c h e: *Δ^5-Androsten-3β.16β-diol* (I), $C_{19}H_{30}O_2$, F. 146—147° (80%ig. CH_3OH), durch Red. von Δ^5-Androsten-3β-ol-16-on (III) mit $NaBH_4$ in CH_3OH bei 0—5° u. Fällen mit 5%ig. NaCl-Lsg.; $[\alpha]_D^{22}$ —61° (c = 1,10; 95%ig. A.); 88% (Ausbeute). *Diacetat*, $C_{23}H_{34}O_4$, F. 125,5—126°, aus 80%ig. CH_3OH Nadeln; $[\alpha]_D^{23}$ —65° (c = 1,04; Chlf.). *Dibenzoat*, $C_{33}H_{38}O_4$, F. 197—198°, aus 95%ig. A. Nädelchen. *16-Monotosylat*, $C_{26}H_{36}O_4S$, F. 91—96° (wss. Aceton), durch 4std. Kochen von **I**-3.16-Ditosylat in W.-Aceton in Ggw. von wenig H_2SO_4. — *Δ^5-Androsten-3β.16α-diol* (II), $C_{19}H_{30}O_2$, F. 216 bis 217°, a) durch Epimerisierung vorst. Verb. (330 mg) durch 1std. Kochen mit Na-Acetat–Essigsäure, 24std. Verseifung mit 0,45n wss.-methanol. KOH bei Raumtemp. u. Verteilung zwischen Ae. u. verd. Alkali; 74 mg; b) durch Red. von **III**-3-Acetat in Essigester mit methanol. $NaBH_4$ (1/4 Std., Raumtemp.) zu *3β-Acetoxy-Δ^5-androsten-16β-ol*, Veresterung zum *3-Acetat-16-tosylat*, C_{16}-Epimerisierung u. Verseifung; aus wss. CH_3OH Nädelchen; $[\alpha]_D^{24,5}$ —67° (c = 0,80; Dioxan); 39%. *Diacetat*, $C_{23}H_{34}O_4$, F. 187 bis 187,5°, aus CH_3OH Platten; $[\alpha]_D^{23}$ —88° (c = 1,07; Chlf.). *Dibenzoat*, $C_{33}H_{38}O_4$, F. 180—181°, aus A. Platten. — *3β-Methoxy-Δ^5-androsten-16β-ol*, $C_{20}H_{32}O_2$, F. 133,5 bis 134°, durch Red. von 3β-Methoxy-Δ^5-androsten-16-on (978 mg) in CH_3OH mit $NaBH_4$ (1/2 Std., Raumtemp.); aus 80%ig. CH_3OH Nädelchen; $[\alpha]_D^{29}$ —70° (c = 1,05; 95%ig. A.); 700 mg. — *3β-Methoxy-Δ^5-androsten-16α-ol*, $C_{20}H_{32}O_2$, F. 139—140°, durch Epimerisierung des 16-Tosylats vorst. Verb. u. Verseifung mit sd. wss.-methanol. KOH; aus wss. CH_3OH Nädelchen; 487 mg. (J. biol. Chemistry **222**. 447—52. Sept. 1956.) K. MAIER. 3750

Seymour Bernstein und **Robert H. Lenhard,** *Cyclische Steroidketale.* 13. Mitt. *Die Umwandlung von 11-Epicorticosteron in Corticosteron.* (12. vgl. J. Amer. chem. Soc. **77**. [1955.] 1028.) Aus dem leicht zugänglichen 11-Epicorticosteron (I) wird über das **I**-*3.20-Bis-äthylenketal* durch Oxydation *11-Dehydrocorticosteron-3.20-bis-äthylenketal* erhalten, das nach Red. u. Hydrolyse *Corticosteron* mit Spuren von **I** ergibt. Die IR-Spektren werden angegeben.

V e r s u c h e (Opt. Drehungen in 2 ml Lsg. im dm-Halbmikrorohr): *11-epi-Corticosteron-bis-äthylenketal* (*Δ^5-Pregnen-11α.21-diol-3.20-dion-3.20-bis-äthylenketal*), $C_{25}H_{38}O_6$, F. 231—234,5° (nach Erweichen; Aceton/PAe.), aus 2 g **I** (F. 155—157°), Äthylenglykol u. p-Toluolsulfonsäuremonohydrat in Bzl. durch 3½std. Kochen; $[\alpha]_D^{25}$ —13° (22,91 mg in Chlf.); 0,69 g (Ausbeute). — *11-Dehydrocorticosteron-3.20-bis-äthylenketal* (II, *Δ^5-Pregnen-21-ol-3.11.20-trion-3.20-bis-äthylenketal*), $C_{25}H_{36}O_6$, F. 204,5—207° (nach Erweichen; Aceton/PAe.), aus 0,47 g vorst. Verb. in Pyridin mit CrO_3 durch 16std. Stehen bei 25°, Gießen in W. u. Extraktion mit Äthylacetat; $[\alpha]_D^{25}$ +16° (12,26 mg, in Chlf.); 257 mg. — *Corticosteron-bis-äthylenketal* (*Δ^5-Pregnen-11β.21-diol-3.20-dion-3.20-bis-äthylenketal*), F. 154—158° (nach Erweichen; Aceton/PAe.), aus 0,37 g **II** in Tetrahydrofuran mit $NaBH_4$ u. 2,5%ig. wss. NaOH durch 16½std. Kochen, Zugabe von W., Entfernung des Lösungsm. u. Extraktion mit Äthylacetat; 326 mg. — *Corticosteron* (*Δ^4-Pregnen-11β.21-diol-3.20-dion*), F. 181—183,5° (nach Erweichen; Aceton/PAe.), a) aus vorst. Verb. in CH_3OH mit 8%ig. H_2SO_4 durch 30 Min. Kochen, Zugabe von W., Neutralisation mit $NaHCO_3$ u. Extraktion mit Äthylacetat; 85%; b) durch Red. von **II** analog vorst. Verb., Lösen des Eindampfrückstands in CH_3OH u. Hydrolyse analog a); $[\alpha]_D^{25}$ +213° (11 mg in absol. A.); 78% (bezogen auf **II**). *21-Acetat* (*Δ^4-Pregnen-11β.21-diol-3.20-dion-21-acetat*), F. 149,5—151° (W./Aceton). (J. Amer. chem. Soc. **77**. 2331—32. 20/4. 1955. Pearl River, N. Y., Amer. Cyanamid Co., Lederle Labors. Div.) S. TODT. 3750

Seymour Bernstein und **Robert H. Lenhard,** *Cyclische Steroidketale.* 14. Mitt. *Die Darstellung von Pregnan-5α.21-diol-3.20-dion und Pregnan-5α.11β.17α.21-tetrol-3.20-dion.* (13. vgl. vorst. Ref.) Aus Desoxycorticosteron (I) u. Hydrocortisonacetat (II) werden *Pregnan-5α.21-diol-3.20-dion* (**III**) u. *Pregnan-5α.11β.17α.21-tetrol-3.20-dion* (**IV**) hergestellt. I wird dabei in das *3.20-Bis-äthylenketal* übergeführt (wobei die Δ^4-Bindung in die Δ^5-Stellung wandert) u. dessen *21-Acetat* mit Benzopersäure zu einem α- u. *β-Epoxydgemisch* oxydiert. Nach Trennung durch fraktionierte Kristallisation wird nur aus dem *β-Epoxyd* durch Red. mit $LiAlH_4$ u. nachfolgender Hydrolyse **III** erhalten. **II**-3.20-Bis-äthylenketal wird durch analoge Oxydation in ein *5α.6α-* u. *5β.6β-Epoxyd*-Gemisch übergeführt. Aus dem isolierten *5α.6α-Epoxyd* wird durch Red. mit $LiAlH_4$ das **IV**-*3.20-Bis-äthylenketal* erhalten; dieses ergibt nach Hydrolyse **IV**, das bei Mäusen Cortisonacetatwrkg. zeigt. Die IR-Spektren werden angegeben.

Versuche: (mit **William S. Allen** u. **Ruddy Littell**; opt. Drehungen in 2 ml Chloroformlsg. im dm-Halbmikrorohr): *Δ^5-Pregnen-21-ol-3.20-dion-3.20-bis-äthylenketal*, $C_{25}H_{38}O_5$, F. 190—193° (CH_3OH), aus 10 g **I**, Äthylenglykol u. p-Toluolsulfonsäuremonohydrat in Bzl. durch 7std. Kochen; $[\alpha]_D^{23}$ —19° (19,3 mg); 6,78 g (Ausbeute). *21-Acetat*, $C_{27}H_{40}O_6$, F. 162—164° (CH_3OH), a) durch Acetylierung von 1,33 g vorst. Verb.; 1,24 g; b) aus 15 mg **III**-21-Acetat-3.20-bis-äthylenketal in Pyridin mit $SOCl_2$ bei —5° (17 Std.); $[\alpha]_D^{24}$ —19° (19,3 mg); 2 mg (roh). — *Pregnan-5α.6β.21-triol-3.20-dion*, $C_{21}H_{32}O_5$, F. 239—243,5° (nach Erweichen u. Zers.; Aceton/PAe.), aus 6 g vorst. Acetat in Bzl. durch 116std. Oxydation mit Benzopersäure in Äthylacetat bei Raumtemp. u. Zugabe von Äthylacetat über ein α- u. *β-Epoxyd* (?)-*Gemisch* [A., F. 170,5—172,5° (Aceton/PAe.); 3 g; die Mutterlauge liefert eine Fraktion B]. Durch 4std. Kochen von 3 g A. in Tetrahydrofuran/Ae. mit $LiAlH_4$, Stehen über Nacht, ½std. Kochen des erhaltenen Prod. [F. 156—160° (Aceton/PAe.); 1,03 g] in CH_3OH/8%ig. H_2SO_4 u. Extraktion mit Bzl., Äthylacetat u. Chlf. gelangt man zum Rohprod.; $[\alpha]_D^{24}$ +66° (21,8 mg in Pyridin); 100 mg. *6β.21-Diacetat*, $C_{25}H_{36}O_7$, F. 167—169° (nach Erweichen; Aceton/PAe.), durch Lösen des Eindampfrückstandes [84 mg] der Mutterlaugen von vorst. Verb. in Pyridin, Stehen über Nacht mit Acetanhydrid, Verdünnen mit W., Extraktion mit Äthylacetat, Lösen des Eindampfrückstandes in Bzl.-PAe. u. Chromatographie an Silicagel; $[\alpha]_D^{24}$ +19° (10,60 mg); 35 mg. — *Pregnan-5α.21-diol-3.20-dion* (**III**), $C_{21}H_{32}O_4$, F. 226,5 bis 231,5° (nach Erweichen u. Zers.; Aceton/PAe.) a) durch Red. von B mit $LiAlH_4$, Lösen des kristallinen Nd. in Pyridin, Acetylierung (4 Tage Stehen), Gießen in Eiswasser, Lösen des Prod. [F. 167—168 5° (nach Erweichen; Aceton/PAe.); 0,42 g] in Bzl./PAe., fraktionierte Chromatographie an Al_2O_3, Eluierung mit 50% Ae.-Bzl., Lösen des Eindampfrückstandes [0,34 g] in 2,5%ig. alkoh. KOH, 40 Min. Kochen, Zugabe von W., Lösen des Nd. [F. 162—190° (nach Erweichen; Aceton/PAe.); 0,18 g] in Bzl.-PAe. (1:1), Adsorption an Silicagel, Eluieren mit 50% Ae.-Bzl., 40 Min. Kochen des Eindampfrückstands [F. 166—215° (Aceton/PAe.); 0,11 g] mit CH_3OH/8%ig. H_2SO_4, Aussalzen u. Extraktion mit Äthylacetat, Bzl. u. Ae.; $[\alpha]_D^{24}$ +106° (7,9 mg); 20 mg; b) durch 40 Min. Kochen von 153 mg **III**-3.20-Bis-äthylenketal in CH_3OH/8%ig. H_2SO_4; 32 mg [daneben entsteht **I** (F. 142—143°; 22 mg)]. *21-Acetat*, $C_{23}H_{34}O_5$, F. 205,5—207,5° (nach Erweichen; Aceton/PAe.), aus 15 mg **III**; $[\alpha]_D^{24}$ +109° (3,04 mg in 0,4 ml absol. A.); 11 mg; *3.20-Bis-äthylenketal*, $C_{27}H_{42}O_7$, F. 151,5—153° (nach Erweichen; Aceton/PAe.), neben **III** nach a) durch Eluieren mit 10% Aceton-Ae.; $[\alpha]_D^{24}$ ±0° (10,2 mg); 107 mg. *3.20-Bis-äthylenketal*, $C_{25}H_{40}O_6$, F. 213—215° (nach Erweichen; Aceton/PAe.), a) neben **III** nach a) durch Eluieren mit 50% Aceton-Ae.; 142 mg; b) durch Verseifung von vorst. Acetat-bis-ketal mit alkoh. KOH. — *Pregnan-11β.17α.21-triol-3.20-dion-5β.6β-epoxyd-21-acetat-3.20-bis-äthylenketal*, $C_{27}H_{40}O_9$, F. 206—207° (Aceton/PAe.), aus 3 g **II**-Bis-ketal in Chlf. mit Benzopersäure in Äthylacetat durch Stehen bei Raumtemp. (6 Tage), Gießen in gesätt. Na_2CO_3-Lsg., Extraktion mit Äthylacetat, Lösen des glasigen Eindampfrückstandes [3,2 g] in 25% Chlf.-Bzl., Adsorption an Al_2O_3 u. Elution mit 50% Chlf.-Bzl.; $[\alpha]_D^{25}$ +17° (20,40 mg); 138 mg. *5α.6α-Isomeres*, F. 259—261,5° (Aceton/PAe.), neben vorst. Verb. durch Eluierung mit 60% Chlf.-Bzl.; $[\alpha]_D^{25}$ —39° (9,27 mg); 440 mg. — *Pregnan-5α.11β.17α.21-tetrol-3.20-dion-21-acetat-3.20-bis-äthylenketal*, $C_{27}H_{42}O_9$, F. 231 bis 233° (nach Erweichen; Aceton/PAe.), a) aus 6,23 g **II**-Bis-ketal durch Oxydation analog vorvorst. Verb., Lösen des Eindampfrückstands in Tetrahydrofuran/Ae., 4std. Kochen mit $LiAlH_4$ Stehen über Nacht, Extraktion mit Äthylacetat, Acetylierung des Eindampfrückstandes in Pyridin (4 Tage), Gießen in Eiswasser, Extraktion mit Äthylacetat, Lösen des Eindampfrückstandes [F. 209—227° (nach Erweichen; Aceton/PAe.); 2,35 g] in Bzl., Adsorbtion an Silicagel u. Elution mit 5% Aceton-Ae.; 0,97 g (roh); b) durch 72std. Acetylierung von 410 mg nachst. Verb.; $[\alpha]_D^{24}$ + 4,1° (24,71 mg); 390 mg (roh). — *Pregnan-5α.11β.17α.21-tetrol-3.20-dion-3.20-bis-äthylenketal*, $C_{25}H_{40}O_8$, F. 261,5 bis 264° (nach Erweichen; Aceton/PAe.), a) aus 0,7 g vorvorst. 5α.6α-Oxyd in Tetrahydrofuran durch 3std. Kochen mit $LiAlH_4$; 410 mg; b) aus 0,5 g vorst. Verb. durch Verseifung mit 2,5%ig. alkoh. KOH (½std. Kochen), Zugabe von W. u. Stehen über Nacht bei 5°; $[\alpha]_D^{24}$ +6,5° (15,44 mg); 0,4 g. — *Pregnan-5α.11β.17α.21-tetrol-3.20-dion* (**IV**), $C_{21}H_{32}O_6$,

F. 261—264° (nach Erweichen u. Zers.; Aceton), aus 0,42 g vorst. Verb. in CH_3OH durch 10 Min. Kochen mit 8,5%ig. H_2SO_4; $[\alpha]_D^{24}$ +75° (9,30 mg in Pyridin); 59 mg. *21-Acetat*, $C_{23}H_{34}O_7$, F. 241—244,5° (nach Erweichen; Aceton/PAe.), aus 20 mg vorst. Verb.; 12 mg. (J. Amer. chem. Soc. **77**. 2233—37. 20/4. 1955.) S. TODT. 3750

William S. Allen, Seymour Bernstein, Milton Heller und **Ruddy Littell**, *Cyclische Steroidketale*. 15. Mitt. *17.21-Oxidosteroide*. 1. Mitt. *Darstellung*. (14. vgl. vorst. Ref.) Das durch Tosylierung aus 11-Epihydrocortison-3.20-bis-äthylenketal (I) erhaltene *Δ^5-Pregnen-11α.17α.21-triol-3.20-dion-11α.21-bis-[p-toluolsulfonat]-3.20-bis-äthylenketal* lieferte mit alkoh. KOH unter Bldg. eines 1.3-Oxyds u. ohne WALDENsche Umkehrung *Δ^5-Pregnen-11α-ol-3.20-dion-17α.21-epoxyd-3.20-bis-äthylenketal* (II). Daß für die Bldg. des Oxydringes die OH-Gruppe an $C_{(17)}$ nötig ist, ergab sich daraus, daß *Δ^5-Pregnen-21-ol-3.20-dion-21-p-toluolsulfonat-3.20-bis-äthylenketal* [entsteht durch Tosylierung von Desoxycorticosteron-3.20-bis-äthylenketal (**IV**)] sich gegenüber alkoh. KOH als stabil erwies. Die Hydrolyse von **II** mit H_2SO_4 liefert unter Beibehaltung des Oxydrings *Δ^5-Pregnen-11α-ol-3.20-dion-17α.21-epoxyd* (**V**). Analog lieferten die 21-Tosylate der 3.20-Bis-äthylenketale von REICHSTEINs Substanz S, Cortison u. Hydrocortison bei dieser basenkatalysierten Cyclisierung *Δ^5-Pregnen-3.20-dion-* (**VI**), *Δ^5-Pregnen-3.11.20-trion-* (**VII**) u. *Δ^5-Pregnen-11β-ol-3.20-dion-17α.21-epoxyd-3.20-bis-äthylenketal* (**VIII**), von denen **VI** u. **VIII** mittels H_2SO_4 total zu *Δ^4-Pregnen-3.20-dion-17α.21-epoxyd* u. *Δ^4-Pregnen-11β-ol-3.20-dion-17α.21-epoxyd*, **VII** jedoch nur partiell zu *Δ^4-Pregnen-3.11.20-trion-17α.21-epoxyd-20-äthylenketal* entketalisiert wurden. Die Cyclisierung konnte auch mit $LiAlH_4$ durchgeführt werden; **VIII** wurde sowohl aus *Δ^5-Pregnen-11β.17α.21-triol-3.20-dion-21-p-toluolsulfonat-3.20-bis-äthylenketal* (**IX**) als auch aus **VII** mit $LiAlH_4$ erhalten, während **VII** mit Li in fl. NH_3 **II** lieferte. Gegenüber einer weiteren Einw. von $LiAlH_4$ erwies sich der 1.3-Oxydring als stabil. Die IR-Absorptionsmaxima werden angegeben.

Versuche ($[\alpha]_D$ in Chlf.): *Δ^5-Pregnen-11α.17α.21-triol-3.20-dion-11α.21-bis-[p-toluolsulfonat]-3.20-bis-äthylenketal*, $C_{39}H_{50}O_{11}S_2$, F. 138—140° (Zers.; Ae.), aus **I** in Pyridin u. p-Toluolsulfochlorid durch 18std. Stehen bei Raumtemp., Zugabe von Eiswasser u. Extraktion mit Bzl.; $[\alpha]_D^{25}$ —31° (11,1 mg); 69% (Ausbeute; roh). — *Δ^5-Pregnen-11α-ol-3.20-dion-17α.21-epoxyd-3.20-bis-äthylenketal* (II), $C_{25}H_{36}O_6$, F. 217,5—219,5° (Aceton/PAe.), a) aus vorst. Verb. in 5%ig. alkoh. KOH durch 4std. Kochen, Zugabe von W. u. Extraktion mit Chlf.; 69%; b) aus 150 mg **VII** in Dioxan/absol. A./fl. NH_3 durch Zugabe von Li innerhalb 1 Std. unter Rühren, Abdampfen des HN_3 u. Zugabe von W. $[\alpha]_D^{25}$ —33° (9,8 mg); 90 mg; *11-Acetat*, $C_{27}H_{38}O_7$, F. 203—205° (Aceton/PAe.), aus 150 mg **II**; $[\alpha]_D^{25}$ —37° (15 mg); 86 mg. — *Δ^4-Pregnen-11α-ol-3.20-dion-17α.21-epoxyd* (**V**), $C_{21}H_{28}O_4$, F. 175—177° (Aceton/PAe.), aus **II** in CH_3OH u. 8,5%ig. H_2SO_4 durch 1¹/₄std. Kochen, Alkalisieren mit $NaHCO_3$ u. Extraktion des Filtrats mit Äthylacetat; $[\alpha]_D^{25}$ +13° (13,8 mg); 39%. *3.20-Bis-[2.4-dinitrophenylhydrazon]*, $C_{33}H_{36}N_8O_{10}$, F. 248—249° (Zers.; Chlf./CH_3OH), aus 100 mg **V**; 27 mg. — *Δ^5-Pregnen-17α.21-diol-3.20-dion-21-p-toluolsulfonat-3.20-bis-äthylenketal* (III), $C_{32}H_{44}O_8S$, F. 171,5—172° (Zers.; Aceton/PAe.), aus 0,5 g 3.20-Bis-äthylenketal der REICHSTEIN Substanz S u. p-Toluolsulfochlorid in Pyridin (24 Std. bei —5°); $[\alpha]_D^{23}$ —28° (14,9 mg); 500 mg (roh).—*Δ^5-Pregnen-3.20-dion-17α.21-epoxyd-3.20-bis-äthylenketal* (VI), $C_{25}H_{36}O_5$, F. 212—214° (Aceton/PAe.), aus 265 mg **III** in 5%ig. alkoh. KOH durch 4std. Kochen u. Zugabe von W.; $[\alpha]_D^{23}$ —40° (16 mg); 110 mg. — *Δ^4-Pregnen-3.20-dion-17α.21-epoxyd*, $C_{21}H_{28}O_3$, F. 224—226° (Aceton/PAe.), aus 0,7 g **VI** analog **V**; $[\alpha]_D^{24}$ +92° (21,1 mg); 360 mg. — *Δ^5-Pregnen-17α.21-diol-3.11.20-trion-21-p-toluolsulfonat-3.20-bis-äthylenketal*, $C_{32}H_{42}O_9S$, F. 175—178° (Aceton/PAe.), aus 0,5 g Cortison-3.20-bis-äthylenketal analog **III**; $[\alpha]_D^{23}$ +10° (10 mg), 0,26 g. — *Δ^5-Pregnen-3.11.20-trion-17α.21-epoxyd-3.20-bis-äthylenketal* (VII), $C_{25}H_{34}O_6$. F. 184,5—187,5° (Aceton/PAe.), aus 180 mg vorst. Verb. analog **VI**; $[\alpha]_D^{25}$ ±0° (11 mg); 65 mg. — *Δ^5-Pregnen-11β.17α.21-triol-3.20-dion-21-p-toluolsulfonat-3.20-bis-äthylenketal* (IX), $C_{32}H_{44}O_9S$, F. 121—123° (Aceton/Methanol), aus Hydrocortison-3.20-bis-äthylenketal analog **III**; 78,5%. — *Δ^5-Pregnen-11β-ol-3.20-dion-17α.21-epoxyd-3.20-bis-äthylenketal* (**VIII**), $C_{25}H_{36}O_6$, F. 253—256° (Aceton, CH_3OH oder Aceton/PAe.), a) aus 0,23 g **IX** analog **VI**; 26 mg; b) aus 0,25 g **IX** in Tetrahydrofuran/absol. Ae. u. $LiAlH_4$ durch 3std. Kochen, Zugabe von W. u. Extraktion mit Chlf.; 0,055 g; c) aus **VII** in absol. Ae. u. $LiAlH_4$ (1 Std. Kochen); $[\alpha]_D^{24}$ ±0° (7 mg); 60% [liefert mit Essigsäureanhydrid in Pyridin bei Raumtemp. kein Acetat]. — *Δ^4-Pregnen-11β-ol-3.20-dion-17α.21-epoxyd*, $C_{21}H_{28}O_4$, F. 198,5—201° (Aceton/PAe.), aus **VIII** analog **V**, jedoch durch Extraktion mit Chlf.; $[\alpha]_D^{24}$ +69° (3,2 mg); 49%. — *Δ^5-Pregnen-21-ol-3.20-dion-21-p-toluolsulfonat-3.20-bis-äthylenketal*, $C_{32}H_{44}O_7S$, F. 184,5—187° (Methanol), aus **IV** analog **III**; $[\alpha]_D^{25}$ —12° (17 mg); 48% (roh). — *Δ^4-Pregnen-3.11.20-trion-17α.21-epoxyd-20-äthylenketal*, $C_{23}H_{30}O_5$, F. 247—250° (Aceton/PAe.), a) aus 0,15 g **VII** analog **V**; 95 mg; b) aus 0,1 g **VII** in 75%ig. Essigsäure auf dem

Wasserbad (20 Min.) u. Zugabe zu gesätt. $NaHCO_3$-Lsg.; $[\alpha]_D^{24}$ +198° (9,9 mg); 0,055 g. *3-[2.4-Dinitrophenylhydrazon]*, $C_{29}H_{34}N_4O_8$, F. 293—294° (Chlf./CH_3OH), aus 75 mg vorst. Verb.; 39 mg. *3-Semicarbazon*, $C_{24}H_{33}N_3O_5$, F. 269—271° (verd. CH_3OH u. Aceton/Chlf./PAe.), aus 50 mg vorvorst. Verb.; 10 mg. (J. Amer. chem. Soc. **77**. 4784—88. 20/9. 1955.) S. Todt. 3750

Seymour Bernstein, Milton Heller und **Stephen M. Stolar**, *Cyclische Steroidketale*. 16. Mitt. *16-Hydroxylierte Steroide*. 2. Mitt. *Die Darstellung von 16-Keto- und 16β-Hydroxyprogesteron*. (15. vgl. vorst. Ref.; 1. vgl. C. **1956**. 2186.) Δ^5-Pregnen-16α-ol-3.20-dion-3.20-bis-äthylenketal (I) gibt mit CrO_3/Pyridin *Δ^5-Pregnen-3.16.20-trion-3.20-bis-äthylenketal* (II). **II** liefert bei milder saurer Hydrolyse *Δ^4-Pregnen-3.16.20-trion* (III), das hauptsächlich in der Enolform vorzuliegen scheint. Milde Acetylierung von **III** gibt ein Monoacetat, das auf Grund seines IR-Spektr. *$\Delta^{4.17,20}$-Pregnadien-20-ol-3.16-dion-20-acetat* ist. **II** liefert bei der Red. mit $LiAlH_4$ in einer stereospezif. Rk. *Δ^5-Pregnen-16β-ol-3.20-dion-3.20-bis-äthylenketal* (IV), das sich, ebenso wie sein *16-Acetat*, im F. u. IR-Spektr. deutlich von I bzw. dessen *16-Acetat* unterscheidet. Bei der Entketalisierung von **IV** entsteht ohne Eliminierung der zu $C_{(17)}$-H trans-ständigen 16β-OH-Gruppe *Δ^4-Pregnen-16β-ol-3.20-dion*. Die mol. Drehungen werden diskutiert, die IR-Absorptionsspektren werden angegeben.

V e r s u c h e (Opt. Drehungen in Chlf.): *Δ^5-Pregnen-16α-ol-3.20-dion-16-acetat-3.20-bis-äthylenketal*, $C_{27}H_{40}O_6$, F. 249—251° (Aceton/PAe.), aus 0,2 g I in Pyridin u. Essigsäureanhydrid durch 68std. Stehen; $[\alpha]_D^{25}$ —80° (c = 1,094); 0,12 g (Ausbeute). — *Δ^5-Pregnen-3.16.20-trion-3.20-bis-äthylenketal* (II), $C_{25}H_{36}O_5$, F. 211—215° (CH_3OH), aus 0,12 g I in Pyridin durch 16std. Stehen mit CrO_3 bei Raumtemp., Zugabe von W. u. Äthylacetatextraktion; $[\alpha]_D^{25}$ —154° (c = 0,799); 0,05 g. *16-Oxim*, $C_{25}H_{37}NO_5$, F. 266,5 bis 267,5° (Zers.; CH_3OH), aus 0,15 g II; $[\alpha]_D^{25}$ —127° (c = 0,505); 75 mg. — *Δ^5-Pregnen-16β-ol-3.20.dion-3.20-bis-äthylenketal* (IV), $C_{25}H_{38}O_5$, F. 224—227° (Aceton/PAe.), a) durch Zugabe von II in absol. Ae. zu $LiAlH_4$ in Ae. innerhalb von 15 Min. unter Rühren, 1½std. Kochen, Zers. mit W. u. Extraktion mit Ae. u. Äthylacetat; 41%; b) aus **II** analog a), jedoch durch Zers. mit gesätt. NaK-Tartrat-Lsg.; $[\alpha]_D^{24}$ —27° (c = 0,852); 85%. *16-Acetat*, $C_{27}H_{40}O_6$, F. 260,5—261,5° (Aceton/PAe.), aus 0,1 g **IV**; $[\alpha]_D^{25}$ 0° (c = 1,126); 48 mg. — *Δ^4-Pregnen-3.16.20-trion* (III), $C_{21}H_{28}O_3$, F. 177,5—180° (verd. Aceton) aus II in Aceton mit p-Toluolsulfonsäuremonohydrat durch 16std. Stehen bei Raumtemp. u. Zugabe von $NaHCO_3$; $[\alpha]_D^{25}$ +102° (c = 0,956); 76%. — *$\Delta^{4.17,20}$-Pregnadien-20-ol-3.16-dion-20-acetat*, $C_{23}H_{30}O_4$, F. 203—203,5° (verd. Aceton), aus **III** in Pyridin u. Essigsäureanhydrid durch 16std. Stehen bei Raumtemp., Gießen in W. u. Extraktion mit Ae. u. Äthylacetat; $[\alpha]_D^{24}$ —30° (c = 0,531); 13%. — *Δ^4-Pregnen-16β-ol-3.20-dion*, $C_{21}H_{30}O_3$, F. 202 bis 203° (Aceton/PAe.), durch Zugabe von 8%ig. H_2SO_4 zu einer sd. Lsg. von 0,83 g **IV** in CH_3OH u. 3 Min. Kochen; $[\alpha]_D^{25}$ +192° (c = 1,91); 0,245 g. *16-Acetat*, $C_{23}H_{32}O_4$, F. 202—203° (Aceton/PAe.); $[\alpha]_D^{25}$ +103° (c = 0,3); 36%. (J. Amer. chem. Soc. **77**. 5327 bis 5330. 20/10. 1955.) S. Todt. 3750

Seymour Bernstein, William S. Allen, Carl E. Linden und **Jasper Clemente**, *Cyclische Steroidketale*. 17. Mitt. *Die Synthese von 6β-Hydroxyprogesteron*. (16. vgl. vorst. Ref.) Δ^5-Pregnen-3.20-dion-3.20-bis-äthylenketal liefert bei der Rk. mit OsO_4 *Pregnan-5.6β-diol-3.20-dion-3.20-bis-äthylenketal*. Dieses geht bei der Hydrolyse mit Essigsäure in *Δ^4-Pregnen-6β-ol-3.20-dion* (*6β-Hydroxyprogesteron*), bei der Hydrolyse mit methanol. H_2SO_4 aber in *Allopregnan-3.6.20-dion* über.

V e r s u c h e: (Opt. Drehungen in Chlf. bei 24—25°): *Pregnan-5.6β-diol-3.20-dion-3.20-bis-äthylenketal*, $C_{25}H_{40}O_6$, F. 195—196° (Aceton/PAe.), aus Δ^5-Pregnen-3.20-dion-3.20-bis-äthylenketal u. OsO_4 in Bzl./Pyridin durch 36std. Stehen bei Zimmertemp. Zers. mit Na_2SO_3 u. $KHCO_3$ in W./Methanol u. Chloroformextraktion; $[\alpha]_D$ +28° (c = 1,07); 49% (Ausbeute). — *Δ^4-Pregnen-6β-ol-3.20-dion*, F. 178,5—180,5° (Aceton/PAe.), aus vorst. Verb. u. 90%ig. Essigsäure (2 Std. auf dem Dampfbad); $[\alpha]_D$ +103° (c = 1,095); 65%. — *Allopregnan-3.6.20-trion*, $C_{21}H_{30}O_3$, F. 239,5—242° (Aceton/PAe.), aus vorvorst. Verb. in 8%ig. methanol. H_2SO_4 durch 2std. Kochen, Gießen in Eiswasser u. Neutralisation mit $NaHCO_3$; $[\alpha]_D$ +62° (c = 1,263); 67% (roh). (J. Amer. chem. Soc. **77**. 6612—13. 20/12. 1955.) Walter Simon. 3750

Ruddy Littell und **Seymour Bernstein**, *Cyclische Steroidketale*. 18. Mitt. *Die Herstellung von 9α-Hydroxyhydrocortison*. (17. vgl. vorst. Ref.) Hydrocortison-bis-ketal läßt sich zum *5α.6α-Epoxyd* epoxydieren, dessen Red. mit $LiAlH_4$ *Pregnan-5α.11β.17α.21-tetrol-3.20-dion-3.20-bis-äthylenketal* liefert; dieses läßt sich zum *21-Acetat* acetylieren. Aus letzterem kann mit $POCl_3$ W. abgespalten werden; dabei entsteht *$\Delta^{9,11}$-Pregnen-5α.17α.21-triol-3.20-dion-3.20-bis-äthylenketal-21-acetat* (I), das sich zum *$\Delta^{9,11}$α. 5α.17α.21-Triol-dion-bis-ketal* verseifen läßt. I liefert bei der Behandlung mit OsO_4 *Pregnan-5α.9α.11α.17α.21-pen-*

tol-3.20-dion-3.20-bis-äthylenketal-21-acetat (III), aus dem man durch Verseifung das freie *Pregnanpentoldion-bis-ketal* (II) u. durch Acetylierung das *11.21-Diacetat* erhält. II läßt sich mit CrO_3 zum *Pregnan-5α.9α.17α.21-tetrol-3.11.20-trion-3.20-bis-äthylenketal* (IV) oxydieren, während die analoge Oxydation von III zum IV-*21-Acetat* führt. Die Red. von IV mit $LiAlH_4$ liefert *Pregnan-5α.9α.11β.17α.21-pentol-3.20-dion-3.20-bis-äthylenketal*, durch dessen Hydrolyse *9α-Hydroxyhydrocortison* entsteht; die Verb. gibt einen positiven blauen Tetrazoliumtest u. bildet ein *21-Acetat*. *9α-Hydroxyhydrocortison* zeigte $^1/_3$—$^1/_2$ der biol. Wrkg von Hydrocortison. Die UV- u. IR-Spektren werden angegeben.

Versuche (Opt. Drehungen bei 24—25°): *Pregnan-11β.17α.21-triol-3.20-dion-5α.6α-epoxyd-3.20-bis-äthylenketal*, $C_{25}H_{38}O_8$, F. 283—286° (Aceton), aus Hydrocortison-bis-ketal in Chlf. mit Peroxybenzoesäure in Essigester durch $5^1/_2$ Tage Stehen bei Zimmertemp.; $[\alpha]_D$ —38° (c = 0,881; Pyridin); 52% (Ausbeute, roh). — *Pregnan-5α.11β.17α.21-tetrol-3.20-dion-3.20-bis-äthylenketal*, F. 256—259°, aus vorst. Verb. u. $LiAlH_4$ in Tetrahydrofuran (5 Std. Kochen); 97%. *21-Acetat*, F. 229—231°, aus vorst. Verb. u. Essigsäureanhydrid u. Pyridin bei Zimmertemp.; 97%. — *$\Delta^{9,11}$-Pregnen-5α.17α.21-triol-3.20-dion-3.20-bis-äthylenketal*, $C_{25}H_{38}O_7$, F. 222—223,5° (Aceton/PAe.), aus I u. 2,5%ig. alkoh. KOH durch $^1/_2$std. Kochen; $[\alpha]_D$—15° (c = 1,501; Chlf.); 68% (roh). *21-Acetat* (I), $C_{27}H_{40}O_8$, F. 221—221,5° (Aceton/PAe.), aus vorvorst. Acetat u. $POCl_3$ in Pyridin (46 Std. bei Zimmertemp.); $[\alpha]_D$ —24° (c = 1,091 in Chlf.); 74%. — *Pregnan-5α.9α.11α.17α.21-pentol-3.20-dion-3.20-bis-äthylenketal* (II), $C_{25}H_{40}O_9$, F. 258—260° (Aceton/PAe.), a) aus I u. OsO_4 in Bzl./Pyridin durch 25 Tage Stehen bei 37° u. 17 Tage bei 63°; 38% (roh); b) aus seinem 11.21-Diacetat in 5%ig. alkoh. KOH (1 Std. Kochen); $[\alpha]_D$ ±0° (c = 1,045; Chlf.); 71%. *21-Acetat* (III), $C_{27}H_{42}O_{10}$, F. 208—209° (Aceton/PAe.), aus I u. OsO_4 in Bzl./Pyridin (18 Tage bei 63°); $[\alpha]_D$ +8° (c = 1,715; Chlf.); 17%. *11.21-Diacetat*, $C_{29}H_{44}O_{11}$, F. 247—248° (Aceton/PAe.), aus III u. Essigsäureanhydrid in Pyridin durch Stehen über Nacht bei Zimmertemp.; 67% (roh). — *Pregnan-5α.9α.17α.21 tetrol-3.11.20-trion-3.20-bis-äthylenketal* (IV), $C_{25}H_{38}O_9$, F. 291—293° (Aceton/PAe.), aus II u. CrO_3 in Pyridin (18 Std. bei 25—30°); $[\alpha]_D$ +21° (c = 0,518; Pyridin); 36% (roh). *21-Acetat*, $C_{27}H_{40}O_{10}$, F. 239—241° (Aceton/PAe.), a) aus 0,47 g I u. OsO_4 in Bzl./Pyridin durch 14 Tage Stehen bei 37° u. Oxydation des Rohprod. [F. 195—196°; 350 mg] mit CrO_3–Pyridin (20 Std. bei 24—31°); 33 mg; b) aus III u. CrO_3–Pyridin (19 Std. bei 26°); $[\alpha]_D$ +28° (c = 0,995; Chlf.); 75%. — *Pregnan-5α.9α.11β.17α.21-pentol-3.20-dion-3.20-bis-äthylenketal*, $C_{25}H_{40}O_9$, F. 284,5—286,5° (Aceton), aus IV mit $LiAlH_4$ in Tetrahydrofuran (3 Std. Kochen); $[\alpha]_D$ +4° (c = 1,006; Chlf.); 68% (roh). — *Δ^4-Pregnen-9α.11β.17α.21-tetrol-3.20-dion* (*9α-Hydroxyhydrocortison*), $C_{21}H_{30}O_6 \cdot ^1/_2 H_2O$, F. 223,5 bis 225° (Aceton/PAe.), aus 175 mg vorst. Verb. u. wss. alkoh. H_2SO_4 durch 45 Min. Kochen u. Reinigung durch Celitechromatographie; $[\alpha]_D$ +148° (c = 0,460; Pyridin); 10 mg. *21-Acetat*, $C_{23}H_{32}O_7$, F. 216,5—217,5° (Aceton/PAe.), a) aus vorst. Verb. durch Acetylierung; 19%; b) aus Δ^4-Pregnen-17α.21-diol-3.20-dion-9β.11β-epoxyd-21-acetat [REICHSTEINs-Substanz-S-9β.11β-oxidoacetat, F. 222—223,5°] u. 3n $HClO_4$ in Tetrahydrofuran durch 5std. Stehen bei Zimmertemp., Acetylierung u. Chromatographie an Celite; $[\alpha]_D$ +171° (c = 0,66; Pyridin); 29%. (J. Amer. chem. Soc. **78.** 984—89. 5/3. 1956.)

WALTER SIMON. 3750

Robert H. Lenhard und **Seymour Bernstein,** *Cyclische Steroidketale.* 19. Mitt. *Die Synthese von 7-Ketodesoxycorticosteron.* (18. vgl. vorst. Ref.) Desoxycorticosteronacetat-bis-äthylenketal geht bei der Behandlung mit N-Bromsuccinimid u. dann mit Al_2O_3 über in das *Δ^5-Pregnen-7α.21-diol-3.20-dion-3.20-bis-äthylenketal-21-acetat*, welches sich zum *7α.21-Diol-bis-ketal* (I) verseifen läßt. Bei der Oxydation vorst. Acetats mit CrO_3 entsteht das *3.7.20-Trion-21-acetat-3.20-bis-ketal* (II), dessen Verseifung zum *3.7.20-Trion-3.20-bis-ketal* (III) führt. Red. man II mit $LiAlH_4$, so erhält man I u. das epimere *7β.21-Diol-bis-ketal* (IV), welche beide bei der Hydrolyse *$\Delta^{4.6}$-Pregnadien-21-ol-3.20-dion* liefern; dieses kann als *21-Acetat* charakterisiert werden. Bei der Verseifung von II entsteht neben III das *$\Delta^{3.5}$-Pregnadien-21-ol-3-[β-hydroxyäthoxy]-7.20-dion-20-äthylenketal*; es wird als *3.21-Diacetat* charakterisiert u. liefert bei der Hydrolyse *$\Delta^{3.5}$-Pregnadien-3.21-diol-7.20-dion* (Enolform des *7-Ketodesoxycorticosterons*). Die UV- u. IR-Spektren werden angegeben.

Versuche: *Δ^5-Pregnen-7α.21-diol-3.20-dion-3.20-bis-äthylenketal* (I), $C_{25}H_{38}O_6$, F. 203—204° (Aceton/PAe.), aus nachst. Acetat u. K_2CO_3 in wss. A. ($1^3/_4$ std. Kochen); $[\alpha]_D^{24}$ —49° (c = 0,695; Chlf.); 97% (Ausbeute; roh). *21-Acetat*, $C_{27}H_{40}O_7$, F. 158—160° (Ae./PAe.), aus 2 g Desoxycorticosteronacetat-bis-äthylenketal, K_2CO_3 u. N-Bromsuccinimid in CCl_4/PAe. durch 4 Min. Kochen unter Belichtung u. $2^1/_2$std. Behandlung der filtrierten Lsg. mit Al_2O_3 bei Zimmertemp.; $[\alpha]_D^{24}$ —55° (c = 0,770; Chlf.); 0,38 g. — *Δ^5-Pregnen-21-ol-3.7.20-trion-21-acetat-3.20-bis-äthylenketal* (II), $C_{27}H_{38}O_7$, F. 148 bis 149,5° (nach Erweichen; aus Aceton/PAe. u. Ae./PAe.), aus vorst. Acetat u. CrO_3 in

Pyridin (17 Std. bei 27—30°); $[\alpha]_D^{24}$ —46° (c = 0,585; Chlf.); 89% [roh; liefert bei der Red. mit $LiAlH_4$ in Ae. (2¾ Std. Kochen) u. nach fraktionierter Chromatographie I (13%), *Δ⁵-Pregnen-7β.21-diol-3.20-dion-3.20-bis-äthylenketal* (IV), $C_{25}H_{38}O_6$, F. 173,5 bis 174,5° (nach Erweichen; Aceton/PAe.); $[\alpha]_D^{24}$ +29° (c = 0,515; Chlf.); 29%] u. eine *Verb. vom F. 178—181°* (nach Erweichen; 24 mg)]. — *Δ⁴·⁶ Pregnadien-21-ol-3.20-dion*, $C_{21}H_{28}O_3$, F. 136,5—138° (nach Erweichen; Aceton/PAe.), aus I oder IV in wss.-methanol. H_2SO_4 (40 Min. Kochen unter N_2); $[\alpha]_D^{24}$ +163° (c = 0,405; Chlf.); 70 bzw. 67% (roh). *21-Acetat*, F. 112—114° (Aceton/PAe.); $[\alpha]_D^{24}$ +150° (c = 0,240; absol. A.); 67%. — *Δ⁵-Pregnen-21-ol-3.7.20-trion-3.20-bis-äthylenketal* (III), $C_{25}H_{36}O_6$, F. 171—173° (nach Erweichen; Aceton/PAe.), aus 647 mg II u. $KHCO_3$ in verd. Methanol (45 Min. Kochen unter N_2); 53 mg. — *Δ³·⁵-Pregnadien-21-ol-3-[β-hydroxyäthoxy]-7.20-dion-20-äthylenketal*, $C_{25}H_{36}O_6$, F. 202—203° (nach Erweichen; Aceton/PAe.), aus II analog III; $[\alpha]_D^{27}$ —281° (c = 0,235; Chlf.); 73% (roh). *Diacetat*, $C_{29}H_{40}O_8$, F. 172—173,5° (nach Erweichen; Aceton/PAe.); $[\alpha]_D^{25}$ —251° (c = 0,531; Chlf.); 89% (roh). — *Δ³·⁵-Pregnadien-3.21-diol-7.20-dion*, $C_{21}H_{28}O_4$, F. 232—235° nach Erweichen u. Zers.; Aceton/PAe.), aus vorvorst. Verb. u. 3n $HClO_4$ in Aceton (2 Std. bei Zimmertemp.); $[\alpha]_D^{27}$ —267° (c = 0,487; Chlf.); 80% (roh). (J. Amer. chem. Soc. **78**. 989—92. 5/3. 1956.) WALTER SIMON. 3750

William S. Allen und **Seymour Bernstein**, *Cyclische Steroidketale*. 20. Mitt. *16-Hydroxylierte Steroide*. 3. Mitt. *Die Darstellung von 16α-Hydroxycortison und verwandten Verbindungen*. (19. vgl. vorst. Ref.; 2. vgl. viertvorst. Ref.) Bei der Hydroxylierung von 16-Dehydroprogesteron mit OsO_4 entsteht *16α.17α-Dihydroxyprogesteron* (II); es geht bei der Ketalisierung in geringer Ausbeute über in *Δ⁵-Pregnen-16α.17α-diol-3.20-dion-3.20-bis-äthylenketal*, welches man auch durch Hydroxylierung von Δ⁵·¹⁶-Pregnadien-3.20-dion-3.20-bis-äthylenketal erhält. Die Hydroxylierung von Δ⁴·¹⁶-Pregnadien-21-ol-3.20-dion-21-acetat liefert *Δ⁴-Pregnen-16α.17α.21-triol-3.20-dion-21-acetat*; es läßt sich zum *Δ⁴-Pregnen-16α.17α.21-triol-3.20-dion* verseifen, welches auch aus Δ⁵·¹⁶-Pregnadien-21-ol-3.20-dion-21-acetat-3.20-bis-äthylenketal durch Hydroxylierung, Verseifung u. Hydrolyse erhältlich ist. Bei derHydroxylierung von Δ⁴·¹⁶-Pregnadien-21-ol-3.11.20-trion entsteht *Δ⁴-Pregnen-16α.17α.21-triol-3.11.20-trion* (*16α-Hydroxycortison*). Hydroxyliert man Δ⁴·¹⁶-Pregnadien-11β.21-diol-3.20-dion-21-acetat (I), so entsteht *Δ⁴-Pregnen-11β.16α-17α.21-tetrol-3.20-dion-21-acetat*; es läßt sich zum *16.21-Diacetat* acetylieren u. kann zum *Δ⁴-Pregnen-11β.16α.17α.21-tetrol-3.20-dion* (*16α-Hydroxyhydrocortison*) verseift werden. Letzte Verb. entsteht auch aus Δ⁵·¹⁶-Pregnadien-11β.21-diol-3.20-dion-3.20-bis-äthylenketal durch Hydroxylierung u. anschließende saure Hydrolyse des *Δ⁵-Pregnen-11β.16α-17α.21-tetrol-3.20-dion-3.20-bis-äthylenketals*. Die UV- u. IR-Spektren werden angegeben.

Versuche: *Δ⁴-Pregnen-16α.17α-diol-3.20-dion* [*16α.17α-Dihydroxyprogesteron* (II)], $C_{21}H_{30}O_4$, F. 219—223° (Methanol/Aceton), aus Δ⁴·¹⁶-Pregnadien-3.20-dion (16-Dehydroprogesteron) u. OsO_4 in Pyridin/Bzl. (95 Std. Stehen bei Zimmertemp.; $[\alpha]_D^{24}$ +97° (32,51 mg; Chlf.); 47% (Ausbeute). *16-Acetat*, $C_{23}H_{32}O_5$, F. 178—179° (Aceton/PAe.); $[\alpha]_D^{25}$ +45° (9,1 mg; Chlf.). — *Δ⁵-Pregnen-16α.17α-diol-3.20-dion-3.20-bis-äthylenketal*, $C_{25}H_{38}O_6$, F. 264—267° (Aceton), a) aus II u. Äthylenglykol in Bzl. in Ggw. von p-Toluolsulfonsäuremonohydrat durch 6std. Kochen; 14% (roh); b) aus Δ⁵·¹⁶-Pregnadien-3.20-dion-3.20-bis-äthylenketal analog II (3 Tage); $[\alpha]_D^{25}$ —45° (9,82 mg; Chlf.); 45% (roh). *16-Acetat*, $C_{27}H_{40}O_7$, F. 262—265° (Aceton/PAe.), aus dem II-Acetat analog vorst. Verb. nach a); 21% (roh); b) aus vorst. Verb. durch Acetylierung; $[\alpha]_D^{25}$ —81° (21,21 mg; Chlf.). — *Δ⁴-Pregnen-16α.17α.21-triol-3.20-dion*, $C_{21}H_{30}O_5$, F. 238—240° (Methanol/Ae.), a) aus nachst. 21-Monoacetat u. Na in Methanol durch 10 Min. Rühren bei Zimmertemp. unter N_2; 60% (roh); b) aus Δ⁵-Pregnen-16α.17α.21-triol-3.20-dion-3.20-bis-äthylenketal in methanol. H_2SO_4 durch 40 Min. Kochen; $[\alpha]_D^{24}$ +93 (5,62 mg; CH_3OH); 81% (roh). *21-Acetat*, $C_{23}H_{32}O_6$, F. 206—210° (Aceton/Ae.), aus Δ⁴·¹⁶-Pregnadien-21-ol-3.20-dion-21-acetat analog II (5 Tage); $[\alpha]_D^{25}$ +105° (13,96 mg; Chlf.); 72% (roh). *16.21-Diacetat*, $C_{25}H_{34}O_7$, F. 205—206° (Aceton/PAe.), aus vorst. Acetat u. Essigsäureanhydrid/Pyridin bei Zimmertemp. $[\alpha]_D^{25}$ +51° (7,89 mg; Chlf.). — *Δ⁵-Pregnen-16α.17α.21-triol-3.20-dion-3.20-bis-äthylenketal*, $C_{25}H_{38}O_7$, F. 271—273° (Aceton), aus dem Eindampfrückstand der Mutterlauge von nachst. Acetat in 2%ig. alkoh. KOH durch ½std. Kochen; $[\alpha]_D^{25}$ —34° (17,88 mg; Pyridin). *21-Acetat*, $C_{27}H_{40}O_8$, F. 231—233°, aus Δ⁵·¹⁶-Pregnadien-21-ol-3.20-dion-21-acetat-3.20-bis-äthylenketal analog II (7 Tage); $[\alpha]_D^{25}$ —66° (14,32 mg; Chlf.); 65% (roh). — *Δ⁴-Pregnen-16α.17α.21-triol-3.11.20-trion* (*16α-Hydroxycortison*), $C_{21}H_{28}O_6$, F. 238—240° (Methanol/Aceton), aus Δ⁴·¹⁶-Pregnadien-21-ol-3.11.20-trion analog II (5 Tage); $[\alpha]_D^{24}$ +153° (10,82 mg; CH_3OH); 50% (roh). — *16.21-Diacetat*, $C_{25}H_{32}O_8$, F. 224—227° (Aceton–PAe.), aus vorst. Verb. u. Essigsäureanhydrid/Pyridin (16 Std. bei Zimmertemp.); $[\alpha]_D^{24}$ +129° (21,4 mg; Chlf.); 57%. — *Δ⁴-Pregnen-11β.16α-17α.21-tetrol-3.20-dion* (*16α-Hydroxyhydrocortison*), $C_{21}H_{30}O_6$, F. 235—238° (Aceton),

a) aus I analog II (1 Tag) bei Zimmertemp. u. Zers. durch 8 std. Rühren mit einer Mischung aus Bzl., W., CH_3OH, Na_2SO_3 u. $KHCO_3$; 44% (roh); b) aus Δ^5-Pregnen-11β.16α.17α.-21-tetrol-3.20-dion-3.20-bis-äthylenketal in methanol. H_2SO_4 durch 40 Min. Kochen; $[\alpha]_D^{25}$ +119° (9,87 mg; CH_3OH); 55% (roh). *21-Acetat*, $C_{23}H_{32}O_7$, F. 211—214° (Aceton/PAe.), aus I analog II (3 Tage); $[\alpha]_D^{24}$ +124° (10,14 mg; Chlf.); 30%. *16.21-Diacetat*, $C_{25}H_{34}O_8$, F. 221—224° (Aceton/PAe./Ae.), a) durch Acetylierung der konz. Mutterlaugen von vorst. Acetat; b) aus vorst. Verb. durch Acetylierung; $[\alpha]_D^{24}$ +75° (3,20 mg; Chlf.); 53%. — *Δ^5-Pregnen-11β.16α.17α.21-tetrol-3.20-dion-3.20-bis-äthylenketal*, $C_{25}H_{38}O_8$, F. 238,5—239,5° (Aceton/PAe.), aus $\Delta^{5.16}$-Pregnadien-11β.21-diol-3.20-dion-3.20-bis-äthylenketal analog II (3 Tage); $[\alpha]_D^{25}$ —24° 15,8 mg; (CH_3OH); 94% (roh). (J. Amer. chem. Soc. **78.** 1909—13. 5/5. 1956.) WALTER SIMON. 3750

William S. Allen und **Seymour Bernstein,** *Cyclische Steroidketale.* 21. Mitt. *Die Darstellung von 16β.21-Epoxysteroiden.* (20. vgl. vorst. Ref.) Bei der Acetylierung von *3.20-Bis-äthylendioxy-$\Delta^{5.16}$-pregnadien-11β.21-diol* in Pyridin entsteht sein *21-Acetat* [$C_{27}H_{38}O_7$, F. 167—168°; $[\alpha]_D^{24-25}$ — 32° (Chlf.)], das mit Hilfe von OsO_4 in *21-Acetoxy-3.20-bis-äthylendioxy-Δ^5-pregnen-11β.16α.17α-triol* [I, $C_{27}H_{40}O_9$, F. 189—192°; $[\alpha]_D^{24-25}$ —19° (Chlf.)] übergeführt wird. I wird auch durch selektive Acetylierung von 3.20-Bis-äthylendioxy-Δ^5-pregnen-11β.16α.17α.21-tetrol erhalten; es geht bei der Mesylierung über in *21-Acetoxy-3.20-bis-äthylendioxy-16α-methansulfonyloxy-Δ^5-pregnen-11β.17α-diol* [$C_{28}H_{42}O_{11}S$, F. 169—171°]. Bei dessen Hydrolyse mit 5%ig. alkoh. KOH (4 Std. Kochen) entsteht *3.20-Bis-äthylendioxy-11β.17α-dihydroxy-Δ^5-pregnen-16β.21-epoxyd* [II, $C_{25}H_{36}O_7$, F. 232 bis 234° $[\alpha]_D^{24-25}$ —81° (Chlf.); 79% (Ausbeute)], welches man auch durch Red. von *3.20-Bis-äthylendioxy-17α-hydroxy-11-oxo-Δ^5-pregnen-16β.21-epoxyd* [$C_{25}H_{34}O_7$, F. 230,5 bis 232,5° $[\alpha]_D^{24-25}$ —76° (Chlf.)] mit $LiAlH_4$ erhält. II geht bei der Hydrolyse mit 8%ig. methanol. H_2SO_4 (16 Std. Kochen) in *11β.17α-Dihydroxy-3.20-dioxo-Δ^4-pregnen-16β.21-epoxyd* [$C_{21}H_{28}O_5$, F. 235—237°; $[\alpha]_D^{24-25}$ +8° (Chlf.)] über. Letzte Verb. gibt einen positiven LEGAL-Test u. bildet ein *Mono-2.4-dinitrophenylhydrazon* [$C_{27}H_{32}N_4O_8$, F. 256° (Zers.)]. (J. Amer. chem. Soc. **78.** 3223—24. 5/7. 1956.) WALTER SIMON. 3750

Kurt Schubert, *Über die partielle Hydrierung des Vitamins D_2. Ein Verfahren zur Herstellung von kristallisiertem Dihydrovitamin D_2 II.* 3. Mitt. *über Untersuchungen in der Ergosterin- und Dihydrovitamin D_2-Reihe.* (2. vgl. C. **1950/54.** 3205 S.) Die partielle katalyt. Hydrierung von *Vitamin D_2* (I) mit RANEY-Ni — Pt u. Pd sind weniger geeignet — gibt *Dihydrovitamin D_2 II* (II). Ein Vgl. der UV-Spektren von krist. II u. dem von FERNHOLZ auf anderen Wege erhaltenen Prod. zeigte den uneinheitlichen Charakter des letzteren. II ist in geringer Menge auch aus Ansätzen isolierbar, die unter den Bedingungen der *Dihydrotachysterin* (III)-Bldg. hergestellt worden sind. Ergänzend zur früher diskutierten II-Konfiguration konnte durch IR-Absorptionsmessungen von II u. II-*Acetat* über die Konfiguration der OH-Gruppe im Sinne einer axialen Anordnung entschieden werden. UV-Absorption vgl. Original.

V e r s u c h e: *Dihydrovitamin-D_2-II-3.5-dinitrobenzoat,* $C_{35}H_{48}N_2O_6$, F. 165—166° (Pentan), durch Hydrieren von I in CH_3OH in Ggw. von RANEY-Ni (Ni-Geh. 40%, zuerst in 30%ig. NaOH eintragen, 10 Min. auf 100—110° erhitzen, mit W. u. CH_3OH waschen) bis zur Aufnahme von 1 Mol H_2 (III-Geh. im Roh-II ca. 57%) u. Umsetzung mit 3.5-Dinitrobenzoylchlorid in Pyridin; $[\alpha]_D^{22}$ 138° (c = 1; Aceton), 25% (Ausbeute). — *Dihydrovitamin D_2 II* (II), $C_{28}H_{46}O$, F. 102,5—106,5°, durch ½ std. Verseifung vorst. Esters mit 3%ig. sd. methanol. KOH unter N_2; aus CH_3OH Nadeln; $[\alpha]_D^{23}$ 149,8° (c = 1,3; A.). *Acetat,* $C_{30}H_{48}O_2$, F. 90—92°; aus CH_3OH Nadeln; $[\alpha]_D^{23}$ 71,06° (c = 1,08; A.); 77%. (Biochem. Z. **327.** 507—14. 20/4. 1956. Jena, Inst. für Mikrobiol. u. exp. Therapie.) K. MAIER. 3800

J. S. E. Holker, K. U. Holker, A. McGookin, Alexander Robertson, K. Sargeant und **D. E. Hathway,** *Pikrotoxin.* 5. Mitt. (4. vgl. J. chem. Soc. [London] **1939.** 1261.) Bei der Red. von Pikrotoxinin (I) mit $LiAlH_4$ entsteht ein Gemisch von 2 wasserlösl. Substanzen, die als *Verb. A* (II) u. *Verb. B* (III) bezeichnet werden. II ist schwach sauer, es bildet einen *Monomethyläther* (IIa), ein *Diacetylderiv.* (IIb) u. eine *Dihydroverb.* (IV), die ähnliche Eigg. wie II hat. IV entsteht auch bei der $LiAlH_4$-Red. von α-Dihydropikrotoxinin (V) dagegen kein III. Auf Grund der Rkk. u. der IR-Spektren wird angenommen, daß II u. IV ein Hemiacetalsyst. enthalten. II u. IV geben bei der Oxydation *Prodd.* $C_{15}H_{18}O_6$ (VI) bzw. $C_{15}H_{20}O_6$, von denen das erste durch Hydrierung in das letzte überführbar ist u. die bei der Hydrolyse unter Abspaltung von *HCOOH* eine *Verb. C* (VII) bzw. *Dihydroverb. C* (VIII) liefern. VII wird auch durch Oxydation von III erhalten. Red. von VIII mit $LiAlH_4$ oder Hydrierung von VII über PtO_2 liefert *Verb. D* (IX), $C_{14}H_{22}O_5$. VII gibt mit $LiAlH_4$ ein *Isomeres von* VIII, das bei der Hydrierung IX liefert. Aus den angegebenen Rkk. wird auf das Vorliegen einer aktuellen oder potentiellen α-Hydroxylactongruppierung in **I** u. **V** geschlossen, die Natur der zweiten reduzierbaren Gruppe ist unbekannt. Das Auftreten eines Zwischenprod. bei der Red. von **I** mit überschüssigem $LiAlH_4$ wird mit der Bldg. eines unlösl. Metallkomplexes erklärt. Verss. zur Isolierung eines Oxydationsprod. von **VIII**-*Acetat* mit wiederhergestelltem Lactonring mißlangen, dagegen gibt **VIII** mit CrO_3 ein *Prod.* $C_{14}H_{18}O_5$, in dem offenbar die sek. OH-Gruppe zur Ketogruppe oxydiert ist. Danach ist ein Hemiacetalsyst. in **VII** oder **VIII** unwahrscheinlich. In Analogie zu der vorgeschlagenen Struktur des Reduktionsprod. von β-Brompikrotoxinsäure (vgl. C. **1959.** 143) werden für **II** u. **III** u. ihre Derivv. die angegebenen Strukturen vorgeschlagen. Die von JOHNS u. Mitarbeitern für **I** vorgeschlagenen Strukturen sind danach undiskutabel. Analog liefert Pikrotin (**X**) mit $LiAlH_4$ eine *Verb.* **IIc**, daraus mit HJO_4 ein *Formiat* **VIa** u. eine *Desformylverb.* **VIIa**. Um die beiden Reihen in Beziehung zueinander zu setzen, wird **VII** mit Benzopersäure in ein *Epoxyd* übergeführt, das mit $LiAlH_4$ zu der auch aus **VIIa** erhältlichen *Verb.* **XI** red. wird.

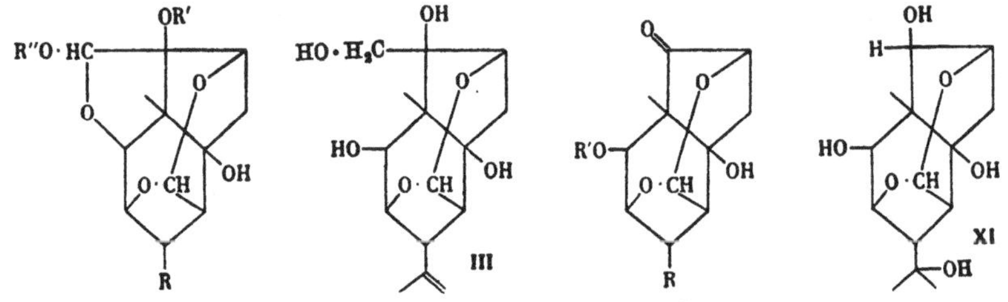

II R′ = R″ = H; **IIa** R′ = H, R″ = CH_3; **IIb** R′ = R″ = CH_3COO; R = isopropenyl
IIc R′ = R″ = H, R = C(OH)(CH₃)₂
III
VI R′ = CHO; **VII** R′ = H; R = isopropenyl
VIa R′ = CHO; **VIIa** R′ = H; R = C(OH)(CH₃)₂
XI

V e r s u c h e ($[\alpha]_D$ bei 18—22° in A.): *Verb. A* (**II**), $C_{15}H_{20}O_6$, F. 209—211°, aus 10 g **I** mit äther. $LiAlH_4$ im SOXHLET; aus Essigester Rhomben; $[\alpha]_D$ —29° (c = 1,6); 3,3 g (Ausbeute). *Diacetat* (**IIb**), $C_{19}H_{24}O_8$, F. 213—214°, aus Bzl. Plättchen. *2.4-Dinitrophenylhydrazon*, $C_{21}H_{24}N_4O_9$, F. 298—300° (Zers.), aus A. gelbe Nadeln. *Monomethyläther* (**IIa**), $C_{16}H_{22}O_6$, F. 170—171°, mit Methylsulfat u. wss. NaOH; aus Bzl.-PAe. Nadeln $[\alpha]_D$ +12° (c = 2,38). — *Verb. B* (**III**), $C_{15}H_{22}O_6$, F. 212—214°, aus den Mutterlaugen von **II**; aus Essigester-Bzl. Stäbchen; $[\alpha]_D$ —53° (c = 1,11); 0,3 g. *Diacetat*, $C_{19}H_{26}O_8$, F. 160—162°, aus Bzl.-PAe. Nadeln. — *Dihydroverb. A* (**IV**), $C_{15}H_{22}O_6$, F. 209—211°, a) aus 10 g **V** analog **II**; aus Bzl.-Essigester Nadeln, $[\alpha]_D$ —9° (c = 1,43); 3,2 g; b) aus **II** mit H_2 über PtO_2. *Diacetat*, $C_{19}H_{26}O_8$; F. 216—218°, aus Bzl.-CCl_4 Platten. *Methyläther*, $C_{16}H_{24}O_6$, F. 179—180°, a) aus **IV** mit Dimethylsulfat u. NaOH; aus Bzl.-PAe. Nadeln; $[\alpha]_D$ +28° (c = 1,08); b) aus **IIa** in A. mit H_2 über PtO_2; gibt mit 2n HCl *2.4-Dinitrophenylhydrazon*, gelb, amorph. — *Verb.* $C_{15}H_{18}O_6$ (**VI**), F. 171—172°, aus 4 g **II** in W. mit wss. $NaJO_4$ u. konz. H_2SO_4 bei 0° (10 Min.); aus Bzl. Plättchen u. Rhomben; $[\alpha]_D$ —121° (c = 2,51); 3,13 g. Hydroxamsäuretest positiv; keine Acetat- oder Semicarbazonbildung. — *Verb. C* (**VII**), $C_{14}H_{18}O_5$, F. 171—172°, a) aus 2 g **VI** mit 1%ig. wss. NaOH (2 Tage stehen) aus Bzl. Plättchen, $[\alpha]_D$ —178° (c = 4,03); 1,71 g, daneben *Ameisensäure* (→ *Benzimidazol*, F. 169—170°, *Pikrat*, F. 225—226°); b) aus 0,5 g **III** in W. mit $NaJO_4$ u. 4n H_2SO_4 bei Zimmertemp.; 0,26 g, daneben (in einem anderen Vers.) *Formaldehyd* [*Dimedonderiv.*, F. 188—189°, *2.4-Dinitrophenylhydrazon*, F. 164° (Zers.)]. *Monoacetat*, $C_{16}H_{20}O_6$, F. 205—206°, aus Bzl. Nadeln. — *Verb.* $C_{15}H_{20}O_6$, F. 187—188°, a) aus 4 g **IV** analog **VI**; aus Bzl. Plättchen oder Rhomben, $[\alpha]_D$ —116° (c = 3,09); 2,7 g; b) aus 2 g **VI** mit H_2 über Pt in A.; 1,05 g. Hydroxamsäuretest positiv, keine Acet- u. Semicarbazonbildung. — *Dihydroverb. C* (**VIII**), $C_{14}H_{20}O_5$, F. 187—188°, aus 2,5 g vorst. Verb. mit 1%ig. wss. NaOH (2 Tage); aus Bzl. Plättchen, $[\alpha]_D$ —156° (c = 3,0); daneben HCOOH. Gibt mit Acetanhydrid, 95%ig. HCCOH u. Pyridin **VI**. *Monoacetat*, $C_{16}H_{22}O_6$, F. 200°, aus Bzl. Nadeln. *2.4-Dinitrophenylhydrazon*, $C_{20}H_{24}N_4O_8$, F. 246 bis 250° (Zers.), aus A. orangegelbe Nadeln. — *Verb.* $C_{14}H_{18}O_5$, F. 224—228° (Zers.) aus 5 g **VIII** in W. mit $K_2Cr_2O_7$ in 8n H_2SO_4 bei 0°; aus Bzl.-Essigester Rhomben, $[\alpha]_D$ —81° (c = 2,79); 3,7 g. — *Isodihydroverb. C*, $C_{14}H_{20}O_5$, F. 179—180°, aus 4 g **VII** analog **II**; aus Bzl. Nadeln, $[\alpha]_D$ —49° (c = 3,47); 3,92 g. *Diacetat*, $C_{18}H_{24}O_7$, F. 207—209°, aus Bzl.-PAe. Nadeln. — *Verb. D* (**IX**), $C_{14}H_{22}O_5$, F. 215—216,5°, a) aus 0,5 g **VIII** mit $LiAlH_4$ in Ae.; aus Bzl. Plättchen, $[\alpha]_D$ —17° (c = 3,85); 0,44 g; b) durch Hydrierung von **VII**, **VIII** oder vorst. Verbindung. *Diacetat*, $C_{18}H_{26}O_7$, F. 201—202°, aus Bzl.-PAe. Nadeln. —

Verb. $C_{15}H_{22}O_7$ (**IIc**), F. 222—224°, aus 8 g **X** mit $LiAlH_4$ in Ae.; aus Essigester Nadeln, $[\alpha]_D$ —45°; 2,5 g. *Diacetat*, $C_{19}H_{26}O_9$, F. 242—244° (Zers.), aus Essigester Rhomben. *2.4-Dinitrophenylhydrazon*, $C_{21}H_{26}N_4O_{10}$, F. 297—299° (Zers.), aus A. gelbe Plättchen. — *Verb. $C_{15}H_{20}O_7$* (**VIa**), F. 187—189°, a) aus 1 g **IIc** in Essigsäure mit Pb-Tetraacetat (24 Std. bei Zimmertemp.); aus Aceton-PAe. Plättchen, $[\alpha]_D$ —130° (c = 4,7); 0,6 g; b) aus 4 g **IIc** mit $NaJO_4$ in W. u. H_2SO_4 bei 0°; 0,2 g. — *Desformylverb. $C_{14}H_{20}O_6$* (**VIIa**) F. 224—226°, a) aus den Mutterlaugen von **VIa**; aus Bzl.-Essigester Plättchen, $[\alpha]_D$ —175° (c = 4); 1,5 g; b) aus **VIa** mit H_2SO_4 in W. bei 0° (24 Std.) oder mit KOH in W. bei 0° (24 Std.) oder mit KOH in W. bei 0° (1 Std.); daneben HCOOH. *Monoacetat*, $C_{16}H_{22}O_7$, F. 222—223°, aus Aceton-PAe. Nadeln. *2.4-Dinitrophenylhydrazon*, $C_{20}H_{24}N_4O_9$, F. 278 bis 280° (Zers.), aus Bzl.-Essigester gelbe Flocken. — *Verb. $C_{14}H_{22}O_6$*, (**XI**), F. 188—190°, a) aus 0,5 g **VIIa** mit $LiAlH_4$ in Ae.; aus Bzl. Nadeln; $[\alpha]_D$ —46° (c = 2,6); 0,3 g; b) aus 3,1 g **VII** mit Benzopersäure in Chlf. (48 Std. bei 0° im Dunkeln) u. Rk. des Prod. mit $LiAlH_4$ in Ae.; 1,8 g. *Triacetat*, $C_{20}H_{28}O_9$, F. 197—198°, aus Bzl.-PAe. Rhomben. (J. chem. Soc. [London] **1957**. 3746—54. Aug. Liverpool, Univ.) E. FRANCK. 3950

Elmer J. Reist und **B. R. Baker**, *Potentielle Antikrebsmittel.* 3. Mitt. *3'-Amino-3'-desoxyadenosin.* Die Synth. von *3'-Amino-3'-desoxyadenosin* aus *Chlorquecksilber-6-benzamidopurin* (II) u. *2.5-Di-O-benzoyl-3-desoxy-3-phthalimido-β-D-ribofuranosylchlorid* (III) (vgl. BAKER, SCHAUB u. KISSMAN, C. **1958**. 7484) wurde wiederholt u. in 2 Punkten verbessert, indem a) reines II verwendet u. b) die Desacylierung des blockierten Nucleosids mit n-Butylamin (I) in sd. Methanol durchgeführt wurde.

Versuche: *3'-Amino-3'-desoxyadenosin*, F. 265—267° (Zers.), durch Dest. einer Mischung von II (aus 6-Benzamidopurin analog dem Verf. von BAKER u. HEWSON, C. **1958**. 13787) u. Celit in Xylol unter Rühren bis zur völligen Entfernung von W., Zufügen von III in Xylol u. 3 std. Erhitzen am Rückfluß, Extrahieren des Rückstandes u. Vereinigen der Lsgg. in Chlf.; nach Trocknen u. Entfernen des Chlf. u. Lösen des Rückstandes in I-haltigem Methanol 6 Std. am Rückfluß erhitzen; IR-Banden; 60% Ausbeute. (J. org. Chemistry **23**. 1083. Juli 1958. Menlo Park, Calif., Stanford Res. Inst.) W. SCHRAMM. 3950

Waldo E. Cohn und **David G. Doherty**, *Katalytische Hydrierung von Pyrimidinnucleosiden und -nucleotiden und Isolierung von deren Ribose und Ribosephosphaten.* Die 4,5-Doppelbindung von Pyrimidinnucleotiden (I) wurde unter milden Bedingungen mit einem 5%ig. Rh-Al_2O_3-Katalysator völlig hydriert (wss. Lsg., 1—1,5 at). Aus Uridylsäure (II) oder Cytidylsäure gebildete *Dihydrouridylsäure* wird bei Raumtemp. durch verd. Alkali zum *N-Ribosylphosphat der β-Ureidopropionsäure* (III) gespalten u. dieses durch verd. Säure bei Raumtemp. zu *Ribosephosphat* u. III hydrolysiert, ohne daß merkliche Isomerisierung der Phosphatgruppe eintritt. Auf diese Weise werden die Zuckerphosphate von I zugänglich. Entsprechende Redd. u. Abbauverss. wurden mit Cytidin, Thymidin, Desoxycytidylsäure u. Thymidylsäure ausgeführt. Aus II a u. b wurden *Ribose-2-* u. *-3-phosphat* erhalten. (J. Amer. chem. Soc. **78**. 2863—66. 20/6. 1956. Oak Ridge, Tenn., Oak Ridge Nat. Labor., Biol. Div.) K. MAIER. 3950

D. M. Brown, Alexander Todd und **S. Varadarajan**, *Nucleotide.* 37. Mitt. *Die Struktur von Uridylsäure a und b und eine Synthese von Spongouridin (1-[β-D-Arabofuranosyl]-uracil).* (36. vgl. C. **1959**. 8165.) Acetylierung von *5'-O-Acetyluridin* (I) mit Acetanhydrid–Pyridin gibt ein durch CRAIG-Verteilung trennbares Gemisch aus *3'.5'-Di-O-acetyluridin* (II), *Triacetyluridin* (III) u. I, Phosphorylierung von II mit Phosphorsäuredibenzylesterchlorid (IV) u. Abpsaltung der blockierenden Gruppen *Uridylsäure a* (V). Die Konst. von II wurde durch die Reaktionsfolge: *3'.5'-Di-O-acetyl-2'-O-p-toluolsulfonyluridin* (VI) → *O^2.2'-Cyclouridin* (VII) → *1-[β-D-Arabofuranosyl]-uracil* (VIII) bewiesen V ist hiernach *Uridin-2'-phosphat.* VIII ist mit *Spongouridin*, einem in Schwämmen vorkommenden Nucleosid identisch. Die Konst. von VIII ergab sich durch katalyt. Hydrierung oder Red. mit Na in CH_3OH-fl. NH_3 u. anschließende Hydrolyse zu *D-Arabinose* (IX).

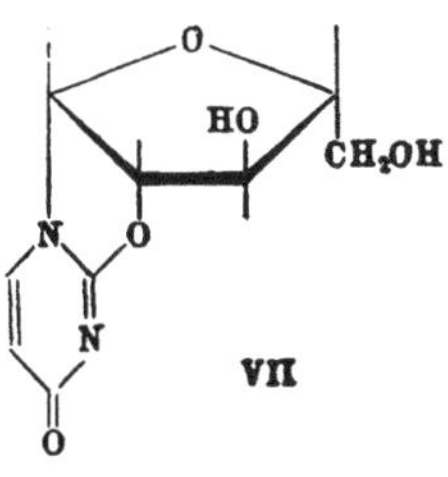

Versuche: *2'.3'.5'-Tri-O-acetyluridin* (III), $C_{15}H_{18}N_2O_9$, F. 128—130°, durch Erwärmen von Uridin (3 g) mit Acetanhydrid + Pyridin; rechteckige Prismen (A.), R_F 0,93 (WHATMAN Nr. 1, Butanol-Essigsäure-W., 5:2:3); 3,1 g (Ausbeute). — *5'-O-Acetyl-2'.3'-O-isopropylidenuridin*, $C_{14}H_{18}N_2O_7$, F. 146—147°, aus 2'.3'-O-Isopropylidenuridin u. Acetanhydrid in Pyridin; Prismen (A.). — *5'-O-Acetyluridin* (I), $C_{11}H_{14}N_2O_7$, F. 163—164°, a) durch 1,3std. Kochen vorst. Verb. (1,9 g) in 20%ig. Essigsäure; Reinigung durch CRAIG-Verteilung zwischen Essigester u. W.; 1,3 g; b) durch 1½std. Stehen von 6 g **III** in methanol. NH_3; rechteckige Stäbchen (A.), R_F 0,66, λ_{max} 261 mμ (A.); 1,92 g. — *3'.5'-Di-O-acetyluridin* (**II**), $C_{13}H_{16}N_2O_8$, F. 138—140° (Sintern bei 135°), aus **I** (6,1 g) in Pyridin–Acetanhydrid u. 100stufige CRAIG-Verteilung zwischen Essigester u. W. (Stufe 25—46); Nadeln (A.), R_F 0,83; 1,18 g. — *Uridin-2'-phosphat* (**V**), aus **II** in Pyridin durch Rk. mit **IV** (4 Std., —30°), Stehen über Nacht bei Raumtemp., Zusatz von Eis u. $NaHCO_3$, Extraktion mit Chlf., Hydrieren des Eindampfrückstandes in Ggw. von PdO–Pd-Kohle in 75%ig. A., Einengen u. nach 12std. Stehen Versetzen mit alkoh. NH_3; Nachw. durch Ionenaustauschchromatographie an Dowex-2 (Formiat). — *O²̣.2'-Cyclouridin* (**VII**), $C_9H_{10}N_2O_5$, F. 234—236° (Zers.), aus **II** (0,2 g) u. p-Toluolsulfonylchlorid in Pyridin durch 15std. Einw., Gießen auf Eis, Lösen des Eindampfrückstands des Chloroformextraktes in A., Einengen, Vermischen von 0,2 g der wachsartigen Substanz (**VI**, R_F 0,97; 0,21 g) mit methanol. NH_3 u. mehrstd. Stehen; Stäbchen (A.), R_F 0,51, λ_{max} 249,5 bis 251, 223—223,5 mμ, λ_{min} 234 mμ (W.); 0,12 g. — *5'-O-Acetyl-2'-O-p-toluolsulfonyluridin*, $C_{18}H_{20}N_2O_9S$, F. 173—175°, aus **I** (2,76 g) u. p-Toluolsulfonylchlorid in Pyridin; dünne Platten (Essigester), R_F 0,95, λ_{max} 260, 226,5—227,5 mμ, λ_{min} 243—244 mμ (A.); 1,93 g; gibt mit methanol. NH_3 **VII** (150 mg → 75 mg). — *1-[β-D-Arabofuranosyl]-uracil* (**VIII**), $C_9H_{12}N_2O_6$, F. 220—221°, aus **VII** (300 mg) in 0,1n H_2SO_4 durch 1std. Erhitzen auf 100° u. Geben durch Amberlite IR-4 B (OH-Form); Prismen (absol. CH_3OH) $[\alpha]_D^{20}$ 131,1° (c = 0,63, W.), λ_{max} 262,5—263,5 mμ, λ_{min} 230—231 mμ (W.), R_F 0,52; 112 mg. — *2'.3'.5'-Tri-O-acetyl-1-[β-D-arabofuranosyl]-uracil*, $C_{15}H_{18}N_2O_9$, F. 129—130°, aus **VIII** u. Acetanhydrid–Pyridin; Platten (verd. A.), R_F 0,93. — *D-Arabinose-p-toluolsulfonylhydrazon* (**X**), $C_{12}H_{18}N_2O_6S$, F. 149—150°, aus **IX** u. p-Toluolsulfonylhydrazin in CH_3OH durch 1std. Kochen; Prismen (CH_3OH). — Isolierung von *D-Arabinose* (**IX**) aus synthet. **VIII**: a) durch Hydrieren von **VIII** in W.–A. in Ggw. von PtO_2–H_2, Kochen des Eindampfrückstandes (1½ Std.) mit 0,2n H_2SO_4, Entfernen von SO_4^{2-} mit $Ba(OH)_2$ u. von Ba^{2+} mit CO_2 u. Filtrieren durch Hyflo-Supercel; papierchromatograph. Nachw.; b) durch portionsweise Zugabe von CH_3OH u. Na zu **VIII** in fl. NH_3 innerhalb von 10 Min., Geben der wss. Lsg. des Eindampfrückstandes durch Dowex-50 (H-Form), Eluieren mit W. u. Isolieren aus dem Eindampfrückstand als *p-Bromphenylosazon*, F. 171—173° (Zers.), oder **X**. (J. chem. Soc. [London] **1956**. 2388—93. Juli. Cambridge, Univ., Chem. Labor.) K. MAIER. 3950

A. M. Michelson und **Alexander Todd**, *Nucleotide*. 38. Mitt. *Eine verbesserte Synthese von Uridindiphosphatglucose* (*UDPG*). (37. vgl. vorst. Ref.) *2'.3'-O.O-Benzylidenuridin* (**I**) gibt durch Rk. mit Benzylchlorid-KOH u. anschließende Abspaltung der Benzylidengruppe *5'-O-Benzyluridin*, 5'-O-Trityluridin analog — nach Abspaltung des Tritylrestes — *2'.3'-O.O-Dibenzyluridin* (**II**). **II** reagiert mit O-Benzylphosphorigsäure-O.O-diphenylphosphorsäureanhydrid (**III**) unter Bldg. von *2'.3'-O.O-Dibenzyluridin-5'-benzylhydrogenphosphit* (**IV**), aus dem mit N-Chlorsuccinimid *Phosphorsäure-[2'.3'-O.O-dibenzyluridyl-(5')]-benzylesterchlorid* (**V**) entsteht. Kondensation von **V** mit α-D-Glucose-1-[tri-n-octylammoniumhydrogenphosphat] u. Hydrolyse gibt *Uridindiphosphatglucose* (**VII**), die mit dem natürlichen UDPG ident. ist. *Uridindiphosphatgalaktose* ist analog herstellbar.

V e r s u c h e: *5'-O-Benzyluridin*, $C_{16}H_{18}N_2O_6$, F. 162° (Aceton–PAe.), durch 5std. Kochen eines Gemisches von **I** (6,25 g) KOH-Pulver, Benzylchlorid, absol. Bzl. u. absol. Dioxan u. Abspaltung der Benzylidengruppe durch 1½std. Kochen des Rohprod. mit 0,08n wss.-alkoh. HCl; Prismen; 3,1 g (Ausbeute). — *5'-O-Trityluridin*, F. 200°, durch 2tägiges Stehen von Uridin u. Triphenylmethylchlorid in absol. Pyridin bei Raumtemp.; 81%. — *2'.3'-O.O-Dibenzyluridin* (**II**), $C_{23}H_{24}N_2O_6$, F. 147° (wss. A., Aceton–Heptan), durch 4½std. Kochen vorst. Verb. mit Benzylchlorid u. KOH-Pulver in absol. Bzl.–Dioxan; Nadeln; 70%. — *2'.3'-O.O-Dibenzyluridin-5'-benzylhydrogenphosphit* (**IV**), aus **II** u. **III** in absol. Bzl. in Ggw. von 2.6-Lutidin bei Raumtemp. (mehrstd. Stehen); 86%. — *Phosphorsäure-[2'.3'-O.O-dibenzyluridyl-(5')]-benzylesterchlorid* (**V**), aus **IV** (2,34 g) u. N-Chlorsuccinimid in Bzl. bei Raumtemp. (2 Std.). — *α-O-Glucose-1-[tri-n-octylammoniumhydrogenphosphat]*, durch Passage einer wss. α-O-Glucose-1-[di-K-phosphat]-Lsg. durch eine IR-120 (Säureform)-Säule, Zusatz der freien Säure zu alkoh. Tri-n-octylamin u. aceotropes Entfernen von W. mit A.–Benzol. — *Uridindiphosphatglucose* (**VII**), *Ca-Salz*, $C_{15}H_{22}CaN_2O_{17}P_2$, a) aus vorst. Salz, **V** u. Tri-n-butylamin in absol. Bzl. durch 1½std. Stehen bei Raumtemp., Extraktion mit n-Heptan, Schütteln der alkoh. Lsg. des Rückstands mit H_2–PdO zwecks Abspaltung des Benzylesterrestes der Pyrophosphatbindung, Konz. des Filtrats bei p_H 7, Chloroformextraktion nach Wasserzusatz, reduktive Entfernung der Benzylgruppen mit H_2–Pd-Schwarz bei p_H 3,6, Neutralisation mit $(C_2H_5)_3N$ (p_H 7,1), Überführung des mit Aceton gefällten *Triäthylammoniumsalzes* in das Ca-Salz (ca. 50%ig), papierchromatograph. Reinigung (A.–mol. NH_4-Acetat, 7:3), Fällung als Ca-Salz; Reinheit ca. 92% (enzymat.); b) wie vorst. mit Phosphorsäure-[2'.3'-O.O-diacetyluridyl-(5')]-benzylesterchlorid an Stelle von **V** ohne die 2. Hydrogenolyse, Abspaltung der Acetylgruppen durch wss. $(C_2H_5)N$ (p_H 9,4, 24 Std., Raumtemp.); Reinheit ca. 32% (enzymat.). — *Uridindiphosphatgalaktose* (**VIII**), Ca-Salz, durch Kondensation des Mono-tri-n-octylammoniumsalzes von α-D-Galaktose-1-phosphat (**VI**) mit **V** in absol. Bzl. u. Tri-n-butylamin, Überführung in das *Ca-Salz* analog **VII** u. papierchromatograph. Reinigung; Reinheit ca. 50% (enzymat.). — Papierchromatographie: WHATMAN Nr. 1, A.-mol. NH_4-Acetat (7:3); R_{Uridin}: Uridin-5'-phosphat, 0,29; Uridin-5'-pyrophosphat, 0,10; Bis-[uridin-5']-pyrophosphat, 0,13; **VII** (natürl. u. synthet.), Ca-Salz, 0,41; **VIII** (synthet.), Ca-Salz, 0,40; α-D-Glucose-1-phosphat, 0,34; **VI**, 0,335. (J. chem. Soc. [London] **1956**. 3459—63. Sept.) K. MAIER. 3950

D. M. Brown, W. Cochran, E. H. Medlin und **S. Varadarajan,** *Nucleotide.* 39. Mitt. *5'-Desoxy-5'-jod-O².2'-cyclouridin. Eine röntgenkristallographische Untersuchung.* (38. vgl. vorst. Ref.; 40. vgl. C. **1957**. 13681.) Die Konst. von *O².2'-Cyclouridin* (**I**) wurde durch eine röntgenkristallograph. Unters. des *5'-Desoxy-5'-jodderiv.*, erhalten aus 5'-Desoxy-5'-jod-2'-O-p-toluolsulfonyluridin, bestätigt; Elementarzelle, $a = 9{,}96$, $b = 5{,}61$, $c = 10{,}02$ Å, $\beta = 93^0\,0'$, Raumgruppe $P\,2_1$. Die strukturelle Beziehung zwischen dem Desoxyjodderiv. u. **I** wurde durch Überführung des ersteren in das Nucleosid *Spongouridin, 1-[β-D-Arabofuranosyl]-uracil* festgestellt.

Versuche: *5'-Desoxy-5'-jod-2'-O-p-toluolsulfonyluridin,* $C_{16}H_{17}JN_2O_7S$, F. 168 bis 169°, Nädelchen (A.), aus p-Toluolsulfonylchlorid u. 5'-Desoxy-5'-joduridin (1 g) in absol. Pyridin (15 Std., Raumtemp.); λ_{max} 259, 227 mμ (A.); 0,32 g (Ausbeute). — *5'-Desoxy-5'-jod-O².2'-cyclouridin,* $C_9H_9JN_2O_4$, F. 194—195° (Zers.), Stäbchen (A.), durch 12std. Einw. von gesätt. methanol. NH_3 auf die methanol. Lsg. vorst. Verb. (0,69 g); λ_{max} 249, 225 mμ (W.); IR 1613, 1660 cm^{-1} (CO-Banden); 0,1 g. — *1-[β-D-Arabofuranosyl]-uracil,* F. 220—221°, Prismen (CH_3OH), durch 1std. Erhitzen vorst. Verb. (0,25 g) in 0,1n H_2SO_4 auf 100°, Passage durch Amberlite IR-4B(OH-Form) u. Erhitzen des erhaltenen *5'-Desoxy-5'-jodspongouridins* mit Ag-Acetat in W. auf 100°; 63 mg. — *5'-Brom-5'-desoxy-2'.3'-O-isopropylidenuridin,* $C_{12}H_{15}BrN_2O_5$, F. 184—186°, Stäbchen (A.), durch 2std. Erhitzen von 2'.3'-O-Isopropyliden-5'-O-p-toluolsulfonyluridin (8,5 g) u. LiBr in absol. Aceton auf 100° (Autoklav); 6 g. — *5'-Brom-5'-desoxyuridin,* $C_9H_{11}BrN_2O_5$, F. 182—184°, Nadeln oder Plättchen (A.), durch 3std. Einw. von wasserfreier HCOOH auf vorst. Verb. (1,46 g) bei Raumtemp.; 0,83 g. — *5'-Brom-5'-desoxy-2'-O-p-toluolsulfonyluridin,* $C_{16}H_{17}BrN_2O_7S$, F. 162—163°, Platten (CH_3OH), durch mehrstd. Rk. vorst. Verb. (3,7 g) mit p-Toluolsulfonylchlorid in absol. Pyridin bei Raumtemp.; 2,7 g. — *5'-Brom-5'-desoxy-O².2'-cyclouridin,* $C_9H_9BrN_2O_4$, F. 185—186°, hellgelbe Prismen (A.), durch 12std. Einw. von halbgesätt. methanol. NH_3 auf vorst. Verb. (2,1 g) u. 100stufige Fraktionierung durch CRAIG-Verteilung; λ_{max} 247, 225 mμ (W.); IR 1613, 1662 cm^{-1} (CO-Banden); 0,53 g. (J. chem. Soc. [London] **1956**. 4873—76. Dez.) K. MAIER. 3950

A. Albert and others, Current trends in heterocyclic chemistry. New York: Academic Press. 1958. (180 S. m. Abb.) 8°. $ 5,50.

Einar Biilmann, Lärebog i organisk kemi. 11. reviderede udg. Kopenhagen. Gad. Indb. 1958. (307 S. m. Abb.) dkr. 30,—.

Gattermann und Wieland, Die Praxis des organischen Chemikers. 39. Aufl. Berlin: de Gruyter. 1959. (XVI + 411 S. m. 58 Abb.) 8°. DM 26,—.

Robert Müller †, Organische Chemie. Bearb. von **Josef Klosa.** 5. Aufl. Berlin: Verlag Technik. 1958. (266 S.) 8°. DM 13,—.

W. Klyne, *The Chemistry of the Steroids.* London: Methuen & Co. Ldt. 1957. (216 S.) 18 s.

Dieses Buch soll Biologen u. Mediziner u. weiter den Nichtchemiker mit der Chemie der natürlich vorkommenden Steroide vertraut machen. Es ist als Komplement zu dem noch erscheinenden Werk von J. K. GRANT, *Biochemistry of the Steroids* gedacht. Anlage u. Stoff jedoch dieses relativ kleinen Bandes sind so gehalten, daß seine Reichhaltigkeit für jeden Naturwissenschaftler, auch den Chemiker, von Interesse u. Nutzen sein mag. Die mit vielen u. einprägsamen Tabellen u. Formelbildern gebrachte Stoffülle gliedert sich in Stereochemie (Konformationsanalyse, Nomenklatur, Gesamtsynth.), physikal. Eigg. (UV- u. IR-Spektren, opt. Verh., F., Löslichkeiten), chem. Eigg. (einfache u. komplexe funktionelle Gruppen), natürlich vorkommende Steroide (Sterine, Vitamine D, Trimethylsterine, Gallensäuren, Pilz- u. Harzsäuren, Östrogene, Androgene, Progesteron u. Derivv., Hormone der Nebennierenrinde, D-Homosteroide, Cardenolide, Krötengifte, Sapogenine, Alkaloide); chem. u. physikal. Trennung sowie Best. der Steroide; Literatur- u. Sachverzeichnis. HEINZ WALTER.

Oppenheimer und **Naegeli,** *Grundriß der organischen Chemie.* 17. Aufl., neu bearb. von **Otto Neunhoeffer** und **Reinhold Metze.** Leipzig: Georg Thieme Verlag. 1955. (328 S.) DM 14,50.

Der bekannte Grundriß der organischen Chemie von CARL OPPENHEIMER ist mit dem vorliegenden, der Weiterentw. der Chemie angepaßten Inhalt für den Studierenden der Chemie u. Medizin zur Wiederholung u. zugleich Vertiefung des in der Vorlesung behandelten Stoffes geeignet u. entspricht dem Grundgedanken des ursprünglichen Autors durchaus. Die Klarheit der Diktion sowie die Knappheit der Darstellungsform zeichnen das Fachbuch besonders aus. M. PFLÜCKE.

D. Makromolekulare Chemie.

Lev Akobjanoff, *Transgelkondensate ungesättigter Verbindungen.* Inhaltlich ident. mit der C. **1959.** 4166 referierten Arbeit. (Rubber Age [New York] **83.** 993—95. Sept. 1958. Berkeley, Calif., Univ., Inst. Engng. Res.) R. Schäff. 4000

Junji Furukawa, Teiji Tsuruta, Takeo Saegusa, Akira Ônishi, Akihiro Kawasaki, Takayuki Fueno, Chen Shih-Tung, Naoki Yamamoto und **Tsuyoshi Matsumoto,** *Polymerisation von Butadien oder Vinylverbindungen mittels binärer Gemische aus Trialkylbor und Metallhalogeniden.* Die Polymerisation von *Butadien* bei 30—60° in Ggw. von Mischkatalysatoren aus Tributylbor (I) u. verschied. Metallhalogeniden wird untersucht. Die Katalysatoren werden aus I in n-Hexan durch Erhitzen mit Dampf in der Druckflasche in Ggw. von $TiCl_4$ bzw. BF_3-Ätherat, $ZrCl_4$, $SnCl_4$, $AlCl_3$, $SbCl_5$, $NiCl_2 \cdot 6 H_2O$, $PdCl_2$ oder $HgCl_2$ hergestellt. Sowohl I selbst als auch I unter Zusatz von $SnCl_4$ bzw. $AlCl_3$, $NiCl_2 \cdot 6 H_2O$, $PbCl_2$ oder $HgCl_2$ erweisen sich als nicht wirksam. Das Syst. I–$TiCl_4$ ergibt ein fl. klebriges Polymerisat in schlechten Ausbeuten, während I–$ZrCl_4$ ein festes Polymeres in guten Ausbeuten liefert. Die Systeme $BF_3 \cdot (C_2H_5)_2O$ ergeben Polymere, deren Eigg. je nach den Verhältnissen $BF_3 \cdot (C_2H_5)_2O$/I sehr verschieden sind (fl. → fest). Die Polymerisation von *Methylmethacrylat* durch I oder durch Triäthylbor (II) verläuft unter Zusatz von $BF_3 \cdot (C_2H_5)_2O$ langsamer als die eben geschilderte, der Polymerisationsgrad des Prod. ist kleiner. Die Polymerisation von *Acrylonitril* oder von *Styrol* (III) wird durch $BF_3 \cdot (C_2H_5)_2O$ beschleunigt, ergibt dabei jedoch Polymere mit kleineren Polymerisationsgraden. *Butylvinyläther* (IV) wird in Ggw. von $BF_3 \cdot (C_2H_5)_2O$ u. I oder II leicht polymerisiert. Die Polymerisation von *Acrolein* durch I oder II verläuft nur in Ggw. von $BF_3 \cdot (C_2H_5)_2O$ u. ergibt ein wasserlösl. Polymeres. In Ggw. von diesen Katalysatoren findet die Polymerisation von *Vinylacetat* nicht statt. Durch Zusatz von $ZrCl_4$ werden die Polymerisation von III u. die von IV mit I oder II beschleunigt, während die Polymerisation von anderen Vinylverbb. dadurch langsamer verläuft. (J. chem. Soc. Japan, ind. Chem. Sect. [Kōgyō Kagaku Zassi] **61.** 1046—50. Aug. 1958. Kyôto, Univ., Techn. Fak. [Orig.: japan.]) E. Maekawa. 4010

Ss. N. Uschakow und **Ss. Ss. Iwanow,** *Über die Copolymerisation von Divinyl mit Vinylformiat.* Die Blockcopolymerisation von *Butadien* (I) mit *Vinylformiat* (II) in Ggw. von Cumolhydroperoxyd, Dihydroxymaleinsäure (-diäthylester) u. Fe-Naphthenat führt bereits bei 65° zu einem *Copolymeren* (III), für das auf Grund seiner Löslichkeit in Bzl. u. Unlöslichkeit in Aceton u. Chlf. die Struktur eines Gemisches der reinen Homopolymeren von I u. II auszuschließen ist. In Ggw. von Dibenzoylperoxyd erfordert die Copolymerisation schärfere Bedingungen u. längere Zeiten. Bei Überwiegen von I im Ausgangsgemisch verläuft die Polymerisation rascher. Die umgefällten III stellen gelbliche, elast., kautschukartige Stoffe mit hohem Mol.-Gew. dar. Die Verwendung von *Fe-Stearat* statt Naphthenat führt trotz seiner Schwerlöslichkeit im Monomerengemisch zu einer starken Erhöhung der Polymerisationsgeschwindigkeit u. der III-Ausbeute. III aus einem äquimol. Gemisch von I u. II enthält 88,7, jenes aus einem Gemisch 4 I : II 91,6% I-Einheiten; die einzelnen Fraktionen beim Ausfällen sind ident. zusammengesetzt. Die Copolymerisationskonstanten r_I u. r_{II} ergaben sich zu 5,0 bzw. 0,2. Die Verseifung von III mit NaOH in Bzl.-A. bei 65—80° in Ggw. von Phenyl-β-naphthylamin führt zu einem elast. Prod. mit 2—3% freien OH-Gruppen. Dieses läßt sich vulkanisieren u. liefert dann ein Kunstharz, dessen Umwandlungspunkt 2. Ordnung (—80°) tiefer als der des Naturkautschuks liegt. (Известия Академии Наук СССР, Отделение Химических Наук [Nachr. Akad. Wiss. UdSSR, Abt. chem. Wiss.] **1957.** 1465—71. Dez. Inst. für hochmol. Verbb. der Akad. der Wiss. der UdSSR.) H.-E. Toussaint. 4010

Hiromichi Watanabe und **Kiichi Shinoda,** *Permeabilität der Feuchtigkeit durch das Copolymerisat aus Vinylchlorid und Vinylidenchlorid.* Die Permeabilität (P.) der Feuchtigkeit durch *Polyvinylchlorid* (I) vom Polymerisationsgrad 600—1600 ist 2,0 bis $3{,}3 \cdot 10^{-12}$ [$Mol \cdot cm^{-1} \cdot sec^{-1} \cdot (cmHg)^{-1}$] bei 40° u. einer Wasserdampfdruckdifferenz 4,87 cmHg, die durch I vom Polymerisationsgrad < 500 ist etwas größer. Die P. durch ein Copolymerisat aus 80% *Vinylchlorid* (II) u. 20% *Vinylidenchlorid* (III) wird experimentell wie folgt ausgedrückt: $P \cdot 10^{12} = 6{,}677 - 0{,}0531\ W - 69{,}23\,[\eta] - 8{,}44\ k'$, wobei W die Gew.-% von III im Copolymerisat, $[\eta]$ die Grenzviscosität u. k' die Huggins-Konstante sind. Für die P. durch ein Copolymerisat aus 40% II u. 60% III wird eine ähnliche Abhängigkeit gefunden. (J. chem. Soc. Japan, ind. Chem. Sect. [Kōgyō Kagaku Zassi] **60.** 753—56. Juni 1957. Nakoso, Kureha-Kasai. [Orig.: japan.]) E. Maekawa. 4010

Taiichi Higuchi und **Minoru Imoto,** *Mischpolymerisation von Itaconsäure mit Styrol oder Methylmethacrylat.* Aus *Itaconsäure* (I) u. *Styrol* (II) oder *Methylmethacrylat* (III) werden Mischpolymerisate hergestellt, wobei das Reaktivitätsverhältnis der Monomeren bei den Systemen I–II für I 0,34 u. für II 0 u. bei den Systemen I–III für I 1,23 u. für III 0 beträgt. (J. chem. Soc. Japan, ind. Chem. Sect. [Kōgyō Kagaku Zassi] **61.** 1053—54. Aug. 1958. Ôsaka, Siritu-Daigaku. [Orig.: japan.]) E. Maekawa. 4010

Yûzi Takayama, *Massenspektrographische Untersuchung der thermischen Zersetzung von Polyvinylacetat. Polyvinylacetat* wurde 1—6 Min. bei 300—500° im Vakuum erhitzt. Im Zersetzungsprod. sind nach den Massenspektren H_2, CO, Äthylen, CO_2, Essigsäure, Bzl. u. Toluol enthalten, die Daten bei ca. 400° sind reproduzierbar. (J. chem. Soc. Japan, ind. Chem. Sect. [Kōgyō Kagaku Zassi] **61.** 1018—20. Aug. 1958. Tokyo, Mitubisi-Reiyon. [Orig.: japan.]) E. Maekawa. 4010

Yûzi Takayama, *Massenspektrographische Untersuchung der thermischen Zersetzung von Polyacrylonitril.* (Vgl. vorst. Ref.) *Polyacrylonitril* wurde 1—6 Min. bei 250—300° im Vakuum erhitzt. Die Zersetzungsprodd. enthalten auf Grund der Massenspektren monomeres, Methacrylonitril, HCN u. N_2. Unter ähnlichen Bedingungen wurden Mischpolymerisate aus *Acrylonitril* (I) u. *Vinylacetat* (II) zers., wobei der peak bei m/e = 53 für I u. der bei 60 für II charakterist. u. zur quantitativen Best. beider Komponenten geeignet sind. Das Polymere von II, das unter den gleichen Bedingungen das entsprechende Monomere liefert, ergibt als Zersetzungsprod. auch die um eine CH_2-Einheit größere Verb. (diese wird bei Styrol nicht gefunden), u. die Verb., in der die Vinyl- zur Äthylgruppe red. worden ist, jedoch wenig oder keine aromat. KW-stoffe. Die Bldg. von Toluol (III) aus Polystyrol beruht auf der oben erwähnten Red. des Monomeren. Bei Polyvinylverbb., die wenig oder kein Monomeres geben, wurde Bldg. von aromat. KW-stoffen, nämlich Bzl. u. III, beobachtet. (J. chem. Soc. Japan, ind. Chem. Sect. [Kōgyō Kagaku Zassi] **61.** 1021—23. Aug. 1958. [Orig.: japan.]) E. Maekawa. 4010

Hideo Nagao, *Einfluß der Wassermenge auf die Zusammensetzung der in Emulsion hergestellten Mischpolymerisate aus Acrylonitril und Vinylidenchlorid.* Der Einfl. der Menge an W. bei der Emulsionspolymerisation von wasserlösl. *Acrylonitril* (I) u. wasserunlösl. *Vinylidenchlorid* wurde experimentell untersucht. Ist in der Emulsion weniger als die — im Vgl. zum Monomerengemisch — 6fache Gewichtsmenge an W. vorhanden, ist die Zus. der Mischpolymerisate kaum abhängig von der Wassermenge. Liegt die Wassermenge jedoch höher, so steigt der %-Satz an I in den Polymerisaten kontinuierlich. Bei zu hohen Wassermengen erreicht der %-Satz an I einen konstanten Wert. Dies Ergebnis wurde theoret. diskutiert. (J. chem. Soc. Japan, ind. Chem. Sect. [Kōgyō Kagaku Zassi] **61.** 1030—33. Aug. 1958. Iwakuni, Teikoku-Zinken. [Orig.: japan.]) E. Maekawa. 4010

Hiroshi Sumitomo und **Yoshikazu Hachihama,** *Graft-Copolymerisation der Acrylsysteme durch Strahlung.* (Vgl. Sumitomo u. Hachihama, C. **1959.** 2486.) Gemische aus *Polyacrylonitril* (I)-Fasern, *Äthylacrylat* (II) u. Aceton wurden im Vakuum bei Zimmertemp. mit γ-Strahlen aus ^{60}Co bestrahlt u. dann das Polymere von II mit Methanol ausgezogen. I-Pulver oder I-Fasern können im Vakuum bestrahlt u. dann mit II im Dunkeln stehengelassen werden, wobei das II-Polymere auch mit Methanol ausgezogen werden muß. Die Prodd. bestehen in beiden Fällen nur aus Graft-Polymerisaten, zeigen im Vgl. mit gewöhnlichen I-Fasern bessere mechan. Eigg. u. werden leichter durch Suspensionsfarbstoffe gefärbt. Die Gesamtbestrahlungsmenge beträgt $1{,}4—4{,}9 \cdot 10^6$ rep. (J. chem. Soc. Japan, ind. Chem. Sect. [Kōgyō Kagaku Zassi] **61.** 1033—35. Aug. 1958. Ôsaka, Univ., Techn. Fak. [Orig.: japan.]) E. Maekawa. 4010

Hiroyoshi Kamogawa, *Zusammensetzung der aus Äthylacrylat und Acrylamid in Emulsion hergestellten Mischpolymerisate.* Die Zus. der aus *Äthylacrylat* (I) u. *Acrylamid* (II) in wss. Emulsion am Anfang der Polymerisation gebildeten Mischpolymerisate ist stark abhängig vom Monomerenverhältnis I/II. Die Monomerengemische, die II höchstens zu 20% enthalten, geben I-reiche (60—80%) Mischpolymerisate. Der %-Satz an II in den Polymerisaten nimmt jedoch mit zunehmendem Geh. an II in den Monomerengemischen sehr rasch zu, wenn dieser anfangs mehr als 30% beträgt. Die Polymerisation verläuft in diesem Fall mehr in der I-Schicht, in der die gebildeten Mischpolymerisate relativ gut lösl. sind, als in der Emulsion. Durch Zusatz von Aceton, niedrigermol. Alkoholen oder Dioxan können die gegenseitigen Löslichkeiten u. infolgedessen die Zus. der gebildeten Mischpolymerisate in weiten Grenzen reguliert werden. (J. chem. Soc., Japan, ind. Chem. Sect. [Kōgyō Kagaku Zassi] **61.** 1024—27. Aug. 1958. Yokohama, Sen'i-Kôgyôsikenzyo. [Orig.: japan.]) E. Maekawa. 4010

Hiroyoshi Kamogawa, *Emulsionspolymerisation von Äthylacrylat und Acrylamid bei Gegenwart von wasserlöslichen Komponenten.* (Vgl. vorst. Ref.) Der Zusatz von wasserlösl. hochmol. Verbb., wie *Polyvinylalkohol, Celluloseglykolsäure-Na-Salz* u. a. bei der Emulsionspolymerisation von *Äthylacrylat* u. *Acrylamid* hat wenig Einfl. auf die Zus. der am Anfang der Polymerisation gebildeten Mischpolymerisate, erhöht jedoch die Viscosität der Emulsion u. gibt ihr Beständigkeit gegen Koagulation. Beckamin P-613-40, ein Kondensationsprod. aus Harnstoff u. Formaldehyd, hat umgekehrte Wrkg. auf die Koagulation. Der Zusatz einer kleinen Menge *Polyacrylamid* (I) erhöht die Beständigkeit, zu viel I zeigt die umgekehrte Wirkung. (J. chem. Soc. Japan, ind. Chem. Sect. [Kōgyō Kagaku Zassi] **61.** 1027—30. Aug. 1958. [Orig.: japan.]) E. MAEKAWA. 4010

W. Griehl und **Günther Schnock,** *Zur Kinetik der Polyesterbildung durch Umesterung.* (Vgl. C. **1958.** 6423.) Nach eingehender Unters. der sogenannten Vorkondensation bei der *Polyäthylenterephthalat*-Bldg. bzgl. des Katalysatoreinfl., der Reaktionskinetik, des Einfl. der Säure u. Glykolkomponente wird die als Umesterung verlaufende Polyesterbldg. untersucht. Zur Best. der die Umesterungsgeschwindigkeit beeinflussenden Faktoren wurde *Terephthalsäuredimethylester* (I) *mit Äthylenglykol* (II) in Ggw. verschied. Metallsalze als Katalysatoren, wie $Cd(OOCCH_3)_2$, $Zn(OOCCH_3)_2$, $Pb(OOCCH_3)_2 \cdot 3\,H_2O$, $Co(OOCCH_3)_2 \cdot 4\,H_2O$, $Ba(OOCCH_3)_2 \cdot 3\,H_2O$, $Mg(OOCCH_3)_2 \cdot 4\,H_2O$, $Ba[Sn \cdot (OCH_2CH_2OH)_6]$, $NaOOCCH_3$ sowie H_2SO_4 u. p-Toluolsulfonsäure behandelt, wobei der theoret. Wert der abspaltbaren Methanolmenge prakt. schon nach $2^1/_2$ Std. erreicht wird, die von der Löslichkeit im Reaktionsmedium u. der angewandten Menge abhängige Wirksamkeit der Katalysatoren jedoch in der angegebenen Reihenfolge abnimmt. Hinsichtlich der Säure- wie der Alkoholkomponente nimmt I eine Sonderstellung ein. So verlief die Umesterung von I gegenüber Sebacinsäure- (III), Phthalsäure- u. Isophthalsäuredimethylester mit II in Ggw. von $5{,}0 \cdot 10^{-4}$ Mol $Pb(OOCCH_3)_2 \cdot 3\,H_2O$/Mol Ester bei 185° am besten, wobei die von III der Umesterung von I am nächsten kommt. Im Vgl. zu II verhalten sich andere Glykole oder Alkohole, wie Butandiol-(1.3), -(1.4), Benzyl- u. Octylalkohol beim Esteraustausch ähnlich. Dagegen übt die alkoh. Komponente verschied. Terephthalsäureester einen entscheidenden Einfl. auf die Umesterung aus, denn Terephthalsäurediäthyl-, -dipropyl-, -dibutyl- u. -dioctylester reagieren mit II äußerst langsam. Aus den Werten der Geschwindigkeitskonstanten bei verschied. Tempp. ergab sich eine Aktivierungsenergie der Umesterung von 9,5 kcal/Mol. Die Polykondensation des *Terephthalsäurediglykolesters* verläuft hinsichtlich der Katalysatorwirksamkeit ähnlich wie der Esteraustausch u. ist wie dieser eine Rk. 1. Ordnung. Zu ihrer Bestätigung wurde aus der Viscosität der im Verlauf der Polykondensation entnommenen Proben des *Polyäthylenterephthalats* der Polykondensationsgrad $\overline{P}_n$ nach der Gleichung $[\eta] = 1{,}17 \cdot 10^{-2} \cdot \overline{P}_n^{0{,}86}$ (Gültigkeitsbereich von $\overline{P}_n = 15—100$) ermittelt. Auf Grund des zeitlichen Verlaufs einiger bei verschied. Tempp. durchgeführter Kondensationen in Ggw. von $Zn(OOCCH_3)_2$ besteht Proportionalität zwischen der Zeit u. $\ln \overline{P}_n$. (J. Polymer Sci. **30.** 413—22. Juli 1958. Teltow-Seehof, Deutsche Akad. der Wiss. zu Berlin, Inst. für Faserstoff-Forschung.) G. SCHNOCK. 4010

D. A. Hall, P. F. Lloyd, H. Saxl und **F. Happey,** *Säugetiercellulose.* Aus frischer Rinderhaut wurden durch Behandlung mit Alkali, anschließende Digestion mit Kollagenase u. Elastase, Kochen mit 2%ig. Essigsäure u. Einw. gesätt. LiBr-Lsg. zur Entfernung von Keratinresten anisotrope Fibrillen erhalten, in deren Hydrolysaten neben Aminosäuren erhebliche Mengen Zucker nachgewiesen werden. Die Aminosäurezus. liegt zwischen der von *Kollagen* (I) u. *Elastin*; als Hauptkomponente der Zucker wurde *Glucose* (II) identifiziert neben geringen Pentose- u. Aminozuckeranteilen, letztere gegebenenfalls aus Mucopolysacchariden stammend. Die hohe II-Konz. zusammen mit dem Löslichkeitsverh. der intakten Fibrillen legen es nahe, daß das neben dem Protein vorhandene Polysaccharid Cellulose (III) bzw. ein verwandtes Polysaccharid darstellt. Das Vorhandensein von nativer III wird durch opt. Unterss., u. a. durch das Röntgendiagramm, bestätigt. Es scheint so, als ob sich unter bestimmten Bedingungen III auf der Oberfläche von I-Fibrillen abscheidet, anfänglich in Schraubenform, später in ähnlich gelagerter Schichtung, so daß eine Fibrille entsteht, deren Proteinkern vollständig mit anisotroper III bedeckt ist. Es wird auf die fundamentale biol. Bedeutung des Vork. von III im Säugetiergewebe hingewiesen, vor allem im Hinblick auf Entwicklungsgesichtspunkte u. als Impuls für die Theorie der Gewebealterung. (Nature [London] **181.** 470—72. 15/2. 1958. Leeds, Univ., Med. School, Nuffield Gerontolog. Res. Unit.) W. KÖNIGSDORF. 4050

B. Bernier, *Charakterisierung von aus Waldböden isolierten Polysacchariden.* Vf. isoliert aus 3 Waldhumus (**A**)- u. 2 Moorbodenproben (**B**) durch Extraktion mit einer an Toluol gesätt. Phosphatpufferlsg. ($^1/_{15}$ mol. Na_2HPO_4, $^1/_{15}$ mol. KH_2PO_4, 5% KCl, p_H 7,0), anschließende Dialyse gegen dest. W. (bei 4°) u. Fällung des Dialysats mit 5% Essigsäure enthaltendem A. je ein *Polysaccharid* (I), das nach Auflösen in W. u. Sättigen mit Toluol durch Entfärbung über Aktivkohle u. Behandlung mit $CdSO_4$ u. n-NaOH sowie Chlf. u. n-Essigsäure in Ggw. von Fullererde (zur Entfernung der Proteine) gereinigt wird. Die Ausbeute an I beträgt 0,17—0,39 g/kg trockener **A** {$[\alpha]_D^{20}$ —12 bis —19° (c = 1; W.); 0,41—0,60% N; 1,9—2,7% Asche} bzw. 0,10—0,11 g/kg **B** {$[\alpha]_D^{20}$ —7 bis —11°;

(c = 1; W.); 0,26—0,37% N; 1,8—2,1% Asche}. Die **I** geben keine Jodfärbung u. reduzieren Fehling-Lsg. nicht, zeigen aber positive Carbazol-Rk. auf *Uronsäuren*. Die Biuret-Rk. ist negativ; auch Anthronreagens liefert keine Färbung; Ketone u. Lävane sind also nicht vorhanden. Auf papierchromatograph. Wege (Butanol/Pyridin/W. = 10:3:3; Äthylacetat/Essigsäure/W. = 3:1:3; Reagens: p-Anisidinhydrochlorid u. Anilinphthalat) werden in **I**-Hydrolysaten *Glucuronsäure* (**II**), *Galaktose* (**III**), *Glucose* (**IV**), *Mannose* (**V**), *Arabinose* (**VI**), *Xylose* (**VII**), *Fucose* (**VIII**; fehlt in **I** aus b) u. *Rhamnose* (**IX**) gefunden. Durch Fällung von **I** in 0,5%ig. K-Acetatlsg. mit steigenden Alkoholkonzz. (50—84%) werden 3 Fraktionen erhalten, deren Uronsäuregehh. 7,4—7,7% u. $[\alpha]_D^{20}$ —16,9 bis —18,0° (c = 1; W.) betragen u. die bei Hydrolyse die gleichen Zucker liefern wie die unfraktionierten **I**. Die bei Papierelektrophorese in Borat- (0,01 mol. $Na_2B_4O_7$, 0,005 mol. H_3BO_3, p_H 9,05), Barbiturat- (p_H 8,6), Phosphat- (0,0326 mol. Na_2HPO_4, 0,0022 mol. KH_2PO_4, p_H 8,0) u. Acetatpuffer-Lsgg. (0,03 mol. Essigsäure, 0,07 mol. Na-Acetat, p_H 5,1) bei 12,5 V/cm u. auf papierchromatograph. Wege [35% Propanol in Phosphatpuffer (0,018 mol. Na_2HPO_4, 0,048 mol. KH_2PO_4, p_H 6,4)] erhaltenen Fraktionen zeigen die gleichen Wanderungsgeschwindigkeiten wie das ursprüngliche **I**-Präparat. Auch die Fraktionierung von acetylierten **I** in 1%ig. Chloroformlsg. mit Bzn. (Kp. 60—80°) ist nur sehr unvollständig, da die nach Entacetylierung u. Hydrolyse entwickelten Chromatogramme mit denen nicht fraktionierter **I** ident. sind. Nur in einigen **I**-Hydrolysaten (aus **A**) werden geringe Schwankungen des Geh. an Zuckerbestandteilen beobachtet, u. zwar treten in den ersten Fraktionen größere Mengen **IV** auf als in den letzten, während sich die **VI**-Konz. umgekehrt verhält u. **VIII** in den zuletzt abgeschiedenen Fällungen fehlt. Aus elektrophoret. Unterss. (0,5—2%ig. **I**-Lsgg. in Borat-, Phosphat- u. Acetatpuffer, 4,7 V/cm) geht hervor, daß die **I**-Präpp. stark polydispers sind u. aus wenigstens 3 Komponenten bestehen, die auch aus heterogenen **I** durch Behandlung mit Benedikt-Reagens in alkal. Lsg. mit nachfolgender Spaltung des gebildeten **I**-Cu-Komplexes (n-HCl) u. Fällung mit A. erhalten werden. Aus Messungen der Intrinsicviscosität u. Anwendung der Staudinger-Gleichung werden für **I** Mol.-Gewichte von 47—124·10³ (**A**-Böden) bzw. 10,3—12,4 (**B**-Böden) errechnet. Vorsichtige Hydrolyse (n-H_2SO_4, 97—100°, 1—7 Std.) spaltet die **I** in **IV**, **III** u. **V**, von denen **IV** als Hauptbestandteil vorkommt; ferner werden **VII** (Hauptmenge unter den Pentosen) u. **VI** (als Furanosid) sowie geringe Mengen **VIII** u. Spuren **IX** neben **II** (als Aldobiuronsäure; 3,0—7,7%) gefunden. Die IR-Spektren zeigen COOH-Gruppen (aus **II**-Resten) an. In einem hochmol. **I**-Präp. aus **A** fehlt **VI** u. in 2 **B**-**I** ist keine **VIII** nachweisbar. Die Ergebnisse zeigen, daß **I** aus **A** u. **B** komplexe Heterosaccharide darstellen, die in **B** infolge gesteigerter Aktivität der Mikroorganismen stärker abgebaut sind als in **A**. Neutrale Polysaccharide lassen sich aus Waldböden nicht isolieren. (Biochem. J. **70**. 590—98. Dez. 1958. Oxford, Univ., Dep. of Forestry.) P. Fahrnlaender. 4050

A. G. Ogston, *Nachtrag: Sedimentation mit der Ultrazentrifuge*. Vf. bestimmt die Sedimentationskoeffizienten einer *α-Polysaccharid* (**I**)-Fraktion aus Waldboden (Probe 2, vgl. vorst. Ref.) mit Hilfe der Ölturbinenultrazentrifuge von Svedberg bei 27—28° (900 U/sec). Die Messungen werden an gepufferten Lsgg. (0,1 mol. NaCl, 0,1 mol. Na-Acetat u. 0,04 mol. Essigsäure) durchgeführt u. die **I**-Konzz. auf refraktrometr. Wege ermittelt. Das Material zeigt eine einzige Sedimentationsgrenze, die infolge Polydispersität bei niedrigeren **I**-Konzz. flacher wird. Die Sedimentationskoeffizienten betragen 2,28 (1,6 g **I**/100 ml) bis 2,76·10¹³ (0,2), woraus sich durch Kombination dieser Werte mit denen der Intrinsicviscosität (4,16) ein Mol.-Gew. von 130·10³, ein hydrodynam. spezif. Vol. von 1,0 ml/g u. ein Axialverhältnis von 80 ergibt. Die Ergebnisse lassen vermuten, daß die **I**-Moll. längliche, wenig solvatisierte Stäbchen darstellen u. somit von der Mol.-Gestalt der *Dextrane* abweichen. (Biochem. J. **70**. 598—99. Dez. 1958. Oxford, Univ., Dep. of Biochem.) P. Fahrnlaender. 4050

Hirokazu Morita, *Differentielle thermische Analyse einiger Polyglucosane*. Die Thermogramme von 4 *Glykogenen* verschied. Herkunft (Kaninchen- u. Meerschweinchenleber, Schweinerundwurm u. Ascaris), 3 α- u. β-gebundenen *Polyglucosanen* (Constantinea Florideenstärke, Euglenaceae-Paramylon u. lösl. Laminarin) sowie von *Reisstärke* mit verschied. Feuchtigkeitsgeh. wurden durch Erhitzen (10° pro Min.) von 75 mg-Proben der untersuchten Prodd. aufgenommen. Die Kurven deuten auf strukturelle Unterschiede unter den Glykogenen, die bisher bei Methylierungen u. JO_4^--Oxydationen nicht beobachtet wurden. Die Ergebnisse werden in Hinblick auf die Konst. der untersuchten Prodd. u. — im Falle der Reisstärke — auf den Hydratations-Dehydratations-Prozeß diskutiert. (Analytic. Chem. **29**. 1095—97. Juli 1957. Ottawa, Canada, Canada Dep. of Agricultur, Chem. Div.) W. Bitterlich. 4050

W. Arber, E. Kellenberger und **L. Laszt**, *Morphologie von Leberglykogen. Glykogen* (**I**) ist ein aus mehreren tausend Glucosemolekülen aufgebautes Polysaccharid.

Unter dem Elektronenmikroskop beobachtete man bisher durch Oberflächenspannung stark abgeflachte Partikel. Vff. schalteten durch Gefriertrocknung die Oberflächenspannung aus u. bedampften ihre Präpp. mit UO_2 unter einem Beschattungswinkel von 25°. Es wurden wss. Lsgg. von **I** aus n. u. diabet. Ratten angewandt. Erstere lieferten zwei verschied. Fraktionen: a) *l*-**I** mit Sedimentationskonstanten S_{20} zwischen 103 u. 171, b) *s*-**I** mit S_{20} zwischen 700 u. 1060. Bei Anwendung der Gefriertrocknung beobachtet man unter dem Elektronenmikroskop annähernd kugelförmige *l*-**I**-Teilchen, die zur Aggregation neigen. Diese ist bei schwachen Konzz. ($2 \cdot 10^9$ Partikel/ml) gering. Die s-Fraktion liefert unregelmäßig geformte, gröbere Teilchen von wechselnder Größe (Größenordnung 100 mμ). Die Elektronenmikrographien zeigen den erwarteten (durch die verästelten Ketten bewirkten) lockeren Aufbau. Jedoch ist auf diese Weise wegen der therm. Bewegung ein Aufschluß über Art u. Weise der Verästelung nicht möglich. (Kolloid-Z. **150.** 123—27. Febr. 1957. Genf, Univ., Labor. de Biophys.; Freiburg (Schweiz), Univ., Inst. de Physiol.) S. Neue. 4050

—, *Ergebnisse des Studiums der Alginsäuren in der UdSSR.* (Chemie [Praha] **10.** 147—48. Febr. 1958. Ústí n. L.-Střekov, Průmyslová škola chemi.) H. Wejnar. 4050

H. Lenormant, A. Baudras und **E. R. Blout,** *Polypeptide.* 23. Mitt. *Reversible, durch Wasser ausgelöste Konfigurationsänderungen in Natriumpoly-α-L-glutamat.* (22. vgl. Blout u. Idelson, C. **1959.** 8578.) Die IR-Spektren von orientierten Filmen u. Lsgg. (in D_2O) von hochmol. *Poly-α-L-glutaminsäure* (**I**) u. deren *Na-Salz* (**II**) wurden zwischen 1300 u. 1800 cm^{-1} bei verschied. Feuchtigkeitsgehh. aufgenommen. **II** existiert in festem Zustand in 4 Formen: Unter 10%ig. relativer Luftfeuchtigkeit (rF.) *β'-Form*, bei ca. 60%ig. rF. *β''-Form*, bei ca. 90%ig. rF. *α''-Form*. Die *α'-Form* tritt wie β' nur bei geringer rF. auf. Sie kann nur unter solchen Bedingungen erhalten werden, unter denen eine Dehydratation $\alpha'' \rightarrow \beta''$ nicht erfolgen kann, z. B. durch Fällen von **II** aus seiner Lsg. mit absol. Äthanol. α'- u. α''-Form entsprechen jeweils der dehydratisierten bzw. hydratisierten α-Form. Analoges gilt für β' u. β''. Die Umwandlung $\alpha'' \rightleftharpoons \beta''$ erfolgt ohne merklichen Verlust der Orientierung, obwohl die der β''-Form bei hoher rF. instabil ist. In wss. Lsg. treten 3 Formen von **II** auf: Zwei, die der α- u. β-Form des festen **II** entsprechen, sowie eine solvatisierte (σ), vom Zufall abhängige Konfiguration. Feste **I** existiert in der α- oder β-Form bei allen rF-Graden. Die Feuchtigkeit hat also keinen Einfl. auf die Beständigkeit der Form von **I**, eine reversible Umwandlung wurde nicht beobachtet. Aus der Verschiebung der COOH-Bande von 1705 nach 1725 cm^{-1} bei Einw. von Dioxandampf auf den **I**-Film wird geschlossen, daß n. die COOH-Gruppen durch starke H-Brücken (vermutlich intramol.) miteinander verbunden sind. Ähnliche Änderungen der Spektren von **I** u. **II** treten in Ggw. von D_2O-Dampf auf. Bei D-**II** konnte die β'-, β''- u. α''-Form beobachtet werden. Da aber ein Spektr., das der deuterierten α'-Form entspricht, bei hoher rF. u. in wasserhaltigen Gelen auftritt, ist die Identifizierung der deuterierten α-Form unsicher. Die beobachteten reversiblen Konfigurationsänderungen von **II** in Abhängigkeit von der rF. entsprechen genau dem früher (vgl. C. **1958.** 2454) festgestellten Verh. von hochmol. Poly-L-lysinhydrochlorid. (J. Amer. chem. Soc. **80.** 6191—95. 5/12. 1958. Paris, Univ., Fac. des Sci., Labors. of Physiol. des Fonct.; Boston, Mass., Children's Cancer Res. Found.) B. Gnauck. 4070

W. W. Korschak, K. K. Mosgowa und **M. A. Schkolina,** *Über die Darstellung von geschichteten Copolymeren aus Polyamiden und Vinylmonomeren.* (Vgl. C. **1955.** 8171.) Wenn man Polyamide (PA) mit Ozon behandelt u. dann mit Vinylmonomeren (VM, Styrol, Methylmethacrylat) umsetzt, bildet sich auf der PA-Oberfläche eine Schicht von Copolymeren (CP). Mit zunehmender Dauer der O_3-Behandlung (>1 Std.) von *Polycaprolactam* (**I**) nehmen Zerreißfestigkeit u. -dehnung ab, bei kurzer O_3-Behandlung (10 bis 20 Min.) erhöht sich die mechan. Festigkeit. Die O_3-behandelten Proben setzen J_2 aus KJ-Lsg. frei. Nach O_3-Behandlung u. 5 std. Erhitzen sind die Festigkeitseigg. geringer. O_3-behandelter **I**-Film wird 5 Std. mit Styrol in N_2-Atmosphäre auf 80° erhitzt, durch 1 std. Kochen mit Bzl. gewaschen, dann mit kaltem Bzl. gespült. In ähnlicher Weise wird *Anid G-669* (**II**; aus ω-Caprolactam, Hexamethylendiammoniumadipinat u. -azelainat) behandelt. Die Ergebnisse sind bei **I** u. **II** analog. Die spezif. Viscosität von **I** u. **II** in Lsg. nimmt nach O_3-Behandlung mit deren Dauer steigend zu, noch mehr bei der anschließenden Polymerisation. Entsprechende CP werden auch mit Methylmethacrylat erhalten. Die aufpolymerisierte Schicht übersteigt nicht 20 Gew.-%. Die Benetzbarkeit durch A. wird vermindert. Das CP aus **II** verliert völlig seine Löslichkeit in A., u. auch die Löslichkeit in Kresol u. Formamid ist verändert. Es wird angenommen, daß bei Einw. von O_3 auf die PA zunächst Peroxydbldg. an deren NH-Gruppen u. bei der Umsetzung mit den VM Anlagerung eines VM-Mol. an diese Gruppen erfolgt. (Доклады Академии Наук СССР [Ber. Akad. Wiss. UdSSR] **122.** 609—11. 1/10. 1958. Inst. für metallorgan. Verbb. der Akad. der Wiss. der UdSSR.) R. K. Müller. 4010

M. Rothe, *Polymerhomologe Ringamide in Polycaprolactam.* 3. Mitt. *über cyclische Peptide.* (2. vgl. C. **1958.** 5642.) Bei der *Caprolactam* (**I**)-Polymerisation entstehen ca. 3% an niedermolekularen cycl. Oligomeren von **I**, über deren systemat. Bearbeitung zusammenfassend berichtet wird. Wegen ihrer sehr ähnlichen Eigg. u. schwierigen Identifizierbarkeit wurden zunächst authent. Präpp. der polymerhomologen Ringamide als Vergleichssubstanzen hergestellt. Es wurden mehrere Aminocapronsäurereste nach den Methoden der Peptidsynth. zu chromatograph. einheitlichen linearen Oligomeren miteinander verknüpft u. nach Überführung in geeignete Derivv. unter Anwendung des ZIEGLERschen Verdünnungsprinzips auf eindeutigem Wege cyclisiert. Der Ringschluß gelang dabei durch innermolekulare Aminolyse verschied. energiereicher Peptidester sowie neuartig mit Hilfe von Tetraäthylpyrophosphit u. durch Kondensation der Peptidchloride in Ggw. von tert. Amin. Zur Analyse von Polycaprolactamextrakten wurde mittels der so gewonnenen Testsubstanzen ein neues papyrograph. Verf. ausgearbeitet, das eine Trennung aller polymeranalogen Ringamide bis mindestens herauf zum Nonameren gestattet. Mit seiner Hilfe gelang der Nachw. von 5 neuen Ringoligomeren, nämlich des *cycl. Penta-* bis *Nonameren* von **I** in Polyamiden, die durch Polymerisation von **I** in Ggw. von W. oder auch von metall. Na unter Feuchtigkeitsausschluß gewonnen worden waren. Der Geh. des Polymerisats an Ringen sinkt mit steigender Gliederzahl von Dimeren zum Nonameren. Die präparative Auftrennung des Ringgemisches erfolgte nach 2 Methoden. Die Isolierung aller Ringsysteme von Diamid bis zum Pentamid in papyrograph. reiner Form gelang durch fraktionierte Kurzwegdest. im Hochvakuum u. fraktionierte Kristallisation; eine neue Meth. zur Isolierung auch der höheren Ringe besteht in der präparativen Papyrographie u. führte zur erstmaligen Gewinnung des *Hexa-* u. *Heptamids* aus Polymerisaten. Die Ringstruktur aller Verbb. folgt zwingend aus der Analyse der Abwesenheit von Endgruppen u. den übereinstimmenden physikal. Eigg. (Flüchtigkeit, Mol.-Gew.-Best., Röntgenspektr. u. Papyrographie) mit den synthet. erhaltenen Produkten. Alle Ringamide besitzen beträchtliche Stabilität beim Erhitzen unter Feuchtigkeitsausschluß. Auf H_2O-Zusatz tritt Polymerisation unter Bldg. von linearen u. cycl. Monomeren, Oligomeren u. Polymeren ein. Als mögliche Bildungsmechanismen werden ein Kondensationsgleichgewicht, eine reversible Abspaltung vom Kettenende eines Polyamids her sowie Umamidierung zwischen zwei parallelen Ketten diskutiert. (J. Polymer Sci. **30.** 227—38. Juli 1958. Halle, Inst. für Organ. Chem.) E. SCHRÖDER. 4070

W. Griehl und **H. Lückert,** *Kritische Betrachtungen zur Bestimmung der Uneinheitlichkeit von Polyamiden.* Das Problem der Mol.-Gew.-Best. u. Mol.-Gew.-Verteilung bei *Nylon 6.6* bzw. *Nylon 6* wird durch krit. Gegenüberstellung der Versuchsergebnisse verschied. Autoren (29 Literaturhinweise) erörtert. Die FLORY-SCHULZ-Theorie der Kettenlängenverteilung wird besprochen. Vff. haben nach der Zweiphasenmeth. im Lösungsm.-Fällungsm.-Syst. m-Kresol–Bzn. sowohl ein techn. mit Essigsäure stabilisiertes Prod., als auch unstabilisierte Polykondensate aus *ε-Caprolactam* in ca. 30 bzw. 60 Fraktionen zerlegt. Die erhaltenen integralen Verteilungskurven sowie die aus den Fraktionierergebnissen berechneten Werte für die Uneinheitlichkeit stimmen mit der FLORY-SCHULZ-Theorie überein. Trotz dieser Übereinstimmung kann die FLORY-SCHULZ-Verteilung mit Hilfe der Fraktionierungsmeth. experimentell nicht exakt bewiesen werden, da sich bei der Fraktionierung der Verlauf der Verteilungskurve im Bereich der niedrigstmol. Anteile nur sehr ungenau erfassen läßt. Einen wirklichen Beweis für die Richtigkeit der Theorie bringen Endgruppenbestimmungen u. Viscositätsmessungen an Fraktionen einerseits u. nichtfraktionierten Prodd. andererseits. Unter Berücksichtigung des Einfl. der bei der Extraktion mit W. entfernten kurzen Ketten, wird für das Verhältnis $\overline{M}_v$ zu $\overline{M}_n$ bei mittleren Mol.-Geww. fast genau der von der Theorie geforderte Wert von 1,82 erhalten. Es wird weiter an Nylon 6 festgestellt, daß auch bei langandauernder Kondensationszeit die Uneinheitlichkeit prakt. unverändert bleibt. Die experimentell gefundene Mol.-Gew.-Verteilungskurve eines 50 Std. bei 250° kondensierten Prod. ist mit der theoret. berechneten FLORY-Kurve innerhalb der Fehlermöglichkeiten identisch. (J. Polymer Sci. **30.** 399—412. Juli 1958. Teltow-Seehof, DDR, Deutsche Akad. der Wiss., Inst. für Faserstoff-Forschung.) M. KÖNIG. 4070

Takeshi Hashimoto, *Der photochemische Abbau von 6-Nylon.* 1. Mitt. Beim photochem. Abbau von *6-Nylon* tritt eine beträchtliche Erniedrigung des Mol.-Gew. zugleich mit einer Zunahme von wasserlösl. Substanzen (Monomeren u. Oligomeren) auf. Nylontaft wurde im Fadeometer verschieden lange bestrahlt. Der Geh. an wasserlösl. Substanzen wurde durch 4std. Extrahieren mit W. im Soxhletapp. festgestellt. Der Polymerisationsgrad $\overline{P}_n$ wurde aus der Grenzviscosität $[\eta]$ (gemessen in m-Kresol bei 25°) nach der Formel $\overline{P}_n = 127{,}4\ [\eta]^{1{,}435}$ berechnet. Der Betrag an wasserlösl. Material wächst annähernd proportional mit der Bestrahlungszeit, während $[\eta]$ zunächst schnell, dann langsamer abnimmt. Aus der Beziehung zwischen dem ersteren zu $\overline{P}_n$ ist zu schließen, daß die Molekülkette des Nylon 6 vom Licht statist. aufgespalten wird. Unter Berücksichtigung des Umstandes, daß die Probe bereits vor der Bestrahlung 0,7% wasserlösl. Bestandteile enthielt, ist die Übereinstimmung mit dem theoret. berechneten Ergebnis gut. (Bull. chem. Soc. Japan **30.** 950—52. Dez. 1957. Otsu, Shiga Prefecture, Res. Dep. Toyo Rayon Co., Ltd. [Orig.: engl.]) S. Neue. 4070

Charles W. Carr, *Untersuchungen über die Bindung kleiner Ionen in Proteinlösungen mit Hilfe von Membranelektroden.* 6. Mitt. *Die Bindung von Natrium- und Kaliumionen in Lösungen verschiedener Proteine.* (5. vgl. C. **1958.** 12416.) Die Unters. der Bindung von K u. Na an verschied. Proteine mit Hilfe von Potentialmessungen an elektronegativen Kollodiummembranen (oxydierte u. sulfonierte Polystyrol- u. Kollodiummembranen) ergab, daß bei p_H 7,5 viele derselben keine merkliche Wechselwrkg. mit diesen Ionen zeigen. *Pepsin, β-Lactoglobulin, Zein* u. 3 Plasmaproteinfraktionen (*α-, β-Globulin, Fibrinogen*) binden K u. Na. Die negativ geladenen Polyelektrolyte Polyacrylat u. Polygalakturonat zeigten ein starkes Bindungsvermögen. Als Indicator u. Maß der Kationenbindung diente die Aktivitätsabnahme des Ions in der Eiweißlösung. (Arch. Biochem. Biophysics **62.** 476—84. Juni 1956. Minneapolis, Minn., Univ. of Minnesota, Med. School, Dep. of Physiol. Chem.) K. Maier. 4070

Charles W. Carr und **Wendell P. Engelstad,** *Untersuchungen über die Bindung kleiner Ionen in Proteinlösungen mit Hilfe von Membranelektroden.* 7. Mitt. *Die Bindung der Alkalimetallionen in Lösungen von Phosphoproteinen.* (6. vgl. vorst. Ref.) Die Bindung von Alkaliionen an *Phosvitin* (I), *Casein* (II) u. ein nach dem Verf. von Lowndes (Biochem. J. **35.** [1941.] 315) hergestelltes II-*Phosphopeptid* (III) wurde als Funktion von p_H u. Kationenkonz. untersucht. Maximal wurden bei p_H 7,5 175, 18 bzw. 100 Mol Na/10^5 g I, II bzw. III gebunden. Die Bindung von Li war wenig stärker, die von K wenig schwächer. Vermutlich ist die Lokalisierung negativ geladener Gruppen innerhalb des II-Mol. für die Bindung der Alkaliionen verantwortlich. Die Aktivität der Alkalimetallionen wurde durch Potentialmessungen an elektronegativen Kollodiummembranen bestimmt. (Arch. Biochem. Biophysics **77.** 158—67. Sept. 1958.) K. Maier. 4070

G. Russell, *Die „Reinheit" von Gelatine als Protein.* Lsgg. von *Gelatine* (I) wurden an Säulen von Amberlite XE-97 chromatograph. adsorbiert u. durch Puffer-Lsgg. mit verschied. p_H-Werten eluiert. Während durch einen Puffer vom p_H 6,00 der überwiegende Teil der I leicht eluiert werden konnte, enthielt das bei p_H 5,50 gewonnene Eluat nur ca. 15% des Gesamtproteins, während der Rest der I erst durch anschließende, stärker bas. Elutionsmittel desorbiert wurde. Dieser bei p_H 5,50 zuerst eluierte Anteil wurde nach Hydrolyse papierchromatograph. untersucht, wobei festgestellt wurde, daß er in seinem Aminosäuregeh. nicht der I, sondern Albuminen ähnelt. Dadurch wurden die Befunde Baileys (C. **1958.** 10671) hinsichtlich der nichteinheitlichen Beschaffenheit der wichtigsten Proteine auch auf I ausgedehnt. (Nature [London] **181.** 102—03. 11/1. 1958. Brentwood, Ilford Ltd., Chem. Res. Labor.) E. Moisar. 4070

Jerome Cross, *Einfluß der Zeit auf die reversible Assoziation zwischen großen Molekülen: das Kollagensystem.* Elektrophoret. u. nach der Ultrazentrifuge „homogene", klare *Kollagen* (I)-Lsgg., gewonnen durch Extraktion von Kalbshaut mit 0,5 mol. Essigsäure u. dialysiert gegen Phosphatpuffer (p_H 7,6) bei physiol. ionaler Salzkonz., wurden auf 37° erwärmt u. die Wrkg. bei anschließender Abkühlung auf 2° auf die Undurchsichtigkeit des nach der Erwärmung schnell ausfallenden Gels in Abhängigkeit von unterschiedlicher Incubationszeit zwischen 10 Min. u. 48 Std. nach Erreichen des Undurchsichtigkeitsmaximums des Gels bei 37° untersucht. Die Undurchsichtigkeit in diesem Syst. stellt eine direkte Funktion des in 1 Std. zu 80000 g sedimentierbaren, ausgefallenen Proteins dar. Es zeigt sich, daß die Reversibilität hinsichtlich der Löslichkeit des I-Gels beim Abkühlen, gemessen am Rückgang der Undurchsichtigkeit, mit zunehmender Incubationszeit bei 37° abnimmt. Die steigende Irreversibilität mit zunehmender Incubation wird mit der Brownschen Bewegung in Zusammenhang gebracht, da sie den assoziierten Moll. gestattet, um so stabilere u. ster. günstige Verhältnisse für die Bldg. von intermolaren Querbindungen zu schaffen, je länger die Temperaturbehandlung dauert. Es liegt nahe, die mit der Incubationszeit zunehmende Assoziation zwischen biol. Hochpolymeren als einen Faktor für die altersmäßigen Veränderungen in Struktur u. Funktionen des Organismus anzusehen. (Nature [London] **181.** 556. 22/2. 1958. Boston, Mass., Gen. Hospital, Harvard Med. School, Dep. of Med.) W. Königsdorf. 4070

G. C. Wood, *Die Rekonstituierung von Elastin aus einem löslichen, von Rinderligamentum nuchae stammenden Protein.* Das nach Partidge u. Mitarbeitern (vgl. C. **1957.** 5327 u. früher) durch reversible Hitzekoazervation von *α-Elastin* (I)-Lsgg., die durch Behandlung von gereinigtem Rindernackenband-I mit 0,25 mol. Oxalsäure bei 100° hergestellt wurden, beim Abkühlen gewonnene Gel, wird, da es in seinen Eigg. denen von I ähnlich ist, als *rekonstituiertes Elastin* (II) bezeichnet. Vf. gewinnt II in einer für physikal. Messungen geeigneten Form durch 16 std. Erhitzen einer 0,6%ig. Lsg. von I in Acetatpuffer (p_H 5,0) der Ionenstärke 0,15 auf 55°. Das gewaschene u. getrocknete Gel besitzt hyperentroph. Thermoelastizität, ist unlösl. in wss. Salz-Lsgg. bei Zimmertemp. u. in W. bei 100° sowie in einer Anzahl nichtwss. Proteinlösungsmittel; das Röntgendiagramm zeigt diffuse Ringe bei 4,4 u. 9 Å. Anfärbung mit WEIGERTs Farbstoff erfolgt in ähnlicher Weise wie bei I, durch Elastase wird II gelöst. Während II in diesen Eigg. I ähnelt, unterscheidet es sich in nachstehenden Eigg.: nichtfibrillär, relativ niedriger YOUNG-Modul von ca. $5 \cdot 10^4$ dyn/cm², Löslichkeit in 1%ig. Essigsäure u. durch krist. Trypsin. Die Ergebnisse weisen auf die Möglichkeit hin, daß Elastin in vivo aus einem dem I ähnlichen lösl. Protein durch einen der Rekonstituierung ähnlichen Mechanismus gebildet wird. (Biochem. J. **68.** 21 P—22 P. März 1958. Leeds, Univ., Nuffield Gerontolog. Res. Unit, Dep. of Med.) W. KÖNIGSDORF. 4070

W. I. Jelissejewa und **Je. W. Kusmina,** *Mechanische Eigenschaften von Caseinfilmen.* Die Ggw. von Netzmitteln (Türkischrotöl) ändert wenig an der Asymmetrie u. den mechan. Eigg. der *Casein*-Moll., Weichmacher (Glycerin) erhöhen die Elastizität der Caseinfilme nur durch Erhöhung des Wassergehalts. Netzmittel u. Weichmacher zusammen erhöhen die Elastizität ein wenig. Mit der Zeit tritt in den Filmen eine Wanderung des Weichmachers ein, die Folge davon ist Brüchigwerden der Filme. Die Filme sind nur elast. in Ggw. von Feuchtigkeit, u. zwar ist die Elastizität direkt, die Festigkeit u. Wasserbeständigkeit umgekehrt proportional dem Wassergeh. des Films. Daher ist die Anwendung von Caseinfilmen nur auf fester Unterlage angebracht. (Журнал Прикладной Химии [J. angew. Chem.] **31.** 1245—51. Aug. 1958.) J. v. SCHROEDER. 4070

Keizoo Tsushima, *Beziehungen zwischen der Funktion der Hämproteine und strukturellen Änderungen ihres Proteinanteils.* 6. Mitt. *Untersuchungen der Umsetzungen von modifiziertem Methämoglobin mit Cyanid.* (5. vgl. J. Biochemistry [Tokyo] **43.** [1956.] 13; 4. vgl. C. **1958.** 2462.) Vf. untersucht spektrophotometr. die Rkk. von durch Zugabe von Benzoat (II) bzw. Na-Dodecylsulfat (III) zu *Methämoglobin* (I)-Lsgg. gebildeten I-*Parahämatin* mit KCN. Die quantitative Auswertung ergibt folgende Reaktionsschemata (Gl = Globin): in Ggw. von **II**: Gl-Fe (III)-Gl + CN^- → Gl—Fe(III)—CN + Gl; in Ggw. von **III**: Gl—Fe(III)—Gl + 2 CN^- → CN—Fe(III)—CN + 2 Gl. Der verschied. Reaktionsverlauf wird durch Unterschiede in der Beeinflussung der Fe-Globinbindung durch II u. III erklärt. (J. Biochemistry [Tokyo] **43.** 235—41. März 1950. Tokyo, Nippon Med. School, Biochem. Labor. [Orig.: engl.]) W. HABERDITZL. 4070

Akihiko Kajita, *Beziehungen zwischen der Funktion der Hämproteine und strukturellen Änderungen ihres Proteinanteils.* 7. Mitt. *SH-Gruppen von modifiziertem Methämoglobin.* (6. vgl. vorst. Ref.) Vf. bestimmt die Anzahl freier SH-Gruppen in nativem u. modifiziertem *Methämoglobin* (I), die durch Ferricyanid oxydiert werden, durch spektrophotometr. Titration des Ferricyanids. Bei nativem I wird 1 SH-Gruppe gefunden, in Ggw. von Na-Benzoat steigt die Anzahl freier SH-Gruppen bei einer Benzoatkonz. von 0,9 Mol/Liter bis zu maximal 3 an. Die Freisetzung von SH-Gruppen geht parallel mit der Bldg. von I-*Parahämatin.* (J. Biochemistry [Tokyo] **43.** 243—50. März 1956. [Orig.: engl.]) W. HABERDITZL. 4070

Keizoo Tsushima, *Beziehungen zwischen der Funktion der Hämproteine und strukturellen Änderungen ihres Proteinanteils.* 8. Mitt. *Untersuchungen der Reaktion von Methämoglobin mit Formaldehyd.* (7. vgl. vorst. Ref.) Vf. untersucht die Änderungen der Absorptionsspektren von *Methämoglobin* (I) bei verschied. p_H u. in Ggw. von F^- u. N_3^-, wenn Formaldehyd (II) in verschied. Konzz. zugegeben wird. Die Bldg. von I-F- u. I-N_3-Komplexen wird durch die Ggw. von II reversibel zurückgedrängt. Die Gleichgewichte folgen den Gleichungen: I-N_3 + 2 HCHO $\rightleftarrows$ I-$(HCHO)_2$ + N_3^-, I-F + 2 HCHO $\rightleftarrows$ I-$(HCHO)_2$ + F^-. Die pK-Werte der I-N_3-Bldg. nehmen im p_H-Bereich von 5,0—7,0 in Ggw. von II linear mit steigendem p_H ab. Das Absorptionsspektr. von I wird durch die Ggw. von II nur im alkal. Bereich (p_H 9,2) verändert. Vf. nimmt an, daß die II-Bindung der Imidazolgruppen in unmittelbarer Nachbarschaft der prosthet. Gruppe vor sich geht. (J. Biochemistry [Tokyo] **43.** 509—22. Juli 1956. [Orig.: engl.]) W. HABERDITZL. 4070

E. Biologische Chemie. Physiologie. Medizin.

E_1. Allgemeine Biologie und Biochemie.

W. Zillig und **H. Hölzel,** *Ein einfacher Vibrationshomogenisator für den Aufschluß von Mikroorganismen und die Zerkleinerung von Einzelpartikeln in Suspension oder trockenem Zustand.* Beschreibung eines Gerätes (E. BÜHLER, Tübingen), mit dem Mikroorganismen, Gewebekulturzellen u. Partikel verschied. Art in Suspension oder in trockenem Zustand durch Vibration mit Glasperlen bei ca. 50 Hz homogenisiert bzw. zerkleinert werden können. (Hoppe-Seyler's Z. physiol. Chem. **312.** 140—43. 30/9. 1958. München, Max-Planck-Inst. für Biochem.) F. KRUSEN. 4100

J. Doroszewski, *Biologische Isotopenlaboratorien in der Tschechoslowakei.* Übersicht. (Nukleonika [Warszawa] **3.** 335—41. 1958. [Orig.: poln.]) F. URBAN. 4100

F. Kaudewitz, W. Vielmetter und **H. Friedrich-Freksa,** *Mutagene Wirkung des Zerfalles von radioaktivem Phosphor nach Einbau in Zellen von Escherichia coli.* Werden Zellen von *Escherichia coli* mit $^{32}PO_4^{3-}$ incubiert u. nach Einbau des ^{32}P unter fl. N_2 aufbewahrt, so sterben Zellen ab. Zwischen dem relativen Betrag der überlebenden Zellen u. der Zerfallskonstante von ^{32}P besteht eine mathemat. Beziehung. Außerdem wird die Rate der gegenüber verschied. Nährstoffen auxotrophen Mutanten stark erhöht. Die Zahl der Mutanten steigt mit zunehmendem ^{32}P-Zerfall linear an. Beide Effekte sind nur durch Zerfall des in die Zellen eingebauten ^{32}P bedingt u. nicht durch das Einfrieren, Verunreinigungen der Phosphatlsg. oder Ionisierung durch β-Strahlen veranlaßt. (Z. Naturforsch. **13 b.** 793—802. Dez. 1958. Tübingen, Max-Planck-Inst. für Virusforsch.) S. DITTMANN-MITZSCHERLICH. 4130

N. M. Schwartz und **B. S. Strauss,** *Die Wirkung von Tryptophananalogen auf die Rückbildung eines tryptophanbedürftigen Escherichia coli-Stammes.* Die durch UV-Bestrahlung bewirkte Mutation eines Colistammes, der dann *Tryptophan* (**I**) für seine *Protein* (**II**)-Synth. benötigt, bleibt nur dann konstant, wenn ihm für seinen **II**-Aufbau **I** oder *5-Methyltryptophan* zur Verfügung steht. Die Mutation wird aber rückgängig gemacht, wenn dem bestrahlten Colistamm ein **I**-freies Aminosäurengemisch, auch wenn es *Tryptazan* enthält, angeboten wird. (Nature [London] **182.** 888. 27/9. 1958. Syrakus, N. Y., Univ., Zool. Inst.) E. FISCHOEDER. 4130

William J. Thomas, Donald W. Ziegler, Saul A. Schepartz und **William F. McLimans,** *Die Verwendung von Arginin zur Ausschaltung eines Mediumwechsels bei Gewebekulturen.* Submerskulturzellen des L-Stammes von EARLE wurden in „Spinner-Kulturen" gezüchtet. Im gewöhnlichen modifizierten EAGLE-Medium sinkt die Zellenzahl vom 4. Tag an rasch ab. Am 6. Tag sind 98% der Zellen lebend, am 11. Tage nur noch 30%. Bei Zugabe von 21 γ *L-Arginin* (**I**) pro ml vermehren sich die Zellen bis zum 4. bis 5. Tag, u. am 11. Tag sind über 90% lebend. Zugabe von 42 γ **I**/ml verlängert die Vermehrungszeit bis zum 8. bis 9. Tag u. erhöht den Teil der am 11. Tag noch lebenden Zellen auf über 95%. Infolge der längeren Vermehrungszeit steigt auch die Zellkonz. an. Zugabe von 84 bzw. 336 γ **I**/ml wirkt nicht giftig, verursacht aber nur einen rascheren Beginn der Vermehrung, ohne daß die hohe Zellenzahl wie bei 42 γ **I**/ml erreicht wird. (Science [Washington] **127.** 591—92. 14/3. 1958. Philadelphia, Pa., Univ. of Pennsylvania, Wistar Inst. of Anatom. and Biol.) J. DITTMANN. 4150

Clifford V. Harding und **Carl Feldherr,** *Semipermeabilität der Zellkernmembran.* Vff. untersuchen die osmot. Eigg. des Zellkerns durch Mikroinjektion von *Polyvinylpyrrolidon* (**I**)- bzw. Rinderserum-*Albumin* (**II**)-Lsgg. in das Zellplasma unpigmentierter Oocyten von *Rana pipiens.* Es werden KCl- u. NaCl-Lsgg. der Polymeren verwandt. Eine Injektion von 0,5% **I** mit dem Mol.-Gew. von 40000 verursacht eine bedeutende Volumenzunahme des Zellkerns, eine 2,0 oder 4,0%ig. Lsg. dagegen eine starke Abnahme. Die isoton. **I**-Konz. liegt bei 1—1,5%, da hier der Effekt auf das Zellkernvol. nur sehr gering ist. Eine 1,96%ig. **II**-Lsg. verändert das Zellkernvol. nur wenig, eine doppelt so starke verringert es erheblich. Vff. nehmen an, daß das Vol. des Zellkerns vom kolloidalen osmot. Druck des Zellplasmas abhängig ist. Moleküle mit dem Mol.-Gew. von 40000 u. höher können die Zellkernmembran der intakten Oocyte nicht frei durchdringen, u. es wird angenommen, daß akt. Prozesse beim Durchdringen von gewissen großen Moll. durch die Zellkernmembran eine Rolle spielen. (Nature [London] **182.** 676—77. 6/9. 1958. Philadelphia, Pa., Univ. of Pennsylvania, Zool. Labor., Div. of Biol.) M. KÖNIG. 4150

Per-Åke Albertsson, *Partikelfraktionierung in flüssigen Zweiphasensystemen. Die Zusammensetzung einiger Phasensysteme und das Verhalten einiger Modellpartikel in diesen. Anwendung auf die Isolierung von Zellwänden aus Mikroorganismen.* Nach Diskussion der Verwendbarkeit fl. 2-Phasensysteme zur Fraktionierung von Partikeln von Zelldimension wird die Zus. einiger mit 1 oder 2 in W. lösl. Polymeren (z. B. Dextran, Polyäthylenglykol (**I**), Methoxypolyäthylenglykol, Polypropylenglykol, Polyvinylpyrrolidon, Polyvinylalkohol, Methylcellulose, Äthylhydroxyäthylcellulose) als Komponenten beschrieben. Die Phasensysteme Phosphat-**I** u. Dextran-**I** dienten zur Isolierung von *Chlorella-* u. *Aerobacter-*Zellwänden. (Biochim. biophysica Acta [Amsterdam] **27.** 378—95. Febr. 1958. Uppsala, Univ., Inst. of Biochem.) K. MAIER. 4150

P. E. Hughes, *Untersuchungen über die intracelluläre Verteilung der proteingebundenen Aminoazofarbstoffe in Rattenleber.* Ratten mit dem Gewicht von 150—200 mg wurden mit folgendem Basalmedium gefüttert: Casein 200 mg, Saccharose 710 mg, Salzgemisch 40 mg, Maisöl 50 ml, Heilbuttenöl 2 ml, α-Tocopherol 0,1 ml, Aneurin–HCl 5,0 mg, Ca-Pantothenat 10 mg, Nicotinamid 10 mg, Folsäure 0,5 mg, 2 Methyl-1.4-naphthochinon 1,0 mg, Pyridoxin–HCl 2,5 mg, p-Aminobenzoesäure 100 mg, Inosit 500 mg, Cholin 30 mg u. Vitamin B_{12} 30 mg. Zu dieser Nahrung gelangten als Aminoazoverbb. 0,06% *4-Dimethylaminoazobenzol* (I) bzw. *3'-Methyl-4-dimethylaminoazobenzol* (II). Die Unterss. über die Verteilung der gebundenen Proteine erfolgte mit dem Spektralphotometer bei 520 mμ. Hierbei konnte Vf. einen Verlust der Gesamtproteine bei Zugabe von I oder II in der Rattenleber feststellen, wobei die nucleare Fraktion im Gegensatz zur großen Granulafraktion einen Anstieg des Proteingeh. zeigte. Die proteingebundenen Verbb. konnte Vf. in allen von ihm angefertigten Fraktionen (Kernfraktion, 2 Partikelfraktionen, Überstand) finden. (Austral. J. exp. Biol. med. Sci. **35.** 173—77. April 1957. Melbourne, Univ., Dep. of Path.) H. DÖLLE. 4150

Paul O. P. Ts'o, James Bonner und **Howard Dintzis,** *Über die Ähnlichkeit der Aminosäurenzusammensetzung von Mikrosom-Nucleoproteinteilchen.* Nucleoproteinteilchen von Mikrosomen aus Erbsensämlingen u. Kaninchenreticulocyten besitzen ein Mol.-Gew. von ca. 4 Millionen. Das Verhältnis *Ribonucleinsäure*/Protein beträgt 4:6 bzw. 4,5:5,5. Nach Ultrazentrifugation zeigt sich, daß 90% jeweilig aus einer Komponente mit 80 S bzw. 78 S bestehen. Die Analyse zeigt, daß für beide Nucleoproteine eine annähernd gleiche Aminosäurenzus. angegeben werden kann. Ähnliche Werte liegen für eine Reihe anderer Organismen vor. Die hohe Übereinstimmung in der quantitativen Zus. läßt vermuten, daß die Teilchen auch eine ähnliche Struktur u. Funktion haben. Lediglich die Nucleoproteine einiger Pflanzenviren weisen eine völlig abweichende Aminosäurenzus. auf. (Arch. Biochem. Biophysics **76.** 225—27. Juli 1958. Pasadena, Calif., Inst. of Technol., Div. of Biol., Div. of Chem. and Chem. Engineering.) L. TRÄGER. 4150

D. Van De Kerckhove, *Der Desoxyribonucleinsäuregehalt des Keimbläschens der primären Eizelle des Kaninchens.* Bei 107 Eizellen des Kaninchens wurde histophotometr. ein *Desoxyribonucleinsäure* (I)-Geh. von 2400 ± 50,2 relativen Einheiten ermittelt. Der I-Geh. von Samenzellen beträgt 2393 ± 26,8. (Nature [London] **183.** 329. 31/1. 1959. Ghent, Univ. ,Belgian Centre of Normal and Pathological Growth, Dep. of Normal and Comparative Anatomy.) S. DITTMANN-MITZSCHERLICH. 4150

M. Earl Balis, Kumud D. Samarth, Mary G. Hamilton und **Mary L. Petermann,** *Die Rolle der Ribonucleoproteinpartikel bei der Proteinsynthese und die Wirkungen von Wachstumshormonen.* Vff. untersuchten den in vivo-Einbau von *$^{14}C_{(1)}$-Glycin, ^{35}S-L-Methionin* u. *$^{14}C_{(8)}$-Adenin* in die Ribonucleoproteinpartikel (Rp) der Rattenlebermikrosomen sowie in die Proteine des Überstands (lösl. Leberproteine u. Lipoproteine der Mikrosomen) u. in die Serumproteine sowohl in Ggw. als auch in Abwesenheit von Rinderwachstumshormon (I). Die Rp erreichten ihre maximale Aktivität bedeutend früher, als die Nucleinsäurepurine. I bewirkte eine Beschleunigung der Rp-Markierung, während die entsprechende Aktivitätszunahme der Nucleinsäurepurine nicht im gleichen Ausmaße erfolgte. Vff. schließen daraus, daß die Synth. des Gesamtproteins u. die der Nucleinsäuren der Rp nicht notwendigerweise gleichzeitig erfolgt. Es konnte eine deutliche Wrkg. von I auf die Synth. von Serin beobachtet werden. (J. biol. Chemistry **233.** 1152—55. Nov. 1958. New York, N. Y., Cornell Univ., Med. Coll., Sloan-Kettering Div.)
E. SCHWERDTFEGER. 4150

Fu-Chuan Chao, *Dissoziation von makromolekularem Heferibonucleoprotein.* Vf. untersuchte mittels Ultrazentrifuge die Dissoziation des aus Bäckerhefezellen isolierten *Ribonucleoproteins* (I) durch Phosphat, Citrat, Äthylendiamintetraessigsäure (II) u. alkal. p_H. Das native I besitzt einen Sedimentationskoeff. von 80 S u. ist in Ggw. von 0,001 mol. $MgSO_4$ bzw. $CaCl_2$ stabil. In 0,01 mol. KH_2PO_4—K_2HPO_4 (1:4) erfolgt in Abwesenheit von $MgSO_4$ eine Dissoziation in 2 Komponenten (60 S u. 40 S). Bei Zusatz von 0,001 mol. $MgSO_4$ bzw. $CaCl_2$ zu 0,002 mol. KH_2PO_4-K_2HPO_4-Lsg. (1:4) erfolgt eine Rekombination der beiden Komponenten. Mg^{2+} bzw. Ca^{2+} können nicht durch Be^{2+}, Sr^{2+} oder Ba^{2+} ersetzt werden. In 0,001 mol. Citrat, 0,001 mol. II-Lsg., 0,1 mol. Phosphat oder bei p_H 9,7 erfolgt eine irreversible Dissoziation von I. (Arch. Biochem. Biophysics **70.** 426—31. Aug. 1957. Stanford, Calif., Univ., Dep. of Chem.) E. SCHWERDTFEGER. 4150

K. S. Kirby, *Herstellung einiger Desoxyribonucleinsäure–Protein-Komplexe aus Rattenleberhomogenisaten.* Homogenisierte Leber aus Ratten wird mit einer 90%ig. wss. Lsg. von Phenol versetzt u. 40 Min. gerührt. Die Mischung wird bei 0° zentrifugiert u. die wss. Schicht vom Phenol abgetrennt. Zur wss. Schicht wird Na-Acetat u. ein gleiches Vol. 2-Äthoxyäthanol zur Fällung von *Desoxyribonucleinsäure* (I) zugesetzt. Die proteinhaltige I wird abzentrifugiert u. zur weiteren Reinigung mit Ribonuclease u. 1,25 mol.

wss. Phosphatlsg. behandelt. Man erhält 160—220 mg I aus 100 g Rattenleber. Auf gleiche Weise werden weitere I-Extraktionen in Ggw. von 90%ig. wss. Phenollsg. u. einer Reihe von organ. u. anorgan. Salzen durchgeführt. In Ggw. von Na-p-Aminosalicylat oder Diäthyldithiocarbamat wird I nahezu proteinfrei erhalten. Nach Extraktion mit Na-Benzoat enthält I zwischen 30—50% Protein. Wird proteinfreies I in Ggw. von Leberhomogenisat mit Na-Benzoat extrahiert, so nimmt I kein Protein auf. Durch NaF oder NaN_3 wird eine gleich proteinhaltige I extrahiert. Die Protein-I-Komplexe sind in W. oder 0,1 mol. wss. NaCl-Lsg. löslich. Die verschied. Beobachtungen wurden auf die Fähigkeit der Salze zurückgeführt, mit Proteinen zu reagieren. Die Ergebnisse lassen sich nicht auf I aus anderen Geweben oder Organismen übertragen. (Biochem. J. **70.** 260—65. Okt. 1958. London, Chester Beatty Res. Inst., Inst. of Cancer Res., Royal Cancer Hosp.) L. TRÄGER. 4150

Paolo Cerletti und **Noris Siliprandi,** *Reines kristallines Flavinadenindinucleotid.* Aus 5 kg Bäckerhefe wird Flavinadenindinucleotid (I) als rohes Silbersalz gefällt. I wird in 100 ml W. resuspendiert, mit wenig gesätt. wss. KCl-Lsg. aufgelöst, mit 1 mol. HNO_3 auf p_H 3 gebracht u. zentrifugiert. Der Nd. wird 3mal mit je 5 ml W. gewaschen u. die Waschwässer mit dem dekantierten Überstehenden vereinigt. Diese 115 ml Lsg. werden mit festen $NaHCO_3$ auf p_H 4,9 eingestellt, im Vakuum bei 30° auf 35 ml eingeengt u. durch Säulenelektrophorese im Dunkeln aufgetrennt. I läßt sich so von Flavinmononucleotiden u. Verunreinigungen klar trennen. Die I-Fraktion wird bei 32° im Vakuum auf 10 ml eingeengt, auf den Ionenaustauscher Amberlite IRC-50, H^+-Form, gebracht, mit W. eluiert. u. durch seine Extinktion bei 450 mμ identifiziert. Ausbeute 12,8 mg I. Angaben über die Stabilität von I werden gemacht. Absorptions- u. Fluorescenzspektr. von reinem I sind angegeben. (Arch. Biochem. Biophysics **76.** 214—24. Juli 1958. Rom, Univ., Inst. of Biol. Chem., National Res. Council Unit on Enzyme Studies.) L. TRÄGER. 4150

S. R. Pelc und **P. B. Gahan,** *Einbau von markiertem Thymidin in die Keimdrüsenbläschen der Maus.* Zur Klärung der Rolle von tier. *Desoxyribonucleinsäure* (I) bei der Entw. der Keimzellen injizierten die Vff. Mäusen *^{3}H-Thymidin* (II), das als spezif. I-Vorläufer gilt. Nach 1—7 Tagen wurden die Tiere getötet u. die Keimdrüsen bzw. der Oesophagus herausseziert. Das Gewebe wurde präpariert u. 5—6 μ dicke Schnitte hergestellt, die autoradiographiert u. nach FEULGEN angefärbt wurden. Keimdrüsengewebe enthielt $4{,}4 \pm 0{,}9$% markierte Nuclei, Oesophagusgewebe 18%. Aus der Zellteilungsgeschwindigkeit in den Keimdrüsen (ca. 160 Zellteilungen/100000 Zellen pro Tag) kann man jedoch berechnen, daß der II-Einbau ca. 40mal größer ist, als es der Proliferationsgeschwindigkeit entspräche. Vff. vermuten, daß I in einigen Organen der Ratte täglich zu ca. 1% erneuert wird, überwiegend am Stoffwechsel beteiligt u. daher ihre genet. Spezifität zweifelhaft ist. (Nature [London] **183.** 335—36. 31/1. 1959. London, Med. Res. Council, Biophys. Res. Unit Kings Coll.) H. BÜTTNER. 4150

W. G. Verly, G. Hunebelle und **H. Firket,** *Die Darstellung von ^{3}H-Thymidin für die Biosynthese des ADN mit der Technik der Autoradiographie.* *^{3}H-Thymidin* (I) wird durch Austausch-Rk. mit tritiiertem W. in Ggw. von ADAMS-Katalysator (24 Std., 100°) dargestellt. Durch anschließendes Erhitzen in NaOH wird labiles ^{3}H entfernt u. aus dem nach Ansäuern erhaltenen Trockenrückstand I mit kochendem Butanol extrahiert; Entfärbung mittels Aktivkohle. Es hat eine Aktivität von 14,9 mC/mMol u. ist nur in der Thyminkomponente markiert. — Es werden die Vorteile von I gegenüber ^{14}C-Thymidin herausgestellt. (Arch. int. Physiol. Biochim. **66.** 130—31. Febr. 1958. Liège, Univ., Inst. d'Histol., Labor. des Isotopes.) H. STRUCK. 4150

F. Windisch, E. Herfurt und **G. Rühle,** *Blockierung des Phosphatwechsels zwischen Substrat und Zellplasma durch 2.4-Dinitrophenol sowie die dabei auftretenden morphologischen Anomalien.* Untergärige Hefe, Rasse U, wurde in n. bzw. in Phosphatmangelsubstrat gezüchtet. Die n. u. die an Phosphat verarmte Hefe kamen dann in Malzwürze mit verschied. p_H-Werten zwischen 4,8 u. 7,1 u. $^1/_{700}$mol. *2.4-Dinitrophenol* (I). I hemmte die Vermehrung beider Hefesorten bei niederem p_H völlig, bei höherem p_H stark. Die Gärung wird durch I kaum beeinträchtigt. Die Phosphatmangelzellen nehmen, bezogen auf 1 ml Substrat, mehr Phosphat auf als die n. Zellen. Dies gilt auch, ausgenommen beim p_H 4,8, bei Anwesenheit von I; jedoch ist die Phosphataufnahme in diesem Fall stark gehemmt. — Morpholog. verändern sich die Hefezellen bei I-Einw. in folgendem: Bei kürzerer I-Einw. entstehen knospige Auswüchse, die bei längerer Einw. so zunehmen, daß die, überdies verkleinerte, Mutterzelle nicht mehr zu erkennen ist. (Z. Naturforsch. **10b.** 254—57. Mai 1955. Berlin, Dtsch. Akad. der Wiss., Inst. für Med. u. Biol., Abt. Krebsforschung/Mikrobiol.) S. DITTMANN-MITZSCHERLICH. 4150

F. Windisch, H. Haehn, W. Nordheim und **W. Heumann,** *Nachweis der Beteiligung von elektronenübertragenden Cofaktoren am Prozeß der anoxygenen Energiebildung.*

Trotz unbeeinträchtigt verlaufender Gärung ($Q^{N_2}_{CO_2}$ ca. 200—300) können Wein- u. Kulturhefen sich im anabiot. Stadium nicht vermehren u. können — auch im P-Hungerzustand — nicht von außen Phosphat aufnehmen, gewinnen aber diese Fähigkeiten zurück, wenn sie in O_2-freie Dekokte aus Mikroorganismen, Organ- oder Krebsgeweben eingesät werden (vgl. WINDISCH u. Mitarbeiter, C. **1959.** 2162). Wird dies mit (mittels $Na_2S_2O_4$) reduziertem Zellkochsaft durchgeführt, so erfahren n. Zellen von *Saccharomyces cerevisiae* einen 62fachen Zuwachs an Zellen, im anabiot. Zustand dagegen keinen Zuwachs; bei unreduziertem Kochsaft wird ein 46facher Zellzuwachs gefunden; dabei war $Na_2S_2O_4$ so bemessen, daß bei Methylenblauprobe nur ein geringer Überschuß nachweisbar war. Bei Red. bleibt im Gegensatz zum unreduzierten Zustand jeder generative Effekt aus. Hieraus u. aus der Tatsache, daß sich durch Belüften ein Zellzuwachs bis nahe an die Grenze der Endvermehrung (50—60000 Zellen/mm^3) erreichen läßt, geht hervor, daß das $Na_2S_2O_4$ an sich die Zellvermehrung nicht hemmt. Die vollständige Paralysierung der anoxygenen Energiewrkg., wenn Anabiosezellen in reduzierte statt in unbehandelte Kochsaft/Malzwürzegemische eingeimpft werden, zeigt, daß bei der nichtglykolyt. anoxygenen Energiebldg. ein Redox-Enzymvorgang u. demzufolge ein Eingreifen von elektronenübertragenden Cofaktoren (I) vorliegt. Einzelne I, „die einer bestimmten Stoffklasse angehören", wurden bereits erkannt, werden aber nicht näher beschrieben. (Naturwissenschaften **45.** 190—91. 2. April-H. 1958. Berlin, Dtsch. Akad. der Wiss., Inst. für Med. u. Biol., Zellphysiolog. Abt.; u. Charité, Univ.-Hautklinik.) A. HESSE. 4150

Guy Deysson und **René Truhaut,** *Der Einfluß der Glucosidierung auf die radiomimetische Wirksamkeit. Ein Vergleich von Hydrochinon mit seinem Glucosid, dem Arbutosid.* Vff. stellten fest, daß *Arbutosid* (I) ebenso wie *Hydrochinon* (II) radiomimet., d. h. chromatoklast. wirkt (Unterss. an Wurzelspitzen von Allium sativum L.); jedoch ist die Wirkungsintensität von I ca. 4fach geringer als die von II. Diese Tatsache zeigt, daß die glucosid. Bindung Toxizität u. Effektivität von II herabsetzt, nicht aber den Einfl. auf die Chromosomen unterbindet. (C. R. Séances Soc. Biol. Filiales **151.** 1719—22. 1957, herausgeg. 20/5. 1958.) HEINRICH HERMANN. 4150

Camille Izard und **Henri Hitier,** *Wirkung von Dihydrostreptomycinsulfat und Framycetinsulfat auf die Zellteilungen und das Chondriom von Allium cepa L.* Die Zwiebelwurzeln von Allium cepa L. wurden 4 Std. lang in akt. Lsgg. von *Dihydrostreptomycin* (I) u. *Framycetin* (II) eingelegt (Konzz. 10^{-2}, 10^{-3}, 10^{-4}, 10^{-5} oder 10^{-6}) u. hierauf in reines W. von 22° gebracht. Dabei wurde durch Längenmessung der Wurzeln festgestellt, daß I in stärkeren Konzz. (10^{-2} bis 10^{-4}) während der ersten 24 Std. das Wurzelwachstum hemmt. Man findet am Ende der Behandlung wenige Zellen in Teilung, die Chromosomen sind kontrahiert oder agglutiniert, es bilden sich einfache oder doppelte Chromosomenbrücken mit oder ohne Fragmentation. Zuweilen sind die Chromosomen durch sehr dünne Pseudochiasmen verbunden. Selten zeigen sich Bilder von Stathmokinese. 3 Tage nach der Behandlung treten die Zellteilungen wieder auf. Mit Konzz. von 10^{-4} bis 10^{-6} behandelte Gruppen zeigten keine schwere Anomalie des Kerncyclus. II verhält sich gegenüber dem Wurzelwachstum wie I, scheint jedoch etwas toxischer zu sein. Unterss. bzgl. Chondrion u. Plasten wurden in vivo auf der Epidermis der Wurzel durchgeführt, wobei I u. II in einer Konz. von 10^{-2} angewandt wurden. Ihre Wrkg. erinnert an die von verd. Essigsäure (Cyclose zu Beginn der Verss. vermindert Aushöhlungen im Cytoplasma, Hypertrophie der Leukoplasten, Bläschenbldg. in den Mitochondrien u. Auftreten von zusammengesetzten Chondriokonten). Die Wiederbelebungsverss. durch W. zeigten, daß die Rückkehr der Chondriome zum Normalzustand möglich ist; dagegen bleiben die Leukoplasten immer hypertrophiert. Unter bestimmten Umständen können sich die Mitochondrien neu bilden. (C. R. hebd. Séances Acad. Sci. **240.** 901—03. 21/2. 1955.) H. AMAN. 4150

H. Ferner und **W. Runge,** *Synthalin A als selektives Mitosegift, das an den α-Zellen der Langerhans'schen Inseln wirkt.* Bei 1 Tag alten Ratten ist das Verhältnis α-/β-Zellen der LANGERHANSschen Inseln des Pankreas 1 zu 2,06 u. am 5. Tag 1 zu 1,61 u. beim erwachsenen Tier 1 zu 4 oder 5. Nach einer subcutanen Injektion von 10 mg/kg *Synthalin A* (*Dekamethylendiguanidindihydrochlorid,* I) werden junge Ratten nach 12—18 Std. getötet. Durch diese Injektion kommt es bei 1 Tag alten Ratten zu keinen Veränderungen der α-Zellen, im Gegensatz zu älteren Tieren, wo diese Dosis stets schwere degenerative Veränderungen dieser Zellen bewirkt. Betrachtet man aber die α-Zellmitosen, so nimmt die Anzahl gegenüber den Kontrollen stark ab u. die vorhandenen mitot. Zellen sind verändert. (Science [Washington] **122.** 420. 2/9. 1955. Hamburg, Univ., Anatom. Inst.) G. KIMMERLE. 4150

René Truhaut und **Guy Deysson,** *Vergleichende Studie über die antimitotische Wirksamkeit von 2.5-Bis-[äthylenimino]-3.6-dipropoxybenzochinon-(1.4) (E 39) und* *p-Benzochinon auf die Wurzeln von Allium sativum L.* Vff. haben auf Wurzeln von *Allium sativum* L. *p-Benzochinon* (I) oder *2.5-Bis-[äthylenimino]-3.6-dipropoxybenzochinon-(1.4)* (II) in verschied. Konzz. einwirken lassen u. Schädigungen der Mitosen beobachtet u. das Ausmaß derselben bei I u. II miteinander verglichen. Bei der Konz. 10^{-6} wirken beide mitosehemmend. In der Zeit vor der Prophase wirkt II stärker als I. II wirkt noch in Konzz., in denen I unwirksam ist. (C. R. Séances Soc. Biol. Fialiales **151.** 1678—81. 1957, herausg. 20/5. 1958.) HEINRICH HERMANN. 4150

G. Domagk, *Histologische Veränderungen an experimentellen und menschlichen Tumoren nach Anwendung von Cytostaticis.* Inhaltlich mit der C. **1959.** 1494 referierten Arbeit zusammenhängend wird berichtet, daß *2.5-Bis-[äthylenimino]-chinon* u. *2.5-Bis-[äthylenimino]-3.6-dipropoxychinon* (*Präp. E 39*) in $1 \cdot 10^{-4}$ bis $1 \cdot 10^{-7}$ verd. Lsgg. die Transplantation hochvirulenter Tiertumoren hemmen bzw. nach Übertragung noch tumorrückbildend wirken. Histolog. Befunde sind abgebildet. (Unio int. Cancrum, Acta **13.** 419—23. 1957. Wuppertal/Elberfeld, Farbenfabriken Bayer.) HEINZ WALTER. 4160

Daniel S. Martin, Morton M. Kligerman und **Ruth A. Fugmann,** *Strahlentherapie und unterstützende Kombinationschemotherapie (6-Aminonicotinamid und 6-Mercaptopurin).* Mäusen wurde das Adenocarcinom 775 in das subcutane Gewebe eines Hinterbeins implantiert. Am 17. Tag wurde mit der Therapie begonnen: An 5 aufeinanderfolgenden Tagen je 20 mg *6-Mercaptopurin* (I)/kg allein oder in Kombination mit 2 mg *6-Aminonicotinamid* (II)/kg intraperitoneal. Manche Tiere wurden außerdem am 1., 3. u. 5. Tag der chem. Behandlung mit je 1763 r lokal bestrahlt. — Gemessen an der Zahl der zurückgegangenen Tumoren hatte kombinierte I + II-Einw. den geringsten Erfolg. Bestrahlung erhöhte die Rate des Tumorrückganges stark. Den größten Effekt rief I + II-Einw., kombiniert mit Strahlentherapie, hervor (60—90% der Tumoren gingen zurück). — Kein Tier starb infolge der Behandlung. (Cancer Res. **18.** 893—96. Sept. 1958. New York, N. Y., Columbia Univ., Coll. of Physic. and Surg., Dep. of Surg. and Radiotherapy.) S. DITTMANN-MITZSCHERLICH. 4160

Alan C. Sartorelli und **G. A. LePage,** *Die Hemmung des Wachstums von Asciteszellen durch Kombinationen von 6-Thioguanin und Azaserin. Azaserin* (I) u. *6-Thioguanin* (II) wurden Mäusen mit verschied. Ascitestumoren in verschied. Dosen intraperitoneal injiziert (1 Tag nach Tumorimplantation begonnen, 6 Tage lang injiziert). — Bei Tieren mit EHRLICH-Ascitestumoren, Sarkomen Nr. 180, u. TA 3-Ascitestumoren hatte die Einw. guten Erfolg. (Als Kriterien der Wirksamkeit dienten mittlere Überlebensdauer u. Anzahl der tumorfreien Tiere.) Die optimale Dosis war stets 2mal 0,2 mg I/kg/Tag + 2mal 0,5 mg II/kg/Tag. Tiere mit MECCA-Lymphosarkomen u. *6 C 3 HED*-Lymphosarkomen waren gegen die gleiche Behandlung relativ resistent. — Beim EHRLICH-Ascitestumor sank der Effekt sehr stark, wenn I u. II nicht gleichzeitig, sondern I früh u. II abends injiziert wurden. (Cancer Res. **18.** 938—42. Sept. 1958. Madison, Wis., Univ. of Wisconsin, Med. School, McArdle Mem. Labor.) S. DITTMANN-MITZSCHERLICH. 4160

Robert B. Painter, Ruth M. Drew und **Walter L. Hughes,** *Hemmung des Wachstums von HeLa-Zellen durch intranucleares Tritium.* *^3H-Thymidin* (I) (1,25—5 μC/ml) sowie ^3H_2O (5000 μC/ml) hemmen das Wachstum von HELA-Zellen im EAGLE-Medium. 1000 μC/ml ^3H_2O hemmen nicht. Bei gleichzeitigem Zusatz unmarkierten Thymidins hemmt I nicht. (Science [Washington] **127.** 1244—45. 23/5. 1958. Upton, N. Y., Brookhaven Nat. Labor., Med. Dep.) J. DITTMANN. 4160

Kenjirō Yui und **Eiichi Sakakibara,** *Untersuchungen über die carcinostatische Wirkung von Chelaten mit der Koordinationszahl 4.* Unterss. über die lebensverlängernde Wrkg. von *Cu^{2+}-Chlorophyll* (I; 10—1000 γ/0,1 cm³) u. *Hg^{2+}-Hämatoporphyrin* (II; 1 bis 100 γ/0,1 cm³) bei Mäusen mit EHRLICH-Ascitestumor hatten folgendes Ergebnis: Tägliche Injektionen (5) von 100 γ I/0,1 cm³ vom 5. Tage nach Überpflanzung der Tumorzellen an wirken deutlich lebensverlängernd, während II diese Wrkg. nicht hat. — Im Vgl. zu *Carcinophilin* führt I zu Gewichtsab-, II zu Gewichtszunahme der Versuchstiere. — I senkt vom 11. Tage an die Succinoxydation in der Leber. — 16 Mikrophotogramme. (Jap. J. Bacteriol. **13.** 1028—33. 25/11. 1958. Ōsaka Gakugei-Daigaku, Eiseigaku-Kenkyūshitsu. [Orig.: japan.]) F. MOSSNER. 4160

Dean Burk, Paul Hochstein, Jehu Hunter, Bernard Landau, John Laszlo, Kent Wight und **Mark Woods,** *Eine vernunftsgemäße Grundlage für die Chemotherapie des Krebses, beruhend auf primären Hemmungen der Glucosephosphorylierung (Hexokinasereaktion) am Substrat, Coenzym und Enzym.* (Unio int. Cancrum, Acta **14.** 66—67. 1958. Bethesda, Md., Nat. Cancer Inst.; Berlin-Dahlem, Max-Planck-Inst. für Zellphysiol. — C. **1958.** 13259.) P. LOCH. 4160

Elizabeth M. Cranston (unter techn. Mitarbeit von **Kenneth M. Hanson**), *Die Wirkung einiger Beruhigungsmittel auf ein Adenocarcinom in Mäusen. Reserpin* (I) u. *Chlorpromazin* (II) wurden Mäusen peroral u. intraperitoneal gegeben. *Promazin* u. *Promethazin* wurden intraperitoneal verabreicht. In keinem Fall wurde das Wachstum der 2. bzw. 4. Generation eines spontan entstandenen Adenocarcinoms gehemmt, das den Tieren implantiert worden war. Bei peroraler I- bzw. II-Eingabe an Geber- bzw. Empfängertiere blieb die Transplantierbarkeit desselben Adenocarcinoms unbeeinflußt. (Cancer Res. **18.** 897—99. Sept. 1958. Minneapolis, Minn., Univ. of Minnesota, Med. School, Dep. of Pharmacol.) S. DITTMANN-MITZSCHERLICH. 4160

R. Schoental, *Carcinogene Aktivität und O-Alkylierung.* Übersicht. Vergleiche der carcinogenen Aktivität von *1.2-Benzanthracen, 1.2;5.6-Dibenzanthracen, 3.4-Benzpyren* u. *4-Dimethylaminoazobenzol* sowie deren phenol. Derivv. u. O-Methyläther. — 10 Literaturangaben. (Nature [London] **182.** 719—20. 13/9. 1958. Carshalton, Med. Res. Council, Toxicol. Res. Unit.) WALTER A. SCHÄFER. 4160

W. Remmele und **W. Rick,** *Der Einfluß von Thiolverbindungen auf die Veränderungen des Zellstoffwechsels durch Triphenyltetrazoliumchlorid (TTC). Triphenyltetrazoliumchlorid* (TTC) bewirkt bei Ascitescarcinomzellen eine Hemmung der Atmung u. eine Zunahme der aeroben Milchsäurebildung. Schnitte u. Organe zeigen diesen Effekt kaum. Es wird der Einfl. von SH-Komponenten, wie *Dimercaptopropanol* (I), *Glutathion* (II) u. *Cystein* (III), auf diesen Effekt beobachtet. I hebt die Atmungshemmung durch TTC teilweise auf, II bleibt ohne Wrkg., u. III schwächt lediglich die durch TTC hervorgerufene vermehrte Milchsäurebldg. etwas ab. Es wird daraus geschlossen, daß I, II u. III bei physiol. p_H (7,4) TTC nicht zu reduzieren vermögen, was für den in vitro-Vers. auch schon bekannt war. (Klin. Wschr. **36.** 876—77. 15/9. 1958. Frankfurt/M., Univ., Patholog. Inst.; Gießen, Univ., Med. u. Nervenklinik.) H. STRUCK. 4160

Klaus Simon, *Untersuchungen zur Diagnose und Prognose des Mammacarcinoms aus dem Blutserumbefund.* Es wird versucht, durch kombinierte Serumproben u. durch elektrophoret. Serumeiweißunterss. eine diagnost. Meth. bei Mammatumoren zu finden. Bis auf größere Streuungen bei den Reaktionsausfällen der Carcinomträger ist kein Unterschied zu n. Personen festzustellen. Bei den elektrophoret. Unterss. sind erst in den Spätstadien wesentliche Abweichungen von der Norm zu beobachten. (Med. Mschr. **11.** 794—800. Dez. 1957. Centre Nat. de Cancérologie, Inst. Gustave Roussy.) H. STRUCK. 4160

P. Barkhan und **A. N. Howard,** *Verteilung der Ascorbinsäure in normalem und leukämischem menschlichem Blut.* Bei n. Personen wird der Ascorbinsäure (I)-Geh. in *Plasma* (Pl), *Erythrocyten* (Er), *Blutplättchen* (Bp) u. *Leukocyten* (L) vor u. nach peroraler Verabfolgung hoher I-Dosen (4 g I/Tag 4 Tage hintereinander) bestimmt. Bp u. L zeigen einen hohen I-Geh. (vor der I-Verabreichung: 15 mg/100 g; nachher: 25 mg/100 g), bei Pl. u. Er. liegt dieser dagegen viel tiefer (vorher: 0,7 mg/100 ml; nachher: 1,2 mg/100 ml). I verteilt sich zu 80% auf Pl u. Er u. zu je 10% auf Bp u. L. Bei chron. Lymphocytenleukämie sind die I-Werte in den L höher als in n. L oder in leukäm. Granulocyten. Bei chron. lymphat. u. myeloischer Leukämie ist die I-Konz. im Pl geringer als bei n. Personen. (Biochem. J. **70.** 163—68. Sept. 1958. Cambridge, Univ., Dep. of Med., Dunn Nutrit. Labor.) H. STRUCK. 4160

Anselmo Musajo, *Die Zusammensetzung des Prostatasekrets (Mensch) unter pathologischen Bedingungen (gutartige Prostatahypertrophie, Carcinom und chronische Prostatitis).* Vf. untersucht bei 23 Fällen von Prostatahypertrophie (a), -carcinom (b) u. chron. Prostatitis (c) die Aktivität an *saurer Phosphatase* (I) sowie den *Gesamtlipid* (II)- u. *Cholesterin* (III)-Geh. des Prostatasekrets. — Während in a-Sekreten im Vgl. zu solchen gesunder Drüsen ein bedeutender Anstieg der I-Aktivität feststellbar ist, wird in b-Sekreten eine relative Zunahme des II- u., bes. markant, des III-Geh. beobachtet, die differentialdiagnost. verwertbar ist. In c-Sekreten werden stark erniedrigte II- u. III-Werte sowie bereits makroskop. beobachtbare patholog. Veränderungen des Sekrets festgestellt. (Gazz. int. Med. Chirurg. **62** (**61**). 2538—44. 15/10. 1957. Bologna, Univ., Ist. di Patol. chirurg.; Osp. Maggiore, Ist. di Ric. clin. e di Anat. patol.) H. KOCKERT. 4160

Irving H. Heller und **K. A. C. Elliott,** *Der Stoffwechsel des normalen Gehirns und von Gliomen des Menschen in Beziehung zu Zellart und Zelldichte.* Atmung, aerobe u. anaerobe Glykolyse wurden manometr. in Ca^{2+}-freiem Phosphatpuffer (I) bzw. in HCO_3^--Puffer (II) gemessen. Die O_2-Aufnahme (mm^3/Std.) beträgt bei verschied. Gliomen von 8 Patienten auf Frischgewicht („F") bezogen, 0,2—1,4; auf Trockensubstanz („T") bezogen 1,2—3,4 u. auf 10^6 Zellkerne („N") bezogen 0,4—4,7. — Die

Atmung n. Hirnrinde beträgt ca. 1,2 (F) bzw. 6,7 (T) bzw. 9,2 (N). Bei der weißen Schläfensubstanz sind die Werte 0,75 (F), 2,7 (T) u. 6,7 (N); bei der weißen Substanz des Kleinhirns 0,3 (F), 1,2 (T) u. 7,9 (N). — Bei Hunden u. bes. bei Katzen liegen die n. Werte für die Hirnrinde etwas höher. Höhere Werte werden im allg. auch in I gefunden. Die Atmungsgröße der Kleinhirnrinde des Hundes ist (in I) 1,7 (F) bzw. 10,8 (T) bzw. 3,0 (N); bei der Katze entsprechend 2,1 bzw. 10,6 bzw. 2,6. Die Atmungsgröße des Corpus callosum ist in I 0,7 bzw. 2,2 bzw. 4,8 (Hund) u. 0,8 (F) bzw. 2,5 (T) bzw. 5,7 (Katze). — Der respirator. Quotient ist bei n. Hirnrinde 0,92 u. schwankt bei den Gliomen von 9 Patienten zwischen 0,7 u. 1,06. Die aerobe Glykolyse n. Hirnrinde ist 0,4—0,8 (Glykolyse jeweils in mm³/Std./g Frischgewicht) bei 8 Gliomen schwankt sie zwischen 0,18 u. 0,38. — Normale anaerobe Glykolyse der Hirnrinde 1,3—2,6; der 9 Gliome 0,26—1,32. — Aus diesen Daten errechnen Vff. folgende Werte für das Verhältnis der Glykolyse zur Atmung (aerob): n. Hirnrinde 0,3—0,6; 7 Gliome 0,5—2,0. Anaerob: n. Hirnrinde 1,3—2,6; 9 Gliome 0,3—1,3. (Canad. J. Biochem. Physiol. **33.** 395. Mai 1955. Montreal, Canada, Montreal Neurolog. Inst., Donner Labor. of Exp. Neurochem.) J. Dittmann. 4160

Harris Busch, Joseph R. Davis und **Dolores C. Anderson,** *Markierung von Histonen und anderen nuclearen Proteinen in Geweben tumortragender Ratten mit $^{14}C_6$-L-Lysin.* 7—10 Tage vor dem Vers. wurden den Ratten Carcinosarkom 256 bzw. Jensen-Sarkom implantiert. Je Vers. wurden 15 μC *$^{14}C_6$-L-Lysin* mit einer spezif. Aktivität von 11,3 bis 12,9 mC/mMol intraperitoneal injiziert. Die Tiere wurden zu verschied. Zeiten nach der Injektion ausgeblutet. Die Gewebe der Tumoren sowie Gehirn, Herz, Darm, Niere, Leber, Lunge, Muskel, Pankreas, Milz, Hoden u. Thymus wurden homogenisiert, gesiebt u. fraktioniert. Die spezif. Aktivität des gesamten Homogenats, der Mitochondrien, der Mikrosomen, der cytoplasmat. Fl., der mit HCl fällbaren u. der in NaCl-Lsg. lösl. Proteine, der Histone u. der Kernwäsche wurde bestimmt u. zeitlich verfolgt. (Mit Histonen sind in dieser Arbeit in HCl lösl. u. in NaCl-Lsg. unlösl. Kernproteine gemeint.) Außerdem wurde ermittelt, welcher Anteil des injizierten ^{14}C in die einzelnen Fraktionen eingebaut wird. — 1 Std. nach der Injektion hatten die nuclearen Proteine der Tumoren eine höhere Aktivität als die aller anderen untersuchten Organe. Innerhalb der Kernproteine der Tumoren hatten die Histone die höchste Aktivität. Die Aktivitäten anderer Fraktionen waren bei manchen Organen höher als bei Tumoren. 15 Min. nach der Injektion waren stets die Mikrosomenproteine am stärksten ^{14}C-haltig. Bei den beiden Tumoren hatten die Histone fast die gleiche Aktivität. Bei anderen Organen war die Aktivität der Histone jedoch viel geringer. (Cancer Res. **18.** 916—26. Sept. 1958. Chicago, Ill., Univ. of Illinois, Coll. of Med., Dep. of Pharmacol.) S. Dittmann-Mitzscherlich. 4160

Caston de Lamirande, Claude Allard und **Antonio Cantero,** *Enzyme des Purinstoffwechsels in normaler Rattenleber und in Novikoff-Hepatomen.* Leber n. Ratten u. Novikoff-Hepatome, die nach Implantation in Ratten gewachsen waren, wurden homogenisiert, fraktioniert u. untersucht: Die Zellzahl pro g Gewebe war beim Hepatom viel größer als in n. Leber, entsprechend war der N-Geh. einer Hepatomzelle geringer als der einer n. Leberzelle. Auch der auf 1 g Gewebe bezogene N-Geh. ist bei den Hepatomen niedriger. — Die Aktivitäten von *5'-Nucleotidase* (an den Substraten 5'-Adenyl-, 5'-Inosin-, 5'-Guanyl- u. 5'-Xanthylsäure getestet), *Nucleosidphosphorylase* (an Inosin, Guanosin u. Xanthosin getestet) u. *Adenase* sind in den Hepatomen stark verringert, gleichgültig, ob auf Gewebefrischgewicht, Zellenzahl oder N-Geh. bezogen. Die Aktivität der *Guanase* ist in Hepatomen verkleinert, wenn sie auf Frischgewicht oder Zellenzahl bezogen wird, auf den N-Geh. bezogen, erscheint sie jedoch konstant. Die Aktivität der *Adenosindesaminase* ist in Hepatomen, auf Frischgewicht oder N-Geh. bezogen, erhöht, auf 1 Zelle bezogen, bestehen keine Unterschiede zwischen Hepatomen u. n. Zellen. *Xanthynoxydase-* u. *Uricase*-Aktivität besaßen die Hepatome überhaupt nicht. — Die Verteilung der in den Hepatomen bestimmten Enzyme ist angenähert die gleiche wie die Verteilung der gleichen Enzyme auf die verschied. Zellfraktionen n. Leber. (Cancer Res. **18.** 952—58. Sept. 1958. Montreal, Canada, Montreal Cancer Inst., Res. Labor.) S. Dittrich-Mitzscherlich. 4160

Gunnar Agren, On the nature of phosphorus linkages and biological functions of intracellular phosphoproteins. Uppsala: Lundequist; Wiesbaden: Harrassowitz. 1958. (64 S. m. 33 Abb.) 8° = Uppsala Universitets Arsskrift. 1958. 5. skr. 6,—.

E. M. Crook, ed., Biochemical Society. The structure and function of subcellular components. London: Cambridge U. Pr. 1959. (VI + 100 S. m. Abb. u. Tab.) 8°. 22 s. 6 d.

H. Peeters, ed., Protides of the biological fluids. London: Van Nostrand. 1959. (IX + 330 S. m. Abb. u. Tab.) 45 s.

E_2. Enzymologie. Gärung.

Falls B. Hershey, C. N. D. Cruickshank und **L. I. Mullins**, *Die quantitative Reduktion von 2.3.5-Triphenyltetrazoliumchlorid durch Haut in vitro.* Es wird eine einfache reproduzierbare Meth. zur quantitativen Best. der *Tetrazoliumred.* durch Hautschnitte in vitro beschrieben. Das Verf. beruht auf anaerober Bebrütung von lebendem Hautgewebe in Succinat–*Tetrazolium*-Puffer; das gebildete *Formazan* wird mit Methylcellosolve extrahiert u. colorimetr. bestimmt. Der Verlust der *Tetrazolium*-Red. als Folge der Einw. von Hitze u. Enzyminhibitoren läuft parallel mit einem Verlust des O_2-Verbrauchs. — Abb. u. Tabellen; Diskussion der Ergebnisse. (J. Histochem. Cytochem. **6.** 191—96. Mai 1958. St. Louis, Mo., US Veterans Admin. Hosp.; Washington Univ., School of Med., Dep. of Surg.) H. GOEBEL. 4200

T. Minagawa, *Untersuchungen über die Adaptation von Hefe an Kupfer.* 19. Mitt. *Wirkung von Kupfer auf Cytochromkomponenten von Hefe.* (18. vgl. Mem. Coll. Sci., Univ. Kyoto, Ser. B **24.** [1957.] 243.) Saccharomyces ellipsoideus Stamm B (Kyoto) bildet bei Kultur in Ggw. von >0,05mmol. Cu^{2+} kein *Cytochrom c*, dafür tritt eine Absorptionsbande bei 565 mμ auf. Diese Bande entspricht dem Cu-Komplex von Coproporphyrin. (Exp. Cell Res. **14.** 333—40. April 1958. Himeji, Japan, Kobe Univ., Fac. of Sci., Biol. Inst. Himeji Branch.) F. RADLER. 4210

E. Kovács und **B. Matkovics**, *Zusammenhänge zwischen Katalaseaktivität und Sauerstofftension bei Streptomyces griseus-Kulturen.* Nur bei (polarograph. gemessenen) geringen O_2-Tensionen (niedrige Potentialwerte) wird im Nährboden von Streptomyces griseus-Oberflächenkulturen *Katalase* gefunden. Demnach wäre die Katalase ein Fermentsyst., das nach Erschöpfung des gelösten O_2 im Nährboden die O_2-Versorgung des Mikroorganismus zu sichern hat. (Acta Biocatalytica [Den Haag]. Enzymologia [Den Haag] **19.** 247—48. 31/5. 1958. Szeged, Ungarn, Univ., Organ.-chem. Inst.) W. SCHÜTZE. 4210

E. C. Hislop, *Einige Beobachtungen über die Wirkung von Fungiciden auf Enzymsysteme von Botrytis cinerea.* Vf. untersuchte den Einfl. von *$CuSO_4$* (**I**), *Schwefelkalk* (**II**), *Captan* (**III**) u. *o-Phenylphenol* (**IV**) auf *Katalase, Peroxydase, Cytochrom-c-Oxydase* u. *alkal. Phosphatase* in Extrakten von in Ggw. der Fungicide gewachsenen *Botrytis cinerea*-Kulturen. **I** vermindert Katalase u. erhöht Cytochrom-c-Oxydase; alkal. Phosphatase wird wenig verändert; Peroxydase wird bei 0,05% **I** stimuliert, mit 0,1% **I** vermindert. **II** vermindert alle 4 Enzyme. **III** erhöht Katalase u. Cytochrom-c-Oxydase u. vermindert Peroxydase; alkal. Phosphatase wird nicht verändert. **IV** vermindert Katalase u. Peroxydase, während Cytochrom-c-Oxydase u. alkal. Phosphatase stimuliert werden. (Annu. Rep. agric. horticult. Res. Stat., Long Ashton, Bristol **1956.** 116—20.) H. GOEBEL. 4210

Alex B. Novikoff und **Bertha Masek**, *Beständigkeit von Milchsäuredehydrogenase- und DPNH-Diaphoraseaktivität bei Formol–Calcium-Fixierung.* (Kurzbericht.) Vff. berichten über eine *Fixierung* von Gewebeschnitten mit *Formol–Calcium* (**I**) bei der intracellulären Lokalisierung *oxydativer Enzyme* mit *Tetrazoliumsalzen.* Bei der **I**-Fixierung wird die *Milchsäuredehydrogenase-* u. *DPNH-Diaphorase*-Aktivität nicht gehemmt, während die *β-Hydroxybuttersäuredehydrogenaseaktivität* stark vermindert u. die *Bernsteinsäuredehydrogenaseaktivität* vollständig vernichtet wird. (J. Histochem. Cytochem. **6.** 217. Mai 1958. New York, N. Y., Albert Einstein Coll. of Med.) H. GOEBEL. 4210

Caroline Raut Hebb und **Joan Slebodnik**, *Die Wirkung vorangegangener Wachstumsbedingungen auf die Kinetik der adaptiven Enzymbildung bei Hefe.* Anaerob vorkultivierte Zellen des diploiden Hefestammes LK 2 G 12 bilden bei Belüftung in einer Glucosepufferlsg. adaptiv die gewöhnlich an die Mitochondrien gebundenen Enzyme *Bernsteinsäuredehydrogenase* (**I**) u. *Cytochromoxydase* (**II**). Bei Vorkultur in einem Mangelmedium zeigt der Verlauf der Enzymadaptation eine „lag"-Phase, so daß eine S-förmige Kurve resultiert. Bei Kultur in einem Medium mit Zusatz von Ergosterin, Ölsäure, Weizenkeimöl, Tween 80 u. 10% Glucose zeigte die adaptive Enzymbldg. keine „lag"-Phase. Bei Kultur im vollständigen Medium, aber Ernte der Zellen während der logarithm. Wachstumsphase wurden intermediäre Stufen der Adaptation beobachtet. Es wird angenommen, daß der Fettmangel der anaerob vorkultivierten Zellen die Ursache für die verzögerte Enzymbldg. ist, vor allem, weil aus Mitochondrien isolierte **I** u. **II** einen sehr hohen Geh. an Lipiden aufweisen können. (Exp. Cell Res. **14.** 286—94. April 1958. Detroit, Mich., Inst. of Cancer Res.; Wayne State Univ. Coll. of Med.) F. RADLER. 4210

A. G. E. Pearse, *Die Lokalisierung von Dehydrogenase- und Diaphorasesystemen mittels Monotetrazoliumsalzen und Metallchelatbildung.* Verss. zur Erzeugung von Metallkomplexen (Chelate) von *Formazanen* unter histochem. Bedingungen zwecks Lokalisierung des *Bernsteinsäuredehydrogenase*-Syst. u. des *DPN*- u. *TPN-Diaphorase*-Syst. gelangen nur mit Monotetrazoliumverbb. (I), die N-Thiazolyl-(2)-Gruppen enthielten. Bei Incubation der Gewebe mit I u. ca. 0,001 mol. Cu^{2+}-, Ni^{2+}- oder Co^{2+}-Lsgg. entstand ein nichtkrist. Metall-Formazan-Komplex, der eine exakte Lokalisierung der Enzymsysteme in Mitochondrien u. Sarkosomen ermöglichte. Die Komplexe sind wegen der großen Mol-Extinktionskoeffizienten für mkr. Unterss. wegen der Elektronenundurchlässigkeit infolge der Metallionen für die elektronenmkr. Lokalisierung geeignet (Formazan; λ_{max} 560 mμ, Co-Chelat; λ_{max} 660 mμ). Die Ggw. von Co wurde durch Autoradiographie mit ^{58}Co nachgewiesen. (Biochem. J. **68.** 17P. Febr. 1958. London, Postgraduate Med. School.) K. MAIER. 4210

A. G. E. Pearse, D. G. Scarpelli und **Sheila Brown,** *Cytochemischer Nachweis der Beziehungen zwischen DPN-Diaphorase und Bernsteinsäuredehydrogenasesystem.* Gleichzeitige Chelatbldg. des in frischen Gewebeschnitten oder Abstrichen aus *2-[4.5-Dimethylthiazolyl-(2)]-3.5-diphenyltetrazoliumbromid* enzymat. entstandenen *Formazans* (I) mit Co^{2+}, Ni^{2+} oder Cu^{2+} erlaubt die Lokalisierung von *Bernsteinsäuredehydrogenase* (II) u. *DPN-Diaphorase* (III) innerhalb der Mitochondrien aller untersuchten Species sowie in Bakterien. Die Metall-I-Komplexe aus Cu^{2+} (dunkelblau), Ni^{2+} (stahlblau) u. Co^{2+} (schwarz) sind an 2—5 Stellen innerhalb des Mitochondrions lokalisiert. II u. III finden sich nach den bisherigen Befunden an den gleichen Stellen. Bei Verwendung verschied. Chelatbildner können II u. III im gleichen Schnitt nachgewiesen werden. Es wurden 3 Zelltypen aufgefunden: nur II, nur III sowie II u. III enthaltende, wobei sich die beiden erstgenannten in einer Zelle (*Musca, Calliphora*) nebeneinander finden können. (Biochem. J. **68.** 18P. Febr. 1958. London, Postgraduate Med. School.) K. MAIER. 4210

Bernard Lubochinsky und **Joseph Stolkowski,** *In vitro-Hemmung der enzymatischen Hydrolyse des Triphosphopyridinnucleotides durch Cortison.* Die bisherige Annahme, daß *Diphosphopyridinnucleotidase* (DPN-ase) sowohl die *Nicotinsäureamidribose*-Bindung des DPN als auch des *Triphosphopyridinnucleotides* (TPN) hydrolysiert, wird durch die Verss. der Vff. in Frage gestellt. Nimmt man für TPN u. DPN 2 verschied. Enzyme an, so ist das TPN-hydrolysierende Ferment cortisonempfindlich, das andere nicht. Falls nur ein Enzym auf beide Substrate wirken sollte, müßte das *Cortison* die Hydrolyse des TPN bevorzugt hemmen. (C. R. hebd. Séances Acad. Sci. **244.** 952—54. 11/2. 1957.) I. KEINERT. 4210

F. M. Huennekens und **S. P. Felton,** *Herstellung und enzymatische Bestimmung von FAD und FMN.* Übersicht. Herst., Bestimmung. — 17 Literaturangaben. (Methods Enzymol. **3.** 950—59. 1957. Seattle, Wash., Univ.) K. MAIER. 4210

Makoto Niwa, Shigetaka Higuchi und **Fujio Egami,** *Die Wirkungen von 5'-Adenosinmonosulfat als Substratanaloges auf die 5'-Adenylsäuredesaminase und 5'-Nucleotidase.* 5'-Adenosinmonosulfat (I) wird durch *5'-Adenylsäuredesaminase* (II) aus Kaninchenmuskulatur weder gespalten noch wird II durch I gehemmt. Dagegen hemmt I die unspezif. 5'-Nucleotidase (III) aus Kartoffeln. Diese Hemmwrkg. zeigt keine signifikante Abhängigkeit vom p_H-Wert. III wird auch durch *Adenosin* u. *Äthylendiamintetraessigsäure* gehemmt. Allerdings wird III nach Dialyse durch Mg^{2+}-Zusatz nicht aktiviert. (J. Biochemistry [Tokyo] **45.** 89—95. Febr. 1958. Nagoya, Univ., Fac. of Sci., Dep. of Chem. [Orig.: engl.]) H. G. SCHWEIGER. 4210

Donella H. Turner und **J. F. Turner,** *Uridindiphosphoglucosepyrophosphorylase aus Erbsensamen.* (Vgl. C. **1958.** 11279.) Vff. isolierten aus Erbsensamen (Pisum sativum L.) *Uridindiphosphoglucosepyrophosphorylase* (I) u. reinigten das Enzym durch $(NH_4)_2SO_4$-Fällung (60—70% Sättigung) u. Dialyse bei 4° gegen 25 mmol. Phosphatpuffer p_H 7 (KH_2PO_4-NaOH). Die klare, farblose I-Lsg. wurde bei —15° 3 Monate ohne Aktivitätsverlust gelagert. Erhitzen auf 60° (10 Min.) bewirkt 75% Aktivitätsverlust. I katalysiert die Rk. *Uridindiphosphoglucose* + *anorgan. Pyrophosphat* ⇌ *Uridintriphosphat* (II) + *Glucose-1-phosphat.* Das Gleichgewicht der Rk. liegt auf der Seite von II; die Gleichgewichtskonstante ist abhängig von Mg^{2+}-Konz. u. p_H. Für die Rk. ist Mg^{2+} unentbehrlich; es kann ersetzt werden durch Mn^{2+}, Co^{2+} oder Ni^{2+}. Fluorid, anorgan. Orthophosphat, Jodacetat, Arsenat, p-Chlormercuribenzoat oder Hg^{2+} beeinflußten die I-Aktivität nicht. Äthylendiamintetraessigsäure (10 mmol.) bewirkte 90%ig. Hemmung der Reaktion. I wurde auch in Mais-, Weizen-, Bohnen- u. Zuckerrohrkeimlingen, Kartoffelknollen u. Blättern von Beta vulgaris L. var. cicla MOQ. nachgewiesen. Die Rohrzuckerbldg. in Erbsen aus Glucose-1-phosphat u. Fructose scheint über Uridindiphosphoglucose als Zwischenprod. zu verlaufen. (Biochem. J. **69.** 448—52. Juli 1958. Sydney, Australia, Univ., Botany School, Plant Physiol. Unit, Div. of Food Preserv. and Transport.) H. GOEBEL. 4210

Andrew C. Peacock, George Brecher und **Eleanor M. Highsmith,** *Eine vereinfachte Arbeitsweise zur quantitativen Messung von Alkaliphosphatase in weißen Blutkörperchen.* Vff. beschreiben eine Meth. zur Best. der *alkal. Phosphatase* (I) in Leukocyten, bei der das Waschen dieser Blutelemente unnötig ist. — Die aus dem heparinisierten Blut abgetrennten Leukocyten werden in zellfreiem Plasma aufgeschwemmt u. I mittels der p-Nitrophenolmeth. bestimmt. Die im zellfreien Plasma enthaltene I-Aktivität wird in Abzug gebracht. — Die mit dieser Meth. erhaltenen Werte bei Patienten mit Blutkrankheiten werden angegeben. (Amer. J. clin. Pathol. **29.** 80—85. Jan. 1958. Bethesda, Md., Nat. Inst. of Health, Nat. Cancer Inst. u. Clin. Pathol. Dep., Clin. Center.)
H. LIESE. 4210

Bertram Sacktor, John J. O'Neill und **Donald G. Cochran,** *Der Bedarf an Serumalbumin bei der oxydativen Phosphorylierung der Flugmuskelmitochondrien.* In Verss. mit den Flugmuskelmitochondrien der Stubenfliege (*Musca domestica*) wurde gezeigt, daß (menschliches bzw. Rinder-) Serumalbumin (I) für die oxydative Phosphorylierung (Ph) erforderlich ist. In Abwesenheit von I erfolgt eine geringe oder gar keine Ph, u. die Respiration ist wesentlich herabgesetzt. Andere Proteine (*Ovalbumin, Rinderhämoglobin, Blutfraktion* IV_1 nach COHN, Stroma roter Blutzellen, Kükenplasma, Kükenembryosaft, *Edestin, β-Lactoglobulin*) waren verschieden, jedoch stets weniger wirksam als I, während Rinder-*γ-Globulin, Gelatine, Gummi arabicum* u. *Polyvinylpyrrolidon* ohne Wrkg. waren. Die Aktivität von I war eng mit dem *Albuminprotein* verknüpft, wobei freie *SH-Gruppen* für die oxydative Ph erforderlich sind. Nach Ansicht der Vff. bilden die SH-Gruppen möglicherweise das akt. Zentrum bei der Rk. zwischen I u. dem Phosphorylierungsinhibitor. (J. biol. Chemistry **233.** 1233—35. Nov. 1958. Maryland, Army Chem. Center, Physiol. and Biochem. Res. Div.) E. SCHWERDTFEGER. 4210

Susumu Imamura, Shigeyasu Kanbe, Masanobu Mitsuhashi und **Mitsuo Kameta,** *Untersuchungen über Staphylokokkenkoagulase und -phosphatase.* Eine Reihe von Staphylococcus aureus-Stämmen wurde in Pepton (a)- u. Schweinemagenverdauungs (b)-Medium gezüchtet u. auf ihre Fähigkeit zur Bldg. von *Koagulase* (I) u. *Phosphatase* untersucht. Die stärkste I-Aktivität hatte der Stamm K-372 (7—10 Tage-Kulturen 37°; p_H 8,6; 320fache Verd. ist bei a, 1280fache bei b wirksam). 30 Min. Erhitzen auf 56, 70 u. 100° senkt die I-Aktivität auf ca. $^1/_4$. *Formalin* (0,4%) inaktiviert I. Gereinigte I wirkt in 320facher Verdünnung nach 1 Std. auf Blutplasma von Kaninchen, nach 3 Std. auf das von Menschen, nach 24 Std. in 80facher Verdünnung auf das von Pferden u. Meerschweinchen. I wirkt nicht auf Blutplasma von Rindern, Schafen, Hühnern u. Hunden. — Der Bakterienextrakt enthält auch *saure Phosphomonoesterase* (Optimum-p_H 5,0; Temperaturoptimum 45—50°), die durch 0,01—0,001 mol. NaF gehemmt, durch 0,005 mol. $MgSO_4$ aktiviert wird. (Jap. J. Bacteriol. **13.** 1017—22. 25/11. 1958. Gumma Daigaku, Igaku-Bu, Biseibutsugaku-Kyōshitsu; Gumma-Ken, Eisei-Kenkyūsho. [Orig.: japan.]) F. MOSSNER. 4210

W. J. Rutter und **Henry A. Lardy,** *Reinigung und Eigenschaften von „Äpfelsäure-Enzym" aus Schweineleber. „Äpfelsäure-Enzym"* (I) aus Schweineleber wurde durch A.-Fällung, Extraktion mit Zn-Glycin-Lsgg. u. $(NH_4)_2SO_4$-Fällung über 1000fach angereichert. Gereinigte I-Präpp. besitzen sowohl *oxydative Decarboxylierungsaktivität* für *Malat* als auch *Oxalessigsäuredecarboxylaseaktivität.* Die Malatkonz. beeinflußt das p_H-Optimum für die oxydative Malatdecarboxylaseaktivität deutlich; dies hängt offenbar mit der Dissoziation einer Gruppe im Enzym zusammen, welche die Malatbindung beeinflußt. Zur oxydativen Malatdecarboxylierung ist oxydiertes Triphosphopyridinnucleotid (TPN) notwendig; TPN-Analoge wirken schwach hemmend. TPN stimuliert auch die Oxalessigsäuredecarboxylaseaktivität, bei Abwesenheit von TPN besteht jedoch Restaktivität. Mg^{2+} u. Mn^{2+} fördern die Malat- u. Oxalessigsäuredecarboxylaseaktivität; Co^{2+} wirkt in hoher Konz. anfänglich sogar stärker als Mn^{2+}, Cu^{2+} ist nur schwach wirksam; Hg^{2+} wirkt als starker Hemmstoff. Inhibitorverss. ergeben, daß SH-Gruppen für die Enzymwrkg. eine funktionelle Rolle spielen. — Diskussion des Wirkungsmechanismus. (J. biol. Chemistry **233.** 374—82. Aug. 1958. Madison, Wis., Univ. of Wisconsin, Inst. for Enzyme Res.) H. GOEBEL. 4210

Richard A. Ellis und **William Montagna,** *Histologie und Cytochemie der menschlichen Haut.* 15. Mitt. *Orte der Phosphorylase- und Amylo-1.6-glucosidaseaktivität.* (7. vgl. C. **1956.** 4749.) Vff. lokalisierten die *Phosphorylase-* u. *Amylo-1.6-glucosidase*-Aktivität in menschlicher Haut von verschied. Körperstellen. Beide Enzyme sind mit wenigen Ausnahmen in Zellen vorhanden, die normalerweise *Glykogen* enthalten. Die Menge der Enzyme ist abhängig von der Dicke der Epidermis u. vom Alter des Spenders. Talgdrüsen enthalten beide Enzyme, während manche Teile der Schweißdrüsen keine Aktivität besitzen. (J. Histochem. Cytochem. **6.** 201—07. Mai 1958. Providence, R. I., Brown Univ., Arnold Biol. Labor.) H. GOEBEL. 4210

Tadao Takeuchi, *Histochemischer Nachweis von „Branching-Enzym" (Amylo-1.4 → 1.6-transglucosidase) in tierischen Geweben.* Es wird eine Meth. zum histochem. Nachw. von „*Branching*"*-Enzym-* (I; *Amylo-1.4 → 1.6-transglucosidase-*) Aktivität beschrieben, die auf der Beständigkeit von I gegen *β-Amylase* beruht, während II abgebaut wird. Die Verteilung von I in tier. Zellen ist ähnlich der von *Amylophosphorylase* (II). Die I-Aktivität ist am höchsten in Leber, Skelett- u. Herzmuskel, in der glatten Muskulatur, im Nervengewebe u. dem Epithel verschied. Organe. Zahlreiche Abb., Tabellen; Diskussion der Ergebnisse. (J. Histochem. Cytochem. **6.** 208—16. Mai 1958. Kumamoto, Japan, Univ., School of Med., Dep. of Pathol.) H. GOEBEL. 4210

Leonard A. Herzenberg, *Untersuchungen über die Induktion von β-Galaktosidase bei einem kryptischen Escherichia coli-Stamm.* Bei n. *E. coli* (Wildtyp) werden Eindringen u. intracelluläre Konz. an Galaktosiden durch einen spezif., induzierbaren Permeierungsfaktor, *Galaktosidpermease* (I) gesteuert. Ein Vgl. von Kinetik u. Spezifität der Induktion von *β-Galaktosidase* (II) bei einer n., I-besitzenden u. bei einer sogenannten krypt., d. h. I-freien Mutante zeigte, daß die Differentialgeschwindigkeit der II-Synth. (≡ Induktionsgeschwindigkeit = Änderung der II-E./mg Trockengewichtsänderung der Bakterien) vom Zeitpunkt der Inductorzugabe (β-D-Thiogalaktoside, z. B. Thioisopropyl-β-D-galaktosid) an bei allen Inductorkonzz., die eine meßbare Induktion gaben, konstant war. Beim n. Stamm dagegen treten bei Induktorkonzz. unterhalb des Sättigungsgrades vor Erreichen einer konstanten Geschwindigkeit eine Latenzphase u. eine Periode zunehmender Differentialgeschwindigkeit (der II-Synth.) auf. Letztere beruht auf der Wrkg. induzierbarer I. Die konstante Induktionsgeschwindigkeit beim krypt. u. beim I-blockierten n. Stamm wird als Beweis dafür angesehen, daß das II-bildende Syst. durch Einfl. des Induktors nicht wesentlich zunimmt. Bestimmte Arylthiogalaktoside, z. B. Thiophenyl-β-D-galaktosid, wirken bei I-freien Stämmen als kompetitive Inhibitoren der Induktion, d. h. an diesem Vorgang ist eine ster. spezif., von I oder II verschied. Stelle beteiligt. Das diffusionsmäßige Eindringen von Galaktosiden in *E. coli* verläuft 100—1000fach langsamer als die Permease-katalysierte Aufnahme. Das Fehlen von I bei krypt. *E. coli*-Stämmen erklärt ausreichend, daß solche Stämme nicht auf Lactose wachsen u. β-Galaktoside nicht verwerten können, obgleich diese n. Mengen II bilden. (Biochim. biophysica Acta [Amsterdam] **31.** 525—38. Febr. 1959. Paris, Inst. Pasteur, Serv. de Biochim. Cellul.) K. MAIER. 4210

Francois Stoeber, *Über die durch β-Glucuronidasebildung angezeigte Biosynthese bei Escherichia coli.* Die Glucuronidaseaktivität (GA) vom coli-Stamm ML 30 wurde bei 38° in Phosphatpuffer bei Ggw. von *Cystein* an der Hydrolysewrkg. gegenüber *Phenolphthalein-β-D-glucuronid* (I) bestimmt. Das gebildete freie *Phenolphthalein* wurde durch Absorptionsmessungen bei 550 mμ u. alkal. p_H bestimmt. Oberhalb 0,00015 mol. I-Konz. wurde das Enzym durch sein Substrat gehemmt. Na^+, K^+, NH_4^+, Mg^{2+}, Ca^{2+}, PO_4^{3-}, MoO_4^{2-} beeinflussen die GA nicht. Die Induktion der GA bei Stamm ML 30 wurde mittels SH-Gruppen enthaltender Glucuronide [*Thiomethyl-, Thioäthyl-, Thiopropyl-, Thioisopropyl-* u. *Thiophenylglucuronid* (III)] in 10^{-3}-, 10^{-4}- u. 10^{-5} mol. Konz. versucht u. mit *β-Methyl-D-glucuronid* (II) verglichen. Hiernach verliert II seine Wirksamkeit bei 10^{-4} u. 10^{-5} mol., was augenscheinlich auf den raschen II-Verbrauch durch die Bakterien zurückzuführen ist. II erweist sich als günstiges Substrat für die Vermehrung, III hingegen nicht bzgl. C- u. Energiequelle. III wird nicht merklich in vitro hydrolysiert (~ $^1/_{2000}$ der GA gegenüber II). Der Überstand einer Colikultur wurde chromatograph. (Autoradiographie) analysiert. Hiernach ist der III-Fleck des Überstehenden ident. mit authent. III. Die Bakterienproteine nehmen ^{35}S in Ggw. von radioakt. III nicht auf. Vff. folgern aus ihren Verss., daß die Fähigkeit der Thioglucuronide, ein Enzym zu induzieren, an ihre Unbrauchbarkeit als Stoffwechselprod. u. ihren geringen Hydrolysegrad gebunden ist. (C. R. hebd. Séances Acad. Sci. **244.** 950—92. 11/2. 1957.) I. KEINERT. 4210

Thomas M. Stevens, *Eine vorläufige Untersuchung über Hyaluronidase in verschiedenen Arten nicht giftiger Insekten. Periplaneta americana* scheidet durch die Speicheldrüsen *Hyaluronidase* (I) aus, die mit der Nahrung in den Verdauungskanal gelangt. Die Funktion von I u. ihr Vork. bei anderen Insekten ist nicht eindeutig geklärt. (Ann. entomol. Soc. America **49.** 617—20. Nov. 1956. New Brunswick, State Univ. of New Jersey, Dep. of Entomol.; Rutgers Univ., New Jersey Agric. Exp. Stat.) H. GOEBEL. 421

K. S. Dodgson, F. A. Rose und **N. Tudball,** *Untersuchungen über Sulfatasen.* 23. Mitt. *Die enzymatische Entschwefelung von Tyrosin-O-sulfat.* (22. vgl. C. **1959.** 1505.) *Tyrosin-O-sulfat* wird von *Arylsulfatase* (I) aus menschlicher Leber geringfügig gespalten, dagegen von zwei anderen I-Präpp. (aus Leber) überhaupt nicht angegriffen. Eines dieser Präpp. war auch nicht zur Spaltung von *Glycyl-L-tyrosin-O-sulfat* u. nur zu geringer Spaltung von *Tyramin-O-sulfat* befähigt.

Versuche: *Monokaliumglycyl-L-tyrosin-O-sulfat, Trihydrat*, $C_{11}H_{13}O_7N_2SK \cdot 3\,H_2O$, aus 0,5 g Glycyl-L-tyrosin in 15 Min. zu 5 cm³ H_2SO_4 (D. 1,85) bei -8^0 zugesetzt u. 25 Min. gerührt. (Biochem. J. **71.** 10—15. Jan. 1959. Cardiff, Univ. of Wales, Dep. of Biochem.) A. HESSE. 4210

K. D. Gibson, W. G. Laver und **A. Neuberger**, *Die in vitro-Bildung von δ-Aminolävulinsäure aus Succinylcoenzym A und Glycin.* Die durch ein Partikelsyst. aus Erythrocyten anäm. Hennen katalysierte Neusynth. von *δ-Aminolävulinsäure* (I) aus Succinat (II) u. Glycin (III) benötigt O_2 u. wird durch Phosphat, Mg^{2+}, Coenzym A (IV) u. Pyridoxalphosphat (V) aktiviert. *α-Ketoglutarat* (VI) ist eine günstigere I-Vorstufe als **II.** Zerstörung der Partikel durch Homogenisierung oder Gefriertrocknung senkt die I-Synth. aus **III** u. **IV** um mindestens 80%. Ersatz von **VI** durch synthet. Succinyl-**IV** hat 40—80%ig. Reaktivierung der I-Bldg. zur Folge. Frisch isolierte, intakte Partikel können Succinyl-**IV** nicht verwerten. Das die I-Bldg. aus Succinyl-**IV** u. **III** katalysierende Syst. ist nach Gefriertrocknung anscheinend stabil u., mindestens teilweise, extrahierbar. **V** bewirkt Verdoppelung dieser I-Synth., die jedoch keinen O_2 benötigt u. durch Mg^{2+} oder Phosphat nicht aktiviert wird. **I** entsteht auch bei enzymat. Erzeugung von Succinyl-**IV** aus **II, IV** u. Adenosintriphosphat. Succinyl-**IV** ist nicht durch Succinylphosphat ersetzbar. (Biochem. J. **68.** 17 P. Febr. 1958. London, Paddington, St. Mary's Hosp., Dep. of Chem. Pathol.) K. MAIER. 4210

P. N. Campbell, Olga Greengard und **Barbara A. Kernot**, *Der Aminosäureeinbau in Serumalbumin durch Mikrosomenpräparate aus regenerierender Rattenleber.* Da die Serumalbumin (I)-Synth. eine charakterist. Funktion der Leberzellen ist, wurde die Fähigkeit zur I-Bldg. von Mikrosomen dieser Zellen untersucht. Nach Incubation von Mikrosomen regnerierender Rattenleber, in der der Aminosäureeinbau aktiver als bei n. verläuft, mit etwas Zellsaft in Ggw. von Adenosintriphosphat, ¹⁴*C*-Leucin u. ¹⁴*C*-Lysin, mit oder ohne Phosphoenolbrenztraubensäure (II) u. Fällung des Albumins nach Ultraschallzerkleinerung der Mikrosomen mit einem Antiserum zu Ratten-I ergab in Ggw. von **II** ein gegenüber den anderen Proteinen mindestens 5fach aktiveres **I**, d. h. es findet ein merklicher Einbau radioakt. Aminosäuren in das in den Mikrosomen zurückgehaltene **I** statt. Dieses Ergebnis zeigt die Synth. eines spezif. Proteins durch isolierte Mikrosomen. (Biochem. J. **68.** 18 P—19 P. Febr. 1958. London, Middlesex Hosp. Med School, Courtauld Inst. of Biochem.) K. MAIER. 4210

P. C. Shah und **H. K. King**, *Der Aminosäurebedarf für die Bildung des reduktiven Aminierungssystems bei Bacillus subtilis.* Die Bldg. des Brenztraubensäure + NH_3 in Alanin überführenden Aminierungsenzymsyst. bei *B. subtilis* hat offensichtlich die Ggw. von bestimmten Aminosäuren (I) u. I-Kombinationen zur Voraussetzung. Isoleucin erhöhte, dem Grundmedium zugesetzt, die Aktivität der Zellsuspensionen nicht, *Threonin* (II) von 8 auf 20 E., jedoch waren mehrere andere **I** ebenso oder stärker wirksam. Züchtungsverss. auf Nährböden mit zahlreichen I-Kombinationen ergaben, daß Steigerung oder Senkung der Enzymaktivität weitgehend von den übrigen vorhandenen **I** abhängt. Von 17 **I** ließen nur *Leucin* u. *Methionin* eine signifikante Aktivierung erkennen, während Glycin u. überraschenderweise **II** merklich hemmten. Zwischen der I-Wrkg. auf Wachstum u. Enzymbldg. war keine Korrelation feststellbar. (Biochem. J. **68.** 19 P. Febr. 1958. Liverpool, Univ., Dep. of Biochem.) K. MAIER. 4210

Sadahei Tanaka, *Die Histidindecarboxylase von Proteus morganii.* Suspensionen von gewaschenen Proteus morganii-Zellen (aus 16 Std.-Kulturen in Glucose–Pepton-Lsg.; p_H 6,5; 37⁰) decarboxylieren *Histidin* in einem p_H-Bereich von 4,0—8,0 zu *Histamin.* (Jap. J. Bacteriol. **13.** 1000—001. 25/11. 1958. Nagoya Daigaku, Igaku-Bu, Saikingaku-Kyōshitsu. [Orig.: japan.]) F. MOSSNER. 4210

Yonezo Suzuki, *Einige Bemerkungen über den Farbwechsel in der von Polyphenolase aus Scopolia japonica gebildeten purpurfarbenen Lösung.* Nach Vf. (vgl. C. **1958.** 9251) entsteht bei Wrkg. der *Polyphenolase* von Scopolia japonica auf *Brenzcatechin* (I) ein Purpurfarbstoff, welcher Aminosäuren, bes. *Glykokoll* (II) unter Aufnahme von O_2 u. Bldg. von NH_3 oxydiert, wobei Umschlag zu Grünblau (Maximum im Absorptionsspektr. bei 600 mμ) erfolgt. Durch *L-Cystein* (III) oder $Na_2S_2O_4$ wird dieses Maximum nicht geändert. — Andererseits kann die aus **I** + *L-Prolin* hervorgerufene Purpurfärbung unter anaeroben Bedingungen (THUNBERG-Röhrchen; 60 Min.; 35⁰) durch Zusatz von **II** erzielte Grünblaufärbung nicht durch Luft, $Na_2S_2O_4$, **III** oder H_2O_2 verändert werden, während die unter den gleichen Bedingungen mit *Homobrenzcatechin* statt **I** erzielte Färbung durch die genannten Zusätze geändert wird, u. zwar mit Luft, dann $Na_2S_2O_4$ u. dann **III** über Violett in Grün (durch H_2O_2 nicht weiter verändert), mit Luft, dannn **III** u. schließlich H_2O_2 über Violett in Grün u. schließlich wieder Violett. (Naturwissenschaften **45.** 187. 2. April-H. 1958. Toyama, Japan, Univ., Biol. Inst.) A. HESSE. 4210

Yonezo Suzuki, *Carboxylierung von Brenztraubensäure in Scopolia japonica.* (Vgl. vorst. Ref.) Gewebe (unterird. Stengel) der zu den Solanaceae gehörenden Scopolia japonica wurden mit gesätt. wss. Lsg. von *Phenylthioharnstoff* extrahiert, der Rückstand in Succinatpuffer von p_H 6,0 suspendiert; ferner wurde ein Acetonpulver draus gewonnen. Beide Präpp. vermögen *Brenztraubensäure* zu CO_2 + *Acetaldehyd* (als krist. Acetaldimedon nachgewiesen) zu decarboxylieren. — α-Ketoglutarsäure wird dagegen nicht decarboxyliert. (Naturwissenschaften **45.** 187. 2. April-H. 1958. Toyama, Japan, Univ., Biol. Inst.)
A. HESSE. 4210

Francis C. Neuhaus und **William L. Byrne,** *Stoffwechsel von Phosphoserin.* 1. Mitt. *Austausch von L-Serin gegen Phosphoserin.* Es wurden Verss. mit Homogenaten von Legehennen- u. Rattenleber sowie mit $(NH_4)_2SO_4$-Fraktionen der Homogenate durchgeführt. Bei Incubation mit ^{14}C-*L-Serin* (I) in Ggw. von *L-Phosphoserin* (II) bzw. mit ^{14}C-L-II in Ggw. von L-I erfolgt ein Einbau von ^{14}C-L-I in L-II bzw. ein Absinken der spezif. Aktivität von ^{14}C-L-II. Die Homogenate katalysieren die Rkk.: a) II $\xrightarrow{Mg^{2+}}$ I + Orthophosphat u. b) II + ^{14}C-I $\xrightarrow{Mg^{2+}}$ ^{14}C-II + I. Die Rk. b) ist abhängig von II u. Mg^{2+}; zugesetztes Adenosintriphosphat hat in Ggw. oder Abwesenheit von II keine Wirkung. Die durch Fällung mit $(NH_4)_2SO_4$ erhaltenen Fraktionen der Hühnerleberhomogenate wiesen ein konstantes Verhältnis der Aktivitäten nach a) u. b) auf, so daß sie auf ein Enzym (Phosphatase) zurückgeführt werden können. (J. biol. Chemistry **234.** 109—12. Jan. 1959. Durham, N. C., Duke Univ., School of Med., Dep. of Biochem.)
E. SCHWERDTFEGER. 4210

Francis C. Neuhaus und **William L. Byrne,** *Stoffwechsel von Phosphoserin.* 2. Mitt. *Reinigung und Eigenschaften der O-Phosphoserinphosphatase.* (1. vgl. vorst. Ref.) Aus wss. Extrakten von Hühnerleberacetonpulver wurde eine *O-Phosphoserinphosphatase* (I) durch fraktionierte Fällung mit $(NH_4)_2SO_4$, Entfernung von inertem Protein durch Ansäuern u. Wärmebehandlung (40°), erneute Fraktionierung mit $(NH_4)_2SO_4$, Adsorption an Al_2O_3-Cγ u. Acetonfraktionierung 20fach gereinigt. I katalysiert a) die Dephosphorylierung von *Phosphoserin* (II) u. b) einen Austausch zwischen *Serin* (III) u. II (vgl. 1. Mitt.), jedoch nicht den Einbau von ^{32}P-Orthophosphat in II. Das p_H-Optimum für b) liegt bei 6,9—7,3 u. für a) bei 5,9—6,6. I dephosphoryliert D- u. L-II mit gleicher Geschwindigkeit. K_m beträgt für L-II nach a) $5,8 \cdot 10^{-5}$mol. u. nach b) $5,7 \cdot 10^{-5}$mol., für D-II nach a) $4,2 \cdot 10^{-3}$mol. u. für L-III nach b) $4,1 \cdot 10^{-4}$molar. Für a) u. b) wird ein Reaktionsmechanismus vorgeschlagen. (J. biol. Chemistry **234.** 113—21. Jan. 1959.)
E. SCHWERDTFEGER. 4210

Kenneth Paigen, *Die Eigenschaften von Phosphoproteinphosphatase.* Es wird über die Herst. u. Eigg. von partiell gereinigter *Phosphoproteinphosphatase* (I) aus Mäuseleber berichtet. I greift sowohl α- als auch *β-Casein* an u. hat ein p_H-Optimum <6. Die I-Aktivität ist nicht zusammengesetzt aus kathept. u. saurer Phosphataseaktivität. Entkoppelnde Stoffe (Thyroxin, Trijodthyronin, 2.4-Dinitrophenol, Ca^{2+}) haben keine Wrkg. auf die Freisetzung von I aus Cytoplasmapartikeln oder auf die Aktivität von freier I. Die Aktivität ist SH- u. metallabhängig; Fe^{2+}, Ni^{2+} u. Cu^{2+} sind am wirksamsten, weniger wirksam sind Co^{2+} u. Mn^{2+}. I wird gehemmt durch *p-Chlormercuriphenylsulfonat*, H_2O_2 u. *1.10-Phenanthrolin,* aber nicht durch andere Metallkomplex-bildende Stoffe, *Ammoniummolybdat* ist ein starker Inhibitor für I (50% Hemmung mit 10^{-6}mol. Mo). Die Ergebnisse werden am besten durch Annahme eines Mechanismus erklärt, bei dem Metallionen das Enzym in einer akt. Konfiguration halten, selbst aber nicht bei der Substratbindung beteiligt sind (Abb.). — Zahlreiche Kurven. (J. biol. Chemistry **233.** 388—93. Aug. 1958. Buffalo, N. Y., Roswell Park Mem. Inst., Dep. of Exp. Biol.)
H. GOEBEL. 4210

G. P. Lewis, *Bildung von Plasmakininen durch Plasmin.* Bei der Einw. von *Plasma-Globulinen* auf das im Blut vorkommende proteolyt. Enzym Plasmin (I) entstand ein Plasma-Kinin (II). Es ließ sich zeigen, daß das aus dem Reaktionsprod. zwischen menschlichem I u. *Hunde-Pseudoglobulin* (III) gewonnene Pulver ein von *Bradykinin* nicht unterscheidbares II enthält. Von *Kallikrein* unterscheidet sich I durch seine Widerstandsfähigkeit gegenüber Wärme u. Säure. *Plasminogen* (IV), die inakt. Vorstufe des I, vermag erst durch Zusatz eines spezif. Aktivators, *Streptokinase,* proteolyt. zu wirken u. II zu bilden. Seine Aktivierung bildet wahrscheinlich die Ursache für den Stimulierungseffekt von mit Chlf. behandeltem Blutplasma auf Weichmuskeln. Es wird vermutet, daß I bei lokalen Rkk. in Geweben eine Rolle spielt, wenn IV in der zugehörigen Gewebe-Fl. aktiviert wird, was anschließend zu einer allmählichen Bldg. von II führt. (J. Physiology **140.** 285—300. 17/2. 1958. London, Mill Hill, Nat. Inst. for Med. Res.)
E. ÜHLEIN. 4210

H. T. Narahara und **Robert H. Williams,** *Reduktion von Insulin durch Rattenleberextrakte.* Vff. untersuchten die Red. von *Insulin* (I) durch *Glutathion* (II) in Ggw. von Rattenleberextrakten. Es konnte die Wrkg. von 2 verschied. Enzymsystemen abgegrenzt werden. Eines davon ist das Triphosphopyridinnucleotid-verknüpfte oxydierte Glutathionreduktasesyst. (III). III wirkt nicht direkt auf I, sondern regeneriert das durch I oxydierte II. Das 2. Enzymsyst. (hitzelabil, nichtdialysierbar) wird durch Jodessigsäure gehemmt, benötigt kein Triphosphopyridinnucleotid u. wirkt direkt auf I. Nach Ansicht der Vff. katalysiert das 2. Syst. die H-Übertragung von II auf I. Durch Säurefraktionierung des Leberextraktes konnte eine teilweise Trennung der beiden Enzymsysteme erreicht werden. (J. biol. Chemistry **234.** 71—77. Jan. 1959. Seattle, Wash., Univ., School of Med., Dep. of Med.) E. SCHWERDTFEGER. 4210

Suprayat Mukherjee, George Kunitake und **Roslyn B. Alfin-Slater,** *Die Veresterung von Cholesterin mit Palmitinsäure durch Rattenleberhomogenisate.* In Rattenleberhomogenisat wurde mittels $^{14}C_{(4)}$-*Cholesterin* (I) u. $^{14}C_{(1)}$-*Palmitinsäure* (II) eine *Esterase* nachgewiesen, die I mit langkettigen Fettsäuren (III) verestert. Die II-Veresterung mit I benötigt die Cofaktoren *Coenzym A* (IV) u. *Adenosintriphosphat* (V). Für den Reaktionsverlauf werden eine III-Aktivierung durch V unter Bldg. des Acyl-IV-Deriv. u. eine Transveresterungs-Rk., bei der III die IV-Gruppe gegen das I-OH unter I-Esterbldg. austauschen, angenommen. Zusatz von Acyl-IV-Derivv. steigerte die Veresterungsgeschwindigkeit erheblich. (J. biol. Chemistry **230.** 91—96. Jan. 1958. Los Angeles, Calif., Univ., Southern California School of Med., Dep. of Biochem. and Nutrit.) K. MAIER. 4210

Makoto Mino, *Untersuchungen über die Wirkung von Gewebeesterase auf Vitamin A.* 1. Mitt. *Bestimmung von Gewebeesterase für Vitamin-A-Ester.* Eine Prüfung der Bedingungen, unter denen Gewebeesterase auf Vitamin-A-Ester einwirkt, hatte folgendes Ergebnis: Die in 100 mg Leberhomogenat von Albinoratten u. in 50 mg Schweinepankreas-Acetonpulver vorhandene Gewebeesterase baut 1 cm^3 *Vitamin-A-Acetat* (bis zu 500 I.E.) in Ggw. von Stabilisatoren (*α-Tocopherol* 2 mg/cm^3, *Ascorbinsäure* 1 mg/cm^3) nach 30 Min. Incubieren auf 38° bei p_H 8,5 zu Vitamin-A-Alkohol u. Fettsäure ab. — Während *Tween 80* in großen Dosen (125 mg) die enzymat. Wrkg. hemmt, unterstützen kleinere Dosen (25 mg) den Abbau. (Vitamins [Kyoto] **14.** 248—54. 25/2. 1958. Ōsaka Shiritsu Daigaku, Igaku-Bu, Shōnika-Kyōshitsu. [Orig.: japan.; Auszug: engl.]) F. MOSSNER. 4210

Makoto Mino, *Untersuchungen über die Wirkung von Gewebeesterase auf Vitamin A.* 2. Mitt. *Über die Wirkung von Esterase der verschiedenen Gewebe und des Bluts auf Vitamin-A-Ester.* (1. vgl. vorst. Ref.) Die in der 1. Mitt. beschriebenen Verss. über den Abbau von *Vitamin-A-Estern* durch Gewebeesterasen wurden auch auf Pankreas (a), Nieren (b), Lungen (c), Milz (d), Darmwand (e) u. Muskulatur (f) von Albinoratten ausgedehnt. Für die Unterss. über *Blutesterase* (I) wurde Menschen- u. Rinderblut benutzt. Mit *Vitamin-A-Acetat* (II) als Substrat ist Optimum-p_H für a 8,5, für b, c u. e 9,0, für d u. f 9,8. II wird auch durch I hydrolysiert, während das Substrat *Vitamin-A-Palmitat* nur von Pankreasesterase abgebaut wird. Die Wirksamkeit der Esterasen (je 50 mg; 30 Min. 38°) verläuft in der Reihe a $>$ Leber $>$ b $>$ d $>$ c $>$ f $>$ e. — Während Plasma u. Serum keine Esterase enthalten, findet sich solche in Erytro- u. Leukocyten. (Vitamins [Kyoto] **14.** 255—64. 25/2. 1958. [Orig.: japan.; Auszug: engl.]) F. MOSSNER. 4210

Makoto Mino, *Untersuchungen über die Wirkung von Gewebeesterase auf Vitamin A.* 3. Mitt. *Über die Wirkung der Esterase auf Vitamin-A-Ester der Leber von Albinoratten nach Verabfolgung von CCl_4 oder nach Escherichia coli-Infektion.* (2. vgl. vorst. Ref.) Esterase aus Lebern von Albinoratten, die einmal peroral 0,05 cm^3 *CCl_4* (I) oder im Abstand von 1 Woche 4 mal 0,1 cm^3 I subcutan erhalten hatten bzw. mit Escherichia coli infiziert worden waren, baut *Vitamin-A-Acetat* nicht so wirksam ab wie die von gesunden Tieren. (Vitamins [Kyoto] **14.** 264—68. 25/2. 1958. [Orig.: japan.; Auszug: engl.]) F. MOSSNER. 4210

U. W. Kenkare und **Beatriz M. Braganca,** *Das Vorkommen von unabhängigen Abbausystemen für Folsäure und Citrovorumfaktor in Rattenleber.* Aus Rattenleber-Acetonpulver können Extrakte erhalten werden, die *Folsäure* (I) u. *Citrovorumfaktor* (II) an der C_9–N_{10}-Bindung unter Bldg. eines diazotierbaren Amins aufspalten. Zur Aktivität dieser Extrakte gegenüber I u. II müssen anwesend sein: Coenzym I, Adenosintriphosphat, Mn^{2+} u. Citrat. L-Glutaminsäure u. N-Formylglutaminsäure haben keinen Einfl. auf die Aktivität. Durch *A-Methopterin* wird der Abbau von I, nicht aber der von II gehemmt. Durch Fraktionierung der Acetonpulverextrakte mit $(NH_4)_2SO_4$ können die gegen I wirksamen Faktoren von den gegen II wirksamen getrennt werden. Das p_H-Optimum des I-Abbauenzyms liegt bei 5,5 u. fällt über p_H 6 stark ab, das Enzym des II-Abbaus hat sein Optimum bei p_H 6. Somit handelt es sich um zwei verschied. Enzymsysteme. (Nature [London] **181.** 548—49. 22/2. 1958. Bombay, Indian Cancer Res. Centre, Enzyme Chem. Dep.) F. Krusen. 4210

M. Burger, L. Hejmová und **A. Kleinzeller,** *Transport einiger Mono- und Disaccharide in die Hefezellen.* Vff. untersuchten die Permeabilität der Zellmembranen von *Saccharomyces cerevisiae* (S.c.) u. *S. fragilis* (S.f.) gegenüber verschied. Mono- u. Disacchariden. Die auf Bierwürze aerob bei 30° (24 Std.) gezüchteten Hefen wurden zentrifugiert u. in Phosphatpuffer (0,1 mol. Na_2HPO_4 + 0,1 mol. KH_2PO_4, p_H 5,5) suspendiert. Zuckerkonz.: 5%. Der Zuckergeh. der Hefezellen wurde nach verschied. Intervallen papierchromatograph. nach einer modifizierten Meth. nach Green u. Stone (Wallerstein Lab. Commun. **15.** [1952.] 51) ermittelt. Das Einströmen der *D-Galaktose* (I) u. *D-Arabinose* (II) in die Zellen von S.c. folgt einer Exponentialkurve. Das Gleichgewicht der Zuckerkonz. wird nach ca. 60 Min. erreicht. Die maximale Geschwindigkeit der I-Aufnahme beträgt $2{,}06 \pm 0{,}2$ µg/mg Hefetrockengewicht/Minute. *Glucose* (III) u. *Glucosamin* hemmen das Einströmen der I u. II in S.c. Vorangehende Belüftung der anaerob gewachsenen Hefezellen vermindert das Eindringen der I. In den Hefezellen läßt sich III nach Inhibierung mit Jodacetat nachweisen. Die Aufnahmefähigkeit der S.f. für *α-D-Methylglucosid* sowie der S.c. für *Trehalose* wurde nachgewiesen. III scheint infolge größerer Affinität zum Transportträger die Aufnahme der I kompetitiv zu hemmen. Der Nachw. der freien Zucker in der Hefezelle schließt die Theorie, nach der der Transport der Zucker in die Hefezelle durch Phosphorylierungs-Rkk. bewirkt wird, aus. (Biochem. J. **71.** 233—42. Febr. 1959. Prag, Czechoslov. Acad. of Sci., Biol. Inst., Dep. of Techn. Microbiol. and Labor. for Cell. Metabolism.) B. Görlich. 4270

Katashi Ichihara and others, eds., Proceedings of the International Symposium on Enzyme Chemistry, Tokyo and Kyoto 1957. New York: Academic Press. 1958. (555 S. m. Abb.) 8°. $ 16,50.

E_3. Mikrobiologie. Bakteriologie. Immunologie.

W. J. Nickerson, W. A. Taber und **G. Falcone,** *Physiologische Grundlagen der Morphogenese bei Pilzen.* 5. Mitt. *Wirkung von Selenit und Tellurit auf die Zellteilung bei hefeähnlichen Pilzen.* (4. vgl. C. **1956.** 1926.) Bei Konzz. von Na_2SeO_3 (I) oder $K_2 \cdot TeO_3$ (II), die schwach wachstumshemmend wirken, wird das filamentöse Wachstum von *Candida albicans* in GGY-Agarmedium unterdrückt, u. die Organismen wachsen ausschließlich in einer hefeähnlichen Form. Dieser Effekt ist nicht auf eine selektive Wachstumshemmung des filamentösen Typs zurückzuführen, sondern ist eine Folge erhöhter Zellteilung. Bei Rückimpfung auf n. Medium kehren alle Zellen zum filamentösen Wachstum zurück. Gesteigerte Zellteilung durch I u. II wurde ebenfalls bei *Hormiscium dermatitides* u. *Geotrichum* beobachtet. Aus einer C. albicans-Kultur wurde eine Mutante isoliert, die gegen I hochresistent ist. Diskussion der Eigg. von proteingebundenen Se (—SeH) im Vgl. zu Sulfhydrylgruppen. (Canad. J. Microbiol. **2.** 575—84. Okt. 1956. New Brunswick, N. J., State Univ., Rutgers Univ., Inst. of Microbiol.) H. Goebel. 4315

A. Bernard Lindenberg und **Simone Zuile,** *Der Anteil des nicht lösend wirkenden, gebundenen Wassers in der Hefezelle.* Auf Grund der Verteilungskoeffizienten von Nichtelektrolyten (Amide, Alkohole, Phenol, Harnstoff, Thioharnstoff u. Sulfanilamid) im intra- u. extracellulären W. von Hefe u. unter Berücksichtigung der dielektr. Inkremente leiten Vff. ab, daß 9% des intracellulären W. für Nichtelektrolyte als Lösungsm. nicht verfügbar oder impermeabel sind. Daraus ergibt sich andererseits, daß das Zellprotein (34% der Zellmasse) etwa die Hälfte seines Gewichts an W. bindet. (C. R. hebd. Séances Acad. Sci. **240.** 813—15. 14/2. 1955.) K. Maier. 4315

Teiichi Sasaki, *Über Aminosäuren des Proteins von Staphylococcus aureus. Ein Vergleich zwischen einem pathogenen und einem nichtpathogenen Stamm.* Die papierchromatograph. (Entwickler A: Phenol/W. 4:1; Entwickler B: n-Butanol/Essigsäure/W. 9:1:7) Unters. von 2 Staphylococcus aureus-Stämmen (der pathogene aus menschlichem Absceßeiter) auf Aminosäuren ergab das Vorliegen folgender 17 Aminosäuren: *Glutaminsäure, Cystin, Asparaginsäure, Serin, Glycin, Threonin, Lysin, Histidin, Arginin, Alanin, Tyrosin, Valin, Methionin, Prolin, Isoleucin, Leucin* u. *Phenylalanin.* Bei einem von 2 noch nicht identifizierten Flecken handelt es sich vermutlich um *α.α'-Diaminopimelinsäure.* (Jap. J. Bacteriol. **13.** 105—08. 25/2. 1958. Sapporo Ika-Daigaku, Biseibutsugaku-Kyōshitsu. [Orig.: japan.]) F. Mossner. 4315

Shō Miyamoto, Yoshikatsu Sakagishi, Masayuki Morita, Fumihiko Shimizu und **Katsuzō Hanazaki,** *Über hohe Voltzahl-Papierelektrophorese der Zellbestandteile* (*hauptsächlich der mit Ninhydrin färbbaren Fraktion*) *einiger Pigment-bildender Bakterien.* (Vorl. Bericht.) (Vgl. nachst. Ref.) Es wird eine App. beschrieben, die es ermöglicht, die Zellbestandteile farbstoffbildender Bakterien (Staphylokokken, Pyocyanens usw.) mit einer Spannung von 111 V/cm in 25 Min. auf 9 verschied. Zonen auf der Seite des negativen Pols zu verteilen. Nach der Elektrophorese werden die Prodd. in *n-Hexan* auf Tōyo-Filterpapier Nr. 51 gebracht u. nach Trocknung mittels 0,2%ig. *Ninhydrin-Aceton*-Lsg. gefärbt. (Jap. J. Bacteriol. **13.** 233—34. 25/3. 1958. Tōkyō Ika-Shika-Daigaku, Seikagaku-Kyōshitsu; Tōkyō Ika-Shika-Daigaku, Biseibutsugaku-Kyōshitsu. [Orig.: japan.]) F. MOSSNER. 4315

Shō Miyamoto, Yoshikatsu Sakagishi, Masayuki, Morita Fumihiko Shimizu und **Katsuzō Hanazaki,** *Über hohe Voltzahl-Papierelektrophorese der Zellbestandteile* (*hauptsächlich der mit Ninhydrin färbbaren Fraktion*) *einiger Pigment-bildender Bakterien.* (*Ergänzung zum Vorläufigen Bericht.*) (Vgl. vorst. Ref.) Bei Fortsetzung der elektrophoret. Unters. (25 Min. bei 111 V/cm) von farbstoffbildenden Bakterien unter Benutzung einer Essigsäure–Ameisensäure-Pufferlsg., p_H 1,5, gelang eine Verteilung auf 12 Zonen. (Jap. J. Bacteriol. **13.** 340—41. 25/4. 1958. [Orig.: japan.]) F. MOSSNER. 4315

James B. Ragland und **James L. Liverman,** *Sulfathemmung der Thiosulfatverwertung bei einigen Stämmen von Neurospora crassa.* Der Wildstamm von *Neurospora crassa* verwertet SO_4^{2-} als einzige *S*-Quelle. Die Mutanten 85518 u. T-156 benötigen SO_3^{2-} oder *Thiosulfat* (I; sulfite-less), die Mutante 80702 vermag von diesen Verbb. nur I zu verwerten (Thiosulfate-less). Die Verwertung von I, nicht aber von SO_3^{2-} wird bei allen 3 Mutanten durch SO_4^{2-} kompetitiv gehemmt. Es muß daher angenommen werden, daß der Stoffwechselweg des S ($SO_4^{2-} \rightarrow SO_3^{2-} \rightarrow S_2O_3^{2-} \rightarrow$ Cystein) komplizierter sein muß, u. daß wahrscheinlich von SO_3^{2-} ab ein Nebenweg existiert. (Arch. Biochem. Biophysics **76.** 496—508. Aug. 1958. Texas, College Stat., Agric. Exp. Stat., Dep. of Biochem. and Nutrit.) F. RADLER. 4320

C. H. Wang, J. J. Bialy, S. Klungsoyr und **C. M. Gilmour,** *Untersuchungen über die Biochemie von Streptomyces.* 3. Mitt. *Glucoseabbau bei Streptomyces griseus.* (2. vgl. C. **1957.** 5016.) Vff. untersuchten den zeitlichen Verlauf der Oxydation von ^{14}*C-Glucose* (I) u. von *Acetat* bei *Streptomyces griseus.* Junge Zellen nehmen erheblich mehr I in die Zellen auf als ältere; bei älteren Zellen wurden dagegen größere ^{14}C-Mengen in Abbauprodd. u. Medium gefunden. Die Bldg. von $^{14}CO_2$ nimmt mit dem Alter der Kulturen ab. Die Haupt-I-Menge wird nach EMBDEN-MEYERHOF-PARNAS abgebaut, ein kleiner Teil verläuft über die *Phosphogluconatdecarboxylierung.* Das Alter der Zellen scheint die Abbauwege für I etwas zu beeinflussen. — Diskussion der Ergebnisse. (J. Bacteriol. **75.** 31—37. Jan. 1958. Corvallis, Ore., State Coll. u. Sci. Res. Inst., Deps. of Chem. and Bacteriol.) H. GOEBEL. 4320

K. Sharada und **J. V. Bhat,** *Der Einfluß von Uracil auf die Säurebildung bei B. circulans.* In einem Caseinmedium mit Biotin u. Thiamin zeigten Adenin, Guanin u. Xanthin in Ggw. von Glucose, Maltose, Saccharose u. Raffinose als alleinigen Kohlenhydratquellen keinen Einfl. auf das Wachstum von Bac. circulans (B.c.). *Uracil* (I) steigert bei B.c. die Säureproduktion (Spr), wenn Galaktose als einzige Kohlenhydratquelle vorliegt (optimale I-Menge: 66,66 µg/ml). In Ggw. von B-Vitaminen (Riboflavin, Nicotinamid, Folsäure, Pantothensäure, p-Aminobenzoesäure, B_{12}) ist bei Fehlen von I im Medium keine vermehrte Spr zu beobachten; nur *Pyridoxin* wirkt ohne I-Zusatz stimulierend. In Ggw. von I wird jedoch durch alle B-Vitamine (mit Ausnahme von B_{12}) die Spr erhöht. (J. Indian Inst. Sci. **37.** Sect. A 272—75. Okt. 1955. Bangalore, Indian Inst. of Sci., Ferment. Technol. Labor.) D. MÜCKE. 4320

Y. Avi-Dor und **Sh. Miller,** *Die Wirkung von Elektrolyten auf die Aufnahme markierten Glutamats durch Bakterien.* Die Unters. des Einfl. von Elektrolyten (El) auf die Geschwindigkeit der Aufnahme markierten *Glutamats* (I) durch gewaschene *E. coli*- u. *Pasteurella tularensis*-Zellen zeigte, daß *KCl* bzw. *RbCl*, die bei *E. coli* bzw. *P. tularensis* die I-Oxydation beschleunigen, auch die Geschwindigkeit der I-Aufnahme der Zellen beschleunigen. Die Atmung nicht beeinflussende Kationen waren auch auf die I-Aufnahme ohne Wirkung. Ein KNO_3-$NaNO_3$-Gemisch beschleunigte die I-Aufnahme ebenso stark wie *KCl*, die beiden Komponenten für sich allein Aufnahme u. Oxydation dagegen nicht. Möglicherweise steuern El die Atmungsgeschwindigkeit über einen direkt mit dem Eindringen des Substrats verbundenen Prozeß. (Nature [London] **181.** 190—91. 18/1. 1958. Ness-Ziona, Israel, Israeli Inst. for Biol. Res.) K. MAIER. 4320

Tatuyuki Sugahara, *Nicotinsäure- und Nicotinsäureamidspaltung durch Mikroben.* Bei der Spaltung von *Nicotinsäure* (I) u. *Nicotinsäureamid* (II) durch *Pseudomonas nicotinophaga* nov. species, Stamm Nr. 41 (Kulturmedium: 0,3% I; 0,05% KH_2PO_4;

0,02% $MgSO_4 \cdot 7\ H_2O$) kann als Zwischenprod. *6-Hydroxynicotinsäure* (III) isoliert werden (Nachw. im UV-Spektr., λ_{max} 253). Wird im Kulturmedium I durch II ersetzt, dann erhält man außer III auch noch I. Die adaptierten Zellen bauen II zunächst zu I ab, das dann zu III oxydiert wird. Folgende Stoffe werden von der neuen Pseudomonasspecies nicht gespalten: α- u. *β-Picolin, Pyridoxinhydrochlorid, Picolinsäure, Isonicotinsäure, 3-Acetylpyridin, β-Pyridinsulfonsäure, Chinolinsäure, N-Methylnicotinsäure-2-pyridon, N-Methylnicotinsäure-6-pyridon, N-Methylnicotinamid-2-pyridon* u. *N-Methylnicotinamid-6-pyridon.* (Vitamins [Kyoto] **14.** 245—48. 25/2. 1958. Tōkyō, Joshi Eiyō Tanki Daigaku. [Orig.: japan.; Auszug: engl.]) F. Mossner. 4320

Germaine Cohen-Bazire und **R. Y. Stanier,** *Hemmung der Carotinoidsynthese bei photosynthetisch aktiven Bakterien. Spezifische Hemmung der Carotinoidsynthese bei einem photosynthetisch aktiven Bakterium und deren physiologischen Folgen.* Bei Zusatz von *Diphenylamin* (**I**; $7 \cdot 10^{-5}$ mol.) zu einer im exponentiellen, photosynthet. Wachstum befindlichen *Rhodospirillum rubrum*-Kultur hört die Synth. farbiger Carotinoide (**II**) sofort auf, während Entw. u. Bakteriochlorophyll (**III**)-Synth. weitergehen. Die **I**-Hemmung der n. **II**-Synth. ist von einer massiven intracellulären Speicherung stärker gesätt. *Polyene* (**IV**) begleitet, die in n. Zellen nicht nachweisbar sind. Die Hauptkomponente ist *Phytoen,* neben kleineren Mengen *Phytofluen, ζ-Carotin* u. *Neurosporen.* Der Gesamt-**IV**-Geh. der in **I**-Ggw. gewachsenen Zellen ist weit größer als der **II**-Geh. n. Zellen. Durch die Erschöpfung an **II** wird in den Zellen eine Lichtempfindlichkeit hervorgerufen (Absterben der Zellen in Ggw. von Luft u. Licht, Zerstörung von **III**, Hemmung der endogenen **II**-Synth.). Bei Entfernung von **I** erfolgt rasch wieder **II**-Synth. auf Kosten gespeicherter endogener Vorstufen. Die Neubldg. farbiger **II** ist von einem Rückgang der induzierten Lichtempfindlichkeit begleitet. Die sich infolge **I**-Einw. speichernden **IV** sind fast ausschließlich in den Chromatophoren lokalisiert, d. h. die Endstufen der **II**-Synth. aus stärker gesätt. **IV** nach **I**-Ausschluß finden anscheinend in diesen Partikeln statt. Die Substrate der endogenen **II**-Synth. befinden sich demnach ganz in der Nähe von **III** u. sind der **III**-katalysierten Photooxydation stark ausgesetzt. (Nature [London] **181.** 250—52. 25/1. 1958. Berkeley, Calif., Univ., Dep. of Bacteriol.) K. Maier. 4320

R. C. Fuller und **I. C. Anderson,** *Hemmung der Carotinoidsynthese und deren Wirkung auf die Aktivität photosynthetisch wirksamer Bakterienchromatophoren. Chromatium,* ein photosynthet. wirksames Schwefelbacterium, wird bei Züchtung in Ggw. von *Diphenylamin* (**I**) infolge Hemmung der *Carotinoid* (**II**)-Bldg. blaugrün. In Abwesenheit von **I** erfolgt wieder **II**-Bildung. Aus n. u. **II**-freien Bakterien isolierte Chromatophoren (144000 g) absorbieren bei 807, 825, 840 u. 895 (n.) bzw. 807 u. 830 mμ (**II**-freie). Im Ultrarotspektr. **I**-modifizierter *Chromatium*-Chromatophoren beobachtete Maximaverschiebungen beruhen möglicherweise auf Ersatz gefärbter **II**-Verbb. durch Polyenvorstufen. Die Adenosintriphosphatsynth. in Ggw. von Licht u. Abwesenheit von O_2 durch isolierte *Chromatium*-Chromatophoren (Photophosphorylierung) wird durch die **II**-Verringerung prakt. nicht beeinflußt. In Ggw. von Licht + O_2 geht die Aktivität völlig verloren. Nach diesen Befunden sind gefärbte Carotinoide bei der Bldg. energiereichen Phosphats durch Photophosphorylierung unbeteiligt. (Nature [London] **181.** 252—54. 25/1. 1958. Upton, Long Island, N. Y., Brookhaven Nat. Labor., Biol. Dep.) K. Maier. 4320

R. B. Merrifield, *Kompetitive Hemmung eines strepogeninaktiven Peptids durch verwandte Peptide.* Das Wachstum von *Lactobacillus casei* wird gehemmt durch *Threonylthreonylasparaginylglutaminylalanyllysin* u. *L-Threonyl-L-histidyl-L-leucyl-L-valyl-L-glutaminsäure* (**I**); bei dieser Hemmung wirkt *L-Seryl-L-histidyl-L-leucyl-L-valyl-L-glutaminsäure* (**II**) als kompetitiver Antagonist. Die Hemmung ist nicht kompetitiv reversibel mit großen *L-Serin*-Mengen. Diskussion u. Schema der Wechselwrkg. zwischen **II** u. freiem *Serin.*

Versuche: *Carbobenzoxy-L-threonin,* $C_{12}H_{15}NO_5$, F. 103—104°; aus L-Threonin u. Chlorameisensäurebenzylester in Ggw. von MgO; aus Essigester kurze Nadeln; $[\alpha]_D^{28}$ —5,5° (4% in CH_3COOH); 71%. — *Carbobenzoxy-L-threonyl-L-histidinmethylester,* $C_{19}H_{24}N_4O_6$, F. 120—121°; 0,03 Mol vorst. Verb. in 60 ml CH_2Cl_2 zu einer Lsg. von 0,03 Mol. *L*-Histidinmethylesterdihydrochlorid u. 6,95 ml $(C_2H_5)_3N$ in CH_2Cl_2, dann Zusatz von 6,46 g Dicyclohexylcarbodiimid in 5 ml CH_2Cl_2, 3 Std. bei Zimmertemp., 0,2 ml $CH_3 \cdot COOH$ zusetzen, nach 12 Std. Dicylohexylharnstoff abfiltrieren, Lsg. mit wss. $NaHCO_3$ waschen, trocknen u. eindampfen; aus A., dann Essigester Kristalle; $[\alpha]_D^{28}$ —16° (4,3% in CH_3COOH); 95%. Durchführung der Rk. in CH_2Cl_2 verhindert die Bldg. von N-(Carbobenzoxy-L-threonyl)-N.N'-dicyclohexylharnstoff. — *Carbobenzoxy-L-threonyl-L-histidinhydrazid,* $C_{18}H_{24}N_6O_5$, F. 179—180°; durch 1 std. Kochen einer 5%ig. Lsg. vorst. Verb. in A. mit 2 Äquivalenten Hydrazinhydrat, dann im Vakuum eindampfen; aus A., dann

W. mkr. Nadeln; $[\alpha]_D^{28}$ -13^0 (2% in A.). — *Carbobenzoxy-L-threonyl-L-histidyl-L-leucyl-L-valyl-L-glutaminsäurediäthylester*, $C_{38}H_{57}N_7O_{11}$, F. 222—224°; Eintropfen von 175 mg $NaNO_2$ in 2 ml W. in eine gekühlte Lsg. von 0,808 g vorst. Verb. in 10 ml n-HCl, nach 10 Min. Zusatz von 0,905 g L-Leucyl-L-valyl-L-glutaminsäurediäthylesterdihydrochlorid u. 50 ml Essigester, Zugabe von 3,66 g K_2CO_3 in 5 ml W., schütteln, abtrennen, wss. Phase 2mal mit Essigester extrahieren, Essigester-Lsgg. trocknen, 24 Std. auf 25°, filtrieren u. einengen (1,13 g); aus 50%ig. CH_3OH, dann 50%ig. A. Kristalle; $[\alpha_D]^{28}$ -51^0 (1,9% in A.); 330 mg. — *L-Threonyl-L-histidyl-L-leucyl-L-valyl-L-glutaminsäure, Monohydrat*, $C_{26}H_{43}N_7O_9 \cdot H_2O$ (4 Std. bei 78° getrocknet); aus 100 mg vorst. Verb. in 10 ml 12n HCl (1 Std., 37°), im Vakuum zur Trockne dampfen, Rückstand über KOH trocknen, in 2 ml W. lösen, Lsg. mit $(CH_3)_2NH$ auf p_H 5 einstellen, filtrieren (Lsg. enthielt noch je 5% Mono- u. Diester), 10 ml A. zusetzen u. kühlen; weißes Pulver; 27 mg. (J. biol. Chemistry **232.** 43—54. Mai 1958. New York, N. Y., Rockefeller Inst. for Med. Res.) H. GOEBEL. 4330

Quentin N. Myrvik und **Eva Soto-Figueroa,** *Ein neues tuberkulostatisches Protein aus Rindermilz.* Aus Rindermilz wurde ein *Protein* (I) isoliert, das gegen virulente Säugetier-Tuberkelbacillen (Tb) tuberkulostat. wirkt. I hat einen isoelektr. Punkt bei p_H 4,8, ist nicht dialysierbar, wird bei p_H 7,0 durch Erhitzen nicht u. bei p_H 3,0 rasch inaktiviert. Gegen virulente menschliche Tb ist I etwas wirksamer als gegen bovine Tb; gegen Mycobacterium smegmatis u. M. phlei ist es inaktiv. Nach Hydrolyse von I wurde chromatograph. *Alanin, Cystin, Glutaminsäure* u. *Leucin* nachgewiesen. (Amer. Rev. Tubercul. **78.** 93—100. Juli 1958. Charlottesville, Va., Univ., School of Med., Dep. of Microbiol.) H. GOEBEL. 4330

Thomas D. Brock, *Die Umkehr der Thyminxylosidhemmung bei Escherichia coli durch Glutathion. Thyminxylosid* (I) hemmt das Wachstum von *E. coli* (Wildtyp) in synthet. Nährlsg. (Na_2HPO_4, NaH_2PO_4, NH_4Cl, NaCl, $MgSO_4$, KCl, Glucose). Die Hemmung wird äußerst wirksam durch *Glutathion* (II) kompetitiv aufgehoben, wobei 0,1 Mol II 1 Mol I kompensiert. Purin- u. Pyrimidinbasen sowie Nucleoside geben keinen signifikanten Effekt, während ein Aminosäurepräp. (Casamino-acids „Difco") eine gewisse enthemmende Wrkg. zeigte. Einzelaminosäuren haben keinen dem Kombinationspräp. analogen Effekt. (Nature [London] **181.** 269—70. 25/1. 1958. Kalamazoo, Mich., Upjohn Co., Res. Labors.) K. MAIER. 4330

J. Supniewski, K. Bednarz und **J. Krupińska,** *Aminoguanidin- und Thiosemicarbazidderivate von Chinonen und ihre biologischen Eigenschaften.* Es wird über die Darst. u. die antibakteriellen u. pharmakol. Eigg. von *Aminoguanidin-* u. *Thiosemicarbazidderivv.* von *Benzo-, Tolu-* u. *Thymochinon* berichtet. Folgende *Aminoguanidinochinone* wurden nach der Meth. von THIELE u. BARLOW, Liebigs Ann. Chem. **302.** [1898.] 311 durch Erhitzen der Chinone mit Aminoguanidindinitrat in wss. A. mit HNO_3-Zusatz dargestellt (Freisetzung der freien Basen mit konz. NH_4OH): *Aminoguanidinobenzochinon*, F. 212—215° (Zers.), rote Kristalle. *Nitrat*, F. 186° (Zers.). *Thiosemicarbazon*, F. 192 bis 194°. — *Aminoguanidinotoluchinon*, F. 209—210°, braune Kristalle. *Thiosemicarbazon*, F. 183 bis 184° (Zers.). — *Aminoguanidinothymochinon*, F. 212—213°. *Thiosemicarbazon*, F. 187—180° (Zers.). Die Verbb. wirken in vitro gegen *Streptokokken, Staphylococcus aureus* u. *Clostridium tetani* stark bakteriostat.; gegen Escherichia coli besteht schwache, gegen Mycobacterium tuberculosis keine Wirkung. In vivo besteht teilweise Wirksamkeit. (Bull. Acad. polon. Sci., Cl II **4.** 137—40. 1956. Cracow, School of Med., Dep. of Pharmacol.) H. GOEBEL. 4330

Robert A. Patnode und **Paul C. Hudgins,** *Wirkung von Kanamycin auf Mycobacterium tuberculosis in vitro.* Vff. untersuchten die Wrkg. von *Kanamycin* (I) auf *Mycobacterium tuberculosis* in modifiziertem Medium nach PROSKAUER u. BECK mit oder ohne Zusatz von *Serum* oder *Albumin.* I hemmt *BCG-* u. *Ravenelstämme* unabhängig vom Medium in Konzz. von 0,62 γ/ml vollständig. Bei *H37Rv* wird die Hemmung durch *Serum-* oder *Albumin*-Zusatz beeinflußt; im Basalmedium wirken 0,62 γ I bei 5wöchiger Bebrütung völlig wachstumshemmend; bei Anwesenheit von Serum oder Albumin muß die I-Konz. erhöht werden. (Amer. Rev. Tubercul. **78.** 138—39. Juli 1958. Washington, D. C., Veterans Admin. Hosp., Tuberculosis Res. Labor.) H. GOEBEL. 4330

A. H. Hamdy, L. C. Ferguson, V. L. Sanger und **E. H. Bohl,** *Die Empfänglichkeit von Pleuropneumonie-ähnlichen Organismen auf die Wirkung der Antibiotica Erythromycin, Chlortetracyclin, Hygromycin, Magnamycin, Oxytetracyclin und Streptomycin.* In vitro-Teste der Antibiotica *Erythromycin* (I), *Oxytetracyclin* (II), *Magnamycin* (III), *Chlortetracyclin* (IV), *Streptomycin* (V) u. *Hygromycin* (VI) gegen 4 Pleuropneumonie-ähnliche Organismen (PPLO) zeigten starke Hemmung von I, II u. III gegen PPLO. Etwas geringer hemmten auch **IV, V** u. **VI.** Die hierfür notwendigen Konzz. werden in einer Tabelle angezeigt. Dieselbe Reihenfolge konnte auch bei Verss. in ovo beobachtet werden. Die größte chemotherapeut. Aktivität gegen ein aus dem Sinus des Truthahns isolierten PPLO konnte mit I erzielt werden. II u. III zeigten ähnliche Ergebnisse. Bei in vivo-Verss. gesundeten 18 von 20 Truthähnen nach vorheriger Infektion mit PPLO durch eine I-Therapie. (Poultry Sci. **36**. 748—54. Juli 1957. Wooster, Ohio Agric. Exp. Stat., Dep. of Vet. Sci.) H. Dölle. 4340

J. M. Barry und **Elizabeth Ichihara**, *Die Biosynthese von Gramicidin S. Bacillus brevis* wuchs bei Belüftung u. 37° in Ggw. der 5 Aminosäuren des *Gramicidin S* (I) normal. Alkoh. Extrakte dieser Bakterienkultur ergaben auf dem Papierchromatogramm in Butanol–Eisessig denselben R_F-Wert wie I. Nach der Hydrolyse wurden die 5 Aminosäuren in äquimol. Werten erhalten. Junge Kulturen bildeten beim Fehlen einer oder aller Aminosäuren erheblich weniger I, während ältere Kulturen hierin keinen Unterschied zeigten, die aber auch bei Ggw. aller Aminosäuren nur halb soviel I bilden. Verss. mit *^{14}C-DL-Phenylalanin* u. *^{14}C-L-Valin* zeigten, daß weniger als $^1/_3$ der Aktivität in I eingebaut wird. Die Papierchromatographie zeigte noch drei weitere Peptide, wovon eins nach Hydrolyse alle Aminosäuren von I außer Ornithin enthält, wofür eine unbekannte Aminosäure in äquimol. Konz. vorhanden war. Die anderen beiden Peptide enthielten Valin, Leucin, Prolin u. eine andere unbekannte Aminosäure. Vff. stellten fest, daß zu Beginn der I-Bldg. die freien Aminosäuren zur Bldg. von Intermediärverbb. notwendig sind, während die Endstufen als einfache Rkk. erkannt wurden. (Nature [London] **181**. 1274. 3/5. 1958. Baltimore, Md., Univ., McCollum-Pratt Inst.) H. Dölle. 4340

Plutarco Naranjo, Alvaro Muñoz und **J. Carillo de Morreno**, *Untersuchung der additiven Wirkung von Kobalt mit verschiedenen Antibioticis.* Durch 0,12—0,25 µg/ml *Co* wird die antibakterielle Wrkg. von *Penicillin* gegen *Micrococcus pyogenes var. aureus, Streptococcus pyogenes haemolyticus, E. coli* u. *Klebsiella* sp. 3—5fach gesteigert. Bei anderen Antibioticis (*Oxytetracyclin, Sygmamycin, Dihydrostreptomycin, Erythromycin, Oleandomycin, Chloramphenicol*) bewirkt Co nur eine geringfügige oder keine Steigerung der antibakteriellen Aktivität. (Arch. int. Pharmacodynam. Thérap. **116**. 1—16. 1/8. 1958. Quito, Ecuador, Univ., Res. Dep. of Life Labor., Dep. of Pharmacol.) F. Radler. 4340

V. Ševčík, *Über die Einwirkung von Blutserum auf Antibiotica mit Hilfe von Plattentesten.* Vf. prüft antibakterielle Antibiotica auf Agarmedium mit der Testmikrobe *Bacillus subtilis* für die Diffusionstitration von *Streptomycin* (I) oder *Chlortetracyclin* (II). Zur Durchführung wird zunächst auf Glasplatten eine heiße, sterile Grundlagenschicht gegossen. Nach dem Erstarren derselben werden Agarblöckchen mit herangewachsenen Actinomyceten in Löcher von 6 mm Durchmesser eingesetzt. Auf die Grundschicht wird dann in eine Hälfte der Platte steriler 2%ig. Agar, dem Pferde- oder Rinderblut hinzugefügt worden ist, gebracht u. auf die Grundschicht der anderen Hälfte die gleiche Menge Agar ohne Blutserum (zur Kontrolle) gegossen. Auf die erstarrte mittlere Schicht kommt nach 6 Std. der mit den Testmikroben beimpfte Oberflächenagar. Die Platten werden über Nacht bei 37° incubiert. Es zeigt sich, daß die Größe der Hemmzonen auf dem Boden mit Blutserum bei den bekannten Antibioticis [I, II, *Erythromycin, Actinomycin B* u. *B 8* (III), *Heptaen*] nicht viel von der Größe der Hemmzonen auf der Kontrollhälfte (ohne Blutserum) unterschieden ist. Nur bei III, das durch Blutserum inaktiviert wird, fehlen die Hemmzonen; auch wenn sie sich im Kontrollvers. relativ groß zeigen. Die vorst. Meth. ist wegen Einfachheit u. rascher Handhabung bes. für die ersten Auswahlteste beim Suchen nach neuen Antibioticis geeignet. (Naturwissenschaften **45**. 132. 2. März-H. 1958. Praha, Tschechoslovak. Akad. der Wiss., Biol. Inst.) P. Fahrnlaender. 4340

Bernd Ettig, *Untersuchungen zur Frage des Saprophytismus der Dermatophyten im Erdboden.* 1. Mitt. *Antagonisten hautpathogener Pilze aus natürlich belebten Böden.* Unter den bodenbewohnenden Bakterien u. Actinomyceten sind starke Antagonisten hautpathogener Pilze vorhanden. Die erwiesene Empfindlichkeit verschied. *Dermatophyten* (D) gegen mikrobielle Hemmstoffe u. das Ergebnis orientierender Vorverss. mit Erdkulturen machen es sehr wahrscheinlich, daß dieser Antagonismus auch im Erdboden besteht. Inwieweit die Anschauung von einer saprophyt. Phase der D im Erdboden einer Korrektur bedarf, kann entschieden werden, wenn die Beeinflussung der D durch die Bodenmikroflora in Böden verschied. Herkunft überprüft u. der Beweis für eine Wachstumshemmung erbracht worden ist. (Arch. klin. exp. Dermatol. **207**. 24—33. 24/4. 1958. Jena, Friedrich-Schiller-Univ., Hautklin.) H. Goebel. 4350

Alastair C. Wardlaw, Livia Blum und **Louis Pillemer**, *Der Austausch des Magnesiums mit Kobalt und Mangan bei der Reaktion des Properdinsystems mit Bakterien und Zymosan.* Unter 22 geprüften Kationen waren außer Mg nur Co u. Mn fähig, die baktericide Wrkg. eines mit Kationenaustauschern behandelten Serum wiederherzustellen u. die Bldg. des Properdin–Zymosan-Komplexes bei 7° zu ermöglichen. Die Inaktivierung des C'_3 bei 37° erfolgt jedoch nur in Ggw. von Mg oder Co. (J. Immunology **81**. 43—47. Juli 1958. Cleveland, Ohio, West. Res. Univ., Inst. of Pathol.) E. FISCHOEDER. 4370

William R. Clark, Joseph McLaughlin und Marion E. Webster, *Eine Aminohexuronsäure als Hauptkomponente der Vi-Antigenhydrolyse.* (Vgl. C. **1950/54.** 1818 S.) Bei der Hydrolyse von *Vi-Antigen* (I), einer immunogenen Komponente von *Salmonella typhosa, Escherichia coli* u. *Paracolobactrum ballerup,* mit starken Mineralsäuren (z. B. konz. HCl, ca. 100°) wurde als Hauptspaltungsprod. ein *Aminohexuronsäure* (II)-*Hydrochloriddihydrat,* $C_6H_{12}ClNO_6 \cdot 2H_2O$, Dunkelfärbung ab 140°, krist. (Ausbeute 35%) oder amorph (80%) isoliert; $R_{Glucosamin\text{-}HCl}$ ca. 0,75 (n-Butanol–W.–Essigsäure, 38 : 50 : 12), λ_{max} 5,73 (CO), 2,8—3,5 (CH, NH, OH), 9—10 (COC, CO, COH), 6,25 u. 6,65 μ (NH-Deformation). I ist wahrscheinlich ein Polymeres N-acetylierter Aminohexuronsäuren, die vermutlich glykosid. (α-Konfiguration) in 1 → 3-Stellung verknüpft sind. In I-Hydrolysaten wurden *Asparaginsäure* (2,3%), *Glutaminsäure* (1,7%), *Glycin* (0,8%) identifiziert. DE BARBIERI wies in Hydrolysaten eines anderen I-Präp. 11 Aminosäuren (obige u. *Alanin, Serin, Threonin, Prolin, Valin, Leucin, Phenylalanin, Cystin*) nach. (J. biol. Chemistry **230**. 81—89. Jan. 1958. Washington, D. C., Walter Reed Army Inst. of Res., Dep. of Biol. Res. and Dep. of Biochem.) K. MAIER. 4370

Ming-yuan Yang (Akihiko Fukumoto), *Untersuchungen über die Bildung eines starken Toxins aus Clostridium oedematiens.* 1. Mitt. *Über verschiedene Grundbedingungen für die Bildung eines starken Toxins mittels des Dialysekulturverfahrens.* Clostridium oedematiens wird bei 37° im Inneren eines Cellophanbeutels gezüchtet, der in 10 cm³ physiol. NaCl-Lsg. 0,01% *Thioglykolsäure, Na-Salz* u. 2 cm³ Clostridium oedematiens-Leberbouillon enthält. Das äußere Dialysat bilden 100 cm³ Fl. aus mittels 10 g *Papain* 4—5 Std. bei 45—50° hydrolysiertem Rind- oder Pferdefleisch (1 kg) mit einem Zusatz von 0,5% Glucose u. 0,3% Na_2HPO_4; p_H 6,0—7,5. Nach 96 Std. ist die minimale DL/cm³ (Maus) des so erhaltenen Toxins 100,000. (Jap. J. Bacteriol. **13**. 149—55. 25/2. 1958. Tokyo Daigaku, Densenbyō-Kenkyūsho; Gumma Daigaku, Igaku-Bu, Biseibutsugaku-Kyōshitsu. [Orig.: japan.]) F. MOSSNER. 4370

Ming-yuan Yang (Akihiko Fukumoto), *Untersuchungen über die Bildung eines starken Toxins aus Clostridium oedematiens.* 2. Mitt. *Versuche zur Produktion größerer Mengen des hochwirksamen Toxins nach dem Cellophandialysekulturverfahren mit Kulturen verschiedener Generationen und Versuche zur Immunisierung von Meerschweinchen mit Formoltoxoiden.* (1. vgl. vorst. Ref.) In größeren Gefäßen hergestelltes Toxin (Züchtung von mehreren Generationen von Clostridium oedematiens durch Wechsel der Salz-Lsgg. innerhalb des Cellophanröhrchens) mit einem niedrigen Titer (minimale DL/cm³ [Maus] 8000) u. einem hohen (minimale DL/cm³ [Maus] 50000) wurde durch Zusatz von *Formalin* (0,3%ig u. später 0,1%ig) detoxifiziert u. zu Immunisierungsverss. an Meerschweinchen benutzt. Beide Toxoide, in gleichen E. verabfolgt, erhöhten den *Antitoxin*-Geh. von $< 0{,}02$ E./cm³ Blut vor der 1. Injektion 6 Wochen später auf 0,17 E./cm³. (Jap. J. Bacteriol. **13**. 156—60. 25/2. 1958. [Orig.: japan.]) F. MOSSNER. 4370

William H. McCollum, E. R. Doll und John T. Bryans, *Die Verwendung der mit Perjodat behandelten Newcastle-Diseasesviren als Antigene im Hämagglutinationshemmtest.* Aliquote Teile des mit u. ohne Dialyse gewonnenen Allantoisflüssigkeitsvirus, die mit den Virenstämmen GB, Roakin u. B1 infiziert wurden, werden mit Perjodat-Lsgg. in Konzz. von $^1/_{200}$, $^1/_{400}$, $^1/_{800}$, $^1/_{1000}$ u. $^1/_{3200}$mol. behandelt. Bei der Best. des Titers der Hämagglutination (HA) konnte lediglich bei der $^1/_{200}$mol. Konz. ein merklicher Einfl. auf die Stabilität des *Hämagglutinin* (I) der undialysierten Fl. beobachtet werden. Die dialysierte Fl. zeigte einen starken Einfl., indem eine $^1/_{200}$mol. Konz. das gesamte I zerstörte. Vff. untersuchen anschließend die Antigeneigg. der perjodatbehandelten Viren im Hemmtest. Hierzu werden die Allantois-Fll. von GB u. Roakin gewonnen u. in 3 Teile geteilt. Ein Teil wird in 3 ml aliquoten Teilen bei —20° eingefroren, ein anderer mit Formalin auf die Endkonz. von 0,1% gebracht u. bei 4° gerührt. Die Rest-Fl. wird gegen Salz dialysiert u. mit $^1/_{800}$mol. Perjodat als Endkonz. 10 Min. behandelt. Blieb der HA-Titer der eingefrorenen u. perjodatbehandelten Antigene während 18 Monaten unbeeinflußt, so agglutinierten die formalinbehandelten Antigene die roten Blutkörperchen noch nach dieser Zeit unter starkem Nachlassen des Titers. Der Hämagglutinations–Hemmtest-Titer blieb nach 40 Min. bei allen Antigenen gleich, obwohl eine Tendenz einer Erhöhung der formalinbehandelten Antigene besteht. Die völlige Elution konnte bei allen unbehandelten oder mit formalinbehandelten Antigenen bereits nach 2 Std. beobachtet werden, während die Agglutination der perjodatbehandelten Viren bis zu 12 Std. stabil war. (Poultry Sci. **36**. 855—58. Juli 1957. Lexington, Ky., Agric. Exp. Stat., Dep. of Animal Pathol.) H. DÖLLE. 4374

O. Armbruster und **U. Beiss,** *Die Untersuchungen der Phosphatidkomponenten von Viren der Influenzagruppe.* (Vgl. das folgende Ref.) Die papierchromatograph. Unters. der Lipid (**I**)-Anteile aus n. u. mit Influenzavirus infiziertem Eimaterial sowie aus gereinigtem Influenzavirus u. Virus der klass. Geflügelpest zeigte, daß der Gesamt-**I**-Geh. von Allantois-Fl., nach der Infektion verdoppelt, die Phosphatid (**II**)-Mengen jedoch kleiner als in n. Allantois-Fl. sind. Der durch die Infektion verringerte **II**-Anteil wird vorzugsweise in das Virus eingebaut. Die Virus-**II**-Fraktion enthält Sphingomyelin, Lecithin, geringe Mengen Colaminkephalin u. erhebliche Mengen Cerebroside, sowie eine gangliosidähnliche Substanz. Serinkephalin u. Acetalphosphatide waren nicht auffindbar. Die **I**-Zus. von Influenza- u. K-P-(klass. Geflügelpest-)Virus ist verschieden. Die Infektion verändert den **I**-Stoffwechsel der befallenen Zelle grundlegend. (Z. Naturforsch. **13b.** 75—79. März 1958. Tübingen, Bundesforschungsanst. für Viruskrankheiten der Tiere.) K. MAIER. 4374

U. Beiss und **O. Armbruster,** *Die qualitative Bestimmung von Phosphatiden durch Papierchromatographie.* (Vgl. vorst. Ref.) Die Lösungsmittelsysteme Diisobutylketon (**I**)–Methylisobutylketon (**II**)–Methyläthylketon (**III**)–Chlf.–98%ig. HCOOH–W. (30 : 26 : 10 : 100 : 30 : 3) (A) u. Tetrahydrofuran (peroxydfrei) (**IV**)–**I**–W. (45 : 5 : 6) (B) ermöglichen die papierchromatograph. Zerlegung von Phosphatid (**V**)-Gemischen (auch von Lipidrohextrakten) im ein- u. zweidimensionalen Chromatogramm. Zur Best. einzelner **V**-Komponenten können in manchen Fällen die Systeme **I**–HCOOH–W. (40 : 15 : 2) (C), **I**–**II**–**III**–HCOOH–Glycerin (30 : 20 : 25 : 10 : 3) (D) u. **IV**–Ae.–W. (60 zu 15 : 10) (E) vorteilhaft sein. Nachweis-Rkk.: Ninhydrin, Dipikrylamin, Rhodamin B, Kombinationsfärbung mit vorst. 3 Reagentien, Molybdänreagens nach ZINZADZE, OsO_4, $HgCl_2$-fuchsinschweflige Säure. R_F-Werte (A–E). Cerebrosid II, 0,09, 0,29, —, 0,00, Front; Sphingomyelin, 0,63, 0,27, 0,58, 0,68, 0,50; Lecithin, 0,70, 0,32, 0,69, 0,76, 0,68; Colaminkephalin, 0,57, 0,37, 0,57, 0,61, 0,78; Cerebrosid III, 0,41, 0,64, 0,59, 0,00, Front; Cerebrosid IV, 0,53, 0,71, 0,69, 0,00, Front; Cholesterin, $>$ 0,90, $>$ 0,90, $>$ 0,90, $>$ 0,90, Front; Acetalphosphatid II, 0,81, 0,60, 0,80, 0,85, Front; Acetalphosphatid I, 0,57, 0,37, 0,57, 0,61, 0,78; Serinkephalin, 0,43, 0,21, 0,45, 0,46, 0,54; Gangliosid I, 0,00, 0,03, 0,00, 0,00, 0,04; Gangliosid II, 0,00, 0,08, 0,00, 0,00, 0,08. (Z. Naturforsch. **13b.** 79. März 1958. Tübingen, Bundesforschungsanst. für Viruskrankheiten der Tiere.) K. MAIER. 4374

Wolfgang Eckart, *Der Stand der Bakteriophagenforschung und ihre Bedeutung für das Virusproblem.* Zusammenfassende Übersicht. — 121 Literaturangaben. (Z. ges. inn. Med. Grenzgebiete **11.** 1057—71. 1/12. 1956. Berlin, Deutsche Akad. der Wiss., Inst. für Strahlungsquellen.) P. LOCH. 4374

W. Burrows, Textbook of microbiology. 17th edn. London: W. B. Saunders. 1959. (954 S. m. Abb.) 8°. 98 s.

Harold L. Hirsh and **E. Lawrence Putnam,** Penicillin. New York: Medical Encyclopedia. 1958. (148 S. m. Abb.) 8°. \$ 4,—.

Louis Weinstein and **N. Joel Ehrenkranz,** Streptomycin and dihydrostreptomycin. New York: Medical Encyclopedia. 1958. (116 S. m. Abb.) 8°. \$ 4,—.

E_4. Pflanzenchemie. Pflanzenphysiologie. Pflanzenpathologie.

Bjørn Larsen und **Arne Haug,** *Chemische Zusammensetzung der Braunalge Ascophyllum nodosum (L.) Le Jol. Vorkommen von reduzierenden Verbindungen in Ascophyllum nodosum.* Vff. fanden in verd. Säureextrakten von Ascophyllum nodosum eine reduzierende Verb. in Mengen zwischen 0,2 u. 2,2 mÄquivalent/g Trockensubstanz. Die Extrakte zeigten die gleichen Farb-Rkk., wie sie für die in Braunalgenzellen vorkommenden farblosen Bläschen (Physoden) charakterist. sind; die Farbintensität war dabei proportional der Reduktionsfähigkeit. Vff. vermuten, daß die reduzierenden Verbb. mit den in den Physoden vorliegenden Verbb. ident. sind. Bei Zusatz von Hautpulver zu den Extrakten werden die reduzierenden Verbb. an das Pulver adsorbiert, dabei war die Menge der durch diese Behandlung aus den Extrakten entfernten organ. Substanzen proportional der Reduktionsfähigkeit der Extrakte. Je 100 g Trockenalge wurden 9 g „Tannine“ in den Extrakten gefunden, deren Reduktionsfähigkeit 2,2 mÄquivalent war; das entspricht einem Äquivalentgewicht von ca. 40. (Nature [London] **181.** 1224. 26/4. 1958. Trondheim, Norwegen, Norweg. Inst. of Seaweed Res.) F. KRUSEN. 4420

Arne Haug und **Bjørn Larsen,** *Einfluß des Standortes auf die chemische Zusammensetzung von Ascophyllum nodosum.* (Vgl. vorst. Ref.) Die Menge der in Ascophyllum n. vorkommenden reduzierenden Verbb. schwankte je nach dem Standort der entnommenen

Proben zwischen 0,3 u. 2,2 mÄquivalent/g Trockensubstanz. Unterss. an Ascophyllum n. aus verschied. Fjorden u. verschied. Abschnitten dieser Fjorde bestätigten, daß der Salzgeh. des Seewassers einen deutlichen Einfl. auf die chem. Zus. dieser Algen hat. (Nature [London] **181.** 1224—25. 26/4. 1958. Trondheim, Norwegen, Norweg. Inst. of Seaweed Res.) F. KRUSEN. 4420

Johnson Parker, *Veränderungen der Gehalte an Zuckern und Stickstoffverbindungen in Baumrinden vom Sommer zum Winter.* Vf. isoliert aus der Rinde von Pinus strobus, Acer platanoides, Betula lenta, Robinia pseudacacia, Ailanthus altissima, Cornus florida, Fraxinus americana, Quercus coccinea u. Carya ovata durch Extraktion mit 80% ig. A. (18 Std.) *Zucker* (**I**, *Stachyose, Raffinose, Melecitose, Saccharose, Glucose, Fructose*) u. N-haltige Verbb. (*Aminosäuren* u. *Amide,* **II**) u. bestimmt deren Konzz. auf chromatograph. (n-Butanol/W./Essigsäure, 4 : 5 : 1) u. papierelektrophoret. Wege (m/4 CH_3COOH-Puffer 2°; 3 Std.; 400 V, 6 mA) in den Monaten August bis Dezember. Es wird ein Anstieg der **I**- u. **II**-Gehh. vom Sommer zum Winter festgestellt. Von den freien **II** zeigen *Serin, Threonin, Tyrosin, Leucin, Phenylalanin, Valin, Alanin, Cystin* u. *Glutaminsäure* in Robinia eine Abnahme, während *Prolin* ansteigt u. *Asparaginsäure* konstant bleibt. Die Ergebnisse lassen erkennen, daß **I** u. **II** in allen Baumrinden im Laufe des Herbstes ansteigen, wobei die meisten freien Aminosäuren u. Amide zur Synth. von neuem Protein Verwendung finden. Der **I**-Anstieg beruht wahrscheinlich auf der Stärkehydrolyse. (Naturwissenschaften **45.** 139. 2. März-Heft 1958. New Haven, Conn., Yale Univ., School of Forest.) P. FAHRNLAENDER. 4420

Esam M. Moustafa, *Papierelektrophoretische Trennung der Proteine einiger Leguminosensamen.* Acetonpulver von *Lens esculenta* (L.e.), *Vicia faba, Lupinus termis* u. *Trigonella foenum-graecum* wurde mit 0,1n Borax-K-Phthalatpuffer, p_H 8,0 extrahiert u. die Extrakte papierelektrophoret. im gleichen Puffer in 12 Std. bei 150 V aufgetrennt. Nach dem Anfärben mit Azocarmin B wurden 4 Fraktionen (A—D) sichtbar. B, C u. D ließen sich aus L.e. durch $(NH_4)_2SO_4$-Fällung isolieren; D ist nach Ansicht des Vf. ein Flavoprotein. Die Konz. der einzelnen Komponenten wurde durch Colorimetrie des eluierten Farbstoffs ermittelt; die einzelnen Werte werden angeführt. Alle untersuchten Leguminosen wiesen A, B, C u. D, jedoch in jeweils verschied. %-Satz auf. (Nature [London] **183.** 199. 17/1. 1959. Khartoum, Sudan, Univ., Dep. of Acric. Chem.) E. SCHWERDTFEGER. 4420

H. Rinderknecht, Doris Thomas und **Susan Aslin,** *γ-Glutamyl-S-methylcystein und andere Peptide in der Mondbohne (Phaseolus lunatus L.).* Vff. berichten über die Isolierung u. Identifizierung von *γ-Glutamyl-S-methylcystein* (**I**), *γ-Glutamyl-S-methylcysteinsulfoxyd* (**II**) u. *γ-Glutamylleucin* aus der Mondbohne (Fordhook-Art) u. 6 anderen Bohnensorten mit Hilfe der Papierchromatographie, Ionenaustauschchromatographie, Elektrophorese u. dem Dinitrophenolverfahren. Als Vergleichssubstanzen wurden *S-Methylcystein* (**III**) u. *S-Methylcysteinsulfon* synthet. dargestellt. Während der Keimung werden **III** u. die anderen Peptide in unbekannte Substanzen umgewandelt. Für das Syst. **I/II** wird eine Oxydation–Red.-Funktion während der frühen Wachstumsphasen vorgeschlagen.

V e r s u c h e: *γ-Glutamyl-S-methylcystein* (**I**), $C_9H_{16}N_2O_5S \cdot 1\frac{1}{2} H_2O$, F. 130—135° u. Zers. bei 165—173° (W./A.), aus Mondbohne isoliert, $C_9H_{16}N_2O_5S \cdot H_2O$, F. 165—173° (Zers.), aus vorst. Verb. durch Vakuumtrocknung über P_2O_5; $[\alpha]_D^{28}$ —20,72° (c = 3,057; W.). — *S-Methylcystein* (**III**), $C_4H_9NO_2S$, F. 234—236° (Zers.; 60% ig. Methanol), nach Sublimation F. 267—270°, durch Kondensation von Cystein mit CH_3J; $[\alpha]_D^{27}$ —31,6° (c = 4,042; W.), $[\alpha]_D^{29}$ —11,7 (c = 4,018; 6n HCl). — *S-Methylcysteinsulfon,* $C_4H_9NO_4S$, F. 182—184° (Zers.; W.), durch mehrstd. Stehen von 0,5 g **III** mit 2 ml 0,04% ig. Ammonmolybdatlsg. u. 4 ml 30% ig. H_2O_2 u. Einengen; $[\alpha]_D^{28}$ —9,0° (c = 3,33; W.); 0,5 g (Ausbeute). — *DNP-L-Glutaminsäurecyclohexylaminsalz,* $C_{23}H_{37}N_5O_8$, F. 165—173° (Zers.; Isopropanol), Darst. nach PORTER u. SANGER (Biochem. J. **42.** [1948.] 287). — *DNP-L-S-Methylcysteincyclohexylaminsalz,* $C_{16}H_{24}N_4O_6S$, F. 175—177° (Aceton). — *DNP-L-Leucincyclohexylaminsalz,* $C_{18}H_{28}N_4O_6$, F. 153—155° (Aceton). (Helv. chim. Acta **41.** 1—11. 1/2. 1958. Pasadena, Calif., Fruit and Vegetable Chem. Labor., Western Utilisation Res. and Developm. Div., Agric. Res. Serv., US Dep. of Agric.) E. SCHRÖDER. 4420

F. Busson, J. Perisse und **P. Jaeger,** *Die Bestimmung der Aminosäuren in den Samen von Parkia biglobosa durch Chromatographie an Harzsäulen.* Die Kotyledonen der aus Togo stammenden Samen von *Parkia biglobosa* wurden nach dem bei den Eingeborenen üblichen Verff. gewonnen. Nach Hydrolyse wurden die *Aminosäuren* durch Chromatographie an Dowex-50 nach MOORE u. STEIN bestimmt. Es wurden gefunden (g%): *Asparaginsäure* 4,53; *Threonin* 1,68; *Serin* 2,56; *Glutaminsäure* 9,37; *Prolin* 4,87; *Glycin* 2,34; *Alanin* 2,72; *Valin* 2,94; *Methionin* 0,79; *Isoleucin* 2,42; *Leucin* 4,01;

Tyrosin 2,51; *Phenylalanin* 3,08; *Lysin* 3,57; *Histidin* 1,49; *Arginin* 3,49. (Hoppe-Seyler's Z. physiol. Chem. **310.** 1—3. 12/3. 1958. Marseille, Labor. de Rech. du Serv. de Santé Colonial.) E. SCHWERDTFEGER. 4420

S. Wilkinson, *α-Picolin aus Rumex obtusifolius L.* Durch Extraktion der Blätter von *Rumex obtusifolius* L. mit W. wird *α-Picolin* isoliert (0,1% Ausbeute) u. als *Hydrochlorid* (F. 200°), *Methojodid* (F. 226—227°) u. *Pikrat* (F. 165—166°) charakterisiert. (Nature [London] **181.** 636—37. 1/3. 1958. Beckenham, Kent, Wellcome Res. Labors., Chem. Res. Labor.) E. HANSCHKE. 4420

W. E. Hillis, *Die Isolierung von Chrysophansäure und Physcion aus Rumex hymenosepalus Torr.* Die Knollen von *Rumex hymenosepalus* Torr. enthalten ca. 25% *Tannin* (**I**). Bei der Analyse des **I**-Geh. der Wurzeln durch Auslaugen mit Aceton-W. (1 : 1) bei 60° schied sich bei einigen Proben eine gelbe Substanz aus, die sich als Gemisch aus *Chrysophansäure* (**II**; *1.8-Dihydroxy-3-methylanthrachinon*) u. *Physcion* (**III**; *6-Methoxy-1.8-dihydroxy-3-methylanthrachinon*) erwies. Dagegen wurde kein Emodin in den Knollen gefunden. Vf. stellte 2 Rumexabarten mit höherem bzw. niedrigerem **II**- u. **III**-Geh. fest. Die Wurzeln mit hohem Anthrachinongeh. zeigten ein weniger starkes Wachstum als die andere Abart, was Vf. auf Wachstumshemmungen durch **II** u. **III** infolge des Fehlens der 1.2-Dihydroxygruppierung zurückführt. — Zur Isolierung wurde die getrocknete, zerkleinerte Knollensubstanz 3 Tage lang mit Bzl. extrahiert, wobei 0,3—1,2% Substanz gewonnen werden. Durch mehrfache fraktionierte Sublimation bei 110°/0,003 mm wurde zuerst **II**, dann **III** erhalten. Bei aufsteigender Papierchromatographie mit n-Hexan/gesätt. Methanol entstanden eine orangefarbene (**II**, R_F 0,71) u. eine gelbe (**III**, R_F 0,56) Zone, die zur präparativen Darst. mit Aceton extrahiert wurden: **II**, F. 192—194°. *Acetat*, $C_{19}H_{14}O_6$, F. 207—208° (A.). — **III**, $C_{16}H_{12}O_5$, F. 205—206°. *Acetat*, F. 187,5 bis 188° (Methanol). (Austral. J. Chem. **8.** 290—92. Mai 1955. Melbourne, C.S.I.R.O., Div. of Forest Prod.) E. DEHMLOW. 4420

Claude Costes und **Yves Coïc,** *Veränderungen der Blattfarbstoffe in Abhängigkeit von Stickstoffmangel und Alterung des Tabaks.* Vff. bestimmen Gesamtchlorophyll, *Chlorophyll a* (**I**) u. *b* (**II**), *Carotine* (**III**) u. *Xanthophylle* (**IV**) von Tabakpflanzen, die auf Quarzsand in einer Nährlsg. mit Nitrat als einziger N-Quelle gezüchtet worden sind, Während des Alterns wird nur eine Verringerung des Verhältnisses **I**/**II** beobachtet, **III** u. **IV** bleiben konstant. N-Mangel bewirkt Abnahme von **I** um 20% u. von **II** um 29%. Die wichtigste Veränderung beim N-Mangel ist jedoch die Verringerung von **III** u. **IV**. Allg. bewirkt also das Altern eine Abnahme des Hauptlichtreceptors **I**, N-Mangel dagegen eine Abnahme der intermediären Lichtreceptoren **II** u. **III**. (C. R. hebd. Séances Acad. Sci. **244.** 1398—1401. 4/3. 1957.) R. LENSCHAU. 4420

Victor Kwasniewski, *Ein Flavonol in den oberirdischen Teilen des Chelidonium majus* (L). Vf. isoliert aus oberird. Teilen des blühenden Chelidonium durch Extraktion mit Methanol, Neutralisierung der Pflanzensäuren ($CaCO_3$), Eindampfen zur Trockne im Vakuum, Aufnehmen des Rückstandes mit heißem W., Ausschütteln mit Chlf., Versetzen des alkaloidfreien Auszuges mit Methanol, Entfernung des chelidonsauren Ca, Eindampfen u. Auskochen des Rückstandes mit Essigester am Rückfluß eine goldgelbe *Flavon* (**I**)-Lsg., die sich durch weiteres Einengen nicht kristallisieren läßt. Die wss. **I**-Lsg. zeigt folgende Rkk.: $FeCl_3$-Lsg.: dunkelgrün; NH_3 u. Alkalilaugen: tiefgelb; Pb-Acetatlsg.: gelbe Fällung. Beim Besprühen von **I**-Chromatogrammen mit 2%ig. alkoh. $AlCl_3$-Lsg. entsteht ein gelber Fleck, der im UV-Licht hell goldgelb leuchtet. Alkoh. **I**-Lsg. läßt sich mit Zn in konz. HCl zu rotem, mit Amylalkohol extrahierbaren *Anthocyanidinsalz* reduzieren, zeigt stark positiven TAUBÖCK-Test (Eindampfen, Lösen des Rückstandes in Aceton, Versetzen mit einer Spur Bor- u. Oxalsäure, Entfernen des Lösungsm. u. Reaktionsprod. in Ae. aufnehmen: gelbgrüne Fluorescenz) sowie eine positive Zr-Citronensäure-Rk. nach HÖRHAMMER u. HÄNSEL (keine Zerstörung des durch 2%ig alkoh. Zr-Oxychloridlsg. auf **I**-Chromatogrammen hervorgerufenen bathochromen Komplexes beim Besprühen mit 5%ig. Citronensäurelösung). Wss. **I**-Lsg. wird durch Behandlung mit 5 u. 10%ig. HCl- u. H_2SO_4-Lsg. (100°, 16 Std. am Rückfluß) nicht verändert. **I** in alkoh. Lsg. zeigt auf Chromatogrammen folgende R_F-Werte: 0,10 (Essigester/H·COOH/W. 10 : 2 : 3); 0,51 (Butanol/Eisessig/W. 4 : 1 : 5); 0,27 (Butanol/Methanol/W. 4 : 1 : 5); 0,77 (Phenol/W. 10 : 23). Die Ergebnisse zeigen das Vorliegen von freiem *Flavonol* im Schöllkraut an. (Arzneimittel-Forsch. **8.** 245—46. April 1958.) P. FAHRNLAENDER. 4420

Francis Aylward und **B. W. Nichols,** *Isolierung von β-Sitosterin-D-glucosid aus den Phospholipiden der Erdnuß.* Aus der Rohphospholipid-Fraktion von Erdnüssen wurde durch Extraktion mit Aceton, Waschen mit Ae. u. Umkristallisieren aus Pyridin-Ae. eine Substanz (**I**) erhalten, die positive LIEBERMANN-BURCHARD- u. MOLISCH-Rk.

zeigt. Auf Grund des F. 290—292° (Zers.) u. $[\alpha]_D^{20}$ —45,7° kann es sich um *β-Sitosterin-D-glucosid* (II) handeln. Als Hydrolyseprodd. wurden *Glucose* (chromatograph. u. durch das Osazon) sowie ein *Sterin*, F. 135—136°, $[\alpha]_D^{20}$ —37,17°, nachgewiesen. Die Identität mit II wurde durch folgende Derivv. der Sterinkomponente sichergestellt: -acetat, F. 126°, $[\alpha]_D^{20}$ —43,01°; -benzoat, F. 142—143°, $[\alpha]_D^{20}$ —15,1°. — Das Rohphospholipid enthielt 75% in A. Unlösliches mit 87,5% Gesamtsteringlykosid. (Nature [London] **181**. 1064. 12/4. 1958. London, Borough Polytechnic, Dep. of Chem. and Food Technol.)

P. FAHRNLAENDER. 4420

Egil Ramstad und **Gunnar Gjerstad**, *Das parasitische Wachstum von Claviceps purpurea (Fries) Tulasne auf Roggen und seine Beziehung zur Alkaloidbildung.* Aus einer Unters. über die natürliche Entw. des *Mutterkorns* auf Roggen bzgl. der Bldg. von Alkaloiden ging u. a. hervor, daß n. Sklerotien aus dem Frühstadium ihrer Bldg. Alkaloide enthalten, daß weder der Honigtau noch die Conidien Alkaloide enthalten, daß auch die weichen, zerstreut liegenden Sklerotien keine Alkaloide enthalten, daß die Alkaloidbldg. von der Pigmentbldg. unabhängig ist u. wahrscheinlich das Sklerotiengewebe alleiniger Bildner der Alkaloide ist. (J. Amer. pharmac. Assoc., sci. Edit. **44**. 741—43. Dez. 1955. Lafayette, Ind., Purdue Univ., School of Pharmacy, Res. Labor.)

CARL FREESE. 4450

R. G. Hurd und **J. F. Sutcliffe**, *p_H-Wirkung auf die Salzaufnahme durch Pflanzenzellen.* Die unterschiedliche Aufnahme von mehr Kat- u. weniger Anionen aus Lsgg. von KCl, $KHCO_3$ u. $NaH^{14}CO_3$ (ungepuffert bzw. mit Tris + H_2SO_4 gepuffert) durch Schnittpräpp. verschied. pflanzlicher Speicherorgane (u. a. Kartoffel, rote Rübe, Artischocke) im Elektrolytverhältnis, dessen Differenz bei p_H 8,5 größer als bei p_H 6,0 ist, stellt sich als nur bedingt bewertbarer Befund heraus. Offensichtlich steht die Cl^--Resorption sowohl mit dem HCO_3- u. CO_2-Geh. in der Bad-Fl. als auch mit deren Aufnahme ins Gewebe u. dem Stoffwechselschicksal von HCO_3^- u. CO_2 (HCO_3^- → organ. Säuren; u. a. Äpfelsäure-Nachw.) in engem Zusammenhang, so daß tatsächlich eine Äquivalenz der resorbierten Kat- u. Anionen vorherrscht. Ausführliche Mitt. angekündigt. (Nature [London] **180**. 233—35. 3/8. 1957. London, Univ., King's Coll., Dep. of Bot.) I. KEINERT. 4450

Hans Stich, *Synthese und Abbau der Polyphosphate von Acetabularia nach autoradiographischen Untersuchungen des ^{32}P-Stoffwechsels.* Um den Einbau von ^{32}P in die im Cytoplasma liegenden Polyphosphatgrana von *Acetabularia mediterranea* zu prüfen, werden Zellen von 2—2,5 cm Länge in eine ^{32}P-enthaltende Kulturlsg. gebracht u. nach verschied. Zeitintervallen autoradiograph. untersucht. — Nach 2—12 std. ^{32}P-Applikation wurden die Polyphosphatgrana noch nicht als Orte höherer ^{32}P-Konz. erkannt. Nach 24 Std. wird die ^{32}P-Ansammlung deutlicher u. nimmt relativ schnell zu. Vf. folgert hieraus, daß der ^{32}P nach Eintritt in die Zelle nicht direkt in die Grana gelangt, sondern zunächst in andere Rkk. einbezogen wird, aus denen er dann in die Polyphosphatgrana gelangt. — Weitere Verss. zeigten, daß die Zeit der ^{32}P-Abnahme in den Polyphosphaten derjenigen des Einbaus entspricht. Es scheint ein Gleichgewicht zwischen Synth. u. Abbau der Polyphosphate der Grana vorzuliegen. — Verdunkelungsverss. u. Vergiftungsexperimente mit 2.4-Dinitrophenol führten zu einer starken Einschränkung des ^{32}P-Einbaues. In beiden Fällen führte die verminderte Synth. zu einer Abnahme schon vorhandener Polyphosphatgrana. — Aus diesen Befunden kann geschlossen werden, daß die Synth. der in den Grana lokalisierten Polyphosphate an Photosynth. u. oxydative Phosphorylierung gekoppelt ist u. daß die Polyphosphate der Grana Körper mit schneller Umsatzgeschwindigkeit sind. (Z. Naturforsch. **10b**. 281—84. Mai 1955. Wilhelmshaven, Max-Planck-Inst. für Meeresbiologie.) WILFRIED WERNER. 4460

Pekka Linko und **Artturi I. Virtanen**, *Über die Biosynthese einiger kürzlich entdeckter Derivate der Glutaminsäure in Pflanzen.* $^{14}C_{(1)}$ (I)- u. $^{14}C_{(2)}$-Brenztraubensäure (II) werden von Blättern von *Asplenium septentrionale* u. *Phlox decussata* schnell aufgenommen, wobei schon nach wenigen Min. die mit 70%ig. A. extrahierten Aminoverbb. 75% der Gesamtaktivität besitzen. Am schnellsten wird *Alanin* (III) markiert, nach 15 Std. besitzt jedoch *Glutamin* die höchste Aktivität. Bei Verwendung von II ist die Aktivität der gebildeten Aminoverbb. höher u. beständiger als bei Anwendung von I. Die schnelle Markierung bei II ist auf die hohe Transaminase-Aktivität zurückzuführen, bei I erfolgt die Bldg. des markierten III wahrscheinlich z. T. über 3-Phosphoglycerinsäure u. den Tricarbonsäure-Cyclus. Bei Anwendung von II werden im Gegensatz zu I *Asparagin* u. *Asparaginsäure* leicht markiert, während *γ-Methyl-γ-hydroxyglutaminsäure* (IV) sowohl durch I, als auch durch II leicht markiert wird. Die Biosynth. von IV verläuft sehr wahrscheinlich über eine Aldolkondensation von Brenztraubensäure u. anschließende Transaminierung. Eine Synth. von markierter Hydroxyglutaminsäure nach Infiltration der Blätter von Phlox decussata mit I u. Glycin oder I u. Glyoxylsäure wurde nicht beobachtet. Bei allen Verss. wird *Serin* vor *Glycin* markiert, wodurch letzteres als Ausgangsverb. der Biosynth. des Serins ausscheidet. *γ-Aminobuttersäure* wird in Asplenium etwa in gleichem Maße wie *Glutaminsäure* markiert, wobei die Biosynth. wahrscheinlich über Glutamin als Zwischenprod. verläuft. (Acta chem. scand. **12.** 68—78. 1958. Helsinki, Found. for Chem. Res., Biochem. Inst. Labor.) E. HANSCHKE. 4460

Winslow R. Briggs, Richard D. Tocher und **James F. Wilson,** *Phototrope Verteilung von Auxin in Maiskoleoptilen.* Nach den Unterss., bei denen die Auxin (I)-Verteilung in Maiskoleoptilen im Dunkeln u. bei einseitiger Belichtung mit Hilfe des Avena-Testes geprüft wurde, wird durch die einseitige Belichtung weder I inaktiviert noch ist auf der belichteten Seite die I-Bldg. gehemmt, sondern durch die einseitige Belichtung wird der Wuchsstoff von der belichteten zur unbelichteten Seite transportiert, wodurch die phototrope Krümmung der Keime hervorgerufen wird. (Science [Washington] **126.** 210—12. 2/8. 1957. Stanford, Calif., Stanford Univ., Dep. of Biol. Sci.) G. KLESSE. 4485

J. MacMillan und **P. J. Suter,** *Das Vorkommen von Gibberellin A_1 in höheren Pflanzen. Isolierung aus den Samen der Feuerbohne (Phaseolus multiflorus).* Durch Extraktion unreifer Samen (87,3 kg) von *Phaseolus multiflorus* mit 70%ig. A. wird neben *Fumarsäure* (8 g) u. einer biol. inakt. Neutralfraktion (37,5 g) ein akt. saures Harz (14,6 g) erhalten, von dem 500 mg nach Adsorption an Celit-Kohle (2 : 1), Elution mit Aceton–W. (11 : 9) u. Kristallisation des Eluatrückstandes aus Äthylacetat 2 mg *Gibberellin A_1* liefern (F. 256—260°; Prismen). Durch Rk. mit CH_2N_2 wird der *Methylester* (F. 232—234°; aus Äthylacetat–PAe. Nadeln) erhalten; die Identifizierung erfolgte durch Vgl. der IR-Spektren mit denen authent. Verbindungen. (Naturwissenschaften **45.** 46. 2. Jan.-H. 1958. Frythe, Welwyn, Herts., Imp. Chem. Ind. Ltd., Akers Res. Labors.) E. HANSCHKE. 4485

C. A. Schroeder und **C. Spector,** *Einfluß von Gibberellsäure und Indolylessigsäure auf das Wachstum von isoliertem Fruchtgewebe.* Gewebestücke aus dem Mesocarp einer reifen Citrone (*Citrus medica*) wurden auf einem Nährboden unter Zusatz von Gibberellsäure (I; 0,5, 5,0, 25, 30 u. 100 p.p.m.) mit u. ohne Zusatz von 0,1 bzw. 1 p.p.m. Indolylessigsäure (II) kultiviert. Durch I u. II wird die Callusbldg. stimuliert. 5 p.p.m. I ohne II-Zusatz rufen eine maximale Gewichtszunahme hervor; bei höheren u. niedrigeren Konzz. von I ohne II bleibt das Frischgewicht kleiner. In Ggw. von II stimuliert I schon in einer Konz. von 0,5 p.p.m. die Gewichtszunahme; diese Wrkg. hält bis zu 25 p.p.m. an. In den höheren Konzz. (50 u. 100 p.p.m.) nimmt die stimulierende Wrkg. von I wieder ab. (Science [Washington] **126.** 701. 11/10. 1957. Los Angeles, Calif., Univ. of California, Dep. of Subtropical Horticulture.) G. KLESSE. 4485

I. K. Vasil, *Einfluß von Kinetin und Gibberellsäure auf isolierte Antheren von Allium cepa.* Während bisher eine Weiterentw. von isolierten Pollen höchstens unter Zuhilfenahme eines Zusatzes von 25—50% *Cocosmilch* zum Nährmedium gelang, fand Vf. in Kinetin (I) bzw. Gibberellsäure (II) zwei andere Substanzen, die das Wachstum u. die weitere Entw. von isolierten Antheren von Allium cepa förderten. Eine optimale Entw. ging vor sich bei Zusatz von 0,05 mg I/Liter bzw. von 5 mg II/Liter. Bei gleichzeitiger Zugabe von I u. II in den optimalen Konzz. entsprach die Entw. derjenigen, die in der gleichen Zeit in situ vor sich gegangen war. Durch II wird also nicht nur eine Zellvergrößerung, sondern auch eine Zellteilung hervorgerufen, womit die Auxinnatur von II bewiesen ist. (Science [Washington] **126.** 1294—95. 20/12. 1957. Delhi, India, Univ. of Delhi, Dep. of Botany.) G. KLESSE. 4485

Duane Le Tourneau, John G. McLean und **James W. Guthrie,** *Wirkung einiger Phenole und Chinone auf das in vitro Wachstum von Verticillium albo-atrum.* An Kulturen von *V. albo-atrum,* die in einer Nährlsg. mit 0,5 g $MgSO_4 \cdot 7\,H_2O$, 0,5 g KCl, 1,0 g KH_2PO_4, 3,0 g $NaNO_3$, 30 g Saccharose, 0,02 mg Mo, 0,02 mg Mn, 0,1 mg Cu, 0,1 mg Zn u. 0,2 mg Fe/Liter (p_H 4,5) wuchsen, wurde die hemmende Wrkg. von *Brenzcatechin* (**I**), *Resorcin* (**II**), *Hydrochinon* (**III**), *Phloroglucin* (**IV**), *1.2.4-Trihydroxybenzol* (**V**), *Pyrogallol* (**VI**), *Gallussäure* (**VII**), *Salicylsäure* (**VIII**), *o-Phthalsäure* (**IX**), *Protocatechualdehyd* (**X**), *Protocatechusäure* (**XI**), *2.4-Dihydroxybenzoesäure* (**XII**), *2.5-Dihydroxybenzoesäure* (**XIII**), *p-Benzochinon* (**XIV**), *Tetrachlor-p-benzochinon* (**XV**), *1.4-Naphthochinon* (**XVI**) u. *2.3-Dichlor-1.4-naphthochinon* (**XVII**) erprobt. Die in W. unlösl. Verbb. wurden in aceton. Lsg. der Nähr-Fl. beigefügt. Bei einer Konz. von $1 \cdot 10^{-3}$mol. waren **II, IV, IX, XI, XII** u. **XIII** unwirksam. Unter den Phenolen war **VI** mit der Grenzkonz. $5 \cdot 10^{-5}$mol. am stärksten wirksam. Noch aktiver erwiesen sich die Chinone mit akt. Grenzkonzz. von $2 \cdot 10^{-4}$ für **XIV**, $5 \cdot 10^{-6}$ für **XVI** u. $7 \cdot 10^{-7}$mol. für **XVII**. (Phytopathology **47.** 602—06. Okt. 1957. Moscow, Idaho, Agricult. Exp. Stat., Horticult. Crops Res. Branch.) K. ZOPFF. 4485

D. V. W. Abeygunawardena und **R. K. S. Wood,** *Wirkung gewisser Fungicide auf Sclerotium Rolfsii im Boden.* Die Sklerotien des als Schädling in trop. u. subtrop. Pflanzenkulturen bekannten Pilzes *Sc. rolfsii* Sacc. wurden auf die Widerstandsfähigkeit gegenüber fungiciden Verbb. untersucht. Zur Verwendung kamen: *Chlorbrompropen* (*1-Chlor-3-brompropen;* **I**), *Chlorpikrin* (**II**), „*D–D mixture*" (*1.3-Dichlorpropan* + *1.2-Dichlorpropan*; **III**), das *Na-Salz* der *Dehydracetsäure* (**IV**), *SR 406* (50% *Captan* = *N*-[*Trichlormethylthio*]-*4-cyclohexen-1.2-dicarboximid* + 48% Ton + 2% Netzmittel; **V**), *TCNB* (20% *Tetrachlornitrobenzol* + 80% Kaolin; **VI**), *TCNB* (20% *Pentachlornitrobenzol* + 80% Kaolin; **VII**) u. *Formalin* (40%ig. Lsg.; **VIII**). In den mit den Sklerotien versetzten Bodenproben waren nur **I** u. **II** mit 0,6 bzw. 1,0 cm^3/1200 g Erde wirksam (Einzelgabe mit der Injektionsnadel 5 cm unter der Sklerotienschicht). **VIII** vernichtete erst als 20%ig. Gießwasser die Sklerotien. Bei Zuckerrübensämlingen in infizierter Erde gewährten die im Test unwirksamen bzw. wenig wirksamen **IV** u. **VIII** in 0,5%ig. Suspension bzw. 2%ig. Lsg. (Gießwasser) guten Schutz. **I** u. **V** führten bei guter Aktivität zu Mißbldg. u. Schädigung der Pflanzen. **II** zeigte einige Schutzwrkg. ohne Schädigung. In Staubform mit der Erde gemischt, unterdrückten **V** u. **VII** (je 0,2%) den Pilz ohne Schädigung der Pflanzen. **VI** war tox. u. wenig wirksam. (Phytopathology **47.** 607–09. Okt. 1957. London, Imp. Coll., Bot. Dep.) K. Zopff. 4490

Herbert W. Johnson, Ura M. Means und **Francis E. Clark,** *Reaktion von Sämlingen auf Extrakte von Sojabohnen-Knöllchenwurzeln, die mit ausgewählten Stämmen von Rhizobium japonicum infiziert sind.* Einige Sojabohnen-Arten entwickeln an den Blättern Chlorose, nachdem ihre Knöllchenwurzeln mit bestimmten Stämmen des *Bact. Rhizobium japonicum* (B.R.J.) infiziert wurden. Die Anfälligkeit hängt stark von Pflanzenart u. Zuchtbedingungen ab. Infektionsort sind die Wurzelknöllchen. Vff. entwickelten eine Versuchstechnik, um die Wrkg. der Chlorose-entwickelnden Substanzen (C.S.) an ca. 40 Pflanzen abzuschätzen. Hierzu wurden Extrakte von chlorot. Sojabohnen-Wurzelknöllchen (C.W.E.) benutzt, die mit B.R.J., Stamm 76, infiziert worden waren. Als Vgl. dienten Extrakte von gesunden Sojabohnen-Wurzelknollen (N.W.E.), die mit B.R.J. 31 infiziert waren. Angekeimte Sämlinge verschied. Pflanzen wurden in Nährlsgg. weitergezüchtet, die standardisierte C.W.E. oder N.W.E. enthielten. W.E. = 1 g frische Wurzelsubstanz/1 ml H_2O dest.; Konz.$_{WE}$ = 1 ml W.E./50 ml Nährlsg. bis $^1/_{200}$; N.W.E. u. C.W.E. mit Konzz. $> ^1/_{50}$ wirkten tox.; Konz.$_{CWE}$ = $^1/_{100}$ hatte folgende Wrkg. bei folgenden Pflanzen: stark chlorot: Allium cepa, Digitaria sanguinalis u. a.; mittel: Cucumis sativus, Zea mays u. a.; schwach: Avena sativa u. a.; nicht chlorot: Amaranthus retroflexus, Gossypium hirsutum u. andere. Andere C.S. wie Streptomycinsulfat, Biuret, NH_4NO_3 wurden nach analoger Technik getestet. Ihre Wrkg. scheint mit der der Wurzelextrakte nicht vergleichbar. (Nature [London] **183.** 308–09. 31/1. 1959. Beltsville, Md., Agricult. Res. Service, U.S. Dep. of Agricult.) H. Büttner. 4490

J. T. Martin, *Untersuchungen über die natürliche Oberflächenschutzschicht von Pflanzen.* 1. Mitt. *Pflanzenwachs und seine Beziehung zur Resistenz gegen Pilzinfektion.* Die Wachsschicht auf der Oberfläche von Apfelbaumblättern u. Früchten wurde in saure, flüchtige, Wachs- u. Ölkomponenten getrennt u. diese auf ihre Wrkg. gegen pflanzenpathogene Pilze untersucht. Die einzelnen Fraktionen besitzen z. T. fungistat. Eigenschaften. (Annu. Rep. agric. horticult. Res. Stat., Long Ashton, Bristol **1956.** 94–100.) H. Goebel. 4490

E$_5$. Tierchemie. Tierphysiologie. Tierpathologie.

Duncan McConnell, *Analogien zwischen gewissen carbonathaltigen Mineralien und Knochen und Zähnen.* Auf die Fortschritte u. Schwierigkeiten bei der Strukturaufklärung komplizierter Mineralien, wie z. B. Wilkeit, Griphit, Thaumasit (Ca, Mn, Al, Na, PO_4, SO_4, SiO_4, F, OH) wird hingewiesen, ferner auf die Feststellung von Carbonatgruppen in der Struktur von Scawtit durch Vf., woraus sich Folgerungen für die Art des Einbaus des Carbonatbestandteils von Knochen u. Zähnen ergeben. (Naturwissenschaften **45.** 83–84. 2. Febr.-H. 1958. Columbus, Ohio, Univ., Coll. of Dent.) J. Schwaibold. 4510

Marjorie R. Stetten, Howard M. Katzen und **DeWitt Stetten jr.,** *Vergleich der durch saure und alkalische Methoden isolierten Glykogene.* Die schnelle Extraktion von Gewebe mit kalter *Trichloressigsäure* (**I**) ergibt ein *Glykogen* (**II**) mit wesentlich höherem Mol.-Gew., als wenn ein vorheriger Aufschluß mit Alkali erfolgt. Das Mol.-Gew. von **II** nimmt in 5%ig. **I** bei Raumtemp. schnell ab, bei 0^0 langsamer. Ebenso nimmt das Mol.-Gew. von **II** in heißer, wss. KOH-Lsg. kontinuierlich ab, dabei in n KOH schneller als in 10n u. unter O_2 schneller als unter N_2. Verss., das **II** durch Rk. der Aldehydendgruppen mit Cyanid oder Borhydrid gegen Alkali zu stabilisieren, waren nicht erfolgreich. Wenn Lsgg. von **II** mit Mol.-Gew. über $50 \cdot 10^6$ 1 Std. mit $4000 \cdot g$ zentrifugiert wird, so tritt eine Sedimentation der größten Moll. auf. Bei II mit Mol.-Gew. unter $10 \cdot 10^6$ tritt diese Erscheinung nicht auf. Nach der Extraktion von II mit I verbleibt ein Rest-II im Gewebe, welches nach in vivo vorgenommenen Isotopenunterss. von größerer Stoffwechselaktivität ist, als das extrahierte II. (J. biol. Chemistry **232.** 475—88. Mai 1958. Bethesda, Md., U.S. Dep. of Health, Educat. and Welfare, Nat. Inst. of Health, Publ. Health Serv., Nat. Inst. of Arthritis and Metabol. Dis.) F. KRUSEN. 4520

Gerald S. Berenson, *Eine Untersuchung über saure Mucopolysaccharide der Rinderaorta mit Hilfe eines chromatographischen Verfahrens zur Trennung sulfatierter Mucopolysaccharide.* Der NaOH-Extrakt aceton-entfetteter gemahlener Aorten wurde nach Dialyse (bis p_H ca. 8) in Phosphatpuffer, p_H 7,8, trypsinverdaut, das Trichloressigsäurefiltrat dialysiert u. die *Rohmucopolysaccharide* (I) mit A./Na-Acetat gefällt. Durch Zonenelektrophorese (Phosphatpuffer, p_H 6,9) wurde in sulfatarme I (*Hyaluronsäure*; II) u. -reiche I [*Chondroitinsulfat* (III)-Gemisch] getrennt, wonach letzte mittels Chromatographie an Celite-Cellulosepulver aus 0,1 mol. Zn-Acetat/Isopropanol (steigend von [v/v] 45/55 bis 100/0) noch in III A u. III B (β-Heparin; besitzt Antithrombinaktivität) aufgeteilt werden konnten. II mußte durch Chromatographie an Kohle von einer noch nicht identifizierten Begleitsubstanz befreit werden, die vornehmlich Glucosamin, wahrscheinlich wenig Sulfat enthält u. positiv dreht. Käufliches Heparin konnte mit gleicher Methodik wie III gereinigt u. *β-Heparin* (III B) abgetrennt werden. (Biochim. biophysica Acta [Amsterdam] **28.** 176—82. April 1958. New Orleans, La., Univ., School of Med.) H. GIBIAN. 4520

P. Johansen, R. D. Marshall und **A. Neuberger,** *Ein Kohlenhydrat–Peptid-Komplex aus Eialbumin.* Vff. isolieren aus hitzedenaturiertem *Eialbumin* (Mol.-Gew. ca. 45000) nach Hydrolyse mit *Pepsin* (p_H 2,8) u. anschließend mit einem Gemisch aus *Trypsin* u. *Chymotrypsin* (p_H 7,8) sowie mit Schimmelpilz-*Protease* auf chromatograph. Wege (Kohle–Celitsäule, Lösungsm. A.–W.) einen Kohlenhydratpeptid-Komplex (I), der mittels Säulen- u. Papierelektrophorese (p_H 2,0—7,0 bzw. 8,0) u. Fraktionierung über einer Kohlesäule gereinigt wird. I enthält 5 *Mannose* (II)-, 3 *Glucosamin* (III)-Reste sowie je 1 Mol *Leucin* (IV) u. *Asparaginsäure* (V) u. je 0,5 Mol *Serin* (VI) u. *Threonin* (VII). Ferner werden 7 N-Atome pro 5 Mol II festgestellt. Bei Hydrolyse mit n H_2SO_4 (100°) wird weniger als 1 Mol NH_3 frei; die Gehh. an VI u. VII zeigen, daß I inhomogen ist. Unter den Versuchsbedingungen von SANGER reagiert I innerhalb von 2 Std. nicht mit *1-Fluor-2.4-dinitrobenzol,* erst längere Einw. bei 37° u. p_H 8 führt zur Substitution; eine Abtrennung des Kohlenhydrats vom *Dinitrophenylpeptid* ist nicht möglich. Bei Hydrolyse wird *Dinitrophenyl*-V erhalten. Behandlung mit *Carboxypeptidase* (VIII) liefert nur IV, VI u. VII, u. bei Fraktionierung (2 Tage VIII-Einw.) wird ein kohlenhydrathaltiges Bruckstück gebildet, das 1 Mol V u. Spuren von VI u. VII, aber kein IV enthält. Es wird angenommen, daß V direkt mit dem Kohlenhydratrest über eine COOH-Gruppe u. mit IV durch die 2. COOH-Gruppe verbunden ist. Ferner wird die Möglichkeit in Erwägung gezogen, daß V mit der Kohlenhydrathälfte über eine Zwischensubstanz gebunden ist, die nicht aufgefunden werden konnte. Auch andere Komplexe aus Eialbumin enthalten II, III, IV u. V u. liefern ähnliche Ergebnisse. Das Kohlenhydrat ist mit dem Peptid ebenfalls über ein V-Mol. verankert. (Nature [London] **181.** 1345—46. 10/5. 1958. London, St. Mary's Hosp. Med. School, Dep. of Chem. Pathol.) P. FAHRNLAENDER. 4520

F. R. Jevons, *Die Kohlenhydratproteinbindung im Ovalbumin.* (Vgl. auch vorst. Ref.) Vf. behandelt gereinigtes natives oder hitzedenaturiertes *Ovalbumin* (I) mit Rohextrakt aus Pankreas (2 Wochen, p_H 7,5—8, 37°, in Toluol). Nach Deproteinisierung (5%ig. Trichloressigsäure), Extraktion mit Ae. u. Durchlauf durch eine sulfonierte Dowex-50 (H^+)-Säule wird das nicht adsorbierte Material der Papierelektrophorese unterworfen (Medium: 0,05n NH_4-Acetat). Mit Hilfe der Orcin-Rk. wird eine *Mannose* (II) enthaltende Komponente gefunden; die ninhydrinpositive Fraktion wandert zur Anode. Das kohlenhydrathaltige Material wird zur Reinigung mit W. extrahiert, mit Ae.-A. (1 : 1) gefällt u. wieder in W. gelöst. Es enthält 40—42% II (entsprechend ca. 50—55% II im ursprünglichen I). Das Reduktionsvermögen vor der Hydrolyse beträgt nur 0,3% von dem der II. Die papierchromatograph. Analyse zeigt die Ggw. von *Asparaginsäure* (III), *Leucin* u. *Glucosamin* (IV) zusammen mit II in den angenäherten Molverhältnissen 1 : 1 : 2 : 4. Nichthydrolysiertes I zeigt schwache Ninhydrin-Rk., u. die Rk. mit Fluordinitrobenzol in Ggw. von Trimethylamin deutet an, daß die NH_2-Gruppe von III frei ist. Diese Ergebnisse lassen keine O-glucosid. Bindungen vermuten. Die COOH-Gruppe einer Aminosäure scheint mit IV verbunden zu sein. (Nature [London] **181.** 1346—47. 10/5. 1958. Cambridge, Univ., Dep. of Biochem.) P. FAHRNLAENDER. 4520

W. M. McIndoe, *Alkoholstabile Protein–Lipoid-Komplexe im Eidotter.* Vf. erhielt durch Zentrifugieren eines Chlf./Methanol-Extraktes (1 : 1) aus Trichloressigsäure (TCA)-

extrahiertem Eidotter einen Nd., der in Methanol gelöst u. mittels W. erneut ausgefällt wurde. Diese Fraktion zeigte ein N/P-Verhältnis von 5 (Fraktion 1). Die mittels Extraktion (Chlf./Methanol) aus dem im Vakuum getrockneten Nd. erhaltenen Lipoide waren vorwiegend, wenn nicht ausschließlich, *Phospholipoide*; das verbleibende Protein enthielt 0,26 % P, das nicht sehr labil gegenüber Alkali war. Die Analyse von Fraktion 1 ergab Anhaltspunkte für *Lipovitellenin*. Nach einer A./Ae. (3 : 1)-Extraktion von TCA-vorbehandeltem Eidotter wurde eine Fraktion mit einem N/P-Verhältnis von über 23 (Fraktion 2) erhalten. Wird nun keine vorhergehende TCA-Extraktion vorgenommen, so werden mit oben angegebenen Extraktionsmitteln wesentlich geringere N/P-Werte von 0,5 u. weniger erhalten (Fraktion 3). Aus diesen Ergebnissen leitet Vf. ab, daß den Fraktionen 1—3 entsprechende Fraktionen zusammen mit anderen Bestandteilen des Eidotters auch im Plasma des Huhns vorkommen müssen. (Biochem. J. **70.** 8 P. Sept. 1958. Edinburgh, A.R.C. Poultry Res. Centre, West Mains Road.) H. DÖLLE. 4520

Ralph B. March und **Lawrence L. Lewallen,** *Papierchromatographie frischer Gewebeextrakte von empfindlichen und insekticidresistenten Stämmen der Hausfliege Musca domestica L.* Frische Extrakte von vier insekticidempfindlichen u. -resistenten Stämmen von *Musca domestica* L., sowie Stämmen von *Fannia canicularis* u. *Phaenicia sericata* wurden papierchromatograph. untersucht. Die Chromatogramme zeigten unterschiedliche Zus. der Extrakte bei den verschied. Stämmen, jedoch ließen sich keine mit der Empfindlichkeit oder Resistenz zusammenhängende Eigg. finden. (Ann. entomol. Soc. America **49.** 571—75. Nov. 1956. Riverside, Calif., Univ. of California, Citrus Exp. Stat.) H. GOEBEL. 4520

Don W. Micks, *Papierchromatographie bei der Insektentaxonomie.* Es wird über die *papierchromatograph.* Unters. von Extrakten aus *Hemiptera, Orthoptera* u. *Diptera* berichtet. Die verschied. Insektenordnungen lassen sich auf Grund der Verschiedenheit ihrer ninhydrinpositiven Bestandteile unterscheiden. Abb. von Chromatogrammen; Diskussion der Ergebnisse. (Ann. entomol. Soc. America **49.** 576—81. Nov. 1956. Galveston, Texas, Univ., Labor. of Med. Entomol., Dep. of Prevent. Med. and Public Health, Med. Branch.) H. GOEBEL. 4520

R. Dennell und **S. R. A. Malek,** *Die Cuticula der Schabe Periplaneta americana.* 6. Mitt. *Quantitative Bestimmung der Zusammensetzung der Cuticula.* (5. vgl. C. **1958.** 784.) Von ♂ u. ♀ Exemplaren von Peripl. amer. verschied. Entwicklungsstadien werden W., *Lipoide, Aminosäuren, Proteine* (in W. lösl., in 5%ig. Alkali lösl. u. Gesamt), zweiwertige *Phenole* u. *Chitin* in der Cuticula bestimmt. Die tabellar. zusammengefaßten Ergebnisse werden hinsichtlich ihrer Bedeutung für den Härtungsvorgang der Cuticula besprochen. (Proc. Roy. Soc. [London] Ser. B **145.** 249—58. 29/5. 1956.) F. LÜPNITZ. 4520

J. E. Treherne, *Die Permeabilität von Haut für einige Nichtelektrolyte.* Bei Kaninchenhaut wurde die Permeabilität für *Glucose, Harnstoff, Glycerin, Thioharnstoff, Methanol, Äthanol* u. *Äthyljodid* bestimmt. Diese Verbb. waren mit ^{14}C oder ^{35}S markiert; die Durchdringung der Haut wurde mit einem GEIGER-MÜLLER-Zählrohr gemessen. Bei Verwendung der gesamten Haut war die Durchlässigkeit höher als bei der Dermis allein; das Maß der Durchdringung stand in Beziehung zum Verteilungskoeff. für das Ae.-W.-System. Es wurde geschlossen, daß das Haupthindernis für die Diffusion lipoidartig ist u. in der Epidermis liegt. (J. Physiology **133.** 171—80. 27/7. 1956. Porton, Ministry of Supply, Med. Div.) K. HEYNS. 4550

W. D. Stein, *N-terminales Histidin am aktiven Zentrum eines Permeabilitätsmechanismus.* Der Durchtritt von *Glycerin* (I) durch die Membran menschlicher Erythrocyten erfolgt über ein besonderes Transportsyst., das durch 10^{-7} mol. *Cu* gehemmt werden kann. Aus Verss. mit den Endgruppenreagentien *Dinitrofluorbenzol* u. *Phenylisothiocyanat* (II) wurde *Histidin* (IV) als endständige Gruppe in der Erythrocytenmembran nachgewiesen. Bei Blockade des Transportmechanismus für I durch *1.3-Dihydroxypropan* (III) läßt sich kein endständiges IV mehr durch II nachweisen. Nach Auswaschen des III gelingt wieder die Isolierung des endständigen IV. Es wird daraus geschlossen, daß an dem erleichterten Durchtritt des I durch die Erythrocytenmembran ein Protein oder Polypeptid beteiligt ist, das IV in Endstellung als akt. Zentrum besitzt. (Nature [London] **181.** 1662—63. 14/6. 1958. London, King's Coll., Zool. Dep.) H. MATTHIES. 4550

W. Fritzsche, H. Fischer, G. Schwick und **H. E. Schultze,** *Über die Bestimmung von Properdin und Komplementfaktoren.* Als Testreagens für die *Properdin* (I)-Best. war aus einem Gemisch von Humanseren (II) hergestelltes RP-Serum (III; removed properdin, d. h. properdinfreies Serum) regelmäßig brauchbar. Zur Herst. von R3-Serum (frei von C'3-Komplementkomponente) war Meerschweinchen-Mischserum besser geeignet als II, da die C'2-Komplementkomponente nicht inaktiviert wurde. Als eine Einheit Properdin wurde eine Abnahme von 50% der C'3-Aktivität in 1 cm^3 Testserum in Ggw. von 0,25 cm^3 **III** im Testansatz definiert. (Klin. Wschr. **36.** 100—07. 1/2. 1958. Frankfurt/M., Univ., I. Med. Klinik; Marburg/Lahn, Behringwerke.) H. CARLS. 4551

Peggy B. Houghton und **N. H. Martin,** *Immunochemische Beobachtungen über die Feinstruktur des menschlichen Albumins.* Vff. untersuchten nach der immunoelektrophoret. Geldiffusionsmeth. nach CLEVE u. SCHWICK (C. **1957.** 13387) das Verh. von nativem u. modifiziertem menschlichem Albumin (**I**) gegen spezif. Antiserum mit n. **I.** Die modifizierten **I** (**Ia, Ib** bzw. **Ic**) wurden durch Acetylierung von ca. 60 der 78 freien Aminogruppen (je 10^5 g **I**) unter Bldg. von $-NHCOCH_3$-Gruppen (**Ia**), durch Umsetzung mit Bromessigsäure unter Bldg. von (36) $-N(CH_2COOH)_2$-Gruppen (**Ib**) bzw. durch Umsetzung mit Brompropionsäure unter Bldg. von (63) $-NH(CH_2)_2COOH$-Gruppen (**Ic**) erhalten. Während bei **Ia,** bezogen auf n. **I,** nur die elektrophoret. Beweglichkeit verändert ist, zeigen **Ib** u. **Ic** keine Präcipitationszone mit Anti-**I**-Serum. Nach Ansicht der Vff. dürfte durch Ersatz der ursprünglichen positiven Gruppen durch negativ geladene eine Veränderung der sek. Struktur von **I** erfolgt sein. (Nature [London] **182.** 329—30. 2/8. 1958. London, St. George's Hosp., Dep. of Chem. Pathol.)
E. SCHWERDTFEGER. 4551

John F. Lawlis jr., *Serologischer Nachweis von an formalinisierte Erythrocyten adsorbierter Desoxyribonucleinsäure. Desoxyribonucleinsäure* (**I**) bewirkt nach Kupplung an formalinisierte Erythrocyten eine spezif. Agglutination mit einem gegen **I**-*Proteinkomplex* präparierten Antiserum in Form einer Antigen-Antikörper-Reaktion. Durch *Desoxyribonuclease*-Einw. läßt sich bestätigen, daß **I** als Hapten wirkt; Trypsin ändert die Agglutination nicht. (Proc. Soc. exp. Biol. Med. **98.** 300—03. Juni 1958. Indianapolis, Ind., Indiana Univ., Med. Center, Dep. of Microbiol.) U. TAUSENDFREUND. 4551

Robert L. Cochrane und **Roland K. Meyer,** *Verzögerte Nidation bei der Ratte, ausgelöst durch Progesteron.* Die Nidation wird durch tägliche subcutane Injektion von 4 mg *Progesteron* (**I**; in Maisöl) bis zu 45 Tagen verzögert; bei 3 Tage nach Befruchtung ovarektomierten Ratten (SPRAGUE-DAWLEY) findet sie jedoch bei zusätzlicher Verabreichung von 1 μg *Östron* (**II**) pro Tag innerhalb 5 Tagen nach beginnender **II**-Injektion statt. Die Nidation bleibt aus bei am 3. Tag nach der Paarung ovarektomierten, anschließend 8 Tage lang unbehandelten Ratten, wenn **I** u. **II** am 9. Tag für die nächsten 5—12 Tage injiziert werden; sie ist verzögert, teils erfolgt sie zu n. Zeit in am 4. Tag nach der Paarung ovarektomierten Ratten bei täglicher **I**-Injektion von 4 mg; sie wird bis zu ≥ 3 Tagen hinausgeschoben in 22—44 Std. nach Befruchtung hypophysektomierten Ratten bei täglich 4 mg injiziertem **I.** (Proc. Soc. exp. Biol. Med. **96.** 155—59. Okt. 1957. Madison, Wis., Univ., Dep. of Zool.) ANTJE SCHMIDT. 4559

H. P. Klotz und **Y. Avril,** *Ein neues, lang wirkendes Androgen: Testosteronphenylpropionat. Testosteronphenylpropionat* erwies sich klin. bei Männern u. Frauen als ein bes. lang wirksames Androgen. Nach einer Einzelinjektion von 100—200 mg hielt die Wrkg. bis zu 3 Wochen an. (Thérapie **10.** 588—90. 1955.) H. SCHIMASSEK. 4559

Claude J. Migeon, Anne R. Keller, Betty Lawrence und **Thomas H. Shepard II,** *Dehydroepiandrosteron- und Androsteronspiegel in menschlichem Plasma. Einfluß von Alter und Geschlecht. Tägliche Veränderungen und solche von einem Tag zum anderen.* Vff. bestimmten die Menge an Dehydroepiandrosteron (**I**) u. Androsteron (**II**) im Blutplasma von 65 n. ♂ Erwachsenen (a), 31 n. ♀ Erwachsen (b) u. 22 Kindern in morgens entnommenen sowie zu verschied. Tageszeiten erhalten Blutproben. — Bei 29 a (Alter 20—29 Jahre) betrug der Plasmaspiegel $48,2 \pm 15,1$ μg **I**/100 ml bzw. $25,0 \pm 10,7$ μg **II**/100 ml; bei 16 b der gleichen Altersgruppe waren die Blutspiegel demgegenüber leicht erniedrigt. Maximale Blutplasmawerte an beiden Hormonen fanden sich in den Altersgruppen zwischen 20 u. 39 Jahren; nach dem 40. Lebensjahr nahmen die Blutspiegel schnell ab u. waren bei 70jährigen prakt. Null. Bei Neugeborenen waren die **I**- u. **II**-Spiegel ca. so hoch wie bei jungen a (20—29 Jahre alt); sie sanken jedoch während der 1. Lebenswochen auf Null herab u. stiegen danach progressiv bis zum Eintritt der Pubertät an. Dieser Cyclus der **I**- bzw. **II**-Plasmasiegel war bei beiden Geschlechtern etwa gleich. Die individuellen Plasmawerte waren genauso wie die Spiegel von einem Tag zum anderen stark unterschiedlich; sogar die Schwankungen innerhalb eines Tagesverlaufs waren beträchtlich; sie sind vergleichbar, wenn sie auch nicht so ausgeprägt sind, mit den Schwankungen der 17-Hydroxycorticosteroid-Blutspiegelwerte. (J. clin. Endocrinol. Metabolism **17.** 1051—62. Sept. 1957. Baltimore, Md., Johns Hopkins Univ., School of Med., Dep. of Pediatrics u. Harriet Lane Home of Johns Hopkins Hosp.; Salt Lake City, Utah, Univ. of Utah, Coll. of Med., Dep. of Biol. Chem.) H. KOCKERT. 4559

Georg W. Oertel und **Kristen Eik-Nes,** *Bestimmung von Dehydroepiandrosteron in menschlichem Blutplasma.* 10 ml Plasma werden mit 20 ml A. geschüttelt, zentrifugiert, der Nd. 2mal A. mit 5 ml extrahiert u. die vereinigten Extrakte über Nacht bei -15^0 aufbewahrt. Der entstandene Nd. wird abzentrifugiert, mit 5 ml eiskaltem A. gewaschen u. mit 5 ml 0,1n Acetatpuffer (p_H 5,5) zu dem schon oben erhaltenen Nd. gespült. Die vereinigten A.-Extrakte u. Wasch-Fll. werden im Vakuum bei 45^0 zur Trockne eingedampft. Dieser Rückstand wird mit 5 ml W. u. 1,5 ml konz. H_2SO_4, die vereinigten Ndd. mit 15 ml Pufferlsg. u. 1,5 ml konz. H_2SO_4 versetzt u. 45 Min. in ein sd. Wasserbad gebracht. Nach dem Abkühlen extrahiert man beide Proben 3mal mit je 10 ml Essigester (**I**), dampft die Extrakte auf je 10 ml ein u. vereinigt sie. Diese Lsg. wird 1mal mit 10 ml nNaOH u. 3mal mit 8,5 ml W. gewaschen, die Waschwässer mit 10 ml **I** reextrahiert u. die **I**-Extrakte im Vakuum bei 45^0 zur Trockne eingedampft. Der Rückstand wird mit 10ml Methanol (**II**)/W.-Gemisch (8 : 2) u. 10ml **I**/Hexan (**III**)-Gemisch (1 : 9) behandelt, zentrifugiert u. noch 2mal mit **I**/**III** extrahiert. Die vereinigten Extrakte werden mit 10 ml **II**/W. reextrahiert u. die vereinigten **II**/W.-Lsgg. im Vakuum bei 45^0 zur Trockne eingedampft. Der Trockenrückstand wird in **II**/Chlf.-Gemisch (1 : 1) gelöst, auf einen Papierstreifen aufgetragen u. durch aufsteigende Chromatographie mit Bzl./**II**-Gemisch (9 : 1) am oberen Ende angereichert. Dieses wird abgeschnitten u. an der entsprechenden Stelle auf einen mit **II**-Formamid (1 : 1) imprägnierten Papierstreifen aufgesetzt. Man chromatographiert absteigend mit einem Formamid (**IV**) gesätt. Gemisch von **III**/Bzl. (1 :). Parallel läuft ein Streifen mit 40 γ *Dehydroepiandrosteron* (**V**). Der R_F-Wert von **V** liegt zwischen 0,6 u. 0,7. Nach der Chromatographie muß das **IV** durch Trocknung vollständig entfernt werden. Das **V** enthaltende Papierstück wird 3mal mit 2 ml **II** extrahiert, die vereinigten Extrakte bei 45^0 zur Trockne verdampft, mit 0,2 ml A. aufgenommen u. die **V**-Best. nach der Vorschrift von MIGEON (Recent Progress Hormone Res. **9.** [1954.] 235) durchgeführt. In Testverss. werden 1—20 γ zu Plasma zugesetztes Na-**I**-Sulfat zu durchschnittlich 80% wiedergefunden. Es werden noch 0,5 γ/10 ml erfaßt. Im Plasma von n. Versuchspersonen werden 40,2—81,1 γ **V**/100 ml (im Mittel 57,5) gefunden. (J. biol. Chemistry **232.** 543—48. Mai 1958. Salt Lake City, Utah, Univ., Coll. of Med., Dep. of Biol. Chem.) F. KRUSEN. 4559

Shō Miyamoto, Toshio Iso, Yoshikatsu Sakagishi, Seiji Hirase und **Ryōchi Bizen,** *Untersuchungen über Papierelektrophorese mit hohen Potentialen für verschiedene Steroidhormone.* 2. Mitt. *Über die Identifizierung von Pregnandiolglucuronid im Urin durch seine elektrophoretischen Banden.* (1. vgl. C. **1959.** 179.) Aus dem Harn Gravider mit n-Butanol extrahiertes rohes *Pregnandiolglucuronid* (**I**) u. mit Aceton/Ae. gereinigtes **I** wurde mit 4 kV 40 Min. der Papierelektrophorese mit hohen Potentialen unterworfen. Anschließende Bestrahlung mit UV-Licht ergab eine fluorescierende Substanz, die als Fraktion B II isoliert werden konnte. B II zeigte nach Behandlung mit *Naphthoresorcin* im UV-Spektr. ein Absorptionsmaximum bei 580 mμ (reines Glucuron hat λ_{max} 570). Nach Hydrolysieren von B II mit H_2SO_4 ergab sich das gleiche λ_{max} 420 mμ wie bei reinen *Pregnandiol*-Kristallen. Das Aglucon von B II konnte daher als Pregnandiol identifiziert werden. (Seikagaku [Biochemistry] **30.** 545—48. 25/10. 1958. Tōkyō Ika-Shika-Daigaku, Seikagaku-Kyōshitsu. [Orig.: japan.]) F. MOSSNER. 4559

Michael Finkelstein und **Sarah Goldberg,** *Ein Test zur qualitativen und quantitativen Bestimmung von Pregnan-3α.17α.20α-triol-11-on im Urin und seine Bedeutung bei Nebennierenstörungen.* Vff. beschreiben einen Test zur qualitativen u. quantitativen Best. von Pregnan-3α.17α.20α-triol-11-on (**I**) in Urinextrakten: zur qualitativen Best. wird **I** auf Filterpapier aufgetragen u. durch seine im UV-Licht (3660 Å) beobachtbare blaue Fluorescenz nachgewiesen (nach dem Aufbringen von **I** in 96%ig. A. mittels Eintauchen der Chromatogramme [WHATMAN-Papier Nr. 1] in 70%ig. H_3PO_4, danach 10 Min. auf 87^0 im elektr. Ofen erwärmen, abkühlen lassen u. unter die UV-Lampe bringen). — Die Meth. gestattet noch den Nachw. von 1—2 γ krist. **I**; die untere Nachweisgrenze von **I** aus 24-Std.-Harn liegt bei 40 γ. — Zur quantitativen Best. werden die entsprechenden Flecken des Papierchromatogramms mit Methanol eluiert u. die Konz. an **I** fluorometr. bestimmt. Ausführliche Beschreibung der Bestimmungsmethoden (Papierchromatographie, fluorometr. Verf.) vgl. Original. — Im 24-Std.-Harn n. ♂ u. ♀ Personen sowie schwangerer Frauen u. Nebennierentumorkranker konnte **I** in Mengen $>40\,\gamma$ nicht gefunden werden; wohl aber war der Urin an Nebennierenhyperplasie Erkrankter **I**-haltig. Bei n. Personen bewirkte eine Stimulierung der Nebennieren durch *adrenocortitropes Hormon* (*ACTH*) oder massive *Cortison*-Dosen nicht die Ausscheidung von **I** im Urin; daher kann **I** nicht als Stoffwechselprod. von Cortison angesehen werden. — Vff. sind der Ansicht, daß ein relativ einfacher, auf dem qualitativen Unterschied der **I**-Ausscheidung beruhender Test als differentialdiagnost. Hilfsmittel bei Nebennierenhyperplasie u. Nebennierentumor

herangezogen werden kann. (J. clin. Endocrinol. Metabolism **17.** 1063—70. Sept. 1957. Jerusalem, Israel, Hebrew-Univ.-Hadassah Med. School, Hormone Res. Labor.)
H. KOCKERT. 4560

Roger Acher, Albert Light und **Vincent du Vigneaud,** *Reinigung von Oxytocin und Vasopressin über einen Proteinkomplex.* Das Acetontrockenpulver des Hypophysenhinterlappens (HHL.) von Rind u. Schwein wurde mit 0,01n H_2SO_4 extrahiert u. aus den Extrakten durch Zusatz von NaCl ein Proteinkomplex ausgefällt, der vermutlich dem von VAN DYKE aus dem HHL. isolierten Protein entspricht. Durch diese Fällung wird eine große Menge lösl. Peptide abgetrennt, die sonst bei der Isolierung von *Oxytocin* (I) u. *Vasopressin* (II) Schwierigkeiten bereiten. I u. II wurden durch Trichloressigsäure von dem Protein getrennt. Die Protein-freie Lsg. konnte unter Benutzung von Ionenaustauscherharz (Amberlite IR–45) von Trichloressigsäure befreit u. I von II (Amberlite IRC–50 [XE–64]) abgetrennt werden. So erhaltenes II ist sehr rein; das I dagegen bedarf weiterer Reinigung durch Gegenstromverteilung. Die Meth. eignet sich zur schnellen Isolierung von II; die Ausbeuten liegen hoch (70%). Ausführliche Methodik vgl. Original. (J. biol. Chemistry **233.** 116—20. Juli 1958. New York, N. Y., Cornell Univ., Med. Coll., Dep. of Biochem.)
L. LASCHET. 4560

Hajime Imanaga, Tatsuhei Kondo und **Isamu Mori,** *Inaktivierung der antidiuretischen Substanz durch menschliche Leber.* Nach Injektion von 1000 mE. *Pitressin* (I) in die Vena portae von laparotomierten Versuchspersonen steigt die antidiuret. Aktivität im Cubitalvenenblut von Patienten mit Portalvenenhypertension u. bes. markant bei Asciteskranken an. Bei in vitro-Unterss. wird durch Lebergewebe von Asciteskranken I inaktiviert; der Inaktivierungseffekt ist bes. schwach bei Verwendung von Gewebe Lebercirrhosekranker. — Aus den Untersuchungsergebnissen schließen Vff., daß bei Patienten mit Portalvenenhypertension eine verminderte Inaktivierung antidiuret. Substanz durch Lebergewebe ein wichtiger Faktor für die Ausbldg. eines Ascites ist. (J. clin. Endocrinol. Metabolism **17.** 1081—87. Sept. 1957. Nagoya, Japan, Nagoya Univ., School of Med., Dep. of Surgery.)
H. KOCKERT. 4560

Howard A. Meineke und **Roger C. Crafts,** *Wirkung kombinierter Thyroxin-Cortison-Wachstumshormontherapie auf die Blutbildung in hypophysektomierten Ratten.* Es wird untersucht, ob das *Wachstumshormon* (I) den zur Wiederherst. einer n. Blutbldg. erforderlichen Faktor bei hypophysektomierten Tieren darstellt, deren Anämie zwar durch Gaben von *Thyroxin* (II) u. *Cortison* (III) behoben wird, aber die Hypoplasie des Knochenmarks unbeeinflußt bleibt. Die Befunde an hypophysektomierten ♀ Ratten zeigen nach 3 Monate langen Tagesgaben von 200—800 γ I (ansteigend), 5 γ II u. 600 γ III (Acetat) ein Verschwinden der Anämie; das Knochenmark wird dabei histolog. n., die erythroiden Elemente machen 82% des n. Wertes aus, die peripheren weißen Zellen liegen knapp unter dem n. Anteil, u. die hämatolog. Befunde weisen einen n. O_2-Verbrauch auf. (Proc. Soc. exp. Biol. Med. **96.** 74—79. Okt. 1957. Cincinnati, Ohio, Univ., Coll. of Med., Dep. of Anatom.)
ANTJE SCHMIDT. 4560

H. van Cauwenberge, *Cysteamin und 17-Hydroxycorticosteroide im Blut bei der Ratte.* (Vgl. C. **1957.** **3334.**) *Cysteamin* (I) verursacht bei intraperitonealer Injektion (4 mg/100 g Körpergewicht) in intakte oder operativ behandelte Ratten einen raschen Anstieg der *17-Hydroxycorticosteroide* im Blut. Die bereits ½ Std. nach der Injektion nachweisbare Erhöhung wird bei adrenalektomierten Tieren nicht beobachtet. I u. dessen Stoffwechselprod. Thioglykolsäure geben in reiner Lsg. u. nach Zusatz zu Blut keine positive PORTER-SILBER-Reaktion. Während der Nebennieren-Cholesterin-Geh. u. die Eosinophilenzahl im Blut nicht beeinflußt werden, verursacht I einen maximalen Abfall des Ascorbinsäuregeh. der Nebenniere 1½ Std. nach der Injektion. Nach Ovalbumin-Injektion wird ein ähnlicher Ascorbinsäure-Sturz beobachtet, jedoch wird durch diese Substanz keine signifikante Hypercorticoidämie hervorgerufen. Vf. erklärt die I-Wrkg. auf die Blutcorticoide mit einer Erhöhung der Nebennierenaktivität, die wegen der besseren Resorbierbarkeit des kleineren I-Mol. gegenüber ACTH rascher in Erscheinung treten kann. (C. R. Séances Soc. Biol. Filiales **149.** 605—08. März 1955. Liège, Univ., Ind. de Clin. e de Pathol. méd., Labor. de Chim. méd.; Fonds nat. de la Recherches sci.)
B. RÄSSLER. 4561

Avery A. Sandberg und **W. Roy Slaunwhite,** *Unterschiede des ^{14}C-Prednisolon- und ^{14}C-Cortisolstoffwechsels.* Vff. vergleichen den Stoffwechsel von $^{14}C_{(4)}$-*Prednisolon* (I) mit dem von $^{14}C_{(4)}$-*Cortisol* (II) bei 3 Patienten, von denen einer (♂) an malignem Melanom u. 2 an Brustkrebs erkrankt waren. — Nach intravenöser Injektion von 0,5 μC I wurde im Urin nach kürzerer Zeit Radioaktivität festgestellt als nach Injektion von 0,5 μC II. Mehr als 90% der Gesamtaktivität erscheinen im Urin innerhalb der ersten 48 Std. nach Verabfolgung des jeweiligen Steroids. Die im Vgl. zu II ausgeprägtere klin. Wirksamkeit von I wird auf die langsamere Umsetzung des nichtkonjugierten u. nichtreduzierten „biol. akt." Steroids in Stoffwechselgeschehen zurückgeführt. Diese Tatsache deutet darauf hin, daß der Körper nicht in der Lage ist, Δ^1-17-Hydroxycorticosteroide in der gleichen Weise u. der gleichen Höhe wie 17-Hydroxycorticosteroide zu verstoffwechseln. (J. clin. Endocrinol. Metabolism **17.** 1040—50. Sept. 1957. Buffalo, N. J., Rosuell Park Mem. Inst.) H. KOCKERT. 4561

H. Tuchmann-Duplessis und **L. Mercier-Parot,** *Die Wirkung von Cortison auf die Milchdrüsen trächtiger Ratten.* 20 mg *Cortison* am 6. oder 20. Tag der Trächtigkeit stimulieren die Milchdrüsenentw. bei Ratten u. beschleunigen die Milchbildung. Schon am 20. Tag der Trächtigkeit sehen die Zitzen der behandelten Tiere so aus wie die der Kontrollen nach dem Wurf. Vff. nehmen an, daß durch Cortison die *luteotrope Aktivität* des Hypophysenvorderlappens gesteigert wird. (C. R. Séances Soc. Biol. Filiales **151.** 1125—27. 11/2. 1958.) U. LASCHET. 4561

Pekka Brummer, Sauli Viikari und **Kalevi Koski,** *Wirkung von Fluorhydrocortison auf die Magensäuresekretion und die Ausscheidung von Uropepsin.* Obwohl die Glucocorticoidaktivität von *Fluorhydrocortison* (I) ca. 20mal stärker als diejenige von *Hydrocortison* (II) u. die Wrkg. auf die Elektrolyte ca. 100mal stärker als die von II ist, ließ sich bei täglicher Verabreichung von 2 mg I keine Steigerung der Magensäureproduktion oder der Uropepsinexkretion erkennen. (Ann. Med. exp. Biol. fenn. **36.** 170—74. 1958. Turku, Univ., Med. Clinic.) U. TAUSENDFREUND. 4561

Eino Linko und **Raimo Vasama,** *Wirkung von Glycyrrhitinsäure auf die Nebennierenrinde.* Peroral verabreichte *Glycyrrhitinsäure* (I; zwischen 100 u. 500 mg täglich) wirkt bei Ratten auf die Zona glomerulosa der Nebennierenrinde wie *Desoxycorticosteron*; die Zona fasciculata u. reticularis reagieren nicht auf I. Es konnte die hemmende Wrkg. von I auf das Hypophysen–Nebennieren-Syst. bestätigt werden. Während des Gewichtsanstieges der Versuchstiere unter der I-Einw. waren eine Verminderung der *Na*- u. eine Steigerung der *K*-Ausscheidung zu beobachten. (Ann. Med. exp. Biol. fenn. **36.** 97—107. 1958. Turku, Univ., Dep. of Pathol. Anatomy.) U. TAUSENDFREUND. 4561

Theodore C. West und **Robert F. Rushmer,** *Vergleichende Wirkungen von Adrenalin und Levarterenol (l-Noradrenalin) auf die linke Ventrikelaktion bei unbetäubten und betäubten Hunden.* Bei unbetäubten u. mit Pentobarbital-Na betäubten Hunden werden nach operativen Eingriffen am linken Ventrikel systol. Druck, diastol. u. systol. Durchmesser sowie die Pulsfrequenz bestimmt u. diese Parameter auch während der intravenösen Infusion von *Adrenalin* (I) oder *Levarterenol* (*l-Noradrenalin*; II) untersucht. II senkt die Pulsfrequenz in beiden Fällen. Der systol. Druck der linken Herzkammer steigt proportional der Konzz. von I u. II auch in beiden Fällen an, wobei die II-Wrkg. intensiver ist. Auch die Muskelkraft wird durch beide Stoffe erhöht, am meisten durch I bei den narkotisierten Tieren. Durch I u. II wird der diastol. Kammerdurchmesser in gleichem Maße vergrößert. Der systol. Durchmesser bleibt unverändert. Es ergibt sich zwischen den beiden Stoffen kein bes. Unterschied bei ihrer Wrkg. auf die Herzmuskelkontraktilität. (J. Pharmacol. exp. Therapeut. **120.** 361—70. Juli 1957. Seattle, Wash., Univ., School of Med., Dep. of Pharmacol. and Dep. of Physiol. and Biophysics.) G. KIMMERLE. 4561

Parkhurst A. Shore, Victor H. Cohn jr., Benjamin Higman und **Harriet M. Maling,** *Die Verteilung von Noradrenalin im Herzen.* Vff. haben die verschied. Abschnitte von Hundeherzen auf ihren Geh. an *Noradrenalin* (I) hin untersucht u. in den Vorhöfen 2,3 bis 3,1, in den Ventrikeln 1,3—1,8, in den Klappen 0—0,1, in der Aorta 1,3, in der Arteria pulmonalis 1,1 μg I/g u. in der oberen Hohlvene kein I aufgefunden. (Nature [London] **181.** 848—49. 22/3. 1958. Bethesda, Md., Nat. Heart Inst.) HEINRICH HERMANN. 4561

Monte A. Greer und **Herbert F. Shull,** *Eine quantitative Untersuchung über die Wirkung von Thyrotropin auf die Sekretionsreste der Schilddrüse bei euthyroiden und thyreotoxischen Versuchspersonen.* Vff. untersuchten den Einfl. verschied. hoher Dosierungen von Thyrotropin (I; Thytropar, ARMOUR; 0,3—100 U.S.P.-E., intramuskulär) auf die *Thyroxin*-Sekretionsrate der Schilddrüse (S) von 20 euthyroiden (a) u. 10 thyrotox. Personen (b). Nach peroraler Verabfolgung von ^{131}J (100—300 μC) wurde die Akkumulierung von ^{131}J in der S mit Hilfe eines Scintillationszählers vor u. nach Verabfolgung von *Methimazol* bestimmt. — Bei a bewirken 1,75, bei b 10 U.S.P.-E. als niedrigste Dosen einen Anstieg der S-Sekretionsrate. In beiden Gruppen beginnt die Stimulierung der S-Sekretion schon vor der 24. Std. nach Verabreichung effektiver I-Mengen. Eine Hemmperiode beginnt ca. 24 Std. nach der letzten I-Injektion; diese Hemmung ist vorübergehend bei 2 Patienten der Gruppe a u. 1 Patient der b-Gruppe zu beobachten, wogegen sie bei den übrigen Personen während der Versuchsdauer anhält. — Obgleich die Ergebnisse bzgl. des letztbeschriebenen Phänomens nicht einheitlich erscheinen, sind sie doch mit der Hypothese vereinbar, daß bei GRAVESscher Krankheit die I-Sekretion durch die Hypophyse erhöht ist. (J. clin. Endocrinol. Metabolism **17.** 1030—39. Sept. 1957. Long Beach, Vet. Administr. Hosp., Radioisotope Serv.; Los Angeles, Calif., Univ. of California, School of Med., Dep. of Med.) H. KOCKERT. 4562

Yahito Kotake, Hiromu Takebayashi, Yuichi Matsumura, Teisuke Takeda und **Shiro Sakamoto,** *Untersuchungen über Xanthurensäure.* 18. Mitt. *Die Beziehung zwischen Tryptophanstoffwechsel und Hyperthyreoidismus.* (17. vgl. C. **1958.** 6599; vgl. auch C. **1959.** 5173.) Im Harn von Patienten mit GRAVESscher Krankheit war nach einer 1 g-Gabe von *L-Tryptophan* (I) papierchromatograph. *Xanthurensäure* (II) nachweisbar, nicht dagegen im Harn gesunder Personen. Nach Thyreoidektomie verschwand II aus dem Patientenharn, u. der Grundumsatz normalisierte sich. Der Blutzuckerspiegel von Thyroxin (III)-Ratten (experimenteller Hyperthyreoidismus) war nach DL-I-Zufuhr erhöht, u. die Tiere schieden im Harn eine große Menge II aus (keine Veränderung bei n. Ratten). Die Kynureninaseaktivität der Leber von III-Ratten war stark gesenkt, die Kynurenintransaminaseaktivität unverändert. Bei Schilddrüsenüberfunktion, die zu Störungen des I-Stoffwechsels führt, kann nach I-Zufuhr II gebildet werden, die Hyperglykämie hervorruft. (Proc. Jap. Acad. **34.** 180—83. März 1958. Wakayama Med. Coll., Biochem. Dep. and Surg. Dep. [Orig.: engl.]) K. MAIER. 4562

A. Harell-Steinberg, L. Ziprkowski, S. Haim, J. Gafni und **M. Levin,** *Beobachtungen bei Hypoparathyreoidismus.* 1. Mitt. *Exfoliative Dermatitis als äußeres Kennzeichen des Hypoparathyreoidismus. Bericht über einen Fall.* Bericht über einen Fall (35 Jahre alte Frau) von Hypoparathyreoidismus, der gut auf *Dehydrotachysterin* (I; *AT-10*) u. *Vitamin* D_2 (II) ansprach: innerhalb von 10 Tagen Verabreichung von 1200000 E. II, danach I (0,625 mg) 3mal am Tage mit II zusammen 14 Tage lang u. dann I allein. — Die äußeren Symptome äußerten sich in einer über den ganzen Körper ausgebreiteten Dermatitis, die schon während der I- u. II-Behandlung vollständig abheilte. — Ausführliche Kasuistik. (J. clin. Endocrinol. Metabolism **17.** 1094—98. Sept. 1957. Tel-Hashomer, Israel, Government Hosp., Dermatol. Dep. u. Endocrinol. Unit.) H. KOCKERT. 4563

A. Harell-Steinberg, L. Ziprkowski, S. Haim, J. Gafni und **M. Levin,** *Beobachtungen über Hypoparathyreoidismus.* 2. Mitt. *Inaktivierung von Parathormon bei einem Fall von klinischem Hypoparathyreoidismus.* (1. vgl. vorst. Ref.) Bericht über einen Fall von Hypocalcämie, bei dem das klin. Bild eines idiopath. Hypoparathyreoidismus (a) bzw. eines Pseudoparathyreoidismus verwaschen war. Der Patient wurde dem ELLWORTH HOWARD-Test [intravenöse Verabfolgung von *Parathormon* (I)] unterworfen: der Anstieg der *P*-Ausscheidung war sehr viel geringfügiger als bei 2 „n." Fällen von a bzw. postoperativem Hypoparathyreoidismus. — Vff. neigen zu der Ansicht, daß sich im Blut des Patienten Substanzen befinden, die eine Inaktivierung von I bewirken, woraus Vff. auf eine 3. Varietät des Hypoparathyreoidismus schließen. (J. clin. Endocrinol. Metabolism **17.** 1099—1104. Sept. 1957.) H. KOCKERT. 4563

I. G. Jarrett und **B. J. Potter,** *Der Stoffwechsel von niederen Fettsäuren in diabetischen Schafen.* Die Diabetes bei Schafen riefen Vff. durch Verabreichung von *Aloxan* u. Entfernung der Pankreas hervor, wobei die Werte für Zucker auf 125 u. 270 mg% u. die der Ketone auf 11 u. 44 mg% im Blut anstiegen. Zur Unters. der niederen Fettsäuren wurden *Propionat* (I), *Acetat* (II) u. *Butyrat* (III) injiziert. Von ihnen konnte I am raschesten zurückgewonnen werden, u. zwar sowohl bei n. als auch bei diabet. Schafen. Vff. zeigen die typ. Toleranzkurven für n. u. diabet. Schafe nach Injektion von I, II oder III sowie die Konzz. derselben im Blut nach bestimmten Zeiten auf. In 4 Tabellen werden die Auswirkungen der Injektion von I, II oder III auf den Geh. an Fettsäuren, reduzierenden Zuckern, Ketonen u. Brenztraubensäure im Blut dargelegt. Dabei konnte vor allem bei den durch Entfernung der Pankreas diabet. gewordenen Schafen eine Blockierung der Glykolyse festgestellt werden, die Vff. aber auf andere Faktoren zurückführen, was ausführlich diskutiert wird. (Austral. J. exp. Biol. med. Sci. **35.** 103—13. April 1957. Adelaide, Univ., Div. of Biochem. and General Nutrition of the Commonwealth.) H. DÖLLE. 4564

Raymond Caren und **Lucille Corbo,** *Der mit Hilfe des Uraciltoleranztests untersuchte Pyrimidinstoffwechsel bei Diabetes mellitus.* Mit Hilfe der für Blutunterss. modifizierten Uracil (I)-Bestimmungsmeth. von SOODAK u. Mitarbeitern (J. biol. Chemistry **181.** [1949.] 713) bestimmen Vff. den Blut-I-Geh. von n. Versuchspersonen, Diabetikern (Diabetes mellitus) u. Patienten mit nichtdiabet. Krankheiten (congestiver Herzfehler, Endometriosis u. a.) nach Ingestion von 2 g I. — Vgll. der I-Toleranzkurven ergaben keine charakterist. Unterschiede innerhalb der 3 Personengruppen. Auch in größeren Mengen ($>$ 0,1 mg/100 cm^3) im Blut vorliegende *Harnsäure* stört die I-Best. nach der von Vff.

ausgearbeiteten Meth. nicht. (J. clin. Endocrinol. Metabolism **17.** 1071—80. Sept. 1957. Los Angeles, Calif., Univ. of California, Dep. of Med.; Cedars of Lebanon Hosp., Inst. of Med. Res.) H. KOCKERT. 4564

Thomas F. Frawley, *Die intravenöse Anwendung von Na-Tolbutamid bei akuten Untersuchungen.* Nach intravenöser Verabfolgung von Na-Tolbutamid (**I**; *Na-N^1-butyl-N^2-[p-tolylsulfonyl]-harnstoff*; *U 7064*; Dosis: 13—42 mg/kg Körpergewicht; mittlere Dosis 25 mg/kg) an n. (a) u. Diabetes mellitus-kranke Versuchspersonen (b) wurde bei a ein sofortiger Abfall des Blut–Glucose-Geh. um 37—64% festgestellt; bei juvenilem Diabetes wurde keine Hypoglykämie beobachtet, wohl aber im Falle einer länger andauernden Erkrankung. Eine Standardisierung der Dosis läßt sich im Gegensatz zu der von Insulin (**II**) nicht erreichen; es wurde jedoch festgestellt, daß 0,1 E. **II**/kg intravenös etwa den gleichen hypoglykäm. Effekt auslöst wie 18—20 mg u. mehr **I**. Nach **I**-Gaben wurde keine Tachyphylaxie beobachtet. Da **I** schnell ausgeschieden oder verstoffwechselt wird, können wiederholte Verabreichungen innerhalb von 48-Std.-Intervallen vorgenommen werden, ohne daß sich die Wirkungen zweier Dosierungen überschneiden. — **I** beeinflußt weder bei a, noch bei b die Nebennierenfunktion signifikant. (J. clin. Endocrinol. Metabolism **17.** Sept. 1957. 1124—27. Bethesda, Md., National Instt. of Health and Arthritis and Metabol. Diseases.) H. KOCKERT. 4564

Jean van de Velde und **Joseph de Smet,** *Neuer Stand unserer Untersuchungen über den Einfluß der Epiphyse auf die Verteilung des Fettes bei der Ratte.* Vff. geben einen Überblick über die Unterss. an *Epiphysenhormon* (**I**). Die Arbeiten wurden vorwiegend mit einem sehr akt. wss. Extrakt (z. B. Epiphysan) durchgeführt, der mindestens zwei verschied. wirksame Hormone enthält. Neuere Arbeiten mit einem wohldefinierten antigonadotropen Hormon (*Epibyle* BYLA) sind noch nicht abgeschlossen. Die Verss. an ♀ u. ♂Ratten (n u. kastriert, zu Beginn der Pubertät u. der Sexualreife u. adulte Tiere) bezogen sich auf die Beeinflussung des Fettstoffwechsels durch **I**. Die Gewichtsanalysen (Tier total, Leber, Haut, Abdominal-, Perirenalgewebe, Muskulatur) ergaben eine geschlechtsabhängige Beeinflussung. Bei ♀ Tieren führt **I**-Injektion eindeutig zur Fettspeicherung, bei ♂ Tieren ist sie durch die Ggw. von Testosteron variierbar. (Acta physiol. pharmacol. neerl. **6.** 226—40. 1957. Gent, Belgien, Univ., Inst. de Physiol. et Fonds Nat. de la Rech. Scientif.) G. KIMMERLE. 4565

Nobuo Ui, *Darstellung, Fraktionierung und Eigenschaften von Kalbsthymushiston.* Vf. beschreibt eine einfache Meth. zur Reinigung u. Fraktionierung von *Kalbsthymushiston* (**I**), die auf der fraktionierten Extraktion von **I** aus den isolierten Kalbsthymusnuclei durch H_2SO_4 steigender Konz. (0,1, 0,2 u. 0,5n) u. Fällung mit A. beruht. Auf Grund der verschied. Löslichkeit in A./W.-Gemischen wurden 2 Fraktionen [*Histon I* (**Ia**) u. *Histon II* (**Ib**)] erhalten. Es wurden die physikochem. u. chem. Eigg. von **Ia** u. **Ib** untersucht u. miteinander verglichen. **Ia** u. **Ib** zeigen verschied. Unterschiede, z. B. im Mol.-Gew., elektrophoret. Verh. u. der chem. Zusammensetzung. **Ia** u. **Ib** verhalten sich in der Ultrazentrifuge als homogene Proteine, jedoch lassen sich elektrophoret. bei **Ia** mindestens 3 u. bei **Ib** 1 Haupt- u. 3 Nebenkomponenten nachweisen. (Biochim. biophysica Acta [Amsterdam] **25.** 493—502. Sept. 1957. Tokyo, Univ., Inst. of Sci. and Technol.) E. SCHWERDTFEGER. 4566

D. M. P. Phillips und **E. W. Johns,** *Die Chromatographie von Thymushistonen und der Nachweis von Proteinaseaktivität in den unfraktionierten Präparaten.* Kalbsthymushistone wurden an Carboxymethylcellulose unter Elution mit 0,002n, 0,01n u. 0,02n HCl fraktioniert. Die 0,01n HCl eluiert die Hauptmenge, von der 80% aller N-endständigen Gruppen durch *Prolin* gebildet werden, während in der durch 0,02n HCl eluierten Fraktion 80% der N-endständigen Reste durch *Alanin* gebildet werden. Unfraktionierte *Histone* (Kalbsthymus, Rattenthymus, Kalbsmilz) hydrolysierten bei p_H 7—9 *N-Acetyl-L-tyrosinäthylester*; die Rk. wird durch *Diisopropylfluorphosphat* (**I**) gehemmt. Die Unterschiede in den gefundenen N-endständigen Resten beruhen nach Ansicht der Vff. möglicherweise auf dieser Proteolyse. Es wird daher die Anwendung von **I** bei der Histongewinnung empfohlen. (Biochem. J. **71.** 17P—18P. Febr. 1959. London, Chester Beatty Res. Inst.) E. SCHWERDTFEGER. 4566

K. Krnjevič und **R. Miledi,** *Acetylcholin bei der neuromuskulären Transmission bei Wirbeltieren.* Vff. haben nach DEL CASTILLO u. KATZ die Menge des zur neuromuskulären Transmission notwendigen *Acetylcholins* am Zwerchfell der Ratte in vitro bei Raumtemp. mit $1{,}5 \cdot 10^{-17}$ Mol bestimmt. (Nature [London] **182.** 805—06. 20/9. 1958. Canberra, Australian Nat. Univ., Physiol. Dep.) HEINRICH HERMANN. 4569

K. Kuriaki, T. Yakushiji, T. Noro, T. Shimizu und **Sh. Saji,** *γ-Aminobutyrylcholin.* Bei papierchromatograph. Unterss. (Lösungsm. Butanol–A.–Essigsäure–W., 8 : 2 : 1 : 3, Entwickler: DRAGENDORFs Reagens) eines trichloressigsauren Extraktes aus Hundehirn wurde außer den bekannten cholinerg. Substanzen *Acetyl-* (**I**), *Propionyl-* (**II**),

Butyryl- (III), *Imidazolacrylyl-* u. *Dimethylacrylylcholin* eine weitere Substanz vom R_F-Wert 0,2 beobachtet, die sich von den bekannten Cholinestern weitgehend unterscheidet. Die isolierte Substanz wurde durch vergleichende Unterss. als *γ-Aminobutyrylcholin* (IV) identifiziert. Nach Hydrolyse u. nochmaliger Papierchromatographie in wassergesätt. Phenol u. mit Ninhydrin als Entwickler ergab sich ein R_F von 0,9 (γ-Aminobuttersäure 0,77). **IV** wurde dargestellt; Hydrochlorid, $C_9H_{21}ClN_2O_2$, F. 193°. DL_{50} (bestimmt mit je 5 Mäusen pro Testgruppe) in mg/kg: **IV**: 3,5, **III**: 115,0, **II**: 550,0, **I**: 350,0. Hinsichtlich der muscarinartigen Wrkg. wurde exponentieller Wirkungsabfall in der Reihenfolge **I, II, III, IV** beobachtet. Dabei zeigte **IV** keinen Effekt in Mengen unter 0,1 ml einer 10^{-2}mol. Lsg.; diese Dosis löste allerdings zunächst einen Abfall des Blutdrucks aus, dem ein Anstieg u. dann der Tod des Versuchstieres folgten. Die nicotinartige Wrkg. der Verbb. ist umgekehrt wie die muscarinartige (Abfall arithmet.). Die Antihistaminwrkg. des **IV** ist signifikant. Dagegen war es im Gegensatz zu den anderen Cholinestern ohne Kontraktionseffekt bei Verss. am Ileum von Meerschweinchen. — Die Beobachtungen zeigen, daß das eigenartige Verh. des **IV** vergleichbar mit dem des *Glycincholins* ist u. es sich offenbar um einen die Übertragung der Nervenerregung hemmenden Faktor handelt. (Nature [London] **181.** 1336—37. 10/5. 1958. Tokyo, Nippon Med. School, Dep. of Pharmacol.) K. RING. 4569

Jeanne Levy und **Estera Michel-Ber** (unter techn. Mitarbeit von **Laja Liblau**), *Benutzung des Duodenums der Ratte zur pharmakologischen Prüfung von Wirkstoffen des autonomen Nervensystems und ihre verschiedenen Angriffspunkte.* Am Duodenumpräp. der Ratte kann man die Stoffe, die das autonome Nervensyst. beeinflussen (Parasympathicomimetica, Sympathicomimetica) gut untersuchen. Am Beispiel des *Acetylcholins* wird gezeigt, daß dieses an 3 Angriffspunkten ansetzt: einem peripheren (cholinerg. Muskelreceptor) u. zwei synaptischen. (Acta physiol. pharmacol. neerl. **6.** 241—49. 1957. Paris, Fac. de Méd.) G. KIMMERLE. 4569

Douglas E. Smith, *Natur der sekretorischen Tätigkeit der Mastzellen.* Die Unterss. der nach intraperitonealer Injektion von *Histamin* (I)-freimachenden Substanzen (*Stilbamidin, d-Tubocuranin, 48/80* in TYRODE-Lsg.) herausgezogenen Bauch-Fl. auf **I** am isolierten Meerschweinchendarm sowie die mkr. Prüfung des Gekröses bei 250 g schweren, ♂ SPRAGUE-DAWLEY-Ratten ergeben, daß anscheinend die Mastzellen als einzige zur Abgabe meßbarer Mengen **I** befähigt sind; denn nach deren Zerfall (in 1,2 Std.) u. Verschwinden (in 1 Tag) bei Injektion von dest. W. wird mit injizierten **I**-freimachenden Substanzen kein **I** abgegeben, erst wieder nach Neuentstehung genügender Anzahl Mastzellen (30—60 Tage nach Wasserinjektion). Bestimmte Konzz. intraperitoneal injizierten *Protaminsulfats* (**II**; 1 : 20000—1 : 100000) u. *Toluidinblaus* (**III**; 1 : 5000 u. 1 : 100000) in TYRODE-Lsg. erzeugen **I**-Freigabe, auch bei wiederholten Injektionen in Zeiträumen von 24,1 Std. u. 20 Minuten. Mit **II** u. **III** entstehen keine sichtbaren Veränderungen der Gekrösemastzellen, während die obigen Stoffe zwar die **I**-Freigabe fördern, doch die Mastzellen dabei zerstören. Es wird angenommen, daß die Sekretion der Mastzellen nicht ihren Zerfall erfordert, dieser wird vielmehr als durch die Behandlung ausgelöst angesehen. Sie scheinen demnach endokrine Zellen zu sein, die bei geeigneter Reizung fortgesetzt **I** erzeugen u. abgeben können. (Amer. J. Physiol. **193.** 573—75. Juni 1958. Lemont, Ill., Argonne Nat. Labor., Div. of Biol. and Med. Res.) ANTJE SCHMIDT. 4569

V. Erspamer, *Einige Beobachtungen über den Stoffwechsel von exogenem 5-Hydroxytryptamin (Enteramin) in der Ratte.* Bei Ratten subcutan oder intraperitoneal injiziertes *5-Hydroxytryptamin* (I) wurde teilweise (27—16%) als *5-Hydroxyindolylessigsäure* im Urin wiedergefunden. Man bestimmte ferner die Verteilung von **I** in Serum u. Plasma. Ca. 1 Std. nach Injektion von 5 mg/kg waren noch 16% am selben Orte zurückgeblieben. (J. Physiology **133.** 1—9. 27/7. 1956. Bari, Univ., Inst. of Pharmacol.) K. HEYNS. 4569

Herbert Weissbach, T. Philip Waalkes und **Sidney Udenfriend,** *Eine vereinfachte Methode zur Bestimmung von Serotonin in Geweben; gleichzeitige Bestimmung von Serotonin und Histamin.* Es wird eine Meth. zur Best. von *Serotonin* (I) in Blut u. Geweben angegeben, die auf einer direkten fluorometr. Messung im Überstand nach Fällung der Proteine mit $Zn(OH)_2$ u. Zentrifugieren beruht. Zur gemeinsamen Best. von I u. *Histamin* (II) werden die Blut- oder Gewebeproben nach der Proteinfällung mit $Zn(OH)_2$ in alkal. Lsg. mit Butanol extrahiert u. durch eine Kationenaustauschersäule gegeben. Das Eluat enthält allein **I,** das wie oben bestimmt wird. **II** wird mit 0,1n HCl aus der Säule gewaschen u. modifiziert nach MCINTIRE u. LOWRY mit 2.4-Dinitrofluorbenzol spektrophotometr. bestimmt. (J. biol. Chemistry **230.** 865—71. Febr. 1958. Bethesda, Md., U. S. Dep. of Health, Educat. and Welfare, Nat. Heart Inst., Nat. Inst. of Health, Public Health Serv., Labor. of Clin. Biochem. and Clin. of Gen. Med. and Exp. Therap.) W. SCHÖNBORN. 4569

Helen M. Anderson und **Joseph C. Turner**, *Präparation und der Hämoglobingehalt von Erythrocytenmembranen.* Menschliches Blut wird nach Incubation in einer Säure-Citrat-Dextrose-Lsg. bei 4° 3mal mit isoton. Lsg. gewaschen. Hämolyse erfolgt mit 10fachem Vol. Wasser. Danach wird das Präp. mehrmals mit kaltem W. gewaschen. Die Analyse auf diese Weise gewonnener intakter Membranen ergab nach Lyophilisierung, Auflsg. in 40%ig. Harnstofflsg. u. photometr. Farbstoffbest. reproduzierbare Werte von 3% des ursprünglichen Hb-Geh. bzw. 54% des Trockengewichtes. Vff. schließen auf einen Einbau des nicht auswaschbaren Hb in die Membranen. (Nature [London] **183.** 112—13. 10/1. 1959. Columbia, N. Y., Univ., Coll. of Phys. and Surg.)
K. RUCKPAUL. 4572

C. De Marco und **E. Antonini**, *Aminosäurezusammensetzung von Hämoglobin aus Thunnus thynnus.* Vff. berichten über die Aminosäurezus. von Hämoglobin (I) des Salzwasserfisches *Thunnus thynnus* mittels Chromatographie an Ionenaustauschern. Die I-Kristalle wurden in W. gelöst, gegen W. dialysiert u. 24 Std. mit 6n HCl hydrolysiert. Pro 100 g Protein wurden gefunden: 11,18 ± 0,31 (g) Asparaginsäure, 4,38 ± 0,09 Threonin, 4,48 ± 0,16 Serin, 6,67 ± 0,18 Glutaminsäure, 2,40 ± 0,28 Prolin, 4,34 ± 0,22 Glycin, 8,49 ± 0,22 Alanin, 7,28 ± 0,35 Valin, 2,81 ± 0,26 Methionin, 5,68 ± 0,19 Isoleucin, 11,73 ± 0,30 Leucin, 4,63 ± 0,12 Tyrosin, 6,37 ± 0,19 Phenylalanin, 4,13 ± 0,10 Histidin, 8,64 ± 0,21 Lysin, 5,58 ± 0,18 Arginin, u. nicht bestimmbare Menge an Cystin. (Nature [London] **181.** 1128. 19/4. 1958. Rome, Univ., Inst. of Biochem.)
G. BRATFISCH. 4572

Q. H. Gibson, *Die photochemische Bildung einer schnell reagierenden Form des Hämoglobins.* Wird *Kohlenoxydhämoglobin* (I) vom Schaf einem kurzen Lichtblitz (20 μsec) ausgesetzt, so spaltet CO ab, u. es bildet sich *red. Hämoglobin* (II). Dieses bindet in der Dunkelphase wieder CO. Es zeigte sich allerdings, daß das photochem. erhaltene II wesentlich schneller mit CO oder CO_2 reagieren kann als mittels anderer Methoden gewonnenes. Bei Erniedrigung der Temp. auf 1—5° wurde die Rekombinations-Rk. so verlangsamt, daß deutlich ein biphas. Verlauf nachweisbar war, eine schnelle Rk. während der ersten 5 msec u. eine sich anschließende langsamere Rk., deren Geschwindigkeitskonstante ($4 \cdot 10^4$ mol.$^{-1}\cdot$sec^{-1}) mit früheren Werten des Autors in Übereinstimmung steht. Die Geschwindigkeit der schnellen Rk. ist vom p_H u. zunehmender CO-Konz. abhängig, sie beschleunigt sich mit steigendem p_H u. zunehmender CO-Konzentration. Das aus I photochem. erhaltene II ist also nicht einheitlich, es enthält eine vor allem im alkal. bevorzugt auftretende schnell reagierende Komponente (**IIa**) u. n. reagierendes II. II u. **IIa** unterscheiden sich gering in ihrer Lichtabsorption, **IIa** besitzt eine etwas niedrigere Soretbande, was auf eine Veränderung der Proteinkomponente bezogen wird. Die Geschwindigkeitskonstante der Rekombination von CO an II wurde mit $1{,}8 \cdot 10^6$ mol.$^{-1}\cdot$sec^{-1} u. die der Rk. **IIa** → II mit ca. 230 sec^{-1} ermittelt (Konz. des Blutfarbstoffes ca. $2{,}2 \cdot 10^{-5}$ Äquivalent, p_H 9,1, t = 1°). In Ggw. von *p-Chlormercuribenzoat* wird das Verhältnis **IIa**/II größer als bei Abwesenheit von SH-Reagentien. Dieser Effekt wirkt sich vor allem bei neutralem p_H aus, wo n. nur wenig **IIa** bei der photochem. Dissoziation des I gebildet wird. Durch Best. der Reaktionsgeschwindigkeit der **IIa**-CO-Rekombination bei verschied. Tempp. wurde eine Aktivierungsenergie dieser Rk. von 5,6 kcal/Äquivalent ermittelt (der Wert für die II-CO-Rekombination beträgt hingegen 10,5 kcal/Äquivalent). Die Bldg. von **IIa** scheint durch zunehmende Verdünnung der Reaktionsansätze durch hohe Salz- oder Harnstoffkonzz. begünstigt zu werden. Die Befunde werden so gedeutet, daß auch nach Abdissoziation des CO der Proteinanteil des Mol. für kurze Zeit in der für I charakterist. Struktur bleibt u. erst sek. in die für II typ. Struktur übergeht. (Biochem. J. **71.** 293—303. Febr. 1959. Sheffield, Univ., Dep. of Biochem.)
W. SCHELER. 4572

Lothar Friederici, *Über den Nachweis des Erythropoetins in der Gewebekultur.* In der mit Knochenmark n. Meerschweinchen oder Ratten erhaltenen Gewebekultur nach CARREL wurde durch Vgl. der Wrkg. von erythropoet. akt. Serum von anäm. Patienten u. von anäm. Meerschweinchen u. von Serum-, Milz- u. Leberextrakten anäm. Versuchstiere mit n. Serum *Erythropoetin* in den anäm. Seren u. Organextrakten durch eindeutig signifikante Zunahme der Erythroblasten in vitro nachgewiesen. Hierbei bestand eine lineare Abhängigkeit der Zunahme der Erythroblasten von der Konz. des Anämieserums. I scheint ein humoraler Faktor zu sein, der im Blutplasma, Blutserum, in der Milz u. Leber vorhanden, bis 100° u. bei +5° > 7 Tage beständig, nicht an *Fibrinogen* oder *Fibrin* gebunden u. nicht mit *Adenosintriphosphorsäure* ident. ist. (Klin. Wschr. **36.** 132—34. 1/2. 1958. Mainz, Univ., Med. Poliklinik.)
H. CARLS. 4573

D. R. Cooper, *Die Wirkung von Boratpuffer auf die Elektrophorese von Serum.* Vf. fand bei der papierelektrophoret. Unters. von Serum unter Verwendung von Boratpuffer (p_H 8,6, μ = 0,05) Unterschiede in der Wanderungsgeschwindigkeit in der Art, daß der Boratpuffer die Wanderungsgeschwindigkeit einer oder mehrerer Komponenten erhöhte. Wahrscheinlich reagiert hierbei das Boration mit den proteingebundenen Kohlenhydraten. Unmittelbar neben der Albuminlinie bildete sich eine unbekannte proteinpositive Linie heraus. Die Hauptfraktion an kohlenhydratgebundenem Protein besteht aus α_1- u. α_2-Globulinen. Vf. glaubt daher, daß die unbekannte Linie einem Komplex zwischen Boration u. α_1 bzw. α_2-Globulinen zuzuschreiben ist. Die gleiche Beobachtung machte Vf. bei analogen elektrophoret. Unterss. in der TISELIUS-Apparatur. (Nature [London] **181.** 713—14. 8/3. 1958. Grahamstown, South Africa, Rhodes Univ., Leather Ind. Res. Inst.) G. BRATFISCH. 4574

W. Fiaccavento, S. Curro und **A. Valente,** *Über Veränderungen der Serumproteine bei Thrombophlebitis und postphlebitischem Syndrom der unteren Gliedmaßen.* Vff. untersuchten mit Hilfe elektrophoret. u. anderer Methoden die Veränderungen der Proteingehh. in Seren von Thrombophlebitiskranken u. von an postphlebit. Syndrom leidenden Patienten. — Es wurde festgestellt, daß in beiden Krankheitsfällen eine Dysproteinämie besteht, die je nach Entwicklungsstadium u. Therapie verschied. Charakteristika aufweist. Bei chron. oder in den chron. Zustand übergehenden Krankheitsformen wird als markantestes Phänomen eine Erhöhung des Serum-*γ-Globulin*-Spiegels beobachtet, welche Tatsache Vff. auf eine gesteigerte Reaktivität des Mesenchyms zurückführen. (Gazz. int. Med. Chirurg. **62 (61).** 2565—81. 15/10. 1957. Catania, Univ., Ist. di Clin. chirurg. generale e Terapie chirurgica.) H. KOCKERT. 4574

Haruo Akutagawa, *Die HgJ_2-Reaktion bei Herzkranken.* (Vgl. C. **1959.** 6869.) Bei 6 Herzkranken lagen die Durchschnittswerte der *HgJ_2*-Rk. mit 4 Punkten, die des Differenz-N (Serumpolypeptide) mit 10,36 mg% u. die der *Jodsäure* (?) des Blutes über der Norm (1,3 Punkte; 4,22). Nur das *Serumeiweiß* war vermindert: 6,10 g/100 cm^3 gegenüber 7,26 g/100 cm^3. (J. Kyoto prefect. med. Univ. **60.** 697—98. 25/10. 1956 Kyōto Furitsu-Ika-Daigaku, Hosoda Naika-Kyōshitsu. [Orig.: japan., Auszug: engl.]) F. MOSSNER. 4574

V. S. Le Quire, L. M. Worley und **M. E. Gray,** *Die Wirkungen der Hypoxämie auf die Lipämieklärungsreaktion auf intravenös appliziertes Heparin.* Die gewöhnliche Klärungs-Rk. eines lipäm. Tieres auf Heparin wird durch Beatmung signifikant gehemmt. Intravenös appliziertes NaCN hemmt die Lipämieklärung nach Heparin in einem größeren Maße als Beatmung. Die Ergebnisse mit 2.4-Dinitrophenol waren unbestimmt. Wahrscheinlich hemmt diese Verb. die Klärung nicht. In vitro-Klärungsverss. mit Fettemulsionen u. lipäm. Blut zeigten, daß NaCN, 2.4-Dinitrophenol, N_2 u. Leuchtgas die Klärung nicht hemmen, daß CO_2 die Klärung hemmt, u. daß Luft, O_2, N_2 u. Leuchtgas die Klärung bei Fettemulsionen erleichtern, bei lipäm. Blut bedeutend weniger. (J. Lab. clin. Med. **49.** 869—76. Juni 1957. Nashville, Tenn., Vanderbilt Univ., School of Med., Dep. of Anatomy.) R. HÄHNEL. 4574

Walter Appel und **Valentin Zanker,** *Über die Bildung reversibler Assoziate des Acridinorangemetachromasieeffekts durch Heparin.* Bei der Unters. der Einfll. von NaCl (0,16 mol.) u. steigenden *Heparin* (I)-Mengen auf das Spektr. (17000—25000 cm^{-1}) 10^{-4}- u. 10^{-5}mol. wss. Lsgg. des Acridinorange (**II**)-Kations wurde an NaCl-freien, 10^{-5} mol. **II**-Lsgg. ein maximaler Metachromasieeffekt mit Schwerpunktsverschiebung des Bandenmaximums von 1900 cm^{-1} beobachtet. Der Effekt ist demjenigen in wss. Lsgg. durch Steigerung der **II**-Konz. analog u. wird als Bevorzugung des 0 → 1- u. 0 → 2 - Elektronenschwingungsübergangs aufgefaßt. Beim spektroskop. Endwert sind an einer chromotropen **I**-Molekel 40—50 **II**-Moll. elektrostat. gebunden. NaCl-Zusätze heben infolge Beanspruchung der negativen Ladungsstellen am Chromotrop durch überschüssige Na^+-Ionen die Metachromasie weitgehend auf. Die Ergebnisse in 10^{-4}mol. **II**-Lsgg. ähneln denen in 10^{-5}molaren. Jedoch wird in diesem Falle der Effekt durch die Eigenassoziation der **II**-Moll. abgeschwächt. Es kommt bei dieser Konz. bereits zu Ndd. von **I**–**II**-Komplexen. Der Metachromasieeffekt durch **I** ist dem sogenannten Assoziaitonseffekt wss. **II**-Lsgg. analog, nur wird die Abstoßung der gleichgeladenen Farbstoffmoll. bei der typ. Assoziation durch die starken Wasserdipole verhindert. Für das Auftreten des Metachromasieffekts werden die Dispersionskräfte, die Überlappung u. Störung der π-Elektronenwolken u. eine daraus sich ergebende Verschiebung der Potentialkurven des Elektronenanregungszustandes verantwortlich gemacht. Das Auftreten des spektroskop. nachgewiesenen Metachromasieeffektes setzt die gleichzeitige Erfüllung mehrerer Bedingungen voraus, einen chromotropen, elektrophile Ladungsgruppen enthaltenden Träger, Farbstoffionen entgegengesetzter Ladung, die an diese angelagert oder elektrostat. gebunden werden können, u. kleine Abstände der akt. Gruppen an der chromotropen Mol. bzw. eine große Zahl derselben. (Z. Naturforsch. **13b.** 126—34. März 1958. München, TH, Inst. für physikal. Chem.)

K. MAIER. 4574

Inga Marie Nilsson und **Ikuo Yamashina,** *Die Wirkung von humanem, saurem α_1-Glykoprotein auf die Blutgerinnung.* Der Durchschnittsgeh. von saurem α_1-Glykoprotein (I) im Plasma beträgt 50 mg/100 cm^3. Bei vielen patholog. Zuständen sind die α-Glykoproteine vermehrt. Bei Zusatz von I zu n. Plasma beobachteten Vff. eine Verlängerung der Gerinnungszeit (GZ). Für den Gerinnungstest wurde eine 1%ig. I-Lsg. in Imidazolpuffer, p_H 7,25, u. Ionenstärke 0,15 verwendet. Die I-Lsg. zeigte keine Thrombin (II)-, Prothrombin (III)-, Proconvertin- oder Proaccelerin (IV)-Aktivität, verzögert nicht die Gerinnung von Fibrinogen durch II, zeigt auch weder Antithrombinaktivität noch Plasmin- oder Plasminogen (V)-Aktivatoraktivität, auch keine Plasmin (VI)-Inhibitorwrkg.; hemmt aber die Umwandlung von V zu VI durch Urokinase. Bei der Aktivierung von 9 mg III in 25% Na-Citrat zu II übten 20 mg I prakt. keine Hemmwrkg. aus. Bei Unters. des Mechanismus der Antikoagulanswrkg. von I fanden Vff. eine deutliche Verlängerung der GZ von 33 auf 83 Sek., wenn das Reaktionsgemisch unverd. Thromboplastin (VII), verd. Citratplasma ($^1/_{10}$) u. einen Überschuß an IV, Ca^{2+} u. I in einer Endkonz. von 2,5 mg/cm^3 enthielt, von 33 auf 43 Sek., wenn die I-Konz. 0,5 mg/cm^3 war. Die Hemmung ist kompetitiver Art. Im VII-Generationstest hemmte I die Bldg. von Plasma-VII in ähnlicher Weise wie bei der Hirn-VII. Durch Erhitzen von I auf 100° für 30 Min. bleibt die Antikoagulanswrkg. erhalten, wie auch hierdurch die elektrophoret. Eigg. u. Eigg. bei Ultrazentrifugation von I nicht verändert werden. (Nature [London] **181.** 711—12. 8/3. 1958. Stockholm, Sweden, Karolinska Inst., Chem. Dep.) G. BRATFISCH. 4574

Olga B. Henriques, Fajga R. Mandelbaum und **S. B. Henriques,** *Blutgerinnungsaktivität des Giftes von Bothrops jararaca.* Vff. weisen durch fraktionierte Fällung mit $(NH_4)_2SO_4$ (p_H 6,1) u. Elektrophorese im Gift von *Bothrops jararaca* 3 Enzyme nach. Bei 40—50% Sättigung ergibt sich eine Fraktion, die mit *Caseinase* (I) ident. ist. Zwischen 60 u. 70% Sättigung ergibt sich eine Fraktion mit maximaler *Protease A*- u. maximaler Gerinnungsaktivität. Diese Fraktion entspricht gegebenenfalls dem *Koagulin* von HOLZ u. RAUDONAT (vgl. C. **1957.** 10273). Diese trennten Vff. mittels Elektrophorese an einer Stärkesäule in 2 Einzelfraktionen: 1. Bothrops-*Protease A* (*Benzoyl–Arginin-Amidase*; II), 2. Gerinnungsakt. Fraktion (III). Es scheint III unabhängig vom Geh. an I u. II zu sein. (Nature [London] **183.** 114—15. 10/1. 1959. São Paulo, Labor. of Biochem.) K. RUCKPAUL. 4574

K. H. Koster, V. Sele, M. Schwartz und **E. Sindrup,** *Änderungen des Blutvolumens nach Infusion von Dextranlösungen.* Unterss. an Freiwilligen ergaben, daß die Infusion von 500 ml 6%ig. *Dextran* (I)-Lsg. das Blut- u. Plasmavol. fast im Betrage der infundierten Voll. vermehrte. Unabhängig von der Konz. der infundierten Lsg. hält 1 g I 18 ml Fl. im Kreislauf. I verdrängt kein Serumalbumin aus dem Kreislauf. Zur Best. des Blut- u. Blutplasmavol. waren dabei Plasmaverdünnungsmethoden den Erythrocytenzählmethoden z. T. deshalb überlegen, da sich durch 10%ig. I-Lsg. der Hämatokritwert unvorhersehbar ändert. (Lancet **273.** 262—64. 10/8. 1957. Copenhagen, Bispebjerg Hosp., Surg. Dep. A u. Med. Dep. B.) W. WILLENBERG. 4575

J. Jännes und **N.-E. Saris,** *Abnorme Aminosäurenausscheidung im Urin. Eine papierchromatographische Untersuchung.* Zum Nachw. der Aminosäuren im Urin wurde an Amberlite IR-120-Harz (H^+-Form) adsorbiert u. mit 1n NH_4OH eluiert. Bei der anschließenden zweidimensionalen Papierchromatographie auf WHATMAN-Papier Nr. 4 wurde Butanol–Essigsäure–W. (4 : 1 : 5) u. Phenol–W. als mobile Phase verwendet. Als ninhydrinpositive Substanzen ließen sich bei Morbus LETTERER-SIWE *Glycin* (I), *Alanin* (II), *Serin, Asparaginsäure, Glutaminsäure, Cystin, Arginin, Lysin* (III) u. *Ornithin,* bei chron. Hepatitis *Histidin, Taurin* u. *Threonin* u. in n. Urin I, II, *Glutamin* u. wenig III nachweisen. (Ann. Med. exp. Biol. fenn. **36.** 134—39. 1958. Helsinki, Aurora Hosp., Labor.) U. TAUSENDFREUND. 4577

Marvin Tunis, Herbert Weinfeld und **Avery A. Sandberg,** *Eine in leukämischem Urin des Menschen aufgefundene polypeptidische Substanz, die nichtenzymatische Säurelöslichkeit von Nucleinsäuren fördert.* Zusatz von Urin von Patienten mit verschied. Arten von Leukämie zu Kalbsthymusdesoxyribonucleinsäure (I) hemmt die Fällbarkeit der I durch Trichloressigsäure. Normaler Urin gibt diesen Effekt nicht. Die Substanz des Urins, die diese Wrkg. hervorruft, ist nicht dialysierbar u. hitzebeständig. Sie ist polypeptid., ist jedoch keine Desoxyribonuclease. Aus eingeengtem Urin läßt sie sich in 65%ig. A. fällen. (Cancer Res. **18.** 911—15. Sept. 1958. Buffalo, N. Y., Roswell Park Mem. Inst., Dep. of Med.) S. DITTMANN-MITZSCHERLICH. 4577

E. Frick und **L. Scheid-Seydel,** *Untersuchungen mit ^{131}J-γ-Globulin zur Frage der Herkunft der Liquoreiweißkörper.* Vff. untersuchten die Herkunft der *γ-Globuline* (I) des Liquors unter Verwendung von ^{131}J-I an 28 Patienten mit verschied. neurolog.

Erkrankungen. Das dynam. Gleichgewicht zwischen Serum u. Liquor wird nach ca. 100 Std. erreicht; die Übertrittsrate der I aus dem Serum in den Liquorraum beträgt ca. 0,45 mg%/Stunde. Das I des n. Liquors stammt nach Ansicht der Vff. ausschließlich aus dem Serum. Bei verschied. entzündlichen Erkrankungen tritt im Liquor neben dem Serum-I liquoreigenes I auf, das nach Ansicht der Vff. in den Hirnhäuten u. dem mesenchymalen Gewebe des Zentralnervensyst. gebildet werden dürfte. Der Anteil des Serum-I am gesamten Liquor-I betrug in diesem Fall 5—10%. (Klin. Wschr. **36.** 857 bis 863. 15/9. 1958. München, Univ., Nervenklinik.) E. SCHWERDTFEGER. 4578

Aldona Baltch und **Winifred Osborne,** *Untersuchung über die Gründe des verminderten Zuckergehaltes der Spinalflüssigkeit: in vivo- und in vitro-Beobachtungen.* Patienten mit eitriger akuter Meningitis haben einen erniedrigten Zuckergeh. in der Cerebrospinalflüssigkeit. Die Bedeutung von Bakterien u. Leukocyten als Faktoren, die den Zuckergeh. dieser Fl. herabsetzen, wurde untersucht. Bebrütung, Abkühlung oder Gefrieren verändert den Zuckergeh. von steriler, zellfreier Cerebrospinal-Fl. nicht. In vitro können Mikroorganismen sich den Zucker der Fl. nutzbar machen. Die Zuckerwerte bei asept. Meningitis sind unabhängig vom Grad der Pleocytose. Bei Incubation der Cerebrospinal-Fl. mit einer großen Zahl von Leukocyten in vitro vermindert sich der Zuckergehalt. Bei akuter Meningitis durch Pseudmonas aeruginosa ist die Red. des Zuckergeh. nicht nur auf bakterielle u. Zellglykolyse zurückzuführen. Möglicherweise sind eine Veränderung der Blutliquorschranke u. vielleicht ein Anstieg der Ausnutzung der Glucose durch die Cerebralzellen verantwortlich für die Zuckerverarmung bei akuter bakterieller Meningitis. (J. Lab. clin. Med. **49.** 882—89. Juni 1957. Syracuse, N. Y., State Univ., Dep. of Med. and Microbiol., Upstate Med. Coll.) R. HÄHNEL. 4578

Hans Günter Goslar, *Zur Beeinflussung des Häutungsgeschehens bei der Ringelnatter (Natrix natrix) durch einen wässerigen Thymusextrakt.* Vf. injiziert ♀ Ringelnattern 3mal wöchentlich 0,5 cm^3 pyrogen- u. eiweißfreien Thymusextrakt in den Schwanzteil u. beobachtet den Härtungscyclus; die Verss. erstrecken sich über 5—6 vollständige Häutungscyclen. Bei den meisten Tieren ist die häutungsfreie Periode nach der Injektion um 50% u. mehr verkürzt. Gleichzeitig werden typ. Stauungsschilddrüse, verflachtes Follikelepithel bei stark vergrößerten Follikeln u. bei den Zellkernen verdickte Kernmembran u. dichte, bröckelige Chromatinstruktur beobachtet. (Arzneimittel-Forsch. **7.** 399—400. Juli 1957. Köln, Univ.-Hautklinik, Anatom. Inst.) R. LENSCHAU. 4583

H. Langendorf, *Der Einfluß alimentärer Acidosen und Alkalosen auf die Wachstumsgeschwindigkeit und die Eiweißausnutzung der Ratte.* An wachsenden ♂ u. ♀ Ratten wurde der Einfl. einer alimentären Acidose (NH_4Cl) bzw. Alkalose ($NaHCO_3$) untersucht. Die Acidose führt zu einer gering verminderten Proteinverwertung u. bei den ♂ Tieren zu einer geringeren Wachstumsgeschwindigkeit, während sich bei der Alkalose kein sicherer Einfl. nachweisen ließ. (Klin. Wschr. **36.** 874—75. 15/9. 1958. Mainz, Univ., Inst. für physiol. Chem.) E. SCHWERDTFEGER. 4584

C. H. Best, C. C. Lucas, Jean M. Patterson und **Jessie H. Ridout,** *Wirkungen von verschiedenen Nahrungsfetten und von Cholin auf die Leber- und Serumlipide von Ratten.* Es werden Fütterungsverss. mit ♂ WISTAR-Ratten durchgeführt, denen ein hypolipotropes, aber sonst komplettes Grundfutter (15% *Protein*), frei von *Cholesterin*, verabfolgt wird; in einer Zusatzmenge von 20% des Grundfutters wird während 3wöchiger Fütterung die Wrkg. von *Sonnenblumen-*, *Maiskeim-* (**I**), *Oliven-*, *Cocosöl* (**III**), *Butterfett*, *Schweineschmalz*, *Rinderfett* (**V**), *Margarine*, *Erdnußöl Primex* (**IV**) auf den Geh. der Leber an Gesamtlipiden sowie an Serumcholesterin verfolgt; in Einzelverss. erfolgt Zulage von *Cholinchlorid* (**II**) bzw. *dl-Methionin*. Die Futteraufnahme u. -verwertung zum Körpergewebeaufbau verläuft in Ggw. adäquater Menge **II** bei allen Fetten ähnlich; die Wrkg. von **I** ist etwas geringer. Fettfreies Grundfutter führt zu erhöhter Sterblichkeit der Tiere, verursacht durch Nierenblutungen; Fettzulage — abgesehen von derjenigen von **IV** oder **V** — verbessert den Zustand in entscheidender Weise; **III** verleiht vollständigen Schutz gegen Nierenschädigung. Eindeutige Unterschiede hinsichtlich der Fettablagerung in der Leber sind bei den Fetten nicht feststellbar; Sonnenblumenöl dürfte auch bei niedriger **II**-Gabe die geringste Neigung zur Deponierung in der Leber zeigen. Dagegen unterscheiden sich die Fette hinsichtlich ihres Effektes zur Ablagerung von *Cholesterinestern* in der Leber; im Serum sind solche Unterschiede nicht nachweisbar. In Abwesenheit von **II** erfolgt ein Abfall des Serumcholesterins, der von der Art des Nahrungsfettes nicht beeinflußt sein dürfte. (Canad. J. Biochem. Physiol. **36.** 613—23. Juni 1958. Toronto, Ontario, Univ., Banting and Best Dep. of Med. Res.) K. TÄUFEL. 4585

John W. West und **James E. Hill,** *Der Einfluß verschiedener Antibiotica auf die Eiweißverwertung von Vögeln.* Es wird der Einfl. von *Procain–Penicillin* (**I**), *Aureo-*

mycin (II) u. *Terramycin* (III) auf die Proteinverwertung durch Vögel untersucht. Verss. mit I zeigten in Ggw. von 16% Protein + 2 oder 20 g I/t einen starken Einfl., der dagegen bei 22% Protein + 20 g I/t völlig ausblieb u. gleich der Kontrolle war. Mit II zeigten dagegen die hohen Gaben von II einen starken Einfluß. Das optimale Wachstum konnte hier mit 22% Protein ohne oder mit 100 g II/t erzielt werden. Hohe Gaben von III förderten das Wachstum erheblich. Setzen Vff. kein Antibioticum hinzu, so wird mit 22% Protein das Wachstumsmaximum erreicht. — 6 Tabellen. (Poultry Sci. **36.** 691—97. Juli 1957. Mississippi, State Coll., Dep. of Poultry Husbandry.) H. DÖLLE. 4585

O. F. Hixson und **L. Rosner,** *Calciumjodat als Jodquelle in der Federviehernährung.* Fütterungsverss. an Küken zeigten, daß KJ sowie $Ca(JO_3)_2 \cdot H_2O$ als Jodquelle dienen können. Die Küken wurden mit diesen beiden Substanzen gefüttert, nach 6 Wochen die Schilddrüsen gewogen u. ihre Aktivität gemessen. (Poultry Sci. **36.** 712—14. Juli 1957. Chicago, Ill., Labor. of Vitamin Technol., Inc.) H. DÖLLE. 4585

Burt W. Heywang, *Der relative Einfluß von zwei hohen Werten eines Antibioticums auf legende Hühner während einer Hitzeperiode.* Vf. konnte bei Zugabe von 50 bzw. 100 mg *Chlortetracyclin*/t zur Nahrung bei weißen Leghorn-Rassen in Hitzeperioden eine geringe Zunahme der Eiproduktion feststellen, die mit einer Erhöhung der Futteraufnahme parallel geht. Bezieht man aber die Futteraufnahme auf die Anzahl der gelegten Eier (500 g Futter/12 Eier), so ergab sich nur eine sehr kleine Differenz zur Kontrolle. (Poultry Sci. **36.** 871—73. Juli 1957. Glendale, Animal and Poultry Husbandry Res. Branch.) H. DÖLLE. 4585

J. A. Duerre und **C. W. Carlson,** *Der Einfluß von Chlortetracyclin auf Hühner, die mit aus Truthähnen isolierten pleuropneumonieähnlichen Organismen geimpft wurden.* Es konnte kein Einfl. von *Chlortetracyclin* auf die Gewichtszunahme der Hühner beobachtet werden, die mit aus Truthühnern isolierten pleuropneumonieähnlichen Organismen geimpft waren. Weiterhin konnte kein Organismenstamm aus den geimpften Hühnern zurückisoliert werden. (Poultry Sci. **36.** 763—67. Juli 1957. Brookings, Dep. of Bacteriol. and Poultry Husbandry, Agric. Exp. Stat.) H. DÖLLE. 4585

Robert J. Lillie, J. R. Sizemore und **C. A. Denton,** *Der Einfluß von Arsenverbindungen, eines Fettes und eines Antibioticums auf die reproduktive Leistung von Hühnern.* Vff. untersuchen den Einfl. von roher *Arsanilsäure* (I), die 20% I enthält, reiner I, *3-Nitro-4-hydroxyphenylarsensäure* (II), *Schweinefett* (III) u. einem rohen *Antibioticum* (IV), das 4 g *Procain-Penicillin G* auf 500 g enthält, auf die Leg- u. Nachkommenleistung von Hennen. Während 0,01% reine I die Eiproduktion erheblich unterdrückte, konnte dieses bei Ggw. von 0,005% reiner I, II oder III nicht beobachtet werden. Die Ggw. von III setzt die Futteranforderung je Dutzend Eier herab, wobei die Anwesenheit von I, II oder IV keine Rolle spielt. Vff. konnten durch Zusatz von I, II, III u. IV einzeln oder in Kombination auch eine Verbesserung des Körpergewichtes feststellen. Die höchsten Nachkommenleistungen erreichten Vff. mit der Kombination 8% III + 0,05% roher I. (Poultry Sci. **36.** 755—59. Juli 1957. Beltsville, Agric. Res. Serv., Animal and Poultry Husbandry Res. Branch.) H. DÖLLE. 4585

Burt W. Heywang, *Das Mißlingen einer Inaktivierung von freiem Gossypol durch Ferrosulfat im Futter von Leghennen.* Enthält das Futter 0,08% freies *Gossypol* (I) u. 0,5% *Ferrosulfat* (II), so hatten die meisten Eier entfärbte Eidotter. Bei Ggw. von 0,5% II sank diese Anzahl auf etwas über 50%. Ist aber nur 0,02% I vorhanden, so besitzen bei Ggw. von 0,5% II nur 16 von 265 Eiern farblose Eidotter. Bei alleiniger Ggw. von II konnte keine Entfärbung nachgewiesen werden. Hiermit konnten Vff. nachweisen, daß II nur äußerst gering I inaktiviert. (Poultry Sci. **36.** 715—18. Juli 1957. Glendale, Animal and Poultry Husbandry Res. Branch, Agric. Res. Serv.) H. DÖLLE. 4585

Akihiro Fujioka, *Experimentelle Untersuchungen über den Thiaminstoffwechsel. 2. Mitt. Über den Thiaminbelastungstest und den Thiamingehalt in Leber- und Nierengewebe bei chronischen Leberstörungen.* (1. vgl. C. **1958.** 5731.) Bei Kaninchen wurden Leberschädigungen durch subcutane Injektionen von 10%ig. *CCl_4-Olivenöl* (I) gesetzt (anfangs 0,2 cm^3/kg Körpergewicht, vom 3.—7. Monat 0,4 cm^3/kg 3mal wöchentlich). 1 (a), 4 (b) u. 7 Monate (c) nach I-Verabfolgung erhielten die Tiere 2 mg *Thiamin* (II) subcutan, u. es wurde 30 u. 60 Min. nach der Injektion der Geh. an Gesamt- u. freiem II im Blut u. nach 3 Std. der im Harn bestimmt. Bei gesunden Tieren bewirkt II-Belastung nach 30 Min. maximale Zunahme des freien u. Abnahme des gebundenen II im Blut. Im a-Stadium weichen die II-Werte in Blut u. Harn nicht wesentlich von denen bei gesunden Tieren ab; durchschnittliche II-Ausscheidung im Harn 875 γ gegenüber 819. Im b-Stadium ist das freie II im Blut vermehrt, u. im Harn wird ebenfalls mehr II (1043 γ) ausgeschieden. Im c-Stadium hält der Anstieg der freien II im Blut an; durchschnittliche II-Ausscheidung im Harn 1118 γ. In diesem Stadium hatte auch der II-Geh. in Leber u.

Nieren deutlich abgenommen. Im Verhältnis zum Gesamt-II war in der Leber das gebundene II vermindert. (Jap. Arch. intern. Med. 5. 182. 1958. Kyōto Daigaku, Igaku-Bu, Naika Daiichi Kōza. [Orig.: japan.; Auszug: engl.]) F. MOSSNER. 4587

Yasuto Watanabe, Yoshimasa Fujii und **Sakae Sugano**, *Untersuchungen über die Wirksamkeit von Thiaminderivaten.* 3. Mitt. *Thiaminspeicherung im Körper von Hähnchen und Behandlung von Thiaminmangel unter dem Einfluß von Thiaminderivaten.* (2. vgl. C. **1959.** 6204.) Erhalten 15 Tage lang *Thiamin*-arm ernährte weiße Leghornhähnchen nach Auftreten von Avitaminosesymptome oral *Thiaminhydrochlorid* (I) oder äquivalente Dosen *Thiamindicetylsulfat* (II) u. *2-[N-(2-Methyl-4-aminopyrimidyl-(5)-methyl)-formamido]-3-(benzoylmercapto)-5-benzoyloxypenten-(2)* (III), dann zeigt sich, daß I bereits innerhalb von 12 Std. wirksam wird, während II u. III auch nach 80 Std. noch keinen therapeut. Effekt haben. (Vitamins [Kyoto] **15.** 158—60. 25/9. 1958. Fukuoka, Kyūshū Daigaku, Nōgaku-Bu, Eiyō-Kagaku-Kenkyūsho. [Orig.: japan.; Auszug: engl.]) F. MOSSNER. 4587

Yasuto Watanabe, *Untersuchungen über die Wirksamkeit von Thiaminderivaten.* 4. Mitt. *Die Wirkung von Thiamindicetylsulfat und 2-[N-(2-Methyl-4-aminopyrimidyl-(5)-methyl)-formamido]-3-(benzoylmercapto)-5-benzoyloxypenten-(2) bei Albinoratten.* (3. vgl. vorst. Ref.) *Thiamin* (I)-arm ernährte Albinoratten, die gleichzeitig 22 Tage lang täglich peroral 20 γ *Thiaminhydrochlorid* oder 60 γ *Thiamindicetylsulfat* (II) oder 35 γ *2-[N-(2-Methyl-4-aminopyrimidyl-(5)-methyl)-formamido]-3-(benzoylmercapto)-5-benzoyloxypenten-(2)* erhalten hatten, zeigten keine wesentlichen Unterschiede hinsichtlich Gewichtszunahme, I-Geh. in Leber (a), Muskulatur (b) u. Blut (c), *Riboflavin*-Geh. in a u. *Vitamin-A*-Geh. in a, Nieren u. b. Erhalten die Tiere die Mittel erst einige Zeit nach ausschließlicher Ernährung mit I-Mangelkost, dann ist 11 Tage nach Beginn der Behandlung der I-Geh. in a, b u. c für alle Mittel annähernd gleich. (Vitamins [Kyoto] **15.** 452—54. 25/11. 1958. [Orig.: japan.; Auszug: engl.]) F. MOSSNER. 4587

Chikatarō Kawasaki und **Kōzō Okada,** *Über Transacetylierung von 2-[N-(2-Methyl-4-aminopyrimidyl-(5)-methyl)-formamido]-3-(acetylmercapto)-5-acetyloxypenten-(2).* Eine Unters. der Einfll. von *Cystein* (I) u. *Anilin* (II) bei der hydrolyt. Spaltung von *2-[N-(2-Methyl-4-aminopyrimidyl-(5)-methyl)-formamido]-3-(acetylmercapto)-5-acetyloxypenten-(2)* (III) zum *Hydrochlorid des Essigsäureesters von Thiamin* ergab, daß 0,026 mmol. III durch Zusatz von 0,064 mmol. I bei p_H 7 u. 10° nach 24 Std. nur zu 11% desacetyliert werden; zur vollständigen Transacetylierung sind 2,6 mmol. I erforderlich. II ist nicht so wirksam wie I. 2,5 mmol. III werden durch Zusatz von 8,6 mmol. II bei p_H 6 u. 10° innerhalb von 18 Tagen nur zu 15% desacetyliert. — 2%ig. Lsg. von menschlichem Blutplasma desacetyliert 0,025 mmol. III in 3 Std. zu 95,3%, in 5 Std. zu 99,9%. — Aus Pferdeleber gewonnene III-Esterase hydrolysiert III zu *Thiamin*; hierbei wird die Rk. durch I-Zusatz beschleunigt. (Vitamins [Kyoto] **14.** 206—11. 25/2. 1958. Toyonaka, Ōsaka Daigaku, Yakugaku-Bu. [Orig.: japan.; Auszug: engl.]) F. MOSSNER. 4587

Shirō Hosoda, *Bestimmung von Thiamin und seinen Abbauprodukten mittels Phycomyces.* 1. Mitt. *Die Bestimmung von Thiamin.* Kulturen der zur Best. von *Thiamin* (0,15—3,00 mμMol) benötigten positiven u. negativen Stämme von Phycomyces blakesleeanus Burgeff in 100 cm³ Nährlsg. mit 5 g Glucose, 500 mg Asparagin, 50 mg $MgSO_4 \cdot 7H_2O$, 150 mg KH_2PO_4, 0,022 cm³ 0,1%ig. Fe(III)-Citratlsg. u. 0,01 cm³ Salzlsg. (0,245 g $ZnSO_4$, 0,0502 g $CuSO_4$, 0,0275 g $MnSO_4$, 0,0572 g H_3BO_3 u. 0,0327 g MoO_4 in 1 Liter W.) wachsen bei Benutzung einer ROUX-Flasche bereits in 6 Tagen. Die Verwendung des negativen Stammes gibt bessere Resultate. (Vitamins [Kyoto] **14.** 221—25. 25/2. 1958. Kyōto Furitsu Ika-Daigaku, Seikagaku-Kyōshitsu. [Orig.: japan.; Auszug: engl.]) F. MOSSNER. 4587

Shirō Hosoda, *Bestimmung von Thiamin und seinen Abbauprodukten mittels Phycomyces.* 2. Mitt. *Bestimmung von Thiaminderivaten.* (1. vgl. vorst. Ref.) Bei Prüfung der relativen Aktivität (r.A.) des negativen Stammes von Phycomyces blakesleeanus Burgeff für verschied. *Thiamin* (I)-Derivv. (je 0,3; 0,6 u. 1,2 mμMol) allein oder zusammen mit *2-Methyl-4-amino-5-hydroxymethylpyrimidin* (II) bzw. *4-Methyl-5-[β-hydroxyäthyl]-thiazol* (III) zeigte sich, daß der Pilz auf bas. Austauschkörper von I [z. B. *Anilinothiamin* (IV) u. *Chinothiamin* (V)] allein nicht anspricht, seine r.A. jedoch nach III-Zusatz steigt (107,1% von I bei IV, 92,5% von I bei V. Der Pyrimidinanteil wird also nur in Ggw. von III verwertet. Auf *2-Methyl-4-hydroxy-5-hydroxymethylpyrimidin* u. *2-Methyl-4-aminopyrimidin-5-methylsulfonsäure* spricht der Pilz auch in Ggw. von III nicht an. Für *Thiaminpyrophosphat* u. *Thiaminmonophosphat* betrug r.A. 83,1 bzw. 86,3% von I. Auf mittels 1,5 mμmol. H_2SO_3 gespaltene I u. I-Derivv. reagiert der Fungus nur nach III-Zusatz. Das gleiche gilt für durch 1,5 mμmol. *Aneurinase II* hydrolysierte I-Produkte. (Vitamins [Kyoto] **14.** 226—30. 25/2. 1958. [Orig.: japan.; Auszug: engl.]) F. MOSSNER. 4587

Eiichi Hasegawa, *Untersuchungen über den hitzefesten Thiaminzersetzungsfaktor.* 1. Mitt. *Die thiaminzersetzende Wirkung der Flavonoide und Phenole.* Es wurden folgende Stoffe auf ihre thiaminzers. Wrkg. geprüft: *Quercetin* 42000 (Q_{50}-Werte; Q_{50} = 50/[100· Konz. der untersuchten Substanz]), *Isoquercitrin* 12000, *Quercitrin* 13000, *Rutin* 18000, *Fisetin* 120000, *Kämpferol* 300, *Astragalin* 1100, *Robinin* 160, *Myricetin* 100, *Myricitrin* 2200, *Morin* 7, *Baicalin* 7, *Astilbin* 75000, *Fustin* 60000, *Ampelopsin* 160, *Naringin* 30, *Hesperidin* < 10, D-*Catechin* 45000, *5.6-Diphenyl-4'-methoxyflavon* 60, *7.8-Diphenyl-4'-methoxyflavon* 60, die Flavanone: *4'-Methoxy-* 310, *4'-Hydroxy-* 510, *3'.4'-Methylendioxy-* 160, *2'-Hydroxy-* 410, *7-Hydroxy-* 40, *7-Hydroxy-4'-methoxy-* 40, *7.4'-Dihydroxy-* 160, *7-Hydroxy-3'.4'-methylendioxy-* 300, *5.7-Dihydroxy-* 80, *5.7-Dihydroxy-4'-methoxy-* 250, *5.7.4'-Trihydroxy-* 20, *5.7-Dihydroxy-3'.4'-methylendioxy-* 190, *3'-Nitro-* 380, *4'-Nitro-* 380, *6-Amino-* 20, *5.7-Dimethyl-3'-amino-* 260, *6-Methyl-4'-hydroxy-* 450, *6-Methyl-* 110, *6-Methyl-4'-methoxy-* 150, *6-Methyl-3'.4'-methylendioxy-* 20, *6-Methyl-3'-methoxy-* 130, *6.4'-Dimethyl-* 90, *5.6-Diphenyl-4'-hydroxy-* 90, *7.8-Diphenyl-4'-hydroxy-* 90, *5.6-Diphenyl-* 60, *2-Methyl-5.7-dihydroxy-* 100 u. *2-Methyl-7-hydroxy-* 350 sowie die *Phenol*-Derivv. *Brenzcatechin* 950000, *Hydrochinon* 105000, *Resorcin* < 10, *Orcin* 200, *Phloroglucin* < 10, *Pyrogallol* 550, *Guajacol* 3,5, *1.4-Naphthochinon* 2600, *DOPA* 78000 u. *Adrenalin* 6000. Am stärksten zers. wirken Brenzcatechin, Hydrochinon, DOPA u. die Verbb., die einen o-Dihydroxyphenylseitenkern haben. (Vitamins [Kyoto] **8.** 415—21. 25/6. 1955. Kyōtō Furitsu Ika-Daigaku, Seigaku-Kyoshitsu. [Orig.: japan.; Auszug: engl.]) F. MOSSNER. 4587

Eiichi Hasegawa, *Untersuchungen über den hitzefesten Thiaminzersetzungsfaktor.* 2. Mitt. *Isolierung eines hitzefesten Faktors aus Farnkraut.* (1. vgl. vorst. Ref.) Der im Farnkraut enthaltene hitzefeste Thiaminzersetzungsfaktor „SF" läßt sich durch PAe. u. Ae. extrahieren; Weiterbehandlung der durch A. erhaltenen öligen M. führt schließlich zu gelben Nadeln. „SF (Nr. 43)" ähnelt dem *Astragalin.* Im Farnkrautextrakt wurden ferner auch papierchromatograph. (Butanol/Essigsäure/W. 4:1:2) u. papierelektrophoret. die Flavonole *Quercetin* u. *Isoquercitrin* gefunden. (Vitamins [Kyoto] **8.** 421—24. 25/6. 1955. [Orig.: japan.; Auszug: engl.]) F. MOSSNER. 4587

Shirō Hosoda, *Isolierung und Klärung der Struktur von Thiaminabbauprodukten durch Catechin, Hydrochinon und Rutin.* Mit Bezug auf die vorst. referierten Arbeiten von HASEGAWA über *Thiamin*-Zers. durch Flavonoide u. Phenole wurden *Thiaminhydrochlorid* mit Catechin, Hydrochinon u. Rutin 7—9 Std. bei 70° zur Rk. gebracht. Die als Kristalle erhaltenen Prodd. „*Catechothiamin*", F. 131°, „*Hydrochinothiamin*", F. 177° (Zers.), u. „*Rutinothiamin*" (vgl. C. **1957.** 10265) stellten sich bei der Unters. als mit *Bis-[4-{N-[2-methyl-4-aminopyrimidyl-(5)-methyl]-formylamino}-1-hydroxypenten-(3)-yl-(3)]-disulfid* ident. heraus. (Vitamins [Kyoto] **14.** 231—34. 25/2. 1958. Kyōto Furitsu Ika-Daigaku, Seikagaku-Kyōshitsu. [Orig.: japan.; Auszug: engl.]) F. MOSSNER. 4587

Jeng Main Hsu, Robert L. Davis und **Bacon F. Chow,** *Elektrolytgleichgewichtsstörung bei Vitamin-B_6-Mangelratten.* Bei den mit synthet., fettarmer oder fettreicher Nahrung durchgeführten Unterss. wurde festgestellt, daß bei Mangel an *Vitamin B_6* (**I**) die Glutaminsäure–Oxalessigsäure-Transaminasewirksamkeit (deren prosteth. Gruppe **I** ist) im Serum stark vermindert ist, die Na-Werte erhöht, die K-Werte vermindert u. die Cl-Werte unverändert sind. Im Muskel waren die K-Werte deutlich erhöht u. die Na-Werte vermindert, die Na- u. K-Werte in Herz, Leber u. Niere unverändert. Die Befunde weisen auf eine große Bedeutung des **I** zur Aufrechterhaltung des Elektrolytstoffwechsels hin. (J. biol. Chemistry **230.** 889—95. Febr. 1958. Baltimore, Md., Univ., School of Hyg. and Public Health, Dep. of Biochem.) J. SCHWAIBOLD. 4587

Kaoru Sugai, *Über Ernährung von Albinoratten mit Folsäuremangelkost.* Albinoratten erhielten 90 Tage lang folgende Kost: vitaminfreies Casein 22%, weißen Zucker 48%, Reismehl 20%, Baumwollsamenöl 5%, Salze 4% u. *p-Phthalylaminobenzolsulfonamidothiazol* („Entesil" YAMANOUCHI) 1%. Außerdem bekamen die Tiere täglich subcutan ein Vitamingemisch. Die Kontrolltiere erhielten täglich subcutan 100 γ *Folsäure* („Foliamin" TAKEDA; **I**). Die **I**-frei ernährten Tiere blieben in Gewicht u. Wachstum zurück. Vom 40.—50. Tage nach Versuchsbeginn an sanken in Leber > Blut der Geh. an **I** (bestimmt mittels Streptococcus faecalis, ANDREWS-HORDER I.F.O. Nr. 3181) u. an *Leucovorin* (bestimmt mittels Leuconostoc citrovorum HUCKER-PEDERSON I.F.O. Nr. 3182). (Vitamins [Kyoto] **14.** 212—15. 25/2. 1958. Nagoya-Daigaku, Igaku-Bu, Saikingaku-Kyōshitsu. [Orig.: japan.; Auszug: engl.]) F. MOSSNER. 4587

Kaoru Sugai, *Über experimentelle Folsäurebelastung von mit Folsäuremangelkost ernährten Albinoratten.* (Vgl. vorst. Ref.) Albinoratten, die 100—110 Tage mit der im vorst. Ref. gek. *Folsäure* (**I**)-Mangelkost (a) u. solche, die n. (b) ernährt worden waren, erhielten subcutan 1 mg I/100 g Körpergewicht. 30 u. 60 Min. sowie 3, 6, 12 u. 24 Std. später wurden die Tiere getötet u. in ihrem Blut u. ihren Lebern der Geh. an I u. *Leucovorin* (II) bestimmt. Bei a u. b ging der durchschnittliche I-Geh. von 65 mg/cm³ Blut innerhalb von 30—60 Min. auf die Maximalwerte von 2—3 γ/cm³ hinauf, um von der 3. Std. an wieder zur Norm zurückzukehren. In der Leber der b-Tiere betrug der durchschnittliche I-Geh. während 30—60 Min. 7 γ/g, während er bei den a-Tieren nach 30 Min. 2,1, nach 60 Min. 5,7 γ/g betrug. Der II-Geh. im Blut stieg bei den b-Tieren von durchschnittlich 0,83 mg innerhalb von 30—60 Min. auf 7,95 mg/cm³ an; bei den a-Tieren war er nach 30 Min. nur auf 1,93, nach 60 Min. auf 3,89 mg/cm³ angestiegen. In den Lebern der b-Tiere betrug II während 30—60 Min. 3,3 γ/g; bei den a-Tieren war es nach 30 Min. nur 0,57 γ/g, nach 60 Min. 1,7 γ/g. Nach 3 Std. waren die II-Werte bei a u. b wieder normal. (Vitamins [Kyoto] **14.** 216—18. 25/2. 1958. Nagoya Daigaku, Igaku-Bu, Saikingaku-Kyōshitsu. [Orig.: japan.; Auszug: engl.]) F. MOSSNER. 4587

Kaoru Sugai, *Antikörperbildung bei Albinoratten mit Folsäuremangel.* 1. Mitt. *Über Influenzavirus A-Hämagglutination hemmende Antikörper.* (Vgl. vorst. Ref.) Normal (a) u. 85 Tage mit *Folsäure* (I)-Mangelkost (b) ernährte Albinoratten erhielten eine intraabdominale Injektion von 0,5 cm³ Influenzavirus A (Titer 1:680). Die Best. der die Hämagglutination hemmenden Antikörper ergab bei den b-Tieren Titerwerte zwischen 1:240 u. 1:480 gegenüber 1:640 u. 1:960 bei den a-Tieren. Ferner war der Geh. an freier I u. an *Leucovorin* in der Leber bei b $<$ a. (Vitamins [Kyoto] **14.** 219—21. 25/2. 1958. Nagoya-Daigaku, Igaku-Bu, Saikingaku-Kyōshitsu. [Orig.: japan.; Auszug: engl.]) F. MOSSNER. 4587

Kinji Tanaka, *Untersuchungen über die Herstellung von Vitamin-B_{12}-Kristallen aus natürlichen Quellen.* 7. Mitt. *Fällung von Vitamin B_{12} mittels Metallverbindungen.* Zwecks Reinigung von *Cyanocobalamin* (I) aus natürlichen Quellen (Aktivschlamm, anaerobe Gärungsprodd. aus den Brauereiabwässern) wurde die Wrkg. verschied. metall. Fällungsmittel für I u. I-*Dicyanid* (II) untersucht. II wird am besten von Hg^{2+}-Salzen gefällt, daneben von denen des Zn^{2+}, Ni^{2+}, Ag^{+} u. Cu^{+} (ca. 0,5 g der Salze) auf 5 cm³ II-Lsg. (ca. 20 γ/cm³). An Oxyden fällen nur HgO u. Ag_2O sowohl I als auch II. Das hierbei adsorbierte I ist leicht durch verd. $(NH_4)_2HPO_4$-Lsg. zurückzugewinnen. (Vitamins [Kyoto] **14.** 269—74. 25/2. 1958. Kyōto Daigaku, Kōgaku-Bu, Kōgyō Kagaku-Kyōshitsu. [Orig.: japan.; Auszug: engl.]) F. MOSSNER. 4587

Kinji Tanaka und **Kazuo Watanabe,** *Untersuchungen über die Herstellung von Vitamin-B_{12}-Kristallen aus natürlichen Quellen.* 8. Mitt. *Reinigung von Vitamin B_{12} mittels niederer Fettsäuren.* (7. vgl. vorst. Ref.) Behandlung von wss. Lsgg. von krist. *Cyanocobalamin* (I) u. I-*Dicyanid* (II) mit organ. Lösungsmitteln ergab, daß über 95% I oder II mit *Phenol, Kresol, n-Valeriansäure* u. *Isovaleriansäure* (III) zu extrahieren waren, sowie I zu 57% mit *Isocapronsäure.* Die folgenden Lösungsmittel eignen sich nicht zur Extraktion von I oder II: n-Butanol, n-Amylalkohol, Isoamylalkohol, n-Decylalkohol, Äthylacetat, Butylacetat, Benzylacetat, Benzol., Toluol, Xylol, Anilin, Chlorbenzol, Nitrobenzol, Benzylcyanid, Ae., CCl_4, $CHCl_3$, CCl_3F, $C_2Cl_3F_3$, Cyclohexan u. n-Oleinsäure. — Mittels III extrahierte I kann durch Ae. oder Butylacetat zu über 95% aus der organ. Phase in W. übergeführt werden. Zum Schluß wird die Reinigung von I aus natürlichen Quellen mit III u. Butylacetat beschrieben. (Vitamins [Kyoto] **14.** 275—80. 25/2. 1958. [Orig.: japan.; Auszug: engl.]) F. MOSSNER. 4587

E. D. Andrews, L. I. Hart und **B. J. Stephenson,** *Vitamin B_{12} und Kobaltkonzentrationen in der Leber von gesunden und kobaltbedürftigen Lämmern.* Lämmer wurden mit n. Futter oder kobaltfreier Diät aufgezogen u. die Leber der Tiere auf ihren *Vitamin-B_{12}* (I)-Geh. bzw. *Co*-Geh. überprüft. Gesunde, n. gefütterte Tiere weisen in der Leber ca. 0,6 γ I/g Leber sowie 0,11 γ Co/g Leber auf. Fällt der Co-Geh. im Futter unter den Normalgeh. ab, so fällt der Geh. von I u. Co in der Leber der Tiere ebenfalls ab, wobei gleichzeitig klin. Mangelerscheinungen auftreten. Co-freies Futter führt zum Tod der Lämmer. Bei diesen Tieren fanden Vff. 0,03 γ I/g Leber u. 0,03 γ Co/g Leber. (Nature [London] **182.** 869—70. 27/9. 1958. Wellington, Neuseeland, Wallaceville Animal Res. Stat.) L. TRÄGER. 4587

Pran Vohra, Fayne Lantz und **F. H. Kratzer,** *Untersuchung der Reaktion von Formaldehyd mit Vitamin B_{12}.* In verschied. Verhältnissen werden Komplexe zwischen Vitamin B_{12} (I) u. radioakt. markiertem Formaldehyd (II) hergestellt. Die Komplexe lassen sich weder durch Papierchromatographie noch durch Elektrophorese bei verschied. p_H von reinem I trennen, da die elektrophoret. Beweglichkeit sowie UV- u. IR-Spektren bei Komplex u. reinem I kaum verschieden sind. Die nach den verschied. Methoden gewonnenen I–II-Komplexe enthalten jeweils 0,5, 1, 2 u. 3 Mol II pro Mol I. Die mol. Verhältnisse in den Komplexen werden durch Naßverbrennung u. Messung des entwickelten radioakt. $^{14}CO_2$ errechnet.

Versuche: 32 mg I u. 110 mg II werden in 10 ml W. gelöst u. 3 Std. stehengelassen. Danach wird 7 Std. N_2 durchgeleitet u. der II-Überschuß ausgetrieben. Schließlich fallen nach Zusatz von Dimedon-gesätt. W. im Eisschrank letzte II-Reste. Aus der Mutterlauge wird mit Aceton der Komplex I:II = 1:1 in der Kälte gefällt; Ausbeute 27 mg. — 10,5 mg I u. 157 mg II in 10 ml W. gelöst werden 3 Std. stehengelassen. Beseitigung vom II-Überschuß wie oben beschrieben. Die Mutterlauge wird durch Gefriertrocknung eingeengt, der Rückstand mit W. extrahiert u. erneut getrocknet, in wenig W. aufgenommen u. mit Aceton versetzt. Es fällt in der Kälte der Komplex I:II = 1:2. — 40 mg I u. 600 mg II in 10 ml W. werden 3 Std. stehen gelassen. Beseitigung vom II-Überschuß wie oben beschrieben. Die Mutterlauge wird gefriergetrocknet, mit W. extrahiert u. durch Aceton der Komplex I:II = 2:1 gefällt. Aus der Lsg. erhält man nach dem Einengen eine weitere Fraktion. (Arch. Biochem. Biophysics **76**. 180—87. Juli 1958. Davis, Calif., Univ., Dep. of Poultry Husbandry.) L. TRÄGER. 4587

K. H. Menke, *Die Trennung der Cobalamine an Ionenaustauschersäulen.* Unterss. an Ionenaustauschern zeigen, daß eine Absorption des *Vitamins* B_{12} an sauren Harzen in Ggw. von Anionen (Chlor-, Formiat-, Acetat- u. Citrationen) nicht stattfindet, u. nur Amberlite XE 97, ein schwach saures Carboxylharz, das Vitamin bis zu p_H-Werten von 4,5—4,7 festhält. Cyanocobalamin beginnt bei p_H 5 mit einem R-Wert von 0,025 zu wandern, tritt aber sehr diffus aus. Es wird durch andere Harze (Dowex-50 in 4-, 8- u. 12%ig. Divinylbenzolvernetzung, Amberlite XE 69, MERCK-Austauscher IV) nur in H^+-Form absorbiert. Da eine kontinuierliche Elution durch Veränderung des p_H der Harze nicht möglich ist, wird die Säule, um eine Trennung bereits durch Elution mit reinem W. zu erreichen, mit NH_4Cl von bestimmtem p_H behandelt; danach folgt rasche Elution der Cl-Ionen. Mit den im bestimmten Verhältnis im Harz vorhandenen H^+- u. NH_4-Ionen erfolgt mit den zu trennenden Stoffen der Austausch, wobei die Wanderungsgeschwindigkeit direkt abhängig von der NH_4-Ionenkonz. u. daher beliebig wählbar ist. Auf diese Weise konnten 10 Cobalamine aus Faeces von Hühnern, denen $^{60}CoCl_2$ per os verabreicht worden war, getrennt werden. (Naturwissenschaften **45**. 263. 1. Juni-H. 1958. Bonn, Univ., Inst. für Tierzucht u. Tierfütterung.) ANTJE SCHMIDT. 4587

L. C. Baker, L. H. Lampitt und **E. Wittenberg,** *Photochemische Oxydation von Ascorbinsäure in Oxalsäure enthaltenden Lösungen.* 1. Mitt. *Katalyse durch Spuren von Eisensalzen.* Häufig wird Ascorbinsäure (I) mit einer wss. Lsg. von Oxalsäure (II) aus pflanzlichem Material extrahiert. Dabei treten leicht Verluste auf, da I in Ggw. von Licht, Luft u. Fe-Salzen zu Dehydroascorbinsäure u. Diketogulonsäure oxydiert wird. Zur genaueren Unters. dieser Rk. wurden wss. I-Lsgg. (p_H 1,7, enthaltend 0,25% II, 0,02% I u. Spuren von Fe^{2+}- oder Fe^{3+}-Ammoniumsulfat; Vergleichs-Lsgg. Fe-frei; teilweise wurden die Lsgg. belüftet) belichtet (Quecksilberdampflampe). Danach wurde I in bestimmten Zeitabständen mit Hilfe von 2.6-Dichlorphenolindophenol titrimetr. bestimmt. Die gut reproduzierbaren Ergebnisse zeigen, daß I-Oxydation nur in Ggw. von II, Fe-Salzspuren, Licht u. Luft erfolgt. Das Fehlen eines dieser 4 Faktoren inhibiert die Reaktion. (J. Sci. Food Agric. **6**. 682—88. Nov. 1955. London, Lyons Labor.) H. BÜTTNER. 4587

Bharat R. Sant, *Ferricyanometrische Bestimmung von Ascorbinsäure.* Zur Best. von *Ascorbinsäure* wird die Probelsg. mit 15%ig. Zn-Acetatlsg. u. einigen Tropfen KJ- u. Stärkelsg. versetzt u. mit 0,1n Kaliumhexacyanoferrat(III)-Lsg. bis zur Blaufärbung titriert. Das p_H soll bei ca. 6 liegen. (Chemist-Analyst. **47**. 65. Sept. 1958. Baton Rouge, Louisiana State Univ., Coates Chem. Labor.) H. DEHMLOW. 4587

P. Zierz, M. Taugner und **G. Braxmaier,** *Vitamin A bei entzündlichen und vorwiegend mit Verhornungsstörungen einhergehenden Hautkrankheiten.* Vergleichende Unterss. von *Vitamin A* (I) im Nüchternserum u. nach Verabreichung von 150 000 I.E. eines Testpräp. bei einer Kontrollgruppe u. 4 Gruppen von Hautkranken haben ergeben: Bei Alopecia areta u. totalis besteht ein statist. gesicherter erniedrigter Nüchternwert, während bei Psoriasis vulgaris (P), Acne vulgaris u. Lichen chronicus VIDAL keine Abweichung gegenüber der Kontrollgruppe vorliegt. Die Verwertung von I aus dem Testpräp. entspricht nur bei P der Kontrollgruppe, während sie bei den anderen Erkrankungen schlechter war. Besprechung der Folgerungen hinsichtlich einer I-Behandlung. (Arch. klin. exp. Dermatol. **207**. 86—98. 24/4. 1958. Heidelberg, Univ., Hautklin.) H. GOEBEL. 4587

S. J. Ryerson, P. J. McMillan und **R. A. Mortensen,** *Wirkungen des Vitamin-E-Mangels auf das Glutathion des Gewebes und der Erythrocyten.* Vitamin-E (I)-Mangel verursacht eine Steigerung des Glutathion (II)-Geh. der Leber, des Skelettmuskels u. der Erythrocyten. Die Veränderungen sind am stärksten ausgeprägt in der Leber u.

am geringsten in den Erythrocyten. Der Einbau von ^{14}C-*Glycin* wird bei I-Mangel gesteigert. Vff. folgern, daß der II-Stoffwechsel in den Geweben des Kaninchens durch I gesteuert wird. (J. biol. Chemistry **233**. 1172—74. Nov. 1958. Loma Linda, Calif., Coll. of Med. Evangelists, School of Med., Dep. of Biochem.) W. FELDHEIM. 4587

John Eager Howard, *Calciumstoffwechsel, Knochen und Calciumhomoeostasis. Eine Übersicht über bestimmte allgemein bekannte Vorstellungen.* Übersicht. — 61 Literaturangaben. (J. clin. Endocrinol. Metabolism. **17**. 1105—23. Sept. 1957. Baltimore, Md., Johns Hopkins Hosp., Dep. of Med.) H. KOCKERT. 4596

Marilyn L. Zimny und **Victor Tyrone,** *Kohlenhydratstoffwechsel während des Fastens und Winterschlafs des afrikanischen Erdeichhörnchens.* Vff. bestimmten die *Glykogen* (I)-, *Lactat* (II)- u. *Pyruvat* (III)-Gehh. von Leber- (a), Skelettmuskel- (b) u. Herzmuskelgewebe (c) fastender u. Winterschlaf haltenden Erdeichhörnchen (Citellus tridecemlineatus); als Kontrollen dienten n. lebende Tiere. — Während des Fastens steigt der a-I-Geh. als Folge einer Glykolyse in b u. c an; II-Geh. u. damit II/III-Quotient in b u. c sind ebenfalls erhöht. Bei winterschlafenden Tieren liegen in b u. c höhere I-Werte vor als bei Kontrollen, wogegen die II- u. III-Spiegel erniedrigt sind (red. Glykolyse). (Amer. J. Physiol. **189**. 297—300. Mai 1957. New Orleans, La., State Univ., School of Med., Dep. of Anatomy.) R. LENSCHAU. 4596

J. L. Sirlin, *Über den durch Autoradiographie nachweisbaren Einbau von ^{35}S-Methionin in Proteine.* Kükenembryonen wurden mit ^{35}S-*DL-Methionin* (I) bebrütet u. dann durch Autoradiographie untersucht. Die ^{35}S-Aktivität wurde durch Waschen mit *Thioglykolat* nicht vermindert; dies zeigt, daß I in *Proteine* eingebaut wurde. (J. Histochem. Cytochem. **6**. 185—90. Mai 1958. Edinburgh, Scotland, Univ., Inst. of Animal Genetics.) H. GOEBEL. 4596

Chozo Mitoma, Thomas E. Smith, Felix Friedberg und **Claudia R. Rayford,** *Einbau von Hydroxyprolin in Gewebeproteine bei Kükenembryonen.* 12 Tage alten Kükenembryonen wurde ^{14}C-*L-Prolin* (I) u. ^{14}C-*DL-Hydroxyprolin* (II) zugeführt u. der Einbau in die Kollagenfraktion verfolgt. Die Ergebnisse zeigen, daß auch bei dem schnellwachsenden Embryo I eine ca. 10fach wirksamere Vorstufe für das proteingebundene II darstellt als II. Da bei Zufuhr von ^{14}C-II nur eine geringe Aktivität des I nachweisbar ist, schließen Vff., daß II direkt in das Kollagen eingebaut wird. Es besteht die Möglichkeit, daß durch die Anhäufung von D-II eine Hemmwrkg. auf den Einbau von L-II ausgeübt wird. Im Gegensatz zur Ratte konnte beim Kükenembryo ein relativ großer „pool" an freiem II nachgewiesen werden. (J. biol. Chemistry **234**. 78—80. Jan. 1959. Bethesda, Md., US Public Health Serv., Nat. Heart Inst., Labor. of Clin. Biochem.; Washington, D. C., Howard Univ., Med. School, Dep. of Biochem.) E. SCHWERDTFEGER. 4596

R. Hill, José M. Linazasoro, Francois Chevallier und **I. L. Chaikoff,** *Regulierung der Leberlipogenese: Der Einfluß der Nahrungsfette.* Verfütterung von Fetten (Schweineschmalz, Kornsamenöl, pflanzliches Öl, auch hydriert) mit 50% $^{14}C_{(1-6)}$-*Glucose* bzw. $^{14}C_{(1)}$-*Acetat* bewirkt bei Ratten (LONG-EVANS-Stamm) je nach prozentualem Anteil des Fettes an der Nahrung eine mehr oder weniger starke Einschränkung der Lipogenese in der Leber, ohne daß es zu Änderungen im *Glykogen*-Fett-Geh. der Leber bzw. des *Glucose*- oder *Lipoid*-Geh. des Plasmas kommt. Meßbare Lipogenesedepression ist bei einem Fettgeh. von 2,5% in der Nahrung feststellbar; bei 15% Geh. wird 90%ig. Aktivitätsabnahme der Leber beobachtet, Acetat-C in Fettsäuren einzubauen. *Insulin* vermag den Fett-Wrkgg. nicht entgegen zu wirken. (J. biol. Chemistry **233**. 305—10. Aug. 1958. Berkeley, Calif., Univ. of California, School of Med., Dep. of Physiol.) U. TAUSENDFREUND. 4596

James F. Mead und **David R. Howton,** *Stoffwechsel essentieller Fettsäuren.* 7. Mitt. *Umwandlung von γ-Linolensäure in Arachidonsäure.* (6. vgl. C. **1958**. 6895.) *γ-Linolensäure* (I) wurde aus Samen von Oenothera lamarckiana isoliert, in $^{14}C_{(1)}$-Methylester übergeführt u. an 4 Albinoratten ca. 170 mg eines Gemischs von 20% dieser Verb. u. 80% Maisöl verabreicht. Nach 4 Std. wurden die Organ- u. Depotfette extrahiert u. chromatograph. (vor u. nach Hydrierung) auf Fettsäuren aufgearbeitet. Die hohe Aktivität der *Arachidonsäure* (II) zeigte, daß die verabreichte I fast ausschließlich in II übergeführt worden war (97% der Aktivität besaß das $C_{(3)}$-Atom), so daß I sehr wahrscheinlich ein Zwischenprod. der Umwandlung der Linolsäure zu II darstellt. Der direkte Beweis durch I-Isolierung der ^{14}C-Linolsäuregaben ist durch die schwierige Abtrennung von der isomeren Linolensäure u. sehr rasche u. vollständige Umsetzung zu höher ungesätt. Fettsäuren sehr erschwert. (J. biol. Chemistry **229**. 575—82. Dez. 1957. Los Angeles, Calif., Univ., School of Med.) I. WEINMANN. 4596

Günther Weitzel, Eckhart Buddecke und **Hartlieb König,** *Phenyläthylessigsäure im Fettstoffwechsel.* Überblick an Hand des Schrifttums über den Einsatz von Phenylalkylessigsäure zur Einschränkung der endogenen Synth. des *Cholesterins* (II) im Hinblick auf die Senkung des II-Blutspiegels (Therapie der Arteriosklerose). Es wird über Verss. berichtet, ob das Natriumsalz bzw. das Amid der *Phenyläthylessigsäure* (*α-Phenylbuttersäure*; I) im Tierexperiment antisklerot. Eigg. entfaltet. Unter Heranziehung der Meth. der Fettanalytik (Ermittlung von Gesamtfett, freiem u. gebundenem **II**, Phosphatiden) werden Tierverss. an Hühnern (Aortenlipide, Serum- u. Leberlipide), am Hühnerei (Lipide), an Ratten unter Cholinmangel (Leberlipide) durchgeführt. Die Unterss. ziehen ferner den Acetylierungstest in vitro nach KAPLAN u. LIPMANN (J. biol. Chemistry **174.** [1948.] 37) zur Messung der Wirksamkeit von Coenzym A heran. Aus den Ergebnissen (tabellar. u. graph. Darst.) der lang dauernden Fütterungsverss. wird in krit.-diskutierender Auswertung abgeleitet, daß bei spontan-atherosklerot. Hühnern in der Leber eine Senkung des veresterten **II** manifest wird, im Serum n. Lipidwerte, in der Aortenwand aber erhöhte Ablagerung von **II** beobachtet werden; antisklerot. Wrkgg. sind an der Aortenwand nicht feststellbar, die Anzeichen sprechen eher für deren Zunahme. Das Na-Salz der **I** entfaltet bei den Ratten im Cholinmangel keine fettleberverhütende Wrkg., das Amid ist zwar fettleberverhindernd, aber narkotisierend u. führt Gewichtsabnahme herbei. Im Acetylierungstest in vitro sind das Na-Salz u. das Amid der **I** gleich starke Hemmstoffe für Coenzym A. Der Vgl. der metabol. Effekte von Vitamin A mit seiner erwiesenen antisklerot. Wrkg. u. von **I** lehrt das gegenteilige Verh. beider Stoffe in ihrem Einfl. auf Leber, Serum u. Aorta. Es wird zusammenfassend gefolgert, daß Hemmung der endogenen II-Synth. nicht a priori mit einem antisklerot. Effekt verknüpft sein muß. (Hoppe-Seyler's Z. physiol. Chem. **310.** 139—52. 15/4. 1958. Gießen, Univ., Physiol.-Chem. Inst.) K. TÄUFEL. 4596

Katashi Ichihara, Shigehiko Ikeda und **Yukiya Sakamoto,** *Über die Bildung von Gentisinsäure aus Homogentisinsäure durch Leberextrakt.* 1. Mitt. *Homogentisinsäure* (**I**), die durch *Homogentisinase* (**IV**) oxydativ zu *Fumarylacetessigsäure* aufgespalten wird, gibt bei Incubation mit Kaninchenleberextrakt, in Ggw. von Nitroso-R-Salz (**II**; oder 8-Hydroxychinolin) als Metallchelatbildner (Hemmung von **IV**), *Gentisinsäure* (**III**), F. 197 bis 201°, deren Isolierung in krist. Form beschrieben wird (R_F 0,88, Butanol–Essigsäure–W., 4:1:5). Nach intraperitonealer **II**-Injektion waren im Harn mit Tyrosin gefütterter Kaninchen **I** u. **III** papierchromatograph. nachweisbar. (J. Biochemistry [Tokyo] **43.** 129—35. März 1957. Osaka, Univ., Med. School, Biochem. Dep. [Orig.: engl.]) K. MAIER. 4596

Yukiya Sakamoto, Kenkichi Nakamura, Kanji Inamori, Shigehiko Ikeda und **Katashi Ichihara,** *Über die Bildung der Gentisinsäure.* 2. Mitt. (1. vgl. vorst. Ref.) Bei erblicher u. experimenteller Alkaptonurie wird, wie papierchromatograph. nachgewiesen wurde, im Harn *Gentisinsäure* (**I**) ausgeschieden. Eine Person mit erblicher Alkaptonurie schied täglich ca. 7 g **I** aus. Diese Menge war nach Tyrosin (**IV**)-Gaben (2 g) leicht erhöht. **I** trat im Harn von Meerschweinchen mit lange bestehendem Ascorbinsäure (**II**)-Mangel später auf u. verschwand früher als Homogentisinsäure (**III**). **I** u. **III** nahmen beim skorbut. Meerschweinchen nach **IV**-Zufuhr im Harn zu u. verschwanden nach **II**-Gaben. Die **I**-Bldg. aus **III** durch Leberextrakt skorbut. Meerschweinchen wurde papierchromatograph. nachgewiesen. Der Leberextrakt oxydierte **I** nicht weiter. **I** beeinflußte den enzymat. **III**-Abbau nicht. Es wird eine Meth. zur **I**- u. **III**-Best. nebeneinander in Urin angegeben, die auf der **I**-Fluorescenz basiert. (J. Biochemistry [Tokyo] **44.** 849—57. Dez. 1957. Osaka, Univ., Med. School, Biochem. Dep. [Orig.: engl.]) K. MAIER. 4596

Yukiya Sakamoto, Tomoji Mitsuhashi und **Katashi Ichihara,** *Über die Bildung von Gentisinsäure aus Homogentisinsäure.* 3. Mitt. (2. vgl. vorst. Ref.) Ebenso wie bei gesunden Meerschweinchen u. Kaninchen wird durch eine aus Kaninchenleberhomogenat mit Phosphatpuffer bei p_H 7,2 extrahierte *Enzymlsg.* in Ggw. von Metallchelatbildnern (Nitroso-R-Salz, Oxin, o-Phenanthrolin) Homogentisinsäure (**I**) zu *Gentisinsäure* (**II**) abgebaut. Die als Zwischenprodd. des **I**-Abbaus angenommenen Verbb. *2.5-Dihydroxyphenylglykolsäure, 2.5-Dihydroxyphenylglyoxylsäure* u. *Gentisinaldehyd* werden papierchromatograph. isoliert u. identifiziert u. geben bei gleicher Behandlung ebenfalls **II**. Eine dabei gefundene nichtidentifizierte *Verb. vom R_F 0,77* (Butanol–Essigsäure–W.; 4:1:5) wird durch das Enzym zu **II** abgebaut. Die Chelatbildner scheinen an verschied. Punkten des Abbaus einzuwirken, wie aus der unterschiedlichen Zus. des Reaktionsprod. hervorgeht; KCN, NaN_3, Cupferron, Diäthyldithiocarbamat, Äthylendiamintetraessigsäure, α.α'-Dipyridyl, 2-Thiouracil, Xynthurensäure u. Kynurensäure waren weniger wirksam, bei R-, N-W- u. SCHAEFFER-Säure oder bei Durchführung der Verss. unter N_2 konnte keine **II** gefunden werden. In Ggw. von Nitroso-R-Salz wird die O_2-Aufnahme nicht, bei Oxin u. o-Phenanthrolin stark vermindert, die Bldg. von *Acetessigsäure* gedoch in allen Fällen inhibiert. Durch die Nichtbldg. von Salicylsäure aus o-Hydroxyphenylessigsäure unter gleichen Bedingungen wird die 2.5-Dihydroxygruppierung als wesentliche Voraussetzung des Seitenkettenabbaus nachgewiesen.

Versuche: *Homogentisinsäure* (I), F. 147°, R_F 0,80 (Butanol-Essigsäure-W.; 4:1:5), 0,35 (Bzl.-Essigsäure-W.; 4:5:1). — *Gentisinsäure* (II), R_F 0,85; 0,45; fluoresciert im UV bläulichweiß. — *Gentisinaldehyd*, F. 99°; R_F 0,95; 0,85. — *2.5-Dihydroxyphenylglyoxylsäure*, F. 141°, durch Oxydation von o-Hydroxyphenylglyoxylsäure nach NEUBERGER [1907]; R_F 0,48; 0,28. — *Dihydroxyphenylglykolsäure*, F. 143°, aus vorst. Verb. durch Red. mit Na-Hg; R_F 0,62; 0,17. — *Salicylsäure*, R_F 0,75 (Isopropanol-NH_4-W.; 8:1:1), fluoresciert im UV grünlichweiß. — *o-Hydroxyphenylessigsäure*, R_F 0,73; im UV dunkel. (J. Biochemistry [Tokyo] **45.** 1—7. Jan. 1958. Osaka, Univ., Med. School, Biochem. Dep.) E. HANSCHKE. 4596

Karl Bernhard und **Robert Viret,** *Weitere Untersuchungen über das Stoffwechselverhalten einiger aromatischer und hydroaromatischer Mono- und Dicarbonsäuren.* Aromat. u. hydroaromat. Mono- u. Dicarbonsäuren verhielten sich bei Verfütterung (Na-Salze) an Hunde im Organismus unterschiedlich. *o-*, *m-* u. *p-Tolylessigsäure* wurden im Harn gepaart mit Glykokoll als *Tolylacetursäuren* (47,5, 54,3, 70,2%) aufgefunden, die *Hexahydrotolylessigsäuren* dagegen nur teilweise unverändert ausgeschieden (31,5, 43,0, 27,6%), der andere Teil jedoch weitgehend abgebaut. *β-o-Tolylpropionsäure* erschien zu ca. 21% als *o-Tolylpropionursäure*, zu ca. 4% unverändert. *β-m-* u. *β-p-Tolylpropionsäure* gaben 47 bzw. 68,7% *m-* bzw. *p-Toluylsäure. Hexahydro-β-o-*, *-β-m-* u. *-β-p-tolylpropionsäure* gingen zu 25,1, 27,0 bzw. 15,5 + 19,1 + 7,6% in *Hexahydro-o-toluylsäure, m-Toluylsäure* bzw. *Hexahydro-p-toluylsäure* + *Tetrahydro-p-toluylsäure* + *p-Toluylsäure* über. Die isomeren *Homophthalsäuren* (I) u. *Hexahydro*-I wurden fast quantitativ wieder ausgeschieden. Ca. 1/3 von *o-*, *m-* u. *p-Phenylendiessigsäure* erschienen im Harn, der Rest wurde abgebaut. Die entsprechenden *Hexahydroderivv.* wurden großenteils unverändert eliminiert. Von *Benzyl-*, [*β-Phenyläthyl*]-, [*γ-Phenyl-n-propyl*]-, [*δ-Phenyl-n-butyl*]-, [*Hexahydrophenylmethyl*]-, [*β-Hexahydrophenyläthyl*]- u. [*γ-Hexahydrophenyl-n-propyl*]*-malonsäure* erschienen zu 45,2, 59,5, 47,1, 12,0, 60,3, 67,2 bzw. 0% im Urin. (Hoppe-Seyler's Z. physiol. Chem. **310.** 37—43. 12/3. 1958. Basel, Univ., Physiol.-chem. Inst.) K. MAIER. 4596

Christine Riddell und **R. P. Cook,** *Cholesterinstoffwechsel.* 4. Mitt. *Neutralfraktion des Fäkalienfettes von Ratten mit niedrigem und hohem Cholesteringehalt im Futter.* Die äther- u. methanollösl. neutrale Fraktion der Rattenfäkalien wird, nachdem den Tieren in verschied. Versuchsreihen teilweise bis zu 16,6% Fett u. bis zu 1,6% *Cholesterin* zusätzlich zur Nahrung verabreicht wurde, untersucht, um den Sterinabbau zu studieren. Die über Tonerde durchgeführte Adsorptionstrennung lieferte 5 Fraktionen; gesätt. u. ungesätt. KW-stoffe, ungesätt. Sterine, gesätt. Sterine, Ketone, polare Verbindung. Papierchromatograph. Trennung u. Anwendung chem. Methoden (Digitoninfällung, Harnstoffaddukte) zeigen, daß 80% des Unverseifbaren Sterine u. entsprechende Stoffwechselprodd. ausmachen. (Biochem. J. **61.** 657—70. Dez. 1955. Dundee, Univ., Biochem. Dep.) W. GERHARDT. 4596

Hans Paul Wachter, *Der Einfluß von Tusche und Cortison auf experimentelle Leberschäden durch Tetrachlorkohlenstoff.* Es wurden die Änderungen des mesenchymalen Gewebes der Leber unter dem Einfl. von Tusche (I) u. CCl_4 (II), ferner *Cortison* (III) u. II untersucht. Männliche Mäuse erhielten als Einzeldosis 0,033 g II/100 g (intraperitoneal), 0,04 g I/100 g (intravenös) u. 10 mg III/100 g (subcutan), Versuchsdauer 48 Stunden. Die Einzelkomponenten riefen die stärksten Rkk. hervor. Bei den Kombinationen I + II u. II + III war die Zahl der mesenchymalen Zellen vermindert. Die Wrkg. von I wurde durch II abgeschwächt, ebenso II durch III. II führt zu Verschiebungen zwischen den Anteilen speichernder u. nichtspeichernder mesenchymaler Zellen. Wird I vor II gegeben, so sind in der Leber zu wenig speichernde Zellen, in umgekehrter Folge zu wenig nichtspeichernde Zellen vorhanden. Der Umfang der Nekrosen am Leberparenchym nimmt in der Reihenfolge I, III + II u. I + II ab. I wirkt stärker antinekrot. als III, was sich auch darin zeigt, daß I nach II appliziert als Regenerationsreiz wirkt. Die Mitosezahl nimmt in der Reihenfolge I + II, III + II, II ab, was die regenerationsfördernde Wrkg. von I unterstreicht. (Arzneimittel-Forsch. **8.** 295—99. Mai 1958. Borstel über Bad Oldesloe, Tuberkulose-Forschungsinst., Inst. für exp. Biol. u. Med.) W. LAUER. 4597

Jerome Gross, *Untersuchungen über die Bildung von Kollagen.* 1. Mitt. *Eigenschaften und Fraktionierung neutraler Salzextrakte von normalem Meerschweinchenbindegewebe.* Vf. beschreibt Eigg. von kalten neutralen Salzextrakten von frischem Meerschweinchen-Corium auf Grund von Viscositätsmessungen, Elektrophorese, Sedimentation, Teilzus., Kollagen (I)-Geh., Extraktionsbedingungen für I u. der Wrkg. von

Enzymen. Die Viscosität dieser Extrakte hängt von der in Lsg. befindlichen I-Konz. ab. Eine Verringerung der Viscosität kann durch Ausfällung oder enzymat. Abbau von I erfolgen. Die Viscosität eines 0,45mol. Rohextraktes, wie auch die von isoliertem I betrug 14,5. Hyaluronidase hatte auf die untersuchten Systeme keinen Einfluß. Neutrale Sulfate, Chloride u. Phosphate extrahieren mehr I als Thiocyanat. Zur Reinigung eines lösl. I aus Rohextrakten wandte Vf. eine 2-Stufen-Fraktionierung an: Fällung von I mit verd. Trichloressigsäure u. A.-Fraktionierung. (J. exp. Medicine **107.** 247—63. 1/2. 1958. Boston, Harvard Med. School, Dep. of Med.; Massachusetts Gen. Hosp., Med. Serv.) G. BRATFISCH. 4597

Jerome Gross, *Untersuchungen über die Bildung von Kollagen. 2. Mitt. Der Einfluß des Wachstumsgrades auf neutrale Salzextrakte von Meerschweinchencorium.* (1. vgl. vorst. Ref.) Vf. untersuchte den Einfl. des Wachstums auf die Extrahierbarkeit von *Kollagen* (I) mit Neutralsalzen aus Meerschweinchencorium. Bei wachsenden, säugenden Meerschweinchen konnten ca. 10% der Gesamtmenge an I mit neutralen Salzen extrahiert werden. Diese Menge entspricht etwa einem 1—2tägigen Zuwachs an dermal vorkommenden I während des Wachstums. Die mit kalter neutraler Salzlsg. extrahierbare I-Menge aus dem Corium junger Meerschweinchen variiert mit dem Wachstumsgrad u. kann durch eingeschränkte Calorienzufuhr nach kurzer Zeit stark red. werden. 2 Tage Fasten mindert die Extrahierbarkeit um die Hälfte. Bei jungen wachsenden Tieren werden, im Gegensatz zu jungen Tieren, die 2 Tage fasteten, aus dem Rückstand der Neutralsalzextraktion durch sich anschließende 3malige Extraktion mit Citratpuffer p_H 3,5 weitere 40% an I extrahiert. Jedoch durch weitere nachfolgende Extraktion des Rückstandes mit verd. CH_3COOH wird der Unterschied in der Gesamtmenge an extrahierbarem I bei saurem p_H in beiden Tiergruppen wieder ausgeglichen. Die Viscosität von kalten Neutralsalzextrakten steht in keiner Beziehung zu den Konzz. an nicht I enthaltenden Proteinen u. Kohlenhydraten, ändert sich aber direkt proportional mit dem Geh. an I. (J. exp. Medicine **107.** 265—77. 1/2. 1958.) G. BRATFISCH. 4597

Howard B. Bensusan und **Barbara L. Hoyt,** *Die Wirkung verschiedener Parameter auf die Geschwindigkeit der Fiberbildung in Kollagenlösungen.* Die Geschwindigkeit der Fiberbldg. aus *Kollagen* (I)-Lsgg., die unter schonendsten Bedingungen aus der Haut ungeborener oder sehr junger Kälber durch Extraktion mit 0,1 mol. NaCl oder Essigsäure gewonnen waren, wurde in Abhängigkeit von Temp. (28—37,5°), p_H (7,1—8,5), ionaler Konz. (0,085—0,115) u. der Ionenarten durch Messung der Trübungszunahme bei der Gelbldg. untersucht. Bei konstanter ionaler Konz. nimmt die Bildungsgeschwindigkeit in der Reihe der Anionen $S_2O_3^{2-}$, SO_4^{2-}, Cl^-, Br^-, J^-, CNS^- u. bei den Kationen in der Reihe Ba^{2+}, Ca^{2+}, Mg^{2+}, Li^+, Na^+ u. K^+ zu. Steigende ionale Konz. vermindert die Fiberbildungsgeschwindigkeit. Das Reaktionsmaximum liegt bei p_H 8. Trotz Beeinflussung der Beweglichkeit des Proteins hat die ionale Konz. sowie die Salzart wenig Einfl. auf den optimalen p_H-Wert. Die Aktivierungsenergie wird durch die Kationenart oder die Salzkonz. nicht beeinflußt. Durch p_H u. Harnstoff wird sie wenig, durch die Anionenart stark verändert. (J. Amer. chem. Soc. **80.** 719—24. 5/2. 1958. Cleveland, Ohio, Benjamin Rose Hosp., R. I. Frackelton Labor.) W. KÖNIGSDORF. 4597

Edith Bülbring, Mollie Holman und **H. Lüllmann,** *Wirkungen von Calciummangel auf quergestreifte Muskeln des Frosches.* Das Verh. von Froschmuskeln in Lsgg. mit auf $^1/_{20}$ erniedrigter Ca^{2+}- bzw. K^+-Konz. wurde untersucht. Der Verlauf der Membranpotentiale wird dargestellt u. im Hinblick auf dessen Unregelmäßigkeiten diskutiert. Es treten rhythm. Aktivitäten u. „Spitzen"-Potentiale auf. (J. Physiology **133.** 101—17. 27/7. 1956. Oxford, Univ., Dep. of Pharmacol.) K. HEYNS. 4598

E. Ernst, *Halbleitergesichtspunkte im Erregungsproblem.* Störstellenhalbleiter u. von ihnen gebildete Doppelschichten können als Modell zur Diskussion verschied. Nervenfunktionen dienen. Die Leitung in präsynapt.-postsynapt. Richtung u. der Block der entgegengesetzten Richtung sowie das sogenannte PFLÜGERsche Gesetz der Nervenreizung findet ihre Parallele in der unidirektionellen Leitung einer p–n-Sperrschicht. Die Charakteristik einer Ge-Diode wird mit einer von HODGKINS gegebenen Darst. des lokalen Potentials in Abhängigkeit von der Reizstärke verglichen, wobei bes. auf die Analogie zwischen Vorspannung u. Reizschwelle hingewiesen wird. Weitere Analogien zwischen der biol. Erregungsleitung u. dem Verh. von Störstellenhalbleitern werden schließlich im positiven Temperaturkoeff. u. in der Strukturempfindlichkeit der Leitungsphänomene beider Systeme sowie in der Größenordnung der „Lebensdauer" von Leitungselektronen bzw. den Zeitwerten biol. Potentiale gefunden. (Wiss. Z. Humboldt-Univ. Berlin, math.-naturwiss. R. **5.** 167—69. 1955/56. Pécs.) J. JASKOWSKY. 4598

J. M. Walshe, Leonore De Carli und **C. S. Davidson,** *Einige Faktoren, die die cerebrale Ammoniakproduktion hemmen, in Beziehung zum hepatischen Koma.* Vff. unter-

suchen die Rolle des *Ammoniaks* (I) in der Genese des hepat. Koma. So wird in vitro mit *Glucose* (II) als Substrat 0,56 μg NH_3-N/mg Trockengewicht/2 Std. freigesetzt. Bei Zusatz von 0,1 mol. KCl fällt der Wert auf 0,29. In Ggw. von *Glutamin* (III) u. *Glucosamin* wurde weitaus mehr I gebildet, dagegen wurde die O_2-Aufnahme geringer. II + III ließen dagegen ein Ansteigen auf den Wert von II vermerken. *Lactate* u. *Pyruvate* zeigten den gleichen Einfl. wie II. Die Ggw. von *Glutamat* u. *Adenosintriphosphorsäure* (ATP) zeigten keinen Einfl. bei Ggw. von II auf die I-Bildung. In 3 Tabellen führen Vff. die Ergebnisse bei Ggw. von *Indolyl*-Verbb. auf. Hierbei konnte ein Ansteigen der I-Bldg. verzeichnet werden, sobald eine $-NH_2$-Gruppe vorhanden war. Bei den Unterss. mit cerebralen Aminosäurestoffwechselprodd. konnten Vff. eine Verringerung der freien Aminosäuren beobachten, wenn II nicht als Substrat fungierte. Diese vollzog sich mit der gleichen Geschwindigkeit, wie I gebildet wurde. Die Ergebnisse werden ausführlich diskutiert. — 37 Literaturangaben. (Clin. Sci. **17.** 27—36. 1/2. 1958. Boston, Mass., Harvard Med. School, Dep. of Med.; Boston City Hosp., Thorndike Mem. Labor.)
H. DÖLLE. 4598

J. M. Walshe, Leonore De Carli und **C. S. Davidson,** *Einige Faktoren, die die cerebrale Oxydation in Beziehung zum hepatischen Koma beeinflussen.* Zu Beginn wird die O_2-Aufnahme des Rattengehirns unter verschied. Bedingungen gemessen. Mit 6 mmol. *Glucose* (I) konnte mit 12,4 μl O_2/mg Trockengewicht/Std. u. einer Standardabweichung von 1,92 der höchste Q_{O_2} erzielt werden. Derselbe Wert wurde mit 5 mmol. *Pyruvat* u. *Lactat* erhalten, während *Dinatrium-(+)-glutamat, Glutamin* u. *Glucosamin* wohl über der Kontrolle, doch unter den Werten von I lagen. Zur Unters. des Einfl. verschied. tox. Verbb. auf die Cerebralatmung verwenden Vff. NH_4^+, *Methylmercaptan* (II), *Methioninsulfoxyd* (III), *Acetazolamid* (IV; Diamox) sowie diese Verbb. mit K^+. NH_4^+, II (0,015—2 mmol.) u. III (1-, 3- u. 5 mmol.) sowie ihr nahestehende Verbb. zeigten keinen Einfl. auf die Atmung. In einer Konz. von 10 mmol. zeigte dagegen IV eine 10% ig. Red. der Atmung. Bei der Verwendung von *Tryptophan*-Verbb. konnte u. a. mit 10 mmol. *Skatol* eine völlige Hemmung der Oxydation beobachtet werden. Beim Zufügen von Leberextrakt konnte lediglich ein Ansteigen des Q_{O_2} von 0,5 auf 1,7 μl festgestellt werden. Weiterhin hemmte weder das Plasma noch die Spinal-Fl. von Patienten, die an hepat. Koma leiden, die cerebrale O_2-Aufnahme. Die Versuchsergebnisse werden eingehend diskutiert. — 4 Abb. u. 25 Literaturangaben. (Clin. Sci. **17.** 11—25. 1/2. 1958. Boston, Mass., City Hosp., Thorndike Mem. Labor.; Harvard Med. School, Dep. of Med.)
H. DÖLLE. 4598

F. W. Munz, *Photosensible Pigmente aus der Retina gewisser Tiefseefische.* Unterss. über die Absorptionsmaxima der Photopigmente aus den Augen von Tiefseefischen ergeben eine Adaptation der photosensiblen Elemente an die in den entsprechenden Tiefen zur Verfügung stehenden Lichtverhältnisse. (J. Physiology **140.** 220—35. 17/2. 1958. Los Angeles, Calif., Univ. of California, Dep. of Zool.) U. TAUSENDFREUND. 4598

E. E. Cliffe und **S. G. Waley,** *Die Wirkung von Glutathionanalogen auf den Freßakt bei Hydra. Ophthalm-* (I) u. *Norophthalmsäure* (II) aus Kalbslinsen gewonnen, unterscheiden sich von *Glutathion* (III) dadurch, daß sie an Stelle der SH-Gruppe eine CH_3-Gruppe besitzen. Ebenso wie III bewirken auch I u. II, wenn sie dem Medium beigefügt werden, bei *Hydra littoralis* ein Einziehen der Tentakeln. (Nature [London] **182.** 804—05. 20/9. 1958. Oxford, Univ. of Oxford, Nuffield Labor. of Ophthalmol.)
HEINRICH HERMANN. 4598

R. A. Lawrie, D. P. Gatherum und **H. P. Hale,** *Anomal niedrige Absterbe-p_H in der Schweinemuskulatur.* Vff. haben das Absterbe-p_H (nach Beendigung der Glykolyse post mortem) des Musculus latissimus dorsi u. semimembranaceus des Schweines gemessen u. als unter dem gewöhnlichen Wert 5,5, nämlich zwischen 5,1 u. 4,78, liegend gefunden u. die verschied. p_H dem jeweiligen makroskop. u. mkr. Aussehen der Muskeln an die Seite gestellt. (Nature [London] **182.** 807—808. 20/9. 1958. Cambridge, Low Temperature Stat. for Res. in Biochem. of Univ.) HEINRICH HERMANN. 4599

Joseph H. Cort und **Vladimir Fencl,** Physiologie der Körperflüssigkeiten. Jena: VEB G. Fischer. 1958. (XVI + 402 S. m. 99 Abb.) 8°. DM 36,50.

Peter Dahr und **Manfred Kindler,** Erkenntnisse der Blutgruppenforschung seit der Entdeckung des Rhesusfaktors. Stuttgart: Schattauer. 1958. (159 S. m. Abb.) 8°. DM 11,80.

Hans Christian Moeller, Wasser- und Elektrolythaushalt unter Kochsalzentzug bei der Behandlung innerer Krankheiten. Halle/Saale: VEB Marhold. 1957. (115 S. m. 18 Taf.) 8° = Sammlung zwangloser Abhandlungen aus d. Gebiete d. Verdauungs- u. Stoffwechselkrankheiten. N.F.H. 5. DM 35,70.

C. P. Stewart and **D. M. Dunlop,** Clinical chemistry in practical medicine. 5th ed. New York: William & Wilkins. 1958. (342 S. m. Abb.) 8°. $ 6,75.

E_6. Pharmakologie. Therapie. Toxikologie. Hygiene.

Bentley Glass, *Die genetischen Schäden von Kernstrahlungen.* Es wird zusammenfassend über die chem. Natur der als Erbträger wirkenden Substanzen im Organismus, bes. der Chromosomen, den Mechanismus ihrer Mutation durch ionisierende Strahlen u. die Irreversibilität dieser Wrkgg. berichtet. Ferner wird die mit den Fragen der Strahlenwrkg. u. des Strahlenschutzes in Verbindung stehende natürliche Strahlenbelastung des Menschen u. der Einfl. des radioakt. „Fall-out" sowie der zunehmenden Anwendung der Radioisotopen erörtert. (Science [Washington] **126.** 241—46. 9/8. 1957. Baltimore, Md., Johns Hopkins Univ.) W. REUSSE. 4601

H. A. S. van den Brenk und **Kathleen Elliott,** *Die Strahlenschutzwirkung von 5-Hydroxytryptamin.* Mit 1000 r röntgenbestrahlte Ratten wurden vor der Bestrahlung mit 5-Hydroxytryptamin (I) intraperitoneal injiziert. Der dabei auftretende Strahlenschutzeffekt wurde durch die Antagonisten bzw. Antimetaboliten *d-Lysergsäurediäthylamid,* dessen Bromderiv. *BOL 148* u. *1-Benzyl-2.5-dimethylserotonin* (*BAS-Phenol*) aufgehoben, wenn diese unmittelbar nach der I-Gabe intraperitoneal appliziert wurden, während sie bei alleiniger Verabfolgung keinerlei Wrkg. auf die Strahlenschädigung ausübten. *Atropin* u. *Dibenzylin* blieben ohne Einfl. auf die Strahlenschutzwrkg. von I. Wird 18 Std. vor der I-Gabe u. der Bestrahlung *Reserpin* (II) gegeben, bleibt die Strahlenschutzwrkg. unbeeinflußt, II allein bewirkt leichte Minderung der Strahlenwrkg., wenn es 5—10 Min. vor der Bestrahlung gegeben wird. Die Befunde werden diskutiert. (Nature [London] **182.** 1506—07. 29/11. 1958. Melbourne, Cancer Res. Board, Radiobiol. Res. Unit.) W. REUSSE. 4601

C. C. Tsen und **A. L. Tappel,** *Katalytische Oxydation von Glutathion und anderen Sulfhydrylverbindungen durch Selenit.* Die Oxydation von SH-Verbb. [Glutathion (I), *Cystein, Dihydroliposäure, Coenzym A*] wird durch Na_2SeO_3, $CuCl_2$, $FeCl_3$, $MnSO_4$ u. $CoCl_2$ akt. katalysiert. SeO_3^{2-} u. SeO_4^{2-} sind die wirksamsten Katalysatoren der I-Oxydation. Die I-Oxydation ist bis 0,01 Mol/Mol I eine Funktion der SeO_3^{2-}-Konz.; die I-Oxydation nimmt von p_H 4,2—8,4 zu, um bei höheren p_H-Werten infolge Bldg. von metall. *Se* wieder abzusinken. Die Oxydationsgeschwindigkeit von I nimmt mit steigender Temp. zu; die Aktivierungsenergie wurde zu 5,9 kcal/Mol errechnet. *Arsenit* u. *Tellurit* hemmen die SeO_3^{2-}-katalysierte I-Oxydation, während Sulfit ohne Wrkg. ist. Durch papierchromatograph. Unterss. konnte gezeigt werden, daß *Selendiglutathion* als akt. Zwischenstufe der Oxydation auftritt. Die Ergebnisse werden im Hinblick auf die Biochemie der Se-Vergiftungen diskutiert. (J. biol. Chemistry **233.** 1230—32. Nov. 1958. Davis, Calif., Univ., Dep. of Food Technol.) E. SCHWERDTFEGER. 4606

J. H. Logothetopoulos und **N. B. Myant,** *Konzentration von Radiojod und* ^{35}*S-Thiocyanat im Magen des Hamsters.* ^{131}J sowie ^{35}*S-Thiocyanat* wurden an Hamster, Mäuse, Ratten u. Meerschweinchen mittels intramuskulärer Injektion verabreicht. Nach einer Std. wurde unter Anästhesie der Mageninhalt u. Teile des Magen-Darm-Trakts entfernt u. zur Autoradiographie präpariert. Radiojodid u. ^{35}S-Thiocyanat waren in Magensaft u. Bauchspeicheldrüse angereichert; das Verhältnis der Konz. von ^{131}J im Magensaft zu der im Plasma schwankte von 60—26,2, bei ^{35}S lag dieses Verhältnis zwischen 5,6 u. 33,8. — Autoradiographien zeigten eine Anhäufung von ^{131}J u. ^{35}S in den Oberflächenzellen von Magenausgang u. Pylorus. (J. Physiology **133.** 213—19. 27/7. 1956. London, Hammersmith Hosp.) K. HEYNS. 4606

Ch. Lapp, L. Wurmser und **J. Ney,** *Mobilisierung von fixiertem Arsen beim Meerschweinchen unter dem Einfluß von extrem kleinen Dosen Natriumarsenat.* Sehr kleine Dosen Na-Arsenat ($2 \cdot 10^{-5}$ bis $2 \cdot 10^{-11}$) vermögen beim Meerschweinchen die Ausscheidung von *As* nach einmaliger Gabe von 1 mg Na-Arsenat (intraperitoneal) wesentlich zu erhöhen. Die mobilisierten Mengen betragen das 10^6—10^{12}fache der nachinjizierten Dosis. Dieser Zustand erhöhter Sensibilität dauert 3 Wochen bis 3 Monate. (Thérapie **10.** 625—38. 1955; **13.** 46—53. 1958. Strasbourg, Fac. de Pharm., Labor. d'Analyse et de Phys. appl.) H. SCHIMMASSEK. 4606

J. A. R. Mead, J. N. Smith und **R. T. Williams,** *Untersuchungen über Detoxikation.* 71. Mitt. *Der Stoffwechsel von Hydroxycumarinen.* (70. vgl. C. **1958.** 786.) Vff. verabreichten an Kaninchen mit Magensonde Dosen von 0,2 g je kg von *3-* (**I**), *4-* (**II**), *5-* (**III**), *6-* (**IV**) u. *8-Hydroxycumarin* (**V**) u. verfolgten die Ausscheidung der Stoffwechselprodd. dieser Verbindungen. Im Harn der Versuchstiere wurden die gebildeten Glucuronide der Hydroxycumarine mit der Naphthoresorcin-Rk. nach PAUL (Diss. 1951, Univ. Glasgow) bestimmt u. durch Fällung mit Pb-Acetat abgetrennt u. rein dargestellt. Die Sulfatäther der Hydroxycumarine wurden nach SPERBER (J. biol. Chemistry **172.** [1948.] 441) bestimmt u. aus dem Filtrat der Glucuronide als K-Salze isoliert. Im einzelnen wurden im Mittel in % der verabreichten Dosen an Glucuronsäure (H_2SO_4) gebunden im

Harn wiedergefunden: **I** 57 (14), **II** 37 (—), **III** 37 (18), **IV** 48 (28) u. **V** 60 (8). Die K-Salze der Sulfatäther von **I**, **III**, **IV** u. **V** wurden nach BURCKHARDT u. LAPWORTH (1926) synthetisiert. Von **II** entsteht weder in vivo ein Sulfatäther noch läßt er sich synthetisieren. Nach Fütterung von **IV** wurde im Harn papierchromatograph. *6.7-Dihydroxycumarin* (*Äsculetin*) nachgewiesen. Die R_F-Werte mit 4 verschied. Lösungsmittelgemischen sowie Farb- u. Fluorescenz-Rkk. der Hydroxycumarine, ihrer Glucuronide u. der K-Salze ihrer Sulfatäther werden in einer Tabelle angegeben.

Versuche: Nach Zufuhr von **I** aus 24-Std.-Harn: *3-Hydroxycumaringlucuronid* (**I**-Glucuronid) $C_{15}H_{14}O_9 \cdot 0{,}5H_2O$, F. 207—208°; $[\alpha]_D$ —98° (c = 1; n-NaOH); $[M]_D/100$ —340°. Durch Methylierung mit Diazomethan u. nachfolgende Acetylierung mit Pyridin–Essigsäureanhydrid: *Methyl-[2-oxo-1.2-benzopyranyl-(3)-tri-O-acetyl-β-D-glucosid]-uronat* $C_{22}H_{22}O_{12}$, F. 161—162°, Nadeln aus A.; $[\alpha]_D$ —78° (c = 1; Chlf.); $[M]_D/100$ —373°. — Nach Zufuhr von **II**: *4-Hydroxycumaringlucuronid* (**II**-Glucuronid) $C_{15}H_{14}O_9 \cdot H_2O$ (oder $0{,}5H_2O$), F. 184—185°; $[\alpha]_D$ —85° (c = 1; A.); $[M]_D/100$ —303°. Durch Methylierung mit Diazomethan u. Acetylierung mit Pyridin–Essigsäureanhydrid: *Methyl-[2-oxo-1.2-benzopyranyl-(4)-tri-O-acetyl-β-D-glucosid]-uronat* $C_{22}H_{22}O_{12} \cdot 0{,}5H_2O$, F. 124—125°, Nadeln aus wss. A.; $[\alpha]_D$ — 50,5° (c = 1; Chlf.); $[M]_D/100$ —246°. — Nach Zufuhr von **III**: *5-Hydroxycumaringlucuronid* (**III**-Glucuronid) $C_{15}H_{14}O_9 \cdot 2H_2O$, F. 202 bis 203° (Zers.), Nadeln aus W.; $[\alpha]_D$ —61° (c = 0,25; W.); $[M]_D/100$ —228°. Durch Acetylierung mit Essigsäureanhydrid ($HClO_4$ als Katalysator) u. Methylierung mit Methyljodid u. Ag_2O: *Methyl-[2-oxo-1.2-benzopyranyl-(5)-tri-O-β-D-glucosid]-uronat* $C_{22}H_{22}O_{12}$, F. 158—159°, Nadeln aus W.; $[\alpha]_D$ —86° (c = 1; W.); $[M]_D/100$ —313°. Aus dem nach **IV**-Gaben isolierten NH_4-Salz des **IV**-Glucuronids $C_{15}H_{17}NO_9 \cdot {}^1/_2 H_2O$, F. 204 bis 205° (Zers.), durch Acetylierung mit Essigsäureanhydrid ($HClO_4$ als Katalysator) u. Methylierung mit Methyljodid u. Ag_2O: *Methyl-[2-oxo-1.2-benzopyranyl-(6)-tri-O-acetyl-β-D-glucosid]-uronat* $C_{22}H_{22}O_{12}$, F. 174—175°; $[\alpha]_D$ —28,5° (c = 1; Chlf.); $[M]_D/100$ —136°. — Nach Zufuhr von **V**: *8-Hydroxycumaringlucuronid* (**V**-Glucuronid) $C_{15}H_{14}O_9 \cdot H_2O$, F. 158—160° (Zers.), feine Nadeln aus HCl-W.; $[\alpha]_D$ —77° (c = 1; W.); $[M]_D/100$ —274°. Durch Methylierung mit Diazomethan u. Acetylierung mit Pyridin–Essigsäureanhydrid: *Methyl-[2-oxo-1.2-benzopyranyl-(8)-tri-O-β-D-glucosid]-uronat* $C_{22}H_{22}O_{12} \cdot 0{,}5H_2O$, F. 135—136°; $[\alpha]_D$ —136° (c = 1; Chlf.); $[M]_D/100$ —650°. *3-Hydroxycumarinsulfat, K-Salz*, Plättchen aus wss. A.; *5-Hydroxycumarinsulfat, K-Salz*, Nadeln aus 50%ig. A.; *6-Hydroxycumarinsulfat, K-Salz*, Plättchen aus 80%ig. A.; *8-Hydroxycumarinsulfat, K-Salz*, Prismen aus W.; alle vorst. K-Salze $C_9H_5KO_6S$, F. nicht unter 300°. Alle opt. Drehungen bei Tempp. von 20—25° gemessen. (Biochem. J. **68**. 61—67. Jan. 1958. London, St. Mary's Hosp. School, Dep. of Biochem.) F. KRUSEN. 4607

J. A. Mead, J. N. Smith und **R. T. Williams**, *Untersuchungen über Detoxikation. 72. Mitt. Der Stoffwechsel von Cumarin und o-Cumarsäure.* (71. vgl. vorst. Ref.) Von Kaninchen, denen mit Magensonde 0,1 g *Cumarin* (**I**) je kg verabreicht worden war, wurden im Mittel 18% der zugeführten Dosis an Glucuronsäure gebunden u. 7% als Sulfatäther mit dem Harn wieder ausgeschieden. Papierchromatograph. wurden im Harn nach saurer Hydrolyse *3-* (**II**), *7-* (**III**) u. *8-Hydroxycumarine* (**IV**) nachgewiesen. Als Stoffwechselprodd. wurden isoliert: *3-Hydroxycumarinsulfat, K-Salz*, u. *3-Hydroxycumaringlucuronid* (vgl. 71. Mitt.) sowie **III**. Diese Hydroxycumarine wurden auch bei Ratte, Maus, Meerschweinchen u. Frettchen nach **I**-Zufuhr nachgewiesen, bei den letzten 3 Species auch *5-Hydroxycumarin* (**V**). Die Hydroxylierung von **I** in vitro mit Ascorbinsäure, $FeSO_4$ u. Na_2-Diamināthylentetraacetat nach UDENFRIEND u. Mitarbeiter (C. **1954**. 9258) führt zur Bldg. von **V**, *6-Hydroxycumarin* (**VI**), **III** u. Spuren vom *o-Cumarsäure* (**VII**), diejenige mit FENTONS Reagens nach BOGLAND u, SIMS (C. **1954**. 4583) zur Bldg. von **II**, **V**, **III** u. Spuren von **VI**, **IV** u. **VII**. In vivo- u. in vitro-Hydroxylierung stimmen somit nicht überein. Vff. berichten in diesem Zusammenhang über Verss. zur Hydroxylierung verschied. monosubstituierter Benzole mit dem Verf. nach UDENFRIEND. — **VII**, zu 0,2 g/kg an Kaninchen mit Magensonde verabreicht, wird im Mittel zu 14% an Glucuronsäure gebunden u. nur in Spuren als Sulfatäther wieder mit dem Harn ausgeschieden. Als Stoffwechselprodd. wurden papierchromatograph. neben unveränderter **VII** *4-Hydroxycumarin*, **III**, *o-Hydroxy-trans-cinnamoylglycin* u. eine weitere Substanz, vermutlich das **VII**-Glucuronid, nachgewiesen. Aus dem Harn der Versuchstiere wurden isoliert: **VII**, *4-Hydroxycumaringlucuronid* (vgl. 71. Mitt.) u. *o-β-D-Glucosidurono-trans-zimtsäure* $C_{15}H_{16}O_9 \cdot 0{,}5H_2O$, F. 228—229° (Zers.); $[\alpha]_D^{18}$ —81,3° (c = 0,8; 0,1n NaOH). Die Stoffwechselmechanismen von **I** u. **VII** werden an Hand der Versuchsergebnisse diskutiert. (Biochem. J. **68**. 67—74. Jan. 1958.)

F. KRUSEN. 4607

Oswaldo Giannotti, Robert L. Metcalf und **Ralph B. March**, *Die Wirkungsweise von Aldrin und Dieldrin bei Periplaneta americana L.* Vff. berichten über die Wrkg. von

Aldrin (I) u. *Dieldrin* (II) auf Periplaneta americana. I u. II wirken fast gleich stark tox. (120 Std. DL_{50} bei top. Applikation I 1,9, II 1,3 γ/g; bei Injektion 1,5 bzw. 1,1); dies zeigt, daß beide Insekticide gut resorbiert u. an den Wirkungsort transportiert werden. Die Vergiftung erfolgt durch Stimulierung des Zentralnervensyst.; Nicotin wirkt antagonistisch. Anders als bei *DDT* rufen I u. II keine Symptome in isolierten Beinen hervor. I wird im Körper der Schaben teilweise in II übergeführt. (Ann. entomol. Soc. America **49**. 588—92. Nov. 1956. Riverside, Calif., Univ. of California, Citrus Exp. Stat.) H. GOEBEL. 4607

L. Kalliomäki, M. Yli-Pohja und **E. Kulonen,** *Gewebe bei experimentellem Lathyrismus.* 1. Mitt. *Polysaccharide, Natrium, Kalium, Phosphor und Kreatinin.* Bei Ratten mit experimentellem Lathyrismus konnte weder ein Unterschied des Geh. der Knochen u. der Haut an *Polysacchariden* noch der Muskulatur an *Natrium, Kalium, Phosphor* u. *Kreatinin* festgestellt werden. (Ann. Med. exp. Biol. fenn. **36**. 145—52. 1958. Turku, Univ., Dep. of Med. Chem.) U. TAUSENDFREUND. 4608

M. Yli-Pohja, L. Kalliomäki und **E. Kulonen,** *Gewebe bei experimentellem Lathyrismus.* 2. Mitt. *Aminosäuren und Absorptionsspektrum von Muskelextrakt.* (1. vgl. vorst. Ref.) Nichthydrolysierter Muskelextrakt von an Lathyrismus erkrankten Ratten stimmt bei zweidimensionaler Papierchromatographie (Phenol: NH_3 u. Butanol: Eisessig) bzgl. des Aminosäurengeh. bis auf einen Fleck, der nach Elution u. Hydrolyse *Glycin* u. *Glutaminsäure* ergibt, fast völlig überein. Das UV-Absorptionsspektr. der Muskelextrakte weicht bei n. u. erkrankten Ratten voneinander ab, ohne daß dafür bisher eine Erklärung gefunden werden konnte. (Ann. Med. exp. Biol. fenn. **36**. 148—52. 1958. Turku, Univ., Dep. of Med. Chem.) U. TAUSENDFREUND. 4608

Albert N. Booth, Francis T. Jones und **Floyd De Eds,** *Der Verbleib von Hesperidin, Eriodictyol, Homoeriodictyol und Diosmin im Stoffwechsel.* Nach oraler Zufuhr der 6 Flavonoide *Hesperidin* (**I**), *Hesperetin* (**Ia**), *Diosmin, Diosmetin, Eriodictyol* u. *Homoeriodictyol* bei Ratten war in allen Fällen im Harn *m-Hydroxyphenylpropionsäure* (**II**) nachweisbar, daneben kleinere Mengen von m-Cumarinsäure u. die Aglykone. Letzte kamen frei u. gepaart mit Glucuronsäure vor. Demnach findet im Darm Resorption u. Spaltung des mittleren Flavonoidrings, begleitet von Dehydroxylierung, Demethoxylierung oder Demethylierung, mit anschließender Dehydroxylierung zu **II** statt. Beim Menschen war nach Aufnahme von **I** mit der Nahrung (unter Ausschluß von Kaffee u. Citrusprodd.) im Harn als Hauptmetabolit *Isoferulasäure* nachweisbar. Nach **I**-Verfütterung enthielt Kaninchenharn verstärkt **II, Ia** u. dessen Glucuronid (**Ib**). Erhielt das gleiche Tier eine in bestimmter Weise modifizierte Diät (Stärke, Cerelose, Casein, Cellu-Mehl, Salze, Öl, Vitamine), dann waren nach **I**-Dosen neben kleinen Mengen **Ia** u. **Ib** mindestens 7 weitere Metabolite nachweisbar: *3.4-Dihydroxyphenylpropionsäure, 3-Methoxy-4-hydroxyphenylpropionsäure, m-Cumarinsäure,* **II**, *m-Hydroxyhippursäure, m-Hydroxybenzoesäure* u. *3-Methoxy-4-hydroxybenzoesäure.* (J. biol. Chemistry **230**. 661—68. Febr. 1958. Albany, Calif., US Dep. of Agric., Agric. Res. Serv., Western Utilizat. Res. and Developm. Div.) K. MAIER. 4608

Abe Pital, Ruth C. Pital und **J. M. Leise,** *Eine Schnellmethode zur Bestimmung der Heilmittelempfindlichkeit von Mycobacterium tuberculosis.* Es wird eine Schnellmeth. zur Prüfung der Empfindlichkeit von *Mycobacterium tuberculosis* mit *Resazurin* als *Redoxindicator* beschrieben; die Prüfung läßt sich in 5—8 Tagen durchführen. Die Meth. beruht auf der Beeinflussung der Reduktionskapazität der Organismen durch antituberkuloseakt. Stoffe. (Amer. Rev. Tubercul. Pulmonary Diseases **78**. 111—16. Juli 1958. Frederick, Md., Fort Detrick, Chem. Corps.) H. GOEBEL. 4610

Ernest J. Froelich, *Die Wirkung von 5-Heptyl-2-thiohydantoin bei experimenteller Tuberkulose. 5-Heptyl-2-thiohydantoin* (**I**, Win 5211) ist bei experimenteller Infektion von Mäusen u. Hamstern mit menschlichen Tuberkelbacillen wirksam; **I** wirkt auch gegen streptomycin- u. isoniacidresistente Stämme; gegen bovine Stämme ist es wirkungslos. **I** ist wirksamer u. besser verträglich als *PAS.* (Amer. Rev. Tubercul. **78**. 74—82. Juli 1958. Rensselaer, N. Y., Sterling-Winthrop Res. Inst.) H. GOEBEL. 4610

Norimasa Hirano und **Kiyo Sushida,** *Über die antituberkulöse Wirkung von Isonicotinoyl-3.4-diäthoxybenzalhydrazon* (*No. 284*). Die therapeut. Wrkg. des wasserunlösl. *Isonicotinoyl-3.4-diäthoxybenzalhydrazons* (**I**) mit einer DL_{50} von ca. 5,0 g/kg Maus wurde im Vgl. zu *Isonicotinoyl-3.4-dimethoxybenzalhydrazon* (**II**) u. *Isonicotinsäurehydrazid* (**III**) bei Mäusen u. Meerschweinchen mit experimenteller Tuberkulose mit folgendem Ergebnis untersucht: Mäuse erhielten 5 bzw. 10 Wochen lang täglich je 2 mg der Mittel peroral. Der Heileffekt von **II** ist geringer als der von **I** u. **III**. Da **I** nur ca. $^1/_{20}$ so tox. ist wie **III**, dürfte **I III** überlegen sein. — Meerschweinchen erhielten 3 bzw. 5 Wochen lang täglich 0,02 g **I** u. 0,01 g **III** peroral. Nach **I** waren die patholog.

Veränderungen u. die Bakterienzahl in Lungen, Leber, Milz u. Lymphdrüsen geringer als nach III. — Bei Mäusen, die mit III-resistenten Bakterienstämmen infiziert worden waren, blieben tägliche perorale Gaben von 2 mg III, 5 mg I u. 4 mg *5-[Pyridyl-(4)]-1.3.4-oxadiazolinon-(2)* gleichermaßen erfolglos. (Jap. J. Bacteriol. **13.** 1023—27. 25/11. 1958. Tōkyō Joshi-Ika-Daigaku, Saikingaku-Kyōshitsu. [Orig.: japan.]) F. MOSSNER. 4610

Tadeusz Niebrój, Tadeusz Pawlikowski und **Kazimierz Zajusz,** *Einfluß der Hyaluronidase auf die durch Silicose bedingten Veränderungen bei der Ratte.* Intratracheale Gaben von 25—100 I.E. *Hyaluronidase* (*Kinetin,* SCHERING) an Ratten mit experimenteller Silicose ergaben nach 6 Tagen auf Grund histolog. Befunde eine Mobilisierung u. Verlagerung des SiO_2 aus der Lunge in Leber, Niere u. Milz, was als prognost. guter Erfolg betrachtet wird. (Naturwissenschaften **45.** 446. 2. Sept.-H. 1958. Zabrze, Inst. für Arbeitsmed.) H. GIBIAN. 4614

Julius Axelrod, Siro Senoh und **Bernhard Witkop,** *O-Methylierung von Brenzcatechinaminen in vivo.* Es wird die Darst. von *Metanephrin* (I), *Normetanephrin* (II) u. *3-Methoxytyramin* beschrieben. I (*3-O-Methylepinephrin*) u. II (*3-O-Methylnormetanephrin*) kommen in Rattenurin als Glucosiduronsäuren vor. II wurde in Nebenniere u. Milz, I in der Nebenniere u. II im Gehirn der Ratte nach Vorbehandlung mit Iproniazid gefunden. Nach Verabreichung von Epinephrin, Norepinephrin u. 3-Hydroxytyramin wurden die entsprechenden 3-O-Methyläther als Stoffwechselprodd. im Urin identifiziert (R_F-Werte in verschied Lösungsmittelsystemen; UV-Spektren).

Versuche: *DL-Metanephrin, Hydrochlorid,* F. 175°; 0,31 g CH_3NH_2 in 5 ml A. zu einer mit H_2 gesätt. Suspension von 1,5 g 10%ig. Pd-Kohle u. 0,5 g PdO in 50 ml A. u. Eintropfen von 2 g 3-Methoxy-4-hydroxyphenylglyoxal in A. bei gleichzeitigem Einleiten von H_2 (in 5 Std. Aufnahme von 470 ml H_2); nach Filtration einengen, Rückstand in wenig A. mit HCl-Gas sättigen, mit Ae. fällen; Kristalle aus W./Aceton; 240 mg. — *α-(3-Methoxy-4-benzyloxyphenyl)-β-nitroäthanol* (III), $C_{16}H_{17}NO_5$, F. 107—109°; durch Lösen von 11 g Vanillinbenzyläther in 180 ml absol. A., abkühlen u. Versetzen der Suspension mit 3,7 ml CH_3NO_2, nach Kühlen auf —12° 5,1 g KOH in 100 ml 90%ig. A. unter Rühren innerhalb 25 Min. eintropfen (Temp. auf —15 bis —12° halten), 2 Std. bei —10 bis —5° nachrühren, vorsichtig mit 8 ml konz. HCl in 100 ml Eiswasser, dann mit 300 ml W. versetzen u. Nd. sammeln; Reinigung durch Fällen mit W.; hellgelbe Blättchen; 8,03 g. *DL-Normetanephrin,* F. 192—195°, aus vorst. Verb. (2 g) in absol. A. mit H_2/PtO_2 (Aufnahme 374 ml H_2 in 2 Std.), dann Katalysator abfiltrieren, 400 mg 10%ig. Pd-Kohle in 50 ml A. mit 1 ml konz. HCl zusetzen u. H_2 einleiten (Aufnahme 141 ml in 3 Min.), filtrieren, im Vakuum einengen u. 12 Std. kaltstellen; 58%. — *3-Methoxy-4-benzyloxy-ω-nitrostyrol,* F. 124,5—125°; aus 3 g III mit 3 g geschmolzenem $NaOOCCH_3$ u. 10 ml Acetanhydrid, 5 Min. kochen u. in 60 ml kaltes W. gießen; aus A. gelbe Kristalle; 2,6 g. — *3-Methoxytyraminhydrochlorid,* $C_9H_{13}NO_2 \cdot HCl$, F. 208—212°, aus vorst. Verb. (1,4 g) mit H_2/Pd-Kohle in absol. A. mit HCl + Perchlorsäure (in 2 Std. 620 ml H_2-Aufnahme), nach Filtration u. Einengen aus A. Kristalle; 97%. (J. biol. Chemistry **233.** 697—701. Sept. 1958. Bethesda, Md., Nat. Inst. of Mental Health, Nat. Inst. of Arthritis and Metabol. Diseases, US Public Health Serv.) H. GOEBEL. 4620

Julius Axelrod und **Robert Tomchick,** *Enzymatische O-Methylierung von Epinephrin und anderen Brenzcatechinen.* (Vgl. vorst. Ref.) Vff. isolierten aus Rattenleber eine *Brenzcatechin-O-methyltransferase* (I), welche die CH_3-Gruppe von S-Adenosylmethionin auf die 3-Hydroxygruppe von Epinephrin u. anderen Brenzcatechinderivv. überträgt. I benötigt 2-wertige Kationen u. wird durch SH-bindende Stoffe gehemmt. Das gereinigte I-Präp. ist bei —10° ca. 3 Monate haltbar; zwischen p_H 7,5—8,2 in 0,1 mol. Phosphatpuffer besteht optimale Aktivität. Monophenole dienen nicht als Substrate; I ist nicht stereospezif. im Hinblick auf die d- u. *l*-Isomeren von Epinephrin. I ist in verschied. Organgeweben bei Mensch u. Säugern verbreitet. (J. biol. Chemistry **233.** 702—05. Sept. 1958.) H. GOEBEL. 4620

E. Kivalo, U. K. Rinne und **P. Marjanen,** *Diuretische Wirkung von Chlorpromazin, mit besonderer Berücksichtigung der hypothalamischen neurosekretorischen Substanz.* Bei Ratten kann auf tägliche subcutane Injektion von 25 mg *Chlorpromazin* (I) eine Verminderung der Wasseraufnahme bei gleichzeitig gesteigerter Wasserausscheidung festgestellt werden; im Blut ist der Spiegel des antidiuret. Prinzips u. im Hypophysenhinterlappen die Konz. der neurosekretor. Substanz vermindert, während im supraopt. u. paraventrikulären Kern des Hypothalamus keine Änderung der Konz. der neurosekretor. Substanz zu bemerken war. Wenn auch eine Hemmung neurosekretor. Substanzen allein nicht zur Erklärung ausreicht, so wird doch eine depressor. Wrkg. von I auf den Hypothalamus als ausschlaggebend angenommen. (Ann. Med. exp. Biol. fenn. **36.** 185—90. 1958. Turku, Univ., Dep. of Anatomy.) U. TAUSENDFREUND. 4620

F. Meidinger, *Die Wirkung verschiedener Phenothiazinderivate auf die visceralen Reaktionen nach elektrischer Reizung des Riechhirns beim Kaninchen.* Bei narkotisierten Kaninchen wurde das Riechhirn elektr. gereizt, während die Tiere *Diethazin* (I), *Promethazin* (II), *Isothazine* (III), *Chlorpromazin* (IV) oder *4909 RP* (V) erhielten. Unter diesen Versuchsbedingungen stieg mit der Dosis die Toxizität von **IV** u. **V** an. Die Schutzwirkung der Phenothiazinderivv. gegenüber den Auswirkungen der elektr. Reizung des Riechhirns, die in Hypotonie u. Atemstillstand bestehen, ist bei **V** am größten u. nimmt in der Reihenfolge **IV, II, III, I** ab. (C. R. Séances Soc. Biol. Filiales **149.** 1426—29. Juli 1955. Vitry-sur-Seine, Usines Chimiques Rhône-Poulency.) HEINRICH HERMANN. 4620

G. Tonini und **G. Missere,** *Experimentelle Encephalomyelitis. Physiopathologische und therapeutische Untersuchungen.* 1. Mitt. Die experimentelle Encephalomyelitis geht bei Ratten u. Kaninchen mit einer komplexen protidoplasmat. Veränderung u. einem Anstieg der im Bereich von 4,5 u. $3{,}7 \cdot 10^{-5}$ $cm^2V^{-1}sec^{-1}$ beweglichen Proteinfraktion einher; am günstigsten wird sie durch *Cortison* u. einige Aminoderivv. des *Phenothiazins* mit Substitution am $C_{(3)}$ beeinflußt. (Arch. ital. Sci. farmacol. [3] **8.** 171—224. Juli 1958 Bologna, Ist. di Farmacol. e Terap. speriment.) H. P. FIEDLER. 4620.

Giorgio Roncagli, *Das histopathologische Bild der Niere nach Verabreichung von anästhesiesteigernden Substanzen und bei künstlicher Abkühlung (Experimentaluntersuchungen).* Vf. verabfolgte an junge ♂ Kaninchen intravenös (Marginalvene, Ohr) Mischungen von *Meperidin* [I; 10—40 (mg/kg)], *Promethazin* (II; 2—8) u. *Chlorpromazin* (III; 4—16; die niedrigsten Dosen sind die in der Humanmedizin üblichen) u. untersuchte den Einfl. der 3 Mischungen auf das Nierengewebe nach histolog. Methoden. — Es werden geringfügige reversible Läsionen nach der niedrigsten u. ihren 2fach höheren Dosen beobachtet; die höchsten Dosen riefen zwar stärker tox., aber immer noch reversible Symptome im Nierengewebe hervor. — Vf. betont, daß bei den in der Humanmedizin üblichen Dosierungen keine tox. Wrkgg. durch **I, II** u. **III** zu erwarten sind; wohl aber muß bei Nephropathien eine strengere Überwachung der Verabreichung erfolgen. (Gazz. int. Med. Chirurg. **62 (61).** 2626—39. 15/10. 1957. Roma, Univ., Ist. di Urologia.) H. KOCKERT. 4620

Josef Knoll und **Berta Knoll,** *Methode zur Untersuchung der spezifisch-depressiven Wirkung von „Tranquilizern" auf das Zentralnervensystem.* Beschreibung einer einfachen Meth., die eine Unterscheidung spezif. Tranquilizer von anderen depressiv wirkenden Substanzen bei der Ratte erlaubt. Es wurde ein bedingter Fluchtreflex eingeübt, der durch *Urethan, Methylpentinol* u. *Phenobarbital-Na, Morphin-HCl* selbst in 50—60% der narkotisierenden Dosis nur bei einem kleinen Teil der Tiere gehemmt, jedoch durch *3-Chlor-10-[3-dimethylaminopropyl]-phenothiazin* („*Largactil*"; 5 mg/kg intraperitoneal) u. bes. durch *Reserpin* (5 mg/kg subcutan) aufgehoben wird. (Arzneimittel-Forsch. **8.** 330—33. Juni 1958. Budapest, Med. Univ., Pharmakol. Inst.) U. HACKENBERG. 4627

H.-J. Gräfe und **K.-H. Chemnitius,** *Die Wirkungssteigerung von Pyrazol-Barbiturat-Gemischen am Beispiel des Allional.* Der Einfl. von *Prostigmin* (I) u. *Mestinon* (II) auf die analget. u. sedative Wrkg. von *Allional* (III; HOFFMANN-LA ROCHE) im Vgl. mit *Largactil* (IV) wurde an Mäusen untersucht. Die Prüfung der analget. Wrkg. der Einzelkomponenten von **III** (Allylisopropylbarbitursäure u. Phenyldimethylisopropylpyrazolon 1:2,2) ergaben keine signifikanten Unterschiede, das Gemisch war wesentlich stärker wirksam (Suspensierung in 1%ig. Tyloselsg., per os oder subcutan). **I** u. **II** verstärken die analget. Wrkg. der beiden **III**-Komponenten, das Gemisch wird am stärksten pozentiert. **I** wirkt stärker u. länger, das Barbiturat wird in der Wrkg. mehr gesteigert als die des Pyrazolons. Auch durch **IV** trat eine eindeutige analget. Wirkungssteigerung ein, die um so höher war, je größer der Anteil an Barbiturat im Gesamtgemisch war. In gleicher Weise werden durch **I, II** u. **IV** die sedativen Wrkgg. erhöht (Prüfung durch Laufradmeth.). Toxizitätsbest. an je 50 Mäusen (subcutan in 2%ig. Tyloselsg., Meth. nach KÄRBER; Naunyn-Schmiedebergs Arch. exp. Pathol. Pharmakol. **162.** [1931.] 480) ergaben für **III** eine DL_{50} von 350 mg/kg. Bei Zusatz von **II, I** u. **IV** wurde in gleicher Reihenfolge die Toxizität erhöht. (Arzneimittel-Forsch. **8.** 293—95. Mai 1958. Jena, Univ. Inst. f. Pharmakologie.) W. LAUER. 4627

Luciano Angelucci, *Einfluß von Cocarboxylase auf die Morphintoleranz der Ratte.* Vf. gibt ♀- u. ♂-Ratten nach einem analgesimetr. Kontrolltest für eine Standarddosis *Morphin* (I, 5 u. 10 mg/kg subcutan, 7,5 intravenös) *Thiamin* (II) bzw. *Cocarboxylase* (III) u. 30 Min. später **I** u. bestimmt dessen analget. Wrkg. (Dauer in Min. u. Sek.) nach der Meth. von D'AMOUR u. SMITH: Es wird festgestellt, das tägliche **II**- oder **III**-Zufuhren anfangs (innerhalb von 0—23 Tagen) eine Toleranz für die analget. **I**-Wrkg. verhütet u. später verzögert. Mit dem Fortschreiten der Toleranz für den analget. **I**-Effekt bei den

Kontrolltieren ändert sich ihr physiol. Verh.; sie werden stark reizbar u. reaktionsfähig. Mit **II** oder **III** vorbehandelte Ratten zeigen keine Veränderung in ihrem Verh.; u. zwar so lange, wie die analget. Rk. unverändert bleibt. Eine plötzliche Unterbrechung der **I**-Zufuhr zu einem Zeitpunkt, bei dem die analget. Wrkg. eintritt, führt bei Kontrolltieren zu einer mäßigen Depression, die bei den mit **II** oder **III**-vorbehandelten Tieren unterbleibt. Eine nach Beginn der **I**-Toleranz (bei Kontrolltieren) einsetzende **III**-Zufuhr scheint die analget. Rk. auf **I** zu erhöhen. Die Ergebnisse zeigen, daß ♀ Ratten desselben Körpergewichts bei gleicher Gesamtdosis weniger auf die analget. **I**-Wrkg. ansprechen als ♂ Tiere. **I** scheint auf Stoffwechselprozesse einzuwirken, bei denen **II** benötigt wird. (Nature [London] **181.** 967—68. 5/4. 1958. Roma, Univ., Istituto di Farmacol.) P. FAHRNLAENDER. 4627

Jacques Mercier und **Marie-Rose Sestier,** *Der Mechanismus der Stimulation einiger Ganglienblocker auf den Magen des narkotisierten Hundes.* Narkotisierte, künstlich beatmete Hunde erhielten nach beiderseitiger Vagotomie Salze von *Tetraäthylammomonium* (**I**), *Pentamethonium* (**II**), *Hexamethonium* (**III**), *Pendiomid* (**IV**) oder *Spartein* (**V**). Diese bewirken eine Tonussteigerung (a) des Magens u. Vergrößerung der Amplituden (b) seiner Kontraktionen. Gegenüber n. Tieren vermehren **I** u. **III** a u. b deutlich, während die Wrkg. von **II, IV** u. **V** schwächer ist. Wurde den Tieren zusätzlich noch der Nervus splanchnicus durchtrennt, so beeinflussen **I** u. **III** a u. b nicht, während **II** u. **IV** eine unregelmäßige Wrkg. entfalten u. **V** a u. b steigert. (C. R. Séances Soc. Biol. Filiales **149.** 1443—46. Juli 1955.) HEINRICH HERMANN. 4628

Jean Cheymol, François Bourillet und **Christiane Levassort,** *Anticurarewirkung einiger polysulfonierter Verbindungen an Kaninchen.* Verbb., die wie Heparin u. Heparinoide als blutgerinnungshemmende Substanzen verwendet werden, besitzen auch Anticurarewirkung. Getestet wurden: Heparin, polysulfoniertes, polymerisiertes Methylglucosid des Methylesters der Polygalakturonsäure („*Dextrarine*", Mol.-Gew. ca. 7000), polymerisiertes, disulfoniertes Dihydroxydimethyldiphenylmethan („*Treburon*" Mol.-Gew. 5800—6000 oder „*Negatol*" Mol.-Gew. >1500); polymerisiertes Anethol-Na-disulfonat („*Liquoide*" Mol.-Gew. 10000). Die Auswertung erfolgte am Nerv-Muskel-Präp. (Musculus tibialis anterior des Kaninchens in Chloralose-Nembutal-Narkose). Die Wrkg. von 350—500γ/kg d-Tubocurarin kann mit 50—200 mg der genannten Verbb. aufgehoben werden. Vorherige Injektion von Protaminsulfat unterdrückt oder vermindert den Anticurareeffekt. Die Wrkg. der Heparinoide wird wie bei der Hemmung der Blutgerinnung auf die elektronegativen Sulfongruppen bezogen. (Thérapie **10.** 616—24. 1955. Paris, Faculté de Médecine, Labor. de Pharmacol.) H. SCHIMASSEK. 4628

Armand C. Brousseau, Myron R. Segelman und **Howard J. Jenkins,** *Untersuchungen, um die Anpassungsfähigkeit des „staircase"-Phänomens bei der Prüfung von Herzglykosiden zu bestimmen.* Die Meth. u. die Ergebnisse mit Digitoxinstandard u. teilweise effektlöschend wirkenden Verbb. (getestet wurden Östradiol, Äthinylöstradiol, Progesteron, Anhydrohydroxyprogesteron, Testosteron, Methyltestosteron, Prednison, Corticosteron, Hydrocortison, Cholesterin) werden besprochen. Das „staircase"-Phänomen ist nicht spezif. für Herzglykoside, aber spezif. für cardioton. Aktivität. (J. Amer. pharmac. Assoc., sci. Edit. **46.** 468—72. Aug. 1957. Boston, Mass. Coll. of Pharmacy.) G. KIMMERLE. 4630

Fernand Mercier und **Marie-Rose Sestier,** *Untersuchungen über die kumulierende Wirkung einiger Digitalisglykoside bei der Maus.* Vff. haben unter Zugrundelegung der experimentell gewonnenen DL_{50} verschied. *Digitalisglykoside* im Hinklick auf ihre kumulierende Wrkg. an der Maus untersucht u. festgestellt, daß die Maus keine von den bei anderen Tieren gewonnenen abweichenden Ergebnisse liefert. Von den untersuchten Glykosiden kumuliert nur kristallisiertes Digitalin. (C. R. Séances Soc. Biol. Filiales **149.** 1441—43. Juli 1955.) HEINRICH HERMANN. 4630

George M. Naimark, *Untersuchung von Magenantacida in vitro.* An künstlichem Magensaft (U.S.P. XV) wird nach HOLBERT, NOBLE u. GROTE (1948) die antacide Wirksamkeit von $Mg(OH)_2$ (Tabletten, Suspension), Mg-Trisilicat (Substanz, Tabletten), $CaCO_3$ (Pulver, Tabletten), $NaHCO_3$, $MgCO_3$, Bi-Subnitrat, Mg-Glycinat u. Dihydroxy-Al-Na-Carbonat (Tabletten) geprüft. Als Kriterium wurde das Erreichen eines p_H-Bereichs von 4,0—6,0 angesehen. Die Befunde, die teilweise unter u. über diesen Werten liegen, erwiesen sich abhängig von der Zubereitungs- u. Dosierungsform. (J. Amer. pharmac. Assoc., sci. Edit. **46.** 344—46. Juni 1957. Kenilworth, N. J., White Labor., Inc., Med. Res. Dep.) G. KIMMERLE. 4645

J. H. Gorvin, C. G. Raison, W. Solomon, O. D. Standen und **L. P. Walls,** *Die Wirkung Diaminodiphenoxyalkanen analoger Verbindungen auf Schistosoma mansoni.* Es wurde die Beeinflussung der Wirksamkeit von p.p'-Diaminodiphenoxyalkanen (I) gegenüber S. mansoni durch weitere Abwandlung derselben untersucht. Ersatz der NH_2-Gruppe durch eine große Zahl anderer Gruppierungen, wie Aminomethyl-, Guanidino-, Biguanido-, Amidino-, Ureido-, Thioureido-, Guanidinomethyl-, Benzylamino-, Aminoalkylamino-, Hydrazino-, Hydroxy-, Cyanmethylamino-, Carboxy-, Azidocarbonyl (CON_3)-, Nitrosomethylamino-, Toluol-p-sulfonamido-, Acetamido-, Äthoxycarbonamido-, Formyl-, Succinylamino-, Sulfamino- oder der p-Aminophenylgruppe durch Pyridyl-(4)-oder Chinolyl-(6 oder 8)-, zerstörte die Aktivität. Letztere blieb bei bestimmter NH_2-Substitution (Hydroxyalkyl, Carboxyalkyl) u. bei einigen der Aldehyd-bis-sulfitderivv. erhalten. Zahlreiche Abwandlungen der zentralen Kette führten, abgesehen von einer Anzahl von Buten-(2)-Derivv., zu weniger wirksamen Verbindungen. Verbb. ohne Äther-O-Atome, wie *Diaminodiphenylalkane* u. solche, bei denen die I-O-Atome durch CO, Estergruppierungen, z. B. —O·CO— oder —CO·O—; Sulfonyl oder Sulfonamido ersetzt waren, erwiesen sich mit 200 mg/kg als inaktiv. Ersatz der O-Atome durch NH gab inakt., tox. Verbindungen. Eine p-Phenylengruppe in der C-Kette zerstörte die Wirksamkeit. Bei Ersatz des Äther-O durch S, Alkylsubstitution der C-Kette, Ersatz einer CH_2-Gruppe durch andere Atome oder Gruppen oder Einführung ungesätt. Bindungen in die C-Kette blieb die Aktivität teilweise erhalten. Die Prüfung erfolgte bei Mäusen, die 63 Tage nach der Infektion 5 Tage lang 2 mal täglich die angegebene Dosis der Verb. oral erhielten. Geprüfte Verbb.: *α.ω-Bis-[4-β-hydroxyäthylaminophenoxy]-alkane: Propan,* 200, 50 (mg/kg) — 5,0 (% getötete Würmer); *Butan,* 100, 50 — 90, 57; *Pentan,* 100, 50 — 100, 36; *Hexan,* 100, 50 — 96, 63; *Heptan,* 50, 15 — 100, 14; *Octan,* 50, 15 — 86, 16; *Nonan,* 100, 50 — 100, 70; *Decan,* 200, — 0; *α.ω-Bis-[4-γ-hydroxypropylaminophenoxy]-alkane: Butan,* 200, 50 — 12, 0; *Pentan,* 200, 50 — 84, 0; *Hexan,* 200, 50 — 100, 43; *Heptan,* 50, 25 — 98, 0; *Octan,* 200, 50 — 98, 0; *Nonan,* 50 — 83; *α.ω-Bis-[4-β-hydroxypropylaminophenoxy]-alkane: Hexan,* 50 — 53; *Heptan,* 50, 12,5 —100, 21; *Octan,* 50, 12, 5 — 98, 4; *α.ω-Bis-[4-(β-hydroxyäthylmethylamino)-phenoxy]-alkane: Butan,* 200, 50 — 19, 0; *Pentan,* 100, 50 — 87, 11; *Hexan,* 200, 50 — 85, 0; *Heptan,* 50, 25 — 88, 0; *Octan,* 200, 50 — 100, 35; *Nonan,* 200, 50 — 99, 74; *α.ω-Bis-[4-di-(β-hydroxyäthyl)-aminophenoxy]-alkane: Äthan,* 200 — 0; *Propan,* 200 — 0; *Butan,* 200, 50 — 93, 0; *Pentan,* 200, 50 — 100, 0; *Hexan,* 200, 25 — 100, 0; *Heptan,* 200, 25 — 100, 0; *Octan,* 50, 25 — 100, 12; *Nonan,* 200, 50 — 100, 34; *Decan,* 200, 50 — 90, 0; *Undecan,* 200 — 3; *1.4-Bis-[4-di-(β-hydroxypropyl)-aminophenoxy]-alkane: Butan,* 200, 50 — 62, 1; *Pentan,* 200, 50 — 100, 0; *Hexan,* 200, 25 — 100, 0; *Heptan,* 200, 50 — 93, 0; *Octan,* 200, 50 — 100, 0; *Nonan,* 200, 50 — 47, 0; *1.8-Bis-[4-di-(γ-hydroxypropyl)-aminophenoxy]-octan,* 200 — 100; *1.7-Bis-[4-β. γ-dihydroxypropylaminophenoxy]-heptan,* 50, 12,5 — 99, 1; *1.7-Bis-[4-di-(β.γ-dihydroxypropyl)-aminophenoxy]-heptan,* 200 — 0; *α.ω-Bis-[4-carboxymethylaminophenoxy]-alkane: Butan,* 50 — 0; *Pentan,* 50 — 2; *Hexan,* 50 — 96; *Heptan,* 50, 25 — 96, 30; *Octan,* 50 — 90; *Nonan,* 50 — 94; *1.7-Bis-[4-β-carboxyäthyl-,* 50, 25 — 92, 6; *1.7-Bis-[4-α-carboxyäthyl-,* 50, 25 — 100, 24; *1.7-Bis-[4-γ-carboxypropylaminophenoxy]-heptan,* 50 — 98; *α.ω-Bis-[4-di-(carboxymethyl)-aminophenoxy]-alkane: Pentan,* 200, 0; *Heptan,* 50, 87. N a - S a l z e: *α.ω-Bis-[4-(sulfomethylamino)-phenoxy]-alkane: Hexan* (**II**) 70—14; *Heptan* (**III**), 75—89; *1.5-Bis-[4-(methylsulfomethylamino)-phenoxy]-pentan,* 75 — 85; *1.5-Bis-[4-N-(β-hydroxyäthyl)-N-sulfomethylaminophenoxy]-pentan,* 85 —44; *1.6-Bis-[4-α-sulfoäthylaminophenoxy]-hexan,* 75 —27; *1.7-Bis-[4-(α-sulfobenzylamino)-phenoxy]-heptan·2 $NaHSO_3$,* 90 — 70; *1.7-Bis-[4-(γ-phenyl-α.γ-disulfopropylamino)-phenoxy]-heptan,* 125 — 95; *1.7-Bis-[4-(α-sulfo-β.γ.δ.ε.ζ-pentahydroxyhexylamino)-phenoxy]-heptan,* 110 — 93; *1.3-,* 200, 50 — 74, 0 u. *1.4-Bis-[4-aminophenoxy]-butan,* 200, 50 — 99, 66; *1.4-,* 100, 50 — 96, 52 u. *1.5-Bis-[4-aminophenoxy]-pentan,* 100, 50 — 100, 78; *1.4-,* 200, 50 — 80, 0 u. *1.5-Bis-[4-methylaminophenoxy]-pentan,* 200, 50 — 99, 99; *1.4-Bis-[4-β-hydroxyäthylaminophenoxy]-pentan,* 200, 50 — 97, 0; *1.4-,* 200, 50 — 98, 1 u. *1.5-Bis-[4-dimethylaminophenoxy]-pentan,* 200, 50 — 100, 96; *1.4-Bis-[4-di-(β-hydroxyäthyl)-aminophenoxy]-pentan,* 200, 39; *1.4-Bis-[4-aminophenoxy]-,* 200 — 0 (gesätt. 99); *1.4-Bis-[4-methylaminophenoxy]-,* 200 — 10 (100); *1.4-Bis-[4-β-hydroxyäthylaminophenoxy]-,* 200 — 3 (100); *1.4-Bis-[4-di-(β-hydroxyäthyl)-aminophenoxy]-,* 200 — 0 (93) u. *1.4-Bis-[4-(β-hydroxyäthylmethyl)-aminophenoxy]-butin-(2),* 200 — 1 (19); *α.ω-Bis-[4-aminophenoxy]-alkine: Pentin-(2),* 200, 50 — 88, 0 (100, 78); *Hexin-(2),* 200, 50 — 98, 4 (100, 99); *Hexin-(3),* 200, 50 — 63 ,46 (100, 99); *1.6-Bis-[4-methylaminophenoxy]-hexin-(3),* 200 — 37 (100); *1.8-Bis-[4-aminophenoxy]-octin-(2),* 200, 50 — 98, 44 (100, 100); *1.10-Bis-[p-aminophenoxy]-,* 200, 50 — 39, 11 (0, —), *1.10-Bis-[4-methylaminophenoxy]-,* 200 — 0 (39) u. *1.10-Bis-[4-dimethylaminophenoxy]-decadiin-(4.6),* 200 — 0 (0); *1.4-Bis-[4-aminophenoxy]-,* 200, 50 — 98, 18 (99, 66), *1.4-Bis-[4-methyl-*

aminophenoxy]-, 50, 25 — 100, 39 (98, 36); *1.4-Bis-[4-äthylaminophenoxy]*-, 50, 25 — 100, 24 (100, 78), *1.4-Bis-[4-n-propylaminophenoxy]*-, 50, 25 — 91, 2 (79, 0), *1.4-Bis-[4-β-hydroxyäthylaminophenoxy]*-, 200, 50 → 44, 0 (100, 0), *1.4-Bis-[4-β-hydroxypropylaminophenoxy]*-, 200, 50 — 88, 8 (—), *1.4-Bis-[4-dimethylaminophenoxy]*-, 100, 25 — 85, 42 (85, 32), *1.4-Bis-[4-diäthylaminophenoxy]*-, 50, 25 — 42, 0 (35, 0), *1.4-Bis-[4-di-(β-hydroxyäthyl)-aminophenoxy]*-, 200, 50 — 7, 0 (93, 0) u. *1.4-Bis-[4-(β-hydroxyäthylmethyl)-aminophenoxy]-buten-(2)*, 200, 50 — 25, 2 (19, 0); *1.6-Bis-[4-aminophenoxy]*-, 200, 50 — 100, 46 (100, 99); *1.6-Bis-[4-methylaminophenoxy]*-, 50, 25 — 100, 26 (100, 90), *1.6-Bis-[4-n-propylaminophenoxy]*-, 50, 25 — 100, 26 (100, 90), *1.6-Bis-[4-n-propylmainophenoxy]*-, 200, 50 — 5, 0 (66, 16), *1.6-Bis-[4-β-hydroxyäthylaminophenoxy]*-, 200, 50 — 99, 0 (100, 63) *1.6-Bis-[4-dimethylaminophenoxy]*-, 50, 25 — 80,9 (57, 0) u. *1.6-Bis-[4-di-(β-hydroxyäthyl)-aminophenoxy]-hexen-(3)*, 200, 50 — 92, 0 (100, 80); *1.7-Bis-[4-aminophenoxy]*-, 200, 50 — 100, 13 (100, 100), *1.7-Bis-[4-methylaminophenoxy]*-, 50, 25 — 94, 5 (100, 94), *1.7-Bis-[4-dimethylaminophenoxy]*-, 200, 25 — 100, 72 (100, 100) u. *1.7-Bis-[4-di-(β-hydroxyäthyl)-aminophenoxy]-hepten-(3)*, 200, 25 — 71, 2 (100, 90); 1-[p-Aminophenoxy]-butene-(2): *4-[p-Äthoxycarbonylamonyphenoxy]*-, 200, 50 — 98, 64; *4-[p-N-Äthoxycarbonylmethylaminophenoxy]*-, 50, 25 — 100, 67; 1-[p-Methylaminophenoxy]-butene-(2): *4-[p-Äthoxycarbonylaminophenoxy]*-, 200, 50 — 97, 58, *4-[p-N-Methoxycarbonylmethylamino)-phenoxy]*-, 25, 12,5 — 100, 85, *4-[p-(N-Äthoxycarbonylmethylamino)-phenoxy]*-, 25, 12, 5 — 95, 25, *4-[p-(N-n-Propoxycarbonyl-methylamino)-phenoxy]*-, 50 — 98, *4-[p-(N-Isopropoxycarbonylmethylamino)-phenoxy]*-, 50 — 99, *4-[p-(N-n-Butoxycarbonylmethylamino)-phenoxy]*-, 50, 100 — 25, 39, *4-[p-(N-Methoxycarbonyläthylamino)-phenoxy]*-, 50, 62 — 25, 17, *4-[p-(N-Äthoxycarbonyläthylamino)-phenoxy]*-, 200, 50, 25 — 100, 74, 0; *4-[p-Methylaminophenoxy]*- 50, 25 — 78, 41, *4-[p-Dimethylaminophenoxy]*-, 25 — 93. (Brit. J. Pharmacol. Chemotherapy **12.** 329—35. Sept. 1957. London, Wellcome Labors. of Trop. Med.; Beckenham, Kent, Wellcome Res. Labors.) K. MAIER. 4649

P. Monnier, J. Giroux und **R. Granger,** *Untersuchungen des Stoffwechsels des Diäthylacetylmethylsalicylates. Diäthylacetylmethylsalicylat* (I) wurde äußerlich als Fl. oder als Salbe (30%) Versuchspersonen appliziert. Es wird von der Haut langsamer resorbiert als Methylsalicylat, auch die Ausscheidung ist verzögert. Die akute u. chron. Toxizität von **I** gegenüber Methylsalicylat ist geringer. **I** wird im Organismus hydrolysiert. Sowohl im Blut als auch im Urin wurde Salicylsäure nachgewiesen. Auch mit der Galle wird Salicylsäure — in freier Form oder konjugiert — eliminiert. In vitro-Verss. zeigten, daß Nieren- u. Lebergewebe vom Rind (nicht Lungengewebe) **I** hydrolysieren können. (Thérapie **10.** 639—54. 1955. Montpellier, Fac. de Pharmacie, Labor. de Chimie biol., Pharmacodyn. et Chimie org.) H. SCHIMASSEK. 4660

P. Wenk und **J. R. Frey,** *Untersuchungen über die Wirkungsbedingungen chemischer Verbindungen auf T. mentagrophytes unter Verwendung infizierter Meerschweinchenhaare (Haartest).* Vff. untersuchten die Besiedlung u. den Aufenthaltsort von *Trichophyton mentagrophytes* im Haar (Meerschweinchen), die Keimfähigkeit der verschied. Pilzelemente in vitro u. die Wrkg. chem. Verbb. auf extra- wie intrapiläre Formen des Parasiten. Folgende Verbb. wurden getestet (alle HOFFMANN-LA ROCHE & CO.): *2-Methylaminomethyl-4-cyclohexyl-6-methylphenolhydrochlorid* (**I,** *Ro 1-6796*), *bas. Phenylquecksilberborat* (**II,** *Ro 1-7897*), *2-Dimethylamino-6-[β-diäthylaminoäthoxy]-benzthiazoldihydrochlorid* (**III,** *Asterol, Ro 2-2453*), *p-[β-Diäthylaminoäthoxy]-phenylphenäthylketoncitrat* (**IV,** *Ro 2-5208/1*), *2-[p-(β-Diäthylaminoäthoxy)-phenyl]-4-phenylbuten-(2)-citrat* (**V,** *Ro 2-6911*) u. *2-[α-Chloräthylmercapto]-6-[β-diäthylaminoäthoxy]-benzthiazolhydrochlorid* (**VI,** *Ro 2-7202*). Alle diese Verbb. wirken in vitro in Konz. von 1:10000 bis 1:1000000 absol. fungistatisch. Im Haartest waren alle Verbb. außer **III** u. **IV** wirksam, im Tiervers. waren **II, III, IV** u. **V** am wirksamsten (80—100% Verkürzung der pilzpositiven Phase), während **I** u. **VI** nur 20—60%ig. Verkürzung bewirken. Zahlreiche Abb., Tabellen, Diskussion der Ergebnisse. (Arch. klin. exp. Dermatol. **207.** 1—23. 24/4. 1958. Basel, F. Hoffmann-La-Roche & Co., A. G., Med. Forsch.-Abt.)
H. GOEBEL. 4661

Sidney Mittler, *Schutz gegen tödliche Ozonvergiftung.* (Vgl. C. **1958.** 2496.) Der Exitus bei O_3-Vergiftung wird durch starke Absonderung ödematöser Fl. im Atmungssyst. mitverursacht. Wie erwartet, wurde durch *Atropin* (3,25 γ je Maus), das die nasale u. bronchiale Sekretion vermindert, die Mortalität bei O_3-Vergiftung (8—25 p.p.m. für 3 Std.) um ca. $^1/_3$ vermindert. Reduzierend wirkende Stoffe, wie $Na_2S_2O_3$ (40 mg) u. *Ascorbinsäure* (20 mg) setzten ebenfalls die Sterblichkeit bei O_3-Intoxikation herab. Unwirksam waren dagegen 0,125 mg *Hexamethoniumchlorid,* 65,8 mg *Glutathion,* 1,75 mg $NaNO_2$ u. 1 mg *p-Aminopropiophenon.* 2,5 mg $NaNO_2$ je Maus erhöhten sogar die Sterblichkeit, da infolge der Methämoglobinbldg. die Resistenz gegenüber O_3 herabgesetzt wird. (Nature [London] **181.** 1063—64. 12/4. 1958. Chicago, Ill., Illinois Inst. of Technol., Armour Res. Found., Biol. Res. Sect.) F. KRUSEN. 4675

Richard M. Allesch, Arsenik. Seine Geschichte in Österreich. 54 Bd. Klagenfurt: Verlag Ferd. Kleinmayr. 1959. (302 S.) DM 16,50.

Hervey Bertrand Elkins, The chemistry of industrial toxicology. 2nd ed. New York: Wiley. 1959. (463 S. m. Abb. u. Diagr.) 8°. $ 11,50.

Roger S. Mitchell and **J. Carroll Bell,** Modern chemotherapy of tuberculosis. New York: Medical Encyclopedia. 1958. (109 S. m. Abb.) 8°. $ 4,—.

F. Pharmazeutische Chemie. Desinfektion.

K. W. Merz, *Pharmazie und Pharmakologie in moderner Betrachtung.* Vortrag. (Dtsch. Apotheker-Ztg. **98.** 691—92. 3/7. Pharmazeut. Ztg. verein. Apotheker-Ztg. **103.** 746—47. 17/7. 1958.) HEINZ WALTER. 4750

J. Polderman, *Die Gefriertrocknung von pharmazeutischen Präparaten.* Übersicht über Grundzüge, Ausführung (Einfrieren, Sublimation des Eises, Beseitigung der letzten Feuchtigkeitsreste), Geräte u. Anwendung des Verf. der Gefriertrocknung auf pharmazeut. Präparate. (Pharmac. Weekbl. **93.** 933—47. 18/10. 1958. Oss, N. V. Organon Farmaceut. Res. Labor.) W. WESLY. 4750

J. Richter und **H.-J. Neuhaus,** *Vorläufige Normen für Deklaration, Verpackung und Lagerung von Arzneimitteln.* 1. Mitt. Richtlinien u. Beispiele. (Pharmazie **12.** 680 bis 683. Okt. 1957. Berlin-Weißensee, Staatl. Inst. für Arzneimittelprüfung.) HEINZ WALTER. 4750

Walter Kahle, *Normung von Arzneitabletten und Ampullen.* Sitzungs- u. Erfahrungsbericht. (Pharmaz. Ind. **20.** 522—23. Nov. 1958. Leverkusen, Bauer-Werk.) HEINZ WALTER. 4766

Jovan Tucakov und **M. Gorunović,** *Beitrag zur pharmakognostischen Kenntnis von Folium laurocerasi aus Ostrozub (Ostserbien).* (Vorl. Mitt.) In *Kirschlorbeerblättern* aus Ostserbien wurden 5,36% Asche, 8,66% W. u. 187,9 mg% HCN in der Trockensubstanz gefunden. (Acta pharmac. jugosl. **8.** 31—39. 1958. Beograd, Farmac. fak., Inst. za farmakognoziju.) S. BECKMANN. 4782

E. F. Heeger, *Berichtigung zu der Arbeit von M. Felková: „Antibakterielle Eigenschaften der Extrakte aus Plantago lanceolata L.".* Zitat der von FELKOVÁ in C. **1958.** 12474 gebrachten Angaben aus dem Handbuch von HEEGER u. Richtigstellung. (Pharmaz. Zentralhalle Deutschland **97.** 263—64. Juni 1958. Leipzig, Univ., Inst. für Sonderkulturen.) HEINZ WALTER. 4782

Bolesław Adamczewski, Feliks Kaczmarek und **Alicja Walicka,** *Einfluß der Trocknungsbedingungen der Blätter und Wurzeln von Stechapfel und Tollkirsche auf den Alkaloidgehalt in diesen Drogen.* Die schonendste Trocknung der Blätter u. Wurzeln des Stechapfels u. der Tollkirsche erfolgt bei 60° oder in offenen Trocknern mit IR-Strahlung. (Biul. Inst. Roślin leczniczych **4.** 145—52. Juni 1958. Poznań.) F. URBAN. 4782

L. Beltrami, *Pharmakognostische Untersuchungen an einer amerikanischen Rauwolfia-Species.* Histolog. Unterss. an den Wurzeln der amerikan. Rauwolfia-Arten *Rauwolfia sellowii Müll. Arg.* u. *Rauwolfia ternifolia H. B. K.* Die erhaltenen Ergebnisse zeigen die Möglichkeiten auf, die beiden genannten Arten von *Rauwolfia serpentina Benth.* zu unterscheiden. (Arch. ital. Sci. farmacol. [3] **8.** 246—51. Juli 1958. Ferrara, Univ., Ist. di Farmacol.) H. P. FIEDLER. 4782

J. L. Lach, K. Ravel und **S. M. Blaug,** *Untersuchung über Komplexbildung einiger Pharmazeutica mit Hilfe von Polyäthylenglykol und Dimethylharnstoff.* Davon ausgehend, daß die CO-Gruppe eines Amides als guter Elektronenspender für Elektronenempfänger mit saurem H aufzufassen ist, wurde die Neigung zur Komplexbldg., gek. durch die Löslichkeitsbeeinflussung durch symm. Dimethylharnstoff (I), durch Polyäthylenglykol 4000 (II) u. 6000 (III) bei 30° in wss. Lsg. an einigen Pharmazeutica untersucht, wie z. B. p-Aminobenzoesäure, den 3 isomeren Hydroxybenzoesäuren, Acetylsalicylsäure, p-Aminosalicylsäure, Phenobarbital, Sorbinsäure, Methylparaban u. Propylparaban. Mit Ausnahme von Phenobarbital konnte mit steigenden Konzz. von **I, II** u. **III** bei genannten Verbb. durch Titration eine Erhöhung der Löslichkeit festgestellt werden. (J. Amer. pharmac. Assoc., sci. Edit. **46.** 615—16. Okt. 1957. Iowa City, State Univ. of Iowa, Coll. of Pharmacy.) C. FREESE. 4786

F. Gstirner und **B. Berniker,** *Vergleichende Untersuchungen zwischen Perkolation und Evakolation zur Gewinnung von Fluidextrakten.* Beschreibung u. auswertende Beispiele für Perkolation u. Evakolation zur Bereitung von Fluidextrakten: Netzmitteleinfl.; Extractum Colae fluidum (E. Colae fld.), E. Secalis cornuti fld. E. Ipecacuanhae fld., E. Condurango fld., E. Thymi fld., E. Chamomillae fld.; Best. der Extrakt- u. Wirkstoffe. (Pharmaz. Ztg. **103.** 180—83. 13/2. 201—04. 20/2. 420—23. 24/4. 480—83. 8/5. 1958. Bonn, Univ., Pharmazeut. Inst.) HEINZ WALTER. 4790

Ivan Štivić, *Parenterale Lösungen.* Übersicht: Entw. der parenteralen Lsgg., Applikationsmethoden, Lösungsmittel, bes. Aqua dest., Analysenmethoden u. Stabilität. — 135 Literaturangaben. (Farmac. Glasnik **14.** 380—83. 435—48. 495—502. 564—79. 1958. Zagreb, PLIVA.) D. KOLBAH. 4790

Jaroslav Ječmen, *Überblick über die Bewertung galenischer Präparate mit kardiotonischer Wirkung.* Anläßlich einer Verordnung eines Nachtrages der Ph. Jug. II werden galen. Zubereitungen mit kardioton. Wrkg. besprochen. (Farmac. Glasnik **14.** 502—11. 1958. Zagreb, Pharmazeut. Fakultät.) D. KOLBAH. 4790

E. Soos, A. Kastel und **I. Kobinger,** *Zur Frage der Normierung der Verbandstoffe im Hinblick auf das Österreichische Arzneibuch.* 1. Teil. *Baumwollwatte und Zellwollwatte.* Es werden einige Muster von Baumwoll- u. Zellwollwatte nach verschied. Prüfungsvorschriften untersucht. Zusammenfassend wird festgestellt, daß eine einheitliche Normierung der an die genannten Verbandstoffe zu stellenden Anforderungen dringend erforderlich ist. (Scientia pharmac. **25.** 25—36. 31/3. 1957. Vereinigte Labor. des österreich. Apothekervereins.) H. P. FIEDLER. 4794

A. Ch. Ssibgatulin, *Der neue Polyester Lawsan.* Der neue Polyester *Lawsan* (I) wird durch Polykondensation von Terephthalsäuredimethylester mit Äthylenglykol gewonnen; F. 251—256°; D. (mg/cm³) 1,35—1,4; Wasseraufnahme in 24 Std. 0,01%; mittlere Dehnung 11,2%; mittlere Fadenstärke 4,34 g/den; Zugfestigkeit des nichtorientierten Harzes 740—860 (kg/cm²); Knickfestigkeit 800—900 (kg/cm²); linearer Ausdehnungskoeff. $59 \cdot 10^{-6}$; dielektr. Permeabilität bei 1 MHz 2,89—3,3; mittlere Durchschlagsspannung (in kW/mm) 39—45. In den ersten Tagen nach dem Auftragen einer I-Ligatur zeigt sich in den umgebenden Geweben ein unbedeutendes Entzündungsinfiltrat. Mit Beginn des 4. Monats zeigt I Resorptionsmerkmale. Fäden aus I werden gut durch 96%ig. A., Krapp- u. Lugollsgg., Kochen in W. u. 2%ig. Na_2CO_3-Lsg. sterilisiert. I-Harz kann verwendet werden zur Herst. chirurg. Nähmaterialien, für Zwecke der Osteosynth., zur Herst. von Einzelteilen med. Apparate u. Instrumente u. als Isoliermaterial bei der Herst. elektromed. Apparate im Temperaturbereich —60 bis +150°. (Медицинская Промышленность СССР [Med. Ind. UdSSR] **11.** Nr. 6. 36—39. Aug. 1957. Wiss. Forschungsinst. für exp. chirurg. App. u. Instrumente.) OTTO MAIER. 4796

E. Ziegler, *Die Chemie blutgerinnungshemmender Stoffe.* Vortrag. Übersicht über die Physiologie der Blutgerinnung u. die Chemie (zahlreiche Strukturformeln!) der Antikoagulantien, bes. der Abkömmlinge des 4-Hydroxycumarins. — 23 Literaturangaben. (Österr. Apotheker-Ztg. **12.** 593—95. 8/11. 1958. Graz, Univ., Inst. für Org. und Pharmaz. Chemie.) H.-W. GRAMM. 4806

Ulla Hamberg und **H. F. Deutsch,** *Die Herstellung von Bradykinin im Großmaßstab.* Es wird eine Meth. zur Herst. eines an Plasmalipiden reichen Roh-*Bradykinins* (I) aus frischem Rinderplasma als Substrat unter Verwendung niedriger Konzz. hitzebehandelten *Bothrops jararaca*-Giftes als abspaltendem Agens angegeben, die für Plasmamengen von 15—25 Liter geeignet ist u. Ausbeuten von 3700—4700 E. I/Liter (50—65%) liefert (Oxalat- oder Citratplasma p_H 7,7—7,9, mit N_2 durchspülen, nach Cysteinzusatz 60 Min. bei 38° mit erhitztem Schlangengift incubieren, wobei 72—83% I aus dessen Vorstufe Bradykininogen abgespalten werden, nach A.-Zusatz bis zum beginnenden Sd. erhitzen, Überstand im Vakuum einengen u. gefriertrocknen). Durch Extraktion des Rohpräp. mit heißem A., Adsorption des Auszugs an Al_2O_3 (gewaschen mit sd. konz. HCl u. doppelt dest. W.) u. Elution mit 50%ig. CH_3OH wurde im Kleinmaßstab eine weitere 40- bis 50fache Steigerung der Aktivität, bei fast quantitativer Ausbeute, erzielt. (Arch. Biochem. Biophysics **76.** 262—70. Aug. 1958. Madison, Wisc., Univ., Med. School, Dep. of Physiol. Chem.) K. MAIER. 4808

Charles R. Phillips und **Benjamin Warshowsky,** *Chemische Desinfektionsmittel.* Übersicht (bis Dez. 1957). Kriterien des Absterbens, Testmethoden, Hg-Verbb., Ag, quart. NH_4-Verbb., Phenole, Halogene, Sterilisierung durch Gase (Äthylenoxyd usw.). — 192 Literaturangaben. (Annu. Rev. Microbiol. **12.** 525—50. 1958. Fort Detrick, Frederick, Md., US Army Chem. Corps.) K. MAIER. 4832

P. Wintgens, *Die Bestimmung von Alkohol in Tinkturen.* Vergleichende Übersicht über die physikal. u. chem. Verff. zur Best. von A. in Tinkturen. — 18 Literaturangaben. (Pharmac. Tijdschr. België **35.** 49—62. April. 73—79. Mai 1958. Gent, Farmaceut. Inst., Labor. voor Farmacognosie en Artsenijbereidkunde.) W. WESLY. 4880

H. Beral, El. Demetresco, V. Stoicesco und **P. Grintzesco**, *Beiträge zu den Untersuchungsmethoden von pharmazeutischen Zubereitungen.* Die analyt. Methoden zur Trennung von Arzneimittelgemischen sind häufig umständlich u. zeitraubend, da z. T. sehr viel mit Extraktionsmethoden gearbeitet wird. Vff. schlagen für 3 Arzneimittelgemische schnell arbeitende Bestimmungsmethoden vor. Diuretin (I) — Amidopyrin (II) — Coffein (III): II u. III werden mit Chlf. auf dem Filter gelöst. Der Rückstand I wird nach dem Trocknen gewogen u. komplexometr. mit Äthylendiamintetraessigsäure (EDTA) bestimmt. Die Chloroformlsg. von II u. III wird zur Trockne eingedampft, der Rückstand in W. gelöst u. II komplexometr. mit EDTA bestimmt (Eriochromschwarz T als Indicator). In der restlichen Lsg. von II u. III wird III jodometr. bestimmt. Fehlergrenze für I: $-0,07$ bis $-2,2\%$, für II: $-0,4$ bis $-0,9\%$, für III: $+0,8$ bis $+3,6\%$. Aus einem Gemisch von Ca-Lactat (IV)–Papaverin·HCl (V)–Luminal (VI) wird VI auf dem Filter mit Ae. gelöst u. nach Abdest. des Ae. u. Trocknen des Rückstandes gravimetr. bestimmt. V wird mit Chlf. vom Filter gelöst u. nach Eindampfen zur Trockne gravimetr. bestimmt. Die Richtigkeit der gefundenen Werte für V u. VI kann durch titrimetr. Methoden erhärtet werden. IV wird in W. gelöst u. das Ca komplexometr. bestimmt. Aus dem Gemisch Salipyrin (VII)–III–VI wird Antipyrin (VIII) als Pikrat gefällt, in 30%ig. Na-Acetatlsg. gelöst u. mit Jod umgesetzt. Das gefällte Jod-VIII wird in A. gelöst u. mit Thiosulfat titriert. Im Filtrat des VIII-Pikrates wird III jodometr. bestimmt. Nach der Best. der Gesamtsäure kann durch Differenzrechnung der VI-Geh. ermittelt werden. (Pharmaz. Zentralhalle Deutschland **97.** 524—30. Nov. 1958. Bukarest, Inst. de cerçetari farmaceut. şi controlul medicamentulni.) S. Erbe. 4880

H. Benger und **E. Kaiser**, *Beitrag zur colorimetrischen Bestimmung von Cholinestern.* Hestrin (C. **1951.** I. 1204) hat den Befund, wonach Hydroxamsäuren mit Fe(III)-Salzen rot bzw. violett gefärbte Komplexe bilden, zu einer quantitativen colorimetr. Bestimmungsmeth. für *Acetylcholin* (I) ausgewertet. Vff. ändern die Meth. dahingehend ab, daß an Stelle von Fe-Chlorid in HCl-Lsg. die durch Einw. von Hydroxylamin gebildete Hydroxamsäure in HNO_3-Lsg. mit Fe-Nitrat eingesetzt u. der gebildete Farbstoff colorimetriert wird. Das unter diesen Bedingungen gebildete Maximum ist deutlich ausgeprägt, u. die gefundenen Extinktionen sind um 30% höher. Auch diese Farb-Rk. folgt dem Lambert-Beerschen Gesetz, u. zwar im Bereich von 5—80 mg% I. Mittels der ausführlich beschriebenen Meth. werden einige Bernsteinsäure- u. Adipinsäureester des Cholins u. seiner Homologen bestimmt. (Scientia pharmac. **25.** 1—7. 31/3. 1957. Innsbruck, Univ., Hygien. Inst.; Wien, Univ., Inst. für med. Chem.) H. P. Fiedler. 4880

H. Bräuniger und **H. Duda**, *Beitrag zur Analytik des Sulfanilyl-n-butylcarbamids. Sulfanilyl-n-butylharnstoff* (I; Oranil, Invenol, Nadisan) wird mit einer Reihe von Aldehyden umgesetzt, die erhaltenen Prodd. werden beschrieben u. auf Eignung für die quantitative I-Best. durch Bldg. von Metallkomplexsalzen untersucht. Danach ist die Verb. zwischen *Salicylaldehyd* (II) u. I als *Cu*-Salz colorimetr. faßbar u. entspricht dem Lambert-Beerschen Gesetz von 5—40 mg/100 ml Untersuchungslösung. I läßt sich ferner, wie anderweits beschrieben, mit $KBrO_3$-Lsg. (direkt u. indirekt), mit $NaNO_2$-Lsg. sowie wasserfrei mit Na-Methylat titrieren. Mit letzterem Verf. werden die aus I u. Aldehyden erhaltenen Schiffschen Basen volumetr. gemessen.

Versuche: Umsetzungsprodd. aus I mit folgenden Aldehyden: mit Anisaldehyd, $C_{19}H_{23}N_3O_4S$, F. 174°, gelbe Nadeln; — Cu-Salz, $C_{36}H_{40}CuN_6O_8S_2$, braune Nadeln; mit Benzaldehyd, $C_{18}H_{21}N_3O_3S$, F. 154°, farblose Kristalle; mit p-Dimethylaminobenzaldehyd, $C_{20}H_{26}N_4O_3S$, F. 184°, citronengelbe Nadeln; mit Furfurol, $C_{16}H_{19}N_3O_4S$, F. 152°, cremefarbene Nadeln; mit Heliotropin, $C_{19}H_{21}N_3O_5S$, F. 153°, Nadeln; mit o-Phthaldialdehyd, $C_{30}H_{36}N_6O_6S_2$, F. 197°, gelbliche Nadeln; mit II, $C_{18}H_{21}N_3O_4S$, F. 181°, gelbe Kristalle; mit Zimtaldehyd, $C_{20}H_{23}N_3O_3S$, F. 172°, cremefarbene Nadeln; mit n-Heptylaldehyd, $C_{18}H_{29}N_3O_4S$, F. 112—113°, Nadeln; mit n-Octylaldehyd, $C_{19}H_{31}N_3O_4S$, F. 123 bis 124°, Nadeln; mit Propionaldehyd, $C_{14}H_{21}N_3O_4S$, F. 108°, Nadeln. (Pharmaz. Zentralhalle Deutschland **97.** 305—10. Juli 1958. Rostock, Univ., Pharmazeut.-Chem. Inst.) Heinz Walter. 4880

Fr. Rolf Preuß und **Rudolf Kopp**, *Zur Analytik des 1-Äthinylcyclohexylcarbamats (Valamin) und des 1-Äthinylcyclohexylallophanats (Dolcental).* 1. Mitt. Zur Unters. des Abbaues von *Valamin* (I) u. *Dolcental* (II) im Organismus wurde das papierchromatograph. Verh. der beiden Substanzen untersucht. Papiersorten: Schleicher & Schüll 2043 b oder Machery u. Nagel Nr. 261. Vorbehandlung des Papiers durch Tränken mit 30 Vol.-%ig. Lsg. von 1.2-Propylenglykol (III) in Äthanol u. nachfolgende Trocknung bei 120—130°. Fließmittel: Ligroin (Siedebereich 90—100°) mit 37 Vol.-% Dioxan (IV). Fließzeit für 17 cm ca. 2 Stunden. Bei unbehandeltem Papier u. IV-Geh. von 10—45% erhält man unscharfe Flecken mit R_F-Werten von 0,7—0,98. Mit sinkendem IV-Geh.

neigt **II** zur verstärkten Schwanzbildung. Bei imprägniertem Papier erhält man gute Fleckenschärfe u. Senkung der R_F-Werte in mittlere Bereiche. Die R_F-Werte für **I** u. **II** werden durch wechselnden **III**-Geh. der Imprägnierungslsg. von 10—100% nicht wesentlich beeinflußt. Senkung des **IV**-Geh. im Fließmittel bewirkt Erniedrigung der R_F-Werte für **I**, **II** u. a. Substanzen, ohne die Fleckenqualität zu beeinflussen. Geringe Substanzmengen zeigen bei kurzen Laufstrecken die beste Fleckenbildung. Die Nachweisgrenzen betragen für **I** 2 γ, für **II** u. Veronal 5 γ, für die übrigen Barbiturate u. einige andere Substanzen 10—25 γ. Barbituratflecke werden auf dem Chromatogramm sichtbar gemacht durch Besprühen mit alkoh. KOH. Infolge Fluorescenzlichtlöschung sind die Barbiturate als dunkle Flecken auf hellem Grund zu erkennen. **I** ist auf diesem Wege nicht sichtbar zu machen, **II** nur in Mengen über 100 γ. **I** u. **II** sind durch Besprühen mit saurer oder neutraler Hg^+-Nitratlsg. u. durch Sublimat-Diphenylcarbazonreagens sichtbar zu machen. Durch $AgNO_3$-Lsg. werden **I** u. **II** in Acetylenide übergeführt. Nach Auswaschen des überschüssigen $AgNO_3$ werden die Acetylenide durch Erhitzen zers. u. erscheinen als braune Flecken auf dem Papier, Nachweisgrenze: 10 γ **I** u. **II**. (Arzneimittel-Forsch. **8.** 412—16. Juli 1958. Freiburg/Br., Univ., Pharmazeut. Inst.) S. Erbe. 4880

T. I'shiki, *Neuere Verwendungen der Polarographie in der Pharmakologie.* Übersicht mit Beispielen bei der Unters. von *N-Lost-N-Oxyd, 2-Acetamido-5-nitrothiazol, p-Aminomethylphenylisopropylketon* usw., Verwendung der Differentialpolarographie u. der wasserfreien Polarographie bei Chinonen (*Benzo-, Naphtho-, Anthra-, Benzoanthra-* u. *Dibenzoanthrachinon*). — 18 Literaturangaben. (J. electrochem. Soc. Japan **23.** 512—16. Okt. 1955. Tokyo, Univ. [Orig.: japan.]) L. Schuler. 4880

Josef Blažek und **Zdeněk Stejskal,** *Polarometrische Bestimmung von Dimethylaminoacetylphenothiazin. N-[Dimethylaminoacetyl]-phenothiazin* (*Histantin,* Gedeon Richter, Budapest; Ahistan) läßt sich direkt aus Tabletten heraus (ca. 100—200 mg Wirkstoff) in verd. HCl mit 0,01 mol. *Silicowolframsäure* polarometr. bestimmen (1 ml ≙ 11,37 mg Histantin). Der entstehende Nd. hat die Zus. 1 Mol. Silicowolframsäure:4 Mol Base. (Pharmaz. Zentralhalle Deutschland **97.** 255—57. Juni 1958. Prag, Staatl. Anstalt ür Arzneimittelkontrolle.) Heinz Walter. 4880

Józef Bitner, *Bemerkungen über die biologische Bewertung von Fol. Digitalis.* (Vgl. C. **1959.** 4240.) Die Best. der biol. Wrkg. von Fol. digitalis an Tauben nach dem poln. Arzneibuch III liefert um mehr als 10% voneinander abweichende Werte. (Farmacja polska **14.** 257—58. 31/8. 1958.) F. Urban. 4880

S. Pfeifer, *Zur Papierchromatographie der wichtigsten Mohnalkaloide.* Nach einer Übersicht über die bisherigen Verff. zur Trennung einiger Mohnalkaloide beschreibt Vf. eigene Verss. zur Trennung von *Morphin* (**I**), *Kodein* (**II**), *Thebain* (**III**), *Narcein* (**IV**), *Narcotin* (**V**), *Papaverin* (**VI**) u. *Narcotolin* (**VII**). Auf Citrat–NaOH-gepuffertem (p_H 5,5) Schleicher & Schüll-Papier 2043 b/M gl gelingt mit n-Butanol–W.-Gemisch die Trennung von **I**, **II**, **III** u. **IV** (Temp. 20 ± 2°), während **V**, **VI** u. **VII** einen gemeinsamen Fleck bilden. Dieser wird ausgeschnitten u. auf einen Streifen Schleicher & Schüll-Papier 2045 b aufgenäht. Dieser Streifen wird einige Zeit über Ammoniak aufbewahrt zur Umwandlung von **VII** in „Kotarnolin" u. anschließend bei 100° getrocknet. Dann entwickelt man absteigend mit Ae., der mit 5%ig. Ammoniak gesätt. ist, bei einer Temp. unter 16°. „Kotarnolin" bleibt am Startpunkt liegen, während **V** u. **VI** mitlaufen u. getrennt werden. — 40 Literaturzitate. (Scientia pharmac. **24.** 84—92. 30/6. 1956. Berlin, Humboldt-Univ., Pharmazeut. Inst.) S. Erbe. 4880

H. Auterhoff und **M. F. Hebler,** *Der Cephaelingehalt handelsüblicher Emetinhydrochloride.* 3. Mitt. *über Ipecacuanhaalkaloide.* (2. vgl. C. **1957.** 12247.) Die bisher entwickelten Vorschriften zur Best. von *Cephaelin* (**I**) neben *Emetin-HCl* (**II**) befriedigen nicht u. liefern ungenaue Werte. Die Überprüfung der verschied. Faktoren ergab eine neue Methode. Bei dem Vgl. der Eigg. der mit diazotierter Sulfanilsäure (**III**) u. mit diazotiertem p-Aminoacetophenon (**IV**) entstehenden Farbstoffe ergab sich ein wesentlicher Unterschied. Der **II**-Farbstoff mit **III** kann mit lipophilen Lösungsmitteln nicht ausgeschüttelt werden, der mit **IV** entstehende **II**-Farbstoff ist dagegen ätherlöslich. Wird also aus alkal. Milieu ausgeschüttelt, so bleibt der phenol. **I**—**IV**-Farbstoff in der wss. Phase u. kann hier colorimetr. bei 490 mμ bestimmt werden. Die neue Meth. wird ausführlich beschrieben. (Arch. Pharmaz. Ber. dtsch. pharmaz. Ges. **291/63.** 95—99. Febr. 1958. Tübingen, Univ., Pharmaz.-Chem. Inst.) H. P. Fiedler. 4880

Karl Günter Krebs und **Norbert Futscher,** *Über Reserpinzersetzungsprodukte und deren Einfluß auf die Bestimmung des Reserpins.* Bei der papierchromatograph. Trennung des *Reserpins* (**I**) von seinen Zersetzungsprodd. (RZ) mittels Isooctan:Aceton:Methylenchlorid (3:1:1) bzw. Heptan:Methyläthylketon (1:1) wurden 2 bzw. 3 RZ erhalten. RZ_1

wurde durch Umsetzung von I mit $NaNO_2$ ziemlich rein erhalten. Die papierchromatograph. Unters. ergab nur einen sehr geringen Geh. an I. RZ_1 absorbiert bei 388 mμ sehr stark, I nicht. Bei der colorimetr. Best. von I mit Vanillin–HCl stört RZ_1 nicht. — Eine neue Meth. zur Best. von I mittels $NaNO_2$ wird angegeben. 50 mg I werden in 1 ml A. u. 2 ml 5n Essigsäure gelöst u. nach Zusatz von 2,3 ml einer frisch bereiteten 0,01%ig. Lsg. von $NaNO_2$ mit 5n Essigsäure auf eine Konz. von 1 mg I/100 ml verdünnt. Die Absorption dieser Lsg. wird bei 388 mμ alle 20 Min. gegen 5n Essigsäure gemessen, bis das Extinktionsmaximum erreicht ist. Der theoret. Wert des $E_{1\%}^{1\,cm}$ beträgt 400, der des mol. Extinktionskoeff. 24350. Bei reinem Rescinnamin ist letzterer 24300. Genaue Vorschriften nach dieser Rk. werden angegeben für Ampullen, Tropf-Lsgg., Tabletten u. Dragees. Die Standardabweichung für feste bzw. fl. Präpp. betrug ±0,4% bzw. ±0,25%, der Streubereich bei 99%ig. Wahrscheinlichkeit ±1,2 bzw. ±0,7% des deklarierten Gehaltes. (Dtsch. Apotheker-Ztg. **98.** 1341—44. 25/12. 1958. Tübingen, Univ.-Apotheke; Mannheim-Waldhof, C. F. Boehringer & Söhne G. m. b. H.) S. ERBE. 4880

J. A. C. van Pinxteren und **E. Verloop,** *Die Titration von Ascorbinsäure mit Hilfe der „dead-stop“-Endpunktbestimmung.* Man verd. 0,5—5 ml *Ascorbinsäure* (I) mit ca. 5 ml W., versetzt mit 0,4 g $NaHCO_3$ u. titriert mit 0,02 mol. $K_3Fe(CN)_6$-Lsg., bis das Galvanometer einen bleibenden Ausschlag zeigt. In der indirekten Best. wird das entstandene $K_4Fe(CN)_6$ durch Titration mit $ZnSO_4$-Lsg. ermittelt; beim Endpunkt der Komplexbldg. kehrt das Galvanometer auf den Nullpunkt zurück. Fructose u. Glucose stören die Best. nicht. Das Verf. wird auf die Best. von I in Apfelsinensaft angewandt. (Pharmac. Weekbl. **93.** 982—87. 1/11. 1958. Utrecht, Rijksuniv., Pharmaceut. Labor.) W. WESLY. 4880

W. Oberzill, *Spektrophotometrie von Procain–Penicillin oleosum.* Die bisherige Best. von *Procain–Penicillin* (I) ist bes. bei Vorliegen öliger Suspensionen ein durch zahlreiche Faktoren beeinflußtes Verf. mit erheblichem Zeitaufwand. Infolge des hohen Absorptionsmaximums bei 290 mμ, das durch die Procainkomponente bedingt wird, läßt sich I gut auf spektrophotometr. Wege bestimmen. Die Abtrennung von I aus der Ölgrundlage ist schwierig u. umständlich. Daher wurde darauf verzichtet u. in Chlf. ein geeignetes Lösungsm. gefunden, das gestattet, die Ggw. von Öl zu vernachlässigen bzw. sie durch eine Korrektur auszugleichen. Die I-Öllsg. in Chlf. 1:10000 ist über 10 Tage unverändert haltbar, ihr Extinktionsmaximum liegt bei 284 mμ. Die Korrektur für den Extinktionsmodul beträgt −0,036. Die Berechnung der Einheiten pro ml der öligen Suspension erfolgt nach E/ml = $m_{korr} \cdot 28{,}9 \cdot 10^4$. Der relative Fehler beträgt bei mindestens 2 Messungen unter 1%. (Scientia pharmac. **24.** 73—83. 30/6. 1956. Wien, Univ., Hygiene-Inst.) S. ERBE. 4880

C. F. Boehringer & Soehne G. m. b. H., Mannheim (Erfinder: **Eckehart Frhr. von Pechmann,** München), *Härten von Gelatine,* bes. von Gelatinekapseln, mittels CH_2O, dad. gek., daß der Härtungsvorgang in Anwesenheit von mehrwertigen Phenolen, die auch substituiert sein können, durchgeführt wird. — Die Kapseln sind im Magen resistent, im Darm löslich. (**D. A. S. 1 040 778** Kl. 39b vom 26/4. 1952, veröff. 9/10. 1958.) R. SCHWECHTEN. 4767

Edward W. Pipher, Detroit, Mich., V. St. A., *Medizinische Kapseln,* die nicht feuchtigkeitsempfindlich sind, erhält man, wenn man als Wandmaterial undenaturiertes *Zein* (I) verwendet. — Man mischt z. B. 100 (Teile) I mit 50 W., 25 Propylenglykol u. 25 Ölsäure, bei einer Temp. von 40° bis knapp unter 100° zu einer homogenen Schmelze u. gießt zu Filmen, die man zu Kapseln formt. Durch Einstellen der Wandstärke (0,002 bis 0,05 inch) kann man den Zeitpunkt der Auflösung — durch Enzym-Einw. — beliebig wählen. (**A. P. 2 846 353** vom 4/9. 1956, ausg. 5/8. 1958.) K. KOEBKE. 4767

Dow Chemical Co., übert. von: **Richard W. Swinehart, Albert B. Savage, Bernhard V. Moeller,** Midland, und **Miles A. Weaver,** Ithaca, Mich., V. St. A., *Wasserlösliche, thermoplastische Celluloseäthermassen,* bestehend im wesentlichen aus (a) 2—90 (%) einer wasserlösl. Alkyloxyalkylcellulose, in der die Oxyalkylgruppe 2—3 u. die Alkylgruppe 1—3 C-Atome enthält u. in der das Verhältnis O—H/C—H 0,88—1,05 beträgt u. deren F. mindestens 10° unter der Zersetzungstemp. liegt, u. (b) 98—10 Propylenglykol als Weichmacher. Zur Herst. von *Kapseln für pharmazeut. Zwecke* eignen sich bes. Massen, die 5—30 des Äthers u. 95—70 des Glykols enthalten. (**E. P. 796 308** vom 18/10. 1956, ausg. 11/6. 1958. **A. P. 2 835 603** vom 25/11. 1953, ausg. 20/5. 1958.) R. SCHWECHTEN. 4767

B. F. Goodrich Co., V. St. A., übert. von: **Joseph Francis Ackermann** und **John Frank Jones,** *Trockenpräparate* zur Herst. viscoser Schleime aus feinem Pulver von 1. wasserunlösl., aber wasserempfindlichen Polymeren vom Säuretyp, die man durch Polymerisation in einem organ. Lösungsm., das aber zugleich das Polymere nicht quillt, für das Monomere, von einem olefin. Monomeren u. wenigstens 25 Gew.-% einer ungesätt. Carbonsäure mit endständiger Doppelbindung oder olefin. Doppelbindung in α.β-Stellung zur COOH-Gruppe u. 0,1—10 Gew.-% (der Gesamtmenge an Polymerisierbarem) eines mehrfach ungesätt. Vernetzers, u. 2. aus einer körnigen, wasserlösl., festen einwertigen Phase, die ausreicht, um 10—85 % des Säurepolymeren zu neutralisieren, erhält. Das bei der Polymerisation anfallende feine Polymere wird möglichst noch weiter zerkleinert. Zweckmäßig wird es trocken mit dem trocknen Alkalihydroxyd oder -carbonat gemischt u. dient als *Ersatz für Agar-Agar, Traganthgummi* usw. in *pharmazeut. Präpp.*, wie *Salben, Cremes, Zahnpasten, Zäpfchen, Ionenaustauschern.* — 97,5 (Gewichtsteile) Acrylsäure, 5 50%ig. Divinylbenzol, 250 Heptan, 0,721 Caprylylperoxyd u. 250 Hexan werden $3^1/_3$ Std. gekocht: Sehr feiner flockiger Nd., der mit NaOH zu 25—85% neutralisiert wird. Zweiwertige Basen, wie $Ca(OH)_2$, können nur in geringem Umfang bei der Neutralisation mitverwendet werden, weil sie auf das Polymere eine entquellende Wrkg. haben. (**F. P. 1 159 560** vom 21/1. 1955, ausg. 30/6. 1958. A. Prior. 25/1. 1954.) M. Pankow. 4787

A. Nattermann & Co. (Erfinder: **Fritz Blaich**), Köln, *Herstellung eines Wirkstoffkonzentrates aus Sennesdrogen*, dad. gek., daß die Droge in der Kälte mit der Lsg. eines Erdalkalihydroxydes, z. B. $Ca(OH)_2$, oder einer alkal. reagierenden Erdalkaliionen enthaltenden Lsg. extrahiert, die Extraktions-Fl. im Vakuum eingeengt u. das ausgefällte Konzentrat abgetrennt u. ohne Anwendung von Wärme getrocknet wird. Man kann mit einem anderen Lösungsm., bes. mit W., nachextrahieren, man kann auch mit Chlf.–Ae. vorextrahieren, um Ballaststoffe, wie Chlorophyll, zu entfernen. (**D. A. S. 1 050 506** Kl. 30h vom 1/3. 1958, veröff. 12/2. 1959.) K. Koebke. 4791

Schering Akt.-Ges. (Erfinder: **Hans Richter**), Berlin, *Herstellung von temperaturbeständigen, nichtwässerigen Salbengrundlagen*, dad. gek., daß fl. höhermol., dermatolog. indifferente Alkohole oder Ester, wie sie als Bestandteile von Salbengrundlagen bekannt sind, gegebenenfalls bei erhöhter Temp. mit solchen Mengen hydriertem Ricinusöl versetzt werden, daß bei n. Temp. ein thixotropes Gel erhalten wird. (**D. A. S. 1 050 024** Kl. 30h vom 15/3. 1957, veröff. 5/2. 1959.) K. Koebke. 4793

Willi Lohmann, Berlin, *Herstellung von Abdruckmassen.* Man läßt auf wss. Lsgg. von Gelen (Alginathydrosol u. Pektine) mit mehrwertigen Metall(Ca- u. Al-)-ionen beladene Kationenaustauscher (I) einwirken. Letztere dienen gleichzeitig als Füllmittel. — 30 cm^3 einer 5%ig. Lsg. von Na-Alginat u. 0,1—1,0 (g) Na_2CO_3 werden mit 0,7—1,0 mit 10%ig. $CaCl_2$-Lsg. vorbehandeltem u. mit W. nachgewaschenem I (Phenol-, Polystyrol- oder Polyacrylsäurederiv. mit Sulfo- oder COOH-Gruppen) verrührt. Die als Abdruckmasse für *zahnärztliche Zwecke* verwendete M. erstarrt schnell. (**D. A. S. 1 044 401** Kl. 39b vom 14/7. 1955, veröff. 20/11. 1958.) G. Tewes. 4799

Edgar Schaefer, Monmouth, N. J., übert. von: **Maxwell Buchalter Colton**, New York, N. Y., V. St. A., *Baktericider Zahnzement*, bestehend im wesentlichen aus einem innigen Gemisch eines Zn-Zements, H_3PO_4 u. ca. 10—40 mg auf 5 g Zement eines Gemisches aus Aureomycin, Bacitracin, Chloromycetin u. Streptomycin. (**A. P. 2 846 322** vom 29/4. 1952, ausg. 5/8. 1958.) E. Petersen. 4799

Ortho Pharmaceutical Corp. (Erfinder: **William Oroshnik**), V. St. A., *Monocalcium-Eisencitrat-Komplex.* Man gewinnt einen Komplex der Formel $Fe(C_6H_5O_7Ca)_2$, indem man metall. Fe zu einer aus $CaCO_3$, CaO oder $Ca(OH)_2$ u. Citronensäure (I) gewonnenen Monocalciumcitratlsg. zusetzt u. den Nd. abfiltriert. — In 1 Liter W. bringt man 200 (g) $CaCO_3$ u. gießt in eine Lsg. von 420 I in 1 Liter W., rührt stark bei Raumtemp. 30 Min., fügt langsam 57,3 red. Fe hinzu, erhitzt so schnell wie möglich, läßt 5 Std. kochen, filtriert heiß, wäscht den Nd. mit W. u. Methanol u. trocknet bei Raumtemp.; Ausbeute: 510 krist., farblosen Komplex, der bei indirektem oder künstlichem Licht 6 Monate unverändert bleibt. — Weitere Beispiele. — *Therapeuticum.* — Vgl. Schwz. P. 320 588; C. **1958.** 5453. (**F. P. 1 159 177** vom 13/4. 1954, ausg. 24/6. 1958. A. Prior. 13/4. 1953.) G. Weltzien. 4807

C. F. Boehringer & Soehne G.m.b.H., Mannheim (Erfinder: **Erich Haack** und **Adolf Hagedorn**), *Herstellung von N-Sulfanilylharnstoffen* der allg. Formel (p)-$H_2N—C_6H_4—SO_2—NH—CO—NH—R$, wobei R H oder einen Alkylrest (C_3—C_4) bedeutet. Man setzt eine Sulfonylverb. (p)$X—C_6H_4—SO_2—NH—CO—Y$, worin X für NH_2 oder NO_2 steht u. Y eine Alkyloxy-, Alkylthio-, Acylamido- oder p-Nitro- oder p-Acylamidobenzolsulfonylamidogruppe bedeutet, z. B. ein N-Benzylsulfonylurethan, -thiourethan, einen N_1-Benzolsulfonyl-N_2-acyl- oder $N_1.N_2$-Disulfonylharnstoff mit einem Amin $R—NH_2$, wobei R die obige Bedeutung hat, z. B. Butyl- oder Propylamin, zu einem Aminsalz um, isoliert dieses u. erhitzt es entweder trocken oder in Suspension in einem inerten

Lösungsm. u. überführt die Amido- oder Nitrogruppe durch Hydrolyse oder Red. in die Aminogruppe. — Man erhitzt das Propylaminsalz des Acetylsulfanilylmethylurethans unter Vakuum auf 130—140° bis zur Beendigung der CH_3OH-Entw. u. verseift den erhaltenen Rückstand mit 2,5n NaOH u. fällt mit HCl bei p_H 4 den *N_1-Sulfanilyl-N_2-n-propylharnstoff*, F. 141°; 90% (Ausbeute). Die Zers. des Aminsalzes kann auch bei 100° in Ggw. von Monochlorbenzol erfolgen. Als Ausgangsmaterial dient z. B. auch das n-Propylaminsalz des Di-(p-methoxycarbonylaminobenzolsulfonyl)-harnstoffs, welches bei 140° zers. u. in ähnlicher Weise aufgearbeitet wird. — Es werden ferner folgende *Harnstoffe* hergestellt: *N_1-Sulfanilyl-N_2-allyl-*, F. 109°; *N_1-Sulfanilyl-N_2-n-butyl-*, F. 141 bis 142°; *N_1-Sulfanilyl-N_2-sek.-butyl-*. — Unsubstituierten *Sulfanilylharnstoff* erhält man durch Zers. des NH_4-Salzes des Di-(acetylsulfanilyl)-harnstoffs bei 140° u. Verseifen der Acetylverb. mit NaOH. — *Bakteriostatica.* (**E. P. 792 776** vom 14/11. 1955, ausg. 2/4. 1958.) F. Klein. 4807

Løvens Kemiske Fabrik ved A. Kongsted, Kopenhagen, Dänemark, *Herstellung von Phenolestern der 2-Hydroxy-4-aminobenzoesäure* (I), dad. gek., daß I mit 2,5 bis 8 Mol Phenol in Ggw. von 1,5—3 Mol P_2O_5 oder einer Polyphosphorsäure mit $>$75% P_2O_5 auf 80—120° erhitzt wird. — I-*Phenylester,* F. 148—150°, durch 2std. Erhitzen von 5 (g) I, 10 Phenol u. 15 Polyphosphorsäure (82,7% P_2O_5) auf 100°, Gießen in W., Abfiltrieren, Lösen in Bzl., Eindampfen des Filtrats u. Reinigen des Rohprod. (Ausbeute 81,8%) durch Kochen mit etwas Zn-Staub u. NH_4Cl in A., dann mit Kohle u. Versetzen des Filtrats mit W.; Ausbeute 73,6%. — Weiteres Beispiel. — *Tuberkulosemittel.* (**Oe. P. 195 415** vom 12/11. 1956, ausg. 10/2. 1958.) H.-J. Nitzschke. 4807

G. D. Searle & Co., Chicago, übert. von: **Robert E. Gentry,** Pleasant Hills, Calif., und **Robert R. Burtner,** Skokie, Ill., V. St. A., *Herstellung von Alkoxytetralonkondensationsprodd.* der allg. Formel I, in der R für niedere Alkylreste steht. — Man erhält I durch intermol. Kondensation eines Alkoxytetralons, z. B. 6-Methoxy-α-tetralon, in einem Lösungsm., wie Bzl. oder Toluol, bei 80—160°, in Ggw. von Al-tert.-butyloxylat. Beispiel: *3.4-Dihydro-2-(3'.4'-dihydro-6'-methoxy-1'-naphthyl)-6-methoxy-1(2)-naphthalenon,* F. 123—125°. — *Pharmakolog. Eigenschaften.* (**A. P. 2 836 624** vom 25/2. 1957, ausg. 27/5. 1958.) H. Nitzschke. 4807

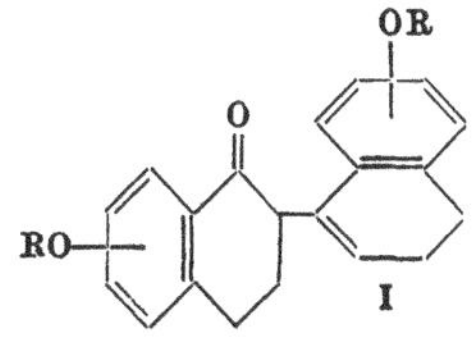

Lloyd Brothers, Inc., Cincinnati, übert. von: **Joseph B. Vaughan,** Norwood, Ohio, V. St. A., *Arzneimittel mit abführender Wirkung.* Die laxierende Wrkg. des *1.8-Dihydroanthrachinons* (I) wird durch Dioctyl-Na-sulfosuccinat (II) erhöht, obwohl dieses selbst keine Wrkg. besitzt. — Man gibt 10—100 (mg), bes. 50 I u. 20—480, bes. 60 II in eine Einheit, z. B. eine Tablette oder Gelatinekapsel. Als Träger können Lactose, Stärke oder Mineralöl verwendet werden. (**A. P. 2 847 346** vom 20/11. 1956, ausg. 12/8. 1958.) K. Koebke. 4807

Louis Edmond Bravard, Dompierre-sur-Besbre, Allier, Frankreich, *Wasserlösliche Derivate des 5-Nitrofurfurols.* Man setzt 2 (Mol) Piperazin mit 1 5-Nitrofurfurolsemicarbazon, N-(5-Nitro-2-furfuryliden)-1-aminohydantoin oder N-(5-Nitro-2-furfuryliden)-3-aminooxazolidon in einem inerten Lösungs- bzw. Verdünnungsmittel (W., A.) bei erhöhter Temp. (80°) um. — *Gegen Infektionskrankheiten.* — Vgl. auch F. P. 1 110 505; C. **1958.** 3690. (**E. P. 788 373** vom 5/9. 1955, ausg. 2/1. 1958. F. Prior. 8/9. 1954.) A. Brösamle. 4807

Soc. des Usines Chimiques Rhône-Poulenc, übert. von: **Naoum Mayer Messer,** Paris, und **Robert Michel Jacob,** Ablon-sur-Seine, Frankreich, *Indolderivate* der allg. Formel I, in der A = Null oder -NH- u. R_1 u. R_2 = H oder Methyl sein kann, lassen sich aus 3-Äthylindol-2-carbonsäure mit NH_3, Hydrazin oder Mono- bzw. Dimethylamin, oder auch aus dem entsprechenden Indolcarbonsäurechlorid, -azid oder -ester in bekannter Weise darstellen. — 51 g Äthyl-3-äthylindol-2-carbonsäureester (F. 124°) + 120 ml Hydrazin (3 Std. am Rückfluß) → 46,5 g *3-Äthylindol-2-carbonsäurehydrazid,* F. 183°. Das Ausgangsmaterial wurde aus Benzoldiazoniumchlorid u. α-Acetylvaleriansäureäthylester in alkoh. KOH gewonnen. — Anderseits wurde über das Säurehydrazid u. $NaNO_2$ ein Azid dargestellt, das mit Dimethylamin in Ae. zu *3-Äthylindol-2-carbonsäuredimethylamid,* F. 154°, umgesetzt werden konnte. — Analog: *-monomethylamid,* F. 186°; *-amid,* F. 140°. — *Pharmazeutica* mit krampflösender u. medullar-depressiver Wrkg., Antagonisten des Strychnins, Narkoseverstärker u. nichthypnot. Sedativa zur Behandlung nervöser Spannungen u. Hypertensionen. (**A. P. 2 841 590** vom 11/3. 1957, ausg. 1/7. 1958. F. Prior. 19/3. 1956.) K. Gäbelein. 4807

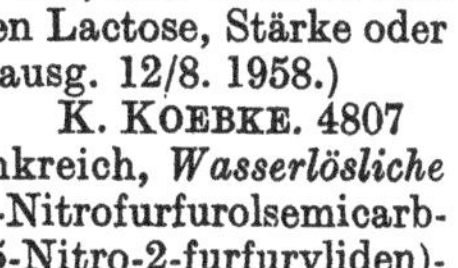

Abbott Laboratories, Nord-Chicago, Ill., V. St. A., *Therapeutisch wirksames Präparat* enthält *3-Äthyl-5-phenylhydantoin.* — *Spasmolyticum.* (**Holl. P. 89 312** vom 29/2. 1956, ausg. 15/10. 1958.) F. BÖHM. 4807

American Cyanamid Co., New York, übert. von: **Rocco Joseph Lopresti,** Brooklyn, N. Y., und **Sidney Robert Safir,** River Edge, N. J., V. St. A., *5.5-Diphenyl-1.2.4-oxadiazolidin-3-on* (**I**). Man setzt Diphenylketimin mit $COCl_2$ zur Diphenylmethylencarbamylchlorid um u. läßt dieses mit NH_2OH reagieren. F. 170—172° (Zers.). Durch Methylierung von **I** mit Diazomethan erhält man *5.5-Diphenyl-2-methyl-1.2.4-oxadiazolidin-3-on,* F. 207—208°. — *Antikonvulsiv.* Wirkung. (**A. P. 2 852 523** vom 13/9. 1957, ausg. 16/9. 1958.) A. BRÖSAMLE. 4807

American Cyanamid Co., New York, N. Y., übert. von: **Rocco Joseph Lopresti,** Brooklyn, und **Sidney Robert Safir,** River Edge, N. J., V. St. A., *3.3-Diphenyl-1.2.4-oxadiazolidin-5-on.* Man setzt N-Carbäthoxydiphenylketimin mit NH_2OH zu Äthyl-(α-hydroxyaminobenzhydryl)-carbamat, F. 81—83°, um u. läßt dieses mit $Na\cdot OCH_3$ reagieren. F. 150—153°. — *Antiepilept.* Wirkung. (**A. P. 2 852 524** vom 13/9. 1957, ausg. 16/9. 1958.) A. BRÖSAMLE. 4807

Dr. Hans Starke, Dresden (Erfinder: **Josef Klosa,** Berlin-Zehlendorf), *Herstellung von Pyridyl- beziehungsweise Chinolylketonen der 4-Hydroxycumarinreihe,* dad. gek., daß Pyridin- bzw. Chinolincarbonsäuren mit 4-Hydroxycumarin (**I**) bzw. einem 6-Chlor- oder 6-Methylderiv. in Ggw. von $POCl_3$ umgesetzt werden. — [4 - H y d r o x y c u m a - r i n y l - (3)] - k e t o n e: [*Pyridyl-(3')*]- (*3-Nicotinoyl-4-hydroxycumarin*), F. 91—93°, durch Zugabe von 15—20 cm^3 $POCl_3$ zu 5 g **I** u. 7—8 g Nicotinsäure, $^1/_4$—$^1/_2$std. Erwärmen u. Eingießen in Eiswasser; Nadeln aus A. durch Zugabe von W.; Ausbeute 85 bis 90%. — Analog [*Pyridyl-(4')*]- (*3-Isonicotinoyl-4-hydroxycumarin*), F. 102—104°. — [*Pyridyl-(2')*]-, F. 97—99°. — [*6'-Methylpyridyl-(2')*]-, F. 87—89°. — [*Chinolyl-(2')*]-, F. 96—98°. — [*Chinolyl-(4')*]-, F. 98—100°. — [4 - H y d r o x y - 6 - c h l o r c u m a r i - n y l - (3)] - k e t o n e: [*Pyridyl-(2')*]-, F. 156—158°. — [*Pyridyl-(3')*]-, F. 140°. — [*Pyridyl-(4')*]-, F. 160—162°. — [*6'-Methylpyridyl-(2')*]-, F. 161—163°. — [4 - H y d r i - o x y - 6 - m e t h y l c u m a r i n y l - (3)] - k e t o n e: [*Pyridyl-(2')*]-, F. 116—118°. — [*Pyridyl-(3')*]-, F. 117—119°. — [*Pyridyl-(4')*]-, F. 120—122°. — [*6'-Methylpyridyl-(2')*]-, F. 115—117°. — *Heilmittel.* (**D. P. [DDR] 14 639** Kl. 12q vom 5/5. 1956, ausg. 24/4. 1958 [Ausschließungspatent].) H.-J. NITZSCHKE. 4807

Parke, Davis & Co., Detroit, Mich., übert. von: **Marcus S. Morgan,** Pittsburgh, Pa., V. St. A., *Disubstituiertes Chinolin.* Durch Rk. von 6-β-Hydroxyäthoxy-8-aminochinolin mit β-Diisobutylaminoäthylchlorid erhält man *6-β-Hydroxyäthoxy-8-diisobutylaminoäthylaminochinolin, Dihydrochlorid,* F. 204—205°. — Geeignet zur Behandlung der *Schistosomiasis.* (**A. P. 2 852 518** vom 23/5. 1957, ausg. 16/9. 1958.) A. BRÖSAMLE. 4807

Aktiebolaget Bofors, Bofors, Schweden, *Herstellung von N-Alkyltetrahydrochinaldinsäureamiden* der allg. Formel **I** (R = Alkyl-, Ar = 2-Alkyl- oder 2.6-Dialkylphenylrest), a) durch Rk. von Tetrahydrochinaldinsäure (**II**) oder eines Deriv. (Chlorid) mit einem Amin $H_2N\cdot Ar$ oder dem entsprechenden Isocyanat u. anschließende Alkylierung bzw. entsprechende Rk. der N-alkylierten **II,** b) durch Hydrierung des entsprechenden Chinaldinsäure (**III**)-amids u. Alkylierung. Die Verbb. können gegebenenfalls in ihre Salze übergeführt werden. — *N-Methyltetrahydrochinaldinsäure-2.6-dimethylanilid,* a) als *Hydrochlorid* durch 1 std. Kochen von 209,5 (Gewichtsteilen) N-Methyltetrahydrochinaldinsäurechlorid mit 125 2.6-Dimethylanilin (**IV**) in Bzl.; b) ebenso aus **II**-Chlorid bei nachheriger Alkylierung mit Dimethylsulfat; c) durch Rk. von 191,5 **III**-Chlorid mit 121 **IV** in Toluol. Zuletzt 1 Std. bei 80°, Hydrierung des entstandenen **III**-*2.6-Dimethylanilids* in CH_3COOH mit H_2 in Ggw. von PtO_2 bei 5 at u. 80° zu **II**-*2.6-Dimethylanilid* u. Alkylierung. — *N-Äthyltetrahydrochinaldinsäure-2-äthylanilid,* aus 2-Äthylanilin nach c) bei nachheriger Umsetzung mit Diäthylsulfat. — Analog *N-[n-Butyl]-tetrahydrochinaldinsäure-2.6-dimethylanilid* (Alkylierung mit n-Butylbromid). — *Lokalanästhetica.* (**Oe. PP. 195 929** u. **195 930** vom 31/12. 1956, ausg. 25/2. 1958. Beide Schwed. Prior. 18/1. 1956.) H.-J. NITZSCHKE. 4807

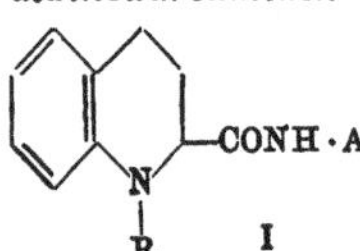

Helmut Röhnert, Radebeul, *Herstellung von 2-Phenyl-4.6-dioxohexahydropyrimidinen* der allg. Formel **I** (R_1 = Aryl- oder Alkylrest; R_2 = Alkylrest), dad. gek., daß die Kondensation des entsprechenden Malonsäurediamids mit Benzaldehyd in Ggw. von $SOCl_2$ durchgeführt wird. — *2.5-Diphenyl-5-äthyl-4.6-dioxohexahydropyrimidin,* F. 226° (Aceton), durch 15std. Erhitzen von 12 g Äthylphenylmalonsäurediamid mit 24 g C_6H_5CHO u. 1,5 ml $SOCl_2$. — *Pharmaceutica.* (**D. P. [DDR] 14 787** Kl. 12p vom 13/1. 1956, ausg. 27/5. 1958 [Wirtschaftspatent].) H.-J. NITZSCHKE. 4807

$$\begin{matrix} R_1 & & CO-CH & \\ & C & & CHC_6H_5 \\ R_2 & & CO-NH & \end{matrix}$$

I

Soc. des Usines Chimiques Rhône-Poulenc (Erfinder: **Robert Michel Jacob, Raymond Jacques Horclois** und **Gilbert Louis Regnier**), Paris, Frankreich, *Heterocyclen* der allg. Formel **I**, in der A = 2-wertiger gesätt. aliphat. Rest mit 1 oder 2 Phenylgruppen, B = gerader oder verzweigter gesätt. 2-wertiger aliphat. Rest u. R = Alkyl(C_{1-4}) bedeuten, lassen sich aus den entsprechenden Diketonen (**II**) durch Red. gewinnen. — Aus **3.3**-Diphenylpyrrolidin-2.5-dion u. 1-(3-Chlorpropyl)-4-methylpiperazin, gelöst in Dimethylformamid, wird in Ggw. von KOC_2H_5 das 1-(3.4′-Methyl-1′-piperazinylpropyl)-3.3-diphenylpyrrolidin-2.5-dion hergestellt, von dem 13,9 g, gelöst in 60 Ae. auf eine Suspension von **3,5** g $AlLiH_4$ in 175 Ae. getropft werden. Nach 7std. Kochen werden **3,5** ml W., dann 15% NaOH u. schließlich 15 ml W. zugesetzt. Aus Propanol krist. dann das *1-(3-4′-Methyl-1′-piperazinylpropyl)-3.3-diphenylpyrrolidin* als *Trihydrochlorid*, F. 240°; *Trimethojodid*, F. 250°. — Vgl. E. P. 535 454; C. **1945.** I. 731. — *Pharmazeutica*, wirksam als *Ganglienblocker*, als *hypotensor.* u. *spasmolyt.* Präpp. als *curarisierende* Präpp. u. zur *Steigerung* der *anästhet.* u. *analget.* Wirkung. (**E. P. 802 244** vom 13/6. 1955, ausg. 1/10. 1958.) K. GÄBELEIN. 4807

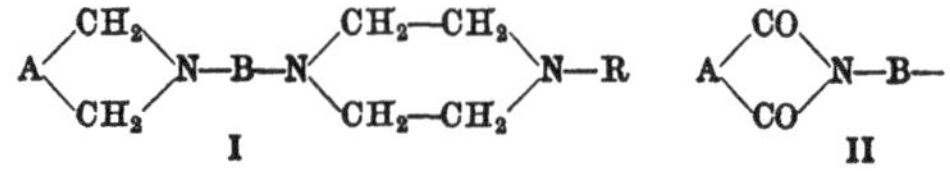

J. R. Geigy Akt.-Ges., Basel, Schweiz (Erfinder: **Hans Erlenmeyer**), *Neue Benzo[c]cinnolinderivate* der allg. Formel **I**, worin R Alkyl- oder Alkylenreste u. n 1 oder 2 bedeutet, erhält man, indem man 5.6-Dihydrobenzo[c]cinnolin mit einem Malonsäurediester zu einem 1.3-Dioxopyrazolidinobenzocinnolin der Formel **I** (n = Null) kondensiert u. in das erhaltene Kondensationsprod. durch Rk. mit Halogeniden die Reste $(R)_n$ einführt; mit C_4H_9J erhält man so z. B. *1.3-Dioxo-2-butylpyrazolidinobenzocinnolin*, F. 125—128°. Ferner werden dargestellt: *1.3-Dioxo-2.2-diallyl-* u. *1.3-Dioxo-2-allylpyrazolidinobenzocinnolin*, die bei 96—97° bzw. 113—115° schmelzen. — *Antipyret.*, *antiphlogist.* u. *analget.* Wirksamkeit. (**Schwz. P. 330 123** vom 10/9. 1954, ausg. 15/7. 1958.) A. BRÖSAMLE. 4807

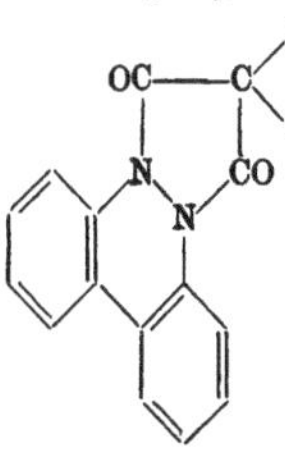

Wellcome Foundation Ltd., London, England (Erfinder: **George Herbert Hitchings** und **Gertrude Elion**, Tuckahoe, N. Y., V. St. A.), *6-Chlorpurin* (**I**) *und 6-Jodpurin* (**II**). **I**, $\lambda_{max} = 265\,m\mu$ bei p_H 1 u. $\lambda_{max} = 273\,m\mu$ bei p_H 11, wird erhalten durch Rk. von Hypoxanthin (**III**) mit $POCl_3$, gegebenfalls in Ggw. einer organ. Base, z. B. Dimethylanilin, bei Tempp. unter 200° entweder unter Rückfluß oder im Druckgefäß oder durch Rk. von **III** mit einem Gemisch von $POCl_3$ u. 5% W. unter Druck bei erhöhten Tempp., z. B. 165°. **II**-*Hemihydrat*, F. 167°, $\lambda_{max} = 275\,m\mu$ bei p_H 1 u. $\lambda_{max} = 280\,m\mu$ bei p_H 11, wird aus **I** mittels konz. HJ erhalten. — Zwischenprodukte. (**E. P. 759 316** vom 13/7. 1954, ausg. 17/10. 1956. A. Prior. 13/7. 1953. **Schwz. P. 322 247** vom 26/7. 1954, ausg. 31/7. 1957.) H. BRÄUCKER. 4807

C. H. Boehringer Sohn (Erfinder: **Wilhelm Konz** und **Karl Zeile**), Ingelheim, *Aminoalkylpurinderivate*, die am Purinkern in 1- u./oder 3- u./oder 7-Stellung durch die Gruppe $-CH_2-CH(R_1)-N(R_2R_3)$ [R_1 = Alkyl-, Aryl-, Aralkyl-, Alkylaminoalkyl- oder Cycloalkylaminorest; R_2 u. R_3 = H oder gerade oder verzweigte Alkylreste, die auch mit N zum heterocycl. Ring geschlossen u. an den übrigen N-Atomen durch Alkylreste substituiert sein können] erhält man a) durch Hydrierung des entsprechenden Purinketons in Ggw. von NH_3 oder eines prim. Amins oder b) durch Rk. eines Purinketons mit Formamid nach WALLACH-LEUCKART oder c) durch Rk. eines entsprechenden Halogenalkylpurins mit einem Amin oder eines Purins mit einer Verb. Hal$-CH_2-CH(R_1)-N(R_2R_3)$ [R_1, R_2 u. R_3 = wie vorst., Hal = Halogenatom] oder d) durch Hydrierung des Oxims eines entsprechenden Purinketons. — Beispiel: 24 (Teile) 7-(β-Oxopropyl)-1.3-dimethylxanthin in 200 A. u. 100 W. werden mit 23 einer alkoh. NH_3-Lsg. (11,45/100 cm^3) versetzt u. nach Zugabe von 0,3 PtO bei 40° mit H_2 behandelt. Nach beendeter Hydrierung wird mit alkoh. HCl schwach angesäuert, dann von Pt getrennt u. die Lsg. eingedampft → *7-(β-Aminopropyl)-1.3-dimethylxanthinhydrochlorid*, F. 278°. — Ferner werden folgende Xanthinverbb. hergestellt: *7-(β-Methylaminopropyl)-1.3-dimethyl-*, *Hydrochlorid*, F. 234—235° aus A. — *7-(β-Isopropylaminopropyl)-1.3-dimethyl-*, *Hydrochlorid*, F. 268°, 90%. — *7-(β-Cyclohexylaminopropyl)-1.3-dimethyl-*, *Hydrochlorid*, F. 222—225°. — *1-(β.γ-Dicyclohexylaminopropyl)-3.7-diäthyl-*, *Hydrochlorid*, F. 188°, 89%. — *Heilmittel.* (**D. A. S. 1 018 869** Kl. 12p vom 14/12. 1954, veröff. 7/11. 1957.) H. BRÄUCKER. 4807

Chemiewerk Homburg Akt.-Ges. (Erfinder: **Karl Heinz Klingler**, Langen, und **Erwin Kohlstaedt**), Frankfurt/M., *Basisch substituierte 7-Alkylxanthinderivate* oder deren Salze erhält man durch Rk. von 7-Halogenalkylxanthinen mit NH_3 oder prim.

Aminen bei höheren Tempp., bes. zwischen 110 u. 170°. — Z. B. werden 30 (Teile) 7-(β-Chloräthyl)-theophyllin u. 80 NH_3 in 500 cm^3 A. 3 Std. bei 125—135° im Druckgefäß geschüttelt (Druck 25—35 at). Nach dem Erkalten wird zur Trockne eingedampft u. der Rückstand aus CH_3OH umkristallisiert → *7-(β-Aminoäthyl)-theophyllinhydrochlorid*, F. 256—257°, *freie Base*, F. 144—146°. — Analog werden folgende *Theophyllinverbb.* hergestellt: *7-(β-Äthylaminoäthyl)-*, *Hydrochlorid*, F. 258°. — *7-(β-Benzylaminoäthyl)-*, *Hydrochlorid*, F. 260—265°. — *7-(β-Isopropylaminoäthyl)-*, *Hydrochlorid*, F. 257—260°. — *7-(γ-Äthylaminopropyl)-*, *Hydrochlorid*, F. 263—265°. — *7-(β-Methylaminoäthyl)-*, *Hydrochlorid*, F. 241—243°. — *7-(β-n-Propylaminoäthyl)-*, *Hydrochlorid*, F. 241—243°. — *7-(β-Cyclohexylaminoäthyl)-*, *Hydrochlorid*, F. 274—276°. — *7-(β-Phenyläthylaminoäthyl)-*, *Hydrochlorid*, F. 229°. — *Heilmittel* u. *Zwischenprodd.* für die Herst. von Heilmitteln. (**D. A. S. 1 011 424** Kl. 12p vom 17/4. 1954, veröff. 4/7. 1957.) H. BRÄUCKER. 4807

Nepera Chemical Co., Inc., Yonkers (Erfinder: **Theodore Ira Fand,** White Plains und **Frederick Vidal,** Yonkers), N. Y., V. St. A., *Dialkylxanthinabkömmlinge* der allg. Formel **I** [R, R_1 u. R_2 = Alkylreste mit 1—4 C-Atomen; R_3, R_4, R_5 u. R_6 = H-Atome oder Alkylreste mit 1—3 C-Atomen oder einer der Substituenten R_3—R_6 = Phenylrest] werden erhalten durch Rk. eines Dialkylxanthins, das in 8-Stellung durch Cl oder Br oder NO_2 substituiert sein kann, mit einem tert. Amin der allg. Formel $N(R,R_1,R_2)$ [R, R_1 u. R_2 = wie vorst.] u. einer Epoxydverb. der allg. Formel **II** [R_3, R_4, R_5 u. R_6 = wie vorst.]. — Beispiel: Zu 50 (Gewichtsteilen) einer wss. Lsg., die 12,5 $(CH_3)_3N$ u. 9 Äthylenoxyd enthält, werden unter Kühlen in einem Druckgefäß 36 Theophyllin (**III**) gegeben u. das Gemisch in geschlossenem Gefäß 20 Std. bei n. Temp. stehengelassen. Danach wird 1 Std. auf 100° erhitzt. Nach dem Abkühlen wird das Reaktionsgemisch unter Vakuum auf die Hälfte des Vol. eingeengt, ca. 120 Isopropanol zugesetzt u. nichtumgesetztes **III** abgetrennt. Das Filtrat wird auf $^1/_3$ des Vol. eingeengt, 40 Isopropanol zugesetzt u. nach Kühlung das Reaktionsprod. abgetrennt → *Cholintheophyllinat*, 83,5%, F. 188—188,5°. — Analog werden hergestellt: *Cholin-8-bromtheophyllinat*, F. ca. 65°. — *Cholin-8-chlortheophyllinat*, F. 97—99°. — *Cholin-8-nitrotheophyllinat*, F. 248°. — *β-Methylcholintheophyllinat*, F. 186,5—187,5°. — *β-Phenylcholintheophyllinat*, F. 191—192°. — *Heilmittel*, bes. *Diuretica* u. *Antiasthmatica*. (**D. B. P. 948 687** Kl. 12p vom 28/11. 1954, ausg. 6/9. 1956. Anmeldung bekanntgemacht 15/3. 1956. **Schwz. P. 331 694** vom 5/1. 1955, ausg. 15/9. 1958. Beide A. Prior. 29/3. 1954. **A. P. 2 776 288** vom 29/3. 1954, ausg. 1/1. 1957.) H. BRÄUCKER. 4807

Yoshitomi Pharmaceutical Industries Ltd., Osaka, Japan, *10-Dialkylaminoalkylphenthiazin-9-oxydverbindungen* der allg. Formel I [X = Cl oder Br; A = Alkylenrest 2—4 C; R_1 u. R_2 = $-CH_3$ oder $-C_2H_5$] u. deren Salze werden erhalten durch Oxydation der entsprechenden Phenthiazinverbb. mit H_2O_2 oder organ. Persäuren in einem geeigneten Lösungsm., z. B. CH_3OH, A., CH_3COOH oder Aceton, bei 50—100° in neutralem oder saurem Medium oder durch Oxydation von 3-Chlor- bzw. 3-Bromphenthiazin mittels H_2O_2 oder organ. Persäuren (auch in alkal. Medium) u. Kondensation des 3-Chlor- bzw. 3-Bromphenthiazin-9-oxyds mit Verbb. der allg. Formel $Y-A-N(R_1R_2)$ [A, R_1 u. R_2 = wie vorst.; Y = Halogenatom] in geeigneten Lösungsmitteln (z. B. Bzl., Toluol oder Xylol) u. in Ggw. von säurebindenden Mitteln (z. B. Alkaliamid oder -hydroxyd in der Wärme. Die erhaltenen Basen werden in üblicher Weise in die Salze übergeführt. —

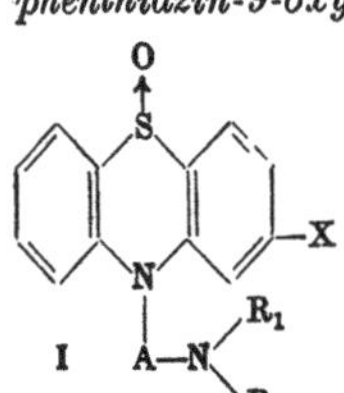

Beispiel: Zu einer Lsg. von 13 (g) 3-Chlorphenthiazin in 300—400 cm^3 CH_3OH wird ein Überschuß (35%) H_2O_2 gegeben u. das Gemisch einige Std. auf dem Wasserbad erhitzt. Nach Stehen über Nacht wird 3-Chlorphenthiazin-9-oxyd (**II**), F. 259—260°, abgetrennt. 12 **II**, 2,5 Na u. 7,5 γ-Dimethylamino-α-chlorpropan werden in Xylol unter Rückfluß gekocht, dann das Gemisch in verd. HCl gegossen u. aus der wss. Phase nach Zugabe eines Überschusses an Alkali das Reaktionsprod. mittels Bzl. isoliert → *10-(3'-Dimethylaminopropyl)-3-chlorphenthiazin-9-oxyd*, 80%, aus Essigsäureäthylester, F. 115—117°, *Pikrat*, gelbe Kristalle vom F. 207°, *Hydrochlorid*, F. 206°, *Oxalat*, F. 234° (Zers.), *Maleat*, F. 157°, *Citrat*, F. 132—148° (Zers.), *Tartrat*, F. 139—151° (Zers.). — *Heilmittel.* (**E. P. 797 628** vom 3/5. 1956, ausg. 2/7. 1958. Jap. Prior. 5/5., 5/5. u. 18/6. 1955 u. 2/3. 1956.) H. BRÄUCKER. 4807

Aschaffenburger Zellstoffwerke Akt.-Ges., Redenfelden (Erfinder: **Konrad Bernhauer, Wilhelm Friedrich** und **Gisela Groß,** Aschaffenburg), *Äther der Vitamin-B_{12}-Gruppe* erhält man durch Veräthern der phenol. OH-Gruppe im Benzimidazolrest des

Vitamin-B_{12}-Faktors III mit einem β-Hydroxyalkyl-oder einem β-olefin. ungesätt. Alkylenbromid in einem wss. schwach alkal. Mittel, bes. bei 20—60°. — Aus 50 mg Vitamin-B_{12}-Faktor III, 24 cm³ Äthylenbromhydrin, 80 g $Na_2CO_3 \cdot 10 H_2O$ in 300 cm³ W. bei 37°, dann Zusatz von 100 cm³ wss. 80%ig. Phenol → *β-Hydroxyäthyläther* des *Faktors III*, der papierelektrophoret. bei p_H 11 gereinigt wird, aus wasserhaltigem Aceton lange dünne rote Nadeln, Ausbeute ca. 30%. — Allylbromid → *Allyläther*, aus wasserhaltigem Aceton rote Nadeln, Ausbeute 66%. — Wrkg. gegenüber *Escherichia coli*, *Lactobacillus leichmannii* u. *Ochromonas malhamensis* vgl. Tabelle. — *Heilmittel.* (**D. A. S. 1 054 461** Kl. 12p vom 2/1. 1957, veröff. 9/4. 1959. **Zusatz zu D. A. S. 1 004 343; C. 1958. 1930.**)
G. KRAUSS. 4809

Soc. Farmaceutici Italia, übert. von: **Bruno Camerino, Bianca Patelli** und **Alberto Vercellone,** Mailand, Italien, *4-Substituierte Steroidhormone* erhält man durch Rk. der entsprechenden 4.5-Epoxy-3-ketosteroide mit BF_3 in einem organ. Lösungsm., bes. Benzol. — Man behandelt z. B. 4β.5-Epoxypregnan, F. 135°, in wasserfreiem Bzl. mit BF_3-Ätherat → *Δ⁴-Pregnen-4-ol-3.20-dion*, F. 225—230°. — Analog: *Δ⁴-Pregnen-4.21-diol-3.20-dion*, F. 210—212°; *Diacetat*, F. 198—200°. — *Δ⁴-Androsten-4.17β-diol-3-on*, F. 222 bis 223°; *Diacetat*, F. 170—172°. (**A. P. 2 842 571** vom 26/10. 1956, ausg. 8/7. 1958. It. Prior. 29/3. 1956.)
U. SIEVERS. 4809

Upjohn Co., übert. von: **Barney I. Magerlein, William P. Schneider, Oldrich K. Sebek** und **George B. Spero,** Kalamazoo, Mich., V. St. A., *6α-Fluor-16α-hydroxysteroide.* Man bebrütet z. B. 6α-Fluor-11β.17α-dihydroxy-4-pregnen-3.20-dion mit einer Kultur von *Streptomyces roseochromogenus* → *6α-Fluor-11β.16α.17α-trihydroxy-4-pregnen-3.20-dion*, welches nach bekannten Methoden in das *16-Acetat* übergeführt werden kann. — Analog: *6α-Fluor-11β.16α.17α.21-tetrahydroxy-1.4-pregnadien-3.20-dion.* — *6α.21-Difluor-11β.16α.17α-trihydroxy-4-pregnen-3.20-dion.* — *6α-Fluor-11β.16α.17α.21-tetrahydroxy-4-pregnen-3.20-dion.* — *Heilmittel.* (**A. PP. 2 838 545, 2 838 546, 2 838 547** u. **2 838 548** vom 19/2. 1958, ausg. 10/6. 1958.)
U. SIEVERS. 4809

Olin Mathieson Chemical Corp., New York, N. Y., übert. von: **Josef Fried** und **Gordon H. Thomas,** New Brunswick, N. J., V. St. A., *16β-Halogen-Δ⁴-androsten-3.17-dione.* Man behandelt z. B. 16β-Chlor-Δ⁴-pregnen-17α.21-diol-3.20-dion in 50%ig. Essigsäure bei n. Temp. mit Na-Wismuthat → *16β-Chlor-Δ⁴-androsten-3.17-dion*, F. 175 bis 177°, $[\alpha]_D$ 181°. — *Heilmittel.* (**A. P. 2 831 872** vom 7/2. 1957, ausg. 22/4. 1958.)
U. SIEVERS. 4809

Upjohn Co., Kalamazoo, Mich., V. St. A., *17α.21-Dihydroxy-4.9(11)-pregnadien-3.20-dion-21-(2′-chlor-4′-nitrobenzoat)*, F. 223—226°, $[\alpha]_D^{24}$ 122—127°, erhält man durch Rk. von Hydrocortison mit o-Chlor-p-nitrobenzoylchlorid. — *Heilmittel.* (**E. P. 802 566** vom 25/4. 1957, ausg. 8/10. 1958. A. Prior. 10/5. 1956.)
U. SIEVERS. 4809

Chas. Pfizer & Co., Inc., Brooklyn, übert. von: **Gilbert M. Shull,** Huntington Station, und **Donald A. Kita,** Jackson Heights, N. Y., V. St. A., *Δ¹·⁴-Pregnadien-14α.17α.21-triol-3.20-dion*, F. 217—218°, $[\alpha]_D$ 132°, erhält man durch Bebrütung von 14α.17α.21-Trihydroxy-Δ⁴-pregnen-3.20-dion mit einer Kultur von *Mycobact. smegmatis* unter aeroben Bedingungen u. üblicher Aufarbeitung der Gärungsprodukte. — *Zwischenprod.* für die Herst. von *Heilmitteln.* (**A. P. 2 831 876** vom 23/1. 1957, ausg. 22/4. 1958.)
U. SIEVERS. 4809

N. V. Organon (Erfinder: **Stefan Antoni Szpilfogel, Johannes Andreas Hanegraaf** und **Leendert Antonius van Dijck**), Oss, Holland, *Herstellung von Verbindungen der Östranreihe.* Man behandelt eine Verb. der Formel **I** (X = H oder aliphat. KW-stoffrest mit 1—6 C-Atomen; R_1 = OH- oder Acyloxygruppe mit 1—10 C-Atomen; R = Alkoxygruppe mit 1—6 C-Atomen) in fl. NH_3 mit Alkalimetall u. isoliert das Reaktionsprod. der Formel **II** durch Chromatographie über Al_2O_3 u. Eluierung mit einem Gemisch von Bzl. u. PAe. (1 : 5 bis 1 : 3). Anschließend wird gegebenenfalls katalyt. hydriert u./oder eine in 17-Stellung befindliche sek. OH-Gruppe zur Oxogruppe, z. B. mit Cr_2O_3 in Eisessig, oxydiert. — 17α-Methylöstradiol-3-methyläther → *Δ⁴-17α-Methyl-17β-hydroxyöstren*, F. 143—145°, $[\alpha]_D$ +47° (Dioxan), → *17α-Methyl-17β-hydroxyöstran*, F. 157—160°, $[\alpha]_D$ —10,4° (Dioxan). — 17α-Äthylöstradiol-3-äthyläther → *Δ⁴-17α-Äthyl-17β-hydroxyöstren*, F. ca. 50°. — Östradiol-3-methyläther → *Δ⁴-17β-Hydroxyöstren* (**III**), F. 80—90°, $[\alpha]_D$ +58° (Dioxan) → *17β-Hydroxyöstran*, F. 110 bis 113°, $[\alpha]_D$ +25° (Dioxan). — **III** → *Δ⁴-17-Oxoöstren*, F. 113—115°, → *17-Oxoöstran*, F. 120—122°. — *Pharmaceutica.* (**Holl. P. 89 813** vom 24/8. 1956, ausg. 15/12. 1958.)

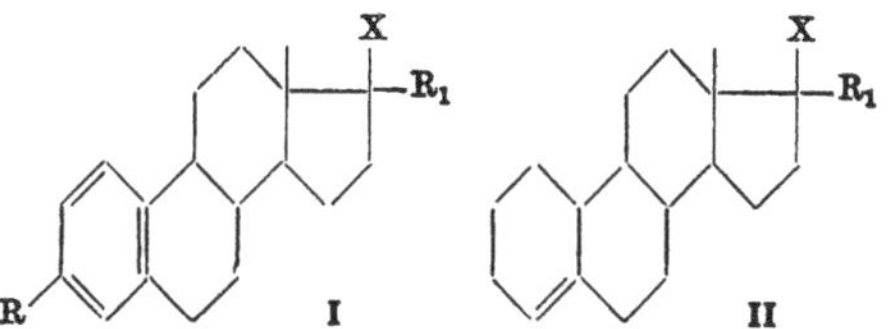

F. BÖHM. 4809

Syntex Soc. An., übert. von: **George Rosenkranz** und **Enrique Batres**, Mexico, Mexico, *Testosteron-10-undecenoat*, F. 56—57°, $[\alpha]_D$ 77°, erhält man durch Veresterung von Testosteron mit 10-Undecenoylchlorid in Ggw. von Pyridin u. anschließende chromatograph. Reinigung. — *Heilmittel.* (**A. P. 2 826 593** vom 5/9. 1957, ausg. 11/3. 1958. Mexikan. Prior. 21/8. 1957.) U. SIEVERS. 4809

Upjohn Co., Kalamazoo, Mich., V. St. A., *2.17-Dialkyltestosterone* (niedermol. Alkylreste). Man kondensiert z. B. 11β-Hydroxy-17-methyltestosteron mit Diäthyloxalat in tert.-Butanol u. in Ggw. von $NaOCH_3$ → *2-Äthoxyoxalyl-11β-hydroxy-17-methyltestosteron*, F. 120—123°; daraus durch Rk. mit CH_3J → *2-Äthoxyoxalyl-2-methyl-11β-hydroxy-17-methyltetstosteron*, welches mit $NaOCH_3$ in CH_3OH übergeführt wird in *2-Methyl-11β-hydroxy-17-methyltestosteron*, F. 217—219°, $[\alpha]_D$ 125°. — *Heilmittel.* (**E. P. 801 422** vom 26/10. 1956, ausg. 10/9. 1958. A. Prior. 16/11. 1955.) U. SIEVERS. 4809

N. V. Organon (Erfinder: **Jan Daniel Herman Homan** und **Laurens Pieter Ederzeel**), Oss, Holland, *Reinigung von adrenocorticotropem Hormon.* Man adsorbiert dieses in wss. Medium bei $p_H < 8$ an Carboxymethylcellulose (**I**) u. eluiert bei einem hiervon abweichenden p_H, z. B. 2,5—4,5 oder besser < 2, wobei man 0,1n HCl verwendet. Die eingesetzte I muß auf Grund ihres Polymerisations- u. Substitutionsgrades u. nicht durch vorangegangene Erhitzung bzw. Lactonisierung im angegebenen p_H-Bereich wasserunlösl. sein. (**Holl. P. 88 560** vom 28/7. 1956, ausg. 16/6. 1958.) F. BÖHM. 4809

Chas. Pfizer & Co., Inc., Brooklyn, übert. von: **Eugene J. Agnello, Barry M. Bloom** und **Gerald D. Laubach**, Jackson Heights, N. Y., V. St. A., *14α.16α-Dihydroxycorticosteron und dessen 21-Ester.* Man bebrütet z. B. 16.17-Epoxydesoxycorticosteron-21-acetat in üblicher Weise mit einer Kultur von *Curvularia lunata*, wobei 11β- u./oder 14α-Hydroxylierung eintritt. Die Gärungsprodd. lassen sich trennen u. jeweils z. B. durch Rk. mit HBr (Spaltung der 16.17-Epoxygruppe) in *Δ^4-Pregnen-14α.17α.21-triol-16β-brom-3.20-dion-21-acetat* überführen. Durch Spaltung der Epoxygruppe mit Chromoacetat in Eisessig erhält man dagegen das *14α.16α-Dihydroxycorticosteron-21-acetat.* — *Heilmittel* sowie Zwischenprodd. zu deren Herstellung. (**A. P. 2 835 683** vom 1/4. 1957, ausg. 20/5. 1958.) U. SIEVERS. 4809

Francesco Vismara S. p. A., übert. von: **Alberto Ercoli**, Mailand, und **Pietro de Ruggieri**, Casatenovo Brianza, Italien, *Enolacylate von Δ^4-3-Ketosteroiden* erhält man durch Rk. der entsprechenden 3-Enoläther oder 3-Alkylenketale mit einem Säureanhydrid, bes. Acetanhydrid. — Progesteron-3-enolbenzyläther + Acetanhydrid in Eisessig → *Progesteron-3-enolacetat*, F. 137—139°. — Analog: *Δ^4-Androsten-3.17-dion-3-enolacetat*, F. 136—138°. — *Testosteron-17β-phenylpropionat-3-enolacetat*, F. 173—175°. — *Cortison-21-acetat-3-enolacetat*, F. 193°. — *Cortison-17α.21-diacetat-3-enolacetat*, F. 153 bis 154°. — *Desoxycorticosteron-21-acetat-3-enolacetat*, F. 126—128°. — *17β-Acetoxy-17α-methyltestosteron-3-enolacetat*, F. 99—101°. — *17-Acetoxytestosteron-3-enolacetat*, F. 198 bis 201°. — *Testosteron-17β-phenylpropionat-3-enolbutyrat*, F. 110—111°; *-3-enoltrimethylacetat*, F. 106—109°; *-3-enolisobutyrat*, F. 109—111°. — *Zwischenprodd.* für die Herst. von *Heilmitteln.* (**A. P. 2 847 429** vom 27/1. 1956, ausg. 12/8. 1958.) U. SIEVERS. 4809

Rutgers Research & Educational Foundation, übert. von: **Selman A. Waksman**, New Brunswick, und **Hubert A. Lechevalier**, Martinsville, N. J., V. St. A., *Herstellung der Antibiotica Neomycin B und C* auf üblichem fermentativen Wege mittels eines Stammes von *Streptomyces fradiae* in einem Nährmedium, das außer Sojapeptonen noch Fleischextrakt oder Hefeextrakt neben Glucose u. Mineralsalzen enthält. Das gebildete Neomycin besteht aus den Isomeren B u. C u. wird durch Adsorption, Elution u. Salzbldg. aufgearbeitet. IR-, UV- u. antibakterielle Spektren. Arbeitsschema, Zeichnungen. — Vgl. D. B. P. 831 754, C. **1952. 4345.** (**A. P. 2 799 620** vom 29/6. 1956, ausg. 16/7. 1957.) H. SCHINDLER. 4811

G. D. Searle & Co., Chicago, übert. von: **Kurt J. Rorig**, Glenview, Ill., V. St. A., *3-(p-Hydroxyphenyl)-4-alkyl-7-hydroxy-8-acetylcumarine* der allg. Formel **I** (R z. B. R' = H oder Alkyl) u. deren Äther. Man kondensiert 2.6-Dihydroxyacetophenon mit geeigneten β-Oxonitrilen, z. B. mit α-Anisylacetoacetonitril, in Ggw. von konz. H_2SO_4 u. erhält so z. B. I ($R = R' = CH_3$), F. 190—191°. Analog werden hergestellt bzw. durch Verseifung gewonnen: I ($R = CH_3$, $R' = H$), F. 227—229°; I ($R = C_2H_5$, $R' = CH_3$), F. 144 bis 146°; I ($R = C_2H_5$, $R' = H$), F. 225—228°. — *Antibiotica.* (**A. P. 2 857 401** vom 20/12. 1956, ausg. 21/10. 1958.) K. FABEL. 4811

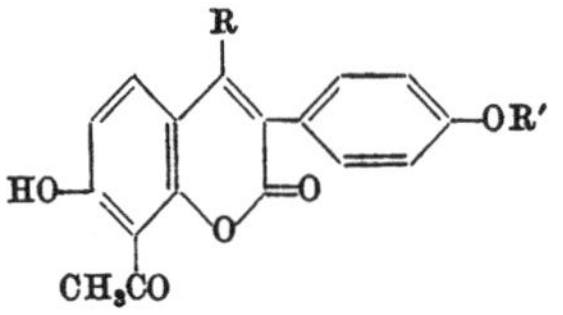

Armand Dragten, Den Haag, Holland, *Mittel zur Bekämpfung von Acne vulgaris*, enthaltend ein gegebenenfalls substituiertes mehrwertiges Phenol u. Vitamin A u./oder A_2

u./oder ein Deriv. oder Provitamin hiervon. 100 (g) eines äußerlich anzuwendenen Präp. enthalten z. B. 5—30 Resorcin u. 1000000 I.E. Vitamin A. (**Holl. P. 87724** vom 9/12. 1955, ausg. 15/3. 1958.) F. BÖHM. 4815

Thomas Hedley & Co. Ltd., Newcastle-upon-Tyne, England, *Zahnpflegemittel.* Es enthält zur Aufrechterhaltung eines p_H-Wertes <6, bzw. 3,5—6, (0,5—60%) wenig lösl. Stannosalze, z. B. von kondensierten Phosphorsäuren, wie Pyro- u. Metaphosphorsäure, oder der Weinsäure, sowie gegebenenfalls wasserlösl. Fluorverbb., z. B. 0,003—0,5 (%) NaF oder 0,01—1,6 SnF_2. — Beispiel: 3,9 $Ca_2P_2O_7$, 1,2 Na-Carboxymethylcellulose, 0,40 Mg-Al-Silicat, 20,0 Sorbit, 10 Glycerin, 0,81 Na-Salz des sulfonierten Monoglycerids von Fettsäuren des Cocosnußöls, 0,70 Na-Laurylalkoholsulfat, 0,12 Saccharin, 1,00 $Sn_2P_2O_7$ (p_H 4,9; nach 6 Wochen 5,1). (**E. P. 804486** vom 25/4. 1957, ausg. 19/11. 1958. A. Prior. 25/4. 1956.) E. PETERSEN. 4823

—, Kleine Spezialitäten-Taxe früher WOELM-Liste. Bearb. vom Arzneibüro d. ABDA, Arbeitsgemeinsch. d. Berufsvertretungen Dt. Apotheker. 20. Ausg. 1. Februar 1959. Frankfurt/M.: Govi-Verl. 1959. (335 S.) 4°. DM 10,—.

E. **Aye** und **F. Diepenbrock**, *Arzneispezialitäten nach Indikationsgebieten.* 2. vollkommen neu bearb. Aufl. Stuttgart: Wissenschaftliche Verlagsgesellschaft m.b.H. 1959. (573 S.) DM 48,—.
Von der dieser 2. Auflage zugrunde liegenden 1. Auflage (1949) wurde allein das Ordnungsprinzip für die in zeitgemäßer Abhängigkeit erfaßten u. dargestellten Arzneispezialitäten beibehalten. In 76 Abschnitten, die nach Indikationsgebieten (oder, wo angebracht, nach Stoffgruppen wie Hormone, Vitamine usw.) angeordnet sind, wird eine Standardauswahl der Präpp. von 220 Firmen Westdeutschlands u. Westberlins gebracht. Neue Wirkstoffgruppen (Antibiotica, Sulfonamide, Neuraltherapeutica, Ganglienblocker, Muskelrelaxantien u. a.) wurden aufgenommen. In den Einzelabschnitten erfolgt nach kurzer Darst. der pharmakol. Daten (Neben-Wrkgg.!) eine knappe Beschreibung jedes Präp. bzgl. Zus., Handelsform u. Hersteller (Chiffre). Letztere sind in einem Verzeichnis zusammengefaßt. Eine Liste von medizin. Fachausdrücken (für den Apotheker) erleichtert das Arbeiten mit diesem notwendigen, weil zeitgenöss. Arzneimittelverzeichnis für den ratsuchenden Apotheker, Arzt u. auch Arzneimittelchemiker. HEINZ WALTER.

G. Analyse. Laboratorium.

Ralph C. Shank, James E. Rein, George A. Huff und **Fred W. Dykes**, *Technische Einrichtungen für die Analyse von stark radioaktiven Proben.* Es wird eine Reihe von Apparaten für die Unters. u. Analyse stark radioakt. Proben beschrieben (glove-box, ferngesteuerte Titriervorr., Colorimeter, γ-Absorptionsmeßgerät u. a.). (Analytic. Chem. **29.** 1730—39. Dez. 1957. Idaho Falls, Ind., Phillips Petroleum Co., Atom. Energy Div.) W. KARCHER. 5010

J. G. Clouston, A. G. Gaydon und **I. I. Glass**, *Temperaturmessungen von Stoßwellen durch die Spektrallinienumkehrmethode.* Ausführliche Darst. der C. **1958.** 13859 referierten Arbeit. (Proc. Roy. Soc. [London], Ser. A **248.** 429—44. 9/12. 1958. London, Imp. Coll., Chem. Engng. Dep.) E. KLEVER. 5016

Witold Zieliński, *Eine Hochleistungsdestillationsapparatur.* Es wird eine Stahlblechkolonne mit Glasspiralenfüllung beschrieben, die elektron. kontrollierte Temperaturmessung, elektromagnet. Einstellung des Rücklaufs u. automat. Regelung der Destillationsgeschwindigkeit besitzt. Die Wrkg. der Kolonne wird mit der Trennung *Äthylchlorid–Bzl.* u. eines Gemisches von *Methylchlorsilanen* bewiesen. (Przemysł chem. **37.** 502—05. Aug. 1958. Warszawa, Inst. Tworzyw sztucz., Zakł. Silikon.) F. URBAN. 5038

Wolfram Gruner, *Empfindliche Abgleichmethode zur Wasserdampfbestimmung mit hygroskopischen Widerständen.* Beschreibung eines Geräts zur Messung von Wasserdampfdrucken im Vakuum bis zu ca. $4 \cdot 10^{-3}$ Torr. Als Meßgröße dient der elektr. Widerstand eines H_2SO_4-Films. Alle Instabilitäten der Eichkurve dieses Films werden dadurch eliminiert, daß der hygroskop. Widerstand nur als Nullindicator beim Vgl. mit einen einstellbaren bekannten Wasserdampfdruck verwendet wird. (Z. Instrumentenkunde **66.** 114—16. Juni 1958. Jena, Inst. Mikrobiol. u. exp. Therapie der Dtsch. Akad. der Wiss.) E. KLEVER. 5048

William I. Stephen, *Die Verwendung des Ringofens von Weisz in der elektrographischen Analyse.* In der vorliegenden Arbeit beschreibt Vf. eine Kombination der Ringofentechnik nach WEISZ mit dem bekannten elektrograph. Verf., mit dem sich schnell eine qualitative u. auch halbquantitative Analyse einfacher Legierungen durchführen läßt. Vf. bezeichnete das beschriebene Verf. als Elektro-Ringofen-Nachw. u. beschreibt die halbquantitative Analyse 5 einfacher Legierungen. (Mikrochim. Acta [Wien] **1956.** 1531—39. Harlow, Essex, Serv. Electron. Res. Labor. Extension -[Admiralty.]) A. M. FRETZDORFF. 5054

William W. Virgin jr. und **Camillo J. Massoni**, *Ein neuer Tieftemperaturflüssigkeitsheiztisch.* Ein Gerät zur Aufnahme von Erwärmungs- u. Abkühlungskurven bestimmter Proben in einem Flüssigkeitsbad im Temperaturbereich von 30—300° wird beschrieben. Der Heiztisch wird an einem Mikroskop befestigt u. besteht aus einem vollständig in die Bad-Fl. tauchendem Hg-Thermometer, einer kontrollierbaren Heizzone u. entsprechenden Justiervorrichtungen. Vgll. verschied. Proben mit den Ergebnissen aus Messungen am Mikroheiztisch von KOFLER zeigen gute Übereinstimmung zwischen beiden Apparaturen. (Amer. Mineralogist **43.** 606—09. Mai/Juni 1958. Washington, D. C., U.S. Geolog. Surv.) H. SCHINKE. 5056

Charles Zahn und **Stanley H. Langer,** *Bibliographie über Gaschromatographie.* Zusammenstellung der bis Ende 1957 erschienenen Arbeiten über die Gaschromatographie. — 534 Literaturangaben. (U.S. Dep. Interior. Bur. Mines, Inform. Circ. **1958.** Nr. 7856. 1—40.) E. KLEVER. 5062

A. I. M. Keulemans und **G. W. A. Rijnders,** *Grundlagen und einige Anwendungen der Gaschromatographie.* Überblick über die Grundlagen u. das Verf. der Gaschromatographie mit der analyt. Trennung eines C_3–C_4-KW-stoff-Gemisches an verschied. Säulen-Fll. als Anwendungsbeispiel. (Naturwissenschaften **45.** 301—09. 1. Juli-H. 1958. Amsterdam, Koninkl. Shell-Labor.) W. LUCHSINGER. 5062

Stephen Dal Nogare und **C. Eugene Bennett,** *Gaschromatographie mit Temperaturprogramm.* Es wird ein Gaschromatograph. beschrieben, dessen Säulentemp. während der Trennung gleichmäßig ansteigt, um Gemische mit Komponenten sehr unterschiedlicher Kpp. rasch zu trennen. Beispiele: Trennung eines KW-stoffgemischs (Pentan bis 1-Tetradecen) an einer ca. 1,2 m langen Chromosorbsäule mit Siliconöl DC 200 bei einem Temperaturanstieg von 50—235° um 6°/Min. u. eines Gemischs von 9 n-Alkoholen (Methanol bis 1-Dodecanol). (Analytic. Chem. **30.** 1157—58. Juni 1958. Wilmington, Del., E. I. du Pont de Nemours & Co., Inc.) W. LUCHSINGER. 5062

Wilhelm Virus, *Ein neues Gerät zur chromatographischen Gasanalyse.* Der neue Gasofract-Gaschromatograph ist ein Instrument für die Gas- u. Gas–Fl.-Verteilungschromatographie, vor allen Dingen für schnelle, genaue, qualitative u. quantitative Analysen anorgan. u. organ. Verbindungen. Die mit dem Gerät erreichbaren Trennungen können mit solchen verglichen werden, die sich durch Destillationskolonnen mit 1000 oder mehreren 1000 theoret. Böden erreichen lassen. Der Gasofract besteht aus zwei Instrumenten, die unabhängig von einander arbeiten: die Säuleneinheit u. die Registriereinheit. Angaben von techn. Daten u. verschied. Säulenfüllungen, um die verschiedenartigsten Trennungen durchführen zu können. (Erdöl u. Kohle **11.** 867—68. Dez. 1958. Bonn, D. Kirus K.-G.) F. ROSENDAHL. 5062

P. G. Sevenster, *Ein registrierender Nitrometerdetektor für die Gaschromatographie.* Es wird eine einfache Registriervorr. für den von JANAK (C. **1957.** 5073) in die Gaschromatographie eingeführten Nitrometer-Detektor beschrieben. (South African ind. Chemist **12.** 75—76. April 1958. Fuel Res. Board.) W. LUCHSINGER. 5062

J. E. Lovelock, *Ein Detektor zur Verwendung mit Capillarkolonnen in der Gaschromatographie.* Vf. beschreibt einen Detektor zur Verwendung für die Gaschromatographie in Capillaren, der ein wirksames Anzeigevol. von 1 μl besitzt. Die Konz. der die Kolonne verlassenden Dampfmoll. wird durch Messung ihrer Ionisierung beim Zusammenstoß mit metastabilen Atomen von Edelgasen verfolgt. Die Ionisierung des Indicatorgases erfolgt mit ^{90}Sr oder Ra D; die dabei freigesetzten Elektronen werden in einem Potentialgefälle von 500—1000 V soweit beschleunigt, daß sie Edelgasatome in einen metastabilen Zustand versetzen. Beim Zusammenstoß der metastabilen Atome mit den Dampfmoll. werden diese ionisiert u. verursachen eine Erhöhung des Ionisationsstroms durch die Detektorkammer. Eine Verwendung von *Ar* ermöglicht eine Beladung der Kolonne mit 0,3 μg KW-stoff. Die Anzeige ist im wesentlichen von Temperatur- u. Druckschwankungen unabhängig. (Nature [London] **182.** 1663—64. 13/12. 1958. London, Nat. Inst. for Med. Res.) HERBERT MÜLLER. 5062

N. H. Ray, *Einfluß des Trägergases auf die Empfindlichkeit eines Wärmeleitfähigkeitdetektors in der Gaschromatographie.* Die Temperaturdifferenz zwischen dem heißen Draht (t_1) u. der Wärmeleitfähigkeitsmeßzelle (t_0) ist der Wärmeleitfähigkeit des Trägergases K_1 umgekehrt proportioanl $t_1 - t_0 = a/K_1$. Ist die Konz. eines Dampfs im Trägergas x, so gilt für die Empfindlichkeit des Detektors $dt/dx = -(a/K_1^2)(dK/dx)$. Für kleine Werte von x kann dK/dx durch $K_1 - K_2$ ersetzt werden, wobei K_2 die Wärmeleitfähigkeit des Dampfes darstellt; damit folgt für die Empfindlichkeit $dt/dx = -a(K_1 - K_2)/K_1^2$. Das Trägergas mit der geringsten Wärmeleitfähigkeit muß demnach die größte Empfindlichkeit liefern. Messungen an Gemischen von *Methan, Äthan* u. *Propan* mit *He* oder *Ar* als Trägergas liefern für Ar die größeren Peakhöhen, ausgedrückt in cm/ml KW-stoff. (Nature [London] **182.** 1663. 13/12. 1958. Winnington, Cheshire, Imp. Chem. Ind. Ltd., Res. Dep., Plastics Div.) HERBERT MÜLLER. 5062

L. J. Schmauch und **R. A. Dinerstein,** *Einfluß des Trägergases auf die Empfindlichkeit eines Wärmeleitfähigkeitdetektors in der Gaschromatographie.* (Vgl. vorst. Ref.) In der von Ray (l. c.) abgeleiteten Beziehung für die Empfindlichkeit eines Wärmeleitfähigkeitdetektors $dt/dx = -a(K_1 - K_2)/K_1^2$ mit der Wärmeleitfähigkeit des Trägergases K_1 u. der Substanz K_2 u. einer Konstanten a ist bei einem Trägergas mit niedrigen Werten von K_1 die höchste Empfindlichkeit zu erwarten. Da jedoch gewöhnlich verschied. Werte von a bei gleicher Drahttemp. verglichen werden, muß ein Gas mit hohen K_1-Werten die höchsten Empfindlichkeiten liefern. (Nature [London] **183.** 673—74. 7/3. 1959. Whiting, Ind., Standard Oil Co., Res. and Developm. Dep.) Herbert Müller. 5062

N. H. Ray, *Einfluß des Trägergases auf die Empfindlichkeit eines Wärmeleitfähigkeitdetektors in der Gaschromatographie.* (Vgl. vorst. Ref.) Beim Betrieb eines Wärmeleitfähigkeitsdetektors ist es nicht immer möglich, für verschied. Trägergase die gleiche Drahttemp. einzustellen. Da die Wärmeleitfähigkeit organ. Dämpfe mit steigender Temp. stärker als die einatomarer Gase (He, Ar) ansteigt, ist bei einer Steigerung der Drahttemp. für Gase mit niedriger Wärmeleitfähigkeit (Ar) wiederum ein Anstieg der Empfindlichkeit zu erwarten. (Nature [London] **183.** 674. 7/3. 1959. Winnington, Northwich, Imp. Chem. Ind. Ltd., Alkali Div., Res. Dep.) Herbert Müller. 5062

G. Raupp, *Wahl der stationären Phase für die qualitative gaschromatographische Analyse.* Die relativen Rückhaltevoll. (bezogen auf *n-Pentan* = 1) von 120 organ. Verbb. wurden an 2-m-Säulen mit *Di-n-decylphthalat* (A), *Diäthylhexylsebacinat* (B), *Siliconöl DC 200* (C), *Tetraäthylenglykoldimethyläther* (F), *Fluoren-Pikrinsäure* (G) u. *Polyäthylenglykol* (K) bei 50, 100 u. 150° bestimmt. Zur Trennung von Paraffinen sind die Säulen A, B, C u. F, für Alkohole u. Säuren die Säule K u. für Fettsäureester C_{14}—C_{20} eine Säule mit Apiezon-Hochvakuumfett (Q) bei 225° bes. geeignet. (Z. analyt. Chem. **164.** 135—46. 1958. Überlingen/See, Bodenseewerk Perkin-Elmer & Co., GmbH.) M. Laser. 5062

John J. Madison, *Analyse von permanenten und kondensierbaren Gasen durch Zweistufen-Gaschromatographie.* Bei der Chromatographie eines Gemischs aus N_2, O_2, CO, CH_4, H_2, Äthan, Propan u. n-Butan an einer mit 2.4-Dimethyltetrahydrothiophen-1.1-dioxyd gefüllten Säule unter Benutzung von He als Trägergas erscheinen zuerst N_2, O_2, CO, CH_4 u. H_2 als ein Peak. Sie werden an mit fl. N_2 gekühlter Aktivkohle (Norit 8/20 mesh) adsorbiert. Nach Verschwinden des Peaks wird umgeschaltet, so daß die getrennt erscheinenden anderen Gase nicht die Kohlefalle passieren. Nach vollständiger Elution der letzten Komponente werden die adsorbierten Gase bei 90° desorbiert u. mit He als Trägergas an einer Aktivkohlensäule getrennt. Die Best. des H_2 wird durch sein anomales Verh. in H_2-He-Mischungen (Minimum in der Wärmeleitfähigkeitskurve) erschwert. Da das Trägergas Spuren von N_2 u. O_2 enthält, müssen die Ergebnisse für diese Gase entsprechend korr. werden. (Analytic. Chem. **30.** 1859—62. Nov. 1958. Emeryville, Calif., Shell Developm. Co.) M. Laser. 5062

Miloš Krejči und **Jaroslav Janák,** *Die Verfahren der quantitativen Auswertung thermischer Leitfähigkeiten und anderer Differentialregistrierungen in der Gaschromatographie.* Übersicht über den Einfl. von Geschwindigkeit, Druck u. Temp. des Trägergases u. der Temp. der Säule auf die Registrierung. Quantitative Auswertung der Kurven. (Chemie [Praha] **10.** 264—72. 1958. Brno, Českoslov. akad. věd, Labor. pro analysu plynů.) F. Urban. 5062

Bruno H. Zimm, *Photoelektrisches Strömungsdoppelbrechungsinstrument hoher Empfindlichkeit.* Das vom Vf. beschriebene Instrument besteht im Prinzip aus dem von Edsall u. Mitarbeitern (vgl. C. **1953.** 7880) beschriebenen App.; zusätzlich wurden noch eine Photozelle u. eine rotierende Scheibe, mit der der Ring mit einem sich bewegenden Lichtfleck abgetastet werden konnte, verwendet. Messungen an *Dibutylphthalat* u. einer 0,25%ig. Lsg. von *Polystyrol* in Dibutylphthalat ergaben eine Erhöhung der Empfindlichkeit um einen Faktor von 10. (Rev. sci. Instruments [N. S.] **29.** 360—67. Mai 1958. Schenectady, N. Y., General Electr. Res. Labor.) C. Gottfried. 5063

F. L. Hahn, *Die Endpunktsbestimmung bei potentiometrischen Analysen.* Vf. stellt eine krit. Betrachtung über die Verff. an, nach denen der Äquivalenzpunkt bei potentiometr. Titrationen ermittelt wird. Zu einer genaueren Erfassung des Äquivalenzpunktes stellt Vf. verschied. Rechenregeln auf. Um gut auswertbare Titrationsergebnisse zu erhalten, stellt Vf. 3 Forderungen auf: Messung der Potentiale in einer definierten Einheit (mV oder p_H-Wert); Durchführung der Messung ein gutes Stück über den Äquivalenzpunkt hinweg mit gleich großen Reagenszusätzen; Differenzenquotienten, die über stark verschied. Volumenintervalle gebildet sind, können nicht miteinander verglichen werden. (Z. analyt. Chem. **163.** 169—81. 1958. Mexiko, D. F., México.) L. Schwiegk. 5066

a) Elemente und anorganische Verbindungen.

I. K. Taimni und **M. N. Srivastava,** *Trennungen über Sulfide.* 1. Mitt. *Abtrennung des Selens, Arsens, Antimons und Quecksilbers von Barium.* Es wurden die Thiosalze von *Se, As, Sb* u. *Hg* in Ggw. von Ba durch Zugabe von überschüssigem 2n Na_2S-Reagens erzeugt u. die Lsgg. im Falle des Se mit 2n HCl bis 1 n. Konz., im Falle des As mit konz. HCl bis zu 6n HCl u. im Falle von Sb u. Hg mit verd. HCl u. anschließendem Sieden angesäuert u. dadurch die Sulfide gefällt, getrocknet u. gewogen. Ba stört in diesen Fällen nicht. (Analytica chim. Acta [Amsterdam] **15.** 517—20. Dez. 1956. Allahabad, Univ. of Allahabad, Chem. Labor.) H. PLUSKAL. 5106

Stanley K. Yasuda und **Jack L. Lambert,** *Auf Cellulose befindliches Thorium-Alizarinrot S-Reagens zur Bestimmung von Fluoridionen.* Der auf Filtrierpapier erzeugte Komplex aus Th u. Alizarinrot S (I) reagiert selektiv mit F^--Ionen, indem ein Anteil des Th–I-Chelats in Lsg. geht, der dem F^--Geh. im Konzentrationsbereich 0—15 p.p.m. direkt proportional ist. Die Meth. kann zur schnellen visuellen oder spektrophotometr. Best. von F dienen. Absorptionsmaximum des Th–I-Komplexes 520 mμ; mol. Extinktionskoeff. 7200. Vff. ermittelten das Verhältnis Th:I = 1:2 durch gravimetr. u. photometr. Methoden. Aus IR-Spektren schließen sie auf Chelatbldg. des Th mit einem Carbonylsauerstoff u. der 1-OH-Gruppe des **I.** Damit sind zwei Strukturen möglich: Eine monomere u. eine 3dimensionale polymere Struktur durch Ionenkoordination zweier Sulfonatgruppen von zwei anderen I-Anionen, die ihrerseits wieder Bestandteil eines Th–I-Chelats sind. Vff. nehmen an, daß die polymere Struktur in die Zwischenräume des Filtrierpapiers eingelagert ist u. die Rk. mit F^- ein Ionenaustausch F^- gegen monomeres Th–I-Chelatfragment auf der Oberfläche des polymeren Th–I ist. — Herst. des Reagenspapiers: WHATMAN Nr. 42-Filtrierpapier wird mit 1%ig. I-Lsg. behandelt, zwischen Filtrierpapier abgedrückt u. bei Raumtemp. getrocknet. Aufbewahrung in braunen Flaschen; Haltbarkeit 2 Monate. Vor Gebrauch wird dieses Papier in 1%ig. $Th(NO_3)_4$-Lsg., p_H 1,8—1,9, getaucht, mit W. gewaschen u. abgedrückt. — Meth.: Die Probelsg. wird über eine Säule Amberlite IR-120 (H) gegeben, um störende Kationen zu entfernen, die mit F^- Komplexe geben. Das Eluat wird zur Entfernung von HCO_3^- 5—6 Min. gekocht u. zur Entfernung von HPO_4^{2-} mit $AgNO_3$ gefällt. Man filtriert die Lsg., falls sie getrübt ist. In einen aliquoten Teil der Lsg. (25 ml) legt man ein frisch bereitetes Reagenspapier, rührt gleichmäßig 5 Min., photometriert u. entnimmt den F^--Geh. einer Eichkurve. Die zulässigen Gehh. störender Elemente sind tabellar. aufgeführt. Bes. stört $SO_4^{2-} > 500$ p.pm. Bei Abwesenheit von SO_4^{2-} kann die Meth. durch längere Reaktionszeit zwischen Reagenspapier u. Lsg. empfindlicher gestaltet werden. (Analytic. Chem. **30.** 1485—89. Sept. 1958. Manhattan, Kans., Kansas State Coll., Dep. of Chem.) F. UMLAND. G 246

L. Erdey, L. Mázor und **M. Pápay,** *Mikrobestimmung des Fluors durch direkte argentometrische Titration des Chloridgehalts des PbClF-Niederschlags.* Das zu bestimmende F wird als *Pb-Chloridfluorid* (I) gefällt, der Nd. in Komplexon III-Lsg. gelöst u. seine Menge aus dem Cl-Geh. von I argentometr. in Ggw. von Variaminblauacetat als Redoxindicator bestimmt. Nach dem beschriebenen Verf. gelingt auch die Best. von organ. gebundenem F. (Mikrochim. Acta [Wien] **1958.** 482—87. Budapest, Techn. Univ., Inst. für Allg. Chem.) A.-M. FRETZDORFF. G 246

H. Suter und **H. Hadorn,** *Mikrobestimmung von Chlorid.* Im Zusammenhang mit der Ermittlung von Rückständen chlorierter KW-stoffe in coffeinfreiem Kaffee wurde die Meth. von IWANTSCHEFF zur Mikrobest. von Cl auf wss. Cl^--Lsgg. übertragen u. überprüft. Nach Modellverss. im Bereich von 13—55 μg Cl wurde eine Meth. ausgearbeitet u. die Originalvorschrift in einigen wesentlichen Punkten abgeändert. Der durch die Löslichkeit von AgCl bedingte Verlust wurde bei der Berechnung durch einen konstant empir. ermittelten Korrekturwert berücksichtigt. (Z. analyt. Chem. **160.** 335—43. 1958. Basel, Labor. des V.S.K.) G. HALMI. G 247

F. Feigl und **E. Jungreis,** *Ultramikronachweis von Jod in anorganischen und organischen Verbindungen.* Der beschriebene Nachw. von Ultramikromengen J beruht auf der katalyt. Wrkg. von Jodionen auf die Redox-Rk. von Chloramin T u. dem Acetat der Tetrabase (N.N'-Tetramethyldiaminodiphenylmethan). In Abwesenheit von J reagieren diese beiden Substanzen nur sehr langsam zu einer blauen, wasserlösl. p-chinoiden Verbindung. Der beschriebene Nachw. hat eine Nachweisgrenze von 0,0004 μg in 1 Tropfen u. in 10 ml sind die entsprechenden Grenzkonzz. 1:125000000 u. 1:25000000. Ohne vorherige Anreicherung durch Eindampfen gelingt der Nachw. von J in Trink-, Mineral- u. Meerwasser. Für den J-Nachw. in organ. Verbb. ist die Meth. ebenfalls geeignet. Nach Unterss. der Vff. besteht die Möglichkeit, diese Katalyse für die colorimetr. Best. von J-Spuren zu verwenden. (Z. analyt. Chem. **161.** 87. 1958. Rio de Janeiro, Brasil., Labor. da Produção Mineral., Minist. da Agricult.) A. M. Fretzdorff. G 249

Hidehiro Gotô und **Yachiyo Kakita,** *Eine neue photometrische Bestimmung einer Mikromenge Antimon mit Hilfe von Fuchsin oder Malachitgrün.* (Vgl. C. **1958.** 6926.) An Stelle des von Vff. schon früher für die photometr. Best. von Sb benutzten Methylvioletts verwenden sie in der vorliegenden Arbeit 2 weitere Triphenylmethanfarbstoffe, Fuchsin (**II**) u. Malachitgrün (**III**). Die zu untersuchende salzsaure Sb-Lsg. oxydiert man in einem Scheidetrichter mit $Ce(SO_4)_2$ (**I**) u. zerstört den Überschuß an **I** durch Red. mit Hydrazinsulfat. Nach der Zugabe der Farbstofflsg. stellt man das p_H der Lsg. mit 30%ig. Na-Citrat auf 1,0—1,2 für **II** bzw. auf 0,6—1,2 für **III** ein u. schüttelt mit Amylacetat aus. Das Absorptionsmaximum liegt für **II** bei 555 mμ u. für **III** bei 625 mμ, die entsprechenden mol. Extinktionskoeffizienten sind 63300 bzw. 76100. Mit Hilfe der beschriebenen Meth. kann man noch 0,1 μg Sb/ml bestimmen. (Sci. Rep. Res. Inst. Tôhoku Univ., Ser. A **10.** 103—09. April 1958. Res. Inst. for Iron, Steel and Other Metals. [Orig.: engl.]) A.-M. Fretzdorff. G 266

H. J. Arnikar, *Radiochromatographie von Alkaliionen.* Die chromatograph. Trennung der Alkaliionen in HCl-Lsg. ist mit Hilfe von Asbestpapier möglich; die R_F-Werte sind für Li^+ 0,99, Na^+ 0,85, K^+ 0,77, Rb^+ 0,72 u. Cs^+ 0,45. Die Identifizierung erfolgte bei den Verss. bis auf Li mit Hilfe der Radioisotope ^{22}Na, ^{42}K, ^{86}Rb u. ^{137}Cs. Vf. wendet das Verf. zur Trennung des Cs von einem 1000fachen Überschuß Na an; die R_F-Werte sind bei Verwendung von W. als Lösungsm. für Cs^+ 0,0 u. Na^+ 0,75. (Nature [London] **182.** 1230. 1/11. 1958. Banaras, Univ., Phys. Chem. Labors.)

Herbert Müller. G 272

W. Schuhknecht und **H. Schinkel,** *Die flammenphotometrische Bestimmung von Calcium, Strontium und Barium nebeneinander.* Zur flammenphotometr. Best. von gleichzeitig anwesendem Ca, Sr u. Ba stellt man eine Lsg. aus 1 g Substanz in 100 ml W. her, wobei durch vorhergehende Behandlung Schwermetalle, SiO_2 u. H_3PO_4 aus den in Säure gelösten Gesteins- u. Mineralproben entfernt werden müssen. Man verd. diese Lsg. so weit, bis das in größter Konz. anwesende Erdalkalimetall, bei einer Empfindlichkeit von 100 Skalenteilen/50 mg Erdalkali, einen möglichst nahe an 100 liegenden Ausschlag (A) zeigt. A·Verdünnungsfaktor/2 ergibt einen Rohwert. Es werden dazu die Linien Ca 622 mμ in Ggw. von Ba, Ca 553,3 mμ in Ggw. von Sr, die Sr-Bande bei 671 mμ in Ggw. von viel Ba, Sr 460,7 mμ, Ba 513,7 bzw. 873 mμ, bei geringen Konzz. mit ultrarotempfindlicher Photozelle gemessen. Um die gegenseitige Beeinflussung auszuschalten, mißt man die Querempfindlichkeit auf die zu messende Wellenlänge des zu untersuchenden Bestandteils bei Zugabe von je 500 mg der nicht gemessenen Bestandteile, rechnet auf 1 mg Störelement um u. korr. damit den Rohwert. Der so erhaltene Näherungswert dient als Grundlage für die genaue Bestimmung. Man stellt sich nach dem „Einschachtelverf.“ eine Lsg. mit einem wenig höheren u. eine 2. mit einem wenig niedrigeren Erdalkaligeh. u. den gleichen Konzz. an Störelementen her u. interpoliert den genauen Analysenwert unter Annahme geradlinigen Kurvenverlaufs (Konz. gegen Photometerablesung). Für 0—50 mg Erdalkalien/100 ml Lsg. ist die Eichkurve sowieso geradlinig; bei höheren Konzz. spielt der Fehler bei Anwendung des Einschachtelverf. keine Rolle mehr. Die Durchführung der Analyse wird an 3 prakt. Beispielen erläutert. (Z. analyt. Chem. **160.** 23—33. 1958. St. Ingbert, Saar.) H. Pluskal. G 280

W. Düsing und **H. Kunze,** *Bestimmung von Barium und Strontium in Verdampfungsprodukten von Oxydkathoden durch Papierchromatographie.* Vff. geben ein papierchromatograph. Verf. zur quantitativen Best. des von Oxydkathoden abdampfenden Ba u. Sr an. Als Lösungsmittelgemische werden $HCl-CH_3OH-H_2O = 80:10:10$ u. $80:5:15$ verwendet. Vff. arbeiten mit aufsteigender Chromatographie (Papier 2043b von Schleicher u. Schüll); entwickelt wurde 3—3½ Stunden. Die Anfärbung des Chromatogramms erfolgte mit Na-Rhodizonatlsg. durch Ansprühen, nachdem das Papier vorher so getrocknet war, daß es nicht mehr nach Säure roch. Beim Ansprühen wird der Papieruntergrund gelb. Die gelbe Farbe verschwindet an der Luft beim Trocknen allmählich. Wird die Na-Rhodizonatlsg. beim Aufsprühen auf das Papier bereits entfärbt, so ist das Chromatogramm noch zu sauer. Die photometr. Auswertung erfolgt durch Ausmessen der Gaussschen Farbstoffverteilungskurven bei 510 mμ. Bei dieser Meth. beträgt die Erfassungsgrenze für Ba u. Sr je 1 μg. Für den Bereich bis zu ca. 15 μg Sr u. 20 μg Ba zeigen Vff., daß zwischen den Extinktionsflächenwerten u. der Sr- bzw. Ba-Menge Linearität besteht. Wenn Pb zugegen ist, versagt das verwendete Lösungsm., da die R_F-Werte von Sr u. Pb nahe beieinanderliegen u. Pb mit Rhodizonat ebenfalls eine Farb-Rk. gibt. Zur Best. des Ba allein geben Vff. noch 2 Färbeverff. an: Anfärbung als Ba-Chromat: Das Chromatogramm wurde 1 Min. lang in eine Lsg. von 5% K_2CrO_4 u.

2% CH_3COONa getaucht, dann in 0,5%ig. CH_3COONa-Lsg. gebadet, bis alles überschüssige Chromat ausgewaschen war. Nach dem Trocknen wurde bei 380 mμ photometriert. Die Ba-Chromatflecke lassen sich durch Besprühen mit Diphenylcarbazidlsg. (125 mg Diphenylcarbazid, 25 ml Aceton, 25 ml 0,4n H_2SO_4) in ein kräftiges Rotviolett umfärben. Das Trocknen erfolgte vor Licht geschützt, sodann wurde bei 550 mμ gemessen. In beiden Fällen ergab sich eine lineare Abhängigkeit der Extinktionsflächenwerte von der Ba-Menge. (Z. analyt. Chem. **162.** 345—56. 1958. Ulm/Donau, Telefunken GmbH., Röhrenlabor.) L. SCHWIEGK. G 285

Tara Chandra Gupta und **Abani K. Bhattacharya,** *Quantitative Fällungsuntersuchungen in wässerigen–nichtwässerigen Medien — Bestimmung von Bariumsulfat.* Bei der Best. von Ba als $BaSO_4$ in wss. Lsg. werden zu kleine Werte gefunden, wenn die zur Fällung verwendete H_2SO_4 schwächer als 0,5n ist. Die Ergebnisse liegen innerhalb der experimentellen Fehlergrenze bei Zusatz von A. oder Aceton u. Fällung mit 0,167n H_2SO_4. Das Löslichkeitsprod. von $BaSO_4$ wird nach der Leitfähigkeitsmeth. bestimmt. Es beträgt bei 24° in wss. Lsg. $9{,}9 \cdot 10^{-11}$, bei Zusatz von 28,8% A. $2{,}45 \cdot 10^{-11}$ (29°) u. bei Zusatz von 11,9% Aceton $2{,}03 \cdot 10^{-11}$ (24°). (Z. analyt. Chem. **161.** 321—23. 1958. Agra, Indian, Agra Coll., Dep. of Chem.) G. GÜNZLER. G 285

M. Bobtelsky und **J. Eisenstadter,** *Eine schnelle und genaue heterometrische Bestimmung von Quecksilber mit p-Dimethylaminobenzylidenrhodanin.* p-Dimethylaminobenzylidenrhodanin (I) bildet mit *Hg* in Citrat- oder Tartratlsg. je nach dem p_H-Wert 3 Verbb. der Zus. Hg-I, Hg_2I_3 u. Hg-I_2. Alle Verbb. sind lösl. in Methanol, Dioxan u. Chlf., kaum lösl. in A. u. unlösl. in CCl_4. Für eine heterometr. Best. bei p_H 7 liegt der Endpunkt bei Hg-I_2, bei p_H 9 bei Hg_2-I_3. Es wird empfohlen, eine Lsg. von $\geqq$ 0,1 mg Hg/20 ml bei p_H 7 zu titrieren. Man versetzt die Lsg. mit ca. 5 ml 1 mol. Na_3-Citratlsg. u. titriert gegen 0,0025 mol. I-Lsg. in Aceton (bzw. einer mit A. verd. I-Lsg. in Aceton). 99,5—99,9% Fremdmetalle [Ca, Ba, Mg, Zn, Mn, Ni, Co, Al, Cr(III), Fe(III), Cd, Cu, Pb, U(VI), Tl(I), Th, Ce(III), Sb(III) u. Bi (III) stören nicht. Bei Ggw. von Au, Pt u. Pd wurde eine konz. Tartratlsg. mit etwas Dimethylglyoxim als Komplexbildner verwendet. Titriert man sofort nach Zugabe des Komplexbildners, dann stören geringe Mengen Au, Pt u. etwas Pd nicht. Bei Ggw. von Ag in gleicher Menge wie Hg kann man bei p_H 7 in Citratlsg. titrieren. Man erhält 2 Knickpunkte. Der 1. entspricht dem Metall, das in der größeren Konz. vorliegt, der 2. der Summe der beiden (Hg-I_2 + Ag-I). Bei hohem Hg-Überschuß hält man in einer Titration dieses mit EDTA u. NH_3 in Lsg. u. titriert nur Ag. In einer 2. Titration bestimmt man bei p_H 7 die Summe wie oben. Die Fehler betragen meist $\leqq$ 1%. (Analytica chim. Acta [Amsterdam] **18.** 534—40. Juni 1958. Jerusalem, Hebrew Univ., Dep. of Inorg. and Analyt. Chem.) H. PLUSKAL. G 290

M. Houda, J. Körbl, V. Bažant und **R. Přibil,** *Komplexometrische Titrationen (Chelatometrie).* 35. Mitt. *Über die indirekte Bestimmung von Aluminium gegen Xylenolorange.* Inhaltlich ident. mit der C. **1959.** 905 referierten Arbeit. (Collect. czechoslov. chem. Commun. **24.** 700—07. März 1959. [Orig.: deutsch.]) W. BARZ. G 294

Helmut Lilie und **Hartmut Rosin,** *Die photometrische Bestimmung des Aluminiums in legierten Stählen.* Den störenden Einfl. des Cr bei der colorimetr. Best. von Al mit Eriochromcyanin kann man durch Kompensation ausschalten. Da in legierten Stählen meist ohnehin der Cr-Geh. bestimmt wird, setzt man der Blindlsg. des Vergleichsstrahlenganges dieselbe Cr-Menge zu. Bei niedrigem Al-Geh. ($<$ 0,2%) muß die Genauigkeit der Cr-Zugabe $\pm$ 0,01% betragen, bei höherem Al-Geh. kann man auf 0,1% Cr auf- oder abrunden. V u. Ti stören; Ni, Co, Mo, Mn, W dagegen nicht. — Man pipettiert 25 ml der sauren (H_2SO_4 u. HCl), von SiO_2 befreiten Aufschlußlsg., die bei niedrigen Al-Gehh. ca. 25 mg, bei höheren 10 mg der Einwaage entsprechen, in einen 200-ml-Meßkolben, gibt 50 ml W., 15 ml Thioglykolsäurelsg. (5 ml 97%ig auf 1 Liter verd.) u. aus einer Bürette vorsichtig u. unter Schütteln 1n NaOH bis zum Auftreten einer blauvioletten Färbung hinzu. Mit 7,5 ml 1n HCl wird angesäuert u. mit 7,5 ml Pufferlsg. (300 g $CH_3COONa \cdot 7H_2O$ in W. gelöst, 6 ml Eisessig zugegeben, auf 1 Liter aufgefüllt) u. 15 ml Eriochromcyaninlsg. (1 g in 1 Liter W.) versetzt, aufgekocht u. im fließenden W. auf Zimmertemp. abgekühlt. Nach dem Auffüllen ist bis zur Messung 15 Min. zu warten. Gemessen wird gegen die Blindlsg., der eine dem Cr-Geh. entsprechende Cr-Lsg. (salzsaure Lsg. von 3,72 g K_2CrO_4 nach Red. mit A., auf 1 Liter aufgefüllt) zugesetzt wurde, unter Verwendung des PULFRICH-Photometers, Filter S 53. Der Al-Geh. wird aus Eichkurven ermittelt, für deren Aufstellung man eine Lsg. aus $FeSO_4 \cdot 7H_2O$ u. eine Lsg. von Reinst-Al benutzt. (Z. analyt. Chem. **160.** 261—67. 1958. Halle/Saale, Deutsches Amt für Material- u. Warenprüfung.) R. JUNGE. G 294

C. E. Ransley, D. E. J. Talbot und **H. C. Barlow,** *Ein Gerät zur Bestimmung des Gasgehaltes von Aluminiumlegierungen beim Schmelzen und Gießen.* Inhaltlich ident. mit der C. **1959.** 4917 referierten Arbeit. (Aluminium **34.** 643—46. Nov. 1958. Gerrards Cross, Bucks., Brit. Aluminium Co. Ltd.) F. VIER. G 294

J. Korkisch und **A. Farag,** *Beiträge zur analytischen Chemie des Zirkoniums.* Zr bildet in heißer 1n salzsaurer Lsg. mit *Solochrome R* [1-(3-Hydroxy-1-naphthylazo)-2-hydroxybenzol-5-sulfonsäure (I)] einen rotvioletten Komplex. Bei der Titration mit Äthylendiamintetraessigsäure (ÄDTE) schlägt der Indicator am Endpunkt nach Orangegelb um. Es stören große Mengen Fe(III), Sn(II) u. V(V) (Oxydation bzw. Red.), große Mengen Cu, Cr(III), Co u. Ni (Eigenfarbe), Ti(IV), Mo u. W (Komplexbldg. mit I) sowie große Mengen SO_4^{2-}, NO_3^- u. Spuren PO_4^{3-} u. F^-. Fe(III) kann mit 0,1%ig. $SnCl_2$-Lsg. red. werden. F^- wird durch Zusatz einer salzsauren Thoriumchloridlsg. (25 mg Th/ml 1n HCl) unwirksam gemacht. Dadurch wird die Best. von Zr nach dem Aufschluß geglühter Oxyde mit HF ermöglicht. (Z. analyt. Chem. **165.** 6—10. 1958. Wien, Univ., II. Chem. Univ.-Labor., Lehrkanzel für analyt. Chem.) M. LASER. G 322

P. Spacu und **Florica Popea,** *Beiträge zur analytischen Chemie des Zirkoniums. Eine neue gravimetrische Methode zur Bestimmung des Zirkoniums.* Vff. bestimmen Zr in HNO_3-saurer Lösung. Ggw. anderer Säuren stört nicht. Als Reagens dienen das *Na*- oder besser *NH_4*-Salz des *Mercaptobenzthiazols.* Die Reagenslsg., p_H 8—8,5, wird allmählich bis zur Blaufärbung von Bromthymolblau zugegeben. Der Nd. läßt sich leicht filtrieren u. waschen. Er wird durch Veraschen in Oxyd übergeführt u. gewogen. Die Meth. ist leicht ausführbar u. gibt genaue Resultate, eignet sich aber nicht für Mikroanalyse. Die Ggw. kleiner Mengen von Alkali-, NH_4-, Sr- u. Mg-Salzen stört nicht. (Rev. Univ. „C. I. Parhon" Politehnicii Bucureşti, Ser. Ştiinţelor Naturii Bd. **7.** Nr. 17. 45—52. 1958. Bucureşt, Univ. „C. I. Parhon", Labor. de chim. anorg. şi analit.) E. DOMS. G 322

O. G. Koch, *Beiträge zur Spurenanalyse.* 3. Mitt. *Zur Spurenanalyse von Zirkonium und dessen Verbindungen.* (2. vgl. C. **1959.** 2569.) Vf. beschreibt ein Verf. zur Best. von 26 Spurenelementen in Zr u. dessen Verbindungen. Die Abtrennung erfolgt wie schon früher beschrieben durch Extraktion mit NH_4-Pyrrolidindithiocarbamat u. Dithizon in Chlf. bei p_H 3, 5, 7 u. 9. Die Bestimmungsgrenze des Verf. liegt bei 0,00001%. (Mikrochim. Acta [Wien] **1958.** 347—52. Neunkirchen/Saar, Neunkirchner Eisenwerk Akt.-Ges., Hauptlabor.) M. FRETZDORFF. G 322

Louis Silverman und **Mary E. Shideler,** *Potentiometrische Bestimmung von Milligramm-Bruchteilen Uran in Zirkonium.* Eine Analysenmeth. zur Best. von $\geq$ 0,1 mg U in Konzz. bis zu 0,1% U in Zr ohne vorhergehende Abtrennung des Zr wurde entwickelt: das Material wird mit 5 ml konz. $HClO_4$ unter tropfenweiser Zugabe von HF aufgeschlossen, die eingedampfte Lsg. mit W. u. 5 ml konz. HCl aufgenommen u. auf 20 ml aufgefüllt. Mit *Pb-Reduktor* wird zu U(IV) red., wobei 5 ml konz. HCl u. 2 ml 20%ig. $FeNH_4(SO_4)_2$-Lsg. in 5%ig. H_2SO_4 vorgelegt werden. Mit insgesamt 20 ml 10%ig. HCl wird nachgewaschen u. die red. Fe-Lsg. gegen saure Ce(IV)-Sulfatlsg., die gegen Na-Oxalat eingestellt ist, potentiometr. titriert (Pt/Kalomel); durch die Ggw. der Fe(III)-Lsg. wird der Sprung am Endpunkt (zwischen 600 u. 800 mV) erhöht. Andere U-Bestimmungsmethoden werden verglichen. (Analytica chim. Acta [Amsterdam] **15.** 181—86. Aug. 1956. Canoga Park, Calif., Atom. Intern., Div. of North. American Aviat., Inc.) G. PIEKARSKI. G 339

E. Lassner und **R. Scharf,** *Zur komplexometrischen Bestimmung von Uran (VI) mit EDTA und PAN-Indicator.* Die Titration von *Uran(VI)* mit *Äthylendiamintetraessigsäure* (EDTA) gelingt in W.–Isopropanol 1 : 2, wobei die Lsg. vor dem Isopropanolzusatz mit verd. HNO_3 angesäuert u. mit Urotropin auf p_H 4,4—4,6 gepuffert wird. Man titriert bei 80—90° unter PAN-Zusatz (1-[2-Pyridylazo]-2-naphthol) als Indicator mit 0,05mol. EDTA-Lsg. bis zum Umschlag von Rot nach Gelb. Die Störung durch andere Ionen wird wie folgt umgangen: a) Titration einmal mit, einmal ohne Isopropanolzusatz, wobei das U im 2. Falle nicht mit erfaßt wird. Aus der Differenz ergibt sich der U-Gehalt. b) Bei Cu-, Ni- usw. Geh. wird zuerst n. titriert, worauf das U mit Na-Phosphat gefällt u. die freigesetzte EDTA mit einer Cu^{2+}-Lsg. zurücktitriert wird. Der absol. Fehler beträgt $\pm$ 0,3 mg U. (Z. analyt. Chem. **164.** 398—402. 1958. Reutte, Tirol, Metallwerk Plansee Akt.-Ges., Versuchsanst., Labor.) E. DEHMLOW. G 339

Mária Ördögh und **Miklós Fodor,** *Quantitative Bestimmung des Urans mit chemischen Verfahren.* Zusammenfassung der chem. Verff. geeignet zur Trennung des U von Begleitelementen: Fällung, Komplexbldg., Extraktion mit Lösungsmitteln, Verdampfung, elektrolyt. Trennung, Ionenaustausch. Beschreibung der Methoden zur Best. des U: gravimetr., titrimetr., colorimetr., spektrometr. u. fluorometr. Methoden. (Energia és Atomtechn. **11.** 27—33. Jan./Febr. 1958. Központi Fiz. Kutató Intézet, Kisérleti Atomreaktor Kém. Ogztdly.) G. HALMI. G 339

J. Xavier, *2-Mercaptochinolin (Thiocarbostyril) als analytisches Reagens auf Kupfer und Palladium.* Vf. schlägt *2-Mercaptochinolin* (I) als Reagens zum qualitativen Nachw. von Cu, Pd u. Bi sowie zur quantitativen Best. von Pd vor. I bildet mit folgenden Kationen Ndd.: Cu^{2+} tieforangeroter Nd. in verd. Mineralsäure, lösl. in Chlf., Bzl., Toluol, Xylol, Propionsäure u. Aceton, teilweise lösl. in CCl_4, Isoamyl- u. Isobutylalkohol, Äthyl- u. Amylacetat (Lsgg. gelb), wird durch starke Säuren u. Alkalien zersetzt. Nd. besitzt keine konstante Zus., ist diamagnet.; Cu(II) ist also durch I zu Cu(I) red. worden. Pd^{2+} in saurer Lsg. orangeroter Nd.; lösl. in A., Aceton, Chlf., Isoamyl- u. Isobutylalkohol, schwer lösl. in CCl_4, Bzl., Toluol, Äthyl- u. Amylacetat. Bi^{3+} in saurer Lsg. orangegelber Nd. Pb^{2+} gallertartiger gelber Nd. in neutralen Lsgg., lösl. in Mineralsäure. Hg^{2+} u. Hg^{+} weiße Ndd. in verd. sauren Lsgg., lösl. in A. Ag^{+} gallertartiger gelber Nd. in verd. HNO_3-sauren Lsgg., unlösl. in den meisten gewöhnlichen organ. Lösungsmitteln. Tl^{+} orangegelber Nd. in ammoniakal. Lsg., unlösl. in den meisten gewöhnlichen organ. Lösungsmitteln. Au^{3+} in saurem Medium prim. orangegelber Nd., der sofort gelb wird. Pt^{4+} bildet in saurer Lsg. eine orangelbe Färbung, daraus fällt allmählich ein brauner Nd. aus. *Nachw. von Cu* durch Tüpfel-Rk. auf Filtrierpapier: Man tränke einen Streifen Filtrierpapier mit 0,2%ig. I-Lsg. in Essigsäure oder Alkohol. Nach Trocknen gibt man einen Tropfen der zu untersuchenden Lsg. auf das Papier u. hält über konz. HCl. Ein orangegelber Fleck mit einem schwachgelben Ring zeigt Cu an. Es stören nur wenige Kationen. Die Erfassungsgrenze ist 0,03 μg Cu bei einer Grenzkonz. von 1 : 430000. Bei Durchführung der Rk. auf der Tüpfelplatte beträgt die Erfassungsgrenze 0,025 μg Cu bei einer Grenzkonz. von 1 : 10^6. *Nachw. von Cu, Pd, Bi* nebeneinander: die Metalle werden papierchromatograph. getrennt (Entwickler Isopropanol : Butanol zu 5n HCl = 90 : 90 : 20) u. dann mit I nachgewiesen. *Spektralphotometr. Best. von Pd*: Dazu wurde die alkoh. Lsg. der aus I u. Pd gebildeten Verb. bei p_H 1,4—2,8 u. 450 mμ photometriert. Die Empfindlichkeit beträgt 0,009 μg Pd/cm^2. Vf. zeigt die Gültigkeit des Beerschen Gesetzes bis zum Pd-Geh. von 12 p.p.m. Vf. bestimmt die Absorptionskurve im Bereich von 430—520 mμ. Weiterhin untersucht Vf. den Einfl. der A.-Konz. u. der I-Konz. sowie den Einfl. des p_H. Unter den angegebenen Bedingungen war die gefärbte Lsg. über 24 Std. stabil. Die Pd-Best. wird gestört durch: Cu(II), Bi(III), Au(III), Hg(I), Hg(II), Fe(III), VO_3^- sowie durch größere Menge Ni, Cr, W u. Mo. Verss., in entsprechender Weise Cu quantitativ zu bestimmen, führten nicht zum Ziel. (Z. analyt. Chem. **163.** 182—87. 1958. Calcutta, Indian Assoc. for the Cultivat. of Sci., Dep. of Inorg. Chem.) L. Schwiegk. G 365

b) Organische Verbindungen.

Tetsuro Kôno, *Eine automatische Methode zur Mikroelementaranalyse.* Ein Verf. für die automat. Regulierung der Verbrennung bei *C-*, *H-*, *N-*, *S-* u. *O-*Bestimmungen wird beschrieben, das darin besteht, daß der 8 cm lange bewegliche Ofen bei einer Druckzunahme im Verbrennungsrohr automat. angehalten wird. Ein Ventil verhindert weiterhin das Zurückschlagen bei schneller Verbrennung oder Verdampfung. Die Probe kann ihrer Größe u. Verbrennungsart gemäß erhitzt werden. Die einzelnen Bestimmungsmethoden werden genau beschrieben. (Mikrochim. Acta [Wien] **1958.** 461—81. Tokyo, Univ., Dep. of Agric. Chem.) E. Dehmlow. 5352

Bruce E. Buell, *Eine direkte flammenphotometrische Bestimmung von Bor in organischen Verbindungen.* Die flammenphotometr. Best. von *Bor* in Schmierölen u. anderen organ. Verbb. kann nach Lösen der Probe in 2 Lösungsmittelgemischen A u. B durch Emissionsmessung bei 519,5 mμ u. Vgl. mit Eichproben erfolgen. Die beiden Lösungsmittel A [Propanol-(2) u. Waschbenzin 1 : 1] u. B (Verdünnen von 50 g „300 neutral oil" mit A auf 500 ml) werden mit den Proben so gemischt, daß die Viscosität stets den gleichen Wert hat. — Größere Mengen von Na stören. In diesem Falle werden Eichkurven für B u. Na bei 519,5 u. 600 mμ aufgenommen. Durch Emissionsmessungen bei beiden Wellenlängen u. Vgl. mit Eichkurven u. -proben können B u. Na bestimmt werden. B-Gehh. bis hinab zu 0,1% können mit 1—2% relativer Abweichung bestimmt werden. (Analytic. Chem. **30.** 1514—17. Sept. 1958. Brea, Calif., Univ Oil Co. of California, Res. Dep.) E. Dehmlow. 5352

D. M. West und **D. A. Skoog,** *Oxydation einiger organischer Verbindungen mit Normallösungen von fünfwertigem Vanadin. Vanadin(V)* kann in saurer Lsg. als Titriermittel für verschied. organ. Verbb. dienen, wobei es in *V(IV)* übergeht. Die Lsg. wird gegen Mohrsches Salz unter Verwendung von N-Phenylanthranilsäure als Indicator eingestellt. Die Oxydation wird mit einem V(V)-Überschuß durch Erwärmen auf dem Wasserbad u. Rücktitration gegen Mohrsches Salz durchgeführt. *Ameisensäure* wird langsam angegriffen, Essigsäure bleibt dagegen unverändert. *α-Hydroxysäuren* werden quantitativ zu CO_2 u. der nächstniedrigeren Carbonsäure oxydiert. Unter geeigneten Bedingungen können *Äthylenglykol, Glycerin* u. *Propandiol-(1.3)* zu Ameisensäure quantitativ oxydiert werden, ohne daß diese weiter zers. wird. Bei der Oxydation von Malonsäure u. Propandiol-(1.2) treten keine einfachen stöchiometr. Verhältnisse auf. (Analytic. Chem. **31.** 583—86. April 1959. Stanford, Calif., Univ., Dep. of Chem. and Chem. Engng.) E. DEHMLOW. 5364

D. M. West und **D. A. Skoog,** *Analyse verdünnter wässeriger Glycerinlösungen mit fünfwertigem Vanadin.* (Vgl. vorst. Ref.) Die *Glycerin*-Lsg. wird 1 Std. mit überschüssiger 0,3n VO_2^+-Lsg. (in H_2SO_4-W. 1 : 9) auf dem sd. Wasserbad erwärmt, verd., gekühlt, mit konz. H_2SO_4 versetzt u. das überschüssige V(V) wird gegen 0,12n MOHRsche Salzlsg. zurücktitriert. Die Meth. gibt im Konzentrationsbereich 17—31 mg/10 ml gute Werte. Bei größeren Konzz. oder einem zu großen VO_2^+-Überschuß werden infolge teilweiser Oxydation der entstehenden Ameisensäure zu hohe Werte gefunden. (Analytic. Chem. **31.** 586—88. April 1959. Stanford, Calif., Univ., Dep. of Chem. and Chem. Engng.) E. DEHMLOW. G 580

Robert Main Burton, *Die Bestimmung von Glycerin und Dihydroxyaceton.* Übersicht. Best. von Glycerin durch HJO_4-Oxydation zu CH_2O, gegebenenfalls nach chromatograph. Abtrennung anderer Polyole u. Zucker, u. CH_2O-Best. mit Chromotropsäure; Best. von Dihydroxyaceton durch Rk. mit Resorcin-konz. HCl. — 6 Literaturangaben. (Methods Enzymol. **3.** 246—49. 1957. Bethesda, Md., Nat. Insts. of Health.) K. MAIER. G 690

J. E. Varner, *Chromatographische Analyse organischer Säuren.* Übersicht. Säulenchromatographie organ. Säuren (**I**) an Silicagel aus n-Butanol–Chlf.-Gemischen, Papierchromatographie von **I** als Anionen mit alkal. Entwickler. — 6 Literaturangaben. (Methods Enzymol. **3.** 397—403. 1957. Columbus, O., State Univ.) K. MAIER. G 800

Ernest Bueding, *Die chromatographische Trennung flüchtiger Fettsäuren.* Übersicht. Trennung flüchtiger C_1—C_6-Säuren (**I**), teilweise Trennung von Pentansäuren u. α.β-ungesätt. Pentensäuren durch Verteilungschromatographie, anschließende Herst. von p-Bromphenacylderivv. flüchtiger **I.** — 4 Literaturangaben. (Methods Enzymol. **3.** 367—72. 1957. New Orleans, La., State Univ.) K. MAIER. G 800

Simon Black, *Eine mikroanalytische Methode für Essigsäure und andere flüchtige Säuren.* Übersicht. Best. durch Mikrodiffusion u. Ae.-W.-Verteilung. — 5 Literaturangaben. (Methods Enzymol. **3.** 263—66. 1957. Bethesda, Md., Nat Inst. of Health.) K. MAIER. G 800

H. A. Barker, *Trennung, Identifizierung und Bestimmung niederer Fettsäuren.* Übersicht. Abtrennung der flüchtigen Fettsäurefraktion, Tieftemperaturdest., Trennung der Fettsäuren (**I**) eines Gemisches, Papierchromatographie der C_1—C_9-**I**, Identifizierung u. Best. flüchtiger **I.** — 27 Literaturangaben. (Methods Enzymol. **3.** 372—82. 1957.) K. MAIER. G 800

Cecil Entenman, *Herstellung und Bestimmung höherer Fettsäuren.* Übersicht. Colorimetr. Best. von Fettsäuren (**I**) nach Dichromat–H_2SO_4-Oxydation, $Ag_2Cr_2O_7$-Oxydation u. Thiosulfattitration, Best. veresterter **I** als Fe(III)-Salze von Hydroxamsäuren, Titration unveresterter **I**, titrimetr. **I**-Best. (Verseifung, **I**-Extraktion). — 27 Literaturangaben. (Methods Enzymol. **3.** 317—28. 1957. San Francisco, Calif., U. S. Naval Radiol. Defence Labor.) K. MAIER. G 800

Edmond S. Perry, *Die Molekulardestillation von Lipiden und höheren Fettsäuren.* Übersicht. Apparaturen zur Molekulardest. von Fettsäuren u. Lipiden, Methoden. — 26 Literaturangaben. (Methods Enzymol. **3.** 383—91. 1957. Rochester, N. Y., Distillation Prods. Inds.) K. MAIER. G 800

Aage Jart, *Die Chemie der Dicarbonsäuren.* 1. Mitt. *Eine neue Methode zur quantitativen Bestimmung der Malonsäure.* Die neue spektrophotometr. Meth. zur Best. der *Malonsäure* (**I**) beruht auf der Bldg. einer gefärbten Verb. beim Erhitzen mit Acetanhydrid, deren Absorptionsmaximum bei 345 mμ liegt. Die Best. wird durch Citronensäure gestört, dagegen stören kleine Mengen Oxal- u. Bernsteinsäure nicht. A u s f ü h r u n g : Die Probe (ca. 10 mg) wird mit 5 ml Acetanhydrid 1 Std. auf 110 ± 0,1° erhitzt. Nach dem Abkühlen auf Raumtemp. wird mit einer geeigneten Menge Eisessig verd. u. die Extinktion der Lsg. bei 345 mμ gegen einen Blindvers. gemessen. (Acta chem. scand. **12.** 1437—43. 1958. Copenhagen, Danish Fat Res. Inst.) K. F. MÜLLER. G 820

Brahama D. Sharma und **A. B. Biswas,** *Röntgenstrahlenbeugungsuntersuchung von n-Alkylmalonsäuren.* Vff. haben die Pulverdiagramme einer homologen Reihe von n-Alkylmalonsäuren (*Methyl-* bis *Octadecyl-*) aufgenommen. Die Ergebnisse sind in Tabellen zusammengefaßt. Die Möglichkeiten zur Identifizierung organ. Verbb. auf

Grund ihres Röntgendiagramms u. die möglichen Komplikationen werden erörtert. (Analytic. Chem. **30.** 1356—61. Aug. 1958. Poona, India, Nat. Chem. Labor.)
H.-U. WOELK. G 820

H. Huhn und **E. Jenckel,** *Über die titrimetrische Bestimmung von Maleinsäure und Maleinsäureanhydrid nebeneinander.* Zur Best. von *Maleinsäure* (I) u. *Maleinanhydrid* (II) nebeneinander wird zunächst die Gesamtacidität mit wss. NaOH ermittelt. Eine andere Probe wird mit $NaOCH_3$ in Methanol/Bzl. titriert, wobei **I** 2 Mol u. **II** nur 1 Mol (Bldg. des Na-Salzes des Monomethylesters) verbrauchen. Die Einstellung der $NaOCH_3$ erfolgt mit Benzoesäure u. **I** in absol. Methyläthylketon. Bei der Analyse von Mischpolymerisaten von **I** u. **II** u. viel Styrol gelang die Aufteilung in **I** u. **II** nur bei Gehh. von über 1% Gesamtmaleinsäure. Die nicht wasserlösl. Prodd. wurden (in Methyläthylketon) mit $NaOCH_3$ u. nach vollständiger Hydrolyse ein 2. Mal mit $NaOCH_3$ titriert. (Z. analyt. Chem. **163.** 427—29. 1958. Aachen, TH, Inst. für theoret. Hüttenkunde u. physik. Chem.)
E. DEHMLOW. G 820

Shiro Akabori und **Kihachiro Uehara,** *Herstellung und Analyse von Dihydroxymaleinsäure und Hydroxybrenztraubensäure.* Übersicht. Dihydroxymaleinsäure: Herst. durch Oxydation von Weinsäure, Best., Eigg.; Hydroxybrenztraubensäure (I): Herst. von Brombrenztraubensäure u. Hydrolyse zu I. — 3 Literaturangaben. (Methods Enzymol. **3.** 249—53. 1957. Osaka, Univ.)
K. MAIER. G 870

J. Przybylska, Z. Kociałkowski und **M. Wiewiórowski,** *Beitrag zur Methode der chromatographischen Bestimmung von Aminosäuren auf Filterpapier.* Es wird eine detaillierte Vorschrift zur rechromatograph. Trennung der 18 wichtigsten Aminosäuren gegeben. Die erste Trennung erfolgt eindimensional mit n-Butanol + Essigsäure + W. (4 : 1 : 5), die weitere Aufteilung wird auf Rundfilter vorgenommen: *Glutaminsäure* u. *Threonin* mit Pyridin + 80%ig. Essigsäure + W. (6 : 1 : 1,5), *Methionin, Valin* u. *Tryptophan* mit Methanol u. *Lysin* u. *Histidin* eindimensional mit Butanol + 3%ig. NH_4OH (3 : 1). Die Anfärbung erfolgt mit 0,4%ig. aceton. Ninhydrinlsg. mit Zusatz von $CoCl_2$. Die Flecken sind auch gegen Licht beständig. Längere Fixierung mit $MgSO_4$ u. Na_2SO_3 nach Entw. mit 0,4%ig. aceton. Isatinlsg. verursacht schwächere u. unbeständige Färbung. (Roczniki Nauk rolniczych, Ser. A **79.** 1—17. 1958. Poznań, PAN, Zakł. Hodowli Roślin.)
F. URBAN. G 950

F. Parisi, C. Palombi und **G. Funes,** *Technik und Grenzen der chromatographischen Bestimmung von Proteinhydrolysaten.* An Hand der vorliegenden Literatur berichten Vff. über Nachweis- u. Bestimmungsverff. der Aminosäuren eines Proteins. Der Nachw. erfolgt durch zweidimensionale Papierchromatographie, die Best. des größten Teils der *Aminosäuren* durch eindimensionale Papierchromatographie mit gepufferten Lösungsmitteln. Die Best. von *Lysin, Arginin* u. *Histidin* erfolgt nach dem Verf. der selektiven Retention auf Carboxylharzen, die von *Tyrosin* u. *Tryptophan* durch Ablesungen der alkal. Hydrolysate im UV-Licht. Verlust ca. 2%. Als Beispiele werden eine Reihe von analyt. Daten von Lsgg. reiner Aminosäuren u. der aus 2 Stämmen von Saccharomyces cerevisiae erhaltenen Aminosäuren gegeben. — 74 Literaturzitate. (Chim. e Ind. [Milano] **38.** 398—403. Mai 1956. Milano, Labor. Ricerche della Soc. „Distillerie Italiane".)
C. GOTTFRIED. G 950

Ed. Hofmann und **Gg. Hoffmann,** *Eine Methode zur Erkennung phenolischer Körper auf Papierchromatogrammen.* Zum Nachw. von *Phenolen* auf Papierchromatogrammen wird empfohlen, die Streifen mit einer 0,3%ig. methanol. Lsg. von *2.6-Dibromchinonchlorimid* u. nach dem Trocknen mit einer 0,1%ig. $NaHCO_3$-Lsg. zu besprühen. Starke, meist braune bis blaue Farb-Rk. ergaben *Hydrochinon, Resorcin, Brenzcatechin, Phloroglucin, Pyrogallol, Gallussäure,* α- u. *β-Naphthol, o-* u. *m-Kresol, o-* u. *m-Xylenol, Arbutin, Guajacol* u. *Thymol.* Schwach reagierten *Phenol, p-Kresol* u. *Tyrosin,* während *p-Hydroxybenzaldehyd* keine Rk. zeigte. (Naturwissenschaften **45.** 337—38. 2. Juli-H. 1958. Weihenstephan, TH München, Hauptvers.-Anst. für Landwirtschaft.)
E. MOISAR. G 1060

F. Feigl und **E. Jungreis,** *Farbfleckprobe zur Reinheitsprüfung von N.N'-Dialkylanilinen.* In *Dialkylanilinen* können *Anilin* (I) u. *Monoalkylanilin* (II) als Verunreinigungen auftreten. Zur Prüfung wird in wenig Ae. gelöst, mit Urotropin (III) versetzt, der Ae. verdampft u. das durch ein mit NESSLERs Reagens getränktes Filtrierpapier bedeckte Reagensglas auf ein sd. Wasserbad gebracht. **I** u. **II** reagieren bei 100° mit **III** unter NH_3-Entwicklung. 5 γ **I** u. 10 γ **II** in einem Tropfen Probe können noch festgestellt werden. Zur Prüfung auf **I** allein wird ein Tropfen der äther. Lsg. auf mit äther. p-Dimethylaminobenzaldehydlsg. getränktes Filterpapier gebracht. (Chemist-Analyst. **47.** 64. Sept. 1958. Rio de Janeiro, Minist. da Agric., Labor. da Produçao Miner.)
H. DEHMLOW. G 1310

Fritz Fromm, Rita Wilhelm und **Ellen Jane McGrady,** *Die Bestimmung von Pyrrol.* Bei der Meth. von GUEST u. MCFARLANE (Canad. J. Res., Sect. B **17.** [1939.] 133) zur Best. von *Pyrrol* (**I**) entsteht derselbe Farbstoff wie bei der Originalmeth. von FROMM (Mikrochemie **17.** [1935.] 141). Die Rk. verläuft jedoch nur vollständig, wenn 10 Min. unter Rückfluß dest. wird; da das Absorptionsmaximum bei 500—520 mμ liegt, soll die Messung nicht bei 680 mμ erfolgen. Ausführung: Die bis zu 40 mg **I**/Liter enthaltende Probelsg. in 0,5% ig. Essigsäure wird mit 0,2 ml 0,5% ig. Isatinlsg. in Eisessig u. 1 ml konz. HCl versetzt, mit 95% ig. A. zu 10 ml ergänzt u. 10 Min. unter Rückfluß erwärmt. Nach dem Abkühlen wird die Extinktion bei 520 mμ gegen 10 ml eines Gemisches aus 0,2 ml 0,05% ig. Isatinlsg. + 1 ml konz. HCl + Auffüllvol. 95% ig. A. gemessen. Thiophen u. Carbazol stören nicht. (Proc. Pennsylvania Acad. Sci. **30.** 108—10. Sept. 1956. Pittsburgh, Pa., Mount Mercy Coll., Chem. Dep.) K. F. MÜLLER. G 3081

Richard Neu, *Trennung von Chalkonen, Flavanonen und Flavonolen durch Chromatographie an Polyamiden.* Polyamid eignet sich als Adsorbens zur Trennung der *Chalkone* (**A**) von den entsprechenden ringgeschlossenen Verbindungen. Zur Trennung von **A** u. *Flavanonen* (**B**) werden letztere nach Adsorption mit W., wss. A. oder wss. Aceton eluiert; die **A**-Derivv. verbleiben hierbei im oberen Säulenende u. können mit absol. Methanol herausgelöst werden. Auf gleiche Weise konnten *2-Hydroxy-*, *4'-Hydroxy-*, *4'-Methoxy-* u. *3'-Methoxy-4'-hydroxyflavanon* von den entsprechenden **A**-Verbb. sowie gleichfalls *Butin* u. *Butein* voneinander getrennt werden. Am Gemisch *Quercetin* (**I**)–*Dihydroquercetin* (**IV**) konnte eine Trennung von Flavonol u. Flavanonol erfolgreich durchgeführt werden. Nach Aufbringen der äther. Lsg. auf die Säule wurde zuerst mit 20—30% ig. A. das **II** u. anschließend das **I** mit reinem A. in papierchromatograph. reiner Form desorbiert. (Nature [London] **182.** 660. 6/9. 1958. Karlsruhe, Dr. Willmar Schwabe GmbH., Chem. Labor.) E. MOISAR. G 3211

A. A. Benson, *Papier- und Säulenchromatographie von Zuckerphosphaten.* Übersicht. Filterpapierchromatographie (Grenzen der Meth., Papierreinigung, Nachweis- u. Trenngrenzen): Nachw. von Zuckerphosphaten (**I**) auf Papier (Phosphat, Säure, Zuckerreagentien, Neutronenaktivierung), Hydrolyse von Phosphatestern (**II**) (Elution, Phosphatasehydrolyse), chromatograph. Lösungsmittel, R_F-Werte u. Lagekonstanten von **II**; Chromatographie von **I** an Austauschharzen. — 19 Literaturangaben. (Methods Enzymol. **3.** 110—29. 1957. Pennsylvania State Univ., State Coll.) K. MAIER. G 3400

c) Bestandteile von Pflanzen und Tieren.

Jan-Erik Edström, *Bestimmung organischer Verbindungen unterhalb der Mikrogrammgrenze. Ribonucleinsäure und ihre Bausteine.* Als Zusammenfassung seiner bzgl. Arbeiten behandelt Vf. die Isolierung einzelner Zellen aus frischen oder nach CARNOY fixierten Geweben (Nerven) mit Glasnadeln unter Paraffinöl, die mkr. Best. ihrer Voll., das Extrahieren der Ribonucleinsäure (RNS) einzelner Zellen unter Öl mit einer Lsg. von 0,4 mg *Ribonuclease* in 1 ml Phosphat- oder NH_4HCO_3-Acetatpuffer (p_H 7,6; 3 mal mit Mikorpipette) u. das Übertragen des Extrakts auf ein Cellophanstreifchen (40 μ breit) oder eine Quarzscheibe; Hydrolyse des Extrakts mit n- oder 3n HCl bei 26° (18 Std.) bzw. 40° (24 Std.) in freie *Mononucleotide* bzw. *Purinbasen* u. *Pyrimidinnucleotide*, deren mindestens 0,5% ig. Lsg. in einem viscosen Puffer auf eine Stelle einer Kunstseidenfaser gebracht u. durch Elektrophorese (2000—6000 V/cm bei p_H 3,5 bzw. unter 1) getrennt wird; Mikrophotometrieren der Extrakte u. ihrer Spaltprodd. unmittelbar oder ihrer UV-Photogramme (257 mμ) u. Berechnen ihrer Mengen u. Konzz. (25—5000 pg RNS mit ±5%, Komponenten aus mindestens 200 pg RNS mit ±7% Genauigkeit). (Microchem. J. **2.** 71—82. 1958. Göteborg, Dep. of Histol.) K. BLUMRICH. 5661

C. Stafford Brandt und **Victor A. Lazar,** *Analyse von getrocknetem pflanzlichem Material mit dem Röntgenstrahlemissionsspektrographen.* Vff. beschreiben eine Meth. zur Best. des Geh. verschied. chem. Elemente (Mn, Co, Zn, Mo) in getrocknetem (70°, 48 Std.) u. zerkleinertem pflanzlichem Material mit dem Norelco-Röntgenstrahlspektrographen. Die Konz. des zu bestimmenden Elements wird aus dem Verhältnis der Strahlungsintensität dieses Elementes zur Streustrahlungsintensität ermittelt; u. zwar wird der Winkel, auf den das Goniometer eingestellt wird, um die Strahlung des betreffenden Elements aufzufangen, als Konzentrationsmaß angesehen. Die Streustrahlungsintensität bezieht sich auf einen linienfreien Bereich. Die Strahlungsintensitäten werden mit Zählrohr gemessen. Aus der Anzahl Stöße je Sek. wird das Verhältnis der Linien- zur Streustrahlungsintensität errechnet. Die Konz. des Elements wird einer Eichkurve entnommen, die unter Verwendung von chem. analysiertem pflanzlichem Material erhalten worden ist u. das Linien–Streustrahlungsintensitäts-Verhältnis als Funktion des Geh. an dem

Element (in p.p.m.) darstellt. Diese Beziehung ist eine Gerade u. ergibt sich nach F/S = a + b·C (C-Konz.), a u. b sind Konstanten, die sich aus der Extrapolation der Geraden gegen 0 u. aus ihrer Neigung ableiten lassen. An Proben von Alfalfagras, Lupine, Astragalus, Erdbeere wird die Reproduzierbarkeit der Meth. geprüft u. eine befriedigende Übereinstimmung mit den durch chem. Analyse erhaltenen Werten festgestellt, wenn Proben von gleicher Dicke (0,00025 inch) verwendet werden. Die Meth. ist ohne Veraschung des Materials oder Anreicherung der betreffenden Elemente durchführbar. (J. agric. Food Chem. **6.** 306—09. April 1958. Ithaca, N. Y., U. S. Dep. of Agric., Agric. Res. Serv., U. S. Plant, Soil and Nutrit. Labor.) P. Fahrnlaender. 5664

Albert Niemann, *Zur Bestimmung des Glutamins und Asparagins in Pflanzensäften.* Zur Best. von Glutamin u. Asparagin in Pflanzensäften hydrolysiert Vf. die Lsg. in 1n bzw. 2n HCl (1 : 1) bei 100° u. trennt die Säuren anschließend papierchromatograph. im Syst. Butanol/Eisessig/W. (4 : 1 : 1) oder Phenol (p_H 12) mit nachfolgender Elektrophorese in Acetatpuffer (p_H 3,8). Nach beiden Trennungen wird mit Ninhydrin gefärbt, mit Cu-Reagens stabilisiert, u. die Extinktion der Methanolextrakte bei 510 mμ gemessen. Die Differenz gegenüber den nichthydrolysierten Kontroll-Lsgg. ergibt dann den Amidgehalt. (Naturwissenschaften **45.** 12. 1. Jan.-H. 1958. Hannover, Landwirtschaftl. Forschungsanst. Büntehof.) R. Lenschau. 5666

John R. Clopton, *Die Bestimmung von Cumarin in Gegenwart von Sterinen.* Bei der Best. von *Cumarin* (I) in Süßkleesamen u. anderen Sterine (II) enthaltenden Pflanzenstoffen durch Messung der mit diazotiertem p-Nitroanilin entstehenden Färbung stört **II**, das die gleiche Färbung verursacht. Zur Abtrennung von freiem u. gebundenem **I** läßt man das Samenmehl 1 Std. mit W. befeuchtet, bei Zimmertemp. stehen (Überführung des gebundenen **I** in freies **I** durch Enzymhydrolyse), trocknet, extrahiert ca. 20 mg Samenmehl 16 Std. mit ca. 50 cm³ 95%ig. A., verd. mit dem gleichen A. auf 100 cm³ u. mißt die UV-Absorption bei 275 mμ gegen eine reines **I** enthaltende Vergleichslösung. (J. agric. Food Chem. **6.** 457—59. Juni 1958. Boulder, Colo., Univ. of Colorado, Dep. of Chem.) W. Wesly. 5666

d) Medizinische und toxikologische Analyse.

M. Sasaki, *Eine handliche Mikromethode zur Bestimmung von Aminosäurestickstoff im Blut.* Erweiterte Fassung der in C. **1959.** 8270 referierten Arbeit. (Seikagaku [Biochemistry] **30.** 720—24. 25/12. 1958. Tokushima Daigaku, Igaku-Bu, Seikagaku-Kyōshitsu. [Orig.: japan.]) F. Mossner. 5727

D. Lohmann, *Eine einfache Methode zur Bestimmung von Aminosäuren in kleinen Blutserummengen.* Durch Kombination von Papierelektrophorese, Papierchromatographie u. Colorimetrie lassen sich aus 2—3 ml Blutserum 12 Aminosäuren trennen u. quantitativ bestimmen. Das Serum wird mit der dreifachen Menge absol. A. versetzt, der Nd. abzentrifugiert, die Lsg. bei 37° eingedampft, der Rückstand nochmals mit absol. A. aufgenommen, der 20% n-HCl enthält, der Nd. erneut abzentrifugiert u. die Lsg. eingedampft. Der Rückstand wird in n/10 HCl gelöst u. auf Schleicher & Schüll-Papier 2043b (13×29 cm), das mit Pufferlsg. (5 ml Eisessig, 50 ml Pyridin, ad 500 ml W., p_H 6) getränkt ist, 7 Std. bei 175 V u. 40 mA der Elektrophorese unterworfen. Auf einem schmalen Streifen des Papieres läßt sich durch Anfärben mit Ninhydrin feststellen, wie weit die 3 Fraktionen (bas., neutrale u. saure Aminosäuren) gewandert sind. Auf dem Hauptstreifen werden die entsprechenden Papierteile ausgeschnitten u. eluiert. Die Einzelfraktionen werden für sich auf Papier chromatographiert (Schleicher & Schüll 2043b, 42 Std. Laufzeit, Butanol–Eisessig–W. 4 : 1 : 1 als Fließmittel). Als Sprühreagens dient Ninhydrin. Die Flecke werden mit Methanol eluiert u. nach Überführung in die Cu-Komplexe photometriert. Die Fehlergrenze der Best. wird mit ±10% angegeben. Die Meth. hat den Vorteil, daß man mit sehr geringen Blutmengen auskommt. Die Meth. ist gut brauchbar, um das Verh. der Aminosäuren des Blutserums nach Eiweißbelastungen zu untersuchen. (Dtsch. Z. Verdauungs- u. Stoffwechselkrankh. **18.** 95—104. Aug. 1958. Leipzig, Univ., Med. Klinik.) E. Lück. 5728

T. Nakada, *Über die Bestimmung von Cholesterin durch die Anthronreaktion.* Nach Best. des freien *Cholesterins* (I) in mit Aceton–A. u. Isopropylalkohol vorbehandeltem *Blutserum* von Gesunden wird die Fällung von I-*Digitonid* durchgeführt. Die *Digitonid*-Suspension gibt mit *Anthron* (III) eine charakterist. Grünfärbung mit Extinktionsmaximum bei 625 mμ, wenn das Reagens tropfenweise zugesetzt wird. — Die Durchschnittswerte (mg/cm³) des im Serum von 10 Personen gefundenen Gesamt-I betrugen 1,478, die des freien I 0,438. (Tokyo Jikeikai med. J. **72.** 471—77. 1/3. 1957. Tōkyō Jikeikai-Ika-Daigaku, Yakurigaku-Kyōshitsu. [Orig.: japan.]) F. Mossner. 5728

Heinrich Kraut und **Ingrid Bertelsmeier,** *Zur enzymatischen Mikrobestimmung der Milchsäure in Blut und Harn.* Vff. beschreiben eine enzymat. Mikrobest. der Milchsäure im Harn u. Blut, die auf der von LEHMANN u. ORSKOV vormals entwickelten Bestimmungsmethodik beruht. Dabei wird die Milchsäure nach LEHMANN durch Hefe dehydriert, wobei $K_3Fe(CN)_6$ als Wasserstoffacceptor dient. Das dabei gebildete $K_4Fe(CN)_6$ wird nun nicht mit Cerisulfat gegen Setoglaucin 0 als Redoxindicator titriert, sondern colorimetr. als Preußischblau ausgewertet. Zur Best. der Milchsäure im Blut muß dieses mit Trichloressigsäure enteiweißt werden. Die dabei auftretenden Milchsäureverluste, zwischen 3—20%, werden vermieden, wenn die Milchsäure in einer Schüttelapp. mit Ae. extrahiert wird. Daran schließt sich die Best. nach LEHMANN an. (Int. Z. angew. Physiol. einschl. Arbeitsphysiol. **17.** 133—43. 17/4. 1958. Dortmund, MPI für Ernährungsphysiol.)
G. MAYR. 5732

L. Wilkinson, *Optimalbedingungen bei der Säure–Dichromatmethode zur Bestimmung von Äthanol in Körperflüssigkeiten.* Die Reaktionsgeschwindigkeit (RG) von $K_2Cr_2O_7$ u. A. wurde bei 20^0 in 5—37n H_2SO_4 untersucht. Zwischen 18,5 u. 23 n liegen die optimalen Bedingungen. Die RG steigt mit der $Cr_2O_7^{2-}$-Konzentration. Auch bei *Formaldehyd, Acetaldehyd, Methanol, Äthylacetoacetat, Na-Salicylat, Ae., Aceton* u. *Äthylchlorid* hängt die RG von der Säurekonz. ab, so daß die verwendete Analysenmeth. in Ggw. dieser Verbb. ein Kompromiß darstellt. Die Best. erfolgt am besten in CONWAY-Mikrodiffusionszellen mit 0,05n $Cr_2O_7^{2-}$-Lsg. u. 10n H_2SO_4, wobei die Störungen (außer durch Methanol u. Acetaldehyd) kaum ins Gewicht fallen. (Analyst. **83.** 390—96. Juli 1958. Christchurch, New Zealand, Dominion Labor.) E. DEHMLOW. 5764

Hartmann & Braun Akt.-Ges., Frankfurt/M. (Erfinder: **Karl-Heinz Winterling,** Königstein), *Analyse von Gasgemischen mittels infraroter Strahlung* mit einem IR-Strahler (I), einer mit dem zu analysierenden Gemisch gefüllten Kammer (Analysenkammer; II) sowie einer aus zwei Abteilen bestehenden Filterkammer (III), deren eines Abteil mit einem strahlungsdurchlässigen Gas gefüllt ist, während das andere mit dem Gas gefüllt ist, dessen Konz. in dem Gemisch bestimmt werden soll, u. bei der ein Teil der Strahlung die **II** u. das eine Abteil der **III**, ein anderer Teil der Strahlung die **II** u. das andere Abteil der **III** durchsetzt, u. die nach Durchsetzen der Kammern sich ergebenden Strahlungsintensitäten der beiden Teile in einem Empfänger verglichen werden, dad. gek., daß **I, II, III** u. Empfänger als koaxiale Zylinder ausgebildet sind. (**D. B. P. 946 853** Kl. 42 l vom 12/9. 1954, ausg. 9/8. 1956. Anmeldung bekanntgemacht 16/2. 1956.)
W. v. HUHN. 5087

Chemische Werke Hüls Akt.-Ges. (Erfinder: **Edgar Ebbinghaus**), Marl, *Bestimmung der Zusammensetzung von Gasgemischen* (I) durch Messung der durch ein elektr. Feld bewirkten Veränderung der Wärmeabfuhr eines mit dem **I** in Berührung stehenden erhitzten Körpers, gek. durch ein Meßrohr, das außen auf seiner Wandung zwei symm. Heizdrahtwicklungen trägt u. innen, nur einer der beiden Heizdrahtwicklungen gegenüberstehend, eine Elektrode besitzt. (**D. B. P. 970 488** Kl. 42 l vom 11/11. 1953, ausg. 25/9. 1958. Anmeldung bekanntgemacht 26/4. 1956.) W. v. HUHN. 5087

Office Nationale d'Études et de Recherches Aéronautiques O.N.E.R.A., Chatilon-sous-Bagneux (Erfinder: **Karl Luft,** Massy), Frankreich, *Messung des Gehaltes eines Gasgemisches an paramagnetischem Gas,* bes. O_2, wobei das zu untersuchende Gemisch in den homogenen Teil eines von einem Magneten erzeugten magnet. Feldes (I) eingeführt wird u. dann das Gemisch, dessen magnet. Susceptibilität durch örtliche Erhitzung im **I** verändert wird, in mindestens zwei Gasströme (**II**) aufgeteilt wird, die sich in entgegengesetzter Richtung vom Inneren des homogenen Teiles des **I** aus nach außen in die nicht homogene Zone des **I** bewegen u. dabei an mindestens zwei elektr. Drähten (**III**), die als Widerstandsthermometer dienen, entlangstreichen, wobei diese **III** zweckmäßigerweise gleichzeitig zur Erzeugung der die Susceptibilität verändernden örtlichen Erhitzung dienen, dad. gek., daß die **III** derart längs der in entgegengesetzter Richtung fließenden **II** angeordnet sind, daß einer dieser **III** mit denjenigen Teilen jedes der beiden **II** zusammenarbeitet, die sich in der inneren Zone des **I** befinden, der andere **III** mit denjenigen Teilen jedes der beiden **II** zusammenarbeitet, die sich in der äußeren Zone des **I** befinden, so daß die entgegengesetzt gerichteten, von innen nach außen fließenden **II** einen Unterschied in den mittleren Tempp. der beiden **III** hervorrufen, während ein durch therm. Konvektion hervorgerufener, von außen in das **I** eintretender u. letzteres vollständig durchquerender **II** keine wesentliche Differenz in den mittleren Tempp. der beiden **III** hervorruft. (**D. A. S. 1 023 610** Kl. 42 l vom 20/2. 1956, veröff. 30/1. 1958. F. Prior. 21/2. 1955.) W. v. HUHN. 5087

Alfred F. Parmelee, Kansas City, Mo. (Erfinder: **William C. Darby,** Santa Maria, Calif.), V. St. A., *Herstellung einer Kohlenoxydanzeigemasse,* die aus einer Pd-Chlorid u.

Alizarinsulfonate, bes. Alizarinrot S, oder o-Tolidin enthaltenden Lsg. durch Absorption auf einem organ. Trägerstoff, bes. Kieselsäuregel, anschließendes Trocknen u. Erhitzen gewonnen ist, dad. gek., daß der Lsg. zusätzlich CuCl, gegebenenfalls zusammen mit einem anderen Chlorid, z. B. NaCl, u. als zweiter Farbstoff Guineagrün zugesetzt wird. (**D. A. S. 1 026 556** Kl. 42 l vom 11/5. 1954, veröff. 20/3. 1958.) W. V. HUHN. 5087

Auergesellschaft Akt.-Ges. (Erfinder: **Walter Lemcke**), Berlin, *Herstellung einer zur Füllung von CO-Spürröhrchen bestimmten Masse*, die auf einem Träger wie SiO_2-Gel, aufgetragenes Jod–Jodpentoxyd u. rauchende H_2SO_4 enthält, dad. gek., daß eine Lsg. von J_2O_5 in rauchender H_2SO_4 mit freiem J_2 versetzt u. zu einer gelben Anlagerungsverb. umgesetzt wird u. daß die so entstandene klargelbe Lsg. auf ein Kieselsäuregel aufgetragen wird, das vorher mit Jodsäure imprägniert u. scharf getrocknet wurde. (**D. A. S. 1 019 106** Kl. 42 l vom 15/5. 1953, veröff. 7/11. 1957.) W. V. HUHN. 5089

Auergesellschaft Akt.-Ges. (Erfinder: **Hermann Heidrich**), Berlin, *Gleichzeitiger quantitativer Nachweis von Schwefelwasserstoff und Schwefelkohlenstoff* in der *Luft* mittels der Rk. zwischen Plumbiten oder Stanniten einerseits u. Formaldehyd (I) andererseits, dad. gek., daß die zu prüfende Luft zunächst durch eine H_2S-absorbierende u. dabei sich umfärbende Prüfröhrchenschicht (II), z. B. mit Bleisalz beladenes Kieselgel, u. dann durch eine II geleitet wird, in der Kieselgel enthalten ist, das mit alkoh. oder wss. Alkalilauge u. Plumbit (bzw. Stannit) beladen ist, u. daß unmittelbar vor dem Durchleiten der Luft 40%ig. wss. I-Lsg. in die Schichten eingeführt wird. (**D. A. S. 1 031 545** Kl. 42 l vom 10/11. 1955, veröff. 4/6. 1958.) W. V. HUHN. 5089

Ernst Bayer, Gaschromatographie. Berlin, Göttingen, Heidelberg: Springer. 1959. (VIII + 163 S. m. 86 Abb.) 8° = Anleitungen f. d. chemische Laboratoriumspraxis. Bd. 10. DM 39,60.

M. Brezina and **Peter Zuman,** Polarography in medicine, biochemistry and pharmacy. rev. english ed. New York: Interscience. 1958. (883 S. m. Abb.) 8°. $ 19,50.

Gerhart Jander und **Hildegard Wendt,** Hrsg., Einführung in das anorganisch-chemische Praktikum einschließlich der quantitativen Analyse. 4. u. 5. verb. Aufl. Leipzig: Hirzel. 1958. (XX + 465 S. m. 50 Abb., e. Kunstdrucktaf. u. e. mehrfarb. Spektraltaf.) 8°. DM 11,—.

Walter Koch, Siegfried Eckhard und **Friedrich Stricker,** Die lichtelektrische Spektralanalyse der Gase im Stahl. Als Ms. gedr. Köln, Opladen: Westdeutscher Verl. 1958. (53 S. m. Abb.) 4° = Forschungsberichte d. Wirtschafts- u. Verkehrsministeriums Nordrhein-Westfalen. Nr. 600. DM 15,10.

Walter Koch und **Hanns Malissa,** Beiträge zur Spurenanalyse im Reinsteisen. Als Ms. gedr. Köln, Opladen: Westdeutscher Verl. 1958. (25 S.) 4° = Forschungsberichte d. Wirtschafts- u. Verkehrsminsteriums Nordrhein-Westfalen. Nr. 630. DM 7,60.

H. Malissa und **A. A. Benedetti-Pichler,** *Monographien aus dem Gebiete der qualitativen Mikroanalyse.* Band I: *Anorganische qualitative Mikroanalyse.* Wien: Springer-Verlag. 1958. (333 S. m. 55 Abb.) DM 49,—.
Dieser Band (Vff. H. MALISSA, Düsseldorf, u. A. A. BENEDETTI-PICHLER, New York) eröffnet die Monographienreihe aus dem Gebiete der qualitativen Mikroanalyse (Herausgeber BENEDETTI-PICHLER). Hauptsächlich als Ratgeber für Analytiker gedacht, werden darin nach einer Einführung die allg. Arbeitsmethoden, die Nachweisproben für Substanzeinsätze der Größenordnung Gramm bis Submikrogramme, spezielle Nachww. (Empfindlichkeitstabellen) u. die Ausführung von Analysen (Vorprüfung, Analysengang, Trennungsgänge für Kat- u. Anionen, Unters. von Stahl, Gemälden, Glas u. Keramik, Staubteilchen u. Nachw. von Elementen in organ. Material) dargestellt. Die Ausführlichkeit der stofflichen Behandlung u. die vorgesehenen Folgebände (Qualitative organ. Analyse; Mechan. Manipulatoren in der chem. Analyse. Mikrogramm-Arbeiten) kommen dem Praxisbedarf analyt. arbeitender Chemiker entgegen. HEINZ WALTER.

H. Angewandte Chemie.

I. Allgemeine chemische Technologie.

Giovanni Monte, *Die Bedeutung des Kesselsteines in Wärmeaustauschern.* Wärmeaustauscher an Beuch- u. Bleichkesseln können durch Kesselsteinabscheidungen zu einer verlängerten Ankochzeit von 2—3 Std. führen, was einer Produktionserniedrigung um von 30—50% je nach Länge der Behandlungszeit führen kann. Ein Verf. zur Beseitigung des Kesselsteins mittels HCl 1 : 3 unter 1% Zusatz einer Sparbeize zur Verhinderung des Säureangriffes am Eisenkessel (z. B. Hexamethylentetramin = Urotropin) schont dabei die Kesselwände des Wärmeaustauschers. Die Arbeiten während eines Großvers. werden geschildert u. die entsprechenden Titrationskurven angegeben. (Melliand Textilber. **39.** 1148—51. Okt. 1958.) W. BERNARD. 5814

U. Wesser und **G. Mardus,** *Zum Wärmeübergang in Wirbelschichten.* Messungen der Wärmeübergangszahlen von einem Heizkörper auf reines W. oder auf eine Schüttschicht oder auf eine Wirbelschicht aus Glaskugeln von ca. 1—6 mm Durchmesser mit W. als Aufströmmedium ergeben, daß sich die Abhängigkeit der Wärmeübergangszahl von der Anströmgeschwindigkeit für ruhende Schüttschicht u. Wirbelschicht durch eine Formel erfassen u. mit derjenigen für das reine Strömungsmedium berechnen läßt, weil

sich der Wärmeübergang aus einer reinen „Wasserkomponente" (Primärströmung) u. einer „Kugelkomponente" (Sekundärströmung) zusammensetzt. Die Wärmeübergangszahl für die Wirbelschicht ist kleiner als für die ruhende Schüttschicht. (Chemie-Ing.-Techn. **29.** 332—35. Mai 1957. Berlin, TU, Inst. für Verfahrens- u. Kältetechn.)
R. JUNGE. 5816

Mizuho Sugihara, Masato Nishimura und **Takao Yamauchi,** *Darstellung verschiedener Anionenaustauscher aus Styrol-Divinylbenzol-Mischpolymerisat.* Kugelförmiges Mischpolymerisat aus Styrol–Divinylbenzol wird 6 Std. bei Ggw. von $SnCl_4$ mit Chlormethyläther bei 58° behandelt, wobei etwa eine Chlormethylgruppe pro aromat. Kern eingeführt wird, u. dann mit verschied. Aminen aminiert. Die Prodd. sind schwach oder stark bas. u. als Anionenaustauscher geeignet. Die Aminierung mit Polyäthylenpolyaminen führt zu schwach bas. Austauschern, während die Prodd. durch Aminierung mit Trimethyl- bzw. Dimethyläthanol- oder Triäthanolamin gute, stark bas. Austauscher sind. Die Verwendung von Methyläthylketon bei der Aminierung als Quellmittel ergab gute Ergebnisse. (J. chem. Soc. Japan, ind. Chem. Sect. [Kōgyō Kagaku Zassi] **61.** 809—12. Juli 1958. Ôsaka, Siritu-Kôgyôkenkyûzyo. [Orig.: japan.])
E. MAEKAWA. 5826

E. Schumann, *Bewertung von Anionenaustauschern, Rieselern und Mischbettaustauschern für den Betrieb von Vollentsalzungsanlagen.* Der Verlauf einiger Kenngrößen (p_H-Wert, Leitfähigkeit, m-Wert, Chloridschlupf, Aufnahme von SiO_2 u. CO_3^{2-}) von schwach bas. Anionenaustauschern, die Rückspülgeschwindigkeit, Höhe des Steigraums sowie der Luftbedarf u. die beste Einordnung von Rieselern wird ermittelt u. bewertet. Für Cl^- u. SO_4^{2-} wird eine unterschiedliche NVK (nutzbare Volumenkapazität) gefunden. Bei temperaturbeständigen, stark bas. Anionenaustauschern zeigt der SiO_2-Schlupf eine Abhängigkeit vom Kieselsäureangebot. Die ursprüngliche NVK für SiO_2 wird durch mehrmalige Regeneration mit 5%ig. NaOH erreicht. — 19 Abbildungen. (Brennstoff. Wärme. Kraft **10.** 526—33. Nov. 1958. Essen, TÜV.) G. HAHN. 5826

H. Trawinski, *Behandlung fester Stoffe in Flüssigkeitssuspensionen.* In der Verfahrenstechnik der mechan. Trennvorgänge in Phasenmischsystemen kann man zwei elementare Prozeßtypen unterscheiden. Dem Entmischungstyp, der als charakterist. Maßgröße die Flächenbelastung hat, gehören z. B. die Sedimentation im Schwerefeld, im Zentrifugalfeld u. die Filtration an. Der Reaktionstyp ist wegen seines kugelsymm. Ablaufs in Mikrobereichen (z. B. bei Fällungs-Rkk., bei der Kristallisation usw.) raumerfüllend u. hat die mittlere Aufenthaltszeit als Maßgröße. Überlagerung beider Typen kann z. B. in Wirbelschichten, bei der Flotation u. beim Flockungsklärprozeß eintreten. Hierbei sollten dann beide Vorgänge getrennt betrachtet u. die Überlagerung durch einen %-Ansatz errechnet werden. (Chemie-Ing.-Techn. **29.** 330—32. Mai 1957. Wiesbaden, Dorr-Oliver GmbH.) R. JUNGE. 5828

József Turba, *Experimentelle Bestimmung der Filtrationskonstante und der äquivalenten Filtratmenge in diskontinuierlich arbeitenden Flüssigkeitsfiltern und nicht preßbaren Filterkuchen.* Beschreibung der Versuchsanlage, Arbeits- u. Berechnungsmeth. zur Best. der Filtrationskonstante, äquivalenten Filtratmenge, Filtratstärke u. des optimalen Filtertuchs. (Magyar Kémikusok Lapja [Z. Ver. ung. Chemiker] **13.** 143—46. April 1958. Vegyipari Gépek és Mezögazdasági Iporok Tanszék Gépkisérleti Állomás.)
G. HALMI. 5830

Carl-Olov Elvingsson, *Filtertücher.* Übersicht über Filtertücher zur Luftreinigung. (Tekn. Tidskr. **89.** 99—106. 30/1. 1959. Stockholm.) S. BECKMANN. 5850

K. Kan, *Die Anwendung von Freon-30 als Wärmeüberträger.* Vf. bringt die physikal.-chem. Kennzahlen von Freon-30 (I; CH_2Cl_2). Aus den theoret. Betrachtungen über die Oberflächen der Wärmeaustauschapp. bei Anwendung verschied. Wärmeüberträger folgt, daß bei —40° u. einer Geschwindigkeit der Substanz von 1 m/sec bei gleicher Wärmeübertragung die Oberfläche des App. bei Anwendung von I nur 0,336 des Wertes bei Anwendung von $CaCl_2$ beträgt. Der Durchmesser der Leitungsrohre ist bei Anwendung von I größer als mit $CaCl_2$ oder NaCl. Auf Grund der Ergebnisse wird die Anwendung von I für tiefe u. mittlere Tempp. empfohlen. (Холодильная Техника [Kälte-Techn.] **35.** Nr. 6. 22—26. Nov./Dez. 1958. Zentr. Konstruktionsbüro für Kältemaschinenbau.)
OTTO MAIER. 5858

I. V. Robu, *Beiträge zur Kenntnis des Mechanismus der „Stufenextraktion".* Die Konzz. x an gelöstem Stoff in den einzelnen Stufen (1···i) einer Extraktion stehen zu der angewandten Menge Lösungsm. in der Beziehung $(d\,x_i/d\,S) + (K/a)\,x_i = (K/a)\,x_{i-1}$. Dabei ist x (y) die Konz. an gelöstem Stoff in der stationären (mobilen) Phase, entsprechend a (S) die Menge Lösungsm. in der stationären (mobilen) Phase. Die Gleichung wird im Beispiel einer 5stufigen Extraktion für die Berechnung von x u.

y = K x ausgewertet. Die erhaltenen rechner. Ergebnisse werden experimentell nachgeprüft. (Rev. Chim. [Bucureşti] **8.** 566—71. Sept. 1957.) R. K. MÜLLER. 5862

Martin Uhlmann, *Automatische Regelanlagen in der Destillationstechnik.* Die Grundbegriffe der Regelung, das dynam. Verh. an Hand der Übergangsfunktion u. des Frequenzganges, die Ortskurvendarst. der dem Verh. zugrunde liegenden Differentialgleichungen nach OPELLT, werden erläutert. Auf die zunehmende Anwendung von Transmittern u. elektron. Regelung wird hingewiesen. Als Einsatz für die Vollautomatisierung werden die Gaschromatographie u. u. a. auch der Dampfdruckschreiber nach KUNDT u. MÜLLER eingesetzt. Ein Schema der Automatisierung eines WINKLER-Wassergasgenerators wird angegeben. — 14 Abb., 2 Literaturstellen. (Chem. Techn. **9.** 449—55. Aug. 1957.) M. GRENACHER. 5864

Günther Matz, *Fließbettsublimation, ein neues Trennverfahren.* Die Vakuum- oder Trägergas–Fließbett-Sublimation stellt ein Trennverf. für temperaturempfindliche Substanzen mit einem Dampfdruck über 0,5 Torr bei der Arbeitstemp. dar. Der Sublimator ist entweder eine einfache Fließbett- oder Bodenkolonne. Die „quasi-verflüssigte" Phase besteht aus einem inerten Feststoff als Fließmittel u. der zu sublimierenden Substanz. Der nicht sublimierte Rückstand wird mit dem Fließmittel ausgetragen. Die Vorteile dieses Verf. sind kontinuierliche Arbeitsweise u. besserer Wärmeübergang im Sublimator. Es werden die Grundlagen sowie die techn. Einzelheiten des Verf. behandelt u. auf die Adsorptionssublimation im Fließbett u. die Vakuum–Fließbett-Sublimation ausgedehnt. (Chemie-Ing.-Techn. **30.** 319—29. Mai 1958. Wuppertal-Elberfeld, Bayer AG., Werk Elberfeld.) R. MAAS. 5866

Asahi Chemical Industries Co. Ltd., Osaka, Japan (Erfinder: **Yoshio Tsunoda** und **Maomo Seko),** *Kationenaustauschermembrane* von hoher elektr. Leitfähigkeit u. mechan. Widerstandsfähigkeit. Aus einer Mischung einer anpolymerisierten, $>10\%$ des Monomeren enthaltenden Vinylverb. (Styrol, Vinyltoluol, α-Methylstyrol) u. einer $<50\%$ enthaltenden Polyvinylarylverb. (Divinylbenzol, Divinylxylol, Trivinylbenzol) oder eines Polyolefins (Butadien, Isopren, Cyclopentadien) wird, gegebenenfalls mit einem Weichmacher u. einem Katalysator, zu Filmen polymerisiert u. der Film sulfoniert. (**E. P. 794 426** vom 7/10. 1954, ausg. 7/5. 1958.) O. STEIL. 5827

Schüchtermann & Kremer-Baum Akt.-Ges. für Aufbereitung, Dortmund (Erfinder: **Hanns Stern,** Dortmund, und **Heinrich Maiwert,** Marl), *Zerstörung von Schwimmaufbereitungsschaum* oder dgl. bei gleichzeitiger Eindickung auf einen höheren Feststoffgeh. durch Anprall gegen eine in kurzem Abstand gegenüber der Eintrittsstelle des Schaumes angeordneten festen Prallplatte u. Absaugung des aus den blasenfrei gewordenen Gases aus dem Behandlungsraum. Die Absaugung findet über einen im Behandlungsraum angeordneten Hohlkörper statt, dessen Wandung vorwiegend aus Filtergewebe besteht u. der mit einem Filtratabzug versehen ist. Die Relativbewegung zwischen Schaumschlamm u. Hohlkörperoberfläche wird so hoch gehalten, daß sich keine Feststoffe auf der letzteren absetzen können. — Vorr., Zeichnung. (**D. A. S. 1 040 982** Kl. 1c vom 6/6. 1957, veröff. 16/10. 1958.) W. HAUSWALD. 5829

Büttner-Werke Akt.-Ges. (Erfinder: **Fritz Baunack** und **Wilhelm Mook,** Offleben), Krefeld-Uerdingen, *Verbesserung des Entstehungsgrades von Elektrofiltern* in Anwendung als pneumat. Trockner, wobei ein Teil des Heizgasstroms (**I**), nachdem derselbe 50% des Wärmeinhalts abgegeben hat, abgezweigt u. unmittelbar in das Elektrofilter geleitet wird u. dieser **I** mit dem in das Trocknerrohr zurückzuführende oder mit frischem Naßgut in innige Berührung gebracht wird. (**D. A. S. 1 017 146** Kl. 12e vom 9/6. 1956, veröff. 10/10. 1957.) A. HEINSEN. 5831

Socony Mobil Oil Co., Inc., New York, N. Y. (Erfinder: **Abraham Shapiro,** Pasadena, Calif.), V. St. A., *Abtrennen von sauren, gasförmigen und flüchtigen Stoffen aus Gasgemischen und flüssigen Kohlenwasserstoffen* durch Behandeln mit wss. Amin-Lsgg. u. Erhitzen zum Sieden, dad. gek., daß nach dem Erhitzen wenigstens ein Teil der Aminlsg. in einer Diaphragmazelle einer Elektrolyse unterworfen wird, wobei die Elektrolyse bes. so geführt wird, daß ein Teil der Aminsalze, bes. 0,5—6 Gew.-%, nicht elektrolyt. zers. wird. Der der Elektrolyse zu unterwerfende Teil der Aminlsg. kann durch die Kathodenabteile einer Batterie von elektrolyt. Zellen mit zwischen den Elektroden angeordneten durchlässigen Scheidewänden geleitet werden, während durch die Anodenabteile der Zellen eine wss. Säurelsg. geführt wird. Um den Fluß von ungeladenen Moll. durch die Scheidewände auf ein Minimum herabzusetzen, kann die D. der Säurelsg. durch Zusetzen von W. so eingestellt werden, daß sie unter der D. des Katholyten bleibt, u. die Höhe des Katholytspiegels mit Bezug auf diejenige des Anolytspiegels kann so geregelt werden, daß eine geringe hydrostat. Druckdifferenz von dem Katholyten zum Anolyten vorhanden ist. — *Reinigen von Gasen oder fl. KW-stoffen.* — Zeichnung. (**D. A. S. 1 038 537** Kl. 12g vom 4/8. 1956, veröff. 11/9. 1958.) W. MATTHAES. 5849

Paul Herbelot, Frankreich, *Elektrische Gasreinigung* zum *Entstauben von Gasen* in einem zylindr. Gefäß, in welchem zwischen den von dem Gas durchströmten Zylindern an Stelle des in üblicher Weise verwendeten schwammartigen Metalls akt. Kohle angeordnet ist. Diese erfüllt den Zweck, die restlichen festen u. fl. Anteile aus dem Gas zu entfernen u. gleichzeitig die Abtrennung des bei der Reinigung auftretenden Ozons zu bewirken. — 2 Zeichnungen. — Vgl. F. P. 963 621; C. **1950.** II. 2721. (**F. P. 1 029 116** vom 5/12. 1950, ausg. 29/5. 1953.) M. F. MÜLLER. 5851

Paul Herbelot, Frankreich, *Entfernung von Ozon aus Luft* in 2 Arbeitsgängen. Die zu behandelnde Luft wird zunächst durch COTTRELL-Röhren geleitet, in denen sie eine fast vollständige Reinigung erfährt. In dem zweiten Arbeitsgang wird die vorgereinigte Luft durch ein zweites ionisiertes elektr. Feld geleitet, welches aus hochgespannten feinen Drähten in planparalleler Fläche gebildet wird. — Zeichnung. (**F. P. 66 769** vom 3/8. 1954, ausg. 10/9. 1957. **Zusatz zu F. P. 1 029 116; s. vorst. Ref.**) M. F. MÜLLER. 5851

Dipl.-Ing. Willi Pater, Lochham bei München, *Auswaschen und Gewinnen von SO_2* u. gegebenenfalls *anderen,* schwach lösl., *sauren Gasen* aus diese Stoffe enthaltenden Gasgemischen (z. B. Rauchgasen) durch Behandeln dieser Gase mit W. u. einer Waschapp., dad. gek., daß die mit SO_2 u. anderen Gasbestandteilen schwach angereicherte Lsg. in einer Entgasungsanlage durch Anwendung von Wärme u./oder Vakuum vom SO_2 befreit wird u. daß die anfallende Lsg., die noch Teile der aus dem Gas aufgenommenen Bestandteile, bes. von SO_2, enthält, einem Ionenaustauscher zugeführt u. von hier wieder zur Waschapp. zurückgeleitet wird u. die vom Ionenaustauscher aufgenommenen Bestandteile wiedergewonnen werden. Als Wasch-Fl. kann W., dann eine geringe Menge Alkalien [Soda, NaOH oder $Ca(OH)_2$] zugesetzt ist, verwendet werden. (**D. A. S. 1 030 315** Kl. 12i vom 12/4. 1954, veröff. 22/5. 1958.) E. MIESSGANG. 5853

Gesellschaft für Linde's Eismaschinen Akt.-Ges., Höllriegelskreuth (Erfinder: **Ernst Karwat,** Pullach), *Katalytische Verbrennung von Kohlenwasserstoffen in Luft* vor deren Zerlegung durch Tiefkühlung bei erhöhter Temp. vor oder nach der Verdichtung der Luft auf Zerlegungsdruck. Die Luft wird auf die Temp. der katalyt. Umsetzung mit der Verbrennungswärme eines Brennstoffes erwärmt u. nach der katalyt. Umsetzung durch Verdampfen von W. u. gegebenenfalls weiterem Wärmeaustausch mit W. auf die Ausgangstemp. abgekühlt. — Vorr., Zeichnung. (**D. A. S. 1 047 809** Kl. 17g vom 12/9. 1957, veröff. 31/12. 1958.) H. JASS. 5857

Gesellschaft für Linde's Eismaschinen Akt.-Ges., Höllriegelskreuth (Erfinder: **Rudolf Becker,** München), *Gaszerlegung, vorzugsweise Luftzerlegung mittels Tieftemperaturrektifikation* unter Anwendung einer 2stufigen Rektifikationssäulenanordnung. Das zu zerlegende Gasgemisch, bes. Luft, wird bei einem oberhalb des bei einem Zweistufenprozeß üblichen Gasdrucks liegenden Druck von bes. ca. 9—12 atü vorzerlegt. Die hierbei gewonnene tiefer sd. Gaskomponente, bes. der N_2, wird zur Kälteerzeugung ganz oder teilweise entnommen u. arbeitsleistend entspannt. — Vorr., Zeichnung. (**D. A. S. 1 041 989** Kl. 17g vom 4/7. 1957, veröff. 30/10. 1958.) H. JASS. 5859

Gebrüder Sulzer Akt.-Ges., Winterthur, Schweiz, *Betrieb einer Anlage zum Tiefkühlen,* gegebenenfalls Verflüssigen von Gas mit hoher, bei 0^0 u. Atmosphärendruck mindestens $3{,}00 \cdot 10^{-4}$ cal·cm^{-1}·sec^{-1}·Grad^{-1} betragender Wärmeleitzahl, z. B. H_2 oder He, welche Anlage einen Unterdruckwärmeisolierbehälter (I) für gegen Wärme zu schützende Teile der Anlage, z. B. Wärmeaustauscher, Expansionsturbinen usw., enthält. In den I wird ein Schutzgas (N_2, CO_2) mit geringer, bei 0^0 u. Atmosphärendruck höchstens $0{,}6 \cdot 10^{-4}$ cal·cm^{-1}·sec^{-1}·Grad^{-1} betragender Wärmeleitzahl eingeleitet u. in dem Behälter unter einem Druck von 10^{-3} bis 10^2 mm Hg gehalten. — Vorr., Zeichnung. (**D. A. S. 1 041 991** Kl. 17g vom 21/11. 1956, veröff. 30/10. 1958. Schwz. Prior. 15/11. 1956.) H. JASS. 5859

Rütgerswerke Akt.-Ges., Frankfurt/M., *Teilweise oder vollständige Verdampfung von heterogenen Flüssigkeitsgemischen.* Die verschied. Phasen werden getrennt oder gemeinsam aus einem Sammelgefäß, z. B. dem Sumpf einer Destillationskolonne, abgezogen u. nach Mischen miteinander durch einen Verdampfer geführt, aus dem das Kondensat abgeleitet wird; die verschied. fl. Phasen können dem Verdampfer in solchen Mengen zugeführt werden, daß sich azeotrope Dampfgemische bilden. — Vorrichtung. — Vgl. F. P. 1 137 554; C. **1958.** 14447. (**E. P. 787 688** vom 17/8. 1955, ausg. 11/12. 1957. D. Prior. 20/9. 1954.) K. DEMMLER. 5865

North Thames Gas Board, London, England (Erfinder: **Keith Gordon Haig**), *Kristallisieren.* Um in Kristallisiergefäßen die Wände von Ansätzen freizuhalten, werden

Rührer bzw. Kratzer verwendet, die aus zwei rechtwinklig zueinander verlaufenden u. um die Stoßkante drehbaren Bändern bestehen. — Abbildungen. (**E. P. 788 183** vom 18/4. 1955, ausg. 23/12. 1957.) O. STEIL. 5869

Soc. An. Française du Ferodo, Frankreich, *Reibungsmasse für Bremsbeläge u. Kupplungen*, bestehend aus 5—30% eines Kohlenstoffprod., z. B. amorpher oder graphit. Kohle oder verkokbarer Steinkohle, u. aus 40—70% eines Pulvers von leicht schmelzbaren Metallen, z. B. Sn oder Pb, sowie von Cu, Bronze, Messing, Fe, Zn oder Cr. Die Steinkohle hat einen Geh. von mehr als 5%, bes. 12—20%, flüchtigen Stoffen. — Ein Pulvergemisch, enthaltend 29 (%) SiO_2, 44 Cu, 2 Sn, 9 Fe u. 16 Steinkohle, wird gemahlen u. in eine Form eingepreßt. Danach wird die Form unter Druck 20 Min. bei 450° erhitzt. Das Formprod. hat nach dem Abkühlen eine D. von 3—3,5 u. einen Reibungskoeff. von 0,35—0,40 je nach der jeweiligen Temperatur. — In einem weiteren Beispiel werden die 29% SiO_2 ersetzt durch 20 (%) Graphit u. 9 Mo-Sulfid. Das Prod. hat dann einen Reibungskoeff. von 0,25. — Vgl. F. P. 1 072 729; C. **1956.** 14456. (**F. P. 1 147 956** vom 7/12. 1955, ausg. 2/12. 1957.) M. F. MÜLLER. 5893

United States of America, Washington, D. C. (Erfinder: **Henry Ward Alter,** Danville, Calif., **John K. Davidson,** Wheaton, und **Richard S. Miller,** Silver Spring, Md.), V. St. A., *Brennstoff für Kernreaktoren* besteht aus einer festen Lsg. von PuO_2 in UO_2, wobei das Verhältnis U : Pu 2—99 : 1 beträgt. Zur Herst. wird aus einer wss. HNO_3-Lsg., die U(VI)- u. Pu(IV)-Ionen enthält, mit NH_4OH Ammoniumdiuranat u. hydratisiertes PuO_2 ausgefällt, danach wird filtriert, mit Aceton gewaschen, getrocknet u. mindestens 1 Std. bei 600—1000° calciniert. (**D. A. S. 1 049 013** Kl. 21g vom 22/4. 1958, veröff. 22/1. 1959. A. Prior. 4/6. 1957.) H. KESSEL. 5895

Stichting Reactor Centrum Nederland, Den Haag, und **Stichting voor Fundamenteel Onderzoeg der Materie,** Utrecht (Erfinder: **Jan Jacobus Went,** Arnhem), Holland, *Kernreaktor* wird zur Aufrechterhaltung eines hohen Konversionsfaktors so entworfen u. das anfängliche Verhältnis zwischen den Mengen an Moderator u. Spaltstoff so gewählt, daß die Empfindlichkeit der Kern-Rk. für Schwankungen des genannten Mengenverhältnisses minimal ist. Der Reaktor wird durch Änderung des genannten Verhältnisses krit. gehalten. (**Schwz. P. 326 347** vom 23/11. 1954, ausg. 31/1. 1958. **F. P. 1 113 681** vom 23/11. 1954, ausg. 3/4. 1956. **Belg. P. 533 615** vom 24/11. 1954, ausg. 9/5. 1958. **E. P. 755 598** vom 22/11. 1954, ausg. 22/8. 1956. Alle Holl. Prior. 25/11. 1953.) H. KESSEL. 5895

Siemens-Schuckertwerke Akt.-Ges., Berlin und Erlangen (Erfinder: **Hermann Kumpf,** Erlangen), *Druckwasserreaktoranlage.* Der Reaktor hat 2 getrennte Primärkreisläufe, die über hintereinandergeschaltete Wärmetauscher an den Arbeitsmittelkreislauf angekoppelt sind u. von denen der eine mit Druckwasser beaufschlagt ist, während der andere mit einem gasförmigen oder in die Gasphase übergeführten Medium beaufschlagte Kreislauf im Innern des Reaktordruckgefäßes ein eigenes Heizsyst. besitzt, das den Reaktorkern durchdringt u. Brennstoffelemente enthält. (**D. A. S. 1 051 425** Kl. 21g vom 7/3. 1958, veröff. 26/2. 1959.) H. KESSEL. 5895

Kernreaktor Bau- & Betriebs-G. m. b. H. (Erfinder: **Peter Dosch,** Karlsruhe, **Julius Schierenbeck,** Heidelberg, und **Heinrich Schultz,** Göttingen), *Pneumatisch-hydraulische Steuerung von Kernreaktoren.* In Standrohre eingebrachte u. mit diesen in den Reaktor eingebaute geschlossene oder glockenförmige Schwimmer aus Absorbermaterial oder aus Absorbermaterial mit Al-Überzug werden durch Änderung des Flüssigkeitsstandes in den Standrohren oder in den Schwimmerglocken je nach der gewünschten Regelung mehr oder weniger tief in der Moderatorraum eingetaucht. (**D. A. S. 1 050 925** Kl. 21g vom 20/4. 1957, veröff. 19/2. 1959.) H. KESSEL. 5895

Ministerul Energiei Electrice si Industriei Electrotehnice, Rumänien, *Unmittelbare Erzeugung elektrischer Energie aus Kernreaktionen.* Einem Kernreaktor entnommene oder außerhalb durch radioakt. Isotope ionisierte Metalldämpfe (bes. Hg-Dampf) werden mit Überschallgeschwindigkeit (Venturirohre) durch ein magnet. Querfeld getrieben. Zur Stromabnahme dienen Querelektroden. Die Aufprallflächen sind mit fl. Metall gekühlt, das zur Wärmerückgewinnung dient. (**F. P. 1 161 079** vom 30/7. 1956, ausg. 20/8. 1958.) H. KESSEL. 5895

Kurt Diebner, Hamburg, *Messung des Neutronenflusses* oder der Neutronendichte im Innern oder in den Außenbereichen eines Kernreaktors. Von einer Ionenquelle gewonnene Ionen mit hohem Einfangquerschnitt für Neutronen werden durch evakuierte Hohlräume im Innern des Reaktors hindurchgesandt, dabei durch Neutroneneinfang z. T. in ihren physikal. Eigg. verändert u. aus dem Strahl eliminiert, während die noch verbliebenen unveränderten Ionen in einem Ionenfänger erfaßt werden. — Durch hochfrequenztechn. Mittel werden die Ionen vor dem Erreichen des Auffängers innerhalb des von Neutronen erfüllten Raumbereiches zu Pendelschwingungen gezwungen, die die Aufenthaltszeit der Ionen in diesem Raumbereich verlängern. (**D. A. SS. 1 031 440** Kl. 21g vom 14/8. 1956, veröff. 4/6. 1958 u. **1 050 924** Kl. 21g [Zusatz-Pat.] vom 16/8. 1956, veröff. 19/2. 1959.) H. KESSEL. 5895

Badische Anilin- & Soda-Fabrik Akt.-Ges. (Erfinder: **Walter Büche,** Ludwigshafen, und **Leo Unterstenhöfer,** Limburgerhof), *Fortlaufende Durchführung chemischer Reaktionen* unter Bldg. gasförmiger oder fl. Prodd., bei dem gasförmige oder fl. Stoffe in Form einer Wirbelsenke bewegt u. in deren Kern andere gasförmige oder fl. Stoffe an beliebiger Stelle eingeführt u. zur Rk. mit den die Wirbelsenke erzeugenden Stoffen gebracht werden, dad. gek., daß die Wirbelsenke durch jenes Medium oder jene Medien erzeugt wird, deren D., bezogen auf ihren Zustand nach dem Eintritt in die Wirbelsenke, höher ist als die D. des in der Reaktionszone vorhandenen Gemisches aus Anteilen des die Wirbelsenke erzeugenden Mediums, bereits entstandenen Reaktionsprodd. sowie den sonstigen, nicht zur Erzeugung der Wirbelsenke dienenden Reaktionsteilnehmern. Die miteinander zur Rk. zu bringenden gasförmigen oder fl. Stoffe können in regelbarer Weise pulsierend einzeln oder insgesamt der Wirbelsenke zugeführt werden. Zur Durchführung einer endotherm. Haupt-Rk. kann mindestens ein Hilfsstoff höherer D., der mit einem Teil der der Reaktionszone zugeführten Bestandteile exotherm reagiert, in solcher Menge zugeführt werden, daß durch die bei der Neben-Rk. frei werdende Wärme die für die Haupt-Rk. erforderliche Temp. aufrechterhalten bleibt. Dabei können die umzusetzenden Stoffe höherer D. insgesamt oder einzeln auf eine über der Reaktionstemp. liegende Temp. vorgewärmt u. anschließend der Wirbelkammer zugeführt werden. Die Rk. kann in mehreren hintereinander durchflossenen Wirbelsenken vorgenommen werden, die einzeln durch das dichtere Medium erzeugt werden, wobei die zentral aus einer Senke austretenden Stoffe, in der Durchflußrichtung gesehen, jeweils dem Kern der nächsten zuströmen. — Oxydation gesätt. KW-stoffe mit O_2 zu ungesätt. KW-stoffen der Olefin- bzw. Acetylenreihe, Chlorierung von Propylen, HCl aus H_2 u. Cl_2. — Zeichnung. (**D. A. S. 1 041 010** Kl. 12g vom 7/5. 1955, veröff. 16/10. 1958.) W. MATTHAES. 5897

Ruhrgas Akt.-Ges., Essen (Erfinder: **Hans Sommers,** Essen), *Durchführung von physikalischen und chemischen Prozessen zwischen feinverteilten Feststoffen und Gasen in ortsfest rotierenden Wirbeln* unter Verwendung von unter der Feststoffschüttung angeordneten Einzeldüsen, dad. gek., daß die Gase mit einer die Fallgeschwindigkeit der gröbsten Teilchen um ein Vielfaches überschreitenden Geschwindigkeit durch in einer Reihe angeordnete Einzeldüsen oder eine entsprechende Schlitzdüse in der Weise zugeführt werden, daß sich eine oder mehrere ortsfest rotierende Wirbelfronten ausbilden, welche den gesamten Querschnitt der Schüttung erfassen. Dem gasförmigen Medium können andere feinverteilte Feststoffe oder fl. Stoffe zugefügt werden. Von einem Kreislauf von feinverteilten Feststoffen, welche durch zwei vertikale Kammern hindurchgeführt werden u. mit gasförmigen Medien aus der 1. Kammer nach oben geführt werden, worauf sie durch die 2. Kammer u. zurück in die erste fließen, kann mindestens eine Kammer als Reaktionsraum verwendet werden. — *Kreislaufprozesse mit Katalysatoren, Wärmeträgern, Reaktionsgut oder Trockengut.* — Zeichnung. (**D. A. S. 1 046 579** Kl. 12g vom 8/2. 1957, veröff. 18/12. 1958.) W. MATTHAES. 5905

Louis de Vries, German-English technical and engineering Dictionary. Suppl. Wiesbaden: Brandstetter. 1959. (XXVII + 386 S.) 8°. DM 45,—.

Om P. Kharbanda, Nomograms for chemical engineers. New York: Academic Press. 1959. (258 S. m. Diagr.) 4°. $ 15,—.

—, Advances in vacuum science and technology. 2 vols. London: Pergamon Pr. 1959. (K.S.) zus. 200 s.

L. M. Batuner und **M. Je. Posin,** *Mathematische Methoden in der chemischen Technik.* Band I. Berlin: VEB Verlag Technik. 1958. (258 S. m. 57 Abb. u. 7 Taf.) DM 17,60.
Kenntnisse der höheren Mathematik sollen dem Chemiker bzw. Chemieingenieur für seine Aufgaben in der Praxis der chem. Technik durch dieses Buch vermittelt werden; deshalb sind stets Beispiele aus der Verfahrenstechnik usw. beigegeben. Ein Vorwort von K. SCHWABE leitet die Ausführungen ein, die im besonderen die Differentialrechnung u. Integralrechnung, die Rechnung mit Hilfe der Reihenanwendung, die Elemente der Vektoranalyse sowie Funktionen mehrerer Veränderlicher betreffen. M. PFLÜCKE.

III. Elektrotechnik.

Franke & Heidecke, Fabrik photographischer Präzisions-Apparate, Braunschweig, *Elektrisch leitende Schichten* auf durchsichtigen Isolierkörpern. Zur Herst. wird ein Metallfluorid oder -sulfat u. ca. 10 Gew.-% hiervon an Erdalkalichlorid (bes. $CaCl_2$)

oder einer anderen hygroskop. Verb. aufgedampft, gleichzeitig oder nacheinander. (**D. A. S. 1 043 436** Kl. 21c vom 19/6. 1956, veröff. 13/11. 1958.) H. KESSEL. 5953

Standard Telephon & Radio Akt.-Ges., Zürich, Schweiz (Erfinder: **George R. Leef**, Millburn, N. J., V. St. A.), *Elektrisch leitende plastische Stoffe* für Impulskabel u. geräuschfreie Gerätekabel enthalten 10—40 (Gew.-%) Polyäthylen, 20 bis 60 Polyisobutylen u. 25—50 Ruß, auch mit 0—5 mikrokrist. Wachs. (**Schwz. P. 323 135** vom 22/3. 1954, ausg. 31/8. 1957. A. Prior. 23/3. 1953.) H. KESSEL. 5953

Sylvania Electric Products, Inc., New York, N. Y., V. St. A., *Herstellen eines Körpers aus halbleitendem Material*, z. B. aus *Germanium oder Silicium*, durch Aufschmelzen von Acceptormaterial, dad. gek., daß im Gemisch von halbleitendem u. Acceptormaterial, z. B. Sb, das einen F. niedriger als das Halbleitermaterial hat, auf den Körper bei einer Temp. aufgeschmolzen wird, bei der das geschmolzene Gemisch mit halbleitendem Material gesätt. ist. (**Holl. P. 86 490** vom 10/6. 1953, ausg. 15/10. 1957. A. Prior. 19/6. 1952.) K. DEMMLER. 5953

Comp. Française Thomson-Houston, Seine, Frankreich, übert. von: **Alfred Rachel Gilbert**, *Organopolysiloxangele*. Zu cycl. Dialkyl- oder Diarylsiloxan, wie Oktamethylcyclotetrasiloxan (I) gibt man 0,05—20 Gew.-% einer Verb. der Formel $O[(CH_3)_2SiO]_3Si(CH_3)CH_2X$ (X = Halogen, Acyloxy- oder Dimethylsulfoniumjodid, z. B. Jodmethylheptamethylcyclotetrasiloxan, Acetoxymethylheptamethylcyclotetrasiloxan, Dimethyl-[heptamethylcyclotetrasiloxanylmethyl]-sulfoniumjodid, Methyl-[heptamethylcyclotetrasiloxanylmethyl]-sulfid) u. einen alkal. Polymerisationskatalysator. — 95 g I u. 6 cm^3 einer wss., 306 mg Tetra-n-butylphosphoniumhydroxyd enthaltenden Lsg. werden 2½ Std. bei 2 μ Vakuum erhitzt, zu 47,8 g dieser Lsg. gibt man 0,2 g Chlormethylheptamethylcyclotetrasiloxan, gibt 20 cm^3 der Mischung in ein Reagensglas, evakuiert zur Entfernung von Luft, läßt in N_2 abkühlen u. hält dann bei 110°. Das erhaltene, in Toluol unlösl. Gel wird 10 Min. in Luft bei 250° zur Zers. des Katalysators gehalten. Die Gele werden in elektr. Apparaten als *Dielektrika* verwendet; so kann man die Vergelung in den Transformatoren vornehmen. (**F. P. 1 134 383** vom 11/5. 1955, ausg. 10/4. 1957. A. Prior. 11/5. 1954.) M. PANKOW. 5957

Elettrorol S. p. A., Bergamo, Italien, *Herstellung von Isolierstoffen für elektrotechnische Zwecke*. Man mischt 5 (%) eines Gemisches von gepulvertem Asphalt, Teer oder Bitumen (mit einem F. von ca. 40°) u. Bindemitteln, wie Teerpech, tier. oder pflanzlicher Leim, mit 95 Füllmitteln, wie gepulvertem Asbest, Bakelit, Baumwollfasern, synthet. Fasern, Marmor, Gips, Sand, schm. u. verpreßt in der Wärme. (**It. P. 493 080** vom 16/2. 1952.) K. KOEBKE. 5957

Soc. An. de Télécommunications, Paris (Erfinder: **Boris Feertchack**, Boulogne), Frankreich, *Herstellung von ferromagnetischen, keramischen Körpern* mit hoher Permeabilität, bes. für hohe Frequenzen. In der M. aus x_1 (Fe_2O_3) + x_2 (Cr_2O_3) + y_1 MnO_2 + y_2 (ZnO) ist $x_1 + x_2 + y_1 + y_2 = 1$ u. $0{,}49 < x_1 < 0{,}61$; $0{,}02 < x_2 < 0{,}06$; $0{,}20 < y_1 < 0{,}27$; $0{,}15 < y_2 < 0{,}27$. Die M. wird bei 3—5 t/cm^2, 3—5 Std. in Luftatmosphäre bei 1220—1320° gesintert u. in zwei Etappen abgekühlt. — Vgl. E. P. 770 838; C. **1959**. 250. (**D. A. S. 1 018 776** Kl. 80b vom 21/5. 1955, veröff. 31/10. 1957. F. Priorr. 23/6. u. 9/12. 1954.) G. FRIKELL. 5959

Centre National de la Recherche Scientifique, Frankreich (Erfinder: **Charles Guillaud, Gérard Villers** und **Max Paulus**), *Keramischer ferromagnetischer Körper* enthält 0,15—15 (bes. 2—5) Mol-% Al_2O_3. (**F. P. 1 153 282** vom 2/5. 1956, ausg. 4/3. 1958.) H. KESSEL. 5959

Ateliers de Constructions Électriques de Charleroi, Belgien, *Magnetisches Material* (γ-Fe_2O_3) erhält man durch Mischen von nadelförmig krist. α-FeO(OH) oder α-Fe_2O_3 u. W. in einem Stahlmischer, wobei sich Fe_3O_4 bildet, das dann durch Trocknen in oxydierender Atmosphäre bei 60—250°, bes. 120°, zu γ-Fe_2O_3 oxydiert wird. Zur Beschleunigung des Redoxvorganges wird in den Stahlmischer ein Reduktionsmittel (H_2) oder ein die Entw. von H^+ bewirkendes Mittel (NaOH) eingebracht. — Z. B. werden 150 (g) Goethit mit 1000 W. 70 Std. gemischt. (**F. P. 1 162 377** vom 27/11. 1956, ausg. 11/9. 1958.) O. KAYSER. 5959

Western Electric Co., Inc., New York, N. Y. (Erfinder: **George William Brady**, Convent Station, und **Steward Samuel Flaschen**, New Providence, N. J.), V. St. A., *Ferroelektrischer Kristall*, z. B. aus $BaTiO_3$, zwischen leitenden Elektroden zur Verwendung als Informationsspeicher oder als wiederholt dielektr. umzupolarisierendes kapazitives Schaltelement, wobei zur Erzeugung einer remanenten Polarisation ein elektr. Potential an die Elektroden gelegt wird. Die Oberfläche des Kristalls trägt zwischen diesem u. den Elektroden dünne Schichten aus prakt. chem. inertem, nicht ferroelektr. Isoliermaterial (z. B. aus MgF_2, Al_2O_3 oder TiO_2), um die Verringerung der Polarisierbarkeit des ferroelektr. Materials zu verhindern. (**D. A. S. 1 044 889** Kl. 21g vom 12/9. 1956, veröff. 27/11. 1958. **F. P. 1 158 022** vom 31/8. 1956, ausg. 6/6. 1958. Beide A. Prior. 8/11. 1955.) H. KESSEL. 5961

W. R. Grace & Co., Cambridge (Erfinder: **Herbert Mark Ellis**, Wayland, und **Alfred Shaines**, Lexington), Mass., V. St. A., *Herstellung von trockengeladenen Platten für Bleiakkumulatoren*, bei welchem Plattensätze aus formierten Platten getrocknet werden, dad. gek., daß als trocknendes Medium ein erhitzter Luftstrom parallel zu den Flächen der Platten vorbeigeführt wird, dessen durchschnittliche Strömungsgeschwindigkeit mehr als 1000 cm/sec beträgt u. eine Mindesttemp. entsprechend der Gleichung $v + 37\,t = 6710$ aufweist, wobei v die durchschnittliche Strömungsgeschwindigkeit in cm/sec u. t die Temp. der Eingangstrockenluft in Grad Celsius bedeutet. (**D. A. S. 1 043 434** Kl. 21b vom 2/8. 1957, veröff. 13/11. 1958. A. Prior. 22/8. 1956.) F. LAASS. 5971

Georg Neumann, Heilbronn, *Ständig gasdicht geschlossene Akkumulatorenzelle* mit alkal. Elektrolyt, bei der der Elektrolyt vollständig in der akt. M. der Elektroden u. in einem Separator aus saugfähigem Werkstoff enthalten ist, der den Zwischenraum zwischen den Elektroden entgegengesetzter Polarität vollständig ausfüllt, dad. gek., daß im Innern der Zelle, unterhalb der Elektroden ein normalerweise freier Raum vorgesehen ist, in dem sich freie Elektrolyt-Fl. sammeln kann, u. daß der Separator so weit nach unten verlängert ist, daß er in die in diesem freien Raum enthaltene Elektrolyt-Fl. eintaucht. (**D. A. S. 1 047 274** Kl. 21b vom 14/8. 1952, veröff. 24/12. 1958.) F. LAASS. 5971

Horst Hanschmann, Landsberg/Lech, *Gewinnung elektrischen Stromes mit Hilfe der Sonnenstrahlung*, gek. durch einen Kreisprozeß, in dem Halogenwasserstoffsäure in einer Oxydations-Red.-Kette mit HNO_3 zu freiem Halogen oxydiert, das freie Halogen in wss. Lsg. durch die Sonnenbestrahlung zu Halogenwasserstoffsäure red. u. die Halogenwasserstoffsäure erneut oxydiert wird. (**D. A. S. 1 048 967** Kl. 21b vom 30/6. 1956, veröff. 22/1. 1959.) F. LAASS. 5971

Litton Industries of California, Beverly Hills, übert. von: **John W. Clark**, Santa Monica, Calif., V. St. A., *γ-Strahlenquelle*, bes. für medizin.-diagnost. Zwecke. Ein Schutzgehäuse mit Strahlenaustrittsöffnung enthält einen γ-Strahler, z. B. ^{170}Tm. β-Strahlen werden zur Vermeidung störender Bremsstrahlung in einen toten Winkel des Gehäuses magnet. abgelenkt. (**A. P. 2 847 581** vom 5/5. 1955, ausg. 12/8. 1958.) H. KESSEL. 5975

United States of America, übert. von: **John W. Schulte**, Los Alamos, und **John F. Suttle**, Albuquerque, N. Mex., V. St. A., *Chemisches Strahlungsdosimeter*. CH_3Cl, CH_3Br, Tetrachlor- oder 1.1.2-Trichloräthan von hoher Reinheit mit einem geringen Geh. an sensibilisierendem O_2, Benzoylperoxyd, Na-Peroxyd oder Nitrobenzol (mindestens 10^{-5} Mol/cm^3) wird bestrahlt. Die dabei auftretende Cl_2-Entw. wird chem.-colorimetr. bestimmt. (**A. P. 2 824 234** vom 4/8. 1953, ausg. 18/2. 1958.) H. KESSEL. 5975

Sylvania Electric Products, Inc., Salem, übert. von: **Keith H. Butler**, Marblehead, und **Laurence Burns**, Swampscott, Mass., V. St. A., *Elektroluminescierender Zinksulfidleuchtstoff kubischer Kristallstruktur*. Ein Gemisch von 1 Mol ZnS u. 0,0004 bis 0,005 g-Atom Cu wird mit 0,02—2,0 (Gew.-%) Sb oder 0,01—0,5 As oder 0,01—0,5 Bi versetzt u. bei 1400—1850° F geglüht. (**A. P. 2 802 792** vom 13/4. 1953, ausg. 13/8. 1957.) R. SCHREINER. 5975

United States of America, übert. von: **Donald C. Reynolds**, Springfield, Ohio, V. St. A., *Photoelement* besteht aus einer n- (oder p-) leitenden CdS-Schicht im Kontakt mit einer p- (oder n-) leitenden Cu_2O-, Cu_2S-, CuS- oder Se-Schicht. Die Deckelektroden sind aus In oder Ga. (**A. P. 2 844 640** vom 11/5. 1956, ausg. 22/7. 1958.) H. KESSEL. 5977

Adrianus J. Dekker, Electrical engineering materials. Englewood Cliffs. New Jersey: Prentice Hall. 1959. (217 S. m. Diagr.) 8°. $ 8,—.

IV. Wasser. Abwasser.

René Monod, *Neue Gesichtspunkte bei der Beurteilung der chemischen Zusammensetzung des Genfer-See-Wassers*. Vf. unterscheidet zwischen der „prim." Verunreinigung des Genfer-See-W., die auf Einleitung von Gebrauchswässern zurückzuführen ist u. zunächst nur örtlich die Seeufer u. die Sedimente beeinflußt, u. der gefährlicheren „sek." Verunreinigung. Es wurde festgestellt, daß weder die räumliche Ausdehnung (Tiefe u. Wasservol.), noch die Strömung oder der O_2-Geh. des Sees eine genügende Selbstreinigung garantieren. — Der Geh. an überschüssigem O_2 u. an NO_2^- verursacht eine übermäßige Vermehrung des Planktons, die noch durch N- u. P-Zufuhr aus Abwässern unterstützt wird. — Vf. empfiehlt zur weiteren Klärung eine systemat. Aushebung u. Unters. der Sedimente aus mehreren Metern Untergrund unterhalb des Seebodens. — 9 Abb. (Kurven), 3 Zahlentafeln. (Bull. Soc. vaudoise Sci. natur. **66.** 377—95. 31/5. 1957. Lausanne, Inst. Galli-Valerio.) H. Eckstein. 6010

M. Zapan und **Elvira Vrăbiescu,** *Herstellung eines Kationenaustauschers (Wasserenthärtungsmittel) aus Erdölkoks.* Ein durch Sulfonierung von Erdölkoks hergestellter rumän. Kationenaustauscher wird in Austauschvermögen u. Wirksamkeit bei der Wasserenthärtung dem sowjet. „Sulfocarbon" gleichwertig gefunden. (Rev. Chim. [Bucureşti] **7.** 654—56. Nov. 1956.) R. K. Müller. 6020

H. Köhle, *Der gegenwärtige Stand der Speisewasseraufbereitung durch Vollentsalzung.* An 4 ausgewählten Beispielen wird die Ausgestaltung von Vollentsalzungsanlagen gezeigt. Auf bestehende Schwierigkeiten wird hingewiesen. — 15 Literaturangaben. (Brennstoff. Wärme. Kraft **10.** 534—36. Nov. 1958. Düsseldorf, Inst. für Wassertechnol.) G. Hahn. 6020

Kurt Reif, *Die Anwendung von Phosphaten bei der Wasseraufbereitung.* Beschreibung der Ortho-, Meta- u. Pyrophosphorsäure u. ihrer Salze. Anwendung: 1. Fällungsverff., vor allem als Korrektivverf. zur Beseitigung der Resthärte nach dem Ionenaustausch. 2. Impfverf. zur Erzeugung einer Schutzschicht in Wasserleitungsnetzen (wenige mg/Liter Phosphat). 3. Im Kesselbetrieb Polyphosphate gegen die Resthärte besser als Orthophosphate, weil infolge langsameren Umsatzes das Speisewasser die Vorratsbehälter u. bes. den Eko schon durchflossen hat, ehe die Schlammausscheidung beginnt (Eko kann man nicht abschlämmen). 4. Bei der Warmwasserbehandlung verhindert ein Zusatz von ca. 2 mg Polyphosphat/Liter die Kristallisationsfähigkeit von Calcitkristallen bis ca. 60—80°; Reinhaltung von Kühl- u. Heizflächen. Angabe der Wirkungsgrenze des Impfverfahrens. (Gas- u. Wasserfach, Ausg. Wasser — Abwasser **99.** 1354—56. 27/12. 1958.) H. Dorsch. 6024

A. E. Griffin, *Entmanganung mit Chlor und Chlordioxyd.* Mn, das in W. häufig zusammen mit Fe vorkommt, läßt sich mit den bei der Enteisenung wirksamen Verff. nicht immer mit genügender Sicherheit entfernen, weil die Oxydation des Mn langsamer erfolgt als beim Fe u. das Fällungsoptimum des Mn(IV)-Oxydhydrates oberhalb p_H 10 liegt. Trotz stattgefundener Entmanganung kann Mn in W. vielerlei Schwierigkeiten verursachen. Die vergleichende Betrachtung der möglichen Entmanganungsverff. zeigt als wirksamstes Oxydationsmittel ClO_2, dessen Reaktionsgeschwindigkeit nicht durch steigende Alkalinität, Anwesenheit von NH_3 u. ClO_2-Überschuß beeinflußt wird. Angesichts des hohen Preises von ClO_2 kann aber auf das billigere Cl_2 trotz dessen geringerer Reaktionsgeschwindigkeit nicht verzichtet werden. Als wirksam u. wirtschaftlich tragbar erweist sich in zahlreichen Fällen die kombinierte Anwendung von Cl_2 u. ClO_2. Die Behandlung erfolgt in der Weise, daß im W. zunächst Fe(II), NH_3, H_2S u. sonstige Substanzen mit Cl_2 oxydiert werden, während anschließend ClO_2 allein für die Beseitigung des Mn angewandt wird. — 1 Abbildung. (J. New England Water Works Assoc. **72.** 321—27. Sept. 1958. Belleville, N. J., Technical Consultant, Wallace & Tiernan, Inc.) M. Gremminger. 6024

Arthur Splittgerber, *Neuester Stand der Erkenntnisse über die Alkalisierung des Hochdruckkesselspeisewassers im Zusammenhang mit der Korrosionsverhütung sowie mit der Turbinenversalzung und Turbinenverkieselung.* Die Korrosion der Hochdruckkessel kann durch hohe Wasserdurchlaufgeschwindigkeit, durch Oxydschichten oder Ölfilme verringert werden. Die Alkalisierung des Kesselspeisewassers ist mit NH_3, $NaPO_4$ oder mit alkal. reagierenden Aminen (Morpholin) durchführbar, aber nicht in jedem Fall unbedingt erforderlich. (Energia és Atomtechn. **10.** 508—16. Dez. 1957.) G. Halmi. 6030

D. E. Voyles und **E. C. Fiss,** *Die Anforderungen an das Wasser für Hochdruckkessel.* Kurze Übersicht über die Verwendung von Kesselspeisewasser mit einem Geh. an gelösten Feststoffen von $<$ 10 mg/Liter unter Berücksichtigung der verschied. Werkstoffe der Kesselüberhitzer, Kondensatoren, Verdampfer u. Entgaser (C-Stahl, Cr- bzw. Cr–Mo-Stahl, Admiralty Bronze u. a.). — Zahlentafel mit Angabe des p_H der Wässer u. des überhitzten Dampfes. Der Cu- u. Fe-Geh. des Reinstwassers liegt durchweg $<$ 0,01 mg/Liter. (Corrosion [Houston] **13.** Nr. 9. 57—58. Sept. 1957. Charlotte, N. C., Duke Power Co.; Car.-Va. Nuclear Power Assoc.) H. Eckstein. 6030

K. Stundl, *Auswirkungen phenolhaltiger Abwässer auf Vorflut- und Grundwasser.* 0,1—0,2 mg Phenol/Liter töten Fische nicht, machen das Fleisch aber ungenießbar. (Einige γ Phenol/Liter Trinkwasser rufen bei Chlorung unangenehmen Geschmack hervor nur wasserdampfflüchtige Phenole nach Meinck u. Spaltenstein). Mehrwertige Phenole wirken wesentlich giftiger als ein- oder 2wertige. Planarien, Daphnien, Gammariden u. Tubifex vertragen 25 mg Reinphenol/Liter viele Std. ohne Schädigung, bei gleichem Phenolgeh. aus Gaswasser starben sie rasch ab. Ciliaten vertragen wesentlich höhere Phenolkonzz., noch höhere ertragen die Bakterien: Biol. Abbau ist bis 2000 mg/Liter möglich (SIERP u. FRÄNSEMEIER). Im Flußwasser werden die Phenole abgebaut; gelangen sie ins Grundwasser durch Versickerung, so entstehen ernst zu nehmende Gefährdungen der Trinkwasserversorgung. Absorption durch die Bodenschichten: Torf nimmt reichlich auf u. hält zu hohen %-Satz fest (50—70%), Lehm nimmt 10% der Phenole auf, mehrwertige stärker als einwertige. Beschreibung eines Freilandvers. u. Ausbreitung des Phenoles nach Bruch einer Ammoniakwasserleitung eines Gaswerkes. (Schweiz. Z. allg. Pathol. Bakteriol. **18.** 1012—17. 1955.) H. DORSCH. 6036

Larry Cook, *Verhinderung von Flußverunreinigungen.* Übersicht über die bereits verwirklichten bzw. vorgenommenen Anlagen zur Aufbereitung von Bergwerksabwässern. — 4 Abb. (Photos). (Mining Congr. J. **44.** Nr. 1. 62—64. Jan. 1958. Ohio Reclamat. Ass.) H. ECKSTEIN. 6036

Jesse M. Cohen, George A. Rourke und **Richard L. Woodward,** *Natürliche und synthetische Polyelektrolyte als Flockungshilfsmittel. Polyelektrolyte* (**I**) sind polymere Elektrolyte (vgl. JOHNSON, C. **1956.** 11127), die anion. (z. B. vom *Acrylamid*-Typ), kation. (z. B. *Polyvinylpyridiniumbutylbromid*) oder nichtion. (kovalenten) Charakter haben können (z. B. *Proteine, Polypeptide* u. a.). — 1. Die anion. **I** sind gute Flockungshilfsmittel in Ggw. metall. Flockungsmittel, wie Al-Sulfat; sie liefern große, dichte Flocken u. erhöhen deren Absetzgeschwindigkeit. — 2. Die kation. **I** können auch direkt als Flockungsmittel wirken, wenn die suspendierten Teilchen negativ geladen sind. Der störende Einfl. des *Na-Tripolyphosphats* u. von *Lignin*-Verbb. bei der Al-Sulfatflockung wird durch sie verdeckt. Sie entfernen in Verbindung mit Al-Sulfat auch Netzmittel vom *Alkylbenzolsulfonat*-Typ aus dem Wasser. Sie sind schließlich auch in der Lage, lebende Organismen, wie gewisse Algen (z. B. *Chlorella*) zu koagulieren. Dagegen sind sie gegenüber entsalzten u. schwach salzhaltigen Wässern unwirksam. — 3. Die nichtion. **I** sind beträchtlich weniger akt. als die beiden erstgenannten. — Alle **I** sind nicht mit allen Wässern in gleichem Maße wirksam; daher sind zur Auswahl des geeigneten **I** stets Vorverss. erforderlich. Ebenso ist die Dosierungsmenge vorher zu prüfen, da Überdosierung Dispersion der Fällung u. mangelhafte Klärung des Reinwassers hervorrufen kann. (J. Amer. Water Works Assoc. **50.** 463—78. April 1958. Cincinnati, Ohio, Rob. A. Taft Gen. Engng. Center.) H. ECKSTEIN. 6042

Ja. A. Karelin und **G. I. Worobjewa,** *Die biochemische Reinigung von Abwässern der Erdölverarbeitungsfabriken.* Die Einw. von *Pseudomonas putida, P. dacunhae* u. *P. species* auf Erdöl bzw. Erdölfraktionen sowie auf einzelne KW-stoffe wird unter aeroben Bedingungen untersucht u. auf die Anwendbarkeit auf die Reinigung ölhaltiger Abwässer geprüft. Als Nährlsg. dient eine Lsg. von 1 g NH_4Cl, 0,5 g K_2HPO_4, 0,5 g KH_2PO_4, 0,01 g $MgCl_2$ u. 1 g NaCl in 1 Liter Wasser. Unzers. bleiben allein die schwersten Erdölfraktionen (Asphalte u. Teere). Wie aus Messungen der O_2-Absorption im WARBURG-App. hervorgeht, werden geradkettige KW-stoffe u. einzelne, niedrigsd. Erdölfraktionen wesentlich stärker oxydiert als aromat. u. cycl. KW-stoffe. Die Zers. der Öle nimmt mit zunehmender Berührungsfläche zwischen Ölschicht u. Luftatmosphäre zu. Bereits nach 3 Tagen ist ein beträchtlicher Teil der Ölhaut zersetzt. Die Unterss. zeigen die Anwendbarkeit der bakteriellen Zers. zur Abtrennung der letzten Ölmengen aus bereits vorgereinigten Abwässern. Die Zers. des Öls verläuft um so intensiver, je geringer die Konz. u. je höher der Dispersionsgrad des Öls im W. ist. Die biochem. Reinigung ist auch zur Reinigung des W. von S-Verbb. bzw. Sulfiden (bis 50 mg S/Liter) geeignet. (Химия и Технология Топлива и Масел [Chem. Technol. Brennstoffe Öle] **1957.** Nr. 10. 29—34. Okt.) H.-E. MESSERKNECHT. 6044

Robert J. Baker und **Attmore E. Griffin,** *Entwicklung der Apparaturen zur Wasserchlorung.* Beschreibung u. Kritik der jodometr. Titration, des *Orthotolidin*-Tests u. der amperometr. Titration des Cl_2, ferner der automat. Kontrolle der Cl_2-Dosierung u. Entchlorung. Verwendung des Redoxpotentials. — 13 Literaturhinweise. (J. Amer. Water Works Assoc. **50.** 489—94. April 1958. Belleville, N. J., Wallace & Tiernan, Inc.) H. ECKSTEIN. 6056

W. Husmann, W. Schoch und **G. Thomaschk,** *Über das Verhalten von Detergentien verschiedener Ionogenität gegenüber der Methylenblaumethode.* Alle als anionakt. charakterisierten Körper reagieren auf die Methylenblaumeth. positiv. Kationogen wirkende Stoffe ergeben nach dem Verf. von MANGANELLI u. CROSBY keinen chloroformlösl. Methylenblaukomplex, auch nichtionogene Detergentien sprechen in den im Abwasser prakt. vorkommenden Mengen auf diese Meth. nicht an. Bei Mischungen von Detergentien entgegengesetzter Ionogenität werden die Ergebnisse nach der genannten

Meth. beeinflußt. Der Einfl. wirkt sich jedoch nicht verhältnisgleich aus. Nichtionogene Detergentien zeigen erst in höheren, im Abwasser nicht üblichen Konzz. bei Zusatz von anionakt. Körpern additive Wirkung. Die gefundenen Analysenwerte geben aber nicht die Summe der jeweiligen wirksamen Substanz wieder. Es findet lediglich eine Summierung der wirklich anionakt. wirkenden Anteile statt. (Vom Wasser **24.** 160—70. 1957.)
H.-E. Klotter. 6068

L. Klein, River Pollution; guide to the chemical analysis. London: Butterworths Sci. 1959. (308 S.) 42 s.

V. Anorganische Industrie.

Albert Regner und **Jan Vosolsobě**, *Aktivitätsbestimmung des Vanadinkatalysators für die Schwefelsäureproduktion.* An drei industriellen Vanadinkatalysatoren wurden Aktivitätsmessungen vorgenommen. Die ermittelten Werte waren bei gegebener Temp. vom Konversionsgrade unabhängig. Bei Katalysatorenpaaren, welche nach dem gleichen Verf. u. aus denselben Rohstoffen hergestellt wurden, kann der ermittelte Wert der relativen Aktivität x auch für andere Tempp. angewendet werden. (Chem. Listy **52.** 1235—42. Juli 1958. Praha, Vysoká škola chemicko-technologická, Katedra anorganické chemie. [Orig.: tschech.]) O. Knessl/Prag. H 253

A. I. Gorbanew, *Experimentelle Untersuchung des Prozesses der Gasreduktion von* Na_2SO_4 *zu* Na_2CO_3 *im Schachtofen.* 5. Mitt. (3. vgl. C. **1950/54.** 3488 S.) In einer halbtechn. Anlage wurde unter Verwendung eines Generatormischgases (erhalten durch Vergasung von Koks) die Möglichkeit einer Red. von Na_2SO_4 (I) zu Na_2CO_3 (II) untersucht. Es konnte ein für verschied. Zwecke brauchbares **II**-Prod. in 90%ig. Ausbeute erhalten werden. Der Gasverbrauch je 1 kg **I** beträgt 4,56 m^3. Der Überschuß an Reduktionsmittel beträgt 60% gegenüber dem theoret. Wert. Die Ausnutzung des Reduktionsmittels erreicht in 28 Std. 52%. Durch Vermahlung der so erhaltenen **II**-Briketts kann ein Prod. von verschied. granulometr. Zus. u. erhöhtem Schüttgewicht, was bes. wichtig für die Glasindustrie ist, erhalten werden. (Журнал Прикладной Химии [J. angew. Chem.] **31.** 1270—73. Aug. 1958.) Otto Maier. H 274

Ss. I. Wolfkowitsch, T. I. Ssokolowa, S. G. Kulagina-Smirnowa und **K. P. Knjasewa,** *Carbonisationsprozeß zur Gewinnung von Kryolith aus Siliciumfluoridgasen.* Zur kontinuierlichen Gewinnung von $AlF_3 \cdot 3\,NaF$ (I) aus SiF_4-Gasen nach der Carbonisationsmeth. werden die Lsgg. von NaF (10%ig. Überschuß von der stöchiometr. Al_2O_3-Menge) u. $Na_2Al_2O_4$ frisch bereitet unter kontinuierlicher Carbonisation zusammengegossen, wobei p_H 9,8—10,2 oder $NaHCO_3/Na_2CO_3$ = 0,2—0,3 eingehalten werden muß. Nach Beendigung der Rk. muß die Pulpe bis $NaHCO_3/Na_2CO_3$ = 1 nachcarbonisiert werden, um alles **I** aus der Lsg. auszuscheiden. Zur Gewinnung von 1 t **I** werden verbraucht: Al_2O_3 0,275 t; 50%ig. NaOH-Lsg. (umgerechnet auf Na_2O) 0,268 t; Na_2CO_3 1,064 t; 100%ig. CO_2 0,324 t; Wasserdampf 1,551 t. Mittlere Zus. von **I**: F. 50,0 (%); Al 13,97; Na 30,16; Fe_2O_3 nicht über 0,3; SiO_2 0,25—0,5. Der CO_2-Geschwindigkeitskoeff. der **I**-Pulpe im App. mit Mischer ist höher als der Geschwindigkeitskoeff. der Absorption auf der Kolonne mit Aufsatz. Die **I**-Ausbeute, bezogen auf F, beträgt ca. 90%; die CO_2-Verwertung beträgt ca. 100%. Zur Carbonisierung wurde 12—15%ig. CO_2 angewandt. (Журнал Прикладной Химии [J. angew. Chem.] **31.** 969—76. Juli 1958.)
Otto Maier. H 294

Stamicarbon N. V., Heerlen (Erfinder: **Jan Hoogschagen,** Geleen), Holland, *Deuteriumgewinnung* durch Tieftemperaturrektifikation von an Deuterium (I) angereichertem, durch Wärmeaustausch u. Entspannung auf Destillationsdruck gekühltem Wasserstoff, der durch die Rektifizierkolonne, eine Sättigersäule zum Sättigen mit Wasserdampf, Vorr. für den katalyt. Deuteriumaustausch u. einen Kondensator zur Abtrennung des an **I** verarmten W. im Kreislauf geführt wird, dad. gek., daß die Verdichtung des aus dem Kopf der Rektifizierkolonne abgezogenen, an **I** armen H_2 auf den für die Entspannung erforderlichen Enddruck in 2 Stufen derart erfolgt, daß der Druck in der Sättigersäule 40—85% des Enddrucks beträgt u. die Verdichtung auf diesen Enddruck vor dem Kondensator erfolgt, wobei zwischen Kondensator u. Sättigersäule durch das in ihnen umlaufende W. ein Wärmeaustausch vorgenommen wird. — Zeichnungen. (**D. A. S. 1 018 848** Kl. 12i vom 20/10. 1955, veröff. 7/11. 1957. Holl. Priorr. 22/10. u. 13/11. 1954 u. 28/2. 1955.) H. Kobs. H 238

Walter Groß, Leuna, *Herstellung von hochaktiven Katalysatoren* für die NH_3-*Synth.* durch Red. von Schwermetalloxyden (Fe, Ni, Co) oder solche enthaltenden Stoffen, wobei als Reduktionsmittel die aus der NH_3-Synth. stammenden, H_2-haltigen Abgase verwendet werden. (**D. P. [DDR] 15 620** Kl. 12g vom 1/12. 1955, ausg. 17/10. 1958 Wirtschaftspatent].) W. Wittholz. H 243

Farbenfabriken Bayer Akt.-Ges., Leverkusen (Erfinder: **Kurt Bauer**, Holzminden, **Paul Rehbein, Günther Ellendt**, Krefeld), *Gewinnung von reinen Hydroxylaminsalzen* aus rohen, bes. noch Fremdsalze enthaltenden Hydroxylamin-Lsgg., durch Überführen des NH_2OH in das Oxim, Abtrennen des Oxims von der wss. Lsg. u. Spalten des Oxims mit einer Säure, dad. gek., daß man das Oxim aus der wss. Lsg. in der Wärme mit einem fl. aliphat. oder cycloaliphat. KW-stoff extrahiert, den Extrakt in der Wärme von der wss. Phase abtrennt, erforderlichenfalls mit W. wäscht u. den Extrakt mit einer wss., bes. kalten Säurelsg. behandelt, den KW-stoff abtrennt, das Aceton abdest. u. das NH_2OH-Salz, gegebenenfalls nach Einengen der Lsg., auskristallisiert. (**D. A. S. 1 043 297** Kl. 12i vom 27/7. 1954, veröff. 13/11. 1958.) E. Miessgang. H 243

Allied Chemical Corp., New York, N. Y. (Erfinder: **Anthony William Yodis**, Fieldstone Drive Whippany, N. J.), V. St. A., *Herstellung von reinem Silicium* durch therm. Zers. von Silan oder dessen Cl-substituierten Derivv. in SiO_2-Reaktoren, dad. gek., daß zunächst auf der Innenwandung des Reaktors ein Belag von glasiger Kohle erzeugt wird (durch Zers. von CH_4) u. dann erst das Silan therm. zers. wird. (**D. A. S. 1 050 321** Kl. 12i vom 17/7. 1957, veröff. 12/2. 1959. A. Prior. 26/7. 1956.) A. Gradl. H 261

Deutsche Gold- & Silberscheideanstalt vormals Roessler, Frankfurt/M., *Oberflächenbehandlung von feinteiligen Oxyden oder Oxydgemischen*, z. B. SiO_2, deren Oberflächen freie OH-Gruppen besitzen, dad. gek., daß die Oxyde in möglichst anhydrid. Form in Abwesenheit einer fl. Phase, bes. im Wirbelschichtverf., mit Alkoholdämpfen behandelt werden. Die Ggw. eines Veresterungskatalysators (HCl) ist zweckmäßig. (**E. P. 796 646** vom 23/7. 1956, ausg. 18/6. 1958. D. Prior. 23/7. 1955.) A. Gradl. H 261

Columbian Carbon Co., New York, N. Y., V. St. A., *Herstellung eines Kieselsäurepigments*, dad. gek., daß man eine geschmolzene Si-haltige M. mit einem freien, O_2 enthaltenden Gas, das mindestens so viel freien O_2 wie Luft enthält, in innigen Kontakt bringt u. das gebildete SiO_2 aus dem Gas nach dem Verlassen der Ofenkammer abtrennt. als Rohstoff eignet sich bes. Ferrosilicium. Vorzugsweise wird das Gas durch die Schmelze hindurchgeblasen. (**E. P. 797 374** vom 19/9. 1955, ausg. 2/7. 1958. A. Prior. 8/10. 1954.) A. Gradl. H 261

E. I. du Pont de Nemours & Co., Wilmington, Del., übert. von: **Frederick G. Schumacher**, Niagara Falls, N. Y., und **George J. Irwin**, Terre Haute, Ind., V. St. A., *Natriummonoxyd* von einheitlicher, zwischen 8 u. 80 mesh/in. liegender Korngröße wird kontinuierlich dadurch erhalten, daß zu in Bewegung gehaltenen Na_2O-Partikeln obiger Korngröße bei 160—500° kontinuierlich fl. Na u. ein nicht $>$50 Vol.-% freien O_2 enthaltendes Gas, bes. Luft, zugefügt werden, wobei darauf geachtet wird, daß dem Na_2O stets nur so viel Na zugeführt wird, daß niemals $>$4% freies Na im Na_2O enthalten sind. O_2 wird in solcher Menge zugeführt, daß stets 115—135% der zur Umsetzung des Na erforderlichen Mengen vorhanden sind. — Zeichnung des Reaktionsofens. (**A. P. 2 825 629** vom 17/10. 1952, ausg. 4/3. 1958.) K. Wolk. H 274

W. R. Grace & Co., New York, N. Y., übert. von: **Edwin M. Glocker**, Baltimore, Md., V. St. A., *Herstellen von reinem Aluminiumfluorid*. Bauxit wird mit einem F, HF u. H_2SiF_6 enthaltenden Gas in etwa stöchiometr. Verhältnis des Al u. F zwischen 100 u. 190° F zur Rk. gebracht u. die Fl. von den Feststoffen im Zeitpunkt der größten Löslichkeit des AlF_3 abgetrennt, wodurch ein Maximum an Ausbeute u. Reinheit des AlF_3 erreicht wird. (**A. P. 2 842 426** vom 15/2. 1957, ausg. 8/7. 1958.) K. Demmler. H 294

Vereinigte Aluminium-Werke Akt.-Ges., Bonn, *Entwässern von Kryolith- oder ähnlichen feinen Schlämmen*. Die Schlämme werden durch 2 hintereinandergeschaltete Zentrifugen geschickt, wovon die letztere in Absätzen arbeitet u. den Schlamm diskontinuierlich mit Hilfe von Kratzern oder Messern auswirft; der Schlamm wird anschließend in einem Trockenofen auf $<$ 0,5% W. getrocknet. (**E. P. 785 347** vom 7/7. 1955, ausg. 23/10. 1957. D. Prior. 17/8. 1954.) K. Demmler. H 294

National Lead Co., New York, übert. von: **Thomas S. Griffin** und **Warren Rodgers**, St. Louis, Mo., V. St. A., *Aufbereitung von Titanerzen durch Flotation*. Man setzt den üblichen anion. Flotationsmitteln u. Erdöl- oder Asphaltprodd. noch Monoglyceride gesätt. Fettsäuren mit 12—20 C-Atomen zu. Die so behandelten Erze ergeben dann Konzentrate, die sich mit starker H_2SO_4 zwecks Gewinnung lösl. *Titansulfate* behandeln lassen (Umsetzung des Ti in Sulfat über 95%). (**A. P. 2 822 241** vom 17/8. 1953, ausg. 4/2. 1958.) W. Hauswald. H 321

Ciba Akt.-Ges., Basel (Erfinder: **Walter Scheller**, Neue Welt), Schweiz, *Trennen von Niob- und Tantalverbindungen*. Man behandelt Nb- u. Ta-Chloride enthaltende Gemische in wasserfreier, alkoh. Lsg. unter Abstumpfen der beim Lösen gebildeten

HCl bis kurz vor dem Neutralpunkt mit 8-Hydroxychinolin u. trennt das ausgefällte Niobhydroxychinolat von dem in Lsg. befindlichen Tantalhydroxychinolat ab. (**D. A. S. 1 050 323** Kl. 12m vom 27/7. 1956, veröff. 12/2. 1959. Schwz. Priorr. 4/8. 1955 u. 3/7. 1956.) H. NEBELSIEK. H 332

United Kingdom Atomic Energy Authority (Erfinder: **John Syme Nairn** und **David Arthur Collins**), London, England, *Gewinnung von Urantetrafluorid* durch Einw. von CCl_4-Dämpfen auf UF_6 [2—4,5 (Mol) CCl_4 : 1 UF_6] bei 150—400°, bes. 270—350°. (**E. P. 806 855** vom 28/6. 1956, ausg. 31/12. 1958.) H. NEBELSIEK. H 339

United States of America, übert. von: **William J. McGinnis,** Lakeland, Fla., V. St. A., *Rückgewinnung von Uranverbindungen* aus wss. Phosphat-Lsgg. durch Extraktion. Man red. die Phosphatlsg. u. extrahiert anschließend mit einem organ. Lösungsm. (I), trennt die mit U angereicherte organ. Phase von der wss. Phosphatphase u. behandelt die organ. Phase zwecks Ausfällung des U mit einem wss. Gemisch aus H_3PO_4 u. HF. Die organ. Phase trennt man ab u. verwendet sie zu neuem Ansatz, während aus der wss. Phase UF_4 ausfällt. — Beispiele für I: Ortho- oder Pyrophosphorsäureester von Alkoholen mit 4—10 C-Atomen, gelöst in einem organ. Lösungsm., wie Bzl., CCl_4, Toluol oder Xylol. (**A. P. 2 835 552** vom 8/12. 1952, ausg. 20/5. 1958.) H. NEBELSIEK. H 339

Carus Chemical Co., übert. von: **Milton B. Carus,** La Salle, Ill., V. St. A., *Gewinnung von Kaliumpermanganat.* Eine wss. Lsg., die neben $KMnO_4$ u. KOH noch K_2MnO_4 enthält, wird bei 55—80° elektrolyt. oxydiert, so daß eine wss. KOH-Lsg. entsteht, deren Konz. höher an $KMnO_4$ als an K_2MnO_4 ist. Aus dieser Lsg. bringt man durch Abkühlen $KMnO_4$ zur Kristallisation. (**A. P. 2 843 537** vom 9/1. 1957, ausg. 15/7. 1958.) H. NEBELSIEK. H 350

Anacleto Ollano, Rom, Italien, *Herstellung von Bleicherden.* Der rohe Ton wird auf ca. 10% Feuchtigkeit getrocknet, auf Stücke von 15—20 mm zerkleinert, in einer Schicht von 15—30 cm ausgebreitet, mit W. durchfeuchtet, einige Std. stehengelassen u. durch eine Presse mit Schraube ohne Ende von schädlichen Begleitstoffen, wie Quarz, Glimmer, befreit u. zur Paste geformt, die mit H_2SO_4, H_3PO_4 oder einer anderen Säure auf einen Säuregrad von 20—25° Bé gebracht u. 20—24 Std. auf 85—95° erhitzt. wird. Geeignet zur Reinigung von Ölen, Fetten u. Wachsen. (**It. P. 491 585** vom 7/8. 1952.) K. KOEBKE. 6157

Paul Hölemann und **Rolf Hasselmann,** Die Bestimmung der Gasausbeute von Karbid. Als Ms. gedr. Köln, Opladen: Westdeutscher Verl. 1958. (21 S. m. Abb.) 4° = Forschungsberichte d. Wirtschafts- u. Verkehrsministeriums Nordrhein-Westfalen. Nr. 664. DM 6,70.

VI. Silicatchemie. Baustoffe.

M. G. Manweljan, A. F. Melik-Achnasarjan, K. A. Kosstanjan, Ss. O. Naltschadshjan, Je. A. Jersnkjan und **Ss. T. Oganessjan,** *Über den Übergang der Schamotteauskleidung der Öfen in die Glasmasse bei der Elektroschmelze von Kolbenglas.* In einer halbtechn. Anlage (480 kg/Tag) wird die Veränderung der Schamotteauskleidung durch Glas folgender Zus. untersucht: 73,3 (%) SiO_2, 1,35 Al_2O_3, 0,28 Fe_2O_3, 5,30 CaO, 3,80 MgO u. 16,32 Na_2O. Es wird erstmalig eine 0,3—0,5 mm dicke Schicht an der Grenze Glas–Schamotte nachgewiesen, die als „Schamotteglas" bezeichnet wird. Sie entsteht bei 1350 bis 1420° u. stellt eine Schutzschicht gegen korrodierende Einfll. der Schmelze dar. Nach dem „Schamotteglas" folgen die emailleartige Schicht von 0,1—0,2 mm Dicke u. die 0,8—2 mm dicke porzellanähnliche Schicht. (Известия Академии Наук Армянской ССР, Серия Технических Наук [Nachr. Akad. Wiss. ArmenSSR, Ser. techn. Wiss.] **11.** Nr. 4. 51—60. 1958.) E. V. PEZOLD. 6172

Susumu Ōkawara, Masaru Ōmure und **Tarō Moriya,** *Mikroskopische und röntgenographische Untersuchungen über den Mechanismus des Angriffs von geschmolzenem Glas auf Pyrophyllittiegel.* Der Mechanismus der Korrosion an der Oberfläche von Pyrophyllittiegeln durch geschmolzenes Glas wird untersucht, indem 3 Proben verschied. mineralog. Zus. bei 1450° gebrannt u. anschließend in Glasschmelzen getaucht werden. Es wurden 2 unterschiedliche Schmelzen der Zus. $Na_2O \cdot CaO \cdot 3\,SiO_2$ u. $Na_2O \cdot PbO \cdot 3\,SiO_2$ benutzt. Die Schmelztempp. betrugen 1200° u. 1400°. Die Reaktionszeit der Proben in der Schmelze wurde variiert, sie betrug nicht mehr als 3 Stunden. Teilweise wurden die Proben nur so lange in der Schmelze belassen, bis sie ihre Temp. angenommen hatten. Nach der Abkühlung wurden Schmelze u. Probe mkr., röntgenograph. u. mittels Differentialthermoanalyse untersucht. Die neu entstandenen Mineralien wurden identifiziert u. in Beziehung zur ursprünglichen Materialzus. gebracht. Die Differentialthermoanalyse im Temperaturgebiet 1050—1200° des gepulverten Materials von Glas u. Probekörper ergab 2 entgegengesetzte Effekte in Abhängigkeit von der Zus. eine exotherme Rk. im

Falle des kaolinit. Materials, eine endotherme im Falle des diasporhaltigen Materials. Enthält die Probe geringe Mengen von Diaspor, Mullit u. Hochcristobalit u. wurde sie in die Schmelze getaucht, so drang Na_2CO_3 in die feste Oberfläche durch Poren ein u. erzeugte eine „Ausschwitzungsschicht" der Reaktionsprodd. von ca. 10 μ. Diese Schicht wurde bei längerer Verweilzeit der Probe in der Schmelze dicker. Die mineralog. Zus.dieser Schicht wird einer eingehenden Unters. unterzogen. (J. ceram. Assoc., Japan [Yogyo Kyokai Shi] **65.** 225—40. 1957. Tokyo, Inst. of Technol. [Orig.: japan.; Auszug: engl.]) KL. MEYER. 6172

D. K. Hill, *Glas.* Unter Hinweis auf 45 Literaturstellen werden kurze Berichte gegeben über die Entw. der Glasherst. (Erschmelzung einiger Sondergläser, bes. farbigen Hohlglases), von hochfeuerfesten Materialien, Glasschmelzöfen, Glasformen, der Glasanalyse u. der Erschließung neuer Anwendungsmöglichkeiten von Glas im Jahr 1956. (Rep. Progr. appl. Chem. **41.** 89—94. 1956.) L. KÜHNERT. 6200

Dieter Wolf, *Werkstoff Glas. Definition und Struktur.* Vf. gibt eine allgemeinverständliche kurze Einführung in die derzeitige Anschauung über die Struktur des Glases, ohne auf die physikal. Zusammenhänge einzugehen. (Glas-Instrumenten-Techn. **2.** Nr. 9. 18—19. Sept. 1958.) L. KÜHNERT. 6200

John R. Cuthill, Joseph C. Richmond und **Nancy J. Tighe,** *Einfluß eines keramischen Überzuges auf das Kriechverhalten einiger Hochtemperaturlegierungen.* Eine kurze Literaturübersicht zeigt, daß sich schon mehrere Arbeiten mit dem Einfl. einer natürlichen Oxydschicht auf das Kriechverh. befaßt haben, während über den Einfl. eines keram. Überzuges bisher wenig gearbeitet wurde. Dünne Metallplättchen aus einem rostfreien Stahl vom Typ 310 u. aus zwei handelsüblichen Legierungen vom Typ 80 Ni-20 Cr mit u. ohne keram. Überzug wurden für die Verss. verwandt. Der keram. Überzug (N B S/N-143) wurde bei einer Temp. von 2050°F (1121°C) eingebrannt. Ausgeführt wurden: 1. Kriechprüfungen bei 1800, 1900 u. 1975°F (982, 1038 u. 1079°C) unter Belastungen von 900—2200 lbs./sq.in. (63,3—154,7 kg/cm^2) u. 2. Prüfungen der Zeitstandfestigkeit, wobei unter einer konstanten Belastung die Gesamtstreckung nach beendigtem Vers. gemessen wurde. Die Zeitstandfestigkeitsprüfungen wurden bei 1900 u. 1975°F (1038 u. 1079°C) bei Belastungen von 0—1100 lbs./sq.in. (0—77,3 kg/cm^2) ausgeführt. Alle Verss. hatten eine Dauer von 100 Stunden. Die Verss. zeigten, daß ein keram. Überzug mit einem Gesamtquerschnitt von weniger als $^1/_5$ des Querschnitts der Metallprobe den Kriechwert um wenigstens 50% vermindern kann. Auch bei den Zeitstandfestigkeitsprüfungen bewirkt ein keram. Überzug eine deutliche Verminderung der Streckung. Die Verbesserung des Kriechverh., die durch einen keram. Überzug bewirkt wird, hängt ab von der Art des Überzuges, von der Zus. der Legierung, von der Versuchstemp. u. der Belastung. Unter bestimmten Temperatur- u. Belastungsbedingungen kann ein keram. Überzug aber auch einen schädlichen Einfl. auf das Kriechverh. ausüben, was sich in einem außergewöhnlich hohen Kriechwert bei verhältnismäßig niedriger Temp. ausdrückt. In diesem Fall ist der Überzug nicht plast. genug, um sich mit der Probe zu verformen, was ein Reißen desselben zur Folge hat. (Amer. ceram. Soc. Bull. **38.** 4—12. Jan. 1959. Enameled Metals Section, National Bureau of Standards Washington 25 D. C.) H. O. MULFINGER. 6212

Edward A. Douglas, *Keramische Überzüge zur Beschränkung der Strahlungswärme.* Es werden Emissionswerte verschied. keram. Überzüge für 1200 u. 1500°F (649 u. 815°C) angegeben. Sie werden bezogen auf den Wert von aufgerauhtem, (sandgestrahltem) oxydiertem Eisen, der dem eines schwarzen Körpers nahekommt. Die Messungen werden in einem Ofen mit Silitstäben durchgeführt, in dem sich auf einer Spindel der mit dem keram. Überzug versehene Metallzylinder dreht. Temperaturmessung durch ein Thermoelement in der Wandung des Probenzylinders. Die Strahlung wird durch eine kleine Öffnung in der Ofenwand mit einem Strahlungspyrometer gemessen. Folgende Arten von Überzügen werden untersucht: 1. Dunkle keram. Überzüge. Hierzu werden die Metallproben emailliert u. auf das geschmolzene Email eine dünne Schicht einer wss. Suspension des dunklen Hochfeuerfestmaterials aufgesprüht. 2. Eine zweite Art von dunklem Überzug wird erhalten, indem man dem Emailschlicker eine bestimmte Menge dunklen Hochfeuerfestmaterials beimengt u. anschließend einbrennt. 3. Für die Herst. weißer Überzüge werden die Metallproben grundemailliert, sodann mit einem weißen Deckemail versehen u. darauf der Überzug aus weißem Hochfeuerfestmaterial eingebrannt. Die Zus. der Legierungen, Emails u. der Hochfeuerfeststoffe wird angegeben. Die Verss. ergeben, daß die meisten dunklen Hochfeuerfeststoffe stark emittierende Überzüge bilden, deren Emission der von oxydierten Metallen vergleichbar ist. Im Falle der nach 2. hergestellten dunklen Überzüge wurden größere Emissionswerte gemessen, als bei den nach 1. erhaltenen. Von den untersuchten weißen Hochfeuerfeststoffen waren für schwach emittierende Überzüge Feldspat, Zirkonspinell u. Treopax (92% ZrO_2) die besten. Die Emissionswerte weißer Überzüge hängen ab von der Reinheit der weißen Materialien u. von der Menge des im Überzug vorhandenen Glases. (Amer. ceram. Soc. Buel. **38.** 20—23. Jan. 1959. Bettinger Corp., Waltham, Mass.) H. O. MULFINGER. 6212

Paolo Coraducci, *Die Eigenschaftsänderungen feldspathaltiger Fayencemassen bei Zusatz geringer Kalk-, Dolomit- und Talkmengen.* Es werden unter Zusatz von 1, 2 u. 3% *Kalk* (I), *Dolomit* (II) oder *Talk* (III) zu einer Fayencemasse Probeziegel in einem Muffelofen bei 1200, 1240 u. 1280° gebrannt u. der Einfl. dieser Zusätze auf die Schwindung, Porosität, Wasseraufnahmefähigkeit, Bruchfestigkeit, Dilatationsverhalten u. Farbe untersucht. Dabei zeigt sich, im Vgl. zu den Originalscherben, daß für **I**, auch bei höheren Brenntempp., zunehmende Porosität u. etwas verminderte Brennschwindung auftritt, für **II** größere Flußmittelwrkg., unter Erhöhung der Schwindung u. Porositätsverminderung. Die Färbung geht ins Gelbliche. Durch katalyt. Wrkg. des MgO u. CaO wird größere erhöhte Cristobalitbldg. beobachtet, wobei Dilatationswerte resultieren. Für **III** wird bei erhöhten Mengen überdurchschnittliche Schwindung u. größeres Raumgewicht bei guten mechan. Festigkeiten u. erhöhten Dilatationswerten festgestellt. Während **I** einen äußerst geringen vermindernden Einfl. auf die Dilatation durch absorbierte Feuchtigkeit hat, ist er bei **II** größer, u. bei **III**, im Falle des Brennens bei 1280°, bei 3%ig. Zusatz ist diese Erscheinung prakt. nicht mehr vorhanden. (Ceramica [Milano] [N. S.] **13.** Nr. 12. 66—69. Dez. 1958. Bologna, Labor. Chim. della S. A. Barbieri e Burzi.) W. ANIKA. 6216

Masao Tomoda, Jitsuo Terada, Akira Ito und **Tomokazu Koshiishi,** *Ein radiographisches Verfahren zur Prüfung von Elektrogußtypen feuerfester Blöcke durch Radioisotope.* Es wird ein radiograph. Verf. für die Überprüfung von Schmelzen in feuerfesten Materialien beschrieben. Zur Verwendung gelangt das radioakt. Isotop ^{60}Co. Bes. wird der Einfl. von eingeschlossenen Hohlräumen beim Schmelzprozeß untersucht. Die erhaltenen Ergebnisse werden mit den Ergebnissen, die mit Röntgenstrahlen gewonnen wurden, verglichen. (J. ceram. Assoc., Japan [Yogyo Kyokai Shi] **65.** 240—45. 1957. Tokyo, Shibaura Electric Co. Ltd. [Orig.: japan.; Auszug: engl.]) KL. MEYER. 6218

H. Kottas und **F. Ubl,** *Zur Abschätzung der Druckfestigkeit von Zementmörtelprismen.* Resonanzschwingungsmessungen an normengerechten Mörtelprobekörpern zeigen, daß das Prod. aus den Werten für die Druck- u. Schubelastizität etwa proportional den auf klass. Wege an normengerechten Prüflingen ermittelten Druckfestigkeiten ist. An mehreren Zementen konnten Vff. diese Abhängigkeit deutlich beobachten (3, 7 u. 28 Tage). Es wäre noch zu klären, ob dieses lineare Verh. der beiden Meßwertreihen auch in den Fällen zutrifft, wo erhöhtes Porenvol., extreme Feuchtigkeiten u. Vorbehandlung der Proben vorliegen. (Schweiz. Arch. angew. Wiss. Techn. **24.** 92—93. März 1958.) W. ANIKA. 6222

Motoo Hori, Sôhachirô Hayakawa, Takeshi Tomotsu und **Shôji Makishima,** *Messung der Porosität und des Sinterungsgrades von Zementklinker durch γ-Strahlen sowie Ultraschall.* Zwischen dem Absorptionskoeff. des Zementklinkers für γ-Strahlen u. seiner D., Porosität, sowie seinem Sinterungsgrad bestehen enge Beziehungen, bes. mit seiner D., u. die Absorption ist als Maßstab für diese Eigg. zu nehmen. Beziehungen zwischen diesen Eigg. u. der Ultraschallabsorption sind wegen ihrer großen Abhängigkeit von der Korngröße nicht sehr eng; der Absorptionskoeff. nimmt jedoch allg. mit steigendem Sinterungsgrad ab. (J. chem. Soc. Japan, ind. Chem. Sect. [Kōgyō Kagaku Zassi] **61.** 638—41 Juni 1958. Tokyo, Univ., Bussei-Ken. [Orig.: japan.]) E. MAEKAWA. 6222

G. Balázs und **J. Kilián,** *Das Kriechen und die Verdichtung hochwertiger Betone. Kriechfeste Betone.* Die Probekörper wurden in einem Raum mit veränderlicher Luftfeuchtigkeit u. Temp. gelagert, obwohl festgestellt wurde, daß die Kriechverformung (I) sehr empfindlich auf Luftfeuchtigkeitsschwankungen reagiert. Für das Maß der I ist entscheidend das Alter des Betons zum Zeitpunkt der Belastung. Je später der Beton verdichtet wird, um so mehr nimmt die I ab. Vff. erprobten mehrere Verff. zur künstlichen Alterung des Betons u. fanden, daß hochdruckdampfbehandelte u. mit warmer Luft getrocknete Bauelemente als schwindungsfrei betrachtet werden können. (Acta techn. Acad. Sci. hung. **17.** 113—42. 1957. Budapest, TU für Bauindustrie u. Verkehrswesen, Lehrstuhl für Brückenbau.) P. NEY. 6224

M. Matoušek und **A. G. Pokorný,** *Aktivierung der Schlacke aus Trmice durch nasse Mahlung.* Es werden die Möglichkeiten der Aktivierung der Schlacke von Trmice für die Verwendung in *Beton* erörtert. Bei roter Schlacke werden mit 137 kg Zement je m³ Beton Festigkeitswerte bis zu 100 kg/cm² erreicht, bei schwarzer Schlacke nur etwa die Hälfte. Die Aktivierung erfolgt durch Naßmahlung. (Stavivo **35.** 108—09. März 1957. Brno.) R. K. MÜLLER. 6224

Hermann Schäffler, *Die Schädigung des Betons durch chemische Einflüsse und deren Verhütung.* Betonzerstörung, z. B. durch $CaSO_4$, Na_2SO_4, $MgSO_4$ u. $MgCl_2$, die durch Anlagerung von Kristallwasser starke Volumenzunahme u. Zerstörung des Gefüges hervorrufen. Einfl. der kalklösenden CO_2 in Gebirgsquellwässern, die bes. gefährlich ist, weil sie das $Ca(OH)_2$ im Zement aus dem Beton herauslöst. H_2SO_4 als Bestandteil von Moor- u. industriellen Abwässern (aus Färbereien, Beizereien u. ähnlichen) verursacht Treiberscheinungen. Ferner sind schädlich Milchsäure u. Essigsäure in Abwässern aus Brauereien, Konservenfabriken, Kunststoff-, Holz- u. Papierwerken. — Huminsäuren aus Mooren sind als schwache Säuren weniger schädlich. — Allg. kann man sich nach folgendem Schema richten: Ist der Salzgeh. des W. $> 1\%$ bzw. der $p_H < 5$, so liegt ein stark betonschädliches W. vor; als schwach aggressiv gilt ein W., dessen Salzgeh. zwischen 300 u. 1000 mg/Liter u. dessen p_H zwischen 5 u. 6 liegt. — Bei der Beurteilung der Betonschädlichkeit sind Strömungsgeschwindigkeit, Druck u. Temp. des W. zu beachten. — Abwehrmaßnahmen durch bestimmte Auswahl der Zuschlagstoffe zur Erzielung eines dichten Betons (Feinstoffe, Traß, Schlackenmehl u. a.). In gipshaltigen Wässern haben sich Sulfathütten- u. Al_2O_3-Schmelzzement gut, jedoch gegen $(NH_4)_2SO_4$- u. $MgSO_4$-Lsgg. nicht immer bewährt. Schutzschichten durch Anstrich mit Bitumen, Teer, Spachtelmassen, Lehmschlag sind immer zweckmäßig. — 14 Literaturnachweise. (Gas- u. Wasserfach, Ausg. Wasser-Abwasser **99.** 1001—005. 3/10. 1958. Stuttgart, Otto-Graf-Inst.) H. ECKSTEIN. 6224

Corning Glass Works, Corning (Erfinder: **James Joseph Marafioti,** South Corning, und **Howard Ansel Scheetz,** Elmira), N. Y., V. St. A., *Flußmittelfreie Schmelzverbindungen* zwischen gleichen oder verschied. Feststoffen, wie Gläsern mit verschied. Ausdehnungskoeffizienten u. Metallen, wie Al, Pb, Cu, Stahl mit 36% Ni u. deren Legierungen. Auf der Oberfläche werden Metalle geschmolzen, die in jeden der zu verbindenden Teile diffundieren u. nach dem Erstarren die Verb. bewirken. Hierzu dienen z. B. Au–Pt-Legierung u. In, das in die Teile diffundiert. Zum Verbinden von Teilen aus Zn–Pb-Legierung dient Sn–In-Legierung. (**D. A. S. 1 042 192** Kl. 32b vom 14/12. 1955, veröff. 30/10. 1958. A. Prior. 14/10. 1954.) G. FRIKELL. 6175

Bernhard Terasky, Düsseldorf, *Herstellen feuerfester Erzeugnisse.* Gemenge aus feuerfestem Ton u. wasserlösl. Al-Phosphat, wie $Al(H_2PO_4)_3$, im Gewichtsverhältnis 1,5 bis 4:1, wird als Bindemittel für tonerdehaltige Magermittel, wie Schamotte, Korund, Sillimanit, calcinierten Bauxit, benutzt. Aus diesen Massen hergestellte Körper haben geringe Trocken- u. Brennschwindung u. hohe Trockenfestigkeit. (**D. A. S. 1 043 914** Kl. 80b vom 27/6. 1955, veröff. 13/11. 1958.) F. REINHART. 6219

Annawerk Akt.-Ges., Oeslau (Erfinder: **Adolf Rebhan,** Mönchröden), *Hochfeuerfester keramischer Verbundkörper* besteht aus wenigstens einer Innenschicht aus SiC, die zwischen sie völlig abdeckenden Schichten aus hochfeuerfestem oxydationsbeständigem Werkstoff, wie ZrO_2, eingeschlossen ist. An Stelle von ZrO_2 können auch Al_2O_3, Sillimanit u. Oxyde von Seltenen Erden treten. Die Körper werden an Stellen verwendet, wo sie zugleich hohen Tempp. u. starken mechan. Beanspruchungen ausgesetzt sind. (**D. A. S. 1 047 103** Kl. 80b vom 23/2. 1954, veröff. 18/12. 1958.)

F. REINHART. 6219

Robert Doat, Lüttich, Belgien, *Feuerfeste Verkleidungen,* bes. für Hochöfen, bestehen aus 10,4 (Gew.-%) Graphit, 78,3 SiO_2, 8,8 Al_2O_3, 2,1 Fe_2O_3, 0,34 CaO u. 0,07 MgO. (**Holl. P. 86 697** vom 27/5. 1952, ausg. 15/11. 1957. Belg. Prior. 17/7. 1951.)

F. BÖHM. 6219

Maschinenfabrik Augsburg-Nürnberg Akt.-Ges. (Erfinder: **Rudolf Schmucker** und **Walter Richter**), Augsburg, *Keramischer Körper aus magnesiareicher Grundmasse.* Der Grundmasse werden gut wärmeleitende Stoffe, wie Carbide, Nitride oder Boride des Si, Ti, V, Mo, zugegeben u. die Körper aus der M. in vorherrschend reduzierender Atmosphäre gebrannt. Die Körper werden darauf mit einer Glasur überzogen, deren linearer therm. Ausdehnungskoeff. (I) zwischen 3 bis $8 \cdot 10^{-6}$ liegt u. in deren Glasurformel $(RO \cdot xR_2O_3 \cdot yRO_2)$ im RO-Anteil 0,1—0,7 Mol von einem oder mehreren der Oxyde des Cr, Ni, Co, Zn, Fe, Mn, Sn, Pb, V, Mo, Cu, Cd, Ce oder Nb enthalten sind, während der Rest des RO aus Oxyden der Alkali- oder Erdalkalimetalle besteht. Der R_2O_3-Anteil besteht aus 0,4—1,8 Mol u. der RO_2-Anteil aus 4—18 Mol SiO_2. Durch die Glasur wird die Festigkeit der Körper gesteigert, da sie wegen ihres kleineren I mit Druckspannung auf dem Körper mit größerem I aufliegt. (**D. B. P. 970 008** Kl. 80b vom 6/1. 1952, ausg. 7/8. 1958. Anmeldung bekanntgemacht 16/8. 1956.) F. REINHART. 6221

Laura Nicolini, Bologna, Italien, *Herstellung von keramischem Material für Kondensatoren.* TiO_2 in Pulverform von 99,9%ig. Reinheit wird auf übliche Weise angeteigt u. bei 1200—1500°, bes. bei ca. 1400°, gebrannt, wobei ein Prod. von tetragonaler mikrokristalliner Struktur mit einem Achsenverhältnis von ca. 1:0,911 erhalten wird. (**It. P. 492 404** vom 9/8. 1951.) K. KOEBKE. 6221

Frederick Gilbert Mitchell, London, und **Tom Edgar Rule,** Leicester, England, *Naßmahlung von Schlackenzement.* Die Mahldauer wird verkürzt durch Zugabe von 0,025% (bezogen auf das Gewicht der trockenen Schlacke) einer die Oberflächenspannung reduzierenden Substanz, wie Polyäthylenoxyd-Alkohol-Kondensationsprodukte. (**E. P. 790 628** vom 8/10. 1954, ausg. 12/2. 1958.) G. FRIKELL. 6223

Giuseppe Stabile, Polla, Italien, *Zementmischung* zur Errichtung von Zwischenwänden, bestehend aus 250—500 (kg) Zement, 7—39 $CaSO_4$ 82—100 Glimmer, in Form von Vermiculit, 1 Schaumbildner, 10—60 inkorporiert bleibendes Wasser. Die Bestandteile werden in Pulverform vermischt, mit W. angeteigt u. verarbeitet. (**It. P. 490 411** vom 17/2. 1951.) K. KOEBKE. 6223

O.T.I.M.I. Omnium Tangérois d'Intérêts Mobiliers et Immobiliers Tanger, Tangerzone (Erfinder: **Samuel Jaquier,** Lausanne), *Magnesiazement.* Zur Herst. eines harten, gegen W. u. verd. Säure beständigen Magnesiazementes wird dessen Bestandteilen ein Al-Salz, bes. $AlK(SO_4)_2$, zugesetzt. Eine solche Zementmischung besteht z. B. aus gleichen Gewichtsteilen MgO u. einer gesätt. $MgSO_4$-Lsg., welche 10% $AlK(SO_4)_2$ enthält. (**Schwz. P. 330 749** vom 7/9. 1955, ausg. 15/8. 1958.) HANS HOFFMANN. 6223

Gerhard Schwarz, Wien, Österreich, *Bewehrungsstab für vorgespannten Beton* mit auf dessen Enden auf dem Wege der Elektroerosion hergestellten Gewinden oder Kerben, bes. bei Verwendung von Stahl mit hoher Streckgrenze. Bei einer Frequenz von 100000 Funken werden aus hochfestem Stahl herausgeschlagen: Aus Metallcarbid 100 (mm^3 pro Min.), aus Stellit (Hartlegierung aus Co, Cr, W) 430, aus W-Stahl 500, aus Alnico-Stahl 530 u. aus Nimonic 800. (**Oe. P. 194 578** vom 20/10. 1956, ausg. 10/1. 1958.) H. HEYER. 6225

Shoichiro Hori und **Keiichi Murakami,** Japan, *Verfahren und Vorrichtung zur Gewinnung von $CaSO_4 \cdot 2\,H_2O$.* Beim Aufschluß von Phosphatmineralien durch Vorbehandlung mit H_3PO_4 u. Aufschluß mit H_2SO_4 entsteht $CaSO_4 \cdot 1/2\,H_2O$, das in einem Konverter durch Wechselwrkg. mit der Phosphorsäure (bei 65°) in $CaSO_4 \cdot 2\,H_2O$ umgewandelt wird, wobei konz. H_3PO_4 mit 33% P_2O_5 entsteht. — Schema der Anlage. (**F. P. 1 166 331** vom 15/2. 1957, ausg. 5/11. 1958. Jap. Prior. 16/2. 1956.) O. KAYSER. 6227

Soc. des Applications Chimiques dans l'Industrie, Seine, Frankreich, *Abbindeverzögerer für Gips.* Dem Anmachewasser werden 0,003 bis 0,1% Polyphosphate u./oder Polymetaphosphate, wie Hexameta-, Trimeta-, Heptaphosphate, Pyrophosphate, Tripolyphosphate des Na, Ca, Mg usw., zugesetzt. (**F. P. 1 164 344** vom 3/1. 1957, ausg. 8/10. 1958.) O. KAYSER. 6227

Établissements Poliet & Chausson, Seine, Frankreich, *Pump- und spritzfähiger Gipsmörtel* konstanter Viscosität. Der M., die aus 30—100 (%) Gips oder Gipsgemisch, 0—70 Zuschlag, wie gemahlener Kalkstein oder Flußsand, sowie Asbest, Bimsstein, Vermiculit u. Farbstoff besteht, werden vor, während oder nach dem Anmachen 0,1 bis 1,5 Methyl-, Äthylcellulose oder Carboxymethylcellulose zugesetzt. (**F. P. 1 134 936** vom 25/10. 1955, ausg. 19/4. 1957.) O. KAYSER. 6227

Les Peintures et Vernis Ker Établissements Auscher, Seine, Frankreich, *Putz.* Auf Mauerwerk wird zunächst Kalkmörtel aufgebracht u. diese Schicht mit einer M. aus 45—50 (Teilen) $Ca(OH)_2$, 1 SiO_2, 1 Al_2O_3, 1/2 Calciumsilicat u. Farbstoffen überzogen. (**F. P. 1 164 003** vom 24/9. 1956, ausg. 6/10. 1958.) O. KAYSER. 6227

Durius S. à r. l., Turin, Italien, *Herstellung von Zementsteinen.* Man teigt Quarz- u./oder Marmorpulver mit Zement u. Farbpigmenten an u. preßt bei über 150 kg/cm^2, läßt die geformten Stücke 24 Tage an der Luft u. dann wenigstens 4 Tage in W. stehen. (**It. P. 491 321** vom 14/2. 1952.) K. KOEBKE. 6229

Alexandre Pératti, Seine, Frankreich, *Polieren von behauenem Marmor* durch Behandlung mit einer Lsg. von 10—15 (Teilen) W. u. 1 HCl von 22° Bé (20—25 Min.). (**F. P. 1 163 538** vom 19/12. 1956, ausg. 29/9. 1958.) O. KAYSER. 6229

Margareta Sedlak, Wien, Österreich, *Mehrschichtiger Fußboden* mit guter Wärme- u. Schalldämmung aus einer Schüttung von zerkleinertem Schilf, einer Schilfrohrmatte u. einem Betonestrich, der aus 80 (Teilen) zerkleinertem Schilf 10 Sand u. 10 Zement besteht u. in dessen Befeuchtungswasser 5% einer Kunstharzemulsion eingemischt werden. Wesentlich für die Herst. des Fußbodens ist die chem. Vorbehandlung des Schilfes, z. B. mit Ätzkalk, zur Umwandlung der im Schilf befindlichen Kieselsäure in ein Silicat, das als natürlicher Zuschlag zu Beton mit ihm eine dauerhafte Verb. eingeht. — Zeichnung. (**Oe. P. 199 359** vom 18/9. 1956, ausg. 25/8. 1958.) H. HEYER. 6229

Chemische Werke Albert, Wiesbaden (Erfinder: **Ludwig Cserny** und **Vital Daelen**), *Verlegen eines Verbandes von Mosaikfliesen.* Die aus Glas oder Keramik hergestellten Mosaikfliesen werden auf eine dünne, mit der Größe der Fliesen entsprechenden Vertiefungen versehene Unterlage (bes. aus Kunststoffen mit Schaumkörperstruktur oder mit Kunststoffen imprägnierten Fasermaterialien) aufgeklebt. Der erhaltene größere Mosaikfliesenverband wird dann verlegt. (**Schwz. P. 320 459** vom 16/10. 1953, ausg. 15/5. 1957. D. Prior. 27/12. 1952.) P. KRUG. 6229

BASALAN-Isolierwolle-G. m. b. H., Wilhelmshaven (Erfinder: **Heinz Wagener,** Hannover, und **Karl Kosfeld,** Letmath, Sauerland), *Herstellung von Mineralwolle.* Basalt (I) u. Hochofenschlacke (II), bes. 70 (%) I u. 30 **II,** werden geschmolzen u. in üblicher Weise auf einem Schleuderteller zerfasert. (**D. A. S. 1 052 646** Kl. 32a vom 1/4. 1958, veröff. 12/3. 1959.) HANS HOFFMANN. 6235

Établissements Mure & Peyrot, Puy-de-Dôme, Frankreich, *Bindemittel für Schleifmassen,* bestehend aus Polyesterharzen. (**F. P. 1 147 637** vom 11/4. 1956, ausg. 27/11. 1957.) M. PANKOW. 6239

Carl Kröger, Wärmebedarf der Silikatglasbildung. Als Ms.gedr. Köln, Opladen: Westdeutscher Verl. 1958. (65 S. m.Abb.) 4° = Forschungsberichte d. Wirtschafts- u. Verkehrsministeriums Nordrhein-Westfalen. Nr. 589. DM 18,70.

Hans Ernst Schwiete und **Heribert Westmark,** Beitrag zur Kennzeichnung der Texturen von Schamottesteinen. Als Ms. gedr. Köln, Opladen: Westdeutscher Verl. 1958. (48 S. m. Abb.) 4° = Forschungsberichte d. Wirtschafts- u. Verkehrsministeriums Nordrhein-Westfalen. Nr. 488. DM 16,80.

Franz Schwarz, Physikochemische Grundlagen der Bildsamkeit von Kalken unter Einbeziehung des Begriffes der aktiven Oberfläche. Als Ms. gedr. Köln, Opladen: Westdeutscher Verl. 1958. (90 S. m. Abb.) 4° = Forschungsberichte d. Wirtschafts- u. Verkehrsministeriums Nordrhein-Westfalen. Nr. 370. DM 25,70.

Rudolf Pels-Leusden und **Karl Bergmann,** Die Frostbeständigkeit von Ziegeln; Einflüsse der Materialzusammensetzung und des Brandes. Als Ms. gedr. Köln, Opladen: Westdeutscher Verl. 1958. (70 S. m. Abb.) 4° = Forschungsberichte d. Wirtschafts- u. Verkehrsministeriums Nordrhein-Westfalen. Nr. 482. DM 20,45.

—, Trabajos de la tercera Reunion internacional sobre Reactividad de los Solidos 2—7 de abril de 1956. Volumen II. Secciones II y III. Madrid. 1958. (690 S. m. Abb.) Keine Preisang.

VII. Agrikulturchemie. Schädlingsbekämpfung.

W. L. Hill, *Phosphatdüngemittel. Erzeugung und Wirksamkeit.* An Hand der Eigg. von Phosphatdüngern, bes. der Löslichkeit u. des Einfl. der Granulierung auf die P-Wirksamkeit, wird die Wichtigkeit der Erzeugung in geeigneter Form, bes. der Granulierung, aufgezeigt. (J. agric. Food. Chem. **5.** 96—101. Febr. 1957. Beltsville, Md., USDA, Agricultural Res. Serv.) W. WESLY. 6282

D. R. Boylan und **M. A. Larson,** *Düngemittelerzeugung durch Schmelzen von Rohphosphat und Gips.* Durch Schmelzen von *Rohphosphat* (**I**) mit 33,6 (%) P_2O_5, 47,8 CaO, 0,40 MgO, 9,1 SiO_2, 2,41 R_2O_3, 4,6 F u. (durch 3std. Erhitzen auf 500° F) entwässertem *Gips* (**II**) mit 19,9 (%) gebundenem W., 32,1 CaO, 44,8 SO_3, 2,5 SiO_2, 0,4 R_2O_3, 0,6 CO_2 in verschied. Verhältnis, Abschrecken mit W. u. Trocknen ergibt sich ein Prod. mit $>$90% verwertbarem P_2O_5, wenn die Mischung $\geqq$ 65% entwässerten **II** enthält. Zusätze an Schmelzmitteln (Langbeinit, Glaserit, KCl) vermindern die P_2O_5-Verwertbarkeit. Aus Mischungen von 30 (%) **I** u. 70 entwässertem **II** erhält man ein Prod. mit $\geqq$10,5 (%) Gesamt-P_2O_5 u. 10,4 verwertbarem P_2O_5 (bestimmt mit 2%ig. Citronensäure), das körnig, nicht hygroskop. u. leicht mahlbar ist. (J. agric. Food Chem. **5.** 104—08. Febr. 1957. Ames, Iowa, State Coll., Dep. of Chem. Engng.) W. WESLY. 6290

Erkki Kivinen und **Armi Kaila,** *Torf als eine Stickstoffquelle für Pflanzen in Gefäßkultur.* Die früher vertretene Ansicht, daß im Hinblick auf die Verfügbarkeit des Torfstickstoffs der *Carex*-Torf dem *Sphagnum*-Torf überlegen ist, wird in einem Gefäßvers. zu Hafer überprüft, in welchem Torf (8 verschied. Herkünfte) als einzige N-Quelle verabreicht wurde. Die aus den verschied. Torfen durch die Pflanzen aufgenommenen N-Mengen waren of niedriger, als die in parallel durchgeführten Brutverss. mineralisierten N-Mengen. Die möglichen Gründe dieser Diskrepanz werden diskutiert. (Maataloustieteellinnen Aikakauskirja [J. sci. agric. Soc. Finland] **30.** 223—32. 1958. Helsinki, Univ., Dep. of Agricultural Chem.) WILFRIED WERNER. 6294

Ren-ichi Yokota, *Auf Messungen beruhende Studien über die Bodentemperatur von Feldern.* An Hand umfangreicher Meßergebnisse von 2 verschied. Standorten werden die Beziehungen zwischen Bodentemp. u. folgenden Faktoren aufgestellt u. diskutiert: Lufttemp., Bodenfarbe, Bodenbedeckung, Bodenfeuchtigkeit, Luftgeh. des Bodens, Bodenbearbeitung sowie Richtung u. Höhe der Furchen. Die Beobachtungen werden durch Ergebnisse von Gefäßverss. ergänzt. (J. Fac. Agric., Tottori Univ. **3.** 31—86. März 1958. Tottori, Jap., Univ., Fac. of Agric. [Orig.: engl.]) WILFRIED WERNER. 6302

R. Pérez-Escolar und **M. A. Luog-López,** *Die Wirkung synthetischer Bodenverbesserungsmittel auf die Krümelstabilität und den Ertrag an Kartoffeln und faserlosen Bohnen.* Auf einem schweren Tonboden (graubrauner Podsol) wurden 3 verschied. Bodenstabilisatoren (*Krilium 6, Krilium 9, Aerotil*) in Mengen von 900, 1800 u. 3600 lbs./acre intensiv in die Krume eingemischt. Krilium 6 zeigte in allen Konzz. die stärkste Kapazität zur Erhöhung der Krümelstabilität. Im Vgl. zur behandelten Kontrollparzelle wurde durch Anwendung der 3 getesteten Stabilisatoren (außer durch Krilium 9 in der niedrigsten Konz.) die Aggregatstabilität in allen Fällen signifikant bzw. hochsignifikant verbessert. — Der Kartoffelertrag konnte durch die Behandlung deutlich gesteigert werden (mit Ausnahme bei Krilium 6 u. 9 in der niedrigsten Konz.). Dagegen sprachen Bohnen nicht auf die Verbesserung der Krümelstabilität durch synthet. Stabilisatoren an. (J. Agric. Univ. Puerto Rico **41.** 127—33. April 1957.) WILFRIED WERNER. 6302

M. A. Lugo-López, H. A. Manfrinato und **E. J. Brenes,** *Kennzeichnung eines begrabenen Laceritbodens in Nord-Puerto Rico.* Ein im Verlauf der Bodenentw. begrabenes, geolog. altes, voll ausgebildetes Bodenprofil wird auf morpholog., mechan., physikal. u. chem. Merkmale untersucht. Aus den Ergebnissen werden Rückschlüsse auf die Entstehung des Profils in einer zurückliegenden geolog. Periode gezogen. (J. Agric. Univ. Puerto Rico **41.** 119—26. April 1957.) WILFRIED WERNER. 6304

Shigeo Yoneda, Noboru Kawada und **Tomomichi Kōchi,** *Eine Untersuchung der Polderböden in Japan.* 6. Mitt. *Über die Bodentypen und die charakteristischen Eigenschaften der salzhaltigen Polderböden der inneren Kojima-Bucht.* (5. vgl. J. Sci. Soil Manure, Japan [Nippon Dozyô-Hiryô-Gaku Zasshi] **25.** [1954.] 36.) Die salzhaltigen Polderböden unterlagen nach der Eindeichung dem Prozeß der Entsalzung u. Solodisierung. Der Basenaustauschkomplex ist beinahe gesätt., die hydrolyt. Acidität (**a**) ist sehr gering. An schlecht dränierten Stellen in der Nähe der Dämme finden sich jüngere salzhaltige Polderböden, die unter dem Einfl. der unter anaeroben Bedingungen gebildeten Eisensulfide stark saure Rkk. von p_H 3—4 aufweisen. Wenn die versalzenen Böden durch Niederschläge ausgewaschen werden, nimmt der Salzgeh. der Oberflächenhorizonte ab. Er vermindert sich bis auf 0,04%. Die **a** der Oberflächenhorizonte steigt bis auf 20. In den zwischen den Jahren 1610 bis 1820 eingedeichten Böden sind die Salze aus allen Horizonten ausgewaschen. Na u. Mg sind durch H ersetzt u. die V-Werte nehmen stark ab. Die p_H-Werte der Krume sind 5,0—5,5, die des Untergrundes bei 7. Diese Böden entsprechen den degradierten Alkaliböden von DE SIGMOND. (J. Sci. Soil Manure, Japan [Nippon Dozyô-Hiryô-Gaku Zasshi] **26.** 57—62. Juli 1955. [Orig.: japan.; Auszug: engl.]) A. JACOB. 6304

Shigeo Yoneda und **Sueaki Ikehasu,** *Eine Untersuchung der Polderböden in Japan.* 7. Mitt. *Wirkungen von Eisensulfiden auf die Prozesse der Bodenbildung bei salzhaltigen Polderböden.* (6. vgl. vorst. Ref.) Die Wrkg. des unter anaeroben Bedingungen gebildeten Eisensulfids (I) auf die Bodenbildungsprozesse von Polderböden wurde untersucht. In den nicht ausgelaugten halogenhaltigen Polderböden lag der Geh. an I in den meisten Horizonten über 0,5% (berechnet als SO_3). In den ausgelaugten Polderböden war der Geh. an I in den oberen Horizonten nur gering, nämlich nur 0,1—0,2%; in den G-Horizonten lag er dagegen bei 0,5% u. mehr. Unter aeroben Bedingungen werden die I rasch oxydiert u. die entstehenden Prodd. werden leicht ausgewaschen, wobei der Boden sauer wird. Unter anaeroben Bedingungen bleiben sie dagegen lange Zeit unverändert. I in den Polderböden hatte einen starken Einfl. auf die bodenbildenden Prozesse. (J. Sci. Soil Manure, Japan [Nippon Dozyô-Hiryô-Gaku Zasshi] **26.** 109—12. Aug. 1955. [Orig.: japan.; Auszug: engl.]) A. JACOB. 6304

Shigeo Yoneda und **Noboru Kawada,** *Eine Untersuchung der Polderböden in Japan.* 8. Mitt. *Zusammensetzung von Flußschlamm im Kojima-Polder, besonders hinsichtlich der Einflüsse von Eisensulfiden in Flußschlamm.* (7. vgl. vorst. Ref.) Frischer Schlamm enthält 0,025—1,491% FeS u. 0,197—1,089% FeS_2, als SO_3 berechnet. Proben von frischem Schlamm werden durch 4wöchige Bebrütung bei 30° bei der Wasserkapazität im freien Feld stark sauer (p_H 2,6—5,0) Gesamt-Feststoffe u. wasserlösl. Sulfat nehmen stark zu. Daher sollte Polderschlamm so lange verwittern, bis die Oxydationsprodd. der Fe-Sulfide durch Regen entfernt worden sind, ehe eine Einbringung in die Felder erfolgt. (J. Sci. Soil Manure, Japan [Nippon Dozyô-Hiryô-Gaku Zasshi] **26.** 168—70. Okt. 1955. [Orig.: japan.; Auszug: engl.]) L. SCHULER. 6304

A. Musierowicz, T. Skorupska und **H. Król,** *Untersuchungen über den Sorptionskomplex und den Gehalt an austauschbaren Kationen wichtigerer Böden der Warschauer Wojewodschaft.* 4. Mitt. *Untersuchung der Schwarzerden* (3. vgl. Badania mad. R.N.R.A. **1955.** 71.) Die Austauschkapazität der Schwarzerden beträgt in der oberen Schicht 12,90—20,50 (mg-Äquivalente/100 g Boden) u. in tieferen Schichten 9,3—28,7. Das hydrolyt. Sorptionsvol. oberer Schichten beträgt 14,44—22,10, tieferer Schichten 9,93 bis 19,31. Der Boden enthält in der oberen Schicht 2,05—6,19% Humus, das C : N-Verhältnis ist oben 8,9—12,3, unten 5,4—10. Der Geh. an austauschbarem Ca u. Mg ist hoch, K_2O u. P_2O_5 sind in ungenügender Menge vorhanden. Der Boden enthält viel Kaolinit u. wenig Montmorillonit. (Roczniki nauk rolniczych **72.** 165—77. 1955.) F. URBAN. 6304

A. Musierowicz und **K. Konecka-Betley,** *Untersuchungen über den Sorptionskomplex und den Gehalt an austauschbaren Kationen wichtigerer Böden der Waschauer Wojewodschaft.* 5. Mitt. *Untersuchung der braunen Böden.* (4. vgl. vorst. Ref.) Charakterisierung der Braunerde der Warschauer Wojewodschaft durch Best. der mechan. Zus., des Geh. an Humus, Montmorillonit u. Kaolinit, der hydrolyt. Acidität, der sorptiven Eigg. u. der Austauschbarkeit von Ca, Mg u. K. (Roczniki Nauk roniczych, Ser. A **72.** 533—47. 1956.) F. URBAN 6304

Kyoichi Kumada, *Physiko-chemische Untersuchungen zur Bildung von Huminsäuren.* 2. Mitt. *Absorptionsspektren der Huminsäuren.* 1. Mitt. Die Absorptionskurven der *Huminsäuren* (I) sind ziemlich ähnlich; die Intensität der Lichtabsorption nimmt allg. nach den kurzen Wellenlängen hin zu. Die Kurven sind fast linear. Bezogen auf gleiche Konzz. der I bestand eine reziproke Beziehung zwischen dem Koeff. der Intensität der Absorption bei einer bestimmten Wellenlänge u. der Neigung der Kurve zur Achse der Wellenlänge. I mit geringer Absorption zeigten eine schwache Bande im ultravioletten Gebiet. Es wird der Schluß gezogen, daß der Mechanismus der Lichtabsorption von I im wesentlichen der gleiche ist u. daß ihre Intensität dem Grade der Humifizierung entspricht, so daß letztere durch die Absorptionsspektren erkannt werden kann. (J. Sci. Soil Manure, Japan [Nippon Dozyô-Hiryô-Gaku Zasshi] **25.** 217—21. Febr. 1955. Tokyo, Univ., Fak. für Landwirtsch. [Orig.: japan.; Auszug: engl.]) A. JACOB. 6304

Kyoichi Kumada, *Physiko-chemische Untersuchungen zur Bildung von Huminsäuren.* 3. Mitt. *Absorptionsspektren von Huminsäuren.* 2. Mitt. (2. bzw. 1. vgl. vorst. Ref.) In alkal. Lsgg. von Huminsäuren wurden die Absorptionsspektren im sichtbaren u. ultravioletten Teil bestimmt. Sie zeigten folgende Eigg.: Die Form der Absorptionskurven war denen ähnlich, die nach der Meth. von SIMON extrahiert worden waren. Die Tatsache, daß der Humifikationsgrad von Huminsäuren durch ihre Absorptionsspektren gezeigt werden kann, wurde bestätigt. (J. Sci. Soil Manure, Japan [Nippon Dozyô-Hiryô-Gaku Zasshi] **25.** 263—67. März 1955. [Orig.: japan.; Auszug: engl.]) A. JACOB. 6304

Kyoichi Kumada und **Sunao Miyazato,** *Physiko-chemische Untersuchungen zur Bildung von Huminsäuren.* 4. Mitt. *Über die künstlichen Huminsäuren.* (3. vgl. vorst. Ref.) Die Ausbeute an Humus aus Glucose wurde durch Zusatz von Harnstoff stark erhöht, etwas weniger durch Zusatz von Aminosäuren, die den Benzolring u. NH_2OH enthielten. Zusatz von NH_4-Salzen u. aliphat. Aminosäuren war ohne Einfl. auf die Ausbeute. Ein großer Teil des Harnstoff-N, der der Glucoselsg. zugesetzt wurde, wurde im künstlichen Humus wiedergefunden. Die Absorptionsspektren der künstlichen *Huminsäuren* (I) im alkalilösl. Teil des Humus waren denen der I des Bodens zwar ähnlich, aber nicht gleich. Sämtliche künstlichen I, die aus Glucose durch Behandlung mit HCl oder NaOH hergestellt waren, ergaben ähnliche Absorptionskurven. Die durch Behandlung mit H_2SO_4 gewonnenen ergaben dagegen gänzlich verschied. Kurven im ultravioletten Gebiet. Die Absorptionskurven der aus Hydrochinon durch Behandlung mit NaOH hergestellten I waren von denen der aus Glucose gewonnenen verschieden. Die Lichtabsorption von Alkalilignin, das mit kochendem HCl (1 : 1) behandelt worden war, nahm an Intensität bes. im sichtbaren Gebiet zu, u. die Neigung der Absorptionskurve nahm mit der Dauer der Behandlung ab. Der Geh. an N in den künstlichen I verursachte keine feststellbaren Veränderungen ihrer Absorptionsspektren. (J. Sci. Soil Manure, Japan [Nippon Dozyô-Hiryô-Gaku Zasshi] **26.** 5—10. Juni 1955. [Orig.: japan.; Auszug: engl.]) A. JACOB. 6304

Kyoichi Kumada, *Physiko-chemische Untersuchungen zur Bildung von Huminsäuren.* 5. Mitt. *Absorptionsspektren der Huminsäuren.* (4. vgl. vorst. Ref.) Die Absorptionsspektren von Lsgg. natürlicher u. künstlicher *Huminsäuren* (I) wurden untersucht. In verd. alkal. Lsg. nahm die Intensität der Lichtabsorption von I mit der Zeit bes. bei langen Wellen ab, im UV zeigte die Absorptionsintensität nach ca. 50 Tagen wieder eine ansteigende Tendenz. Bei den I des Bodens war die Abnahme der Lichtabsorption um so größer, je weniger die Humifizierung fortgeschritten war. Künstliche I waren wesentlich unstabiler als natürliche I. Die Absorptionskurven der Boden-I veränderten ihre Gestalt kaum, nach dem diese 5—7mal ausgefällt worden waren. Die Kurven der künstlichen I hatten die Tendenz, nach der Fällung einen steileren Anstieg zu zeigen, was wahrscheinlich auf einer Zers. oder Denaturierung beruht. Sichtbare Banden wurden nur in den Absorptionsspektren von I aus Podsol- u. Diluvialböden gefunden. Die I aus diesen Böden zeigten deutliche Absorptionsbanden bei ungefähr 620 μ u. weniger deutliche bei 570 u. 470 μ. Zwischen 200—2000 μ waren die Absorptionskurven der I sehr ähnlich. Sie hatten ein Minimum bei ungefähr 1100 μ u. stiegen von dort ab an. (J. Sci. Soil Manure, Japan [Nippon Dozyô-Hiryô-Gaku Zasshi] **26.** 97—100. Aug. 1955. [Orig.: japan.; Auszug: engl.]) A. JACOB. 6304

Kyoichi Kumada, *Physiko-chemische Untersuchungen zur Bildung von Huminsäuren.* 6. Mitt. *Elementarzusammensetzung von Huminsäuren.* (5. vgl. vorst. Ref.) 12 Proben von *Huminsäuren* (I) aus verschied. Böden (ohne Vorbehandlung mit 5%ig. HCl, durch Extraktion mit heißem verd. Alkali gewonnen) enthielten 52,67—61,09% C, 1,69—4,99% N. Die nach der Meth. von SIMON erhaltenen Extrakte sind meist viel ärmer an C u. N als die mittels anderer Verff. hergestellten. Vorbehandlung mit HCl erhöht den C- u. N-Gehalt. Die Elementarzus. geht der Humifizierung parallel. In einer 1. Stufe der I-Bldg. wird N im N-freien Grundmaterial (z. B. Lignin) angereichert (Abnahme des C-Geh. u. Zunahme des N-Geh.). Im 2. Stadium entstehen daraus tief gefärbte Stoffe unter Verlust von N u. OCH_3-Gruppen. (J. Sci. Soil Manure, Japan [Nippon Dozyô-Hiryô-Gaku Zasshi] **26.** 179—82. Okt. 1955. [Orig.: japan.; Auszug: engl.]) L. SCHULER. 6304

Kyoichi Kumada, *Physiko-chemische Untersuchungen zur Bildung von Huminsäuren.* 7. Mitt. *Vergleich der mittels verschiedener Extraktionsverfahren gewonnenen Huminsäuren.* (6. vgl. vorst. Ref.) Die Behandlung durch verschied. Verff. gewonnener *Huminsäuren* mit 5%ig. HCl bei 70° oder 30 Min. bei 100° mit 0,5%ig. NaOH vertieft die Lichtabsorption mehr oder weniger ohne opt. feststellbare grundlegende Veränderungen ihres Charakters, gleichzeitig erfolgt eine Zunahme des C-Geh. u. eine Abnahme des N-Geh., am deutlichsten bei Proben von niedrigem Humifizierungsgrad. Es wird angenommen, daß durch die verschied. Extraktionsverff. neben wirklichen Huminsäuren auch frisches oder teilweise zers. organ. Material erfaßt wird. (J. Sci. Soil Manure, Japan [Nippon Dozyô-Hiryô-Gaku Zasshi] **26.** 231—34. Okt. 1955. [Orig.: japan.; Auszug: engl.]) L. SCHULER. 6304

Armi Kaila, *Die Wirkung verschiedener Arten von Phosphorsäuredüngern auf einem Torfboden.* Auf einem kultivierten Torfmoorboden wird die Wrkg. von *Superphosphat* (**I**) u. einem weicherdigen *Rohphosphat* (**II**) auf den Heuertrag (Timothee) verglichen. Gleiche Erträge wurden erzielt mit 100 kg/ha **I** u. 130 kg/ha **II** bzw. mit 200 kg/ha **I** u. 260 kg/ha **II**. Der P-Geh. im Heu war jedoch bei Düngung mit **I** gesichert höher als bei Anwendung von **II** (0,21—0,23% gegenüber 0,14—0,15% in der Trockensubstanz). (Maataloustieteellinen Aikakauskirja [J. sci. agric. Soc. Finland] **30.** 213—22. 1958. Helsinki, Univ., Dep. of Agric. Chem.) WILFRIED WERNER. 6304

P. H. Nye und **W. N. M. Foster,** *Untersuchung über den Mechanismus der Bodenphosphat-Aufnahme in Abhängigkeit von der Pflanzenart.* Um zu prüfen, ob die unterschiedliche P-Aufnahme einiger Pflanzenarten auf ein verschied. Wurzelsyst. oder eine spezif. Fähigkeit zur Ausnutzung schwer verfügbarer Phosphate zurückzuführen ist, werden auf 3 P-armen Böden (neutral, schwach sauer, sauer), die mit 5—100 μC/kg Boden ^{32}P (trägerfrei) intensiv vermischt waren, P-Aufnahme u. spezif. Aktivität von verschied. Pflanzen untersucht. — Obwohl die P-Aufnahme in der Reihenfolge Erdnuß > Soja > Mais > Erbse > Hirse > Sorghum > Blumenkohl > Tomate abfiel, zeigte die spezif. Aktivität beim gleichen Boden nur geringe Unterschiede, welche vermutlich auf einen Austausch zwischen Boden- u. Samen-P zurückzuführen sind. Vff. schließen aus ihren Befunden, daß die Pflanzen sich zunächst aus dem „labilen Phosphatreservoir" des Bodens ernähren, den sie erst bei weitgehender Erschöpfung unterschiedlich nutzen können. (Plant and Soil [The Hague] **9.** 338—52. Juli 1958. Univ. Coll. of Ghana.) WILFRIED WERNER. 6304

Henry C. de Roo, *Die Düngung von Tabak in Connecticut.* In umfassenden Freilandverss. wurde festgestellt, daß bei Sandböden der N-Bedarf von Tabak zu einem großen Teil mit anorgan. Düngemitteln gedeckt werden kann. Düngemittel mit hohem Geh. an pflanzlichem oder tier. N sind somit nicht erforderlich. Als bes. wichtig hat sich die Art der Düngereinbringung erwiesen. — 69 Literaturhinweise. (Connecticut agric. Exp. Stat., New Haven, Bull. **1958.** Nr. 613. 1—37. März.) M. WINIKER. 6304

M. I. E. Long und **G. W. Winsor,** *Harnstoff-Formaldehyd-Verbindungen als Stickstoffdünger.* (Vgl. Glasshouse Crops Res. Inst., annu. Rep. **1956.** 70.) Bei Laborverss. wurden 24 Proben von Harnstoff-Formaldehydverbb. in einem sauren Boden (p_H 5,3) schneller zers. als in einem Kalkboden (p_H 7,5). Wie durch Best. von N oder Formaldehyd gezeigt wurde, steht der Grad der Zers. der Proben in einem gegebenen Boden in signifikanter Korrelation zu ihrer Löslichkeit in Pufferlösungen. (Glasshouse Crops Res. Inst., annu. Rep. **1954/1955.** 63—69.) F. RANG. 6304

Peter Nehring, *Über die Wirkung der Kalkstickstoffdüngung auf die Qualität von Erbsen. Bericht über Düngungsversuche 1956—1957.* Bei Verss. mit Erbsen der Sorte Edelperle wurden folgende Ergebnisse erzielt: Die für die Qualität von zur Konservierung bestimmten Erbsen wichtigsten Merkmale, nämlich Geh. an Alkoholunlösl., Zucker, u. Stärke, wurden durch *Kalkstickstoff* nicht ungünstig beeinflußt. Auch der Geh. an Rohprotein wurde hierdurch nicht erhöht. Durch Düngung mit *Kalkammonsalpeter* hingegen erfuhr der Geh. an Zucker eine Verminderung, während der Geh. an Stärke u. damit an alkoholunlösl. Substanzen vermehrt wurde. Durch beide Arten von N-Düngern wurde (allerdings in unterschiedlicher Weise) der Geh. an Vitamin C erniedrigt, während die organolept. Eigg. sowie die Lagerungsbeständigkeit nicht beeinflußt wurden. (Ind. Obst- u. Gemüseverwert. **44.** 23—26. 22/1. 1959. Braunschweig.) M. WINIKER. 6304

J. Vlamis, H. H. Biswell und **A. M. Schultz,** *Wachstum von Sämlingen auf abgebrannten Bodenflächen.* Abgebrannte Bodenflächen wurden nach Entfernung von Asche u. Holzkohle auf ihre Nährstoffunterschiede gegenüber unbehandelten Böden in Topfverss. untersucht. Es zeigten sich bei Kiefernsamen Wachstumssteigerungen bei den abgebrannten Böden, die durch stärkeren N-Geh. bedingt waren. Auch bei verschied. N–P–K-Düngung traten diese Unterschiede auf. (Calif. Agric. **10.** Nr. 9. 13. Sept. 1956. Berkeley, Calif., Univ. of California.) W. KNÖPKE. 6304

P. F. Pratt, *Säurebildung im Boden.* Vf. bespricht die Probleme, die bei der Notwendigkeit zur Erhöhung der sauren Rk. im Boden durch Zus. von verschied. Chemikalien auftreten. Es wird Anwendung von $(NH_4)_2SO_4$, NH_4NO_3 u. *Harnstoff* empfohlen. (Calif. Citrograph **43.** 428—29. 431. Okt. 1958. Univ. of California, Citrus Exp. Stat., Dep. of Soils and Plant Nutrition.) W. KNÖPKE. 6304

P. F. Pratt und **R. B. Harding,** *Verlust von Magnesium im Boden.* In californ. Böden zeigten sich Mg-Mangelerscheinungen. Unterss. ergaben, daß durch Gaben von K die Aufnahme von Mg durch die Pflanzen vermindert wird, weiterhin ergab auch die allg. Anwendung von Düngemitteln (bes. Ca) u. Bodenverbesserungspräpp. einen Verlust von ausnutzbarem Mg. (Calif. Agric. **11.** Nr. 1. 11. Jan. 1957. Riverside, Calif., Univ. of California.) W. KNÖPKE. 6304

De Boixo, *Versuch einer Ausbringung von Gips in der Orangenplantage des Bleds Chéraia (Marokko) zwecks Bekämpfung von durch salzhaltige (Irrigations-) Wässer (bedingten) Schäden.* (Vortrag.) Vf. berichtet über erfolgreiche Verss. zur Behebung von Krankheitssymptomen bei Orangenbäumen (Blattverfärbungen), die auf zu hohen NaCl-Geh. des Bodens zurückgeführt werden, durch Gipsgaben. — Diskussion. (C. R. hebd. Séances Acad. Agric. France **44.** 748—57. 1958.) M. WINIKER. 6304

T. W. Walker und **A. F. R. Adams,** *Konkurrenz um Schwefel in einer Gras–Klee-Weide.* In einem faktoriellen Feldvers. auf einem Lößboden wurde eine Klee–Gras-Weide mit 0, 20, 60 lb. N/acre in Form von Kalkammonsalpeter u. 0, 5, 15 lb. S/acre in Form von Gips gedüngt. Neben dem Ertrag an Klee u. Gras wurde der Geh. dieser Komponenten an Gesamt-, Nichteiweiß-N, Gesamt-S, SO_4-S u. Gesamt-P bestimmt sowie die Relationen Gesamt-N : Gesamt-S u. Eiweiß-N : organ. S aufgestellt. — N-Düngung beeinflußte den Ertrag nicht, senkte aber den Kleeanteil zugunsten der Gräser (bes. bei niedriger S-Versorgung). Die chem. Zus. der Pflanzen wurde durch N-Zufuhr nur schwach verändert. S-Düngung steigerte die Erträge u. erhöhte den Gesamt-S-Geh. von Klee u. Gras, den Gesamt-N-, Protein-N- u. organ. S-Geh. von Klee u. senkte den P-Geh. von Klee u. Gras. Ohne S-Düngung wurde die S-Aufnahme von Klee durch Gras kompetitiv gehemmt, woraus eine Wachstumsdepression u. eine stark verminderte N-Bindung bei Klee resultierte (ca. 97,5% des Gesamtentzuges an S erfolgte durch die Graskomponente). Da in einer Klee–Gras-Weide Klee u. Gras um den „verfügbaren" S konkurrieren, wird empfohlen, bei einem schlechten S-Versorgungsgrad des Bodens mit S zu düngen [in Form von Gips oder in trockenen Jahren mit $(NH_4)_2SO_4$]. (Plant and Soil [The Hague] **9.** 353—66. Juli 1958. New Zealand, Univ., Canterbury Agricult. Coll.) WILFRIED WERNER. 6304

C. D. Sutton und **E. G. Hallsworth,** *Untersuchungen über die Ernährung von Futterleguminosen.* 1. Mitt. *Die toxische Wirkung tiefer p_H-Werte und hoher Manganzufuhr auf Luzerne in ihrer Beeinflussung durch klimatische Faktoren und Calciumangebot.* Verss. in Wasser- u. Agarkultur ergaben, daß die Toxizität einer Nährlsg. von p_H 4 auf Luzernepflanzen nicht konstant, sondern sehr stark von dem Geh. der Nährlsg. an anderen Nährstoffen (bes. N u. Ca), von der Kulturmeth. u. von den Umweltbedingungen (Temp., Lichtintensität) abhängig war: Die tox. Wrkg. tiefer p_H-Werte wurde durch erhöhtes Angebot an N u. Ca in Agarkultur signifikant vermindert, blieb in Wasserkultur jedoch nahezu gleich. Hohe Lichtintensität u. Temp. wirkten günstig auf das Wachstum u. der

p_H-Toxizität entgegen. — Auch die Mangantoxizität erwies sich vom Ca-Spiegel, vom p_H-Wert u. der Lichtintensität abhängig: Obgleich bei niedrigen Mn-Konzz. das Wachstum bei p_H 6 u. 5 besser war als bei p_H 4, war die durch die höchste Mn-Konz. (50 p.p.m.) hervorgerufene Wachstumsdepression bei hohen p_H-Werten am stärksten. Durch steigende Ca-Zufuhr wurde die tox. Wrkg. hoher Mn-Konzz. deutlich verringert. Durch hohe Lichtintensität wurde die Mn-Toxizität verstärkt, der Mn-Geh. der Pflanzen erhöht. (Plant and Soil [The Hague] **9.** 305—17. Juli 1958. Nottingham, Univ., School of Agric.) WILFRIED WERNER. 6304

J. N. Davies, *Untersuchungen über Dampfsterilisation.* Ein alkal. Boden (p_H 8) u. 2 saure Böden (p_H 6 u. 4) wurden im Autoklaven 20 Min. lang teilweise sterilisiert u. anschließend bei 23,5° incubiert. — Durch das Dämpfen wurde der Geh. der 3 Böden an wasserlösl. u. austauschbarem *Mn* erhöht. Im alkal. Boden war diese Zunahme nur sehr gering u. ging nach der Incubation wieder auf Werte zurück, die sich kaum von den Werten bei ungedämpften Böden unterschieden. Bei den sauren Böden folgte auf die durch die Dämpfung bewirkte Steigerung des Mn-Geh. eine weitere Zunahme während der ersten Incubationswoche. Danach blieben die Werte im wesentlichen konstant. — Der eine saure Boden (p_H 4) wurde mit Kalkgaben in Höhe von 0,25—2% des Bodentrockengewichtes behandelt, wobei eine progressive Abnahme des Geh. an wasserlösl. u. an austauschbarem Mn erfolgte. Nach Dämpfung der gekalkten Bodenproben wurde nur geringe Zunahmen der Mn-Werte festgestellt. — Weitere 18 Bodenproben verschiedenster Herkunft wurden gedämpft u. nach erfolgter Abkühlung auf ihren Geh. an wasserlösl., austauschbarem sowie leicht reduzierbarem Mn untersucht. Ungedämpfte Böden mit $p_H > 5{,}5$ enthielten im Gegensatz zu solchen, die stärker sauer waren, nur geringe Konzz. an wasserlösl. u. austauschbarem Mn. Nach der Dämpfung stieg der Geh. an wasserlösl. Mn im allg. an. Die Zunahme blieb jedoch bei Böden mit $p_H > 6$ unter 2 p.p.m. Bei Böden mit $p_H < 6$ wurden beträchtliche Zunahmen an austauschbarem Mn festgestellt. — Der Geh. an reduzierbarem Mn nahm nach dem Dämpfen im allg. ab. Der Geh. der Böden an aufnehmbarem Gesamt-Mn (wasserlösl. + austauschbares + reduzierbares Mn) stimmte vor u. nach dem Dämpfen weitgehend überein. — Bei Anbauverss. mit Tomatensämlingen auf gedämpftem saurem Boden (p_H 4) traten nach Düngung mit Superphosphat verstärkte Symptome von Mn-Vergiftung auf, während Kalkung des gedämpften Bodens zur Entw. von gesunden u. n. wachsenden Pflanzen führte. — 26 Literaturangaben. (Glasshouse Crops Res. Inst., annu. Rep. **1954/1955.** 70—78.)
F. RANG. 6304

J. H. L. Messing, *Bor bei der Ernährung von Tomaten.* Tomatenpflanzen wurden im Gewächshaus mit bis zu 2 p.p.m. *B* gedüngt. Die Pflanzen gediehen bei einer Konz. von 0,2 p.p.m. am besten. — Der B-Geh. an Trockensubstanz in den Blättern war ohne B-Düngung am größten u. fiel mit bis zu 0,2 p.p.m. steigender B-Konz. auf den Mindestwert, um bei Erhöhung der B-Konz. auf 2 p.p.m. wieder anzusteigen. — Bei der Frucht zeigte der Geh. an Trockensubstanz mit der Zunahme der B-Konz. eine steigende Tendenz. — 6 Literaturangaben. (Glasshouse Crops Res. Inst., annu Rep. **1954/1955.** 79—84.) F. RANG. 6304

K. C. Lu und **W. B. Bollen,** *Die Wirkung von Gibrel, einem Kaliumsalz der Gibberellinsäure, auf die mikrobiologische Aktivität im Boden.* In Laborverss. wurde in einem sandigen Lehmboden bei 50% der maximalen Wasserkapazität nach Zusatz von 5, 50, 100 u. 1000 p.p.m. Gibrel (I; $C_{19}H_{21}O_6K$) die mikrobiol. Aktivität, gemessen an der CO_2-Entw., bestimmt. — Die CO_2-Produktion wurde durch I-Zufuhr deutlich stimuliert. Auch wenn man einräumt, daß das zugesetzte I vollständig abgebaut wird u. dadurch zu einer erhöhten CO_2-Bldg. führt, bleibt im Vgl. zu einem unbehandelten Boden noch ein signifikanter CO_2-Überschuß, der auf eine Stimulierung des Abbaues der nativen organ. Substanz des Bodens schließen läßt. Auch in einem glucosehalt. Substrat war die CO_2-Entw. bei Zugabe von 50 p.p.m. I gesichert höher als bei einer 5 p.p.m.-Gabe. — In Brutverss. auf einem Boden-Agar(N-frei)-Substrat wurde die N-Fixierung durch Azotobacter chroococcum durch I erhöht. — Die optimale Konz. dieser I-Wrkgg. scheint bei 5—50 p.p.m. zu liegen. (Plant and Soil [The Hague] **9.** 318—24. Juli 1958. Corvallis, Oreg., Oregon Agric. Exp. Stat., Dep. of Bacteriol.) WILFRIED WERNER. 6306

Arthur Westing, (*Die*) *Auswirkung von Gibberellin auf Koniferen* (*ist*) *im allgemeinen negativ.* Zusammenfassender Literaturüberblick (12 Hinweise). (J. Forestry **57.** 120—22. Febr. 1959. New Haven, Conn., Yale Univ.) M. WINIKER. 6312

H.-G. Zimmermann, *Die Wirkung von Hormonspritzmitteln auf Sonnenblumendurchwuchs in Getreidebeständen.* Spritzungen mit *MCPA* (1,0—1,5 kg auf 600 Liter W./ha) konnten den Durchwuchs von Sonnenblumen bei Winterweizen weitgehend verhindern. Die Behandlung mußte 10—20 Tage nach dem Auflaufen der Sonnenblumen erfolgen.

(Dtsch. Landwirtsch. **8.** 237—39. Mai 1957. Biendorf, Kr. Bernburg, Inst. für Pflanzenzücht. der Dtsch. Akad. der Landwirtsch.-Wiss. zu Berlin, Abt. Sonderkulturen.) W. KNÖPKE. 6312

J. Calvert, *Mineralöle und die Bekämpfung von Seitenwachstum bei Nord-Queensland-Tabak.* Durch Behandlung der Seitensprosse mit gereinigten Mineralölen bei Tabak konnte ein besseres Wachstum des Hauptsprosses u. Unterdrückung des Seitenwachstums erzielt werden. Die Behandlung benötigte wesentlich weniger Zeit als Entfernung der Sprosse durch Handarbeit. Die Güte des Tabaks wurde nicht beeinflußt. (J. Austral. Inst. agric. Sci. **22.** 266—71. Dez. 1956. Canberra, C.S.I.R.O., Div. of Plant Ind.) W. KNÖPKE. 6312

E. K. Woodford, *Chemische Unkrautvernichtungsmittel. Ihre Anwendungsmöglichkeiten und einige (mit ihrem Einsatz verbundene) Probleme.* Allg. Ausführungen. (Fertiliser, Feeding Stuffs J. **50.** 61—63. 65. 28/1. 1959. Oxford, Univ.) M. WINIKER. 6312

Gábor Ubrizsy, *Chemische Unkrautbekämpfung auf den ungarischen Wiesen- und Weideflächen.* Verss. mit Wuchsstoffherbiciden (z. B. *2.4-D, 2.4.5-T, MCPA*) ergaben, daß auf ungar. Wiesen u. Weiden mit derartigen Mitteln beachtliche Erfolge erzielt werden können (z. B. Bekämpfung des sehr hartnäckigen Unkrauts Ononis spinosa), jedoch müssen die Bekämpfungsmaßnahmen möglichst alljährlich erfolgen. (Növénytermelés [Pflanzenbau] **7.** 305—20. Dez. 1958. Budapest, Növényvédelmi Kutató Intézet.) M. WINIKER. 6312

K. Hubert, *Weitere Erkenntnisse zur chemischen Unkrautbekämpfung in Sachsen-Anhalt aus dem Jahr 1956.* Bericht über die Anwendung von chem. Unkrautbekämpfungsmitteln (Wuchsstoffe u. ätzende Mittel) in der DDR im Jahre 1956. (Dtsch. Landwirtsch. **8.** 235—37. Mai 1957. Halle/S., Zweigstelle der Biol. Zentralanstalt der Dtsch. Akad. der Landwirtsch.-Wiss. zu Berlin.) W. KNÖPKE. 6312

Hubert Krüger, *Chemische Unkrautbekämpfung im Öl- und Faserlein.* Verss. zur Bekämpfung von Unkräutern in Leinkulturen zeigten, daß bei Öllein *DNC* u. *DNBP* (0,4—0,5% bei 600 Liter W.) zur Anwendung gelangen können, wenn die Pflanzen 6—10 cm hoch sind. *MCPA* (0,6—0,8 kg bei 400 Liter W.) kann ebenfalls bei 10—15 cm Höhe gespritzt werden, wenn sich die Unkräuter im Strecken befinden. Bei Faserlein ist der Einsatz von DNC u. DNBP ebenfalls möglich, dagegen kann MCPA nur in Ausnahmefällen u. *2.4-D* nicht angewandt werden, da durch die Wuchsstoffe die Faserqualität beeinflußt wird. (Dtsch. Landwirtsch. **8.** 231—35. Mai 1957. Halle-Wittenberg, Martin-Luther-Univ., Inst. für Acker- u. Pflanzenbau.) W. KNÖPKE. 6312

B. E. Day, R. C. Russell und **C. D. McCarty,** *Unkrautbekämpfung an Citrusfrüchten mit Monuron.* Vff. berichten über die Anwendung von *Monuron* (*CMU*) zur Bekämpfung von Unkräutern in Citrusanlagen. Eine Aufwandmenge von 2 lbs./acre ist meist ausreichend, resistente Arten werden zusätzlich mit Kontaktmitteln behandelt (Öle z. T. mit der Spritzung von CMU kombiniert). Verss. mit verschied. Aufwandmengen zeigten, daß bis zu Dosierungen von 20 lbs./acre im allg. keine Schäden an den Citrusfrüchten auftraten, bei einzelnen Behandlungen wurden allerdings Chlorosen u. Entblätterung festgestellt. Analyt. Unterss. von Früchten zeigten nur Spuren des Herbicides, die unter 1 p.p.m. lagen. (Calif. Agric. **11.** Nr. 2. 11—12. Febr. 1957. Riverside, Calif., Univ. of California.) W. KNÖPKE. 6312

M. H. Kimball, Boysie Day und **Chester L. Hemstreet,** *Unkrautbekämpfung in der Nähe von Rasenflächen.* Anweisungen für die gefahrlose Anwendung von Bodenentseuchungsmitteln in Saatbeeten usw. in der Nähe von Rasenflächen. Es wird über *CMU, DCMU, Methylbromid,* CS_2, *DD, EDB, Vapam, Ammate, SES, Aminotriazol, Neburon, Alanap* u. *Dalapon* berichtet. (Calif. Agric. **11.** Nr. 2. 13—14. Febr. 1957. Riverside, Calif., Univ. of California.) W. KNÖPKE. 6312

George A. Zentmyer und **Albert O. Paulus,** *Phytophthora-Wurzelfäule bei Avocadobäumen.* Zur Bekämpfung von Phytophthora cinnamomi, dem Erreger der Wurzelfäule bei Avocadobäumen wird Bodenbehandlung mit *Vapam, DD* u. (bei leichten Sandböden) *Methylbromid* empfohlen. (Univ. Calif., Coll. Agric., agric. Exp. Stat., Circ. Nr. **465.** 1—15. Dez. 1957.) M. WINIKER. 6312

E. A. Jamalainen, *Untersuchungen über die Anwendung einiger Chlornitrobenzole und organischer Quecksilberverbindungen zur Bekämpfung kälteresistenter parasitischer Pilze auf Wintergetreide.* In Vergleichsverss. mit 12 verschied. Fungicid-Präpp. zur Bekämpfung von Fusarium nivale u. Typhula itoana sowie T. idahoensis waren die organ. Hg-Präpp. *Phenylmercuriacetat* (*PMA*) u. *Phenylmercurisalicylat* (*PMS*) sowie die Verbb. auf der Basis *Pentachlornitrobenzol* (*PCNB*) am wirksamsten. Hexachlornitrobenzol wirkte nur schwach. Die günstigste Dosierung betrug 5 kg PCNB/ha bzw. bei

PMA u. PMS 75—225 g Hg/ha. Frühzeitige Anwendung der Präpp. zeigte geringeren Erfolg als späte (kurz vor dem Schneefall). Die Fungicidbehandlung resultierte in deutlichem Ertragszuwachs (bei Roggen 12—122%, bei Weizen 31—735%). (Maataloustieteellinen Aikakauskirja [J. sci. agric. Soc. Finland] **30.** 251—63. 1958. Tikkurila, Agric. Res. Centre, Dep. of Plant Pathol.) WILFRIED WERNER. 6312

K. G. Adlung, *Fischgiftigkeit von Dinitrocarbazol. Dinitrocarbazol* (I), ein Gelbspritzmittel, mit Fraßgiftwrkg. gegen Schmetterlings- u. Blattwespenlarven, wurde in Verss. des Vf. als Staub in Konz. von 1,25—5,0 kg/ha auf die Oberfläche bewegten W. gebracht u. die Wrkg. auf junge Elritzen (Phoxinus laevis) untersucht. Sämtliche Tiere starben nach spätestens 20 Stunden. Vf. glaubt, daß trotz der geringen Löslichkeit des I-Staubes bei stehenden Gewässern mit bewegter Oberfläche doch die Bedingungen für eine stärkere Lösung der Substanz u. damit für eine Vergiftung von Fischen gegeben sind. (Naturwissenschaften **45.** 631. 2. Dez.-H. 1958. Freiburg/Br., Univ., Forstzool. Inst.) R. TIMMLER. 6312

H. H. Glasscock und **W. S. English,** *Bekämpfung von Pseudopeziza ribis Kleb. durch Spritzung mit einer Öl-Bordeauxbrühe-Mischung.* Verss. zur Bekämpfung von Pseudopeziza ribis an Schwarzen Johannisbeeren ergaben, daß Spritzungen mit einer Mischung aus *Öl* u. *Bordeauxbrühe* nach der Blüte u. nach dem Pflücken eine Erhöhung der Ernteerträge erbrachten. Außerdem wurde das Laub später gelb als bei unbehandelten oder mit *Glioxalidin, Ferbam,* oder wasserlösl. *Cu*-Präpp. gespritzten Büschen. (Plant Pathol. **5.** 97—98. Sept. 1956. Wye, Kent, Nat. Agric. Advisory Serv.) W. KNÖPKE. 6312

J. O. Whiteside, *Versuch zur Bekämpfung von Tomatenkrankheiten in Südrhodesien.* Bei der Bekämpfung von Septoria lycopersici, dem Erreger der Blattfleckenkrankheit, bewährten sich *Cu-Oxychlorid, Zineb* (I) u. *Maneb* (II). Weniger wirksam war *Captan* (III). Beste Bekämpfungserfolge wurden mit *Bordeauxbrühe* erzielt, bei deren Anwendung jedoch beträchtliche phytotox. Nebenwrkgg. auftraten. — Bestes Mittel zur Bekämpfung von Phytophthora infestans, dem Erreger der Kraut- u. Fruchtfäule war **II.** Etwas weniger wirksam war ein **I**-**III**-Gemisch. **I** u. *Cu*-Mittel waren relativ wenig wirksam. (Rhodesia agric. J. **55.** 533—45. Sept./Okt. 1958.) M. WINIKER. 6312

G. M. Hoffmann und **O. Dingler,** *Pentachlornitrobenzol als Bodendesinfektionsmittel zur Bekämpfung des Kartoffelschorfes* (*Streptomyces scabies*). Zur Bekämpfung des Kartoffelschorfes (Streptomyces scabies) wurde der Boden kurz vor dem Auslegen der Pflanzkartoffeln mit *Pentachlornitrobenzol* (I; 2 u. 5 kg/ha) behandelt. Durch die Ausbringung von I wurde der Befallsgrad bei den geernteten Knollen wesentlich herabgedrückt, dagegen wurde der Ertrag nicht erhöht. Bei 2 kg/ha ergab sich ein Anteil von 60%, bei 5 kg/ha von 79% u. bei der Kontrolle von 20% an verkaufsfähigen Speisekartoffeln. (Nachrichtenbl. dtsch. Pflanzenschutzdienst [Berlin] [N. F.] **10** (**36**). 209—12. Okt. 1956. Aschersleben, Biol. Zentralanst. der Dtsch. Akad. der Landwirtsch.-Wiss. zu Berlin, Inst. für Phytopathol.; Groß-Lösewitz, der DAL-Außenstelle Wentow, Inst. für Pflanzenzüchtung.) W. KNÖPKE. 6312

Bert Lear und **Ivan J. Thomason,** *Bodenentseuchung gegen Nematoden.* Zur Bekämpfung der Nematodenarten Meloidogyne incognita var. acrita u. M. javanica an Tomaten wurden Bodenbehandlungen mit *DD, EDB, Nemagon* u. *Vapam* durchgeführt. Die Mittel wurden 8 in. tief in den Boden eingebracht. Vapam wurde außerdem mit einer Bewässerungsanlage eingeschwemmt. Die Saat erfolgte einen Monat nach der Behandlung. Die Ernteergebnisse zeigten, daß DD, EDB u. Nemagon gleiche Wirksamkeit aufwiesen (Bewertung nach Ertrag u. Wurzelbesatz). Vapam war nur bei Einschwemmung wirksam. Nemagon hatte allerdings starke Auswirkungen auf die Qualität der Tomaten, so daß eine Anwendung nicht vertretbar ist. (Calif. Agric. **11.** Nr. 2. 6. 15—16. Febr. 1957. Davis, Calif., Univ. of California; Riverside, Calif., Univ. of California.) W. KNÖPKE. 6312

Harold F. Madsen und **Ross R. Sanborn,** *Versuche zur Bekämpfung von Sanninoida exitiosa.* Vff. unternahmen Verss. zur Bekämpfung der Raupen von Sanninoida exitiosa, die in den Wurzeln von Pfirsichen, Aprikosen u. Mandeln minieren. Eine Bodenbehandlung mit den Begasungsmitteln *p-Dichlorbenzol, Propylendichlorid* u. *Tetrachloräthan* (I) zeitigte gute Ergebnisse, während *Äthylendichlorid* eine geringere Wirksamkeit aufwies. Die Anwendung von I hatte umfangreiche phytotox. Erscheinungen zur Folge (Blattverbrennungen, schlechtes Wachstum usw.). (Calif. Agric. **11.** Nr. 2. 3. 15. Febr. 1957. Berkeley, Calif., Univ. of California, Contra Costa County.) W. KNÖPKE. 6312

J. M. Hoy, *Toxizität einiger Kohlenwasserstoff-Insekticide für Regenwürmer.* Bericht über Verss., deren Ergebnisse zufolge *DDT, techn. BHC* u. *γ-BHC* in einer Aufwandmenge von 2 lbs. Wirkstoff/acre, wie sie z. B. bei der Bekämpfung von Costelytra zealandica White üblich ist, auf Regenwürmer nicht schädigend einzuwirken scheinen. (New Zealand J. Sci. Technol., Sect. A **37**. 367—72. Dez. 1955. Palmerston North, Dep. of Sci. and Ind. Res., Entomolog. Res. Stat.) F. RANG. 6312

O. C. Dobson, *Insekticide und Volksgesundheit.* Erörterung der Anwendung von Insekticiden in Beziehung zu den Fragen des Schutzes der Gesundheit (Vernichtung der übertragenden Insekten). (Pyrethrum Post **4**. Nr. 4. 6—11. Okt. 1958. Borough of Uxbridge.) W. KNÖPKE. 6312

V. B. Whitehead, P. J. Kriegler und **G. F. Joubert,** *Schildlausbekämpfung im Citrusdalareal.* Zur Bekämpfung von Schildläusen (Coccus spp.) an Citrusfrüchten wird ein kombiniertes Spritzprogramm unter Verwendung von *Parathion, Malathion* u. *Sommeröl* vorgeschlagen. Bei starkem Befall mit Coccus hesperidum kann auch eine Behandlung mit *HCN* erfolgen. (Farming South Africa **33**. Nr. 11. 19. 21. 27. Febr. 1958. Stellenbosch, Fruit Res. Stat., Citrusdal.) W. KNÖPKE. 6312

Vernon M. Stern und **Harold T. Reynolds,** *Resistenz von Blattläusen gegenüber Parathion.* Bei der Bekämpfung von Therioaphis maculata an Alfalfa zeigte sich 1956 vielfach die Unwirksamkeit von *Parathion* u. *Malathion.* In Labor- u. Freilandverss. wurde festgestellt, daß die resistenten Blattläuse die vierfache Menge zur 100%ig. Abtötung benötigten, wie dies bei einem empfindlichen Stamm der Fall war. Bes. die adulten Tiere waren schwer abzutöten. Mit *Trithion* u. *Phosdrin* konnte eine befriedigende Abtötung in Freilandverss. festgestellt werden, *Compound 8305* war bei orientierten Verss. ebenfalls erfolgreich. (Calif. Agric. **11**. Nr. 2. 4. 14. Febr. 1957. Riverside, Calif., Univ. of California.) W. KNÖPKE. 6312

P. Everett, *Die Grüne Gemüsewanze (Nezara viridula).* Die Wanzenart Nezara viridula schadet durch ihre Saugtätigkeit an vielen Gemüsearten (Bohnen, Tomaten usw.) in Neuseeland. Zur Bekämpfung wird die Anwendung von *DDT, HETP, Malathion* u. *Lindan* vorgeschlagen. (New Zealand J. Agric. **97**. 469. 471—72. 15/11. 1958. Auckland, Dep. of Agric.) W. KNÖPKE. 6312

W. Hayn, *Über neue Methoden zur Bekämpfung einiger Winterrapsschädlinge.* Bodenbehandlungen mit *HCH-* (35—40 kg/ha) u. *DDT* + *HCH*-Mitteln (45—50 kg/ha) konnten den Befall durch den Rapserdfloh (Psylliodes chrysocephala) u. den Kohlgallenrüßler (Ceutorhynchus pleurostigma) an Raps wesentlich herabdrücken u. bessere Entw. u. Erträge gewährleisten. Zur Bekämpfung des Gefleckten Kohltriebrüßlers (Ceutorhynchus quadridens) u. des Großen Rapsstengelrüßlers (C. napi) hat sich die Anwendung von HCH- u. DDT + HCH-Stäubemitteln nach Feststellung des Käferauftretens durch Fangmethoden bewährt. (Nachrichtenbl. dtsch. Pflanzenschutzdienst [Berlin] [N. F.] **10 (36)**. 237—43. Dez. 1956. Karl-Marx-Stadt.) W. KNÖPKE. 6312

E. Thiem, *Untersuchungen zur Bekämpfung des Apfelwicklers (Carpocapsa [Cydia, Laspeyresia] pomonella L.).* Vf. unternahm umfangreiche Verss. zur Bekämpfung des Apfelwicklers (Carpocapsa pomonella) an Äpfeln verschied. Sorten mit *DDT-, DDT + HCH-, HCH-* u. *Phosphorsäureesterpräpp.* (nähere Bezeichnung der Wirkstoffe nicht angegeben). Als Vgl. diente *Bleiarsen.* Es zeigte sich, daß bei frühen Sorten mindestens zwei u. bei späteren Sorten drei Behandlungen zur Eindämmung des Befalls notwendig waren. DDT, DDT + HCH (DDT-Geh. der Spritzbrühe bei 0,1%) u. Phosphorsäureester brachten dabei gute Resultate, während HCH nur eine unzureichende Wrkg. ausübte. Die Emulsionen wirkten allg. besser als die Suspensionen. HCH zeigte Geschmacksveränderungen des Ernteobstes. Bei Einsatz von DDT müssen die Spinnmilben durch andere Mittel vernichtet werden. Ausführliche Besprechung der Literatur. — 37 Literaturangaben. (Nachrichtenbl. dtsch. Pflanzenschutzdienst [Berlin] [N. F.] **10 (36)**. 177—86. Sept. 1956. Berlin, Kleinmachnow, Biol. Zentralanstalt.) W. KNÖPKE. 6312

Emiliana S. Novero, *Biologische Untersuchung von Lymantria lunata Cramer (Lymantriidae, Lepidoptera) nebst einer Betrachtung der (Möglichkeiten zur) Bekämpfung derselben.* Die Larven des Schädlings konnten mit *DDT*-Sprays (0,1- u. 0,2%ig.) erfolgreich bekämpft werden. Nahezu die gleiche Wirksamkeit hatten *Dieldrin-* u. *Pb-Arsenat-*Sprays gleicher Konzentration. (Philippine Agriculturist **41**. 505—25. Febr. 1958.) M. WINIKER. 6312

E. J. Buyckx und **R. Damoiseau,** *Versuche zur chemischen Bekämpfung von Phytolyma lata, einer gallbildenden Psyllide auf Chlorophora excelsa.* Gewisse Bekämpfungserfolge konnten mit *Endrin, Parathion* u. *Demeton* erzielt werden. *Malathion* befriedigte nicht. (Bull. agric. Congo belge **49**. Nr. 6. Bull. Inf. de l'INEAC **7**. 375. Dez. 1958.) M. WINIKER. 6312

T. Rosborough, *Weitere Versuche zur Bekämpfung von Ceutorhynchus pleurostigma Marsh.* Die Bekämpfung von Ceutorhynchus pleurostigma (Kohlgallenrüßler) an Kohl wurde erfolgreich mit Stäubemitteln auf der Basis von *HCH*, *Aldrin* u. *Dieldrin* durchgeführt, die in einem Ring um den Stengel gestreut wurden. (Plant Pathol. **5.** 111—12. Sept. 1956. Belfast, N. Ireland, Coll. of Technol.) W. KNÖPKE. 6312

George B. MacCollom, *Wirkungen und Verhinderung von DDT-Phytotoxizität bei Gurken.* In eingehenden Unterss. wurden die phytotox. Erscheinungen bei der Behandlung von Gurken mit *DDT* abgehandelt. Die einzelnen Präpp. wurden aus einem 50% ig. DDT-Spritzpulver hergestellt. Freilandverss. zeigten, daß der Zusatz von akt. Holzkohle (I) zu DDT-Staub die Pflanzenschäden weitgehend verhindern konnte, während beim Spritzmittel keine Wrkg. eintrat, dies wurde z. T. auf das Vorhandensein des Emulgators B-1956 zurückgeführt. Ein Anteil von drei Teilen I auf einen Teil techn. DDT konnte die phytotox. Schäden weitgehend verhindern, die Ernte war gleich, wie bei der Behandlung mit 2% gereinigtem DDT u. bei unbehandelten Gurken. Bei Spritzpulvern auf der Basis von DDT + Tabakstengeln ergab sich eine größere Phytotoxizität als bei Verdünnung mit anorgan. Materialien. Behandlungen mit verschied. Komponenten zeigten, daß die Schäden bes. durch die o.p'- u. p.p'-Isomeren von DDT hervorgerufen werden. Labor.-Verss. zur Frage des Einfl. von I auf die insekticide Wrkg. von DDT ergaben, daß die Kontaktwrkg. gegen Macrosiphum pisi u. Prodenia eridania red. war, die Fraßwrkg. gegen den zweiten Schädling dagegen nicht beeinflußt wurde. — 47 Literaturangaben. (Cornell Univ. agric. Exp. Stat., Mem. **1956.** 5—48. Mai.)
W. KNÖPKE. 6312

K. A. Gar, *Entwicklung und Prüfung neuerer Insekticide in der Sowjetunion zur Bekämpfung der Obstbaumschädlinge.* Vortrag über die Anwendung von Insekticiden (DDT, Phosphorsäureester, S-Mittel usw.) im Obstbau in der Sowjetunion. (Nachrichtenbl. dtsch. Pflanzenschutzdienst [Berlin] [N. F.] **10 (36).** 223—27. Nov. 1956. Moskau, Inst. NIUIF.) W. KNÖPKE. 6312

Harold F. Madsen und **Stanley C. Hoyt,** *Bekämpfung der Obstbaumspinnmilbe (Paratetranychus pilosus).* Vff. unternahmen Verss. zur Bekämpfung von Paratetranychus pilosus an Birnen während der Zeit des Knospenschwellens mit verschied. Acariciden. Es sollten dabei vor allem die Wintereier vernichtet werden, um den Einsatz während des Wachstums u. phytotox. Erscheinungen zu verhindern. *Phostex* u. *Trithion* (I) erzielten im Winter eine unzureichende Wrkg., während *Winteröl* etwas besser abschnitt. *Genite-923* (II), *Mitox* u. I konnten beim Einsatz im Knospenstadium die Bäume für längere Zeit befallsfrei halten. Bei wiederholter Spritzung mit *Ovotran* u. II zeigten sich Resistenzerscheinungen, so daß die Anwendung der Mittel in Zukunft nicht mehr möglich sein dürfte. (Calif. Agric. **11.** Nr. 16. 15—16. Jan. 1957. Berkeley, Calif., Univ. of California.) W. KNÖPKE. 6312

R. Fritzsche, *Zur Problematik der Spinnmilbenbekämpfung.* Vf. diskutiert die Frage der Spinnmilbenvermehrung. Als Ursachen werden warmes Frühjahrsklima, guter Obstbaumschnitt (lichte Kronen) u. vermehrte Schädlingsbekämpfung mit *DDT* angegeben. In Verss. zeigte *Wofatox* nur eine gute Anfangswrkg., während *Systox* u. *Cebetox* auch eine Dauerwrkg. von 4—6 Wochen hatten. — 12 Literaturangaben. (Nachrichtenbl. dtsch. Pflanzenschutzdienst [Berlin] [N. F.] **10 (36).** 230—34. Nov. 1956. Aschersleben, Biol. Zentralanstalt der Deutschen Akademie der Landwirtschaftswissenschaften zu Berlin, Inst. für Phytopathologie.) W. KNÖPKE. 6312

A. E. Michelbacher, *Spinnmilben an Walnüssen.* An Walnüssen schaden die Spinnmilbenarten Brevipalpus lewisi, Paratetranychus pilosus u. P. pacificus. Die Bekämpfung konnte mit gutem Erfolg durch Spritzungen mit *OMPA* durchgeführt werden, *Systox* war nur bei frühem Einsatz erfolgreich. Das Versuchspräp. *FW-293* [1.1-Bis-(chlorphenyl)-trichloräthanol] bewirkte ebenfalls eine gute Abtötung der Milben. (Calif. Agric. **10.** Nr. 7. 4. 14. Juli 1956. Berkeley, Calif., Univ. of California.) W. KNÖPKE. 6312

P. W. Carden, *Bekämpfung von Phorodon humuli (Schrank) an Hopfen mit Dimefox.* Zur Bekämpfung von Phorodon humuli in einer Hopfenanzucht wurde *Dimefox* in Konzz. von 0,62 u. 1,24% als Gießmittel auf die Kronen der Pflanzen gebracht. Innerhalb einer Woche nach der Behandlung waren die Blattläuse auf eine geringe Anzahl abgetötet, die während der Vegetationszeit nicht mehr zunahm. *Schradan* war weniger wirksam. (Plant Pathol. **5.** 110—11. Sept. 1956. Belfast, N. Ireland, Coll. of Technol.)
W. KNÖPKE. 6312

Adolphi, *Untersuchung eines Pyrethrum-Synergisten.* Vorl. Bericht. Vf. untersuchte den neuen Synergisten *S 421* (**I**; *Oktachlordipropyläther*) hinsichtlich seiner tox. u. insekticiden Eigenschaften. Die Toxizität gegenüber Ratten u. Mäusen war sehr gering, die DL_{50} (per os) lag bei ca. 5 g/kg, auch der Einfl. bei Einatmung u. Ausbringung auf die Haut war gering. Die insekticiden Prüfungen wurden mit Blatta orientalis, Tenebrio molitor, Drosophila melanogaster, Lasius flavus, Myrmica rubra u. Musca domestica durchgeführt. Die Ergebnisse (Tabellen) zeigen, daß I als Synergist geeignet war, teilweise wurden bessere Ergebnisse als bei Verwendung von Piperonylbutoxyd erzielt, bes. zeigte sich eine Verbesserung der Initialtoxizität bei Verss. mit Fliegen. (Pyrethrum Post **4.** Nr. 4. 3—5. Okt. 1958. Limburgerhof/Pfalz, BASF Versuchsstat.) W. KNÖPKE. 6312

D. B. Whitlow, *Diazinon.* Übersicht über die insekticiden Eigg. von *Diazinon* im Vgl. zu *Malathion, Chlorthion, Bayer L 13/59, Bayer 21/199* u. *American Cyanamid 4124* gegenüber im Hause vorkommenden Schädlingen, wie Fliegen, Schaben, Zecken, Flöhen usw. Diazinon hat sich als ausgezeichnetes Insekticid erwiesen. (Soap chem. Specialties **34.** Nr. 10. 67—70. Okt. 1958. Ardsley, N. Y., Geigy Agricultural Chemicals.) J. BÖSS. 6312

Majorie Henderson, *Bekämpfung von Plutella maculipennis Curt. mit Insekticiden an Kohlpflanzen im Hochland von Cameron.* Beste Bekämpfungserfolge wurden mit dem *Diazinon*-Mittel *Basudin* erzielt. Von prakt. gleicher Wirksamkeit waren *Dieldrin* u. *Malathion,* jedoch waren diese Insekticide bei der Ernte noch in so starker Konz. auf den Kohlblättern vorhanden, daß ihre Anwendung nicht empfohlen wird. *DDT* u. *BHC* erwiesen sich als unwirksam. (Malayan agric. J. **40.** 275—79. 1957.) M. WINIKER. 6312

D. Roberts und **E. Smaellie,** *Bekämpfung der Wachsmotte an Wabenhonig und gelagerten Bienenwaben.* Vff. beschreiben die Bekämpfung der Großen Wachsmotte (Galleria mellonella) u. der Kleinen Wachsmotte (Achroia grisella), die an den Honigwaben Schäden anrichten. In den Verss. hat sich eine Begasung mit *Methylbromid* (1 lb/500 cub.ft, 24 Std.) unter Plastikfolien bewährt. Das Mittel darf dabei kein Chlorpikrin enthalten. Es wurden alle Stadien (adulte, Tiere, Larven, Puppen, Eier) der Schädlinge abgetötet. Ausführliche Beschreibung der prakt. Durchführung der Begasung u. der tox. Eigg. von Methylbromid. (New Zealand J. Agric. **97.** 464—65. 467—68. 15/11. 1958. Auckland, Dep. of Agric., Wellington, Beekeeping Ind., Dep. of Agric.) W. KNÖPKE. 6312

L. Tombesi, M. T. Calè und **E. Fiorelli,** *Orientierende Untersuchungen zur Blattdiagnose an Orangengärten des Agro di Fondi im Jahre 1957.* Bei einigen Orangenbäumen wird Blattabfall u. -vergilbung, Ausdörrung u. Unterentw. des Wurzelsyst. festgestellt. Bei genügender Zufuhr von P, K, Ca u. Fe_2O_3 leiden die kranken Pflanzen an N-Mangel. Der N-Geh. der Blätter ist geringer als bei den gesunden Pflanzen, der allg. Ernährungszustand schwächer u. die Katalaseaktivität deutlich vermindert. Zusätzliche Düngung hat geringen Einfl. auf den N-Geh. der Blätter. Für die Blattdiagnose eignen sich am besten die Blätter im Alter von 6—7 Monaten. (Ann. Staz. chim.-agrar. sperim. Roma [3] **132.** 1—15. 6 Tafeln. 1957.) R. K. MÜLLER. 6320

Witold Kowalski, *Die Löslichkeit der Phosphorite in Citronensäure.* Bei allen Phosphoritarten steigt der citratlösl. P_2O_5-Anteil mit steigendem Verhältnis der angewandten 2%ig. Citronensäurelsg. zur Einwaage bis zum Wert 400:1. Bei Apatit wird ein konstanter P_2O_5-Geh. (3,10%) schon bei einem Verhältnis 50:1 erreicht. Demnach läßt sich bei Einhaltung bestimmter Lösungsbedingungen der Apatit- u. Fluocarbonatoapatitgeh. der Phosphorite abschätzen. Die Best. der Citratlöslichkeit von P-Düngemitteln kann bei Anwendung kleinerer Einwaagen als der konventionellen (5 g) zu Fehlern führen, bes. wenn verschied. P-Rohstoffe zur Herst. verwendet worden sind. (Przemysł chem. **37.** 482—84. Juli 1958. Gliwice, Politechn. Śląska.) F. URBAN. 6322

H. Schmidt, *Zur Methodik der Prüfung von Beizmitteln für gartenbauliche Sämereien.* Zur Prüfung von Beizmitteln für Gemüsesamen wird von Vf. die Verwendung von Gurkensamen vorgeschlagen, die künstlich mit Cladosporium cucumerinum infiziert wurden. Für Naßbeizmittel eigneten sich Tomaten- u. Löwenmaulsamen, für Trockenbeizmittel Bohnen- u. Salatsamen, an denen der Einfl. der Mittel auf Beizschäden (Keimhemmungen usw.) untersucht werden kann. (Nachrichtenbl. dtsch. Pflanzenschutzdienst [Berlin] [N. F.] **10 (36).** 197—202. Okt. 1956. Berlin, Kleinmachnow, Biol. Zentralanstalt.) W. KNÖPKE. 6328

N. G. McTaggart, E. Thornton und **A. D. Harford,** *Die Bestimmung von Pyrethrinen und anderen insekticiden Verbindungen durch Infrarotspektroskopie.* Bericht über ein Verf. zur Best. von Pyrethrinen, Thiocyanaten, Piperonylbutoxyd, HCH u. DDT nebeneinander mit Hilfe der Infrarotspektroskopie. Die Analysen werden in Kerosinlsg. unter Benutzung eines GRUBB-PARSONS-Doppelstrahlspektrometer ausgeführt. Nach Aufstellung von Eichkurven für die verschied. Komponenten konnten gute Ergebnisse bei den Testanalysen erzielt werden. — Ergebnisse in Tabellen. — 3 Literaturangaben. (Pyrethrum Post **4.** Nr. 4. 12—15. Okt. 1958. Sunbury-on-Thames, Middlesex, England, British Petroleum Comp. Ltd., Res. Stat.) W. KNÖPKE. 6328

Faellesforeningen for Danmarks Brugsforeninger, Kopenhagen, Dänemark, *γ-(2-Methyl-4-chlorphenoxy)-buttersäure,* deren *Salze* u. *Ester* erhält man durch Chlorieren von γ-(2-Methylphenoxy)-buttersäure oder deren Salzen oder Estern mit freiem Cl_2 in geschmolzenem Zustand oder in Lsg. (Äthylenchlorid). — *γ-(2-Methyl-4-chlorphenoxy)-buttersäure,* aus CCl_4, F. 99°. — *γ-(2-Methyl-4-chlorphenoxy)-buttersäuremethylester.* — *Unkrautbekämpfungsmittel.* (**E. P. 793 740** vom 15/3. 1956, ausg. 23/4. 1958. Dän. Prior. 22/12. 1955.) G. KRAUSS. 6313

Dow Chemical Co., übert. von: **Herman O. Senkbeil, Charles T. Pumpelly** und **Harry F. Brust,** Midland, Mich., V. St. A., *Ester aus α.α-Dichlorbuttersäure* (I) *und Halogenaryloxyalkanolen* (II). Man setzt I mit einem niedrigmol. II bei 75—180° um, bes. in Ggw. eines Veresterungskatalysators, wie H_2SO_4 oder Phenolsulfonsäure, u. eines mit W. nicht mischbaren organ. Lösungsm., z. B. C_6H_5Cl oder Äthylendichlorid. — Verfahrensprodd. sind: *2-(2.4.5-Trichlorphenoxy)-äthyl-α.α-dichlorbutyrat,* $Kp._1$ 152—153°, F. (aus A.) 62—63°; *2-(3.4-Dichlorphenoxy)-äthyl-α.α-dichlorbutyrat,* viscoses Öl, $Kp._{0,5}$ 140—143°; *1-(3.4-Dichlorphenoxy)-2-propyl-α.α-dichlorbutyrat,* viscose Fl., $Kp._{0,1}$ 146 bis 150°. — *Parasiticide* u. *Herbicide.* (**A. P. 2 823 224** vom 2/7. 1956, ausg. 11/2. 1958.) R. SCHWECHTEN. 6313

Dow Chemical Co., übert. von: **Keith C. Barrons** und **John D. Eastman,** Midland, Mich., V. St. A., *Unkrautbekämpfung.* Man behandelt den bestellten Boden mit einer wss. Dispersion von 2.4-Dinitro-6-sek.-butylphenol oder einer wss. Dispersion von dessen wasserlösl. Salzen u. einem Alkalihydroxyd oder -carbonat. Anzuwendende Menge an Phenol: 1—18 pounds/acre. (**A. P. 2 833 639** vom 6/4. 1953, ausg. 6/5. 1958.) H. NEBELSIEK. 6313

Union Carbide Corp., übert. von: **Donald M. Yoder,** Yonkers, N. Y., V. St. A., *Unkrautbekämpfungsmittel,* bestehend aus einer Verb. der allg. Formel I, in der R eine Methyl- oder Äthylgruppe bedeutet, in Verbindung mit W. oder einem festen Verdünnungsmittel, wie Talcum, Diatomeenerde oder einem Düngemittel. — Man erhält z. B. *3.5-Dimethyltetrahydro-1.3.5.2-thiadiazin-2-thion,* F. 105—108°, durch Rk. von CS_2 mit einer wss. Lsg. von Methylamin u. weitere Umsetzung des erhaltenen Methylaminomethylthiodicarbamats (bei 20—25°) mit 37%ig. Formalin. — Weitere Beispiele: *3.5-Diäthyltetrahydro-1.3.5.2-thiadiazin-2-thion,* F. 72°; *3.5-Diisopropyltetrahydro-1.3.5.2-thiadiazin-2-thion,* F. 118°; *3.5-Dibutyltetrahydro-1.3.5.2-thiadiazin-2-thion;* F. 35—37°; *3.5-Bis-[2-äthylhexyl]-tetrahydro-1.3.5.2-thiadiazin-2-thion,* Öl, $D.^{27}_{20}$ 0,980; *3.5-Diphenyltetrahydro-1.3.5.2-thiadiazin-2-thion,* F. 168°. (**A. P. 2 838 389** vom 3/9. 1952, ausg. 10/6. 1958.) H. NEBELSIEK. 6313

(Formel I: Ring aus S, H_2C, C=S, R—N, N—R, CH_2)

Monsanto Chemical Co., St. Louis, Mo., übert. von: **Gail H. Birum,** Dayton, Ohio, V. St. A., *Schädlingsbekämpfungsmittel,* enthaltend eine tox. Menge einer komplexen Additionsverb. der Formel I, in der X Cl, Br oder J bedeutet, n = 1 oder 2 ist u. R, R′ u. R″ Alkoxyreste mit 1—8 C-Atomen bedeuten. — Um die I zu erhalten, behandelt man ein Gemisch aus $HgCl_2$ u. wasserfreiem Ae. mit einer organ., 3wertigen P-Verb. bei n. Temp. u. läßt das entstandene Gemisch stehen, bis die Bldg. der Komplexverb. beendet ist. — Beispiele: $HgCl_2$-, HgJ_2- oder $HgBr_2$-Komplexe von Trimethylphosphin, Diäthylmethanphosphonit, Butyldi-n-octylphosphonit, Tri-n-octylphosphit. Diese Komplexverbb. werden z. B. als *fungicide, baktericide* oder *herbicide* Stäube angewendet, ebenso als Suspensionen, Dispersionen oder Emulsionen in Wasser. Man verwendet sie zur Behandlung von Blattpflanzen, Textilien, Leder u. dergleichen. (**A. P. 2 844 454** vom 25/2. 1954, ausg. 22/7. 1958.) H. NEBELSIEK. 6313

$$\left[R{-}\underset{R''}{\overset{R'}{P}} \right]_n HgX_2 \quad \text{I}$$

Farbwerke Hoechst Akt.-Ges., vormals Meister Lucius & Brüning, Frankfurt/M., *Herstellung eines fungiciden, aromatische Quecksilberverbindungen enthaltenden Spritzmittels,* dad. gek., daß man eine wss. Lsg. von Phenylquecksilberacetat, gegebenenfalls kombiniert mit Füll- u. Netzmitteln, unter Zusatz von getrockneter, konz. Sulfitablauge herstellt. Z. B. wird ein Spritzmittel aus 5 (%) Phenylquecksilberacetat, 30 Sulfitablauge, 0,5 Oleylmethyltaurid u. 64,5 Na_2SO_4 in einer 0,2%ig. wss. Lsg. gegen Apfelschorf gespritzt. (**Holl. P. 88 624** vom 15/1. 1953, ausg. 15/7. 1958.) K. DEMMLER. 6313

Farbwerke Hoechst Akt.-Ges., vormals Meister Lucius & Brüning, Frankfurt/M. (Erfinder: **Willi Stenger,** Kronberg/Taunus), *Spritzmittel für die Schädlingsbekämpfung,* bestehend aus mercurierten, aromat. KW-stoffen, bes. Phenyl-Hg-Acetat, u. Zellpech als Lösungsvermittler in einer Menge, die ca. das 6fache der vorhandenen Wirkstoffmenge beträgt. (**D. B. P. 971 268** Kl. 451 vom 17/8. 1951, ausg. 31/12. 1958. Anmeldung bekanntgemacht 19/3. 1953.) H. NEBELSIEK. 6313

Dow Chemical Co., Midland, Mich., V. St. A., *Herstellung von 1.4-Dihalogen-2-butinen.* Man führt ein dampfförmiges Gemisch von 1 (Mol) 1.4-Butindiol u. 2—15, bes.

2,5—3, HCl oder HBr während 2—12, bes. 5—8, Sek. über ein poröses Material (Ton, aktiviertes Silicagel, Knochenkohle oder Kieselgur) bei 120—300°, bes. 150—160°, bei n. Druck. 1.4-Butindiol wird zweckmäßig mit Hilfe eines inerten Gases in Dampfform übergeführt. Das erhaltene *1.4-Dichlor-* oder *1.4-Dibrom-2-butin* ist als *Fungicid* oder Nematodicid verwendbar. (**E. P. 798 411** vom 24/1. 1957, ausg. 23/7. 1958. A. Prior. 24/2. 1956.) W. GRÄGER. 6313

Dow Chemical Co., übert. von: **Henry Tolkmith** und **Edgar C. Britton**, Midland, Mich., V. St. A., *O-(2.6-Dicyclohexyl-4-methylphenyl)-O-methylthiophosphorsäuremethyl-* bzw. *-äthylamid* erhält man durch Rk. von [O-(2.6-Dicyclohexyl-4-methylphenyl)-thiophosphorsäure]-dichlorid mit Methyl- bzw. Äthylamin bei —10 bis 30° in Ggw. eines Lösungsm. u. darauffolgende Rk. des gebildeten Methyl- bzw. Äthylaminhydrochlorids mit Alkalimethylat. *Methylamid*, F. 154—156° [aus Cyclohexan (II)]; *Äthylamid*, F. 148—149° (aus II). — *Baktericide, Insekticide* u. *Fungicide*. (**A. P. 2 855 425** vom 4/4. 1959, ausg. 7/10. 1958.) J. MÜHLEISEN. 6313

Dow Chemical Co., übert. von: **Kenneth C. Kauer** und **Edgar C. Britton**, Midland, Mich., V. St. A., *Thiophosphorsäurederivate* der allg. Formel **I**, in der R H, CH_3, C_2H_5 oder i-C_3H_7 bedeutet, erhält man durch Rk. von NH_3, Methyl-, Äthyl- oder Isopropylamin mit O-(3.4-dichlorphenyl)-O-methylthiophosphorsäurechlorid (**II**) bei —10 bis 30° in Ggw. inerter Lösungsmittel. Eine 26%ig. wss. NH_3-Lsg. wird mit **II**, gelöst in Aceton, bei 5° umgesetzt, das Gemisch mit CH_2Cl_2 verd., mit W. gewaschen u. getrocknet. Nach Abtrennen von CH_2Cl_2 unter verringertem Druck erhält man I (R = H) als Öl $D.^{25}$ 1,439, n_D^{25} 1,5769. Analog erhält man die anderen Verbindungen. — *Insekticide*. (**A. P. 2 855 422** vom 5/3. 1956, ausg. 7/10. 1958.) J. MÜHLEISEN. 6313

Cl
Cl—⟨ ⟩—O—P(OCH₃)(=S)—NHR
I

Farbenfabriken Bayer Akt.-Ges., Leverkusen (Erfinder: **Alfred Roedig**, Würzburg, und **Klaus Kiepert**, Marl), *Herstellung von 1.2.4.5.6.6-Hexachlorhexatrien-(1.3.5)* bzw. von *1.2.3.5.6.6-Hexachlorhexatrien-(1.3.5) durch Dehydrochlorierung von 1.2.3.4.5.5.6.6-Oktachlorhexen-(1)* mit Alkali in Form von Alkalihydroxyd oder Alkalialkoholat in einem Alkohol, dad. gek., daß man die Dehydrochlorierung mit methylalkoh. Alkali vornimmt. bes. bei 0—10°. Das Prod. hat $Kp._{0,05}$ 93—95° u. n_D^{20} 1,5915. — Zwischenprod. für die *Herst. von Pflanzenschutzmitteln*. (**D. A. S. 1 044 065** Kl. 12o vom 6/5. 1955, veröff. 20/11. 1958.) W. GRÄGER. 6313

A. Th. Czaja, L. Genevois, C. Regel et **W. Schuphan**, eds., Qualitas plantarum et materiae vegetabiles. Hereditas, biochimia, physiologia, oecologia, cultura et praeparatio plantarum edulium et artibus utilium. Organ of the Confoederatio internationalis ad qualitates plantarum edulium perquirendas (CIQ) and of the international commission for plant raw materials. Vol. 5. Compl. in 4 afl. No. 4. 's-Gravenhage: Dr. W. Junk. 1959. (88 S.) fl. 48,—.

Karl Mayer, 4500 Jahre Pflanzenschutz. Zeittafel zur Geschichte des Pflanzenschutzes und der Schädlingsbekämpfung unter besonderer Berücksichtigung der Verhältnisse in Deutschland. Stuttgart: Eugen Ulmer. 1959. (45 S. m. 5 Abb.) 8°. DM 6,20.

A. Alexei Rode, Das Wasser im Boden. Neubearb. Ausg. Berlin: Akademie-Verl. 1959. (XVIII + 464 S. m. 108 Abb. u. 143 Tab.) 8°. DM 56,—.

Rudolf Scheuble, Mitteilungen der Forstlichen Bundes-Versuchsanstalt Mariabrunn (früher „Mitteilungen aus dem forstlichen Versuchswesen Österreichs"). 56. Heft. Die wissenschaftlichen Veröffentlichungen der Forstlichen Versuchsanstalt Mariabrunn von ihrer Gründung (1874) bis Ende 1957. Wien: Verlag der Österreichischen Staatsdruckerei. 1958. (32 S.) Keine Preisang.

H. M. Schiechtl, Mitteilungen der Forstlichen Bundes-Versuchsanstalt Mariabrunn (früher „Mitteilungen aus dem forstlichen Versuchswesen Österreichs"). 55. Heft. Grundlagen der Grünverbauung. Wien: Verlag der Österreichischen Staatsdruckerei. 1958. (273 S. m. Abb. u. Taf.) Keine Preisang.

Anton Schneider u. a., Lehrbuch der Landwirtschaft. 9., vollst. umgearb. Aufl. T. 2. Acker-, Grünland- und Almwirtschaft. Spezieller Pflanzenbau. Wien, München: Fromme. 1957. (425 S. m. 206 Abb. u. 55 Tab.) 8°. DM 19,70.

—, Forestry terminology; a glossary of technical terms used in forestry. 3rd ed. Washington: Soc. of Amer. Foresters, Mills Bldg. 1958. (102 S.) 8°. $ 3,50.

—, Food and agriculture organisation. Forest products statistics yearbook, 1958. London: H.M.S.O. 1959. (K.S.) 12 s. 6 d.

VIII. Metallurgie. Korrosion.

S. H. U. Bowie und **K. Taylor**, *Ein System zur Identifizierung von Erzen*. Es wird gezeigt, daß es mit Hilfe von Reflexionsbest. u. Mikrohärtemessungen möglich ist, Erze ohne Zuhilfenahme anderer Unterss. zu bestimmen. Unter Angabe von Tabellen wird ein Schema zur Durchführung des Verf. gegeben. — 29 Literaturangaben. (Mining Mag. **99**. 265—77. Nov. 337—45. Dez. 1958.) F. VIER. 6350

T'ien-jui Sung, *Empfindliches Verfahren zur Untersuchung von Metallerzen — Verfahren durch Glühen in Hochfrequenzbögen*. Auf Schliffflächen von Proben der Metallerze oder glatten Kristallflächen wird durch einen Hochfrequenzlichtbogen (Schaltskizze), 5—15 W, mittels einer Pt-Nadel u. leitender Unterlage kurz eine Temp. bis ca. 1000° punktförmig erzeugt. Aus der Unters. im Auflichtmikroskop lassen sich Schlüsse auf Schmelzbarkeit bzw. Flüchtigkeit usw. ziehen u. so in wenigen Sek. gegebenenfalls weitgehend eine Identifizierung erreichen, bes. bei Vgl. mit erprobten Mustern. Tabelle über Beobachtungen bei 20 Metallerzen wie *NiS*, $3Cu_2S \cdot As_2S_5$, $3Cu_2S \cdot Sb_2S_3$, *CuS*, Sb_2S_3, *CoAs*, $CuFeS_2$, *FeAsS*, *FeS* usw. (Acta geol. sinica **35.** 151—55. 1955. [Orig.: chines.]) L. SCHULER. 6354

Günter Zeschke, *Bergbau und Erzlagerstätten Pakistans.* Übersicht. — 10 Literaturangaben. (Z. Erzbergbau Metallhüttenwes. **12.** 199—203. April 1959. Rhöndorf/Rhein.) M. GEHLEN-KELLER. 6354

R. Wunderlich, *Betriebskontrolle durch Messen und Regeln in der Verfahrenstechnik.* Allg. Überblick. (Z. Erzbergbau Metallhüttenwes. **12.** 1—6. Jan. 1959. Frankfur/M., Battelle-Inst.) F. VIER. 6360

Eugen von Szantho, *Stand und Bedeutung der Meß- und Regeltechnik in den westdeutschen Erzaufbereitungsanlagen.* Überblick. (Z. Erzbergbau Metallhüttenwes. **12.** 7—11. Jan. 1959. Ramsbeck.) F. VIER. 6360

Heinz Voigt und **Gerhard Schmalhaus,** *Einfluß der Kammerauslegung auf die Luft- und Gasvorwärmung bei dreigasbeheizten Siemens-Martin-Kippöfen.* Durchgeführt werden vergleichende Temperaturmessungen mit dem Absaugepyrometer u. dem Betriebselement zur Ermittlung der wahren Abgas- u. Vorwärmtempp. bei dreigasbeheizten SIEMENS-MARTIN-Kippöfen. Abgasmessungen mit der KRELLschen Scheibe werden angegeben. Die Versuchsergebnisse mit der MAERZ-Gitterung, verglichen mit der Großschachtgitterung, zeigen, daß die MAERZ-Gitterung eine bessere Verteilung der Abgase über den Kammerquerschnitt wegen des größeren Strömungswiderstandes ermöglicht. Treppenartiges Aufstocken der Gitterung zur Erzielung eines Rückstaues der Abgase ergibt eine gleichmäßigere Beaufschlagung. Die Bedeutung des „Schlankheitsgrades" u. der Kammerbeaufschlagung wird erörtert. — Diskussion. (Stahl und Eisen **79.** 80—88. 22/1. 1959. Salzgitter-Drütte.) H. HOCHSTEIN. 6370

Aldo Cella und **Karl-Heinz Brokmeier,** *Größere Netzfrequenz-Induktions-Schmelzanlagen.* Am Beispiel von 7 bedeutenden Induktionsschmelzanlagen wird gezeigt, in welcher beweglichen Weise Netzfrequenz-Induktions-Tiegelschmelzöfen zum Warmhalten oder Überhitzen der Schmelze oder zur Durchführung metallurg. Arbeiten entsprechend den jeweiligen Betriebserfordernissen eingesetzt werden können. (Z. Metallkunde **48.** 201—05. April 1957. Mailand, Dortmund.) L. WIESNER. 6370

Friedrich Erdmann-Jesnitzer, Hansfriedrich Hadamovsky und **Rosemarie Görner,** *Beitrag zur Anreicherung verkrätzungsverhindernder Elemente an Oberflächen von Metallschmelzen.* Spektralanalyt. Unterss. von *Pb-*, *Zn-*, *Cd-*, *Al-* u. *Bi-*Schmelzen im festen u. fl. Zustand ergaben, daß sich Spurenmetalle in einer sehr dünnen Schicht an der Oberfläche in einer Konz. anreichern, die weit oberhalb der Konzz. liegt, die dem chem.-analyt. Begriff Spuren eigen sind. Im allg. zeigen die Edelmetalle ein anderes Verhalten. Sie verbleiben statist. in der Schmelze verteilt u. reichern sich nicht an. Der Konzentrationsverlauf der Spurenelemente wurde qualitativ u. halbquantitativ über dem Längs- u. dem Querschnitt der Reguli bestimmt. Aus den Kurven ließ sich ein allg. Schema der Diffusion ableiten. Zwei Arten der Verteilung des Elementes zur Verhinderung einer Verkrätzung treten auf, die von dem Verhältnis zwischen Oxydations- u. Diffusionsgeschwindigkeit des Fremdelementes in der Schmelze abhängen. Die Größe des Spurenmetallatoms bzw. des Ions hat entscheidenden Einfl. auf das Diffusionsvermögen. Je kleiner diese sind, um so besser erfolgt die Diffusion zu den Oberflächen hin u. durch das Oxydgitter. Auf Grund der Ergebnisse werden die Bedingungen für eine verkrätzungsbehindernde Wrkg. des Spurenmetalls aufgestellt. (Z. Metallkunde **49.** 133—40. März 1958. Freiberg/Sa., Bergakad., Inst. für Metallkunde u. Materialprüfung.) K. HILLINGER. 6380

José María Palacios Reparaz, *Überwachung der Formsande.* Ausführliche Anweisungen zur Überwachung der Herst. von Formsanden u. Prüfung u. Kontrolle ihrer Eigenschaften. (Dyna [Bilbao] **32.** 668—99. Nov. 1957.) K. RUMPF. 6382

A. Kirkham, *CO_2-Verfahren.* Rückblick auf die Entstehungsgeschichte des Kohlensäureerstarrungsverf.; Beispiele für seine Anwendung, die Vor- u. Nachteile des Verfahrens. — Diskussion. (Brit. Foundryman **51.** 323—30. Juli 1958.) K. HILLINGER. 6382

Hans Jungbluth, *Die Windmengenbestimmung beim Kupolofenschmelzen.* Der in den Kupolofen eingeblasene Wind wird nicht nur zur Verbrennung des C gebraucht, er oxydiert auch Fe, Mn u. Si (Abbrand) u. dazu gegebenenfalls den C des Roheisens u. außerdem den H-Geh. des Kokses. Aus einer aufgestellten Gleichung kann der „wahre" O_2-Geh. des Windes ermittelt werden, wenn durch Analyse CO u. CO_2 im Abgas bekannt sind. Die Windmenge für den Abbrand kann so oder auch über den Abbrand direkt berechnet werden. Die hierzu nötigen Formeln werden entwickelt. Die Berechnung dieser Windmenge nach beiden Verff. zeigt, daß die aus der Abgasanalyse berechneten Abbrandwindmengen größer sind als die aus der Analyse des Einsatzes bzw. des Rinneneisens gefundenen. (Giesserei, techn.-wiss. Beih. **1958.** Nr. 22. 1199—1206. Sept. Karlsruhe, TH.) H. HOCHSTEIN. 6400

Kichizo Niwa und **Goro Shimaoka,** *Elektronenbeugungsuntersuchung von aus geschmolzenem Roheisen extrahiertem Flockengraphit.* Einzelne aus geschmolzenem C- u. Si-reichem Roheisen bei Tempp. von 1200—1500° entnommene Graphitflocken wurden nach dem Elektronenbeugungsverf. untersucht. Die Untersuchungsergebnisse zeigen, daß die gut entwickelten dicken Flocken nur aus einem Einkristall zusammengesetzt sind, während die dünnen fast farblosen Flocken aus zwei oder drei Einkristallen bestehen, die mit ihrer Grundfläche parallel zur Flockenoberfläche orientiert u. in einem Winkel von 15, 18, 22, 25 oder 28° um die C-Achse gedreht sind. Die Stapelung der Atomschichten in jedem Einkristall zeigt an, daß die α- u. β-Typen oder eine stärker ungeordnete Struktur in jedem Augenblick vorliegen. Durch Doppelbeugungs- u. zusätzliche Elektronen-Mikrobeugungsbeobachtungen wird gezeigt, daß die dünne Einzelflocke eine Aggregatstruktur mit zwei dichtest gepackten Einkristallen besitzt. (J. Metals **9.** Nr. 4. Sect. 2 Trans AIME **209.** 430—34. April 1957. Sapporo, Japan, Univ.; Cambridge, Mass., Inst. of Technol.) H. HOCHSTEIN. 6400

L. Ja. Liberman, *Die Warmfestigkeitseigenschaften von austenitischen Stählen bei cyclischer Temperaturänderung.* Überblick über das nichtruss. Schrifttum vom Kriechen u. der Dauerfestigkeit der bekannten warmfesten austenit. Stähle bei cycl. Temperaturänderungen ohne u. mit cycl. Belastungen. — 15 Schrifttumsstellen. (Металловедение и Обработка Металлов [Metallkunde u. Metallverarb.] **1958.** Nr. 2. 38—49. Febr.) H. HOCHSTEIN. 6408

E. P. Klier, Volker Weiss und **George Sachs,** *Gestufte Austenitisierungsbehandlung für den Normstahl 4340.* Der Normstahl 4340 mit 0,43 (%) *C*, 0,73 *Mn*, 0,26 *Si*, 0,78 *Cr*, 1,9 *Ni*, 0,24 *Mo*, 0,012 *P*, 0,022 *S* wurde einer gestuften Austenitisierungsbehandlung unterworfen, die in einem 4std. Halten bei 1550° F oder 12std. Halten bei 1500° F oder einem 2std. Halten bei 1625° F mit nachfolgendem 2std. Halten bei 1525° F bestand, worauf die Proben in verschied. Weise abgekühlt wurden. Die Abkühlung war entweder eine Wasser- bzw. Ölabschreckung oder eine Abschreckung nach JOMINY. Die Proben wurden zunächst 1 Std. bei 1325, 1350, 1375 oder 1400° F gehalten u. dann erst in Öl oder nach dem JOMINY-Verf. abgeschreckt. Es wird nachgewiesen, daß die gestufte Austenitisierungsbehandlung die Härteeindringtiefe begünstigt u. gleichzeitig die Kerbempfindlichkeit der im hochfesten Bereich verwendeten Stähle verringert. (J. Metals **9.** Nr. 4. Sect. 2. Trans. AIME **209.** 424—25. April 1957. Syracuse, N. Y., Univ.) H. HOCHSTEIN. 6410

C. R. Garr und **A. R. Troiano,** *Flockenbildung von großen Querschnitten eines legierten Stahls.* Untersucht werden Wärmebehandlungen zur Vermeidung von Flockenbldg. in starken Querschnitten eines Stahls mit 0,45 (%) *C*, 0,74 *Mn*, 0,27 *Si*, 1,83 *Ni*, 0,95 *Cr*, 0,28 *Mo*, 0,010 *P* u. 0,011 *S*. Eine 15-t-Versuchscharge dieses Stahls wurde in einem bas. Elektroofen mit einem anomal hohen H-Geh. hergestellt. Eine cycl. Wärmebehandlung zur Vermeidung der Flockenbldg. bestand prim. aus einer isotherm. Umwandlung im Perlitgebiet; hierdurch wurde trotz des sehr hohen H-Geh. des Stahls Flockenfreiheit erzielt. Wärmecyclen im Bainitgebiet waren jedoch nicht erfolgreich, weil eine 100%ig. isotherm. Umwandlung in diesem Bereich nicht erhalten wurde. Gesunde Schmiedestücke aus dieser Charge, die durch geeignete Wärmebehandlung flockenfrei gemacht waren, wurden sehr stark flockenanfällig, wenn sie noch einer weiteren Wärmebehandlung unterworfen wurden. Es wird nachgewiesen, daß die Umwandlungsspannung auf die Flockenbildungsneigung von grundlegendem Einfl. ist. (J. Metals **9.** Nr. 4. Sect. 2. Trans AIME **209.** 445—49. April 1957. Pittsburgh, Pa., Westinghouse Electric Corp.; Cleveland, Ohio, Case Inst. of Technol.) H. HOCHSTEIN. 6410

W. J. Barnett und **A. R. Troiano,** *Fortpflanzung von Rissen in durch Beladung mit Wasserstoff versprödetem Stahl.* An gekerbten Proben aus kathod. mit H beladenem Stahl mit 0,39 (%) *C*, 0,28 *Si*, 0,76 *Mn*, 0,75 *Cr*, 0,24 *Mo*, 1,80 *Ni* u. 0,000143 *H* u. einer Zugfestigkeit je nach der Wärmebehandlung von 161, 168 oder 190 kg/mm² wird die Zeitstandfestigkeit bei Belastungen von 70—140 kg/mm² ermittelt. Ferner werden Unterss. über die Besonderheiten der Rißbldg. u. der Rißfortpflanzung durch Messung des elektr. Widerstandes der Proben während des Vers. angestellt. Der Einfl. der Beladungsdauer auf die Eindringtiefe von H u. die Rißbldg. bzw. -fortpflanzung wird festgestellt u. die Ergebnisse von Zugverss. mit verschied. Verformungsgeschwindigkeit der Proben werden mitgeteilt. Bei den Unterss. wurden drei deutliche Stufen der Rißbldg. identifiziert. Die erste Stufe war cherakterist. für die Rißausbldg. durch ein zuvor bestehendes H-reiches Gebiet (Oberflächenschicht), während die zweite Stufe von einer starken Innendiffusion des H begleitet wurde. Die dritte Stufe ist durch den bevorstehenden Bruch gekennzeichnet. — 15 Literaturangaben. (J. Metals **9.** Nr. 4. Sect. 2. Trans. AIME **209.** 486—94. April 1957. Cincinnati, General Electric Co.; Cleveland, Ohio, Case Inst. of Technol.) H. HOCHSTEIN. 6410

I. W. Paissow und **So Jun Cho,** *Die mechanischen Eigenschaften einiger hochfester legierter Stähle.* Zur Erzielung einer Zerreißfestigkeit von über 200 kg/mm² wurden legierte Stähle mit 0,37—0,45 (%) *C*, ca. 1—3 *W*, bis 1,1 *Si*, bis 2,5 *Ni*, bis 1,3 *Mn* sowie in einem Falle noch 0,14 *Ti* nach einer dem Ausschmieden folgenden langsamen Abkühlung mit anschließendem Anlassen bei 680° sowie nach einer aus Abschrecken von 900° u. Anlassen bei 200—600° bestehenden Vergütung auf ihre Zugfestigkeitseigg. bei Raumtemp. u. bei erhöhten Tempp. sowie ihre Kerbschlagzähigkeit nach CHARPY untersucht. Die hierbei erhaltenen Festigkeitswerte werden in Kurvenbildern mitgeteilt u. die Eigg. der einzelnen Stähle bes. erörtert. Die Versuchsergebnisse zeigen, daß der Stahl *37 ChGNW 2* mit 0,37 C, 1,33 Mn, 0,22 Si, 1,5 Cr, 1,37 Ni, 1,81 W, 0,14 Ti, 0,016 S u. 0,009 P im Bereich von +20 bis —30° gute Festigkeitseigg. (σ_b = 205 kg/mm², σ_s = 171 kg/mm², a_k = 6 kgm/cm²) besitzt. Empfohlen wird ferner der Stahl *45 ChN 2 CsW 2* mit 0,45 C, 0,43 Mn, 1,05 Si, 1,32 Cr, 2,33 Ni, 2,00 W, 0,017 S u. 0,01 P, der eine Zerreißfestigkeit von 225 kg/mm², eine Streckgrenze von 191 kg/mm² u. eine Kerbschlagzähigkeit von 4 kgm/cm² besitzt. (Металловедение и Обработка Металлов [Metallkunde u. Metallverarb.] **1958.** Nr. 2. 2—6. Febr. Moskau, Stahl-Inst.) H. HOCHSTEIN. 6410

T. H. Middleham, J. R. Rait und **E. W. Colbeck,** *Hoch borhaltige Stahllegierungen.* (Iron and Steel **30.** 526—34. 578—81. 9/10. 1957. — C. **1958.** 9607.) H. HOCHSTEIN. 6410

Krzysztof Rutkowski und **Władysława Kapera,** *Die Schmelztechnik des Manganmessings MM 58.* Eine Verbesserung der mechan. Eigg., der Gießfähigkeit, der Homogenität u. Verhinderung von Schlackeneinschlüssen läßt sich bei Mn-Messing mit 58 (%) *Cu*, 38 *Zn*, 2 *Mn*, 2 *Pb* durch Raffination unter Abdeckung mit Holzkohle u. Fluorit bei 1100° mit anschließender Gasraffination (N_2, 950—1000°) erzielen. Nach Abschöpfen der Schlacke werden 0,2—0,3% eines Modifikators (*Al*, *Al–Si*) zugesetzt. (Przegląd Odlewnictwa **8.** 61—66. März 1958.) F. URBAN. 6432

H.-Fr. Honsel und **P. Zimmermann,** *Überlegungen zur Korn- und Gefügefeinung von Magnesiumlegierungen. Über die Verwendung von Mg–Al-Legierungen mit hohem Formänderungsvermögen bei Raumtemperatur.* Aus den Ergebnissen früherer Unterss. wird geschlossen, daß in *Mg–Al*-Legierungen der gelöste H die Keimzahl beeinflußt u. bei hohen H-Gehh. infolge vorzeitiger Abscheidung der keimbildenden Elemente die geringe Keimzahl zur Grobkornbildg. führt. In Al-freien Legierungen sind dagegen die keimbildenden Elemente so stark lösl., daß durch Zugabe von H die Keimzahl erhöht wird u. damit Kornfeinung u. höhere Dehnung eintritt. Die Wrkg. einer *Halogen-* oder *Halogenid*-Behandlung zur Herst. feineutekt. Gußlegierungen wird besprochen. Es werden einer besonderen Wärmebehandlung unterzogene Mg-Al-Legierungen vorgeschlagen, die neben hohem Formänderungsvermögen hohe Dauer- u. Kerbfestigkeit besitzen, so daß ihr Einsatz an Stelle von Mg–Zr-Legierungen möglich erscheint. — 8 Literaturangaben. (Aluminium **32.** 545—49. Sept. 1956. Meschede, Honsel-Werke Akt.-Ges.) F. VIER. 6444

R. M. Sergeant, *Erstarren von Aluminium und seinen Legierungen.* Durch Zusatz einer 50:50 Cu–Al-Legierung in die erstarrende Schmelze von Al hoher Reinheit oder einer Al-Legierung mit 2% Si wird die bestehende Lage der Erstarrungsfront ermittelt. In Übereinstimmung mit CHALMERS' Hypothese wird festgestellt, daß sich reines Al in einer ebenen Erstarrungsfront verfestigt, während die Al–Si-Legierung dendrit. erstarrt. (Metal Ind. [London] **94.** 43—45. 50. 16/1. 1959.) F. VIER. 6446

R. Gauvry, *Anwendung von Leichtlegierungen in der Bauindustrie.* Übersicht über Eigg. von Al(-Legierungen), bes. ihre Korrosionsfestigkeit gegen Witterungseinfll. u. ihre Auswahl für Baukonstruktionen. (Corrosion et Anticorrosion **6.** 203—10. Juni 1958.) W. WESLY. 6446

J. W. Suiter, *Dehnungsvermögen von einigen ternären Titanlegierungen mit festen Lösungen und Doppellegierungen bis zu 600°.* (Vgl. J. Inst. Metals **83.** [1954.] 460.)

Vf. untersucht die Zugfestigkeit u. Längenänderung bis zum Bruch von drei Gruppen von tern. festen Lsgg. in α-Ti u. von drei Doppellegierungen bei erhöhten Temperaturen. Die Komponenten wurden nach dem KROLL-Verf. zusammengeschmolzen. Vor der Prüfung wurden alle Proben 4 Std. bei 730 bzw. 750° im Vakuum angelassen. Die tern. festen Lsgg. enthielten 12 (At.-%) *Zr* + 0,05—1,3 O bzw. 6—12 Al + 0,5—1,3 O bzw. 6—12 Zr + 0,5 O + 0—6 Al. Die drei Doppellegierungen enthielten je 12 *Al* + 1,7 *B*, 6—11,4 *Sn* u. 0,8 *C* + 0,4 *Cr*. B ist in α- u. β-Ti fast unlösl. (Bldg. von Ti_2B), so daß keine Wärmebehandlung dieser Legierung möglich ist. — Legierungen mit tern. festen Lsgg. zeigen das gleiche allg. Verh. wie es bei früheren Unterss. bei bin. festen Lsgg. festgestellt wurde. Die Festigkeit nimmt bei Tempp. bis zu 300° schnell ab, ist zwischen 350 u. 500° annähernd konstant u. fällt bei noch höheren Tempp. wieder schnell ab. Vf. vermutet, daß immer nur ein Element in der festen Lsg. im α-Ti für den Härtungseffekt verantwortlich ist. Bei den Doppellegierungen wurde eine noch schnellere Festigkeitsabnahme oberhalb 500° festgestellt. (J. Inst. Metals **84.** 81—83. Dez. 1955. Melbourne, Univ., Commonwealth Sci. and Ind. Res. Organiz., Phys. Metallurgy Sect., Baillieu Labor.) GERDA CLEVE. 6448

A. M. Ross, *Lösungsmittelextraktion. Ein neues Verfahren für das Colorado-Plateau.* Übersicht über Ausführung (Fließbild), Vor- u. Nachteile der Extraktion von *U-Erzen* mit organ. Lösungsm., hauptsächlich Aminen u. Phosphorsäureestern, u. Ausschütteln mit Na_2CO_3-Lösung. (Mining Engng. **9.** Nr. 9. 997—1000. Sept. 1957. Winchester, Mass., Raw Materials Developm. Labor., Chem. Dep.) W. WESLY. 6448

W. J. McCreary, *Calcium hoher Reinheit.* Ca hoher Reinheit wird durch fraktionierte Dest. mit weniger als 1 p.p.m. Mg hergestellt. Es wird bei der Herst. von *U* hoher Reinheit verwendet. (J. Metals **10.** 615—17. Sept. 1958. Los Alamos, N. Mex., Univ. of California.) F. VIER. 6448

K. Bielfeldt und **M. Laspeyres,** *Die Gewinnung des Galliums als Nebenprodukt der Aluminiumoxyderzeugung.* Geochemisches u. Gewinnung von Ga. — 7 Literaturangaben. (Z. Erzbergbau Metallhüttenwes. **12.** 173—78. April 1959. Schwandorf/Opf.) M. GEHLEN-KELLER. 6448

Akira Adachi, Kiyoshi Mizukawa und **Noboru Hiraoka,** *Eine Untersuchung über das Verfahren zum Nachweis der Austenitkorngröße in Stahl.* Eine Nachprüfung mehrerer Verff. zur Best. der Austenit-Korngröße (ausgeführt an 12 verschied. Stählen) zeigt, daß das Metall–Diffusions-Verf. am leichtesten u. genau ausführbar ist, wobei Pb als diffundiertes Metall dient. (Tetsu to Hagane [J. Iron Steel Inst. Japan] **43.** 1229—33. Nov. 1957. [Orig.: japan.; Auszug: engl.]) W. WESLY. 6480

R. N. Hafemeister, *Der Nachweis von vergrößerten Körnern in einigen Stahlteilen durch Ultraschallprüfung.* Nachw. von vergrößerten Körnern in Teilen aus (rostfreiem) Stahl, die häufig als Ergebnis von Überhitzungen bei der Wärmebehandlung auftreten, durch Ultraschallprüfung (Abb.) (Iron Age **176.** Nr. 3. 95—97. 21/7. 1955. Milwaukee, Allis Chalmers Mfg. Co., Nondestructive Testing.) W. WESLY. 6480

Ss. A. Winokurski und **Ss. W. Ssobolewski,** *Geräte für die Kontrolle der Überzugsdicke (W-22 und W-21).* Ausführliche Beschreibung eines Gerätes zur Messung der Ni-Überzugsdicke auf nichtmagnet. Metallen (W-22), das darauf beruht, daß die Anziehungskraft, die ein permanenter Magnet auf die Oberfläche des Ni-Überzugs ausübt, gemessen wird. Es folgt eine ausführliche Beschreibung eines ähnlichen Gerätes zur Kontrolle sehr dicker antimagnet. Überzüge auf magnet. Metallen (W-21), das darauf beruht, daß die Anziehungskraft eines permanenten Magneten auf die Oberfläche eines Stahlerzeugnisses mit dem antimagnet. Überzug gemessen wird. Je dicker der Überzug, desto geringer die Anziehungskraft. Beide Geräte arbeiten mit hoher Genauigkeit. (Медицинская Промышленность СССР [Med. Ind. UdSSR] **12.** Nr. **4.** 46—50. April 1958. Allunions Wiss. Forschungsinst. für med. Instrumente u. Ausrüstungen.) OTTO MAIER. 6480

Miguel P. de Andrés und **Francisco Muñoz del Corral,** *Das metallographische Mikroskop bei der Untersuchung von Metalloberflächen.* Grundlagen der Phasenkontrastmikroskopie u. der Interferometrie u. Anwendung in der Metallographie. (Quím. e Ind. [Bilbao] **4.** 57—68. März/April 1957.) R. K. MÜLLER. 6482

M. Dreher, *Elektronenmikroskopische Untersuchung von geschwabbelten und von kugelpolierten Metalloberflächen.* Aus der elektronenmkr. Unters. kann auf eine Überlegenheit kugelpolierter gegenüber geschwabbelten Metalloberflächen geschlossen werden. (Metallwaren-Ind. Galvano-Techn. **48.** 284—88. 1957.) F. VIER. 6482

T. Konkoly, *Beitrag zur Frage der Grobstrukturuntersuchung mit* ^{60}*Co.* Mit radioakt. Isotopen durchgeführte Materialunterss. sind weitgehend vom Filmmaterial abhängig. Eingehende Messungen mit ^{60}Co u. verschied. Filmsorten zeigen die Möglichkeit optimaler Versuchsergebnisse bei Verwendung von Verstärkerfolien. — 20 Literaturhinweise. (Periodica polytechn. [Budapest], Maschinen- u. Bauwes. **1.** 163—73. 1957. Budapest, Techn. Univ., Inst. für mech. Techn.) H. KENSBOCK. 6484

Alfred Kneschke, *Zur hydrodynamischen Theorie des Warmwalzens.* Die hydrodynam. Theorie des Walzvorgangs wird in einer für den Betrieb geeigneten analyt. Form entwickelt, wobei bes. die funktionale Abhängigkeit der mechan. Größen von den Walzparametern berücksichtigt wird. Bes. behandelt werden Druckverteilung, Walzendruckkraft, Formänderungswiderstand, Walzenreibungsmoment u. Spannungszustand im Walzspalt. — 23 Schrifttumsangaben. — Diskussion. (Arch. Eisenhüttenwes. **29.** 11—22. Jan. 1958. Freiberg.) H. HOCHSTEIN. 6490

Paul Csokán, Ludwig Berán und **Georg Albrecht,** *Abschrecken in strömendem Mineralöl unter Druck.* Vgl. des früheren Vorgehens beim Härten von Rohren mit dem Abschrecken der Stahlrohre in durch Zwangsströmung bewegtem Mineralöl auf Grund von Schrifttumsangaben. Die Ergebnisse des Vgl. zeigen, daß das Abschrecken in einer geschlossenen Härtevorr., d. h. in einem durch Zwangsströmung bewegten Ölbad, erfolgreich durchführbar ist. — 10 Literaturangaben. (Stahl u. Eisen **79.** 102—04. 22/1. 1959.) H. HOCHSTEIN. 6492

R. Meyer und **F. Pawlek,** *Über die Verwendbarkeit von Generatorgas als Schutzgas bei der Wärmebehandlung unlegierter Stähle.* Unterss. über die Eignung von Generatorgas als Schutzgas für die Wärmebehandlung von C-Stählen zeigen, daß die Entschwefelung durch die Verwendung von Gaserzeugern vereinfacht wird, die nach dem Gegenstromverf. mit niedriger Schütthöhe oder nach dem Gleichstromverf. arbeiten, wobei der Gas-S größtenteils als SO_2 anfällt. Die für die jeweilige Verwendung angezeigte Aufbereitung des Gases (C_3H_8-Zusatz für Verwendung bei höheren Tempp.; Zusatz von Wasserdampf u. C_3H_8 zur genauen Einstellung des C-Potentials; Überwachung des C-Potentials) wird im einzelnen beschrieben. (Werkstatt u. Betrieb **90.** 217—25. April 1957. Berlin-Charlottenburg, TU, Inst. für Metallhüttenkunde.) W. WESLY. 6492

H. W. Grönegreß, *Oberflächenhärte und Einhärtetiefe beim Brennhärten.* (Industrie-Anz. **77.** 199—202. 25/2. 1955. Gevelsberg.) M. GEHLEN-KELLER. 6502

—, *Zur Definition der Lotvorgänge.* Vorschlag einer neuen Lösung der Nomenklaturfrage für Lote (Haftlöten u. Reaktionslöten). (Metall **13.** 428. Mai 1959.) M. GEHLEN-KELLER. 6504

Gotthold Bubenzer, *Löten von Aluminium mittels Ultraschall.* Beschreibung des Lötens von *Al* u. *Mg* mittels Ultraschall: Verzinnen der zu verbindenen Stücke mit Ultraschall mit sofort oder später anschließendem Löten nach dem üblichen Verfahren. (VDI-Z. **101.** 116. 1/2. 1959. München.) W. WESLY. 6504

Jay Bland, *Wahl und Schweißen von Chrom-Molybdän-Stahlrohren.* 2. Mitt. (1. vgl. C. **1959.** 8708.) Übersicht über die Einw. der Vor- u. Nacherwärmung auf die Eigg. der an Cr–Mo-Stählen ausgeführten Schweißen. (Welding Engr. **43.** Nr. 8. 42—44. 46. Aug. 1958.) W. WESLY. 6506

W. E. Brandt, *Geregelte Schwingungsgeschwindigkeit und vereinfachte Putztrommelfertigbearbeitung von Metallteilen.* Beschrieben wird eine Schwing-Putztrommel-Fertigbearbeitungsvorr. für Metallteile. Durch Anwendung einer geregelten Schwingung wird die Behandlungszeit sowohl der äußeren als auch inneren Oberflächen stark gekürzt. (Iron Age **183.** Nr. 3. 79—82. 15/1. 1959. York, Pa., Lord Chemical Corp.) H. HOCHSTEIN. 6510

Nobuteru Awa, *Untersuchungen über die Leistung der Anode bei der Elektrolyse von Kupfercyanid.* 5. Mitt. *Über den Grad der Kupferabscheidung und die Stromausbeute als Funktion der Zeit.* (4. vgl. C. **1959.** 1354.) Unterss. über den Grad der Cu-Abscheidung u. der Stromausbeute zeigen, daß beide mit der Zeit abnehmen, wenn die Badspannung nicht überwacht [d. h. unter der Zersetzungsspannung (in den meisten Fällen) gehalten] wird. Die Cu-Abscheidung aus einem schwach konz. Bad von 45° bei 2,2 V ändert die Anodenoberfläche nicht u. kann einen Zustand herbeiführen, in dem keine Änderung von Spannung u. Stromstärke auftritt. (Nippon Kinzoku Gakkai-Si [J. Japan. Inst. Metals] **21.** 693—96. Dez. 1957. [Orig.: japan.; Auszug: engl.]) W. WESLY. 6514

Walter Oehlerking, *Die Messung der kathodischen Stromausbeute mit Hilfe der Wasserstoffentwicklung.* Die kathod. Stromausbeute wird durch Best. des an der Kathode entwickelten H_2 gemessen, eine entsprechende App. wird vorgeschlagen. (Metallwaren-Ind. Galvanotechn. **48.** 301—06. 1957.) F. VIER. 6514

E. Lutter, *Zur Entgiftung galvanischer Abwässer.* Die Konz. der in der Galvanotechnik auftretenden Spülwässer u. ihre Entgiftung wird behandelt. Bei den CrO_3-

haltigen Abwässern werden die hohen CrO_3-Verluste erörtert, u. es wird eine tabellenmäßige Aufstellung über Stromausbeute u. Abscheidungsgeschwindigkeit bei Cr-Bädern gebracht. (Metallwaren-Ind. Galvanotechn. **48.** 296—300. 1957.) F. VIER. 6514

J.-R. Rouff, *Verzinkte Stahlbauteile für öffentliche Arbeiten.* Übersicht über Eigg. von Zn, seine Schutzwrkg. u. die Anwendung der Feuerverzinkung für Stahlbauteile. (Corrosion et Anticorrosion **6.** 211—16. Juni 1958.) W. WESLY. 6526

P. Blancheteau, *Schutz der in Baukonstruktionen verwendeten Stahlelemente gegen Korrosion.* Übersicht über die in Stahlbauten verwendeten Bauelemente u. ihren Korrosionsschutz durch Anstriche, Firnisse, Metallüberzüge u. Glasemail. (Corrosion et Anticorrosion **6.** 191—202. Juni 1958. Office Techn. pour l'Utilisation de l'Acier, Serv. des Études Anticorrosion.) W. WESLY. 6528

W. Papsdorf, *Einige Beispiele für die Bewährung von Aluminium im Bauwesen.* Die Beispiele ergeben die ausgezeichnete Eignung von Al im Bauwesen. So zeigen Rauchtrichter aus Al auf Lokomotivschuppen nach 25 Jahren einen guten Erhaltungszustand. (Aluminium **33.** 461—64. Juli 1957. Düsseldorf.) F. VIER. 6538

Lester F. Spencer, *Korrosionsbeständige Stoffe — Metalle und Legierungen.* 1. Verh. von *Pb* u. *Pb-Legierungen* [mit geringen Mengen *Ag*, *Te*, *Sb* (Hartblei)] als korrosionsbeständige Stoffe unter Berücksichtigung der Temp., der mechan. Abnutzung, vagabundierender Ströme u. der Ggw. ungleichartiger Metalle. Maßnahmen zur Verhinderung von Spannungskorrosion. — 2. Die Korrosionsbeständigkeit *rostfreier Stähle* wird auf ihren *Cr*-Geh. zurückgeführt. Einw. von zahlreichen Säuren u. Salzen verschied. Konzz. u. bei verschied. Tempp. (Tabelle) auf 18/8 Cr–Ni-Stahl mit u. ohne *Mo* bei 15 bzw. 40° u. auf *niedriggekohlten Stahl.* — 3. *Ni*, *Monel* u. *Inconel*-Legierungen sind gegen H_2SO_4 bei n. Temp. weitgehend widerstandsfähig; ein Zusatz geringer Mengen von $Fe_2(SO_4)_3$ oder $CuSO_4$ erhöht die Widerstandsfähigkeit des Inconel noch weiter. Gegen heiße, konz. H_2SO_4 hat sich *Hastelloy D* am besten bewährt. — Überblick über die Korrosionssicherheit von weichem Stahl, *Duriron* (mit 14,5% *Si* u. mit oder ohne 3% *Mo*) u. a. gegenüber HCl u. Chloriden unter Berücksichtigung der Belüftung, Konz., Temp. u. Bewegung des Mediums. — 12 Literaturnachweise. (Metal Finish. [New York] **55.** Nr. 10. 58—62. Okt. Nr. 11. 62—68. Nov. 1957. West Allis, Wis.) H. ECKSTEIN. 6538

G. Loose, *Korrosion und interkristalline Brüchigkeit von zunderfesten Stählen.* Behandelt wird der Aufbau der zunderfesten Stähle, bes. die Lsg. von *C* im Fe sowie die Auflsg. von *Ni* u. *Cr* im Fe u. deren Einfl. auf das Kristallgitter u. die chem. Eigg. des Fe. Auch wird der Einfl. des physikal. Zustandes u. des Gefüges auf die chem. Beständigkeit u. deren Veränderung durch Gefügeheterogenität erörtert. Der metastabile γ-Zustand u. die $\gamma \rightarrow (\alpha + \gamma)$-Umwandlung in den nichtrostenden Stählen mit 18% Cr u. 8% Ni werden beschrieben u. der Einfl. einer Kaltverformung auf die Stabilität des Syst. $\gamma \rightleftharpoons (\gamma + \mathrm{Cm})$ wird dargelegt. Die Mittel zur Bekämpfung der interkristallinen Korrosion werden mitgeteilt. (Ing. Chimiste [Bruxelles] **39.** 143—58. Sept. 1957. **40.** 3—20. März 1958.) H. HOCHSTEIN. 6538

M. Ciortea und **O. Radovici,** *Die Korrosion der Behälter bei Anlagen für die chemische Entsalzung von Rohöl.* Bei Entsalzungsanlagen für Rohöle kann eine Korrosion der Heizschlangen durch Einw. von Salzwasser, eine Korrosion der Innenwände des Behälters u. des Behälterbodens durch feuchte Abscheidung erfolgen. Als Schutzmaßnahme hat sich die kathod. Behandlung (Zn-Anoden) bewährt. (Petrol şi Gaze **8.** 87—89. Febr. 1957. Inst. de Cerc. petrolifere.) R. K. MÜLLER. 6538

M. Ciortea und **O. Radovici,** *Eine neue Methode für die Bestimmung der Korrosivität von Böden.* Die vorgeschlagene Meth. zur Best. der korrodierenden Wrkg. von Böden gegenüber Metallen beruht auf der Aufnahme von Polarisationskurven mit einer in den Boden eingeführten Stahlsonde, die über ein Potentiometer mit einer $CuSO_4$-Elektrode verbunden ist. (Petrol şi Gaze **8.** 209—10. April 1957. Inst. de Cerc. petrolifere.) R. K. MÜLLER. 6540

Titan Co. A/S, Fredrikstad, Norwegen, *Gewinnung von metallischem Eisen und Titandioxydkonzentrat aus titanhaltigen Eisenerzen.* Das Eisenerz wird nach Zugabe von Na(OH), NaCl, LiCl, K_2CO_3 (2—6%, berechnet als Alkalimetall) auf 1100—1200° in Form von Pellets unter reduzierenden Bedingungen bis zur ausreichenden Bldg. von metall. Eisen erhitzt. Das Reduktionsmittel (Koks) u. Asche wird hierauf nach Abkühlung der Pellets abgesiebt. Die Pellets werden dann zerkleinert u. die feinen Eisenteilchen vom TiO_2-Konzentrat durch Luftaufbereitung getrennt. (**E. P. 791 366** vom 19/4. 1956, ausg. 26/2. 1958. A. Prior. 22/4. 1955. **Zusatz zu E. P. 754 453; C. 1958. 1136.**) W. HAUSWALD. 6361

Österreichisch-Alpine Montangesellschaft, Wien (Erfinder: **Franz Narbeshuber,** Donawitz, Steiermark), Österreich, *Sintern körniger Stoffe*, welche bei Sintertemp. *Fe*-Oxyde enthalten, wie *Fe-Erze* oder *Rohmagnesite*, dad. gek., daß die beim Frischen von Roheisenbädern u. anderen C-haltigen Fe-Bädern, vor allem beim Frischen unter Verwendung O_2-angereicherter Gase, bes. hoch-%ig. oder techn. reinen O_2, entstehenden Abgase unter Ausnutzung ihrer Wärme durch das Sintergut in einer Sintereinrichtung hindurchgeführt werden. Zur Erhöhung der Temp. in der Sintereinrichtung wird diese geheizt u./oder den Abgasen erst im Reaktionsraum der Sintereinrichtung oder knapp davor O_2-haltige Gase zugeführt, während eine Abkühlung der Abgase u. eine Luftzufuhr zu denselben auf ihrem Wege bis knapp vor dem Reaktionsraum zumindest weitgehend vermieden wird. Das Sintergut wird zweckmäßig laufend oder schrittweise dem Reaktionsraum der Sintereinrichtung zugeführt u. aus diesem ausgetragen, während die Abgase im Gegenstrom zur Beschickungseinrichtung durch das zu sinternde Gut aus der Sintereinrichtung abgeführt werden. Vgl. F. P. 1 138 829; C. **1958.** 12816. (**Oe.P. 191 921** vom 8/10. 1954, ausg. 25/9. 1957.) M. NECKERMANN. 6379

Stora Kopparbergs Bergslags Aktiebolag, Domnarvet, Schweden, *Metallurgische Behandlung eines eisenhaltigen Materials mit einem Gas* ist dad. gek., daß dieses Material kontinuierlich in fl. Form in den oberen Teil eines mit hoher Geschwindigkeit um seine senkrechte Achse umlaufenden Kessels mit einer in der Bodenwandung zentral angeordneten Abstichöffnung eingefüllt wird, wobei die Oberfläche des eingefüllten Materials im Querschnitt eine Parabelform erhält, sowie Gas kontinuierlich in den rotierenden Kessel eingeleitet u. kontinuierlich das behandelte eisenhaltige Material durch die Abstichöffnung entnommen wird. Das Verf. eignet sich bes. zum Frischen von Roheisen mit O_2 oder zur Red. von Eisenerzen, bei dem gleichzeitig mit den Erzen auch das Reduktionsmittel kontinuierlich aufgegeben wird. — Abbildungen. (**E. P. 789 101** vom 9/9. 1955, ausg. 15/1. 1958. Schwed. Prior. 14/9. 1954.) H. HOCHSTEIN. 6391

Stora Kopparbergs Bergslags Aktiebolag, Falun, Schweden, *Behandlung einer Eisenlegierung mit einem sauerstoffhaltigen Gas* ist dad. gek., daß ein geschmolzenes Fe-Bad mit zugehöriger Schlacke in einer Reaktionskammer hergestellt wird, welche in bezug auf eine Symmetrieachse symm. ist, zwei axiale Enden aufweist u. geschlossen ist. Außerdem besitzt die Kammer eine Öffnung an einem der genannten Enden um die Symmetrieachse herum. Diese Reaktionskammer wird so eingestellt, daß die Symmetrieachse eine Neigung zur Horizontalen aufweist u. die Öffnung nach oben gerichtet ist. Das Bad füllt die Reaktionskammer mindestens bis zu einem horizontalen Niveau, das fast am Schnittpunkt oder über dem durch die Symmetrieachse u. dem anderen axialen Ende der Kammer gebildeten Schnittpunkt liegt. Diese Kammer wird um ihre Symmetrieachse gedreht, sauerstoffhaltiges Gas in die Kammer oberhalb des Bades eingeleitet, u. die Reaktionsgase werden aus der Reaktionskammer abgeleitet. (**Belg. P. 530 732** vom 28/7. 1954, ausg. 11/10. 1957. Schwed. Prior. 30/7. 1953.) H. HOCHSTEIN. 6391

Strategic-Udy Metallurgical & Chemical Processes Ltd., Hamilton, Ontario, Canada, übert. von: **Marvin J. Udy,** Niagara Falls, N. Y., V. St. A., *Eisengewinnung aus Eisenoxyderzen*. Erz, Kalkspat, Kohle u. leichter Eisen- oder Stahlschrott werden zunächst in einer Drehtrommel vermischt u. dann in einem Bunker (Vorratsbehälter) auf 1100—1300° erhitzt, um von hieraus mittels eines Schraubenförderers freifließend in den mit elektr. Lichtbogen arbeitenden Ofen auf die geschmolzene Schlacke eingeführt zu werden. Die Temp. der Schlacke wird hinreichend hochgehalten, um die aufgegebene obengenannte Mischung zum Schmelzen zu bringen. Das geschmolzene Fe wird von der Schlacke dann getrennt. Die Elektrodenköpfe müssen laufend so eingestellt werden, daß sie in hinreichender Nähe der Oberfläche der geschmolzenen Schlacke liegen, um eine Zerstreuung der vom Lichtbogen entwickelnden Wärme durch Reflektion zu vermeiden bzw. zu verringern, u. eine direkte Einw. der Wärme auf das Schlakkenbad zu gewährleisten. Die Einführung der Beschickung in den Elektroofen wird so geregelt, daß eine Zone geringen Drucks angrenzend an den Elektrodenköpfen aufrechterhalten wird. (**A. P. 2 805 930** vom 10/3. 1953, ausg. 10/9. 1957.) W. HAUSWALD. 6391

Strico Gesellschaft für Metallurgie und Wärmetechnik m. b. H., Gummersbach (Erfinder: **Karl Stockkamp,** Wetzlar), *Betrieb eines zum Erschmelzen von Gußeisen dienenden Schmelzschachtofens* ist dad. gek., daß das Einsatzmaterial auf einen geringeren Si-Anteil gattiert wird, als ihn das zu erzeugende Rinneneisen besitzt, u. daß die Si-Differenz dem Fe, unter Einhaltung einer Windtemp. von mindestens 300°, aus der eine genügend große, prakt. konstantbleibende Höhe aufweisenden Schlacke zugeführt wird. (**Schwz. P. 330 565** vom 14/1. 1954, ausg. 31/7. 1958. D. Prior. 20/1. 1953.) H. HOCHSTEIN. 6403

Österreichisch-Alpine Montangesellschaft, Wien (Erfinder: **Franz Narbeshuber,** Donawitz, Steiermark), *Verfahren zum Brennen von als Zuschlag in einem Stahlherstellungsverfahren bestimmten Kalk* mit beim Frischen von Roheisenbädern oder anderen C-haltigen Eisenbädern entstehenden Abgasen (bes. des O_2-Blasens), wobei diese durch den zu brennenden Kalk unter Anreicherung seiner Oberfläche mit Eisenoxyden in einem Reaktionsraum hindurchgeführt werden. — Vorrichtung. — Vgl. F. P. 1 138 829; C. **1958.** 12816. (**Oe. P. 195 324** vom 8/10. 1954, ausg. 25/1. 1958.) O. KAYSER. 6409

Uddeholms Aktiebolag, Schweden, *Warmarbeitswerkzeug aus Stahl* zum Fließpressen u. als Werkstoff für Warmgesenke besteht aus 0,2—0,5 (%) *C*, 10—15 *Cr*, 6—10 *W*, mit der Maßgabe, daß der W-Geh. bis zu 25% durch eine entsprechende *Mo*-Menge ersetzt sein kann, ferner aus 1—10 *Co*, bis 2 *Si*, *V*, *Ti*, *Ta* u./oder *Nb*, bis 6 *Ni* oder *Mn*, Rest *Fe* u. Verunreinigungen. Eine bevorzugte Zus. dieser Stahllegierung ist: 0,35 C, 12 Cr, 8 W, 3 Co, bis 2 V, bis 2 Mn, Rest Fe u. Verunreinigungen. Zweckmäßig wird die Stahllegierung zur Erzielung einer hohen Härte, einer guten Verschleißfestigkeit bei erhöhten Betriebstempp. u. einer hohen Temperaturwechselbeständigkeit von 900—1200°, bes. von 1000—1100°, mit Luft oder einem schroffer wirkenden Mittel abgeschreckt u. bei 500—750° auf 30—60 RC-Härte angelassen. — Abbildungen. (**F.P. 1 156 606** vom 2/8. 1956, ausg. 19/5. 1958. Schwed. Prior. 2/8. 1955.) H. HOCHSTEIN. 6411

Thomas & Skinner, Inc., übert. von: **James R. Ireland** und **Stephen Lester,** Indianapolis, Ind., V. St. A., *Dauermagnetlegierung* besteht aus unter 0,05 (%) *C*, unter 0,15 *Mn*, 7,4—8,5 *Al*, ca. 12,5—14 *Ni*, ca. 21,5—24 *Co*, ca 2,5—3,5 *Cu*, ca. 0,4—0,7 *Si*, 0—1,5 *Ti*, wenigstens 0,05—0,1 *Nb*, nicht über 0,1 *S*, Rest im wesentlichen Eisen. Die dauermagnet. Eigg. sind besser als die der bekannten Alnico-Legierungen V u. VI. (**A. P. 2 797 161** vom 3/9. 1953, ausg. 25/6. 1957.) H. HOCHSTEIN. 6411

Union Carbide & Carbon Corp., New York, übert. von: **Italo S. Servi,** Niagara Falls, und **Howard R. Spendelow jr.,** Snyder, N. Y., V. St. A., *Nickellegierungen* bestehen aus 15—17 (%) *Cr*, 8—12 *Fe*, 4—7 *Mo*, 2,25—5 *Ti*, 1,57—2,5 *Al*, wobei die Menge des Ti sich zu der Menge des Al wie 1:1 u. 1:1,5 verhält, 0,08—0,25 *C*, Rest *Ni*. Die Legierungen, die noch bis 2,5 *Co* enthalten können, sind hitzebeständig, bruchfest u. können zu Tafeln ausgewalzt werden. (**A. P. 2 793 950** vom 3/7. 1953, ausg. 28/5. 1957.) C. GÖTZE. 6435

Union Carbide & Carbon Corp., New York, übert. von: **William O. Binder** und **Claude R. Bishop,** Niagara Falls, N. Y., V. St. A., *Nickellegierungen* bestehen aus 4—10 (%) *Si*, 2—25 *Ta*, *Nb* von 0—½ des Ta-Geh., wobei Ta + Nb 25 nicht überschreiten darf, bis 3 *Al*, bis 15 *Fe*, bis 4 *Cu*, Rest *Ni* mit der Maßgabe, daß bei niedrigen Si-Gehh. ein höherer Ta-Geh. angezeigt ist u. umgekehrt. Die Legierungen sind duktil, sie besitzen hohe Korrosionsfestigkeit u. sind widerstandsfähig gegen Erschütterungen. (**A. P. 2 794 734** vom 8/9. 1953, ausg. 4/6. 1957.) C. GÖTZE. 6435

Union Carbide & Carbon Corp., New York, übert. von: **Frank S. Badger,** Kokomo, Ind., V. St. A., *Temperaturschwankungen ausgesetzte Gegenstände* bestehen aus 10—30 (%) *Cr*, bis 25 *Mo* u./oder *W*, bis 5 mindestens eines der Metalle *Ta*, *Ti*, *Nb*, bis 25 *Fe*, bis 1 *C*, bis 0,5 *B*, Rest *Co* u./oder *Ni*, wobei die Oberfläche im wesentlichen frei von *C* u. *B* ist bzw. 0,001—0,1 C enthalten kann. Die Körper haben im Inneren einen höheren C- u. B-Geh. als an der Oberfläche, was durch Decarburieren bzw. Deborisieren erreicht werden kann. Sie eignen sich bes. für Gasturbinenschaufeln. (**A. P. 2 763 584** vom 16/4. 1952, ausg. 18/9. 1956.) C. GÖTZE. 6345

United Kingdom Atomic Energy Authority, London, England (Erfinder: **Jack Williams** und **James William Samuel Jones**), *Beryllium-Magnesium-Legierungen* bestehen aus 1—25 (%) *Mg*, Rest *Be*. Die Legierungen werden hergestellt, indem Be-Pulver mit Mg ummantelt u. einem Druck von 30 t lbs./sq.in. ausgesetzt u. 30 Min. lang bei 750° erhitzt wird. Es kann auch ein Preßkörper aus Be hergestellt werden, der ebensolange u. bei derselben Temp. in geschmolzenes Mg eingetaucht wird. (**E. P. 788 239** vom 9/6. 1955, ausg. 23/12. 1957.) C. GÖTZE. 6443

United Kingdom Atomic Energy Authority (Erfinder: **Roy Alfred Ulfketel Huddle, John Laing, Alfred Claude Jessup** und **Edward Frederick Emley**), London, England, *Magnesiumlegierungen* bestehen aus 0,002—0,1 (%) *Be*, 0,25—1,1 *Al*, Rest *Mg*. Das Al u. Be wird dem geschmolzenen Mg als Vorlegierung beigegeben. Die Legierung ist beständig gegen Luft u. oxydierende Gase bei erhöhten Tempp. bis in die Nähe des Schmelzpunktes. (**E. P. 776 649** vom 25/7. 1953, ausg. 12/6. 1957.) C. GÖTZE. 6445

J. Stone & Co. Ltd., London, England (Erfinder: **Ronald James Malcolm Payne** und **James Dennis Lascelles Eynon**), *Aluminiumlegierungen* bestehen aus 0,2—5 (%)

Li, nicht mehr als 0,008 *Na*, Rest *Al*. Die Legierungen können außerdem noch enthalten: bis 0,3 *Ti*, bis 5 *Cu*, bis 5 *Si*, bis 10 *Zn*, bis 10 *Mg*, bis 3 *Fe*, bis 3 *Mn*, bis 3 *Ni*, bis 0,3 *Nb* u. bis 0,3 *B*, wobei die Gesamtsumme dieser Metalle 15 nicht übersteigt. Die Legierungen können heiß bearbeitet werden, sie besitzen hohe Festigkeit u. sind durch Alterung härtbar. (**E. P. 787 665** vom 5/4. 1955, ausg. 11/12. 1957.) C. GÖTZE. 6447

United Kingdom Atomic Energy Authority, London, England (Erfinder: **Albert Etheridge Williams**), *Gewinnung von Uran* durch Red. von UF_4 mit *Mg*, dad. gek., daß die Reaktionsglieder verdichtet u. rasch auf die Zündtemp. der Mischung erhitzt werden. Die Verdichtung soll bis zu einer Schüttdichte von mindestens 3 g/cm³ getrieben werden u. die Temp. 800—1000° betragen. — Zeichnung. (**E. P. 780 974** vom 5/3. 1954, ausg. 4/8. 1957.) G. APEL. 6449

United Kingdom Atomic Energy Authority, London, England, *Zirkoniumlegierungen* bestehen aus 1—5 (%) *Nb*, 0,1—2 *Al* oder *Mo* oder *V*, deren Gehh. unter dem des Nb liegen, Rest *Zr*. Die Legierungen haben gute Festigkeiten bei hohen Tempp., geringe Neigung, Elektronen zu absorbieren, u. eignen sich für nucleare Reaktoren, Cyclotronen u. ähnliche Geräte. (**E. P. 783 646** vom 5/7. 1955, ausg. 25/9. 1957. A. Prior. 12/7. 1954.) C. GÖTZE. 6449

Harold Douglas Benson Kirby, London, England, *Herstellung von reinem Germanium oder Silicium* über deren Halogenverbb., dad. gek., daß die Verunreinigungen durch chem. oder elektrochem. Reduktionsverff. in solche Verbb. übergeführt werden, die eine von den Si- oder Ge-Halogeniden abweichende Flüchtigkeit aufweisen. (**E. P. 794 641** vom 15/4. 1954, ausg. 7/5. 1958.) A. GRADL. 6449

Treibacher Chemische Werke Akt.-Ges., Treibach/Kärnten, *Pyrophore Legierungen* bestehen aus mindestens einem Element von zwei Gruppen I u. II, wobei die Gruppe I die Elemente *Sn, Pb, Sb, Bi, Mn, Fe* in Mengen zwischen 50 u. 70 (%), die Gruppe II *Ti, Zr, Hf* in Mengen zwischen 50 u. 90 umfaßt u. die Summe der Elemente beider Gruppen mindestens 90 beträgt sowie 0,3—10 *O*. (**Oe. P. 193 611** vom 28/1. 1955, ausg. 25/11. 1957.) C. GÖTZE. 6449

United Kingdom Atomic Energy Authority, London, England (Erfinder: **Albert Etherigde Williams, Philip Bernard Eyre** und **Joseph Jackson**), *Gewinnung von Niob* durch Red. von K–Nb-Doppelfluorid mittels Na, dad. gek., daß das K–Nb-Fluorid mit geringem stöchiometr. Überschuß an Na in inerter Atmosphäre in einem Reaktionsgefäß durch Erhitzen zur Rk. gebracht u. die Reaktionsprodd. zur Austreibung des Na u. K bei einer Temp. z. B. auf 1100° gehalten werden, die über dem Kp. des Na liegt. — Zeichnung. (**E. P. 791 121** vom 18/11. 1954, ausg. 26/2. 1958.) G. APEL. 6449

Hooker Electrochemical Co., Niagara Falls, N. Y., V. St. A., *Elektrolytische Zerlegung von Alkalimetallchlorid* in freies Halogen u. Alkalimetallamalgam, bes. in freies Cl u. Na-Amalgam, in einer Zelle mit vertikal nach unten strömendem Hg als Kathode u. mehreren darin angeordneten vertikalen Anoden, zwischen denen der Elektrolyt in ununterbrochenem Strom nach oben steigt. — Zeichnungen. — Vgl. F. P. 1 062 041; C. **1955.** 437. (**E. P. 760 102** vom 22/5. 1952, ausg. 31/10. 1956. A. Prior. 6/6. 1951.) G. APEL. 6457

Diamond Alkali Co., Cleveland, Ohio, übert. von: **Friedrich W. Czech,** Painesville, Ohio, V. St. A., *Gewinnung von Eisenpulver hoher Reinheit.* In eine Alkalilsg. wird Eisenpulver eingetragen u. der Elektrolyse unterworfen. Nach Entfernung des Fe-Nd. u. der unlösl. Fe-Verbb. von der Kathode werden diese in Ggw. einer organ. Fl., wie niedere aliphat. Alkohole, flotiert u. dabei das feinverteilte Fe von großer Reinheit gewonnen. (**A. P. 2 824 052** vom 3/1. 1956, ausg. 18/2. 1958.) W. HAUSWALD. 6475

Alfred Teves Maschinen- und Armaturenfabrik K.G. (Erfinder: **Helmut Weik** und **Fritz Steffen**), Frankfurt/M., *Verfahren zur schnelleren und gleichmäßigeren Aufkohlung von Eisensinterkörpern* ist dad. gek., daß dem Eisenpulver vor dem Verpressen u. Sintern Cu-Pulver in Mengen bis zu 2%, bes. 1%, beigemischt wird. (**D. A. S. 1 043 368** Kl. 18c vom 22/11. 1955, veröff. 13/11. 1958.) H. HOCHSTEIN. 6475

Siemens-Schuckertwerke Akt.-Ges., Berlin und Erlangen (Erfinder: **Horst Schreiner,** Nürnberg), *Weichmagnetischer Sinterkörper* ist dad. gek., daß er aus einem Eisenpulver mit einem Geh. an Nichteisenmetallen unter 1%, jedoch über 0,01% besteht. Bes. enthält der Sinterkörper als Nichteisenmetall *Cu, Ni, Cr* oder *Mn*. Zweckmäßig wird das Ausgangspulver vor dem Pressen einer Wärmebehandlung zwischen 400 u. 750°, bes. bei 600°, in reduzierender Atmosphäre ausgesetzt. — Kurvenschaubild. (**D. A. S. 1 036 296** Kl. 18d vom 3/12. 1954, veröff. 14/8. 1958.) H. HOCHSTEIN. 6475

Fritz Singer, Starnberg, *Kaltformgebung, insbesondere Ziehen und Kaltspritzen von Metallen, insbesondere von Eisen und Stahl,* ist dad. gek., daß koll. S, der einen Sulfid-

film auf der metall. Oberfläche des zu formenden Metalls erzeugt, als die Formgebung erleichterndes Mittel angewandt wird. Bes. wird eine wss. Lsg. eines wasserlösl. Schmiermittels, z. B. ein langkettiges Fettalkoholsulfonat, mit Zusatz von koll. S verwendet. Zweckmäßig werden die Werkzeuge vor Beginn der Kaltverformung auf die Arbeitstemp. erwärmt. (**Schwz. P. 329 744** vom 29/3. 1954, ausg. 30/6. 1958.)
H. HOCHSTEIN. 6491

Soc. des Soudures Castolin Soc. An., Frankreich, *Erhitzungsmittel für die Wärmebehandlung von Metallen*, z. B. zum Glühen, Schmelzschweißen, Normalisieren, Vorwärmen u. dgl. mit Elektrode für den elektr. Entladungsstrom besteht aus einem homogenen, zentralen, in der Wärme zersetzlichen, elektr. leitenden Kern mit erhöhtem F., z. B. aus Kohle oder einem 6,35 mm starken Cr-Draht, u. einer Ummantelung, die mindestens ein Silicat mit erhöhtem F., z. B. der Metalle Al, Mg, Na, K, Li oder Ca, mindestens ein Schwermetalloxyd, z. B. aus Zr, Ti, Co, W oder Cr, mindestens eine anorgan., ein Gas durch Zers. in der Wärme frei machende Substanz, wie CaC_2, HgO, BaO, u. ein Bindemittel enthält. Zweckmäßig besteht die Umhüllung aus 25—45 (Gew.-%) Zr-Silicat, 10—25 CaC_2, 5—15 Al_2O_3, 10—25 MgO, Rest bis zu 30% aus Bindemittel u. Metallpulver. (**F. P. 1 085 048** vom 20/4. 1953, ausg. 26/1. 1955.) H. HOCHSTEIN. 6493

Siemens-Schuckertwerke Akt.-Ges., Berlin und Erlangen (Erfinder: **Josef Eberwein**, Erlangen), *Blankglühen von Metallen, besonders von Werkstücken aus Stahl*, bei dem vor Beginn der Glühung die atmosphär. Luft durch Einleiten von Schutzgas aus dem Behandlungsraum verdrängt u. anschließend die Schutzgasfüllung mäßig evakuiert, bei Unterdruck geglüht u. abgekühlt wird, ist dad. gek., daß das Schutzgas bis zu einem Behälterinnendruck von unterhalb ca. 20 Torr, bes. von 2—20 Torr, evakuiert wird. Bes. wird hierbei ein wasserdampffreies Schutzgas, z. B. CO, H_2, CH_4 oder N_2, verwendet. — Abbildungen. (**D. B. P. 970 372** Kl. 18c vom 26/10. 1951, ausg. 11/9. 1958. Anmeldung bekanntgemacht 20/11. 1952.) H. HOCHSTEIN. 6493

Siemens-Schuckertwerke Akt.-Ges., Berlin und Erlangen (Erfinder: **Josef Eberwein**, Erlangen), *Blankglühen von hoch zu erhitzenden Metallen, besonders legierten Stählen*, in einem Haubenglühofen unter Schutzgas, bei dem nach Beendigung des Glühprozesses die Glühhaube gegen eine wärmeisolierte Kühlhaube ausgetauscht wird, ist dad. gek., daß die wärmezubehandelnden Metalle in der Glüh- u. in der Kühlhaube frei, d. h. ohne Zwischenschaltung von gasdichten Schutzhauben (Zwischenhauben), angeordnet werden, so daß beim Wechsel der Hauben eine kurzzeitige Luftberührung des Gutes eintritt. — Abbildungen. (**D. A. S. 1 042 623** Kl. 18c vom 6/5. 1955, veröff. 6/11. 1958.) H. HOCHSTEIN. 6493

August Thiele, Iserlohn, *Herstellung von verschleißfesten Rundgliederketten in großen Längen* ist dad. gek., daß die gesamte Kettenlänge in einem Ofen aufgekohlt, anschließend abgekühlt u. in einem Durchlaufofen auf Härtetemp. erhitzt u. fortlaufend Glied für Glied abgeschreckt wird. Bes. werden die aufgekohlten Kettenlängen nur bis auf eine Temp. von ca. 500° abgekühlt u. anschließend wieder auf Härtetemp. im Durchlaufofen erhitzt u. fortlaufend Glied für Glied abgeschreckt. (**D. A. S. 1 039 548** Kl. 18c vom 10/6. 1955, veröff. 25/9. 1958.) H. HOCHSTEIN. 6493

Robert von Linde, Planegg bei München, *Erzeugung von Gas, welches besonders als Schutzgas in Wärmebehandlungsöfen geeignet ist und reaktionsfähige Bestandteile enthält*, ist dad. gek., daß ein fl. Brennstoff zunächst mit einem aus im wesentlichen nichtoxydierenden Substanzen bestehenden u. einen wesentlichen Anteil inerter Bestandteile enthaltenden Gasstrom vermischt u. das Gemisch durch ein Rohr geleitet u. dann vermischt u. verbrannt wird mit einer solchen Menge eines gasförmigen O_2-Trägers, die für eine exotherm. Teilverbrennung des Brennstoffs ausreicht. Zweckmäßig wird der fl. Brennstoff zerstäubt oder durch Wärmeeinw. verdampft. Der Gasstrom mit den inerten Bestandteilen besteht vorzugsweise aus CO_2. — Abbildungen. — Vgl. D. A. S. 1 029 521; C. **1958.** 13142. (**E. P. 779 914** vom 24/2. 1954, ausg. 24/7. 1957. D. Prior. 28/2. 1953.) H. HOCHSTEIN. 6493

Siemens-Schuckertwerke Akt.-Ges., Berlin und Erlangen (Erfinder: **Albert Lotz**, Berlin-Charlottenburg), *Nachreinigung von Ofenschutzgas*, das nach seiner Reinigung bes. vorgetrocknet wird, unter Verwendung von Fll. u./oder Dämpfen als Reaktionsstoffe, ist dad. gek., daß als Reaktionsstoffe *Zinkkohlenwasserstoffe*, z. B. $Zn(C_2H_5)_2$ oder $Zn(CH_3)_2$, dienen. Zweckmäßig wird das zu behandelnde Gas vor der Beimischung der Zn-KW-stoffe auf eine Temp. erhitzt, die über dem Kp. des $Zn(C_2H_5)_2$ (118°) bzw. des $Zn(CH_3)_2$ (46°) liegt. (**D. B. P. 970 359** Kl. 18c vom 21/9. 1943, ausg. 11/9. 1958. Anmeldung bekanntgemacht 13/11. 1952.) H. HOCHSTEIN. 6493

Siemens-Schuckertwerke Akt.-Ges., Berlin und Erlangen (Erfinder: **Heinrich Gelius**, Malmö), *Verhinderung der schädlichen Auswirkungen lack- oder rußbildender*

Dämpfe auf das Glühgut und auf sonstige empfindliche Teile des Glühraumes in einem in einer kühleren Zone einen Dichtungsverschluß besitzenden Ofen, dessen Glühbehälter während des Aufheizens mit vorgewärmtem Schutzgas durchspült wird, wobei die anschließende Weiterbehandlung des Glühgutes im gleichen Behälter ohne Vakuum durchgeführt wird, ist dad. gek., daß in der Nähe des Glühtopfbodens Schutzgas durch eine Reihe angeordneter Einführungsstellen in das Topfinnere eingeleitet wird. — Abbildungen. (**D. B. P. 969 652** Kl. 18c vom 25/7. 1942, ausg. 3/7. 1958. Anmeldung bekanntgemacht 29/1. 1953.) H. HOCHSTEIN. 6493

Phoenix-Rheinrohr Akt.-Ges. Vereinigte Hütten- und Röhrenwerke, Düsseldorf, *Gegen Spannungskorrosion unempfindliche Chromnickel- und Chrommanganstahlteile* werden erhalten, wenn man das Material an der Oberfläche der kalt verformten Gegenstände in an sich bekannter Weise durch Diffusion mit *Cr* anreichert. (**Holl. P. 86 908** vom 23/1. 1956, ausg. 15/11. 1957. D. Prior. 24/1. 1955.) F. BÖHM. 6493

Olin Mathieson Chemical Corp., Baltimore, Md., V. St. A., *Lötwasser für Aluminiumlötungen* erhält man durch Rk. von $ZnCl_2$, $H_2N \cdot NH_2$-Hydrochlorid u. Aceton, wobei *(3.5.5-Trimethylpyrazolin·HCl)*·$ZnCl_2$, F. 147—151°, entsteht. Dieser Komplex kann mit NH_4Cl gestreckt werden. An Stelle von Aceton können auch Aldehyde u. andere Ketone, als Lösungsm. außer W. auch Alkohole u. Glykole, Verwendung finden. Geeignet zum Verlöten von Al bzw. Al-Legierungen mit Al, Cu oder Messing bei 400 bis 450° mit Sn–Zn-Lot (50:50). — Vgl. auch F. P. 1 103 461; C. **1958. 2273.** (**E. P. 780 033** vom 14/4. 1954, ausg. 31/7. 1957. A. Prior. 14/4. 1953.) K. GÄBELEIN. 6505

Rudolf Nowak, Frankfurt/M., und **Ernst Hasse,** Düsseldorf, *Oberflächenbehandlung von Metallen,* bes. von Eisen u. Stahl, auf Grund einer heterogenen chem. Platzwechsel-Rk. zwischen dem Grundmetall u. dem gasförmigen Halogenid des Diffusionselements bei fortlaufender Regenerierung der Reaktionsprodd. der Diffusionsbehandlung im Kreislauf, dad. gek., daß das bei der Oberflächenbehandlung entstehende gasförmige Grundmetallhalogenid mit überschüssigem Diffusionselement bei Tempp. zur Rk. gebracht wird, bei denen die Bldg. von Subhalogeniden des Diffusionselements gewährleistet ist, u. daß die gebildeten Subhalogenide bei oder oberhalb ihrer Bildungstemp. mit der zu behandelnden Oberfläche in Berührung gebracht werden. Bes. vorteilhaft ist es, den Reaktionsgasen Katalysatoren, wie Chloride von Sn, Al_2O_3, $AlBr_3$, BF_3, $CuCl_2$ u. dgl., zuzusetzen. — Abbildungen. — Vgl. F. P. 1 108 158; C. **1958. 12819.** (**Oe. P. 188 178** vom 2/7. 1954, ausg. 10/1. 1957. **Belg. P. 529 989** vom 29/6. 1954, ausg. 2/8. 1957. **E. P. 762 418** vom 23/6. 1954, ausg. 28/11. 1956. Alle D. Prior. 3/7. 1953.) GOTTFRIED SCHMIDT. 6509

Ernst Thomas, Hemer/W., *Entzundern von Bandeisen,* bes. solchem zur Herst. elektr. geschweißter Rohre, auf kontinuierlichem Wege, dad. gek., daß die Bänder fortlaufend abwechselnd in entgegengesetzter Richtung um ihre Längsachse einer Torsionsbehandlung unterworfen werden. (**E. P. 770 513** vom 31/3. 1953, ausg. 20/3. 1957. D. Prior. 9/4. 1952.) G. APEL. 6511

Chemical Construction Corp., New York, N. Y., übert. von: **Louis N. Allen,** Short Hills, N. J., V. St. A., *Regenerieren von Eisensulfatbeizlaugen.* Man setzt der Lauge, entsprechend ihrem Fe-Geh., Cu-Pulver zu u. oxydiert unter Druck u. Erhitzen auf wenigstens 400° F. Man erhält einen Nd. aus schwarzem Fe_2O_3 u. eine $CuSO_4$-Lösung. Bei der Oxydation soll die Lsg. 1—5% freie H_2SO_4 enthalten. — Zeichnungen. (**A. P. 2 838 376** vom 24/2. 1953, ausg. 10/6. 1958.) H. NEBELSIEK. 6513

ARBED Aciéries Réunies de Burbach-Eich-Dudelange Soc. An., Luxemburg, Luxemburg, *Aufarbeiten von Beizlaugen.* Man vermischt die schwefelsaure Fe-Beizlauge bei 160° F mit einer $Mg(OH)_2$-Paste, bis ein p_H von 7,2—7,3 unter gleichzeitigem Einleiten von Luft erreicht ist. Das ausgefällte $Fe(OH)_3$ filtriert man ab. (**E. P. 794 386** vom 13/3. 1956, ausg. 30/4. 1958. Luxemburg. Prior. 28/3. 1955.) H. NEBELSIEK. 6513

Richard Springer, Frankfurt/M. (Erfinder: **Leslie E. Lancy,** Ellwood City, Pa., V. St. A.), *Verhütung des Auftretens giftigwirkender Abwässer bei der insbesondere elektrochemischen Oberflächenbehandlung von Metallen.* Die Erfindung besteht in der Anordnung eines Behandlungsbades, eines im Kreislauf wieder verwendbaren Entgiftungsbades u. eines Nachspülbades zur Entfernung entgifteter Lösungsreste von der Oberfläche der Werkstücke. (**D. A. S. 1 035 445** Kl. 48a vom 7/12. 1954, veröff. 31/7. 1958.) H. HÄNLE. 6515

United States Steel Corp. (Erfinder: **Charles James Owen**), Pittsburgh, Pa., V. St. A., *Galvanisches Abscheiden von Aluminium.* Die Erfindung besteht in der Verwendung von Bädern u. Anwendung des Verf. zur galvan. Abscheidung von Al nach D. B. P.

1 006 689 auf Cu oder Messing. (**D. A. S. 1 038 370** Kl. 48a vom 6/7. 1956, veröff. 4/9. 1958. A. Prior. 29/7. 1955. **Zusatz zu D. A. S. 1 006 689; C. 1958. 554.**) H. HÄNLE. 6517

N. V. Metallic Industry, Hilversum, Holland, *Vernickeln von Metallen.* Ein elektrolyt. Vernickelungsbad, das z. B. 275 (g/Liter) $NiSO_4 \cdot 7\,H_2O$, 100 $NiCl \cdot 6\,H_2O$, 40 H_3BO_3 u. 0,4 *Na-Laurylsulfonat* enthält, erhält als Zusatz *1.4-Benzoldisulfonsäureamid, 2.5-p-Toluolsulfonsäureamid* u. 8 mg/Liter *8-Oxychinolin-4-sulfonsäure,* die auch durch *2-Oxy-8-nitrochinolin* ersetzt werden kann. Als Zusätze können auch andere aromat. oder ungesätt. *Sulfonsäuren* (Amide, Imide, Salze) in Verbindung mit anderen mehrfach durch unter sich verschied. Gruppen substituierte aromat. Verbb. verwendet werden. Sehr gleichmäßiger Belag von hohem Glanz. (**It. P. 492 722** vom 31/3. 1952.) K. KOEBKE. 6521

Stahl- und Walzwerke Rasselstein/Andernach Akt.-Ges., Neuwied (Erfinder: **Vincens Seul,** Andernach/Rh.), *Galvanisches Verzinnen von Bändern und Blechen,* die für nahtgeschweißte Konservendosen bestimmt sind unter Belassung von zinnfreien Rändern, dad. gek., daß vor dem Eintauchen in das Bad auf die Band- oder Blechränder eine das Niederschlagen von Sn verhindernde u. vor dem Austritt aus dem Bad verschwindende Schicht aufgebracht wird. Als eine solche Schicht werden z. B. *Lacke* auf Öl-, Cellulose- oder Kunstharzbasis genannt. (**D. B. P. 970 218** Kl. 48a vom 27/3. 1949, ausg. 25/9. 1958. Anmeldung bekanntgemacht 6/7. 1950.) H. HÄNLE. 6525

Orville T. Barnett, Filler metals for joining. New York: Reinhold bds. 1959. (225 S. m. Abb. u. Diagr.) 8°. $ 7,—.

K. K. Chrenow, Schweissen, Schneiden und Löten von Metallen. Halle/Saale: VEB Marhold. 1958. (440 S. m. 255 Abb. u. 1 Taf.) 8°. DM 47,10.

Karl Krekeler, Heinz Peukert und **Otto Schwarz,** Auswertung der in- und ausländischen Literatur auf dem Gebiete des Metallklebens. Als Ms. gedr. Köln, Opladen: Westdeutscher Verl. 1958. (152 S.) 4° = Forschungsberichte d. Wirtschafts- u. Verkehrsministeriums Nordrhein-Westfalen. Nr. 639. DM 37,80.

Paul Schimpke und **Hans August Horn,** Praktisches Handbuch der gesamten Schweißtechnik. Bd. 3. Berechnen u. Entwerfen d. Schweißkonstruktionen. 2. neubearb. Aufl. Berlin, Göttingen, Heidelberg: Springer. 1959. (XI + 334 S. m. 814 Abb.) 8°. DM 33,60.

W. A. Tschurin, Die Hartmetalle im Bergbau. Moskau: Metallurgisdat. 1958. 6 Rbl. 10 Kop. [russ.]

W. Wiederholt und **H. Kaesche,** Hrsg., „Korrosion 11" Kathodischer Korrosions-Schutz. Bericht über die Diskussionstagung in Frankfurt/M. am 11. und 12. Febr. 1958. Weinheim, Bergstr.: Verlag Chemie. 1959. (XVI + 229 S. m. 89 Abb. u. 14 Tab.) DM 30,—.

IX. Organische Industrie.

Ss. F. Gudkow, *Die Gewinnung von Formaldehyd durch unvollständige Oxydation von natürlichem Gas durch technischen Sauerstoff.* Die durch N-Oxyde katalysierten Rkk. $CH_4 + O_2 \rightarrow CH_2O$ u. $CH_2O + O_2 \rightarrow CO$ verlaufen im Bereich von ca. 640° bei einer Verweilzeit bis zu 0,08 Sekunden. Es wurde gefunden, daß die kinet. Gesetzmäßigkeiten der Oxydation durch O_2 die gleichen sind wie bei Verwendung von Luft, doch werden dann die Neben-Rkk. zurückgedrängt. Es sind hierbei folgende quantitative Veränderungen festgestellt worden: Der CH_2O-Geh. im Reaktionsgas wird auf das 2- bis 2,3fache beim Arbeiten im Gleichstrom, auf das 1,5- bis 1,9fache bei einer Zirkulation der Prodd. erhöht; der Nützlichkeitskoeff. der Rk. wird um 20—40% erhöht; das Verhältnis von CH_2O u. W. wächst im Endgas auf das 1,7- bis 2-fache, wobei die Rohstoffe besser verwertet werden; der Heizwert des Abgases wächst infolge Fehlens von N_2 um mehr als das 2fache. Unter den Versuchsbedingungen betrug die maximale CH_2O-Ausbeute beim Gleichstrom 1,9—2,1%, bei 6-facher Zirkulation aber 6,5—7,5%, bezogen auf das Ausgangsgemisch. (Химия и Технология Топлив и Масел [Chem. Technol. Brennstoffe Öle] **3.** Nr. 10. 1—6. Okt. 1958.) E. v. PEZOLD. H 670

Sun Oil Co., Philadelphia, übert. von: **Archibald P. Stuart,** Media, Pa., V. St. A., *Langlebiger Hydrierungskatalysator,* bes. zum *Hydrieren* von *ungesätt. KW-stoffen* oder der *aromat.* Bestandteile von *Petroleumfraktionen* von *mehrkernigen Aromaten,* wie *Naphthalin* zu *Tetralin* u. *Dekalin* u. von *Olefinen* u. *Acetylenen* unter milden Bedingungen. Man imprägniert einen sauren Träger (Bauxit, Al_2O_3, Silicagel oder deren Mischungen) mit 10—25% eines Sulfids der Metalle der 2.—8., bes. 6.—8. Gruppe des Period. Syst., wie Fe, Co, Ni, Mo, Cr, W u. V, u. behandelt die entstandene M. mit einer organ. N-Base, bes. mit 4—16 C-Atomen, z. B. durch Darüberleiten bei 100—500° (Chinolin, Pyridin, Chinaldin, Piperidin, Pyrrol, Anilin, Toluidin, Decylamin). — Ein Träger aus 75 (%) SiO_2 u. 25 Al_2O_3 wird mit 21,4 Mo-Sulfid imprägniert, z. B. durch Behandeln mit NH_4-Molybdat, anschließend mit H_2S u. Erhitzen auf 300°, u. dann wird bei der gleichen Temp.

unter Überleiten von gasförmigem Chinolin 4 Std. erhitzt. Mit diesem Katalysator wird eine Gasölfraktion, n_D^{20} 1,4940; $D.^{20}_4$ 0,8723; enthaltend 65 gesätt. KW-stoffe, 32 Naphthalin, 3 Tetralin; Kp. 439—654° F, mit H_2 bei 340° u. 1500 lbs./sq.in. hydriert. (**A. P. 2 736 689** vom 27/1. 1951, ausg. 28/2. 1956.) G. Krauss. 6585

N. V. de Bataafsche Petroleum Mij., Den Haag, Holland (Erfinder: **Philip James Garner**, Hooton, Wirral, Cheshire, und **Leslie Newton Goldsbrough**, Thornton-le-Moors, England), *Kontinuierliche Abtrennung geradkettiger Kohlenwasserstoffe mit sechs oder mehr Kohlenstoffatomen aus Kohlenwasserstoffgemischen mittels Harnstoff* in Ggw. eines Netzmittels, eines oder mehrerer wasserlösl. Salze [$(NH_4)_2CO_3$] u. gegebenenfalls eines keine Harnstoffeinschlußverbb. bildenden Hilfslösungsmittels (Isopropanol) unter Bldg. von Harnstoffeinschlußverbb. der geradkettigen KW-stoffe u. deren nachfolgende Trennung von den verzweigtkettigen u. bzw. oder cycl. KW-stoffen, dad. gek., daß man einen Teil des wasserlösl. Salzes nach der Bldg. der Harnstoffeinschlußverbb., aber vor ihrer Abtrennung kontinuierlich dem Gemisch zuführt, u. daß man nach der Abtrennung der geradkettigen KW-stoffe einen Teil des wasserlösl. Salzes kontinuierlich aus der Harnstofflsg. entfernt, bevor diese zur Behandlung der frischen Beschickung zugeführt wird. — Vorr., Zeichnung. (**D. A. S. 1 048 565** Kl. 12o vom 13/4. 1954, veröff. 15/1. 1959. E. Prior. 15/4. 1953. **Zusatz zu D. B. P. 844 445; C. 1953. 4279.**) E. Kahles. H 500

Ruhrchemie Akt.-Ges., Oberhausen, und **Lurgi-Ges. für Wärmetechnik m. b. H.**, Frankfurt/M., *Hochsiedende viscose Kohlenwasserstoffmischungen* mit Kp. > 340°. Die durch katalyt. Hydrierung von CO mit H_2 in Ggw. eines Fließbettkatalysators von Metallen u./oder Metalloxyden der 8. Gruppe des Period. Syst. bei 180—400° unter Druck erhaltenen u. > 340° sd. KW-stoffe, die noch aliphat. KW-stoffe u. ein- u. mehrkernige cycl. Verbb. enthalten, werden im fl. Zustand mit H_2 oder diesen enthaltenden Gasen in Ggw. von Metallen der 8. Gruppe des Period. Syst. bei 100—300° u. 5—100 kg/cm² hydriert, so daß teilweise Decyclisierung u. vollständig oder teilweise O-freie u. von ungesätt. Bindungen freie Verbb. gewonnen werden. — Ein dunkelbraunes KW-stoffgemisch, Kp. > 340°, JZ. 39; VZ. 10,9; OH-Zahl. 2; Mol.-Gew. 371; Aschegeh. 0,108%, hergestellt aus CO + H_2 bei 325° u. 17 kg/cm², wird in Ggw. eines Katalysators aus 61 (Teilen) Ni, 8 MgO u. 31 Kieselgur im Druckgefäß mit H_2 4 Std. auf 250° bei 50 kg/cm² erhitzt, wodurch ein leicht gelbes Filtrat erhalten wird, das bei der Fraktionierung 11,8% KW-stoffe mit Kp. < 340° u. 82,2% mit Kp. > 340° liefert. Diese Fraktion gibt nach dem Zusatz von Dichloräthan im Verhältnis 1:4 bei 60° u. Abkühlen auf —25° ceresinähnliche Paraffin-KW-stoffe mit einem Fließpunkt von ca. 50° u. 76,5% eines Schmieröles mit einer Viscosität von 6° Engler. (**Aust. P. 165 292** vom 18/8. 1952, ausg. 6/10. 1955.) G. Krauss. H 510

Pennsalt Chemicals Corp., übert. von: **Hyman Iserson**, Philadelphia, Pa., V. St. A., und **Robert Neville Haszeldine**, Cambridge, England, *Fluorkohlenwasserstoffe.* Durch Rk. von Perfluorcyclobuten (I) mit H_2 in Ggw. von 0,1—1,5 (Mol) J_2 pro 1 I bei 250 bis 400° erhält man *1.1.2.3.4.4-Hexafluorbutan* (II), das mit Cl_2 oder Br_2 *1.2.3.4-Tetrachlor-* bzw. *Tetrabromhexafluorbutan* oder *Dichlor-* bzw. *Dibromhexafluorbutane* ergibt; letztere Verbb. ergeben bei der Dehydrohalogenierung *Perfluorbutadien.* 10 g J_2 u. 15 g I werden in einem Autoklaven mit H_2 unter einem Druck von 440 lbs./sq.in. 24 Std. auf 290—300° erhitzt. Aus dem Prod. erhält man in 90%ig. Ausbeute **II**, Kp. 63—65°. (**A. P. 2 844 636** vom 24/5. 1956, ausg. 22/7. 1958. E. Prior. 1/7. 1955.) J. Mühleisen. H 510

Badische Anilin- & Soda-Fabrik Akt.-Ges., Ludwigshafen/Rh. (Erfinder: **Hugo Kröper**, Heidelberg, und **Rolf Platz**, Mannheim), *Spaltung von Oligomeren des Isobutens* erfolgt bei erhöhten Tempp., bes. ca. 200—550°, in Ggw. von künstlich hergestelltem Mg-Silicat als Katalysator, dessen Mg-Geh., berechnet als MgO, 1—10%, bezogen auf das Gesamtgewicht des Katalysators, beträgt. Den Katalysator erhält man z. B. durch Erhitzen von SiO_2 mit MgO, Mg-Hydroxyd, -Carbonat, -Oxalat, -Nitrat auf 500 bis 900°, bes. 600—750°. Die Spaltung kann in fl. Zustand, bes. unter Druck oder in gasförmigem Zustand in Ggw. von inerten Gasen, wie N_2, CO_2, Methan, Äthan oder Propan, durchgeführt werden. In den Beispielen wird Diisobuten in Isobuten übergeführt. Der Katalysator wird durch Abbrennen der auf ihm niedergeschlagenen harzartigen Verunreinigungen wiederbelebt. (**D. A. S. 1 046 027** Kl. 12o vom 15/10. 1955, veröff. 11/12. 1958.) G. Krauss. H 520

M. W. Kellogg Co., Jersey City, N. J., übert. von: **Warren C. Schreiner**, Franklin Square, N. Y., V. St. A., *Reinigung von Acetylen* (I). Bei der Herst. von I durch Pyrolyse von KW-stoffen enthält das gasförmige Reaktionsprod. polymerisierbare Verunreinigungen. Um diese aus den Gasen bei minimaler Polymerisation zu entfernen, behandelt man die Gase in einer Absorptionszone mit einem Lösungsm. unter Bedingungen, bei denen man die Verunreinigungen u. einen minimalen Anteil von I aus den Gasen absorbieren kann. Die Bodenprodd. aus der Absorptionszone werden mit ca. 0,5—2,0 Mol eines inerten Gases pro Mol absorbierten Gases in einer 1. Abstreifzone zwecks Entfernung absorbierten I abgestreift. Dann behandelt man das Absorptionsmittel in Ggw. von W. mit ca. 5—20 Mol. eines inerten Gases pro Mol absorbierten Gases in einer 2. Abstreifzone unterhalb des Kp. von W., um die darin gelösten Verunreinigungen zu entfernen. Zeichnung. (**A. P. 2 838 133** vom 22/6. 1955, ausg. 10/6. 1958.) P. UNGER. H 530

Badische Anilin- & Soda-Fabrik Akt.-Ges., Ludwigshafen/Rh. (Erfinder: **Hugo Kröper,** Heidelberg), *Gewinnung von tertiärem Butanol* durch Absorption von Isobutylen aus solchen enthaltenden Gasen mittels H_2SO_4, Hydratation des im Extrakt gelösten Isobutylens u. Abtrennung des Alkohols aus der Lsg. dad. gek., daß man die Absorption des Isobutylens in üblicher Weise, jedoch unter Verwendung einer 30—60% ig. H_2SO_4 vornimmt u. die Abtrennung des Alkohols aus der Absorptionslsg. in an sich bekannter Weise mit Wasserdampf unter red. Druck durchgeführt, wobei die Wasserdampfmenge lediglich so groß gehalten wird, daß sie zur Hydratation des im Extrakt gelösten Isobutylens u. zur azeotropen Entfernung des gebildeten Alkohols ausreicht. (**D. A. S. 1 048 566** Kl. 12o vom 5/11. 1955, veröff. 15/1. 1959.) G. KÖNIG. H 560

Sinclair Refining Co., New York, N. Y., übert. von: **William P. Hettinger jr.,** Dolton, und **Harry Erickson,** Park Forest, Ill., V. St. A., *Alkohole und Äther* erhält man bei der Anlagerung von W. an Monoolefine mit 2—4 C-Atomen in Ggw. einer oder mehrerer anorgan. Metalle enthaltender, nicht verdampfender Säuren in 20—70% ig. Konz. bei 250—600° F u. 500—2000 lbs./sq.in. Als Katalysatoren kommen unter anderem Cr-, W-, Mo-, B-, Chlorplatin-, Fluorsiliciumsäure in Betracht. Die Säuren können in Lsg. oder als Suspension angewandt werden. — Eine C_3H_8-C_3H_6-Mischung leitet man einem wss., 35 Gew.-% ig. Chromsäure l-Strom bei 300° F u. 750 lbs./sq.in. entgegen u. erhält als Bodenprod. eine wss. Mischung von Chromsäure, *Propylalkohol, Isopropylalkohol, Isopropyläther* u. Polymeren sowie von *Fettsäuren.* Man trennt mittels Dampfdest. von der Chromsäure. (**A. P. 2 798 097** vom 10/6. 1955, ausg. 2/7. 1957.) G. KÖNIG. H 560

Esso Research and Engineering Co., Del., übert. von: **Elaine T. Delaune, Samuel W. Wilson** und **Samuel J. Mayeux jr.,** Baton Rouge, La., V. St. A., *Reinigen roher, flüchtiger Dialkyläther,* bes. Ae. oder Isopropyläther, von riechenden Stoffen erfolgt durch Behandlung der rohen Äther mit ca. 0,5—10 Vol.-% prim. Alkoholen u. einer wss. Lsg. von 0,5—10% an Alkali- bes. Na-Plumbit. Nach Abscheiden der Plumbitlsg. durch Schichtung wird die äther. Lsg. durch Kühlung, u. Dekantation entwässert. Eine Fraktionierung ergibt gereinigte Dialkyläther. — Skizze. (**A. P. 2 805 262** vom 10/3. 1955, ausg. 3/9. 1957.) G. KÖNIG. H 560

Imperial Chemical Industries Ltd., London (Erfinder: **William Alexander O'Neill,** Harrogate), England, *Reinigung von Glykolen* der Reihen $HO(CH_2)_nOH$, worin n = 2 bis 10 ist, dad. gek., daß das Rohglykol mit einem sauer wirkenden Stoff erwärmt u. das Prod. dest. wird, um das reine Glykol zu erhalten. Bei Verwendung nichtflüchtiger Säuren, wie H_2SO_4, H_3PO_4, wird die Säure vor der Dest. neutralisiert. — Äthylenglykol, das als Nebenprod. bei der Polykondensierung von Bis-(β-hydroxyäthyl)-terephthalat erhalten wurde u. eine Verfärbung von 120 HAZEN-Einheiten besaß, wurde mit 0,2% H_2SO_4 15 Min. auf 60° erwärmt u. anschließend die Säure mit Na_2CO_3 neutralisiert. (**D. A. S. 1 046 006** Kl. 12o vom 30/1. 1957, veröff. 11/12. 1958. E. Prior. 10/2. 1956 u. 7/1. 1957.) G. KÖNIG. H 570

United States of America, Secretary of Agriculture, übert. von: **John W. Sloan** und **Ivan A. Wolff,** Peoria, Ill., V. St. A., *Erythrit und Äthylenglykol* erhält man bei der katalyt. Red. einer Dialdehydstärke in Ggw. eines Hydrierkatalysators bei 150—230° u. erhöhten Drucken (1700—2000 lbs./sq.in.) während 1—12 Stunden. Man trennt vom Katalysator u. kristallisiert. Durch Umkristallisation reiner Erythrit, F. 121° F, Tetrabenzoat, F. 188° F. Die Dialdehydstärke erhält man z. B. nach A. P. 2 648 629; C. **1954.** 4509. (**A. P. 2 796 447** vom 25/3. 1955, ausg. 18/6. 1957.) G. KÖNIG. H 580

Union Rheinische Braunkohlen-Kraftstoff Akt.-Ges. (Erfinder: **Fritz Hübenett,** Wesseling, und **Nikolaus Schnack,** Brüssel, Belgien), *Dialkylsulfide* erhält man durch Rk. von Dialkyläthern mit H_2S bei 150—450°, bes. 250—350°, u. n. oder erhöhtem Druck in Ggw. von Sulfiden der Metalle der 6. Gruppe des Period. Syst. oder solchen Metallverbb. (Oxyde), die unter den Reaktionsbedingungen ganz oder teilweise in Sulfide umgewandelt werden. Die Katalysatoren können auch auf Träger aufgebracht sein. — Aus H_2S u. Dimethyläther in Ggw. von W-Sulfid bei 250° → *Dimethylsulfid,* Ausbeute 84%, bei Kreislaufführung der Abgase 97%. Aus den Disulfiden entstehen durch Oxydation die entsprechenden *Dialkylsulfoxyde,* die *Lösungsmittel* für *Acrylsäurenitril, Acetylen* u. *Äthylenoxyd* sind. *Zwischenprodukte.* (**D. A. S. 1 016 261** Kl. 12o vom 17/2. 1956, veröff. 26/9. 1957.) G. KRAUSS. H 600

American Cyanamid Co., New York, N. Y., übert. von: **Jack T. Thurston**, Riverside, Conn., V. St. A., *Diester der Sulfobernsteinsäure mit höhermolekularen Fettsäureglyceriden pflanzlicher und tierischer Öle* der allg. Formeln $RCOOCH_2CH(OH)CH_2OOCCH \cdot (SO_3Me)CH_2COOCH_2CH(OH)CH_2OOCR$ u. $(RCOOCH_2)_2CHOOCCH_2CH(SO_3Me)COOCH \cdot (CH_2OOCR)_2$ (R = Fettsäurerest, bes. mit 12—18 C-Atomen, Me = Alkalimetall u. NH_4) erhält man durch Verestern der entsprechenden Fettsäuremono- u. -diglyceride mit Malein- oder Fumarsäure u. Maleinsäureanhydrid u. anschließendes Sulfonieren mit einem wasserlösl. Bisulfit. — Rindertalg (JZ. 42; VZ. 198; E. 33°; Geh. an polyungesätt. Fettsäuren (Octadecadiensäure) 3%) wird mit Glycerin in Ggw. von $Ca(OH)_2$ bei 235° in Talgfettsäurenmonoglycerid übergeführt, dieses gibt mit Fumarsäure bei 190—195° Talgfettsäuremonoglyceridfumarat, SZ. 10—2, bei n. Temp. wachsartig, das mit $NaHSO_3$ in A. sulfoniert wird; bei n. Temp. lohfarbene harte Paste. Weitere Ausgangsstoffe sind: Cocosnuß-, Palmkern-, Teesamen-, Olivenöl, Schweineschmalz, Hammel-, Rindertalg u. Klauenöl. Ferner können die *Ca-*, *Ba-*, *Zn-*, *Pb-*, *Cd-*, *Methylamin-*, *Äthylamin-*, *Butylamin-*, *Guanidin-*, *Hydroxyäthylguanidin-*, *Biguanid-*, *Äthanolamin-*, *Triäthanolamin-*, *Nicotin-*, *Pyridin-*, *Chinolin-* u. *Alkaloidsalze* hergestellt werden. — *Nicht gilbender Weichmacher* für *Textilien*. (**A. P. 2 734 833** vom 25/2. 1953, ausg. 14/2. 1956).
G. KRAUSS. H 600

Imperial Chemical Industries Ltd., London (Erfinder: **Duncan MacLean**), England, *Reinigung organischer Säuren*, die Schwermetallsalze als Verunreinigung enthalten, durch Ausfällen der Metallhydroxyde aus wss. Lsg. mit NaOH bei p_H 8—9. Das Filtrat wird nach Zusatz des Dinatriumsalzes der Äthylendiamintetraessigsäure im Vakuum konz., die Na-Salze der organ. Säuren krist. u. die reinen Säuren in üblicher Weise dargestellt. (**E. P. 796 909** vom 4/7. 1956, ausg. 18/6. 1958.) L. STADELMANN. H 800

Pan American Petroleum Corp., übert. von: **Karol L. Hujsak** und **Richard Mungen**, Tulsa, Okla., V. St. A., *Carbonsäuren* erhält man aus Aldehyde, Alkohole oder Ketone enthaltenden Gemischen, wie sie z. B. als Primärprodd. der KW-stoffsynth. anfallen, durch Rk. mit CO_2 oder dieses als Hauptbestandteil enthaltenden Gasen bei 145—360°, bes. 250—315° u. 400—550 lbs./sq.in., in Ggw. eines Fe-Katalysators. Dabei finden z. B. folgende Rkk. statt: $CH_3{-}CH_2OH + 2\,CO_2 \rightleftharpoons CH_3COOH + H_2O + 2\,CO$; $CH_3CHO + CO_2 \rightleftharpoons CH_3COOH + CO$; $CH_3{-}CO{-}CH_3 + CO_2 + H_2O \rightleftharpoons 2\,CH_3COOH$. (**A. P. 2 833 804** vom 7/12. 1953, ausg. 6/5. 1958.) O. MÜLLER-MEININGEN. H 800

United States of America, Secretary of Agriculture, übert. von: **Evald L. Skau**, New Orleans, La., V. St. A., *Langkettige Fettsäuren* (I), wie Palmitin-, Stearin-, Laurin-, Myristin-, Öl- u. Elaidinsäure, erhält man aus ihren Gemischen in reiner Form durch Rk. mit der der SZ. des Säuregemisches entsprechenden Menge an CH_3CONH_2 (II) in einem Lösungsm., z. B. Bzl., bei erhöhter Temp., Abkühlen der erhaltenen Lsg., Abtrennen des krist. Anlagerungsprod. (**III**), das man durch Erwärmen mit einem Lösungsm. für **II**, bes. mit W., über den F. des **III** in die unlösl. **I** u. **II** zerlegt. (**A. P. 2 816 903** vom 25/6. 1952, ausg. 17/12. 1957.) O. MÜLLER-MEININGEN. H 810

United States of America, Secretary of Navy, übert. von: **Gilbert Gavlin** und **Richard G. Maguire**, Chicago, Ill., V. St. A., *Herstellung von gesättigten ω-Trifluorcarbonsäuren* C_6—C_{22}(**VI**). Man red. ω-Trifluorbuttersäure (**I**) mit $LiAlH_4$ zum ω-Trifluor-n-butylalkohol (**II**), setzt diesen mit PBr_3 zu ω-Trifluor-n-butylbromid (**III**), dieses zur entsprechenden GRIGNARD-Verb. (**IV**), diese mit wasserfreiem $CdCl_2$ zur entsprechenden Organo-Cd-Verb. (**V**) u. diese mit einem Esterchlorid der allg. Zus. $XOC{-}(CH_2)_n{-}COOR$ (X = Halogen, R = Alkyl, n = 1—16, bes. 3—12) zum entsprechenden Ketoester um, den man mit amalgamiertem Zn u. HCl zu **VI** reduziert. — Beispiele: **I** (F. 32—33°; $Kp._{100}$ 112°) → → 95% **II** ($Kp._{100}$ 75°; $Kp._{755}$ 125°) → 90% **III** ($Kp._{755}$ 104°) → **IV** → **V** + ω-Carbomethoxypropionylchlorid → 64% 8.8.8-Trifluor-4-ketooctansäure (**VII**) -Methylester ($Kp._{20}$ 134—135°) → 72% *ω-Trifluoroctansäure* ($Kp._{10}$ 129°) u. **VII** ($Kp._{2}$ 136°). **VII** mit $LiAlH_4$ red. → 67 ω-Trifluoroctylalkohol ($Kp._{10}$ 130°) → 89 ω-Trifluor-n-octylbromid ($Kp._{10}$ 78 bis 79°) → Cd-Verb. + ω-Carbomethoxynonanoylchlorid ($Kp._{3,5}$ 143°) → 73 18.18.18-Trifluor-10-ketooctadecansäuremethylester ($Kp._{0,2}$ 158—159°) → 95 *ω-Trifluorstearinsäuremethylester*, F. 47,5—48° → 17,5 *freie Säure*, F. 70—70,5°. *Amid*, F. 103,5—104°. (**A. P. 2 827 471** vom 28/2. 1955, ausg. 18/3. 1958.) O. MÜLLER-MEININGEN. H 810

American Cyanamid Co., New York, N. Y., übert. von: **Edgar A. Stoddard jr.**, Brighton, Mass., und **Stewart F. Williams**, Wilton, Conn., V. St. A., *Gewinnung von Acrylsäureamid* (I) aus I-Sulfat. Dieses wird mit NH_3 in W. bei p_H 2—7, bes. 3,5—6,5 neutralisiert, das ausgefallene $(NH_4)_2SO_4$ bei wenigstens 20° abgetrennt u. **I** durch Abkühlen abgeschieden. Die Mutterlauge wird in den Kreislauf zurückgegeben. — Fließschema. (**A. P. 2 771 490** vom 3/8. 1955, ausg. 20/11. 1956.) G. KRAUSS. H 810

C. P. Hall Co. of Illinois, Chicago, übert. von: **Vincent P. Kuceski**, Park Forest, Ill., V. St. A., *Gewinnung reiner α.ω-Dicarbonsäuredimethylester* aus Gemischen von C_2–C_{10}-Dicarbonsäuren (I). Man verestert das Gemisch mit CH_3OH, dest. die Ester ab u. fängt Fraktionen auf, die bes. bin. Estergemische (II) benachbarter I-Homologen darstellen. Diese versetzt man gegebenenfalls mit einem Lösungsm., z. B. PAe., kühlt dann bis wenig über den eutekt. Punkt des II, wobei der eine Ester auskristallisiert. II kann man auch als solche zur Herst. von Tieftemperaturweichmachern durch Umesterung mit höhermol. Alkoholen verwenden. — Kurven, Zeichnungen. (**A. P. 2 824 123** vom 17/2. 1956, ausg. 18/2. 1958.) O. MÜLLER-MEININGEN. H 820

California Research Corp., San Francisco, übert. von: **William G. Toland jr.**, San Rafael, und **Edwin A. Goldsmith**, Berkeley, Calif., V. St. A., *Herstellung von Adipinsäure* (II). Man verestert C_6H_5COOH mit Hexahydrobenzylalkohol (I) bei 400—700° F, red. den erhaltenen Ester in Ggw. eines Rh–Al_2O_3-Trägerkatalysators bei 100—150° F zum *Hexahydrobenzoesäurehexahydrobenzylester* u. diesen in Ggw. eines Cu-Chromit-Katalysators bei 300—700° F zu 2 Mol I, den man z. T. in die 1. Stufe zurückführt, während man die Hauptmenge mit HNO_3 zu II oxydiert. (**A. P. 2 847 463** vom 30/3. 1955, ausg. 12/8. 1958.) O. MÜLLER-MEININGEN. H 820

Monsanto Chemical Co., St. Louis, Mo., V. St. A., *Herstellung aliphatischer α-Hydroxycarbonsäuren.* Die Amide dieser Säuren, die einfache oder substituierte Mercaptogruppen enthalten, werden hergestellt durch Hydrolyse von Cyanhydrinen der Formel $R_2S-CH(R_1)-CH(R)-CH(OH)-CN$. Hierin ist $R = H$ oder CH_3, $R_1 = H$, CH_3 oder C_6H_5 u. $R_2 = H$ oder ein Alkyl mit 1—12 C-Atomen. In 5—45%ig. HCl oder H_2SO_4 wird bei $< 75°$ das Amid u. anschließend daraus bei $> 60°$ die freie Säure hergestellt, bes. die *α-Hydroxy-γ-methylmercaptobuttersäure.* (**Aust. P. 168 046** vom 28/10. 1953, ausg. 6/9. 1956.) G. FRIKELL. H 850

Rolf Neubner, Berlin, *Dicyandiamid* aus Kalkstickstoff (I) u. CO_2-haltigen Gasen (II). In einer 1. Stufe wird Cyanamidlauge (III) erzeugt u. diese vor ihrer Dimerisierung, die erst in einer 2. Stufe erfolgt, völlig getrennt gehalten, indem man I mit überschüssiger III, die im Liter < 10 g Dicyandiamid enthält, bei $< 32°$C behandelt, aus der dabei entstehenden Ca-Bicyanamidlauge (samt darin enthaltenen Feststoffen) sofort mittels II den Kalk ausfällt, diesen als Carbonat samt den Feststoffen abfiltriert, den Filterkuchen mit W. auswäscht u. die verbleibende III teils zur Rk. mit weiterem I, teils zur Dimerisierung in Dicyandiamid verwendet u. sie in lezterem Falle zusammen mit der von der Dicyandiamidkristallisation anfallenden Mutterlauge bei an sich bekannter Tempp. u. p_H-Werten unter voller Ausnutzung der Dimerisationswärme gleichzeitig umsetzt u. bei einem der Umsetzungstemp. entsprechenden Vakuum kontinuierlich eindampft, wobei durch zusätzliche Heizung der dimerisierenden Lauge eine gleichmäßig hohe Konz. an Dicyandiamid aufrechterhalten wird, so daß die Lauge bei Abkühlung von z. B. 78 auf 60° zu kristallisieren beginnt. (**D. A. S. 1 051 844** Kl. 12o vom 10/7. 1954, veröff. 5/3. 1959.) A. BRÖSAMLE. H 880

Henkel & Cie. G. m. b. H. (Erfinder: **Wilhelm Jakob Kaiser**), Düsseldorf, *Herstellung saurer Ester von Phosphonsäuren beziehungsweise ihre Salze,* dad. gek., daß man α-halogenierte Carbonsäureamide mit Dialkylphosphiten bei solchen Tempp. umsetzt, daß eine Abspaltung von Alkylhalogenid erfolgt, u. gegebenenfalls die erhaltenen sauren Ester in ihre Salze überführt. — 104,6 g Monochloressigsäuredodecylamid u. 55,2 g Diäthylphosphit werden auf 140—145° erhitzt, bis 26,3 g C_2H_5Cl abgespalten worden sind. Man erhält die Verb. $C_{12}H_{25}NHC(O)CH_2P(O)-(OC_2H_5)OH$ als viscose Fl. mit stark saurer Rk., die in A. mit NaOH nach Verdünnen mit W. eine stark schäumende Lsg. ergibt. — Kapillarakt. Stoffe u. Korrosionsschutzmittel. (**D. A. S. 1 049 372** Kl. 12o vom 14/2. 1957, veröff. 29/1. 1959.) J. MÜHLEISEN. H 980

Joh. A. Benckiser G. m. b. H., Chemische Fabrik, Ludwigshafen/Rh. (Erfinder: **Arno Debo**, Heidelberg), *Herstellung von Thiophosphorsäuredialkylesterhydraziden* der allg. Formel $(R^1O)_2P(S)HNNR^2R^3$, wobei R^1 eine Alkylgruppe, R^2, R^3 eine Alkyl- oder Arylgruppe oder H bedeuten, aus Hydrazinderivv. der Formel $H_2NNR^2R^3$, in der R^2R^3 die obige Bedeutung haben u. Halogenthiophosphorsäuredialkylestern, dad. gek., daß man die Hydrazinverb. intensiv mit einer wss. anorgan. Base, bes. Sodalsg., verrührt u. unter eventuellem Kühlen den Halogenthiophosphorsäuredialkylester zugibt. — Zu einem Gemisch von 130 cm^3 20%ig. Sodalsg. u. 21,6 g Phenylhydrazin werden langsam 37,7 g Chlorthiophosphorsäurediäthylester gegeben. Nach Absaugen des Nd. u. dessen Trocknen erhält man 47 g *Thiophosphorsäure-O.O-diäthylesterphenylhydrazid,* F. 72° (aus A.,) Ausbeute 90,3%. Analog erhält man das *Methylhydrazid,* Öl, $Kp._2$ 78°, n_D^{20} 1,4857. — Zwischenprodd. u. Textilhilfsmittel. (**D. A. S. 1 048 917** Kl. 12o vom 16/10. 1956, veröff. 22/1. 1959.) J. MÜHLEISEN. H 980

Phillips Petroleum Co., übert. von: **John A. Weedman,** Bartlesville, Okla., V.St.A., *Reinigen von Kohlenwasserstoffen durch Extraktion mit einem Lösungsmittel.* Das zu reinigende Gemisch wird mit einem Lösungsm., wie Polyäthylenglykol oder Alkyläther von Polyäthylenglykolen, extrahiert. Hierbei wird bei erhöhter Temp. u. unter prakt. isothermen Bedingungen gearbeitet. Der Extrakt wird vom Lösungsm. in einer Trennzone durch Dest. getrennt. So können Bzl., Methylcyclohexan oder Cyclohexan gereinigt werden. — Zeichnungen. (**A. P. 2 766 300** vom 17/8. 1953, ausg. 9/10. 1956.) E. Kahles. H 1010

Dow Chemical Co., übert. von: **Lee H. Horsley, Victor S. Morello** und **Noland Poffenberger,** Midland, Mich., V. St. A., *Extraktion von aromatischen Kohlenwasserstoffen mit Diäthylenglykol und Wasser.* Um aus den Reaktionsprodd. der katalyt. Reformierung einer Leichtbenzinfraktion in Ggw. von H_2, Bzl. zu erhalten, wird das KW-stoffgemisch, welches hauptsächlich KW-stoffe mit 6 u. 7 C-Atomen je Mol. enthält, einen Geh. an Olefinen von unter 3%, jedoch mindestens 10 Gew.-% Bzl. besitzt, in ein mehrstufiges Gegenstromextraktionssyst. in der Nähe der Mitte eingeführt. Ein 0,5 bis 10 Gew.-% W. enthaltendes Diäthylenglykol wird an dem einen Ende des Syst. eingeleitet. Am anderen Ende des Syst. wird ein Strom von benzolhaltigem Extrakt abgezogen, der einen gewissen Anteil an Olefinen enthält, während am Ende, an dem das Diäthylenglykol eingeführt wurde, der prakt. von Aromaten freie Raffinatstrom, der die Olefine enthält, abgezogen wird. Der Extraktstrom wird in eine Destillationszone geleitet u. dort ein benzolreiches Destillat abgetrennt. Ein Teil des so abgetrennten KW-stoffs wird am anderen Ende als Rückfluß dem Extraktionssyst. wieder zugeführt, während der andere Teil des so erhaltenen KW-stoffes eines Fraktionierung unterzogen wird, wobei neben dem reinen Bzl. noch die darin enthaltenen Olefine anfallen. — Zeichnungen. (**A. P. 2 770 664** vom 9/11. 1951, ausg. 13/11. 1956.) E. Kahles. H 1010

Union Oil Co. of California, Los Angeles, übert. von: **Ingolfur Bergsteinsson,** Orange, Calif., V. St. A., *Reinigung eines Gemisches aus Xylol und Äthylbenzol.* Um aus einem Gemisch, das Äthylbenzol (I) neben mindestens einem Xylolisomeren enthält, I zu isolieren, wird das Gemisch auf 170—450° in Ggw. eines Katalysators, der hauptsächlich aus akt. Tonerde-Kieselsäure besteht, u. 1—50 Mol Naphthalin je 1 I enthält, erhitzt. Aus dem Gemisch kann das Xylol frei von I erhalten werden. (**A. P. 2 834 821** vom 21/6. 1954, ausg. 13/5. 1958.) E. Kahles. H 1010

American Cyanamid Co., V. St. A., übert. von: **William Baptist Hardy, Warren Schumann Forster** und **Ralph Arthur Coleman,** *Herstellung von Benzophenonhydroxyäthern* der Formel I durch Rk. eines Benzoylchlorids der Formel II mit einem Methoxybenzol der Formel III (X = OH oder H) in Ggw. von Friedel-Crafts-Katalysator u. Abspaltung der CH_3-Gruppe aus der in o-Stellung zur CO-Gruppe befindlichen OCH_3-Gruppe.

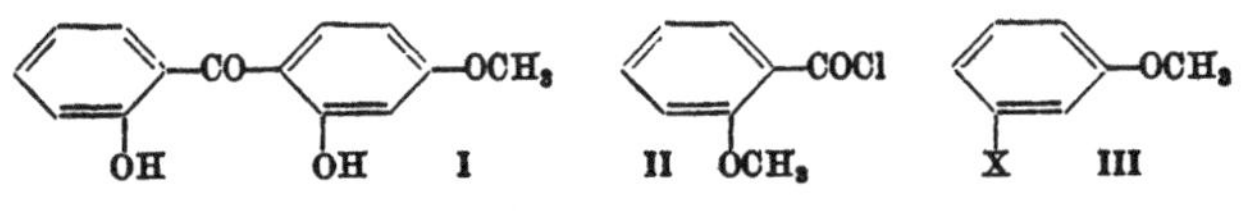

—CO— —OCH_3 OH OH I

—COCl II OCH_3

—OCH_3 X III

— Zu 135 g $AlCl_3$, 550 Teilen trokkenem Chlorbenzol u. 108 Anisol gibt man bei 15—23° 136,4 o-Methoxybenzoylchlorid u. erhitzt auf ca. 90°, zers. mit 2000 Eis u. 160 konz. HCl, dest. mit Wasserdampf, trennt die Chlorbenzolschicht ab, filtriert u. dest. erneut mit Wasserdampf. *2-Hydroxy-4'-methoxybenzophenon,* unlösl., viscoses Öl, lösl. in heißem 95%ig. A., kristallisiert. — Ferner *2-Hydroxy-4.4'-dimethoxybenzophenon, 2.2'-Dihydroxy-4.4'-dimethoxybenzophenon* u. *2.2'-Dihydroxy-4-methoxybenzophenon,* wachsartige Masse. Die Verbb. eignen sich als *Stabilisierungsmittel gegen UV-Strahlen* für Vinyl-, Acrylharze, gesätt. u. ungesätt. Polyesterharze. (**F. P. 1 149 100** vom 9/5. 1956, ausg. 19/12. 1957. A. Prior. 18/7. 1955.) M. Pankow. H 1180

Chemische Werke Hüls Akt.-Ges. (Erfinder: **Heinrich Wenning** und **Ferdinand List**), Marl, Kr. Recklinghausen, *Herstellen aromatischer Carbonsäuren.* Bei der Oxydation aromat. seitenkettentragender Verbb. mit Hypochloriten zu aromat. Carbonsäuren in wss. Emulsion, z. B. von p-Diisopropylbenzol zu *Terephthalsäure,* werden hochdisperse feste Stoffe als Emulgatoren verwendet, z. B. $BaSO_4$, $CaSO_4$, Kieselgur, TiO_2, Al-Silicate oder Tricalciumphosphat, $CaCO_3$, $MgCO_3$, die sehr klare Oxydationsmedien u. reine Oxydationsprodd. liefern u. die kontinuierliche Durchführung des Verf. erleichtern. (**D. A. S. 1 046 018** Kl. 12o vom 28/7. 1956, veröff. 11/12. 1958. **Zusatz zu D. B. P. 962 788; C. 1957. 12013.**) L. Stadelmann. H 1220

Mid-Century Corp., Chicago, Ill., übert. von: **Alfred Saffer,** Bayside, N. Y., V. St. A., *Herstellen von Terephthalsäure* (I) durch Oxydation von p-Diisopropylbenzol mit O_2 in Ggw. von 0,1—5% Mn-Salzen von Carbonsäuren bei 150—275°, bes. 180—210°, u. 300—400 lbs./sq.in.; als Lösungsm. werden 1—8 C-Monocarbonsäuren oder Benzoesäure verwendet. **I** wird in 30—40% Ausbeute u. in hoher Reinheit gewonnen. (**A. P. 2 833 817** vom 27/6. 1956, ausg. 6/5. 1958.) L. STADELMANN. H 1220

British Hydrocarbon Chemicals Ltd., London, England (Erfinder: **Andrew McLean, John Habeshaw** und **Wilfred John Oldham**), *Benzoldiessigsäuren* (**III**) erhält man durch Alkylierung von 1 (Mol) Bzl. mit 1,5—2 n-Butenen, bes. einem Gemisch aus Buten-(1) u. Buten-(2), in Ggw. von konz. H_2SO_4, $AlCl_3$ oder HF bei 6—20° zu Disek.-butylbenzol (**I**), das man mit O_2 bei 100—150°, bes. 130°, in Ggw. eines KW-stofflösl. Co- oder Mn-Salzes zu Diacetylbenzol (**II**) oxydiert, wobei man das Abgas durch eine Kühlvorr. führt u. das abgeschiedene organ. Kondensat wieder der Oxydation zuführt. **II** wird von nicht umgesetztem **I**, Butylbenzophenon u./oder Butylbutenylbenzol durch Dest. befreit u. wieder in die Oxydation zurückgeführt, p-**II** aus dem Destillationsrückstand durch Ae.-Zusatz auskrist., u. aus den Mutterlaugen werden o- u. m-**II** durch Dest. gewonnen. Die einzelnen **II**-Isomeren werden bei erhöhter Temp. durch Rk. mit S, wasserfreiem NH_3, Methyl-, Dimethylamin, Morpholin oder Piperidin u. anschließende Hydrolyse des erhaltenen Diamids oder Dithioamids mit wss.-äthanol. Alkali oder einer Mineralsäure in die **III** übergeführt. — Zwischenprodd. zur Herst. von Weichmachern oder Polyestern. (**E. P. 797 986** vom 28/7. 1955, ausg. 9/7. 1958.) O. MÜLLER-MEININGEN. H 1220

Farbenfabriken Bayer Akt.-Ges. (Erfinder: **Rudolf Stroh** und **Hans Haberland**), Leverkusen, *Herstellung von am Stickstoff alkylierten aromatischen Aminen* durch Umsetzen von aromat. Aminen mit Olefinen, dad. gek., daß man aromat. Amine mit aliphat. Olefinen in Ggw. einer geringen Menge einer Alkali- oder Erdalkalimetallverb. eines aromat. Amins bei erhöhter Temp. umsetzt. — Beispiel: Aus Anilin, Na-Anilid u. Äthylen bei 300° u. 200 at → *N-Äthylanilin* u. *N-Diäthylanilin*. An Stelle von Anilin u. Äthylen können auch Toluidine, Xylidine, Naphthylamine u. deren teilweise im Kern substituierten Derivv. u. Propylen, Butylen u. Isobutylen eingesetzt werden. Die Umsetzungstemp. kann im Bereich von 200—400° u. der Druck im Bereich von 100—400 at liegen. (**D. A. S. 1 041 505** Kl. 12q vom 18/12. 1954, veröff. 23/10. 1958.) W. HEYER. H 1310

General Electric Co., New York (Erfinder: **John Francis Brown jr.**, Schenectady), N. Y., V. St. A., *Herstellung von Organohalogensilanen*, dad. gek., daß man ein Gemisch eines KW-stoffs (**I**) u. eines anorgan. Halogensilans (**II**) durch Bestrahlung mit Elektronen hoher Energie behandelt. **I** sind bes. Bzl., Isopentan, Neopentan, Cyclohexan oder Cyclohexen u. **II** $SiCl_4$ oder Hexachlordisilan. — Ein Gemisch von 110,2 (Teilen) $SiCl_4$ u. 11,7 Bzl. wird in einem mit einem dünnen Al-Folienfenster versehenen Gefäß unter Verwendung eines 800 kV-(Spitzen-)Resonanztransformators 50 Min. bei 15° mit $35{,}8 \cdot 10^6$ r bestrahlt. Das Reaktionsprod. enthält, berechnet auf verbrauchtes $SiCl_4$, 42% $C_6H_5SiCl_3$. — Zeichnung. (**D. A. S. 1 048 920** Kl. 12o vom 14/6. 1957, veröff. 22/1. 1959. A. Prior. 22/6. 1956.) J. MÜHLEISEN. H 1381

Chemische Werke Hüls Akt.-Ges. (Erfinder: **Willi Ziegenbein**), Marl, *Herstellung von trans-N-Styryllactamen* der allg. Formel **I**, in der R einen Alkylenrest mit 3—6 C-Atomen, der durch ein O-Atom unterbrochen sein kann, bedeutet, dad. gek., daß man N-(2-Hydroxy-2-phenyläthyl)-lactame der allg. Formel **II** in der Wärme mit Säurechloriden, bes. $SOCl_2$, behandelt.

$C_6H_5{-}CH{=}CH{-}N\langle{}^{CO}_{R}\rangle$ (**I**) $\quad C_6H_5{-}CH(OH){-}CH_2{-}N\langle{}^{CO}_{R}\rangle$ (**II**)

Es werden z. B. hergestellt aus N-(2-Hydroxy-2-phenyläthyl)-ω-caprolactam (F. 88 bis 89°) das *N-Styryl-ω-caprolactam*, F. 117—118°; aus N-(2-Hydroxy-2-phenyläthyl) [= **A**]-pyrrolidon-(2) (F. 117—118°) → *trans-N-Styrylpyrrolidon-(2)*, F. 128—129°; aus **A**-ω-önantholactam → *trans-N-Styryl-ω-önantholactam*, F. 99—100°; aus **A**-*morpholon-(3)* (F. 147°) → *trans-N-Styrylmorpholon-(3)*, F. 112—113°. — Zusatz u. Hilfsstoffe für Kunststoffe sowie Zwischenprodd. für Pharmazeutika. (**D. A. S. 1 041 049** Kl. 12p vom 27/3. 1957, veröff. 16/10. 1958.) W. HEYER. H. 1700

Ruhrchemie Akt.-Ges., Oberhausen, *Herstellung von 1.2.3.4.5.6.7.7-Oktachlorbicyclo-[2.2.1]-hepten-(5)*. Man setzt Hexachlorcyclopentadien nach DIELS-ALDER mit Dichloräthylen um, z. B. durch gemeinsames Erhitzen im geschlossenen Rohr auf 200°. Farblose Kristalle, F. 198°. (**Holl. P. 84 942** vom 4/1. 1955, ausg. 15/4. 1957.) F. BÖHM. H 1810

Løvens Kemiske Fabrik ved A. Kongsted, Dänemark, *Herstellung von Alkoholen der Acetylenreihe*, dad. gek., daß man Cyclohexenepoxyde in fl. NH_3 bei erhöhter Temp. mit Alkaliacetlyiden umsetzt. — *1-Äthinylcyclohexanol-(2)*, $C_8H_{12}O$, Kp.$_{28,5}$ 95—97° [*Dinitrobenzoat*, F. 150° (A.)], aus Cyclohexenepoxyd u. Li-Acetylid. — *1-Methyl-2-äthinylcyclohexanol-(1)*, F. 57° (PAe.), aus 1-Methylcyclohexenepoxyd-(1.2). (**F. P. 1 158 409** vom 16/10. 1956, ausg. 13/6. 1958.) S. BÖTTCHER. H 1870

Olin Mathieson Chemical Corp., übert. von: **Herman A. Bruson,** North Haven, und **William F. Brill,** Meriden, Conn., V. St. A., *Diarylketocarbonsäuren* erhält man durch Oxydation von Verbb. der allg. Zus. R—CH_2—R' (R u. R' = Arylreste, die durch mindestens 1 Alkylgruppe C_1—C_3 u./oder mindestens 1 Gruppe —CO—A [A = H, OH oder —OC_nH_{2n+1}] substituiert sind) mit O_2 oder einem O_2-haltigen Gas bei 60—200° in Ggw. eines Katalysators, bes. eines Co-Salzes, u. eines Lösungsm., wie Essig- (I), Propion- oder Buttersäure oder deren Gemisch mit CH_3—CO—C_2H_5 (II). — Beispiele: Durch 145 (g) Ditolylketon–Isomeren-Gemisch, 15 Co-Acetat·4 H_2O, 650 **I** u. 35 **II** leitet man 28 Std. bei 90° O_2, filtriert den Nd. ab, wäscht ihn mit HCl u. W., kocht mit A. aus u. erhält als Rückstand 56,5 *4.4'-Benzophenondicarbonsäure* (**III**) u. aus dem A. mit verd. HCl 14,6 *2.4'-Benzophenondicarbonsäure* (**IV**). 83,4 **IV** erhält man aus der **I**-sauren Oxydationslsg. durch Verdünnen mit W. u. teilweiser Neutralisation der **I**. Gesamtausbeute 83 (%), davon 36 **III** u. 64 **IV**. 39,2 Ditolylmethan–Isomeren-Gemisch → 13,5 **III** u. 32 **IV** (gesamt 85,5 %). 60,1 *p-Toluyl-o-benzoesäure* → 61,4 (91 %) **IV**. p.p'-Ditolylketon → 89,5 % **III**, F. 360°. 3.3'-Dichlor-4.4'-dimethyldiphenylmethan → *3.3'-Dichlor*-**III**. Di-p-xylylmethan → *Benzophenontetracarbonsäure*. 1.1'-Dimethyl-2.2'-dinaphthylmethan → *Di-β-naphthylketondicarbonsäure*. — Zwischenprodd. zur Herst. von Estern u. Kunstharzen. (**A. P. 2 806 059** vom 30/3. 1954, ausg. 10/9. 1957.)
O. MÜLLER-MEININGEN. H 2470

Brown Co., Berlin, übert. von: **Erwin Emerson Morse,** Gorham, und **Walter L. Hearn,** Berlin, N. H., V. St. A., *Gewinnung von Furfurol aus Sulfitablaugen des Aufschlusses von Harthölzern.* In einer besonderen Vorr. wird die vorerhitzte Sulfitablauge zusammen mit Dampf in eine Hydrolysierzone, die unter Überdruck steht u. in der 175—216° Temp. herrschen, eingeleitet. Gleichzeitig wird von unten noch Dampf zugeführt, während die umgesetzte Fl. unten abfließt. Reaktionszeit 10—40 Min., p_H 1,8—2,8. Das gebildete Furfurol entweicht oben mit Gasen u. Dämpfen u. wird abgetrennt. (**A. P. 2 845 441** vom 16/11. 1955, ausg. 29/7. 1958.) K. FABEL. H 3061

E. I. du Pont de Nemours & Co., Wilmington, Del., übert. von: **William H. Banford,** Lewiston, N. Y., und **Myron M. Manes,** Plainfield, N. J., V. St. A., *Herstellung von Tetrahydrofuran* durch katalyt. Hydrierung von Furan (**I**), z. B. über Ni. Man verwendet **I**, das durch katalyt. Decarbonylierung von Furfurol hergestellt u. anschließend mit verd. wss. NaOH oder KOH behandelt worden ist. (**A. P. 2 846 449** vom 15/8. 1956, ausg. 5/8. 1958.) K. FABEL. H 3061

Rohm & Haas Co., übert. von: **Earl W. Lane,** Philadelphia, Pa., V. St. A., *Quaternäre Ammoniumverbindungen von Polymeren* aus Cumaron u./oder Inden erhält man durch Halogenalkylieren der Polymeren (**I**), Ersetzen des Halogens durch ein substituiertes N-Atom mittels Aminen (**II**) u. anschließendes Quaternieren des Produktes. **I** soll ein Mol.-Gew. von 200—5000 besitzen u. **II** kann Trimethyl-, Lauryldimethyl- oder Benzyldimethylamin, Pyridin oder N-Methylmorpholin sein. Die Halogenalkylierung erfolgt z. B. mit Chlormethylmethyläther in Ggw. von wasserfreiem $ZnCl_2$ bei 57°. Mengenbeispiele, Tabellen. — *Textilhilfsmittel, Bodenverbesserungsmittel, Fungicide* u. *Bakterizide.* (**A. P. 2 806 019** vom 15/2. 1954, ausg. 10/9. 1957.)
H. SCHINDLER. H 3061

May & Baker Ltd., Dagenham, übert. von: **Wilfred Arthur Freeman,** East Barnet, **David Lord Pain,** Rainham, und **Ronald Slack,** Chelsea, England, *4-Nitrosopyrazole* der allg. Formel **I**, in der R = Cyclopentyl, -hexyl oder -heptyl bedeutet, lassen sich aus Nitrosoacetylaceton bzw. dessen Isonitrosoform durch Kondensation mit Cyclopentyl-, Cyclohexyl- oder Cycloheptylhydrazin gewinnen. — Cyclohexanon + Hydrazinhydrat + HCl + H_2 $(Pt)_6Cl$ → Cyclohexylhydrazinhydrochlorid, F. 88—110°. 31 g dieser Hydrazinverb. gelöst in 300 W. + 25,8 Isonitrosoacetylaceton in 100 W. (bei <10°) → *1-Cyclohexyl-3.5-dimethyl-4-nitrosopyrazol*, F. 144—145°, türkisfarbige Nadeln. — Weitere *3.5-Dimethyl-4-nitrosopyrazole* sind: *1-Cyclopentyl-*, F. 79—80°, blaue Prismen, aus Cyclopentylhydrazinchlorhydrat, F. 96—99°; *1-Cycloheptyl-*, F. 89—90°, blaue Nadeln, aus Cycloheptylhydrazin, $Kp._{25}$ 114—117°. — Die tox. Wrkg. des Cyclopentylderiv. auf junge Tomatenzweige u. des Cycloheptylderiv. auf Apfelzweige war erheblich, so daß die besser verträgliche Cyclohexylverb. angewandt wird. Die Verb. ist auch als Fungicid pathogener Keime der Human- u. Tiermedizin mit Erfolg getestet worden. — *Fungicide* in der Human-, Veterinär- u. Phytopraxis. (**A. P. 2 827 415** vom 13./8. 1956, ausg. 18/3. 1958. E. Prior. 15/8. 1955.) K. GÄBELEIN. H 3122

ON—C═C—CH_3 / CH_3—C, N—R, N (Ring) — **I**

Farbenfabriken Bayer Akt.-Ges., Leverkusen (Erfinder: **Hans Henecka,** Wuppertal), *Herstellung von γ-substituierten α-Piperidonen.* Man kondensiert β-Ketocarbonsäureester der allg. Zus. R—CO—CH(R')—COOR'', worin R u. R' aliphat. oder aromat. Reste, die auch untereinander ringförmig verknüpft sein können, oder R' H bedeuten, u. R'' für einen einfachen aliphat. Rest steht, mit Cyanessigsäure durch Erhitzen in einem mit W. nicht mischbaren Lösungsm. nach Zusatz von CH_3COOH u. dem Acetat von NH_4OH oder einer schwachen Base unter azeotroper Entfernung des Reaktionswassers zu β-substituierten Glutaconsäureesternitrilen (I) u. hydriert diese anschließend mit einem Ni-Kontakt in verd., alkoh. Lsg., z. B. über RANEY-Ni, bei 80—130° u. 30—150 atü H_2-Druck. — Beispiel für I: *β-Methylglutaconsäureesternitril*, wasserhelle Fl., $Kp._{11,5}$ 114°; Beispiel für das Endprod.: *γ-Methyl-α-piperidon*, F. 88—89°. (**D. A. S. 1 023 464** Kl. 12p vom 20/9. 1952, veröff. 30/1. 1958.) H. NEBELSIEK. H 3231

Soc. des Usines Chimiques Rhône-Poulenc (Erfinder: **Paul Gailliot** und **Jean Robert**), *Phenthiazinverbindungen. Phenthiazine* der allg. Formel werden mit Pyrrolen der allg. Formel Z—A—N⟨ ⟩, wo Q u. Z zwei eine Verb. ergebende Atome oder Atomgruppen sind, kondensiert. — *Zwischenprodd. 10-(3-Pyrrolopropyl)-phenthiazin*, $Kp._{0,6}$ 200 bis 212°, F. 110—111° (KOFLER). (**Aust. P. 203 691** vom 8/3. 1955, ausg. 8/11. 1956. E. Priorr. 17/3. u. 24/5. 1954.) O. STEIL. H 3292

S N A Q

Monsanto Chemical Co., St. Louis, Mo., V. St. A., *Melamin*. Man erhitzt ein Gemisch aus HCN u. NH_3 in der Gasphase auf 400—750° bei im wesentlichen n. Druck u. in Ggw. eines dehydrierend wirkenden Katalysators, z. B. Cr_2O_3, Pd, Pt, Ni oder Co. (**E. P. 803 195** vom 22/10. 1956, ausg. 22/10. 1958. A. Priorr. 21/10. 1955 u. 7/9. 1956.) A. BRÖSAMLE. H 3313

National Research Development Corp. (Erfinder: **Alexander Lawson, Frederick Kurzer** und **John Roy Powell**), *Sulfonamide*. In einem hochsd. inerten Lösungsm. wird ein 2.4.6-Triazinhalogenid mit einem Überschuß eines Sulfonamids der Formel $R-SO_2NH \cdot M$, worin R ein Aralkyl- oder Arylrest mit einer Aminogruppe in p-Stellung u. M eine Alkali- oder Ammoniumgruppe ist, umgesetzt. — Beispiel: *Tri-(p-acetaminobenzolsulfonyl)-melamin*, F. 300—304°. (Zers.). *Gegen Pneumokokken*; auch Zwischenprodd. für Farbstoffe. (**Aust. P. 203 571** vom 5/8. 1955, ausg. 1/11. 1956. E. Prior. 6/8. 1954.) O. STEIL. H 3313

Dr. Robert Pfleger, Bamberg (Erfinder: **Robert Pfleger, Erich Garthe** und **Heinz-Günther Hahn**, Bamberg, sowie **Friedrich Reinhardt**, Gernlinden b. München), *3.7-Diphenyl-1.2.5.6-tetrazacyclooctatetraene-(2.4.6.8)*. α-Diazobenzoylessigsäuremethylester wird red. → α-Hydrazon des Benzoylglyoxylsäuremethylesters, $C_{10}H_{10}O_3N_2$, F. 102°; dieses gibt beim Behandeln mit Säure → *3.7-Diphenyl-4.8-dicarbomethoxy-1.2.5.6-tetrazacyclooctatetraen-(2.4.6.8)*, F. 248°; aus diesem durch Verseifen → *3.7-Diphenyl-4.8-dicarboxy-1.2.5.6-tetrazacyclooctatetraen-(2.4.6.8)*, F. 269—270° (Zers.); letzteres wird entweder decarboxyliert → *3.7-Diphenyl-1.2.5.6-tetrazacyclooctatetraen-(2.4.6.8)*, F. 264° (Zers.), oder mittels $SOCl_2$ u. NH_3 in *3.7-Diphenyl-4.8-dicarbaminyl-1.2.5.6-tetrazacyclooctatetraen-(2.4.6.8)*, F. 311—312° (Zers.), übergeführt. — Zwischenprodukte. (**D. A. S. 1 044 093** Kl. 12p vom 7/12. 1955, veröff. 20/11. 1958.) A. BRÖSAMLE. H 3380

X. Färberei. Organische Farbstoffe.

Andreas Schmitz, *Beiträge zur Kontinuefärberei. 1. Mitt. Das Aufziehvermögen substantiver Farbstoffe im Flottenverhältnis 1:1.* Es wird eine Meth. beschrieben, um bei bestimmter Temp. das Aufziehvermögen eines substantiven Farbstoffes auf Grund des Aufziehvermögens bei n. Flottenverhältnis in der Kontinueklotzung u. Fixierung mathemat. errechnen zu können. Es ist allerdings fraglich, ob die im „Pad-Roll"- oder „Klotz-Dämpf-Verf." verwendete Fixierungszeit für die einwandfreie Fixierung ausreicht. (Bayer Colorist Nr. **2.** 5—8. 1956.) W. BERNARD. 7020

Wilhelm Rümens, *Der Einfluß der Hochveredlung auf die Färbung.* Die Färbung wird meist im Farbton, in der Lichtechtheit u. phototrop verändert. Wegen der Vielzahl der heute verwendeten Harze läßt sich eine Regel nicht aufstellen. Die Reactanttypen der Harze zeigen die Erscheinungen weniger als die Carbamid- oder Melaminharze. Der Einfl. auf substantive Färbungen ist weit intensiver als auf Küpen- u. Reaktivfärbungen. Ammonsalze beeinträchtigen die Lichtechtheit mehr als Metallsalze wenn sie als „Katalysatoren" (Härter) eingesetzt werden. (Z. ges. Textilind. **61.** 61—62. Jan. 1959.) W. BERNARD. 7020

Siegfried Hafenrichter, *Untersuchungen über das Verhalten und den Verbrauch des Hydrosulfites in der Küpenfärberei und über die Möglichkeiten einer genauen Ermittlung und Steuerung des Hydrosulfitbedarfs.* Es werden ausführlich die Bedingungen der Abnahme der Reduktionsmittel, wie Hydrosulfit, Rongalit u. Decrolin, untersucht. Dabei wurde festgestellt, daß eine Reihe von Faktoren für diese Abnahme maßgeblich sind. Dazu gehören der Verbrauch zum Verküpen des Farbstoffes (pro 1 kg = 85—370 g Hydrosulfit), Färbetemp. (z. B. Apparatfärbung bei 40° = 1,5 g/Liter, bei 60° = 2,3 g/Liter, bei 80° = 3,8 g/Liter innerhalb 1 Std.), Art der Färbemaschine (App. ca. 30 g/kg, Gerbermaschine bis 100 g/kg, Jigger bis 200 g/kg Material in 1 Std. bei 60°), Art der Ware bei Stückfärbung auf dem Jigger wurde nach 10 Min. Färbezeit bei 60° festgestellt: Popeline 25(%) Verbrauch, Segeltuch bis 40, Kord bis 50, Rips bis 70 u. Dekostoff bis 98 Verbrauch an Hydrosulfit. Es wird eine Reihe von Beispielen aus der Praxis der Küpenfärberei angeführt. (Textil-Prax. **14.** 168—74. Febr. 1959. Ludwigshafen/Rh., Bad. Anilin- u. Soda-Fabrik AG.) W. Bernard. 7020

William C. Dodson, *Kettbaumfärben.* Übersicht über den techn. Stand der mechan. Färbeapp. u. Färbeverff. für Kreuzspulen, Kettbäume u. andere Wickelkörper, erläutert an Werksaufnahmen. (Textile Bull. **84.** Nr. 6. 54—58. Juni 1958.) A. Sander. 7020

N. A. Schubina, *Das Färben mit Küpenfarbstoffen unter Verwendung von Rongalit.* Die Zeit für das Färben loser Baumwolle mit Küpenfarbstoffen wird durch Erhöhung der Temp. auf 90—95° u. Fortfall des Beuchens wesentlich verkürzt, wenn die Hälfte des $Na_2S_2O_4$ durch Rongalit ersetzt wird. Die Küpe ist beständig u. ergibt lebhafte u. gleichmäßige Ausfärbungen. (Текстильная Промышленность [Textil-Ind.] **18.** Nr. 12. 53—54. Dez. 1958.) N. Stscherbina. 7020

Helmut Waibel, *Cyanäthylierte Baumwolle. Ihr färberisches Verhalten. Cyanäthylierte Baumwolle* (I) bildet nach Vf. neben der Acetylcellulose die techn. wichtigste Modifikation der Baumwolle (II). Durch Eintritt von CN-Gruppen (III) erhält II wollähnliche färber. Eigg., was bes. für Mischwolle bzw. Mischgewebe aus verschied. synthet. Fasern wichtig ist. Die erhaltenen Färbungen zeichnen sich vielfach durch höhere Brillanz, Intensität u. Echtheiten aus. Nachteilig wirken noch die höheren Gestehungskosten auf die allg. Verwendbarkeit. Höhere Temp. u. Konz. von Alkali können bei längerer Einw. durch hydrolyt. Abspaltung der III unter Regeneration der II zu Echtheitsverlusten der Färbung führen. Versuchsergebnisse von Färbungen der I mit den verschied. Farbstoffgruppen werden mitgeteilt. (Tinctoria [Milano] **55.** 501—02. Dez. 1958. Ludwigshafen/Rh., Bad. Anilin- & Soda-Fabrik.) A. Sander. 7020

J. Leuzinger, *Fehler in der Wollstückfärberei. Ursache und Korrektur.* Mitt. über verschied. in der Färbereipraxis an Stückwaren beobachtete Fehler u. deren Ursachen, die unter Umständen auch außerhalb der Färbereibetriebe liegen können. Vf. streift hierbei bes. unegale Färbungen, Hitzefalten, Carbonisier-, Farb-, Eisen- u. andere Flecken sowie ihre Verhütung u. Ausbesserung. (SVF Fachorgan Textilveredlung **13.** 702—05. Dez. 1958. Wädenswil, Firma J. Leuzinger.) A. Sander. 7020

Walter Justus, *Über das Färben von Wolle bei Temperaturen über 100°.* An Hand von Vergleichsausfärbungen mit Säure-, Chromierungs- u. Metallkomplexfarbstoffen wird gezeigt, daß sich durch Färbeverff. mit Tempp. von 108° eine Zeitersparnis bis zu 50% erreichen läßt. Höhere Tempp. verkürzen zwar weiter die Färbezeit, ergeben jedoch eine verstärkte Abnahme der Reißfestigkeit der Wollfasern. Trotz dieser Vorteile wird das Verf. nur für Standardfarbtöne empfohlen, die ein Nuancieren nicht notwendig machen, da dieses die verkürzte Färbezeit wieder teilweise aufhebt bzw. zur Verminderung der Reißfestigkeit führt. Es wird die gute Egalität der HT-Färbungen auf Wolle trotz verkürzter Färbezeit erwähnt u. die Verwendung von Egalisier- bzw. Retardiermitteln empfohlen. (Bayer Colorist **2.** 12—20. 1956.) W. Bernard. 7020

G. A. Anissimow, *Das Färben von Bändern aus Gemischen von Wolle und Stapelfasern.* Kammzugbänder aus Mischungen von Wolle u. Zellwolle lassen sich gut färben, da die Zellwolle beim Passieren der Plättmaschine (Oberfläche der Walzen 75—80°, Laufgeschwindigkeit 16 m/Min., Feuchtigkeitsabnahme von 45 auf 17—18%) entgegen den Befürchtungen nicht beschädigt wird. Der Warenausfall ist besser als beim Färben des fertigen Gewebes; die Färbezeit verkürzt sich auf etwa die Hälfte. (Текстильная Промышленность [Textil-Ind.] **18.** Nr. 12. 48. Dez. 1958. Krasnodar, Kombinat für Kammgarnstoffe u. Tuche.) N. Stscherbina. 7020

R. Wittwer, *Das Färben synthetischer Fasern und gemischter Artikel nach dem Kontinueverfahren.* (Vgl. C. **1959.** 629.) Beschreibung verschied. Kontinuefärbeverff. für Gewebe aus synthet. u. gemischten Fasern mit Farbstoffen der Ciba A.-G. nebst Angabe der Arbeitsweise u. Färberezepturen. (Tinctoria [Milano] **55.** 454—56. Nov. 1958.) A. Sander. 7020

W. Beckmann, *Zur Kinetik des Färbens von Polyacrylnitrilfasern mit basischen Farbstoffen.* Durch Färbeverss. auf dem Dyeometer wurde festgestellt, das Dralon beim Färben mit bas. Farbstoffen möglichst hohe Färbetempp. benötigt u. diese Tempp.

gleichmäßig auf das gesamte Material verteilt sein müssen. Steigende Farbstoffmengen benötigen längere Färbezeiten. Starke Flottenbewegung verkürzt die Färbezeiten. Durch Zusatz eines kation. Retarders (LEVEGAL-PAN; Bayer) lassen sich helle Färbungen mit ausreichender Egalität erreichen. Der Einsatz des Egalisiermittels richtet sich nach der Aufziehgeschwindigkeit der einzelnen Farbstoffe u. muß an dessen Aufziehkurve eingestellt werden. Das gilt auch für Farbstoffmischungen. (Melliand Textilber. **39.** 1121—26. Okt. 1958. Leverkusen, Farbenfabriken Bayer AG.)
W. BERNARD. 7020

G. Siegrist, *Färben von Acrilan und Acrilanmischungen. Acrilan CN-3000* enthält ein bas. Copolymer, das ihm Affinität zu sauren Woll-, Metallkomplex- u. Chromfarbstoffen verleiht. Saure u. neutralziehende Wollfarbstoffe geben gut naßechte, aber wenig lichtechte Färbungen. Infolge des Blockierungseffektes ist keine beliebige Kombination möglich. Neutralziehende Metallkomplexfarbstoffe vom Irgalanetyp geben gut lichtechte u. bei ausreichendem H_2SO_4-Zusatz naßechte helle bis mittlere Töne. Dunklere Töne werden mit Nachchromierungsfarbstoffen gefärbt, wobei unter bestimmten Voraussetzungen ausgezeichnet naß- u. lichtechte Färbungen erhalten werden. Gute Affinität zeigt Acrilan auch zu Dispersionsfarbstoffen. Sie geben aus neutraler Flotte bei Kochtemp. gefärbt ohne Quellmittelzusatz sehr satte Färbungen, die gut naßecht u. mittellichtecht sind. Für Mischungen von Acrilan mit Viscose bzw. Baumwolle sind sie unentbehrlich u. können einbadig angewendet werden. Kation. Farbstoffe (Deorline) sind wenig geeignet, geben aber brillante Nuancen. Mit Dispersionsfarbstoffen kombiniert geben sie gut licht- u. plissierechte Färbungen. Bessere Färbungen mit kation. Farbstoffen werden auf Acrilan CN-16, das wie Orlon 42 gefärbt werden kann, erhalten. Für alle Farbstoffklassen werden geeignete Typen u. prakt. Färbevorschriften gegeben sowie auf besondere Eigenarten des Acrilans verwiesen. (SVF Fachorgan Textilveredlung **13.** 134—43. März 1958. Basel, I. R. Geigy A. G.) G. LANGE. 7020

Cl. Zuber, *Bericht über den Gebrauch der Geräte zur Bestimmung der Lichtechtheit durch künstliche Belichtung.* Die Veränderung von Färbungen durch Belichtung ist abhängig von der spektralen Zus. der Lichtquelle sowie von der Temp. u. der Feuchtigkeit der Probe u. ihrer Umgebung. Als Geräte für künstliche Belichtung werden durch Glasglocken abgeschlossene Kohlebogenlampen u. Xenon-Hochdruckbrenner empfohlen, wobei aber deren Geh. an UV-Licht ausgefiltert werden muß. Temp. der Geräte u. Luftfeuchtigkeit müssen konstant gehalten werden. Wird die Lichtechtheit von Färbungen bei Kunstlicht gemessen, so ist bei gleichbleibendem Lichtechtheitsmaßstab die Arbeitsmethodik bei Tagesbelichtung zu berücksichtigen. Eine Auswertung nach für eine bestimmte Farbänderung benötigte Belichtungsstunden ist abzulehnen. (Faserforsch. u. Textiltechn. **9.** 244—45. Juni 1958.) GOTTFRIED LANGE. 7028

Farbenfabriken Bayer Akt.-Ges. (Erfinder: **Matthäus Schönamsgruber,** Köln, und **Kurt Giese**), Leverkusen, *Färben von dichten, insbesondere unentschlichteten Geweben mit Küpenfarbstoffen.* Man klotzt die Gewebe mit einer Öl-in-W.-Emulsion, die die Farbstoffe u. daneben zweckmäßig Emulgatoren u. organ. Schutzkolloide, bes. Polyacrylamid, enthält. Die weitere Behandlung erfolgt in üblicher Weise. — Eine Klotzflotte enthält z. B. 8 (g) Indanthrenoliv R, 415 W., 7,5 Emulgator u. 568 Bzn., Bzl., Toluol oder Xylol. (**D. A. S. 1 040 502** Kl. 8m vom 2/3. 1955, veröff. 9/10. 1958.)
F. BÖHM. 7021

Imperial Chemical Industries Ltd., London, England (Erfinder: **Ronald Leonard Denyer** und **Harry Rose Hadfield**), *Färbeverfahren* für *Fasern* aus linearen aromat. *Polyestern.* Man behandelt diese unter Druck bei 100—200° u. einem p_H von 5—9 mit einer Suspension eines Küpenfarbstoffes, die ein übliches Reduktionsmittel enthält u. anschließend mit einem milden Oxydationsmittel, z. B. Na-Perborat. (**E. P. 795 392** vom 11/11. 1955, ausg. 21/5. 1958.) F. BÖHM. 7021

VEB Farbenfabrik Wolfen, Wolfen, Kr. Bitterfeld (Erfinder: **Günther Eßbach** und **Kurt Lippold**), *Herstellung gemischter chrom- beziehungsweise kobalthaltiger Azofarbstoffkomplexe,* dad. gek., daß man auf ein Gemisch gleicher Anteile zweier Farbstoffe der Konst. **I** u. **II** (X = NO_2, Cl oder H) chrom- bzw. kobaltabgebende Mittel

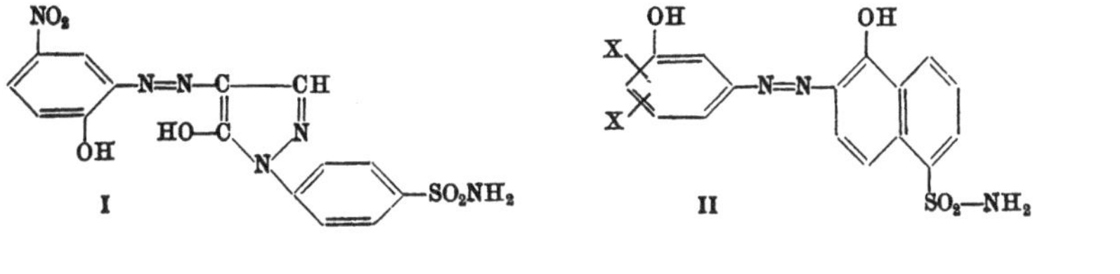

NO_2 — N=N—C——CH — HO—C — N — N — SO_2NH_2 — OH

I

OH — OH — X — X — N=N — SO_2—NH_2

II

derart einwirken läßt, daß auf ein Farbstoffmol. ein Metallatom entfällt. Auf Wolle, Seide u. Polyamidfasern braune Farbtöne von ausgezeichneter Echtheit. (**D. P. [DDR] 15 405** Kl. 22a vom 30/6. 1956, ausg. 25/9. 1958 [Wirtschaftspatent].) G. HOPPE. 7053

VEB Farbenfabrik Wolfen, Wolfen, Kr. Bitterfeld (Erfinder: **Günther Eßbach** und **Kurt Lippold**), *Herstellung chromhaltiger Azofarbstoffe,* dad. gek., daß man ein Gemisch im Mol-Verhältnis 1:1 von Farbstoffen, die durch Kuppeln von diazotiertem o-Aminophenol, das gegebenenfalls im Kern noch mit Cl oder einer Nitrogruppe substituiert ist, mit 1-Phenyl-3-methylpyrazolon-(5) u. 1-[4'-Sulfamoylphenyl]-3-methylpyrazolon-(5) erhalten wurden, mit chromabgebenden Mitteln behandelt. (**D. P. [DDR] 15 417** Kl. 22a vom 11/8. 1956, ausg. 25/9. 1958 [Wirtschaftspatent].) G. HOPPE. 7053

Ciba Akt.-Ges., Basel, Schweiz, *Herstellung von kobalthaltigen Azofarbstoffen.* Monoazofarbstoffe der Formel I, in welcher Z = H oder Cl, Y = H oder einen Substituenten, der kein Salz bildet, u. X eine Sulfonamidgruppe bedeutet, werden mit einfachen oder komplexen Co-Salzen zur Umsetzung gebracht. (**It. P. 491 599** vom 18/8. 1952. Schwz. Prior. 18/8. 1951.) K. KOEBKE. 7053

Ciba Akt.-Ges., Basel (Erfinder: **Christian Zickendraht,** Binningen, und **Arthur Bühler,** Rheinfelden), Schweiz, *Herstellung eines kobalthaltigen Azofarbstoffes.* (**Schwz. P. 311 205** vom 24/10. 1952, ausg. 31/1. 1956. — C. **1958.** 10786 [F. P. 1 085 262].) F. RATH. 7053

Ciba Akt.-Ges., Basel, Schweiz, (Erfinder: **Christian Zickendraht,** Binningen, und **Arthur Bühler,** Rheinfelden), *Herstellung eines kobalthaltigen Farbstoffes.* 5-Nitro-2-amino-1-oxybenzol-4-äthylsulfon → 2-Aminonaphthalin-6-sulfonsäuremethylamid. Der erhaltene Farbstoff wird mit Kobaltsulfatlsg. metallisiert; Wolle wird grünblau gefärbt. (**Schwz. P. 314 836** vom 11/2. 1953, ausg. 15/8. 1956. **Zusatz zu Schwz. P. 311 205;** **s. vorst. Ref.**) U. SIEVERS. 7053

Lyman Chalkley, Prince Georges County, Md., V. St. A., *Quaternäre Ammoniumsalze von Aminotriphenylmethanacetonitrilen* der allg. Formel I (A, B, C, D, E = Alkyl; F = H oder Dialkylamino; X = Anion) werden erhalten durch Rk. eines Alkalicyanids mit einem eine quaternäre Ammoniumgruppe enthaltenden Triphenylmethanfarbstoff oder eines Alkylierungsmittels mit einem Aminotriphenylmethancyanid. Die farblosen Lsgg. der Verbb. werden bei Bestrahlung mit UV unterhalb 3400 Å tief gefärbt. — Beschrieben ist die Herst. von I ($A, B, C, D = CH_3$; $E = C_2H_5$; $F = -N(CH_3)_2$; $X = Cl$, aus Äthylgrün (Colour Index Nr. 685) u. NaCN (Lsg. in W., A. oder Essigsäure im UV tiefgrün) u. von I, $A, B, C, D = CH_3$; $E = C_2H_5$; $F = H$; $X = J$, aus Malachitgrüncyanid (4.4'-Bis-[dimethylamino]-triphenylacetonitril) u. C_2H_5J (Lsg. in CH_3OH im UV tiefgelb bis orange). (**A. P. 2 839 542** vom 14/3. 1955, ausg. 17/6. 1958.) G. HOPPE. 7057

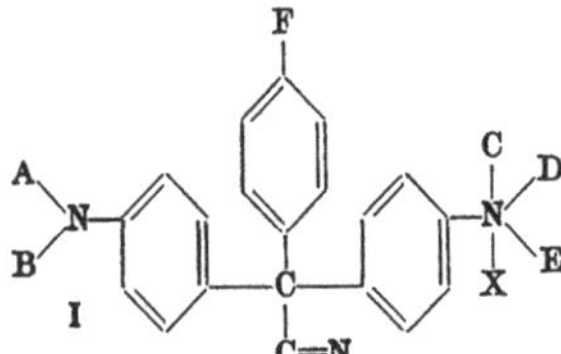

Sandoz Akt.-Ges., übert. von: **Jacques Günthard,** Basel, Schweiz, *Dispersionsfarbstoffe der Anthrachinonreihe* der allg. Zus. I (n = 2 oder 3, R = Alkyl mit 1—6, vorteilhaft 1 oder 2 C-Atomen), die auf Celluloseester oder -äther, Polyamiden, Polyacrylnitril u. Polyesterfasern leuchtende, egale u. lichtechte rote Färbungen u. Drucke ergeben, erhält man durch Rk. von 1 (Mol) eines Alkalisalzes der 1-Amino-4-hydroxyanthrachinon-2-sulfonsäure (II) mit 1 eines Di- oder Triäthylenglykolmonoalkyläthers in Ggw. von mindestens 2 eines Alkalihydroxyds. — 3,4 (Gewichtteile) KOH löst man in 150 Diäthylenglykolmonomethyläther, entfernt das entstandene W. durch Einleiten eines Gasstroms bei 120°, gibt dann zu der kräftig gerührten Lsg. bei 110—115° 10,2 des Na-Salzes von II, hält die Temp. bei 110—115°, bis ein Muster in kaltem angesäuertem W. unlösl. ist, kühlt auf 100°, gießt in 400 W., neutralisiert mit Essigsäure, filtriert bei n. Temp., wäscht mit kaltem W. u. trocknet. Das erhaltene 1-Amino-2-(methoxy)-äthoxyäthoxy-4-hydroxyanthrachinon, rotes Pulver, in A. u. Bzl. scharlachrot, in Pyridin violettstichigrot, in konz. H_2SO_4 gelb u. nach Zugabe von Formaldehyd violett lösl., färbt, in geeigneter Form verpastet, wie oben angegeben. In ähnlicher Weise erhält man weitere Farbstoffe mit Diäthylenglykolmonohexyläther oder Triäthylenglykolmonomethyläther u. Farbstoffe der allg. Zus. I ($R = C_2H_5$, n = 2; $R = C_4H_9$, n = 2; R = C_2H_5, n = 3). — Färbebeispiele. (**A. P. 2 844 598** vom 21/12. 1956, ausg. 22/7. 1958. Schwz. Prior. 30/12. 1955.) O. ROICK. 7059

Imperial Chemical Industries Ltd., London, England (Erfinder: **Philip Leigh Belshaw**), *Anthrachinonfarbstoffe* der allg. Zus. **I** (R = H, $-CH_3$ oder $-OCH_3$; X = direkte Bindung (**II**) oder die Gruppe $-C_nH_{2n}\cdot CO_2-$, Y = **II** oder die Gruppe $-(C_mH_{2m}-O)_p$, Z = **II** oder die Gruppe $-C_qH_{2q}-$, n u. q = 1, 2, 3 oder 4, m = 2 oder 3, u. p = 1, 2 oder 3, vorausgesetzt, daß X, Y u. Z nicht alle gleichzeitig **II** bedeuten, die Acetatkunstseide (**E**) oder Polyesterfasern (**III**) in sehr lichtechten blauen Tönen färben, erhält man aus den entsprechenden S-Verbb. durch Behandlung mit Oxydationsmitteln, wie H_2O_2 oder $KMnO_4$. Werden Alkylester erhalten, können sie durch Umestern mit Glykolen in die entsprechenden Ester übergeführt werden. — 10 (Gewichtsteile) 4-Anilino-1-hydroxy-2-n-butylmercaptoanthrachinon erhitzt man 5 Std. bei 70° mit einem Gemisch von 20 30%ig. H_2O_2 in 200 Eisessig. Das erhaltene 4-Anilino-1-hydroxy-2-n-butylsulfonylanthrachinon, ein blaues Pulver, F. 170°, färbt **III** sehr lichtecht leuchtend rotstichigblau. In ähnlicher Weise erhält man aus der 2-Carboäthoxymethylmercapto- oder 2-β-(Carbäthoxy)-äthylmercaptoverb. das 4-Anilino-1-hydroxy-2-carboäthoxymethylsulfonyl- bzw. -2-β-(carboäthoxy)-äthylsulfonylanthrachinon, blaue Kristallnadeln aus β-Äthoxyäthanol, F. 224 bis 226°, bzw. eine Verb. mit dem F. 178—180°. Aus der 2-β-Hydroxyäthylmercaptoverb. werden violette Kristalle der entsprechenden Sulfonylverb. erhalten, die **E** u. **III** violettblau färben. — 3 4-Anilino-1-hydroxy-2-carboäthoxymethylsulfonylanthrachinon, 0,3 p-Toluolsulfonsäure, 20 Propylenglykol (**IIIa**) u. 20 Diäthylenglykol werden 24 Std. bei 120—130° verrührt. Das Gemisch wird auf 90° gekühlt, in eine Lsg. von 45 NaCl in 450 W. eingetragen, der Nd. filtriert, mit W. gewaschen u. getrocknet. Man erhält ein Gemisch der Propylenglykol- u. Diäthylenglykolester von 4-Anilino-1-hydroxy-2-carboxymethylsulfonylanthrachinon (**IV**). Das Estergemisch schm. bei 149—157°. Ersetzt man **IIIa** durch Äthylenglykol (**V**), so wird ein Estergemisch mit dem F. 129 bis 133° erhalten. In ähnlicher Weise wird nur mit **V** der β-Hydroxyäthylester von **IV** hergestellt, blaues Pulver, F. 118—123°. (**E. P. 797 383** vom 9/1. 1956, ausg. 2/7. 1958.) O. ROICK. 7059

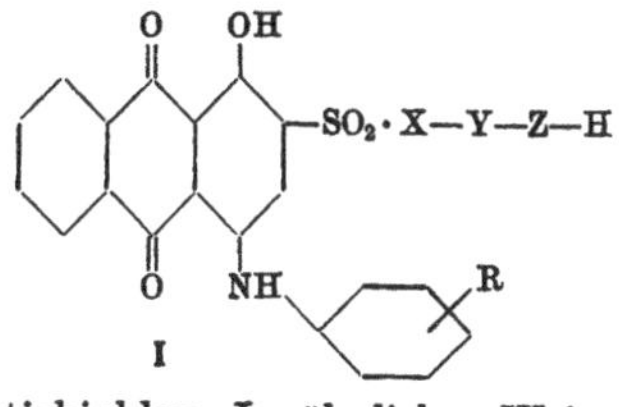

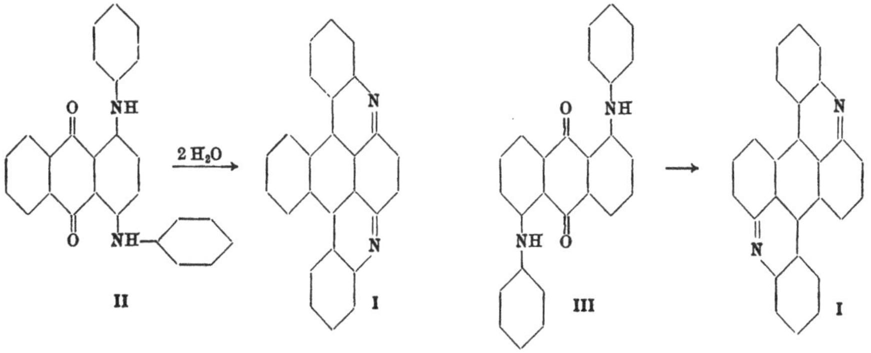

Farbenfabriken Bayer Akt.-Ges., Leverkusen-Bayerwerk, *Dicoeramidonine* (**I**), die man aus 1.4- oder 1.5-Dianilidoanthrachinonen, worin der Anthrachinon- u. Arylrest durch Halogen, Alkyl oder OH weitersubstituiert sein kann, durch Doppelringschluß entsprechend den Reaktionsschemata **II** u. **III** mit den einfachsten Vertretern durch Behandlung mit H_2SO_4 erhalten kann, erhitzt man in einem inerten Lösungsm. bei 80—170°, bes. 100—150°, mit einer äquimol. Menge Dimethylsulfat (**IV**). Die erhaltenen Farbstoffe, monoquaternäre Salze von **I**, sind tiefer gefärbt als **I** u. lösen sich leicht in Wasser. Polymere oder Copolymere des Acrylonitrils werden aus wss. Lsgg. in sehr lichtechten olivgrünen bis grauen Tönen gefärbt. — 38 (Gewichtsteile) Dicoeramidonin aus 1,4-Di-p-toluidoanthrachinon erhitzt man mit 250 Chlorbenzol auf 120° u. behandelt bei dieser Temp. 2 Std. mit 12,5 **IV**. Man kühlt, saugt ab, wäscht mit Bzl. u. trocknet. Das monoquaternäre Prod. löst sich in W. grün u. färbt Polyacrylnitrilfasern lichtecht olivgrün. Ähnliche Farbstoffe erhält man mit **I** aus 1.4-Dianilido-, -Di-(4'-chloranilido)-, -Di-(3'-chlor-4'-methylanilido)-anthrachinon oder 6-Chlor-1.4-di-p-toluidoanthrachinon, während das Dicoeramidonin aus 5.6-Dioxy-1.4-di-p-toluidoanthrachinon einen Farbstoff liefert, der Polyacrylnitrilfasern grau färbt. — Färbebeispiel. (**E. P. 794 807** vom 17/12. 1956, ausg. 7/5. 1958. D. Prior. 16/12. 1955. **D. A.S. 1 044 320** Kl. 22e vom 16/12. 1955, veröff. 20/11. 1958.) O. Roick. 7061

XIa. Farben. Anstriche. Lacke. Naturharze.

Harry B. Naylor, *Calcinierte Tone in Anstrichfarben.* Geglühte Tone in Anstrichfarben verbessern deren Deckfähigkeit, Filmfestigkeit, Helligkeit, erhöhen aber andererseits den Bindemittelbedarf u. vermindern den Glanz. Rezepturen für Styrol-Butadien-, Polyvinylacetatemulsionsfarben sowie matte Alkydharz- u. Harzemulsionsfarben mit feineren u. gröberen calcinierten Tonen. (Paint, Oil chem. Rev. **121.** Nr. 11. 6—8. 29/5. 1958. New York, N. Y., Southern Clays Inc., Paint Div.) B. Scheifele. 7092

L. Heckl, *Ausschnitte aus der Chemie organischer Pigmente.* Vf. gibt einen Überblick über die Entw. auf dem Gebiet der organ. Farbstoffe, u. zwar hinsichtlich der Verbesserung der techn. wichtigsten Eigg., wie Lichtechtheit, Brillanz, Ausgiebigkeit, Hitzebeständigkeit u. a. (Fette, Seifen, Anstrichmittel **60.** 560—64. Juli 1958. Besigheim, G. Siegle & Co., GmbH.) L. Kempf. 7092

N. P. Barr, *Polyole in Alkydharzen. Glycerin.* Glycerin u. seine Verwendungseigg. bei der Verarbeitung zu Alkydharzen. (Paint Varnish Product. **48.** Nr. 11. 45—48. Okt. 1958. Shell Chem. Corp.; Sales Developm. Dep.) B. Scheifele. 7096

K. D. Ledwoch, *Neuartige Melaminäther als Lackrohstoffe.* Im Hinblick auf die Erweiterung des Anwendungsbereiches modifizierter Melamin-Formaldehyd-Harze im Rahmen der Lacktechnik berichtet Vf. über anwendungstechn. Unterss. von Melaminäthern, die mit techn. bisher nicht eingesetzten Alkoholen, z. B. Nonylalkohol, hergestellt wurden u. diskutiert die Ergebnisse. (Fette, Seifen, Anstrichmittel **60.** 553—55. Juli 1958. Homburg/Ndrh., Rheinpreußen AG für Bergbau u. Chem.) L. Kempf. 7096

H. W. Chatfield, *Einfluß von Titanaten auf die Eigenschaften von Anstrichmitteln.* Vf. prüfte in verschied. Bindemitteln die Einw. von Titanaten (I) auf die Beständigkeit bei künstlicher Bewitterung sowie die Fähigkeit, Hautbldg. zu verhindern. In Kopal-Leinöl-Lacken unterdrückt I merklich die Neigung zum Kreiden, in Alkydharzlacken trägt I zur Glanzerhaltung bei. Vorhandene Neigung zur Hautbldg. wird von I wirkungsvoll unterdrückt, wobei Zusätze von 0,25% u. weniger, bezogen auf den Klarlack, hinreichend sind. Die Verhinderung der Hautbldg. ist jedoch mit starker Verzögerung der Trocknung verbunden. In Klarlacken, die beim Einbrennen zur Runzelbldg. neigen, kann das Runzeln durch Zusätze von I weitgehend verhindert werden; Vergilben muß dabei in Kauf genommen werden. Bei manchen Bindemitteln ist auf Zusatz von I gewisse Eindickung zu beobachten, die beim Lackieren im Tauchverf. eine größere Filmdicke ohne Ablaufgefahr zu erreichen gestattet. In Einbrennlacken auf Harnstoff-Formaldehyd-Basis kann I als Weichmacher dienen. Im Vgl. mit einer Melamin-Alkydharz-Kombination ist mit stärkerer Vergilbung u. längerer Einbrenndauer zu rechnen; beide können durch Zusatz von Maleinsäureanhydrid herabgesetzt bzw. verkürzt werden. So modifizierte Bindemittel sind in vielen Eigg. den Melamin-Alkydharz-Kombinationen überlegen. (Paint Manufact. **28.** 43—47. 60. Febr. 1958.) A. Bring. 7096

I. N. Tschernowa, M. W. Ioniss und **L. Ju. Kurtz,** *Erprobung verschiedener Materialien für den Korrosionsschutz von medizinischen Instrumenten.* Untersucht wurden: *med.* u. *techn. Vaselin*; M. *ESO* (I; Mineralöl im Gemisch mit Ricinusöl, Äthylcellulose, synthet. Kopal, Ceresin u. Paraffin); *Pentaphthallack* (II); *Äthylcellulosemastix* (III), bestehend aus 10 (Gewichtsteilen) Äthylcellulose, 16 Transformatoröl u. 0,8 Dibutylphthalat; Schmiermittel *KRIN* (IV), bestehend aus 75 (Gewichtsteilen) Transformatoröl u. 25 Naturwachs. Es zeigte sich, daß med. Vaselin einen besseren Korrosionsschutz gewährt als techn. Vaselin u. **IV**. **I** gewährt zwar einen guten Korrosionsschutz, ist jedoch wegen seiner schlechten Handhabung u. dem schlechten Aussehen der damit versehenen med. App. nicht zu empfehlen. Der mit **III** hergestellte Überzug neigt stark zur Rißbldg. u. haftet schlecht an den Schneidteilen. **II** besitzt keine Antikorrosionseigg., verursacht vielmehr selbst eine Korrosion. (Медицинская Промышленность СССР [Med. Ind. UdSSR] **11.** Nr. 11. 51—53. Nov. 1957. Lenin-Fabrik „Krasnogwardejetz" für med. Instrumente.) O. Lebtag. 7106

K. Weigel und **H. Gehring,** *Über das Verhalten ungesättigter Polyesterlacke bei Grundierung mit verschiedenen Lackrohstoffen.* 50%ig. Lsgg. verschied. Lackstoffe, wie Polyvinylalkohol, Cellulosenitrat, Polyvinylchlorid, ölfreies Phthalatharz, wurden auf Glas u. Holz als Grundierung verwendet u. anschließend mit Polyesterlack beschichtet. Die Überzugsschichten wurden auf Durchhärtung, Filmhärte usw. geprüft. (Fette, Seifen, Anstrichmittel **60.** 207—08. März 1958. Lage/Lippe, Clemens Weitkamp & Co., KG., Anwendungstechn. Abt.) B. Scheifele. 7106

A. Pollack, *Reaktionsgrundierungen (Wash oder reaction primers).* Der Aufbau u. die Wirkungsweise der bereits viel als Korrosionsschutzmittel angewendeten Wash primer wird behandelt. Diese enthalten als wirksame Stoffe bas. Zn- oder Pb-Chromate als Pigment mit Polyvinylharzen als Bindemittel, sowie H_3PO_4 zur Passivierung des Metalls durch Schutzschichtbildung. Sie dürfen, im Gegensatz zu sogenannten Rostumwandlern, nur auf metall. reine u. trockene Oberflächen aufgetragen werden. Wenngleich sie sich für eine Reihe von Anwendungen gut bewährt haben, können sie die üblichen Mennige- oder Pb–Cyanamid-Grundanstriche nicht überall ersetzen. (Seifen-Öle-Fette-Wachse **81.** 251—52. 27/4. 1955.) K. SEIFERT. 7106

E. S. Beck, *Eintopf-Wash primer.* Eintopf-Wash primer (I) enthalten bereits den Katalysator u. erfordern vor der Anwendung kein Mischen u. Dosieren wie Zweitopfprimer. I erfordern stärkere Verdünnung (100—150%) mit Lösungsmitteln. I können erzielt werden durch Ersatz von Zn-Chromat zur Hälfte durch Sr-Chromat, Erhöhung der Viscosität u. Verringerung des Phosphorsäuregehaltes. Ein solcher I übertrifft einen Pb-Chromat-I in Korrosionsschutzwrkg. u. Wasserbeständigkeit. Ferner wurden auf Stahl, Mg, Al u. Zn weitere I geprüft, die als Pigment Sr-Chromat, Ba-Chromat, Cr-Phosphat, Pb-Chromat, Sr-Chromat + Cr-Phosphat, bas. Zn-Chromat + Cr-Phosphat, bas. Zn-Chromat + Ba-Chromat u. bas. Zn-Chromat + Zn-Chromat enthielten. Nur bas. Zn-Chromat + Sr-Chromat-I eignete sich für alle untersuchten Metalle. (Paint Ind. Mag. **73.** Nr. 5. 23—30. Mai 1958.) B. SCHEIFELE. 7106

Hans H. Reinsch, *Deformationsmechanische Anforderungen an Isolier- und Tränklacke.* Behandelt werden mechan. Eigg., Formbeständigkeit u. Volumenänderungen von Isolier- u. Tränklacken. (Ind.-Lackier-Betr. **26.** 294—96. Okt. 1958.) B. SCHEIFELE. 7106

Michael S. Rhodes, *Matte Alkydharzfarben.* Angaben über Aufbau matter Alkydharzfarben u. die hierfür geeigneten Alkydharze. (Dyestuffs **41.** 164—69. Sept. 1956. New York, N. Y., Nat. Aniline Div., Allied Chemical & Dye Corp., Resin Chemicals.) B. SCHEIFELE. 7106

H. Zumstein, *Die Anwendung lösungsmittelfreier Epoxy–Amin-Kombinationen im Oberflächenschutz.* Vf. berichtet über Möglichkeiten zur Verbesserung von Gemischen aus Epoxydharz u. endständige Aminogruppen enthaltenden Polyamidharzen hinsichtlich ihrer Verwendung in lösungsmittelfreien Anstrichstoffen. (Fette, Seifen, Anstrichmittel **60.** 547—52. Juli 1958. Basel, Ciba AG.) L. KEMPF. 7106

—, *Die Verdunstung von Lösungsmitteln aus Lackfilmen.* 1. Mitt. *Bestimmungsmethode.* Zur Messung der Verdunstungsgeschwindigkeit (V) von Lösungsmitteln aus Anstrichfilmen wurde ein modifizierter Thin Film-Evaporometer verwendet, der mit Aufhängevorr. versehen ist, an welcher dünne Al-Bleche befestigt werden, die mittels Streichmessers mit Lackfilmen bestimmter Dicke überzogen wurden. Resultate: V ist bei einem bestimmten Lackfilm eine Funktion von Gesamtfilmgewicht u. Filmdicke u. außerdem abhängig von der relativen Luftfeuchtigkeit usw. Die ermittelten Verdunstungswerte wurden besprochen. (Amer. Paint J., Convent. daily **43.** Nr. 4-A. 8—24. 7/10. 1958.) B. SCHEIFELE. 7156

B. B. Khanna und **Y. Sankaranarayanan,** *Schnellmethode zur Bestimmung des Bleichindex von Lacken.* (Vgl. C. **1958.** 12252.) Modifikation der von SANKARANARAYANAN u. BOSE entwickelten Meth. zur Best. des Bleichindex von Lacken. Die Best. wird nach der neuen Ausführungsform bei 37,5 ± 1° ausgeführt u. ist innerhalb 3 Std. beendet, während sie bei Zimmertemp. 20 Std. benötigt. Die experimentelle Durchführung der Best. wird an Hand eines Beispiels ausführlich beschrieben. Ein Vgl. der Bleichindices von 50 Proben, die jeweils nach beiden Ausführungsformen der Meth. bestimmt wurden, zeigt eine gute Übereinstimmung der Werte. Angabe von präparativen Hinweisen zur Durchführung der Schnellmethode. (J. sci. ind. Res. [New Delhi], Sect. A **16.** 509—11. Nov. 1957. Namkum, Bihar Indian Lac Res. Inst.) H. SONTAG. 7158

E. I. du Pont de Nemours & Co., Wilmington, Del., übert. von: **Roy R. Denslow,** Nutley, N. J., V. St. A., *Herstellung von nichtkristallinen, transparenten, grauen Pigmenten.* Ein Gemisch eines Alkalihydroxyds u. eines lösl. Orthophosphats wird bei ca. 82° mit einem lösl. 2wertigen Cu-Salz zur Rk. gebracht, wobei man auf 1 (Mol) Cu-Salz 0,5 Phosphat u. so viel Alkalihydroxyd anwendet, daß der p_H-Wert im Reaktionsgemisch 9,5—10,5 beträgt; das Gemisch wird zum Sieden erhitzt u. das Pigment abgetrennt. (**A. P. 2 795 483** vom 24/3. 1953, ausg. 11/6. 1957.) K. DEMMLER. 7093

Ferro Corp., übert. von: **Aladar Burgyan,** Cleveland, Ohio, V. St. A., *Herstellung von anorganischen schwarzen Pigmenten.* Ein Gemisch aus 20—80 (Gewichtsteilen) bei Calcination ihre Oxyde bildenden Mn-Verbb., 20—80 ebensolchen Cu-Verbb. u. 5—50 ebensolchen Fe-Verbb. wird bei 800—1400° F bis zur Bldg. ihrer schwarzen Oxyde erhitzt. (**A. P. 2 811 463** vom 23/12. 1955, ausg. 29/10. 1957) K. DEMMLER. 7093

C. K. Williams & Co., St. Louis, Mo., V. St. A. (Erfinder: **Leonard M. Bennetch**), *Herstellung von rotem Eisenoxydpigment.* Zunächst werden durch Oxydation eines aus Rk. von Ferrosalz- u. Alkalilsgg. in äquivalentem Verhältnis Alkali:Ferrosalz = (0,9—1,1):1 erhaltenem Nd. koll. Keime von wasserhaltigem Eisenoxyd gebildet u. dann das Wachstum des roten Eisenoxyds durch Zuführen von Luft u. Zusatz von Eisensalzen als Katalysator u. Erhitzen auf 50—100° bewirkt. (**E. P. 762 102** vom 11/9. 1953, ausg. 21/11. 1956.) K. DEMMLER. 7093

American Cyanamid Co., New York, N. Y., übert. von: **Theodore F. Cooke**, Martinsville, und **John W. Eastes**, Somerville, N. J., V. St. A., *Herstellung von hydrophoben, organophilen Pigmenten.* Man schlämmt ein Pigment in einer Lsg. wenigstens eines hochmol. Pyridiniumchlorids, z. B. Cetyloxy-, Stearyloxymethyl- oder Stearamidomethylpyridiniumchlorid, auf, trocknet das Pigment u. erhitzt wenigstens 5 Min. lang auf 100—200°. (**A. P. 2 742 375** vom 5/2. 1953, ausg. 17/4. 1956.) K. DEMMLER. 7093

Esso Research and Engineering Co., Elizabeth, N. J. (Erfinder: **Stanley Edward Jaros, Anthony Howe Gleason** und **Robert Frederick Leary**), V. St. A., *Trocknende Kohlenwasserstofföle* erhält man durch Na-Polymerisation von Diolefinen, bes. Butadien, mit oder ohne Styrol in einem kontinuierlichen dreistufigen Verf. bei 40—85°. — Zeichnung. (**E. P. 785 704** vom 28/4. 1954, ausg. 6/11. 1957.) L. STADELMANN. 7097

Harper J. Ransburg Co., Indianapolis, Ind. (Erfinder: **Charles Curtis Simmons**, Skokie, Ill., und **James William Juvinall**, Indianapolis, Ind.), V. St. A., *Verfahren zum Überziehen von Gegenständen auf elektrostatischem Wege.* Die Gegenstände werden dabei in je einem Bogen um die Sprühvorrichtungen geführt; von diesen ist eine oberhalb u. die andere unterhalb der zu überziehenden Gegenstände angeordnet. (**Schwz. P. 318 942** vom 4/3. 1953, ausg. 15/3. 1957. A. Prior. 5/3. 1952.) P. KRUG. 7107

Harper J. Ransburg Co. (Erfinder: **James William Juvinall, Robert Charles Juvinall, Arthur William von Fange, Edwin Marlin Ransburg**, Indianapolis, Ind., und **Robert Harris Turner**, Bristol, Pa.), V. St. A., *Elektrostatisches Spritzverfahren.* In einer ruhenden Atmosphäre zwischen einer Elektrode, der die zu verspritzende Fl. zugeführt wird, u. den zu überspritzenden Gegenständen wird ein elektrostat. Feld erzeugt. Hierdurch wird die Zerstäubung der Spritz-Fl. u. auch der Transport der aufgeladenen Teilchen bewirkt. Der Verlauf der Kraftlinien des Feldes wird durch angeordnete Steuerelektroden fallweise verändert; diese können auf das gleiche Potential wie die Zerstäuberelektrode aufgeladen sein. (**Schwz. P. 321 226** vom 17/4. 1953, ausg. 15/6. 1957. **E. P. 749 008** vom 17/4. 1953, ausg. 16/5. 1956. Beide A. Priorr. 18/4. u. 13/5. 1952.) P. KRUG. 7107

E. I. du Pont de Nemours & Co., übert. von: **Luther A. R. Hall**, Wilmington, Del., V. St. A., *Polymere mit den Struktureinheiten* —(CH_2—*Ar*—CH_2)—, wobei Ar ein 2wertiger aromat. Rest ist, erhält man durch Pyrolyse von Verbb. der Formel H_3C—Ar—CH_2Cl bei mindestens ca. 700° u. Abkühlung der pyrolysierten Dämpfe. Durch Verdampfen von p-Methylbenzylchlorid bei Unterdruck u. 102° u. Pyrolyse der Dämpfe bei 750° in einem Quarzrohr u. Abkühlen auf n. Temp. bildet sich an den Wandungen des Abkühlungsgefäßes ein dünner, transparenter, zäher Film. Verwendung für *lösungsmittelfeste Überzüge*, die durch Aufbringen der pyrolysierten Dämpfe auf die zu überziehenden Gegenstände gewonnen werden können. (**A. P. 2 836 571** vom 10/1. 1956, ausg. 27/5. 1958.) J. MÜHLEISEN. 7107

Westinghouse Electric Corp., East Pittsburgh, Pa., übert. von: **Joseph F. Boiney**, Hampton, S. C., V. St. A., *Herstellung von Dicyandiamid–Phenol–Formaldehyd-Harzen und von Lacken daraus.* Nach dem Beispiel werden 1 (Mol) Phenol (I), 0,8—2 Dicyandiamid (II) u. 0,5—0,9 CH_2O je I + II ½—2 Std. in Ggw. von 0,1—5%, bezogen auf I, eines Alkylolaminkatalysators, z. B. Triäthanolamin, am Rückfluß erhitzt. Dann wird im Vakuum bis ca. 85° entwässert, bis das Prod. bei n. Temp. spröde ist. Anschließend wird diese M. mit einem 50%ig. wss. Alkohol (C_{1-3}), z. B. A., aufgenommen, Hexamethylentetramin zugesetzt u. am Rückfluß gekocht. Herst. von Schichtpapier, Gewebeimprägnierung, elektr. Isolierung. — Kurven. (**A. P. 2 824 849** vom 26/4. 1956, ausg. 25/2. 1958.) H. SCHINDLER. 7107

Commonwealth Engineering Co. of Ohio, übert. von: **Leo J. Novak**, Dayton, Ohio, V. St. A., *Plastische Kunststoffe* erhält man durch Erhitzen eines Gemisches aus 30—75 (%) einer α-ungesätt. α.β-Polycarbonsäure bzw. deren Anhydrid, 15—60 eines mehrwertigen Alkohols, wie Äthylen-, Diäthylen-, Triäthylen-, Tetraäthylen-, Trimethylenglykol, Glycerin oder Pentaerythrit, in Ggw. von 5—25 Dextran. Als Carbonsäuren sind in den Beispielen mit wechselnden Mengen u. Ausgangsstoffen Maleinsäure-

u. Phthalsäureanhydrid genannt. Die Rkk. erfolgen in Ggw. von Polymerisationskatalysatoren, wenn einfaches Erhitzen nicht genügt. — *Preßmassen, Lacke, Überzüge.* (**A. P. 2 823 188** vom 7/6. 1954, ausg. 11/2. 1958.) H. SCHINDLER. 7107

Phelps Dodge Copper Products Corp., übert. von: **Earl L. Smith** und **Ralph Hall**, Fort Wayne, Ind., V. St. A., *Chelate als Härtungsmittel für Epoxyharze.* Harze auf Grundlage des Dihydroxyphenyldimethylmethans (Epoxydäquivalenz >1 u. ohne weitere funktionelle Gruppen außer OH-Gruppen) werden in der Hitze (204°) durch lösl. Reaktionsprodd. (I) aus Diäthylentriamin u. dem Zn-, Co-, Mn- oder Cu-Salz einer einbas. Carbonsäure von wenigstens 2 C-Atomen oder eines einwertigen Phenols, z. B. Zn-2-Äthylhexoat oder -kresylat, ausgehärtet. Die I können auch unter weiterem Zusatz von Polyestern gebildet sein. Die härtbare M. ist lagerfähig u. dient bes. als *Einbrennlack.* (**A. P. 2 819 233** vom 11/6. 1953, ausg. 7/1. 1958.) G. TEWES. 7107

John W. Bart, Zürich, Schweiz, *Herstellung einer Überzugsmasse*, dad. gek., daß eine Lsg. von Celluloid in Aceton mit einem Celluloselack, z. B. einem Nitrocelluloselack, vermischt wird. Die Lacklsg. dient zum Abdecken von bei der Galvanisierung verwendeten Trägern. (**Schwz. P. 321 111** vom 8/4. 1953, ausg. 15/6. 1957.) M. BÖTTCHER. 7107

John Martin Jacoby, South Croydon, England, *Möbelpolitur*, bestehend aus einer wss. Lsg. mit 4—10 (Gew.-%) einer Mineralsäure (HCl), 3—10 eines organ. Lösungsm. — ausgenommen die niederen Alkohole — für Schellack (Äthylacetat) u. 4—30 eines Schmieröls oder eines öligen Gemisches (Lanolin, Dipenten u. Leinöl), der noch als Weichmacher für den Schellack bis zu 5 $SnCl_4$ u./oder 2—4 Tritolylphosphat u. bis zu 15 eines gegen die Mineralsäure inerten, feinen Scheuermittels, wie Kieselgur, zugesetzt sein kann. (**E. P. 738 770** vom 10/12. 1952, ausg. 19/10. 1955.) W. GRÄGER. 7119

XIb. Plaste (Kunstharze. Plastische Massen).

A. Bonvicini und **L. Caldo**, *Wanderung der Weichmacher.* Eingehende Behandlung der Wanderung von Weichmachern u. deren Nachw. u. Bestimmung. — 14 Literaturzitate. (Materie plast. **24.** 839—46. Sept. 1958.) B. SCHEIFELE. 7170

Y. Minematsu und **Y. Asada**, *Einfluß des Lichtes auf PVC.* 5. Mitt. *Begleiterscheinungen bei der willkürlichen Zerstörung von Weich-PVC mittels des Weatherometers.* (4. vgl. C. **1958.** 4941.) Dieselben Muster wie in der 4. Mitt. werden bei 60° im Weatherometer belichtet u. auf Zugfestigkeit, Dehnung, Löseaufwand, Viscosität in Nitrobenzol, Weichmacherextraktion durch Ae., unlösl. Anteile in Nitrobenzol untersucht. Weatherometer- u. atmosphär. Zerstörung zeigen verschied. charakterist. Zeitkurven. 100std. künstliche Belichtung entspricht Freibelichtung von 4 Monaten bis 1 Jahr. (J. Soc. Rubber Ind. Japan [Nippon Gomu Kyokai Shi] **31.** 173—81. 1958. Railway Techn. Res. Ind. [Orig.: japan.; Auszug: engl. 243.]) H. STRAUCH. 7172

Y. Minematsu und **M. Namikawa**, *Einfluß des Lichtes auf PVC.* 6. Mitt. *Zerstörung von PVC nach Weichmacherextraktion mittels des Weatherometers.* (5. vgl. vorst. Ref.) Die gleichen Muster wie vorst. wurden im Weatherometer nach Weichmacherextraktion der Belichtung — direkt, im offenen u. evakuierten Glasrohr — ausgesetzt. Direkte Belichtung zeigt Dehnungsabfall jenseits der Fließgrenze. Im Vakuum fand keine wesentliche Zerstörung statt, ein Beweis dafür, daß O bei der Lichteinw. wichtig ist. Weichmacherextrahierte Muster zeigten stärkeren Zerstörungsgrad u. verblaßten gleichmäßig ohne Fleckenbildung. Änderung der Vernetzung u. der O-Durchlässigkeit infolge der Extraktion konnte nicht festgestellt werden. (J. Soc. Rubber Ind. Japan [Nippon Gomu Gyokai Shi] **31.** 181—87. 1958. [Orig.: japan.; Auszug: engl. 244.]) H. SRAUCH. 7172

B. M. Kowarskaja, **G. L. Slonimski** und **W. A. Kargin**, *Über das Erhärten von Harnstoff-Formaldehyd-Harzen. Harnstoff-Formaldehyd-Harze* (I) weisen beim Erhärten 3 Zustandsstufen auf. Die 1. entspricht einer wasserlösl., viscosen Fl. mit Verglasungstempp. zwischen —5 u. 0° u. einem für lineare Verbb. charakterist. thermomechan. Verh., die 2. einen lockeren, gelähnlichen Zustand mit einer Verglasungstemp. von 0°, einer Fließtemp. von ca. 60° u. einer begrenzten Löslichkeit in W., A., CH_3OH. Das thermomechan. Verh. bei 20° zeigt, daß I in dieser Stufe nicht als Gel, sondern als hochviscose Fl. vorliegt u. aus längeren geradkettigen Molekeln besteht. Die 3. Stufe entspricht einem harten, nicht schmelzbaren, unlösl. Zustand, wobei das thermomechan. Verh. von I (sowie das therm. Verh. in gequollenem Zustand) ebenfalls auf das Fehlen einer beständigen Vernetzung hinweist. (Коллоидный Журнал [Kolloid-J.] **17.** 428—33. Nov./Dez. 1955. Moskau, Forschungs- u. Projektierungsinst. für Plaste.) W. DAWYDOFF. 7180

František Rybnikář, *Das Schmelzen von Poly-6-capronamid und Polyäthylenterephthalat.* Bei *Poly-6-capronamid* (I) sowie *Polyäthylenterephthalat* (II) wurde der Einfl.

copolymerisierender Komponenten, Endgruppen u. Verdünnungsmittel auf die F.-Senkung untersucht. Die gewonnenen Ergebnisse wurden mit der FLORYschen thermodynam. Theorie der Polymerschmelzung verglichen u. auf Grund dieser die Werte für die Schmelzwärme für ein vollständig kristallin. Polymer errechnet. Ihr Mittelwert beträgt bei **I** 38,2 cal/g, bei **II** 38,8 cal/g. (Chem. Listy **52.** 1042—48. Juni 1958. Gottwaldov, Výzkumný ústav gumárenské a plastikářské technologie.) O. KNESSL/Prag. 7180

J. Ames, *Silicone und ihre Anwendungen.* Zusammenfassender Überblick. (J. sci. Instruments **35.** 1—8. Jan. 1958. Stevenston, Imp. Chem. Ind. Ltd., Nobel Div., Res. Dep.) C. GOTTFRIED. 7188

William T. Bolleter, *Photometrische Bestimmung von Aluminium und Titan in Polyäthylen.* Der Aufschluß von Polyäthylen kann naß (mit H_2SO_4/HNO_3 u. nach Verschwinden der schwarzen Partikel durch $HClO_4$-Zusatz) oder trocken (Abbrennen mit K_2SO_4 u. KNO_3, Aufkochen mit H_2SO_4) erfolgen. Zur *Al*-Best. wird ein aliquoter Teil der entstandenen Lsg. mit wenig Thioglykolsäure versetzt, ammoniakal. gemacht, mit wenig 1 mol. KCN- u. 2%ig. *8-Hydroxychinolin*-Lsg. versetzt u. mit Trichloräthylen extrahiert. Die Absorption der organ. Schicht bei 390 mμ dient zur *Al*-Bestimmung. In einer anderen Probe wird *Ti* durch Zusatz von *Chromotropsäure* u. 6n NaOH bis p_H 4—5 sowie Äthylendiamintetraessigsäure in Pufferlsg. (damit Fe nicht stört) bei 420 mμ bestimmt. Selbst größere Mengen fremder Ionen stören kaum. Das Verf. gestattet Bestimmungen im Bereiche 5—50 p.p.m. mit einer mittleren Abweichung von ± 1% bei 2 g Einwaage. (Analytic. Chem. **31.** 201—03. Febr. 1959. Texas City, Texas, Monsanto Chem. Co.) E. DEHMLOW. 7210

Esso Research and Engineering Co., Elizabeth, N. J., V. St. A., *Oxoalkohole* mit 6—8 C-Atomen. Man unterwirft eine Erdölfraktion vom Siedebereich 38—130° einer Spaltung in Ggw. von Wasserdampf oder einem inerten Gas, trennt aus dem Gemisch die Monoolefine mit 6—8 C-Atomen sowie Di- u. Triolefine ab, polymerisiert die Polyolefine mit $AlCl_3$ oder $AlBr_3$ in Mengen von 0,25—2% bei — 10 bis 70° u. gewinnt durch Dest. die Monoolefine. Aus den Monoolefinen gewinnt man in bekannter Weise die Oxoaldehyde u. daraus durch Hydrierung die Alkohole, die nach Veresterung, bes. mit Phthalsäure, *Plastifikatoren* ergeben; z. B. *Di-2-äthylhexylphthalat.* (**E. P. 789 777** vom 22/2. 1956, ausg. 29/1. 1958. A. Prior. 10/3. 1955.) G. KÖNIG. 7171

N. V. de Bataafsche Petroleum Mij., Den Haag, Holland, *Herstellung epoxydierter Kondensationspolymerer,* wie Alkydharze, Polyamide, Polycarbamate u. anderer, O, N, Si, P oder S enthaltender Polymerer. In den Mengenbeispielen wird zunächst die Herst. einzelner Vertreter obiger Ausgangsstoffe beschrieben: Polyester A aus dimerisierter Linoleinsäure u. Äthylenglykol; Polyester B aus Adipinsäure u. 2-Butendiol-1.4; Polyamid A aus Fumarsäure u. Dekamethylendiamin, Polycarbamat A aus Tetramethylendiamin u. 2-Butendiol-1.4-bis-chloroformat; Polycarbamat B aus 2-Butendiol-1.4 u. Benzoldiisocyanat; S enthaltendes Polymeres (**I**) aus 4.4'-Thiodibutanol u. Maleinsäure; Si enthaltendes Polymeres (**II**) aus Dicarboxyphenyldimethylsilan u. 2-Butendiol-1.4; P enthaltendes Polymeres (**III**) aus Benzolphosphonsäure u. 2-Cyclohexendiol-1.4. Als epoxydierende Mittel werden Perameisensäure, Peressigsäure, Perbenzoesäure u. Monoperphthalsäure verwendet. So wird z. B. Polyester A mit Peressigsäure (**IV**), Polyester B mit Perbenzoesäure (**V**), Polyamid A mit **IV**, Polycarbamat A u. B mit **IV**, **I** mit **IV**, **II** mit **V** u. **III** mit **IV** epoxydiert. Die erhaltenen Prodd. eignen sich bes. für Kleb- u. Imprägniermittel, sie können zu Glykolen hydratisiert u. z. B. mit Monocarbonsäuren umgesetzt werden, deren Reaktionsprodd. als *Weichmacher, Schmiermittel* oder *trocknende Öle* verwendet werden. (**E. P. 786 116** vom 1/9. 1955, ausg. 13/11. 1957. A. Prior. 3/9. 1954.) H. SCHINDLER. 7171

Gilbert Forrest Woods, Silver Spring, Md., V. St. A., *Polyene* mit konjugierten Doppelbindungen erhält man durch Rk. von 2.4-Pentadienal mit einer Alkyl- oder Allyl-GRIGNARD-Verb. u. Wasserabspaltung aus dem entstandenen Alkohol in Ggw. von aktiviertem Al_2O_3. — Aus 2.4-Pentadienal in wasserfreiem Ae. u. CH_3MgBr u. nachfolgende Hydrolyse → 1.3-Hexadien-5-ol; daraus unter N_2 in Ggw. von Al_2O_3 (Teilchengröße 8—12 Maschen) bei 325—350°/0,1 mm → *1.3.5-Hexatrien,* E. —11,7°. — Allyl-MgBr → 1.3.7-Octatrien-5-ol → *1.3.5.7-Octatetraen*; daraus mit Maleinsäureanhydrid → *Addukt.* — *Zwischenprodd.* zur Herst. von *Elastomeren* u. Heilmitteln. (**A. P. 2 707 196** vom 28/9. 1949, ausg. 26/4. 1955.) G. KRAUSS. 7173

Montecatini Soc. Gen. per l'Industria Mineraria e Chimica, Italien, und **Karl Ziegler,** Deutschland (Erfinder: **Ettore Bua, Luciano Luciani** und **Alessandro Negromanti**), *Herstellung linearer kristalliner polymerer α-Olefine* in Lsg. in wenigstens einem bei den Reaktionsbedingungen fl. Paraffin-KW-stoff, der bei n. Druck einen

Kp. —42 bis +6° hat. — Man gibt 0,5 (g) $(C_2H_5)_2AlCl$ u. 0,75 $TiCl_4$ in einen 400-cm³-Rührautoklaven in Äthylenatmosphäre, setzt dann 270 cm³ fl. Butan zu, hält 6 Std. bei 75° u. einem Äthylendruck von 15 at, entfernt Butan u. Äthylen, gibt 100 cm³ Butylalkohol zu, rührt 1 Std. bei 50° u. filtriert. (**F. P. 1 160 135** vom 5/11. 1956, ausg. 8/7. 1958. It. Prior. 8/11. 1955.) M. PANKOW. 7173

Montecatini Soc. Gen. per l'Industria Mineraria e Chimica (Erfinder: **Giulio Natta, Dario Sianesi** und **Renato Serra**), Mailand, Italien, *Lineare Polymere aus aromatischen Vinylkohlenwasserstoffen.* Wenigstens ein mit niederen Alkylgruppen oder Halogenatomen kernsubstituiertes Styrol u./oder wenigstens ein Vinylnaphthalin oder -tetrahydronaphthalin wird mit einem Katalysator aus einer Verb. von Metallen der IV. bis VI. Nebengruppe des Period. Syst. mit einer Organometallverb. eines Elementes der II. oder III. Gruppe polymerisiert, z. B. mit einem Katalysator aus Ti-Halogenid u. Al-Alkyl. — Man tropft 1,1 g $Al(C_2H_5)_3$ in 10 ml Bzl. unter N_2 zu 0,7 g $TiCl_4$ in 40 ml Bzl. u. gibt dann 18 g p-Methylstyrol (I) zu, zers. nach 7 Std. mit überschüssigem CH_3OH, wäscht mit HCl-CH_3OH u. extrahiert den Rückstand mit Bzl.; amorphes Polymeres. — Die Polymeren der p-substituierten Styrole u. des β-Vinylnaphthalins ergeben amorphe Polymere, die auch nach langem Erhitzen über den Übergangspunkt 2. Ordnung nicht krist. werden können. o-Methylstyrol gibt ein isotakt. Polymeres hoher Kristallinität, F. 305 bis 310°; bei <260° in allen organ. Lösungsmitteln unlöslich. Mischungen von o-Methylstyrol u. I geben wie I amorphe, unlösl. Polymere. Dimethylstyrole führen zu kristallinen Polymeren. Mischungen aus isomeren Dimethylstyrolen ergeben hochkristalline Polymere. Die Mol.-Geww. dieser Polymeren liegen zwischen 1 u. 5 Millionen. (**Oe. P. 200 334** vom 21/2. 1957, ausg. 28/10. 1958. It. Priorr. 23/2. 1956 u. 15/1. 1957.) M. PANKOW. 7173

Alfred Eckelmann und **Heinz Tittel**, Bitterfeld, *Herstellung von nachchloriertem Polyvinylchlorid* mit einem Erweichungspunkt >100°. Man suspendiert Polyvinylchlorid in einem chlorierten KW-stoff u. chloriert in Ggw. kleiner Mengen eines radikalbildenden Katalysators [Azodi-(isobutyronitril) oder Azodi-(hexahydrobenzonitril)] <80° bis zu einem Cl-Geh. von >66°. — 300 (Gewichtsteile) Polyvinylchloridpulver werden in 480 CCl_4 mit 8000 Chlf. versetzt, 5 Azodi-[isobutyronitril] in 200 Chlf. zugegeben u. in die Aufschlämmung 360 Cl_2 bei 58—60° so eingeleitet, daß es restlos verbraucht u. HCl u. W. abgeführt wird. Nach 6 Std. wird mit CH_3OH von 0 bis —10° gefällt. Erweichungspunkt des Polymeren 115—120°, kann nach Zusatz eines Stabilisators bei 168—170° gewalzt u. in der Strangpresse bei 205° Pressenkopftemp. zu einem Rohr gespritzt werden. (**D. P. [DDR] 15 957** Kl. 39c vom 1/5. 1956, ausg. 3/12. 1958 [Wirtschaftspatent].) M. PANKOW. 7173

Monsanto Chemical Co., St. Louis, Mo., übert. von: **Raymond J. Longley** und **Richard H. Martin**, Springfield, Mass., V. St. A., *Suspensionspolymerisation von Vinylhalogeniden* in Ggw. geringer Mengen eines Dispergiermittels, das ein Mischpolymerisat aus Äthylen, Maleinsäure-(anhydrid) darstellt u. das mit einem einwertigen Alkohol (C_{1-10}) teilverestert ist. Als letzterer sind in den Beispielen (Tabellen) genannt: Methanol, Isopropanol, Butanol, Methoxyäthylalkohol u. bes. Tetrahydrofurfurylalkohol. *Perlpolymerisate* von Vinylchlorid, -bromid, -fluorid u. ersteres zusammen mit Vinylacetat oder Maleinsäurediäthylester. (**A. P. 2 824 862** vom 26/8. 1955, ausg. 25/2. 1958.) H. SCHINDLER. 7173

Monsanto Chemical Co., St. Louis, Mo., übert. von: **Joachim Dazzi**, Dayton, Ohio, V. St. A., *Diester von Carbonsäurederivaten des 2-Benzthiazolylmercaptans*, bes. *2-Benzthiazolylmercaptobernsteinsäuredialkylester* (Alkylreste 3—12 C, deren C-Ketten durch O-Atome unterbrochen sein können) werden erhalten durch Rk. von 2-Benzthiazolylmercaptan (I) mit einer zweibas. ungesätt. Carbonsäure (II), z. B. Malein-, Fumar- oder Itaconsäure, u. Veresterung des so erhaltenen Prod. oder durch Umsetzung von I mit entsprechenden Estern von II. — I + Di-n-butylester der Maleinsäure in absol. A. → *2-Benzthiazolylmercaptobernsteinsäure-di-n-butylester*, $C_{19}H_{25}NO_4S_2$, n_D^{25} 1,5600. — *Weichmacher, bes. für Polyvinylchlorid.* (**A. P. 2 725 364** vom 31/12. 1952, ausg. 29/11. 1955.) H. BRÄUCKER. 7173

Union Carbide & Carbon Corp., New York, N. Y. (Erfinder: **John Wendell Lynn**, South Charleston, W.-Va.), V. St. A., *Herstellung von N.N-Bis-(2-cyanäthyl)-dicarbonsäuremonoestermonoamiden* der allg. Formel I, worin R einen 2wertigen aliphat. KW-stoffrest, einen Tetrahydrophenylrest oder einen endo-Methylentetrahydrophenylenrest u. R' einen aliphat. KW-stoffrest mit 1—8 C-Atomen bedeutet, dad. gek., daß man entsprechende cycl. Dicarbonsäureanhydride mit Bis-(2-cyanäthyl)-amin (II) umsetzt u. anschließend mit einem aliphat. Alkohol, der 1—8 C-Atome enthält, verestert. Man gibt II langsam zu einer Mischung des cycl. Dicarbonsäureanhydrids mit Bzl. bei 50—80° u. kocht das

$$R\begin{cases} C(=O)-N(CH_2-CH_2CN)_2 \\ C(=O)-OR' \end{cases} \qquad I$$

Gemisch unter Rückfluß. — Z. B. kocht man eine Mischung von 5 Mol Bernsteinsäureanhydrid in Bzl. u. gibt 5 Mol **II** hinzu. Die Mischung wird 1 Std. erhitzt, beim Abkühlen krist. N.N-Bis-(2-cyanäthyl)-succinamidsäure (**III**) aus, F. 118—119° (aus A.) 1 Mol **III**, 3 Mol Methanol, 3 g H_2SO_4 u. 300 ml Äthylenchlorid werden 21 Std. erhitzt. Die Schichten werden getrennt, der Äthylenchloridanteil mit Na_2CO_3-Lsg. gewaschen u. das Lösungsm. entfernt. Man erhält *N.N-Bis-(2-cyanäthyl)-succinsäuremethylesteramid,* n_D^{30} 1,4832. Entsprechend werden hergestellt aus: **III** + A. → *N.N-Bis-(2-cyanäthyl)-succinsäureäthylesteramid,* n_D^{30} 1,4788; **III** + Isopropanol → *N.N-Bis-(2-cyanäthyl)-succinsäureisopropylesteramid,* F. 45—47°; n_D^{30} 1,4747; **III** + 2-Äthylbutanol → *N.N-Bis-(2-cyanäthyl)-succinsäure-(2-äthylbutylester)-amid,* n_D^{30} 1,4763; **III** + 2-Äthylhexanol → *N.N-Bis-(2-cyanäthyl)-succinsäure-(2-äthylhexylester)-amid,* n_D^{30} 1,4736; **III** + Diäthylenglykol → *Diäthylenglykol-bis-[N.N-bis-(2-cyanäthyl)-succinamidsäure]-ester.* Glutarsäureanhydrid + **II** → N.N-Bis-(2-cyanäthyl)-glutaramidsäure, F. 85—88° → *N.N-Bis-(2-cyanäthyl)-glutarsäurebutylesteramid,* n_D^{30} 1,4700. Bernsteinsäureanhydrid + **II** + Butanol → *N.N-Bis-(2-cyanäthyl)-succinsäurebutylesteramid,* n = 1,4767; Bernsteinsäureanhydrid + **II** + Allylalkohol → *N.N-Bis-(2-cyanäthyl)-succinsäureallylesteramid,* n_D^{30} 1,4893; Maleinsäureanhydrid + **II** + A. → *N.N-Bis-(2-cyanäthyl)-fumarsäureäthylesteramid,* F. 68—69°; Cyclohexen-(4)-dicarbonsäure-(1.2)-anhydrid + **II** → N.N-Bis-(2-cyanäthyl)-cyclohexen-(4)-dicarbonsäure-(1.2)-monoamid, F. 130—133° → *N.N-Bis-(2-cyanäthyl)-cyclohexen-(4)-dicarbonsäure-(1.2)-butylestermonoamid;* Bicyclo-(1.2.2)-hepten-(5)-dicarbonsäure-(2.3)-anhydrid + **II** → N.N-Bis-(2-cyanäthyl)-bicyclo-(1.2.2)-hepten-(5)-dicarbonsäure-(2.3)-monoamid, F. 133—135° → *N.N-Bis-(2-cyanäthyl)-bicyclo-(1.2.2)-hepten-(5)-dicarbonsäure-(2.3)-(2-äthylbutylester)-amid.* — *Plastifizierer für Vinylharze.* — Vgl. A. P. 2 750 401; C. **1957.** 12618 u. E. P. 773 406; C. **1958.** 3755. (**D. B. P. 946 144** Kl. 12q vom 23/4. 1954, ausg. 26/7. 1956. Anmeldung bekanntgemacht 2/2. 1956. A. Prior. 22/4. 1953.) A. MOHR. 7173

Rohm & Haas Co. (Erfinder: **Arthur Williams Ritter jr.**, Haddon Heigths, N. J., und **Stanley Paul Rowland**), Philadelphia, Pa., V. St. A., *Herstellung von Polyacetoxyfettsäureestern,* die mindestens 1 Paar benachbarte Acetoxygruppen enthalten, dad. gek., daß man in der 1. Stufe bei einer Temp. zwischen ca. 10° u. dem Kp. des Reaktionsgemisches (I) wasserunlösl. olefin. ungesätt. Fettsäureester mit einem wss. Gemisch behandelt, daß H_2O_2, CH_3COOH (**II**) u./oder deren Anhydrid u. außerdem einen ionisierbaren sauren Hilfsstoff, bes. H_3PO_4, enthält u. außerdem ein p_H von +1,5 bis —1,5 besitzt, wobei die Menge des H_2O_2 je Mol Doppelbindung mindestens 1 Mol beträgt u. die Menge an **II** umgekehrt proportional der gewählten H_2O_2-Konz. innerhalb der durch bestimmte Punkte eines Diagramms begrenzten Fläche ist, anschließend das vom wss. Gemisch abgetrennte Estergemisch, das neben Acetoxy- noch OH- u. Epoxygruppen enthält, in 2. Stufe prakt. unter Wasserausschluß bei ca. 100° bis zum Kp. des **I** mit **II**-Anhydrid oder einem Gemisch aus Keten u. **II**, bes. in Ggw. von CH_3COONa oder einem anderen neutralen oder schwach bas. Salz, acetyliert, bis die OHZ u. der Epoxy-O-Geh. prakt. den Wert Null erreicht haben, worauf man den Acetoxyester aus dem **I** in bekannter Weise isoliert. Als Ausgangsester, die man bes. in einem organ. Lösungsm., wie Bzl. oder Toluol, löst, verwendet man bes. pflanzliche Öle, Alkylester der Öl-, Linol- oder Linolensäure. — Butyloleat → Butoxyacetoxystearat (OHZ. 175) → *Butyl-9.10-diacetoxystearat.* — 2-Äthylbutyloleat → 2-Äthylbutyloxyacetoxystearat (OHZ. 140) → *2-Äthylbutyldiacetoxystearat.* — Sojabohnenöl → *Poly-(diacetoxy)-glycerylester.* — Baumwollsaatöl → *Polydiacetoxy-Baumwollsaatöl.* — Oleylbutyrat → *Stearyldiacetoxybutyrat.* — *Weichmacher,* bes. für PVC. (**D. A. S. 1 035 641** Kl. 12o vom 29/8. 1955, veröff. 7/8. 1958. A. Prior. 30/8. 1954.) O. MÜLLER-MEININGEN. 7173

Montecatini Soc. Gen. per l'Industria Mineraria e Chimica, Mailand, Italien, und **Karl Ziegler,** Mühlheim-Ruhr (Erfinder: **Achille Bosoni,** Mailand, Italien), *Rohr aus polymerem Propylen* mit einem Mol.-Gew. bis 250000. Es wird zweckmäßig aus der Strangpresse mit einer Temp., die bis 100° über dem F. des Polymeren liegt (F. ist die Temp., bei der die krist. Struktur verschwindet), verformt. (**Oe. P. 200 869** vom 20/9. 1957, ausg. 25/11. 1958. It. Prior. 21/9. 1956.) M. PANKOW. 7173

Montecatini Soc. Gen. per l'Industria Mineraria e Chimica (Erfinder: **Enzo Di Giulio** und **Paolo Parrini**), Mailand, Italien, *Herstellung von Schreibmaterial.* Einen zum Beschreiben u. Bedrucken geeigneten Papierersatz erhält man, wenn man aus einer Lsg. eines kristallisierbaren hochpolymeren Propylens das Lösungsm. so abdampft, daß das Polymere bei 100—160° sich progressiv aus der gesätt. Lsg. niederschlägt. — Man dispergiert Polypropylen in einer Erdölfraktion vom Kp. 160—200° u. erhitzt anschließend auf 160°, trägt die 45%ig. Lsg. auf eine glatte Unterlage, hält 15 Min. im Ofen von 145° u. schreckt den Film in W. ab. Weißes Blatt von papierartigem Aussehen zur Herst.

von See- u. Landkarten, Verpackungsmaterial, elektr. Isolierzwecke, Bücher. (**Oe. P. 200 342** vom 12/6. 1957, ausg. 25/10. 1958. It. Prior. 13/6. 1956.) M. PANKOW. 7173

Harold Newby, London, England, *Schlagfeste Polystyrol-Formmassen,* bestehend aus einer Mischung von 20 (Teilen) Polystyrol u. 1—20 eines Butadien-Styrol-Mischpolymerisats, das mindestens 35% Butadien enthält u. das bei >50 durch Emulsionspolymerisation gewonnen wurde, wobei eine Polymerisatausbeute von mindestens 90% obligator. ist. Zweckmäßig wird das Mischpolymerisat so hergestellt, daß bis zu einem Umsatz von 40% bei 50°, hierauf bei >90° polymerisiert wird. (**E. P. 786 087** vom 10/3. 1955, ausg. 13/11. 1957.) O. SCHÖN. 7173

Kenneth L. Proctor, Collingswood, N. J., und **Henry L. Katz,** Havertown, Pa., V. St. A., *Herstellung von Zellkörpern aus Phenolformaldehydharzen.* Man stellt zuerst eine alkal. kondensierte Harzlsg. aus Phenol u. CH_2O her. Diese wss. Lsg., die 78—85% Feststoffe enthält, wird mit 5—10% eines Harzes aus 10 (Teilen) m-Toluylendiisocyanat, 5 Pentaerythritmonooleat u. 3 Pentaerythritdipropional u. $NaHCO_3$ gemischt. Die Mischung wird mit 30%ig. Phenolsulfonsäure u. einem oberflächenakt. Mittel versetzt u. 15—30 Sek. kräftig gerührt. Nach 1—5 Min. beginnt die Mischung zu schäumen, u. man erhält einen selbsthärtenden Schaumkörper. (**A. P. 2 806 006** vom 1/8. 1951, ausg. 10/9. 1957.) H. v. SCHILLER. 7177

Distillers Co. Ltd., England, übert. von: **British Resin Products Ltd.,** *Herstellung lipolöslicher Harze.* Man kondensiert ein Monophenol, das in o- oder p-Stellung zur OH-Gruppe wenigstens 1 H-Atom enthält, sauer mit einem Aldehyd, entwässert die prakt. aldehydfreie Mischung, erhitzt sie u. veräthert mit einem Alkyl- oder Arylphenol bei 50 bis 175° in Ggw. von H_2SO_4, Alkyl-, Arylsulfonsäure, niederen Alkylsulfaten. Die Harze können durch Rk. mit ungesätt. KW-stoffen, wie Styrol, Cumaron, Inden, modifiziert werden. Sie können mit ungesätt. pflanzlichen Ölen gemischt werden u. dienen zum *Imprägnieren,* als *Firnis,* zur Herst. von *Fußbodenbelag* oder *Linoleum,* als *Klebmittel für Gießereikerne,* bei *Bremsbelägen.* Ihre Reaktionsfähigkeit mit den Ölen wird durch Zusatz von Alkoholen verzögert, mit Alkali verhindert, mit Säure wiederhergestellt. — 100 (Gewichtsteile) Handelskresol mit 52% m-Kresol u. 80 40%ig. CH_2O u. 0,6 Oxalsäure werden 90 Min. erhitzt, dann wird bis 125° im Vakuum dest.; 100 des Novolaks gibt man zu einer 130° heißen Schmelze aus 20 p-Octylphenol u. 2 einer Mischung aus 20% H_2SO_4 u. 80% Diäthylsulfat u. hält 15 Min. bei 140—150°. Dunkelrotes Harz; F. 85—90°. Man löst 200 Harz in 100 Xylol u. gibt bei 140° 200 rohes Holzöl zu, hält noch 15 Min. bei 140° u. mischt mit Leinöl, 330 Cumaronnaphtha u. 50 Butanol, setzt Sikkative zu u. erhält einen *Einbrennlack.* (**F. P. 1 104 021** vom 25/3. 1954, ausg. 15/11. 1955. E. Prior. 26/3. 1953.) M. PANKOW. 7177

American Cyanamid Co., V. St. A., übert. von: **Walter M. Thomas,** *Polymerisieren ungesättigter Polyester* für sich oder zusammen mit anderen polymerisierbaren Verbb. mit den üblichen Polymerisationskatalysatoren, wie Peroxyden, u. einem Katalysatoranreger der Formel I (Alkyl mit 1—4 C-Atomen) oder dessen Polymeren, bes. dem in dem Reaktionsmedium lösl. Mischpolymerisat mit anderen polymerisierbaren Verbb., bes. Styrol. — Zu 72 (Teilen) eines ungesätt. Polyesters gibt man 36,2 Styrol, 2 Gew.-% Benzoylperoxyd u. 0,02 Gew.-% Dimethylaminostyrol. (**F. P. 1 128 444** vom 21/3. 1955, ausg. 4/1. 1957. A. Prior. 24/3. 1954.) M. PANKOW. 7177

[Formel I: Benzolring mit $N(Alkyl)_2$ und $CH{:}CH_2$]

American Cyanamid Co., V. St. A., übert. von: **George Bliss Duhnkrack,** *Polymerisieren ungesättigter Polyester* zusammen mit anderen polymerisierbaren Verbb. mit einem Kp. von wenigstens 60° mit den üblichen Polymerisationskatalysatoren u. einem Katalysatorpromotor in Form geringer Mengen eines gelösten Cu-Salzes u. einer Verb. mit der Gruppe $\rangle C{=}NR$ (R = H oder organ. Rest) oder deren Salzen (Guanidine, Isomelamine Amidine, Biguanide, Biguanidine, Guanylharnstoff, Pseudoharnstoffe). — Zu einer Mischung aus ungesätt. Polyester u. Styrol gibt man 0,01 Gew.-% Äthylenguanidinhydrochlorid, 0,4 mg/Liter Cu-Naphthenat (als gelöstes Cu berechnet) u. 1% Benzoylperoxyd. (**F. P. 1 134 800** vom 4/7. 1955, ausg. 17/4. 1957. **E. P. 772 889** vom 28/6. 1955, ausg. 17/4. 1957. Beide A. Prior. 6/7. 1954. **A. P. 2 822 344** vom 6/7. 1954, ausg. 4/2. 1958.) M. PANKOW. 7177

Hermann Ludewig und **Hellmut Ramm,** Rudolstadt, *Herstellung von Polyäthylenterephthalat.* Man löst Dimethylterephthalat in Äthylenglykol im geschlossenen Gefäß, estert im Autoklaven unter Druck um, dest. dabei oder danach CH_3OH ab u. isoliert *Terephthalsäurediglykolester* oder kondensiert ihn zum Hochmolekularen. Das Sublimieren des Dimethylterephthalats wird dadurch vermieden. (**D. P. [DDR] 16 084** Kl. 39c vom 15/11. 1956, ausg. 22/12. 1958 [Wirtschaftspatent].) M. PANKOW. 7177

Minneapolis-Honeywell Regulator Co., übert. von: **Arnold S. Aase** und **Luther L. Bolstad,** Minneapolis, Minn., V. St. A., *Epoxyharzzellkörper* werden durch Aufschäumen u. Aushärten eines Gemisches bei erhöhter Temp. hergestellt, das aus fl. linearen Glycidpolyäthern 2wertiger Phenole, einem Treibmittel (Diazoaminobenzole, Ammoniumcarbonat, -carbamat, Dinitrosopentamethylentetramin u. p.p'-Oxy-bis-benzolsulfonylhydrazid), p.p'-Diaminodiphenylmethan oder Polyäthylenpolyamin als Härter u. Polyvinylacetal als Schaumstabilisator besteht. Hilfsweise können zusätzlich weitere Treibmittel (Toluol, n-Propylalkohol u. Perchloräthylen), Weichmacher (Trikresylphosphat) u. Netzmittel (Polyglykole) mitverwendet werden. (**A. P. 2 831 820** vom 13/4. 1953, ausg. 22/4. 1958.) G. TEWES. 7177

Karl Buser, Leipzig, und **Werner Heidinger,** Leuna, *Herstellung von Kunststoffmassen, Gießlingen, Klebemitteln und Lacküberzügen aus epoxygruppenhaltigen Verbindungen.* Den gelösten oder geschmolzenen epoxygruppenhaltigen Verbb. setzt man als Härtungsmittel das bei der Adipinsäureherst. durch Oxydation von Cyclohexanon mit HNO_3 anfallende gereinigte Gemisch von Dicarbonsäuren zu. So wird das Säuregemisch nach Abtrennung der Adipinsäure aus der Mutterlauge auskrist., in heißem W. gelöst u. das W. im Vakuum entfernt, der Vorgang 2mal wiederholt, der Destillationsrückstand bei 5° auskrist., die Kristalle werden zerrieben u. so als Härtungsmittel verwendet, oder die Kristalle $^1/_2$ Std. auf 120° im offenen Gefäß zur Zers. der Carboxylgruppen erhitzt u. das Pulver als Härtemittel verwendet oder die Erhitzung 2 Std. bei 130° u. 24 mm vorgenommen, oder aber die Kristalle mit der doppelten Menge CH_3COCl 13 Std. unter Rückfluß bei 40° gerührt, CH_3COCl u. CH_3COOH entfernt u. der Rückstand im Vakuum destilliert. Das krist. Destillat hat F. 67° u. eignet sich ebenfalls als Härtemittel für Epoxyharze. (**D. P. [DDR] 16 000** Kl. 39b vom 26/10. 1955, ausg. 4/12. 1958 [Wirtschaftspatent].) M. PANKOW. 7177

Rohm & Haas Co., V. St. A., übert. von: **Sidney Melamed,** *Herstellung und Polymerisation von N-Vinyloxyalkylalkancarboxamiden* der Formel $CH_2{:}CHOANRCOR'$ (A = Alkylen mit 2—3 C-Atomen, von denen wenigstens 2 zwischen dem benachbarten N-Atom u. Äther-O-Atom vorhanden sind; R = H oder CH_3, R' = Alkyl mit 11—17 C-Atomen). Man erhält sie aus Aminoalkylvinyläthern u. Laurin- oder Stearinsäurechlorid oder deren Methyl- oder Äthylestern. Es sind in W. unlösl., in polaren Lösungsmitteln, wie Alkoholen, wenig oder gar nicht lösl. krist. Verbb. mit F. 74—90°, die als *Fungicide* u. *Baktericide* u. zum *Appretieren* von Leder, Gewebe, Papier, Cellophan dienen können. Die mit Azokatalysatoren erhaltenen Polymeren sind *Wachse* mit F. 90—125°, die ebenfalls zum Überziehen von Papier, Leder usw., zum Abreiben von Möbeln, Autos, als Zusatz zu Hochdruckfetten u. Schmierölen, als Zusatz zu KW-stoffen in Flammenwerfern dienen können. In Mischpolymerisaten mit anderen Vinyl- u. Acrylverbb. dienen die Monomeren, in denen R = CH_3, als interne Plastiziermittel. Die Mischpolymerisate mit anderen Vinyläthern oder die verseiften Mischpolymerisate mit Vinylestern dienen als *Netz-*, *Schaum-* u. *Emulgiermittel* in der Papier-, Leder- u. Textilindustrie. — 34,2 g Stearylchlorid in 50 cm³ Toluol u. 22 g 2-Aminoäthylvinyläther in 50 cm³ Toluol werden 1 Std. bei Raumtemp. gerührt, mit verd. Lauge behandelt,abgekühlt u. filtriert: *N-[β-Vinyloxyäthyl]-stearamid,* F. 86,5—88°; gegen Stemphylium sarcinaeforme in $<1\%$ig. Lösung. — *N-[β-Vinyloxyäthyl]-lauramid* (I), F. 74—75°; gegen Micrococcus pyogenes: 88 (Teile) **I**, 17 Dimethylformamid u. 2 Dimethylazoisobutyrat werden 16 Std. bei 75° gehalten: Polymeres mit F. 100—125°. (**F. P. 1 143 234** vom 8/12. 1955, ausg. 27/9. 1957. A. Prior. 8/12. 1954.) M. PANKOW. 7181

Algird Kreuchunas, Detroit, Mich., V. St. A., *Thermoplastische Harze* erhält man am Rückfluß aus gleichen Mol.-Mengen eines p.p'-Dihalogendiphenylsulfons der allg. Formel **I** u. eines Alkali-p-phenylendimercaptids der Formel **II**, worin X u. X' = Cl, Br oder J, R u. R' = H, Methyl oder Äthyl, Me = K oder Na u. R'' = H, Methyl oder Äthyl bedeuten, in einem fl. alkoh. Medium. In den Beispielen werden p.p'-Dichlordiphenylsulfon u. Na-p-phenylendimercaptid in n-Butanol umgesetzt. — *Überzüge, Filme, hitzebeständige Formmassen.*

X—(R)C₆H₃—SO_2—C₆H₃(R')—X' (I) MeS—C₆H₃(R'')—SMe (II)

(**A. P. 2 822 351** vom 5/12. 1955, ausg. 4/2. 1958.) H. SCHINDLER. 7185

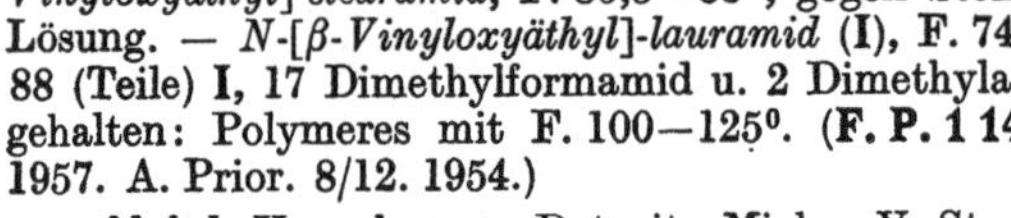

Dow Corning Corp., Midland, Mich., übert. von: **Leonard M. Shorr,** Pittsburgh, Pa., V. St. A., *Siloxanmischpolymerisate* erhält man durch Rk. von 1—99 (Gew.-%) eines Siloxans mit den Struktureinheiten $XR_nSiO_{3-n/2}$ mit 1—99 eines Epoxyharzes, das durch Rk. eines mehrwertigen Phenols mit mehrwertigen Chlorhydrinen oder Polyepoxyden erhalten worden ist; X ist ein gesätt., nicht aromat. KW-stoffrest, der 1—2

OH-, COOH-, COO-Alkyl-, NH_2- oder $CONHR'NH_2$-Reste (R' = Alkylen) enthält, wobei die funktionellen Gruppen mindestens 3—6 C-Atome vom Si-Atom entfernt sind; R bedeutet gesätt., gegebenenfalls halogenierte, einwertige KW-stoffreste, n = 0—2, das Siloxan kann zudem bis zu 95 Mol.-% Siloxaneinheiten der Formel $R''_mSiO_{4-m/2}$ enthalten, wobei R'' einwertige, gegebenenfalls halogenierte KW-stoff- oder Halogenphenoxymethylester u. m 1—3 bedeuten. 1,9 g eines Siloxanmischpolymerisats mit einem Geh. an 55 (Mol.-%) Phenylmethyl-, 15 Monophenyl-, 15 Monomethylsiloxan u. 15 Siloxan der Formel I, das aus dem Carboxymischpolymerisat durch Rk. mit Hexamethylendiamin erhalten wurde, wird, in Toluol gelöst, mit 2,4 g eines Epoxyharzes versetzt, das aus Epichlorhydrin u. Bis-p.p'-dihydroxydiphenyldimethylmethan erhalten wurde u. ein Epoxyäquivalent von 187 aufweist. Bei längerem Stehen bei n. Temp. bildet sich eine klare, harzartige Masse. — *Überzugs-* u. *Preßmassen.* (**A. P. 2 819 245** vom 7/3. 1955, ausg. 7/1. 1958.) J. MÜHLEISEN. 7189

$O_{3/2}Si$—CH$_2$—CONH(CH$_2$)$_6$NH$_2$ I

Farbenfabriken Bayer Akt.-Ges., Leverkusen (Erfinder: **Franzkarl Brochhagen**, Odenthal/Köln, und **Peter Hoppe**, Troisdorf), *Herstellung von homogenen und porösen Formkörpern.* Die härtbaren Gemische aus Polyoxyverbb., Polyisocyanaten u. polymerisierbaren Vinylverbb. gemäß D. B. P. 956 720 werden in der im Belg. P. 516 512; C. **1956.** 14511 beschriebenen Mischapp. verarbeitet, wobei die erforderlichen Katalysatoren den Polyoxyverbb., bzw. den Di- oder Polyisocyanaten zugefügt werden. (**D. A. S. 1 026 519** Kl. 39b vom 22/8. 1953, veröff. 20/3. 1958. **Zusatz zu D. B. P. 956720; C. 1958, 3179.**) G. TEWES. 7205

Geoffrey Sly, Melbourne, Australien, *Kunstharzpreßmasse für Schallplatten.* In 100 (Gewichtsteilen) Polystyrol werden 3 Carnaubawachs, 2 eines bei 91—93° schm. geradkettigen KW-stoffs mit 50—65 C-Atomen (Crown wax 1035), 1 Zinkstearat, 0,25 eines bei 45° schm. Polyäthylenglykololeyläthers, 2 Kohle u. 0,01 Siliciumcarbid mit einer Teilchengröße zwischen 0,010 u. 0,017 μ (Kosmos BB oder Monarch 74) eingearbeitet, (**Aust. P. 166 742** vom 28/10. 1953, ausg. 26/2. 1956.) O. STEIL. 7205

Henkel & Cie. G. m. b. H. (Erfinder: **Helmut Pietsch**), Düsseldorf, *Kunstharzgebundene Schichtstoffe.* Das mit einem Härter für Epoxyharze, z. B. mit sauren Verbb. [p.p'-Diphenylätherdicarbonsäure, Äthylenglykol-bis-(p-oxybenzoesäure)-äther, Di- u. Polyester mit sauren Gruppen, saure Phenolharze u. Carbonsäureanhydride], bas. Verbb. (Di- u. Polyamide) oder Verbb. mit Carbonsäureamid- oder Sulfonamidgruppen, geschlichtetes Fasermaterial (Glas- u. Mineralfasern) wird mit härtbaren, Epoxydgruppen aufweisenden Verbb. (0,1—1% Umsetzungsprodd. von Epichlorhydrin mit Phenolen oder Thiophenolen, Carbonamid-, Carbonhydrazid oder Sulfonamidverbb.) in Lsg. oder in wss. Emulsion als Haftschicht überzogen. Diese wird gegebenenfalls bei erhöhter Temp. ausgehärtet u. schließlich das vorbehandelte Material in bekannter Weise mit epoxydgruppenfreien Kunstharzen, bes. einer M. aus ungesätt. Polyesterharz, Styrol u. Benzoylperoxydpaste, gebunden. (**D. A. S. 1 036 518** Kl. 39b vom 16/5. 1956, veröff. 14/8. 1958.) G. TEWES. 7205

XII. Kautschuk.

H. J. Stern, *Kautschuk und Kunststoffe im Bauwesen.* Vf. gibt einen Überblick über die derzeitigen Einsatzmöglichkeiten von Kautschuk u. Kunststoffen im Bauwesen. (Rubber J. int. Plastics **135.** 845—49. 22/11. 1958.) M. WINIKER. 7220

N. Nikolov und **L. A. McLeod,** *Untersuchung von Pfropfmischpolymerisaten. Untersuchung von Mischpolymerisatfraktionen von Pfropfpolymerisaten von Methacrylsäuremethylester und Acrylamid auf Polybutadien. Auswertung als elastomere Produkte.* Durch Behandlung eines Polybutadienlatex mit einem O_2/O_3-Gemisch wurden auf den Makromoll. reaktionsfähige Gruppen eingeführt, die die Polymerisation von *Methacrylsäuremethylester, Acrylamid* oder *Styrol* auslösen können. Es wurde bewiesen, daß die Bldg. von Homopolymeren von Seifenmoll. herrührt; sie läßt sich aber wirksam vermeiden durch Zufügen einer wasserlösl. reduzierenden Verb. vor Zugabe des 2. Monomeren. Diese Behandlung beeinflußt nicht die öllösl. polymeren Peroxyde, auf denen dann die Pfropfung stattfindet. Nach dieser Meth. wurden Pfropfpolymerisate hergestellt; einige zeigen Oberflächenaktivität u. eignen sich daher (ohne zusätzliche Emulgatoren) für Polymerisationen. Durch Extraktions- u. Viscositätsunterss. sowie durch JCl-Titrationen an Lsgg. wurde das Vorliegen echter Pfropfmischpolymerisate bewiesen. (Rubber Age [New York] **83.** 987—92. Sept. 1958. Sarnia, Ontario, Canada, Polymer Corp. Ltd., Res. & Developm. Div.) R. SCHÄFF. 7224

Neil L. Catton, *Anwendung von Neoprene als Träger für Dichtungsmittel.* Vf. beschreibt die Anwendung von *Neoprene KNR* als Dichtungsmaterial (sealant). Die Verwendung von Litharge u. einem organ. Beschleuniger, die Herst. einer Beschleunigermischung u. die Einstellung des Beschleunigers für zweckmäßige Arbeitszeit u. Vulkanisationsgeschwindigkeit werden besprochen. (Rubber Age [New York] **83.** 996—99. Sept. 1958. Wilmington, Del., E. I. du Pont de Nemours & Co., Elastomer Chem. Dep.) R. SCHÄFF. 7224

C. W. Sweitzer, W. M. Hess und **J. E. Callan,** *Die Rußverteilung in Kautschuk und ihre Rolle bei den Vulkanisateigenschaften.* Vff. untersuchten die Auswertung des Verteilungszustandes von Ruß in Kautschukmischungen (4 opt. Untersuchungsmethoden werden angegeben), die Faktoren, welche die Verteilung beeinflussen (Polymerisattyp, Art u. Menge des Rußes, Einarbeitungsbedingungen) u. die Beziehung zwischen Rußverteilung u. Vulkanisateigenschaften. Verbesserte Rußverteilung u. physikal. Eigg. werden mit Verstärkerrußen in Butadien–Styrol-Kautschuk durch Verwendung von Masterbatches mit hohem Rußgeh., durch Zugabe von Öl (processing oil), durch Vermeidung übermäßiger Mischungstempp. u. durch geeignete u. intensive Naß- oder Trockenvormischung von Ruß u. Kautschuk erhalten (hohe Masterbatchviscosität bei niedriger Anfangstemp. u. möglichst lange Vormischung von Ruß u. Kautschuk vor dem Walzen führen zu maximaler Kautschuk–Ruß-Bindung u. zu minimalem Abbau). (Rubber Wld. **138.** 869—76. Sept.; **139.** 74—81. Okt. 1958. New York, N. Y., Columbian Carbon Co.) R. SCHÄFF. 7226

Madeleine Boucher und **Gilbert Tesquet,** *Einige Einzelheiten über das neue Alterungsschutzmittel KPNi-1.* Das neue, bes. wirksame Alterungsschutzmittel für Kautschuk, *KPNi-1* (**I**; Ni-Isopropylxanthat) wurde in 23 Grundmischungen (Naturkautschuk, Krylene, GR-S-1502, Hycar OR15, Neoprene GN, Butyl 301, Hypalon) im Vgl. zu Ionol 2246, UOP 88, Santoflex AW bzw. MTBZ ausgeprüft. Es wurde gefunden, daß **I** bei der Vulkanisation ein ziemlich guter Beschleuniger ist (außer bei reinen Tetramethylthiuramdisulfid-Vulkanisaten). **I** ist ein gutes Schutzmittel gegenüber Licht- u. O_3-Einfl., es verzögert das Auftreten von Rissen, wirkt sich günstig auf das Wärmeverh. schwarzer Mischungen aus u. ruft keine diesbezügliche Veränderung bei hellen Mischungen hervor. Im allg. hat **I** einen größeren Bereich von Schutzwrkg. u. ist damit ein universelleres Schutzmittel als die meisten handelsüblichen Schutzmittel. (Rev. gén. Caoutchouc **35.** 904—10. Juli 1958. Inst. Franç. Caoutchouc u. Ets. Kuhlmann.) R. SCHÄFF. 7226

Ss. W. Ratner und **M. W. Melnikowa,** *Über den Gummiabrieb durch Schmirgelpapier.* Vff. diskutieren an Hand zahlreicher Verss. die Kinetik des Abriebvorganges auf der GRASSELI-Apparatur. Dabei ergibt sich, daß sich die gleichmäßige Zunahme des Abriebvol. erst nach einer bestimmten Zeit einstellt, die als instabile Periode (i.P.) bezeichnet wird. Die Länge der i.P. hängt vom Biegewinkel (durch Schwerkraft hervorgerufen) u. damit vom Winkel zwischen Schmirgelplatte u. Prüfkörper ab sowie von der Form des Körpers. Durch Verringerung der Höhe des Prüfkörpers kann die i.P. verkürzt werden, desgleichen durch günstige Formgebung (halbsphär., zylindr.). An Hand von 64 verschied. Mischungen wird außerdem eine Beziehung zwischen dem Abrieb u. der Festigkeit, der Reibung u. der Hysteresis gefunden. Die üblichen internationalen Methoden geben Werte aus der i.P., wodurch die starke Streuung solcher Messungen erklärt wird. (Каучук и Резина [Kautschuk u. Gummi] **17.** Nr. 8. 14—21. Aug. 1958. Wiss. Forsch.-Inst. der Gummiind.) O. KRAMM. 7230

R. W. Usina, W. Je. Bassin und **M. Ss. Dosstjan,** *Zur Frage der Festigkeit der Bindung im System Cord–Adhäsiv-Gummi.* Nach theoret. Betrachtungen kommen die Vff. zur Auffassung, daß durch die zwischenmol. u. chem. Wechselwrkgg. das Problem der *Cord–Gummi-Bindung* am besten beschrieben werden kann. Es werden dann eigene Verss. mit Dispersionen zum Durchtränken von Cord erörtert. Dabei ergibt sich, daß *Latex* als Basis die Haftfestigkeit (HF.) nicht erhöht. Das kann erst durch polare Zusätze erreicht werden: *Casein* (**I**), nicht voll ausreagiertes *Phenolformaldehydharz* (**II**), polarer *Methylvinylpyridinlatex* (**III**) u. *carboxylhaltiger Latex.* Dabei dürfen sich die funktionellen Gruppen bei Kombination der Zusätze nicht behindern. So zeigt **III** ein Maximum der HF. bei Zusatz von ca. 25% zu einem *Naturkautschuk-*, *Butadien-* oder *Butadien–Styrol-Latex.* Setzt man **III** jedoch neben **II** ein, so ergibt sich ein Optimum bei einem Anteil von je 10% **II** u. **III** bzw. bei 20% **II** u. 7,5% **III**. Zusatz von mehr als 10% **III** in Ggw. von **II** läßt die HF.-Werte stark abfallen. Wird in die Dispersion S gegeben, sinken die dynam. HF.-Werte, während Beschleuniger sich bei **I**-Latexdispersionen günstig auswirken u. bei **II**-Latexdispersionen keine Beeinflussung zu bemerken ist. Weiter zeigen die Vff., daß die Erhöhung der HF. parallel geht mit der Steigerung der physikal. Eigg. des aus den Dispersionen gewonnenen Vulkanisatfilms. Abschließend werden Cord u. Karkassgummi in bezug auf die HF. diskutiert, wobei interessant ist, daß geringe Zusätze (0,3—0,15%) von Cl-Derivv. des Bzl., wie Benzotrichlorid, die HF. an Gummi-Adhäsiv verbessern, falls in letzterem **III** enthalten ist. Als schwächster Punkt des Syst. Gummi–Adhäsiv–Cord wird die HF. zwischen Gummi u. Adhäsiv bezeichnet. (Каучук и Резина [Kautschuk u. Gummi] **17.** Nr. 7. 13—18. Juli 1958. Wiss. Forsch.-Inst. der Reifenind.) O. KRAMM. 7230

C. C. Stueber und **Ralph F. Wolf,** *Nicht ausgehärtete Bestandteile von hoher Steifheit in schlauchlosen Lastwagenreifen.* Bei Gummimischungen für Lastwagenreifen verhindern nicht ausgehärtete Bestandteile das Eindringen von Luft. Zusätze, die Verstärkung durch Nichtaushärtung hervorrufen, werden bei verschied. Fließ- u. Aushärtungstempp. untersucht. Naturgummi mit starkem Rußanteil zeigt genügend Steifheit, begünstigte Luftundurchlässigkeit aber schlechte Verarbeitungseigenschaften. Verss. ergaben, daß Mischungen mit ISAF-Ruß u. gefälltem wasserhaltigem SiO_2 die guten Eigg. vereinigen. Eine Meßmeth. zur Best. nicht ausgehärteter Steifheit wird beschrieben. (Rubber Wld. **135.** 245—53. Nov. 1956. Baberton, Ohio, Columbia-Southern Chem. Corp.) H. STRAUCH. 7230

J. O. Wood, *Fasern und Gewebe.* (Vgl. C. **1958.** 13115.) Fortschrittsbericht 1957 über Fasern u. Gewebe, die für die Gummiindustrie von Belang sind. — 51 Literaturhinweise. (Annu. Rep. Progr. Rubber Technol. **21.** 57—61. 1957.) M. WINIKER. 7230

K. E. Kress, *Photometrische Bestimmung von Zinkoxyd in Kautschukprodukten. Absorptiometrische und turbidimetrische Methoden unter Verwendung von Na-Diäthyldithiocarbamat.* Es werden zwei Methoden zur Best. von Zn in Kautschukprodd. beschrieben. In beiden Verff. wird das Zn nach einem geeigneten Aufschluß als Diäthyldithiocarbamat gefällt. Der Zn-Geh. wird dann entweder nach Extraktion mit Ae. spektrophotometr. durch Messen der Absorption der Ae.-Lsg. bei 262, bzw. 280 oder 295 mμ ermittelt oder turbidimetr. durch Messung der Absorption der Zn-Diäthyldithiocarbamatsuspension bei 448 mμ in Ggw. von Gummi arabicum. Durch geeignete Ausführung der Blindwertbest. können Störungen durch andere Metalle, wie Cu, Fe, Co, Ni, Bi oder Pb, ausgeschaltet werden. Die Vorbereitung der Probe kann durch trockene, nasse oder kombinierte naßtrockene Veraschung erfolgen. Vf. gibt ein, bes. für die Mikrobest. geeignetes, modifiziertes Naß-Veraschungs-Verf. mit konz. HNO_3 u. $HClO_4$ an, das allg. anwendbar ist. Die Methoden, bes. ihre Anwendung auf verschied. Kautschukprodd. wird diskutiert. (Analytic. Chem. **30.** 432—40. März 1958. Akron, Ohio, Firestone Tire & Rubber Co.)

K. PAVEL. 7248

Polymer Corp. Ltd., übert. von: **Robert F. Killey, Donald H. Welch** und **Charles A. McKenzie,** Sarnia, Ontario, Canada, *Zusetzen von Katalysatoren bei Tieftemperaturpolymerisationen* von z. B. Isobutylen mit 0,5—5% Isoprenzusatz bei ca. —65° erfolgt an der Eintrittsstelle der in Äthyl- oder Methylchlorid gelösten Monomeren in die näher beschriebene Apparatur. Der Katalysator, z. B. $AlCl_3$, wird hierzu in Methylchlorid gelöst u. nach Beginn der Polymerisation vor dem Zusatz so weit gekühlt, daß er mit einer um ca. 7° tieferen Temp. in das Syst. eingespritzt wird. Hierdurch wird die Bldg. niedrigmol. Prodd. verhindert u. z. B. *Butylrubber* mit Mol.-Gew. bis zu 500000 erhalten. — Zeichnung. (**A. P. 2 815 334** vom 13/9. 1955, ausg. 3/12. 1957. Can. Prior. 30/6. 1955.) H. SCHINDLER. 7225

Metal & Thermit Corp., New York, übert. von: **Elliott L. Weinberg,** Long Island City, N. Y., und **Irene Tomka** für **Louis A. Tomka †,** Westfield, N. J., V. St. A., *Stabilisieren von Kautschuk* durch ein *sek. aromat. Amin* u. eine *Organo-Zinn-Verb.* der Formel R_nSnQ. R ist Alkyl, Aryl, Aralkyl oder Alkaryl; n = 1, 2 oder 3; Q = X, ≡(XXH) oder —$XSnR_n$, wobei X = O, S, Se oder Te, u. wobei n = 1, wenn Q ≡(XXH), n = 2, wenn Q = X, u. n = 3, wenn Q —$XSnR_n$ ist, u. wobei X u. R an das Sn gebunden sind. (**A. P. 2 832 753** vom 11/3. 1955, ausg. 29/4. 1958. **E. P. 788 834** vom 5/3. 1956, ausg. 8/1. 1958. A. Prior. 11/3. 1955.) W. OVERBECK. 7227

Monsanto Chemical Co., St. Louis, Mo., übert. von: **Harold M. Leeper,** Charleston, W. Va., V. St. A., *Verbessern von Butylkautschuk* durch Einmischen größerer Mengen, z. B. 25—60, bes. 50 (%), Ruß u. kleinerer Mengen, z. B. 0,1—0,75, bes. 0,5, Halogen, bes. J, Erhitzen auf $>$122°, bes. 149—188°, für 2—16 Std. u. Mastizieren (**A. P. 2 806 833** vom 26/9. 1955, ausg. 17/9. 1957.) W. OVERBECK. 7227

B. F. Goodrich Co., New York, N. Y., V. St. A., *Ozonschutzmittel für Kautschuk,* bestehend aus einem 1.4-Diaminoalkylbenzol, in dem die 2-, 3-, 5- u. 6-Stellungen besetzt sein können durch H oder einen Alkyl-KW-stoffrest mit 1—4 C-Atomen, wobei wenigstens ein R eine Alkylgruppe ist. Beispiel: 1.4-Diamino-2.3.5.6-tetramethylbenzol. (**E. P. 792 535** vom 5/4. 1956, ausg. 26/3. 1958. A. Prior. 6/4. 1955.) W. OVERBECK. 7227

Hercules Powder Co., Wilmington, übert. von: **George B. Feild,** New Castle, und **Walter S. Ropp,** Wilmington, Del., V. St. A., *Vulkanisieren von Kautschukmilch* durch Erhitzen nach Zusatz von 0,1—10% (auf Kautschuk) eines Monoperoxyacetals der Formel CH_3—C(H)(OR)—OOR'. R u. R' sind gesätt. u. aromat. ungesätt. KW-stoffreste, z. B. Isobutyl oder α-Cumyl. (**A. P. 2 802 981** vom 2/11. 1955, ausg. 13/8. 1957.) W. OVERBECK. 7229

Monsanto Chemical Co., St. Louis, Mo., übert. von: **John J. D'Amico**, Charleston, W. Va., V. St. A., *5-Carboxy-2-thiazolyldithiocarbamate* der allg. Formel **I** [R u. R' = KW-stoffreste, bes. niedermol. Alkylgruppe; R'' = Aminogruppe, die durch Alkyl-, Cycloalkyl- oder Aralkylreste substituiert ist oder am N gebundener N-heterocycl. Rest, wie Morpholino- oder Piperidinorest] werden erhalten durch Rk. eines entsprechenden 5-Carbalkoxy-4-alkyl-2-thiazolthiols mit einem Thiocarbaminsäurehalogenid. — Z. B. werden zu einer Lsg. von 203,3 (g) 5-Carbäthoxy-4-methyl-2-thiazolthiol in 160 NaOH (25%) in 2000 W. 151,7 N.N-Diäthylthiocarbamylchlorid innerhalb von 15 Min. zugegeben, das Gemisch bei 25—30° noch 2 Std. gerührt u. dann das Reaktionsprod. abgetrennt → *5-Carbäthoxy-4-methyl-2-thiazolyldiäthyldithiocarbamat*, aus verd. A., F. 75—76°. — Analog werden hergestellt: *5-Carbomethoxy-4-methyl-2-thiazolyldiäthyldithiocarbamat*, aus verd. CH_3OH, F. 78—79°. — *5-Carbobutoxy-4-methyl-2-thiazolyldiäthyldithiocarbamat*, Öl. — *Vulkanisationsbeschleuniger* für *Butylkautschuk*. (**A. P. 2 721 868** vom 3/5. 1954, ausg. 25/10. 1955.) H. BRÄUCKER. 7229

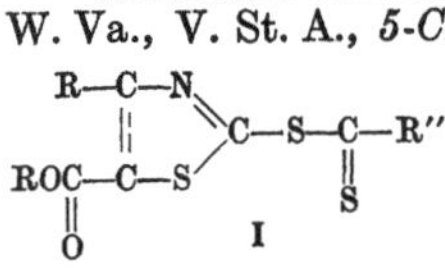

Harvel Research Corp., übert. von: **Mortimer T. Harvey**, South Orange, und **Peter L. Rosamilia**, Newark, N. J., V. St. A., *Wärmebeständige Thiokol-Mischungen*, bestehend aus a) 100 (Teilen) eines polymeren Dimercaptans mit der sich wiederholenden Gruppierung $-SSCH_2CH_2OCH_2OCH_2CH_2-$ u. 2 endständigen —SH-Gruppen u. b) 5—100 eines harzartigen Reaktionsprod. aus 1 (Mol) Aceton u. 2—6 CH_2O, das in alkal. Rk. erhalten wurde. Das Gemisch wird verfestigt durch Katalyse mittels Metalloxyd u. Hexamethylentetramin oder organ. Peroxyde. (**A. P. 2 819 244** vom 30/6. 1953, ausg. 7/1. 1958.) W. OVERBECK. 7231

American Viscose Corp., Philadelphia, übert. von: **Gerald S. Tompkins**, Ardmore, Pa., V. St. A., *Konditionieren von Garnen, Geweben oder Filzen*. Das Gut wird mit einer wss. 0,1—1%ig. Emulsion des Esters aus einer gesätt. Fettsäure (>16 C-Atome) u. einem 6wertigen Alkohol unter Zusatz von 0,001—0,5% fl. Polydialkylsiloxan behandelt u. getrocknet. — So behandelte u. mit ca. 0,5% Gemisch beladene Kunstseidencordfäden nehmen aus Kautschukmilch den Kautschuk gut an u. eignen sich dann als *Reifencord*. — Geeignete Ansätze enthalten in W. z. B. 0,05 (%) *Polydimethylsiloxan*, 0,15 Na-Oleat u. 0,3 *Sorbitmonopalmitat* oder *-stearat* bzw. *Mannitmonopalmitat* oder *-stearat* oder ferner auch 0,1 *Mannitdipalmitat*, 0,001 *Polydiäthylsiloxan*, 0,15 Na-Oleylalkoholsulfat u. 0,1 Na-Oleat. (**A. P. 2 838 455** vom 9/4. 1955, ausg. 10/6. 1958.) H. MÖLLERING. 7231

XIII. Ätherische Öle. Parfümerie. Kosmetik.

Jack Pickthall, *Die Wirkung von Parfümeriegrundstoffen auf emulgierte Produkte*. (Prakt. Chem. [Wein] **6**. 13—15. Jan.; 36—40. Febr. 1955. England, Polak & Schwarz Ltd. — C. **1959**. 644.) H. P. FIEDLER. 7260

Hans Profand, *Das Wesen der Acetoglyceride und ihre Bedeutung für die Kosmetik*. Allg. Überblick über Vork., Eigg. u. chem. Struktur der Acetoglyceride (**I**). Vf. geht ausführlich auf die Eigg. einiger standardisierter Handelsprodd. dieser Fette u. ihre Verwendungsmöglichkeiten für kosmet. u. pharmazeut. Zwecke ein. Es werden Rahmenrezepte u. Arbeitsvorschriften für die Herst. kosmet. Präpp. (Haut- u. Handcremes, Sonnenbrandöl u. -creme, Lippenstiftmasse), die durch Geh. an bestimmten **I**-Prodd. gek. sind, angegeben. Weitere Einsatzgebiete werden aufgeführt. (Kosmetik-Parfum-Drogen Rdsch. [Innsbruck] **5**. 65—67. 1958.) H. SONTAG. 7284

W. Schweisheimer, *Wirkstoffe zur Bekämpfung der Kopfschuppen*. Mögliche Ursachen der Schuppenbldg. werden angeführt u. ihre Bekämpfung durch Shampoonieren, Anregung der Blutzufuhr zum Kopf u. örtliche Anwendung von Schuppenmitteln besprochen. Untersuchungsergebnisse über die Wrkg. folgender Verbb. auf staphylococcus aureus u. albus sowie auf pitysporum ovale als auf seborrhoischer Kopfhaut regelmäßig vorliegender Keime werden angegeben: Hexachlorophen, quarternäre NH_4-Verbb., Na-Alkylsulfat. Menthiolate, Phenyl-Hg-Acetat, Na-Sulfacetamid, Selensulfid u. andere S-Verbindungen. (Seifen-Öle-Fette-Wachse **84**. 396—97. 25/6. 1958.) H. SONTAG. 7284

Johannes Schneider (Erfinder: **Johannes Schneider**, Bautzen, und **Siegfried Laurich**, Stuttgart), *Trägerstoff für Riechstoffe*, bestehend aus bis zur Geruch- u. Geschmacklosigkeit geglühtem mineral. Schiefer. (**D. A. S. 1 046 229** Kl. 23a vom 26/6. 1956, veröff. 11/12. 1958.) C. LÜTTGEN. 7277

VEB Vasenol-Werk (Erfinder: **Werner Mende,** Stahmeln), Leipzig, *Herstellung einer resorberbaren Pudergrundlage,* dad. gek., daß Stärke mit wasserhaltigen techn. Methylolverbb. des Melamins, bes. Trimethylolmelamin, bei wenig erhöhter Temp. gemischt u. nach Trocknung einige Zeit auf höhere Temp. erhitzt wird. Beim Mischen kann so viel W. zugegeben werden, daß eine pastöse Konsistenz erzielt wird. (**D. A. S. 1 047 382** Kl. 30h vom 12/4. 1957, veröff. 24/12. 1958.) K. KOEBKE. 7285

Johanna König und **Peter Casal,** Bad König, *Haut- und Haarpflegemittel,* gek. durch den Geh. an Semi- (**I**) u./oder Thiosemicarbazonen (**II**), diese sind zweckmäßig in wasserlösl. Alkoholen, Polyglykolen oder in Ölen oder Fetten gelöst, sie können auch in Trägern emulgiert oder suspendiert bzw. in Pasten-, Salben- u. Pudergrundlagen eingearbeitet sein, die gegebenenfalls auch Desinfektionsmittel, Farbstoffe, Äther oder äther. Öle enthalten. Es können auch lyobipolare **I** u. **II** von Aldehyden u. Ketonen mit 7 oder mehr C-Atomen in dem Mittel enthalten sein; weiter sind die **I** u. **II** von Oxoverbb. der alicycl. Reihe, z. B. der Cyclohexanreihe, der bicycl. Terpene der Camphangruppe, der Sterine geeignet. — Beispiel: 1. 1 (Teil) Citralthiosemicarbazon, gelöst in 1000 60—70%ig. A.; 2. 1 Citronellalthiosemicarbazon gelöst in 100 Polyglykol (mittleres Mol.-Gew. 200 bis 400). (**D. A. S. 1 046 835** Kl. 30h vom 24/12. 1955, veröff. 18/12. 1958.) E. PETERSEN. 7285

Wella Akt.-Ges., Darmstadt (Erfinder: **Hans Freytag,** Fulda, und **Hermann Boser,** Hann.-Münden), *Herstellen von Haarkrausungsflüssigkeiten.* Man belädt ein Anionenaustauscherharz mit einer Mercaptocarbonsäure oder einer diese durch Spaltung, z. B. mittels Esterasen bildenden Verb., z. B. Carbamin- oder Carbäthoxythioglykolsäure, Carbonyl-bis-, Thiocarbonyl-bis-, S-Acetylthiocarbonsäure, sowie Thiocarbonylglykolsäurethioglykolsäureamid, u. ein Kationenaustauscherharz mit einer Base, z. B. Ammoniak, vermischt beide Harze, wobei man gegebenenfalls noch unbeladenes Anionenaustauscherharz zusetzt, u. eluiert mit einer geeigneten Salzlsg., z. B. von K-Citrat, die gegebenenfalls einen Esterasekomplex enthält. Das Gemisch der beladenen Harze kann lange Zeit ohne Zers. gelagert werden; aus ihm kann man jeder Zeit eine frische Dauerwell-Lsg. bereiten. (**D. A. S. 1 050 507** Kl. 30h vom 23/4. 1956, veröff. 12/2. 1959.) E. PETERSEN. 7285

Gillette Co., Boston, Mass. (Erfinder: **Joseph H. Brant,** Arlington Heights, Ill.), V. St. A., *Kaltdauerwellenmittel.* Es enthält in wss.-alkal. Lsg. außer 0,4—0,9 Mol/Liter Thioglykol-, Thioäpfel- u./oder Dimercaptoadipinsäure noch 0,8—1,4 Mol/Liter eines Gemisches aus Ammoniak oder einem Monoalkylolamin u. einem Dialkylolamin. Das prim. u. das sek. Amin sind zu je 0,4—0,9 Mol/Liter zugegen. Die gesamte freie Basizität der Lsg. beträgt 0,2—0,6 Mol/Liter. Zweckmäßig soll die Lsg. 80—100% der Menge an NH_3 oder prim. Amin enthalten, die zur Neutralisation der Mercaptocarbonsäure erforderlich ist. Das Mittel kann auch die üblichen Zusätze, wie Riechstoffe, Netz- u. Verdickungsmittel enthalten. (**D. A. S. 1 035 856** Kl. 30h vom 22/8. 1956, veröff. 7/8. 1958. A. Prior. 26/8. 1955.) E. PETERSEN. 7285

E. I. du Pont de Nemours & Co., übert. von: **Thomas E. Bell,** Wilmington, Del., V. St. A., *Fixieren von Dauerwellen.* Das Haar wird nach dem Erweichen mit einem Reduktionsmittel u. dem Verformen mit einer wss. Lsg. von Na- oder K-Monopersulfat, die 500—2000 (Teile) pro 1000000 akt. Sauerstoff an das Persulfat gebunden enthält u. deren p_H-Wert ca. 2—3 beträgt, bei 20—40° nicht länger als 5 Min. behandelt. (**A. P. 2 774 355** vom 23/3. 1955, ausg. 18/12. 1956.) E. PETERSEN. 7285

XIV. Zucker. Kohlenhydrate. Stärke.

H. Euteneuer, *Lagerung und Verladung von Verbrauchszucker.* Es wird die Absack-, Lager- u. Verladeanlage der Zuckerfabrik Jülich beschrieben sowie ein Stapelkran mit Ausleger, der die restlose Ausnutzung des Lagerraums bei völliger Ausschaltung der schweren Handarbeit gewährleistet. Sack- u. Materialverluste werden dadurch restlos beseitigt. (Zucker **11.** 377—81. 15/8. 1958.) R. WALCKER. 7400

L. Ernould, *Ergebnisse bei der Bekämpfung der Vergilbungskrankheit der Rübe mit systemischen Insekticiden in Belgien.* Verkürzte Fassung der C. **1959.** 1293 referierten Arbeit. (Zucker **9.** 505. 15/10. 1956.) P. FAHRNLAENDER. 7406

G. P. Kutusow, *Die Anwendung von Natriumpentachlorphenolat zur Bekämpfung der wichtigsten Sommerunkräuter in den Saaten von Futterrüben.* Für die Bekämpfung der Unkräuter in Futterrübensaaten vor dem Aufgehen der Saat eignen sich 10 kg/ha *Na-Pentachlorphenolat* (**I**). Es wird empfohlen, den Acker mit 500 Liter/ha 3 Tage nach der Aussaat zu spritzen. Die Toxizität von **I** ist abhängig von der Bodenart. Auf Torfboden beträgt sie nur etwas mehr als die Hälfte des Wertes auf Sandboden. Lehmboden nimmt eine Zwischenstellung ein. Die I-Dosis richtet sich nach der Bodenart. Bei Erhöhung der Bodenfeuchtigkeit von 40 auf 80% der wasserhaltenden Kraft des Bodens wird die I-Toxizität verdoppelt. Auf das Wachstum der Mikroflora übt I keinen schädlichen Einfl. aus. (Доклады Всесоюзной ордена Ленина Академии Сельскохозяйственных Наук имени В. И. Ленина [Ber. Allunions landwirtsch. (Lenin-Orden) Lenin-Akad.] **23.** Nr. 8. 34—36. 1958. Allunions-Wiss. Wiljams-Forschungsinst. für Futterm.) O. LEBTAG. 7406

Gerhard Bernsee, *Über die Ursachen eines hohen Restkalkgehaltes in Dünnsäften.* Bei der Verarbeitung reifer Rüben sind die Ursachen für einen zu hohen Restkalkgeh. im Dünnsaft nicht in deren Beschaffenheit zu suchen. Zur Erzielung n. Restkalkgehh., auch bei Rücknahme von Schlammsaft oder Schlammsuppe, sind höhere Kalkzugaben bei der Scheidung erforderlich. Die zurückgenommenen Saftmengen kann man messen, berechnen oder titrieren. Vorteilhaft ist eine Verringerung des Scheidesaftvolumens. — 29 Literaturhinweise. (Z. Zuckerind. **8** (**83**). 228—31. 20/5. 1958.) M. REIHER. 7412

W. Pretzman, *Die Verteilung von Destillierwäsche und Filterpressenschlamm durch Versprühen.* Es wird ein Pumpen- u. Rohrleitungssyst. beschrieben, das gestattet, die anfallende Destillierwäsche u. den Filterpressenschlamm, nach Verdünnung mit W., auf die Anbauflächen zu versprühen. (Int. Sugar J. **60.** 17. Jan. 1958. Campos, Brasilien, Usina Santa Cruz.) M. REIHER. 7412

B. S. Sak, *Optimales Schema der Affination von Gelbzucker.* Ausführliche Beschreibung der App. u. der mehrjährigen prakt. Erfahrungen bei der Affination von Gelbzucker. Die Färbung wurde um 38—60% verbessert, der Reinheitsgrad um 0,8—1,6 auf 95,5—96,0 erhöht. (Сахарная Промышленность [Zucker-Ind.] **33.** Nr 2. 29—31. Febr. 1958. Smeljansk, Zuckerfabrik.) OTTO MAIER. 7416

E. Moebes, *Der Einfluß der Anionen von Salzen auf die Löslichkeit von Saccharose.* Der Einfl. von Anionen auf die Sättigungskonz. der Saccharose wurde untersucht u. dabei festgestellt, daß sowohl die Anionen wie die Kationen Einfl. auf die Löslichkeit der Saccharose ausüben. Die Löslichkeitserhöhung beruht auf der Bldg. von Anlagerungsverbb. mit der Saccharose, einer Molekular-Rk., die weitgehend von der Konz. u. dem Dipolmoment des Salzes bestimmt ist. (Z. Zuckerind. **8** (**83**). 383—89. 20/8. 1958. Leopoldsdorf, Zuckerfabrik.) G. RAPP. 7416

P. Devillers, *Untersuchung des Gleichgewichts zwischen Zuckerlösung und feuchter Luft. Anwendung auf die Untersuchung der Feuchtigkeitsaufnahme von Zucker an der Luft.* Es werden 2 Formeln abgeleitet, mit deren Hilfe man die Feuchtigkeit eines Zuckers, der im Gleichgewicht mit der bekannten Feuchtigkeit der Luft steht, berechnen kann. — Für einen reinen Zucker bleibt diese Feuchtigkeit immer gering, aber ein gekochter oder Rohzucker, der feuchter Luft ausgesetzt ist, wird immer bedeutende Mengen W. aufnehmen. Um dies zu vermeiden, sollte man die Luft des Lagerraums trocknen u. verhindern, daß sie erneut Feuchtigkeit aufnimmt. Lagerung in hermet. abgeschlossenen Silos ist wünschenswert. (Sucrerie franc. **1958.** 287—90. Nov. Syndikat der nat. Zucker-Fabr., Labor.) R. WALCKER. 7438

Clarence Sterling, *Relaxation in einem Stärkegelzucker.* (Vgl. C. **1958.** 5823.) Vf. hat an Stärkegelen verschied. Alters die opt. D., die Wasserlöslichkeit, die Trübung durch A., die Jodadsorptionsfähigkeit, die Abbaubarkeit durch β-Amylase u. die Brechung von Röntgenstrahlen gemessen u. eine Zunahme der Rückbldg. mit der Zeit mit den meisten Methoden festgestellt, jedoch mit verschied. Methoden verschied. Ergebnisse erhalten. — Graph. u. tabellar. Wiedergabe der Resultate. (Food Res. **22.** 184—91. März/April 1957. Davis, Calif., Univ., Dep. of Food Technol.) HEINRICH HERMANN. 7448

M. Athenstedt, *Papierchromatogramme von Zuckern und ihre quantitative Auswertung.* Die Voraussetzungen für die quantitative Auswertung der Papierchromatogramme von Zuckern werden untersucht u. Angaben über geeignete Papier u. Lösungsmittelgemische gemacht. Vf. beschreibt 3 Arten für die Best.: Vgl. der Fleckengröße mit einem Standardfleck, Arbeiten mit radioakt. Substanzen u. colorimetr. Methoden, wobei bes. die Anthronmethode eingehend untersucht u. der Fehler dieses Verf. ermittelt wird. (Z. Zuckerind. **8** (**83**). 389—91. 20/8. 1958. Berlin.) G. RAPP. 7488

Deutsche Maizena Werke G. m. b. H., Hamburg (Erfinder: **Paul Beemers,** Krefeld), *Verfahren zum Füllen von Kristallisatoren mit konzentrierten Zuckerlösungen,* dad. gek., daß alle zur Verkrustung neigenden Innenteile des Kristallisators im scharfen Strahl mit der Füllmasse angespritzt werden. Das Anspritzen erfolgt zweckmäßig durch Düsen mit einem Druck von ca. 5 atü. — Zeichnung. (**D. A. S. 1 047 128** Kl. 89d vom 8/8. 1957, ausg. 18/12. 1958.) A. GRADL. 7417

Karl Kristian Kobs Krøyer, Aarhus, Dänemark, *Kontinuierliche Herstellung von Glucosesirup* durch Hydrolysierung von angesäuerter Stärkemilch in einem Rohrkonverter, dad. gek., daß das Reaktionsmedium in dem kontinuierlich arbeitenden Konvertersyst. in 2 oder mehrere Teilströme unterteilt wird, die je für sich unterschiedlichen, regelbaren Reaktionsbedingungen unterworfen u. dann wieder vereinigt werden. — Zeichnung. (**D. A. S. 1 047 130** Kl. 89i vom 9/7. 1957, veröff. 18/12. 1958. Dän. Prior. 11/7. 1956.) A. GRADL. 7443

Whitworths Holdings Ltd., Wellingborough (Erfinder: **Norman Leslie Smith**), England, *Trocknen von Stärke*, dad. gek., daß ein feuchter Stärkebrei mit so viel trokkener Stärke vermischt wird, daß das Gemisch eine Feuchtigkeit von 30—45% hat, worauf es in einer üblichen Trockenvorr. getrocknet wird. (**E. P. 796 833** vom 27/2. 1956, ausg. 18/6. 1958.) A. GRADL. 7449

Farbenfabriken Bayer Akt.-Ges., Leverkusen-Bayerwerk (Erfinder: **Wilfried Kaufmann**, Wuppertal-Sonnborn, und **Klaus Bauer**, Wuppertal-Elberfeld), *Herstellung von Laevansucrase*, dad. gek., daß man Bac. subtilis-Kulturen neben komplexen organ. Nährbodenbestandteilen NH_4-Ionen in Konzz. von 0,1—2,0% u. Rohrzucker in Konzz. von 2—15%, vorzugsweise 10% zusetzt, unter intensiver Belüftung bei p_H 6,0 bis 7,0 fermentiert u. die Laevansucrase nach an sich bekannten Methoden, gegebenenfalls nach Abtrennung oder Abtötung der Bac. subtilis-Zellen, gewinnt. (**D. A. S. 1 043 259** Kl. 6a vom 2/5. 1957, veröff. 13/11. 1958.) J. KETTNER. 7461

XV. Gärungsindustrie.

C. C. Emeis, *Untersuchungen an durch Massenisolation gewonnenen Sporen von Saccharomyces carlsbergensis.* Durch mechan. Zerstörung der Askuswände im Homogenisator u. einer anschließenden Trennung der Sporen von den noch übrigen vegetativen Zellen u. unzerstörten Asken ist es möglich, große Mengen keimfähiger Askosporen von Hefen zu gewinnen, was bes. für genet. Unterss. an Hefen mit schwacher Sporenbldg. u. schlechter Sporenkeimfähigkeit von Bedeutung ist. An Hand morpholog. Merkmale wird an einem *Saccharomyces carlsbergensis*-Stamm gezeigt, daß bei der Gewinnung von Einsporkulturen eine Aufspaltung der Erbeigg. eintritt. Es ergeben sich Möglichkeiten, durch Kreuzungsverss. neue Heferassen mit techn. wichtigen Eigg. zu züchten. (Brauerei, wiss. Beilage **11.** 160—63. 212. Okt. 1958. Berlin, Inst. für Gärungsgewerbe, mikrobiol. Abt.) K. SCHAUERTE. 7506

Karl-Friedrich Kretschmer, *Rohstoffprobleme der Gegenwart.* Vf. bespricht die Bedeutung der Zus. u. Güte der Rohstoffe für die Herst. von Qualitätsbieren u. weist auf Verbesserungsmöglichkeiten hin. Bes. Aufmerksamkeit verdient die Zucht neuer Bierhefen u. Gerstensorten als auch die Weicharbeit, bei der die Mälzereien eine Reform nicht mehr umgehen können. Durch verschied. Methoden ist es möglich, die Prüfung von Neuzüchtungen auf Mälzungs- u. Brauwert zeitlich sehr zu beschleunigen. (Brauwelt, Ausg. B **97.** 1436—44. 27/9.; 1573—79. 1/10. 1957. Bremen, Haake-Beck Brauerei A.G.) K. SCHAUERTE. 7540

Aufhammer, Schuster, Winkler, Schmauß und **Ruppert**, *Vergleich der Kornerträge und der Brauqualität von Sommergerste aus zwei Jahrgängen, verschiedenen Herkünften und führenden europäischen Zuchtsorten.* Der Einfl. des Jahrgangs macht sich stärker bei den qualitativen, der Einfl. der Herkunft stärker bei den quantitativen Leistungseigg. bemerkbar; dagegen ist der Sorteneinfl. stets erkennbar, bes. stark jedoch bei den eiweißreicheren Provenienzen. Die Brauqualität kann noch stärker als die Ertragsleistung durch entsprechende Sortenwahl beeinflußt werden. Auf Grund der erheblichen Sortenunterschiede in der Enzymkraft ist die sortenreine Vermälzung zu empfehlen. (Brauwelt, Ausg. B **97.** 1430—35. 27/9. 1957.) K. SCHAUERTE. 7540

Aufhammer, Schuster, Winkler, Schmauß und **Ruppert**, *Ergebnisse aus den internationalen Gerstenversuchen in Süddeutschland 1957, mit besonderer Berücksichtigung von Enzymkraft und Auswuchsschäden.* (Vgl. vorst. Ref.) Die bodenständigen deutschen Sorten erbrachten höhere Durchschnittsleistungen als die ausländ. Sorten mit stärkerer Keimruhe, zeigten geringere Auswuchsschäden durch die regenreiche Erntewitterung u. keine hohe Enzymkraft. (Brauwelt **98.** 1348—51. 5/9. 1958.) K. SCHAUERTE. 7540

Josef Ernst, *Ausbeute und Schwand von der Praxis aus gesehen.* Vf. bespricht Fehler, die bei der Best. der Mälzereiausbeute u. Sudhausausbeute u. bei der Kontrolle des Bierschwands gemacht werden u. erläutert Möglichkeiten zur Ausbeute verbesserung. (Brauwelt, Ausg. B **97.** 1482—85. 27/9. 1957. Freising.) K. SCHAUERTE. 7544

Lorand Macher, *Die Prüfung der Biere auf Haltbarkeit.* Vf. beschreibt verschied. Methoden zur Ermittlung der Bierstabilität u. vergleicht ihre optimalen Anwendungsmöglichkeiten sowie die bei der Haltbarkeitsbest. zu befolgenden Gesichtspunkte. (Brauwelt, Ausg. B **97.** 1466—74. 27/9. 1957. München.) K. SCHAUERTE. 7550

Rolf Bünger, *Schutzanstriche gegen Korrosion in Brauereien.* Inhaltlich ident. der C. **1958.** 3760 referierten Arbeit. (Brauwelt, Ausg. B **98.** 537—40. 15/4. 1958.) F. RADLER. 7550

Zygmunt Wasilewski, *Das Problem der gesteuerten Gärung in der Weinindustrie.* Übersicht. — 37 Literaturangaben. (Przemysł Spożywczy **12.** 7—10. Jan. 1958. Warszawa.) F. URBAN. 7552

Je. Je. Popowa, *Ebereschenfrüchte als Rohstoff für die Weinbereitung.* Die Früchte von Sorbus aucuparia var. rossica enthalten: bis zu 136 (%) *Vitamin C,* 19,35 *Carotin* u. bis zu 3000 *Vitamin P.* Die Früchte haben einen erfrischenden, süßsauren, angenehmen Geschmack u. liefern 56% (vom Gewicht) Saft. Aus dem Saft können süße, starke u. Dessertweine unter Anwendung des Produktionsschemas für Obst- u. Beerenweine ohne Zusatz von Klärstoffen hergestellt werden. Der Most gärt gut u. setzt sich gut ab; der Wein ist leicht filtrierbar. Der starke Wein enthält 8,0 g/Liter Säure, 17,0 Vol.-% A. u. 9,0% Zucker, der süße 7,5, 16,0 u. 12,0, Dessertwein 8,0, 16,0 u. 16,0. (Виноделие и Виноградарство СССР [Weinbereit. Weinbau UdSSR] **29.** Nr. 1. 31—33. 1959. Moskau, Volkswirtschaftsrat, Zentr. wiss. Forsch.-Labor. für Weinprodukte.) OTTO MAIER. 7556

Max Lindemann, *Kritische Betrachtungen zur Farbebestimmung in Würze und Bier.* Vf. gibt einen Einblick in die Vielzahl der Methoden zur Farbebest. in Würze u. Bier u. weist auf Möglichkeiten hin, die auftretenden Fehler auf ein Minimum zu reduzieren. (Brauwelt, Ausg. B **97.** 1486—89. 27/9. 1957. München, Wiss. Stat. für Brauerei e. V. K. SCHAUERTE. 7600

F. Hoffmann-La Roche & Co. Akt.-Ges., Basel, Schweiz, *Wuchs- und Nährstoffe enthaltendes Gärförderungsmittel.* Man verwendet sowohl für Obst- als auch für Traubenmaischen ein Gärförderungsmittel, bestehend aus 10000—40000 (Teilen) $(NH_4)_2SO_4$, 500—3000 aus Casein durch enzymat. Abbau gewonnenes Pepton, 20—800 Thiamin, 50—600 meso-Inosit u. 1—10 Biotin. Es können auch zusätzlich 50—900 Ca-Pantothenat u./oder 50—800 Adermin beigemischt werden. — Ausführungsbeispiele für verschied. Maischen. — Diagramme. (**Oe. P. 199 593** vom 9/10. 1956, ausg. 10/9. 1958. Schwz. Prior. 18/10. 1955.) G. WELTZIEN. 7511

Usines de Melle, Frankreich, *Herstellung von reinem absolutem Alkohol,* dad. gek., daß man A. fraktioniert u. das letzte W. durch azeotrop. Dest. entfernt. — Schema der Anlage. (**F. P. 1 157 912** vom 6/9. 1956, ausg. 5/6. 1958.) S. BÖTTCHER. 7537

Josef Dýr, Miroslav Verner und **Oldřich Žváček,** Tschechoslowakei, *Gewinnung von Glycerin durch Gärung.* Man führt die Gärung ohne Lufteinblasung durch, trennt die Hefepilze ab, wenn sie den höchsten Grad von Adaptation erreicht haben, welcher die Vermehrung der Konz. des Zuckers (**I**) u. die Verminderung der Sulfite (**II**) erlaubt u. verwendet sie mehrmals ohne Regeneration, wobei die Rückführung der Hefepilze in Form einer Hefemilch auf verschied. Weise durchgeführt werden kann. — In 10 hl W. löst man 20 (kg) **I,** 2 **II,** 1,2 Ammoniumphosphat u. 1,0 $MgSO_4$, verrührt gut u. fügt 120 Preßhefe hinzu. Daneben löst man in der entsprechenden Menge W. 1000 **I,** 350 bis 400 **II,** 13 $MgSO_4$, füllt das Präp. in den Gärbottich, impft mit dem obigen Präp. u. vergärt bei 30—33°. (**F. P. 1 158 095** vom 3/10. 1956, ausg. 6/6. 1958. Tschech. Prior. 3/10. 1955.) G. WELTZIEN. 7579

XVI. Nahrungs-, Genuß- und Futtermittel.

Aaron L. Brody, *Die Verminderung von Fehlaromen bei bestrahlten Lebensmitteln.* Allg. Ausführungen. — 12 Literaturhinweise. (Agric. Engng. **39.** 760—62. Dez. 1958. St. Joseph, Mich., Whirlpool Corp., Res. Labors.) M. WINIKER. 7634

Gr. Bălănescu, *Färbung von Lebensmittelprodukten.* Übersicht über die Gründe der Färbung von Lebensmitteln, die cancerogene Wrkg. einiger Farbstoffe, die Grenzen der Anwendung von Farbstoffen, ihre toxikolog. u. chem. Unters.; Folgerungen für die Gesetzgebung. (Rev. Chim. [Bucureşti] **8.** 162—65. März 1957.) R. K. MÜLLER. 7638

B. S. Gorringe, *Begasung von landwirtschaftlichen Erzeugnissen.* **11.** Mitt. *Sorption von Quecksilberdampf durch Weizen.* (10. vgl. J. Sci. Food Agric. **5.** [1954.] 536). Vf. entwickelte eine empfindliche Meth. der UV-Absorption von Hg zur Best. der Absorption von Hg-Dampf durch Weizen. Die Konz. betrug 10^{-10} g/50 ml Luft. Die Absorption wurde durch die Temp. nicht bes. beeinflußt, bei steigender Feuchtigkeit nahm auch die Sorption am Getreide zu. Hg wurde zum größten Teil chem. gebunden, nur bei sehr trockenem Weizen ließ sich ein Teil durch Lüften wiedergewinnen. Für die

Eier von Calandra granaria letale Konzz. sind ca. 2 feet rund um die Hg-Quelle zu finden. (J. Sci Food Agric. 6. 791—99. Dez. 1955. Sunninghill, Berks., Imperial Coll. Field Stat.) W. KNÖPKE. 7664

J. S. Schreiber und **M. E. Highlands,** *Eine Untersuchung der Biochemie von bestrahlten, unter Handelsbedingungen gelagerten Kartoffeln.* An bis zu 13 Monaten gelagerten Kartoffeln ausgeführte Unterss. zeigen, daß bestrahlte Proben stärker faulten als unbestrahlte; die stark (schwach) bestrahlten Proben enthielten 33 (29)% mehr faule Kartoffeln als unbestrahlte Proben. Bemerkenswerte Unterschiede bzgl. der Bestandteile traten im allg. nicht auf. Lediglich im 7.—12. Monat der Lagerung zeigten unbestrahlte Kartoffeln etwas geringere Gehh. an Gesamt- u. reduzierendem Zucker als bestrahlte Proben. (Food Res. **23.** 464—72. Sept./Okt. 1958. Orono, Me., Univ., Agric. Exp. Stat., Dep. of Food Processing.) W. WESLY. 7678

D. Hötzel und **H.-D. Cremer,** *Der Einfluß industrieller Vorbehandlung auf den Nährwert.* 1. Mitt. *Die Eiweißqualität von vorbehandelten getrockneten Erbsen.* Es wurde festgestellt, daß der produktive Eiweißwert der tischfertigen Prodd. von unbehandelten getrockneten Erbsen, präparierten Erbsen u. Erbsmehl sich wie 100:114:151 verhält. Die Unterschiede waren signifikant. Als Testobjekte dienten wachsende Wistar-Ratten. (Z. Lebensmittel-Unters. u. -Forsch. **108.** 469—74. Dez. 1958. Gießen, Justus-Liebig-Univ., Inst. für Ernährungswiss.) M. WINIKER. 7684

W. Schmidt-Lorenz, *Untersuchungen über den Gehalt an anaeroben und thermophilen Bakteriensporen in Erbsendosenkonserven vor der Sterilisation.* Bei Erbsendosenkonserven, die nach Verlassen der Konservenlinie unmittelbar vor der Sterilisation auf anaerobe u. thermophile Bakteriensporen untersucht wurden, fanden sich so niedrige Sporenzahlen, daß die für die Sterilisation üblichen Bedingungen als zur Abtötung auch der hitzeresistentesten anaeroben Bakterienstämme ausreichend erachtet werden. Hingegen ist trotz der relativ niedrigen Sporenzahlen eine gesicherte Zerstörung der extrem hitzeresistenten thermophilen Sporen, welche die flat-sour-Verderbnis bewirken, nicht gewährleistet. (Ind. Obst- u. Gemüseverwert. **44.** 27—31. 22/1. 1959. Karlsruhe, Bundesforschungsanst. für Lebensmittelfrischhaltung.) M. WINIKER. 7684

Anthony Lopez, Paul J. Fellers, Charles B. Wood und **Joseph M. Johnson,** *Zusammensetzung von 10 Koch- und Tafelsorten von Äpfeln aus Virginia.* Zus., chem. u. physikal. Eigg. von 10 Varietäten von Koch- u. Tafeläpfeln aus Virginia (Diagramme u. Zahlentafeln). (Food Res. **23.** 492—504. Sept./Okt. 1958. Blackburg, Va., Virginia Polytechn. Inst.) W. WESLY. 7688

M. L. Pai, *Der Einfluß des Kochens auf den Nährwert von Nahrungsmitteln.* 1. Mitt. *Der Thiamingehalt einiger gekochter Nahrungsmittel.* Unterss. an verschiedenen ind. Nahrungsmitteln ergaben, daß beim Waschen, bes. von Gemüse, Verluste an *Thiamin* (I) eintreten. Beim Kochprozeß nehmen mit steigenden Tempp. u. verlängerter Einwirkungsdauer die **I**-Verluste zu. Eine Beziehung zwischen dem prozentualen **I**-Verlust u. dem prozentualen Aschegeh. konnte nicht festgestellt werden. — 14 Literaturangaben. (Indian J. med. Res. **45.** 95—103. Jan. 1957. Baroda, Med. Coll., Dep. of Physiol.) W. KREIPE. 7690

Zdeněk Malkus, *Schwermetalle in den Couleuren.* Vf. bestimmte den Geh. an Cu, Zn, Fe u. Pb in Couleuren polarograph. u. colorimetr., wobei er feststellte, daß diese Schwermetalle in Konzz. vorliegen, die als unschädlich anzusehen sind. (Průmysl Potravin **9.** 362—63. Juli 1958. Praha, ústav Hygien.) E. VEVERA. 7704

Hans Lüthi und **Ulrich Vetsch,** *Ein seltener Fall von Buttersäuregärung in alkoholfreiem Apfelsaft.* Ausführliche Beschreibung eines Falls von Buttersäuregärung in einem alkoholfreien, sehr säurearmen Apfelsaft aus einer bäuerlichen Süßmosterei. Als wahrscheinlichste Ursache wird mangelhafte Reinigung u. Desinfektion des benutzten Holzfasses angesehen. (Fruchtsaft-Ind. **2.** 54—58. März 1957. Wädenswil/Schweiz, Eidg. Versuchsanst. für Obst-, Wein- u. Gartenbau.) M. WINIKER. 7706

Walter Pilnik, *Die chemischen Grundlagen der Entschwefelung von Fruchtsäften.* Die chem. Grundlagen der Entschwefelung von Fruchtsäften werden unter Berücksichtigung der neueren Literatur (9 Hinweise) zusammengestellt u. durch eigene einfache Verss. des Vf. belegt. Bei diesen Verss. zeigte sich, daß bei den meisten Fruchtsäften (p_H 3—4) die Temp. der entscheidende Faktor für eine gute Entschwefelung ist, was mit den industriellen Erfahrungen des Vf. übereinstimmt. (Fruchtsaft-Ind. **2.** 62—69. März 1957. Bischofszell/Schweiz.) M. WINIKER. 7706

D. M. Massey und **G. W. Winsor,** *Die Zusammensetzung der Tomatenfrucht.* Mitt. der Analysenergebnisse von ausgepreßtem Tomatensaft unter Berücksichtigung verschied. Reifestadien u. Sorten. (Glasshouse Crops Res. Inst., annu. Rep. **1954/1955.** 55—62.) F. RANG. 7706

J. S. Pruthi und **Girdhari Lal,** *Carotinoide im Passionsblumenfruchtsaft (Passiflora edulis Sims.).* Die Früchte von Passiflora edulis SIMS. enthalten nach dem Phasentrennungsverf. eine Mischung von Carotinoidpigmenten: 10,3—21,5 (%) freies Xanthophyll (I), 11,1—34,6 I-Ester. Chromatograph. Unterss. u. die Absorptionsspektren der isolierten Pigmente ergeben die Ggw. von Phytofluen, α-, β- u. ζ-Carotin. Drei andere Pigmente haben Absorptionshöchstwerte bei 400 u. 425; 400, 425 u. 445 u. 400, 425 u. 450 mμ. (Food Res. **23.** 505—10. Sept./Okt. 1958. Mysore, Centr. Food Technol., Res. Inst.) W. WESLY. 7706

Wilma A. Guice, N. V. Lovegren, R. O. Feuge und **H. B. Cosler,** *Zusatz von hydrierten Fetten zur Schokolade zur Verbesserung ihrer Wärmestabilität.* Ausführungen über das durch die Zus. des Kakaofettes bedingte Verh. der Schokolade sowie über die Mängel, die durch den relativ niedrigen F. dieses Fettes (33—35°) bei höheren sommerlichen Außentempp. (ab ca. 27°) zustande kommen; die Schokolade wird weich, sie verliert ihre Form, das Fett tritt partiell an die Oberfläche. Es werden verschied. Zusatzstoffe auf ihre Eignung zur Unterdrückung dieser Nachteile geprüft. Als am besten geeignet wird ein Zusatz bis zu 10%, bezogen auf den Kakaofettgeh. der Schokolade, von vollständig gehärtetem Baumwollsaatöl (F. über 61°) empfohlen, das hinsichtlich der konstituierenden Glyceride relativ einheitlich ist u. das beim Kristallisieren hinsichtlich der Größe nur submkr. kleine Kristalle liefert. Die nach diesem Prinzip hergestellten u. in der erforderlichen Weise geprüften Proben (Verh. im Mund; Härte; Konsistenz in Abhängigkeit von der Temp.; Austritt von Fett aus der Schokolade) lassen gemäß den tabellar. u. graph. mitgeteilten Befunden erkennen, daß auf diese Weise die beobachteten Mängel, ohne daß andere Nachteile in Kauf genommen werden müssen, weitgehend überwindbar sind. Hinweis darauf, daß eine dergestalt hergestellte Schokolade wegen ihrer erhöhten Härte nicht zur Verarbeitung für Überzugsmassen usw. geeignet ist. (J. Amer. Oil Chemists' Soc. **36.** 4—8. Jan. 1959. New Orleans, La., Southern Regional Res. Labor.; Chicago, Ill., Quartermaster Food and Container Inst.) K. TÄUFEL. 7726

F. Kelch und **A. Palm,** *Vergleichende Untersuchungen über den Oberflächenkeimgehalt von Holz- und Metalltischflächen in Fleisch verarbeitenden Betrieben.* Mit Hilfe von Keimzählungen wurde der Oberflächenkeimgeh. von Holz- u. Metalltischflächen (V 4 A-Stahlblech), die unter prakt. Verhältnissen den gleichen Arbeitsbedingungen unterworfen waren, bestimmt. Auf zerschnittenen Holztischen konnten bis zu 700 Millionen, auf glatt gehobelten Hartholzbrettern dagegen höchstens 300 000 Keime u. auf Metallflächen regelmäßig erheblich niedrigere Keimzahlen als auf den Holzteilen ermittelt werden. Reinigung zerschnittener Holzflächen mit heißer Sodalsg. vermochte den Bakteriengeh. nur unwesentlich zu beeinflussen. (Fleischwirtschaft **10.** 17—20. Jan. 1958. Kulmbach, Bundesforschungsanst. für Fleischwirtschaft, Bakteriolog.-histolog. Inst.) W. KREIPE. 7750

Christine Williams, Joan Yen und **Faith Fenton,** *Die Einwirkungen der Bestrahlung und des Kochens auf die Beschaffenheit von Kalbsleber.* Einw. von β-Strahlen auf Geschmack, Kochverlust, Farbe, Wasser-, Fett-, Thiamingeh. u. p_H von gefrorener Kalbsleber im Vgl. mit unbehandelten Proben. — Zahlentafeln. (Food Res. **23.** 473—91. Sept./Okt. 1958. Ithaca, N. Y., Cornell Univ., State Coll. of Home Economics and State agric. Exp. Stat.) W. WESLY. 7750

H. Yacowitz, F. Pansy, S. Wind, H. Stander, H. L. Sassaman, J. F. Pagano und **W. H. Trejo,** *Die Verwendung von Nystatin (Mycostatin) zur Hemmung des Hefewachstums auf mit Chlortetracyclin-behandeltem Hühnerfleisch.* Trotz der Behandlung des Hühnerfleischs mit *Chlortetracyclin* (I) konnte das Pilzwachstum nicht völlig unterdrückt werden. Vff. konnten bei zusätzlicher Verwendung von 5 oder 10 p.p.m. *Mycostatin* (II) zu 10 p.p.m. I eine nahezu völlige Reduzierung des Organismenwachstums erreichen. II wird durch Kochen völlig inakt. u. durchdringt das Fleisch nicht. (Poultry Sci. **36.** 843—49. Juli 1957. New Brunswick, Squibb Inst. for Med. Res.) H. DÖLLE. 7750

B. Havinga, *Fisch und andere aus dem Wasser stammende Nahrungsmittel.* Gewinnung, Verarbeitung, Konservierung, Gehh. u. Eigg. der Bestandteile (Fett, N-Verbb., Kohlenhydrate, Vitamine, Spurenelemente, schädliche Stoffe) einer großen Anzahl von Fischen, Muscheltieren, Schaltieren u. im W. lebenden Säugetieren. — 38 Schrifttumshinweise. (Voeding **20.** 58—78. 15/2. 1959.) W. WESLY. 7752

H. Mumm und **G. Schwarz,** *Über die Zusammensetzung der Milch eutertuberkulöser Kühe.* Im Vgl. zu n. Sammelmilch wurde bei der Unters. der Milch eutertuberkulöser Kühe gefunden, daß dieselbe bzgl. Säuregrad sowie Geh. an Milchzucker, Casein, Ca, P, K u. unlösl. Asche niedrigere Werte aufwies, während die Werte für p_H sowie Geh. an Albumin, Globulin, Chlorid, Gesamtasche, lösl. Asche u. Na erhöht waren. (Molkerei-

Ztg. **13.** 249—50. 27/2. 1959. Hohenheim, Landw. Hochschule, Inst. für Milchwirtschaft u. Gärungswesen.) M. WINIKER. 7756

Anton Zeilinger, *Qualitätsfragen bei Trinkmilch.* Vortrag. Behandelt werden: Rohmilchqualität u. Milchbehandlung in der Molkerei. — Diskussion. (Milchwiss. Ber. **8.** 149—58. 1958.) M. WINIKER. 7756

Albert Römer, *Die Vitaminierung der Trinkmilch.* Vortrag, in dem Zweck u. Durchführung der Trinkmilchvitaminierung kurz umrissen werden. — Diskussion. (Milchwiss. Ber. **8.** 189—93. 1958. Wien, „EMKA", Wirtschaftsgenossenschaft von Wiener Molkereien, Käsereien u. Milchgroßhändlern o. Gen. m. b. H.) M. WINIKER. 7756

Karl Kinzl, *Betriebstechnische Probleme der Flaschenmilch.* Vortrag. — Diskussionsauszug. (Milchwiss. Ber. **8.** 159—66. 1958. Wien, Niederösterreich, Molkerei o. G. m. b. H.) M. WINIKER. 7756

Herbert Alfonsus, *Schlagobersprobleme.* Vortrag, der einen Überblick über Herst., Qualitätsanforderungen u. Gütekontrolle von Schlagsahne vermittelt. — Diskussion. (Milchwiss. Ber. **8.** 104—205. 1958.) M. WINIKER. 7756

Johann Futschik, *Qualitätsverbesserung bei Joghurt.* Vortrag. Behandelt werden: Auswahl der Milch, Fettgehaltseinstellung, Pasteurisierung, Homogenisierung, Kultureneinfl., Säuerungsführung, Kühlung. — Diskussion. (Milchwiss. Ber. **8.** 206—16. 1958. Wolfpassing, Bundes-Lehr- u. Versuchsanst. für Milchwirtschaft.) M. WINIKER. 7756

Paul Grütz, *Soll man die Butter noch waschen? Alte und neue Erfahrungen bei der Herstellung von „gesauerter Butter" aus süßem Rahm.* Vf. vertritt die Auffassung, daß das Waschen von Süßrahmbutter nur schädlich sein kann. Zur Regulierung des Wassergeh. ist an Stelle von W. Reinkultur zu verwenden. (Molkerei-Ztg. **13.** 97—98. 23/1. 1959. Hildesheim.) M. WINIKER. 7758

Nis Petersen, *Beschleunigte Reifung von Käse durch Wasserzusatz.* Vf. berichtet über in Dänemark gemachte Erfahrungen, denen zufolge die Meth. der Schnellreifung durch Wasserzusatz nicht als „Universalmittel" angesehen werden darf, wohl aber gewisse Vorteile bietet. (Molkerei-Ztg. **13.** 277—78. 6/3. 1959.) M. WINIKER. 7760

Monika Fröhlich, *Das Verhalten von Buttersäurebacillen gegenüber Nisin in vitro.* Verss. mit 14 aus Silage stammenden Stämmen von *Buttersäurebacillen* ergaben, daß die Hemmwrkg. von *Nisin* auf dieselben viel zu gering ist, um für die Käsereipraxis von Bedeutung zu sein. (Milchwiss. Ber. **8.** 73—81. 1958. Rotholz, Bundes-Lehr- u. Versuchsanst. für Hartkäserei.) M. WINIKER. 7760

Siegfried Winkler und **Monika Fröhlich,** *Emmentalerkäsereiversuche mit Nisin.* (Vgl. vorst. Ref.) Verss. zur Klärung der Frage, ob Silomilch unter Mitverarbeitung von *Nisin* (**I**) auf Emmentaler verarbeitet werden kann u. ob **I** befähigt ist, die gefürchtete Buttersäurebacillenblähung im Hartkäse zu unterdrücken, führten zu negativen Ergebnissen. (Milchwiss. Ber. **8.** 87—96. 1958.) M. WINIKER. 7760

Erkki Peltola und **Yrjö Mälkki,** *Die Ölbehandlung von Käse nach Edamer Art.* Durch Eintauchen von Käse nach Edamer Art in fl. Paraffin reift dieser. Dabei wird im Vgl. mit früher beschriebenen Verff. Arbeit gespart, u. die Gewichtsverluste sind geringer. Die Käserinde ist sehr dünn, so daß es möglich erscheint, auf diese Weise rindenlosen Käse zu erzeugen. (Suomen Kemistilehti **29.** Nr. 3. B 88—B 90. 1956. Jokioinen, State Inst. for Dairy Res.) W. WESLY. 7760

J. K. Loosli, K. C. Beeson, N. C. Brady und **E. Farinas,** *Die chemische Zusammensetzung einiger Gräser und Leguminosen aus verschiedenen Gegenden der Philippinen.* Die Analysenwerte (Geh. an Trockensubstanz, Protein, Ätherextrakt, Rohfaser, N-freiem Extrakt, Asche, Ca, P, Co, Cu u. S) von 18 philippin. Futterpflanzen werden mitgeteilt u. diskutiert (Philippine Agriculturist **41.** 486—90. Febr. 1958.) M. WINIKER. 7782

D. W. Kent-Jones, A. J. Amos und **G. B. Thackray,** *Der Vitamingehalt von Tierfutterstoffen.* Für eine Anzahl von Futterstoffen wurde der Geh. an Provitamin A (β-Carotin), Riboflavin, Nicotinsäure, Pantothensäure, Pyridoxin, Cholin u. Vitamin B_{12} neu bestimmt. (Analyst **83.** 479—80. Aug. 1958. London, Willesden, Dudden Hill Lane, Labors.) K. MAIER. 7786

J. E. Schade, G. L. Marsh und **J. E. Eckert,** *Diastaseaktivität und (Gehalt an) Hydroxymethylfurfural in Honig und ihre Verwendbarkeit zum Nachweis von Veränderungen durch Wärme.* Zur Best. der Diastaseaktivität wurde das von SCHWIMMER (Cereal Chem. **24.** [1947.] 315) beschriebene Verf. in etwas abgewandelter Form (Verwendung eines photoelektr. Colorimeters zur Messung der zur Zers. einer bestimmten Menge Stärke durch eine bestimmte Menge Honig nötigen Zeit) angewandt u. mit dem von KIERMEIER u. KÖBERLEIN (C. **1950/54.** 2539 S) entwickelten Verff. verglichen. Die Ansicht der letztgenannten Forscher, daß die Schwankung der Empfindlichkeit der Diastase in verschied. Honigproben auf deren p_H-Unterschieden beruht, wird bestätigt. Die Geschwindigkeit der *Hydroxymethylfurfurol* (I)-Bldg. in Honigproben wird durch deren Wassergeh. u. Anfangs-I-Geh. beeinflußt. Verschied. Verff. der I-Best. in Honig werden verglichen. Die wärmelabile, baktericide Substanz in Honig [Inhibin (II)] ist labiler als Diastase. Zwischen Diastaseaktivität, I-Geh. u. II-Wert besteht keine Beziehung. (Food Res. **23.** 446—63. Sept./Okt. 1958. Davis, Calif., Univ. of California.) W. WESLY. 7812

Julius Koch und **Gustel Bretthauer,** *Über die Bestimmung von l-Ascorbinsäure in schwarzem Johannisbeermuttersaft, Halbware und Johannisbeersüßmost.* Beschreibung einer einfachen Meth. zur Best. von *l-Ascorbinsäure* in Obstsäften mittels *Dichlorphenol-Indophenol* (*D.I.*)-Tabletten (MERCK) im Betriebslaboratorium. (Fruchtsaft-Ind. **2.** 60—62. März 1957. Geisenheim/Rh., Inst. für Obst- u. Gemüseverwertung.) M. WINIKER. 7818

H. Baumgartner, *Die Acetonämie der Milchkühe. Ihre milchwirtschaftliche Bedeutung und ihr Nachweis in Milchproben.* Inhaltlich ident. mit der C. **1959.** 6662 referierten Arbeit. (Schweiz. Milchztg., wiss. Beilage **84.** 488. 25/11. 1958.) E. LÜCK. 7856

Viktor Klimscha, *Durchschnittsfettgehaltsbestimmung mittels automatischen Probenehmers.* Eingehende Verss. mit dem *L. W. Automatic Composite Sampler* (LANGSENKAMP-WHEELER INC., Indianapolis) ergaben, daß dieses Gerät noch nicht allen an einen automat. Milchprobenehmer zu stellenden Anforderungen entspricht. (Milchwiss. Ber. **8.** 97—102. 1958. Wolfpassing, Bundes-Lehr- u. Versuchsanst. für Milchwissenschaft.) M. WINIKER. 7856

Antonino Goded y Mur, *Beschreibung einer sehr einfachen Rechentafel, die es gestattet, mittels 26 Formeln von der Art der Fleischmannschen Formel den Gehalt der Milch an Trockensubstanz zu berechnen, wenn der Fettgehalt und die Dichte bekannt sind.* (Lait **38.** 593—97. Nov./Dez. 1958. Zaragoza, Inst. Hig.) M. WINIKER. 7856

Heinz Hoffer, *Erfahrungen mit einer neuen Methode zur Bestimmung von Neutralisationsmittel in Milch.* Vf. überprüfte die von WOIDICH u. SCHMID (C. **1956.** 10620) zur Best. des Neutralisationsgrades von Milch entwickelte Meth. auf ihre Verwendbarkeit in der Praxis u. stellte hierbei fest, daß dieselbe genauere Ergebnisse liefert als die Meth. von TILLMANS u. LUCKENBACH, die auf der Best. des Lactatgeh. im Milchserum mittels Stufentitration beruht. (Milchwiss. Ber. **8.** 83—86. 1958. Wolfpassing, Bundes-Lehr- u. Versuchsanst. für Milchwirtschaft.) M. WINIKER. 7856

Heinz Hoffer, *Bestimmungen über die Qualitätsprüfung von Schlagobers und Joghurt.* Vortrag, in dem Bewertungsschemata für Schlagobers u. Joghurt mitgeteilt werden. — Diskussion. (Milchwiss. Ber. **8.** 217—26. 1958. Wolfpassing, Bundes-Lehr- u. Versuchsanst. für Milchwirtschaft.) M. WINIKER. 7856

R. Ferrando und **N. Catsaounis,** *Die Auswertung bestimmter Analysendaten von Silagen für die Praxis.* Auf Grund der Ergebnisse eigener Verss. vertreten Vff. die Ansicht, daß der Quotient NH_3-N/Gesamt-N für die rationelle Verwendung von Silagen wichtige Hinweise liefert. (C. R. hebd. Séances Acad. Agric. France **44.** 765—67. 1958. Alfort, École Nat. Vét., Labor. de Nutrit. et d'Alimentation.) M. WINIKER. 7866

Guenter Schramm und **Philip D. Aines,** *Colorimetrische Bestimmung der Ureaseaktivität in Sojamehlen.* Unter Hinweis auf die zerstörende, den Futterwert herabsetzende Wrkg. der Urease in Futtermittelkombinationen aus Sojamehl u. Harnstoff wird eine rasch u. ohne Komplikationen durchführbare Bestimmungsmeth. für dieses Enzym entwickelt. Das Verf. gründet sich hinsichtlich der Vorbereitung des Untersuchungssubstrates (Sojamehle verschied. Herkunft) auf die Arbeitsweise von CASKEY u. Mitarbeitern (J. Amer. Oil Chemists' Soc. **30.** [1947.] 354), indem das Sojamehl mit 0,04% Harnstoff bei p_H 7,6—7,8 (Puffer aus 0,05 mol. $Na_4P_2O_7$ u. HCl) u. 40° in einem Thermostaten 30 Min. lang incubiert wird. Der nach dieser Behandlung hinterbleibende Harnstoff wird colorimetr. nach Umsetzung mit p-Dimethylaminobenzaldehyd bei 420 bis 435 mμ bestimmt; die gelbe Farbe entwickelt sich bei Zimmertemp. innerhalb 10 Min. zu maximaler Intensität, die mehrere Std. erhalten bleibt. Hinweis darauf, daß die ebenfalls empfohlenen Nachweis-Rkk. mit Diacetylmonoxim bzw. mit Isonitropropiophenon zur Best. von Harnstoff in Sojamehl durch anwesende andere Stoffe gestört werden. Beschreibung der App., der Arbeitsweise; Diskussion der tabellar. mitgeteilten Befunde. Die Ureaseaktivität wird ausgedrückt durch die Menge des zers. Harnstoffes unter genormten Bedingungen. Die Ergebnisse der Arbeitsweise sind gut reproduzierbar; die Nachweisempfindlichkeit ist vor allem bei niedrigen Aktivitäten sehr befriedigend. (J. Amer. Oil Chemists' Soc. **36.** 1—3. Jan. 1959. Cincinnati, Ohio, Procter and Gamble Comp.; Buckeye Cellulose Corp.) K. TÄUFEL. 7868

Buckeye Cellulose Corp., übert. von: **James Dudley Atkinson jr.**, Memphis, Tenn., V. St. A., *Herstellung von in Wasser leicht dispergierbaren Eiweißpräparaten.* Dem Eiweißstoff, z. B. Casein, werden 3,3—40% Harnstoff u. 0,25—1% Urease in Form eines bei niedriger Temp. extrahierten unhydrolysierten Sojamehles zugesetzt. — Beispiel: 70,3 (Gewichtsteile) Casein werden mit 15,6 Sojamehl als Ureaseträger u. 14,1 Harnstoff gemischt. 25,6 g dieser Mischung werden in 100 ml W. von 77° F dispergiert. (**A. P. 2 848 342** vom 3/3. 1955, ausg. 19/8. 1958.) W. KRANZ. 7647

Joymol (Proprietary) Ltd., Johannesburg, Transvaal (Südafrikanische Union) (Erfinder: **Jeremiah Milner,** Liverpool, Lancashire, England), *Genußfähiges Proteinhydrolysat aus Fischpreßwasser.* Das Preßwasser wird mit HCl versetzt u. bei n. Druck u. 100° ca. 20—30 Min. hydrolysiert, wobei der p_H-Wert 1,0 nicht übersteigen soll. Die Fl. wird unter Aufrechterhaltung der Temp. mit NaOH oder KOH bis zur Erreichung eines p_H von 5—5,5 versetzt, mit W. verd. u. heiß filtriert. Das Filtrat wird im Vakuum eingedampft, bis das Destillat nicht mehr alkal. ist. Das Prod. kann mit einem genußfähigen Träger, z. B. Maismehl, gemischt u. dann getrocknet werden. (**D. A. S. 1 049 684** Kl. 53i vom 12/1. 1957, veröff. 29/1. 1959. Südafrikan. Unions-Prior. 17/1. 1956.) W. KRANZ. 7647

Max Stemmer, Freckenhorst (Westf.), *Verbesserung der Backfähigkeit von Roggen- und Weizenmehl.* Dem Mehl wird reines Gummi arabicum in wss. Lsg. in Mengen von 0,08—0,2 (Teilen) auf 1000 Mehl vor der Teigbereitung zugemischt. (**D. A. S. 1 051 755** Kl. 2c vom 11/7. 1957, veröff. 5/3. 1959.) W. KRANZ. 7671

Entreprise Générale de Construction d'Usines Mallet Soc. An., Paris, Frankreich, *Fermentieren von Tabak.* Der eigentlichen Fermentation wird eine Einleitungsphase vorgeschaltet, in welcher der Tabak (I) mit einem Aerosol oder mit Dämpfen von Stoffen behandelt wird, die die Fermentierungsvorgänge aktivieren u. gleichzeitig bactericid oder fungicid wirken können. I kann auch ein- oder mehrmals einem Vakuum unterworfen werden, bevor die Aktivatoren eingebracht werden. Als solche werden genannt: Äthylenoxyd, Propylenoxyd, Äthylensulfid, Äthylen, Acetylen, PAe., Bzl., halogenierte KW-stoffe, Ae., organ. Säuren, Alkohole u. Ester (auch Äthylnitrat), Aceton, Chloral, Triäthanolamin, CS_2, NH_3, HCl, Cl_2. — Vgl. D. A. S. 1 020 554; C. **1958.** 5246. (**It. P. 484 617** vom 1/12. 1951. F. Prior. 12/2. 1951.) K. KOEBKE. 7735

American Machine & Foundry Co., New York, N. Y. (Erfinder: **David Bandel,** Stamford, Conn.), V. St. A., *Bindemittel für Tabakstaub.* Man verwendet Galaktomannan-Gummi, bes. den aus Akazienbohnen gewonnenen, um Tabakfolien mit hoher Naßfestigkeit aus Tabakstaub herzustellen. Es kann ein Dialdehyd, bes. Glyoxal, zugesetzt werden. (**D. A. S. 1 053 377** Kl. 79c vom 11/7. 1956, veröff. 19/3. 1959. A. Prior. 14/7. 1955.) K. KOEBKE. 7735

Olin Mathieson Chemical Corp., New York, N. Y. (Erfinder: **Fracis X. Gassner,** Fort Collins, Colo.), V. St. A., *Hormonpräparat zur Aufzucht und zum Mästen von Rindvieh und Schafen,* das aus in einem pharmazeut. Träger gleichmäßig verteilten Sexualhormon besteht, dad. gek., daß diese Hormone aus einem Gemisch einer androgenen mit einer östrogenen Substanz im Gewichtsverhältnis von mindestens 4 : 1 bestehen. Das Gemisch besteht aus Testosteron u. Diäthylstilböstrol im Verhältnis von ca. 5 : 1 u. ist in einem Gemisch von fl. u. festen polymerisierten Polyäthylenglykolen in Form einer injizierbaren Paste gleichmäßig verteilt. Zur Verwendung als Einzeldosierung besteht das Hormongemisch aus 60—240 mg androgener Substanz u. 12—48 mg östrogener Substanz, wobei das Verhältnis der beiden Verbb. in der Dosierungseinheit ca. 4—10 : 1 beträgt u. ein Fettsäureester des Testosterons, bes. *Testosteronönanthat,* u. des Östradiols, bes. *Östradiolvalerat,* verwendet werden. Die Dosierungseinheit kann ferner aus ca. 30 bis 120 mg eines Fettsäureesters des Testosterons, 30—120 mg eines anabol. Mittels, das ein Fettsäureester von 17α-Hydroxyprogesteron ist, u. ca. 12—48 mg eines Fettsäureesters von Östradiol bestehen, wobei das Gewichtsverhältnis des Testosteronesters zu dem anabol. Mittel ca. 1 : 1 u. das Verhältnis von Testosteronester u. anabol. Mittel zusammen zu dem Östradiolester, ca. 5 : 1 beträgt. Die Dosierungseinheit enthält ferner ca. 60 (mg) Testosteronönanthat, ca. 60 *17α-Hydroxyprogesteroncapronat* u. ca. 24 *Östradiolvalerat* oder 60 *Testosteroncaprylat,* ca. 60 *17α-Hydroxyprogesteronönanthat* u. ca. 24 *Östradion-3.17-di-n-butyrat.* Bei der Injektion oder Implantation der Gemische treten keine unerwünschten anatom. Veränderungen der Tiere auf. (**D. A. S. 1 047 596** Kl. 53g vom 17/12. 1957, veröff. 24/12. 1958. A. Prior. 31/12. 1956.) H. KARST. 7787

Whitmoyer Laboratories, Inc., übert. von: **Russell E. Lux** und **Ammon M. Brubaker,** Sheridan, Myerstown, Pa., V. St. A., *Mittel gegen Coccidiose des Geflügels,* enthaltend in einem *Futtermittel* als Wirkstoff 0,0025—0,05 (%) 2.4-Diamino-1-p-chlorphenyl-1.6-dihydro-6.6-dimethyl-1.3.5-triazin (I). Die Wrkg. des I wird durch einen Zusatz eines Sulfonamids (II) synergist. verstärkt. Man wendet 0,0005—0,05 I neben 0,0025 bis 0,25 II an. Als II werden z. B. Sulfachinoxalin (III), Sulfadiazin u. Sulfamerazin genannt. Ein Futtermittel mit 0,005 I u. 0,02 III kann ad libitum verfüttert werden. (**A. P. 2 823 161** vom 30/3. 1955, ausg. 11/2. 1958.) K. KOEBKE. 7787

R. M. Love and others, Chemical composition of fish tissues. London: H.M.S.O. 1959. (K.S.) = Food Investigation spec. rep., No. 69. 4 s.

—, Food and agricultural organisation. Coffee in Latin America. London: H.M.S.O. 1959. (K.S.) 12 s. 6 d.

XVII. Fette. Seifen. Wasch- u. Reinigungsmittel. Wachse. Bohnermassen usw.

M. K. Jakubow, *Die Gewinnung eines Analogons von Kakaobutter.* Das Verf. beruht auf der glyceriden Selektivität der Hydrierung von Baumwollsaatöl u. Wollfett. Die techn. Gewinnung eines Analogons (I) von Kakaobutter erfolgt durch Hydrierung von Baumwollsaatöl bei 120° Anfangs- u. 160° Endtemp. unter Anwendung von 0,5% eines Cu-Ni-Katalysators (Ni-Geh., Aktivität 37°). Das gehärtete Prod. hat einen F. von 42 bis 45° u. die ungefähre Zus.: 8—16% trigesätt.; 72,5—76% monoungesätt.; 15—19% diungesätt. u. 0,0—4% triungesättigt. Dieses gehärtete Prod. wurde nach der Raffination in der 14—15fachen Acetonmenge bei 50° gelöst, abgekühlt u. 16—18 Std. bei 18° belassen. Aus der Lsg. schieden sich 25—31% schwer schmelzbare Glyceride aus. Die Ausbeute an Gemischtsäureglyceriden (I) beträgt 75—69%. Der E. des I beträgt 30°. Die aus I hergestellte Schokolade ist der aus natürlicher Kakaobutter hergestellten qualitativ gleich. Bei der Herst. von Schokoladenerzeugnissen kann I die Kakaobutter in beliebigen Verhältnissen ersetzen. (Маслобойно-Жировая Промышленность [Öl- u. Fett-Ind.] **24.** Nr. 4. 19—22. 1958. Charkow, Polytechn. Inst.) OTTO MAIER. 7892

Antonio Montefredine, *Untersuchungen über die chemische Aktivität der aus ausgepreßten Oliven isolierten Pilzmikroflora.* Während der Lagerung der Ölkuchen erfolgt eine fortschreitende Zers. ihres Ölgeh. durch die Mikroflora, in der 14 Pilzarten nachgewiesen werden. Die Zers. kann zum vollständigen Ölverlust führen. (Olii minerali, Grassi Saponi, Colori Vernici **34.** 370—72. Aug. 1957. Pescara, Labor. chim. prov.) R. K. MÜLLER. 7894

W. S. Singleton und **Ruth R. Benerito**, *Oberflächenerscheinungen von Fetten zur künstlichen Ernährung.* Angabe der Oberflächenspannungen von Ölen, die unter bekannten Raffinationsbedingungen hergestellt wurden. Desgleichen der Grenzflächenspannungen gegen W. der rohen u. raffinierten Fette bei 25°. (J. Amer. Oil Chemists' Soc. **32.** 23—25. Jan. 1955. New Orleans, La., Southern Reg. Res. Labor.) G. MEINHARDT. 7894

L. K. Arnold und **H. C. Arvidson jr.**, *Extraktion von Fleischabfällen mit Lösungsmitteln.* Fleisch- u. Knochenreste wurden in einem Extraktionsapp., der für Pflanzenteile u. Samen eingerichtet war, mit n-Hexan extrahiert. Vgl. der Klein- u. Großansätze. (J. Amer. Oil Chemists' Soc. **32.** 25—29. Jan. 1955. Ames, Io., State Coll.) G. MEINHARDT. 7896

C. W. Hoerr und **D. F. Waugh**, *Einige physikalische Eigenschaften von umgelagertem Schweineschmalz.* Mit Na-Alkoholat umgelagertes Schweineschmalz (Erhitzen knapp über dem F.) zeigt in chem. Hinsicht (SZ., VZ., JZ.) keine Unterschiede gegenüber unbehandeltem Schmalz, dagegen sind Kristallform, Luftblasenverteilung in Kuchen („pound cake"), u. Röntgenspektr. deutlich verschieden. Vff. versuchten mittels Molekülmodellen die nach der Umlagerung vorliegenden Verhältnisse zu rekonstruieren u. nehmen an, daß das Vorliegen von Säuren mit sehr verschied. Kettenlänge nach der Umlagerung zur Ausbldg. gemischter Kristalle in homogenerer Verteilung als vorher führt. (J. Amer. Oil Chemists' Soc. **32.** 37—41. Jan. 1955. Chicago, Ill., Armour and Co.) G. MEINHARDT. 7896

Carolyn B. Kenaston, Karl M. Wilbur, Athos Ottolenghi und **Frederick Bernheim**, *Vergleich von Methoden zur Bestimmung der Oxydation von Fettsäuren mittels Ultraviolettbestrahlung.* Methylester der *Öl-, Linol-* u. *Linolensäure* wurden im UV bestrahlt u. sofort danach Peroxyde (nach LUNDBERG u. CHIPAULT, J. Amer. chem. Soc **69.** [1947.] 833), Aldehyde (Absorption bei 550 mμ), Konjugation (nach BRODE u. Mitarbeiter, Ind. Engng. Chem., analyt. Edit. **16.** [1944.] 77) u. Farbstärke mit 2-Thiobarbitursäure (I; Absorption bei 534 mμ) bestimmt. Die Empfindlichkeit der I-Rk. war bei Linol- u. Linolensäure besser als die der anderen Rkk., bei Ölsäure versagte die Meth. jedoch völlig. — 16 Literaturangaben. (J. Amer. Oil Chemists' Soc. **32.** 33—35. Jan. 1955. Durham, N. C., Duke Univ., Med. School.) G. MEINHARDT. 7908

N. K. Mankowskaja und **S. W. Oleinikowa,** *Faktoren, die das Absetzen von Unverseiftem in der Industrie der synthetischen Fettsäuren beeinflussen.* Die bei der Herst. synthet. Fettsäuren in den Ausgangsrohstoffen enthaltenen Naphthen-KW-stoffe, Asphaltene u. Teere erschweren die Trennung der Unverseifbaren O (Ausscheidung bei 85—90°) u. I (Ausscheidung im Autoklaven bei 160°). Bei der Verseifung des oxydierten Paraffins können 40—45% Ätznatron durch calcinierte Soda ersetzt werden, ohne daß hierbei das Absitzen des Unverseifbaren O verschlechtert wird. Bei Anwendung von 80% Na_2CO_3 hört die Ausscheidung des Unverseifbaren völlig auf. Es wird festgestellt, daß die als Katalysatoren zugesetzten Mn-Oxyde u. wasserlösl. Fe-Salze selbst das Absitzen des Unverseifbaren nicht beeinflussen. Aus den Mn-Oxyden bilden sich aber Mn-Salze der Dicarbonsäuren, die als feste Emulgatoren das Absitzen erschweren. Durch vorherige Filtration des Oxydats wird die abgeschiedene Menge des Unverseifbaren fast verdoppelt. (Маслобойно-Жировая Промышленность [Öl- u. Fett-Ind.] **24.** Nr. 12. 17—20. 1958. Allunions Wiss. Fettforsch.-Inst.) OTTO MAIER. 7908

H. P. Fiedler, *Seifen mit antimikrobiell wirkenden Zusätzen.* Vf. schlägt vor, als medizin. Seifen nur solche Seifen zu bezeichnen, welche für die Behandlung von Hautkrankheiten bestimmte Wirkstoffe enthalten, als desinfizierende Seifen dagegen solche, welche, nach den gültigen Vorschriften geprüft, desinfizierend wirken, während schließlich Seifen, die als Körper- bzw. Desodorisierungsmittel eingesetzt werden, als Deo-Seifen deklariert werden sollten. Abschließend werden die neuerdings zur Einarbeitung in Seifen vorgeschlagenen antimikrobiell wirkenden Zusätze aufgeführt. (Berufsdermatosen **6.** 328—38. Dez. 1958. Biberach/Riß.) H. P. FIEDLER. 7910

H. Kölbel und **P. Kühn,** *Konstitution und Eigenschaften grenzflächenaktiver Stoffe.* 1. Mitt. *Messungen an p-n-Alkylbenzolsulfonaten.* Es werden die textilchem. Eigg. (Oberflächenspannung, Grenzflächenspannung, Netz-, Emulgier-, Schaum-, Schmutztrage-, Waschvermögen, Schaumbeständigkeit) von p-n-Alkylbenzolsulfonaten (I) in Abhängigkeit von der Länge ihrer Alkylketten untersucht. Grenzflächenaktivität im textilchem. Sinne beginnt bei einer Alkylkettenlänge von 7—8 C-Atomen. Die Erniedrigung von Oberflächen- u. Grenzflächenspannung sowie Netz-, Schaum- u. Emulgiervermögen haben bei $< 60°$ u. Kettenlängen von 12—14 C-Atomen ein Maximum bzw. Minimum, während Wasch- u. Schmutztragevermögen innerhalb der untersuchten Reihe bis zum letzten Glied (C_{18}) zunehmen. Die Säure- u. Alkalibeständigkeit der I ist gut. Im sauren Gebiet ist die Wirksamkeit der langkettigen Verbb. größer, im alkal. die der kurzkettigen. Bei Ggw. von viel Härtebildnern wird vor allem die Wirksamkeit der langkettigen Verbb. gemindert. (Angew. Chem. **71.** 211—15. 21/3. 1959. Berlin-Charlottenburg, TU, Inst. für Techn. Chem.) H. HOFMANN. 7912

St. Anastasiu, Eugenia Jelescu, Suzana Holcman und **Renée Aisman,** *Waschmittel vom Typ der Alkylarylsulfonate im Gemisch mit sulfonierten sekundären Alkoholen auf Grundlage von Benzin und Motorenöl aus dem thermischen Cracken.* Aus dem Cracken von Erdöl stammendes Bzn. mit annähernd konstantem Verhältnis von Aromaten u. Olefinen (ca. 11 : 40) wird mit H_2SO_4 als Katalysator einer Kondensation unterworfen; die saure Phase wird mit 20%ig. NaOH neutralisiert, mit NaOH im Überschuß gekocht, dann in Ggw. von A. mit PAe. extrahiert, die Alkylatphase wird sulfoniert, dann analog behandelt. Der nichtsulfonierbare Rest wird dem therm. Crackprozeß wieder zugeführt. (Rev. Chim. Bucureşti **8.** 509—16. Aug. 1957.) R. K. MÜLLER. 7912

L. Ivanovszky, *Wachsenzyklopädie. Alphabetisches Verzeichnis der Verfahren zur Untersuchung und Bewertung der Wachse.* Zusammenstellung. (Seifen-Öle-Fette-Wachse **84.** 399—402. 25/6. 1958.) G. MEINHARDT. 7924

Rudolf Freitag, *Kunstwachse aus Äthylengas als Austauschstoffe für teuere, hochwertige Naturwachse.* Als Ersatz für die teuren Naturwachse wie Carnauba- u. Candelillawachs kann Polyäthylenwachs verwendet werden. Es wird aus Äthylengas, das aus den Abgasen der Erdölraffinerien oder durch Schwerölspaltung gewonnen wird, hergestellt. Diese Hartwachse mit einem F. von 90—105° sind jedoch trotz ihrer Härte nicht spröde. (Sprechsaal Keram., Glas, Email **90.** 439—40. 20/9 1957.) N. PETERS. 7924

Procter & Gamble Co. (Erfinder: **George William Holman** und **Judson Hair Sanders),** Cincinnati, Ohio, V. St. A., *Herstellung von eßbaren, im Temperaturbereich von 15—38° stabilen fließfähigen Suspensionen fester Glyceride in flüssigen Glyceriden,* dad. gek., daß man ein vollständig geschmolzenes Gemisch aus einem normalerweise fl. Glycerid u. einem normalerweise festen Glycerid, das in der stabilen β-Kristallmodifikation aufzutreten vermag, innerhalb von weniger als 3 Min. auf eine Temp. unterhalb des F. der α-Kristallmodifikation der festen Glyceride abkühlt u. die festen Glyceride prakt. vollständig auskristallisieren läßt, dann das Gemisch zur Umwandlung der festen

Glyceride, die nicht in der β-Modifikation vorliegen, in die β-Modifikation so lange bei einer Temp. tempert, bei der die festen Glyceride der β-Modifikation im wesentlichen im festen Zustand verbleiben, während die übrigen, nicht in der β-Modifikation vorliegenden festen Glyceride schm., bis wenigstens 60% der festen Glyceride in der β-Modifikation vorliegen, wobei das Mengenverhältnis von normalerweise fl. u. normalerweise festen Glyceriden so einzustellen ist, daß die festen Glyceride in einer Menge von 1 bis ca. 20 Gew.-% der fertigen Suspension vorliegen. — Schema. (**D. A. S. 1 045 218** Kl. 53h vom 23/10. 1956, veröff. 27/11. 1958. A. Prior. 28/10. 1955.) H. MAASS. 7901

General Aniline & Film Corp., New York, N. Y., übert. von: **James Martin Cross**, Belvedere, N. J., und **Max Eugene Chiddix**, Easton, Pa., V. St. A., *Langkettige Alkylbenzolsulfonamidoalkanoläther* der allg. Forml **I** (R = Alkyl, Cycloalkyl mit 1—12 C-Atomen; R' = H, Methyl; n = 4—20; m = 1—3; x = 1—30, die Gesamtzahl C-Atome der an den Ring gebundenen Alkylgruppen soll 6—30 betragen).

R
|
SO_2N—$(CHR'$—CHR'—$O)_xH$
Ring mit $(C_nH_{2n+1})_m$—, —R', R'
I

Alkylbenzol mit 6—20 C-Atomen im Alkyl wird mit überschüssiger $ClSO_3H$ in das Alkylbenzolsulfonylchlorid übergeführt, dieses mit einem prim. Alkylamin mit 1—12 C-Atomen in das N-Alkylalkylbenzolsulfonamid umgewandelt u. dieses dann mit einem Alkylenoxyd nach A. P. 1 970 578; behandelt. — Aus Bzl. u 1-Octen in Ggw. von $AlCl_3$ u. HCl bei 25—30° → Octylbenzol, $Kp._{15}$ 117—121°; daraus mit $ClSO_3H$ bei 25—30° unter Kühlung → Octylbenzolsulfonylchlorid, $Kp._1$ 149—193°; daraus mit Methylamin in trockenem Bzl. bei 10—15° in Ggw. von NaOH → N-Methyloctylbenzolsulfonamid; daraus mit Äthylenoxyd (**II**) in Ggw. von pulverisierter KOH → *Polyglykoläther*, enthält ca. 8—9 Äthanoxygruppen, eine 1%ig. wss. Lsg. trübt sich bei 44,5°. — Äthylamin → N-Äthyloctyltoluolsulfonamid + **II** → *Polyglykoläther*, 1%ig. Lsg. ist unter 23,5° u. über 57° trüb. — N-Butyloctyltoluolsulfonamid + **II** → *Polyglykoläther* mit 8—9 Äthanoxygruppen. — Dodecylbenzol → Dodecylbenzolsulfonylchlorid + Methylamin → N-Methyldodecylbenzolsulfonamid, $C_{19}H_{33}NO_2S$, + **II** → *Polyglykoläther* mit 5,9 bzw. 7,9 Äthanoxygruppen. — *Netz-*, *Wasch-* u. *Reinigungsmittel* für *Textilien*, Imprägnierungsmittel, Färbereihilfsmittel, Korrosionsschutzmittel für Metalle, Schaumbrecher, Zusatzmittel zu Spinnbädern, Schaumverhütungsmittel für synthet. Kautschuk, Emulsionsbrecher, Weichmacher für Vinyl-, Alkyl-, Phenol–Formaldehyd-Harze, Polythene, Teflon; Zusatzmittel für Klebstoffe, Farben, Lacke u. Linoleum u. Gerbereihilfsmittel. (**A. P. 2 740 814** vom 17/1. 1952, ausg. 3/4. 1956.) G. KRAUSS. 7913

Commonwealth Color & Chemical Co., New York, übert. von: **George D. Fronmuller**, Mamaroneck, und **Michael J. Mirra**, Woodside, N. Y., V. St. A., *Hartwachse*, die als Ersatz für Carnaubawachs dienen können mit einem F. von 180—210° F, SZ. 10 bis 20; Acetylzahl 35—53; VZ. 30—60, erhält man durch Einleiten eines O_2-haltigen Gases in ein geschmolzenes FISCHER-TROPSCH-Paraffin bei 100—125° in Ggw. eines Peroxyds, bes. Benzoylperoxyd, unter Zusatz eines Metalls, wie Fe, Cu oder Zn oder eines entsprechenden Salzes, u. anschließende Temperatursteigerung auf 140—175°. Reaktionsdauer 6—7 Stunden. (**A. P. 2 798 085** vom 14/3. 1955, ausg. 2/7. 1957.) O. MÜLLER-MEININGEN. 7925

Nigrin-Werke Carl Gentner, Göppingen (Württ.) (Erfinder: **Wolfgang Sapper**, Gersthofen, **Erwin Thaler**, Stuttgart, und **Maria Schulz**, Göppingen), *Schuhpflegemittel in Emulsionsform* auf der Grundlage von wss. Polystyrol- oder Polyacrylsäuredispersionen u. Wachsen, dad. gek., daß sie bei einem Wachsanteil von ca. $^1/_3$ des Kunststoffanteiles organ. Lösungsmittel enthalten. (**D. A. S. 1 049 997** Kl. 22g vom 28/8. 1953, veröff. 5/2. 1959.) P. KRUG. 7927

Vladimír Včelák, Chemie und Technologie des Montanwachses. Prag: Verl. d. Tschechoslowak. Akademie d. Wissenschaften. 1959. (818 S. m. 1 Taf.) 8°. DM 39,10.

Hans Paul Kaufmann und Friedrich Weghorst, Beiträge zur Chemie und Technologie der Fetthärtung. Als Ms. gedr. Köln, Opladen: Westdeutscher Verl. 1958. (105 S. m. 26 Abb.) 4° = Forschungsberichte d. Wirtschafts- u. Verkehrsministeriums Nordrhein-Westfalen. Nr. 525. DM 26,80

XVIII a. Holz. Cellulose. Zellstoff. Papier. Papierdruck. Celluloid. Linoleum.

L. N. Mosheiko und **W. N. Ssergejewa**, *Über die Natur der Extraktionsstoffe aus jungen Trieben der schnellwachsenden Pappel.* Aus Extrakten (A. : Bzl. = 1 : 1) der Triebe von *Populus trichocarpa* fällt bei längerem Aufbewahren ein Nd. aus, der sich mit Phloroglucin–HCl anfärbt, sich in Pyridin, Eisessig, verd. NaOH u. Dioxan löst u. in A., Bzl. u. PAe., unlösl. ist. Oxydation mit Nitrobenzol in alkal. Medium gibt aromat. Aldehyde. Bei Holz, das unter Kurztagsbedingungen gewachsen ist, findet man viel mehr an ligninähnlichen Stoffen, was auf eine Erniedrigung der Intensität der Rkk. der Kondensation u. Verdichtung in den Pappeltrieben hinweist im Vgl. zu Holz von n. Tagen. (Известия Академии Наук Латвийской ССР [Nachr. Akad. Wiss. LettSSR] **1958.** Nr. 7. 51—56. Inst. für forstwirtsch. Probleme der Akad. der Wiss. der LettSSR.) M. ULMANN. 7952

R. E. Reisin, *Physikalisch-chemischer Mechanismus der Fraktionierung strukturierter Polydispersionen.* Es wird des näheren auf die fraktionierende Wrkg. eines sich drehenden Rotors auf strukturierte Polydispersionen eingegangen, wie sie polydisperse *Holzfasermassen* darstellen. Hierbei wird nachgewiesen, daß hier Zentrifugalkräfte keine Rolle spielen. Das Gebiet der größten Wrkg. liegt nur in einer Schichtdicke von einigen mm über der Rotoroberfläche vor. (Известия Академии Наук Латвийской ССР [Nachr. Akad. Wiss. LettSSR] **1958.** Nr. 5. 31—36. Inst. für Forstwirtsch. Probleme der Akad. der Wiss. der LettSSR.) M. ULMANN. 7952

August Körting, *Über die vorbeugende Wirkung von Holzschutzmitteln gegen den Hausbockkäfer in der Praxis.* (Vgl. C. **1958.** 4352.) In 34 vor 2—8 Jahren mit *SF*- u. *BF-Salzen* im Sprühverf. behandelten Dachstühlen konnte kein Hylotrupes bajulus L.-Befall festgestellt werden. Tierverss. an Gebälkproben ergaben eine Schutzwrkg. gegen Hausbocklarven auch bei geringerer Aufbringungsmenge als in DIN 68 800 vorgeschrieben, Im Streichverf. aufgebrachte *BF*- u. *ölige* Mittel töteten nach 4½ Jahren alle angesetzten Larven ab. — 16 Literaturangaben. (Holz Roh- u. Werkstoff **16.** 377—83. Okt. 1958. Hann.-Münden, Biol. Bundesanst., Inst. für Forstpflanzenkrankheiten.) FRITZ MÜLLER/Ludwigshafen. 7952

A. Aranto, *Die Nebenprodukte der finnischen Sulfatzellstoffindustrie und ihre Veredlung.* Übersicht über Produktion, Verarbeitung, Verbrauch u. Export von Tallöl u. Terpentin u. daraus hergestellten Prodd. in Finnland. (Teknillisen Kemian Aikakausilehti **15.** 595—600. 30/11. 1958. Oulu.) S. BECKMANN. 7966

P. N. Odinzow, A. I. Kalninsch und **I. I. Beinart,** *Die heterogene Destruierung von Cellulose enthaltenden Materialien durch geringe Mengen von konzentrierter Schwefelsäure.* Wie Vff. am Beispiel von Holz von Birke u. Tanne zeigen, läßt sich eine Säurehydrolyse mit recht geringen Mengen von H_2SO_4 (Modul 1 : 0,3 oder 1 : 0,2) durchführen, falls durch Schwingmahlung die morpholog. Struktur der Holzteilchen zerstört wird. Man erhält nach zusätzlichem anschließendem Erhitzen des Reaktionsgemisches auf 80° fast quantitative Zuckerausbeuten. (Известия Академии Наук Латвийской ССР [Nachr. Akad. Wiss. LettSSR] **1957.** Nr. 7. 54—60. Inst. für holzwirtsch. Probleme der Akad. der Wiss. der LettSSR.) M. ULMANN. 7968

Frederick F. Wangaard, *Forschung über die Holzqualität in Beziehung zur Verwendung als Papierfaser.* Vf. gibt eine Literaturübersicht über den Einfl. der chem. u. physikal. Eigg., des Alters u. der Wuchsgeschwindigkeit auf die Zellstoffausbeuten nach dem sauren Bisulfit- u. dem alkal. Sulfatverfahren. Wenn man die Zellstoffausbeute in % des Holzgewichtes angibt, so schwankt sie wenig in Abhängigkeit vom spezif. Gewicht des Holzes; sie schwankt aber sehr stark in Abhängigkeit vom Volumengewicht des Holzes, dessen Zugrundelegung in der Betriebspraxis üblich ist. Vf. empfiehlt für künftige Verss. auch die geograph. Lage, Meereshöhe, Klima, Bestandsdichte u. Forstkultur auf die Eignung zu Zellstoffholz zu berücksichtigen. — 7 Diagramme, 32 Schrifttumshinweise. (Norsk Skogind. **12.** 286—95. Aug. 1958. Yale Univ., USA.) E. BORCHERS. 7974

F. W. Lorey, *Literaturübersicht über die Dimensionsänderungen von Papier bei Feuchtigkeitsschwankungen.* Besprochen werden Arbeiten über die Messung der Dimensionsänderungen u. ihre Größe, die Verwendung von Zuätzen zu ihrer Verminderung sowie über den Einfl. der Faser- u. Blatteigg. auf die Dimensionsänderungen von Papier. — 67 Literaturhinweise. (Tappi **41.** 233 A—236 A. Mai 1958.) B. GNAUCK. 7984

J. H. Bitter, *Eine neue Meßmethode zur Bestimmung der Neigung zum Tonen von Offsetpapieren.* (Tappi **41.** 433—37. Aug. 1958. Amsterdam, Holland, Stichtig Inst. Voor Grafische Techn. T. N. O. — C. **1958.** 1459.) H. MEYER. 7988

J. P. Fleury und **E. Schneider,** *Eine neue Methode zur quantitativen Bestimmung der Carboxygruppen der Cellulose.* Durch die vorgeschlagene einfache App. wird eine schnelle u. exakte Best. der Oxycellulose ohne Trocknen oder Feuchtigkeitsbest. der Proben möglich. (Bull. Inst. Textile France **1958.** Nr. 75. 43—54. Juni. Mulhouse, École Sup. de Chem., Centre de Rech. Textiles.) H. ROSSOW. 8006

E. Elsermann, *Eine Schnellmethode zur Bestimmung der Zusammensetzung von Ablagerungen in Sulfitkochern.* Es wird eine volumetr. Schnellmeth. beschrieben, die die langwierige gravimetr. Analyse der aus $CaSO_4$ u. $CaSO_3$ bestehenden Ablagerungen im Kochsäurezirkulations- u. Aufheizsyst. vereinfachen soll. Zur Best. von Ca^{2+}, SO_3^{2-} u.

SO_4^{2-} löst man eine fein zerriebene u. gesiebte Probe in 0,2mol. Äthylendiamintetraessigsäure, die auf p_H 11 mit NaOH eingestellt wurde, unter Erhitzen in N_2-Atmosphäre auf. Ca^{2+} ermittelt man durch Rücktitration der nicht verbrauchten Äthylendiamintetraessigsäure mit $Mg(NO_3)_2$ (Indicator Eriochromschwarz T), SO_4^{2-} durch Titration der mit Benzidinhydrochlorid erhaltenen Fällung mit NaOH, SO_3^{2-} mittels Titration mit Jodlösung. Die untersuchten Ablagerungen zeigten folgende Zus.: 42% CaO, 1% SO_2 u. über 50% SO_3 sowie einige % an organ. Substanzen u. an $CaCO_3$; die Übereinstimmung der Resultate mit den nach der üblichen gravimetr. Meth. gewonnenen Ergebnissen war gut. — 2 Tabellen. (Tappi **41.** 520—21. Sept. 1958.) P. SCHORNING. 8006

Severino Codini, Brescia, Italien, *Dunkelfärben von Holz* durch Hitzebehandlung. Man bedeckt die Stellen der Oberfläche, welche naturfarben bleiben sollen, mit einem reflektierenden Überzug, z. B. mit Al-Pulverlack. (**It. P. 493 439** vom 26/4. 1954.) K. KOEBKE. 7953

Wilhelm Sandermann, Reinbek (Bez. Hamburg), *Holzschutzmittel.* Der bei der Dest. von Tallöl (I) anfallende Vorlauf, der gegebenenfalls auf bekannte Weise gebleicht, desodoriert oder verestert wird u. dem noch Fungicide oder Insekticide sowie Pigmente, Binde- oder Lösungsmittel zugesetzt werden können, wird als Holzschutzmittel verwendet. Gegenüber I zeichnet sich der Vorlauf durch niedere Viscosität u. damit besseres Eindringen in das Holz aus. (**D. A. S. 1 047 411** Kl. 38h vom 15/11. 1956, veröff. 24/12. 1958.) K. WOLK. 7953

Chemische Fabriek „Katendrecht" N. V., Nimwegen, Holland, *Konservierung von Holz.* Man imprägniert mit einer wss. Salzlsg. üblicher Zus., die zusätzlich ein Kontaktinsekticid, z. B. DDT, u. gegebenenfalls weitere unlösl. Stoffe suspendiert enthält. Eine Imprägnierlsg. enthält z. B. 4% einer Salzmischung aus 25 (Teilen) NaF, 25 Na_3AsO_4, 37,5 $K_2Cr_2O_7$, 12,5 Dinitrophenol, 8 Oxalsäure sowie 0,5 (%, berechnet auf Salzmischung) DDT u. 5 Ton. (**Holl. P. 86 644** vom 26/4. 1950, ausg. 15/11. 1957.) F. BÖHM. 7953

Aschaffenburger Zellstoffwerke Akt.-Ges., Redenfelden (Erfinder: **Erich Knopf,** Raubling), Obb., *Verhinderung unerwünschter Überdrücke bei der Entspannung verbrauchter Kochsäure,* dad. gek., daß die Kühlwassermenge des Kühlers von dem Druck im Entspanner mit an sich bekannten Mitteln so gesteuert wird, daß der Druck ein bestimmtes Maß von wenigen mm Wassersäule unterhalb des atmosphär. Drucks nicht unterschreitet. — Vorr , Zeichnung. (**D. A. S. 1 049 690** Kl. 55b vom 8/11. 1955, veröff. 29/1. 1959.) G VOGEL. 7957

I. P. Bemberg Akt.-Ges. (Erfinder: **Ernst Pirot,** Wuppertal-Barmen, und **Hans Rabowsky,** Sinzheim), *Herstellung klarer Filme und Folien aus Kupferoxydammoniak-Cellulose-Lösungen* durch direktes Gießen in Säure, dad. gek., daß man ammoniakarme Gieß-Lsgg. mit nicht mehr als 5,5% NH_3 in Fällbäder drückt, die anorgan. oder organ. Säuren in einer Konz. von 10—40% enthalten. Als Säuren kann man hierbei HCl, H_3PO_4, H_2SO_4 sowie Ameisen- u. Essigsäure verwenden. (**D. A. S. 1 036 514** Kl. 39b vom 6/2. 1957, ausg. 14/8. 1959.) R SCHWECHTEN. 7971

Hercules Powder Co. (Erfinder: **John Arthur Harpham),** V. St. A., *Herstellung von Papier* mit großer mechan. Widerstandsfähigkeit unter Verwendung von chem. modifizierter Cellulose, welche als Substituenten hydrophile Gruppen enthält. Solche Verbb. sind z. B. Carboxymethylcellulosen u. deren Alkalisalze sowie Hydroxyäthylcellulose. — Man geht z. B. aus von Baumwolle in Flockenform, in Alkalicellulose u. mit Chloressigsäure in Carboxymethylcellulose übergeführt. Diese wird mit $Ca(OH)_2$ in das Ca-Salz verwandelt, welches zu Papier verarbeitet wird. — Aus Na-Cellulose u. Äthylenoxyd wird die Hydroxyäthylcellulose erhalten. (**F. P. 1 147 779** vom 19/4. 1956, ausg. 29/11. 1957. A. Prior. 25/4. 1955.) M. F. MÜLLER. 7975

American Cyanamid Co., New York, N. Y., übert. von: **Edward Strazdins,** Stamford, Conn., V. St. A., *Herstellung von trockenem, nichtstaubendem Harzleim,* dad. gek., daß 1 (Mol) Harz mit mindestens $^1/_{12}$ einer $\alpha.\beta$-ungesätt. sauren organ. Verb., eine $-CO-C{=}C$-Gruppe enthaltend, z. B. Maleinsäureanhydrid, zur Bldg. eines Kondensats nach DIELS-ALDER erhitzt, das Prod., z. B. auf Walzentrocknern, getrocknet u. geformt (Flocken), mit einem nichtflüchtigen Alkan-KW-stofföl überzogen (besprüht) u. dadurch nichtstaubend gemacht wird. *Holländerzusatzstoff* in der Papierfabrik. — Mengenbeispiele, Tabellen. (**A. P. 2 846 328** vom 4/8. 1955, ausg. 5/8. 1958.) G. VOGEL. 7979

American Cyanamid Co., New York, N. Y., übert. von: **Donald L. Swanson,** Stamford, Conn., V. St. A., *Terpolymere von Methylstyrol* (**I**) erhält man durch Mischpolymerisation von bes. 28—35 (%) o-I, < 2 m-I u. 72—65 p-I in Ggw. von Benzoylperoxyd während 5 (Tagen) bei 100° u. während 2 bei 130°. Das Endprod. ist in Bzl.

lösl. u. als *Imprägniermittel für Papier* u. Überzugsmittel geeignet. (**A. P. 2 816 095** vom 12/10. 1953, ausg. 10/12. 1957.) H. SCHINDLER. 7987

Dow Chemical Co., übert. von: **John Alexander Easley** und **Harry Edward Swayze**, Midland, Mich., V. St. A., *Ätzmittel für Druckplatten aus Magnesium und Magnesiumlegierungen*, dad. gek., daß es aus einer wss. Mischung von 3—50%ig. HNO_3 mit einer gesätt. aliphat. Säure mit 5—26 C-Atomen besteht, die nur in der Carboxylgruppe eine OH-Gruppe hat, z. B. Laurin-, Palmitin-, Stearin, Capryl- oder Valeriansäure. Die Menge der aliphat. Säure macht das 0,05—4fache derjenigen der HNO_3 aus. (**D. B. P. 971 124** Kl. 15b vom 26/2. 1953, ausg. 11/12. 1958. Anmeldung bekanntgemacht 12/4. 1956.) K. KITTLER. 7989

XVIIIb. Textilfasern.

Paul Becher, *Emulsionen in der Textilindustrie.* Unter besonderer Berücksichtigung der techn.-wirtschaftlichen Bedeutung von Emulsionen (I) in der Textilindustrie gibt Vf. einen Überblick über die allg. Eigg. der I, die als Öl in W. oder W. in Öl-Zweiphasensysteme durch die stabilisierende Wrkg. der Emulgatoren (II) erhalten werden. Die hierbei verlaufenden chem.-physikal. Rkk. u. die Kinetik der Grenzflächenspannung u. -arbeit werden an Hand von Diagrammen u. Beispielen näher erörtert, ebenso auch Instabilitätsvorgänge wie Aufrahmen, Brechen u. Phasenumkehr der I. Zur Wahl eines für bestimmte textiltechn. Aufgaben bes. geeigneten II empfiehlt Vf. die in der Praxis bewährte, empir. entwickelte „HLB"-Meth. (hydrophile-lipophile balance). Diese für die verschied. I aufgestellten HLB-Zahlen von 1—20 beziehen sich auf den jeweiligen Anteil der wasser- bzw. öllösl. Komponenten der I auf deren gesamte Oberflächenaktivität. Vf. erläutert die Meth. an einem prakt. Beispiel u. behandelt anschließend die techn.-apparative Herst. der I für die verschied. Zwecke der Textilveredlung, wobei Arbeitsweise u. Rezepturen mitgeteilt werden. — 3 Diagramme u. 4 Tabellen. 16 Literaturhinweise. (Amer. Dyestuff Reporter **47.** P 548—P 552, P 561. 11/8. 1958. Wilmington, Del., Techn. Center Atlas Powder Co.) A. SANDER. 8028

G. M. Gantz und **W. G. Sumner**, *Anwendungen der nichtionogenen Textilhilfsmittel in der Textilindustrie.* Vff. besprechen die Typen der nichtionogenen Textilhilfsmittel u. ihre Eigg. (Tabelle über Trübungspunkte in Abhängigkeit vom Äthylenoxydgeh.) u. geben zahlreiche Beispiele für ihre Anwendung in der Textilindustrie u. bei der Baum-, Woll- u. Chemiefaserausrüstung. — 24 Literaturzitate. (Amer. Dyestuff Reporter **47.** P 733—P 737. 20/10. 1958. Easton, Pa., General Aniline and Film Corp., Central Res. Labor.) R. JUNGE. 8028

Hugo Sterec und **Josef Drtina**, *Carboxymethylcellulose in der Textilindustrie.* Carboxymethylcellulose wird in der ČSR unter dem Namen *Lovosa* als T 20 (alkal.) u. TN 20 (neutral eingestellt) gehandelt u. als Schlichte für Textilausrüstung u. -druck empfohlen. Es werden Beispiele für die Verarbeitung u. Anwendung gegeben. (Textil [Praha] **13.** 470—71. Dez. 1958. Hedva, národní podnik, Zábřeh na Moravě.) H. DEMUS. 8030

Leo Walter, *Latexausrüstung für nichtgewebte Stoffe.* Beschreibung einer Imprägnierapp. für nichtgewobene Stoffbahnen, bestehend aus Auftragsdüsen- u. Abquetschvorrichtungen. Bauart u. Wirkungsweise werden an Fließbildern veranschaulicht sowie Werkstoffe u. andere techn. Einzelheiten mitgeteilt. (Textile Bull. **84.** Nr. 6. 35—37. Juni 1958.) A. SANDER. 8032

D. A. W. Adams, *Optische Aufheller.* Nach einer kurzen Einleitung über die Wrkg. u. das Verh. opt. Aufheller werden die Eigg. u. die Verwendungsmöglichkeiten in der Textilindustrie, bei der Herst. von Papier u. Waschmittel besprochen, sowie an Hand von Formeln der chem. Aufbau dargestellt. (J. Soc. Dyers Colourists **75.** 22—31. Jan. 1959. Castleford, Yorkshire, England, Hickson & Welch Ltd.) H. G. FRÖHLICH. 8032

T. Belleli, *Der Pilling-Effekt und die Mittel zu seiner Bekämpfung.* Knötchenförmiges Zusammenballen von Spinnfasern auf der Oberfläche beim Aufrauhen von Geweben u. Wirkwaren bzw. der „Pilling-Effekt" (I) läßt sich nach Vf. abhelfen durch Erhöhen der gegenseitigen Reibungskräfte zwischen den einzelnen Fasern. Der festere Zusammenhalt des Garns erschwert so das Herauslösen einzelner Fasern. Vf. untersuchte auch den Einfl. verschied. chem. Ausrüstungsverff. auf den I u. beschreibt ein einfaches, entwickeltes Verf. zur Verminderung des I bei Acrylfasern ohne Einbuße an weichem Griff der Fertigware. Die Versuchsergebnisse sind in 37 Abb. von Oberflächenaufnahmen u. Diagrammen u. 3 Tabellen wiedergegeben. — 14 Literaturhinweise. (Bull. Inst. Textile France **1958.** Nr. 74. 7—36. Mai. Inst. Textile de France, Labor. de Phys.) A. SANDER. 8038

Hilda M. Ziifle, F. V. Eggerton und **Leon Segal,** *Vergleich der mechanischen Eigenschaften von Baumwollgarn und Baumwollgeweben, die mit wasserfreiem Äthylamin und mit üblicher Mercerisierlauge behandelt wurden.* Baumwollgarne u. -gewebe wurden spannungsfrei sowie unter Spannung einmal mit 20—23% NaOH während 45 bzw. 3—10 Min. bei 20° u. vergleichsweise 2—4 Std. bzw. über Nacht mit wasserfreiem Äthylamin bei 0° behandelt. Hierbei wurde gefunden, daß Äthylamin etwa den gleichen Effekt bewirkt wie die Behandlung mit NaOH. Während der Abrieb der mit Äthylamin behandelten Baumwollgewebe geringer war, wurden die Hitze- u. Witterungsbeständigkeit verbessert, verglichen mit der NaOH-behandelten Ware. Ferner wird darauf hingewiesen, daß die mechan. Eigg. der Baumwolle durch die Veränderung der Quellung u. durch den Schrumpf bei der Behandlung mit NaOH bzw. Äthylamin stärker beeinflußt werden als durch die Beeinflussung des Röntgengitters. — 5 Figuren, 4 Tabellen. (Textile Res. J. **29.** 13—20. Jan. 1959. New Orleans, La., Southern Reg. Res. Labor.) H. G. FRÖHLICH. 8044

D. D. Gagliardi und **F. B. Shippee,** *Mischharze unter Verwendung von Epoxyden zur Ausrüstung weißer Baumwollwaren.* Es wird die prakt. Anwendung von Mischungen aus wasserlösl. Epoxydharzen mit ausgesuchten reaktionsfähigen Verbb. (wie Aldehyden, Acetalen, CH_2O, Aminoharzen, Polyäthylenen, Polyacrylaten, Siliconen usw.) zur Ausrüstung von weißen Baumwollwaren (care and ease Ausrüstung) beschrieben. Hierbei hat sich vor allem ein aus Epoxyden u. Äthylenharnstoff hergestelltes Prod. hervorragend bewährt. Infolge der chem. Bindung dieses Harzes an die Cellulosefaser werden permanente Ausrüstungseffekte bei völliger Cl-Beständigkeit u. hervorragender Knitterfreiheit erhalten. — 6 Figuren, 10 Tabellen. (Textile Res. J. **29.** 54—65. Jan. 1959. East Greenwich, R. I., Gagliardi Res. Corp.) H. G. FRÖHLICH. 8044

Hugh H. Mosher, *Das Chlorrückhaltevermögen harzausgerüsteter Baumwollwaren.* Die an mit cycl. Dimethylolharnstoffharzen ausgerüsteten Baumwollwaren ausgeführten Unterss. haben gezeigt, daß man das Chlorrückhaltevermögen durch Verwendung höherer Katalysatormengen u. höherer Kondensationstempp. deutlich herabsetzen kann. Waschen, Lagerung unter sauren Bedingungen, Dämpfen u. möglicherweise auch Sonnenlicht begünstigen dagegen die Hydrolyse des Harzes u. begünstigen das Chlorrückhaltevermögen. — 9 Tabellen. (Textile Res. J. **29.** 88—95. Jan. 1959. Newark, N. J., Arkansas Co., Inc.) H. G. FRÖHLICH. 8044

D. Harrison und **J. B. Speakman,** *Die Porengröße von Keratin.* Zum Zwecke der Best. der Porengröße von Wolle (New Zealand Rommy hoggest) wurden deren Spitzen zunächst entfernt, entfettet, auf p_H 5,5 eingestellt, klimatisiert u. dann bis zu 28 Tagen bei 22° mit Lsgg. von absol. trocknem Alkohol (Methanol, A., n-Propanol, n-Butanol), die pro 300 ml 0,1 g J_2 enthielten, behandelt. Hierbei wurde gefunden, daß die methanol- u. äthanolhaltigen J_2-Lsgg. innerhalb 3 Tagen 96% des Wolltyrosins in 3.5-Dijodtyrosin umwandeln. Bei n-Propanol bleibt der Umsatz selbst nach 28 Tagen auf 40% u. bei n-Butanol sowie n-Pentanol auf weniger als 1% beschränkt. Hieraus wird geschlossen, daß n-Butanol u. n-Pentanol überhaupt nicht mehr in die Wolle eindringen können. (Textile Res. J. **28.** 1005—07. Dez. 1958. Leeds, England, Univ. of Leeds, Dep. of Textile Ind.) H. G. FRÖHLICH. 8060

Paolo Corradini, *Über die Kettenform der Nylonfasern.* Vf. erörtert die Kettenform der beiden Nylontypen 6 u. 66 (F. 265 bzw. 215°) an einem Modell, das verschied. noch unklare Punkte der früher angenommenen krist. Konst. richtigstellt u. das verschied. Verh. der FF. von Polyamidketten mit gerad- bzw. ungeradzahligen CH_2-Gruppen bei gleichen, zwischen verschied Ketten möglichen H-Bindungen zu erklären vermag. Im Vgl. zu den neuen Modellen wird das Modell des Seidenfibroinmol. besprochen, dessen Kette nach Vf. jedoch nicht planar verläuft. — 2 Abbildungen. (Rend. Ist. lombardo Sci. Lettere, Cl. Sci. mat. natur. **91.** 884—88. 1957.) A. SANDER. 8080

Károly Ramaszéder und **Ferenc Tobisch,** *Relaxation von Stoffen nach dem Knittern.* Beschreibung des App. zur Unters. der Knitterfestigkeit von Geweben, Diskussion des Verf., Zusammenfassung der Ergebnisse, vergleichende Unters. mit Wolle- u. Chemiefasergeweben. (Magyar Textiltechn. (Ung. Textiltechn.) **10.** 299—301. Okt. 1958. Hazai Fésüsfonó és Szövögyár Laboratoriuma.) G. HALMI. 8096

M. van Overbeke, *Anwendung der Chromatographie in der Wollforschung.* Überblick über die Entw. der chromatograph. Verff., bes. der für die Wollforschung wichtigsten analyt. Methoden. Die Anwendung dieser Verff. zur qualitativen u. quantitativen Best. verschied. Aminosäuren der Wolle mittels kombinierter Papier- u. Säulenchromatographie wird näher erörtert. — 7 Abb., 23 Literaturhinweise. (Bull. Inst. Textile France **1958.** Nr. 72. 7—23. Febr. Roubaix, Centre Textile de Contrôle et de Rech. Sci. de le Chambre de Commerce de Roubaix.) A. SANDER. 8108

Textile Oils Ltd., Altrincham, und **Ronald Herbert Henry Morley**, England, *Textilschmiermittel.* Zum Schmieren neutraler oder synthet. *Textilfasern* wird folgendes Gemisch verwendet: 10—60 (%) Ölsäure, 20—80 Mineralöl; der Rest ist entweder eine der nachfolgenden Komponenten a) bis d) oder deren Gemisch e). Hierbei ist: a) ein Monoester eines Polyalkylenglykols (Mol.-Gew. 106—1000) mit höchstens 2 freien OH-Gruppen, in dem 1 OH-Gruppe mit einer einwertigen unverzweigten gesätt. oder ungesätt. Fettsäure ab C_8, einer durch Hydrolyse von Wollwachs erhaltenen Säure mit $>$10 C-Atomen (I), einer cycl. Petroleumnaphthensäure, einer Alkylbenzoesäure (Alkylkette mindestens C_6) verseift ist; b) ein Wollwachsäther bzw. -gemisch; c) ein Monoäther eines Glykols oder Polyalkylenglykols einer prim., sek. oder tert. einwertigen Alkohols mit 10 C-Atomen u. mindestens 8 C-Atomen in gerader Kette; d) ein Säureamid einer einwertigen Säure oder Hydroxysäure ab C_8 oder von **I**. Weitere spezielle Angaben über die Mengen a) [bis e)]. — Beispiel: 10 (Gew.-%) Ölsäure, 10 Diölsäureglycerid, 10 Gemisch aus Ölsäuremonoestern von Polyäthylenglykol mit Polyäthylenglykolen (Mol.-Gew. 300 bis 450), 70 Mineralöl. (**E. P. 743 641** vom 5/6. 1950, ausg. 18/1. 1956.) E. DREWS. 8029

Food Machinery & Chemical Corp., San José, Calif. (Erfinder: **Harlow Gilbert Hyatt**, Williamsville, N. Y.), V. St. A., *Herstellung eines als Textilhilfsmittel verwertbaren Natriumperborsilicats*, dad. gek., daß als Ausgangsmaterial eine homogene, nicht gelatinierende wss. Lsg. von NaOH, Na_2SiO_3, $Na_2B_4O_7 \cdot 10H_2O$ u. H_2O_2, in welcher NaOH u. Na_2SiO_3 entsprechend einem Verhältnis $Na_2O : SiO_2$ zwischen ca. 1 : 1 u. 1 : 1,2 enthalten sind, verwendet u. diese Lsg. durch einfache Sprühtrocknung zu einem verpackungsfähigen Pulver verarbeitet wird. (**D. A. S. 1 045 376** Kl. 12i vom 18/1. 1957, veröff. 4/12. 1958. A. Prior. 2/4. 1956.) K. DEMMLER. 8029

United States Rubber Co., New York, N. Y., V. St. A., *Verbesserte Haftfestigkeit von Textilien an Butylkautschuk* durch Vorbehandeln der Textilien mit einer Mischung, die man erhält durch Rk. von 100 (Teilen) Butylkautschuk mit 0,25—3 eines 4-KW-stoff-2.6-dimethylolphenols u. 0,1—10 Schwermetallchlorid bei 113—232° u. Mischen dieses Reaktionsprod. mit 15—50 eines Novolaks aus mit Elefantenlausöl modifiziertem Phenol-CH_2O-Harz u. einem Methylengruppen abspaltenden Härtungsmittel. (**E. P. 783 659** vom 26/9. 1955, ausg. 25/9. 1957. A. Prior. 5/11. 1954.) W. OVERBECK. 8033

Bradford Dyers' Association Ltd., England, *Wasserfestmachen von Textilien, Papier, Pelzen und dergleichen* durch Imprägnieren mit einer hydrolysierbaren Organosiliciumverb. oder mit dem Hydrolyseprod. davon, z. B. mit Methylhydrogenpolysiloxanen, im Gemisch mit einem Alkanolaminester des Titans, z. B. dem Mono-, Di- oder Triäthanolaminester. — Zur Herst. einer Imprägnieremulsion werden 3,1 (Gewichtsteile) Cetyldimethylbenzylammoniumchlorid u. 0,1 Essigsäure in 11,4 W. gelöst. Dazu werden 61,9 einer Lsg. von 65 Silicon in 35 White spirit gegeben, worauf emulgiert wird u. 23,5 W. zugegeben werden. Mit der erhaltenen Emulsion, die 40 Teile Silicon in100 Teilen enthält u. die mit W. auf einen Geh. von 2,34 Teilen u. danach mit 0,16 Triäthanolamintitanat in 100 verd. wird, wird ein Gewebe aus Celluloseacetat imprägniert. Dieses wird nach dem Trocknen 4 Min. bei 150° erhitzt. — In weiteren Beispielen werden zum Imprägnieren benutzt: Eine Lsg. von 1,875 (Teilen) Silicon u. 0,125 Monoäthanolamintitanat in 98 Dichloräthylen, oder eine Emulsion von 1,8 Silicon u. 0,2 Diäthanolamintitanat in 100 Wasser. (**F. P. 1 146 632** vom 3/1. 1956, ausg. 13/11. 1957. E. Prior. 4/1. 1955.) M. F. MÜLLER. 8037

Chemische Fabrik Theodor Rotta, Mannheim, *Herstellung wasserverdünnbarer, emulgator- und schutzkolloidfreier, saurer Emulsionen hochmolekularer Kohlenwasserstoffe*, dad. gek., daß man ein durch Temperaturerhöhung verflüssigtes Gemisch von hochmol. KW-stoffen u. Chlor-KW-stoffen (wobei bei Verwendung niedriger Chlor-KW-stoffe diese gegenüber den hochmol. KW-stoffen in deutlichem Überschuß vorhanden sein müssen, während bei hochmol. Chlor-KW-stoffen die gleiche oder eine geringere Menge genügt) mit wss. Lsgg. hydrolysierbarer bas. Salze 3- oder 4wertiger Metalle in solcher Menge innig verrührt u. gegebenenfalls homogenisiert, daß der Anteil an emulgierbaren Stoffen mindestens 20% beträgt. — Zu 8 (kg) wss. Zirkoniumoxyddiacetatlsg. (4,75% ZrO_2) von 60° wird ein 90° heißes Gemisch von 1 Paraffin u. 1 kg Chlorparaffin unter Rühren gegeben u. die Mischung homogenisiert. — *Hydrophobiermittel* für Textilien, Papier, Leder. (**D. A. S. 1 053 127** Kl. 23c vom 24/9. 1956, veröff. 19/3. 1959.) E. DREWS. 8037

Paul William Kersnar, Baltimore, Md., V. St. A., *Gegen Meltau unempfindliche Cellulosefasern.* Die mit einer wss. 5—10%ig. NaOH-Lsg. imprägnierten Fasern werden in feuchtem Zustand mit Äthylen- oder Propylenoxyd behandelt; anschließend neutralisiert man mit verd. Säure u. wäscht salz- u. säurefrei. Die getrockneten Fasern werden mit einem organ. Lösungsm., mit einem Geh. an Benzol- oder Toluolsulfochlorid (I) u. Trimethyl-, Triäthyl- oder Benzyldimethylamin behandelt, worauf man mit einem W.-A.-Gemisch NaCl auswäscht u. trocknet. Zur Nachbehandlung geeignet ist z. B. eine 3% I u. 2% Triäthylamin enthaltende Benzollsg.; wird die so imprägnierte u. getrocknete Faser 30 Min. auf 85° erwärmt, so werden aus den Sulfonsäure enthaltenden Estergruppen der Cellulose quartäre Ammoniumsulfonatgruppen gebildet. (**A. P. 2 833 614** vom 16/2. 1954, ausg. 6/5. 1958.) H. MÖLLERING. 8037

Pacific Mills, Lawrence, übert. von: **Daniel P. Norman,** Ipswich, Mass., V. St. A., *Entfettung von Wolle.* Man extrahiert mit einem Gemisch von Methylenchlorid (I) mit einer kleinen Menge (z. B. 0,198%) W. oder in I lösl. polaren Lösungsmittel. Der Wassergeh. kann erhöht werden durch Zusatz von Na-Benzolsulfonat oder dergleichen. (**A. P. 2 833 798** vom 2/11. 1955, ausg. 6/5. 1958.) F. BÖHM. 8061

Mario Candussi, Cremona, und **Slovko Josef Validzich,** Mailand, Italien, *Herstellung von Textilfasern* aus Abfällen von pflanzlichen u. tier. Fasern. Baumwoll- oder Cellulose (I)-Abfälle werden auf einen Wassergeh. von 4% gebracht, 3 Std. mit 17,7 bis 18% Sodalsg. mercerisiert, 3 Std. zu feinem Brei zerrieben, 100 Std. der Reife überlassen. Getrennt davon werden Abfälle tier. Fasern nach Wäsche u. Entfettung mit NaOH behandelt u. die erhaltene viscose Lsg. dem I-Brei zugemischt, 35 (kg) CS_2 auf 100 I zugegeben, nach 3 Std. mit je 550 Liter W. u. 120—130 kg Soda auf je 100 I verdünnt. Nach ca. 6tägiger Reife wird versponnen. (**It. P. 487 056** vom 14/3. 1952.) K. KOEBKE. 8075

Farbwerke Hoechst Akt.-Ges., vormals Meister Lucius & Brüning, Deutschland, *Behandlung synthetischer Fasern* aus Polyestern u./oder Polyamiden zur *Erhöhung der Waschbeständigkeit* erfolgt durch Imprägnieren mit Gemischen aus Polyvinylalkohol u. Zn-Formaldehydsulfoxylat. (**F. P. 1 155 087** vom 24/7. 1956, ausg. 22/4. 1958. D. Prior. 25/7. 1955.) S. BÖTTCHER. 8081

XIX. Brennstoffe. Erdöl. Mineralöle.

G. Ss. Djatschkow und **L. K. Tschuchlowa,** *Über das Torffurfurol.* Unterss. verschied. Torfarten im Hinblick auf die Gewinnung von *Furfurol* (I) durch Hydrolyse von Torf mit HCl ergaben für Niederungs- u. Hochtorf die gleiche Abhängigkeit der I-Ausbeute ($F_{Hydrol.}$, bezogen auf das Trockengewicht des Torfes) vom Zersetzungsgrad r: $F_{Hydrol.} = 8{,}2 - 0{,}155 \pm 2{,}2\%$. Dagegen verhalten sich bei der therm. Zers. (½std. Dämpfen bis zu 13 at, ¼std. Konstanthalten des Dampfdruckes) beide Torfarten unterschiedlich. Während für Hochtorf die I-Ausbeute ($F_{Therm.}$) der Beziehung $F_{Therm.} = 2{,}18 - 0{,}06\,r \pm 0{,}5\%$ entspricht, ist die Ausbeute des durch therm. Zers. von Niederungstorf gewonnenen I vom Zersetzungsgrad unabhängig u. beträgt 0,3% des Torfes (Trockengewicht). Letzteres unterscheidet sich vom „Hydrolyse"-I durch seinen Geh. an *Methyl-* u. *Hydroxymethylfurfurol,* die therm. in weit geringerem Maße als durch Mineralsäuren zers. werden. Die I-Ausbeuten sind von der Art des Hochtorfes abhängig. (Журнал Прикладной Химии [J. angew. Chem.] **31.** 322—23. Febr. 1958. Leningrad, Inst. für Torfind.) W. KURTZMANN. 8122

G. R. Yohe, *Oxydation von Kohle.* Zusammenfassender Bericht über die Arbeiten zur Oxydation von Kohle seit 1945 mit 315 Literaturangaben. (State Illinois, Divis. State geol. Surv., Rep. Invest. **1958.** Nr. 207. 1—51.) F. ENSSLIN. 8126

Hidemasa Honda und **Toshio Yamakawa,** *Eigenschaften der durch Luft oxydierten Kohlen.* Änderungen der Eigg., des Gewichts, der Zus. u. der sauren Gruppen während der Oxydation verschied. Kohlen durch Luft bei 150, 200 u. 250° wurden untersucht. Am Anfang der Oxydation fällt der Geh. an H rasch, wobei der an nicht saurem O stark zunimmt. Dann nehmen der O der COOH-Gruppe u. der totale O parallel zu. Die Menge der regenerierten Humussäure nimmt mit der Menge der Carboxylgruppe entsprechend zu. (J. chem. Soc. Japan, ind. Chem. Sect. [Kōgyō Kagaku Zassi] **61.** 717—20. Juni 1958. Kawaguti, Sigenkenkyûzyo. [Orig.: japan.]) E. MAEKAWA. 8126

Yoshio Kamiya, *Veresterung der aus bituminöser Kohle durch Sauerstoffoxydation in basischer Lösung hergestellten wasserlöslichen Säuren mit Butanol und Entfärbung der gebildeten Ester.* Fein pulverisierte bituminöse Kohle wurde in 18%ig. NaOH bei Ggw. von $CuSO_4 \cdot 5H_2O$ im Autoklaven unter O_2 bei einem Druck von 55 kg/cm² 2 Std. bei 255° geschüttelt, das Gemisch filtriert u. das Filtrat mit H_2SO_4 angesäuert. Die ausgefallenen wasserunlösl. Säuren wurden abgesaugt u. die Lsg. bei p_H 1,5 unter Sättigung mit Na_2SO_4 mit Methyläthylketon 2mal ausgeschüttelt. Beim Abdampfen des Lösungsm. blieben ca. 50% der Gewichtsmenge der Kohle als wasserlösl. Säuren (I) zurück, die zum größten Teil aus aromat. I bestanden. Aus I wurden durch 30std. Kochen mit n-Butanol bei Ggw. von H_2SO_4 unter azeotrop. Beseitigen des W. oder durch 2—4std.

Erhitzen mit n-Butanol u. H_2SO_4 im Autoklaven auf 140—170° die Butylester hergestellt, die durch Behandeln mit $SnCl_4$ oder mit aktivierter Säureerde in PAe. gut entfärbt werden konnten. Die gereinigten Ester hatten ein mittleres Mol.-Gew. von 420. (J. chem. Soc. Japan, ind. Chem. Sect. [Kōgyō Kagaku Zassi] **61**. 858—61. Juli 1958. Tokyo, Univ., Techn. Fak. [Orig.: japan.]) E. MAEKAWA. 8126

N. Adachi, *Rationelle Verwendung heimischer Kohle.* Übersicht über die Eigg. u. Verwendbarkeit der Kohlen Japans. (Kagaku [Science] **25**. 176—79. 1955. [Orig.: japan.]) L. SCHULER. 8126

F. Fetting, R. H. Wilhelm und **A. P. H. Choudhury,** *Die Wirkung des Zusatzes von Hilfsgasen auf die Abhebeneigung turbulenter Gasflammen.* Die Neigung von Brenngasen zum Abheben wird durch Zusatz von H_2 mit seiner hohen Zündgeschwindigkeit verringert, durch KW-stoffe, wie CH_4, Propan u. Butan, verstärkt. Es wird die Wrkg. von Flammenhaltern (zylindr. u. stromlinienförmig) untersucht. Dabei konnte mit der zylindr. u. der Stromlinienform das gleich günstige Ergebnis erzielt werden, wenn der Flammenhalter nicht künstlich gekühlt wurde. (Gas J. **295** (**110**). 517—23. 10/9. 1958. Hannover u. Princeton) F. SCHUSTER. 8128

K. G. Williams, J. E. Johnson und **H. W. Carhart,** *Der vertikale Röhrenreaktor — ein Mittel zur Untersuchung des Verhaltens von Flammen.* Mit einem beheizten Röhrenreaktor wurden die einzelnen Stufen der Verbrennung, die von der Selbstzündung bis zur n. Flamme führen, für verschied. KW-stoffe untersucht. Dabei wurde bes. der Einfl. der O_2-Konz. im Gemisch mit den KW-stoffen berücksichtigt. (Gas J. **295** (**110**). 524—31. 10/9. 1958.) F. SCHUSTER. 8128

Miti Ionescu und **V. Anghel,** *Kohlentrocknung in der Wirbelschicht.* In einer halbtechn. Anlage (schemat. Abb.) wird Kohle mit 0—3 mm Körnung in der Wirbelschicht einer Trocknung mit Heizgasen aus der Verbrennung von CH_4 oder Kohlestaub unterworfen. Bei einem Durchgang nimmt der Feuchtigkeitsgeh. von 30—35 auf 26—29% ab. (Rev. Minelor **8**. 575—76. Dez. 1957. Inst. de cerc. min.) R. K. MÜLLER. 8134

I. Blum und **M. Rosenberg,** *Über einige technische und wirtschaftliche Fragen der Aufbereitung und Verwertung der rumänischen lignitischen Braunkohle.* 5. Mitt. *Brikettierung der Braunkohle mit Bindemitteln.* (4. vgl. Rev. Minelor **8**. [1957.] 462.) Mit Rohbraunkohle, Fein- u. Grobgut daraus (0—30 bzw. 30—700 mm) werden Brikettierverss. unter Verwendung von Erdölpech als Bindemittel durchgeführt u. einer Material- u. Kostenbilanz zugrunde gelegt. Bei Verwendung von Feinkohle ist eine Vorreinigung angezeigt. (Rev. Minelor **8**. 525—31. Nov. 1957.) R. K. MÜLLER. 8136

Miti Ionescu und **Octavian Florea,** *Einige Probleme der Brikettierung von Braunkohle.* Durch die Verwendung von Bindemitteln ist es möglich, die Brikettierung von Braunkohle bei wesentlich niedrigeren Drucken (150—300 statt 1200—2000 kg/cm²) bei 70—90° durchzuführen. Es sind jeweils die optimalen Bedingungen der Wahl des Bindemittels, des Feuchtigkeitsgeh. u. der Körnung der Kohle zu ermitteln, wie an Beispielen erläutert wird. (Rev. Minelor **8**. 532—37. Nov. 1957.) R. K. MÜLLER. 8136

Herbert Barking und **Constanz Eymann,** *Einblick in die Verkokungsvorgänge. Beitrag zur Kenntnis der Koksherstellung aus Gas–Gasflammkohlen.* Die bei der Koksbldg. auftretenden „Urbitumina" überführen die Kohleteilchen in eine verbackene plast. M. u. gehen Verflechtungen ein, welche therm. u. katalyt. gelenkt werden können. Die katalyt. Wrkg. von Erzen auf Kohle kann durch kleine Ölmengen abgeschwächt werden. Ein Gemisch aus Gas–Gasflammkohlen, Magnetitkonzentrat u. wenig Öl liefert grobblockigen Eisenkoks, der dieselben Festigkeitseigg. aufweist wie Hochofenkoks. (Gas- u. Wasserfach, Ausg. Gas **99**. 1037—45. 10/10. 1958. Walsum/Ndrh., Bergwerksgesellschaft Walsum mbH.) R. MAAS. 8142

Franc Šef, *Entschwefelung von Erdölkoks mit Gasen.* Verss. über die Entschwefelung von Erdölkoks (2% S, 6,3% flüchtige Anteile) mit H_2 bei gewöhnlichem Druck bei 500—900° ergeben die höchste Reaktionsgeschwindigkeit bei 600—700°. Zweckmäßiger ist der Zusatz von H_2 schon bei der Verkokung; dadurch wird unter den gleichen Bedingungen ein wesentlich höherer Entschwefelungsgrad erreicht. Verss. mit 2 Koksproben mit 0,8 u. 17,1% flüchtigen Anteilen ergeben 15,5 bzw. 62,0% Entschwefelung. Bei Zunahme der flüchtigen Anteile von 0 auf 6% nimmt die Entschwefelungsgeschwindigkeit rasch zu, bei weiterer Zunahme weniger. — 28 Literaturhinweise. (Nafta [Zagreb] **8**. 283—93. Sept. 1957. Zagreb, Inst. za naftu.) R. K. MÜLLER. 8144

P. Schenk, *Entwicklung und derzeitiger Stand der Ölvergasung in Deutschland.* Vf. gibt einen Überblick über die ausgeübten Verff. der Ölvergasung in Deutschland, deren Einsatzprodd. u. Probleme. (Schweiz. Ver. Gas- u. Wasserfachmännern, Monatsbull. **38**. 121—27. Juni 1958. Düsseldorf.) R. MAAS. 8148

Károly Somhegyi, *Auswirkungen der Gasverunreinigungen im Rohrnetz und an den Gasgeräten. Erfahrungen in der Beseitigung von Betriebsstörungen.* Es wurden die Auswirkungen der Gasverunreinigungen (erhöhte Feuchtigkeits- u. Naphthalingehh.) bei Förderung u. Verwendung des Stadtgases untersucht, Beschreibung der Betriebsstörungen u. deren Beseitigung. (Energie és Atomtechn. **10.** 391—405. Dez. 1957.) G. HALMI. 8156

Georg Streller, *Kopperskoks als Entschwefelungsmittel für Winkler-Wassergas.* Auf Grund von Versuchsreihen in einer halbtechn. Anlage konnte festgestellt werden, daß KOPPERS-Koks hinsichtlich Aktivität u. Beladefähigkeit den 2—3fachen Wert von Lautamasse hat. Vom Originalkoks muß die Kornfraktion unter 0,5 mm abgesiebt werden, weil sonst der Widerstand gegen den Gasdurchgang zu groß wird. (Freiberger Forschungsh., Reihe A Heft **103.** 51—64. Aug. 1958. Bohlen.) F. SCHUSTER. 8172

Ju. N. Garber, D. D. Sykow und **N. M. Karawajew,** *Dampfspannungen der Steinkohlenteerfraktionen.* Es wird ein Verf. angegeben, mit dem man die Abhängigkeit der Dampfspannungen bei Gemischen mehrerer Stoffe von der Temp. berechnen kann. Zunächst wird in Verss. die Kurve der Phasengleichgewichte aufgezeichnet, wobei eine leicht bestimmbare Komponente mit bekannter Abhängigkeit p = f (t) im Gemisch enthalten ist. Der Rest des Gemisches wird als komplexe Komponente bezeichnet, wobei der Dampfdruck aus den RAOULTschen Gesetzen nach 2 verschied. Formeln berechnet wird, je nachdem, ob diese komplexe Komponente tief oder hoch siedet. Dann wird die Gleichung p = f (t) nach einer Formel von ANTOINE berechnet. Die Ergebnisse der Berechnung werden an 2 Beispielen (Naphthalin-β-Methylnaphthalin u. Naphthalinfraktion 137—211°) als befriedigend (Fehler nicht über ± 2—3°) nachgewiesen. (Известия Академии Наук СССР, Отделение Технических Наук [Nachr. Akad. Wiss. UdSSR, Abt. techn. Wiss.] **1956.** Nr. 4. 101—05. April. Moskau.) A. v. WILPERT. 8176

Clarence Karr jr. und **Ta-Chuang Lo Chang,** *Spektrochemische Analyse der destillierbaren Basen von Tieftemperaturteer.* Die von Vff. nachgewiesenen 51 Verbb. verteilen sich auf die Ringsysteme: *Pyridin, Cyclopentenopyridin, Phenylpyridin, Chinolin, Benzochinolin, Anilin, N-Benzylanilin* u. *Naphthylamin.* Wahrscheinlich sind auch noch Tetrahydrochinolin u. Phenylanilin vertreten, doch konnte ihr Vork. nicht einwandfrei nachgewiesen werden. In den Seitenketten traten nur Methyl- u. Äthylgruppen, höhere Alkylreste wurden nicht aufgefunden. Vff. nehmen an, daß bei den Entstehungsbedingungen des Teeres (500°) Alkylketten mit 3 oder 4 C-Atomen gesätt. Ringe bilden. Wenn auch Spektren von Alkylderivv. dieser Ringsysteme nicht nachgewiesen werden konnten, so wurde doch *2.3-Cyclopentenopyridin* einwandfrei nachgewiesen, während zwischen 230 u. 270° wahrscheinlich *Alkyl-5.6.7.8-tetrahydrochinolin* vorhanden ist. Im ganzen wurden 8 Basen isoliert: *2-* u. *4-Methylchinolin, 2.4-Dimethylchinolin, 2.4.6-, 2.4.7-, 2.4.8-* u. *2.6.8-Trimethylchinoline* u. *Benzochinolin.* Tabelle mit Angaben über die Banden der verschied. Basen u. eine mit Angabe der Gew.-% der Basen im Teer. Ultrarot- u. UV-Spektren verschied. Fraktionen werden mitgeteilt. (J. Inst. Fuel **31.** 522—27. Dez. 1958. Morgantown, W. Va., Bur. of Min.) F. ROSENDAHL. 8176

S. G. Markowa und **A. W. Krassilowa,** *Der potentielle Gehalt von Ölen in Holzteeren.* Im Hinblick auf die Umstellung einer Teerdestillationsanlage auf kontinuierlichen Betrieb erwies es sich als notwendig, die Zus. von 8 Teeren (I) verschied. Herkunft festzustellen. Die fraktionierte Dest. der **I,** deren Resultate tabellar. gebracht werden, ergab große Unterschiede, bes. im Geh. der Kreosotöle. (Гидролизная и Лесохимическая Промышленность [Hydrolysen- u. holzchem. Ind.] **12.** Nr. 1. 22—24. 1959. Wetluga, Holzchem. Kombinat.) M. ULMANN. 8178

O. G. Ssussanina und **N. I. Tschernoshukow,** *Untersuchung der Löslichkeit einzelner Gruppen von Kohlenwasserstoffen der Ölfraktionen in Aceton.* Wie die bei verschied. Verhältnis Aceton (I) :Öl (Destillat von Autol 10 aus Baku-Erdöl oder Konzentrat des paraffinhaltigen Surachan-Erdöls) bei —70 bis 235° (krit. Temp. von I) durchgeführten Unterss. zeigen, kristallisieren bei abnehmender Temp. Paraffine (II) sowie Naphthene (III) u. Aromaten (IV) mit langen Seitenketten gemeinsam aus der I-Lsg. aus. Ähnlich den unpolaren Lösungsmitteln (Bzn.) zeigt I gegenüber den genannten KW-stoffgruppen ausschließlich Dispersionseigenschaften. **II–III**-KW-stoffe lassen sich in Abhängigkeit von Verdünnung u. Temp. der Lsg. vollständig, die übrigen Gruppen dagegen selbst bei niedrigen Tempp. nicht weiter als bis zu 50—60% aus dem Öl abtrennen. **IV** u. Teerprodd. bilden infolge der polaren Eigg. von **I** teilweise Komplexe. Wie aus unpolaren Lösungsmitteln (Propan) werden auch aus **I** in der Nähe der krit. Temp. des Lösungsm. hochmol. KW-stoffe u. Teere ausgefällt. Zusammen mit der chromatograph. Unters. der Ölfraktionen ist die fraktionierte Kristallisation der KW-stoffe aus ihren I-Lsgg. zur Strukturanalyse der im Öl enthaltenen KW-stoffe geeignet. Bei der Entparaffinierung der Öle bei niedrigen Tempp. in einem I-Toluol-Gemisch lassen sich beträchtliche Mengen an wertvollen krist. III u. IV von niedrigem E. gewinnen. (Химия и Технология Топлива и Масел [Chem. Technol. Brennstoffe Öle] **1957**. Nr. 10. 14—21. Okt. Moskau, Gubkin-Erdölinst.) H.-E. MESSERKNECHT. 8188

N. M. Ochrimenko, A. I. Malyschew und **N. Ss. Krawtschenko,** *Erfahrungen bei der Verwendung von Cellophan zur Bekämpfung des Versickerns.* Es wird über die Ergebnisse von Verss. berichtet, bei welchen Ton-Lsgg. zusätzlich mit Cellophan (aus Abgängen der Nahrungsmittelindustrie u. der Cellophanherst.) versetzt wurden, um das Versickern (Absorption) des W. bei Turbobohrungen in der Erdölindustrie zu unterbinden. Bei 3%ig. Zusatz an Cellophan (Teilchengröße 0,5—12 mm) u. einer Viscosität der Fl. von 22—25 Sek. sowie einer stat. Schubspannung von 38 u. 43 mg/cm^2 in 1 bzw. 10 Min. erfolgte keine Verstopfung der Bohrkanäle. Der Flüssigkeitsverlust sank auf 4 m^3 gegenüber 360 m^3 je Tag (beim Bohren mit techn. W.). Die Pumpen u. Turbinen arbeiteten n., technolog. Schwierigkeiten traten nicht auf. Auf 110 m^3 Tonlsg. setzte man 200—400 kg Cellophan zu, was annähernd der optimalen Menge entsprechen dürfte. (Нефтяное Хозяйство [Erdöl-Wirtsch.] **36**. Nr. 10. 23—25. Okt. 1958.) A. v. WILPERT. 8190

Je. M. Warschawer, *Steigerung der Leistung und der Ölgewinnung aus dem Rohstoff bei Entparaffinierungsanlagen.* Der beim Abfiltrieren der aus den Öldestillaten durch Kristallisation abgeschiedenen Paraffine (I) anfallende dicke Filterkuchen läßt sich nur schlecht mit dem Lösungsm. auswaschen u. hält daher noch beträchtliche Mengen Öl zurück, wodurch sowohl die Ölausbeute als auch die I-Qualität verschlechtert wird. Vf. beschreibt Änderungen des Verf. (portionsweise Zugabe des entsprechend der Temp. des Destillates verschieden stark gekühlten Lösungsm., Verwendung von wasserfreiem Lösungsm., Kreislaufführung des Filtrates), wodurch sich die auf das Destillat bezogene Ölausbeute von 57 auf 72% erhöhen läßt. Verstopfungen des Filters bei der Entparaffinierung von Destillationsrückständen infolge feinkrist. Abscheidung von im Destillationsrückstand enthaltenem Ceresin (II) lassen sich vermeiden, wenn man vor dem Filtrieren 5—7% leichtschm. I zusetzt. Letztere fallen zusammen mit II als grobkrist., die Filtration nicht weiter erschwerender Nd. aus. Durch Übergang zum Filtratzusatz konnte die Verdünnung des Rohstoffes von 4 : 1 auf 3 : 1 gesenkt, die Filtrationsgeschwindigkeit um 15—18% erhöht werden. (Химия и Технология Топлива и Масел [Chem. Technol. Brennstoffe Öle] **1957**. Nr. 10. 52—61. Okt. Nowo-Kuibyschew, Erdölverarbeitungsfabrik.) H.-E. MESSERKNECHT. 8192

Dušan Gjurgjević und **Radovan Lipovšćak,** *Die Entschwefelung des Benzins mit einheimischen Bauxiten.* Die Verss. zur Desulfurierung von irak. Bzn. mit jugoslaw. Bauxiten wurden erfolgreich durchgeführt. Bes. aktivierte Bauxite von Pola, die durch feuchte Luft bei 400—600° bearbeitet wurden, waren sehr wirksam. Im halbtechn. Maßstab wurde eine 88—95%ig. Entschwefelung erzielt, wobei die Klopffestigkeit des anfallenden Bzn. um 3—4 Einheiten verbessert wurde. (Nafta [Zagreb] **9**. 255—60. Sept. 1958. Zagreb, Inst. für Naphtha.) D. KOLBA. 8194

V. I. Karžev, D. F. Kasatkin und **D. I. Oročko,** *Die Hydrierung von schweren Erdöldestillaten und Rückständen aus dem Wärme- und katalytischen Cracken.* (Vortrag.) Es wurden verschied. Verff. der Verarbeitung von schweren Erdöldestillaten u. Rückständen beschrieben. Als bestes Verf. erwies sich die Hydrierung am festen Katalysator. Bei Verwendung dieses Verf. ist der Durchsatz 3mal so hoch wie bei der Verwendung von suspendierten Katalysatoren. (Chem. Průmysl **8** (**33**). 571—74. Nov. 1958. Moskau, Allunions Wiss. Forschungsinst. der Erdölind.) J. SCHNEIDER. 8198

Alan K. Roebuck und **B. L. Evering,** *Cracken eines aromatischen Extraktes in Gegenwart von Wasserstoff zu Naphthalin und Kraftstoff mit der Octanzahl 100.* Leichte Öle, die durch katalyt. Spaltung erhalten werden, können durch SO_2-Extraktion in Paraffin- u. Naphthenraffinate u. einen Aromaten u. S-Verbb. enthaltenden Extrakt getrennt werden. Die Spaltung des 90% Aromaten enthaltenden, zwischen 200 u. 250° sd. Extraktes in Ggw. von H_2 ergibt in einem Durchgang 16% Naphthalin u. 55% eines Kraftstoffes mit Octanzahl 100. Als Katalysatoren werden auf Al_2O_3 niedergeschlagene Cr(III)-, V(V)-, Co-Mo(VI)-Oxyde verwendet. Die beste Temp. liegt bei 525° u. 800 lbs./sq.in. u. einem H_2/KW-stoff-Verhältnis von 3000 cu.ft. barrel. Das erhaltene Bzn. enthält 90% Aromaten u. weniger als 0,1% S. Ausführlicher Versuchsbericht. (Ind. Engng. Chem. **50**. 1135—38. Aug. 1958. Whiting, Ind., Standard Oil Co. (Indiana), Res. Dep.) K. O. MÜLLER. 8200

J. G. Christian, A. J. Chiantella, J. E. Johnson und **H. W. Carhart,** *Der Einfluß von Glas auf die Stabilität von Kraftstoffdestillaten.* Zur Lagerung von Kraftstoffdestillaten werden oft Glasgefäße benutzt. Vff. haben gefunden, daß die Zus. des Glases eine ausgeprägte Wrkg. auf die Qualitätsverminderung einiger Kraftstoffdestillate hat. Von 13 untersuchten Proben haben 10 Proben eine weniger schnelle Herabminderung in weichen Gläsern als in Borsilicatgläsern erfahren, während die 3 restlichen Proben indifferent blieben. Eine Vorbehandlung der Glasgefäße mit konz. Säuren oder Laugen ruft nur eine geringe Veränderung der Kraftstoffe hervor. — Ausführlicher Versuchsbericht. (Ind. Engng. Chem. **50.** 1153—56. Aug. 1958. Washington, D. C., Naval Res. Labor.) K. O. MÜLLER. 8204

Demag Akt.-Ges. (Erfinder: **Rudolf Corsepius**), Duisburg, *Vergasen feinkörniger Brennstoffe* in mindestens 3 Gaserzeugern u. im Wechselbetrieb von Abwärtsgasen in Parallelschaltung der Gaserzeuger u. Wirbeln mittels inerter Gase. Die beim Wirbeln auftretenden Gase u. Dämpfe sowie der Staub werden auf die ruhenden Brennstoffbetten von mindestens 2 Gaserzeugern geleitet. Zwischen den Zeiten des Gasens u. den Wirbelzeiten wird zwecks Verdrängung zündfähiger Gemische aus den Räumen oberhalb des Brennstoffbettes Spüldampf oberhalb der letzteren eingeleitet. Gemäß Erfindung wird nach dem gemeinsamen Abwärtsgasen aller Gaserzeuger bei abgeschalteter oder gedrosselter Zufuhr des O_2-Vergasungsmittels gespült u. hierauf die Brennstoffbetten sämtlicher Gaserzeuger unmittelbar nacheinander oder, bei Anlagen mit mindestens 6 Gaserzeugern, paar- oder gruppenweise gewirbelt. Im Falle der Verwendung eines nicht inerten Wirbelgases, z. B. Wasserdampf, wird vor dem Abwärtsgasen im Parallelbetrieb sämtlicher Gaserzeuger noch eine Spülperiode für alle Gaserzeuger eingeschaltet. (**D. A. S. 1 048 658** Kl. 24e vom 4/4. 1957, veröff. 15/1. 1959.) W. HAUSWALD. 8149

Monsanto Chemical Co., St. Louis, Mo., übert. von: **William A. Busch**, Perely, Mo., V. St. A., *Wässerige Bohrflüssigkeit.* Sie enthält in Suspension feste anorgan. Stoffe, wie Bentonit, u. ein Mischpolymer von Isobutylen u. Maleinsäureanhydrid u. damit vermischt 1—10 Gew.-% eines Glykols der Formel HO—R—OH. Hierin bedeutet R ein Alkylen- oder Hydroxyalkylenradikal mit einem Mol.-Gew. von 42—116, wobei die OH-Gruppen an getrennten C-Atomen sitzen. Solche Verbb. sind z. B. Hexylenglykol, Propylenglykol, Triäthylenglykol. Die Menge derselben muß ausreichen, um die Wasserverluste zu verringern ohne dabei die Viscosität so zu erhöhen, daß die Fl. nicht mehr pumpfähig ist. (**A. P. 2 826 548** vom 18/6. 1956, ausg. 11/3. 1958.) W. HAUSWALD. 8191

Paul B. Crawford, Bryan, Texas, V. St. A., *Erdölgewinnung aus teilweise ausgebrauchten Lagerstätten* durch teilweise Verbrennung des Öles mittels eines oxydierenden Gases, wobei die Verbrennungsgase das übrige Öl zur Produktionsleitung drücken. Um das Verhältnis von CO zu CO_2 in den Verbrennungsgasen zu erhöhen, wird dem Gas Chlor, HCl oder ein chlorhaltiger Stoff, wie Phosphortrichlorid oder Phosphoroxychlorid, zugesetzt, ca. 0,2—16 Vol.-%. (**A. P. 2 804 146** vom 20/4. 1955, ausg. 27/8. 1957.) W. HAUSWALD. 8191

Socony Mobil Oil Co., Inc., übert. von **David M. Updegraff**, Dallas, Texas, V. St. A., *Sekundäre Ölgewinnung aus ölhaltigen Formationen.* Man führt Bakterien (Anaerobien, wie Aerobacter aerogenes, Escherichia coli, Bacillus macerans u. Bacillus polymyxa) durch die Bohrung ein u. gleichzeitig oder danach eine wss. Lsg. von Kohlenhydraten, wie Dextrose, unkrist. Sirup, Melasse, ein. Die durch Fermentation der Kohlenhydrate erzeugten Gase erniedrigen die Viscosität des Öles, sofern sie im Öl lösl. sind. Die unlösl. Gase erhöhen den Gasdruck in der Formation u. dienen somit zur Förderung des Öles. (**A. P. 2 807 570** vom 16/1. 1953, ausg. 24/9. 1957.) W. HAUSWALD. 8191

Farbenfabriken Bayer Akt.-Ges. (Erfinder: **Walter Krönig** und **Walter Bayer**), Leverkusen, *Aufarbeitung von Pyrolyseprodukten,* welche durch Pyrolyse von leichten Erdölfraktionen im Wirbelbett erhalten werden, dad. gek., daß man bei der Abkühlung der Pyrolyseprodd. schwere Öle zusetzt. (**D. A. S. 1 052 034** Kl. 23b vom 2/11. 1957, veröff. 5/3. 1959.) E. KAHLES. 8193

Socony Mobil Oil Co., Inc., New York, N. Y., übert. von: **Joe E. Penick**, Augusta, Kans., V. St. A., *Abtrennen von staubförmigen Teilchen aus Adsorptionsmitteln,* welche bei der Behandlung von fl. KW-stoffölen verwendet werden. In einer Behandlungszone werden die Adsorptionsteilchen mit dem Öl in Kontakt gebracht. Dann werden die Adsorptionsteilchen in eine Waschzone geführt. Dort werden die noch anhaftenden KW-stoffreste vom Adsorptionsmittel abgewaschen. In einer Trockenzone werden die Adsorptionsteilchen nach dem Waschen getrocknet. Durch die erhitzte Trockenzone wird ein inertes kondensierbares Abstreifgas eingeleitet, durch das die feinen Teilchen mit einer Teilchengröße von >100 TYLER-Maschen bis zu $<3\%$ bei genügend hoher Geschwindigkeit des Abstreifgases aus dem Adsorptionsmittel entfernt werden. Das Gas wird in eine Kühlzone geführt, in der das Gas kondensiert wird. Aus der Kühlzone wird das Gemisch aus kondensiertem Abstreifgas, Waschmittel u. feinen Adsorptionsmittelteilchen in eine Trennzone geleitet. Dort werden die feinen Teilchen abgetrennt. Die getrockneten Adsorptionsmittelteilchen werden aus der Trockenzone in eine Rekonditionierungszone geleitet u. von dort in die Behandlungszone zurückgeführt. — Zeichnungen. (**A. P. 2 766 191** vom 22/3. 1952, ausg. 9/10. 1956.) E. KAHLES. 8195

Socony Mobil Oil Co., Inc., New York, N. Y., V. St. A. (Erfinder: **Walter Philip Williams,** London, England), *Abtrennung saurer Gase von flüssigen Gemischen,* die in W. unlösl. sind. Man bringt das Gemisch mit einer wss. Aminlsg. zusammen, wobei diese die sauren Substanzen auflöst. Man steigert die Temp. der säurehaltigen Aminlsg. bis zu ihrem Kp., um die schwach sauren, normalerweise gasförmigen Bestandteile auszutreiben. Mindestens einen Teil dieser Aminlsg. aus der Erhitzungsstufe unterwirft man der Elektrolyse, um den Anteil an freiem Amin in der Lsg. zu erhöhen. Diese regenerierte Lsg. verwendet man für die Behandlung weiterer Mengen der fl. Mischung. — Zeichnung. (**E. P. 796 533** vom 20/7. 1956, ausg. 11/6. 1958.) P. UNGER. 8195

Union Oil Co. of California, Los Angeles, Calif., übert. von: **Clarence S. Coe,** Rolling Hills, V. St. A., *Süßen und Stabilisieren von Spaltbenzinen.* Man löst in dem Bzn. zunächst eine kleinere Menge ($<$0,2%) 3.3'.5.5'-Tetra-tert.-butyl-4.4'-dihydroxydiphenyl, dann extrahiert man das Bzn. mit einer vorwiegend wss. Alkalilsg., um die Mercaptane zu extrahieren, ohne daß dabei wesentliche Mengen des Stabilisators herausgelöst werden. Die Alkalilsg. besteht aus einem Alkalihydroxyd, das in einem Lösungsm., das vorwiegend aus W. besteht, gelöst ist, z. B. aus 10—40 Voll. Methanol + 100 Voll. der wss. Alkalilsg., in der 20—40 Gew.-% NaOH gelöst sind. — Zeichnung. (**A. P. 2 835 564** vom 25/6. 1956, ausg. 20/5. 1958.) P. UNGER. 8201

Esso Research and Engineering Co., übert. von: **Wilson C. Rich jr.,** Mountainside, und **Charles E. Jahnig,** Red Bank, N. J., V. St. A., *Hydroformieren von Kohlenwasserstoffen.* Um die Wärme der aus dem Reaktor austretenden Prodd. zu gewinnen, werden die Reaktionsprodd., welche noch geringe Anteile an mitgerissenen Feststoffteilchen enthalten, im Gegenstrom zu einem Strom von fluidisierten Wärmeträgern in einen mehrstufigen Kühler geführt. Die gekühlten Reaktionsprodd. werden überkopf aus dem Kühler bei einer Temp., die prakt. dem Taupunkt der Reaktionsprodd. entspricht, abgezogen, während die mitgerissenen Feststoffteilchen sowie die höher sd. Reaktionsprodd. auf den Wärmeträgern niedergeschlagen werden. Aus der letzten Stufe des Kühlers werden die Wärmeträger abgezogen. Die heißen Wärmeträger werden dem Vorerhitzer des Einsatzgutes zugeleitet, wo sie über mehrere Stufen dem Einsatzgut im Gegenstrom entgegenfließen. Das vorerhitzte Einsatzgut wird der Reaktionszone zugeführt, während die abgekühlten Wärmeträger zum Kühler zurückfließen. — Vorr., Zeichnung. (**A. P. 2 762 753** vom 26/12. 1952, ausg. 11/9. 1956.) E. KAHLES. 8201

British Petroleum Co. Ltd., London (Erfinder: **John Arthur Edgar Moy,** und **Bernard Whiting Burbidge,** Sunbury-on-Thames), England, *Erhöhung des Aromatengehaltes eines ganz oder teilweise aus nichtaromatischen Kohlenwasserstoffen bestehenden Ausgangsmaterials* durch Behandlung mit auf Al_2O_3 aufgebrachten Chromoxydkatalysatoren bei erhöhten Tempp. u. mäßigen Drucken, dad. gek., daß mit zusätzlich eine geringe Menge Bi enthaltenden Katalysatoren bei Tempp. von 450—580°, Drucken bis zu 4,55 kg/cm² u. ohne von außen zugesetzten oder in die Umsetzung zurückgeführten Wasserstoff gearbeitet wird. (**D. A. S. 1 049 030** Kl. 23b vom 10/9. 1957, veröff. 22/1. 1959. E. Priorr. 13/9. u. 2/12. 1956.) E. KAHLES. 8201

E. I. du Pont de Nemours & Co., übert. von: **Willard E. Catlin** und **John C. Thomas,** Wilmington, Del., V. St. A., *Cyclopentadienyleisencarbonyle* der allg. Formel I, in der R den Cyclopentadienyl-, Monophenylcyclopentadienyl- oder einen Alkylcyclopentadienylrest bedeutet, erhält man durch Rk. eines Fe-Carbonyls, z. B. $Fe(CO)_5$, mit Cyclopentadien oder einem substituierten Cyclopentadien unter wasserfreien Bedingungen bei 160—210° u. erhöhtem Druck. — Z. B. setzt man 98 (g) $Fe(CO)_5$ 66 Cyclopentadien im Autoklaven bei 200° zu 59 (= 67%ig. Ausbeute) *Cyclopentadienyleisencarbonyl* um, dunkelrote Kristalle aus n-Heptan. — *Antiklopfmittel* u. Katalysatoren bei Synthesen mit CO. (**A. P. 2 810 736** vom 1/7. 1953, ausg. 22/10. 1957.) R. LINK. 8209

R, CO, CO, Fe, Fe, OC, CO, R

I

Esso Research and Engineering Co., Elizabeth, N. J., V. St. A., *Schmierölgemisch,* gek. durch einen geringen Anteil an einem öllösl. Polypropylen vom Mol.-Gew. zwischen ca. 10000 u. 30000, das durch Polymerisation von Propylen in Ggw. eines Katalysators, bestehend aus einer Mischung einer reduzierenden Metallverb. mit einer reduzierbaren Metallverb. erhalten worden ist. Verbesserung des Viscositätsindexes. Zusatzmenge 0,1—10 Gew.-%. (**D. A. S. 1 042 164** Kl. 23c vom 29/11. 1956, veröff. 30/10. 1958. A. Prior. 29/11. 1955.) E. DREWS. 8221

Esso Research and Engineering Co., übert. von: **Paul V. Smith jr.**, Westfield, **Samuel B. Lippincott**, Springfield, und **Clifford W. Muessig**, Breton Woods, N. J., V. St. A., *Aschefreie, reinigend wirkende Schmierölzusatzmittel* der allg. Formel $R-N(R_1)-(CH_2)_a-O[CO-(CH_2)_m-COO(C_nH_{2n}X_y)-O]_z-CO-(CH_2)_m-COOR_2$ (R u. R_1 = Alkyl mit 1—10 C-Atomen; R_2 = Alkyl mit 1—20 C-Atomen; X = O oder S; a = 2—4; m = 0—8; n = 2—10; y = 0—5; z = 1—5) erhält man durch Verestern von 2 Mol einer gesätt. Dicarbonsäure, mit 2—10 C-Atomen, mit 1 Mol Glykol, mit 2—10 C-Atomen, 1 Mol eines einwertigen Alkohols u. 1 Mol eines Aminoalkohols der Formel $R-N(R_1)(CH_2)_aOH$ u. Abdest. aller Stoffe, die unter 450° sieden. Es können verestert werden: Oxal-, Malon-, Bernstein-, Glutar-, Adipin-, Pimelin-, Kork-, Azelain- u. Sebacinsäure mit Diäthylen-, Triäthylen-, Tetraäthylen-, Pentaäthylen-, Dipropylen-, Tripropylen-, Äthylenglykol, Thiodiglykol, 1.3-Propylen-, 1.4- bzw. 1.3-Butylen-, Hexamethylen-, Dekamethylen- u. Neopentylglykol, Dimethylamino-, Diäthylamino-, Dipropylamino-, Dibutylamino-, Di-(2-äthylbutyl)-amino-, Di-n-hexylamino-, Di-(2-äthylhexyl)-amino-, Di-C_8-oxamino-, Di-C_{10}-oxaminoäthanol, Dimethylaminopropanol, Dimethylaminobutanol, Methanol, A., Propanol, Butanol, Isobutanol, Amylalkohol, Hexanol, Heptanol, Octanol, Nonanol, Decanol, Dodecanol, Tetradecanol u. Cetylalkohol. — Aus 50 g Sebacinsäure, 9 g Äthylenglykol, 28 g C_{13}-Alkohol u. 17 g Diäthylaminoäthanol in 200 cm^3 Toluol, azeotrope Dest. u. weiterem Erhitzen auf 180°/0,5 mm → Mischung aus $(CH_3CH_2)_2N-(CH_2)_2-OOC(CH_2)_8COO(CH_2)_2OOC(CH_2)_8COO(CH_2)_{12}-CH_3$ u. $(CH_3CH_2)_2N-(CH_2)_2OOC(CH_2)_8COO(CH_2)_2OOC(CH_2)_8COO(CH_2)_2N(CH_2CH_3)_2$, Fließpunkt < —35° F; kinemat. Viscosität 61,25/100° F. — Vgl. D. B. P. 956 341 C. **1957.** 11477. (**A. P. 2 764 551** vom 17/5. 1954, ausg. 25/9. 1956.) G. KRAUSS. 8221

Farbwerke Hoechst Akt.-Ges., vormals Meister Lucius & Brüning, Frankfurt/M.-Höchst, *Herstellung von flüssigen Äthylenpolymeren* (gesätt. oder ungesätt.), dad. gek., daß man als Katalysator eine Lsg. von halogenhaltigen, Al-organ. Verbb. der allg. Formel AlR_mX_n (R = Alkyl, Aryl; X = Halogen; m = 1 oder 2; n = 2 oder 1; m + n = 3) u. Ti(IV)-Verbb. der allg. Formel TiR_mX_n (R = aliphat. oder isocycl. Reste, Alkoxyreste oder Acetoxyreste mit 1—6 C-Atomen; X = Halogen; m = 0—4; n = 4—0; m + n = 4) in halogenhaltigen aliphat. oder hydroaromat. Mono- oder Polyhalogen-KW-stoffen verwendet. Die Konz. der Ti-Katalysatorkomponente soll < 150 mMol pro Liter Lösungsm. liegen. Die Herst. der Katalysatorlsg. erfolgt unter gleichzeitigem Einleiten von Äthylen (I). Das Verf. kann kontinuierlich oder diskontinuierlich durchgeführt werden. Das Mol.-Gew. der erhaltenen Prodd. (Öle, Mol.-Gew. 100—3000), ihre Viscosität u. der Olefingeh. können je nach Lösungsm. u. Polymerisationstemp. geändert werden; die Viscosität nimmt mit steigender Temp. zu, der Olefingeh. ab. Die höher mol. gesätt. KW-stoffe sind wegen ihres guten Viscosität/Temp.-Verh., niedrigen Stockpunktes u. guter Alterungsbeständigkeit wertvolle *Schmieröle.* — Nach Zutropfen von 2 (cm^3) $TiCl_4$ in 200 Chlf. zu 9 Äthyl-Al-Dichlorid + Diäthyl-Al-Chlorid in 1700 Chlf. unter Einleiten von **I**, Zutropfen von weiterer 8 vol.-%ig. Äthyl-Al-Sesquichloridlsg. (in Chlf.), wobei die Polymerisationstemp. bei gleichbleibender Temp. (ca. 15°) annähernd konstant gehalten wird, u. 8 std. Reaktionsdauer wird die Polymerisation abgebrochen; es wird filtriert, mit W. zers., gewaschen u. das Lösungsm., zuletzt bei 100°/1 mm, abdest.: Öl, durchschnittliches Mol.-Gew. 750. — 4 weitere Beispiele. (**Oe. P. 195 412** vom 17/8. 1956, ausg. 10/2. 1958. D. Prior. 19/8. 1955.) H.-J. NITZSCHKE. 8221

Esso Research and Engineering Co., übert. von: **Thomas Cross jr.**, Union, und **Jeffrey H. Bartlett**, Westfield, N. J., V St. A., *Schmierölzusatzmittel, Antioxydationsmittel und Korrosionsschutzmittel für Mineralöle.* Maleinsäure oder deren Anhydrid wird mit Monoolefinen (n-Butylen, 2-Äthyl-1-buten, Diamylen, 1-Decen, 1-Tetradecen, 1-Octadecen, Polypropylenen) z. B. bei 160° kondensiert, die entstandene Alkenylbernsteinsäure oder deren Anhydrid mit gesätt. oder ungesätt. Alkanolen in Ggw. von p-Toluolsulfonsäure u. eines Schleppmittels ganz oder teilweise verestert u. der entstandene Ester der allg. Formel I (R = Alkenyl mit 4—24 C-Atomen; R' = Alkyl oder Alkenyl mit 1—30 C-Atomen; M = R' oder Metall der 1. u. 2. Gruppe des Period. Syst. oder H; n = 1 oder 2) mit P u. S oder P_2S_3, P_2S_5, P_4S_3, P_4S_7 oder deren Mischungen auf 200—500° F, bes. in Ggw. eines Lösungsm. (Bzl., o-Dichlorbenzol, Schmieröl, Mineralöl) erhitzt. Anschließend kann das Reaktionsprod. in üblicher Weise in die Metallsalze übergeführt werden. — C_{10}—C_{12}-Alkenylbernsteinsäure wird mit „Lorol B“ (Mischung aus C_{10}—C_{18}-Alkoholen, Durchschnittsmol.-Gew. 207) halbseitig verestert, NZ. 116, der Halbester mit $Ba(OH)_2$ neutralisiert u. das entstandene Ba-Salz, NZ. 6,6, mit P_2S_5 1 Std. auf 250° u. 2 Std. auf 300° F erhitzt. Das rotbraune Prod. enthält nach dem Filtrieren über „Hy-flo“-Diatomeenerde 2,26(%) Ba, 0,6 P, 1,19 S;

$$\left[\begin{array}{l} R-CH-COOR' \\ \quad\;\, | \\ H-CH-COO- \end{array}\right]_n M$$

I

NZ. 9,49. Verhinderung des *Absetzens* von *C* in *Mineralölen, Antioxydationswrkg.* u. *Korrosionsschutzwirkung.* — Vgl. Tabellen. (**A. P. 2 733 235** vom 6/2. 1952, ausg. 31/1. 1956.) G. KRAUSS. 8221

Bray Oil Co., Los Angeles, übert. von: **Ulric B. Bray,** Pasadena, Calif., V. St. A., *Chlorfreie öllösliche Metallsulfonate.* KW-stoffe mit Kp. $>600^0$ F, bes. Schmierölfraktionen, langkettige Alkylbenzole, Xylole, Naphthaline, werden zweckmäßig zuerst mit 93—98%ig. H_2SO_4, $AlCl_3$ oder Fullererde gereinigt u. dann mit 98%ig. H_2SO_4 oder 104—120%ig. Oleum bei höchstens 140^0 sulfoniert. Die Sulfonsäure wird von der überschüssigen Säure u. dem Schlamm abgetrennt, dann mit Petroleum-KW-stoffen mit Kp. 160—350^0 F, Bzl., Toluol oder Xylol verd., dann mit NH_4OH neutralisiert. Die entstandenen Ammoniumsulfonate können gereinigt oder sofort mit Alkali- oder Erdalkalimetalloxyden durch Erhitzen in die entsprechenden Sulfonate übergeführt werden. — 2 Fließschemas. — *Schmierölzusatz.* (**A. P. 2 746 987** vom 15/9. 1952, ausg. 22/5. 1956.) G. KRAUSS. 8221

Alfred Dierichs und **Otto Schetelich,** Freiberg/Sachsen, *Herstellung von Schmiermitteln mit reinem, natürlichem Molybdändisulfid,* dad. gek., daß Mo-arme Erze in üblicher Weise durch Flotation zu einem 90%ig. Konzentrat aufgearbeitet werden, dann durch W.-Luft-Waschung auf 94% angereichert u. anschließend mit Flußsäure gereinigt werden. (**D. P. [DDR] 16 113** Kl. 23c vom 5/8. 1956, ausg. 23/12. 1958.) T. OPPERMANN. 8223

Union Carbide & Carbon Corp., New York, N. Y. (Erfinder: **Raymond J. Hoaglin** und **Charles C. Tanona**), V. St. A., *Herstellung hochmolekularer Vinyläther.* Man läßt auf die Na- oder K-Alkoholate flüchtiger Alkohole eine Hydroxyverb. (I) der Formel $HO-R'-X_n-O-Y$ mit einem Mol.-Gew. von 300 bei ca. 100—180^0 einwirken. Während der Rk. kann man zur Entfernung der letzten Spuren des flüchtigen Alkohols u. des W. einen inerten Gasstrom durchleiten. Anschließend leitet man in die Reaktionsmischung C_2H_2 unter n. oder erhöhtem Druck bei 155—200^0 ein. Man kühlt auf $<100^0$ u. setzt dem Alkali äquivalente Mengen W. zwecks Hydrolyse zu. Das Alkali wird mit einer schwachen Säure (Essigsäure, CO_2) neutralisiert u. die Alkalisalze abgeschieden. Nach Zugabe von Hydrierungskatalysatoren wird bei erhöhter Temp. u. höheren Drucken zu den gesätt. Glykolen hydriert. — 1 (Mol) Butanol wird bei 110^0 u. 60 lbs./sq.in. mit 16 Propylenoxyd 10 Std. behandelt, wobei ein Polyäther mit einem Mol.-Gew. von 990 erhalten wird. Bei 150^0 versetzt man den Äther mit einer 10%ig. Lsg. von Na in Methanol, erhitzt auf 165^0 u. leitet N_2 durch die Reaktionsmasse. Anschließend wird C_2H_2 im Überschuß eingeleitet, wobei die Na-Vinyläther entstehen. Man setzt W. im schwachen Überschuß zu u. leitet CO_2 bis zur schwach sauren Rk. ein. Man filtriert u. erhält einen Vinyläther vom Mol.-Gew. 1016. Mit H_2 in Ggw. von RANEY-Ni erhält man bei 70^0 u. 200 lbs./sq.in. den gesätt. Äther, der als synthet. *Schmiermittel* verwendet wird. In I bedeuten R′ eine Äthylen- oder Propylengruppe; X eine Oxyäthylen- oder Oxypropylengruppe oder eine Mischung derselben; Y ist eine aliphat. oder aromat. Gruppe oder eine Gruppe der Formel $(-R''-O-Z_m-R'''-OH)$, wobei R″ eine aliphat. oder aromat. Gruppe, $Z = X$; $m = n$ ist eine ganze Zahl u. R‴ ist eine Äthylen- oder Propylengruppe. — Die Diäther des Polyäthylenglykols oder Polypropylenglykols sind *Schmiermittel* u. mischbar mit Mineralölen. (**E. P. 773 455** vom 15/4. 1955, ausg. 24/4. 1957. A. Prior. 20/4. 1954.) G. KÖNIG. 8223

Kendall Refining Co., Bradford, Pa., übert. von: **Michael J. Pohorilla,** Bradford, und **Robert K. Smith,** Springfield, Pa., V. St. A., *Schmierfett* auf Schmierölbasis mit einem Geh. von 5—25 (Gew.-%) Li-Seifen u. 5—20 eines Orthoborsäureesters der allg. Formel $(RO)_n \cdot B(OX)_{3-n}$, wobei R ein Alkyl-, Aryl- oder Alkarylrest, X = H oder R u. n nicht >2 ist. — Beispiele für I: Ditetradecyl-, Triphenylmonooctadecylorthoborat. Die I-haltigen Fette haben bessere Penetrationswerte als die entsprechenden I-freien Fette. (**A. P. 2 815 325** vom 14/4. 1955, ausg. 3/12. 1957.) E. DREWS. 8223

Minerals & Chemicals Corp. of America, übert. von: **Walter Linwood Haden jr.,** Barrington, und **Cletus O. Martin,** Pennsauken, N. J., V. St. A., *Schmierfett.* Dasselbe besteht aus einer KW-stoffbasis, die mit Fullererde gedickt ist, u. enthält 2 hydrophobe oberflächenakt. Mittel in Form eines Alkylammoniumsalzes eines Monoalkylalkylamidophosphats der Formel $R_1NH-P(:O)(OR_3)-ONH_3R_2$ (**I**) u. eines tert. Amins (**II**) der Formel $H(OCH_2CH_2)_x-N(R)-(CH_2CH_2O)_yH$. In I sind R_1 u. R_2 Alkylgruppen mit mindestens 8 C-Atomen u. R_3 ein C_{1-6}-Alkylrest. In **II** ist R ein Alkylrest mit mindestens 8 C-Atomen, x u. y = 2—50. Die Zusatzmenge **I + II** beträgt 30—50%, wobei I mindestens zu 5—25% zugegeben wird. Hervorgerufen wird ein synergist. Effekt der oberflächenakt. Wirkung. (**A. P. 2 819 210** vom 29/9. 1953, ausg. 7/1. 1958.) E. DREWS. 8223

Dunlop Rubber Australia Ltd., Melbourne, Victoria, Australien, *Polystyrol-Pigment-Mischung.* Weiße Markierungsstreifen auf Asphalt- oder Bitumenstraßendecken werden wie folgt hergestellt: 100 (Teile) Polystyrolharz (mit 12,5% Methylstyrol) werden mit 20 chloriertem Diphenylweichmacher, 300 Sand, 50 gemahlener Kreide u. 5 TiO_2 gemischt, geschmolzen u. aufgetragen. (**Aust. P. 167 201** vom 28/4. 1954, ausg. 22/3. 1956.) G. FRIKELL. 8237

—, Seventh symposium international on combustion. London: Butterworths Sci. 1959. (960 S.) 224 s.

Robert Joseph Hengstebeck, Petroleum processing; principles and applications. New York, London: McGraw-Hill. 1959. (348 S. m. Tab. u. Diagr.) 77 s. 6 d.

—, Standard methods for testing petroleum and its products. 18th edn. London: Inst. of Petroleum. 1959. (835 S. m. Abb.) 40 s.

John Boyd, Lubrication science and technology. Vol. 2. No. 1. London: Pergamon Pr. 1959. (160 S. m. Abb.) 70 s.

XX. Schieß- und Sprengstoffe. Zündmittel.

W. Fickett, W. W. Wood und **Z. W. Salsburg,** *Untersuchungen der Detonationseigenschaften kondensierter Explosivstoffe mit Hilfe von Zustandsgleichungen auf Grund des zwischenmolekularen Potentials.* 1. Mitt. *RDX mit festgelegter Zusammensetzung der Detonationsprodukte.* Auf Grund der HUGONIOT-Gleichung u. der CHAPMAN-JOUGUET-Bedingung werden die therm. Größen in der Detonationswelle u. die Detonationsgeschwindigkeiten (DG) von Cyclotrimethylentrinitramin (Hexogen) in Abhängigkeit von der D. unter Verwendung der Zustandsgleichungen von LENNARD-JONES u. DEVONSHIRE, MAYER u. CARERI sowie KIHARA u. HIKITA u. vier verschied. Ansätze für das zwischenmol. Potential des Gemisches der gasförmigen Detonationsprodd. berechnet u. mit experimentellen Daten verglichen. Bei der DG, nicht aber beim Detonationsdruck beeinflußt die Walze der Zustandsgleichung die berechneten Werte meist weniger als die Walze des Potentialansatzes. Die für das Potential wesentlichen Molekelabstände sind merklich kleiner als die entsprechenden bei stat. Messungen im Tieftemperaturbereich, z. B. aus Messungen des zweiten Virialkoeff. erhaltenen. Eine große Unsicherheit liegt in der willkürlichen Annahme der stöchiometr. Zerfallsgleichung $C_3H_6N_6O_6 = 3\,N_2 + 3\,CO + 3\,H_2O$. (J. chem. Physics **27.** 1324—29. Dez. 1957. Los Alamos, N. Mex., Univ. of California, Los Alamos Sci. Labor.; Houston, Texas, The Rice Inst., Dep. of Chem.) H. AHRENS. 8294

F. J. Berry, D. S. Butler und **M. Holt,** *Die anfängliche Fortpflanzung einer kugelförmigen Druckwelle von einer einzigen Ladung.* In Fortsetzung einer früheren Arbeit (C. **1955.** 9708) wird das Wachstum einer sphär. Druckwelle durch numer. Integration der Bewegungsgleichungen entlang charakterist. Linien im Störungsfeld untersucht u. für das Anfangsstadium der Ausbreitung das gesamte Feld u. die Bewegungen der Grenzlinien zwischen den einzelnen Sektoren berechnet. Dabei zeigt sich, daß die 2. Druckwelle nach einer sehr kurzdauernden Bewegung vom Explosionszentrum weg umkehren u. sich wieder auf dieses Zentrum hin bewegen muß, was in Übereinstimmung mit den experimentellen Beobachtungen steht. Die Resultate ergeben eine anfänglich schnelle Druckabnahme entlang beider Stoßwellen u. beweisen nachdrücklich den vorherrschenden Einfl. der jeweiligen Besonderheiten im Ursprung der Druckwelle auf den folgenden Ablauf der Störung. (Proc. Roy. Soc. [London], Ser. A **227.** 258—70. 7/1. 1955. Fort Halstead, Kent, Armament Res. Establ.) W. WAGNER. 8294

Sukenori Yamamoto, Hideji Sudo und **Kenkichi Kiyota,** *Kann eine Sprengstoffmasse in ihrem Zentrum keine Brisanz haben?* Vff. betten in zylindr. u. kugelförmige Sprengstoffladungen aus Ammoniumgelatinedynamit u. Ammoniumperchloratsprengstoff kugel-, rohrförmige oder zylindr. Körper aus Messing, Pb, Cu, Stahl oder Kunststoff ein. Die zylindr. Ladung wird an einem Ende, die kugelförmige von 6 verschied. Richtungen mittels Sprengkapseln gezündet. Die in die zylindr. Ladungen eingebetteten Körper werden etwas verformt, so daß auf einen Druck entlang der Zylinderachse geschlossen wird; in zentripetaler Richtung der Achse ist kein bes. starker Druck feststellbar. Bei der kugelförmigen Anordnung ist auf den im Zentrum befindlichen Kugeln keinerlei Änderung erkennbar. Es wird geschlossen, daß die Brisanz eines Sprengstoffs eine Kraft ist, die durch eine aus diesem austretende Stoßwelle hoher Geschwindigkeit entstanden ist. (J. ind. Explosives Soc., Japan **19.** 49—50. 30/3. 1958. [Orig.: deutsch]) H. FREIWALD. 8294

Louis Deffet, *Die industriellen Sprengstoffe mit verzögerter Reaktion.* Vf. berichtet über Verss. mit verschied. Sprengstoffen der allg. Zus.: 10% Gemisch Nitroglycerin–Nitroglykol, 0,5 Kieselgur, 0,5 Holzmehl, 55 $NaNO_3$ (I), 34 NH_4Cl (II). Die Abweichungen von der allg. Zus. beziehen sich auf Verbesserung der Leistung des frischen Sprengstoffs u. seine Alterung, die Granulometrie von **I** u. **II**, die nichthygroskop. gemacht sind. Bei Sprengstoffen mit verzögerter Rk. wird ein selektives Verh. der Detonationswelle beobachtet, die Umsetzung geht in 2 Stufen vor sich, wobei zuerst der „explosive" Anteil detoniert u. dann unter der Wrkg. der Erhöhung von Druck u. Temp. **I**- u. **II** reagiert. Die Meßergebnisse der Detonation eines Gemisches werden mitgeteilt, dessen Zus. nur wenig von der allg. abweicht. Beim Kantenschuß mit Prallblech in 40 cm Abstand zünden **3 kg** nicht ein CH_4 (9,5)-Luftgemisch. Das Detonationsleuchten unter gleichen Schießbedingungen, das als Maß für Sicherheit derartiger Sprengstoffe gegen schlagende Wetter gilt, beschränkt sich auf die Patronen, während beim gleichen Vers. mit einem nach Angaben deutscher Autoren hergestellten Gemisch ähnlicher Zus. ein starkes Detonationsleuchten bes. am Prallblech beobachtet wird. Die 2., verzögerte Rk. zwischen **I** u. **II** soll nur bei starkem Einschluß, z. B. im gut verdämmten Bohrloch, vor sich gehen. (Explosifs **11.** 16—21. Jan./März 1958.) H. FREIWALD. 8304

Tsutomu Hikita, *Brennstoffe für Raketen.* Übersicht. (Chem. and chem. Ind. [Kagaku to Kogyo] **11.** 623—28. Juli 1958. Tokyo, Univ. [Orig.: japan.]) E. MAEKAWA. 8310

K. Kröll, *Trocknung luftdurchströmter Streichholzschüttungen.* Vf. untersucht die Trocknung einzelner Hölzchen (ca. 2 mm dick, 45 mm lang) in einem Kanal, der von 70° warmer Luft durchströmt wird, wobei die Hölzchen längs u. quer umströmt werden. Die erhaltenen Wärmeübergangszahlen unter verschied. Versuchsbedingungen werden mitgeteilt. Nach theoret. Überlegungen über die Trocknung durchströmter Schichten werden Versuchsergebnisse an Schichten verschied. Dicke (bis 1 m) mitgeteilt. Der Trocknungsverlauf der Schicht hängt von den Eigg. der Einzelteilchen, von der Streuung dieser Eigg., von der Schichtdicke, vom Vorhandensein dichter u. schwächer belegter Räume in der Schüttung sowie vom Anfangszustand, der Geschwindigkeit u. der Zustandsänderung der Luft in der Schicht ab. (Chemie-Ing.-Techn. **27.** 527—34. 1955. Bad Hersfeld, Benno Schilde Maschinenbau-A.G.) H. FREIWALD. 8314

XXII. Leim. Klebstoffe usw.

H. Schlegel, *Technologie der Metallverklebung.* Für eine gute Metallverklebung sind erforderlich: Vorbereitung der Metallfläche (Sauberkeit, Beizen), sachgemäße Verarbeitung des Klebstoffes (richtige Mischung, Einhalten der Aushärtezeit u. Temp.), vorschriftsmäßiges Auftragen von Kalt- u. Warmkleber u. richtiges Verbinden der Teile (Härteprozeß, Fügevorgang). (Plaste u. Kautschuk **5.** 327—30. Sept. 1958. Halle/Saale, Zentralinst. für Schweißtechnik der DDR.) B. SCHEIFELE. 8382

S. Chochlowa und **P. Mernenko,** *Über das Wässern der Knochen vor der Entleimung.* In Laboratoriums- u. Betriebsverss. wurden Knochen vor der Entleimung in 1%ig. $ZnSO_4$- oder $Mg(OH)_2$-Lsg. gewässert, die alle 4 Std. erneuert wurden. Beim Wässern unter hydraul. Druck wird die maximale Quellung der Knochen im wesentlichen in 4 Std. (41%) erreicht, ohne Druck in 24 Stunden. In beiden Fällen ist die Viscosität des Leimes gleich. Durch das Wässern wird eine vollständige Entleimung erreicht u. ein hochwertiger Leim gewonnen. (Мясная Индустрия СССР [Fleisch-Ind. UdSSR] **29.** Nr. 1. 52—53. 1958. Allunions Wiss.-Forschungsinst. der Fleischind.) OTTO MAIER. 8384

Ju. Krol und **S. Chochlowa,** *Ein neues Verfahren zur Gewinnung von Knochenleim.* Statt mit heißem Bzn. werden die auf 30—35 mm vermahlenen Knochen mit kaltem W. im Verhältnis 1:6 mittels einer Impulsmaschine unter gleichzeitigem Säubern u. Einweichen entfettet; das Leimsieden erfolgt in Rollautoklaven; vor dem Eindampfen werden Mineralbestandteile durch Zentrifugieren abgetrennt; die Leimbrühe wird granuliert. Vorteile: erhöhte Viscosität (4—9 Englergrade statt 2,5), bessere Klebkraft, billigere Herstellung. Der Zeitaufwand wird von 15 auf 3 Tage verkürzt, der Arbeitsaufwand um 75%, Raumbedarf, Wasser- u. Dampfverbrauch um ca. 40%. Kontinuierliche Führung u. Automation ist möglich. (Мясная Индустрия СССР [Fleisch-Ind. UdSSR] **28.** Nr. 4. 33—34. 1957.) W. SCHMELZ. 8384

F. Je. Kuperman und **Je. F. Landa,** *Die Bindung von Gummi an plastischen Massen.* Nach einem Überblick über den Stand der Patentliteratur über die Verklebung von Gummi mit Kunststoffen beschreiben Vff. eine Meth. zur Verklebung von Kautschukmischungen u. *Textoliten* mit Hilfe einer 20%ig. Lsg. von *p.p'.p''-Triphenylmethantriisocyanat* in Dichloräthan („Leukonat") unter Druck (25 kg/cm²) u. einer Vulkanisationstemp. von 135—140°. Es werden Zerreißfestigkeiten von ca. 20—30 kg/cm² erreicht. Sie sind abhängig von der SHORE-Härte des Gummi. Es lassen sich verkleben: ***Butadiennitril-,***

Na-Butadien- u. *Polychlorpropen*, nicht aber *Naturkautschuk*. Nach dieser Meth. können auch *Aldehydharze* mit Gummi verbunden werden. (Каучук и Резина [Kautschuk u. Gummi] **17.** Nr. 9. 32—34. Sept. 1958. Werk „Kautschuk".) O. KRAMM. 8388

H. Peters und **W. H. Lockwood,** *Neue Methode für das Verkleben von Polyäthylen mit Kautschuk, Messing beziehungsweise messingplattierten Metallen.* Ein neuartiges Klebeverf. auf Basis partiell hydrierten vulkanisierbaren Polybutadiens (*Hydropol* der PHILIPS PETROLEUM CO.) für Polyäthylen–Metall- bzw. Kautschuk-Verbunde mit Zugfestigkeiten der Bindung bis zu 1000 lbs./sq.in. u. Abreißfestigkeiten von 60—100 pounds per inch wird beschrieben u. Anwendungsmöglichkeiten werden erörtert. Die Theorie der Klebeverb. wird besprochen. Es genügt eine Klebeschicht von 2—3/1000 inch Dicke. Der Kleber kann in Form einer Lsg. oder als Folie aufgebracht werden. Die Verklebung erfolgt bei 150—232° u. bis zu 100 lbs./sq.in. Druck. (Rubber Wld. **138.** 418—23. 426. Juni 1958. Murray Hill, N. J., Bell Telephone Labor.) R. SCHÄFF. 8388

A. M. Medwedewa, B. W. Derjagin und **Ss. K. Sherebkow,** *Untersuchung von Adhäsionserscheinungen beim Befestigen von Gummi auf Metall mit dem Klebmittel „Leukonat".* Bei den Klebverss. an Gummi–Metall mit dem Klebmittel *Leukonat* (I; *Triisocyanattriphenylmethan*) in 20%ig. Dichloräthanlsg. wurde die Abrißarbeit von den ververschied. Gummisorten, die mit dem Leukonat an einer Stahlplatte verklebt waren, gemessen. Ungefüllte Gummis haften beim Kleben mit I sehr gut am Stahl, beim Abreißen bleibt der größte Teil des I am Metall. Das Füllmittel des Gummis spielt jedoch beim Verkleben eine wichtige Rolle. Akt. Füllmittel wie Kanal- oder Lampenruß erhöhen die Haftfestigkeit des I am Gummi, beim Abreißen bleibt die gesamte Menge von I am Gummi. Inakt. Füllmittel wie therm. Ruß wirken nicht auf die Adhäsion, I bleibt beim Abreißen am Metall. Daher ist es wahrscheinlich, daß I mit dem akt. Füllmittel chem. reagiert. Die Geschwindigkeit des Abreißens wirkt stark auf die Arbeit, letztere ist umso kleiner, je geringer die Geschwindigkeit ist. Aus den Verss. geht die Regel hervor, daß die Haftfestigkeit Gummi–Metall am stärksten ist, wenn diejenige von Gummi–I ungefähr gleich der von Metall–I ist. Bei Behandlung der Metalloberfläche mit einem Sandstrahlgebläse erhöht sich die wirksame Oberfläche des Metalls um das 1,5—2fache, die Haftfestigkeit um das 20—100fache, offenbar durch Erhöhung der Ladung Metall–I bewirkt. (Коллоидный Журнал [Kolloid-J.] **19.** 412—20. Juli/Aug. 1957. Moskau, Inst. der Gummiind. Inst. für phys. Chem. der Akad. der Wiss. der UdSSR. Labor. für Oberflächenerschein.) J. v. SCHROEDER. 8388

R. F. Blomquist, *Hochfeste Klebstoffe zur Metallverbindung.* Übersicht über die an Klebstoffe für Metallverbb. zu stellenden Anforderungen, die wichtigsten der z. Zt. bekannten Klebstoffe u. ihre Anwendung. (Machine Design **28.** Nr. 11. 99—103. 31/5. 1956. Madison, Wis., U. S. Dep. of Agricult., Forest Serv., Forest Prod. Labor.) W. WESLY. 8388

H. C. Engel, *Konstruktionsklebstoffe für Metalle.* Konstruktionsklebstoffe (structural adhesives) sind Klebstoffe mit hoher Festigkeit für Metallverbunde, die bis zur Fließgrenze der Metalle nicht versagen. Auch ihre anderen Eigg. (Wärmefestigkeit, Haltbarkeit u. a.) müssen metall. Konstruktionszwecken gerecht werden. Solche Klebstoffe werden bzgl. der geforderten Eigg. erörtert. (Rubber Plastics Age **39.** 595—97. Juli 1958. Maryland, Bloomingdale Rubber Co.) R. SCHÄFF. 8388

Monsanto Chemicals Ltd., übert. von: **William McGillivay Morgan,** *Sperrholzleim,* bestehend aus einem alkal. kondensierten Phenolharz u. Na_2SiF_6. (**Aust. P. 206 659** vom 20/3. 1956, ausg. 28/3. 1957.) A. BRÖSAMLE. 8389

Monsanto Chemical Co., St. Louis, Mo., übert. von: **Gordon E. Brown,** Seattle, Wash., V. St. A., *Heißhärtbarer Klebstoff,* bestehend aus 100 (Teilen) eines wasserlösl. Harnstoff–CH_2O-Kondensats (I), 75—200 eines Melamin–CH_2O-Kondensates (II) u. einem sauren Härter. Das I wird hergestellt durch Erhitzen von 1 (Mol) Harnstoff mit 2—2,5 CH_2O unter Rückfluß, bis der anfängliche p_H-Wert von 7—8 auf 5—6 gesunken ist. Es entsteht ein mehr Methylolgruppen als Methylenbrücken enthaltendes Kondensat. II wird durch Kondensation von 1 Melamin mit 2,3—2,7 CH_2O bei p_H 8—9 unter Rückflußtemp. gewonnen. Das Kondensat ist nur bei Konz. $>$25% in W. löslich. Der Klebstoff gibt bereits bei Härtetemp. von 100°F wasserfeste Leimfugen. (**A. P. 2 836 574** vom 11/2. 1954, ausg. 27/5. 1958.) C. LÜTTGEN. 8389

Borden Co., New York, übert. von: **Harold K. Salzberg,** Bainbridge, N. Y., V. St. A., *Wasser- und alkoholunlösliche Caseinverbindungen,* die jedoch in einer Mischung aus W. u. Alkohol lösl. sind, erhält man durch Behandeln von Casein mit Imidazol oder Imidazolin, bes. mit deren Substitutionsprodd. der allg. Formel I u. II (R = H,

Alkyl, Aryl, Aralkyl, Hydroxyalkyl, Aminoalkyl; n = 7—45). — Aus 5 lbs. mit H_2SO_4 aus Milch gefälltem Casein, 1,25 lbs. 1-Hydroxyäthyl-2-heptadecenylimidazol (= Amin 220) u. 1 lb. W. → wachsartiges Prod.; 20 g davon geben in einer Mischung aus 30 g W. u. 30 g 91%ig. Isopropanol bei n. Temp. eine durchscheinende Lsg. mit p_H 6,8. Ferner können umgesetzt werden: *Sojaprotein, Gelatine* u. *Blutalbumin* mit *1-Aminoäthyl-2-heptadecenylimidazol* (= Amin 230), *1-Alkyl-2-undecylimidazolin* (= Amin C). — *Zusatzmittel* zu *wasserfesten Klebstoffen* u. *Überzügen*. (**A. P. 2 748 009** vom 28/1. 1952, ausg. 29/5. 1956.) G. KRAUSS. 8389

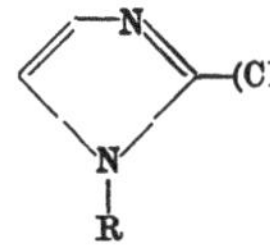

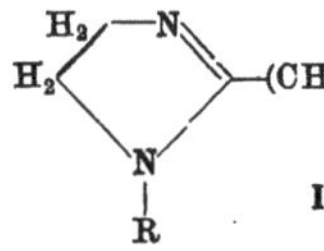

Union Oil Co. of California, Los Angeles, übert. von: **John P. Buckmann,** Yorba Linda, Calif., V. St. A., *Plastische Massen* aus teilverseiften Vinylacetat-Vinylchlorid-Mischpolymerisaten oder Elastomeren, wie Butadien-Styrol- oder Butadien-Acrylnitril-Mischpolymerisaten, Polychloropren oder Naturkautschuk, gek. durch einen Geh. an 1—60% eines fl. (sich von den aus der Paraffinoxydation stammenden sauren Fraktionen ableitenden) Säureamids, dessen Herst. in A. P. 2 695 303; C. **1956.** 3996 beschrieben ist. Die Massen, soweit sie sich von Elastomeren ableiten, stellen *Klebstoffe* dar. (**A. P. 2 823 193** vom 10/11. 1950, ausg. 11/2. 1958.) O. SCHÖN. 8389

Deutsche Gold- & Silberscheideanstalt vormals Roessler, Frankfurt/M. (Erfinder: **Erich Bäder,** Hanau/M.), *Klebstoff für nicht durchlässiges Material, insbesondere Metalle,* die als Hauptbestandteile mindestens eine monomere, ungesätt., polymerisierbare Verb. u. ein Polymerisat dieser Verb. sowie Katalysatoren, wie Peroxyde u. tert. Amine, enthalten, dad. gek., daß sie außerdem bis zu ca. 6% eines ungesätt. Polyesters enthalten. — Beispiel: 64,9 (%) Methacrylsäuremethylester, 33 Polystyrol, 1,5 Polyester, 0,006 Hydrochinon sowie Diisopropylol-p-toluidin. (**D. A. S. 1 053 117** Kl. 22i vom 6/6. 1958, veröff. 19/3. 1959.) C. LÜTTGEN. 8389

XXIV. Photographie.

Gevaert Photo-Producten N. V., Mortsel (Erfinder: **Alfons Jozef de Pauw,** Wilrijk, und **René Camille Gerbeaux,** Edegem), Prov. Antwerpen, Belgien, *Halogensilberemulsionen.* Das Halogensilber (I) wird in der Lsg. eines „Cellulosesulfats" (II) ausgefällt u. gereift. Das Auswaschen wird entweder so durchgeführt, daß man das I aus seiner Suspension in II z. B. mit Aceton ausfällt u. durch Dekantieren von den lösl. Nebenprodd. (III) befreit, oder indem man das I sofort in einem schichtbildenden hydrophilen Koll. (z. B. Gelatine oder Polyvinylalkohol) dispergiert, die Dispersion gelieren läßt, das Gel zerkleinert u. in der üblichen Weise III + II auswäscht. — Beispiele für II: Methyl- u. Äthylcellulosesulfat sowie β-Sulfoäthylcellulose. (**D. A. S. 1 045 228** Kl. 57b vom 6/6. 1957, veröff. 27/11. 1958. E. Prior. 7/6. 1956.) A. KALIX. 8601

Gevaert Photo-Producten N. V., Mortsel (Erfinder: **Alfons Jozef de Pauw,** Wilrijk, und **Herman Hendrik Baekelmans,** Deurne), Prov. Antwerpen, Belgien, *Herstellung von Halogensilberemulsionen.* Das Halogensilber wird in einer wss. Lsg. in Ggw. von 2—25 g Gelatine (I) auf 100 g $AgNO_3$ ausgefällt, wobei der I-Geh. in bezug auf W. jedoch höchstens 3% betragen darf. Wird eine solche Emulsion in eine organ., mit W. mischbare Fl. eingegossen, die auch mit W. gemischt sein kann (z. B. A., Methanol, Aceton, Methyl- oder Äthylacetat), dann fällt das Halogensilber in einer pulvrigen, leicht auswaschbaren u. wieder dispergierbaren Form aus. (**D. A. S. 1 049 229** Kl. 57b vom 19/6. 1957, veröff. 22/1. 1959. E. Prior. 19/6. 1956.) A. KALIX. 8601

E. I. du Pont de Nemours & Co. (Erfinder: **Clay Weaver**), Wilmington, Del., V. St. A., *Halogensilberschichten aus synthetischen Polymerisaten.* Das Halogensilber (I) wird zunächst aus den üblichen Komponenten in rein wss. Lsg. ausgefällt, gereift u. von den lösl. Nebenprodd. der Rk. durch Auswaschen befreit. Dann wird die 2. Reifung in Ggw. von Allgemein- u. opt. Sensibilisatoren u. einer geringen Menge (0,5—15 Gew.-% von I) eines Dispergierungsmittels für I durchgeführt, z. B. Gelatine oder aminmodifizierte Polyvinylalkohole oder Acetale. Nach Erreichen der gewünschten Empfindlichkeit wird der Emulsion ein synthet. Polymerisat, bes. ein Polyvinylalkohol oder ein Polyvinylacetal, in einer Menge zugegeben, die zur Bldg. einer zusammenhängenden u. genügend festen Schicht ausreicht. Die Ausfällung von I kann auch in Ggw. eines wasserlösl. nichtion. Netzmittels, bes. eines Kondensationsprod., aus 1 (Mol) Oleylalkohol + 20 Äthylenoxyd ausgeführt werden. (**D. A. S. 1 037 851** Kl. 57b vom 6/4. 1957, veröff. 28/8. 1958. A. Prior. 6/4. 1956.) A. KALIX. 8601

Gevaert Photo-Producten N. V. (Erfinder: **Lodewijk Felix de Keyser** und **Frans Xavier Jan Vits**), Mortsel, Belgien, *Haftschichten für photographisches Mehrschichtmaterial.* Zur Herbeiführung einer guten Naß- u. Trockenhaftung von Gelatineschichten (I) auf Filmen aus gestrecktem Polystyrol (II) werden auf die II-Schichten aus Lsgg. von kondensationspolymeren Estern u. Äthern (III) in flüchtigen aliphat. Alkoholen u./oder Äthylenchlorhydrin aufgetragen. — Beispiele für **III**: Ester aus Glykol u. $\alpha.\beta$-ungesätt. aliphat. Dicarbonsäuren, ferner Epoxydharze. Zwischen **I** u. **III** können außerdem noch weitere Hilfsschichten aus **I** u./oder **I** + Nitrocellulose angeordnet werden, u. zwar so, daß mindestens eine gelatinehaltige Schicht mit **I** u. mindestens eine nitrocellulosehaltige Schicht mit **III** in Berührung steht. (**D. A. S. 1 046 488** Kl. 57b vom 8/9. 1956, veröff. 11/12. 1958. Belg. Prior. 13/9. 1955.) A. KALIX. 8601

E. I. du Pont de Nemours & Co., Wilmington, Del., V. St. A., *Herstellung photographischer Filme.* Man bringt auf eine oder beide Seiten eines hydrophoben Films eine dünne Schicht eines hochmol. Polyesters (I) aus einem Glykol u. Terephthalsäure (II), der zu wenigstens 0,5% in Trichloräthylen lösl. ist; über diese Schicht wird eine wasserdurchlässige Kolloid- u. eine Ag-Halogenid-Emulsions-Schicht gelegt. Bei der Herst. des I geht man von einem Gemisch aus einem Polymethylenglykol mit 2—10 CH_2-Gruppen u. einem Polyäthylenglykol mit 1—5 Oxyäthylengruppen aus u. von einem Gemisch aus II u. einer aliphat. gesätt. Dicarbonsäure mit 4—16 C-Atomen oder von den Chloriden oder Bromiden oder Diestern dieser Säuren mit Alkoholen mit 1—6 C-Atomen. (**It. P. 491 646** vom 16/7. 1952.) K. KOEBKE. 8601

Photochemical Co. Ltd., England, *Herstellung von photographischen sensibilisierten „Monopack"-Filmen* mit mehreren Emulsionsschichten, unter denen sich eine Filteremulsion befindet, welche ein koll. Ag-Sol enthält. Dieses Sol wird hergestellt durch Red. des Ag-Salzes in Ggw. eines gelben Ag-Sols, welches die geringste Teilchengröße besitzt. — Zur Herst. des Sols werden 300 g Dextrin mit 15 Liter W. verrührt u. 300 g NaOH zugesetzt. In die auf 15—20° abgekühlte Lsg. werden 225 g $AgNO_3$ in 2,25 Liter dest. W. eingerührt, worauf 5—6 Std. nachgerührt wird. Dazu werden bei 15—20° 30 Liter Methanol gegeben, u. es wird 1 Std. gerührt u. 1 Std. stehengelassen. Nach dem Dekantieren der Methanolschicht wird der Rückstand in 5 Liter W. von 30°, welches 45 cm^3 NH_3 enthält, dispergiert. In die Dispersion werden 24 Liter 10%ig. Gelatinelsg. von 30° eingetragen. Die erhaltene Dispersion enthält 0,0015 Mol Ag im Liter. Von dieser Dispersion werden 60 cm^3 in 1000 cm^3 dest. W. von 42° u. danach 50 g Gelatine eingetragen. In die gut verrührte Dispersion werden 40 cm^3 10%ig. wss. $AgNO_3$-Lsg. u. 40 cm^3 10%ig. alkoh. Hydrochinonlsg. eingerührt. Die erhaltene Silberemulsion wird zur Filmherst. in bekannter Weise verwendet. — Diagramme. (**F. P. 1 144 177** vom 17/9. 1955, ausg. 10/10. 1957. E. Prior. 17/9. 1954.) M. F. MÜLLER. 8603

Eastman Kodak Co., übert. von: **William H. Griggs** und **Henry C. Staehle**, Rochester, N. Y., V. St. A., *Vorstich für Photopapier.* Das Papier erhält zunächst eine Barytage mit Polystyrolbutadienharz (I) als Bindemittel. Auf diese wird eine Schicht aufgetragen, die 40—60 (%) Gelatine u. 60—40 I (Trockengewichte) enthält u. in Kontakt mit einer polierten Metallfläche auf Hochglanz getrocknet. (**A. P. 2 756 150** vom 8/11. 1954, ausg. 24/7. 1956.) A. KALIX. 8603

Screen Engineering Co., Santa Monica, Calif., übert. von: **Adrian Eichhorn**, Topanga, Calif., V. St. A., *Glasgewebe als Träger für lichtempfindliche Schichten.* Das Glasgewebe wird zunächst mit einem Polyesterharz gefüllt, z. B. mit einem Polymerisat aus Styrol u. einem Ester aus einem 2wertigen Alkohol u. einer Dicarbonsäure u. 15 bis 20 Min. bei 200° F kalandriert. Dann wird die lichtempfindliche Schicht aufgetragen (Halogensilber, Diazoverbb., Ferrisalze usw.). (**A. P. 2 848 327** vom 19/2. 1953, ausg. 19/8. 1958.) A. KALIX. 8603

Feinpapierfabrik Felix Schoeller jr. G. m. b. H., Burg Gretesch bei Osnabrück (Erfinder: **Heinz Pohl**, Osnabrück), *Transparentes, abziehbares Photopapier.* Ein in bekannter Weise rückseitig lackiertes u. mit einer Noncurlings-Schicht versehenes durchsichtiges Papier wird vorderseitig mit einer Schicht hochpolymerer Stoffe (I) versehen, die mit einer weiteren, davon leicht abtrennbaren Abziehschicht (II) für die lichtempfindliche Schicht versehen wird. — Beispiele für **I**: Chlorkautschuk, Clophen A 60, Chlophenharz W, Polystyrol, Polyäthylen oder Polyvinylverbb.; Beispiele für **II**: Kollodium, organ. Celluloseester oder Celluloseäther. — Zeichnung. (**D. B. P. 970 338** Kl. 57b vom 8/1. 1954, ausg. 11/9. 1958. Anmeldung bekanntgemacht 4/10. 1956.) A. KALIX. 8603

Eastman Kodak Co. (Erfinder: **William Harris Griggs** und **Henry Garrett Curme**), Rochester, N. Y., V. St. A., *Barytpapier für photographische Zwecke.* Die Barytageschicht enthält $BaSO_4$ u. Bindemittel (I) im Mengenverhältnis 1 : 1 bis 10 : 1. I besteht aus ca. 60% Styrol u. 40% Butadien u. ist durch IR-Einw. bei 135—190° polymerisiert. I kann auch aus 75% des obengenannten Kunstharzes u. 25% Gelatine bestehen. (**D. A. S. 1 046 490** Kl. 57b vom 21/3. 1955, veröff. 11/12. 1958. A. Prior. 23/3. 1954.) A. KALIX. 8603

John Eric Johnson, Little Danswick, England, *Wiederverwendung abgespielter Filme.* Die lichtempfindlichen u. Hilfsschichten auf beiden Seiten des Trägers werden rein mechan. ohne jede Einw. von Chemikalien mit Hilfe einer Präzisionsfräsmaschine entfernt, u. der Film neu substriert u. emulsioniert. (**E. P. 727 032** vom 5/3. 1952, ausg. 30/3. 1955.) A. KALIX. 8603

Gevaert Photo-Producten N. V. (Erfinder: **Marcel Adam Schouwenaars** und **Paul Désiré van Pee**), Mortsel, Belgien, *Allgemeinsensibilisierung von Halogensilberemulsionen.* Der Emulsion oder einer ihr benachbarten Schicht wird eine Kombination aus einem Stannosalz u. einem Salz eines Metalls zugesetzt, das elektropositiver als Sn ist, bes. Au. Die bevorzugten Mengen sind auf 1 Mol Halogensilber einer Negativemulsion: 0,1—10 cm^3 einer Lsg. 1 : 10000 krist. $SnCl_2$ + 1—25 cm^3 einer Lsg. 1 : 10000 von $AuCl_3$. Für Schichten auf Papier müssen die 10—100fachen Mengen angewandt werden. (**E. P. 727 982** vom 5/2. 1952, ausg. 13/4. 1955.) A. KALIX. 8605

Kodak-Pathé, Frankreich, *Carbocyanine* der allg. Formel I (R u. R_1 = Alkyl; R_2 = H oder Acyl; R_3 = H, Alkyl oder Aryl; X = Säurerest; Z u. Z_1 = Restatome eines Heteroringes) werden erhalten durch Rk. von NH_3 oder eines prim. Amins R_3—NH_2 mit Verbb. der Formel II (R_4 = Alkyl oder Aryl; erhältlich nach A. P. 2 520 358; C. **1950/54.** 3673 S) u. gegebenenfalls (R_2 = Acyl) Acylierung. — Man erhitzt z. B. 2,77 g 3.3'-Dimethyl-9-methylmercaptothiacarbocyanin-p-toluolsulfonat, 5,2 g Anilin u. 20 cm^3 Pyridin 15 Min. rückfließend, verrührt mit Ae. u. den Nd. mit heißem Aceton: *9-Anilino-3.3'-dimethylthiacarbocyanin-p-toluolsulfonat,* F. 186—187°, sensibilisiert bis 650 mμ, Maximum bei 600 mμ; mit Essigsäureanhydrid *9-Acetanilido*-Verb., F. 188—189°. — Analog mit Angabe der Sensibilisierungsdaten: *9-[m-Chloranilino]*- (F. 234—235°), *9-[m-Chloracetanilido-* (F. 206—209°), *9-[p-Phenetidino]*- (F. 229—230°), *9-[p-Acetphenetidido]*- (F. 191—192°), *9-[p-Toluidino]*- (F. 223 bis 225°), *9-[p-Acettoluidido]*- (F. 169—173°), *9-[m-Toluidino]*- (F. 147—149°), *9-[m-Acettoluidido]*- (Zers. 152°), *9-[n-Heptylamino]*- (F. 144—146°), *9-[N-n-Heptylacetamido]*- (F. 220—221°), *9-Benzylamino-* (F. 174—177°), *9-[N-Benzylacetamido]*- (F. 223—224°), *9-Amino-*, *9-Acetamido-3.3'-dimethylthiacarbocyanin-p-toluolsulfonat* (F. 208—210°); *9-[p-Phenetidino]*- (F. 191—192°) u. *9-[p-Acetphenetidido]-3-äthyl-3-methylthiacarbocyanin-p-toluolsulfonat* (F. 157—158°); *9-[p-Phenetidino]*- (F. 210—211°) u. *9-[p-Acetophenetidido]-3.3'-dimethyl-4.5.4'.5'-dibenzothiacarbocyaninchlorid* (F. 187—189°); *9-[β-Naphthylacetamido]-3.3'-dimethylthiacarbocyanin-p-toluolsulfonat* (Zers. 198°). (**F. P. 1 112 837** vom 3/10. 1953, ausg. 19/3. 1956. A. Prior. 4/10. 1952.) G. HOPPE. 8605

Z ... Z_1
R—N═C—CH═C—CH═C—N—R_1
X ... N—R_2 ... R_3 I

Z ... Z_1
R—N═C—CH═C—CH═C—N—R_1
X ... S—R_4 II

General Aniline & Film Corp., New York, N. Y. (Erfinder: **Benjamin Ramage Harriman,** Rochester, N. Y.), V. St. A., *Antistatischer Film.* Auf dem Film oder auf der darauf befindlichen lichtempfindlichen Schicht ist in einer Menge von 1—22 mg/m^2 eine Polyoxyäthylenverb. der allg. Formel RO—C_2H_4—(—$OC_2H_4)_n$—OH aufgetragen. Hierbei ist R ein Alkylrest mit 6—18 C-Atomen u. n = 4 oder $>$4. Das Auftragen erfolgt in Form einer Lsg. in W. oder A., gegebenenfalls unter Zusatz eines Netzmittels. (**D. A. S. 1 047 615** Kl. 57b vom 5/6. 1957, veröff. 24/12. 1958. A. Prior. 7/6. 1956.) A. KALIX. 8613

Deutsche Magnesit Akt. Ges., München (Erfinder: **Ludwig Wesch**), *Infrarotfilter.* Das Filter besteht aus 2 Kunststoffolien (I) oder einer I u. einer Platte aus infrarotdurchlässigem Glas (schwermetallfrei); in einem der Filterelemente ist ein organ. (II), im anderen ein anorgan. Farbstoff (III) gelöst oder suspendiert. — Beispiele für I: Polyvinylchlorid, -carbazol u. -butyral, Polyacrylate usw.; Beispiele für II: Naphthol AS/AR + Echtrot B oder Echtschwarz K, Indanthrenbrillantblau + Indanthrendirektschwarz, Kupplungsprod. aus 2.4-Dinitrobromanilin u. 2-Amino-8-naphthol-6-sulfosäure usw.; Beispiele für III: Oxalate von Seltenen Erden, ZnO, CdO, ferner die Sulfide, Selenide u. Telluride von Cd, Zn u. Hg. Das Filter läßt 10% aller Strahlen von λ = 0,7—2,5 mμ hindurch. (**E. P. 783 626** vom 7/1. 1955, ausg. 25/9. 1957.) A. KALIX. 8613

General Aniline & Film Corp., New York (Erfinder: **Jerry Stanley Krizka,** Binghamton, N. Y.), V. St. A., *Pulverförmiges Gemisch zur Herstellung von Entwickler-*

lösungen. Das Gemisch enthält eine Entwicklersubstanz für belichtetes Halogensilber, ein Alkali, bes. ein Alkalicarbonat oder -borat, ein Sulfit u. als Stabilisator wasserfreie Oxalsäure, gegebenenfalls noch Benzotriazol als schleierhinderndes Mittel. (**D. A. S. 1 036 638** Kl. 57b vom 24/12. 1956, veröff. 14/8. 1958. A. Prior. 29/12. 1955.) A. KALIX. 8619

Agfa Akt.-Ges. für Photofabrikation, übert. von: **Edith Weyde,** Leverkusen, *Direktpositivverfahren und Material dazu.* Auf einer Unterlage aus Papier oder Film befindet sich eine wenig empfindliche Halogensilberemulsion, z. B. eine solche aus AgCl, der eine höher empfindliche Emulsion, z. B. eine solche aus AgBr, in Mengen von 0,1—1% zugemischt oder als besondere Schicht überlagert ist. Belichtet wird so, daß nur im AgBr ein latentes Bild entsteht, u. entwickelt wird mit einer Lsg., die keine Br-Ionen enthält. Durch diese wird (in bekannter Weise) das unbelichtete AgCl stark geschwärzt, während auf dem belichteten AgBr (infolge seiner geringen Menge) nur ein sehr schwaches Bild entsteht. Die dabei frei werdenden Br-Ionen machen jedoch das AgCl in unmittelbarer Umgebung von AgBr unentwickelbar, so daß man nach dem Fixieren ein prakt. brauchbares Positiv erhält. Das Verf. kann in gleicher Weise auch mit anderen Kombinationen von Ag-Salzen von verschied. Lichtempfindlichkeit ausgeführt werden, z. B. durch Verwendung von AgCl als höher empfindliche, u. AgC_2O_4, Ag-Stearat oder -Ferrocyanid als weniger empfindliche Komponente. (**A. P. 2 712 995** vom 6/8. 1949, ausg. 12/7. 1955. Schwz. Prior. 4/7. 1949.) A. KALIX. 8619

Gevaert Photo-Produkten N. V. (Erfinder: **Arthur Henride de Cat** und **Bernard Tavernier**), Antwerpen, Belgien, *Farbkuppler für Blaugrün* bilden solche 1-Oxy-2-naphthoesäureanilide, in denen die Anilidgruppe in o-Stellung zu NH durch eine diffusionsfestmachende Alkoxygruppe, u. in o- oder p-Stellung zur letzteren durch einen Säurerest substituiert ist. Beispiel s. nebenst. Formel. Die Herst. erfolgt nach bekannten Verfahren. — Weitere, nur durch Strukturformeln gek. Beispiele. (**D. A. S. 1 036 053** Kl. 57b vom 15/6. 1957, veröff. 7/8. 1958. Belg. Prior. 22/6. 1956.) A. KALIX. 8631

OH — $OC_{16}H_{33}$ — CO—NH — SO_3H

Robert Richard Hoare, Bishops Stortford, England, *Wetterfestmachen von Photographien.* Auf die Bildseite wird mit einem Alkyd–Styrol-Mischpolymerisat eine wetterfeste, durchsichtige Folie oder Platte, z. B. aus Nitrocellulose oder Glas, geklebt, u. auf die Rückseite mit Hilfe von Polyvinylbutyral eine Folie aus Metall oder wasserfestem Papier. (**E. P. 732 046** vom 13/10. 1951, ausg. 15/6. 1955.) A. KALIX. 8651

Ernst von Angerer, Wissenschaftliche Photographie. Eine Einf. in Theorie u. Praxis. 7. Aufl. Leipzig: Akademische Verl. Ges. 1959. (VII + 216 S. m. 123 Abb.) 8°. DM 13,80.

REDAKTIONSSCHLUSS: 12. Juni 1959.

Herausgeber: Prof. Dr. Heinrich Bertsch, Berlin, u. Prof. Dr. Dr. h. c. Wilhelm Klemm, Münster. Chefredakteure und verantwortlich für den Inhalt: Dr. Eugen Klever, Berlin SW 61, Dessauer Straße 28—31, Fernsprecher: 665571, u. Dr. Heinz Walter, Berlin N 4, Schiffbauerdamm 19, Fernsprecher: 425571.

©

Verlag: Akademie-Verlag GmbH, Berlin W 1, Leipziger Str. 3-4 (Fernsprecher: 220441, Postscheckkonto Berlin 35021), und Verlag Chemie, GmbH, Weinheim/Bergstr. (Fernsprecher: Weinheim 3635 [Sammelnummer]; Fernschreiber: 0465516 chemieverl wnh; Postscheckkonten: Frankfurt/M. 145314 u. Berlin [West] 7430). Bestellnummer: 1007/130. Das Chemische Zentralblatt erscheint wöchentlich. Preis des Jahrganges einschl. Autoren-, Patent-, Sach- u. Formelregister: DM 960,—; einseitig bedruckte Ausgabe: DM 1050,—. Abgabe der Zeitschrift nur mit sämtlichen Registern. Abbestellungen nur bis spätestens 6 Wochen vor Ablauf des Kalenderjahres.

Satz u. Druck: VEB Leipziger Druckhaus, Leipzig, III/18/203. VIII. 59.
Veröffentlicht unter der Lizenznummer ZLN 5002 des Ministeriums für Kultur, Hauptverwaltung Verlagswesen.
Printed in Germany.

Bei Fragen zur Produktsicherheit wenden Sie sich bitte an:
If you have any questions regarding product safety,
please contact:

Walter de Gruyter GmbH
Genthiner Straße 13
10785 Berlin
productsafety@degruyterbrill.com